Susanne Modrow und Dietrich Falke

Molekulare Virologie

Spektrum Akademischer Verlag Heidelberg · Berlin · Oxford

Prof. Dr. Susanne Modrow
Institut für Medizinische Mikrobiologie und Hygiene
Universität Regensburg

Prof. Dr. Dietrich Falke
Institut für Medizinische Mikrobiologie und Hygiene
Universität Mainz

Die Deutsche Bibliothek – CIP-Einheitsaufnahme

Modrow, Susanne:
Molekulare Virologie / Susanne Modrow und Dietrich Falke. –
Heidelberg ; Berlin ; Oxford ; Spektrum, Akad. Verl., 1997
ISBN 3-86025-274-7
NE: Falke, Dietrich:

Wie jede Wissenschaft sind die Medizin und Pharmazie ständigen Entwicklungen unterworfen. Forschung und klinische Erfahrung erweitern unsere Erkenntnisse, insbesondere was die medikamentöse Therapie anbelangt. Soweit in diesem Werk eine Dosierung oder eine Applikation erwähnt wird, darf der Leser zwar darauf vertrauen, daß Autoren und Verlag große Sorgfalt darauf verwandt haben, daß diese Angabe dem Wissensstand bei Fertigstellung des Werkes entspricht. Für Angaben über Dosierung und Applikationsformen kann vom Verlag jedoch keine Gewähr übernommen werden. Jede Dosierung oder Applikation erfolgt auf eigene Gefahr des Benutzers.

Lektorat: Frank Wigger, Marion Handgrätinger (Ass.)
Redaktion: Ingrid Glomp
Produktion: Elke Littmann
Umschlaggestaltung: Kurt Bitsch, Birkenau
Satz: Hermann Hagedorn GmbH, Viernheim
Druck und Verarbeitung: Franz Spiegel Buch GmbH, Ulm

Inhaltsverzeichnis

B. Spezieller Teil

Geleitwort

Diebe, Mörder und Piraten – so hat der bekannte Virologe Arnie Levine ein faszinierendes Buch genannt, das im gleichen Verlag erschienen ist wie das vorliegende Werk. Es ist eine exzellente und spannende Einführung für Nicht-Fachleute in die Biologie von Viren und ihre vielförmigen Erscheinungsformen als Zell-Killer, Überträger von zellulären Genen und Verursacher von chronischen und Krebserkrankungen, und es zeigt – wie auch zahlreiche längere Beiträge in weitverbreiteten Zeitschriften und Magazinen – das breite Interesse, das dieses noch junge Fachgebiet findet.

Die faszinierende Wechselbeziehung zwischen Viren und Wirt hat zur Entwicklung eines äußerst aktiven Forschungsfeldes geführt, das in seinen methodischen Grundlagen von der Immunologie über die Gentechnik bis zur Enzymologie und klassischen Biochemie reicht. Schon vor geraumer Zeit wurde daher die Virologie zunächst in den medizinischen Fakultäten, sehr schnell aber dann auch darüber hinaus in Form von Diplom- und Postgraduiertenstudiengängen angeboten. Die Einrichtung zahlreicher Lehrstühle der Virologie bezeugt diese Entwicklung.

Es war jedoch ein stets von Studenten und Dozenten beklagter Mangel, daß ein homogenes, nach einem klaren durchgängigen Schema aufgebautes Werk fehlt, welches vor allem das verfügbare naturwissenschaftliche Grundwissen vermittelt und gleichzeitig als Lehr- und als Nachschlagebuch dienen kann. Mehrere Lehrbücher stellen in Kurzform die Problematik dar, meist jedoch mit stärkerer medizinischer Ausrichtung und mit subjektiven Schwerpunkten. Andere, wie das (englischsprachige) Lehrbuch von Fields et al., behandeln umfassend aktuelle Gebiete, erlauben aber wegen der Fülle aktueller Detailinformationen und einer daher teilweise variablen Gliederung nur sehr schwer ein systematisches Studium des Faches.

Sehr früh haben wir daher über die Notwendigkeit eines Virologie-Lehrbuches und dessen Konzept nachgedacht. Es war dann eine glückliche Fügung, daß sich in der eigenen Gruppe mit Frau Prof. Dr. Susanne Modrow eine Wissenschaftlerin entwickelt hat, die mit größter Entschlossenheit helfen wollte, diesen Mißstand auszuräumen. Da ich selbst durch ständig wachsende Aufgaben meine Pläne zur Mitarbeit weitestgehend streichen mußte, war es besonders wertvoll, daß es mit Herrn Prof. Dr. Dietrich Falke einen Dritten im Bunde gab, der ebenfalls mit großem Elan dieses notwendige Opus vorwärts trieb und dabei auf einschlägige Erfahrung aufbauen konnte.

Das Buch ist in seinen einzelnen Kapiteln und deren Details sicherlich noch nicht perfekt. Von Anregungen und Vorschlägen für Ergänzungen oder Veränderungen durch Kolleginnen und Kollegen, die das Werk nun zum ersten Mal sehen und lesen, kann und wird es gewiß noch profitieren. Das Gesamtkonzept ist aber – wie ich glaube – sehr gut gelungen. Wegen seiner klaren Gliederung, die auch ein „Querlesen" erlaubt, und der mutigen sachlichen und durchgängig einheitlichen Nomenklatur eignet es sich nicht nur als systematisches Lehrbuch, sondern bietet sich auch an zur vergleichenden Betrachtung grundlegender Mechanismen der molekularen Biologie der Viren.

Ich wünsche dem Buch und den Lesern viel Erfolg.

Regensburg, August 1996 Prof. Dr. Hans Wolf

Vorwort

Nur wenige Disziplinen im Bereich der Naturwissenschaften und der Medizin haben sich in den vergangenen Jahren so schnell entwickelt wie die Virologie – ein Prozeß, der anhält und uns immer wieder dazu zwingt, Hypothesen, Theorien und auch Dogmen zu überdenken. Diese Dynamik ist nicht zuletzt eine Folge der großen, unmittelbaren Bedeutung dieses Fachgebiets für die Gesundheit des Menschen. Es sei hier nur an die AIDS-Pandemie, an die vielen *emerging viruses* oder auch an die durch Prionen verursachte Seuche des Rinderwahnsinns (BSE) erinnert.

Die Virologie wird fächerübergreifend von vielen verschiedenen Einzeldisziplinen getragen. Hierzu zählen neben der Human- und Veterinärmedizin vor allem Molekularbiologie, Genetik, Biochemie, Zellbiologie und Immunologie. Viren dienen allen Disziplinen als „Werkzeuge der Zellforschung", und tatsächlich sind viele molekularbiologische und -genetische Vorgänge erstmals an viralen Systemen beschrieben und untersucht worden. Das Spleißen der RNA-Vorläufer ist hier ebenso zu nennen wie die Struktur der Nucleosomen, die doppelsträngige DNA in Wechselwirkung mit Histonproteinen ausbildet. Wegen ihres einfachen Aufbaus und ihrer – im Vergleich zu zellulären Systemen – überschaubaren Größe erleichterten Viren die Untersuchung der molekularbiologischen Prozesse. Naturwissenschaftler und Ärzte bearbeiten heute viele Fragestellungen auf dem Gebiet der Virologie fachübergreifend. Beide Bereiche lassen sich kaum voneinander trennen, und beide profitieren jeweils vom Wissen des anderen.

Die Idee bei der Konzeption des Buches *Molekulare Virologie* war es daher, Studierenden beider Fachrichtungen, Diplomanden und jungen Wissenschaftlern eine Einführung an die Hand zu geben, die ihnen ein schnelles Einarbeiten in die Virologie, aber auch einen umfassenden Überblick zum aktuellen Wissen in dieser Disziplin ermöglicht. Der Schwerpunkt liegt dabei auf molekular- und zellbiologischen sowie genetischen Aspekten, die heute bei vielen Virusinfektionen gut untersucht und zum Teil bis in die Details bekannt sind. Es wurde jedoch in allen Fällen der Versuch unternommen, die molekularen Vorgänge mit der Pathogenese der Virusinfektion und den jeweiligen Krankheitsbildern zu korrelieren und damit naturwissenschaftliches mit humanmedizinischem Fachwissen zu kombinieren. Außerdem haben wir uns bemüht, auch immunologische, epidemiologische und diagnostische Fragestellungen sowie Möglichkeiten der Therapie und Impfung mit einzubeziehen. Schließlich hegen wir die Hoffnung, daß das vorliegende Buch auch der Etablierung eines Fachkanons *Virologie* dienlich ist.

Angesichts der großen und wachsenden Bedeutung der Virologie mag diese Einführung es aber auch dem interessierten Laien oder dem Fachfremden, der sich beruflich mit virologischen Fragestellungen befaßt, erlauben, sich in die Materie einzulesen und sich ein Urteil zu bilden. Im Zuge der versuchten Synthese humanmedizinischer und molekularbiologischer Erkenntnisse wie auch angesichts der Heterogenität der angesprochenen Zielgruppen war es nicht immer leicht, eine allen Seiten gerecht werdende Terminologie zu finden. Wir haben uns bemüht, die virologischen Fachbegriffe weitgehend dem im Bereich der Naturwissenschaften üblichen Sprachgebrauch anzupassen. Auch wurden die zahlreichen medizinischen Fachtermini, die für Nichtmediziner oft das Verständndis eines Textes nicht unerheblich erschweren, an vielen Stellen durch allgemein gängige Begriffe ersetzt. Zusätzlich haben wir am Ende des Buches ein Glossar angefügt, das die meisten der im Text vorkommenden Fachausdrücke erklärt. Dies sollte die Grundlage für ein fachübergreifendes Verständnis der Vorgänge bei Virusinfektionen und Viruserkrankungen schaffen und es ermöglichen, beim Lesen des Buches auf zusätzliche Spezialliteratur und -lexika verzichten zu können.

Wir danken den vielen Kollegen, die sich der Mühe der Durchsicht der verschiedenen Kapitel unterzogen haben und uns auf fehlerhafte Darstellungen und Ungereimheiten aufmerksam gemacht haben, uns aber vor allem immer wieder ermuntert haben, diesen mühevollen Versuch der Verbindung zweier Fachdisziplinen trotz aller Schwierigkeiten weiter zu verfolgen. Unser Dank gilt hier vor allem Prof. Dr. Hans Wolf, Universität Regensburg; Prof. Dr. Franz Heinz, Universität Wien; Frau Prof. Dr. Angelika Vallbracht, Universität Bremen; Prof. Dr. Wolfgang Jilg, Universität Regensburg; Prof. Dr. Detlev Krüger, Charité Berlin; Prof. Dr. Rüdiger Schmitt, Universität Regensburg; Privatdozent Dr. Wolfgang Neubert, MPI für Biochemie, Martinsried; Dr. Manfred Marschall, TU München; Dr. Ralf Bartenschlager, Universität Mainz; Dr. Hans Nitschko, LMU München; Dr. Gerhard Sutter, GSF Neuherberg; Dr. Bernd Echternacher, Universität Regensburg; Dr. Fritz Schwarzmann, Universität Regensburg, Dr. Bernd Kochanowski, Universität Regensburg; Dr. Ralf Wagner, Universität Regensburg; Dr. Stefan Böhm, Universität Regensburg; Dr. Thomas Dobner, Universität Regensburg; Frau Dr. Kristina Dörries, Universität Würzburg; Dr. Andreas von Poblotzki, SmithKline Beecham, München; Dr. Matthias Niedrig, Robert-Koch-Institut, Berlin.

Besonderer Dank gilt Herrn Diplom-Biologen Andreas Gigler und Frau Diplom-Biologin Anja Bühner, Universität Regensburg. Sie waren für die graphische Gestaltung der Abbildungen verantwortlich und haben auch die schlechtesten Vorlagen in akzeptable Darstellungen verwandelt. Frau M. O'Malley sei für ihre Hilfe bei Schreibarbeiten vielmals gedankt. Herr Frank Wigger und Spektrum Akademischer Verlag haben die Entstehung des Buches großzügig und geduldig verfolgt und unterstützt. Ganz besonders sei in diesem Zusammenhang Herrn Prof. Hans Wolf gedankt. Er hat die beiden Autoren zusammengebracht und bei vielen Diskussionen ausgleichend und vermittelnd gewirkt.

August 1996

Susanne Modrow, Regensburg

Dietrich Falke, Mainz

A. Allgemeiner Teil

1. Geschichtlicher Überblick

1.1 Wann und wie wurde die Existenz von Viren bewiesen?

Für die Krankheiten, die wir heute als Viruserkrankungen kennen, sah man ursprünglich „Gifte" als Ursache an. Mit den damals üblichen Methoden ließen sich keine (krankheitserzeugenden) pathogenen Organismen wie Bakterien oder Protozoen in den „giftigen Materialien" nachweisen. Erst Tierversuche, bei denen sich auch nach mehreren Passagen keine Ausverdünnung der giftigen Eigenschaften einstellte, legten nahe, daß das krankheitsauslösende Agens in der Lage war, sich im Organismus zu vermehren. Man sprach deshalb von einem in lebenden Zellen vermehrungsfähigen „Virus" (lateinisch für „Gift" oder „Schleim"). Im Jahre 1892 konnte Dimitri I. Iwanowski in St. Petersburg zeigen – und seine Ergebnisse wurden bald darauf von Martinus Willem Beijerinck in Holland bestätigt –, daß die Mosaikkrankheit der Tabakpflanzen durch ein „ultrafiltrierbares" und damit deutlich unter Bakteriengröße liegendes Agens verursacht wird: das *Tabakmosaikvirus*. (Bakterienfilter weisen eine Porenweite von etwa 0,2 Mikrometern auf, die meisten Viren messen dagegen weniger als 0,1 Mikrometer.) Der erste Nachweis eines tierpathogenen Virus gelang dann 1898 Friedrich Loeffler und Paul Frosch in Greifswald mit der Entdeckung des *Maul-und-Klauenseuche-Virus*.

Rückblickend läßt sich allerdings belegen, daß bereits vor etwa 3 000 Jahren – ohne nähere Kenntnis des Erregers – Vorgehensweisen praktiziert wurden, die man heute als *Impfungen* gegen Viruserkrankungen bezeichnen würde. Im alten China, in Indien und in Ägypten müssen immer wieder verheerende Pockenepidemien aufgetreten sein; auch Pharao Ramses V. ist – wie seine Totenmaske zeigt – sehr wahrscheinlich an einer Infektion durch Pockenviren gestorben. Wie man damals beobachtete, blieben Personen, welche die Krankheit einmal überstanden hatten, bei weiteren Epidemien verschont; in ihnen mußte sich also bedingt durch die erste Erkrankung eine Art Schutz entwickelt haben: Sie waren *immun*. Dieser Schutzzustand ließ sich auch künstlich herbeiführen: Übertrug man den getrockneten Schorf von Pocken auf noch nicht erkrankte Personen, dann waren diese zumindest teilweise vor den Pocken geschützt – eine Maßnahme, die wir heute als *Variolation* bezeichnen (die Pocken tragen fachsprachlich die Bezeichnung Variola; Abschnitt 18.5). Im 18. Jahrhundert stellte man in England und Deutschland fest, daß auch die Überwindung der Melkerknotenkrankheit, die durch einen mit dem Pockenvirus verwandten Erreger ausgelöst wird, einen Schutz vor den echten Pocken verleiht. Diese Beobachtungen müssen Edward Jenner 1796 bekannt gewesen sein, als er Schweine- und Kuhpockenmaterial als eine Art Impfstoff zunächst auf seinen erstgeborenen Sohn und dann auf James Phipps, einen jungen Kuhhüter, übertrug. Bei beiden Jungen blieben nachfolgende Expositionen mit dem humanpathogenen Pockenvirus durch Verimpfung von Pockeneiter ohne Reaktion; tatsächlich war also durch dieses erste „virologische Experiment" ein Schutz erzeugt worden.

Von England breitete sich die Kenntnis dieser *Vakzination* – der Begriff ist vom lateinischen *vacca* für „Kuh" abgeleitet – sehr rasch auf den europäischen Kontinent und in die USA aus. Mit den bald gesetzlich vorgeschriebenen Impfungen – so wurde im damaligen Deutschen Reich 1871 ein erstes Impfgesetz erlassen – gelang es, die gefürchtete Seuche allmählich einzudämmen. Es dauerte dann allerdings noch etwa 100 Jahre, bis 1977 in Somalia zum letzten Mal ein Mensch, Ali Maov Maalin, an den Pocken erkrankte, nachdem die WHO ein weltweites Impfprogramm durchgeführt hatte. Heute gilt die Krankheit als ausgerottet.

Auf einer ähnlichen Basis, das heißt ohne genaue Kenntnis der Natur des Erregers, entwickelte Louis Pasteur 1885 in Paris einen Impfstoff gegen die Tollwut. Er hatte 1882 die Erkrankung, deren Ursache er in unbekannten und unsichtbaren Mikroben sah, erstmals intracerebral auf Kaninchen übertragen. Wie er zeigen konnte, verlor der Erreger durch fortlaufende Übertragung in den Tieren seine krankheitserzeugenden Eigenschaften. Pasteur gewann hierdurch die Basis für ein Impfvirus (*virus fixe*), das sich im Gegensatz zu dem Wildtyperreger (*virus de rue*) durch eine konstante Inkubationsperiode auszeichnete. Verriebenes und getrocknetes Rückenmark von Kaninchen, die mit dem *virus fixe* inokuliert worden waren, war nicht mehr infektiös, erzeugte aber (zunächst in Hunden) Schutz vor der Tollwut. 1885 verimpfte Pasteur dieses Material erstmals an einen neunjährigen elsässischen Jungen namens Joseph Meister, der zwei Tage vorher von einem tollwütigen Hund gebissen worden war und der dank der Impfung schließlich überlebte.

1.2 Welche technischen Fortschritte haben die Entwicklung der modernen Virologie bestimmt?

Viren sind dem Menschen aufgrund ihrer geringen Größe lange verborgen geblieben. Die Auflösung der um 1900 von Ernst Abbé konstruierten Lichtmikroskope reichte nicht aus, um diese Krankheitserreger sichtbar zu machen; dies gelang erst mit dem 1940 von Ernst Ruska entwickelten Elektronenmikroskop. Auch der (indirekte) Nachweis solcher sehr kleiner, auf künstlichem Nährboden nicht züchtbarer Agentien blieb so lange unmöglich, bis *bakteriendichte Ultrafilter* zur Verfügung standen. Diese erlaubten es schließlich, die Existenz vieler Viren zu zeigen: Walter Reed wies so im Jahre 1900 das Gelbfiebervirus als erstes humanpathogenes Virus nach, 1903 folgten die Kaninchenmyxom- und die Tollwutviren; 1908 entdeckten V. Ellermann und O. Bang die Geflügelleukämie-, 1909 Karl Landsteiner und Emil Popper die Poliomyelitisviren, und 1911 fand Peyton Rous das nach ihm benannte Rous-Sarkom-Virus und damit das erste Virus, das in der Lage war, (in Geflügel) Tumorerkrankungen (in diesem Falle des Bindegewebes) zu induzieren; daß Viren dazu fähig sind, war bereits 1903 von dem französischen Bakteriologen A. Borrel vermutet worden.

Daß auch Bakterien von ultrafiltrierbaren, übertragbaren Erregern befallen werden können, entdeckten Frederick Twort und Felix d'Herelle in den Jahren 1916 und 1917. Ihnen fiel vor allem die Fähigkeit dieser Agentien auf, Bakterien zu lysieren; sie nannten sie deshalb *Bakteriophagen* – nach dem griechischen Wort *phagein* für „essen". Die Erforschung der Natur der Bakteriophagen hat der Virologie in methodischer wie konzeptioneller Hinsicht wichtige Befunde und Anregungen geliefert. Viele der Schritte, die eine Virusinfektion charakterisieren – wie Adsorption und Penetration, die regulierte Genexpression mit früh und spät im Zyklus produzierten Proteinen sowie die Lysogenie mit der Existenz von Prophagen – wurden erstmals bei Untersuchungen an diesen Bakterienviren entdeckt.

1.2.1 Tierexperimente lieferten wichtige Erkenntnisse zur Pathogenese von Viruserkrankungen

Die Untersuchung der Viren und ihrer Eigenschaften war vor allem dadurch erschwert, daß sie sich anders als Bakterien nicht in künstlichen Nährmedien vermehren ließen. Man stellte jedoch fest, daß einige der aus erkrankten Personen isolierten Erreger auf Tiere übertragbar waren und sich in ihnen vermehrten. So war Wilhelm Grüter in Marburg schon im Jahre 1911 die Übertragung des Herpes-simplex-Virus von den Hautbläschen des Menschen auf die Cornea (Hornhaut) des Kaninchenauges gelungen. Tierexperimente erbrachten aber auch aus anderer Sicht viele Erkenntnisse zur Pathogenese von Virusinfektionen. Richard E. Shope entdeckte 1935 das Papillomvirus des Kaninchens und damit das erste Tumorvirus, das – wie sich später zeigte – ein DNA-Genom enthielt. Er vermutete, ein solches Virus könne als *Provirus* in einer latenten Form im Organismus vorkommen. Darüber hinaus ist ihm die Entdeckung zu verdanken, daß Karzinome der Haut aus gutartigen Papillomen hervorgehen können; bösartige Tumoren entstehen also in zwei oder mehreren Schritten – eine heute allgemein akzeptierte Vorstellung. Shope hatte ferner beobachtet, daß die Karzinomhäufigkeit bei verschiedenen Kaninchenrassen variiert, daß also genetische Eigenschaften des Wirtes die Krebsentstehung beeinflussen.

Im Rahmen von Tierversuchen machte Erich Traub 1935 in Princeton beim Studium des Virus der lymphocytären Choriomeningitis eine wichtige Beobachtung: Wurden trächtige Mäuse mit dem Virus infiziert, erfolgte eine Übertragung auf die Embryonen; die Muttertiere erkrankten an einer Hirnhautentzündung (Meningitis) und bildeten im weiteren Verlauf schützende Antikörper, die neugeborenen Mäuse blieben dagegen gesund, schieden aber lebenslang große Virusmengen aus, ohne Immunglobuline zu entwickeln. Damit hatte man das erste Beispiel für eine durch ein Virus ausgelöste *Immuntoleranz* entdeckt, allerdings ohne die allgemeine Bedeutung dieses Phänomens zu erkennen und den heute gängigen Begriff zu prägen. Die lymphocytäre Choriomeningitis erwies sich später als immunologisch bedingte Erkrankung. Rolf M. Zinkernagel und Peter C. Doherty haben 1974 an diesem Modell erstmals die Existenz von cytotoxischen Lymphocyten und deren Restriktion für einen bestimmten, genetisch verankerten Typ von MHC-Proteinen gezeigt. Durch die oben erwähnten Experimente von Traub war aber auch zum ersten Mal die *intrauterine Übertragung* eines Virus gezeigt worden. Dies warf die Frage nach ähnlichen Infektionswegen beim Menschen auf. Tatsächlich beobachtete dann 1941 Sir Norman Gregg in Australien nach einer schweren Rötelnepidemie Embryopathien, wenn schwangere Frauen von der Infektion betroffen waren. Wie man später nachwies, waren diese Fehlbildungen die Folge intrauteriner Übertragungen des Rötelnvirus.

1947 erfolgte die Entdeckung der Coxsackieviren, nachdem man virushaltige Stuhlextrakte auf neugeborene Mäuse übertragen hatte (Coxsackie ist ein Ort im US-Bundesstaat New York). Wenig später gelang Ludwik Grosz in New York auf eben diese Weise die Isolierung und der Nachweis der Leukämieviren der Maus. Neben der Wichtigkeit für die Tumorvirusforschung weckten diese Beobachtungen auch das Interesse an der Frage, worin die Basis der hohen Empfänglichkeit neugeborener Tiere für Virusinfektionen liegen könnte, und regten Untersuchungen zur angeborenen Resistenz eines Organismus gegenüber Infektionen sowie zum Zeitpunkt ihrer Entstehung und zu ihren Ursachen an.

Pandemie = sich weit ausbreitende ganze Länder erfassende Epidemie
pandemisch = sich über mehrere Länder ausbreitende Seuche

1.2.2 Die Zellkultur stellt eine unverzichtbare Grundlage für die Virusforschung dar

Umständliche und zeitraubende Tierversuche waren anfangs die einzige Möglichkeit, die Existenz von Viren nachzuweisen. Man suchte deshalb schon früh nach einfacheren Methoden. Einen Weg wies die Beobachtung sogenannter *Einschlußkörperchen* in virusinfizierten Geweben, die bald als Hinweis für eine Vermehrung der Erreger gewertet wurden; es handelt sich hierbei, wie man heute weiß, um Ansammlungen von Virusproteinen und -partikeln im Cytoplasma oder im Zellkern. Die ersten Einschlußkörperchen fand Dimitri I. Iwanowski; zur gleichen Zeit entdeckte G. Guarnieri ähnliche Ablagerungen in mit Pockenviren infizierten Zellen, 1903 dann Adelchi Negri die später nach ihm benannten Einschlußkörperchen in Ganglienzellen tollwutkranker Tiere. Damit standen zumindest für einige Viruskrankheiten einfache, färberische Nachweisverfahren zur Verfügung. Methoden zur Züchtung der Viren hatte man jedoch erst später zur Hand.

In den dreißiger Jahren fand man heraus, daß sich *bebrütete Hühnereier* für die Vermehrung mancher Virusspezies eignen. Zwischen 1918 und 1920 forderte eine pandemisch auftretende Viruserkrankung, die *Spanische Grippe* (Influenza), weltweit etwa 20 Millionen Todesopfer – mehr als der erste Weltkrieg. Nach der Züchtung der verantwortlichen Viren in bebrüteten Hühnereiern im Jahre 1933 wurden 1941 ihre hämagglutinierenden Fähigkeiten (also ihr Vermögen, rote Blutkörperchen zusammenzuballen) entdeckt, und damit der Grundstein für die Entwicklung von Hämagglutinationstests zum Virusnachweis gelegt. Als weiterer wichtiger Schritt in der Geschichte der modernen Virologie erwiesen sich die ersten *Ultrazentrifugen*, die etwa zur gleichen Zeit zur Verfügung standen; durch sie wurde die Sedimentation der kleinen Viruspartikel und so ihre Konzentrierung möglich. Den Durchbruch bei der Aufklärung der Pathogenese der Influenzaviren brachten jedoch erst molekularbiologische Verfahren, die es erlaubten, das genetische Material dieser Erreger zu untersuchen, das in Form einzelsträngiger RNA-Segmente vorliegt. Ihre Sequenzierung offenbarte die genetischen Ursachen für die bis dahin unverstandene Fähigkeit der Influenzaviren, ihre antigenen Eigenschaften in periodischen Abständen zu verändern (Abschnitt 15.1).

Vor allem war es aber die in erster Linie aus Spendenmitteln geförderte Erforschung der Kinderlähmung (Poliomyelitis), welche entscheidende neue Erkenntnisse erbrachte; sie stellt rückblickend den eigentlichen Übergang zur molekularbiologischen Untersuchung von Virusinfektionen dar. Die starke Zunahme der an Kinderlähmung Erkrankten und Gestorbenen – eine Folge des gesteigerten Hygienestandards und der Verschiebung der Durchseuchung in spätere Lebensjahre (Abschnitt 13.1) – bewirkte in den USA zu Beginn der dreißiger Jahre die Gründung der National Polio Foundation durch Franklin D. Roosevelt, der selbst ein Opfer dieser Krankheit war. Mit den eingeworbenen Mitteln konnte ein großes Forschungsprogramm initiiert werden, dessen Krönung 1949 die Entdeckung des *cytopathischen Effekts* (CPE) durch John F. Enders, T. H. Weller und F. C. Robbins war.

H. B. und M. C. Maitland hatten bereits 1928 die Methode der *Gewebekultur* eingeführt, bei der man die Zellen kleiner Gewebestückchen in serumhaltigen Flüssigkeiten kultivierte und mit Viren infizierte; die erfolgte Replikation der Viren wurde dann im Tierversuch oder durch das Vorhandensein von Einschlußkörperchen nachgewiesen. Als in den vierziger Jahren Antibiotika zur Verfügung standen, konnte man bakterielle Kontaminationen in den Kulturen weitgehend vermeiden; dies führte zu einer deutlich einfacheren Handhabung dieser Methode. Das Poliovirus wurde in embryonalen menschlichen Zellen von festsitzenden Nierengewebestückchen gezüchtet, und dabei stellten sich leicht erkennbare Zellveränderungen ein. Dieser diagnostisch wertvolle cytopathische Effekt trieb die Entwicklung der Virologie weiter voran. Er war die Grundlage für den *Plaque-Test*, den Renato Dulbecco und

Margarete Vogt im Jahre 1953 entwickelten; hierdurch war erstmals die quantitative Bestimmung der Zahl der infektiösen Partikel in der Zellkultur möglich. Mit der Fähigkeit, Polioviren unter kontrollierbaren Bedingungen *in vitro* zu züchten, war auch die Basis für die Entwicklung der beiden Polio-Impfstoffe gelegt: Der von Jonathan E. Salk entwickelte Totimpfstoff und die Lebendvakzine mit attenuierten, das heißt abgeschwächten Polioviren, die Albert B. Sabin etablierte, sind noch heute in Gebrauch. Nach dem von Sabin angewandten Prinzip wurden später auch die Impfstoffe gegen Masern, Röteln und Mumps hergestellt.

Durch die Methode der Zellkultur gelang es, auch das Gelbfieber-, das Vaccinia- und das Tollwutvirus *in vitro* zu züchten. 1953 isolierte Wallis P. Rowe aus Kulturen von menschlichem Tonsillengewebe nach längerer Kultivierungsdauer die Adenoviren. Eine Fortentwicklung zur Viruszüchtung *in vitro* bot die Methode der *Kokultivierung*, das heißt die Zugabe von Indikatorzellen zu den Gewebekulturen, die durch Auftreten eines cytopathischen Effekts die erfolgte Replikation eines Virus anzeigen. Auf diese Weise gelang 1971 der Nachweis des Herpes-simplex-Virus in latent infizierten Spinalganglien des Menschen; der direkte Virusnachweis war hingegen nicht möglich. Bis dahin hatte man allgemein angenommen, daß im Verlauf einer Virusinfektion der Erreger durch die entstehenden Antikörper völlig aus dem Organismus eliminiert wird. Das Auftreten von Herpesbläschen als Rezidivkrankheit bei Personen mit Antikörpern – bekannt als *immunologisches Herpes-Paradoxon* – brachte diese Vorstellungen zu Fall. Bereits vorher hatte Ernest W. Goodpasture vermutet, daß die Trigeminusganglien eine „latente" Form des Virus enthalten müßten. Nachdem dann durch Kokultivierung ein solches Virus nachgewiesen worden war, erkannte man, daß es bei etlichen Infektionen *latente* oder *persistierende Viren* geben muß, die – oft unabhängig von Krankheitsanzeichen – intermittierend oder permanent ausgeschieden werden.

1.2.3 Die moderne Molekularbiologie ist auch ein Kind der Virusforschung

Parallel zu den eher vom praktischen Nutzen geprägten Entwicklungen zur Züchtbarkeit der Viren gewann das Interesse an allgemein biologischen Fragen zunehmend an Bedeutung. 1935 war Wendell Stanley in Kalifornien die Kristallisierung des Tabakmosaikvirus aus flüssigen Medien gelungen; diese Ergebnisse regten Diskussionen darüber an, ob es sich bei den Viren um tote oder lebendige Materie handelt. Die Hauptfrage betraf aber die Natur und Struktur des genetischen Materials, das sich 1944 durch die Experimente von Oswald T. Avery, Maclyn McCarty und Colin McLeod an Pneumococcen als Nucleinsäure herausstellte. Alfred D. Hershey und Martha Chase gelang 1952 der Nachweis, daß bei Infektionen mit T4-Phagen nur die DNA, nicht aber die Proteinhülle der Viren in die Bakterienzelle eindringt. Damit war bewiesen, daß Nucleinsäuren die Träger der genetischen Information sind. Einige Jahre später, nämlich 1955, zeigten Gerhard Schramm und Heinz Fraenkel-Conrat unabhängig voneinander am System des Tabakmosaikvirus, daß auch RNA infektiös sein kann. Schramm hatte mit seinen Mitarbeitern bereits 1944 in Deutschland beschrieben, daß das Tabakmosaikvirus aus RNA und Proteinen besteht – diese Daten fanden zuerst aber nur wenig Beachtung. Die von Edwin Chargaff erarbeiteten Daten über die Basenverhältnisse in DNA-Molekülen (T = A und G = C) ermöglichten 1953 James D. Watson und Francis H. Crick in Verbindung mit den Röntgenstrukturanalysen Rosalind Franklins, ihr Modell der *DNA-Doppelhelix* zu entwickeln. Matthew Meselson und Franklin W. Stahl zeigten 1958, daß die DNA bei der Zellteilung semikonservativ verdoppelt wird. Mit diesen fundamentalen Erkenntnissen war die Möglichkeit für die Aufklärung der molekularbiologischen Prozesse geschaffen, die heute vielen Menschen geläufig sind. Die inzwischen gebräuchlichen molekulargenetischen, biochemischen und immunologischen Methoden ermöglichen den Virusnachweis in den Organen und das Studium der Ausbreitung im Organismus. Die Funktion und Wirkung viraler Gene läßt sich isoliert und im Zusammenspiel mit anderen Virus- oder Zellkomponenten erforschen. Fast alle Viren kann man heute *in vitro* in großen Mengen züchten, um ihre Morphologie und den Partikelaufbau aufzuklären und die Basenfolgen ihrer Erbinformation zu entschlüsseln. Virus-Zell-Wechselwirkungen können untersucht werden und ermöglichen wichtige Einblicke in die viralen Replikationsmechanismen. Andererseits sind auch viele der molekularen Prozesse in eukaryotischen Zellen durch den Einsatz von Viren als Werkzeuge der Zellforschung aufgeklärt worden. So hat man bei den Adenoviren erstmals den Vorgang des *RNA-Spleißens* beschrieben, über den weit auseinanderliegende Genabschnitte nach der Transkription in unterschiedlicher Weise zu mRNA-Molekülen zusammengesetzt werden. Auch *Enhancer* – bestimmte DNA-Abschnitte, die orientierungs- und lokalisationsunabhängig die Expression bestimmter Gene verstärken – wurden ursprünglich im Virussystem beschreiben. Daß die DNA im Zellkern zusammen mit Histonproteinen in Nucleosomenstrukturen angeordnet ist, wurde ebenfalls erstmals bei einem Virus, nämlich dem SV40 entdeckt.

1.3 Worin besteht die Bedeutung der Koch-Henleschen Postulate?

Bei der Beschäftigung mit der Epidemiologie und Pathogenese von Infektionskrankheiten stellt sich die grundlegende Frage, wie man beweisen kann, daß eine Erkrankung durch eine Infektion mit einem Bakterium oder einem Virus verursacht wird. Robert Koch hatte aus seinen 1882 bis 1890 durchgeführten Arbeiten mit Milzbrandbakterien vier Postulate abgeleitet, die zuvor sein Lehrer Jacob Henle aus dem Studium der sogenannten Miasmen und Kontagien, das heißt der belebten oder unbelebten Krankheits- und Ansteckungsstoffe, als Hypothese entwickelt hatte:

1. Ein Krankheitserreger muß sich in allen Fällen bei einer bestimmten Krankheit nachweisen lassen, wohingegen er beim Gesunden immer fehlen muß.
2. Der Krankheitserreger muß sich *in vitro* züchten lassen und zwar in Form von Reinkulturen.
3. Gesunde Tiere müssen nach der Inokulierung des Erregers die gleiche Krankheit entwikkeln.
4. Außerdem muß die Reisolierung des Erregers aus den Tieren gelingen.

Bereits Koch hatte festgestellt, daß sich nicht in jedem Fall alle Postulate erfüllen lassen; er erkannte, daß es gesunde Träger und Dauerausscheider gibt und daß eine Normalflora von Bakterien existiert, die nur fakultativ pathogen ist. Im Bereich der Virologie erfüllen die Pocken- und Masernviren die vier Postulate am ehesten. In Bezug auf Viruserkrankungen hat Charles Rivers 1937 Modifikationen dieser Postulate vorgeschlagen. Die vorgesehenen Ausnahmen betreffen vorzugsweise latente oder persistierende Virusinfektionen sowie die Tatsache, daß sich Gewebe- und Organzerstörungen oder Tumorbildungen als Infektionsfolgen nicht immer reproduzieren lassen.

Die Weiterentwicklung virologischer und immunchemischer Nachweisverfahren in den letzten Jahren hat es ermöglicht, für die kausale Beziehung zwischen einem Virus und einer Krankheit zusätzliche Kriterien heranzuziehen: Hierzu gehören der Nachweis einer spezifischen humoralen oder zellulären Immunantwort gegen den Erreger, das heißt von IgM- oder IgG-Antikörpern und spezifisch stimulierbaren Lymphocyten, und der Nachweis von viralen Proteinen, Enzymaktivitäten, DNA oder RNA durch *in vitro*- und *in situ*-Methoden. Vor allem für die ätiologische Verknüpfung von persistierenden Virusinfektionen mit Tumorerkrankungen ist der spezifische Nachweis von viralen Nucleinsäuren in Geweben essentiell. Die Erfüllung der Kochschen Postulate beziehungweise ihrer Modifikationen ist nach wie vor unabdingbar für die Erstellung ätiologischer Beziehungen zwischen Erreger und Wirt.

1.4 In welcher Wechselbeziehung steht die Virusforschung mit Krebsforschung, Neurobiologie und Immunologie?

1.4.1 Viren können Zellen transformieren und Krebs verursachen

Daß Viren Tumorerkrankungen verursachen können, war bereits 1911 für das Rous-Sarkom-Virus bewiesen worden. 1959 beobachtete Renato Dulbecco bei *in vitro*-Untersuchungen, daß eine Infektion mit dem Polyomavirus der Maus gutartige Zellen zu malignen transformiert. Nach der Inokulation in Tiere erzeugten diese Zellen wiederum Tumoren. Kurze Zeit danach entdeckte man, daß auch das Rous-Sarkom-Virus Zellen *in vitro* transformieren kann. So wurde die Tumorvirusforschung zu einem treibenden Element der Virologie. Auch der Erforschung der Krebsentstehung gab und gibt sie in gedanklicher und methodischer Hinsicht entscheidende Impulse. Die Experimente mit dem tumorerzeugenden Polyomavirus hatten außerdem ergeben, daß man seine Verbreitung in Mauspopulationen durch *serologische Verfahren* verfolgen kann. Das weckte die Hoffnung, mit den klassischen Methoden der Epidemiologie wie Virusisolierung und Antikörpernachweis die Krebsentstehung auf virale Agentien zurückführen und studieren zu können. Im Tiersystem erbrachte vor allem die Erforschung der C-Typ-Retroviren wichtige Erkenntnisse zum Verständnis der molekularen Vorgänge, die zur Entstehung von Tumoren führen. Howard Temin und David Baltimore entdeckten 1970 beim Studium der onkogenen Retroviren die *Reverse Transkriptase* – ein Enzym, das die einzelsträngige RNA der Retroviren in doppelsträngige DNA umschreibt. Nach der *Integration* der Erbinformation in das Wirtsgenom verlieren diese Viren ihre Individualexistenz. Bereits einige Jahre zuvor hatte Temin beschrieben, daß ein Hemmstoff der DNA-Synthese die Replikation des Rous-Sarkom-Virus verhindert, was bei einem typischen RNA-Virus nicht der Fall sein sollte. Die Integration eines Virusgenoms, das dann als *Provirus* vorliegt, wurde mit der Entstehung von Tumoren in Verbindung gebracht. Dieses Ereignis unterbricht die Kontinuität des Genoms der Zelle; Gene können amplifiziert oder zerstört oder ihre Expression durch Neukombination mit viralen Promotoren aktiviert werden. Auch Teile des Virusgenoms gehen bei diesem Prozeß verloren.

Bereits Shope hatte – wie oben erwähnt – beschrieben, daß Karzinome durch einen zwei- oder mehrstufigen Prozeß aus Papillomen entstehen. In den letzten Jahren hat man gezeigt, daß die Entwicklung des durch humane Papillomviren verursachten Cervixkarzinoms ähnlich verläuft. Auch das Epstein-Barr-Virus entfaltet seine tumorerzeugende Wirkung auf komplexe Weise: In den Tumorzellen des Nasopharynxkarzinoms und zahlreicher Lymphome (afrikanisches Burkitt-Lymphom) ist die DNA des Virus nachweisbar. Die Zellen sind infiziert und immortalisiert, produzieren jedoch keine infektiösen Viruspartikel. In den B-Zell-Lymphomen findet man außerdem Translokationen von Chromosomenteilen (Abschnitt 18.4). Zu einer malignen Entartung kommt es jedoch erst im Zusammenwirken mit anderen Faktoren wie der Malariaerkrankung.

1.4.2 Als Spätfolge von Slow-Virus-Infektionen treten Erkrankungen des zentralen Nervensystems auf

Der Begriff der langsamen oder *Slow-Virus*-Infektionen wurde in den siebziger Jahren für Erreger geprägt, die nur nach sehr langen Inkubations- oder Latenzperioden Symptome verursachen. Die Erforschung ihrer Pathogenese zeigte, daß die Mehrheit der Slow-Virus-Infektionen durch Erreger ausgelöst werden, die üblicherweise mit anderen Erkrankungen verbunden sind. Slow-Virus-Infektionen wirken sich überwiegend im zentralen Nervensystem aus und werden beispielsweise von Masern- und JC-Viren verursacht. Auch die Infektion mit dem humanen Immundefizienzvirus (HIV) kann als Slow-Virus-Erkrankung betrachtet werden. Die subakute, sklerosierende Panencephalitis (SSPE) ist vermutlich durch Mutationen in einigen Genen des Masernvirus bedingt, die zur Entstehung von defekten Viruspartikeln führen (Abschnitt 14.2). Bei der durch das JC-Virus ausgelösten progressiven, multifokalen Leukoencephalopathie (PML) gelangt das Virus anscheinend sehr früh in das Gehirn und persistiert dort lange, ehe die Krankheit bei einer Schädigung des Immunsystems ausbricht (Abschnitt 18.2).

1.4.3 Interferone stimulieren die Immunabwehr von Virusinfektionen

Bei Arbeiten über das Gelbfiebervirus entdeckten M. Hoskins, G. M. Findlay und F. MacCallum 1935 das Phänomen der *Interferenz*: Wurde ein avirulentes Virus in ein Versuchstier injiziert, war das Tier vor den Folgen der Infektion durch einen virulenten Stamm geschützt, wenn diese innerhalb der nächsten 24 Stunden, also noch vor dem Einsetzen einer Immunreaktion, erfolgte. 1957 zeigten Alick Isaacs und Jean Lindenmann in London, daß *Interferon* für die Interferenz verantwortlich ist. Es ist artspezifisch, induzierbar und gehört zu einer Substanzgruppe, die man heute als *Cytokine* zusammenfaßt. Interferone spielen bei der primären, unspezifischen Abwehr von Virusinfektionen und bei der Stimulierung des Immunsystems eine große Rolle. Überraschung löste die Beobachtung aus, daß antiviral wirkende Interferonpräparate *tumorhemmend* wirken. Inzwischen besitzt der tumorhemmende Effekt der Interferone eine größere therapeutische Bedeutung als der antivirale. Allgemein entstehen Cytokine dann, wenn sich ein geeigneter Induktor als Ligand an seinen Rezeptor auf der Zellmembran bindet und so in der Zelle bestimmte Signalübertragungen auslöst (Kapitel 8).

1.5 Welche Strategien liegen der Entwicklung antiviraler Chemotherapeutika zugrunde?

Seit etwa 1960 versucht man, antiviral wirkende Chemotherapeutika zu entwickeln. Im Rückblick läßt sich diese Suche in drei Stadien einteilen: Die ersten erfolgreichen Experimente zur Therapie einer Virusinfektion führten Josef Wollensak und H. E. Kaufman um 1960 bei der *Keratitis herpetica* durch. Sie verwendeten Substanzen, welche die Virusreplikation *in vitro* hemmen und die man aus der experimentellen Tumortherapie kannte. Die *Selektivität* dieser Stoffe, das heißt ihre Fähigkeit, spezifisch die viralen, nicht aber die zellulären Prozesse zu beeinflussen, war jedoch nur gering, die Substanzen daher sehr zelltoxisch. Nachdem man viruscodierte Enzyme wie Thymidinkinasen, DNA-Polymerasen und

Proteasen entdeckt hatte, konnte man die Entwicklung spezifischer Hemmstoffe angehen. Durch *gezielte Empirie* – das heißt, man versuchte unter vielen wirkungsähnlichen Substanzen eine zu finden, die mit hoher Selektivität die Virusvermehrung beeinflußt – fand man antivirale Wirkstoffe wie Amantadin für Influenza-A-Viren sowie Adenosinarabinosid und Acycloguanosin (ACG) für Herpes-simplex-Viren. Die von Gertrude Ellion und ihren Mitarbeitern entwickelte Möglichkeit, Acycloguanosin als systemisch anwendbare und selektiv antiviral wirkende Substanz bei der Herpes-Encephalitis einzusetzen, war ein wichtiger Meilenstein der chemotherapeutischen Forschung. Als man DNA-Sequenzen analysieren konnte, trat die experimentelle Chemotherapie der Virusinfektionen in ihr drittes Stadium. Man entdeckte bisher unbekannte viruscodierte Enyzme wie die Ribonucleotidreduktase und die Thymidilatsynthase und konnte durch den Vergleich mit Proteinen ähnlicher Funktion und bekannter dreidimensionaler Struktur Modelle der Enzyme konstruieren. So lassen sich potentielle aktive Zentren identifizieren und gezielt Substanzen entwickeln, die in diese hineinpassen und das Enzym hemmen. Das bedeutet ein Abweichen von der rein empirischen Forschung und ist ein erster Schritt hin zu einer rationalen Entwicklung antiviral wirkender Substanzen (Kapitel 9).

1.6 Weiterführende Literatur

Behbehani, A. M. *The Smallpox Story in Words and Pictures.* Kansas (University of Kansas Press) 1988.

Hopkins, D. R. *Princes and Peasants. Smallpox in History.* Chicago (The University of Chicago Press) 1983.

Kirchner, H.; Kruse, A.; Neustock, P.; Rink, L. *Cytokine und Interferone.* Heidelberg (Spektrum Akademischer Verlag) 1993.

Kruif, de P. *Mikrobenjäger.* Frankfurt, Berlin, Wien (Ullstein) 1980.

Levine, A. J. *Viren. Diebe, Mörder und Piraten.* Heidelberg (Spektrum Akademischer Verlag) 1991.

Müller, R. *Medizinische Mikrobiologie. Parasiten, Bakterien, Immunität.* 3. Aufl. Wien, Berlin, München (Urban und Schwarzenberg) 1946.

Waterson, A. P.; Wilkinson, L. *History of Virology.* Cambridge (Cambridge University Press) 1978.

Williams, G. *Virus Hunters.* New York (Alfred A. Knopf) 1967.

Winnacker, E.-L. *Gene und Klone. Eine Einführung in die Gentechnologie.* Weinheim (VCH) 1984.

2. Viren: Definition, Aufbau, Einteilung

2.1 Wie lassen sich Viren definieren?

Viren sind infektiöse Einheiten mit Durchmessern von 20 nm (Parvoviren) bis 300 nm (Pokkenviren) (Tabelle 2.1). Ihre geringe Größe macht sie *ultrafiltrierbar*, das heißt, sie werden durch bakteriendichte Filter nicht zurückgehalten. Viren haben sich während der Evolution in Millionen von Jahren entwickelt und an bestimmte Organismen beziehungsweise deren Zellen angepaßt. Die Viruspartikel oder *Virionen* bestehen aus Proteinen und sind bei einigen Virustypen von einer Lipidmembran umgeben, die man oft als Hülle oder Envelope bezeichnet; die Partikel enthalten jeweils nur eine Art von Nucleinsäure, nämlich entweder *DNA* oder *RNA*. Viren vermehren sich nicht durch Teilung wie Bakterien, Hefen oder andere Zellen, sondern replizieren sich in lebenden Zellen, die sie infizieren. Dort entfalten sie ihre Genomaktiviät und produzieren die Komponenten, aus denen sie aufgebaut sind. Sie codieren weder für eine eigene Proteinsynthesemaschinerie (Ribosomen) noch für energiebildende Stoffwechselsysteme. Viren sind damit *intrazelluläre Parasiten*. Sie können zelluläre Prozesse umsteuern und für den optimalen Ablauf ihrer Vermehrung modifizieren. Sie besitzen neben der Erbinformation für ihre Strukturkomponenten Gene für verschiedene regulatorisch aktive Proteine (zum Beispiel Transaktivatoren) und für Enzyme (zum Beispiel Proteasen und Polymerasen).

Viren existieren in unterschiedlichen Zustandsformen. Sie können sich aktiv in der Zelle replizieren und so viele Nachkommenviren bilden. Man spricht von einem *replikationsaktiven* Zustand. Einige Virustypen können nach der Infektion in der Zelle in einen *Latenzzustand* übergehen und hierzu ihre Erbinformation in das Wirtszellgenom *integrieren* oder diese in *extrachromosomaler Form* als Plasmid in der infizierten Zelle erhalten. Bestimmte virale Gene können während dieser Zeit transkribiert werden und zur Aufrechterhaltung der Latenz beitragen (Herpesviren). In anderen Fällen ist die Expression des Virusgenoms jedoch über lange Zeiträume völlig unterdrückt (Retroviren). In beiden Fällen können zelluläre Prozesse oder äußere Einflüsse die latent vorliegenden Genome so reaktivieren, daß wieder infektiöse Viren gebildet werden.

Abhängig vom Virustyp kann die Infektion für die Wirtszelle unterschiedliche Folgen haben:

1. Sie wird *zerstört* und stirbt;
2. sie überlebt, produziert aber kontinuierlich geringe Mengen von Viren und ist damit *chronisch infiziert*;
3. sie überlebt und das Virusgenom bleibt im *latenten Zustand* erhalten, ohne daß infektiöse Partikel gebildet werden;
4. sie wird *immortalisiert* und erhält hierdurch die Fähigkeit zur kontinuierlichen Teilung, ein Vorgang, der mit der *Transformation*, das heißt der malignen Entartung zur Tumorzelle, verbunden sein kann.

2.2 Wie sind Viren aufgebaut und wie unterscheiden sie sich von Virusoiden, Viroiden und Prionen?

2.2.1 Viren

Die infektiösen Viruspartikel – man bezeichnet sie auch als Virionen – bestehen aus verschiedenen Grundelementen (Abbildung 2.1): Sie enthalten im Inneren ein Genom aus *RNA* oder *DNA*. Die Nucleinsäure kann abhängig vom Virustyp einzel- oder doppelsträngig vorliegen, linear, ringförmig oder segmentiert sein. Einzelsträngige RNA- und DNA-Genome können unterschiedliche Polarität aufweisen, wodurch in bestimmten Fällen das RNA-Genom einer mRNA entspricht. Das Genom ist mit zellulären Histonen (bei Papovaviren) oder viralen Proteinen (unter anderem bei Rhabdoviren, Para- und Orthomyxoviren, Adenoviren und Herpesviren) komplexiert und liegt damit als *Nucleocapsid* vor. In einigen Fällen (etwa bei Picorna-, Flavi-, Toga- und Parvoviren) interagiert die Nucleinsäure direkt mit den Innenseiten einer partikulären Proteinstruktur, die das Nucleocapsid beziehungsweise das Genom umgibt und die man als *Capsid* bezeichnet. Bei anderen Viren fehlt eine Capsidschicht, und die Nucleocapside sind direkt mit Komponenten an der Innenseite der Hüllmembran assoziiert (so bei Corona-, Rhabdo-, Paramyxo-, Orthomyxo-, Bunya- und Arenaviren).

Die Capside sind stäbchenförmige oder sphärische Gebilde aus Proteinen. Bei einigen Virustypen bestehen sie nur aus einem Polypeptid, in anderen Fällen sind sie aus heteromeren Komplexen aufgebaut. Die Capsidproteine treten zu sogenannten Capsomeren, das heißt morphologisch unterscheidbaren Strukturkomponenten, zusammen. Stäbchenförmige Capside besitzen eine *helikale Symmetrie*. Die beiden Symmetrieebenen, das heißt die Längs- und die Querachse, sind unterschiedlich lang (Abbildung 2.2A). Sphärische Capside haben hingegen einen ikosaedrischen Aufbau mit einer *Rotationssymmetrie*; der Ikosaeder besteht aus 20 gleichseitigen Dreiecken und zwölf Ecken (Abbildung 2.2B). Die Symmetrieachsen sind etwa gleich lang: Die fünffache Symmetrieachse befindet sich an den Ecken des Ikosaeders, die dreifache Achse verläuft durch die Mitte einer Dreiecksfläche, die zweifache Achse entlang der Kanten. Die Anzahl der Capsomere eines Ikosaeders läßt sich nach der Formel $10(n-1)^2 + 2$ berechnen, wobei „n" die Zahl der Capsomere auf einer Dreiecksseite angibt.

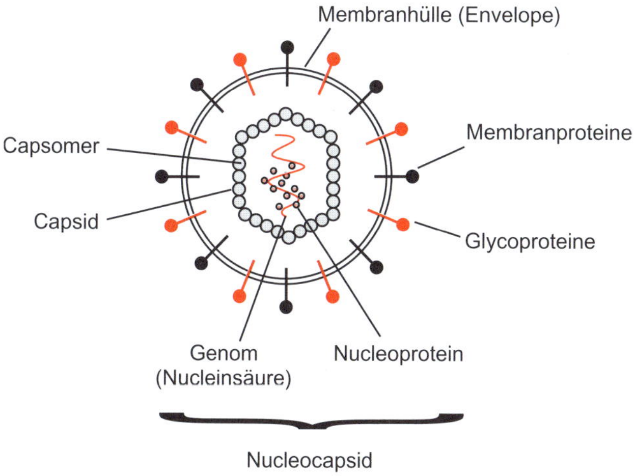

2.1 Aufbau eines Viruspartikels mit Membranhülle.

A. Helikale Symmetrie

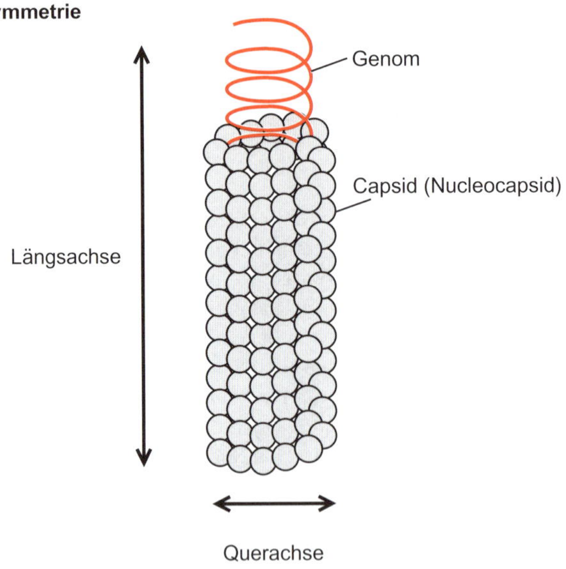

B. Rotationssymmetrie (Ikosaeder)

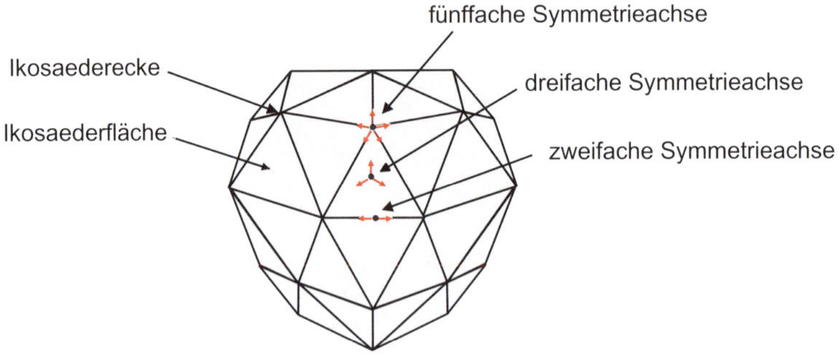

2.2 Symmetrieformen von Viruscapsiden. A: Helikale Symmetrie; die Symmetrieebenen verlaufen parallel zur Längs- beziehungsweise Querachse des Partikels (Beispiele: Capsid des Tabakmosaikvirus, Nucleocapside von Para- oder Orthomyxoviren). B: Ikosaeder mit Rotationssymmetrie; die Ausgangspunkte für die Symmetrieachsen befinden sich an den Ecken des Ikosaeders (fünffache Symmetrieachse), in der Mitte der Dreiecksflächen (dreifache Symmetrieachse) und entlang der Kanten (zweifache Symmetrieachse). Beispiele für diese Capsidform liefern die Picorna-, Parvo- und Adenoviren.

Bei einigen Virustypen sind die Capside von einer Hülle aus einer Lipiddoppelschicht umgeben, die sich von zellulären Membransystemen ableitet. In sie sind virale, aber auch zelluläre Proteine eingelagert, die häufig durch Zuckergruppen zu Glycoproteinen modifiziert sind. Die viralen Oberflächenkomponenten sind meist deutlich exponiert, sie können bis zu 20 nm aus der Partikeloberfläche hervorragen. Ist eine Membranhülle vorhanden, so macht sie die Viren für eine Inaktivierung durch Lösungsmittel und Detergentien empfindlich. Zwischen der Hüllmembran und dem Capsid kann sich eine *Tegumentschicht* befinden (Herpesviren), die weitere virale Proteinkomponenten enthält.

Die exponierten Proteine und Proteinteile auf der Virusoberfläche – entweder in der Hülle oder im Capsid – unterliegen einem Selektionsdruck durch das Immunsystem. Deshalb verändern die Viren bevorzugt die Aminosäuresequenz der antikörperbindenden Regionen oder Epitope, die für die Bildung neutralisierender Immunglobuline verantwortlich sind. Bei einigen Virusarten führt die Variabilität der Oberflächenregionen zur Bildung neuer Subtypen oder Quasispezies.

2.2.2 Virusoide (Satellitenviren) und Viroide

Satellitenviren oder *Virusoide* sind kleine RNA- oder DNA-Moleküle, die für ein bis zwei Proteine codieren, mit denen sie komplexiert sind. Ihre Replikation und Verbreitung ist von der Anwesenheit eines anderen Virus abhängig. Virusoide findet man meist in Verbindung mit Pflanzenviren, aber auch das Hepatitis-D-Virus, das sich nur bei gleichzeitiger Infektion der Zelle mit Hepatitis-B-Viren vermehren kann, gehört dazu (Abschnitt 18.1).

Viroide sind Pflanzenpathogene und bestehen aus einer ringförmigen RNA (etwa 200 bis 400 Nucleotide), die nicht für Proteine codiert und eine komplexe zweidimensionale Struktur aufweist. Eine zentrale Sequenzfolge ist hochkonserviert und für die Replikation der Nucleinsäuremoleküle essentiell. Andere Bereiche sind variabel und möglicherweise für Virulenzeigenschaften verantwortlich. Diese infektiösen RNA-Moleküle werden von zellulären Polymerasen im *rolling circle*-Mechanismus vermehrt (Abschnitt 3.4), wobei sich an den Übergängen Sekundärstrukturen ausbilden, die man wegen ihrer Form als *hammerhead* bezeichnet. Sie haben RNase-Aktivität und schneiden die nach der Replikation konkatemeren Stränge in einzelne Untereinheiten. Von den *hammerhead*-artigen RNA-Strukturen leiten sich die Ribozyme ab – kleine RNA-Spezies mit sequenzspezifischer RNase-Aktivität (Kapitel 9).

2.2.3 Prionen

Prionen (*proteinaceous infectious particles*) sind infektiöse, fehlgefaltete Formen eines zellulären, hochkonservierten Proteins. Nach heutigem Kenntnisstand sind sie frei von Nucleinsäuren. Sie erzeugen vergleichbare Krankheiten bei Menschen (Kuru, Creutzfeldt-Jakob-Erkrankung) und Tieren (beim Rind: BSE, *bovine spongiform encephalopathy*; beim Schaf: Scrapie), also verschiedene Ausprägungen subakuter Gehirnentzündungen (Encephalopathien). Mitglieder einer Spezies übertragen die Prionen und geben so die Erkrankung weiter. Daneben findet man aber auch die Weitergabe von einer Spezies auf eine andere. Prionen verhalten sich daher ähnlich wie infektiöse Agentien. Andererseits haben bestimmte Individuen eine genetisch verankerte, vererbbare Prädisposition für die Entstehung einer subakuten Encephalopathie (beispielsweise beim Gerstmann-Sträußler-Syndrom). Diese Personen weisen Mutationen in einem Gen auf, das für ein in Nervenzellen exprimiertes Oberflächenprotein codiert. Es ist in verschiedenen Spezies hochkonserviert und wird als zelluläres Prionprotein (PrP^{c}) bezeichnet. Die veränderten Aminosäuren induzieren vermutlich Fehlfaltungen des Prionproteins, das hierdurch aus einer α-helikalen in eine überwiegend aus β-Faltblättern bestehende Konformation übergeht, die sich in unlöslicher Form im Gehirn und in den Nervensträngen ablagert. Das löst die Symptome der subakuten Encephalopathien aus. Wird das fehlgefaltete zelluläre Prionprotein (PrP^{sc}) auf andere Organismen übertragen und gelangt in deren Kreislauf, so wirkt es ähnlich wie ein Kristallisationskeim und induziert im Wildtypprionprotein die gleichen Fehlfaltungen. Die

Umfaltung kann in sehr seltenen Fällen auch spontan erfolgen, das heißt mit einer Wahrscheinlichkeit von einem Fall unter einer Million. Zwar ist die Pathogenese der subakuten Encephalopathien nicht endgültig geklärt. Die Tatsache, daß Mäuse, bei denen das Gen für das zelluläre Prionprotein entfernt wurde, auch nach intracerebraler Übertragung von „infektiösen", fehlgefalteten Prionen im Gegensatz zu Wildtypmäusen keine Erkrankung entwikkeln, weist jedoch darauf hin, daß es sich bei den auslösenden Agentien nicht um Viren oder virusähnliche Erreger handelt. Ein weiteres Indiz hierfür ist, daß die „defekten Mäuse", in welche das für PrP^c codierende Gen erneut eingeschleust wurde, wieder für die Krankheit anfällig sind.

2.3 Welche Kriterien bestimmen die Einteilung der Virusfamilien?

Die Einteilung der Viren in die unterschiedlichen Familien erfolgt anhand der folgenden Kriterien:

1. der Art des Genoms aus RNA oder DNA sowie der Form, in der es vorliegt, also als Einzel- oder Doppelstrang, in Positiv- (Plus-) oder Negativstrangorientierung, segmentiert oder kontinuierlich; auch die Anordnung der Gene auf der Nucleinsäure ist für die Definition einzelner Familien wichtig;
2. der Symmetrieform der Capside;
3. dem Vorhandensein einer Membranhülle.

Die weitere Unterteilung der Virusfamilien in Genera und Virustypen erfolgt überwiegend nach *serologischen Kriterien* und der Ähnlichkeit der Genomsequenzen. In Tabelle 2.1 sind die verschiedenen Virusfamilien mit wichtigen human-, zum Teil auch tierpathogenen Vertretern zusammengefaßt.

Tabelle 2.1: Molekularbiologische Charakteristika der verschiedenen Virusfamilien mit Angabe einiger typischer Vertreter

Virusfamilie (Abschnitt im Buch)	**Genus/ Unterfamilie**	**Beispiel**	**Membranhülle**	**Partikelgröße/ Form des Capsids oder Nucleocapsids**	**Genom: Art und Größe**
Picornaviridae (13.1)	Enterovirus	Poliovirus Coxsackievirus	nein	28–30 nm/ Ikosaeder	ssRNA, linear, Positivstrang, 7 200–8 400 Basen
	Rhinovirus	Schnupfenvirus			
	Cardiovirus	Mengovirus			
	Aphtovirus	Maul-und-Klauenseuche-Virus			
	Hepatovirus	Hepatitis-A-Virus			
Flaviviridae (13.2)	Flavivirus	Gelbfiebervirus FSME-Virus	ja	40–50 nm/ Ikosaeder	ssRNA, linear, Positivstrang, 10 000 Basen
	Pestivirus	Schweinepestvirus			
	Hepatitis-C-Virus	Hepatitis-C-Virus			

Tabelle 2.1: (Fortsetzung)

Virusfamilie (Abschnitt im Buch)	**Genus/ Unterfamilie**	**Beispiel**	**Membranhülle**	**Partikelgröße/ Form des Capsids oder Nucleocapsids**	**Genom: Art und Größe**
Togaviridae (13.3)	Alphavirus	Sindbisvirus Semliki-Forest-Virus	ja	60–70 nm/ Ikosaeder	ssRNA, linear, Positivstrang, 12 000 Basen
	Rubivirus	Rötelnvirus			
Coronaviridae (13.4)	Coronavirus	humane Coronaviren Virus der infektiösen Peritonitis der Katze	ja	80–160 nm/ Helix	ssRNA, linear, Positivstrang, 16 000–21 000 Basen
	Arterivirus	Equine-Arteritis-Virus			
Caliciviridae (13.5)	Calicivirus Hepatitis-E-Virus	Norwalk-Virus Hepatitis-E-Virus	nein	27–34 nm/ Ikosaeder	ssRNA, linear, Positivstrang, 7 500–8 000 Basen
Rhabdoviridae (14.1)	Vesiculovirus	Vesicular-Stomatitis-Virus	ja	65 nm zu 180 nm/Helix	ssRNA, linear, Negativstrang, 12 000 Basen
	Lyssavirus	Tollwutvirus			
Paramyxoviridae (14.2)	Paramyxovirus	Parainfluenzavirus	ja	150–250 nm/ Helix	ssRNA, linear, Negativstrang, 16 000–20 000 Basen
	Rubulavirus	Mumpsvirus			
	Morbillivirus	Masernvirus			
	Pneumovirus	Respiratorisches Syncytialvirus			
Filoviridae (14.3)	Filovirus	Marburgvirus Ebolavirus Restonvirus	ja	80 nm zu 700 nm/Helix	ssRNA, linear, Negativstrang, 19 000 Basen
Bornaviridae (14.4)	Bornavirus	Bornavirus	ja	90 nm/Helix	ssRNA, linear, Negativstrang, 9 000 Basen
Orthomyxoviridae (15.1)	Influenzavirus A, B	Influenza-A-Viren Influenza-B-Viren	ja	120 nm/Helix	ssRNA, linear, 7 oder 8 Segmente, Negativstrang, 13 000–14 000 Basen
	Influenzavirus C	Influenza-C-Viren			
Bunyaviridae (15.2)	Bunyavirus	California-Encephalitis-Virus	ja	100–120 nm/ Helix	ssRNA, linear, 3 Segmente, Negativstrang (Ambisense bei Phlebovirus), 12 000 Basen
	Phlebovirus	Rift-Valley-Fieber-Virus			
	Nairovirus	Krim-Kongo-Fieber-Virus			
	Hantavirus	Hantaanvirus Puumalavirus			
Arenaviridae (15.3)	Arenavirus	Virus der lymphocytären Choriomeningitis Lassavirus Juninfieber-Virus	ja	50–300 nm/ Helix	ssRNA, linear, 2 Segmente, Ambisense-Stränge 10 000–12 000 Basen

Tabelle 2.1: (Fortsetzung)

Virusfamilie (Abschnitt im Buch)	**Genus/ Unterfamilie**	**Beispiel**	**Membranhülle**	**Partikelgröße/ Form des Capsids oder Nucleocapsids**	**Genom: Art und Größe**
Reoviridae (16.1)	Orthoreovirus Orbivirus Rotavirus	Reoviren Orungovirus Rotaviren	nein	70–80 nm/ Ikosaeder	dsRNA, linear, 10/11/12 Segmente, 18 000–19 000 Basen
Retroviridae (17.1)	Oncovirus Lentivirus Spumavirus	humane T-Zell-Leukämie-Viren humane Immundefizienzviren humane Spumaviren	ja	100 nm/ Ikosaeder oder Konus	ssRNA, linear, Positivstrang, Umschreibung in dsDNA, Integration, 7 000–12 000 Basen
Hepadnaviridae (18.1)	Hepatitis-B-Virus	Hepatitis-B-Virus	ja	42 nm	DNA, teilweise doppelsträngig; zirkulär, 3 000–3 300 Basen
Papovaviridae (18.2)	Polyomavirus Papillomavirus	BK-, JC-Viren SV40-Virus humane Warzenviren	nein	45–55 nm/ Ikosaeder	dsDNA, zirkulär, 5 000–8 000 Basen
Adenoviridae (18.3)	Mastadenovirus	humane Adenoviren	nein	60–80 nm/ Ikosaeder	dsDNA, linear, 36 000–38 000 Basen
Herpesviridae (18.4)	α-Herpesviren β-Herpesviren γ-Herpesviren	Herpes-simplex-Viren Varicella-Zoster-Virus Cytomegalievirus humanes Herpesvirus 6 Epstein-Barr-Virus	ja	120–300 nm/ Ikosaeder	dsDNA, linear, 150 000–250 000 Basen
Poxviridae (18.5)	Chordopoxviren	Variola-vera-Virus Vacciniavirus	ja	300–450 nm/ komplex	dsDNA, linear, 130 000–350 000 Basen
Parvoviridae (19.1)	Parvovirus Erythrovirus Dependovirus	felines Panleukopenie-Virus Parvovirus B19 adenoassoziierte Viren	nein	20–25 nm/ Ikosaeder	ssDNA, linear, 5 000 Basen

ss: *single-strand*, einzelsträngiges Genom, ds: *double-strand*, doppelsträngiges Genom.

2.4 Weiterführende Literatur

Fields, B. N.; Knipe, D. N.; Howley, P. M. (Hrsg.) *Virology*. 3. Aufl. New York (Lippincott Raven Press) 1995.

Fraenkel-Conrat, H. *The Viruses. Catalogue, Characterization, and Classification.* New York, London (Plenum Press) 1985.

Murphy, F. A.; Fauquet, C. M.; Bishop, D. H. L.; Ghabrial, S. A.; Javis, A. W.; Martelli, G. P.; Mayo, M. A.; Summers, M. D. *Virus Taxonomy. Sixth Report of the International Committee on Taxonomy of Viruses.* Wien, New York (Springer-Verlag) 1995.

Nermuth, M. V.; Steven, A. C. *Animal Virus Structure.* Amsterdam, New York, Oxford (Elsevier) 1987.

Prusiner, S. B. *Prionen-Erkrankungen.* In: *Spektrum der Wissenschaft* 3 (1995) S. 44–52.

Prusiner, S. B. *Prions, prions, prions.* In: *Current Topics in Microbiol. and Immunol.* 207 Berlin, Heidelberg (Springer-Verlag) 1996.

3. Virusvermehrung und Replikation

Der virale Vermehrungszyklus läßt sich trotz der Verschiedenheit der Details, auf die in den Abschnitten über die einzelnen Virusfamilien eingegangen wird, bei allen Vertretern in relativ gut definierte, zeitlich aufeinanderfolgende Phasen einteilen.

3.1 Womit beginnt die Infektion einer Zelle?

Als Zellschmarotzer haben Viren keinen eigenen Stoffwechsel. Sie müssen daher für ihre Vermehrung Zellen infizieren. Die Viruspartikel müssen in der Lage sein, bestimmte *Rezeptormoleküle* auf der Cytoplasmamembran der Wirtszelle zu erkennen und sich an diese anzuheften. Diesen Prozeß bezeichnet man als *Adsorption*. Bei den umhüllten Viren wird diese Wechselwirkung durch Proteine vermittelt, welche in die Membranhülle der Virionen eingelagert sind. Das ist unter anderem bei Retro-, Influenza- und Herpesviren der Fall. Die Bindung der *viralen Membranproteine* an zelluläre Oberflächenstrukturen ist zum Teil sehr spezifisch; dies gilt beispielsweise für die Interaktion zwischen dem Oberflächenprotein gp120 der humanen Immundefizienzviren (HIV) und dem CD4-Rezeptor, einem Polypeptid, das fast ausschließlich in der Cytoplasmamembran von T-Helferzellen vorkommt (Abschnitt 17.1). In anderen Fällen binden sich die Virusproteine an zelluläre Strukturen, die auf vielen Zelltypen zu finden sind. Ein Beispiel hierfür ist die Bindung des Hämagglutinins der Influenzaviren an Neuraminsäuren, die als Protein- und Lipidmodifikationen auf der Membranoberfläche praktisch aller Zellen vorkommen (Abschnitt 15.1). Die Zellspezifität der Infektion liegt hier also nicht auf der Ebene des Adsorptionsvorgangs.

Bei denjenigen Virustypen, die nicht von einer Membran umgeben sind, besitzt die *Oberfläche der Capsidproteine* die Strukturen, die für die mehr oder weniger spezifische Bindung der Partikel an bestimmte Zellen verantwortlich sind. Beispiele sind die Picornaviren, die Adenoviren und die Parvoviren. Polioviren etwa nehmen über einen *Canyon* – eine Struktur, die durch die Faltung bestimmter Aminosäurebereiche der Capsidproteine auf der Partikeloberfäche entsteht – Kontakt mit einer Domäne eines Proteins der Immunglobulinsuperfamilie auf der Zelloberfläche auf. Rhinoviren, die ebenfalls zur Picornavirusgruppe zählen, nutzen das zelluläre ICAM-Oberflächenprotein für die spezifische Adsorption (Abschnitt 13.1). Adenoviren binden sich über die Köpfchen am Ende der Fiberproteine, die an den Ecken der ikosaedrischen Capside verankert sind, an noch unbekannte Rezeptoren auf Zelloberflächen (Abschnitt 18.3).

3.2 Wie gelangt ein Virus in das Innere der Zelle?

Nach der Adsorption wird das an die Zelloberfläche gebundene Viruspartikel in das Innere der Zelle aufgenommen; diesen Vorgang bezeichnet man als *Penetration*. Bei Viren, die nicht von einer Membran umgeben sind, geschieht das in der Regel durch *rezeptorvermittelte Endocytose*. Die Cytoplasmamembran stülpt sich um das gebundene Virus und umschließt es in einem Vesikel, das sich nach innen abschnürt und so in das Cytoplasma der Zelle gelangt. Für die weiteren Schritte des Infektionszyklus müssen die Viruspartikel relativ schnell aus diesen Membranvesikeln entlassen werden, da die Endosomen reich an

Proteasen und anderen abbauenden Enzymen sind, die das Virus zerstören könnten. Viren verfügen daher über Mechanismen, die es ihnen erlauben, die Vesikel zu verlassen und den weiteren Endocytoseprozeß zu umgehen. Bei Adenoviren ist hierfür eines der Capsidproteine verantwortlich; der genaue Mechanismus ist jedoch ungeklärt (Abschnitt 18.3).

Auch die von einer Membran umhüllten Viren – sie werden ebenfalls zum Teil durch Endocytose als Membranvesikel von der Zelle aufgenommen – haben Möglichkeiten entwikkelt, der Zerstörung in den Endosomen zu entgehen. Wenn zum Beispiel Influenzaviren aufgenommen werden, ist das Caspid im Vesikel von zwei Membranen umgeben, nämlich der Virusmembran und der von der Cytoplasmamembran abgeleiteten Vesikelhülle. Eine *fusionsaktive Sequenz* des viralen Hämagglutinins löst nun das Verschmelzen der beiden Membranen aus – mit der Folge, daß das Viruspartikel aus dem Vesikel entlassen wird (Abschnitt 15.1). Dieser Vorgang ist in ähnlicher Weise bei vielen anderen membranumhüllten Viren zu finden, zum Beispiel bei den Flaviviren (Abschnitt 13.2). Das Verschmelzen der beiden Membranen ist häufig *pH-abhängig*; in vielen Fällen muß zunächst eine Ansäuerung des Vesikelinneren erfolgen. Im Unterschied hierzu haben Paramyxoviren in ihrer Hüllmembran ein spezielles *Fusionsprotein* eingelagert, welches das Verschmelzen der viralen mit der zellulären Membran bereits bei der Bindung des Partikels an die Zelle ermöglicht; in diesem Fall wird das Capsid nach der Fusion beider Membranen direkt in das Cytoplasma entlassen (Abschnitt 14.2). In ähnlicher Weise erfolgt auch bei den Herpesviren die Fusion der Virushülle mit der Zellmembran (Abschnitt 18.4).

3.3 Wie wird das Genom des aufgenommenen Virus in der Zelle freigesetzt?

Die *Freisetzung der viralen Nucleinsäure* aus dem Capsid ist das Ergebnis eines noch weitgehend ungeklärten Prozesses, den man als *Uncoating* bezeichnet. Das Genom der DNA-Viren – bei Herpesviren zusätzlich auch das Tegument – wird im Zuge dieses Vorgangs durch die Kernporen in den Zellkern transportiert. Eine Ausnahme stellen nur die Pockenviren dar, die sich als einzige DNA-Viren im Cytoplasma der infizierten Zelle replizieren (Abschnitt 18.5). Das Genom der RNA-Viren verbleibt nach dem *Uncoating* im Cytoplasma, wo die weiteren Schritte des Infektionszyklus ablaufen. Diese Regel wird lediglich von den Influenza- und Bornaviren durchbrochen, die sich als einzige Vertreter der RNA-Viren im Zellkern replizieren (Abschnitte 14.4 und 15.1).

3.4 Welche verschiedenen Strategien verfolgen Viren bei Genexpression und Genomvermehrung?

Die Replikation umschreibt die sehr komplexen Vorgänge der viralen *Genexpression* und *Genomvermehrung*, die bei allen Virustypen unterschiedlich verlaufen und an deren Ende vielfache Kopien der viralen Strukturen in der infizierten Zelle vorliegen. Auch wenn das Virus einen Großteil der für seine Genexpression und Genomreplikation nötigen Informationen mit in die Zelle einbringt, sind zellspezifische Proteine für die Expression der Virusgene oft unerläßlich. Diese Polypeptide wirken meist als Transaktivatoren für die Transkription der viralen Gene. Fehlen sie, kann der Infektionszyklus nicht ablaufen; dann werden keine oder nur ein Teil der viralen Genprodukte synthetisiert, und die Bildung infektiöser Partikel unterbleibt. Diese Form der Infektion, bei der das Virus zwar in der Lage ist, an die Oberfläche bestimmter Zellen zu adsorbieren und auch in sie einzudringen, jedoch aufgrund der vorliegenden intrazellulären Bedingungen den Vermehrungszyklus nicht oder nur teilweise einleiten kann, wird auch als *abortive Infektion* bezeichnet. Die Abhängigkeit der Replikation vom zellulären Milieu ist ein weiterer Grund für die Zellspezifität von Virusinfektionen.

Abhängig von der Art und dem Aufbau des viralen Genoms findet man bei den verschiedenen Viren folgende Replikationsstrategien (die Kapitel im speziellen Teil folgen dieser Einteilung):

(+)-Strang-RNA-Viren. Das RNA-Genom solcher Viren (Kapitel 13) besitzt die *Polarität einer mRNA*, kann also unter Verwendung der zellulären Translationsmaschinerie direkt in Proteine übersetzt werden. Dadurch entsteht bei den Picornaviren und den Flaviviren ein großes Vorläuferpolyprotein, bei den Toga- und Coronaviren findet man zwei beziehungsweise mehrere unterschiedliche Formen dieser Proteinvorläufer. Sie werden proteolytisch in die viralen Strukturproteine und Enzyme gespalten. Von letzteren ist eines für die Genomreplikation sehr wichtig: nämlich die *RNA-abhängige RNA-Polymerase*. Da dieses Enzym in eukaryotischen Zellen nicht vorkommt, muß das Virus für die entsprechende Information selbst codieren. Die Polymerase katalysiert unter Verwendung des (+)-Strang-RNA-Genoms die Synthese eines hierzu komplementären (–)-RNA-Stranges, der als Matrize für die Produktion einer Vielzahl von neuen RNA-Genomen in Plus- oder Positivstrangorientierung dient. Wichtige Vertreter der (+)-Strang-RNA-Viren sind beispielsweise die Picorna-, Flavi- und Togaviren (Abschnitte 13.1, 13.2 und 13.3).

(–)-Strang-RNA-Viren. Das RNA-Genom dieser Viren (Kapitel 14 und 15) hat im Gegensatz zu dem der gerade beschriebenen nicht die Polarität einer mRNA. Es kann also nicht direkt in Proteine übersetzt werden. Hierzu bedarf es der Umschreibung des Genomstranges in die komplementäre RNA – ein Vorgang, der auf das Vorhandensein einer *RNA-abhängigen RNA-Polymerase* angewiesen ist. Da vom Genom aufgrund der Minus- oder Negativstrangorientierung nicht direkt Proteine gebildet werden können, müssen die (–)-Strang-RNA-Viren diese Polymerase als Teil des Viruspartikels mit in die Zelle einbringen. Das Enzym synthetisiert zum Genom komplementäre RNA-Moleküle, die als mRNA verwendet und in die viralen Struktur- und Nichtstrukturproteine übersetzt werden. Die RNA-abhängige RNA-Polymerase ist auch für die Bildung eines durchgehenden, zum Genom komplementären Stranges verantwortlich, der als Matrize für die Produktion von RNA-Genomen in Negativstrangorientierung dient. Wichtige Vertreter der (–)-Strang-RNA-Viren sind die Rhabdo- und Paramyxoviren (Abschnitte 14.1 und 14.2) sowie die Orthomyxoviren, die sich von den vorgenannten durch ein in Segmenten vorliegendes (–)-Strang-RNA-Genom unterscheiden (Abschnitt 15.1). Einige Virustypen, die zu den Familien der Bunya- und Arenaviren gehören, können Teile ihres ebenfalls segmentierten Genoms sowohl in Plus- als auch in Negativstrangorientierung verwenden. Sie codieren in ihrem einzelsträngigen RNA-Genom also in beiden Richtungen für Proteine (Abschnitte 15.2 und 15.3). Diese äußerst effiziente Nutzung der Codierungskapazität bezeichnet man auch als *Ambisense-Orientierung*.

Doppelsträngige RNA-Viren. Diese Viren (Kapitel 16) besitzen ein doppelsträngiges, in Segmenten vorliegendes RNA-Genom. Als Teil der Viruspartikel findet man auch hier eine RNA-abhängige RNA-Polymerase, die bei der Infektion mit in die Zelle gelangt. Sie schreibt die (–)-Stränge der Genomfragmente in gecappte, translatierbare mRNA-Moleküle um. Die mRNAs dienen zugleich auch als Matrizen für die Synthese neuer Doppelstränge. Nur die Reoviren verfolgen dieses Prinzip einer *konservativen Replikation*, bei der keiner der Elternstränge in den neusynthetisierten RNA-Doppelstrangmolekülen vorhanden ist (Abschnitt 16.1).

Retroviren. Diese RNA-Viren (Kapitel 13) besitzen zwar ein Genom in *Plusstrangorientierung*, ihr Replikationszyklus unterscheidet sich jedoch völlig von dem der zuvor erwähnten Virusgruppe. Retroviren enthalten in ihren Virionen das Enzym *Reverse Transkriptase*, das mit in die Zelle eingebracht wird. Die RNA-abhängige DNA-Polymeraseaktivität der Reversen Transkriptase katalysiert unter Verwendung des RNA-Genoms als Matrize die Umschreibung in eine doppelsträngige DNA, die in das Zellgenom integriert wird. Dieses sogenannte *Provirus* verhält sich wie ein normales zelluläres Gen und wird bei Teilungen mit dem zellulären Genom vermehrt und an die Tochterzellen weitergegeben. Transkription und Translation finden nur von der integrierten viralen DNA statt. Dabei entstehen gespleißte und ungespleißte mRNA-Moleküle, die in die viralen Strukturproteine und Enzyme übersetzt werden. Die ungespleißte, die gesamte Sequenz des Provirus überspannende mRNA dient auch als virales Genom, das in die Partikel verpackt wird (Abschnitt 17.1).

Doppelsträngige DNA-Viren. Das Genom dieser Viren (Kapitel 18) wird nach dem Transport in den Zellkern unter Verwendung der zellulären Enzyme transkribiert. Die entstandenen RNA-Moleküle werden anschließend in die viralen Nichtstruktur- und Strukturproteine übersetzt. Hepadnaviren besitzen ein nur teilweise doppelsträngiges DNA-Genom; sie haben einige Eigenschaften, die ihre Verwandtschaft zu den Retroviren deutlich machen: Sie verfügen über eine Reverse Transkriptase, die eine das Genom umspannende mRNA in DNA umschreibt und so die Genomreplikation einleitet (Abschnitt 18.1). Die kleineren DNA-Viren wie die Polyomaviren codieren nicht für eine eigene DNA-Polymerase, sondern für Polypeptide, die mit den zellulären DNA-Polymerasen interagieren und diese in ihrer Funktion so modifizieren, daß bevorzugt die viralen DNA-Sequenzen repliziert werden. Dieser Prozeß beginnt an einem Replikationsursprung und verläuft bidirektional und semikonservativ; er ist der θ- oder *Plasmidreplikation* sehr ähnlich, die man bei der Vermehrung der zirkulären Bakterienchromosomen oder episomal vorliegender DNA-Moleküle findet (Abschnitt 18.2.2).

Die komplexeren DNA-Viren wie die Adeno- und Herpesviren weisen eine streng regulierte Form der Genexpression auf, die sich in eine frühe und späte Phase gliedert; auch diese Viren verwenden die zelluläre Transkriptions- und Translationsmaschinerie. Dabei werden früh verschiedene regulatorisch und enzymatisch aktive Polypeptide gebildet, unter anderem auch die *viralen DNA-Polymerasen* und einige im Nucleinsäurestoffwechsel aktive Enzyme, welche die Replikation der doppelsträngigen DNA-Genome ermöglichen. Die linearen Genome der Adenoviren werden in einem semikonservativen Modus vermehrt, das heißt, jeweils ein Elternstrang wird als Matrize verwendet und bleibt Teil der neugebildeten DNA-Moleküle. Die Replikationsursprünge befinden sich an den Enden der doppelsträngigen DNA (Abschnitt 18.3). Die linearen DNA-Genome der Herpesviren werden in der Zelle zirkularisiert. Die Viren können zwei unterschiedliche Vermehrungszyklen verfolgen: Während der Latenz liegt die virale DNA als Episom vor und wird von den zellulären DNA-Polymerasen repliziert. Im lytischen Infektionszyklus, der zur Produktion von Nachkommenviren führt, erfolgt die Replikation dagegen nach dem Prinzip der *σ-Replikation*, die auch bei einigen Bakteriophagen vorkommt und als *rolling circle* bezeichnet wird (Abschnitt 18.4). Hier wird ein Strang des zirkulären DNA-Moleküls am Replikationsursprung geschnitten, und am so entstandenen 3′-OH-Ende werden durch die virale DNA-Polymerase Nucleotide anpolymerisiert, wobei der intakte DNA-Strang als Matrize dient. Das 5′-Ende löst sich so kontinuierlich von dem Matrizenstrang, es wird gleichsam abgerollt. Auf diese Weise entsteht ein DNA-Einzelstrang, der viele Einheiten des Herpesvirusgenoms in konkatemerer Form umfaßt. Er wird durch Okazaki-Fragmente zum Doppelstrang ergänzt und durch Endonucleasen in einzelne Virusgenome geschnitten. Sowohl bei den Adeno- wie auch bei den Herpesviren wird die Synthese der viralen Strukturproteine erst in der späten Phase der Genexpression im Anschluß an die DNA-Replikation induziert.

Die *Pockenviren* sind ebenfalls doppelsträngige DNA-Viren, sie verfolgen jedoch einen völlig anderen Replikationsmodus. Sie vollziehen alle Syntheseleistungen im Cytoplasma der infizierten Zelle. Viele Enzymaktivitäten, die normalerweise im Zellkern lokalisiert sind, können von den Pockenviren daher nicht genutzt werden. Hierzu zählen die der RNA-Polymerasen, Capping- und RNA-Modifikationsenzyme. Die Pockenviren besitzen neben einer eigenen DNA-Polymerase deshalb auch die genetische Information für diese Funktionen. Die Genexpression und die Genomvermehrung sind auch bei Pockenviren streng reguliert (Abschnitt 18.5).

Einzelsträngige DNA-Viren. Unter den human- und tierpathogenen Viren ist die Familie der Parvoviren die einzige mit einem einzelsträngigen DNA-Genom (Kapitel 19). Parvoviren codieren nicht für eine virale DNA-Polymerase; ähnlich wie die Polyomaviren verwenden sie zur Genomreplikation zelluläre Enzyme, die in ihrer Funktion modifiziert werden. Auf diese Weise entstehen komplementäre doppelsträngige DNA-Intermediate, die anschließend wieder in Einzelstranggenome umgeschrieben werden (Abschnitt 19.1).

3.5 Was versteht man unter Morphogenese?

Nach dem Replikationsprozeß liegen in der Zelle sowohl die viralen Strukturproteine als auch das jeweilige Genom in vielfachen Kopien vor. Der Vorgang der *Virusmorphogenese* beschreibt den Zusammenbau der verschiedenen Komponenten zu partikulären Strukturen, Capsiden und infektiösen Viruspartikeln. Der Zusammenbau erfolgt weitgehend ohne Inanspruchnahme zellulärer Enzyme und anderer Aktivitäten durch Wechselwirkung zwischen den einzelnen Bestandteilen und wird daher auch als *Self-Assembly* bezeichnet. In jüngster Zeit mehren sich jedoch die Hinweise, daß die Virusmorphogenese nicht gänzlich ohne Beteiligung zellulärer Funktionen ablaufen kann. So beeinflussen zelluläre *Proteinfaltungskatalysatoren (Chaperone)* offenbar den *Self-Assembly*-Prozeß. Die Morphogenese von membranumhüllten Viren ist häufig mit zellulären Membranstrukturen assoziiert. Bei Retroviren findet sie zum Beispiel an der Cytoplasmamembran statt, bei Herpesviren dagegen an der inneren Kernmembran, bei Flaviviren wiederum an der Membran des endoplasmatischen Reticulums (Abschnitte 17.1, 18.4 und 13.2).

3.6 Wie erfolgt die Freisetzung der Nachkommenviren?

Ein Weg der Freisetzung der infektiösen Partikel ist die *Knospung (Budding)*. Hierbei werden die vorgebildeten Capside mit einer Membran und den darin eingelagerten viralen Glycoproteinen umgeben. Je nach dem Ort, an dem der Assembly-Prozeß in der Zelle abläuft, entstammt die virale Membran der Cytoplasma- oder der Kernmembran oder der des endoplasmatischen Reticulums. Die membranumhüllten Capside werden von der Oberfläche abgeschnürt. Handelt es sich um die Cytoplasmamembran, werden die Viren direkt in die Umgebung abgegeben. Bei einer Morphogenese an der Kernmembran oder derjenigen des endoplasmatischen Reticulums erfolgt die Freisetzung über den Transport durch den Golgi-Apparat an die Zelloberfläche. Bei einigen Viren, beispielsweise beim humanen Immundefizienzvirus (HIV), können im von der Zelle abgegebenen Partikel noch Reifungsvorgänge mit strukturellen Umlagerungen stattfinden. Die Freisetzung von Viren, die nicht von einer Hüllmembran umgeben sind, geschieht überwiegend durch die *Lyse* der infizierten Zelle. Ob diese ein aktiver, durch das Virus induzierter Vorgang ist oder ob die Zelle durch die Virusvermehrung und die damit verbundene Störung der zelleigenen Syntheseleistungen so weit erschöpft wird, daß sie den Prozeß des programmierten Zelltodes, der *Apoptose*, einleitet und in der Folge abstirbt und zerfällt, ist weitgehend ungeklärt und verläuft möglicherweise auch bei den verschiedenen Virussystemen unterschiedlich.

Die Replikation der Viren, ihre Morphogenese und Freisetzung sind mit sehr vielen Fehlermöglichkeiten behaftet, die zur Entstehung von nichtinfektiösen, defekten Viruspartikeln führen können. Oft entstehen die defekten Viren in einem großen Überschuß. In vielen Fällen enthalten sie ein unvollständig repliziertes Genom; in anderen Fällen beruht der Verlust der Infektiosität auf unkorrekten Vorgängen beim Assembly und der sich anschließenden Virusreifung.

3.7 Weiterführende Literatur

Cann, A. J. *Principles of Molecular Virology*. London, New York, San Diego (Academic Press, Harcourt Brace & Company Publishers) 1993.

Doerfler, W.; Böhm, P. *Virus Strategies. Molecular Biology and Pathogenesis*. Weinheim (VCH) 1993.

Lewin, B. *Genes V*. Oxford, New York, Tokyo (Oxford University Press) 1994. [Deutsche Übersetzung (von *Genes IV*): *Gene*. 2. Aufl. Weinheim (VCH) 1991.]

Knippers, R. *Molekulare Genetik*. Stuttgart, New York (Thieme) 1995.

Singer, M.; Berg, P. *Gene und Genome*. Heidelberg (Spektrum Akademischer Verlag) 1992.

4. Pathogenese

Die *Pathogenese* beschreibt die Ausbreitung eines Virus im Organismus und die wechselseitige Beziehung zwischen dem Erreger und seinem Wirt. Diese Prozesse kann man histologisch, virologisch und immunologisch mit unterschiedlichen Methoden untersuchen. Virusinfektionen können mit oder ohne Krankheitssymptome verlaufen (man spricht auch von *apparenten* beziehungsweise *inapparenten Infektionsverläufen*). In beiden Fällen reagiert der Wirtsorganismus mit immunologischen Abwehrreaktionen, die meist zur Eliminierung des Erregers führen. Sie können aber auch im Rahmen der *Immunpathogenese* zu Krankheitssymptomen und zur Schädigung des Wirts beitragen.

Der Begriff der *Pathogenität* eines Virus umschreibt sein Potential, Krankheiten zu erzeugen. Sie basiert auf den Aktivitäten der viralen Genprodukte; diese bestimmen in ihrer Gesamtheit und in ihrer Wechselwirkung untereinander und mit zellulären Komponenten die krankmachenden Eigenschaften. Oft ist ein Erreger nur für eine Wirtsspezies pathogen. So verursacht das humane Immundefizienzvirus ausschließlich bei Menschen die Krankheit der erworbenen Immunschwäche AIDS, wohingegen beispielsweise ein anderes, das feline Panleukopenievirus, nur Katzen infiziert und bei ihnen die Katzenseuche verursacht.

Der Begriff *Virulenz* bezieht sich auf die unterschiedlich stark ausgeprägten pathogenen Eigenschaften innerhalb einer Virusspezies. Verantwortlich hierfür sind die in den *Virulenzgenen* verankerten Eigenschaften, die durch Mutationen abgeschwächt oder verstärkt werden können. Andererseits beeinflussen auch genetische Unterschiede der Wirtsspezies die Ausprägung der pathogenen Eigenschaften eines Virus, was ebenfalls zu verstärkten oder zu abgeschwächten Symptomen bis hin zur Resistenz gegenüber bestimmten Infektionen führen kann. Verantwortlich hierfür sind Wirtsgene, welche beispielsweise die Adsorption des Virus an bestimmte Zellen verhindern oder die Ausbreitung der Parasiten im Organismus kontrollieren. Oft beruht die Resistenz gegenüber einem Erreger auf einer spezifischen Immunantwort durch eine vorhergehende Infektion mit dem gleichen oder einem ähnlichen Virus, wie zum Beispiel einem Impfvirus.

4.1 Wie breiten sich Viren im Organismus aus?

4.1.1 Eintrittspforten und initiale Replikation

Viele Viren gelangen über Tröpfcheninfektionen auf die *Schleimhäute* von *Mund, Nase* und *Rachen* (unter anderem die Corona-, Paramyxo-, Orthomyxo- und Adenoviren; Abschnitte 13.4, 14.2, 15.1 und 18.3). Für andere stellt die *Genitalschleimhaut* die erste Interaktionsstelle dar, so zum Beispiel für die humanen Immundefizienzviren, etliche der Papillomviren oder das Herpes-simplex-Virus Typ 2 (Abschnitte 17.1, 18.2 und 18.4). Viele säurestabile Enteroviren wie etwa die Polio- und Hepatitis-A-Viren, aber auch Calici- und Rotaviren gelangen über kontaminierte Lebensmittel in den Magen und Darm und nehmen mit den Zellen dieser Schleimhautregionen Kontakt auf (Abschnitte 13.1, 13.5 und 16.1). In anderen Fällen, beispielsweise bei den Flavi- oder Bunyaviren, gelangen die Erreger durch *Stiche oder Bisse infizierter Arthropoden* in die Blutbahn und können so die Endothelzellen der Gefäße oder direkt bestimmte Blutzellen infizieren. Bereits an den Eintrittsstellen finden die erwähnten Viren Zellen vor, in denen sie sich lokal vermehren können. Die Tollwutviren gelangen dagegen durch die Bisse infizierter Wirbeltiere in die Wunde und replizieren sich anfangs in den hier vorhandenen Muskelzellen. Auch kleine *Hautverletzungen* können ideale Eintrittsstellen für Viren bieten, so unter anderem für Hepatitis-B-, Papillom- und Herpesviren (Abschnitte 18.1, 18.2 und 18.4).

In allen diesen Geweben hat der Organismus im Verlauf der Evolution jedoch auch Zellen etabliert, die als aktive Komponenten des Immunsystems dem Eindringen von Erregern und ihrer Ausbreitung entgegenwirken. Hierzu gehören beispielsweise die mit der Haut und den Schleimhäuten assoziierten *lymphatischen Gewebe,* die man auch als GALT (*gut-associated lymphatic tissue*) und BALT (*bronchial-associated lymphatic tissue*) bezeichnet. Die *Peyerschen Plaques* der Darmschleimhaut haben eine analoge Funktion, und im Rachen fällt den *Tonsillen* als lymphatischem Gewebe diese Aufgabe zu. In der Epidermis von Haut und Schleimhaut befinden sich dendritische *Langerhans-Zellen*, welche die Funktion haben, Erreger zu erkennen, sie an sich zu binden und zu den nächstgelegenen Lymphknoten zu transportieren, wo sie weitere Reaktionen der immunologischen Abwehr auslösen. Neben den Langerhans-Zellen haben auch die *Makrophagen* in der frühen Infektionsphase wichtige Aufgaben bei der Infektabwehr. Sie wandern gezielt in die infizierten Gewebe ein und können Viren oder ihre Proteine aufnehmen, abbauen und die gebildeten Peptide über MHC-Klasse-II-Antigene auf ihrer Oberfläche präsentieren (Kapitel 7). Die Makrophagen werden dadurch aktiviert, sie sezernieren – ähnlich wie auch die virusinfizierten Epithel- oder Endothelzellen – Cytokine, die weitere immunologisch aktive Zellen anlocken, aber auch zum Entstehen von lokalen Entzündungsreaktionen beitragen (Kapitel 8). Geschieht dies beispielsweise im Schleimhautbereich des Rachens, kann dies Erkältungssymptome hervorrufen.

4.1.2 Formen der Virusausbreitung im Körper

In einigen Fällen bleiben die Virusvermehrung und damit die Symptome auf den Eintrittsort beschränkt. Dies gilt zum Beispiel für die humanen Papillomviren, die von außen auf die Hautoberfläche übertragen werden, sich an der Kontaktstelle vermehren, dabei Zellproliferationen induzieren und so zu Warzenbildung führen (Abschnitt 18.2). Die Viren durchbrechen dabei nicht die basalen Hautschichten. Die Ausbreitung erfolgt durch Freisetzung von infektiösen Papillomviruspartikeln aus der Warze, die dann weitere Hautregionen befallen und Replikationsherde bilden können. In die Hautbereiche wandern cytotoxische T-Zellen ein, welche die infizierten Zellen an Peptidabschnitten viraler Proteine erkennen, die diese über MHC-Klasse-I-Antigene präsentieren. Durch die Lyse der virusproduzierenden Zellen bleibt der Infektionsherd begrenzt. Bei der durch Adenoviren verursachten Konjunktivitis gelangt der Erreger von außen in das Auge, und die Infektion bleibt auf die Augenbindehaut beschränkt (Abschnitt 18.3). Immunologisch aktive Zellen wandern in das Auge ein und verursachen eine Entzündung. Viren, die zuerst die Schleimhaut von Mund und Rachen infizieren, können sich nach den ersten Vermehrungszyklen an der Kontaktstelle kontinuierlich über den gesamten Schleimhautbereich des Respirationstraktes ausbreiten und auch die Nasennebenhöhlen und das Mittelohr besiedeln, ohne daß eine Verbreitung über das Blut erfolgt. Das gilt auch für die humanpathogenen Corona- und Parainfluenzaviren und das Respiratorische Syncytialvirus (Abschnitte 13.4 und 14.2). Eine ähnliche kontinuierliche Ausbreitung, allerdings in der Darmschleimhaut, findet man bei vielen Enteroviren, den Calici- und den Rotaviren (Abschnitte 13.1, 13.5 und 16.1).

Tabelle 4.1: Komponenten des retikulohistiocytären Systems

	Zellen	Organ
Mikrophagen	neutro- und eosinophile Granulocyten	Blut, Bindegewebe
monocytäres System	Histiocyten, Makrophagen	Bindegewebe
	Monocyten	Blut
retikuloendotheliales System	Retikulumzellen	lymphoretikuläres Gewebe in Milz, Lymphknoten, Knochenmark, Thymus, Tonsillen
	Sinuswandzellen und Kupffersche Sternzellen der Leber	Milz, Leber, Knochenmark
	Mikroglia	zentrales Nervensystem

Lymphohämatogene Ausbreitung

Langerhans-Zellen und Makrophagen können am Eintrittsort Viren beziehungsweise einzelne virale Proteinkomponenten erkennen und aufnehmen. Die mit den Viren und Fremdantigenen beladenen Zellen wandern zu den immunologisch aktiven Zentren der Lymphknoten und finden hier weitere Immunzellen wie CD4- und CD8-positive T-Lymphocyten, B-Lymphocyten und Makrophagen vor, die durch den Kontakt mit den Erregerproteinen beziehungsweise mit MHC-Peptidkomplexen cytokinvermittelt zu proliferieren beginnen (Abschnitte 7 und 8). Das ist die Ursache der *Lymphknotenschwellungen,* die man bei vielen Virusinfektionen beobachtet. Hier existieren aber auch Zellen, die von vielen Viren infiziert werden können. Während dieser *primären Virämie*, die sich nur schwer nachweisen läßt, können die neugebildeten Viren die befallenen Lymphknoten verlassen und sich über das Blut und die Lymphflüssigkeit im Organismus ausbreiten. Die Folge sind generalisierte Infektionen. In anderen Fällen werden die Erreger selbst nicht freigesetzt. Sie bleiben vielmehr zellgebunden und werden durch infizierte Zellen im Körper verbreitet – beispielsweise das humane Immundefizienzvirus in CD4-positiven T-Lymphocyten und Makrophagen oder das Cytomegalievirus in Granulocyten und Monocyten (Abschnitte 17.1 und 18.4). Die Erreger erreichen in beiden Fällen das *retikulohistiocytäre System,* das aus verschiedenen Zelltypen besteht, die zur Phagocytose oder Speicherung von Stoffen und Partikeln, so auch von Viren befähigt sind (Tabelle 4.1). In ihnen vermehren sie sich und werden im Laufe einer meist sehr effizienten *sekundären Virämie* freigesetzt. Erst dann gelingt es den jeweiligen Viren, ihre Endreplikationsorte zu erreichen und in den betroffenen Organen die typischen Symptome zu verursachen.

Manifestation der Infektion in den Organen

Durch die lymphohämatogene Verbreitung gelangen die Viren zu ihren Zielorganen. Sie vermehren sich dort zuerst in den jeweiligen *Endothelien*, die als einschichtiger Zellverband die Innenseiten aller Blut- und Lymphgefäße auskleiden. In das Parenchym, das heißt in das spezifische Gewebe eines Organs, gelangen sie durch die Räume zwischen den Endothelien (frei oder gebunden an Makrophagen, CD4-positive Zellen oder Granulocyten). Als Folge der Virusvermehrung liegen die Fremdproteine in hoher Konzentration vor. Davon werden immunologisch aktive Zellen in die infizierten Organbereiche gelockt und reagieren dort mit Cytokinausschüttung. Die Folge können massive Entzündungsreaktionen sein, die durch die Eigenart des jeweils infizierenden Virus und den Ansiedelungsort im Gewebe festgelegt werden. Auf Details der Pathogenese und der damit verbundenen Manifestation der Erkrankungen in den verschiedenen Organen wird bei der Besprechung der verschiedenen Viren in den entsprechenden Abschnitten eingegangen. Hier sollen nur einige grundlegende Mechanismen beschrieben werden.

Haut und Schleimhaut. Viren, die *Erkältungskrankheiten* verursachen, infizieren die Mund- und Rachenschleimhaut. Häufig breiten sie sich kontinuierlich über die Schleimhaut des gesamten Respirationstraktes aus, ohne in das Blut überzutreten und sich hämatogen zu verbreiten. Das gilt beispielsweise für die Parainfluenzaviren oder das Respiratorische Syncytialvirus (Abschnitt 14.2). Parallel hierzu findet man aber sowohl bei diesen als auch bei anderen Virusinfektionen eine lymphohämatogene Verbreitung im Organismus, in deren Verlauf die Schleimhaut des Respirationstraktes sekundär erneut besiedelt wird. Das gilt unter anderem für das Masernvirus (Abschnitt 14.2). In beiden Fällen werden die in der Schleimhaut vorhandenen Makrophagen und die B-Zellen durch Aufnahme von Viruspartikeln oder -proteinen aktiviert; sie reagieren mit der Abgabe von Cytokinen wie Interleukinen und Tumornekrosefaktoren. Diese können durch die Basalmembran zu Gefäßen diffundieren und induzieren in den Endothelzellen eine erhöhte Expression von Adhäsionsproteinen wie ICAM, VCAM und ELAM, an die sich die im peripheren Blut zirkulierenden Lymphocyten anlagern. So wird die Einwanderung weiterer Makrophagen und von Granulocyten und Lymphocyten induziert. Parallel verstärkt die Aktivität der Cytokine in den infizierten Zellen die Synthese von MHC-Klasse-I- und -II-Antigenen, die Peptidfragmente der Virusproteine präsentieren und so die Bildung spezifischer cytotoxischer T-Zellen und T-Helferzellen bewirken. Da die letzteren selbst wiederum Cytokine sezernieren, wird die Cytokininduktionsschleife noch weiter verstärkt (Kapitel 8).

Bei den mit *Exanthemen* einhergehenden Viruskrankheiten wie beispielsweise Masern oder Windpocken (Abschnitte 14.2 und 18.4) infizieren die Erreger nach einer hämatogenen Ausbreitung im Organismus die Endothelzellen der Kapillargefäße und treten von hier aus in die Zellschichten der Haut über. Die Virusreplikation in den Hautzellen verursacht eine Entzündung. Die Vorgänge im Schleimhautbereich des Magen-Darm-Traktes und im Flimmerepithel des oberen und unteren Respirationstraktes sind weniger gut untersucht. Auch hier existieren dendritische Zellen, die definierte Cytokinkombinationen abgeben und Infektionen entgegenwirken. Bei einigen Viruserkrankungen, vor allem bei immunsupprimierten Patienten, kann dieser Schutz durchbrochen sein. In diesen Fällen sind nach einer hämotogenen Ausbreitung Infektionen in der Schleimhaut des Verdauungstraktes möglich. Dies gilt beispielsweise für das Cytomegalievirus, das bei AIDS-Patienten schwere Epitheldefekte und Geschwürbildungen (Ulzerationen) in der Darmschleimhaut verursacht.

Lunge. Infektionen der Lunge manifestieren sich überwiegend als Entzündung der Bronchiolen oder als Pneumonie; mit am häufigsten werden sie durch das Respiratorische Syncytialvirus und durch Influenza- und Masernviren verursacht (Abschnitt 14.2). Die Viruspartikel gelangen durch ihre kontinuierliche Verbreitung in der Bronchialschleimhaut in die feinsten Verzweigungen des Bronchialbaumes und infizieren die Alveolar- und Bronchialepithelzellen. Diese schwellen an, versperren die Alveolen und werden schließlich abgestoßen. Bakterielle Überinfektionen des durch die Virusinfektion geschädigten Bronchialepithels können die Krankheit verschlimmern und sekundär-bakterielle Bronchopneumonien hervorrufen. Masernviren infizieren auch das Lungengewebe selbst oder verursachen – ähnlich wie das Influenzavirus – interstitielle Pneumonien. Bei letzteren sammeln sich die entzündlichen Zellinfiltrate im interstitiellen Gewebe der Lungen an. Interstitielle Lungenentzündungen findet man auch bei immunsupprimierten Patienten. Dort werden sie häufig durch Cytomegalieviren verursacht (Abschnitt 18.4). Ob das Virus hierbei hämatogen in die Lunge eingeschwemmt oder lokal reaktiviert wird, ist unklar.

Weitere Organe als Manifestationsorte nach einer lymphohämatogenen Verbreitung. Die Formen der Konjunktivitis, die man bei Masernvirusinfektionen beobachtet, entstehen wahrscheinlich nach einer hämatogen Verbreitung des Virus im Organismus und nicht durch eine exogene Übertragung auf das *Auge*, wie man sie bei Adenoviren beobachtet. Vor allem Coxsackieviren infizieren im Verlauf ihrer virämischen, hämatogenen Ausbreitung *Herzmuskel* und *-beutel* und verursachen in diesen Organen Entzündungen (Abschnitt 13.1). Beide Krankheitsformen heilen gewöhnlich aus, die Myokarditis kann aber chronische Formen annehmen. Die Leber wird von den verschiedenen Hepatitis verursachenden Viren nach einer hämatogenen Verbreitung infiziert. Das Hepatitis-B-Virus gelangt dabei beispielsweise in der Leber durch Spalten im Endothel in die perivasculären Räume, die sogenannten Disseschen Räume, und so zu den Hepatocyten. Dort bindet es sich an spezifische Rezeptoren auf ihrer Oberfläche, wird von den Zellen aufgenommen und kann sich in ihnen replizieren (Abschnitt 18.1). Die *Speicheldrüsen* werden offenbar hämatogen durch das Mumpsvirus infiziert. Die Folge ist eine ein- oder beidseitige Parotitis, also eine Entzündung der Ohrspeicheldrüsen (Abschnitt 14.2). Man hat Anhaltspunkte dafür, daß Mumpsviren sich auch in den Hoden und im *Pankreas* vermehren. Derartige Entzündungen der Bauchspeicheldrüse werden gelegentlich auch durch Coxsackieviren verursacht, die das Organparenchym und die Inselzellen infizieren (Abschnitt 13.1). Beide Virusarten können Auslöser eines Diabetes mellitus vom Typ 1 sein. Hantaviren infizieren nach einer hämatogenen Verbreitung im Organismus die *Nieren* und können sie massiv schädigen (Abschnitt 15.2).

Neurogene Ausbreitung

Einige Viren können bei ihrer Verbreitung im Organismus Nervenzellen infizieren. Neben dem Tollwutvirus haben verschiedene Herpesviren (Herpes-simplex- und Varicella-Zoster-Virus) diese Eigenschaft entwickelt, die ihnen eine Ausbreitung entlang der Nervenfasern ermöglicht. Tollwutviren treten bereits in der Frühphase der Infektion von den an der Bißstelle infizierten Muskelzellen in die freien Nervenendigungen über. In diesem Fall wird das Virus weder im Blutstrom noch in der Lymphflüssigkeit im Körper verbreitet. Es wandert vielmehr entlang der Nervenfasern im Axon vom peripheren Nervensystem über das Rückenmark zum Gehirn. Erst in der Spätphase der Infektion kommt es zu einer „zentrifugalen“ Ausbreitung vom Gehirn über die Nervenstränge in die verschiedenen Organe; so gelangt es in die Speicheldrüsen, durch die es auch ausgeschieden wird (Abschnitt 14.1). Dagegen infizieren die Herpes-simplex-Viren, die bevorzugt durch direkten Kontakt übertragen werden, zuerst die Epithelzellen der Haut. Die Besiedelung des peripheren Nervensystems erfolgt anschließend von der Haut aus. Die Viren infizieren dort die freien Nervenendigungen und werden entlang der Nervenschienen zu den Ganglien transportiert. Bei einer Reaktivierung erfolgt die Wanderung der Viren zurück an die Haut; hier entsteht ein Rezidiv (Abschnitt 18.4). Bei Entzündungen der Konjunktiven (Bindehäute) und der Cornea wandern die Erreger nach ihrer Reaktivierung in den Ganglien über die Nervenfasern in das Auge, breiten sich im Epithel der Cornea aus und verursachen Entzündungen.

Infektionen des Gehirns. Zwischen dem Blutsystem und dem zentralen Nervensystem, das aus Gehirn und Rückenmark besteht, befinden sich im Körper spezielle Barrieren, die das zentrale Nervensystem vom Immunsystem des Körpers abgrenzen. Die *Blut-Hirn-Schranke* ist besonders stark ausgeprägt. Sie besteht aus einer Schicht eng miteinander verbundener Endothelzellen und einer Basalmembran, welche die das Gehirn durchziehenden Kapillaren auskleiden. Die Ausläufer der Mikroglia – diese Zellen stammen von Makrophagen ab – und der Astrocyten sitzen dem Endothel mit Fortsätzen auf und umgeben so die Gefäße. Die interstitielle oder Gewebeflüssigkeit wird durch die Schlingen des zottenreichen Adergeflechts sezerniert, das bis in den Subarachnoidalraum hineinragt. Der Liquor, das heißt die Zerebrospinalflüssigkeit, wird von diesem *Plexus chorioideus* abgesondert und kommuniziert seinerseits mit der interstitiellen Flüssigkeit. Die Schranke ist für Proteine, Viren und andere nicht lipidlösliche Stoffe normalerweise undurchdringlich. Viren können sie durch neurogene Ausbreitung entlang der Nervenfasern umgehen und so in das Rückenmark und das Gehirn gelangen. Außerdem überwinden sie die Barrieren vermutlich ähnlich wie beim Eintritt in andere Organe auch durch eine Infektion der Endothelzellen. Makrophagen werden von der Blut-Hirn-Schranke nicht aufgehalten und gelangen über die Kapillaren in das Gehirn. Treffen sie dort auf infizierte Zellen, Viruspartikel oder Fremdproteine, so sezernieren sie Cytokine, welche die Expression von MHC-Klasse-I- und -II-Antigenen auf den normalerweise immunologisch nicht erkennbaren Gehirnzellen induzieren und so infizierte Gliazellen und Neuronen für cytotoxische T-Zellen angreifbar machen. Manche Viren, unter anderem Coxsackie-, Mumps- und Influenzaviren, erzeugen *Entzündungen der weichen Hirnhaut* (Meningitis), die auf die Hirnrinde (Meningoencephalitis) übergreifen können (Abschnitte 13.1, 14.2 und 15.1). Andere, beispielsweise das Poliovirus, können zusätzlich *Encephalitiden* (Entzündungen des Gehirns) beziehungsweise *Poliomyelitiden* (Entzündungen der grauen, zellreichen Gehirnsubstanz) hervorrufen (Abschnitt 13.1). Zu Entmarkungen kommt es vor allem bei Infektionen der weißen Substanz, die überwiegend myelinhaltige Nervenfasern enthält. Sie entstehen auch aufgrund autoimmuner Prozesse als Folge von Virusinfektionen, zum Beispiel bei der durch das Masernvirus verursachten postinfektiösen Encephalitis (Abschnitt 14.2). Die Makrophagen lösen im virusinfizierten Gehirn immunologische Abwehrreaktionen aus, die mit Entzündungen einhergehen. Sind sie selbst mit Viren infiziert, dann stellen sie für die Erreger einen weiteren Weg zur Überwindung der Barrieren dar. Häufig schleppen daher infizierte Makrophagen die Viren in das Gehirn und setzen sie hier frei. In der Folge können die Viren weitere Zellen infizieren und so die oben beschriebenen Symptome auslösen. Dieser Vorgang ist vor allem für Infektionen des Gehirns durch die humanen Immundefizienzviren beschrieben (Abschnitt 17.1).

4.2 Weiterführende Literatur

Arias, I. M. *The Biology of Hepatic Endothelial Cell Fenestrae*. In: Popper, H.; Schaffner, F. (Hrsg.) *Progressive Liver Disease IX*. London, Orlando (W. B. Saunders, Harcourt Jovanovich) 1990. S. 11–26.

Krstic, R. V. *Die Gewebe des Menschen und der Säugetiere*. Heidelberg (Springer) 1978.

Mims, C. A.; Playfair, J. H. L.; Roitt, J. M.; Wakelin, D.; Williams, R. *Medical Microbiology*. St. Louis (Mosby) 1993.

Oldstone, M. B. A. *Animal Pathogenesis. A Practical Approach*. Oxford (IRL-Press) 1990.

Riede, U.-N.; Schaefer, H.-E. *Allgemeine und spezielle Pathologie*. Stuttgart (Georg Thieme) 1993.

White, D. O.; Fenner, F. J. *Medical Virology*. San Diego, New York, Boston (Academic Press) 1994.

5. Zellschädigung

Die mit Infektionen verbundenen Erkrankungssymptome beruhen auf den virusbedingten Schädigungen der infizierten Zellen und Gewebe. Man unterscheidet eine *direkte Zellzerstörung* als Folge der Virusreplikation, wie man sie beispielsweise bei den Vertretern der Picornaviren (Abschnitt 13.1) findet, von *immunpathologisch verursachten Schäden*. Bei letzteren handelt es sich um Auswirkungen der Immunantwort, die der Organismus zur Eliminierung der Erreger entwickelt (Kapitel 7 und 8). So werden beispielsweise im Verlauf einer Hepatitis-B-Infektion die Leberzellen durch cytotoxische T-Zellen angegriffen und lysiert. Hier trägt also das Immunsystem entscheidend zur Entstehung der Symptome bei (Abschnitt 18.1). Bei vielen Virusinfektionen findet man jedoch eine Kombination der direkten, replikationsbedingten und der immunologisch verursachten Zellschädigungen. Der dadurch ausgelöste Zelltod wird als *Nekrose* bezeichnet. In der Umgebung der nekrotischen Zellen kommt es zu Entzündungsreaktionen, die zusätzlich zum Krankheitsbild beitragen. In anderen Fällen leiten die vom Virus befallenen Zellen die *Apoptose*, das heißt den programmierten Zelltod, ein. In ihrem Verlauf wird das Wirtsgenom fragmentiert, die Zelle stirbt, und die Nachkommenviren werden freigesetzt. Man vermutet, daß diese Vorgänge unter anderem bei der Pathogenese von mit Parvoviren assoziierten Erkrankungen eine entscheidende Rolle spielen (Abschnitt 19.1).

5.1 Welche Konsequenzen haben produktive Virusinfektionen für die betroffenen Zellen?

Mit den ersten Schritten der Replikation, das heißt der Adsorption der Viren an die Zelloberfläche und ihrer Aufnahme, beginnt die Einflußnahme der Erreger auf die Zelle. Entscheidend hierfür sind die spezifischen Eigenschaften sowohl des Virus als auch des Wirtsorganismus. Die Auswirkungen dieses Zusammenspiels auf die Zelle werden mit dem Begriff der *Cytopathogenität* umschrieben.

5.1.1 Veränderungen der Zellmorphologie

Die wichtigste Form des *in vitro* erkennbaren Zellschadens manifestiert sich als *Abkugelung* der Zellen, der meist die Lyse folgt. Die Veränderung der Morphologie läßt sich in idealer Weise bei Epithel- oder Fibroblastenkulturen beobachten, die in einschichtigen Zellverbänden als sogenannte *Zellrasen* (*Monolayer*) wachsen und sich bei der virusbedingten Abkugelung von den Nachbarzellen lösen. Diese Art des Zellschadens, der das Sterben der Zelle anzeigt, stellt die klassische Form des *cytopathischen Effekts* dar (Abbildung 5.1). Er spiegelt den Einfluß viruscodierter Funktionen auf zelluläre Prozesse wider, die den Bedürfnissen des Erregers angepaßt werden. So wird der Zellstoffwechsel bei vielen Virusinfektionen selektiv abgeschaltet. Die Picornaviren können beispielsweise ihr mRNA-Genom unabhängig von der Anwesenheit des *cap-binding*-Komplexes translatieren. Dies gestattet es ihnen, mit Hilfe einer viruscodierten Protease einzelne Komponenten dieses Komplexes abzubauen und die Synthese zellulärer Polypeptide zu unterbinden (Abschnitt 13.1). Herpes-simplex-Viren enthalten als Teil der Partikel einen *vhs*-Faktor (*virus-host-shutoff*-Fak-

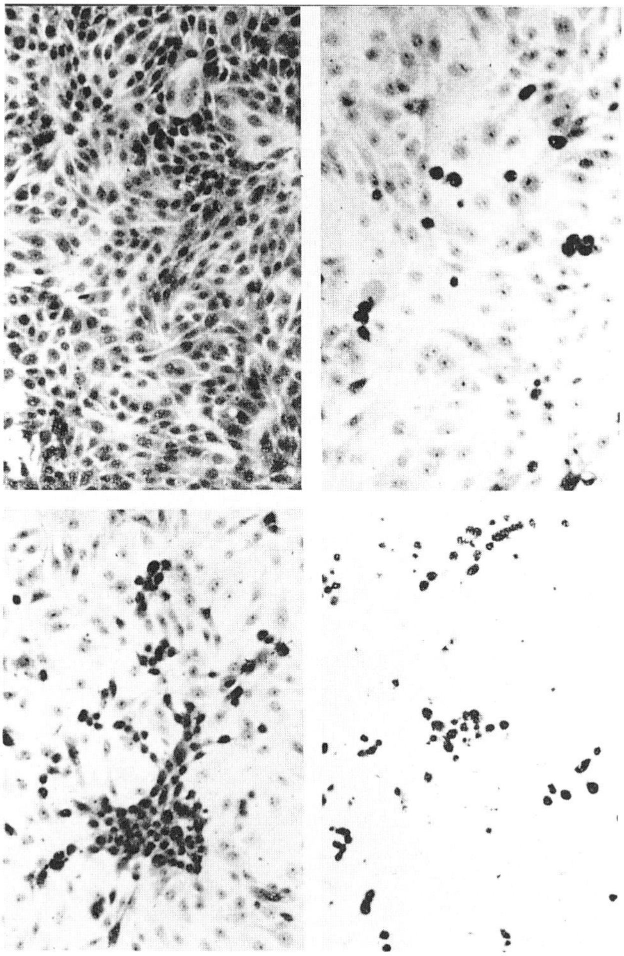

5.1 Ausbildung eines cytopathischen Effekts mit Zellabkugelung am Beispiel einer Zellkultur, die mit Polioimpfviren infiziert ist. Links oben: uninfizierte Zellkultur (HeLa-Zellen). Rechts oben: 24 Stunden nach der Infektion mit Polioimpfviren runden sich einzelne Zellen ab und lösen sich aus dem Zellrasen, der am Boden der Kulturflasche festgewachsen ist. Links unten: 48 Stunden nach der Infektion haben die Polioimpfviren vom initialen Infektionsherd aus die Nachbarzellen infiziert, die ebenfalls mit der Abkugelung beginnen. Es bildet sich ein sogenannter Plaque aus infizierten, abgekugelten Zellen. Die umgebenden Zellen sind in diesem Stadium noch weitgehend ungeschädigt. Rechts unten: 72 Stunden nach der Infektion sind alle Zellen in der Kultur infiziert. Fast alle haben sich von der Unterlage gelöst, so daß man nur noch wenige, am Boden der Zellkulturflasche anhaftende Zellen findet.

tor), der bei der Infektion mit in die Zelle eingebracht wird. Er hemmt die zelluläre DNA-, RNA- und Proteinsynthese (Abschnitt 18.4). Adenoviren regulieren durch das Zusammenwirken zweier viraler Proteine, des E1B- und des E4/34kD-Proteins, den Export der mRNA aus dem Zellkern in das Cytoplasma. Dabei werden zellspezifische Transkripte im Kern zurückgehalten. Exportiert und somit translatiert werden ausschließlich die viralen Produkte (Abschnitt 18.3). Auch dies leitet den *Zusammenbruch des Zellstoffwechsels* ein.

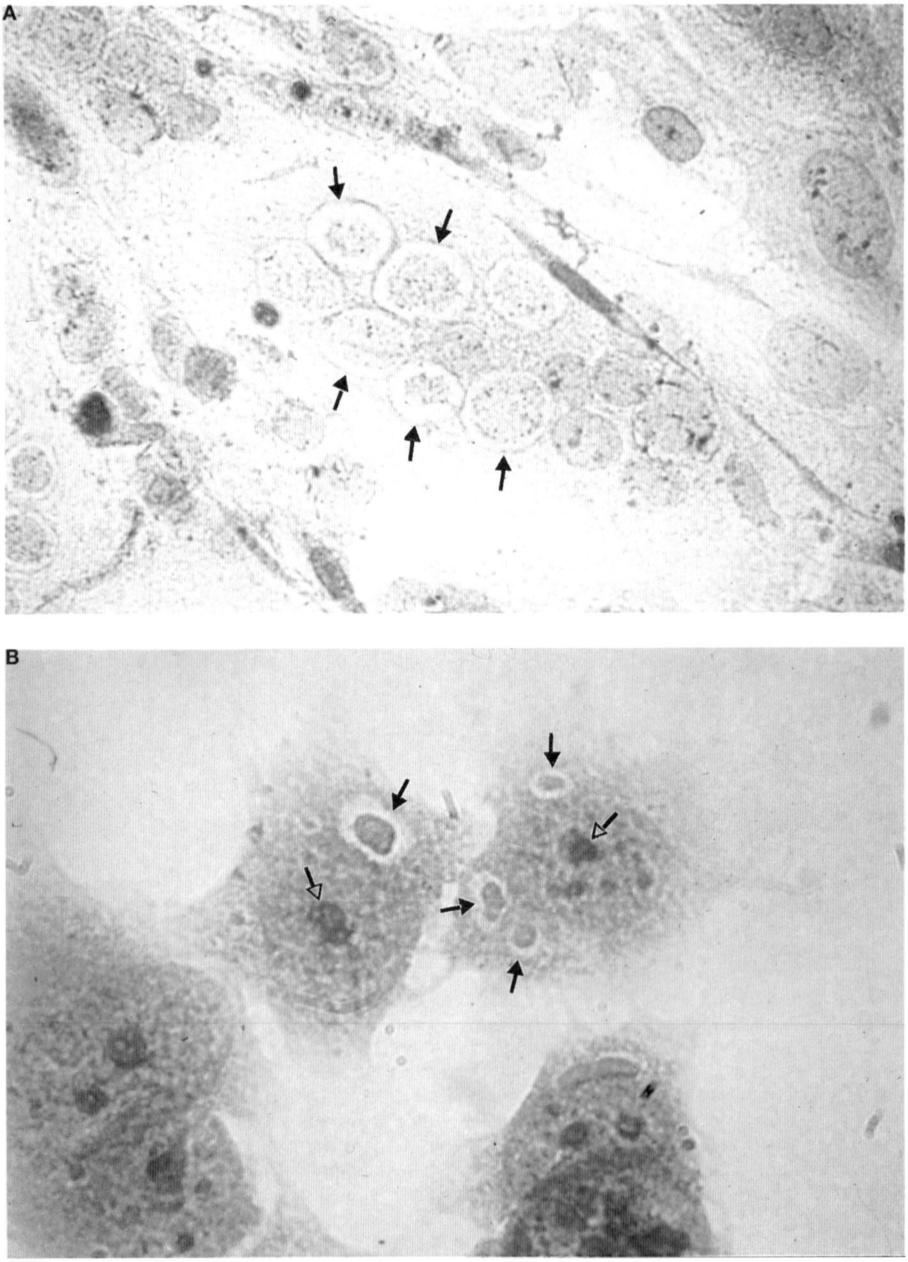

5.2 Einschlußkörperchen. A: Nucleäre Einschlußkörperchen in HeLa-Zellen, die mit Herpes-simplex-Virus Typ 1 infiziert sind. Diese hier mit Pfeilen gekennzeichneten Strukturen bestehen aus Virusproteinen, die sich im Kern anreichern und abgelagert werden. Sie sind von einem weißen Hof umgeben, an dem man sie auch erkennen kann. B: Cytoplasmatische Einschlußkörperchen in HeLa-Zellen, die mit Vacciniaviren infiziert sind. Auch diese aus Virusproteinen bestehenden Einschlußkörperchen (schwarze Pfeile) sind von einem hellen Hof umgeben. Die Zellkerne sind in dieser Abbildung durch die offenen Pfeilspitzen gekennzeichnet. C: Negrische Einschlußkörperchen im Tupfpräparat von einem tollwutinfizierten Tier. Es handelt sich um cytoplasmatische Einschlußkörperchen aus Virusproteinen und Lipiden, die nach der Methode von van Gieson violett anfärbbar sind.

c

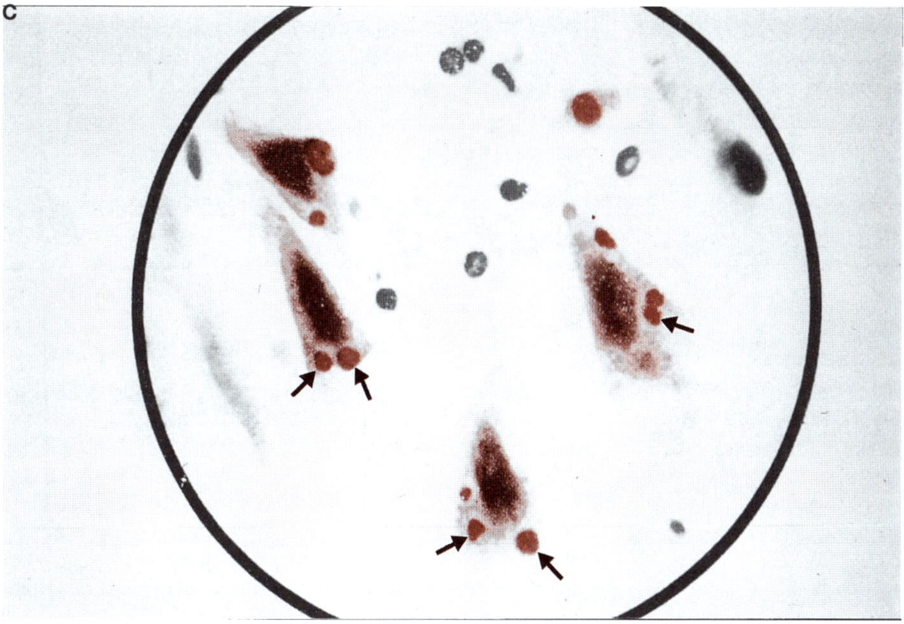

Während der Virusreplikation ändert sich die Zusammensetzung der Zellkomponenten: In die Cytoplasmamembran werden virale Glycoproteine eingelagert, die MHC-Antigene präsentieren Peptide, die von viralen Proteinen abgeleitet sind, die Expressionsrate zellulärer Streßfaktoren (Chaperone wie Hsp60, Hsp70, Hsp90, früher Hitzeschockproteine genannt) wird erhöht, und Differenzierungsantigene und andere Zellkomponenten werden vermehrt oder vermindert produziert und verleihen so der infizierten Zelle ein neues Erscheinungsbild. Daran schließen sich Schädigungen an, die den Ionengehalt in den Zellkompartimenten verändern. Aus den Lysosomen werden Enzyme überwiegend proteolytischer Natur freigesetzt, die den Zellschaden verstärken. Sie sind vermutlich an der Zerstörung der Mikrofilamente, der Mikrotubuli und des Cytokeratingerüstes der Zellen beteiligt, was zum Abkugeln führt. Auch verändert sich die Struktur der Kontaktstellen, durch die sich die Zellen aneinanderbinden oder an ihre Unterlage (*in vitro* der Boden den Kulturflasche) heften, so daß die Kontakte verloren gehen. Auch dies trägt zu der beobachteten Abkugelung bei.

Neben dem Auftreten des cytopathischen Effekts deutete man bereits früh *Einschlußkörperchen* als Anzeichen dafür, daß Organismen oder Zellen einer Kultur mit Viren infiziert sind (Abbildung 5.2). Dabei handelt es sich um in der Zelle abgelagerte Virusproteine oder -partikel, die sich durch Anfärben nachweisen lassen. Bei Viren mit RNA-Genomen sind die Einschlußkörperchen in der Regel im Cytoplasma vorhanden. Bei Viren mit DNA-Genomen findet man die Einschlußkörperchen dagegen meist im Zellkern, nur die Pockenviren bilden cytoplasmatische Ablagerungen.

5.1.2 Riesenzellbildung

Die Ausbildung von Riesenzellen, auch als *Polykaryocyten* oder *Syncytien* bezeichnet, wurde schon früh sowohl *in vivo* als auch *in vitro* beobachtet (Abbildung 5.3). Man fand diese vielkernigen Zellen erstmals in den Geweben von Patienten, die mit Masernviren infiziert waren, und beschrieb sie als Warthin-Finkeldeysche Riesenzellen. Ähnliche Syncytien

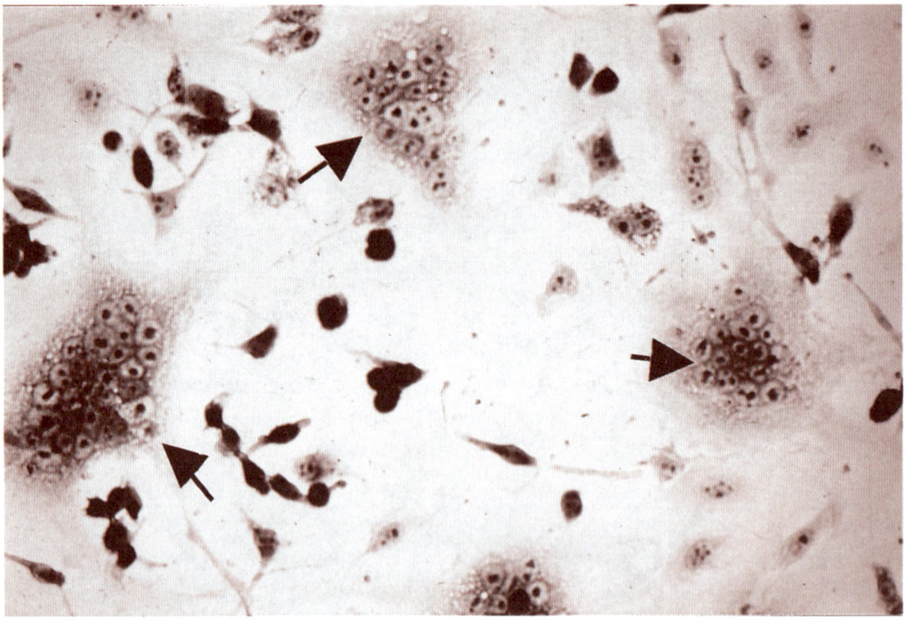

5.3 Riesenzellbildung in einer Kultur, die mit dem Respiratorischen Syncytialvirus infiziert ist. Die Abbildung zeigt mehrere vielkernige Syncytien (Pfeile), die durch Fusion vieler Zellen entstanden sind. In der Umgebung findet man durch die Infektion abgekugelte Zellen.

hat man in Ausstrichen von durch Herpes-simplex-Viren verursachten Hautbläschen nachgewiesen. Die Polykaryocyten entstehen durch die *Fusion* von Einzelzellen, die Viren auf unterschiedliche Weise einleiten. Paramyxoviren haben die Eigenschaft, nach der Adsorption der Partikel an die Zelloberfläche durch die Aktivität des in der Virushüllmenbran verankerten F-Proteins die Fusion der eigenen mit der Cytoplasmamembran zu vermitteln – ein Vorgang, über den die Aufnahme des Nucleocapsids in die Zelle erfolgt (Abschnitt 14.2). Dieser Prozeß ist unabhängig von der Anwesenheit des Virusgenoms, er kann also auch durch die Virushülle allein eingeleitet werden. Zugleich vermittelt er die Fusion der Cytoplasmamembranen von benachbarten Zellen. Ähnliche Fusionsereignisse findet man auch bei der Aufnahme von Herpesviren durch die Zelle. Von dieser von außen eingeleiteten Membranfusion unterscheidet man Vorgänge, die erst im weiteren Verlauf der Virusreplikation ausgelöst werden. Sie sind von der Neusynthese von Virusproteinen abhängig, die in die Cytoplasmamembran eingelagert werden und eine Membranfusion bewirken. Diese Membranverschmelzung virusinfizierter Zellen mit solchen, die bis zu diesem Zeitpunkt frei von den jeweiligen Erregern waren, kann zur Verbreitung infektiöser Viren im Organismus beitragen. Außer bei den Paramyxo- und Herpesviren findet man diese Art der von innen ausgelösten Fusion beispielsweise beim humanen Immundefizienzvirus und bei den Pockenviren (Abschnitte 17.1 und 18.5).

5.2 Inwiefern können auch Viren im Latenzzustand Zellen schädigen?

Von den produktiven Virusinfektionen, die mit der Freisetzung meist großer Mengen an Nachkommenviren einhergehen, kann man solche abgrenzen, bei denen sich das Virus mit der Zelle in einem *Gleichgewichtszustand* befindet. Dabei kommt es weder zur Eliminierung des Virus noch zur Schädigung der Zelle. Viren, die latente oder chronisch-persistierende Infektionsformen entwickeln können, verursachen häufig eine Transformation der Zellen (Kapitel 6).

Während der *Latenz* liegt nur das Virusgenom in der Zelle vor, der produktive Zyklus ist unterbrochen. Bei den Retroviren wird die virale Erbinformation in das Genom der Wirtszelle integriert. Ihre Expression kann nur durch bestimmte Faktoren eingeleitet werden, beispielsweise im Verlauf von Differenzierungsprozessen in der Zelle. So wird die Expression des Genoms des humanen Immundefizienzvirus erst durch den Kernfaktor NF-κB ermöglicht, der in seiner aktiven Form nur in immunologisch stimulierten T-Zellen vorliegt (Abschnitt 17.1). Zu einer Schädigung der Zelle kann es unter Umständen schon durch die Integration des Virus in das Genom kommen (Integrationsmutagenese). Überwiegend treten die Infektionsfolgen jedoch erst nach der Aktivierung des integrierten Virusgenoms auf und werden dann durch die jeweiligen gebildeten Virusproteine verursacht. Bei den onkogenen C-Typ-Viren wird neben der Synthese der Strukturproteine und Enzyme auch die Expression der viralen Onkogene eingeleitet, welche die Zellen transformieren und die Tumorbildung einleiten können.

Bei den α-Herpesviren wie den Herpes-simplex-Viren kennt man eine andere Art der Latenz: In den Nervenzellen liegt ihr Genom episomal, das heißt als zirkuläres DNA-Molekül im Kernplasma vor. Es erfolgt zwar keine Virus- oder Proteinsynthese, jedoch findet eine *Minimalexpression* von bestimmten RNA-Spezies statt, die zur Aufrechterhaltung der Latenz beitragen (Abschnitt 18.4). Der Zellschaden tritt auch in diesem Fall erst nach der Reaktivierung auf, die durch unterschiedliche Faktoren ausgelöst werden kann. Andere Herpesviren benötigen für die Einleitung und Aufrechterhaltung der Latenz die funktionelle Aktivität viraler Proteine, die den Übergang in die produktive Infektionsphase verhindern, zugleich aber die Zelle immortalisieren. So haben latent mit Epstein-Barr-Virus infizierte B-Zellen die Fähigkeit, sich unendlich zu teilen. Das Virus leitet hier – in Verbindung mit zusätzlichen Einflüssen – die Transformation der Zelle ein. Bei Papillomviren ist der Übergang von der latenten Infektionsform in den basalen Zellschichten der Haut in die produktive vom Zelldifferenzierungzustand abhängig: Die produktive Infektionsform ist mit dem Absterben der Zelle verknüpft und wird durch bestimmte Zellfaktoren eingeleitet, die nur in den Keratinocyten, also in den obersten Hautschichten, vorkommen (Abschnitt 18.2).

Außer dieser Form der klassischen Latenz, bei der keine oder nur eine Minimalexpression des Virusgenoms stattfindet, kennt man die Form der *persistierenden* oder *chronischen Infektion*, bei der eine kontinuierliche, geringe Vermehrung und Freisetzung der Erreger erfolgt. Es entsteht ein ideales Gleichgewicht zwischen der Virusvermehrung und dem Überleben der Zelle. Diese chronischen Infektionsformen findet man beispielsweise beim Hepatitis-B-Virus und bei einigen Vertretern der Adenoviren, die über Mechanismen verfügen, die es ihnen erlauben, der Eliminierung durch das Immunsystem zu entgehen (Abschnitte 18.1 und 18.3). Aber auch bei anderen, sich üblicherweise lytisch vermehrenden Virusarten scheinen sie große Bedeutung zu haben: Beim Masernvirus werden persistierende Verläufe mit der Entstehung der subakuten, sklerotisierenden Panencephalitis (SSPE) in Verbindung gebracht (Abschnitt 14.2). Auch bei einigen Picornaviren hat man Hinweise auf lang andauernde Verläufe (Abschnitt 13.1). Bei chronisch-persistierenden Infektionen entstehen häufig

Virusmutanten. Inwieweit diese oft auch defekten Viren für Zellschädigung und chronische Verläufe verantwortlich sind, ist unklar.

5.3 Auf welche Weise verändern Viren das Wirtsgenom?

Einige Virusarten können im weitesten Sinn als mutagene Agentien gelten, da sie im Verlauf der Replikation ihr Genom als Ganzes oder in Teilen in die DNA der Wirtszelle integrieren. Hierdurch können zelluläre Gene zerstört werden, oder es gelangen genetisch ruhige, das heißt wenig transkribierte Gene unter den Einfluß viraler Promotoren – mit der Folge, daß die Genprodukte dann in hohen Konzentrationen vorliegen und in der Zelle aktiv werden. Als Folge von Integrationsvorgängen sind sowohl der Tod der Zelle als auch ihre Transformation zur potentiellen Tumorzelle denkbar (Kapitel 6). Bei einigen Virusinfektionen tritt in Verbindung mit apoptotischen Prozessen die Zerstörung oder Fragmentierung des Wirtsgenoms ein. Erholt sich die Zelle hiervon, kann es bei der folgenden Reparatur zu Translokationen, Deletionen und Amplifikationen von Chromosomenabschnitten kommen. Verleihen diese der betroffenen Zelle einen Wachstumsvorteil, so wird sie im weiteren Verlauf selektiert. Translokationen des kurzen Armes des Chromosoms 14 auf die Chromosomen 2, 8 oder 22 treten bei Burkitt-Lymphomen auf, die durch das Epstein-Barr-Virus verursacht werden. Hierdurch wird das zelluläre *myc*-Gen überexprimiert. Ob es sich um spezifische, durch das Virus induzierte Translokationen handelt oder um einen Selektionsprozeß nach einer allgemeinen Genomschädigung, ist unklar (Abschnitt 18.4).

5.4 Weiterführende Literatur

Bentz, J. *Viral Fusion Mechanisms.* Boca Raton (CRC Press) 1993.

Jindal, S.; Malkovsky, M. *Stress Responses to Viral Infections.* In: *Trends in Microbiol.* 2 (1994), S. 89–91.

Luftig, R. B.; Lupo, L. D. *Viral Interactions with the Host Cell Cytoskeleton: The Role of Retroviral Proteases.* In: *Trends in Microbiol.* 2 (1994), S. 179–182.

Mims, C. A. *The Pathogenesis of Infectious Diseases.* 3. Aufl. San Diego, Boston, New York (Academic Press) 1987.

Oldstone, M.B.A. *Animal Viral Pathogenesis. A Practical Approach.* Oxford (IRL-Press) 1990.

Riede, U.-N.; Schaefer H.-E. *Allgemeine und spezielle Pathologie.* 3. Aufl. Stuttgart (Georg Thieme) 1993.

Smith, G. L. *Virus Strategies for Evasion of the Host Response to Infection.* In: *Trends in Microbiol. 2* (1994), S. 81–88.

Tomei, L. D.; Cape, F. O. *Apoptosis II: The Molecular Basis of Apoptosis in Disease.* (Cold Spring Harbor Laboratory Press) 1994.

Underwood, J. C. E. *General and systematic pathology.* Edinburgh (Churchill Livingstone) 1992.

6. Transformation und Tumorbildung

Schon früh erkannte man, daß Viren bei Tieren Tumorerkrankungen hervorrufen können. Bereits 1911 beschrieb Peyton Rous, daß Viren bei Geflügel Sarkome verursachen. Das verantwortliche tumorauslösende Virus wurde nach ihm *Rous-Sarkom-Virus* benannt. In den folgenden Jahrzehnten entdeckte man eine Vielzahl von Viren, die bei Geflügel und Nagetieren unterschiedliche Krebserkrankungen wie Lymphome, Sarkome und Karzinome auslösen können. Viele von ihnen gehören zur Familie der *Retroviridae* und wurden der Unterfamilie der *Onco-* oder *C-Typ-Viren* zugeordnet. Die Mehrzahl dieser Erreger wurde aus Inzuchtstämmen der jeweiligen Tierarten oder aus Zellkulturen isoliert. Eine Ausnahme sind die Leukoseviren der Katze (FeLV), welche die Erkrankung unter natürlichen Bedingungen übertragen. Das tumorerzeugende Potential beruht auf transformationsaktiven Proteinen (v-Onc). Sie ähneln zellulären Produkten (c-Onc), die gewöhnlich an der geregelten Zellteilung beteiligt sind. Die viralen Onc-Proteine sind gegenüber zellulären Produkten durch Mutationen so verändert, daß sie im Gegensatz zu diesen keiner Kontrolle mehr unterliegen, also konstitutiv aktiv sind. Hinweise, daß es auch Retroviren gibt, die beim Menschen Tumorerkrankungen verursachen, fand man erst 1982, als Robert Gallo die *humanen T-Zell-Leukämieviren* (HTLV) entdeckte (Abschnitt 17.1).

Die meisten Viren, die mit Tumorerkrankungen beim Menschen korreliert sind, haben ein DNA-Genom. Da es in dem vorliegenden Buch um die Molekularbiologie menschlicher Virusinfektionen geht, befassen wir uns im Rahmen dieses Kapitels vor allem mit den humanpathogenen Tumorviren. Deren wichtigste Vertreter sind die *Papillomviren*, die Karzinome vor allem in der Genitalschleimhaut und verschiedene maligne Hauttumoren verursachen (Abschnitt 18.2), das *Hepatitis-B-Virus*, das an der Entstehung des primären Leberkarzinoms des Menschen beteiligt ist (Abschnitt 18.1) und das *Epstein-Barr-Virus,* das als Vertreter der Herpesviren in enger kausaler Beziehung zu Burkitt-Lymphomen und Nasopharynxkarzinomen steht (Abschnitt 18.4). Das humane Herpesvirus Typ 8 spielt vermutlich bei der Entstehung des Kaposi-Sarkoms eine wichtige Rolle. Das *Hepatitis-C-Virus*, das als Flavivirus ein einzelsträngiges RNA-Genom besitzt, ist – ähnlich wie das Hepatitis-B-Virus – mit Leberkarzinomen assoziiert (Abschnitt 13.2). Man schätzt, daß etwa 15 bis 20 Prozent aller humanen Krebserkrankungen ätiologisch mit Virusinfektionen verbunden sind. *Adenoviren*, deren Infektionen beim Menschen bisher nicht eindeutig mit malignen Erkrankungen assoziiert werden konnten, können hingegen bei neugeborenen Nagetieren Tumoren induzieren (Abschnitt 18.3). Ihre Untersuchung trug viel zur Klärung der Mechanismen bei, die an der Zelltransformation und Tumorbildung beteiligt sind. Die Erkenntnisse ließen sich auf etliche der anderen menschlichen Krebserkrankungen übertragen. Das gilt in ähnlicher Weise auch für das Virus *SV40*, das unter natürlichen Bedingungen Affen infiziert, bei neugeborenen Hamstern und Mäusen aber maligne Erkrankungen verursacht (Abschnitt 18.2). Die DNA-Tumorviren besitzen keine klassischen *onc*-Gene, wie man sie bei den Retroviren findet. Heute weiß man, daß sie durch bestimmte virale Regulatorproteine vor allem die Funktion der zellulären *Tumorsuppressoren* ausschalten und so die maligne Entartung der Zellen einleiten.

6.1 Wodurch sind transformierte Zellen gekennzeichnet?

Die malignen Eigenschaften der verschiedenen Viren äußern sich in erster Linie durch ihre Fähigkeit, *in vivo* Tumoren zu erzeugen. Häufig kann man diesen Prozeß auch in experimentellen Tiersystemen induzieren, so daß in vielen Fällen für die Untersuchung der zugrundeliegenden molekularen Mechanismen Tiermodelle zur Verfügung stehen. Entscheidend für die Klärung der malignen Wirkungsweise waren und sind jedoch *in vitro*-Systeme: Tumorviren können *in vitro* bestimmte Gewebekulturzellen *immortalisieren* und auch *transformieren*. Dies ermöglicht detaillierte experimentelle Untersuchungen und die Klärung der mit der Tumorbildung einhergehenden molekularen Prozesse. Während immortalisierte Zellen durch die viralen Aktivitäten die Fähigkeit zu unendlicher Teilung erlangen, zeichnen sich transformierte Zellen zusätzlich dadurch aus, daß sie bei Übertragung auf geeignete Tiere Tumoren erzeugen. Abgesehen von diesem grundlegenden Unterschied haben beide Zellsysteme viele gemeinsame Charakteristika, die sie von normalen Zellen unterscheiden.

6.1.1 Morphologische Veränderungen

Beim Übergang in den transformierten Zustand verändert sich die Form der Zellen, sie verlieren ihren normalen epitheloiden oder fibroblastenartigen Charakter und nehmen eine überwiegend kugelähnliche Gestalt an. Verantwortlich hierfür ist die mit der Transformation einhergehende Veränderung des Cytoskeletts, das Eukaryotenzellen ihre Form verleiht. Im Vordergrund steht der *Zusammenbruch der intrazellulären Mikrofilamente*, die normalerweise aus langen Actinkabeln bestehen. Mit ihnen sind weitere Proteine wie Myosin und Tropomyosin verbunden. Die Actinkabel enden normalerweise an der Cytoplasmamembran, und zwar überwiegend dort, wo die Zelle an der Unterlage (*in vitro* an der Gewebekulturschale) festgewachsen ist. Diese Regionen bezeichnet man als *focal contacts*. Hier sind die Filamente mit den Polypeptiden α-Actinin, Vinculin und Talin assoziiert. Beim Übergang in den transformierten Zustand geht die kabelähnliche Anordnung der Filamente verloren, und das Actin verteilt sich diffus über die ganze Zelle. Wodurch die Veränderung der Mikrofilamente auf molekularer Ebene ausgelöst wird, ist unklar. Man vermutet, daß ein erhöhter Phosphorylierungsgrad des Actins und des Vinculins, wie er in den transformierten Zellen auftritt, daran beteiligt ist.

Gleichzeitig mit der Veränderung der Actinfilamente beobachtet man auf den Oberflächen der transformierten Zellen eine Umverteilung der Transmembranproteine. Diese stehen vermutlich an den Innenseiten der Cytoplasmamembran mit den Actinkabeln in Verbindung und verlieren durch deren Zusammenbruch ihre Anordnung in definierten Gruppen. Damit verändert sich unter anderem der Gehalt an *Integrinen* und deren Verteilung; die Integrine sind in der Membran verankert und über ihren cytoplasmatischen Anteil mit den Actinkabeln verbunden. Die extrazellulären Domänen der Integrine sind mit Fibronectin assoziiert, das seinerseits mit Kollagen und Laminin interagiert. Sie bilden zusammen die Schicht der *extrazellulären Matrix*. Diese vermittelt die Wechselwirkungen zwischen verschiedenen Zellen und ist für deren Wachstum in einschichtigen Verbänden verantwortlich, die mit einer Unterlage, zum Beispiel der Zellkulturschale, verbunden sind. Transformierte Zellen haben aufgrund ihres niedrigen Gehalts an Integrinen deutlich geringere Mengen an Fibronectin auf der Oberfläche. Auch die Konzentration weiterer Membranproteine ändert sich. So ist der Gehalt an MHC-Klasse-I-Proteinen ist meist reduziert, Proteasen findet man dagegen vermehrt auf der Zelloberfläche. Diese werden außerdem in die Umgebung abgegeben, was das Potential transformierter Zellen zur Bildung von Metastasen verstärkt. Auch die Konzentrationen verschiedener Ionen-, Zucker- und Aminosäuretransportproteine sind auf den Oberflächen transformierter Zellen erhöht. Damit verbunden ist eine im Vergleich zu normalen Zellen bis auf das Zehnfache gesteigerte Stoffwechselaktivität.

6.1.2 Veränderungen des Zellwachstums

In vitro transformierte Zellen unterscheiden sich von normalen Zellen in ihrem Wachstumsverhalten. Gewöhnlich heften sich Fibroblasten oder Epithelzellen, die man in eine Zellkulturflasche gibt, an der Plastik- oder Glasfläche an. Anschließend teilen sie sich so lange, bis ein *einschichtiger, konfluenter Monolayer* ausgebildet ist und die Zellen die ganze ihnen zur Verfügung stehende Fläche ausgenutzt haben. Dann stellen sie die Teilungen ein. Transformierte Zellen wachsen im Unterschied hierzu in mehrschichtigen, dreidimensionalen Verbänden und erreichen fünf- bis zehnmal höhere Konzentrationen. Sie unterliegen also nicht der sogenannten *Kontaktinhibition*. Läßt man sie weiter in der Kulturflasche, so stellt sich ein Gleichgewicht zwischen dem Absterben eines Teiles der Zellen und der fortgesetzten Teilung der anderen Subpopulation ein. Die transformierten Zellen wachsen in Kultur unabhängig von Kontakten zu Plastik- oder Glasflächen, die für die Proliferation von Fibroblasten oder Epithelzellen üblicherweise notwendig sind. Diese Eigenschaft ist ein wichtiges Merkmal transformierter Zellen. Einzelne solcher Zellen können daher auch in halbflüssigen Medien, beispielsweise in *Weichagar*, zu größeren Verbänden, sogenannten Zellklonen, heranwachsen. Das Wachstum in Weichagar ist sehr gut mit der Fähigkeit der transformierten Zellen korreliert, im Tiersystem Tumoren zu bilden. Dieses Verhalten beruht vermutlich auf den höheren Mengen an TGF-β, die diese Zellen bilden. TGF-β ist ein Wachstumsfaktor, der unter anderem die Synthese von Fibronectin und Kollagen stimuliert (Kapitel 8). Den Zellen wird so lokal begrenzt eine extrazelluläre Matrix zur Verfügung gestellt, die ihr Anheften aneinander und ihr Wachstum zu traubenähnlichen Verbänden ermöglicht.

Zellen wachsen *in vitro* normalerweise nur dann, wenn ihnen in der Kulturflüssigkeit ausreichende Mengen von Wachstumsfaktoren zur Verfügung stehen. Aus diesem Grund setzt man den Medien durchschnittlich zehn bis 15 Prozent fötales Kälberserum zu, das alle essentiellen Komponenten ergänzt. Wichtig für die Zellproliferation sind vor allem der *epidermal growth factor* (EGF), der *platelet-derived growth factor* (PDGF), die verschiedenen Fibroblastenwachstumsfaktoren (FGF) und einige Hormone. Sie binden sich an ihre jeweiligen Rezeptoren an der Zelloberfläche und induzieren über die unterschiedlichen Signalübertragungswege die Aktivierung von Proteinkinasen, die in einem streng regulierten, kaskadenartigen Prozeß verschiedene Zellproteine und schließlich Transaktivatoren phosphorylieren. Diese binden sich an die *serum response elements* (SRE) in den Promotorbereichen der wachstumsfaktorabhängigen Gene und ermöglichen deren Expression. Die neugebildeten Produkte leiten die Zellteilung ein. Transformierte Zellen teilen sich dagegen unabhängig von der Anwesenheit von Wachstumsfaktoren im Kulturmedium. Sie wachsen auch in Medien, die kein oder nur sehr wenig Serum enthalten. Transformierte Zellen produzieren viele der notwendigen Faktoren selbst und stimulieren so ihre Proliferation autokrin. Außerdem sezernieren sie häufig TGF-α und -β, die ebenfalls autokrin das Zellwachstum anregen (Kapitel 8). Bei einigen transformierten Zellen sind auch die Wachstumsfaktorrezeptoren so verändert, daß sie in Abwesenheit des jeweiligen Faktors einen aktiven Zustand simulieren und Signale andauernd in das Zellinnere weiterleiten.

6.1.3 Autokrine Stimulation des Zellwachstums durch Viren

An der Entstehung der HTLV-vermittelten T-Zell-Leukämie des Menschen sind wahrscheinlich autokrine Stimulationsmechanismen beteiligt. Das HTLV codiert ein *Tax-Protein*, das indirekt transaktivierend wirkt, indem es mit den Faktoren der CREB-Proteinfamilie und NFκB interagiert. Diese werden hierdurch aktiv und binden sich sequenzspezifisch an die TRE-Elemente im viralen LTR-Promotor. Dies leitet die Transkription der integrierten Virusgenome ein (Abschnitt 17.1). Außerdem kommt es zur Expression aller zellulären Gene, deren Promotoren CREB- beziehungsweise NFκB-abhängige DNA-Elemente enthalten: Hierzu gehören unter anderem die Gene für den Granulocyten-Makrophagen-stimulierenden Wachstumsfaktor (GM-CSF), für das Interleukin-2 und für die α-Kette des Interleukin-2-Rezeptors (Kapitel 8). Die erhöhte Expression dieser Cytokine sowie der entsprechenden Rezeptoren induziert in einem *autokrinen Stimulationszyklus* die Proliferation der Zellen. Sie ist so die erste Stufe im Entstehungsprozeß der HTLV-vermittelten T-Zell-Leukämie.

Auch das Epstein-Barr-Virus, das B-Lymphocyten latent infiziert und immortalisiert, kann die Proliferation dieser Zellen autokrin stimulieren (Abschnitt 18.4). Das latente Protein EBNA2 transaktiviert die Promotoren, welche die Expression der latenten Virusgene kontrollieren. Daneben induziert EBNA2 die Synthese verschiedener zellulärer Proteine, unter anderem die der CD23-Genprodukte. Auch LMP1, ein weiteres während der Latenz gebildetes virales Polypeptid, ist hierzu befähigt. Die CD23-Proteine findet man in zwei Versionen: Das membranständige CD23 ist ein schwach affiner IgE-Rezeptor, die sezernierte Form des Proteins dient dagegen als B-Zellwachstumsfaktor und fördert die Proliferation der infizierten B-Lymphocyten. Das für das Epstein-Barr-Virus spezifische LMP1-Genprodukt hat außerdem noch eine Reihe weiterer Funktionen, die für die Transformation der latent infizierten Zellen essentiell sind. Man hat Hinweise darauf, daß dieses Membranprotein ähnlich wie einige der klassischen Onkogene der C-Typ-Retroviren wirkt und selbst ein konstitutiv aktiver Wachstumsfaktorrezeptor ist, der kontinuierlich eine Signalkaskade auslöst. Es scheint Mitgliedern der Familie der Nervenwachstumsfaktor-(NGF-) Rezeptoren zu ähneln, zu denen unter anderem der TNF-Rezeptor gehört. Sie leiten kontinuierlich Signale in den infizierten Zellen weiter, die unter anderem bewirken, daß die Expression der NF-κB-abhängigen Gene induziert wird. Als Folge findet man erhöhte Konzentrationen von Adhäsionsmolekülen, des Transferrinrezeptors und der CD23-Proteine.

6.2 Welche Wirkung hat die Inaktivierung von Tumorsuppressorproteinen?

Tumorsuppressoren – auch *Antionkogene* genannt – sind Regulatorproteine, welche die Zellteilung kontrollieren. Sie regulieren in proliferierenden Zellen den Übergang von der G_1- beziehungsweise in ruhenden Zellen von der G_0- in die S-Phase, in der das Genom verdoppelt wird und viele andere Syntheseleistungen vollzogen werden (Abbildung 6.1). Viele Viren können sich nur in sich teilenden Zellen replizieren. In ihnen durchlaufen sie produktive, mit der Bildung von Nachkommenviren einhergehende Infektionsformen. Während einige Viren – beispielsweise die autonomen Parvoviren – aus diesem Grund einen ausgeprägten Tropismus für sich teilende Zellen haben (Abschnitt 19.1), können andere in den infizierten Zellen die S-Phase einleiten. Sie codieren für Proteine, die eben jene Faktoren hemmen, welche den Eintritt der Zelle in die S-Phase kontrollieren, verzögern oder unterbin-

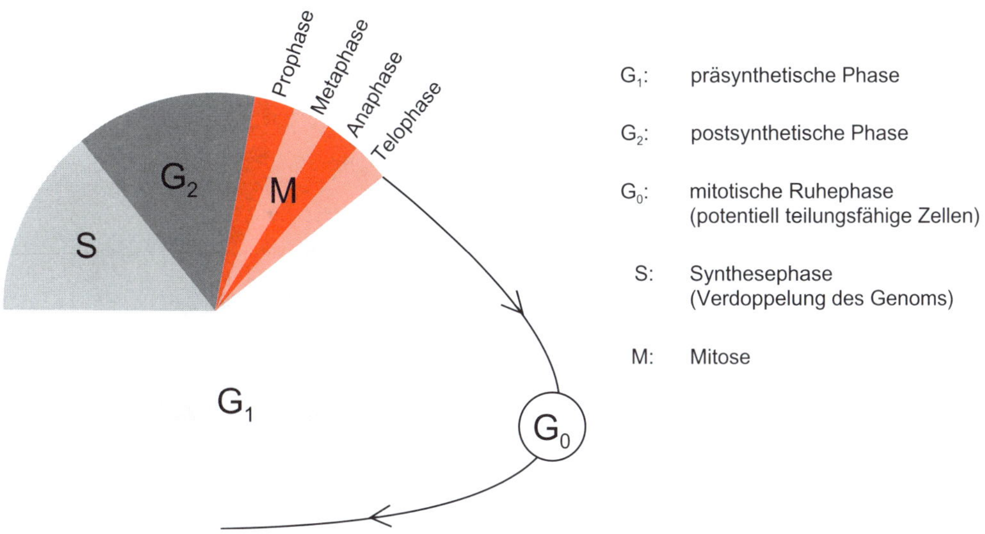

6.1 Phasen des Zellteilungszyklus. Die verschiedenen zellulären Tumorsuppressorproteine entfalten ihre Aktivitäten bei der Kontrolle des Überganges von der G_1- beziehungsweise G_0- in die S-Phase.

den. Alle Viren, die bekannterweise beim Menschen Tumorerkrankungen verursachen, verfügen über derartige Eigenschaften und exprimieren die entsprechenden Gene früh im Infektionszyklus. So inaktivieren sie die Zellteilungsregulatoren und leiten den Übergang aus der G_1- oder G_0- in die S-Phase ein. Bei den DNA-Tumorviren ist die Virusvermehrung üblicherweise mit dem Zelltod verbunden, der spät im Verlauf der Infektion durch Apoptosemechanismen eingeleitet wird. Wenn die lytische Infektionsform unterbrochen ist, wird die virale Genexpression in einem frühen Stadium arretiert, und es kommt nicht zur Genomreplikation. Verantwortlich für diese abortiven Infektionen ist meist das zelluläre Milieu. So läuft bei den Papillomviren der lytische Infektionszyklus nur in Hautkeratinocyten ab, nicht dagegen in den wenig differenzierten Zellen der basalen Schichten (Abschnitt 18.2). Bestimmte Zellproteine, die nur in einem bestimmten Differenzierungstadium gebildet werden, ermöglichen dem Virus den Eintritt in die späte Vermehrungsphase. Bei anderen Viren, beispielsweise bei den onkogenen Adenoviren oder beim SV40, erfolgt eine abortive Infektion, wenn die Erreger Zellen von nichtnatürlichen Wirten – in diesen Fällen von Nagetieren – befallen (Abschnitte 18.2 und 18.3). Zusätzlich wird hier – ähnlich wie beim Hepatitis-B-Virus – das Virusgenom gelegentlich ganz oder teilweise in die Wirtszell-DNA integriert. Dieser Vorgang unterbricht die Kontinuität einzelner Gene; als Folge findet man häufig eine unkontrollierte Überexpression jener Virusgene, deren Produkte mit den zellulären Tumorsuppressorproteinen interagieren und – da der lytische Vermehrungszyklus gleichzeitig unterbunden ist – eine kontinuierliche Zellteilung induzieren. Dies kann schließlich zur Tumorentstehung führen.

Soweit man weiß, beeinflussen die viralen Genprodukte vor allem zwei Gruppen von Tumorsuppressoren in ihrer Aktivität: einerseits das *Antionkogen p53*, andererseits die Familie der *Retinoblastomproteine* (Rb105/107). Die folgenden Abschnitte geben einen kurzen Überblick über die Funktion dieser beiden Proteinklassen.

6.2.1 Die p53-Proteine

Die p53-Gene sind bei allen Säugetierarten hochkonserviert. Sie codieren für Proteine von etwa 390 Aminosäuren Länge. Beim Menschen findet man das p53-Gen auf dem kurzen Arm des Chromosoms 17. Das Protein hat normalerweise eine geringe Halbwertszeit von sechs bis 15 Minuten, ist phosphoryliert und im Zellkern lokalisiert, wo es sich zu *tetrameren Komplexen* zusammenlagert. Es kann in drei Domänen unterteilt werden. Eine aminoterminale Region von etwa 75 überwiegend sauren Aminosäuren wirkt als *Transaktivator*. Die zentrale Domäne ist reich an Prolinen und hydrophoben Aminosäuren und läßt sich in fünf stark konservierte, miteinander homologe Abschnitte unterteilen; dieser zentrale Bereich ist für die korrekte Faltung des p53 und somit auch für seine Aktivität verantwortlich. Die carboxyterminale Region von circa 115 Aminosäuren ist basisch und für die sequenzspezifische Bindung des tetrameren p53-Komplexes an die DNA verantwortlich. p53 interagiert mit bestimmten Promotoren beziehungsweise den dort gebundenen Transkriptionsfaktoren und transaktiviert sie. Das induziert die Synthese von Proteinen, welche die Zelle in der g_1-Phase arretieren und den Übergang in die S-Phase verzögern. Erhöhte Konzentrationen von p53 findet man in Zellen, die vermehrt UV- oder γ-Strahlen ausgesetzt waren oder mit radioaktiven Substanzen oder Chemotherapeutika inkubiert wurden. Alle diese Agentien können Mutationen, also Veränderungen in der DNA-Sequenz, verursachen. Daher vermutet man, daß p53 eine vergleichbare Funktion hat wie die SOS-Antwort, die unter ähnlichen Bedingungen in Bakterien induziert wird. Dort verzögert sie die Verdoppelung des Bakterienchromosoms, so daß den Reparatursystemen mehr Zeit zur Verfügung steht, um die DNA-Schäden zu korrigieren, bevor sie sich bei der nachfolgenden Replikation in den DNA-Tochtermolekülen manifestieren. Wenn die Reparatur nicht erfolgreich ist, induziert p53 in eukaryotischen Zellen die Apoptose (den programmierten Zelltod).

In Tumorzellen führen Veränderungen im p53-Gen zur Synthese von p53-Proteinversionen, die nicht korrekt gefaltet sind, nicht mehr zu Tetrameren assoziieren und so ihre Fähigkeit zur sequenzspezifischen DNA-Bindung und Transaktivierung verloren haben. Oft reichen hierfür Mutationen im p53-Gen eines Allels aus, da sich dann inaktive Heterooligomere aus Wildtyp- und Mutantenproteinen ausbilden. In diesen Zellen kommt es in der Folge zu weiteren Mutationen, die das ganze Genom betreffen und zur Transformation und Malignisierung führen können. Viren haben vielfältige Mechanismen entwickelt, um die zellzykluskontrollierende Wirkung der p53-Proteine zu inaktivieren und so Bedingungen zu schaffen, die für ihre eigene Vermehrung nötig sind. Wie man herausfand, binden sich das T-Antigen von SV40 (Abschnitt 18.2), das 55kD/E1B-Protein der Adenoviren (Abschnitt 18.3) und das X-Protein des Hepatitis-B-Virus (Abschnitt 18.1) an p53 und hemmen die Ausbildung der funktionell aktiven Tetramere. Bei den Papillomviren komplexieren die E6-Proteine mit p53 und leiten seine ubiquitinabhängige Proteolyse ein, wodurch die Zellen an p53 verarmen (Abschnitt 18.2).

6.2.2 Die Retinoblastomproteine

Das Retinoblastomgen wurde erstmals bei Kindern beschrieben, die an Augentumoren erkrankt waren. Bei diesen Patienten sind beide Allele eines Gens defekt, das auf dem langen Arm des Chromosoms 13 für ein Protein mit einem Molekulargewicht von etwa 105 kD (Rb105) codiert. Später wurden veränderte Formen dieses Proteins auch bei Osteo- und Weichgewebesarkomen sowie Brust-, Lungen- und Blasenkarzinomen entdeckt. Das Rb105 und das ihm ähnelnde Protein Rb107 werden abhängig von der Zellzyklusphase phosphoryliert. Aktiv, das heißt proliferationshemmend, sind sie im dephosphorylierten Zustand: In dieser Form binden sie sich an die Gruppe der sogenannten *E2F-Faktoren*, die ihrerseits in ihrer freien Form sequenzspezifisch mit DNA-Elementen in den Promotoren bestimmter Gene interagieren – beispielsweise der Gene für die zelluläre Thymidinkinase, die Dihydrofolatreduktase, die DNA-Polymerase-α oder die cdc2-Kinase. Alle diese Proteine werden während der S-Phase des Zellzyklus benötigt. Im Komplex mit Rb105 sind die transaktivierenden Funktionen der E2F-Faktoren gehemmt. Daher unterbleibt der Eintritt der Zellen in die S-Phase. Werden die RB-Proteine phosphoryliert, löst sich der Komplex mit den E2F-Faktoren. Letztere können sich an die entsprechenden Promotoren binden und die Expression der von ihnen kontrollierten Gene einleiten. Viren, die sich ausschließlich in proliferierenden Zellen vermehren, verfügen über Polypeptide, welche die Funktionen der RB-Proteine beeinflussen: Die E7-Proteine der Papillomviren binden sich ebenso wie das T-Antigen von SV40 und die E1A-Proteine von Adenoviren an Rb105/107. Dies hebt die Komplexbildung mit den E2F-Faktoren auf, die dadurch aktiv werden und ihre transaktivierenden Eigenschaften entfalten (Abschnitte 18.2 und 18.3).

6.2.3 Andere Wege der Proliferationsinduktion

Das Epstein-Barr-Virus hat vermutlich andere Wege entwickelt, um die latent infizierten Zellen zur Proliferation anzuregen: Eines der Genprodukte (EBNA-LP), das während des latenten Infektionszyklus in B-Zellen gebildet wird, kann zwar mit den Tumorsuppressorproteinen p53 und Rb105 interagieren, beeinflußt jedoch offensichtlich ihre Regulatorfunktion nicht. EBNA-LP aktiviert jedoch zusammen mit dem EBNA2-Protein die Expression des *Cyclin-D2-Gens*. Die kooperative Wirkung der beiden latenten Virusproteine leitet in ruhenden B-Zellen den Übergang von der G_0- in die G_1-Phase ein.

6.3 Wie können Tumorzellen der Immunantwort entgehen?

Tumoren können sich *in vivo* nur dann bilden, wenn die transformierten Zellen für das immunologische Abwehrsystem unkenntlich sind und ihm entgehen können. So vermögen Adenoviren und das Epstein-Barr-Virus durch die von ihnen gebildeten kurzen VA- beziehungsweise EBER-RNA-Moleküle der antiviralen Interferonwirkung zu entkommen. Beide Virusarten reduzieren außerdem die Konzentration der MHC-Klasse-I-Proteine auf der Zelloberfläche. Dies macht es den cytotoxischen T-Lymphocyten unmöglich, die infizierten Zellen zu erkennen und zu eliminieren (Kapitel 7 und Abschnitte 18.3 und 18.4). Auch das EBNA1-Protein des Epstein-Barr-Virus hat hier eine wichtige Funktion: Dieses Protein wird in allen latent infizierten Zellen gebildet, wirkt als Transaktivator und erhöht so seine eigene Expression. Zugleich bindet es sich an den viralen Replikationsstartpunkt *oriP*, an dem während der Viruslatenz die episomale Replikation des Virusgenoms beginnt. EBNA1 ist daher für die Aufrechterhaltung des immortalisierten Zustands verantwortlich. Trotz dieser andauernden Produktion eines Virusproteins werden die Zellen nicht als fremd erkannt: Eine Domäne im EBNA1, die aus wiederholten Glycin-Alanin-Resten besteht, verhindert den Abbau durch die Proteasomen, also jenen Vorgang, der für die Bildung der Peptide essentiell ist, die mit MHC-Antigenen komplexieren (Abschnitt 18.4).

Auch andere humane Tumorviren können der körpereigenen Abwehr entgegen. Die Papillomviren entziehen sich sowohl der humoralen als auch der zellulären Immunreaktion dadurch, daß sie bevorzugt die äußeren Hautschichten infizieren und eine ökologische Nische besiedeln, die für viele immunologisch aktive Komponenten nicht zugänglich ist (Abschnitt 18.2). Das Hepatitis-B-Virus produziert und sezerniert große Mengen seines

Oberflächenproteins HBsAg; virusspezifische, neutralisierende Immunglobuline werden dadurch abgefangen und können ihre Wirkung nicht mehr entfalten (Abschnitt 18.1).

6.4 Sind Viren auch fähig, die Apoptose zu unterdrücken?

Apoptotische Vorgänge stehen vermutlich mit dem Phänomen in Verbindung, daß Tumoren gelegentlich spontan zurückgehen. Obwohl über diese Vorgänge nur wenig bekannt ist, mehren sich die Hinweise, daß Transformation und Tumorbildung nur dann erfolgreich ablaufen, wenn die Viren nicht nur die Zellproliferation induzieren und über Mechanismen zur Umgehung der Immunabwehr verfügen, sondern auch die Einleitung der Apoptose verhindern können. Mit am besten untersucht sind diese Prozesse beim Epstein-Barr-Virus, das über komplexe Mechanismen zur Immortalisierung und Transformation verfügt. Das latente Protein LMP1 induziert die Expression des zellulären *Protoonkogens c-Bcl2*. Dieses verhindert, daß in der Zelle durch Induktion der Fas-Signalkette der programmierte Zelltod ausgelöst wird. Den gleichen Effekt hat auch ein Protein des Epstein-Barr-Virus, das im Leserahmen BHRF1 codiert. Es besitzt sequentielle und funktionelle Homologie zu Bcl2 und wirkt ebenfalls der Induktion der Apoptose entgegen (Abschnitt 18.4).

6.5 Weiterführende Literatur

Chiarugi, V.; Meguelli, L.; Cinelli, M.; Basi, G. *Apoptosis and the Cell Cycle*. In: *Cell. Mol. Biol. Res.* 40 (1994) S. 603–612.

Diller, L.; Kassel, J.; Nelson, C. E.; Cryka, M. A.; Litwak, G.; Gebhardt, M.; Bressac, B., Ozturk, M.; Baker, S. J.; Vogelstein, B. *p53 Functions as a Cell Cycle Control Protein in Osteosarcoma*. In: *Mol. Cell. Biol.* 10 (1990) S. 5772–5781.

Hinds, P. W.; Weinberg, R. A. *Tumor Suppressor Genes*. In: *Curr. Opin. Genet. Dev.* 4 (1994) S. 135–141.

Knudson, A. G. *Antioncogenes and Human Cancer*. In: *Proc. Natl. Acad. Sci.* 90 (1993) S. 10914–10921.

Kouzarides, T. *Transcriptional Control by the Retinoblastoma Protein*. In: *Semin. Cancer Biol.* 6 (1995) S. 91–98.

Liu, X.; Miller, C. W.; Koeffler, P. H.; Ber, A. J. *The p53 Activation Domain Binds the TATA box-Binding Polypeptide in Holo-TFIID, a Neighboring p53 Domain Inhibits Transcription*. In: *Mol. Cell. Biol.* 13 (1993) S. 3291–3300.

Ludlow, J. W.; Skuse, G. R. *Viral Oncoprotein Binding to pRB, p107, p130, p300*. In: *Virus Res.* 35 (1995) S. 113–121.

Marcel, M. M.; van Roy, F. M.; Bracke, M. E. *How and When do Tumor Cells Metastasize?* In: *Crit. Rev. Oncog.* 4 (1993) S. 559–594.

Mercer, W. E. *Cell Cycle Regulation and the p53 Tumor Suppressor Protein*. In: *Crit. Rev. Eukaryot. Gene Expr.* 2 (1992) S. 251–263.

7. Immunologie

Die Mechanismen der Immunabwehr, mit denen ein Organismus Virusinfektionen bekämpft, kann man in zwei Gruppen einteilen. Zum einen gibt es die *unspezifischen, nichtadaptativen Immunreaktionen*, die eindringende Erreger als fremd erkennen und eliminieren. Diese sogenannte Basisabwehr wird als erste aktiv, nachdem ein Virus die äußeren Schutzschranken des Körpers überwunden hat. Sie besteht aus bestimmten Zellen, den Mono- und Granulocyten, den Makrophagen und den natürlichen Killerzellen, sowie aus löslichen Produkten, den Akutphaseproteinen, den Faktoren des Komplementsystems sowie den Cytokinen und den Interferonen. Auf die Wirkung und Funktion der letzteren wird in Kapitel 8 gesondert eingegangen. Die zweite Verteidigungslinie ist die *spezifische, adaptive Immunabwehr*, die sich erst nach der Etablierung einer Infektion entwickelt. Sie umfaßt die antikörperproduzierenden B-Zellen – das *humorale Immunsystem* – sowie die T-Helferzellen und die cytotoxischen T-Lymphocyten, welche gemeinsam das *zelluläre Abwehrsystem* repräsentieren. Die adaptiven Immunreaktionen können bestimmte Erregertypen oder -subtypen gezielt erkennen und eliminieren. Sie sind lang anhaltend, und im Verlauf ihrer Entwicklung wandelt sich ein Teil der stimulierten Lymphocyten in Gedächtniszellen um, die dem Organismus eine *schützende Immunität* gegen Infektionen mit dem gleichen Erregertyp verleihen. Die Systeme der spezifischen und unspezifischen Immunantwort stehen vor allem über die Cytokine in engem Kontakt miteinander.

Eine Immunantwort wird durch *Antigene* ausgelöst. Hierbei kann es sich um die infektiösen Erreger selbst, einzelne Proteinkomponenten oder Zuckerstrukturen handeln. Das Immunsystem erkennt diese als fremd, kann also zwischen körpereigenen und -fremden Komponenten unterscheiden. Die Antigene müssen allerdings eine bestimmte Größe aufweisen, um die verschiedenen Immunreaktionen auszulösen. Man weiß, daß Moleküle mit einer Molekularmasse von weniger als 3–4 kD hierzu nicht in der Lage sind.

7.1 Welche zellulären und molekularen Komponenten des Immunsystems bilden die „erste Front“ gegen eindringende Erreger?

7.1.1 Granulocyten

Etwa 60 bis 70 Prozent der zirkulierenden weißen Blutzellen sind Granulocyten, die einen polymorphen, in drei bis vier Segmente unterteilten Zellkern und im Cytoplasma eine Vielzahl von *Lysosomen* besitzen. Letztere bezeichnet man wegen ihrer Erscheinung im mikroskopischen Bild auch als Granula. Die Zellen haben eine relativ kurze Halbwertszeit von zwei bis drei Tagen. Aufgrund der unterschiedlichen Anfärbbarkeit ihrer Granula, die vor allem Proteasen und andere abbauende Enzyme enthalten, kann man sie in die Untergruppen der *neutrophilen*, *eosinophilen* und *basophilen Granulocyten* einteilen. Vor allem die neutrophilen Granulocyten, die mit etwa 90 Prozent die größte Subpopulation darstellen, sind an den ersten Abwehrmaßnahmen gegen virale Infektionen beteiligt. Sie wandern im Gewebe entlang eines Konzentrationsgradienten chemotaktischer Substanzen zum Entzündungsort und sind damit die ersten Immunzellen, die dort anlangen. Mit Hilfe von Adhäsionsmolekülen auf der Zelloberfläche können sie sich an Endothelzellen anlagern. Das ermöglicht ihnen eine schnelle Passage durch die Spalten der Gefäßwände. Die neutrophilen Granulocyten schütten bei Kontakt mit den Erregern den Inhalt ihrer Granula in die Umgebung aus, oder sie phagocytieren die Erreger. Diese sind danach von Membranvesikeln, den Phagosomen, umgeben, die mit den intrazellulären Granula zu Phagolysosomen verschmelzen. Hierdurch kommen die Erreger mit degradierenden Enzymen (unter anderem Proteasen, Hydrolasen, Muraminidasen) in Kontakt und werden getötet. Die Granulocyten werden durch die Interaktion mit den Erregern stimuliert. Als Folge bilden sie eine Vielzahl von *entzündungsfördernden Faktoren* wie IL-8, IL-1, IL-6 (IL = Interleukin) und TNF (Tumornekrosefaktor) sowie Leukotriene und Prostaglandine. Vor allem das IL-8 wirkt chemotaktisch und lockt weitere Granulocyten und auch T-Lymphocyten an den Infektionsort. Die freigesetzten Stoffe wirken nicht nur immunregulatorisch. Einige – beispielsweise das IL-1 – sind auch an der Entstehung von Fieber und der Steigerung der Schmerzempfindung beteiligt. Die Phagocytose wird noch effektiver, wenn die Oberflächen der Erreger mit Antikörpern komplexiert sind, die zu einem späteren Zeitpunkt der Infektion entstehen. Sie stellt dann einen Teil der antikörperabhängigen zellvermittelten Cytotoxizität (*ADCC, antibody dependent cell cytotoxicity*) dar.

Die eosinophilen und basophilen Granulocyten repräsentieren nur etwa zwei bis fünf beziehungsweise 0,2 Prozent der weißen Blutzellen. *Mastzellen* sind Gewebezellen der Schleimhäute oder des Bindegewebes: Ihre Aufgabe ist derjenigen der basophilen Granulocyten sehr ähnlich. Die Hauptfunktion der eosinophilen Granulocyten ist die Abwehr von großen extrazellulären Parasiten, zum Beispiel von Würmern. Sie werden durch chemotaktische Stoffe angelockt, lagern sich an die Parasiten an und geben darauf den Inhalt ihrer Granula, das heißt Enzyme, Sauerstoffradikale und cytotoxisch wirkende Proteine, an die Umgebung ab. Die Zellen sind aber auch zur Phagocytose von kleineren Erregern oder IgE-haltigen Immunkomplexen befähigt. Die basophilen Granulocyten und die Mastzellen sind an der Entstehung allergischer Immunreaktionen beteiligt, da sie auf ihrer Oberfläche IgE-Rezeptoren besitzen und bei Anlagerung von IgE-haltigen Antigen-Antikörper-Komplexen Histamine, Heparine, Proteasen und Leukotriene freisetzen. Die eosinophilen Granulocyten reagieren in diesem Fall mit der Abgabe von Histaminasen und Arylsulfatasen, wirken also der Histaminausschüttung entgegen. Störungen dieser Prozesse können zu allergischen Reaktionen führen.

7.1.2 Monocyten und Makrophagen

Monocyten und Makrophagen bilden zusammen mit den Granulocyten die *mononucleären Phagocyten*, die zu den wichtigsten Zellen des unspezifischen Immunsystems gehören. Etwa zwei bis acht Prozent der Blutzellen sind Monocyten. Sie sind groß und enthalten in ihrem Cytoplasma viele Lysosomen sowie einen gut ausprägten Golgi-Apparat. In ihrer Zellmembran sind sowohl MHC-Klasse-I- als auch MHC-Klasse-II-Proteine verankert. Die Monocyten entwickeln sich aus den myeloischen Stammzellen und zirkulieren zwischen 20 und 30 Stunden im Blut, bevor sie in verschiedene Gewebe- und Organsysteme einwandern und hier zu Makrophagen differenzieren. Die Monocyten und Makrophagen gelangen zusammen mit den Granulocyten sehr früh an den Infektionsort. Sie können körperfremdes Material, das heißt die Erreger selbst oder von ihnen abgeleitete Proteinkomponenten, durch Phagocytose aufnehmen und zerstören. Während dieses Vorgangs entstehen aus den abgebauten Proteinen Peptide, die bevorzugt mit den MHC-Klasse-II-Proteinen interagieren und auf der Zelloberfläche der Monocyten und Makrophagen präsentiert werden können. So werden diese zu *antigenpräsentierenden Zellen*, die das spezifische Immunsystem, nämlich die T-Helferlymphocyten, aktivieren (Abschnitt 7.2.1). Ähnliche Funktion haben die Langerhans-Zellen der Haut und die dendritischen Zellen, die in der Milz und im Lymphknoten vorkommen. Auch sie präsentieren Antigene und entstehen durch Differenzierung aus den Monocyten.

7.1.3 Natürliche Killerzellen

Die natürlichen Killerzellen (NK-Zellen) entwickeln sich vermutlich aus den gleichen Vorläuferzellen im Knochenmark, aus denen auch die T-Lymphocyten entstehen. Im Unterschied zu diesen verbleiben die natürlichen Killerzellen im peripheren, lymphatischen Gewebe, wo sie sich zu großen, granulären Lymphocyten entwickeln, die das CD56-Antigen als charakteristischen Oberflächenmarker besitzen. Ihre Hauptfunktion ist das Töten virusinfizierter Zellen. In ähnlicher Weise eliminieren sie aber auch Tumorzellen sowie Bakterien, Protozoen und Pilze. Über welche Strukuren die natürlichen Killerzellen ihre Ziele erkennen, konnte man bisher nicht endgültig klären. Möglicherweise besitzen sie einen lektinähnlichen Rezeptor, der die Wechselwirkung vermittelt. Der Prozeß ist MHC-unabhängig, und man hat sogar Hinweise, daß bevorzugt Zellen erkannt werden, die auf ihrer Oberfläche besonders geringe Konzentrationen an MHC-Proteinen aufweisen. Das ist für das Erkennen und Eliminieren virusinfizierter und transformierter Zellen von entscheidender Bedeutung, da diese häufig die Anzahl der MHC-Antigene auf ihren Oberflächen reduzieren, um so den MHC-abhängigen Immunreaktionen zu entgehen. Wenn sich die natürlichen Killerzellen an ihre Zielzellen angelagert haben, setzen sie cytolytische Faktoren wie Serinesterasen und *porenbildende Proteine* frei, die sich in die Cytoplasmamembran der erkannten Zelle einlagern, sie mit Poren durchsetzen und die Zelle damit lysieren. Neben der direkten cytotoxischen Wirkung haben die natürlichen Killerzellen aber auch eine immunregulatorische Bedeutung, da sie bei diesem Prozeß eine Reihe von Cytokinen wie IL-1, TNF-α und Interferon-γ sezernieren, die an den weiteren immunologischen Aktivierungsschritten beteiligt sind (Kapitel 8).

7.1.4 Akutphaseproteine

Diese große Gruppe unterschiedlicher Proteine ist ein Teil der systemischen Reaktion des Körpers auf Infektionen, Entzündungen oder Gewebeverletzungen. Sie werden von Hepatocyten gebildet, und bei Stimulierung durch IL-1 oder IL-6 erhöht sich ihre Synthese um ein Vielfaches. Zu den Akutphaseproteinen zählen Kontrollfaktoren der Blutgerinnung wie das Fibrinogen, das die Vorstufe des Fibrins darstellt, und Proteinaseinhibitoren wie das α_2-Makroglobulin und das α_1-Antitrypsin; diese regulieren die Gerinnungs- und Kininkaskaden. Auch verschiedene *Komponenten des Komplementsystems,* das hierdurch aktiviert wird, sind Bestandteile der Akutphaseproteine.

7.1.5 Das Komplementsystem

Das Komplement ist einer der wichtigsten Mediatoren von Entzündungsreaktionen. Entzündungen sind eine Folge der Infektion und ursächlich mit den Prozessen verbunden, die durch die unspezifische Immunantwort eingeleitet werden. Das Komplement wird über zwei unterschiedliche Wege aktiviert: den sogenannten *klassischen* und den *alternativen Aktivierungsweg*. Beide münden jedoch in den gleichen Mechanismus zur Lyse virusinfizierter Zellen, Bakterien, Parasiten oder Tumorzellen ein. *Antikörper-Antigen-Komplexe* induzieren den klassischen Weg. Dagegen wird der alternative Weg unabhängig von der Anwesenheit

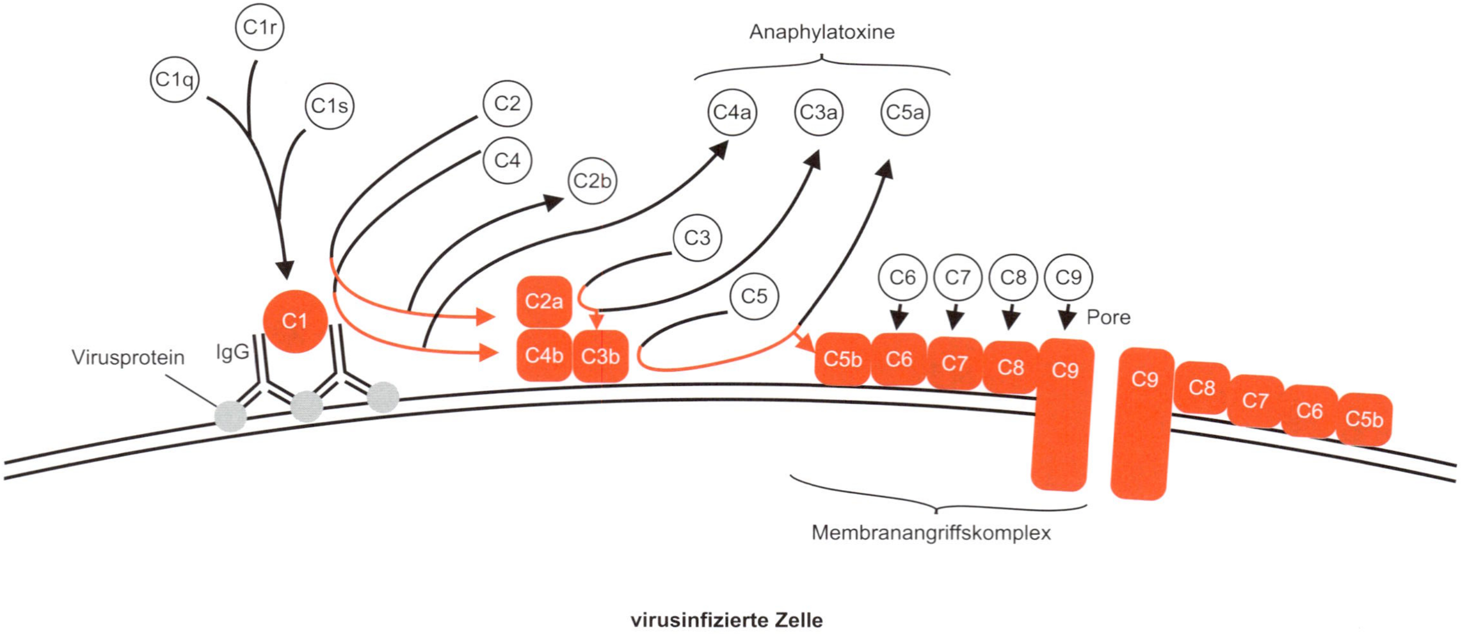

7.1 Aktivierung des klassischen Weges der Komplementkaskade durch eine virusinfizierte Zelle, an deren Zelloberfläche Virusproteine vorhanden sind. An diese Proteine können sich Antikörper spezifisch binden. Je zwei benachbarte IgG-Antikörper oder ein gebundener IgM-Antikörper können die Anlagerung der Komplementkomponenten C1q, C1r und C1s zu C1 bewirken. C1 ist eine Protease, sie spaltet die Komponente C4 zu C4a und C4b sowie C2 zu C2a und C2b. C4b und C2a bilden einen Komplex, der sich an die Cytoplasmamembran anlagert und seinerseits die Komponente C3 spaltet. C3b wird kovalent an die Strukturen der Zelloberfläche gebunden. Der Komplex von C4b, C2a und C3b prozessiert die Komponente C5 zu C5a und C5b. Letzteres interagiert wiederum mit der Zelloberfläche und bewirkt die Anlagerung des Membranangriffskomplexes aus C6, C7, C8 und C9, der zur Zerstörung der infizierten Zelle führt. Die während des Prozesses abgespaltenen Proteine C4a, C3a und C5a wirken als Anaphylatoxine. In der Abbildung sind die aktiven Komponenten der Komplementkaskade jeweils rot dargestellt, ihre inaktiven Vorläufer dagegen schwarz.

von Immunglobulinen aktiviert. Im Komplementsystem verbinden sich damit der spezifische und der unspezifischen Teil des Immunsystems, es stellt aber auch ein Bindeglied zwischen dem zellulären und dem humoralen Ast der Immunantwort dar. Die beiden Wege der Komplementaktivierung basieren auf mehreren Faktoren, die sich in einem kaskadenartigen Vorgang gegenseitig aktivieren. Die zentrale Reaktion, in der sich die beiden Wege treffen, ist die *proteolytische Spaltung der Komplementkomponente C3* in C3a und C3b durch die C3-Konvertase. Beim alternativen Weg wird diese Umwandlung spontan durch bestimmte *Zuckerstrukturen* auf der Oberfläche von Bakterien, Viren, Pilzen, Protozoen sowie von Tumor- oder virusinfizierten Zellen eingeleitet. Beim klassischen Weg wird sie indirekt durch Antikörper ausgelöst, die an die Oberflächen der jeweiligen Erreger oder Zellen gebunden sind. An den Fc-Teil der Immunglobuline lagern sich die drei Subkomponenten C1q, C1r und C1s an und bilden die aktive Einheit (Abbildung 7.1). Diese wirkt als Protease und prozessiert die Komponenten C4 und anschließend C2, woraufhin sich die Spaltprodukte C4b und C2a an die Membranoberfläche der Zielstruktur, also die infizierte oder transformierte Zelle, das Virus oder Bakterium, den Pilz oder Einzeller anlagern. Sie bilden als Komplex die oben erwähnte C3-Konvertase des klassischen Weges. Bei der Spaltung von C3 wird die Konformation der Untereinheit C3b so verändert, daß eine reaktive Thioesterbindung exponiert wird. Diese reagiert mit funktionellen Seitengruppen der Aminosäuren, die an der Oberfläche der Erreger, Zellen oder auch der Antigen-Antikörper-Komplexe zugänglich sind. Dadurch wird die C3b-Untereinheit kovalent gebunden. Das C3b markiert die Strukturen als fremd und gibt damit ein Signal, das die Phagocytose durch Granulocyten, Makrophagen und Monocyten einleitet.

Durch die Bindung der C3b-Komponente an Zielstrukturen auf Membranen wird zugleich der lytische Weg des Komplementsystems aktiviert. An seinem Beginn steht die Bildung der C5-Konvertase, die beim klassischen Weg aus dem Komplex von C4b, C2a und C3b besteht. Beim alternativen Weg kommt es unabhängig von C4b und C2a zur Spaltung der C5-Komponente in C5a und C5b. C5b bindet sich an das oberflächenassoziierte C3b und bewirkt die Anlagerung der Faktoren C6, C7, C8 und C9, die zusammen den *Membranangriffskomplex* bilden. Dieser lagert sich in die Zellmembranen ein und durchsetzt sie mit Poren; der Erreger oder die Zelle wird durch Lyse zerstört.

Die kleinen Komponenten C4a, C3a und C5a, die während der Komplementaktiverung als lösliche Produkte von C4, C3 beziehungsweise C5 abgespalten werden, bilden die *Anaphylatoxine*. Sie sind immunregulatorisch von großer Bedeutung, denn sie induzieren die Ausschüttung des histaminhaltigen Granulainhaltes der basophilen Granulocyten und der Mastzellen in die Umgebung. So erhöhen sie die Durchlässigkeit der Gefäßwände und bewirken eine Kontraktion der glatten Muskulatur. C5a wirkt chemotaktisch auf Makrophagen und neutrophile Granulocyten, die in der Folge an den Infektionsort wandern und hier die weiteren Mechanismen der Immunabwehr induzieren.

7.2 Welche „Waffen" stehen der spezifischen Immunabwehr zur Verfügung?

7.2.1 T-Lymphocyten

Die T-Lymphocyten haben eine zentrale Bedeutung für die Regulation der Immunantwort und für die Erkennung und Eliminierung von virusinfizierten oder Tumorzellen aus dem Organismus. Die spezifische Erkennung veränderter Zellen erfolgt über den *T-Zell-Rezeptor* (TCR), einen Proteinkomplex, der in der Cytoplasmamembran der T-Lymphocyten verankert ist. Bei 95 Prozent der T-Lymphocyten handelt es sich um ein Heterodimer aus einer α- und

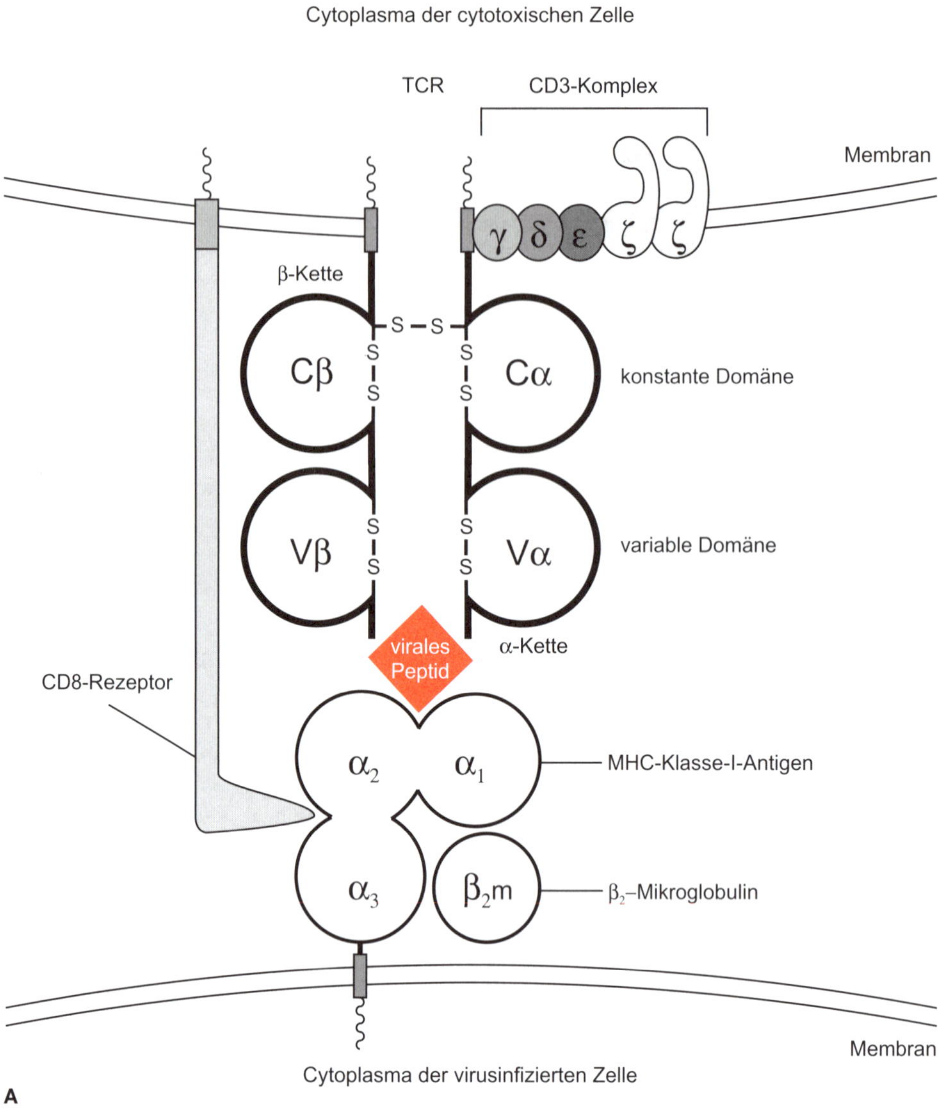

7.2 Die wichtigsten Komponenten der Wechselwirkung von T-Lymphocyten mit antigenpräsentierenden Zellen. A: Erkennung von virusinfizierten Zellen durch cytotoxische T-Lymphocyten. Der Komplex aus MHC-Klasse-I-Antigen und β_2-Mikroglobulin lagert in seine antigenbindende Grube ein Peptid (rot) ein, das aus dem Abbau von Virusproteinen stammt, die in der infizierten Zelle synthetisiert werden. Dieser Komplex wird spezifisch vom T-Zell-Rezeptor (TCR) erkannt, der über die variablen Domänen seiner α- und β-Kette damit in Wechselwirkung tritt. Unabhängig hiervon bindet sich das CD8-Rezeptorprotein (grau schattiert) der cytotoxischen T-Zelle an eine konservierte Domäne im MHC-Klasse-I-Antigen. Die Proteininteraktionen induzieren in ihrer Gesamtheit strukturelle Umlagerungen im T-Zell-Rezeptor, die über den CD3-Komplex in das Zellinnere weitergegeben werden. Der T-Lymphocyt gibt cytotoxisch wirkende Proteine und Perforine ab, welche die infizierte Zelle lysieren und so töten.

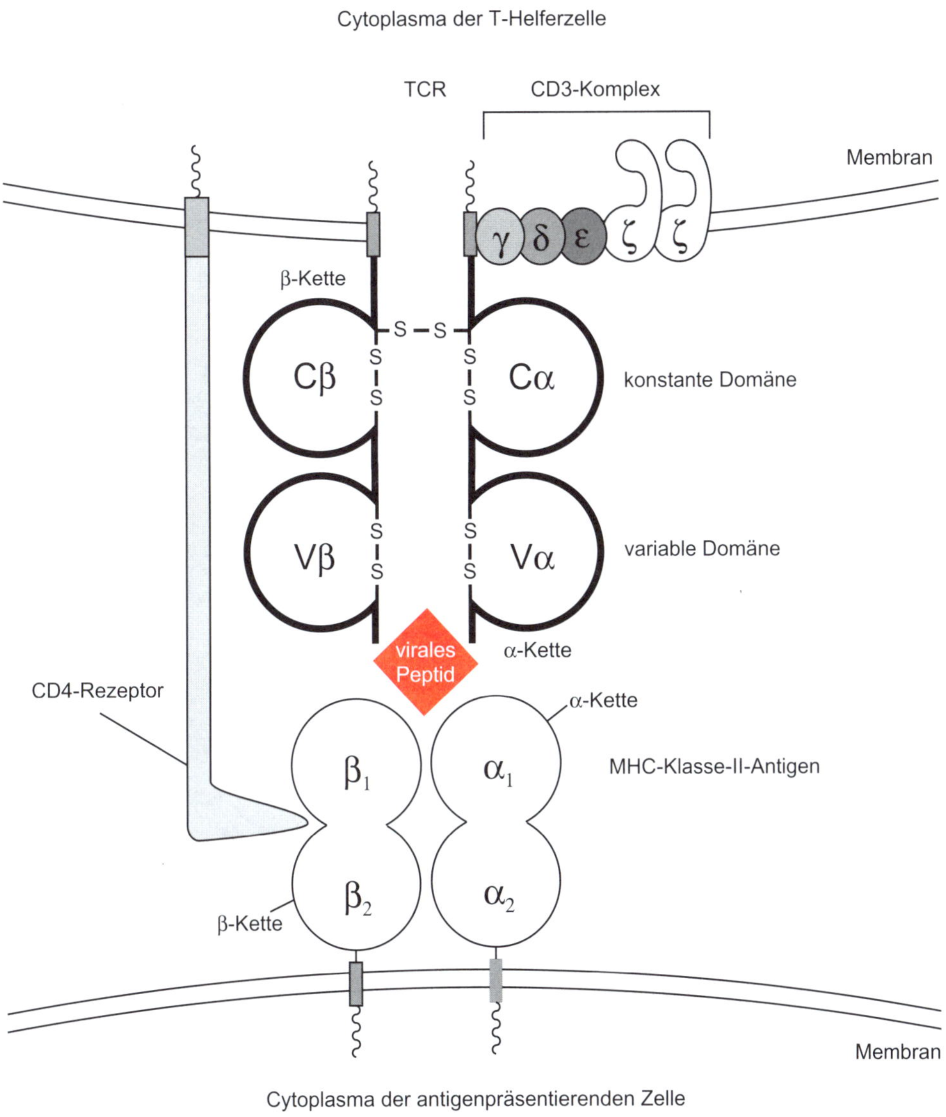

B

B: Erkennung von antigenpräsentierenden Zellen durch T-Helferzellen. Das MHC-Klasse-II-Antigen, das aus einer α- und einer β-Kette besteht, lagert in seine antigenbindende Grube ein Peptid (rot) ein, das aus dem Abbau von Virusproteinen stammt, die von einer Zelle, beispielsweise von einem Makrophagen, durch Endocytose aufgenommen wurden. Dieser Komplex wird spezifisch vom T-Zell-Rezeptor (TCR) erkannt, der über die variablen Domänen seiner α- und β-Kette damit in Wechselwirkung tritt. Unabhängig hiervon bindet sich das CD4-Rezeptorprotein (grau schattiert) der T-Helferzelle an eine konservierte Domäne im MHC-Klasse-II-Antigen. Die Proteininteraktionen induzieren in ihrer Gesamtheit strukturelle Umlagerungen im T-Zell-Rezeptor, die über den CD3-Komplex schließlich in das Zellinnere weitergegeben werden. Die T-Helferzelle reagiert mit der Freisetzung von Cytokinen.

einer β-Kette, das man als TCR2 bezeichnet. Nur fünf Prozent der T-Zellen besitzen den TCR1, ein Heterodimer aus einer γ- und einer δ-Kette. Alle Proteinketten sind über eine carboxyterminale, hydrophobe Aminosäurefolge in der Cytoplasmamembran der T-Zellen verankert. Ihr oberflächenexponierter Teil verfügt jeweils über eine konstante und eine variable Domäne, die über Disulfidbrücken stabilisiert sind. Die variablen Domänen sind für die Spezifität der verschiedenen T-Lymphocyten verantwortlich. Mit ihnen erkennen sie fremde Strukturen auf den Oberflächen ihrer Zielzellen. Die Vielfalt der T-Zell-Rezeptoren kommt dadurch zustande, daß im Verlauf der Differenzierung der unreifen Thymocyten zu T-Lymphocyten – ein Vorgang, der noch während der Embryogenese im Thymus stattfindet – die genetische Information von 50 bis 100 verschiedenen V-Genabschnitten über *somatische Rekombination* und *alternative Spleißprozesse* in unterschiedlicher Weise mit einigen wenigen D- und J- sowie den C-Segmenten kombiniert wird. Ähnliche Vorgänge findet man auch bei der Generierung der variablen Regionen der Immunglobuline (Abschnitt 7.2.2).

Mit dem TCR ist der *CD3-Proteinkomplex* verbunden. Dieses Heterotrimer besteht aus je einer membranverankerten γ-, δ- und ε-Kette, die nach der Bindung des TCR an Fremdstrukturen ein Signal an die ζ-Untereinheiten und so in das Zellinnere weiterleiten (Abbildung 7.2). Als weitere Proteine sind mit dem TCR entweder *CD4*- oder *CD8-Rezeptoren* assoziiert: Ihr Vorhandensein gliedert die T-Lymphocyten in die Untergruppen der CD4-positiven T-Helferzellen und der CD8-positiven cytotoxischen T-Zellen. Sie vermitteln bei der spezifischen Fremderkennung die Interaktion der T-Zellen entweder mit *MHC-Klasse-II*- oder mit *MHC-Klasse-I-Antigenen*.

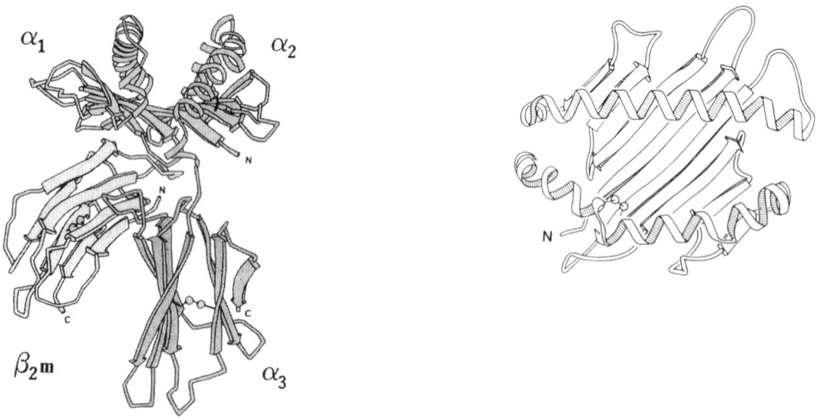

A B

7.3 Struktur des oberflächenexponierten Teils des MHC-Klasse-I-Antigens (HLA-A2). (Aus Bjorkman, P. J., *Nature* (1987) 329, S. 506–512.) A: Darstellung des Komplexes aus HLA-A2 und β_2-Mikroglobulin, basierend auf den Daten der Röntgenstrukturanalyse. Die Faltung der Aminosäurekette des HLA-A2 in die drei Domänen α_1, α_2 und α_3 führt zur Bildung der antigenbindenden Grube aus den zwei α-Helices der Domänen α_1 und α_2, hier dargestellt durch Spiralen. Mit C ist in der α_3-Domäne das carboxyterminale Ende markiert. An dieser Stelle geht die Aminosäurekette in die Transmembranregion über. Für die Erstellung der Kristallstruktur wurde diese Region durch proteolytische Spaltung entfernt. B: Schematische Darstellung der antigenbindenden Grube des HLA-A2 (Aufsicht). Den Boden bilden sechs antiparallele β-Faltblätter (durch Pfeile dargestellt), denen zwei α-Helices (dargestellt durch die Spiralen) aufliegen.

Cytotoxische T-Zellen

Die CD8-positiven cytotoxischen T-Lymphocyten erkennen virusinfizierte Zellen, lysieren diese und tragen so entscheidend zur Begrenzung der Infektion im Organismus bei. Sie lagern sich dabei über den TCR-Komplex und den CD8-Rezeptor an *MHC-Klasse-I-Proteine* an, die *Peptidabschnitte viraler Proteine* als Fremdkomponenten präsentieren. MHC-Klasse-I-Proteine oder Antigene befinden sich auf allen Zellen eines Organismus mit Ausnahme der Zellen im Gehirn (Abschnitt 4.1.2). Es handelt sich dabei um Heterodimere aus einer membranverankerten α-Kette und einem β_2-Mikroglobulin (Abbildung 7.2A). Der oberflächenexponierte Teil der α-Kette ist in drei Domänen gegliedert, wobei die α_1- und α_2-Domänen so gefaltet sind, daß ein antiparalleles Faltblatt entsteht, dem zwei α-Helices aufliegen. Die Struktur gleicht einer *Grube*: Das β-Faltblatt bildet den Boden, die α-Helices die Ränder (Abbildung 7.3). In diese Grube können sich Peptide mit einer Länge von etwa neun Aminosäuren einpassen. Sie werden durch eine Kombination aus hydrophoben und ionischen Wechselwirkungen gebunden. Handelt es sich hierbei um Abschnitte von Virusproteinen, dann erkennt der T-Zell-Rezeptor der cytotoxischen T-Zelle den Komplex als „fremd" und lagert sich an. Ist die Zelle nicht infiziert, dann ist die Grube mit Peptiden belegt, die aus zelleigenen Proteinen stammen. Diese werden nicht als fremd erkannt, weil cytotoxische T-Zellen mit solchen Spezifitäten schon während der T-Zellreifung im Thymus zurückgehalten und eliminiert werden. Die Beladung der MHC-Klasse-I-Proteine mit den Peptiden erfolgt im endoplasmatischen Reticulum. Voraussetzung hierfür ist, daß eine *aktive Neusynthese* der viralen Proteine erfolgt – eine Situation, die nur in infizierten Zellen gegeben ist, in denen die viralen Gene im Zuge der Virusreplikation exprimiert und in Proteine übersetzt werden (Abbildung 7.4A). Ein kleiner Teil davon wird nach der Synthese durch den Proteasomenkomplex abgebaut; die dabei anfallenden Peptide werden von einem Peptidtransporter (TAP, *transport associated protein*), der in die Membran des endoplasmatischen Reticulums eingelagert ist, in das Lumen gebracht. Hier passen sie sich in die Grube der MHC-Klasse-I-Antigene ein, die als membranverankerte Proteine am endoplasmatischen Reticulum synthetisiert werden. Dabei ragt der später an der Zelloberfläche exponierte Anteil in das Lumen. Der so gebildete Komplex aus Peptid, α-Kette und β_2-Mikroglobulin gelangt schließlich durch die Golgi-Vesikel an die Zelloberfläche, wird in der Membran verankert und kann von den T-Zell-Rezeptoren der CD8-positiven T-Lymphocyten erkannt werden. Daraufhin geben die T-Lymphocyten cytotoxische Faktoren, Radikale sowie *Perforine* ab. Letztere oligomerisieren unter dem Einfluß von Ca^{2+}-Ionen und werden in die Membran der als fremd erkannten Zelle eingelagert, durchsetzen sie mit Poren und lysieren sie. Voraussetzung für den ganzen Vorgang ist, daß die entsprechenden T-Lymphocyten durch Cytokine wie IL-2 und Interferon-γ stimuliert worden sind, die von T-Helferzellen sezerniert werden. Auch Cytokine wie IL-1, TNF-α und Interferon-α, die von den Zellen des unspezifischen Immunsystems, zum Beispiel von aktivierten Makrophagen, abgegeben werden, erhöhen die Aktivität der cytotoxischen T-Lymphocyten. Über sie besteht also eine enge Verbindung der unspezifischen Immunreaktionen mit der spezifischen, cytotoxischen T-Zellantwort.

Jeder Mensch verfügt über die genetische Information für sechs verschiedene α-Ketten der MHC-Klasse-I-Antigene, die man beim Menschen auch als HLA (*human leukocyte antigen*) bezeichnet: Je zwei Moleküle sind von Typ *HLA-A, -B* und *-C*. Sie werden auf dem menschlichen Chromosom 6 codiert und nach den Mendelschen Regeln vererbt. Die HLA-Moleküle lassen sich verschiedenen Haplotypen zuordnen, die sich in den Aminosäurefolgen der α-Ketten unterscheiden. Man kennt heute über 24 verschiedene Haplotypen der HLA-A-Kette, über 50 HLA-B- und 11 HLA-C-Typen, die meist noch in weitere Subtypen unterteilt werden können. Diese hohe Vielfalt in Verbindung mit den Vererbungsregeln bedingt, daß jeder Mensch über eine eigene Zusammenstellung von HLA-Haplotypen verfügt. Die unter-

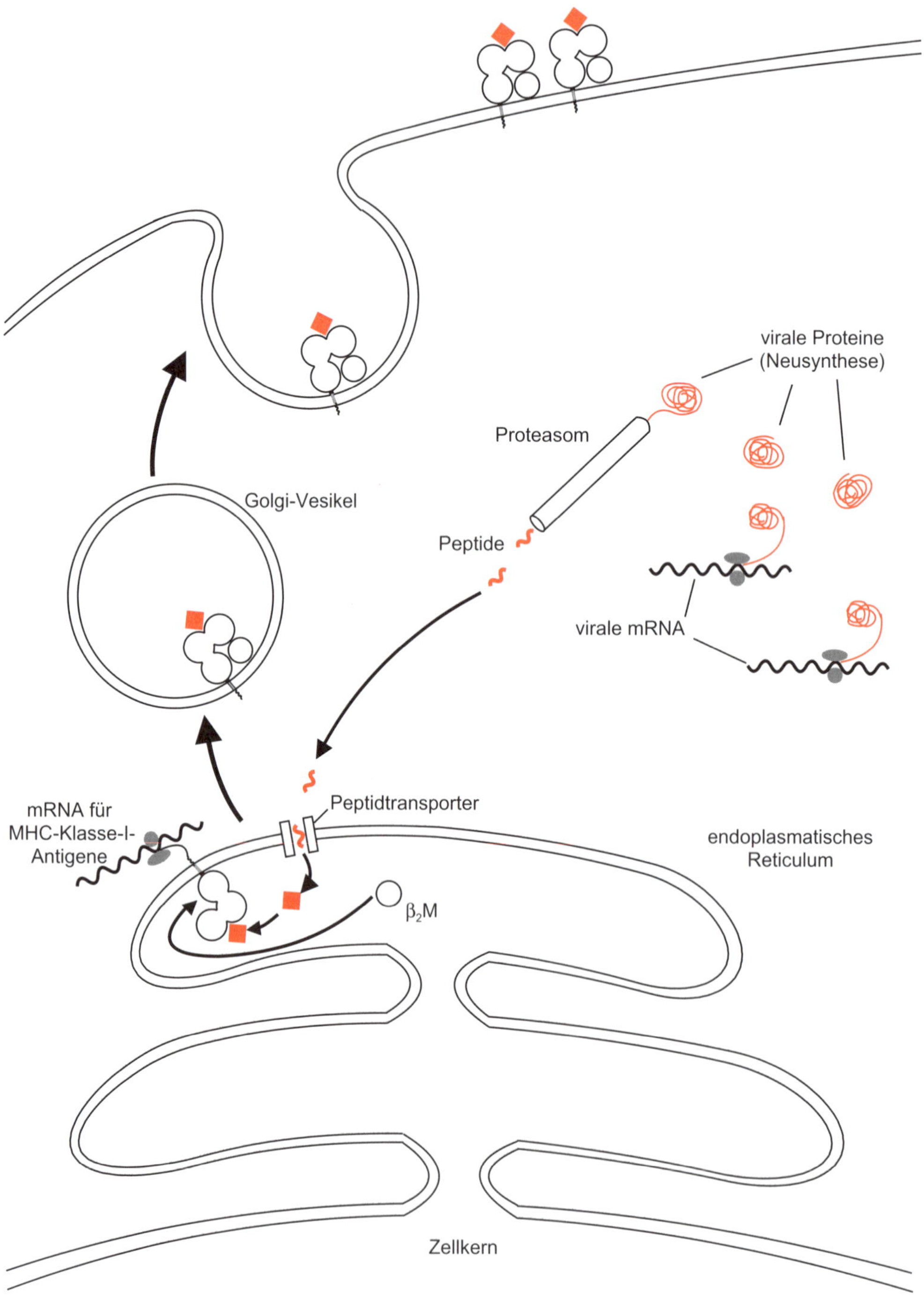
virale Proteine
(Neusynthese)
Proteasom
Golgi-Vesikel
Peptide
virale mRNA
mRNA für
MHC-Klasse-I-
Antigene
Peptidtransporter
endoplasmatisches
Reticulum
β2M
Zellkern

A

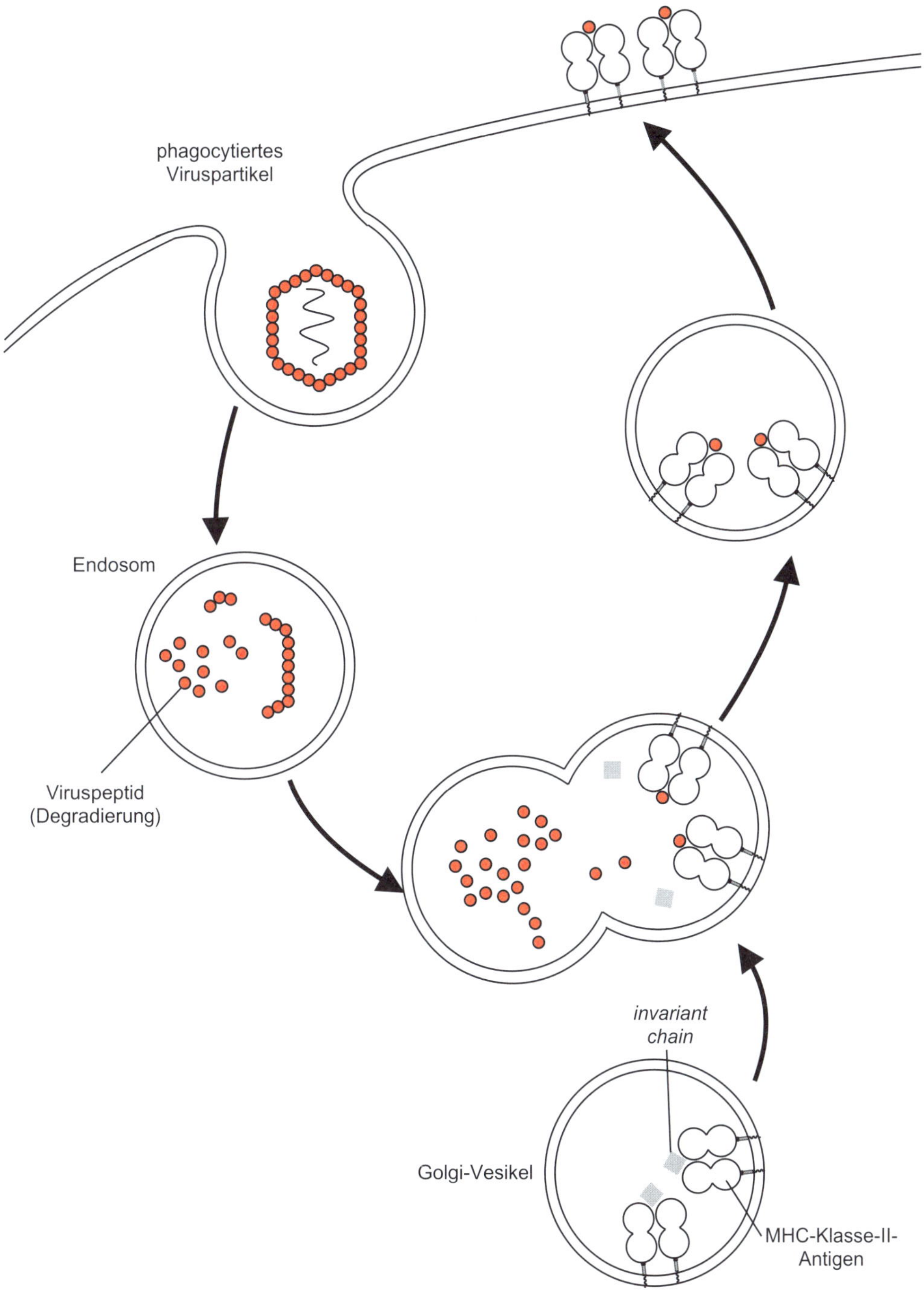
phagocytiertes
Viruspartikel
Endosom
Viruspeptid
(Degradierung)
invariant
chain
Golgi-Vesikel
MHC-Klasse-II-
Antigen

B

schiedliche Aminosäurezusammensetzung manifestiert sich dabei vor allem in den Resten, welche die antigenbindende Grube auskleiden. Deshalb können die verschiedenen HLA-Haplotypen nur ganz bestimmte Peptidabschnitte binden. Man weiß heute, daß dies der Grund für die unterschiedliche genetische Fähigkeit einzelner Individuen ist, immunologisch auf Infektionskrankheiten zu reagieren. Verfügt ein Mensch beispielsweise über einen HLA-Subtyp, der Peptide eines bestimmten Virusproteins nur schlecht binden kann, so werden die entsprechenden infizierten Zellen nicht erkannt und eliminiert.

T-Helferzellen

Die Rezeptoren der T-Helferzellen binden in Kombination mit dem CD4-Protein an *MHC-Klasse-II-Antigene*, die ähnlich wie die oben beschriebenen Klasse-I-Antigene Peptide enthalten. MHC-Klasse-II-Antigene sind nur auf potentiell antigenpräsentierenden Zellen vorhanden, beispielsweise auf Monocyten, Makrophagen, B- und T-Lymphocyten. Es sind Heterodimere aus einer α- und einer β-Kette, die beide in der Membran verankert sind (Abbildung 7.2B). Die aminoterminal orientierten α_1- und β_1-Domänen sind zu einer antigenbindenden Grube gefaltet, in die Peptide mit einer Länge bis zu 20 Aminosäuren eingepaßt werden können. Die Bindung scheint in diesem Fall nicht so spezifisch von der Aminosäurefolge der Peptide abhängig zu sein, wie man es von den MHC-Klasse-I-Antigenen kennt. Auch bei den MHC-Klasse-II-Antigenen findet man eine hohe genetische Vielfalt: Jeder Mensch verfügt über je ein DP-, DQ- und DR-Allel. Sie werden ebenfalls auf dem Chromosom 6 codiert und nach Mendelschen Regeln vererbt. Jeder Mensch hat also sechs theoretisch verschiedene HLA-Klasse-II-Gene, von denen es viele Haplo- und Subtypen gibt.

Die Beladung der HLA-Kasse-II-Antigene mit Peptiden unterscheidet sich von derjenigen der HLA-Klasse-I-Proteine: Die Proteine, von denen sich die Peptide ableiten, werden in den antigenpräsentierenden Zellen nicht neusynthetisiert. Die HLA-Klasse-II-Antigene binden statt dessen Fragmente von Proteinen, die von der Zelle *phagocytiert* wurden und in die Endosomen gelangen, wo sie proteolytisch abgebaut werden (Abbildung 7.4B). In diesem Zellkompartiment befinden sich auch die HLA-Klasse-II-Antigene nach ihrer Translation am endoplasmatischen Reticulum. Nach der Synthese und während des Transports liegen sie im Komplex mit einem dritten, kleinen Protein vor, der sogenannten *invariant chain*. Dieses ist in die antigenbindende Grube des HLA-Klasse-II-Heterodimers eingepaßt. Erst wenn der Komplex über den Golgi-Apparat die Endosomen erreicht, wird die *invariant chain* in dem sauren pH-Milieu durch Proteolyse abgespalten. Dadurch wird verhindert,

Seiten 56 und 57:
7.4 Mechanismen der Antigenprozessierung und Beladung der MHC-Antigene. A: Die Beladung von MHC-Klasse-I-Antigenen. In der virusinfizierten Zelle werden im Infektionsverlauf Virusproteine (rot) synthetisiert. Ein Teil hiervon wird durch das Proteasom abgebaut. Ein Transporterprotein, das sich in der Membran des endoplasmatischen Reticulums befindet, schleust die entstandenden Peptide in das Lumen ein. Hier lagern sie sich in die antigenbindende Grube von MHC-Klasse-I-Antigenen ein, die als Membranproteine an der Membran des endoplasmatischen Reticulums gebildet werden und deren externer Anteil in das Lumen eingeschleust wird. Hier assoziiert dieser mit dem β_2-Mikroglobulin. Die MHC-Klasse-I-/Peptid-Komplexe werden über den Golgi-Apparat zur Zelloberfläche transportiert. B: Die Beladung von MHC-Klasse-II-Antigenen. Ein Viruspartikel wird von einem Makrophagen aufgenommen und im Endosom durch Enzyme abgebaut (degradiert). Hierbei entstehen Peptide (rot). MHC-Klasse-II-Antigene werden am endoplasmatischen Reticulum synthetisiert und die externen Domänen in das Lumen eingeschleust. Diese bilden hier einen Komplex mit einem kleinen Protein, der *invariant chain* (grau schattiert), die sich in die antigenbindende Grube einlagert. Im Stadium des *trans*-Golgi fusionieren die Vesikel mit den Endosomen. Die *invariant chain* wird abgebaut, statt ihrer lagern sich die Viruspeptide in die antigenbindende Grube ein. Die MHC-Klasse-II-/Peptid-Komplexe werden weiter zur Zelloberfläche transportiert und hier verankert.

daß während des Transports zelleigene Peptide eingelagert werden. Im Endosom treffen also internalisierte Fremdpeptide und HLA-Klasse-II-Proteine zusammen. Sie bilden Komplexe und werden zur Zelloberfläche transportiert, wo sie in der Membran verankert und den CD4-positiven T-Helferzellen präsentiert werden.

Die T-Helferlymphocyten reagieren auf die Interaktion mit den antigenpräsentierenden Zellen mit der *Freisetzung vieler verschiedener Cytokine* und stimulieren so die Aktivität der anderen immunologisch aktiven Zellen. Bei ihrem ersten Kontakt mit einem Antigen sezernieren die naiven T-Helferzellen (T_H0-Zellen) die gesamte Palette an möglichen Faktoren. Diese Eigenschaft geht verloren, wenn sich die T_H0-Zellen entweder zu T_H1- oder T_H2-Zellen differenzieren. T_H1-Zellen fördern durch die Cytokine IL-2 und Interferon-γ vor allem die Aktivierung weiterer T-Helferzellen sowie diejenige von cytotoxischen T-Zellen und Makrophagen. T_H2-Zellen geben hingegen bevorzugt IL-4, IL-5, IL-6 und IL-10 ab und stimulieren die Proliferation und Differenzierung von Prä-B-Zellen zu antikörperproduzierenden Plasmazellen. Die durch Antigenerkennung aktivierte T-Helferzelle steuert also mit Hilfe der Cytokine die Immunantwort (Kapitel 8).

Außer der Wechselwirkung des T-Zell-Rezeptors mit den MHC-Antigen-Komplexen sind für die Aktivierung der T-Lymphocyten Wechselwirkungen zwischen verschiedenen Adhäsionsproteinen (JCAM, VCAM, B7-1, B7-2) der antigenpräsentierenden Zelle und den entsprechenden Partnern (LFA-1, VLA-4, CD26) auf den T-Zellen nötig. Erfolgen die Interaktionen dieser Cofaktoren nicht oder werden sie durch die ablaufende Virusinfektion unterdrückt, können die T-Zellen in ein Stadium der funktionellen Ruhestellung (Anergid) eintreten oder durch Einleitung der Apoptose zugrunde gehen.

7.2.2 B-Lymphocyten und Antikörper

Die Antikörpermoleküle und ihre Aufgaben

Antikörper oder Immunglobuline sind *bifunktionelle Moleküle*. Sie verfügen in den Fab-Teilen (*fragment antigen binding*) einerseits über hochvariable Domänen, die es ihnen ermöglichen, mit praktisch jedem theoretisch vorstellbaren Antigen spezifisch zu interagieren (Abbildung 7.5). Diese Wechselwirkung erlaubt in bestimmten Fällen die direkte Neutralisierung von Viren, wenn dadurch beispielsweise eine Infektion der Zellen verhindert wird. Andererseits besitzen Antikörper den bei allen Molekülen identischen Fc-Teil (*fragment constant* oder *crystalline*). Zu seinen Funktionen gehört die *Bindung an Fc-Rezeptoren*, die sich auf den Oberflächen von Makrophagen, Monocyten und neutrophilen Granulocyten befinden; diese Bindung induziert die *Phagocytose des Antigen-Antikörper-Komplexes*. Außerdem aktivieren Antigen-Antikörper-Komplexe den *klassischen Weg der Komplementkaskade*, der seinerseits die Phagocytose der Komplexe erleichtert und zur Lyse infizierter Zellen führt. Auch die *ADCC-Antwort* der neutrophilen Granulocyten ist einer der durch Immunglobuline ausgelösten Effekte. Diese Zellen binden sich über ihre Fc-Rezeptoren an Antikörper, die mit viralen Oberflächenproteinen auf infizierten Zellen komplexiert sind, und schädigen diese durch die Ausschüttung ihres Granulainhaltes.

Genereller Aufbau. Antikörper sind Glycoproteine, die von den Plasmazellen in großer Menge in das Blut abgegeben werden. Sie bestehen aus je zwei leichten und zwei schweren Ketten, die in einer *Y-förmigem Grundstruktur* angeordnet sind (Abbildung 7.5). Die leichten Ketten bestehen aus einer aminoterminalen variablen und einer carboxyterminalen konstanten Domäne. Innerhalb der variablen Domäne existieren Regionen mit einer noch einmal deutlich erhöhten Variabilität der Aminosäuresequenz. Diese *complementarity defining*

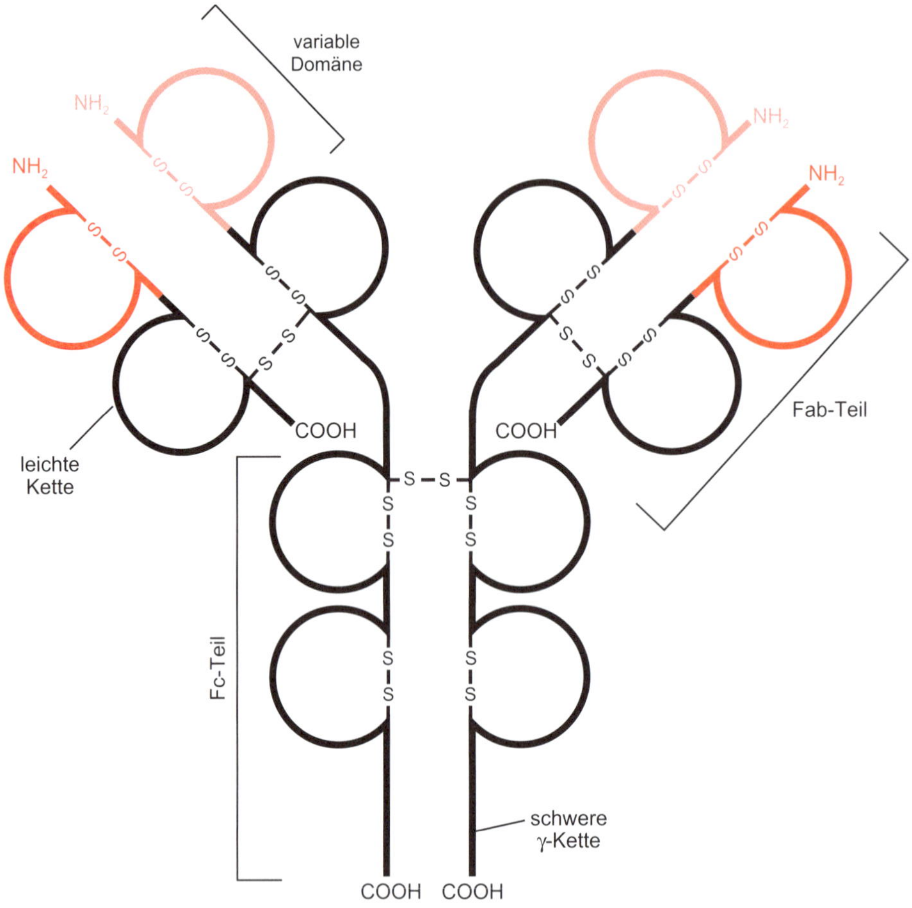

7.5 Aufbau eines Antikörpermoleküls am Beispiel des IgG. Die Faltung der einzelnen Domänen und ihre Stabilisierung durch Disulfidbrücken ist schematisch angedeutet.

regions (CDR) treten mit dem jeweiligen Antigen in Wechselwirkung und bestimmen die Spezifität und Affinität der Bindung. Die einzelnen Domänen sind durch intramolekulare Disulfidbrücken stabilisiert. Beim Menschen findet man λ- und κ-Versionen der leichten Ketten, die durch Unterschiede in der konstanten Region gekennzeichnet sind. Anhand der schweren Ketten, die sich hinsichtlich ihrer Art und Größe unterscheiden, lassen sich die Immunglobuline in die Klassen *IgM, IgG, IgA, IgD* und *IgE* einteilen. Auch die schweren Ketten besitzen in den aminoterminalen Bereichen eine variable Domäne, der eine unterschiedliche Anzahl konstanter Domänen folgt: Bei den schweren γ-, α-, δ- und ε-Ketten der IgG-, IgA-, IgD- und IgE-Moleküle sind es deren drei, bei der μ-Kette des IgM vier. Die leichten und schweren Ketten sind im Antikörpermolekül so miteinander kombiniert, daß jeweils die variablen, aminoterminalen Bereiche und die folgenden konstanten Domänen der leichten und schweren Ketten miteinander wechselwirken. Sie bilden die beiden Arme des Ypsilons, die auch als Fab-Fragmente bezeichnet werden. Eine intermolekulare Disulfidbrücke verbindet die leichten und schweren Ketten kovalent miteinander. Die schweren Ketten dimerisieren ab der zweiten kontanten Domäne und bilden den Stiel des Ypsilons, der auch als Fc-Fragment bekannt ist. Auch die beiden schweren Ketten sind über eine Disulfidbindung miteinander verknüpft.

IgM-Antikörper. Von diesen Immunglobulinen existiert eine in der Cytoplasmamembran der Prä-B-Zellen verankerte Version, die als *Antigenrezeptor* dient: Eine andere wird von den Zellen nach einem Antigenstimulus sezerniert und ist für die *frühe Aktivierung des Komplementsystems* wichtig. Das von den Zellen freigesetzte IgM liegt als Komplex von fünf Antikörpereinheiten vor, deren Fc-Anteile über kurze J-Peptide miteinander verbunden sind. IgM-Moleküle sind die *ersten Antikörper*, die im Verlauf einer Infektion gegen einen bestimmten Erreger gebildet werden. Ihr Anteil am Gesamtimmunglobulin im Serum beträgt etwa zehn Prozent. IgM-Antikörper binden Antigene mit einer relativ *geringen Affinität*. Dafür besitzen sie eine *hohe Avidität*, das heißt, ein einzelnes Antikörpermolekül reagiert jeweils mit mehreren einander ähnlichen Antigenen.

IgD-Antikörper. Ähnlich wie IgM wird IgD in der Frühphase der Infektion in geringen Mengen gebildet und liegt ebenfalls in einer membranständigen Version auf B-Zellen vor. Sein Anteil am Gesamtimmunglobulin beträgt weniger als ein Prozent. Seine Funktion ist nicht endgültig geklärt. Man vermutet, daß auch das IgD als *Antigenrezeptor* wirkt und für die antigeninduzierte Differenzierung der Prä-B-Zellen zu Plasmazellen notwendig ist.

IgG-Antikörper. IgG bildet mit 75 Prozent des Gesamtimmunglobulins die größte Antikörperpopulation im Serum. Es ist der wichtigste Antikörper und verleiht bei wiederholtem Kontakt mit den gleichen Erregern eine *schützende Immunantwort*. Im Gegensatz zum IgM besitzt das IgG eine sehr *hohe Affinität*, bindet die Antigene also sehr spezifisch. Es gibt insgesamt vier verschiedene IgG-Subklassen. Sie haben unterschiedliche Funktionen und werden in Abhängigkeit vom Erreger- und Antigentyp gebildet: Bei viralen Infektionen überwiegen in der frühen Phase die Subklassen IgG_1 und IgG_3, die als einzige zur *Aktiverung des Komplementsystems* befähigt sind. Bei länger zurückliegenden Infektionen findet man nur noch IgG_3. IgG_2 wird vor allem durch bakterielle Polysaccharidstrukturen induziert. IgG-spezifische *Fc-Rezeptoren* befinden sich auf Makrophagen, Monocyten und neutrophilen Granulocyten, die durch die Bindung des Antigen-Antikörper-Komplexes zur Phagocytose veranlaßt werden. Desweiteren induziert IgG die Mechanismen der antikörpervermittelten Zelltoxizität (ADCC-Antwort).

IgA-Antikörper. Der IgA-Anteil am Gesamtimmunglobulin im Serum beträgt nur 15 Prozent. Im Speichel, der Bronchialflüssigkeit und den Urogenitalsekreten ist es jedoch der vorherrschende Antikörper; es wird in *sekretorischen Organen* produziert. Das IgA spielt eine wichtige Rolle bei der *lokalen Infektabwehr* in Schleimhautbereichen und der *Verhinderung wiederholter Infektionen* mit den gleichen Erregertypen. Es liegt als Dimer vor, wobei die beiden Antikörpermoleküle durch ein J-Peptid miteinander verbunden sind.

IgE-Antikörper. IgE wird vor allem bei *Parasitenbefall* gebildet und induziert durch die Bindung seines Fc-Teils an die entsprechenden Rezeptoren auf basophilen Granulocyten und Mastzellen die *Ausschüttung von Histaminen*. Bei gesunden Personen ist IgE im Serum nur in Spuren nachweisbar. Deutlich erhöht ist es dagegen bei *Allergikern*. Hier ist es bei wiederholtem Auftreten des gleichen Antigens für die allergischen Reaktionen und die damit einhergehende Histamin- und Prostaglandinausschüttung, zum Beispiel im Bronchialbaum, sowie für die *anaphylaktische Schockreaktion* mitverantwortlich.

Verlauf der Antikörperbildung

B-Zellen produzieren Antikörper und sind deshalb zusammen mit den T-Lymphocyten für die Etablierung einer spezifischen Immunantwort erforderlich. Sie entwickeln sich aus den pluripotenten Stammzellen des Knochenmarks – das sind die Vorläufer für alle hämatopoetischen Zellen – unter dem Einfluß von Cytokinen (IL-3) zu B-Vorläuferzellen. Für die weitere Differenzierung zu Prä-B-Zellen sind IL-4, IL-5 und IL-6 nötig. Während dieses Prozesses erfolgt auf DNA-Ebene über *somatische Rekombinationen* die Neuordnung der variablen Bereiche der Immunglobulingene. Zuerst werden die D- und J-Segmente der schweren Kette miteinander kombiniert. Dann wird ihnen nach dem Zufallsprinzip eines der über hundert V-Segmente vorgelagert, so daß in der Prä-B-Zelle eine definierte Anordnung von VDJ-Abschnitten vorliegt. Diese werden durch Spleißen mit den konstanten Regionen der μ-Kette zusammengefügt. Anschließend werden auch die V- und J-Segmente der leichten λ- und κ-Ketten neu arrangiert und bei der Transkription über Spleißen mit den C-Abschnitten verbunden. Die entsprechenden Proteinketten werden synthetisiert und gelangen an die Zelloberfläche. In dieser Phase haben die Prä-B-Zellen membranständiges IgM auf den Oberflächen und sezernieren geringe Mengen der IgM-Moleküle mit den entsprechenden Spezifitäten. Die vielen Millionen Kombinationsmöglichkeiten der VDJ-Regionen der schweren Ketten beziehungsweise der VJ-Abschnitte der leichten Ketten gewährleisten, daß praktisch für jedes mögliche Antigen ein spezifisches IgM-Molekül existiert. In niedrigen Konzentrationen sind sie kontinuierlich auf den entsprechenden Zellen und im peripheren Blut vorhanden. Die IgM-Antikörper wirken als *Induktoren der Komplementkaskade* oder als *Antigenrezeptoren* und können die Erreger neutralisieren. Sie bewirken dabei die Aufnahme des entstandenen, membranständigen Antigen-Antikörper-Komplexes. Die Proteine werden im Endosom abgebaut, wo die Fremdpeptide des Antigens sich an HLA-Klasse-II-Proteine binden. Von dort gelangen sie als Komplex zurück an die Zelloberfläche. In dieser Phase werden die Prä-B-Zellen zu antigenpräsentierenden Zellen, an die sich T-Helferzellen mit den entsprechenden Spezifitäten der T-Zell-Rezeptoren binden und daraufhin eine große Anzahl verschiedener Cytokine abgeben (Kapitel 8). Die B-Zellen werden dadurch zur weiteren Proliferation und Differenzierung zu Plasmazellen angeregt. In dieser Phase erfolgt auch der *Wechsel der Immunglobulinklassen (switch)*, das heißt, die variablen Domänen der schweren Ketten werden durch alternative Spleißereignisse mit den entsprechenden Segmenten der γ-Ketten oder – in Abhängigkeit von empfangenen Cytokinsignalen – der anderen schweren Ketten kombiniert. In den DNA-Abschnitten, die innerhalb der V-Domänen für die hochvariablen CDR-Abschnitte codieren, kommt es zu Mutationen. Durch diese Reifung erhalten die Antikörper ihre endgültige, hochaffine Spezifität.

7.3 Wie kann die Abwehr von Viren Autoimmunkrankheiten hervorrufen?

Der Organismus hat durch das Immunsystem die Möglichkeit, Antikörper und T-Zell-Rezeptoren mit Spezifitäten für viele Millionen Antigene zu entwickeln. Dabei muß gewährleistet sein, daß diese ausschließlich Fremdantigene erkennen und keine körpereigenen Strukturen angreifen. Wenn das Immunsystem nicht mehr zwischen „selbst“ und „fremd“ unterscheidet und gegen körpereigene Strukuren und Zellen reagiert, können sich *Autoimmunreaktionen* ausbilden. Im anderen Fall kommt es zur *Toleranz*.

Normalerweise werden während der Embryogenese im Thymus T-Zellen mit Rezeptoren ausgewählt und zurückgehalten, die körpereigene Strukturen erkennen. Sie gelangen also nicht in das periphere Blut, sondern gehen durch Apoptose, also den programmierten Zelltod, zugrunde. Diese *klonale Selektion* garantiert, daß im Organismus keine T-Helferlymphocyten und cytotoxischen T-Zellen vorhanden sind, die Selbst-Spezifitäten besitzen. Da die Antikörperproduktion auf die Hilfe von T-Zellen angewiesen ist, sollten auch keine Immunglobuline mit entsprechender Selbsterkennung vorhanden sein. Virusinfektionen lösen gelegentlich Autoimmunreaktionen aus. Einige Viren codieren für Proteine, die zellulären Polypeptiden ähneln, jedoch nicht mit ihnen identisch sind. Das ist unter anderem beim Masernvirus der Fall, das für ein dem basischen Myelin des Gehirns ähnelndes Protein codiert, sowie beim humanen Immundefizienzvirus, das mehrere Proteinabschnitte besitzt, die mit verschiedenen Zellkomponenten homolog sind, und beim Epstein-Barr-Virus (Abschnitte 14.2, 17.1 und 18.4). Aufgrund ihrer Ähnlichkeit induzieren diese Viren immunologische Kreuzreaktionen mit den entsprechenden Zellproteinen. Man bezeichnet dies als *molekulare Mimikry*. Nach der jeweiligen Infektion können cytotoxische T-Lymphocyten vorliegen, die körpereigene Zellen angreifen und lysieren. Kreuzreaktive T-Helferzellen können die Produktion von Immunglobulinen einleiten, die gegen Zellproteine gerichtet sind. Die so entstehenden Zellantigen-Antikörper-Komplexe können alle möglichen Abwehrreaktionen auslösen, die vom Angriff der neutrophilen Granulocyten mit der Ausschüttung von entzündungsfördernden Faktoren bis hin zur Aktivierung der Komplementkaskade mit ihren zellschädigenden Effekten reichen. Lagern sich diese Komplexe in den Synovialspalten ab, dann können die induzierten Immunreaktionen schwere Gelenkentzündungen hervorrufen. Derartige Vorgänge sind eine mögliche Ursache der mit Parvovirusinfektionen assoziierten Arthritiden (Abschnitt 19.1).

Es gibt jedoch noch andere Mechanismen: So induziert das Epstein-Barr-Virus im Verlauf der Primärinfektion, der infektiösen Mononucleose, eine *polyklonale Aktivierung* von T-Zellen, die mit einer erhöhten Cytokinausschüttung reagieren und so auch B-Zellen polyclonal stimulieren (Abschnitt 18.4). Ohne Rücksicht auf die Antigenspezifität werden viele B- und T-Lymphocyten stimuliert. Bei vielen Patienten findet man infolgedessen Immunreaktionen gegen verschiedene körpereigene Strukturen. Der Organismus reagiert auf Virusinfektionen mit der Produktion von Interferon-α, -β und -γ. Diese Interferone induzieren unter anderem eine *erhöhte Expression* von MHC-Klasse-I- und MHC-Klasse-II-Proteinen auch auf der Oberfläche nichtinfizierter Zellen. Aufgrund der Überexpression kann es zu immunologischen Nebenwirkungen kommen, und die entsprechenden Zellen werden von T-Lymphocyten angegriffen. Auch die Wirkung von *Superantigenen* führt zum immunologischen Angriff auf Körperzellen. Solche Proteinmoleküle binden sich einerseits an bestimmte Vβ-Ketten der T-Zell-Rezeptoren, andererseits an MHC-Klasse-II-Proteine auf der Oberfläche von antigenpräsentierenden Zellen. Beide Zelltypen werden so in einer antigenunabhängigen Weise miteinander in Kontakt gebracht. Diese unspezifische Stimulierung führt zur oligoklonalen Expansion von T-Zellen mit bestimmten β-Ketten in den Rezeptoren, die unter anderem auch gegen zelleigene Strukturen gerichtet sind. Zusätzlich findet man die Ausschüttung der entsprechenden Cytokine. Man hat Hinweise, daß das Tollwutvirus und einige Retroviren – möglicherweise auch das humane Immundefizienzvirus – über Superantigene verfügen (Abschnitte 14.1 und 17.1).

7.4 Auf welche Weise können Viren dem Immunsystem entgehen?

Etliche Viren haben im Laufe ihrer Evolution Mechanismen entwickelt, die es ihnen ermöglichen, der Immunantwort ihres Wirtes auszuweichen. So variieren beispielsweise die humanen Immundefizienz- und die Influenzaviren unter dem Selektionsdruck der Antikörper kontinuierlich die Sequenz und Struktur ihrer oberflächenexponierten Proteinregionen und entkommen damit der neutralisierenden Wirkung der Immunglobuline. Außerdem verändert diese Virusinfektion das Muster der von den Zellen produzierten Cytokine. Dadurch verlieren das zelluläre Immunsystem und insbesondere die cytotoxischen T-Lymphocyten ihre Wirkung (Abschnitt 17.1). Auch andere Viren haben Wege gefunden, die Immunantwort des Wirtsorganismus zu umgehen und persistierende Infektionsformen zu entwicklen. Die Papillomviren infizieren zum Beispiel die Zellen der äußersten Hautschichten – eine ökologische Nische, die für das Immunsystem nicht zugänglich ist (Abschnitt 18.2). Die Adenoviren und auch das Epstein-Barr-Virus reduzieren die Anzahl der MHC-Klasse-I-Proteine auf der Oberfläche der infizierten Zellen. Diese können die Antigene nicht mehr effizient präsentieren, die cytotoxischen T-Lymphocyten erkennen die Zellen nicht, und das Virus entgeht der Eliminierung (Abschnitte 18.3 und 18.4). Herpes-simplex-Viren produzieren während der Latenz in Nervenzellen keine Virusproteine, daher erkennt das Immunsystem die Zellen auch nicht als infiziert. Dagegen produzieren Hepatitis-B-Viren im Infektionsverlauf große Mengen ihres Oberflächenproteins HBsAg, das daraufhin in hohen Konzentrationen im Blut vorliegt und die HBsAg-spezifischen neutralisierenden Antikörper abfängt (Abschnitt 18.1).

7.5 Weiterführende Literatur

Abbas, A. K.; Lichtman, A. H.; Pober, J. S. *Immunologie*. Bern (Huber) 1996.

Brostoff, J.; Scadding, G. K.; Male, D.; Roitt, I. M. *Klinische Immunologie*. Weinheim (VCH/Chapman & Hall) 1993.

Elgert, K. D. *Immunology. Understanding the Immune System*. New York (Wiley Liss Inc.) 1996.

Janeway, C. A.; Travers, P. *Immunologie*. Heidelberg (Spektrum Akademischer Verlag) 1995.

Morgan, P. B. *Clinical Aspects and Relevance to Disease*. London, San Diego, New York (Academic Press) 1990.

Roitt, I. M.; Brostoff, J.; Male, D. K. *Kurzes Lehrbuch der Immunologie*. 3. Aufl. Stuttgart (Thieme) 1995.

Thomas, D. B. *Viruses and the Cellular Immune Response*. New York, Basel, Hong-Kong (Marcel Dekker Inc.) 1993.

Zwilling, B. S.; Eisenstein, T. K. *Macrophage-Pathogen Interactions*. New York, Basel, Hong-Kong (Marcel Dekker Inc.) 1994.

8. Cytokine

M. Hoskins, G. M. Findlay und F. MacCallum entdeckten 1935 das Phänomen der *Interferenz*: Versuchstiere, die mit avirulenten Gelbfieberviren inokuliert wurden, erwiesen sich in den folgenden 24 Stunden vor Infektionen mit dem Wildtypvirus geschützt. Die Ursache der Interferenz blieb lange Zeit unklar. Erst 1957 konnten Alick Isaacs und Jean Lindenmann in infizierten, bebrüteten Hühnereiern die Substanz *Interferon* nachweisen. Anfangs nahm man an, daß der durch Interferon vermittelte Abwehrmechanismus gegen „Fremdnucleinsäuren" gerichtet sei, da Interferon sich durch die doppelsträngige RNA der Reoviren effektiv induzieren ließ. Seine Wirkungsweise war jedoch nicht sehr selektiv. Es zeigte sich bald, daß auch nichtinfizierte Zellen von Interferon beeinflußt und geschädigt werden und daß bei Verabreichung der Substanz an Tiere schwere Nebenwirkungen auftreten. Auch wurde klar, daß es im Organismus eine Basiskonzentration an Interferonen gibt, die physiologisch ist und durch häufige Virusinfektionen aufrechterhalten bleibt. Interferone üben in der Zelle viele Funktionen aus und erfüllen wichtige Aufgaben bei der Regulierung der Zellphysiologie.

Interferon war aber nur das erste einer großen Anzahl von *induzierbaren Cytokinen*, die man in der Folge entdeckte. Bereits 1866 war berichtet worden, daß sich Tumoren nach bakteriellen Infektionen zurückbilden. 1975 zeigten dann Carshwell und Mitarbeiter, daß die Makrophagen von Mäusen, die mit dem Tuberkulose-Impfstamm BCG (*Bacillus Calmette-Guérin*) infiziert und mit Lipopolysacchariden aus *E.coli* behandelt worden waren, einen cytotoxischen, tumorzerstörenden Faktor bilden, den man als *Tumornekrosefaktor* (TNF) bezeichnete. Auch die Entstehung des Fiebers als ein Symptom von zentraler medizinischer Bedeutung hatte schon früh großes Interesse erregt. Man konnte exogene und endogene fieberauslösende Stoffe (Pyrogene) unterscheiden: Als exogenes Pyrogen ließen sich gereinigte Influenzaviren verwenden; die endogene Aktivität, die durch diesen „äußeren Reiz" induziert wurde, war im Serum nachweisbar und wurde 1971 als *Interleukin-1* bezeichnet. Diese Substanz wird unter anderem von stimulierten Makrophagen und Granulocyten gebildet und kann zusammen mit Lektinen, beispielsweise dem Phytohämagglutinin, Lymphocyten aktivieren.

8.1 Welche Gruppen von Cytokinen unterscheidet man, und welche Funktionen erfüllen sie im Verband der immunologischen Effektorsysteme?

Die Cytokine sind ein Teil der unspezifisch wirkenden, nichtadaptiven Immunabwehr und deshalb für die Bekämpfung von Erregern bei erstmaligen Kontakten essentiell. Sie werden zu einem Zeitpunkt der Infektion aktiv, zu dem spezifisch wirkende Antikörper oder cytotoxische T-Zellen noch nicht vorhanden sind. Sie regulieren und koordinieren das Zusammenwirken der immunologischen Effektorsysteme, also der zellulären und der humoralen Immunantwort, die beide allein nicht in der Lage sind, die Ausbreitung eines Erregers im Organismus zu kontrollieren beziehungsweise seine Eliminierung zu bewirken. Die Mehrheit der Cytokine wird in immunologisch aktiven Zellen gebildet und von ihnen sezerniert. Sie entfalten ihre biologische Aktivität durch Bindung an spezifische Rezeptoren in der

Tabelle 8.1: Hauptauswirkungen der Interferone auf die Expression zellulärer Proteine

	Interferon-α	Interferon-β	Interferon-γ
Proteinkinase DAI	+++	+++	+
2',5'-Oligoadenylatsynthetase	+++	+++	+
Mx-Proteine	+++	+++	-
MHC-Klasse-I	+++	+++	+++
MHC-Klasse-II	+	+	+++

Cytoplasmamembran bestimmter Zellen. Dadurch induzieren sie eine Signalkaskade, an deren Ende ein bestimmter Effekt steht. Zur Gruppe der Cytokine rechnet man heute neben den Interferonen, Interleukinen und Tumornekrosefaktoren auch die koloniestimulierenden Faktoren, die Chemokine und die *Transforming Growth Factors* (TGF).

8.1.1 Interferone

Interferon-α und -β sind *antiviral* wirkende Cytokine. Sie hemmen die Vermehrung von Viren, aber auch die Zellteilung und haben dadurch auch tumorhemmende Eigenschaften. Interferon-γ wirkt überwiegend *immunregulatorisch*. Es induziert die Freisetzung weiterer Cytokine und steigert die Effektorfunktion der cytotoxischen T-Zellen, der natürlichen Killerzellen und der mononucleären Phagocyten (Tabelle 8.1). Interferone werden in virusinfizierten Zellen synthetisiert und von dort in die Umgebung abgegeben. Sie können ihre Wirkung durch die Bindung an Rezeptoren in der Cytoplasmamembran anderer Zellen ausüben und in diesen einen Schutz vor der Infektion induzieren.

Molekulare Eigenschaften

Interferon-α und Interferon-β. Beide Interferone bezeichnet man auch als säurestabile Typ-I-Interferone. Sie weisen ein ähnliches serologisches Verhalten auf, was auf einer Sequenzhomologie von etwa 50 Prozent beruht. Beide werden beim Menschen auf dem Chromosom 9 codiert, sind 166 Aminosäuren lang und haben ein Molekulargewicht von 20 kD. Die Expression der Interferongene wird in den infizierten Zellen überwiegend durch Bestandteile der Viren eingeleitet, die bestimmte Transkriptionsfaktoren aktivieren. Diese oder auch die viralen Komponenten selbst binden sich an die Promotorregionen der Interferongene und ermöglichen deren Transkription. Experimentell man kann dies auch durch *doppelsträngige RNA* oder einige synthetische Substanzen wie Polyinositolcytidinsäure (Poly I:C) erreichen. Von Interferon-α gibt es mehrere einander ähnelnde, teilweise glycosylierte Subtypen, die von einer Multigenfamilie codiert werden und zu 85 bis 90 Prozent identische Aminosäuresequenzen aufweisen. Es wird in allen virusinfizierten Zellen synthetisiert, wobei Makrophagen und Monocyten die Hauptproduzenten darstellen. Deshalb gilt Interferon-α als *Leukocyteninterferon*. Interferon-β, von dem nur ein Subtyp existiert, wird ähnlich induziert, jedoch vor allem in virusinfizierten *Fibroblasten* und nur in geringem Ausmaß in Monocyten und Makrophagen. Meist wird im Rahmen einer Virusinfektion wesentlich mehr Interferon-α als Interferon-β gebildet. Beide werden von den infizierten Zellen sezerniert und entfalten ihre Wirkung, indem sie sich an den Interferonrezeptor vom Typ-I binden, ein Heterodimer aus einer Rezeptorkette und einem als Cofaktor wirkenden Protein, der sich auf fast allen Zelltypen befindet.

Interferon-γ. Das säurelabile Interferon-γ oder Typ-II-Interferon ist ein Homodimer aus zwei glycosylierten Proteinuntereinheiten, die 146 Aminosäuren lang sind und ein Molekulargewicht von 22 kD haben. Sie weisen keinerlei Homologie mit den Interferonen-α und -β auf. Das Gen für Interferon-γ befindet sich auf dem Chromosom 12. Dieses Interferon wird hauptsächlich von T-Helferzellen gebildet, die durch Antigenkontakt stimuliert sind, sowie von aktivierten Makrophagen und natürlichen Killerzellen. Interferon-γ leitet seine Wirkung durch die Bindung an spezifische Typ-II-Rezeptoren ein, die ähnlich wie die Typ-I-Rezeptoren Heterodimere sind.

Wirkungsweise

Die Bindung der Interferone löst in der Zelle eine *Signalkaskade* aus, die zum Aufbau eines antiviralen Status, zur Hemmung der Zellteilung und zur Freisetzung von weiteren Cytokinen führt. An der ersten Stelle der Kaskade steht die Konformationsänderung des Rezeptors, die zur Aktivierung von Proteinkinasen der Jak-Familie führt. Diese phosphorylieren und aktivieren eine interferoninduzierte Proteinkinase, die ihrerseits die Klasse der Stat-1- und Stat-2-Proteine phosphoryliert (Stat ist eine Abkürzung für *signal transducers and activators of transcription*). Die modifizierten Stat-Proteine bilden Komplexe, die in den Zellkern wandern und sich zusammen mit weiteren Regulatorproteinen als Transaktivatoren an Kontrollelemente mit der Bezeichnung ISRE (*interferon stimulated regulatory elements*) auf DNA-Ebene binden, welche die Expression der *interferon stimulated genes* (ISG) regulieren. Außerdem löst die interferoninduzierte Proteinkinase die Phosphorylierung des IκB, das heißt des Inhibitors von NF-κB, aus. Der Inhibitor wird hierdurch inaktiv, was die Transkription aller Zellgene einleitet, die unter der Kontrolle von NF-κB stehen. Diese Gene und die ISRE sind die eigentlichen Ziele der Interferonwirkung, die sich in eine frühe und eine späte Phase unterteilen läßt. In der Frühphase wird die Bindung der Stat-Proteine an die Promotoren vermittelt. Diese Proteine liegen immer in geringen Mengen im Cytoplasma der Zelle vor und können deshalb ihre Wirkung sehr schnell entfalten. In der späten Phase wirken dagegen auf dieselben Kontrollelemente Komponenten ein, deren Expression von der Interferonwirkung abhängig ist. Auf diese Weise wird wohl auch die Interferonaktivität als Antwort auf das kurzfristige Binden eines Moleküls an den Rezeptor länger aufrechterhalten. Interferon induziert die Synthese vieler verschiedener Proteine (Tabelle 8.1). Das erklärt die Vielfalt der oben erwähnten interferoninduzierten Mechanismen.

Meist beeinflussen Interferone die Virusvermehrung, indem sie die Proteinsynthese hemmen. Ein Weg führt über die interferonvermittelte Induktion der 2′,5′-Oligoadenylatsynthetase. Liegt gleichzeitig in der Zelle doppelsträngige RNA vor, wie sie üblicherweise als Intermediat der Virusreplikation oder als Teil des Virusgenoms nur in infizierten Zellen vorkommt, bewirkt die 2′,5′-Oligoadenylatsynthetase die Veresterung von bis zu fünf ATP-Resten zu Oligoadenylaten. Diese binden sich an eine RNase und aktivieren sie. Die RNase baut einzelsträngige RNA ab und damit sowohl die zellulären als auch die viralen mRNA-Spezies und die Erbinformation von Viren, die eine einzelsträngige RNA als Genom besitzen. Dies hemmt die Proteinsynthese des Virus, aber auch diejenige der Zelle. Interferon leitet außerdem die Expression der *Proteinkinase DAI* ein, die für ihre Aktivität ebenfalls die Gegenwart doppelsträngiger RNA benötigt. Sie phosphoryliert den Translationselongationsfaktor eIF2α und inaktiviert ihn so. Daraufhin bricht die Synthese der Aminosäureketten ab. Darüber hinaus induzieren Interferone die Synthese einer Reihe weiterer Zellproteine. Erwähnt sei hier vor allem die *erhöhte Expression der MHC-Klasse-I-Antigene*. Dies verstärkt die Fähigkeit der Zellen zur Präsentation von viralen Proteinfragmenten auf der Oberfläche, was wiederum das Erkennen und die Lyse der infizierten Zellen durch cytotoxische T-Zellen erleichtert. Auch die Expression der MHC-Klasse-II-Proteine wird durch die Wirkung von Interferon-γ und in geringerem Ausmaß von Interferon-α und -β eingeleitet. Interferon-α beziehungsweise -β und Interferon-γ verstärken sich gegenseitig und beeinflussen die Expression und somit das Netzwerk der Cytokine. Ihr Einfluß verstärkt die Phagocytoseaktivität der Makrophagen, in denen die Expression von Cytokinen eingeleitet wird. Auch die Cytotoxizität der natürlichen Killerzellen wird verstärkt.

Eine spezielle Gruppe von Interferon-α- und Interferon-β-induzierbaren Polypeptiden stellen die *Mx-Proteine* dar. Sie wurden ursprünglich in Mäusen identifiziert, die gegen eine Infektion mit Influenzaviren resistent waren. Später wies man ihre Existenz auch im Menschen nach (Abschnitt 15.1). Die Mx-Proteine besitzen GTPase-Aktivität und hemmen die Transkription von Influenza- wie auch von anderen Viren, etwa des Vesicular-Stomatitis-Virus.

8.1.2 Interleukine

Interleukine sind Proteine mit Molekulargewichten von mehr als 5 kD. Sie werden von verschiedenen Zellen des Immunsystems überwiegend nach Stimulation durch Mikroorganismen, Antigene, Lektine oder Lipopolysaccharide gebildet und abgegeben und wirken durch die Bindung an spezifische Rezeptoren auf der Oberfläche immunologisch aktiver Zellen. Auch Zellen, die nicht dem Immunsystem zugerechnet werden, verfügen über derartige Rezeptoren und werden durch Interleukinbindung beeinflußt. Die Bezeichnung *Interleukine* leitet sich jedoch von ihrer zuerst beschriebenen Aktivität ab, nämlich „zwischen Leukocyten zu vermitteln“. Insgesamt sind bisher 16 Interleukine bekannt, die regulierend auf die verschiedenen Aktivitäten des Immunsystems wirken, sie miteinander verbinden und kontrollieren. Tabelle 8.2 gibt einen Überblick über die wichtigsten Funktionen von Interleukinen.

8.1.3 Tumornekrosefaktoren

Die Tumornekrosefaktoren (TNF) α und β werden auf dem menschlichen Chromosom 6 im MHC-Genkomplex codiert. Sie haben ein Molekulargewicht von 17 kD, und ihre Aminosäuresequenzen sind zu 36 Prozent homolog. TNF-α wird überwiegend von aktivierten Makrophagen, Monocyten, B- und T-Lymphocyten gebildet und freigesetzt. Neben der sezernierten Form findet man membranständiges TNF mit der gleichen Aktivität. TNF-β wird bevorzugt von T-Lymphocyten abgegeben. Die Expression des TNF-α wird durch Lipopolysaccharide, durch die Bindung von Interleukinen an ihre jeweiligen Rezeptoren auf der Zelloberfläche und durch phagocytierte Mikroorganismen induziert. TNF-α und TNF-β binden sich an die gleichen Rezeptoren, die in den Cytoplasmamembranen vieler Zellen vorhanden sind, und haben vermutlich identische biologische Aktivitäten. Wichtige Interaktionspartner für TNF sind die *Endothelzellen*, die bei Entzündungsprozessen eine Schlüsselrolle spielen. In ihnen induzieren die Tumornekrosefaktoren die Synthese und Freisetzung von Cytokinen wie IL-1, IL-6, GM-CSF und des plättchenaktivierenden Faktors. Weiterhin reagieren die Endothelzellen mit erhöhter Produktion von MHC-Klasse-I-Antigenen, von Gewebethromboplastin, von verschiedenen Adhäsionsproteinen wie ICAM-1, VCAM-1, ELAM-1 und von der induzierbaren NO-Synthase. Letztere führt zur Bildung erhöhter Mengen von Stickstoffmonoxid, welches die Gefäße erweitert und dadurch vermutlich für den TNF-vermittelten Blutdruckabfall verantwortlich sind. All das bewirkt eine verstärkte Adhäsion von Lymphocyten und eine erhöhte Durchlässigkeit der Gefäßwände.

Außerdem regulieren die Tumornekrosefaktoren die Aktivität immunologisch aktiver Zellen: Makrophagen werden veranlaßt, erhöhte Mengen an TNF-α und IL-1 zu produzieren und vermehrt Sauerstoffradikale abzugeben, die unmittelbar cytotoxisch wirken. Ähnlich reagieren neutrophile Granulocyten, die unter TNF-Einfluß eine erhöhte Phagocytoseleistung zeigen. Desweiteren scheint TNF B-Lymphocyten zur Proliferation anzuregen und damit Einfluß auf die antigenspezifische Immunantwort auszuüben. Die NK-Zellen werden zur TNF-Synthese angeregt. In der Leber veranlaßt TNF die Produktion von Akutphaseproteinen, und die Zellen des endokrinen Systems reagieren mit der Synthese von Glucocorticoiden und des adrenocorticotropen Hormons (ACTH). Fibroblasten setzen IL-1, IL-6, Kollagenase und Prostaglandin-E2 frei. Unter dem Einfluß von Prostaglandin kommt es zu einem Anstieg der Körpertemperatur, die durch das in der Folge vermehrt gebildete IL-1

Tabelle 8.2: Funktion und Eigenschaften der Interleukine

Interleukin	molekulare Eigenschaften	Produzenten	Funktion
IL-1 IL-1α	17 kD, assoziiert mit Zelloberfläche der Produzentenzelle	Monocyten, Makrophagen, Lymphocyten, NK-Zellen, Granulocyten, Endothel- und glatte Muskelzellen, Fibroblasten	induziert Synthese und Freisetzung von weiteren Cytokinen (IL-1, IL-6) unter anderem aus aktivierten T-Zellen, Makrophagen, Granulocyten, Endothelzellen und Fibroblasten;
IL-1β	17 kD, lösliches Protein in Blut und Gewebeflüssigkeit, Hauptform des IL-1		induziert Proliferation und Differenzierung der B-Zellen; veranlaßt Freisetzung von Akutphase-Proteinen aus Hepatocyten; erhöht cytotoxische Aktivität der NK-Zellen; induziert Zellteilung von Endothelzellen und Fibroblasten und veranlaßt auf ihnen die Bildung von Adhäsionsproteinen; starkes Pyrogen
IL-2	15 kD, *O*-glycosyliert	stimulierte T-Helferzellen	T-Zellwachstumsfaktor; induziert Synthese und Freisetzung von Cytokinen in T-Zellen (exokrin und autokrin); aktiviert cytotoxische T-Zellen, NK-Zellen und Monocyten; induziert Teilung und Differenzierung von B-Zellen, T-Zellen und Thymocyten
IL-3 (Multi-CSF)	14–30 kD, glycosyliert	stimulierte T-Helferzellen	Wachstumsfaktor für Stammzellen, frühe Vorläufer der myeloischen Zellreihe, Mastzellen
IL-4	15–19 kD, glycosyliert	stimulierte T-Helferzellen	aktiviert ruhende B-Zellen (*B-cell stimulatory factor-1*) und Makrophagen; Wachstumsfaktor für T-Zellen; reguliert Zellteilung und Reifung von Mastzellen und hämatopoetischen Stammzellen; steigert Expression von MHC-Klasse-II-Antigenen; verschiebt die T-Helferzellreaktion zur Seite der T_H2-Zellen
IL-5	20 kD, Homodimer, glycosyliert	stimulierte T-Helferzellen	induziert Zellteilung und Differenzierung von aktivierten B-Zellen und eosinophilen Zellen; induziert zusammen mit IL-2 die Differenzierung von Thymuszellen zu cytotoxischen T-Zellen

Tabelle 8.2: (Fortsetzung)

Interleukin	molekulare Eigenschaften	Produzenten	Funktion
IL-6	23–30 kD, glycosyliert	aktivierte B- und T-Lymphocyten, Monocyten, Makrophagen, Fibroblasten, Endothelzellen	induziert Differenzierung der B-Zellen zu antikörperproduzierenden Plasmazellen; steigert Phagocytoseaktivität von Makrophagen und Monocyten; veranlaßt Freisetzung von Akutphaseproteinen aus Hepatocyten; induziert zusammen mit IL-1 die Teilung und Cytokinausschüttung von T-Helferzellen; induziert zusammen mit IL-2 die Teilung und Differenzierung von cytotoxischen T-Zellen; induziert zusammen mit IL-3 die Teilung der Stammzellen
IL-7	20–28 kD, glycosyliert	Stromazellen von Knochenmark, Thymus und Milz	wirkt als Wachtumsfaktor für frühe B-Lymphocyten und Thymocyten; verstärkt Teilungsaktivität und Differenzierung cytotoxischer T-Zellen
IL-8	6–8 kD, Homodimer	Makrophagen, Monocyten	wirkt chemotaktisch auf Granulocyten und T-Helferzellen und bewirkt ihre Einwanderung in die entsprechenden Gewebe; wichtig für lokale Immunantwort
IL-9	32–39 kD, glycosyliert	stimulierte T-Helferzellen	induziert Wachstum von Mastzellen und die Bildung erythropoetischer Kolonien
IL-10	35–40 kD, glycosyliert	T_H0- und T_H2-Zellen, Makrophagen, B-Lymphocyten	fördert Reifung von T_H2-Zellen, unterdrückt diejenige der T_H1-Zellen und Makrophagen; verstärkt Expression der MHC-Klasse-II-Antigene auf B-Lymphocyten, vermindert jedoch diejenige auf Makrophagen und Monocyten; hemmt Produktion von Sauerstoffradikalen durch Makrophagen; induziert Teilung und Differenzierung von B-Lymphocyten in antikörperproduzierende Plasmazellen
IL-11	23 kD	IL-1-stimulierte Fibroblasten und Knochenmarkzellen	induziert zusammen mit IL-3 die Bildung von Kolonien aus Megakaryocyten; Wachstumsfaktor für hämatopoetische Vorläuferzellen und Makrophagen
IL-12	Heterodimer aus 35 kD und 40 kD, glycosyliert	B-Lymphocyten, Monocyten, Makrophagen	induziert Produktion von IFN-γ in T-Lymphocyten und NK-Zellen; verstärkt NK- und ADCC-Aktivität; induziert Proliferation und Differenzierung von T_H1-Zellen
IL-13	17 kD, glycosyliert	aktivierte T-Zellen	hemmt Synthese von IL-1β, IL-6, IL-8, TNF-α durch stimulierte Monocyten; induziert Proliferation von B-Zellen; induziert CD23-Expression auf B-Zellen
IL-14	60 kD, glycosyliert	T-Lymphocyten	induziert Teilung aktivierter B-Zellen; hemmt Synthese von Immunglobulinen

Tabelle 8.2: (Fortsetzung)

Interleukin	molekulare Eigenschaften	Produzenten	Funktion
IL-15	14–15 kD glycosyliert	Monocyten, Epithelzellen	gleicht in der Wirkung IL-2
IL-16	28 kD, Homodimer	CD8-positive T-Lymphocyten in HIV-infizierten Patienten	bindet sich an den CD4-Rezeptor auf T-Helferzellen; unterdrückt Replikation von HIV

weiter erhöht wird. Schließlich induziert TNF genau wie IL-1 unter anderem in Makrophagen und Endothelzellen die Freisetzung von Chemokinen. Die Wirkung von TNF auf eine Vielzahl von Zellen und auf das Cytokinnetzwerk erklärt seine Beteiligung an so unterschiedlichen Vorgängen wie der Abwehr von viralen, bakteriellen und parasitären Infektionen sowie der Kontrolle von Tumoren.

8.1.4 Weitere Cytokine

Die koloniestimulierenden Faktoren GM-CSF, M-CSF, G-CSF. Granulocyten lassen sich in drei Untergruppen einteilen: neutrophile, eosinophile und basophile. Vor allem die neutrophilen und eosinophilen Granulocyten sind bei der schnellen Immunabwehr von Mikroorganismen und Parasiten beteiligt. Sie wandern, angelockt von chemotaktischen Faktoren, zum Entzündungsort, können sich über die Adhäsionsmoleküle an Endothelzellen anlagern und treten dann durch die Gefäßwände hindurch. Am Ort der Infektion bekämpfen sie freie oder mit Immunglobulinen beladene Erreger durch Phagocytose. Außerdem entleeren sie den Inhalt ihrer Granula in die Umgebung und setzen hierbei eine Vielzahl von degradierend wirkenden Enzymen, cytotoxisch wirkenden Proteinen und Sauerstoffradikalen frei. Zusätzlich sezernieren diese stimulierten Granulocyten IL-1, IL-8 und Prostaglandine. Die koloniestimulierenden Faktoren GM-CSF, G-CSF und M-CSF (CSF ist die Abkürzung für die englische Bezeichnung *colony stimulating factor*) sind an der *Differenzierung hämatopoetischer Vorläuferzellen* zu Granulocyten beziehungsweise zu Makrophagen beteiligt. Durch Bindung an die jeweiligen Rezeptoren wirken sie auf verschiedene Zelltypen ein. Sie stimulieren *in vitro* die Koloniebildung von Granulocyten und Makrophagen (GM-CSF) beziehungsweise von Granulocyten (G-CSF) oder Makrophagen (M-CSF). Ihre Wirkungsweise ähnelt der von IL-3, das als Multi-CSF die Koloniebildung aller CSF-abhängigen Zelltypen induziert. Die CSF sind einkettige, glycosylierte Polypeptide (14–30 kD), die untereinander keine Homologie aufweisen. Sie werden von Monocyten, Fibroblasten und Endothelzellen abgegeben, die auf die Gegenwart von Antigenen und Entzündungsmediatoren reagieren. GM-CSF wird außerdem von T-Helferzellen gebildet und freigesetzt. Die CSF bewirken nicht nur die Differenzierung hämatopoetischer Vorläuferzellen zu Granulocyten und Makrophagen. In einem autokrinen Reaktionsmechanismus, das heißt durch Bindung an die Rezeptoren der Granulocyten und Makrophagen, von denen sie abgegeben werden, verstärken sie die cytotoxische und phagocytierende Aktivität eben dieser Zellen.

Chemokine. Zu diesen kleinen, sekretorischen Proteinen zählen die Faktoren RANTES (*regulated on activation, normal T-cell expressed and presumably secreted*), MCP-1 (*macrophage chemoattractant protein*) und MIP-1 (*macrophage inflammatory protein*) sowie IL-8. Sie wirken chemotaktisch auf Granulocyten, mononucleäre Phagocyten und

T-Lymphocyten und locken diese zum Entzündungsort. Sie binden sich an Chemokinrezeptoren, die durch sieben Transmembranregionen in der Cytoplasmamembran verankert sind.

Transforming Growth Factors (*TGF*). Die transformierenden Wachstumsfaktoren wurden aufgrund ihrer *proliferationsfördernden Aktivität* für Fibroblasten entdeckt. Man unterscheidet zwei Gruppen: TGF-α und TGF-β. TGF-α hat eine ähnliche zellteilungsregulierende Funktionen wie die Epithelzell-Wachstumsfaktoren (EGF). TGF-β fördert dagegen nicht nur das Wachstum von Tumoren, sondern ist auch bei Entzündungsreaktionen und der Regulation der Immunantwort aktiv. Die Wirkungsweise von TGF-β ist im Gegensatz zu derjenigen von TGF-α relativ gut untersucht. Es wird von vielen Zellen gebildet, verbessert die Wundheilung und wirkt hemmend auf die Teilung der B- und T-Lymphocyten und behindert hierdurch die Differenzierung der B-Zellen zu antikörperproduzierenden Plasmazellen. Außerdem unterdrückt es die Aktivität verschiedener Cytokine. Es wirkt chemotaktisch auf Monocyten und fördert zusammen mit IL-1, IL-2, IL-6, dem PDGF (*platelet derived growth factor*), EGF und FGF (*fibroblast growth factor*) die Proliferation von Fibroblasten und Epithelzellen. Häufig ist das Wachstum von Tumoren von diesen Faktoren abhängig, die von in das Gewebe einwandernden Makrophagen, Monocyten und T-Zellen abgegeben werden und in einem parakrinen Mechanismus die Teilung der Krebszellen fördern. In diesem Fall binden sich die Faktoren an Rezeptoren auf der Oberfläche von Zellen, die sich in der Umgebung befinden; die Produzenten selbst werden also nicht beeinflußt. Viele Tumorzellen können die Faktoren selbst produzieren. In diesem Fall wirken sie autokrin stimulatorisch.

8.2 Wie wirken sich Virusinfektionen auf die Cytokinsynthese aus?

Virusinfektionen können die Cytokinproduktion in einzelnen Zellen und Organen oder im ganzen Organismus beeinflussen. Das Virus vermehrt sich zuerst am Eintrittsort in den Körper und kann sich von hier aus über das Blut oder die Lymphe zu den Manifestationsorten der Infektion ausbreiten (Kapitel 4). Überall kann es dabei die Immunabwehr aktivieren und so die Cytokinsynthese und -freisetzung einleiten. Letzteres ist mit lokalen Entzündungen verbunden. Auch *defekte Virusformen* spielen hierbei möglicherweise eine wichtige Rolle. V. Magnus hatte 1951 erstmals beobachtet, daß bei Infektionen mit Influenzaviren defekte Partikel entstehen, die noch Hämagglutinationsfähigkeit besitzen, aber nichtinfektiös sind (Abschnitt 15.1). Zusätzlich werden in den infizierten Zellen defekte, doppelsträngige RNA-Moleküle synthetisiert. In Kooperation mit den defekten Viren steigern sie die Bildung von IFN-α und IFN-β. Diese stören die Translation und fördern damit die Produktion weiterer defekter Partikel. Nicht selten findet man abortive Replikationszyklen ohne Freisetzung von Nachkommenviren. Da so noch mehr defekte Partikel und doppelsträngige RNA entstehen, wird die Interferonsynthese weiter verstärkt. Als Folge davon können interferonresistente Virusvarianten selektiert werden, die sich verstärkt ausbreiten und zur Etablierung persistierender, chronischer Infektionen beitragen.

Etliche Viren besitzen Gene, die für Proteine codieren, die mit Cytokinen oder Cytokinrezeptoren homolog sind. Sie gestatten den Erregern, der antiviralen oder die Immunantwort stimulierenden Wirkung der Cytokine zu entgehen. So verfügt beispielsweise das Epstein-Barr-Virus über ein Gen für ein mit IL-10 homologes Protein, das die Wirkung des natürlichen IL-10 beeinflußt. Das Herpes-simplex-Virus codiert hingegen für ein Protein, das als IL-8-Rezeptor wirkt (Abschnitt 18.4). Pockenviren exprimieren Rezeptoren für mehrere Cytokine wie IL-1β, TNF-α und IFN-γ und fangen diese Moleküle ab (Abschnitt 18.5). Adenoviren und Epstein-Barr-Viren bilden während des Replikationszyklus große Mengen von kleinen, nicht proteincodierenden RNA-Molekülen, die eine ausgeprägte Sekundärstruktur aufweisen. Diese VA- beziehungsweise EBER-RNA verhindert die Aktivierung der Proteinkinase DAI. Dieses Enzym, das durch Interferon induziert wird, kann damit seine Funktion nicht entfalten und die Proteinsynthese nicht hemmen (Abschnitte 18.3 und 18.4). Wie die verschiedenen Viren der Cytokinwirkung entgehen können, wird bei der Beschreibung der Pathogenese der einzelnen Erreger im Detail erläutert.

8.3 Lassen sich Cytokine zur Therapie von Viruserkrankungen einsetzen?

Die Interferone wurden schon bald nach ihrer Entdeckung für antivirale und tumorhemmende Therapiezwecke genutzt. Die anfängliche Hoffnung, ein allgemein gegen Krebserkrankungen wirkendes Mittel in der Hand zu haben, wurde jedoch enttäuscht. Heute verwendet man Interferon-α nur noch zur Behandlung der Haarzelleukämie. Als antivirales Mittel ist Interferon-α zur Behandlung von chronischen Hepatitis-B- und Hepatitis-C-Infektionen zugelassen. In Kombination mit Aciclovir wird es auch bei der durch Herpes-simplex-Viren verursachten Keratitis eingesetzt. Häufige Nebenwirkungen sind Fieber und grippeähnliche Beschwerden. Verschiedene Interleukine und koloniestimulierende Faktoren werden zur Zeit zur Behandlung von Viruserkrankungen erprobt. Seit einiger Zeit schon setzt man G-CSF bei Tumorpatienten ein, die chemo- oder strahlentherapeutisch behandelt wurden: Es stimuliert die neutrophilen Granulocyten und beschleunigt ihre Wanderung aus dem Knochenmark in das periphere Blut. Bei der HIV-Infektion hofft man, daß Cytokine die Replikation hemmen und so die Viruskonzentration senken.

8.4 Weiterführende Literatur

Baier, M.; Werner, A.; Bannert, N.; Metzner, K.; Kurth, R. *HIV Suppression by Interleukin-16.* In: *Nature* 378 (1995) S. 563.

Bangham, C. R. M.; Kirkwood, T. B. L. *Defective Interfering Particles and Virus Evolution.* In: *Trends in Microbiology* 1 (1993) S. 260–264.

Barber, J. N. W. N.; Mitra, R. S.; Griffiths, C. E. M.; Dixit, V. M.; Nickoloff, B. J. *Keratinocytes as Initiators of Inflammation.* In: *The Lancet* 337 (1991) S. 211–214.

Bonglee, S.; Esteban, M. *The Interferon-Induced Double-Stranded RNA Activated Protein Kinase Induces Apoptosis.* In: *Virology* 199 (1994) S. 491–496.

Callard, R.; Gearing, A. *The Cytokine Facts Book.* London (Academic Press Ltd.) 1994.

DelPrete, G.; Romagnani, S. *The Role of TH1 and TH2 Subsets in Human Infectious Diseases.* In: *Trends in Medical Microbiol.* 2 (1994) S. 4–6.

Johnson, H. M.; Bazer, F. W.; Szente, B. G.; Jarpe, M. A. *How Interferons Fight Disease.* In: *Scientific American* 270 (1994) S. 68–75.

Kirchner, H.; Kruse, A.; Neustock, P.; Rink, L. *Cytokine und Interferone. Botenstoffe des Immunsystems.* Heidelberg (Spektrum Akademischer Verlag) 1993.

Lehrer, R. I.; Lichtenstein, A. K.; Ganz, T. *Defensins: Antimicrobial and Cytotoxic Peptides of Mammalian Cells.* In: *Ann. Rev. Immunol.* 11 (1993) S. 105–128.

Levy, D. E. *Interferon Induction of Gene Expression Through the Jak-Stat Pathway.* In: *Seminars in Virology* 6 (1995) S. 181–189.

Murphy, P. M. *Molecular Piracy of Chemokine Receptors by Herpesviruses.* In: *Infect. Agents Dis.* 3 (1994) S. 137–154.

Thomson, A. *The Cytokine Handbook.* London, New York (Academic Press, Harcourt B. Janovich Publ.) 1994.

9. Chemotherapie

Die Entwicklung antiviral wirkender Substanzen kann man rückblickend in drei Phasen unterteilen. Schon früh wurden Substanzen, die man ursprünglich als Tumoristatika einsetzte, daraufhin untersucht, ob sie die Virusvermehrung hemmen; hierzu gehörten Stoffe wie Cytosinarabinosid oder Ioddeoxyuridin. Letzteres war 1962 von H. E. Kaufman als eines der ersten antiviralen Therapeutika zur lokalen Behandlung der durch das Herpes-simplex-Virus induzierten Keratokonjunktivitis eingeführt worden. Mit dem fortschreitenden Wissen über die Molekularbiologie der Zelle und auch der Viren wurde jene überwiegend empirisch geprägte Vorgehensweise von Ansätzen abgelöst, mit denen man nur wenig selektiv wirkende Agentien durch *chemische Modifikationen* zu verbessern suchte. Ergebnisse dieser „gezielten Empirie" waren Substanzen wie Adenosinarabinosid, Bromvinyldesoxyuridin oder Acycloguanosin. Adenosinarabinosid war das erste Chemotherapeutikum, das nach systemischer, das heißt intravenöser Applikation, einen heilenden Effekt auf die durch Herpes-simplex-Viren verursachte Enzephalitis und den Herpes neonatorum zeigte. Das 1977 von Gertrude Ellion entwickelte Acycloguanosin bedeutete dann den Durchbruch bei der Therapie von Herpesvirusinfektionen (Abschnitt 18.4). Die heute etablierten Methoden zur Sequenzierung der viralen Erbinformation und zur Strukturaufklärung viruscodierter Enzyme, sowie neuere Erkenntnisse der Molekulargenetik erlauben inzwischen, die Angriffspunkte antiviraler Substanzen gezielt zu analysieren. Die damit erworbenen Kenntnisse bilden zusammen mit dem Wissen über die Pathogenese der jeweiligen Virusinfektion die Basis für die zielorientierte Entwicklung optimal angepaßter, inhibitorisch wirkender Antimetabolite und somit für das Design von Virustatika. Obwohl man inzwischen eine Vielzahl von Substanzen getestet hat, stehen uns heute nur wenige wirksame Chemotherapeutika zur Verfügung (Tabelle 9.1). Offensichtlich ist es sehr schwierig, virale Prozesse gezielt zu inhibieren. Neben der direkten Hemmung der Virusreplikation versucht man heute auch die durch die Infektion ausgelösten Entzündungsprozesse therapeutisch zu beeinflussen, da klar wurde, daß die Pathogenese der meisten Viruskrankheiten sowohl mit viralen als auch mit immunologischen Prozessen verbunden ist (Kapitel 8).

9.1 Welche molekularen Angriffspunkte haben antivirale Wirkstoffe?

Viren können sich als obligate Zellparasiten nur in lebenden Zellen vermehren und nutzen viele funktionelle Aktivitäten ihrer Wirte. Antiviral wirkende Substanzen müssen deswegen streng selektiv auf bestimmte Virusfunktionen zielen und sollten zelluläre Prozesse möglichst nicht beeinflussen. Der *chemotherapeutische Index*, also das Verhältnis zwischen der Konzentration einer Substanz, die für die Hemmung der Virusvermehrung nötig ist, und der, ab welcher man eine zelltoxische Wirkung beobachtet, sollte möglichst hoch sein. Die überwiegende Mehrzahl der heute verfügbaren Chemotherapeutika hemmt die Genomreplikation der Viren. Verwenden Viren hierfür eigene *Polymerasen*, dann unterscheiden sich diese meist von den zellulären Enzymen, was eine gezielte Hemmung ermöglicht. Daneben bieten auch andere viruscodierte, im Nucleinsäurestoffwechsel aktive Enzyme wie die Ribonucleotidreduktasen der Herpesviren einen Angriffspunkt für die Entwicklung spezifisch wirkender Stoffklassen (Abschnitt 18.4). Virale Proteasen, die Vorläuferproteine spalten

Tabelle 9.1: Übersicht der heute zugelassenen antiviralen Chemotherapeutika und ihre Wirkungsweise

Hemmstoff	Einsatzgebiet	Wirkungsweise
Acycloguanosin (Aciclovir, ACG)	Herpes-simplex-Virus Varicella-Zoster-Virus	wird von der viralen Thymidinkinase in das Monophosphat überführt; zelluläre Kinasen bilden das Triphosphat; die virale DNA-Polymerase akzeptiert das Triphosphat als Substrat und baut es in die neugebildeten Virusgenome ein; es folgt der Abbruch des Polymerisationsvorgangs
Ganciclovir	Herpes-simplex-Virus Varicella-Zoster-Virus Cytomegalievirus	wird von viralen und zellulären Kinasen in das Triphosphat überführt; die virale DNA-Polymerase akzeptiert das Triphosphat als Substrat und baut es in die neugebildeten Virusgenome ein; es folgt der Abbruch des Polymerisationsvorgangs
Trifluorthymidin	Herpes-simplex-Keratitis	wird von viralen und zellulären Kinasen phosphoryliert; die virale DNA-Polymerase akzeptiert das Triphosphat als Substrat und baut es in die neugebildeten Virusgenome ein; es folgt eine Störung der helikalen DNA-Struktur und so der folgenden Replikation und Transkription
Adenosin-arabinosid (Vidarabin)	Herpes-simplex-Virus Varicella-Zoster-Virus	wird von der viralen Thymidinkinase in das Monophosphat überführt; zelluläre Kinasen bilden das Triphosphat; die virale DNA-Polymerase akzeptiert das Triphosphat als Substrat und baut es in die neugebildeten Virusgenome ein; es folgt der Abbruch des Polymerisationsvorgangs
Bromvinyl-uridinarabinosid (Brovavir, Sorivudin)	Varicella-Zoster-Virus	wird von der viralen Thymidinkinase in das Monophosphat überführt; zelluläre Kinasen bilden das Triphosphat; die virale DNA-Polymerase akzeptiert das Triphosphat als Substrat und baut es in die neugebildeten Virusgenome ein; es folgt der Abbruch des Polymerisationsvorgangs
Produkt von Bio-Mega	Herpes-simplex-Virus	hemmt die Dimerisierung der viralen Ribonucleotidreduktase; es folgt die Störung des Nucleotidstoffwechsels
Amantadin/ Rimantadin	Influenza-A-Virus	blockiert die Funktion der Protonenpumpe des M2-Proteins; blockiert in der Folge den Uncoating-Vorgang
Ribavirin	Lassavirus (systemisch) Respiratorisches Syncytialvirus (als Aerosol)	hemmt die zelluläre Guanylyltransferase; damit wird das Anfügen der 5'-Capgruppe an mRNA-Spezies verhindert; es kommt zur Störung der Translation
Azidothymidin (Zidovudin, AZT)	humane Immundefizienzviren	wird von zellulären Kinasen in das Triphosphat überführt; das triphosphorylierte Produkt wird von der viruseigenen Reversen Transkriptase als Substrat akzeptiert und in die neugebildete Doppelstrang-DNA eingebaut; es folgt der Abbruch der Polymerisationsreaktion; die Integration des Provirus in die Zell-DNA unterbleibt

Tabelle 9.1: (Fortsetzung)

Hemmstoff	**Einsatzgebiet**	**Wirkungsweise**
Didesoxycytidin (ddC, Zalcitabin)	humane Immundefizienzviren	wird von zellulären Kinasen in das Triphosphat überführt; das triphosphorylierte Produkt wird von der viruseigenen Reversen Transkriptase als Substrat akzeptiert und in die neugebildete Doppelstrang-DNA eingebaut; es folgt der Abbruch der Polymerisationsreaktion; die Integration des Provirus in die Zell-DNA unterbleibt
Didesoxyinosin (ddI, Didanosin)	humane Immundefizienzviren	wird von zellulären Kinasen in das Triphosphat überführt; das triphosphorylierte Produkt wird von der viruseigenen Reversen Transkriptase als Substrat akzeptiert und in die neu gebildete Doppelstrang-DNA eingebaut; es folgt der Abbruch der Polymerisationsreaktion; die Integration des Provirus in die Zell-DNA unterbleibt
Nevirapin	humane Immundefizienzviren	bindet sich an die große Untereinheit der Reversen Transkriptase und hemmt deren Aktivität
Foscarnet (Phosphonoameisensäure)	humane Immundefizienzviren, Herpesviren	bindet sich an die Pyrophosphatbindungsstelle der Reversen Transkriptase beziehungsweise der viralen DNA-Polymerase und konkurriert mit dem natürlichen Substrat
Saquinavir	humane Immundefizienzviren	peptidähnliche Hemmstoffe, welche die Aktivität der viralen Protease inhibieren und die Spaltung der Vorläuferproteine verhindern; die Ausbildung der Infektiosität der Viruspartikel unterbleibt

und zum Beispiel bei den Retroviren eine wichtige Funktion bei der Bildung infektiöser Virionen haben, können ebenfalls geeignete Zielstrukturen für antivirale Therapeutika sein (Abschnitt 17.1). Auch die Hemmung virusspezifischer Prozesse wie der Adsorption, des Uncoating, des Self-Assembly oder der Freisetzung der Virionen aus der Zelle ist denkbar. Auf diese Weise ließe sich jedoch nur die aktive Virusvermehrung blockieren. Episomal vorliegende oder in die Wirtszell-DNA integrierte Genome von latenten Viren blieben unbeeinflußt.

Vor einer Anwendung beim Menschen müssen außer dem molekularen Wirkmechanismus auch die pharmakokinetischen Eigenschaften der Substanz, wie ihre Resorption, Bioverfügbarkeit, Halbwertszeit, Ausscheidung und nicht zuletzt ihre Nebenwirkungen auf den Organismus bekannt sein. Um eine ausreichende Hemmwirkung zu erzielen, sollte die im Blut verfügbare Konzentration potentieller antiviraler Chemotherapeutika zehn bis fünfzigfach über dem IC_{50}-Wert liegen; das ist die Konzentration, die man benötigt, um *in vitro* 50 Prozent der infektiösen Erreger zu inhibieren.

9.1 Chemische Formeln der verschiedenen antiviralen Chemotherapeutika. ▶

Pyrimidinanaloga

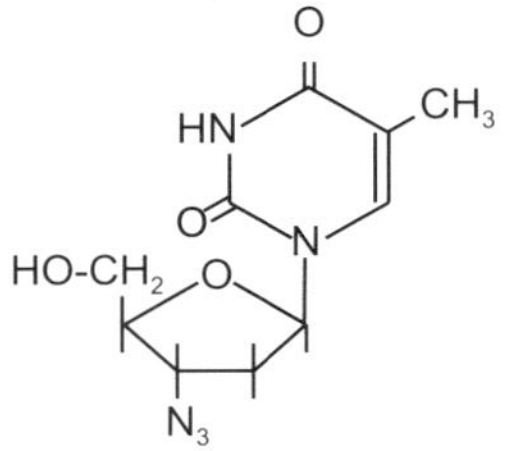

Azidothymidin (Zidovudin)

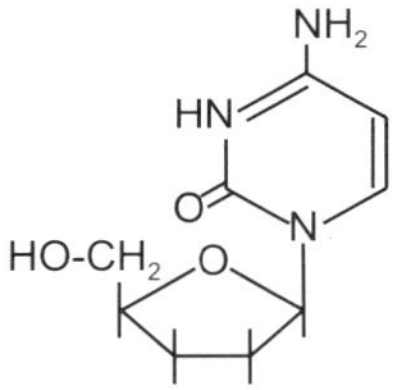

Didesoxycytidin

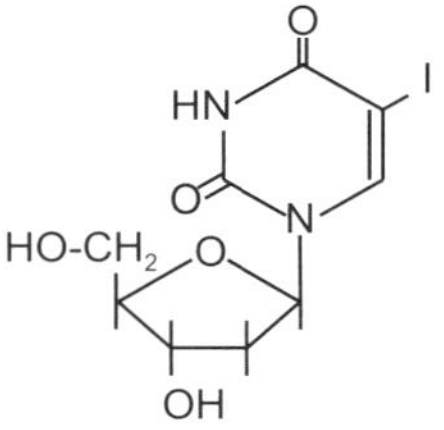

Ioddesoxyuridin

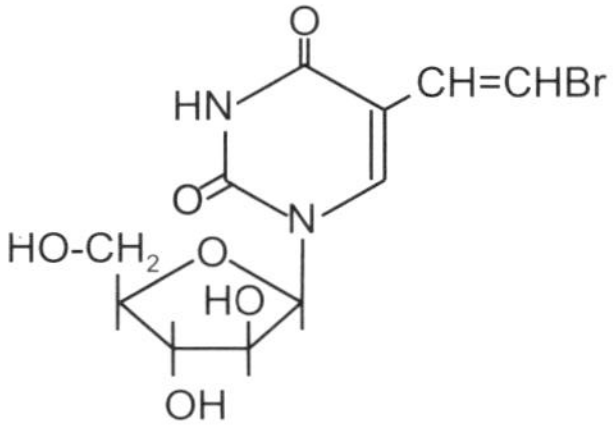

Bromvinyluridinarabinosid

Purinanaloga

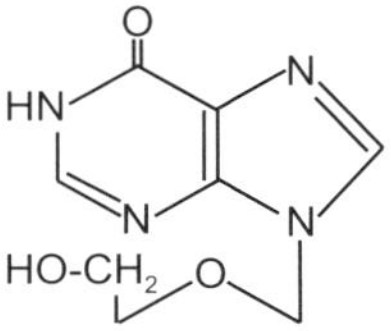

Acycloguanosin (Aciclovir)

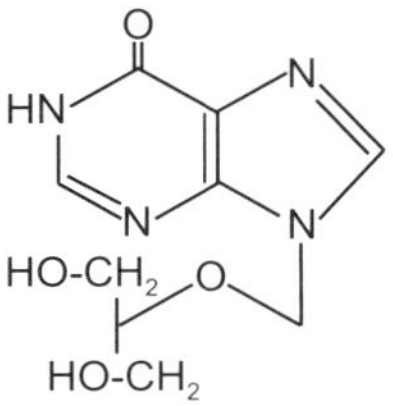

Ganciclovir

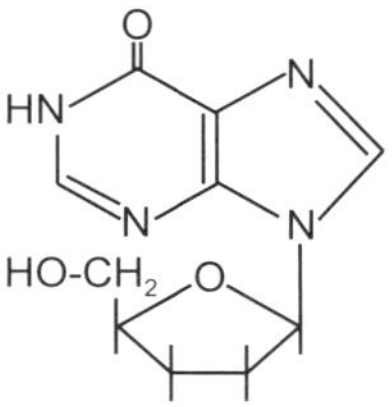

Didesoxyinosin

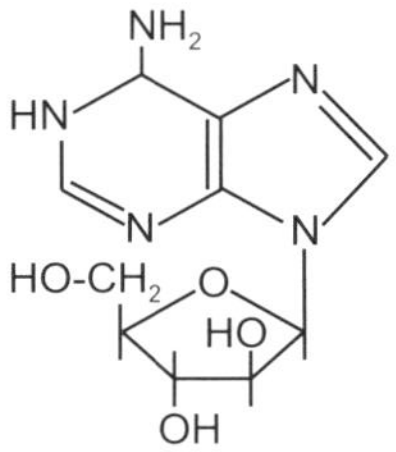

Adenosinarabinosid (Vidarabin)

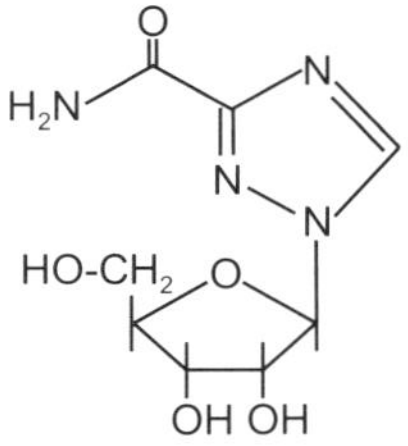

Ribavirin

nichtnucleosidische Hemmstoffe

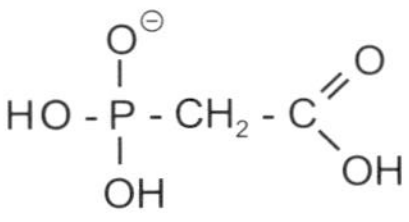

Phosphonoessigsäure

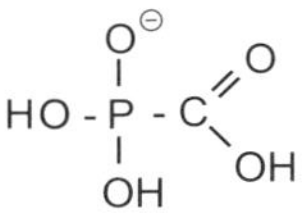

Phosphonoameisensäure

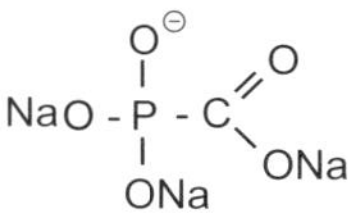

Foscarnet (Trinatriumsalz der Phosphonoameisensäure)

9.1.1 Hemmstoffe der Virusreplikation

Substanzen, welche die Genomvermehrung der Viren hemmen, können in zwei Gruppen unterteilt werden: Nucleosidanaloga und nichtnucleosidische Hemmstoffe. Die Nucleosidanaloga konkurrieren mit den natürlichen Basenderivaten, binden sich an die aktiven Zentren der Polymerasen und hemmen dort die Funktion des Enzyms. Andererseits kann ein Analogon auch von dem Enzym umgesetzt, das heißt in die wachsenden viralen Nucleinsäurestränge eingebaut werden. Hier stört es die regelmäßige Struktur der DNA oder RNA, die danach nicht mehr korrekt repliziert und transkribiert werden kann, oder es bewirkt bei einem Einbau während der Replikation Kettenabbrüche.

Nucleosidanaloga

Ioddesoxyuridin (5′-Iod-2′-desoxyuridin) wirkt als ein *Thymidinanalogon*. Es wird durch die Thymidinkinase der Herpesviren phosphoryliert und in neusynthetisierte DNA-Stränge eingebaut. Die Transkription solcher Ioddesoxyuridin enthaltenden DNA-Moleküle führt zu fehlerfaften mRNA-Molekülen; daher ist auch die Proteinsynthese gestört. Da Ioddesoxyuridin allerdings auch durch die zelluläre Kinase phosphoryliert wird, blockiert es ebenfalls die zellulären Polymerasen und ist folglich zelltoxisch. Da die Epithelzellen der Kornea sich nur selten teilen, wirkte sich die toxische Wirkung bei der Therapie der herpesvirusassoziierten Keratitis kaum aus. Die Substanz wird jedoch heute nicht mehr eingesetzt. Das besser wasserlösliche *Trifluorthymidin* ist in seiner molekularen Wirkungsweise dem Ioddesoxyuridin sehr ähnlich. Es wird nur zur lokalen Behandlung der durch Herpesviren verursachten Keratitis angewandt.

Azidothymidin (3-Azido-3′-desoxythymidin, AZT), auch bekannt unter der Bezeichnung Zidovudin, ist ebenfalls ein Thymidinanalogon. An der 3′-Position der Desoxyribose weist es statt der Hydroxy- eine Azidogruppe auf (Abbildung 9.1). Zelluläre Enzyme wandeln es in das Triphosphat um, das bevorzugt von der Reversen Transkriptase der Retroviren als Substrat verwendet wird. Während des Umschreibens des einzelsträngigen RNA-Genoms dieser Viren in doppelsträngige DNA bewirkt es einen Kettenabbruch, da keine 3′-OH-Gruppe zur Bildung der Phophodiesterbindung zur Verfügung steht (Abschnitt 17.1 und Abbildung 9.2A). Hierdurch wird der Infektionszyklus der Retroviren schon in einem sehr frühen Stadium, nämlich noch vor der Integration des Virusgenoms in die Wirtszell-DNA, unterbunden. Die Affinität des triphosphorylierten Azidothymidins zur Reversen Transkriptase ist einhundertmal höher als die zu den zellulären DNA-Polymerasen α und β. Azidothymidin ist seit 1987 für die Therapie von Infektionen mit dem humanen Immundefizienzvirus (HIV) zugelassen. Es wird routinemäßig bei Patienten eingesetzt, bei denen die Zahl der CD4-positiven Zellen im peripheren Blut auf unter 200 abgefallen ist. Es kann die Ausbildung der AIDS-Symptome verzögern, führt jedoch nicht zur Eliminierung des Virus oder zur Heilung. Bei oraler Verabreichung wird es gut absorbiert, und seine Bioverfügbarkeit beträgt über 60 Prozent. Nebenwirkungen sind Magen-Darm-Beschwerden, starke Kopfschmerzen und vor allem Störungen der Blutbildung (Anämie oder Leukopenie), die auf die cytostatische Wirkung des Azidothymidins zurückgehen.

Didesoxycytidin (ddC, Zalcitabin) wirkt ähnlich wie Azidothymidin, jedoch als Cytosinanalogon (Abbildung 9.1). Der Substanz fehlt die für die Ausbildung der Phophodiesterbindung notwendige 3′-OH-Gruppe, wodurch es ebenfalls zum Kettenabbruch bei der reversen Transkription der Retroviren kommt. Auch Didesoxycytidin ist zur Therapie der AIDS-Erkrankung zugelassen und wirkt *in vitro* zehnmal besser als Azidothymidin. Seine Bioverfügbarkeit ist mit 90 Prozent sehr gut. Ein weiteres Therapeutikum für HIV-Infektionen mit ähnlicher Wirkungsweise ist *Didesoxyinosin* (ddI, Didanosin). Es wird in der Zelle phosphoryliert und zu Didesoxyadenosin aminiert; in dieser Form wirkt es als Analogon zum Adenosin (Abbildung 9.1). Die orale Bioverfügbarkeit ist geringer als die von Didesoxycytidin oder Azidothymidin. Der Vorteil des Didesoxyinosin liegt einer geringen cytostatischen Wirkung auf Knochenmarkzellen. Periphere Neuropathien treten als Nebenwirkungen jedoch häufiger auf.

Adenosinarabinosid (Vidarabin; Abbildung 9.1), wird zur Behandlung der durch Herpes-simplex-Viren verusachten Keratits und des Herpes neonatorum eingesetzt und hemmt *in vitro* auch die Replikation anderer Virusarten. Es verhält sich als Adenosinanalogon und wird durch zelluläre Kinasen triphosphoryliert. In dieser Form wird es von der herpesviralen DNA-Polymerase, die es hemmt, etwa vierzigmal besser als Substrat akzeptiert als von den entsprechenden zellulären Enzymen. Außerdem wird die Verbindung in die entstehenden DNA-Stränge eingebaut und bewirkt durch die falsche Orientierung der 2′-OH-Gruppe der Arabinose eine Verbiegung der Doppelhelix, so daß es zur Entstehung instabiler, einzelsträngiger DNA-Abschnitte kommt. Ein Nachteil des Adenosinarabinosids ist seine geringe Löslichkeit. Außerdem wird es schnell zu Hypoxanthinarabinosin deaminiert. Die ebenfalls bei Herpesvirusinfektionen eingesetzte monophosphorylierte Version (Ara AMP) ist besser löslich und wird langsamer abgebaut.

Ein weiteres Arabinose-Basenderivat ist vor allem zur Therapie von durch Varicella-Zoster-Viren verursachten Erkrankungen wie Windpocken und Gürtelrose entwickelt worden: das *Bromvinyluridinarabinosid* (Brovavir oder Sorivudin). Es kombiniert die Hemmwirkungen von Bromvinyldesoxyuridin (Brivudin, Helpin), das als erstes Chemotherapeutikum bei Infektionen mit dem Varicella-Zoster-Virus eingesetzt wurde, mit denen arabinosehaltiger Basenderivate. Es wird von der viralen Thymidinkinase monophosphoryliert. Zelluläre Kinasen erzeugen das Triphosphat, das die virale DNA-Polymerase mit hoher Selektivität als Substrat akzeptiert. Bromvinyluridinarabinosid kann man oral einnehmen. Bereits in sehr geringen Konzentrationen (0,0006 bis 0,003 mM) hemmt es die Replikation des Varicella-Zoster-Virus. Es verursacht jedoch schwere Leberschäden, wenn gleichzeitig Chemotherapeutika wie beispielsweise Fluoruracil verabreicht werden.

Acycloguanosin oder *Aciclovir* (9-(2-Hydroxyethoxy)-methylguanin) ist ein Guanosinderivat mit einem azyklischen Zuckerrest (Abbildung 9.1). Die Thymidinkinasen der Herpes-simplex- oder Varicella-Zoster-Viren verwenden es bevorzugt als Substrat und monophosphorylieren es. Zelluläre Enzyme überführen es in das Triphosphat. In dieser Form wird es seinerseits selektiv ebenfalls von der herpesviralen DNA-Polymerase akzeptiert und deswegen nur in neusynthetisierte Virusgenome, nicht jedoch in die zelluläre DNA eingebaut und bewirkt den Abbruch der Polymerisation (Abbildung 9.2B). Wegen des spezifischen Aktivierungsmechanismus ist es ausschließlich in Zellen wirksam, die mit Herpes-simplex- oder Varicella-Zoster-Viren infiziert sind (Abschnitt 18.4), und wird bei Erkrankungen eingesetzt, die mit diesen beiden Infektionen in Verbindung stehen. Aciclovir ist durch Veränderung oder Anfügen weiterer Gruppen in vielfacher Weise modifiziert worden. So erhielt man antiviral wirkende Substanzen wie Valyl-Aciclovir, Penciclovir und *Ganciclovir* (Abbildung 9.1). Ganciclovir (9-(1,3-Dihydroxy-2-propoxy)-methylguanin) wirkt vermutlich über den gleichen molekularen Mechanismus wie Acycloguanosin. Man setzt es bei Infektionen mit Cytomegalieviren ein. Da diese Viren keine Thymidinkinase

Seiten 80 und 81:

9.2 Molekulare Wirkmechanismen antiviraler Chemotherapeutika. A: Hemmung der Reversen Transkriptase von Retroviren durch Azidothymidin. Das Azidothymidin (rot) wird von zellulären Kinasen in das Triphosphat überführt. Dieses triphosphorylierte Produkt dient der Reversen Transkriptase als Substrat. Wird es beim Umschreiben der RNA in DNA in die wachsenden DNA-Stränge eingebaut, kommt es zum Kettenabbruch. B: Hemmung der DNA-Polymerase von Herpesviren durch Acycloguanosin. Das Acycloguanosin (rot) wird von der Thymidinkinase der Herpesviren monophosphoryliert und von zellulären Kinasen in das Triphosphat überführt. Dieses triphosphorylierte Produkt wird von der DNA-Polymerase der Herpesviren als Substrat akzeptiert. Bei der der Replikation des Virusgenoms wird es in die neusynthetisierten DNA-Stränge eingebaut. Dadurch kommt es zum Kettenabbruch.

A. Azidothymidin

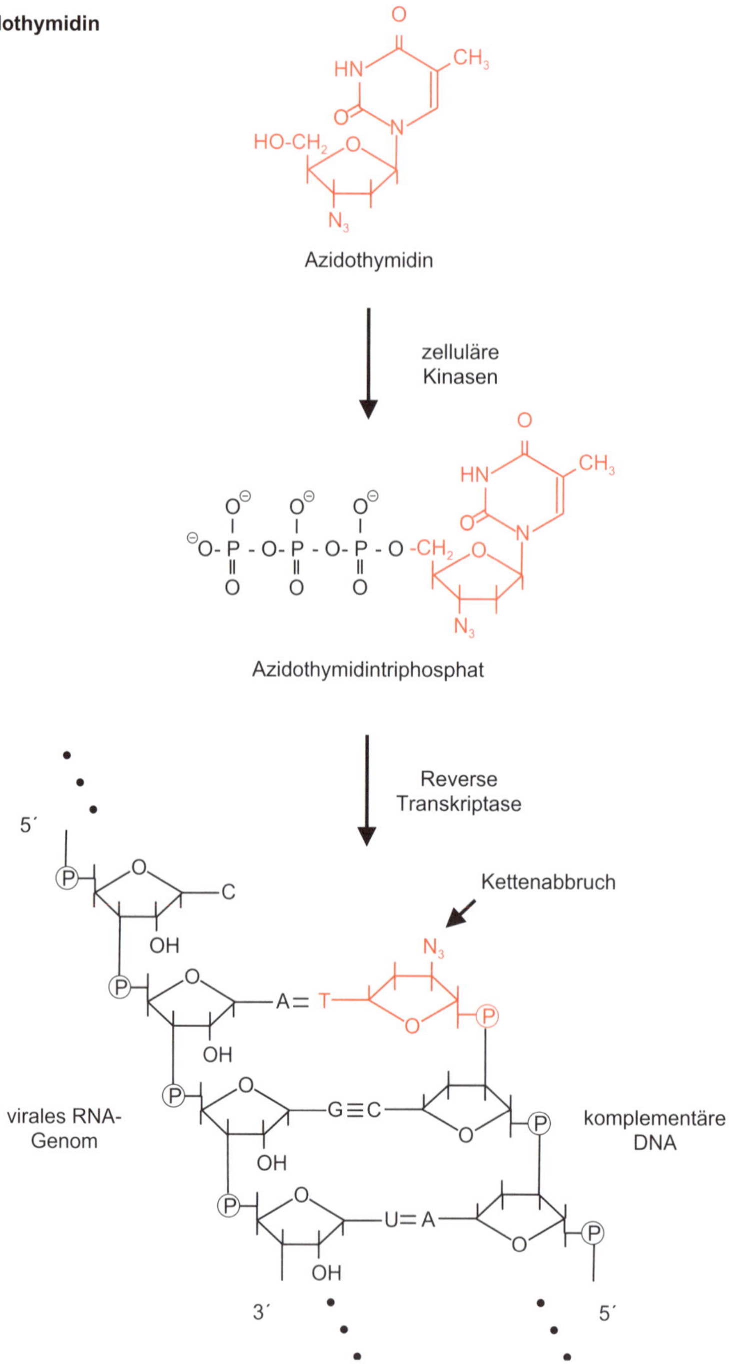

B. Acycloguanosin

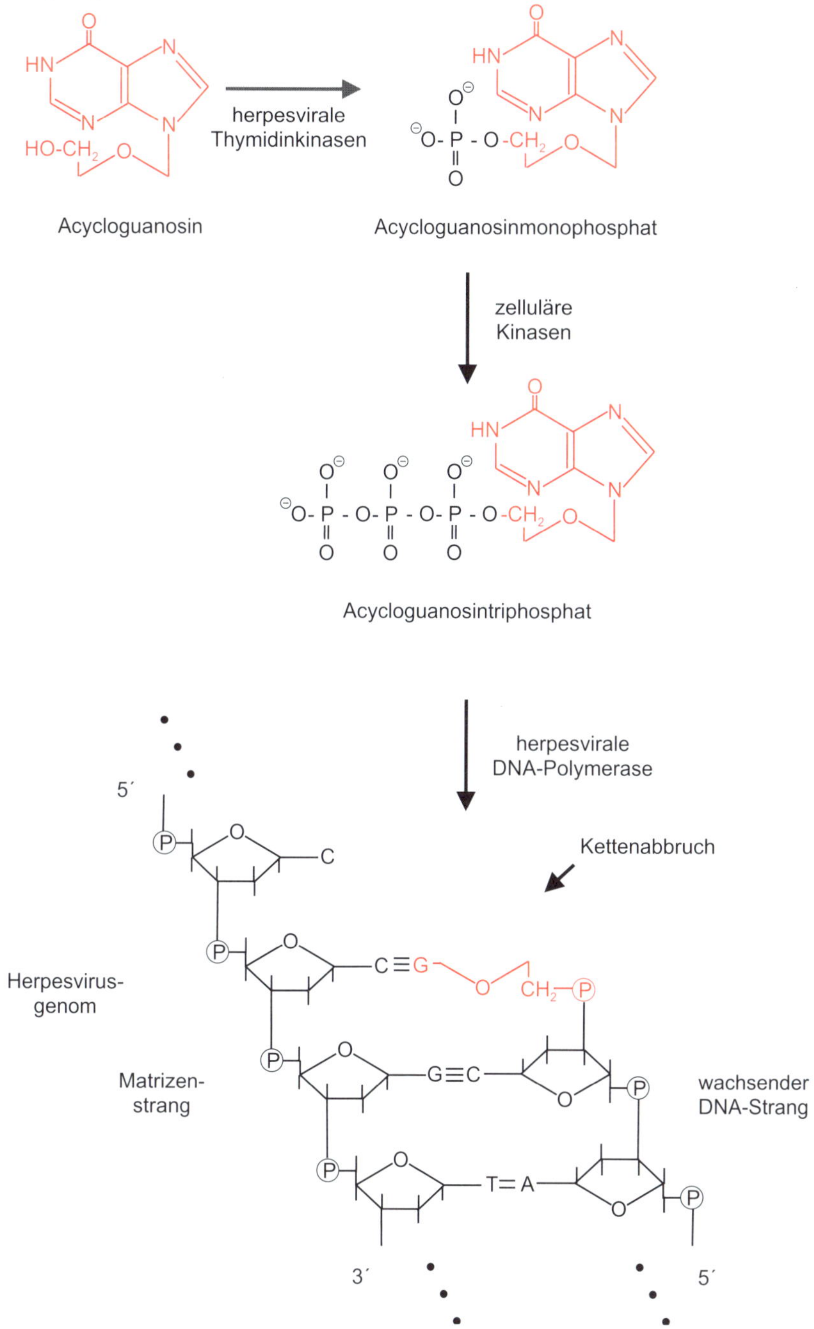

besitzen, vermutet man, daß die Substanz von einer viralen Proteinkinase phosphoryliert wird. Als Triphosphat kann es dann wiederum von der DNA-Polymerase der Cytomegaliviren bei der Genomreplikation verwendet werden.

Nichtnucleosidische Hemmstoffe

Foscarnet (das Trinatriumsalz der Phosphonoameisensäure; Abbildung 9.1) wird systemisch bei der durch Cytomegalieviren verursachten Chorioretinitis angewendet. Es wirkt als Analogon von Pyrophosphaten und lagert sich nicht an das aktive Zentrum der viralen DNA-Polymerase an, sondern an die Pyrophosphatbindungsstelle, die sich in der Nachbarschaft befindet. So wirkt es nichtkompetitiv zu den natürlichen Basen. Es ist bisher der einzige nichtnucleosidische Hemmstoff für die DNA-Polymerase der Herpesviren und inhibiert außerdem die Reverse Transkriptase der Retroviren, zum Beispiel des humanen Immundefizienzvirus. Auch *Nevirapin*, ein Dipyridodiazepinon, hemmt die Reverse Transkriptase; es bindet sich an die größere Untereinheit des heterodimeren Enzyms (Abschnitt 17.1).

9.1.2 Hemmstoffe anderer Prozesse

Amantadin (1-Aminoadamantan-HCl), das 1964 erstmals hergestellt wurde, und sein Derivat *Rimantadin* (α-Methyl-1-adamantanmethylamin) sind polyzyklische, aliphatische Ringsysteme. Sie wirken als Hemmstoffe der Influenza-A-Virusinfektion. Nach der Aufnahme der Viruspartikel durch die Endosomen inhibieren sie die Funktion des viralen M2-Proteins, das in die Virusmembran eingelagert ist und als Protonenpumpe die Ansäuerung des Vesikelinneren bewirkt (Abschnitt 15.1). Dies verhindert die Fusion der Endosomen- mit der Virusmembran, und die Freisetzung der Genomsegmente und damit das Uncoating finden nicht statt. Beide Substanzen können oral eingesetzt werden. Amantadin und Rimantadin werden vor allem bei älteren oder immunsupprimierten Patienten zur Behandlung der klassischen Virusgrippe eingesetzt, die durch Influenza-A-Viren verursacht wird.

Ribavirin (1-D-Ribofuranosyl-1,2,4-triazol-3-carboxamid; Abbildung 9.1) ist strukturell mit Guanosin verwandt. Es wird durch zelluläre Kinasen zum Mono-, Di- und Triphosphat modifiziert und hat eine breite Hemmwirkung bei verschiedenen Virusinfektionen. Ribavirinmonophosphat hemmt die Inosinmonophosphat-Dehydrogenase und verursacht so die Abnahme der intrazellulären GTP-Konzentration. Das Triphosphat, das vor allem für die antivirale Wirkungsweise verantwortlich ist, inhibiert die Guanylyltransferase, welche die 5′-Cap-Gruppe an die Enden der mRNA-Moleküle anfügt. Ungecappte mRNA-Spezies können den Cap-Bindungskomplex nicht binden und werden daher nicht translatiert. Ribavirin wirkt nicht selektiv; es verhindert das „Capping“ sowohl der zellulären als auch der viralen Transkripte. Deswegen treten bei der Behandlung auch massive Schädigungen nichtinfizierter Zellen auf. Trotzdem wird Ribavirin bei schweren Fällen des Lassa-Fiebers (Abschnitt 15.3) und als Aerosolspray bei der durch das Respiratorische Syncytialvirus verursachten Bronchiolitis und Pneumonie im Kleinkindalter verabreicht (Abschnitt 14.2).

Die Firma Bio-Mega hat kürzlich ein Therapeutikum mit neuer Wirkungsweise vorgestellt, das Infektionen mit Herpes-simplex-Viren hemmt. Es ist von den Proteindomänen abgeleitet, die sich an den Interaktionsstellen der Untereinheiten der viruscodierten Ribonucleotidreductase befinden und für die Bildung des aktiven Homodimers verantwortlich sind (Abschnitt 18.4). Synthetische Peptide, sogenannte Peptidomimetika, die den Interaktionsdomänen entsprechen, hemmen die Ausbildung des enymatisch aktiven Dimers, was den Nucleinsäurestoffwechsel in Zellen stört, die mit Herpesviren infiziert sind.

Zur Therapie der AIDS-Erkrankung setzt man inzwischen – überwiegend in Kombination mit den Hemmstoffen der Reversen Transkriptase – Inhibitoren der Protease des humanen

Immundefizienzvirus ein. Dieses Enzym spaltet in den noch unreifen, von den infizierten Zellen freigesetzten Viren die Gag- und Gag/Pol-Vorläuferproteine und ist für die Ausbildung der Infektiosität der Virionen unerläßlich (Abschnitt 17.1). Die Hemmstoffe sind überwiegend von Peptiden abgeleitet, die Proteasespaltstellen in den Vorläuferproteinen simulieren. Sie werden unter der Bezeichnung *Saquinavir* oder *Invirase* angeboten.

9.2 Wodurch können Viren gegen antivirale Hemmstoffe resistent werden?

Antivirale Therapeutika üben auf die Erreger einen starken *Selektionsdruck* aus. Es werden deshalb immer mehr Virusvarianten selektiert, die gegen die verschiedenen Hemmstoffe resistent sind. Das gilt besonders für Virusarten mit einem RNA-Genom. Polymerasen, wie die RNA-abhängige RNA-Polymerase, die Reverse Transkriptase, aber auch die zellulären RNA-Polymerasen, die an der Genomreplikation der unterschiedlichen Viren beteiligt sind (Kapitel 3), können nicht überprüfen, ob die neusynthetisierten Sequenzen mit den Ausgangsmatrizen übereinstimmen. Daher treten bei der Genvermehrung mit einer statistischen Wahrscheinlichkeit von etwa 10^{-4} Mutationen auf. Bei Einsatz von Chemotherapeutika werden solche Virusvarianten selektiert, die sich trotz Anwesenheit der Inhibitoren replizieren können. Solche resistenten Viren hat man vor allem bei AIDS-Patienten gefunden, die mit Hemmstoffen der Reversen Transkriptase behandelt wurden (Abschnitt 17.1). Die Mutationen betreffen diejenigen Bereiche des Enzyms, die mit den Inhibitoren wechselwirken. Sie verändern das Protein so, daß es die Hemmstoffe nicht mehr als Substrate oder Bindungspartner akzeptiert. Da die Interaktionsstellen der verschiedenen Hemmstoffe der Reversen Transkriptase wie Azidothymidin, Didesoxycytidin oder Didesoxyinosin sich jedoch voneinander unterscheiden, wechselt man heute beim ersten Auftreten von azidothymidinresistenten Varianten der humanen Immundefizienzviren beim Patienten das Therapeutikum. Besonders große Hoffnungen werden heute auf die *Kombination mehrerer Inhibitoren* schon zu Beginn der Therapie gesetzt, deren molekulare Angriffsorte sich voneinander unterscheiden. Auf diese Weise soll es dem Virus unmöglich gemacht werden, alle für eine mögliche Resistenzentwicklung notwendigen Proteinregionen zu verändern. Man erwartet, daß dann die Enzymfunktion und somit die Überlebensfähigkeit und die Virulenz des Virus stark beeinträchtigt sind. Daher wird heute empfohlen, daß schon bei Therapiebeginn die Kombination der Hemmstoffe AZT, ddC und Saquinavir verwendet wird. Findet man trotzdem nach einiger Zeit resistente Virusmutanten, wird in der Mischung meist ddC durch ddI ersetzt. Bei den Influenza-A-Viren als Erregertypen mit einem RNA-Genom beobachtet man sehr bald die Ausbildung von amantadin- und rimantadinresistenten Varianten (Abschnitt 15.1). Die Kombination beider Inhibitoren soll die Resistenzentwicklung behindern. Ihr Einsatz sollte allerdings lebensbedrohenden, schweren Infektionsverläufen vorbehalten bleiben.

Aber auch bei den Herpesviren, deren DNA-Polymerase über einen Mechanismus zur Überprüfung der Lesegenauigkeit verfügt, entstehen bei Behandlung mit Acycloguanosin Varianten, die gegen den Hemmstoff resistent sind. Die Mutationen befinden sich hier vor allem in der Thymidinkinase, die den Inhibitor in das Monophosphat überführt. Inwieweit die mutierten Viren *in vivo* überlebensfähig sind, ist nicht endgültig geklärt: Im Tierversuch erwiesen sie sich als avirulent, konnten allerdings latente Infektionsformen induzieren (Abschnitt 18.4). Veränderungen der DNA-Polymerase selbst treten nur selten auf, da sie wahrscheinlich die Enzymfunktion stark beeinträchtigen. Ähnlich wie bei der Bekämpfung der Retroviren versucht man auch bei der Behandlung von schweren, mit Herpesviren assoziierten Erkrankungen durch die Kombination unterschiedlicher Hemmstoffe die Ausbildung von resistenten Viren einzuschränken. So kombiniert man Acycloguanosin mit Adenosinarabinosid,

Foscarnet oder Gancyclovir. Auch überlegt man, diese Stoffe gleichzeitig mit verschiedenen Cytokinen wie Interferon-α, Tumornekrosefaktoren oder den koloniestimulierenden Faktoren einzusetzen. Letztere sollen vor allem die cytostatische Wirkung der Hemmstoffe auf die peripheren Blutzellen kompensieren und deren schnelle Regeneration ermöglichen (Kapitel 8).

9.3 Welche therapeutischen Hoffnungen setzt man in Ribozyme und Antisense-RNA?

Mit verschiedenen experimentellen Ansätzen versucht man, neue antivirale Hemmstoffe zu entwickeln. Außer auf Stoffe, welche die Adsorption des Virus an den zellulären Rezeptor blockieren und die Infektion von Anfang an unterbinden sollen, setzt man große Hoffnungen in die sogenannten *Ribozyme*. Hierbei handelt es sich um kleine, in ausgeprägter Sekundärstruktur vorliegende RNA-Moleküle, die als sequenzspezifische RNasen wirken. Ribozyme sind von entsprechenden Strukturen in den RNA-Genomen der Viroide abgeleitet. Nach der Replikation schneiden derartige autokatalytisch wirkende RNA-Strukturen die neuen konkatemeren Genomstränge in die einzelnen Einheiten. Man kann heute Ribozyme konstruieren, die bestimmte Sequenzen in viralen RNA-Genomen oder in den gebildeten mRNA-Spezies erkennen, sie spalten und so die Replikation des jeweiligen Virus beziehungsweise die Expression unterbinden. Es ist jedoch schwierig, eine ausreichende Menge an Ribozymen gezielt in die infizierten Zellen einzuschleusen.

Eine andere Möglichkeit, die Virussynthese zu blockieren, bietet die Anwendung von *Antisense-RNA*. Diese RNA-Spezies sind komplementär zu bestimmten, viralen mRNA-Molekülen. Sie hybridisieren mit ihnen zu doppelsträngiger RNA und verhindern so die Translation der mRNA. Dieses Verfahren hat sich *in vitro* gut bewährt. Auch hier besteht das Problem darin, eine ausreichende Menge von Antisense-Strängen in die Zellen einzubringen. Gentherapeutische Ansätze, bei denen man die Gene für die Ribozyme oder die Antisense-RNA als Teile von Vektoren in die infizierten Zellen einschleust, könnten hier unter Umständen einen Ausweg darstellen.

9.4 Weiterführende Literatur

Cantin, E. M.; Woolf, T. M. *Antisense Oligonucleotides as Antiviral Agents: Prospects and Problems*. In: *Trends in Microbiology* 1 (1993) S. 270–275.

Cohen, J. *A New Goal: Preventing Disease not Infection*. In: *Science* 262 (1993) S. 1820–1821.

Connolly, K. J; Hammer, S. M. In: *Antimicrobial Agents and Chemotherapy* 36 (1992) S. 245–254.

Darby, G. *Only 35 Years of antiviral Nucleoside Analogues*. In: Hunter, P. A.; Darby, G. K.; Russell, N. J. (Hrsg.) *Fifty Years of Antimicrobials: Past Perspectives and Future Trends*. Cambridge (Cambridge University Press) 1996.

Field, A. K.; Biron, K. K. *„The end of innocence" Revisited: Resistance of Herpesvirus to Antiviral Drugs*. In: *Clinical Microbiology Rev.* 7 (1994) S. 1–13.

Koup, R. A.; Brewster, F.; Grab, P.; Sullivan, J. L. *Nevirapine Synergistically Inhibits HIV-1 Replication in Combination with Zidovudine, Interferon or CD4 Immunoadhesin*. In: *AIDS* 7 (1993) S. 1181–1184.

Larder, B. A. *Interactions Between Drug Resistance Mutations in Human Immunodeficiency Virus Type 1 Reverse Transcriptase*. In: *J. Gen. Virol.* 75 (1994) S. 951–957.

Marsden, H. S. *Antiviral Therapies* In: *Seminars in Virology* 3 (1992) S. 1–75.

10. Impfstoffe

Impfstoffe dienen überwiegend zur *Prävention*, das heißt, sie sollen bei den immunisierten Personen einen Schutz aufbauen, der sie bei Kontakt mit dem jeweiligen Erreger vor der Infektion und somit vor der Erkrankung schützt. Grundsätzlich kann man zwei Typen der Immunisierung unterscheiden, nämlich die *aktive* und die *passive*. Letztere beruht auf der Gabe von Immunglobulinen, die ein bestimmtes Virus neutralisieren können. Die passive Impfung wird daher nur in besonderen Fällen angewandt, etwa dann, wenn die zu schützende Person nachweislich vor nicht allzulanger Zeit Kontakt mit einem bestimmten Virus hatte oder wenn das Risiko der Exposition mit Erregern in den folgenden Wochen nicht auszuschließen und eine aktive Impfung nicht möglich ist, wie bei kurzfristig geplanten Reisen in Länder der Dritten Welt (Expositionsprophylaxe). Ein Beispiel ist auch die Gabe von Hepatitis-B-Virus-spezifischen Antikörpern bei Kontamination mit Blut von Personen, die eine akute oder chronisch-persistierende Infektion mit diesem Virus und daher hohe Konzentrationen von infektiösen Partikeln im Blut haben. Solche Unfälle ereignen sich vor allem bei medizinischem Personal durch Nadelstichverletzungen (Abschnitt 18.1). Spezifische Immunglobulinpräparate werden auch verabreicht, wenn Personen von Tieren gebissen wurden, die möglicherweise mit dem Tollwutvirus infiziert sind (Abschnitt 14.1). Bei rechtzeitiger Applikation können die Antikörper das Virus neutralisieren und seine Ausbreitung im Körper verhindern. Da die Spanne zwischen dem Kontakt mit dem Virus und seiner Ausbreitung im Organismus jedoch oft sehr kurz ist, beschränkt sich die passive Immunisierung auf einen Zeitraum kurz nach der Exposition mit dem Erreger. Sie bleibt daher Fällen vorbehalten, bei denen der Kontakt mit dem potentiellen Erreger gut dokumentiert und die Art der Infektion bekannt ist. Der Schutz durch die Antikörperpräparate dauert nur wenige Wochen an, da die Immunglobuline im Körper schnell abgebaut werden.

Die aktive Impfung erzeugt dagegen einen lang andauernden Schutz vor der Infektion. Dabei wird im Organismus eine *schützende Immunantwort* induziert. Im Idealfall besteht sie aus einer Kombination von *neutralisierenden Antikörpern* und *cytotoxischen T-Zellen* (Kapitel 7). Die aktive Immunisierung kann auf zweierlei Weise erfolgen: mit *Lebend-* und mit *Totimpfstoffen*. Die verschiedenen Methoden, die man heute zur Entwicklung von Impfstoffen einsetzt beziehungsweise einzusetzen versucht, sind schematisch in der Abbildung 10.1 dargestellt.

10.1 Wie wirken Lebendimpfstoffe?

Lebendimpfstoffe enthalten *replikationsfähige Erreger*, die sich in der geimpften Person vermehren können. Das heißt, sie sind in der Lage, bestimmte Zellen zu infizieren und die Synthese von viralen Proteinen und Partikeln einzuleiten. Die so gebildeten Komponenten werden vom Immunsystem des Geimpften als „fremd" erkannt, was die Bildung von *spezifischen, neutralisierenden Antikörpern* und von *cytotoxischen T-Lymphocyten* einleitet (Kapitel 7). Neutralisierende Antikörper sind überwiegend gegen virale Oberflächenstrukturen gerichtet; sie können sich an die Virusoberfläche binden, die Adsorption der Partikel an bestimmte Zelltypen und so die Infektion selbst verhindern. Die Immunkomplexe aus Antikörpern und Viruspartikeln aktivieren das Komplementsystem oder werden durch Makrophagen und neutrophile Granulocyten phagocytiert. Cytotoxische T-Zellen erkennen über den T-Zell-Rezeptor auf ihrer Oberfläche infizierte Zellen, die virale „Fremd"-Proteine syn-

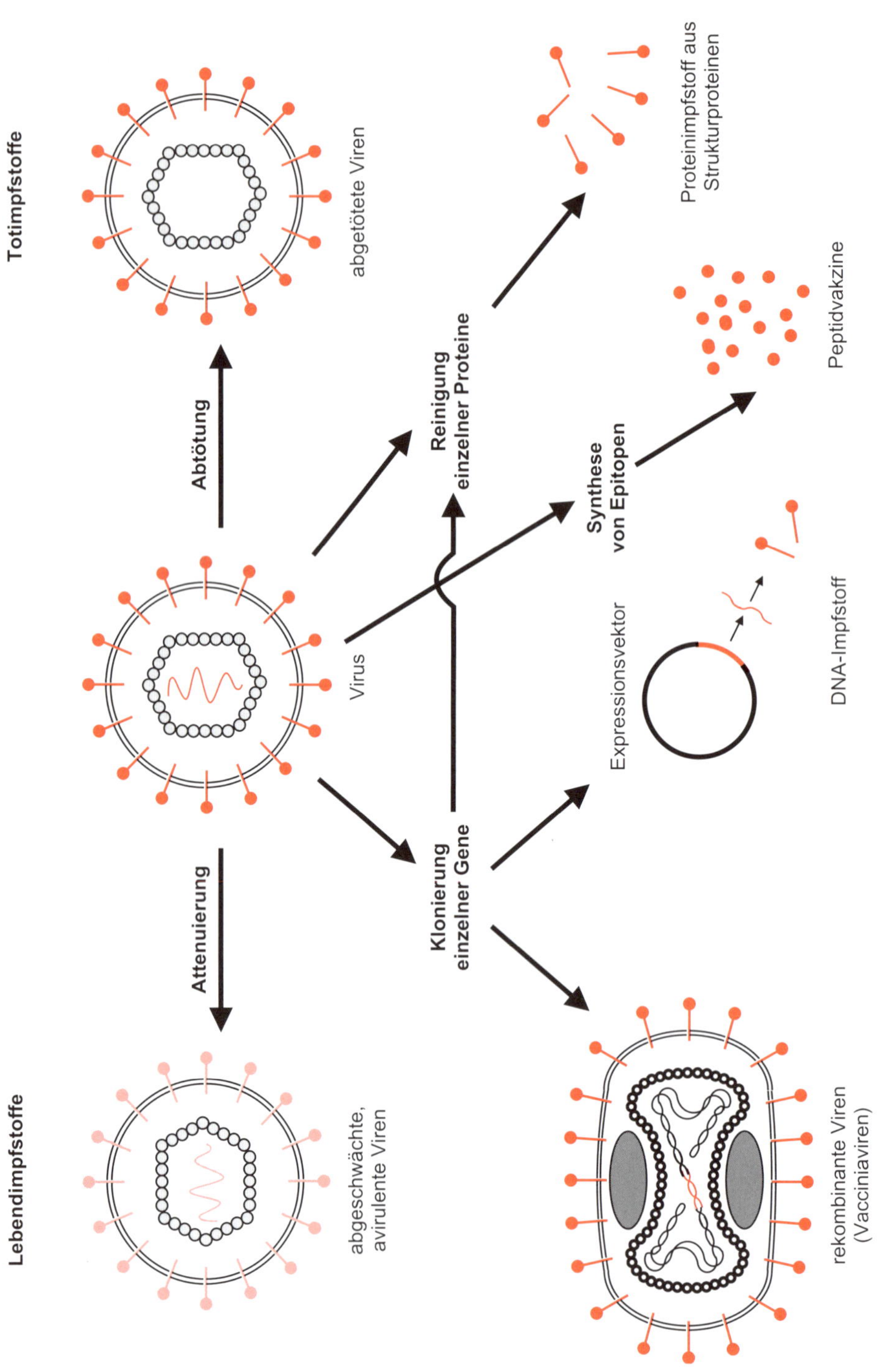

10.1 Verschiedene Möglichkeiten der Entwicklung von Impfstoffen.

thetisieren und Peptidfragmente hiervon im Komplex mit MHC-Klasse-I-Antigenen präsentieren. Die Erkennung führt zur Lyse der infizierten Zellen und so zur Eliminierung des Virus aus dem Organismus. Mit Lebendimpfstoffen läßt sich gegen eine Reihe von viralen Erregern ein sehr wirksamer Schutz aufbauen, da sie sowohl das humorale als auch das zelluläre Immunsystem wirksam aktivieren.

10.1.1 Attenuierte Viren

Attenuierte Viren ähneln den krankheitserzeugenden Erregern in bezug auf Aufbau, Proteinzusammensetzung und Infektionsverhalten. Sie unterscheiden sich von ihnen jedoch im Hinblick auf das Virulenzverhalten (Kapitel 4). Im Vergleich zum Wildtypvirus verursachen sie meist eine *begrenzte* oder *abgeschwächte Infektion*. Die Proteine, die in ihrem Verlauf gebildet werden, sind im Idealfall identisch mit denen der virulenten Virusstämme oder ähneln ihnen zumindest sehr stark. Dadurch, daß während der abgeschwächten Infektion in den Zellen virale Polypeptide synthetisiert werden und virale Partikel entstehen, wird die Bildung von neutralisierenden Antikörpern und cytotoxischen T-Zellen induziert. Die Immunantwort, die diese attenuierten Viren auslösen, ist daher geeignet, einen *langanhaltenden, kompetenten Schutz* vor der Infektion mit dem jeweiligen pathogenen Erreger zu induzieren.

Die molekulare Basis der Attenuierung sind *Mutationen* im Genom der Wildtypviren. Bei den verschiedenen Impfviren können davon verschiedene Gene betroffen sein. Oft weiß man nicht, warum durch sie eine Attenuierung des Wildtyps erfolgt. Eine Möglichkeit, attenuierte Virusstämme zu erhalten, ist die *kontinuierliche Züchtung* und *Passagierung* in der Zellkultur. Hierdurch werden Virusvarianten selektiert, die an die Zellkulturbedingungen optimal angepaßt sind. Dabei verlieren sie gelegentlich ihre Virulenz. Diese Methode erlaubte bei-

Tabelle 10.1: Impfstoffe zur Verhinderung von Virusinfektionen beim Menschen

Lebendimpfstoffe		**Totimpfstoffe**			
attenuierte Viren	**rekombinante Viren**	**abgetötete Viren**	**Proteinkomponenten**	**Peptide**	**DNA**
Poliovirus (Kinderlähmung)	rekombinante Vacciniaviren (in Erprobung, u. a. als HIV-Impfstoff)	Influenzavirus (Grippe)	Hepatitis-B-Virus	in Erprobung	in Erprobung
Gelbfiebervirus		Hepatitis-A-Virus	Epstein-Barr Virus (in Erprobung)		
Masernvirus		FSME-Virus (Frühsommermeningoencephalitis)	humanes Immundefizienzvirus (in Erprobung)		
Mumpsvirus					
Rötelnvirus					
Vacciniavirus* (Pockenerkrankung)					
Varicella-Zoster-Virus					

* Die Pockenschutzimpfung wurde auf Empfehlung der Weltgesundheitsorganisation WHO im Jahr 1979 weltweit eingestellt.

spielsweise die Isolierung von abgeschwächten Polio- und Gelbfieberviren, die beim Menschen keine der Wildtypinfektion ähnliche Erkrankung mehr verursachen (Tabelle 10.1; Abschnitte 13.1 und 13.2). Auch bei *Überschreitung der Speziesbarriere* kann die Infektion gelegentlich einen abgeschwächten Charakter annehmen: So induzierten die Vacciniaviren, die man ursprünglich zur Ausbildung einer schützenden Immunantwort vor der Pockenvirusinfektion einsetzte, beim Menschen Infektionen, die nur in sehr seltenen Fällen pathogen oder tödlich verliefen (Abschnitt 18.5).

Impfungen mit attenuierten Viren verleihen meist einen sehr guten Impfschutz, der lange erhalten bleibt. Wiederholungsimpfungen in relativ langen Zeitabständen von bis zu zehn Jahren können so einen kontinuierlichen Schutz vermitteln. Attenuierte Viren bergen jedoch das Risiko, daß sie im Verlauf der abgeschwächten Infektion zur Wildtypform zurückmutieren können. Deswegen achtet man heute darauf, daß die Abschwächung auf möglichst mehreren, voneinander unabhängigen Veränderungen beruht, was eine Rückmutation zum pathogenen Wildtyp weitgehend ausschließt. Abgeschwächte Impfviren sollten jedoch nur bei immunologisch gesunden Personen eingesetzt werden. Bei immundefizienten Individuen – worauf auch immer der Mangel beruht – können diese Virustypen unter Umständen symptomatische Infektionen auslösen.

10.1.2 Rekombinante Viren

Rekombinante Viren stellen eine heute viel diskutierte Variante von Lebendimpfungen dar. Man versucht, gut erforschte und in der Vergangenheit bereits erfolgreich eingesetzte Impfviren – meist *Vacciniaviren* – mit gentechnologischen Methoden so zu verändern, daß sie außer für ihre eigenen zur Infektion und Replikation nötigen Genprodukte auch für solche anderer Virustypen codieren. Diese für das Vacciniavirus unspezifischen Fremdgene werden nach der Inokulation im Verlauf der Infektion im Organismus zusammen mit den viralen Genen exprimiert. Dies induziert eine Immunantwort sowohl gegen die Vacciniavirusproteine als auch gegen die „fremden" Polypeptide. Diese rekombinanten, replikationsfähigen Viren bieten alle Vorteile einer Lebendimpfung (Antikörper- und zellvermittelte Immunantwort). Es können jedoch nicht beliebig große DNA-Fragmente in das Vacciniavirusgenom integriert werden. Daher muß man genau wissen, welche Proteine des Virus, gegen dessen Infektion ein Impfschutz erzeugt werden soll, für die Auslösung einer schützenden Immunantwort wichtig sind. Das hierfür codierende Gen wird dann so in das Genom des Vacciniavirus eingefügt, daß es unter der Kontrolle eines frühen vacciniavirusspezifischen Promotors steht. Ein solcher Impfstoff kann nicht die gesamte Breite einer Immunantwort erzeugen, die beim Ablauf einer Infektion mit dem Wildtypvirus oder seiner attenuierten Variante entsteht. Bei rekombinanten Impfviren beschränkt sich die immunologische Reaktion auf ein ausgewähltes Protein. Ein Impfstoff auf der Basis rekombinanter Vacciniaviren ist bisher nicht zur Anwendung beim Menschen zugelassen, wird jedoch unter anderem zur Prävention von Infektionen mit dem humanen Immundefizienzvirus diskutiert.

10.2 Wie aktivieren Totimpstoffe das Immunsystem und welche Typen sind in Gebrauch oder Erprobung?

Totimpfstoffe können sich definitionsgemäß im geimpften Organismus nicht vermehren. Sie induzieren überwiegend *Antikörperreaktionen*. Die Ausbildung einer cytotoxischen T-Zellantwort ist aufgrund des Ausbleibens einer aktiven Proteinsynthese selten. Diese Impfstoffe müssen zur Steigerung der Immunantwort zusammen mit einem *Adjuvans* appliziert werden, das die Einwanderung von Makrophagen, Monocyten, B- und T-Lymphocyten an den Ort der Inokulationsstelle fördert. Für die Anwendung beim Menschen ist nur *Aluminiumhydroxid* als Adjuvans zugelassen. Bei Verwendung von Totimpfstoffen sind zur Erhaltung des Immunschutzes Wiederholungsimpfungen in relativ kurzen Abständen nötig.

10.2.1 Abgetötete Erreger

Die einfachste Form eines Totimpfstoffes stellt eine Präparation von Wildtypviren dar, die durch Behandlung mit Chemikalien getötet wurden. Meist erfolgt diese Inaktivierung mit *aldehydischen* oder *alkoholischen Agentien*. In jüngster Zeit wird häufig auch β-Propiolacton verwendet. Die Proteinkomponenten dürfen dabei nicht so weit denaturiert werden, daß sie ihre native Konfiguration verlieren und den viralen Strukturen nicht mehr ähneln. Da auch die virale Nucleinsäure *per se* in vielen Fällen infektiös ist und zur Bildung von Nachkommenviren führen kann, müssen zur Zerstörung der Infektiosität Methoden eingesetzt werden, die zum Abbau der viralen Nucleinsäure führen. Auf abgetöteten Erregern basieren beispielsweise die heute gebräuchlichen Impfstoffe gegen Infektionen mit Influenza- oder Hepatitis-A-Viren (Tabelle 10.1)

10.2.2 Einsatz ausgewählter Proteine eines Erregers

Relativ neu sind Impfstoffe, die ausschließlich auf *einer ausgewählten Proteinkomponente* des Erregers beruhen. Auch für die Entwicklung dieser Vakzinen ist ein detailliertes Wissen über die immunologisch wichtigen Komponenten eines Erregers eine grundlegende Voraussetzung. Ist bekannt, gegen welches virale Protein (meist Oberflächenproteine) eine schützende Immunantwort induziert wird, kann das für dieses Polypeptid codierende Gen in einem eukaryotischen Expressionssystem synthetisiert, gereinigt und anschließend zusammen mit einem Adjuvans appliziert werden. *Partikelbildende Proteine* eignen sich besonders für die Induktion einer schützenden Immunantwort. Ein Beispiel hierfür ist das HBsAg, das Oberflächenprotein des Hepatitis-B-Virus, das zu vesikulären Partikeln aggregiert, wenn man es in Hefe- oder anderen eukaryotischen Zellen exprimiert. Die HBsAg-Partikel können weitgehend unabhängig von Adjuvantien die Bildung von Hepatitis-B-Virus-neutralisierenden Antikörpern sowie von cytotoxischer T-Zellen induzieren (Kapitel 18.1). Auch die partikelbildenden Gag-Proteine des humanen Immundefizienzvirus sowie die Strukturproteine der Papillomviren scheinen gut geeignet zu sein.

10.2.3 Peptidimpfstoffe

Impfstoffe, die aus *synthetischen Peptiden* mit einer Länge von 15 bis 30 Aminosäuren bestehen, stellen eine weitere Vakzineform dar, die sich heute in der Erprobung befindet. Hier werden einzelne *Epitope* viraler Proteine, welche die Bildung von neutralisierenden Antikörpern bewirken, ausgewählt und chemisch synthetisiert. Ein Vorteil ist, daß diese Impfstoffe frei von Nucleinsäuren sind und daß sie sich mit relativ geringem Aufwand in großen Mengen herstellen lassen. Voraussetzung ist auch in diesem Fall ein fundiertes Detailwissen über die Proteinabschnitte, die eine virusneutralisierende Immunantwort hervorrufen können. Daß ein einziges Epitop hierzu in der Lage ist, erscheint bei der hohen genetischen Variabilität der meisten Viren und der unterschiedlichen Fähigkeit einzelner Individuen, bestimmte Proteinregionen immunologisch zu erkennen, eher fraglich. In einem auf synthetischen Peptiden basierenden Impfstoff müßten also mehrere verschiedene

Epitope miteinander kombiniert werden. Außerdem gibt es abgesehen von Aluminiumhydroxid kein geeignetes bei Menschen einsetzbares Adjuvans, das die Immunantwort in ausreichender Weise verstärken kann. Daher ist bislang noch kein Impfstoff verfügbar, der auf synthetischen Peptiden beruht.

10.2.4 DNA-Impfstoffe

Ein weiterer, neuer Impfstofftyp wird als DNA verabreicht. Die Nucleinsäure enthält die Gene eines Virus, die eine schützende Immunantwort zu induzieren vermögen– also überwiegend solche Abschnitte, die für die Oberflächenkomponenten eines Erregers codieren. Sie werden zusammen mit Promotorelementen zur Kontrolle ihrer Expression in ein Vektorsystem integriert und als gereinigte DNA intramuskulär infiziert. Insbesondere in Muskelzellen ist die DNA über lange Zeiträume als Episom nachweisbar. Sie wird dort offensichtlich nur sehr langsam abgebaut. Wenn die entsprechenden Gene exprimiert werden, kann der Organismus sowohl eine humorale als auch eine zelluläre Immunantwort entwickeln. Diese Form der Impfstoffe wurde bisher überwiegend im Tiersystem erprobt. Sie sollten jedoch auch beim Menschen anwendbar sein. Allerdings ist hier ein schnellerer Abbau der Nucleinsäure zu beobachten.

10.3 Weiterführende Literatur

Ada, G. L. *Strategies in Vaccine Design*. Austin (R. G. Landes Company) 1994.

Ellis, R. W. *Vaccines: New Approaches to Immunological Problems*. Boston, London, Oxford (Butterworth-Heinemann) 1992.

Plotkin, S. A.; Mortimer, E. A. *Vaccines*. Philadelphia, London, Toronto (W. B. Saunders Company) 1994.

Quast, U.; Thilo, W.; Fescharek, R. *Impfreaktionen. Bewertung und Differentialdiagnose*. Stuttgart (Hippokrates) 1993.

Talwar, G. P.; Rao, K. V. S.; Chauhan, V. S. (Hrsg.) *Recombinant and Synthetic Vaccines*. Berlin, Heidelberg, New York, Tokyo (Springer) 1994.

11. Epidemiologie

Früher wurde der Begriff *Epidemiologie* für die Lehre von den großen, menschheitsbedrohenden Seuchen benutzt. Heute versteht man darunter die Wissenschaft von allen übertragbaren und nichtübertragbaren Krankheiten in einer Population, unabhängig davon, ob sie zeitlich oder räumlich gehäuft auftreten. Im Bereich der Mikrobiologie befaßt sich die Epidemiologie mit Erkrankungen, die durch übertragbare Agentien wie Bakterien, Viren oder Prionen verursacht werden, und zwar insbesondere mit deren Verbreitung und den Infektionsfolgen. Epidemiologische Untersuchungen besitzen somit eine große Bedeutung für die Gesundheit der Weltbevölkerung und sind die Grundlage für allgemein- und seuchenhygienische Maßnahmen wie Quarantäne oder Impfungen zur Verhinderung oder Eindämmung von Pandemien und Epidemien. Sie ermöglichen außerdem die Entwicklung von Richtlinien und Vorschriften für Impfungen und andere Maßnahmen zur Verhütung von Infektionen.

Die *Exoepidemiologie* beschränkt sich auf die Untersuchung der Verbreitung der Erreger nach ihrer Freisetzung aus dem Organismus. Hierzu gehört ihr Überleben in der Umwelt, ihr Verbleib in bestimmten Reservoiren und die erneute Übertragung auf Menschen oder Tiere. Die *Endoepidemiologie* befaßt sich dagegen mit der Art und Weise, wie sich die Erreger im Organismus ausbreiten, dort möglicherweise persistieren und sich dabei verändern. Die Epidemiologie registriert aber nicht nur die Häufigkeit von Infektionen, Krankheiten und Todesfällen. Man versucht durch sie auch Daten über Krankheitsbilder zu bekommen, bei denen die ätiologische Beziehung zu einem bestimmten Erreger nicht bekannt ist (*disease in search of virus*), und sie führt zur Identifizierung von Krankheiten, die durch ein bereits bekanntes Virus verursacht werden (*virus in search of disease*). Sie erweitert die Kenntnisse über die Ätiologie von Infektionskrankheiten, indem sie Epidemien oder Pandemien überwacht und den Verlauf von Infektionskrankheiten und ihre Folgen für eine Population abschätzt. Ergeben sich dabei Häufungen von bestimmten Symptomen, kann dies ein Hinweis auf neue Viren oder besonders virulente Stämme sein. Die Erhebung epidemiologischer Daten umfaßt auch den Einfluß von Lebensstandard, Sozialstruktur und menschlichen Verhaltensmustern, wie sexuelle Promiskuität oder Drogenmißbrauch, auf die Übertragungshäufigkeit und den Infektionszeitpunkt. Auch die Wanderungen von Bevölkerungsteilen aufgrund von Vertreibung oder Landflucht und die damit verbundenen negativen sozialen Folgen, etwa mangelnde Hygiene und die nachlassende Effektivität von staatlichen Gesundheitsbehörden, können die Ausbreitung von Infektionskrankheiten begünstigen. Bereits in der Antike breiteten sich Erkrankungen wie Pest, Pocken, Influenza und Masern entlang der Karawanenstraßen und Handelswege aus. Aus der weltweiten Zunahme des Reiseverkehrs ergaben sich vermehrte Kontakte mit bisher unbekannten Erregern, die von infizierten Personen in zuvor virusfreie Länder importiert wurden. Auch die Änderung von Produktionsverfahren in Industrie und Landwirtschaft sowie der Handel mit Gebrauchsgütern und Abfallstoffen bewirken neue Verteilungsmuster von Infektionen.

Im folgenden seien einige in der Epidemiologie gebräuchliche Grundbegriffe für bestimmte Parameter oder Infektionsformen kurz erläutert. Die *Epidemie* ist ein zeitlich und räumlich begrenztes Auftreten einer Infektionserkrankung in einer Population. Beispiele sind Röteln, Masern oder Windpocken. Dagegen ist eine *Pandemie* als eine weltweite, zeitlich begrenzte oder unbegrenzte Infektionshäufung definiert, wie man sie bei der Influenza oder der erworbenen Immundefizienz (AIDS) findet. *Endemien* sind sporadische, zeitlich und räumlich begrenzt oder unbegrenzt auftretende Infektionskrankheiten, die auch zwischen Epidemiephasen vorkommen können. Die *Morbidität* beschreibt die Zahl der Erkrankten, die *Mortalität* die der Verstorbenen, die bei einer bestimmten Infektion auftreten; beide werden meist auf eine Bevölkerungszahl von 10^4 oder 10^5 Personen bezogen. Die *Letalität* bezieht dagegen die Zahl der Todesfälle auf die Gesamtzahl aller von einer bestimmten Infektionskrankheit betroffenen Personen. Mit *Übersterblichkeit* bezeichnet man zeitlich begrenzte Häufungen von Todesfällen als Folge einer Infektion wie beispielsweise bei der Grippe oder bei AIDS, die über das langjährige Mittel der Sterblichkeit hinausgehen. Die *Herdimmunität* definiert den immunologischen Schutz, der in der Bevölkerung zu einem bestimmten Zeitpunkt gegenüber einem Virus (Masern, Röteln, Influenza) vorliegt – unabhängig davon, ob er durch Infektionen mit dem fraglichen Erreger oder durch Impfungen hervorgerufen ist. Die Herdimmunität einer Population ist bei verschiedenen Viren unterschiedlich hoch. Sie hängt von den Übertragungsmechanismen, den Umweltbedingungen wie Temperatur oder Luftfeuchtigkeit und von der Bevölkerungsdichte ab.

11.1 Welche Übertragungswege existieren für virale Infektionen?

Unter *horizontaler Übertragung* versteht man alle Arten der Infektion eines Organismus durch einen anderen. Hierzu zählt die *homologe Weitergabe* eines Virus von Mensch zu Mensch ebenso wie die *heterologe* von Tier zu Mensch und umgekehrt. Durch horizontale Übertragung verbreiten sich die Erreger bei Epidemien, Pandemien oder Endemien in einer Bevölkerung. Sie kann *direkt* erfolgen, zum Beispiel durch virushaltige Aerosole oder Tröpfchen, wie sie beim Niesen oder Husten während Infektionserkrankungen der oberen Atemwege (zum Beispiel bei Infektionen mit Influenza-, Coxsackie-, Adeno- und Paramyxoviren; Abschnitte 13.1, 14.2, 15.1, 18.3) abgegeben werden, oder indirekt. Die *indirekte* Übertragung kennt man unter anderem von Rhinoviren, die durch Tröpfcheninfektion, aber auch über kontaminierte Hände sowie Türklinken oder ähnliche, allgemein von infizierten und nichtinfizierten Personen benutzte Haushaltsgegenstände übertragen werden (Abschnitt 13.1). *Schmutz-* und *Schmierinfektionen* tragen vor allem zur Verbreitung von Viruserkrankungen des Magen-Darm-Traktes oder der Nieren bei. Hier wird der Erreger über den Stuhl beziehungsweise den Urin ausgeschieden und bei mangelnder Hygiene durch Kontaminationen mit diesem Material übertragen. In Regionen mit einem niedrigen Hygienestandard werden die Abwässer ungeklärt in Flüsse und Meere eingeleitet. Diese Praxis kann ebenso wie die in einigen Ländern weit verbreitete Pflanzendüngung mit menschlichen Fäkalien zur *Verunreinigung von Lebensmitteln*, beispielsweise durch Polio-, Entero- und Hepatitis-A-Viren (Abschnitt 13.1) sowie Caliciviren (Abschnitt 13.5) führen – eine wichtige Ursache von Epidemien. Hantaviren und Arenaviren werden mit den Exkrementen infizierter Nagetiere ausgeschieden und gelangen so in die Erde. Bei Kontakt mit dem *kontaminierten Erdstaub* besteht die Gefahr einer Infektion mit den entsprechenden Erregern (Abschnitte 15.2 und 15.3). Viren, die zu bestimmten Zeiten der Erkrankung im Blut vorhanden sind (Hepatitis-B- und Hepatitis-C-Viren, humane Immundefizienzviren, Parvoviren) werden durch verschmiertes Blut, zum Beispiel während des Geburtsvorganges von der infizierten Mutter auf das neugeborene Kind, aber auch durch *kontaminierte Blutprodukte* oder *-konserven* weitergegeben (Abschnitte 13.2, 17.1, 18.1 und 19.1). Ebenso können Organtransplantationen zur Übertragung dieser Viren sowie von Herpesviren (Epstein-Barr- oder Cytomegalievirus, Abschnitt 18.4) führen. Viele Viren sind im Speichel vorhanden und können durch Küsse oder Mund-zu-Mund-Fütterung übertragen werden. In anderen Fällen befinden sich die Viren in der Samenflüssigkeit oder den Zervikalsekreten und werden während des *Sexualverkehrs* weitergegeben. Dies gilt vor allem für die humanen Immundefizienzviren, die Papillomviren und einige Herpesviren (Abschnitte 17.1, 18.2 und 18.4).

Einige Virusarten werden durch *Arthropoden* (Zecken, Mücken) übertragen. Die Tiere nehmen durch den Stich oder Biß den Erreger zusammen mit dem Blut auf. Nach der Vermehrung in der Zecke oder dem Insekt kann das Virus bei erneuten Stichen oder Bissen in andere Organismen gelangen. Diese Form der heterologen Übertragung findet man beispielsweise bei den Gelbfieber- und Dengueviren, dem FSME-Virus oder den Bunyaviren (Abschnitte 13.2 und 15.2). Das Tollwutvirus gelangt dagegen durch den Biß von infizierten Wirbeltieren in die Wunde und somit in den Organismus (Abschnitt 14.1).

Die Ausbreitung von Viren bei Menschen, die in engem Kontakt miteinander leben, bezeichnet man als *nosokomiale Infektionen*. Man beobachtet sie häufig in Altersheimen, Kindergärten oder Krankenhäusern. In diesen Lebensgemeinschaften breiten sich viele Erreger schnell aus. Der Begriff der *iatrogenen Infektion* bezieht sich vor allem auf die Verbreitung von Erregern durch ärztliche Eingriffe wie Organtransplantationen oder Blutübertragungen sowie durch unsachgemäß durchgeführte ärztliche Maßnahmen, zum Beispiel den Gebrauch von kontaminierten Geräten, Spritzen oder Kanülen.

Bei der *vertikalen Übertragung* wird dagegen das Virusgenom als integrierter Bestandteil der Erbinformation der Zelle, zum Beispiel der Ei- oder Samenzelle, an die Folgegeneration weitergegeben. Die vertikale Übertragung von den Eltern auf die Nachkommen kennt man vor allem von endogenen Retroviren (Abschnitt 17.1).

11.2 Wo überdauern humanpathogene Viren?

Der Verbleib von Viren in den Zeiten zwischen ihrem epidemischen Auftreten ist oft ungeklärt. Sporadische Fälle apparenter Infektionen treten immer wieder auf; vermutlich geben in solchen Fällen gesunde Personen mit asymptomatischen Infektionsformen das Virus weiter. Einige Virusarten wie Parvo- und Rotaviren (Abschnitte 16.1 und 19.1), die Picornaviren (Abschnitt 13.1) und auch das Pockenvirus (Abschnitt 18.5) können längere Zeit in der Umwelt überdauern, bevor sie erneut Menschen infizieren. Das Poliovirus wird auch heute noch gelegentlich aus unterentwickelten Ländern eingeschleppt und vermehrt sich dann in seronegativen Personen, bis die entstehende Herdimmunität das Virus aus der entsprechenden Bevölkerungsgruppe erneut eliminiert. Andere Erreger wie das Rötelnvirus oder die meisten Paramyxoviren (Abschnitte 13.3 und 14.2) sind hingegen in der Umwelt instabil und befallen auch keine Tiere. Sie werden während des Infektionsverlaufs durch das Immunsystem völlig aus dem Organismus eliminiert. Über ihren Verbleib in den Perioden zwischen den sporadisch auftretenden Infektionen oder Epidemien ist kaum etwas bekannt. Das erstmalige Auftreten dieser Virustypen muß mit der *Urbanisation* des Menschen verknüpft gewesen sein, denn aus kleinen, isoliert lebenden Menschengruppen würde ein solches Virus verschwinden – es muß sich also um phylogenetisch relativ *junge Viren* handeln, die nur in Gesellschaften mit relativ großer Bevölkerungsdichte ihre Infektketten aufrechterhalten konnten. Ein ganz anderes Verhalten findet man dagegen bei den Herpes- oder Retroviren. Sie verbleiben nach der Infektion latent im Körper, und die *lebenslange Latenz* mit immer wiederkehrenden Ausscheidungsphasen ermöglicht die Weitergabe des Virus auch nach langen Intervallen (Abschnitte 17.1 und 18.4). Ähnliches gilt für Viren, die wie Hepadna-, Papillom- oder Adenoviren *persistierende Infektionsformen* entwickeln und über längere Zeiten im Blut vorhanden sind beziehungsweise ausgeschieden werden (Abschnitte 18.1, 18.2 und 18.3). Man zählt sie deshalb zu den phylogenetisch *alten*, gut an den Menschen angepaßten Viren, die sich auch in kleinen Bevölkerungsgruppen halten können.

Manchmal befallen Viren bestimmte Tierspezies, die dann als „Reservoire" für diese Erreger dienen. Von dort können sie bei bestimmten Anlässen auf den Menschen weitergegeben werden. Viele Influenzaviren infizieren verschiedene Vogelarten und werden über den Kot ausgeschieden. Sie können – genau wie die humanen Typen dieser Viren – auf Schweine übertragen werden. Bei Doppelinfektionen können Genomsegmente beider Virustypen ausgetauscht werden. So entstehen *neue Reassortanten*, die gelegentlich auch für den Menschen pathogen sind und sich in der Bevölkerung pandemisch ausbreiten (Abschnitt 15.1). Andere Viren können größere Zeitspannen durch *lange Inkubationszeiten* überbrücken. Hierzu gehören beispielsweise die Tollwutviren, für die Füchse und Dachse das Reservoir darstellen. Die Infektion des Menschen ist in diesem Fall das Ende der Infektkette. Eine Weiterverbreitung kann von hier aus nicht erfolgen (Abschnitt 14.1). Auch andere Viren können ihr natürliches Reservoir verlassen und auf den Menschen übertragen werden: verschiedene Tierpockenviren, das Hantavirus, das Ebolavirus, der Erreger des Lassafiebers oder die Flaviviren (Abschnitte 13.2, 14.3, 15.2, 15.3 und 18.5). Letztere gelangen durch Zeckenbisse oder Mückenstiche aus ihren natürlichen Wirten, den Nagetieren oder Affen, in den menschlichen Organismus.

11.3 Inwiefern sind die meisten Viren optimal an ihre Wirte angepaßt?

Die heute vorherrschenden Virusinfektionen sind Folgen evolutionärer Prozesse zwischen Wirt und Parasit, die sich in sehr langen Zeiträumen abspielten. Häufig findet man in verschiedenen Tierarten mit den humanen Erregern verwandte Virustypen. Man vermutet, daß sich diese im Laufe der Zeit an den Menschen angepaßt haben, um dann ab einem bestimmten Zeitpunkt als humanpathogene Viren in der Bevölkerung aufzutreten. Handelt es sich dabei um für den Menschen hochpathogene Erreger, dann eliminieren sich diese durch die Zerstörung ihres Wirtes zugleich selbst aus der Population. Im Idealzustand besteht daher ein *Gleichgewicht* zwischen dem Überleben eines Wirtes und einer mehr oder weniger schadensfreien Replikation des Virus. Beispiele für die optimale Anpassung an einen Wirt sind einige Arenaviren, unter ihnen das Virus der lymphocytären Choriomeningitis und der Erreger des Lassafiebers. Beide sind in höchstem Grad an ihre Wirte, nämlich wildlebende Mäuse, angepaßt. Die Viren werden während der Schwangerschaft auf die Nachkommen übertragen und erzeugen in ihnen eine Toleranz. Diese Tiere sind gesunde Virusträger, die lebenslang große Virusmengen ausscheiden. Infizieren sie jedoch Menschen, so führt dies oft zu schweren Erkrankungen (Abschnitt 15.3). Auch die Poliomyelitis ist unter Lebensbedingungen mit einem niedrigen Hygeniestandard eine gut an den Menschen angepaßte Virusinfektion: Die Übertragung erfolgt hier bereits während der ersten sechs Lebensmonate. Zu diesem Zeitpunkt liegen im Kleinkind noch schützende, mütterliche IgG-Antikörper vor. Nur bei Infektion im späteren Lebensalter findet man Krankheitsfolgen und Lähmungserscheinungen (Abschnitt 13.1).

11.4 Welcher Methoden bedient sich die Epidemiologie bei der Untersuchung von Viruskrankheiten?

Zu den epidemiologischen Methoden, die besonders bei Viruserkrankungen zum Einsatz kommen, zählt die Erhebung von Daten über das Auftreten von bestimmten Krankheitshäufungen. Diese *Anamnese* bildet die Grundlage aller Studien. Der Nachweis spezifischer Antikörper, viraler Proteine oder des Genoms in Blut- oder Gewebeproben ermöglicht die

Diagnose von akuten oder abgelaufenen Viruskrankheiten (Kapitel 12). Die Nucleinsäuresequenzierung und die Bestimmung des Restriktionsenzymschnittmusters der DNA erlauben es, die bei einer Epidemie oder Pandemie vorkommenden Virusstämme oder Varianten zu vergleichen. Sie ermöglichen eine Feinepidemiologie, mit der sich bestimmte Personen als Infektionsquelle identifizieren lassen. So können außerdem Stammbäume aufgestellt werden, die einen Rückschluß auf die Herkunft des Erregers zulassen.

11.5 Weiterführende Literatur

Behbehani, A. M. *The Smallpox Story: Historical Perspective*. In: *ASM News* 57 (1991) S. 571–576.

Childs, J. E.; Rollin, P. E. *Emergence of Hantavirus Disease in the USA and Europe*. In: *Curr. Op. Inf. Dis.* 7 (1994) S. 220–224.

Culliton, B. J. *Emerging Viruses, Emerging Threat*. In: *Science* 247 (1990) S. 279–280.

Evans, A. S. *Viral Infections of Humans. Epidemiology and Control*. 3. Aufl. New York, London (Plenum Medical Books) 1989.

Krause, R. M. *The Origin of Plagues: Old and New*. In: *Science* 257 (1992) S. 1073–1078.

Morse, S. S. *Emerging Viruses*. New York (Oxford University Press) 1993.

Roberts, L. *Disease and Death in the New World*. In: *Science* 246 (1989) S. 1245–1247.

12. Labormethoden zum Nachweis von Virusinfektionen

Bereits um 1880 standen Methoden zum Nachweis von *bakteriellen* Infektionen zur Verfügung: Nach einer Anfärbung waren die Erreger aufgrund ihrer Größe im Lichtmikroskop zu erkennen und konnten in Nährmedien gezüchtet werden. *Viren* entzogen sich dieser Vorgehensweise, da sie deutlich kleiner sind und sich als obligate Zellparasiten in Nährmedien nicht vermehren. Zwar konnte man zur Jahrhundertwende bereits einige Virusinfektionen mit bestimmten Zellveränderungen und Ablagerungen im infizierten Gewebe in Verbindung bringen. Ein Beispiel sind die Negrischen Einschlußkörperchen bei der Tollwuterkrankung. Eine spezifische Diagnostik war jedoch erst durch die Entwicklung der Methoden zur Zellkultur und der modernen Molekularbiologie möglich. Heute kann man Virusinfektionen direkt nachweisen, indem man mit geeigneten Methoden den Erreger selbst, einzelne virale Proteine oder die Erbinformation in Seren oder anderen Biopsiematerialien infizierter Personen bestimmt. Der direkte Virusnachweis ist – mit Ausnahme von latenten oder persistierenden Infektionsformen – nur während der akuten Erkrankungsphase möglich. In einigen Fällen sind die Erreger sogar nur vor der symptomatischen Phase im infizierten Organismus vorhanden, so daß der direkte Nachweis der Viren oft nicht gelingt. Daher ist es in der Virusdiagnostik üblich, Infektionen indirekt durch die Charakterisierung der sich entwickelnden spezifischen Immunantwort nachzuweisen.

12.1 Wie lassen sich virale Erreger direkt nachweisen?

12.1.1 Viruszüchtung, Virusisolierung und davon ausgehende Nachweissysteme

Für die Züchtung und Vermehrung der meisten Viren stehen heute permanent wachsende Zellinien zur Verfügung. Das zu untersuchende Biopsiematerial, zum Beipsiel Blut, Serum, Rachenspülwasser, Urin oder Stuhlsuspensionen, wird dazu von groben Verunreinigungen befreit und in einem kleinen Volumen mit den Zellen inkubiert. Nach der Adsorption der Viren an die Zellen gibt man üblicherweise antibiotikahaltiges Medium zu den Kulturen. An den folgenden Tagen werden die Zellen mikroskopisch auf *morphologische Veränderungen* hin kontrolliert, etwa das Auftreten von cytopathischen Effekten wie Einschlußkörperchen oder Riesenzellen (Kapitel 5), die einen ersten Rückschluß auf den sich vermehrenden Virustyp zulassen. Die früher weit verbreitete Viruszüchtung in bebrüteten Hühnereiern wird heute nicht mehr routinemäßig eingesetzt. Sie wird nur noch in bestimmten Fällen verwendet, wie der Anzüchtung von neuen Influenzavirusisolaten (Abschnitt 15.1). Durch Ultrazentrifugation der Kulturüberstände oder der aufgebrochenen Zellen kann man die Viren anreichern und weiteren Untersuchungen zuführen. Dazu zählt unter anderem die *elektronenmikroskopische Bestimmung* der Viruspartikel. Weiterführende Analysen der Virusproteine oder -genome dienen der Charakterisierung des Virustyps.

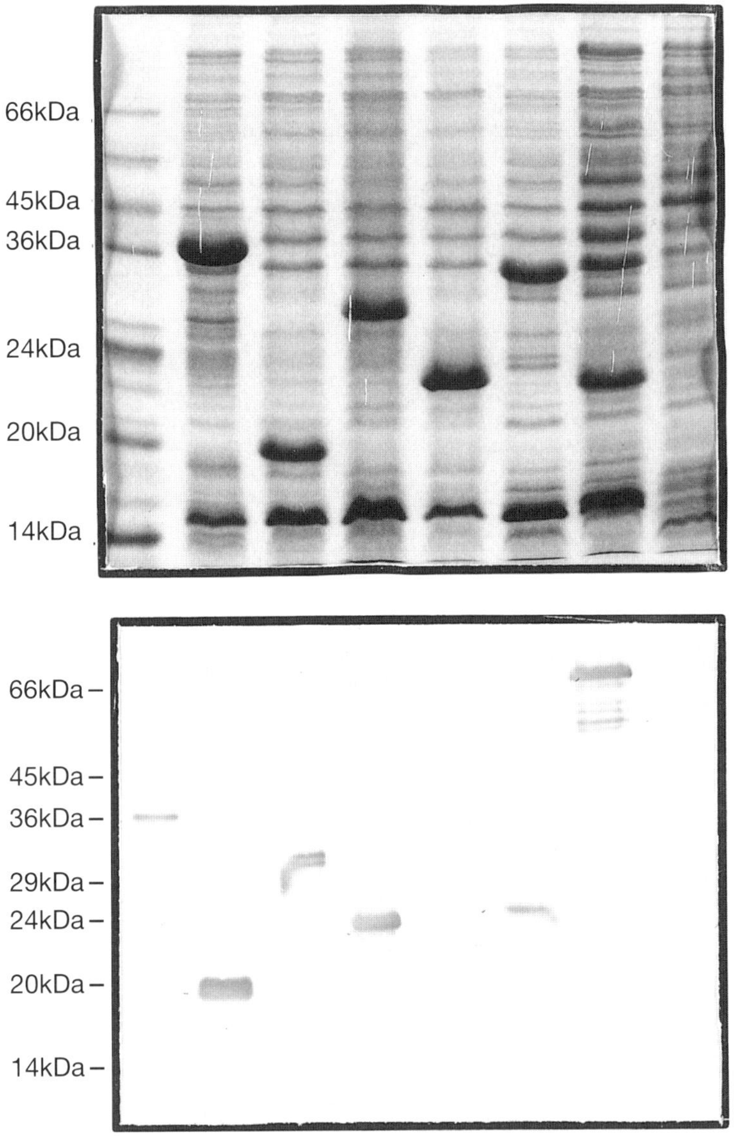

12.1 Beispiel für den Nachweis von Virusproteinen (mit freundlicher Genehmigung von Andreas Gigler, Institut für Medizinische Mikrobiologie, Universität Regensburg). A: SDS-Polyacrylamidgel. Proteinextrakte aus *E. coli*-Bakterien, die unterschiedliche Abschnitte eines Proteins des Parvovirus B19 exprimieren, wurden elektrophoretisch nach ihrer Größe aufgetrennt und mit Coomassie-Blue angefärbt. Man findet eine Blaufärbung (hier schwarz wiedergegeben) *aller* in der Präparation vorhandenen Proteine. B: Western-Blot. Die Proteinbanden des in Abbildung A gezeigten SDS-Polyacrylamidgels wurden auf Nitrocellulosefolien übertragen und diese dann mit Antikörpern aus Kaninchen inkubiert, die das parvovirale Protein spezifisch erkennen. Nach einem Waschvorgang wurden die Folien mit sekundären, mit Meerrettich-peroxidase konjugierten Antikörpern (und zwar Immunglobulinen aus Schweinen, die gegen den Fc-Teil der Kaninchenantikörper gerichtet sind) behandelt, die sich spezifisch an die bereits gebundenen Antikörper anheften. Dann inkubierte man die Folien mit diaminobenzidinhaltigen Lösungen. Im Bereich der Proteinbanden, an die sich die Antikörperkomplexe angelagert haben, bildet sich ein brauner Niederschlag, der eine positive Reaktion anzeigt.

Proteinnachweis

Western-Blot. Eine Möglichkeit zur Bestimmung des Virustyps ist die Identifizierung bestimmter Virusantigene in Western-Blot-Tests. Hierzu trennt man die Proteine der infizierten Zellen oder der in der Ultrazentrifuge pelletierten Viruspartikel in SDS-Polyacrylamidgelen auf. Ihre Anordnung und ihre Molekulargewichte können einen weiteren Hinweis auf den Virustyp geben. Eine endgültige Zuordnung ist jedoch erst serologisch im Western-Blot möglich (Abbildung 12.1). Hierzu überträgt man die im Polyacrylamidgel aufgetrennten Proteine auf *Nitrocellulosefolien* und inkubiert diese mit Antiseren, die Immunglobuline enthalten, welche spezifisch mit bestimmten Virusantigenen reagieren. Optimal sind hierfür Präparationen monoklonaler Mausantikörper (muriner Antikörper), die definierte Epitope eines Virusproteins erkennen. Es werden aber auch Seren von Menschen eingesetzt, die eine Infektion mit dem jeweiligen Virustyp überstanden und in ihrem Verlauf spezifisch bindende Antikörper gebildet haben. Die Nitrocellulosefolien werden danach mit weiteren, sogenannten

A

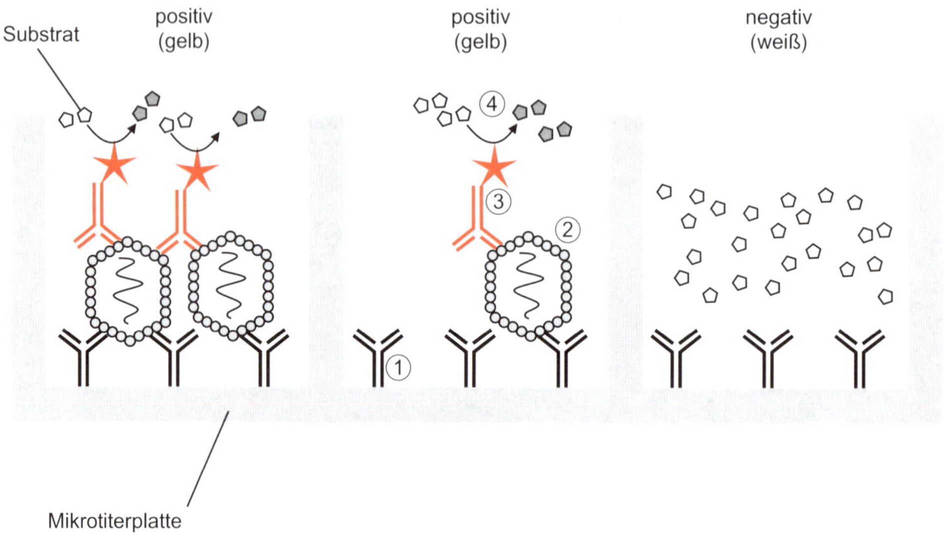

(1) an die Wände der Näpfe gebundene virusspezifische Antikörper

(2) Viren, die im Untersuchungsmaterial vorhanden sind, binden sich an die virusspezifischen Antikörper

(3) virusspezifische Antikörper gegen eine alternative Domäne im Viruspartikel, gekoppelt mit Meerrettich-Peroxidase (★)

(4) zugegebenes Substrat (*o*-Phenylendiamin) wird von der Meerrettich-Peroxidase umgesetzt ⇒ gelbliche Färbung im positiven Fall

12.2 Darstellung der Reaktionsschritte in ELISA-Tests. A: Antigen-Capture-ELISA zum Nachweis von Virusproteinen oder -partikeln. B: ELISA zum Nachweis spezifischer Antikörper (Abschnitt 12.2).

sekundären Immunglobulinen behandelt, die ihrerseits spezifisch für die Fc-Teile der zuvor verwendeten Antikörper sind, beispielsweise mit Immunglobulinen aus Schweinen, die mit den Fc-Teilen muriner Antikörpermoleküle injiziert wurden und dagegen eine Immunreaktion entwickelt haben. Menschliche Antikörper weist man üblicherweise mit Kaninchenimmunglobulinen nach, die an die Fc-Teile von humanem IgG binden. Unterschiedliche, für die weiteren Nachweisreaktionen notwendige Enzyme sind kovalent an die sekundären Antikörper gebunden, beispielsweise die Meerrettich-Peroxidase. Diese sekundären Antikörper interagieren mit den Antigen-Antikörper-Komplexen auf den Folien, und im nächsten Schritt weist man sie durch Zugabe des entsprechenden Substrates, in diesem Fall Diaminobenzidin, nach. Im positiven Fall entstehen bräunlich gefärbte Proteinbanden (Abbildung 12.1).

Antigen-Capture-ELISA. Alternativ zum Western-Blot setzt man diese Variante des ELISA-Tests zum Nachweis von Virusproteinen oder -partikeln ein. Der Test wird gewöhnlich in sogenannten *Mikrotiterplatten* durchgeführt, die 96 Vertiefungen aufwiesen und aus speziell behandeltem Polystyrol bestehen. An das Plastikmaterial der Näpfe adsorbiert man monoklonale murine Antikörper gegen ein bestimmtes Virusprotein. Danach gibt man Suspensionen, welche die fraglichen Viren beziehungsweise die Virusproteine enthalten, in die Vertiefungen. Sind die entsprechenden Antigene vorhanden, so interagieren sie mit den polystyrolgebundenen Immunglobulinen. Die Antigen-Antikörper-Komplexe können im fol-

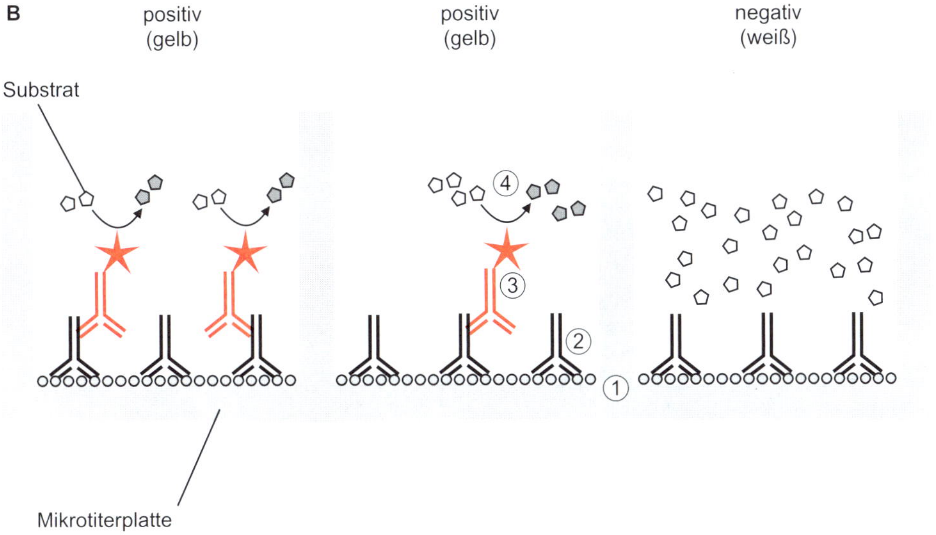

(1) an die Wände der Näpfe gebundenes Virusprotein (○)

(2) Patientenserum enthält im positiven Fall Antikörper gegen das Virusprotein

(3) sekundäre Antikörper gegen den Fc-Teil der Patientenimmunoglobuline, gekoppelt mit Meerrettich-Peroxidase (★)

(4) zugegebenes Substrat (*o*-Phenylendiamin) wird von der Meerrettich-Peroxidase umgesetzt ⇒ gelbliche Färbung im positiven Fall

genden Schritt dadurch nachgewiesen werden, daß man einen weiteren Antikörper zugibt, der an ein anderes Epitop desselben Virusproteins bindet. Diese Immunglobuline sind ihrerseits kovalent mit der Meerrettich-Peroxidase vernetzt, so daß sich der Komplex durch Zugabe von *o*-Phenylendiamin als Substrat sichtbar machen läßt. Die photometrische Messung der Intensität dieser Farbreaktion ermöglicht die quantitative Bestimmung des Virusantigens, das im Ausgangsmaterial vorhanden war (Abbildung 12.2A).

Immunfluoreszenz. Mit Hilfe der Immunfluoreszenz untersucht man, ob in den infizierten Zellen Virusproteine gebildet werden. Die Zellen werden auf Objektträger getropft, fixiert und mit alkoholischen Lösungsmitteln behandelt, um die Zellmembranen durchlässig zu machen. Danach inkubiert man sie mit Immunglobulinen – auch in diesem Fall am besten mit Antikörpern, die spezifisch mit den gesuchten Virusantigenen reagieren. Die nachfolgende Behandlung mit sekundären Immunglobulinen, die gegen den Fc-Teil der verwendeten Immunglobuline gerichtet und mit fluoreszierenden, chemischen Substanzen (beispielsweise Fluorescein-Isothiocyanat) vernetzt sind, ermöglicht es, die Virusproteine in unterschiedlichen Kompartimenten wie dem Zellkern, dem Cytoplasma oder den Membranen sichtbar zu machen (Abbildung 12.3).

Nachweis von viralen Eigenschaften. Einige Viren codieren für bestimmte Enzymaktivitäten, die man in den infizierten Zellen oder assoziiert mit den Viruspartikeln im Kulturüberstand als charakteristische Eigenschaften nachweisen kann. Hierzu zählt beispielsweise die Bestimmung der *Aktivität der Reversen Transkriptase*, die von den humanen Immundefizienzviren produziert wird und ein Bestandteil der entstehenden Viruspartikel ist (Abschnitt 17.1). Anhand der im Kulturüberstand nachgewiesenen Menge dieses Enzyms kann man die

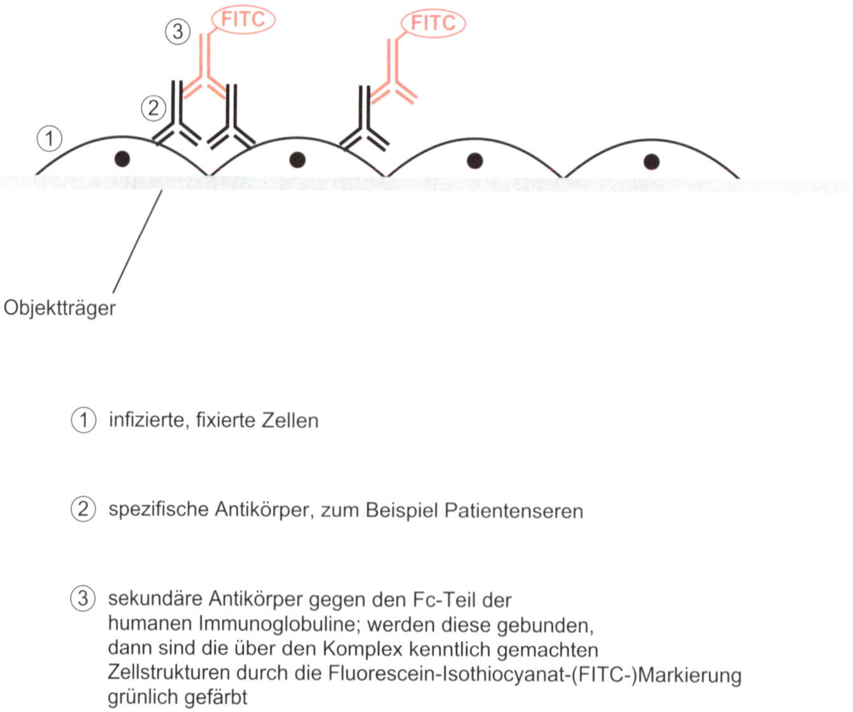

③
FITC
FITC
②
①
Objektträger
① infizierte, fixierte Zellen
② spezifische Antikörper, zum Beispiel Patientenseren
③ sekundäre Antikörper gegen den Fc-Teil der humanen Immunoglobuline; werden diese gebunden, dann sind die über den Komplex kenntlich gemachten Zellstrukturen durch die Fluorescein-Isothiocyanat-(FITC-)Markierung grünlich gefärbt

12.3 Darstellung der Reaktionsschritte in Immunfluoreszenztest.

Zahl der produzierten Viruspartikel quantitativ bestimmen. Andere Viren agglutinieren Erythrocyten. Diese Fähigkeit zur *Hämagglutination* findet man unter anderem bei den Paramyxo- und Orthomyxoviren (Abschnitte 14.2 und 15.1) sowie den Flavi-, Toga- und Coronaviren (Abschnitte 13.2, 13.3 und 13.4). Sie ist mit den viruscodierten Membranproteinen und daher mit den Virionen verbunden. Üblicherweise verwendet man Schaferythrocyten und vermischt sie mit den virushaltigen Suspensionen; verklumpen die roten Blutkörperchen, zeigt dies die Anwesenheit von Viren an. Ist die Reaktion durch Zugabe von viruspezifischen Antikörpern hemmbar, dann ermöglicht dieser sogenannte Hämagglutinationshemmtest, den Virustyp im Ausgangsmaterial zu bestimmen.

Nachweis viraler Nucleinsäuren

Southern-, Northern- oder Dot-Blot. Alternativ zu den Proteinen beziehungsweise Enzymaktivitäten kann man virale Nucleinsäuren aus den infizierten Zellen isolieren und ihre Spezifität in Southern-, Northern oder Dot-Blot-Tests untersuchen. Die gereinigte DNA wird durch Restrktionsenzyme geschnitten. Dadurch entstehen Fragmente von definierter Länge, die in Agarosegelen nach ihrer Größe aufgetrennt werden. Im Anschluß überträgt man sie aus der Gelmatrix auf Nitrocellulosefolien (Southern-Blot); ähnlich verfährt man beim Nachweis viraler RNA, ohne sie jedoch mit Restriktionsendonucleasen zu schneiden. Man kann die DNA- oder RNA-Präparationen auch direkt auf die Nitrocellulose auftropfen (Dot-Blot). Handelt es sich um doppelsträngige Nucleinsäuremoleküle, folgt ein Denaturierungsschritt, durch den die Hybride in Einzelstränge überführt werden. Danach inkubiert man die Nitrocellulosefolien mit einzelsträngigen, markierten DNA-Sonden, die zu den gesuchten Basensequenzen komplementär sind und mit ihnen zu doppelsträngigen Abschnitten hybridisieren (Abbildung 12.4). Während früher überwiegend Sonden für die Nachweisreaktion eingesetzt wurden, die durch den Einbau von ^{32}P- oder ^{35}S-haltigen Nucleotiden radioaktiv markiert waren, verwendet man heute hauptsächlich nichtradioaktive Systeme. Meistens werden in die DNA-Sonden Basenderivate integriert, die mit Biotin- oder Digoxigeninmolekülen modifiziert sind. Nach der Hybridisierung mit den viralen Nucleinsäuren werden die Nitrocellulosefolien mit Streptavidin beziehungsweise mit digoxingeninspezifischen Antikörpern inkubiert. Diese Reagentien sind kovalent mit Enzymen verknüpft, die den Nachweis durch eine Farbreaktion ermöglichen. Außer der bereits erwähnten Meerrettich-Peroxidase (siehe Western-Blot-Tests) verwendet man heute vermehrt Reagentien, an die alkalische Phosphatase gekoppelt ist. Bei Inkubation mit X-Phosphat (5-Brom-4-chlor-3-indolylphosphat) und NBT (4-Nitroblue-tetrazoliumchlorid) bildet sich ein lilafarbiges Präzipitat als Nachweis der Enzymaktivität. Die Farbintensität ist ein Maß für die Menge der jeweiligen viralen Nucleinsäure auf dem Blot. Alternativ hierzu kann der Nachweis durch chemoluminiszierende Agentien erfolgen; die Folien werden in diesem Fall, ähnlich wie bei der Verwendung radioaktiv markierter Sonden, mit Röntgenfilmen exponiert und diese entwickelt.

12.1.2 Direkter Nachweis der Viren in Biopsiematerial

Viele der heute diagnostisch eingesetzten Tests sind so empfindlich, daß man sie auch für den Virusnachweis in Seren oder anderen Biopsiematerialen einsetzen kann, ohne die Erreger zuvor *in vitro* anzuzüchten und zu vermehren. Dies gilt vor allem bei Infektionen, in deren Verlauf größere Mengen an Viruspartikeln oder bestimmten Proteinen gebildet und in das Blut abgegeben werden, wie das HBsAg bei der Hepatitis-B-Virus-Infektion (siehe

Abschnitt 18.1), das Capsidprotein p24 bei der akuten HIV-Infektion (Abschnitt 17.1) oder die Capside des Parvovirus B19 (siehe Kapitel 19.1). Die Proteine oder Viruspartikel lassen sich dabei mit den gleichen Methoden nachweisen, wie sie in Abschnitt 12.1.1 beschrieben sind. Meist verwendet man Antigen-Capture-ELISA-Tests. In den letzten Jahren hat man außerdem hochsensitive Systeme vor allem für den Nachweis viraler Nucleinsäuren im Blut oder den infizierten Geweben entwickelt, die im folgenden kurz besprochen werden.

Auftrennung der durch Behandlung mit Restriktionsenzymen entstehenden DNA-Fragmente im Agarosegel

zelluläres DNA-Fragment (doppelsträngig)

virales DNA-Fragment (doppelsträngig)

Agarosegel

Übertragung auf Nitrocellulose und Denaturierung in Einzelstränge

Nitrocellulose

DNA-Einzelstränge

Inkubation mit DNA-Sonden, die einzelsträngig, markiert und komplementär zu den viralen Fragmenten sind

Hybridisierung mit viralen Einzelsträngen ⇒ nach Exposition auf Röntgenfilm sichtbar

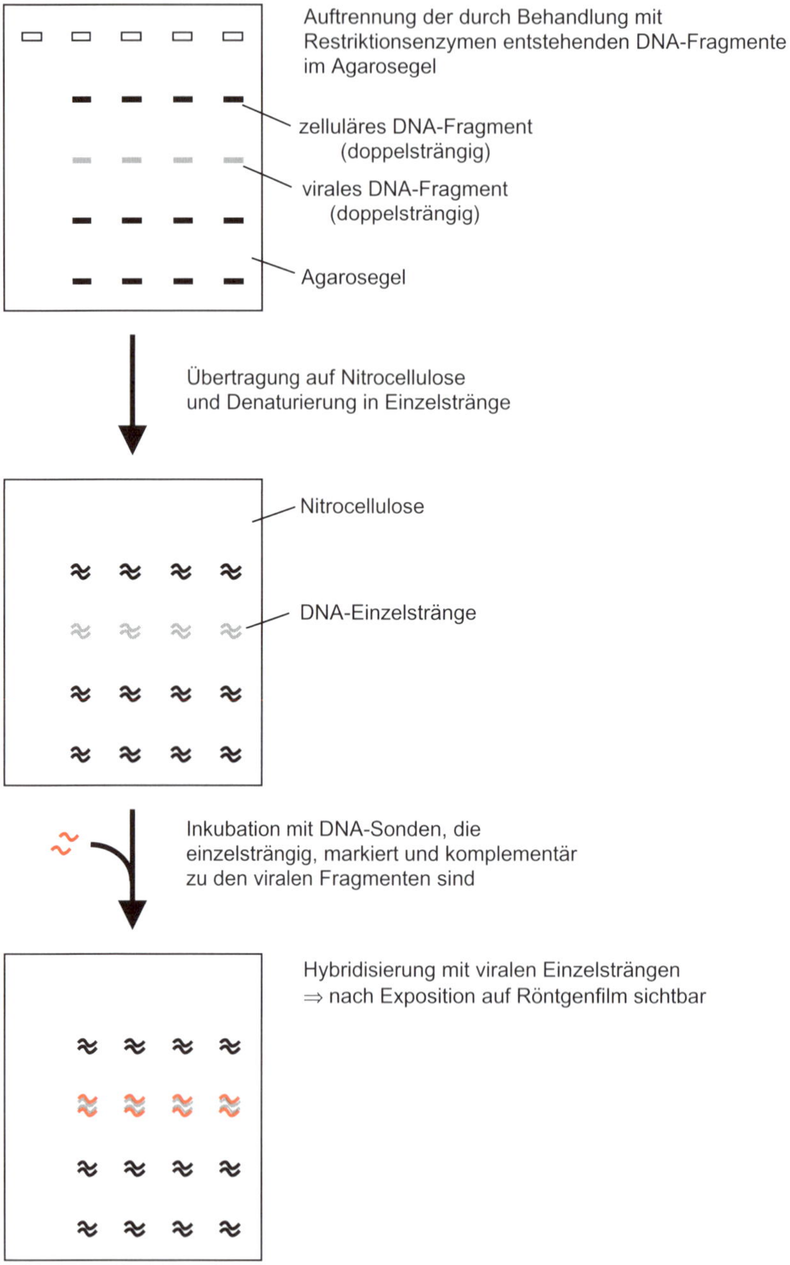

12.4 Prinzip des Southern-Blot-Tests.

Nachweis von Nucleinsäuren in Biopsien

Polymerasekettenreaktion (PCR). Die PCR ermöglicht die Amplifizierung geringster Mengen von Virusgenomen oder -transkripten direkt aus dem Biopsiematerial. Theoretisch kann man ein einziges Nucleinsäuremolekül im Testansatz nachweisen. Zuerst müssen die Proteine, die in den Serumproben vorhanden sind, entfernt werden, da sie die folgenden Reaktionen stören können. Üblicherweise werden sie mit Proteasen abgebaut, anschließend präzipitiert und durch Zentrifugation aus den Proben entfernt. Man wählt zwei Oligonucleotide, die komplentär zu je einem Strang der nachzuweisenden DNA-Doppelstränge sind und einen Abschnitt von 200 bis 400 Basen flankieren. Die DNA wird durch Erhitzen in Einzelstränge überführt. Dann gibt man die Oligonucleotide in einem hohen molaren Überschuß hinzu, die sich bei gleichzeitiger Abkühlung an die DNA-Stränge anlagern und kurze Doppelstrangregionen bilden. Das Reaktionsgemisch enthält als weitere Komponenten eine hitzestabile Form der DNA-Polymerase – üblicherweise die *Taq*-Polymerase des thermophilen Bakteriums *Thermus aquaticus* – und die vier Nucleotidtriphosphate dATP, dGTP, dCTP und dTTP. Die an die DNA-Stränge hybridisierten Oligonucleotide wirken als Primer. Sie stellen der *Taq*-Polymerase ein 3′OH-Ende zur Verfügung, an welches das Enzym die komplementäre DNA-Sequenz ansynthetisiert. Als Folge liegen zwei doppelsträngige DNA-Moleküle im Reaktionsansatz vor, die durch kurzzeitiges Erhitzen wieder voneinander getrennt werden. Während der folgenden Abkühlung lagern sich erneut Oligonucleotide an die Einzelstränge an und dienen als Primer für Synthese weiterer Doppelstränge: Das ursprüngliche DNA-Molekül ist somit zu vier Doppelsträngen amplifiziert worden. Man wiederholt die Erhitzungs- und Abkühlungsperioden und damit die Denaturierung beziehungsweise Hybridisierung und Polymerisation beliebig oft und gelangt so zu einer *logarithmischen Amplifikation* der Nucleinsäuremoleküle (Abbildung 12.5). Nach etwa 30 bis 40 solcher Zyklen schneidet man die amplifizierten DNA-Doppelstränge mit geeigneten Restriktionsendonucleasen – im Idealfall enthalten die Oligonucleotidprimer die entsprechende Erkennungssequenz als zusätzlichen Anteil – und identifiziert das gebildete Fragment nach Auftrennung des Gemisches über Agarosegele anhand seiner Basenlänge oder durch einen anschließenden Southern-Blot-Test. Da DNA auch über lange Zeiträume sehr stabil ist, kann man die Sequenzen auch in älteren und sogar in fixierten Organproben entdecken. Deshalb können Viren in sehr alten, in Formaldehyd eingelegten Materialen und auch in einbalsamierten Mumien nachgewiesen werden. Durch Einsatz der PCR untersucht man daher auch, wie sich bestimmte Virustypen in den vergangenen Jahrhunderten verändert und entwickelt haben. Dies wird – so glaubt man – genauere Einsichten in die Virusevolution ermöglichen.

Handelt es sich bei der Ausgangsnucleinsäure um RNA, so überführt man diese zuerst mit Hilfe der Reversen Transkriptase in doppelsträngige DNA. Daran schließen sich die oben beschriebenen Amplifizierungsreaktionen an. Mit geeigneten Kontrollen kann man auch die Menge der Nucleinsäure im Ausgangsmaterial, zum Beipsiel in den Seren, bestimmen. Nachteilig ist häufig die hohe Empfindlichkeit der PCR: Da es möglich ist, ein einziges DNA-Molekül zu amplifizieren, genügen geringste Kontaminationen in den Reaktionsansätzen, um falsch positive Ergebnisse zu liefern. Diese Gefahr ist vor allem in Diagnostiklaboratorien sehr hoch, da man hier regelmäßig mit den entsprechenden virushaltigen Materialien umgeht. Alle für die PCR verwendeten Lösungen, Puffer und Reaktionsgemische müssen daher in gesonderten Räumen angesetzt und pipettiert werden; weiterhin müssen bei allen Testansätzen Negativkontrollen mitgeführt werden, die mögliche Kontaminationen anzeigen.

***In situ*-Hybridisierung.** In Gefrierschnitten von infizierten Zellen oder Geweben kann man Virus-DNA und -RNA durch *in situ*-Hybridisierung mit spezifischen, zur gesuchten Sequenz komplementären, markierten DNA-Sonden nachweisen. Üblicherweise baut man

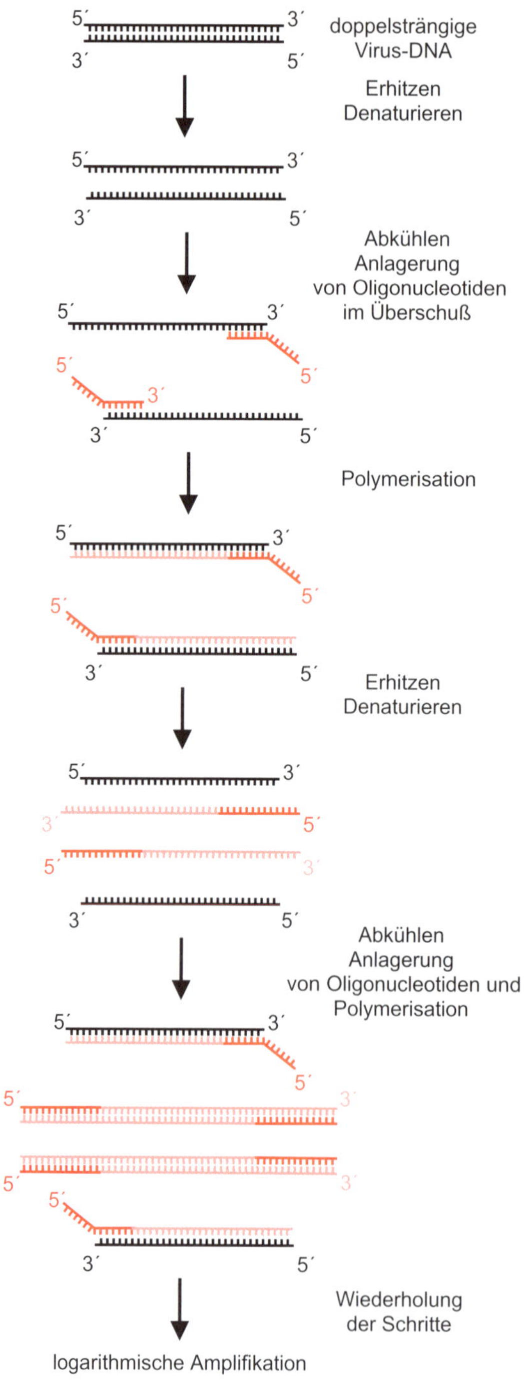

12.5 Prinzip der Polymerasekettenreaktion (PCR).

^{3}H-Thymidin oder biotinylierte Basenderivate in die Sonden ein. Im ersten Fall werden die Schnitte nach der Hybridisierung mit einer Filmemulsion beschichtet und später entwickelt, wobei man in den infizierten Zellen bei mikroskopischer Betrachtung eine granuläre Schwärzung findet. Diese Methode läßt sich mit der Polymerasekettenreaktion kombinieren, so daß man auch in Gefrierschnitten geringste Mengen viraler Nucleinsäuren aufspüren kann.

12.2 Auf welche Weise nutzt man spezifische Immunreaktionen zum indirekten Nachweis von Virusinfektionen?

Wie eingangs erwähnt, sind Viren häufig nur für kurze Zeit im Patienten vorhanden und nachweisbar. Oft muß daher eine Diagnose indirekt gestellt werden, das heißt durch die Bestimmung der Immunreaktion, die sie während der Infektion gegen die jeweiligen Erreger ausbildet. Üblicherweise weist man dabei im Serum der Patienten Antikörper nach, die sich spezifisch an definierte Virusproteine binden. IgM-Antikörper weisen im allgemeinen darauf hin, daß es sich um eine akute oder erst kürzlich erfolgte Infektion handelt. Werden dagegen IgG-Antikörper gegen ein bestimmtes Virus nachgewiesen, dann lassen sie auf eine länger zurückliegende, bereits abgelaufene Infektion schließen. Sie sind auch ein Anzeichen für einen Immunstatus, der die jeweilige Person vor einer Neuinfektion mit dem gleichen Erregertyp schützt (siehe Kapitel 7). Die Antikörper kann man mit Western-Blot-, ELISA- oder Immunfluoreszenztests nachweisen. Sollen mit den Immunglobulinen bestimmte Funktionen assoziiert werden, beispielsweise ihre Fähigkeit, das entsprechende Virus zu neutralisieren, dann untersucht man, ob die Immunglobuline die Infektion *in vitro* hemmen können. Hierzu inkubiert man bestimmte Mengen infektiöser Viruspartikel mit den Antikörpern, bevor man die Mischung zu den Zellen einer Gewebekultur gibt (Abschnitt 12.1).

Western-Blot und ELISA. Die Western-Blot- und ELISA-Tests unterscheiden sich von den in Abschnitt 12.1 beschriebenen in einem Punkt: Vorgegeben ist in diesem Fall das Antigen, das heißt bestimmte Virusproteine oder -partikel. Man trennt sie in SDS-Polyacrylamidgelen auf und überträgt sie auf Nitrocellulosefolien (Western-Blot). Bei den ELISA-Tests läßt man die Proteinpräparationen an das Polystyrol der Mikrotiterplatten binden. Die Patientenseren, in denen die fraglichen Antikörper nachgewiesen werden sollen, werden mit den Nitrocellulosestreifen inkubiert beziehungsweise in die Näpfe der Mikrotiterplatten pipettiert. Die Nachweisreaktionen erfolgen auch hier mit enzymgekoppelten, sekundären Antikörpern, die spezifisch den Fc-Anteil von menschlichem IgM- oder IgG erkennen und sich daran binden (Abbildung 12.2B). In ELISA-Tests läßt sich neben der Frage, gegen welches Virusantigen die Antikörper gerichtet sind, auch diejenige nach der Konzentration der Immunglobuline beantworten, da man hier Verdünnungsreihen von Seren untersuchen kann. Bis vor einigen Jahren verwendete man als Antigenmaterial der Western-Blot- oder ELISA-Tests üblicherweise Viren, die man in der Zellkultur gezüchtet und angereichert hatte. Heute werden hingegen bevorzugt Virusproteine eingesetzt, die man mit *gentechnischen Methoden* produziert. Hierzu wählt man virale Antigene, gegen die im Infektionsverlauf virustypspezifische Immunglobuline gebildet werden. Meist handelt es sich um Strukturproteine. Die Genabschnitte, die für diese Proteine codieren, werden unter Kontrolle bakterieller Promotoren in *E. coli* kloniert und exprimiert. Die Bakterien synthetisieren große Mengen der entsprechenden Virusproteine, die man reinigen und als Antigen in Western-Blot oder ELISA-Tests benutzen kann. Dieses Vorgehen erwies sich als billiger und ungefährlicher als die Anzüchtung großer Mengen infektiöser Krankheitserreger. Ist weiterhin bekannt, daß im Infektionsverlauf regelmäßig Antikörper gegen bestimmte Epitope gebildet werden, so kann man diese Proteinabschnitte chemisch als *Peptide* synthetisieren und als Antigene in ELISA-Tests einsetzen.

Immunfluoreszenztests. Dafür werden *in vitro* infizierte Kulturzellen auf Objektträger aufgebracht und fixiert. Man gibt die zu untersuchenden Serumverdünnungen hinzu und weist gebundene Antikörper mit Hilfe von FITC-konjugierten Immunglobulinen nach, die – je nach Fragestellung – gegen menschliches IgG oder IgM gerichtet sind.

Komplementbindungsreaktion. Eine sich ausbildende spezifische Immunreaktion läßt sich auch durch die *Komplementbindungsreaktion* nachweisen. Vorgegeben wird hier das Virus, von dem man wissen will, ob der Patient dagegen Antikörper gebildet hat. Das Serum wird zur Zerstörung des darin vorhandenen Komplements hitzebehandelt und zu der Virussuspension gegeben. Sind spezifische Immunglobuline vorhanden, so binden sie sich an die Erreger. Mit diesem Ansatz wird eine definierte Menge an Meerschweinchenserum vermischt. Es enthält Komplementkomponenten, die sich unter Aktivierung des klassischen Weges an die Antigen-Antikörper-Komplexe anlagern (siehe Kapitel 7). Als Indikatoren gibt man nun das sogenannte *hämolytische System* hinzu, das heißt Schaferythrocyten und Antikörper, die gegen die Oberflächen dieser roten Blutkörperchen gerichtet sind. Liegt eine spezifische antivirale Immunantwort vor, dann ist das zugegebene Komplement durch Bindung an die Virus-Antikörper-Komplexe abgefangen. Die Komponenten können sich daher nicht an die Antikörper anlagern, die an die Erythrocyten gebunden sind, und die Hämolyse induzieren. Sind im zu untersuchenden Patientenserum also virusspezifische Immunglobuline vorhanden, dann bleiben die roten Blutkörperchen intakt. Fehlen diese jedoch, bindet das zugegebene Komplement an die Erythrocyten-Antikörper-Komplexe und bewirkt deren Hämolyse (Abbildung 12.6). Man kann mit der Komplementbindungsreaktion auch das Virus selbst nachweisen: In diesem Fall gibt man im Test spezifische Immunglobuline vor. Sind Erreger vorhanden, so fangen sie die in der Lösung vorhandenen Antikörper und die Komplementkomponenten ab, und es erfolgt keine Hämolyse.

12.3 Welche wichtigen neuen Methoden zum Virusnachweis sind in den letzten Jahren entwickelt worden?

NASBA *(nucleic acid sequence based amplification).* Diese Technik wurde ursprünglich zum quantitativen Nachweis der RNA des humanen Immundefizienzvirus entwickelt. Man kann mit ihr aber auch die Nucleinsäuren anderer Erreger bestimmen. Im Gegensatz zur PCR verläuft die Amplifizierung bei einer konstanten Temperatur von 41 °C. Will man RNA im Ausgangsmaterial nachweisen, dann wird diese im ersten Schritt mit Hilfe der Reversen Transkriptase in doppelsträngige DNA umgeschrieben. Um die Reaktion zu starten, verwendet man Oligonucleotidprimer, die in der 5′-Hälfte eine Erkennungsstelle für die RNA-Polymerase des Phagen T7 besitzen; ihre 3′-Hälfte ist dagegen komplementär zu Abschnitten der nachzuweisenden RNA und kann mit ihr hybridisieren. Die cDNA-Stränge enthalten daher T7-Promotorsequenzen und werden im nächsten Schritt nach Zugabe der T7-RNA-Polymerase transkribiert, wobei von jedem DNA-Strang bis zu 1 000 mRNA-Moleküle synthetisiert werden. Diese werden wiederum in doppelsträngige DNA überführt und erneut transkribiert. Die Effizienz der T7-RNA-Polymerase ermöglicht in wenigen solcher

Zyklen eine ähnliche Amplifikation der Ausgangsnucleinsäuren wie die PCR. Die cDNA-Stränge können in Agarosegelen aufgetrennt und mit den üblichen Methoden nachgewiesen werden.

Branched-DNA-detection. Auch dieses Testsystem ist für den Nachweis von Nucleinsäuren geeignet und wurde (ähnlich wie die NASBA) zur Bestimmung der Menge von RNA-

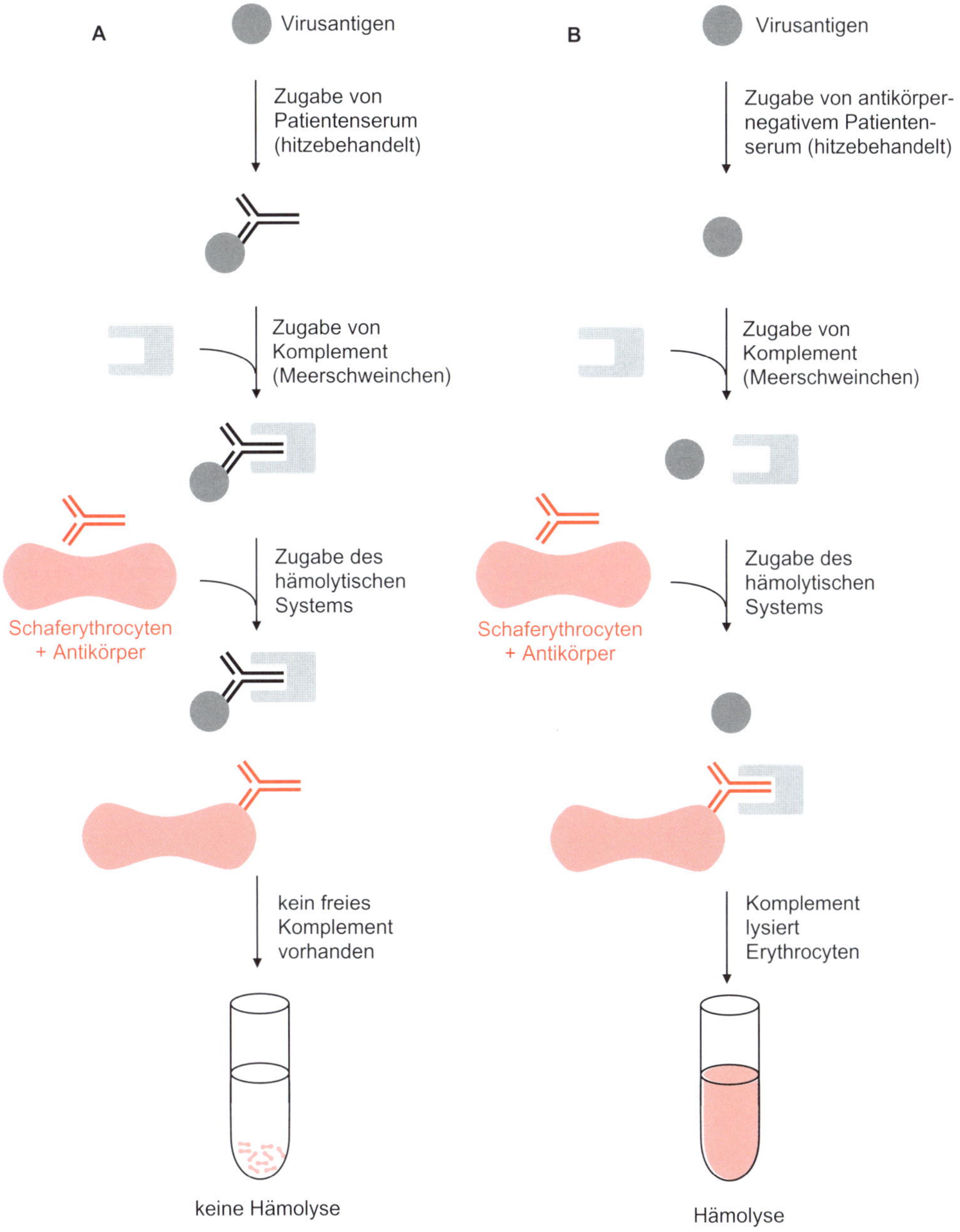

12.6 Prinzip der Komplementbindungsreaktion. A: Positiver Antikörpernachweis. B: Negativer Antikörpernachweis.

Genomen des humanen Immundefizienzvirus in Patientenseren entwickelt. Die in den Proben vorhandenen Proteine werden durch Proteasebehandlung abgebaut und die RNA durch Zentrifugation angereichert. Zu der Lösung gibt man DNA-Oligonucleotide als Primärsonden, die in einer Hälfte komplementär zu den HIV-Sequenzen sind und mit ihnen kurze Doppelstrangregionen ausbilden; der nicht komplementäre Teil des Oligonucleotides bleibt als Einzelstrang erhalten. Dieser Nucleinsäurekomplex wird an Mikrotiterplatten gebunden, die an den Polystyrolwänden Oligonucleotide als Fangsonden enthalten, welche komplementär zu anderen Regionen des HIV-Genoms sind. Im nächsten Schritt fügt man DNA-Moleküle hinzu, die an den Enden mit den einzelsträngigen Bereichen der Primärsonden hybridisieren und etwa 20 Verzweigungen aufweisen, an deren Sequenzen sich wiederum komplementäre Oligonucleotide als Sonden anlagern können. Diese sind ihrerseits mit alkalischer Phosphatase markiert. Der quantitative Nachweis erfolgt schließlich durch Zugabe von Substraten, die bei ihrer Umsetzung chemolumineszierende Moleküle freisetzen. Da bei dem System der *branched-DNA-detection* nicht die Ausgangssequenz, sondern das *Signal* verstärkt wird, ist es weniger anfällig für Kontaminationen; die Empfindlichkeit der PCR oder der NASBA wird allerdings nicht erreicht.

Biosensoren. In der letzten Jahren werden Biosensoren vermehrt als schnelle und empfindliche Testsysteme zum Nachweis der verschiedensten Stoff- und Molekülklassen diskutiert und erprobt. Die *Immunsensoren* ermöglichen dabei die Messung sich spezifisch ausbildender Antigen-Antikörper-Komplexe; sie basieren auf unterschiedlichen Prinzpien, die hier nur kurz angesprochen werden können. Für den Einsatz als chemische Sensoren in Flüssigkeiten, beispielsweise Seren, scheinen heute vor allem *Volumenschwinger* geeignet zu sein. Zu ihnen gehören die Schwingquarze, die auf einer speziell behandelten Oberfläche – je nach Testprinzip – mit antigenen Proteinen oder monoklonalen Antikörper beschichtet werden. Legt man an diese Quarze eine elektrische Wechselspannung an, dann wird der Kristall zu elastischen Schwingungen angeregt, deren Amplitude ein Maximum erreicht, wenn die elektrische Frequenz mit einer der mechanischen Eigenfrequenzen des jeweiligen Quarzes übereinstimmt. Diese Schwingungen lassen sich mit den entsprechenden Meßsystemen erfassen. Gibt man nun einen mit Antigenen beschichteten Quarzkristall in eine Lösung, die spezifisch bindende Antikörper enthält, dann lagern sich diese an seine Oberfläche an und verändern seine Masse. Dadurch verändert sich die Schwingfrequenz und zeigt so einen positiven Antikörpernachweis an. Neben diesen *piezoelektrischen Immunsensoren* versucht man, Meßtechniken zu entwickeln, deren Funktionsweise derjenigen von *potentiometrischen Elektroden* gleicht, die also Ähnlichkeit zu pH-Meßgeräten haben. In diesem Fall zielt man darauf ab, die Veränderung des Potentials zu bestimmen, die bei Ausbildung der Antigen-Antikörper-Komplexe auf einer dünnen, equilibirierten Silicagelschicht an der Oberfläche der pH-Glasmembran entsteht. Eine Untergruppe der potentiometrischen Immunsensoren sind die *ionensensitiven Feldeffekttransistoren* (ISFET), die von allen erwähnten Systemen die schnellste Ansprechzeit (nur einige Sekunden) haben und daher äußerst schnelle Messungen ermöglichen sollen.

12.4 Weiterführende Literatur

Becker, Y.; Darai, G. *PCR: Protocols for Diagnosis of Human and Animal Virus Disease.* Berlin, Heidelberg, New York (Springer) 1995.

Camman, C.; Lembke, U.; Rohen, A.; Sander, J.; Wilken, H.; Winter, B. *Chemo- und Biosensoren – Grundlagen und Anwendungen.* In: *Angewandte Chemie* 103 (1991) S. 519–549.

Cass, A. E. G. *Biosensors. A Practical Approach.* Oxford (IRL Oxford University Press) 1991.

Lenette, E. H. *Laboratory diagnosis of viral infection.* New York, Basel, Hong Kong (Marcel Dekker Inc.) 1992.

Selb, B. *Medizinische Virusdiagnostik.* Frankfurt/Main (Umschau) 1992.

Weber, B. *Aktuelle Entwicklungen in der Diagnostik der HIV-Infektion.* In: *AIDS-Forschung* 10 (1995), S. 339–349.

Wiedvrank, D. L; Farkas, D. H. *Molecular methods for virus detection.* San Diego, New York, Boston (Academic Press) 1995.

B. Spezieller Teil

13. Viren mit einzelsträngigem RNA-Genom in Plusstrangorientierung

Man kennt heute fünf Virusfamilien, deren Vertreter eine einzelsträngige RNA in Plusstrangorientierung besitzen: die *Picornaviridae*, die *Flaviviridae*, die *Togaviridae*, die *Coronaviridae* und die *Caliciviridae*. Allen gemeinsam ist, daß sie ihre Genome als mRNA verwenden und davon ein oder mehrere Polyproteine synthetisieren, die im weiteren Verlauf durch virale oder auch zelluläre Proteasen in die Einzelkomponenten gespalten werden. Die Viren verfügen über eine RNA-abhängige RNA-Polymerase, welche die Plusstrang-RNA sowie die als Zwischenprodukte der Replikation auftretenden Negativstränge übersetzt; aus dem zweiten Transkriptionsschritt gehen die neuen genomischen RNA-Moleküle hervor. Die Einteilung in die fünf Familien richtet sich nach der Lage und der Orientierung der Virusgene auf der RNA, nach der Anzahl der unterschiedlichen Polyproteine, die während der Infektion synthetisiert werden, und nach dem Vorhandensein einer Hüllmembran als Teil der Virionen.

13.1 Picornaviren

Die Familie der *Picornaviridae* umfaßt eine große Anzahl von Virusgruppen und -typen (Tabelle 13.1). Sie können beim Menschen völlig unterschiedliche, zum Teil sehr schwerwiegende Erkrankungen auslösen. Der Name *Picorna* ist eine Abkürzung und weist auf zwei molekulare Eigenschaften der Virusfamilie hin: Zusammengefaßt werden hier nämlich kleine (*pico* für „klein") Viren mit einem *RNA*-Genom. Die ersten Vertreter der Picornaviren wurden 1898 entdeckt: Friedrich Loeffler und Paul Frosch beschrieben damals den Erreger der *Maul- und Klauenseuche* als filtrierbares Agens und wiesen so als erste die Existenz von tierpathogenen Viren nach. 1909 veröffentlichten Karl Landsteiner und Emil Popper einen Artikel, in dem sie den Erreger der *Kinderlähmung,* einer 1840 erstmals von Jacob von Heine und später von Oskar Medin beschriebenen Erkrankung, als Virus identifizierten. Daß diese Viren in Gewebekulturen aus Nierenstückchen die Ausbildung eines *cytopathischen Effekts* auslösen, zeigten 1949 J. F. Enders, T. H. Weller und F. C. Robbins, doch die Charakterisierung als *Poliomyelitisvirus* (Poliovirus) erfolgte erst 1955 durch H. von Magnus und Mitarbeiter.

1947 entdeckte G. Dalldorf die *Coxsackieviren*, als er neugeborene Mäuse mit virushaltigem Material infizierte und bei den Tieren Lähmungen beobachtete. Diese Viren sind nach dem Ort im US-Bundesstaat New York benannt, wo sie aus einem Patienten isoliert wurden. Da die neu entdeckten Viren keine Kreuzreaktionen mit Polioviren zeigten, wurden sie als Coxsackieviren von ihnen abgetrennt. Aufgrund unterschiedlicher Charakteristika der Lähmungen, die sie nach experimenteller Infektion in neugeborenen Mäusen verursachen, unterteilte man sie in die Gruppen A und B (Tabelle 13.5). Neben diesen wurden weitere humanpathogene Viren entdeckt, die in neugeborenen Mäusen keine Lähmungserscheinungen hervorrufen: die *Echoviren*. Das namensgebende Kürzel steht für einige Eigenschaften dieser Viren: *enteric*, *cytopathogenic*, *human*, *orphan virus*; der letzte Begriff weist darauf hin, daß man damals keine Erkrankung mit der Virusinfektion in Zusammenhang bringen konnte. Die von ihnen verursachten Symptome wurden erst später entdeckt. Weitere aus dem Verdauungstrakt isolierte Viren wurden später als *Enteroviren* bezeichnet. Sie erzeugen vielgestaltige Erkrankungsbilder.

Tabelle 13.1: Charakteristische Vertreter der Picornaviren

Genus	Mensch	Tier
A. säurestabile Genera		
I. Enterovirus	Poliovirus Typ 1–3 Coxsackievirus A (23 Typen) Coxsackievirus B (6 Typen) Echovirus (31 Typen) Enterovirus (4 Typen)	Theilers Encephalomyelitisvirus der Maus (3 Typen) bovines Enterovirus (ECBO, 2 Typen) Affenenterovirus (18 Typen) Schweineenterovirus (ECSO, 11 Typen) Hundeenterovirus (ECCO)
II. Hepatovirus	Hepatitis-A-Virus	
III. Cardiovirus		Encephalomyocarditisvirus der Maus (EMC) Mengovirus
B. säurelabile Genera		
I. Rhinovirus	Rhinovirus (> 100 Typen)	bovine Rhinoviren (2 Typen)
II. Aphthovirus		Maul-und-Klauenseuche-Virus (7 Typen)

Ein anderes humanpathogenes Picornavirus wurde erst sehr spät als solches charakterisiert: das *Hepatitis-A-Virus* als Erreger einer Form der epidemischen Leberentzündung, für das der Genusbegriff der Hepatoviren geschaffen wurde. Epidemiologisch und diagnostisch konnte die Hepatitis A schon frühzeitig von der Hepatitis B abgegrenzt werden. Der elektronenmikroskopische Nachweis des Hepatitis-A-Virus erfolgte 1973 durch Stephen M. Feinstone und Kollegen. Erst 1979 gelang Philip Provost und Maurice Hilleman die erfolgreiche Kultivierung dieses Virus. Seine Einordnung in die Gruppe der Picornaviren erfolgte 1982. Neben diesen Erregern gibt es auch Vertreter der Picornaviren, die den Menschen sehr häufig befallen: die *Rhinoviren* als Verursacher des Schnupfens. Sie werden seit 1940 intensiv erforscht.

13.1.1 Einteilung und charakteristische Vertreter

Picornaviren können in zwei große Untergruppen eingeteilt werden, deren molekulare Eigenschaften eng mit der Pathogenese verknüpft sind: nämlich in säurestabile Erreger, die das im Magen vorliegende saure Milieu ohne Einbußen der Infektiosität überstehen können und die deshalb den Organismus bevorzugt über den Verdauungstrakt infizieren, und in säurelabile Typen, deren Infektion sich bevorzugt im Hals-Nasen-Rachen-Raum manifestiert (Tabelle 13.1).

13.1.2 Aufbau

Viruspartikel

Alle Picornaviren haben einen sehr ähnlichen Aufbau: Es handelt sich um *ikosaedrische Nucleocapside* mit einem Durchmesser von circa 30 nm; sie sind nicht von einer Membranhülle umgeben. Die Capside bestehen aus vier Virusproteinen: VP1, VP2, VP3 und VP4. Gelegentlich findet sich ein fünftes Polypeptid in unregelmäßigen Mengen; es wird als

VP0 bezeichnet und stellt den Vorläufer der Komponenten VP2 und VP4 dar, die erst bei der Virusreifung durch proteolytische Spaltung entstehen. Da die Partikelstruktur von Polio-, Rhino-, Mengo- sowie Maul-und-Klauenseuche-Virus durch Röntgenbeugungsanalyse geklärt wurde, ist die Anordnung der verschiedenen viralen Strukturproteine in den Partikeln sehr gut bekannt. Die Virionen bestehen aus je 60 Einheiten der Proteine VP1, VP2, VP3 und VP4, wobei VP4 an der Innenseite der Partikel lokalisiert und mit dem RNA-Genom assoziiert ist. Das VP4 der Hepatoviren ist sehr klein (21 bis 23 Aminosäuren), sein Vorhandensein im Virion ist nicht endgültig geklärt. VP1, VP2 und VP3 bilden die Oberflächen des Ikosaeders (Abbildung 13.1).

13.1 A: Aufbau eines Picornaviruspartikels. Die Lage der Capsidproteine VP1, VP2 und VP3 ist schematisch dargestellt. VP4 ist an der Innenseite des Capsids lokalisiert und nicht an der Oberfläche exponiert. Die Lage des Vorläuferprodukts für VP1, VP2 und VP3, des Protomers, ist durch den grau schattierten Bereich angedeutet. Die sogenannten Canyons, die als grabenartige Vertiefungen auf der Partikeloberfläche die Ikosaederecken umgeben, sind rot angedeutet. B: Struktur der Capsidproteine VP1, VP2 und VP3 des Poliovirus. Mit der Bezeichnung RVC (*RNA virus capsid domain*) ist das in allen Proteinen ähnliche, keilförmige Faltungsmuster der Proteine aus acht antiparallelen β-Faltblättern schematisch dargestellt. Die einzelnen β-Faltblätter sind durch Pfeile repräsentiert; sie werden mit großen Buchstaben bezüglich ihrer Reihenfolge im Protein bezeichnet. Die α-helikalen Regionen sind hier durch Zylinder angedeutet. Die Strukturen der Proteine VP1, VP2 und VP3 sind durch Bändermodelle dargestellt. Die Zahlen beziehen sich auf die Aminosäurepositionen, gerechnet ab dem aminoterminalen Ende des jeweiligen Capsidproteins. Die α-Helices sind in diesen Fällen durch die spiralenartige Faltung der Bänder angedeutet. Um das gemeinsame Strukturmotiv besser zu erkennen, wurden die amino- und carboxyterminalen Enden der Proteine nicht mit in die Darstellung aufgenommen. (Aus Rotbart, H. A. (Hrsg.) *Human Enterovirus Infections.* Washington (American Society for Microbiology) 1995. S. 163).

A

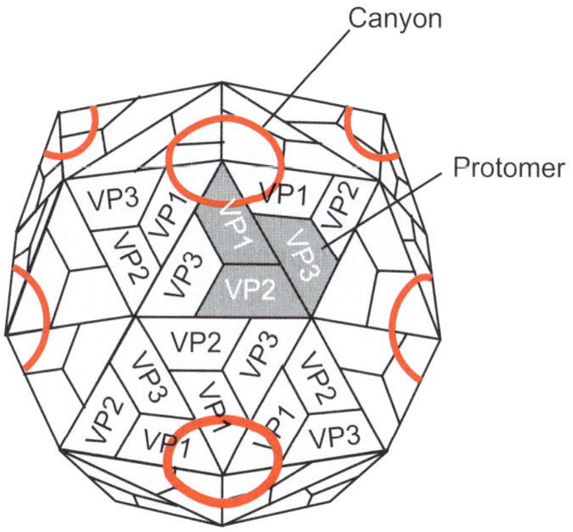

B

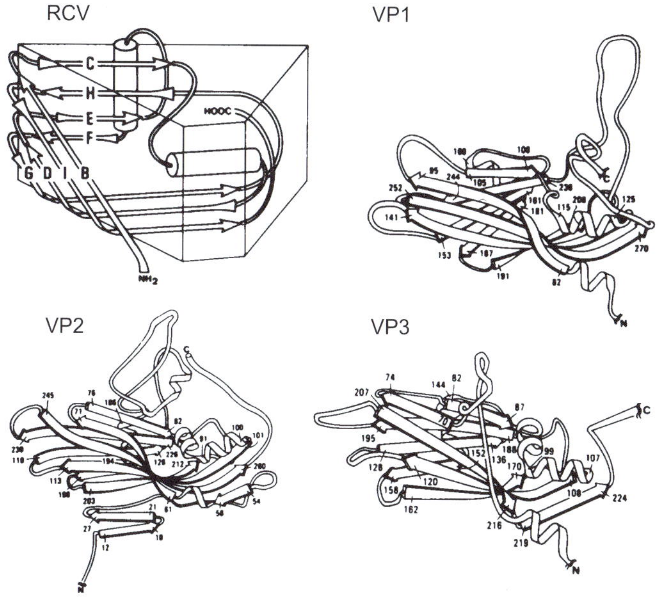

C

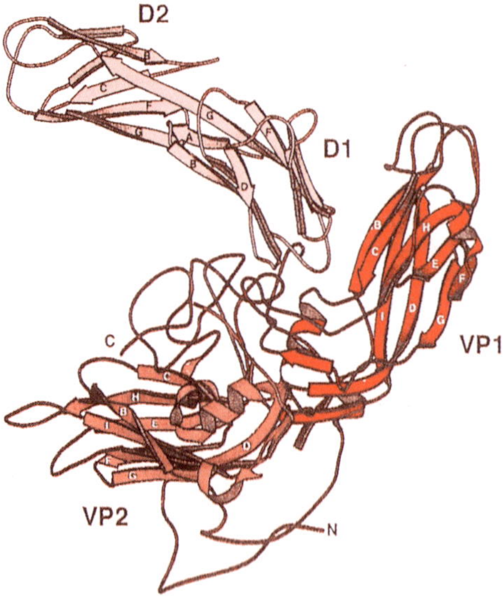

13.1 C: Schematische Darstellung der Struktur des Canyons des humanen Rhinovirus Typ 14 und seine Wechselwirkung mit dem zellulären Rezeptor ICAM-1. Die Strukturen der Capsidproteine VP1 (rot) und VP2 (hellrot) sind als Bändermodell dargestellt, die antiparallelen β-Faltblätter sind durch Pfeile repräsentiert und mit Großbuchstaben bezeichnet. Als Grundlage für die Modellierung der Struktur der Rezeptordomäne D1 vom ICAM-1 (grau) wurde die Kristallstruktur der aminoterminalen Region des CD4-Moleküls verwendet, das über große Bereiche zu ICAM-1 homolog ist. (Nach Olson, N. H. et al. *Proc. Natl. Acad. Sci. USA* 90 (1993) S. 507–511).

Die Virionen der Entero- und Hepatoviren sind sehr stabil, eine saure Umgebung mit einem pH-Wert von drei und darunter beeinträchtigt sie nicht. Das läßt vermuten, daß bei diesen Virustypen eine sehr enge Wechselwirkung der verschiedenen Capsidproteine im Partikel vorliegen muß. Daneben besitzen Entero- und Hepatoviren auch eine sehr hohe Resistenz gegenüber Detergentien. Sogar als freie Viruspartikel können sie in der Umwelt relativ lange überdauern.

Genom und Genomaufbau

Die virale Nucleinsäure ist mit den Aminosäuren an der Innenseite des ikosaedrischen Partikels assoziiert. Sie besteht aus *einzelsträngiger RNA*. Das Genom ist zwischen 7 209 (Rhinovirus Typ 14) und 8 450 Basen (Maul-und-Klauenseuche-Virus) lang (Tabelle 13.2). Das Genom ist *per se* infektiös; wird es unter geeigneten Bedingungen von einer Zelle aufgenommen, so kann schon die gereinigte Nucleinsäure eine Infektion induzieren. Die RNA besitzt *Plus-* oder *Positivstrangorientierung*, das heißt, die Virusproteine können ohne einen Zwischenschritt von der RNA translatiert werden. Das 3′-Ende der genomischen RNA ist *polyadenyliert*, an das 5′-Ende ist kovalent ein kleines, viruscodiertes Protein (*Vpg* = virales Protein, genomassoziiert) gebunden. Dieses Vpg ist bei Polio- und Coxsackievirus 22, bei Hepatitis-A- und Rhinovirus 23 Aminosäuren lang. Über die OH-Gruppe am

Tabelle 13.2: Vergleichen der Genome verschiedener Picornaviren

Virus	Genomlänge (Basen)	5′-NTR*	Polyprotein (Aminosäuren)	3′-NTR*
Poliovirus	7433	740	2207	72
Coxsackievirus B3	7400	741	2185	100
Hepatitis-A-Virus	7478	733	2227	64
Rhinovirus (Typ 14)	7209	624	2178	47
Maul-und-Klauenseuche-Virus	8450	1199°	2332	87

* 5′-NTR/3′-NTR = nichttranslatierter Bereich am 5′- beziehungsweise 3′-Ende des Genoms
° enthält einen PolyC-Trakt von 100–170 Basen je nach Virusisolat

Phenolring eines Tyrosinrestes an Position 3 ist es mit der Phosphatgruppe des Uridinrestes am 5′-Ende des Genoms verestert.

Das Genom der Picornaviren enthält einen einzigen, großen offenen Leserahmen, der für *ein Vorläuferprotein* codiert (Abbildung 13.2). Dieses experimentell nicht faßbare Polyprotein wird noch während seiner Synthese proteolytisch in die verschiedenen viralen Komponenten – Struktur- und Nichtstrukturproteine sowie die viralen Enzyme – gespalten. Zwi-

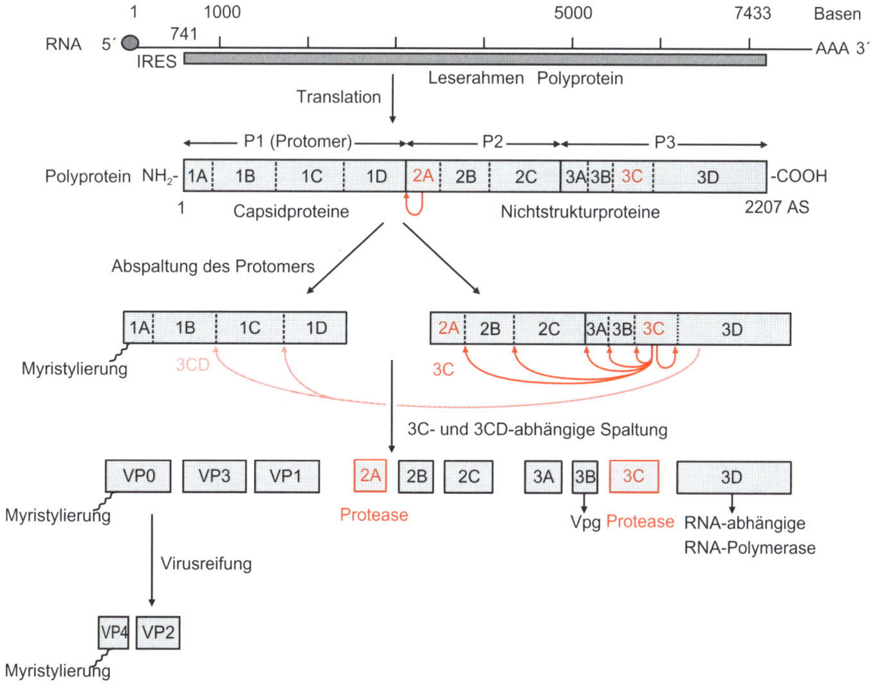

13.2 Aufbau des RNA-Genoms von Picornaviren am Beispiel des Poliovirus Typ 1. Das virale RNA-Genom besitzt am 5′-Ende ein kovalent gebundenes Protein Vpg, am 3′-Ende ist es polyadenyliert. IRES bezeichnet die *internal ribosomal entry site*. Der einzige Leserahmen codiert für ein Polyprotein, das durch die Aktivität der Proteasen 2A und 3CD beziehungsweise 3C in die verschiedenen Komponenten – die Struktur- und Nichtstrukturproteine sowie die Enzyme – gespalten wird. Die Regionen der Proteasen sind rot dargestellt, die Pfeile geben die von ihnen durchgeführten Spaltungen an.

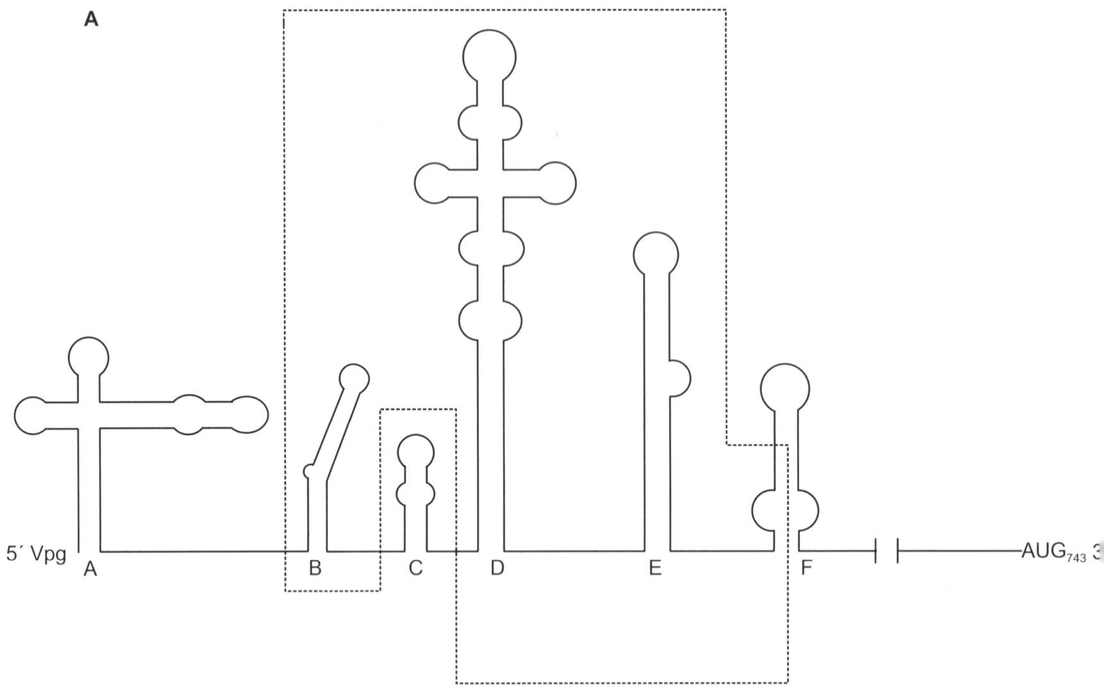

13.3 A: Computermodell für die energetisch begünstigte Faltung der 5′-nichtcodierenden Region des Poliovirus. Die Sequenzelemente, welche die *internal ribosomal entry site* (IRES) umfassen, sind eingerahmt.

schen dem Vpg-Protein am 5′-Ende des Genoms und dem Startcodon für die Translation des Vorläuferproduktes befindet sich ein nichttranslatierter Sequenzabschnitt, der zwischen 624 (bei Rhinoviren) und 1 199 Nucleotide (beim Maul-und-Klauenseuche-Virus) einnehmen kann. Diese nichtcodierenden Nucleotide liegen zu einem hohen Prozentsatz in intramolekularer Basenpaarung vor. Der Basenabschnitt am 5′-Ende besitzt also eine *ausgeprägte Sekundärstruktur* (Abbildung 13.3). Er hat die Aktivität einer *internal ribosomal entry site* (*IRES*) und erlaubt die Bindung von Ribosomen unabhängig von der 5′-Cap-Struktur, wie sie gewöhnlich am 5′-Ende eukaryotischer mRNA-Moleküle vorliegt. Mutationen in

Translationsinitiation durch IRES-Sequenzen

IRES-Sequenzen, die eine von der 5′-Cap-Struktur und dem *Cap-Bindungskomplex* unabhängige Translation eukaryotischer mRNA ermöglichen, wurden bisher im Genom der Picornaviren und des Hepatitis-C-Virus, eines Vertreters der Flaviviren, identifiziert (Abschnitt 13.2). Man hat jedoch auch ein zelluläres Gen gefunden, dessen mRNA in der 5′-nichttranslatierten Kontrollregion eine IRES enthält: Es codiert für das *BiP-Protein* (*immunoglobulin heavy chain binding protein*), ein im Bereich des endoplasmatischen Retikulums und des Golgi-Apparats aktives Proteinfaltungsenzym (Chaperon), das an der Interaktion der leichten und schweren Immunglobinketten zu funktionsfähigen Antikörpern beteiligt ist.

B

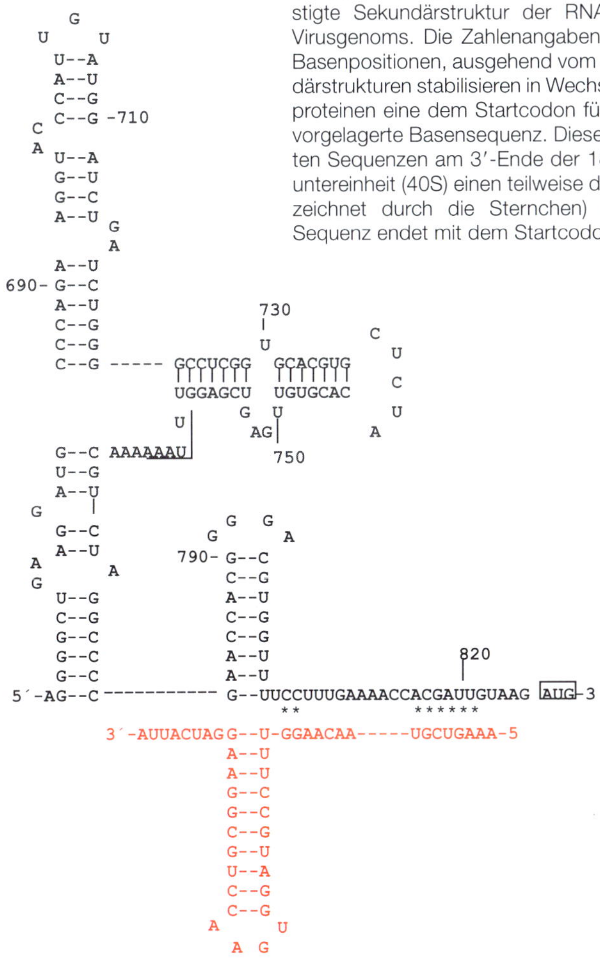

B: Die IRES-Region des Encephalomyocarditisvirus. Dargestellt ist die durch Computeranalyse vorgeschlagene, energetisch begünstigte Sekundärstruktur der RNA-Sequenzen im 5′-Bereich des Virusgenoms. Die Zahlenangaben beziehen sich auf die jeweiligen Basenpositionen, ausgehend vom 5′-Ende des Genoms. Die Sekundärstrukturen stabilisieren in Wechselwirkung mit verschiedenen Zellproteinen eine dem Startcodon für die Translation des Polyproteins vorgelagerte Basensequenz. Diese kann mit den rot gekennzeichneten Sequenzen am 3′-Ende der 18S-rRNA der kleinen Ribosomenuntereinheit (40S) einen teilweise doppelsträngigen Bereich (gekennzeichnet durch die Sternchen) ausbilden. Die hier dargestellte Sequenz endet mit dem Startcodon (AUG) für das Polyprotein.

diesem Sequenzbereich können die Translatierbarkeit der RNA und die Virulenz stark beeinflussen. Zwischen dem Stopcodon für das Polyprotein und dem PolyA-Anteil am 3′-Ende des Genoms befindet sich ein kurzer, ebenfalls nichttranslatierter Sequenzabschnitt, der beim Rhinovirus 47 und beim Coxsackievirus 100 Basen umfaßt.

13.1.3 Virusproteine

Polyprotein

Der offene Leserahmen auf dem Picornavirusgenom codiert für ein großes, durchgehendes *Polyprotein*, das bei allen Virustypen mehr als 2 100 Aminosäurereste umfaßt. In seiner Sequenz sind alle Proteine und Funktionen enthalten, die das Virus für den erfolgreichen

Ablauf einer Infektion benötigt. Die Anordnung der Proteine im Vorläuferprodukt ist bei allen Picornavirustypen gleich (Abbildung 13.2). Man teilt das Polyprotein in drei Bereiche ein; die Proteine, die durch Spaltung daraus entstehen, ordnet man mit großen Buchstaben den jeweiligen Abschnitten zu. Im aminoterminalen Bereich befinden sich die Vorläufersequenzen der viralen Capsidproteine (1A bis 1D); in der Mitte des Polyproteins befinden sich die Nichtstrukturproteine 2A bis 2C, die wichtige Funktionen für die Anpassung des Virus an den Zellstoffwechsel haben; aus den carboxyterminal orientierten Regionen 3A bis 3D werden im weiteren Verlauf die enzymatisch aktiven Komponenten und einige weitere Nichtstrukturproteine gebildet. Gewöhnlich entstehen aus dem Polyprotein elf virale Proteine. Eine Ausnahme bilden die Aphtho- und Cardioviren. Bei ihnen befindet sich am aminoterminalen Ende ein kurzes *Leader-Protein* (*L-Protein*), das im Falle des Encephalomyocarditisvirus 67 Aminosäuren lang ist. Beim Maul-und-Klauenseuche-Virus enthält das L-Protein 205 Reste und besitzt proteolytische Aktivität. In diesen Fällen beginnt das Polyprotein also nicht mit den Strukturproteinen, sondern mit dem L-Protein. An den Bereich der Strukturproteine schließt sich im Polyprotein eine Aminosäuresequenzfolge mit *proteolytischer Aktivität* (*2A-Protease*) an. Diese Protease entfaltet ihre Aktivität cotranslational. Bei den Enteroviren wird die Aminosäurekette zwischen dem Ende der Capsidproteine und dem Beginn der 2A-Protease autokatalytisch geschnitten. Der aminoterminale Teil des Vorläuferproteins wird vom dem noch nicht fertig translatierten carboxyterminalen Bereich abgespalten und so das sogenannte *Protomer*, der Vorläufer der Strukturproteine, gebildet. Bei den Aphtho- und Cardioviren erfolgt die autokatalytische Spaltung durch die 2A-Protease nicht vor den eigenen Sequenzen, sondern im Anschluß daran; folglich enthält das entstehende Produkt das Protomer und die Protease. Die Eigenschaften und Funktionen der Proteine, die bei den verschiedenen Picornaviren durch die Spaltung des Polyproteins entstehen, sind in Tabelle 13.3 zusammengefaßt.

Strukturproteine

Das Protomer umfaßt die Aminosäuren der Capsidproteine, die in der Reihenfolge 1A, 1B, 1C und 1D angeordnet sind; sie entsprechen den Strukturproteinen *VP4, VP2, VP3* und *VP1*. Am aminoterminalen Ende wird das Protomer an einem Glycinrest durch Anhängen eines *Myristinsäurerestes* modifiziert. An diesem Vorgang sind zelluläre Enzyme beteiligt. Bei den Aphthoviren ist hierfür die vorherige Entfernung des L-Proteins notwendig, bei den anderen Picornavirustypen muß zuvor das aminoterminale Methionin abgespalten werden. Die Myristylierung bleibt während den nachfolgenden Spaltungen erhalten und ist auch im VP4-Protein nachweisbar.

An der Prozessierung des Capsidvorläuferproteins zu den Einzelkomponenten VP0, VP3 und VP1 ist eine andere virale Protease, die *3C-Protease*, aktiv beteiligt. Dieses Enzym befindet sich in der carboxyterminal orientierten Region des Polyproteins. Es entfaltet seine Aktivität erst relativ spät. Bereits vor der Spaltung ist das Protomer in die Domänen vorgefaltet, die den vier Capsidproteinen entsprechen. Im Verlauf der Prozessierung falten diese sich jedoch weiter um, und es entstehen die Proteinstrukturen, die man in den infektiösen Viruspartikeln findet. Die Spaltung des VP0-Anteils in VP4 und VP2 erfolgt erst im Verlauf der *Virusreifung*; die hierfür nötige proteolytische Aktivität befindet sich in der carboxyterminalen Domäne des VP0-Proteins in den Sequenzen, die den VP2-Abschnitt enthalten. Ein Serinrest an Position 10 des VP2-Proteins, der sich nahe der späteren Spaltstelle VP4/VP2 befindet und in vielen Picornaviren konserviert ist, scheint dieser Domäne die Aktivität einer *Serinprotease* zu verleihen, welche die autokatalytische Spaltung vollzieht. Für die enzymatische Aktivität ist allerdings zusätzlich die enge Wechselwirkung des VP0-Proteins mit dem viralen RNA-Genom im unreifen Partikel nötig. Man vermutet,

Tabelle 13.3: Eigenschaften der Proteine humanpathogener Picornaviren im Vergleich

Protein	Poliovirus	Coxsackievirus	Hepatitis-A-Virus	Rhinovirus	Modifikation	Funktion
	Anzahl der Aminosäuren					
VP4	69	69	23	69	myristyliert	Strukturprotein, im Partikelinnern, interagiert mit RNA
VP2	271	261	224	262		Strukturprotein
VP3	238	238	245	236		Strukturprotein
VP1	302	284	345	290		Strukturprotein
2A	149	147	189	145		Protease; spaltet das Protomer vom Polyprotein an; induziert Degradierung des p220
2B	97	99	107	97		beeinflußt Wirtsspezifität
2C	329	329	335	330	NTP-Bindung	Initiation der RNA-Synthese; Helicase?
3A	87	89	74	85		hydrophober Teil zur Verankerung des 3AB-Vorläufers in der Membran; beeinflußt Uridinylierung des Vpg
3B	22	22	23	23	uridinyliert	Vpg, kovalent an das 5'-Ende des Genoms gebunden
3C	182	183	219	182		Protease, führt alle Spaltungen außer VP0 zu VP4 und VP2 und Protomerabspaltung durch
3D	461	462	489	460		RNA-abhängige RNA-Polymerase

Die Reihenfolge der aufgeführten Proteine in der Tabelle entspricht ihrer Reihenfolge im Polyprotein.

daß für die erfolgreiche proteolytische Spaltung eine Base des Genoms als Protonendonor mit den Aminosäuresequenzen zusammenwirken muß. Deshalb wird dieses Enzym erst spät, nämlich erst in dem genomhaltigen, von der infizierten Zelle bereits freigesetzten, aber noch unreifen Viruspartikel aktiviert.

VP1, VP2 und VP3 bilden die Seitenflächen des ikosaedrischen, infektiösen Viruspartikels. Die Röntgenstrukturanalyse verschiedener Picornaviren ergab, daß diese Proteine sowohl untereinander als auch bei den unterschiedlichen Virustypen ein sehr ähnliches Faltungsmuster besitzen: Sie bestehen aus *acht antiparallel angeordneten β-Faltblattstrukturen*, die durch Aminosäureschleifen miteinander verbunden und so angeordnet sind, daß die einzelnen Proteine einen *keilförmigen Aufbau* bekommen (Abbildung 13.1B). Da sich diese Proteinstruktur als allgemeingültiges Faltungsmuster bei Capsidproteinen von kleinen RNA-Viren mit ikosaedrisch aufgebauten Partikeln erwies, bezeichnete man sie als *RVC-Domäne* (*RNA virus capsid domain*). Die acht β-Faltblätter bilden die Seitenwände der konservierten, keilförmigen Proteinstruktur. Die verbindenden Proteinschleifen weisen hinsichtlich Länge und Sequenz eine deutliche Variabilität auf, was den keilähnlichen Grundaufbau jedoch nicht verändert. Die variablen Schleifenregionen enthalten die Epitope, gegen die im Verlauf der Infektion virusneutralisierende Antikörper gebildet werden. Die aminoterminalen Regionen der Capsidproteine liegen dagegen im Inneren des Partikels. Sie bilden ein miteinander verbundenes Netzwerk, das für die Stabilität verantwortlich ist. Die Tatsache, daß

VP1, VP2 und VP3 eine sehr ähnliche Struktur besitzen, deutet darauf hin, daß die Gene für alle drei Proteine durch Duplikation aus einem gemeinsamen Vorläufergen entstanden sind.

Als Michael Rossmann beziehungsweise James Hogle und Mitarbeiter 1985 die Ergebnisse der Analysen der Proteinstrukturen der Rhino- und Polioviruscapside veröffentlichten, zeigten sich neben den bereits erwähnten gemeinsamen Kennzeichen der Capsidproteine weitere wichtige Strukturmerkmale, die sich durch die Faltung und Wechselwirkung der Komponenten miteinander ergeben. Auf der Oberfläche der Partikel des humanen Rhinovirus Typ 14 fand man eine grabenähnliche Vertiefung, welche die Ikosaederecken umgibt und sich aus den Strukturen und Interaktionen verschiedener Aminosäurereste der Proteine VP1, VP2 und VP3 ergibt. Diese Struktur bezeichnete Rossmann als *Canyon*. Die Aminosäurereste, die mit ihren funktionellen Seitengruppen die Wände des Grabens oder Canyons auskleiden, erlauben dem jeweiligen Viruspartikel die Adsorption an spezifische zelluläre Rezeptoren (Abbildung 13.1A und C). Neutralisierende Antikörper vermögen wegen ihrer Größe und Struktur nicht in den Canyon einzudringen und so die Bindung des Virus an den zellulären Rezeptor zu verhindern. Sie binden sich aber an Epitope, die auf der Partikeloberfläche in der Nachbarschaft der Canyoneingänge liegen, und können deshalb durch sterische Behinderung die Adsorption des Virus indirekt beeinflussen. Die Oberflächenregionen sind daher durch die Antikörperbindung einem Selektionsdruck ausgesetzt, der sich in einer gewissen Variabilität der exponierten Aminosäuren und der Entstehung unterschiedlicher *Serotypen* äußert. Die eigentliche Adsorptionsstelle in der Vertiefung ist diesem Mechanismus dagegen nicht unterworfen, dadurch bleibt die Zellspezifität des Virustyps erhalten.

Bei der Strukturanalyse fand man unter dem Canyonboden eine kleine, höhlenähnliche Erweiterung. Sie ist durch eine Öffnung, die man als Pore bezeichnet, vom Canyonboden aus zugänglich, hat zusätzlich aber auch eine Verbindung in das Partikelinnere. Beim Poliovirus Typ 1 ist diese Tasche durch ein sphingosinähnliches Molekül besetzt; seine Funktion ist unklar. Die Kenntnis der überwiegend hydrophoben Aminosäuren, welche die Höhle auskleiden, erlaubt die Entwicklung von therapeutisch aktiven Substanzen, die sich optimal einpassen. Sie stabilisieren die Partikel und verhindern die Freisetzung des RNA-Genoms, nachdem die Viren von der Zelle aufgenommen wurden. Eine Virusinfektion kann so unterbunden oder zumindest eingegrenzt werden. Therapeutika auf der Basis der spezifischen Wechselwirkung mit den Aminosäuren, welche die Höhle bilden, sind in Entwicklung („WIN"-Substanzen). Es hat sich jedoch gezeigt, daß die Viren sehr bald Resistenzen entwickeln.

Die Entstehung unterschiedlicher Serotypen bei gleicher Zellspezifität ist bei den Rhinoviren besonders ausgeprägt: Hier finden sich über hundert verschiedene Serotypen, die sich dadurch auszeichnen, daß die gegen sie gerichteten neutralisierenden Antikörper einen stark typspezifischen Charakter haben und sich an die Oberfläche von Viren eines anderen Serotyps nicht binden können. Als Folge sind wir zwar nach einem Schnupfen vor Folgeinfektionen mit demselben Rhinovirustyp geschützt, jedoch nicht vor der Infektion mit Rhinoviren eines anderen Serotyps. Daher können wir uns kontinuierlich mit unterschiedlichen Rhinovirustypen infizieren und immer wieder an Schnupfen erkranken. Bei den Enteroviren kennt man nicht so viele verschiedene Serotypen. Im Falle des Poliovirus sind es drei, beim Hepatitis-A-Virus einer. Vermutlich hängt die hohe genetische Stabilität der Enteroviren mit der hohen Säureresistenz zusammen, die ihre Capside besitzen müssen, um das saure Milieu des Magens überleben zu können. Es gibt wohl nur wenige Aminosäuresequenzen, die eine derartig hohe Säurestabilität verleihen, was die Variabilität stark limitiert.

Enzyme

Proteasen. Picornaviren besitzen drei beziehungsweise (bei Aphthoviren) vier proteolytsich wirkende Enzyme, die zu unterschiedlichen Zeiten des Infektionszyklus aktiv werden. Kurz angesprochen wurde bereits die *2A-Protease*, eine Cysteinprotease, die im Polyprotein carboxyterminal benachbart zu Regionen der Strukturproteine lokalisiert ist (Abbildung 13.2). Die 2A-Protease der Aphthoviren ist mit 16 Aminosäuren sehr kurz. Beim Poliovirus (149 Aminosäuren) und beim Hepatitis-A-Virus (144 Reste) ist sie deutlich länger. Sie entfaltet ihre Aktivität frühzeitig während der Infektion und spaltet zwischen einem Tyrosin und einem Glycin die Protomersequenzen cotranslational vom Polyprotein ab. Die Spaltstelle liegt entweder direkt vor (Enteroviren) oder nach (Aphtho- und Cardioviren) den Sequenzen des Enzyms. Eine weitere Spaltstelle für die 2A-Protease befindet sich im 3D-Proteinabschnitt, welcher die RNA-abhängige RNA-Polymerase repräsentiert. Die posttranslationale *trans*-Spaltung hat aber keinen Einfluß auf den Replikationsverlauf und scheint eher zufällig zu erfolgen.

Die 2A-Protease führt neben der Freisetzung des Protomers weitere proteolytische Spaltungen in zellulären Proteinen durch. Am bekanntesten ist der indirekte *Abbau* des Proteins *p220*: Die Protease spaltet einen zellulären Faktor, der dadurch als Protease aktiviert wird und zum Abbau des p220 beiträgt. p220 ist ein Teil des *eIF-4F-Komplexes,* auch als *Cap-Bindungskomplex* bekannt. Er enthält als weitere Komponenten das Cap-bindende Protein und den Translationsinitiationsfaktor eIF-4A. Der eIF-4F-Komplex ist generell an der Translationsinitiation eukaryotischer mRNA-Spezies beteiligt, da er mit der Cap-Gruppe am 5′-Ende der RNA interagiert und die Bindung der Ribosomen vermittelt. Dadurch wird die funktionelle Aktivität des Komplexes bei der Translation zellulärer mRNA und so die Stoffwechselaktivität der Zelle zerstört. Man bezeichnet dies als *virus-host shutoff (vhs)*. Bei den Aphthoviren wird die Spaltung des p220 nicht durch die 2A-Protease, sondern durch die proteolytische Aktivität des am aminoterminalen Ende des Polyproteins vorhandenen L-Proteins (206 Aminosäuren) vermittelt. Diese wird ebenfalls frühzeitig aktiv und spaltet sich vom aminoterminalen Ende ab, was zur Freisetzung des Protomers führt. Bei Cardioviren wurde dieser Vorgang bisher nicht nachgewiesen.

Die Aktivität der *3C-Protease* – sie erkennt die Aminosäurefolge Glutamin-Glycin – ist für alle weiteren proteolytischen Schritte verantwortlich, bei denen die einzelnen viralen Komponenten aus dem Polyprotein herausgespalten werden. Die einzige Ausnahme ist die Prozessierung von VP0 zu VP4 und VP2 durch die enzymatische Aktivität im VP2 während der Virusreifung. Die Domäne der 3C-Protease befindet sich im carboxyterminalen Bereich des Polyproteins und umfaßt zwischen 182 Aminosäuren bei Polio- und Rhinoviren und 217 beim Hepatitis-A-Virus (Tabelle 13.3). Auch hier nimmt man an, daß sich das Enzym in einem autokatalytischen Schritt intramolekular aus dem Vorläuferprotein herausspaltet und so aktiv wird. In einem ersten Schritt wird aminoterminal vor dem 3C-Anteil gespalten. Bereits das so entstandene Zwischenprodukt 3CD wirkt proteolytisch. Der 3D-Anteil in der 3CD-Protease scheint sogar für das Prozessieren des Protomers in die Capsidproteine essentiell zu sein: Eine effektive Spaltung zwischen VP3 und VP1 erfolgt nur dann, wenn der 3D-Teil noch mit 3C verbunden ist (Abbildung 13.2). Wahrscheinlich sind Wechselwirkungen von 3D-Domänen mit den Protomersequenzen eine Voraussetzung für das optimale Herauschneiden der Capsidbestandteile aus dem Vorläuferprotein. Die Spaltung in 3C und 3D erfolgt intermolekular *in trans,* das heißt, die aktiven 3CD-Zwischenprodukte lagern sich zusammen und schneiden sich gegenseitig.

Auch die 3C-Protease ist am spezifischen Abbau zellulärer Komponenten beteiligt: So scheint durch ihre direkte oder indirekte proteolytische Wirkung die von der RNA-Polymerase III abhängige Transkription in der Zelle – durch sie werden tRNA-Spezies und andere kleine RNA-Moleküle synthetisiert – gestört zu werden. Die Abbaureaktion richtet sich gegen den Transkriptionsfaktor TFIIIC oder ein mit ihm assoziiertes Protein. Die Schnittstellen der beiden Proteasen 2A und 3C werden nicht nur durch die beiden Aminosäurereste definiert, zwischen welchen die Spaltung erfolgt. Sowohl Aminosäuren in der näheren Nachbarschaft als auch die Faltung der Vorläuferproteine in Sekundär- und Tertiärstrukturen sind daran beteiligt.

RNA-abhängige RNA-Polymerase. Während des Replikationszyklus von Picornaviren wird das RNA-Positivstranggenom in ein Intermediat in Negativstrangorientierung umgeschrieben, das als Matrize für die Produktion von neuen Genomen dient (Details im Abschnitt 13.1.4) Unter Verwendung einer RNA-Matrize wird dabei ein neues RNA-Molekül synthetisiert – ein Prozeß, der bei der zellulären Nucleinsäuresynthese nicht vorkommt; Enzyme, die diese Reaktionen durchführen können, gibt es in der Zelle nicht. Für die Picornaviren ist es daher essentiell, daß sie für das entsprechende Enzym selbst codieren und die Aktivität einer *RNA-abhängigen RNA-Polymerase* im Verlauf des Infektionszyklus entfalten. Das Enzym befindet sich am Carboxyterminus des Polyproteins und wird durch den Teil 3D des Vorläuferprodukts repräsentiert. Die 3D-Polymerase ($3D^{pol}$) hat Längen zwischen 460 Aminosäureresten bei den Rhinoviren und 491 beim Hepatitis-A-Virus.

Weitere Proteine

Neben den erwähnten Strukturproteinen und Enzymen befinden sich in der Sequenz des Polyproteins noch weitere Proteinkomponenten, die im Verlauf der Infektion durch die Aktivität der 3C-Protease gebildet werden (Abbildung 13.2). Auf die sehr kleine *Komponente 3B* wurde schon eingegangen; sie bildet das *Vpg*, das kovalent mit dem 5′-Ende des Genoms verbunden ist. Im Polyprotein der Aphthoviren ist diese Sequenz dreimal wiederholt. Das direkte Vorläuferprotein für Vpg ist 3AB. Man vermutet, daß es über eine hydrophobe Aminosäurefolge des 3A-Teils in der Cytoplasmamembran verankert wird. Der Tyrosinrest an Position 3 des 3B-Teils wird uridinyliert. Diese Struktur bildet später den Primer für die Initiation der RNA-Stränge. Nach der Uridinylierung spaltet die 3C-Protease an der Schnittstelle zwischen 3A und 3B, und das Vpg wird von der Membranverankerung gelöst. Mutationen im hydrophoben Teil des 3A-Proteins verhindern die Uridinylierung und die Synthese von RNA-Strängen.

Über die Aktivität der Proteine 2B und 2C gibt es widersprüchliche Vermutungen. Das *2B-Protein* ist zwischen 97 Aminosäuren bei Polio- und Rhinoviren und 154 Resten beim Maul-und-Klauenseuche-Virus lang. Es scheint an der Replikation des Genoms beteiligt zu sein und mit der *Wirtsspezifität* der verschiedenen Viren in Verbindung zu stehen. Seine Wirkung erfolgt dabei *in cis*, das heißt, die Defekte können durch das gleichzeitige Einbringen der Wildtypproteine nicht komplementiert werden. Humane Rhinoviren mit Mutationen im für 2B codierenden Genombereich können sich auch in Mauszellen vermehren. Man nimmt an, daß die veränderten 2B-Proteine mit bestimmten für Mauszellen spezifischen Faktoren wechselwirken können, die eine RNA-Synthese in den für das Wildtypvirus nichtpermissiven Zellen erlauben.

Das *2C-Protein* (zwischen 317 Aminosäuren bei Aphthoviren und 330 bei Rhino- oder Hepatitis-A-Virus) hat eine NTP-Bindungsstelle und scheint mit der *Initiation der RNA-Synthese* verknüpft zu sein. Mutationen in 2C führten bei Polio- und Maul-und-Klauenseuche-Viren zur Resistenz gegen Guanidinhydrochlorid, eine Substanz, die in geringsten Konzentrationen die virale RNA-Synthese hemmt. Die Aminosäure Asparagin an Position 179 (beziehungsweise ihr Austausch gegen Glycin) scheint dafür wichtig zu sein. Mutationen am NTP-Bindungsort sind für die Viren letal.

13.1.4 Replikation der Picornaviren

Im ersten Schritt der Infektion adsorbieren Picornaviren spezifisch an zelluläre Membranproteine. Auf viraler Seite vermitteln die Strukturen und Aminosäuren des Canyons die Bindung. Für einige Viren ist der zelluläre Rezeptor identifiziert und molekular gut charakterisiert (Tabelle 13.4). Polioviren binden sich an ein Oberflächenprotein, das zur Klasse der *Immunglobulinsuperfamilie* gehört: Es handelt sich um ein bisher unbekanntes Mitglied dieser Proteinfamilie, das drei Ig-ähnliche Domänen besitzt – eine aminoterminale, variable V-Region, gefolgt von zwei konservierten Domänen des Typs C2. In unglycosyliertem Zustand besitzt es ein Molekulargewicht von 46 kD, für die modifizierten Formen fand man zwei Versionen (67 und 80 kD). Alle drei Serotypen des Poliovirus konkurrieren um dieselbe Adsorptionsstelle, die in der V-Domäne des Rezeptors lokalisiert ist. Die benachbarte C2-Region scheint die für die Bindung korrekte Struktur zu stabilisieren. Es gibt Hinweise, daß das 67/80-kD-Protein allein für die Adsorption nicht ausreicht. So identifizierte man ein 100-kD-Protein, das möglicherweise mit dem Rezeptor assoziiert und an der Interaktion beteiligt ist, da monoklonale Antikörper die Bindung des Virus hemmen. Letzteres fand man vor allem bei Untersuchungen mit dem Poliovirus Typ 2. Daneben identifizierte man weitere Proteine unterschiedlicher Größe (30 bis 150 kD), die über Komplexbildung mit dem 67/80-kD-Rezeptor die Bindung des Poliovirus beeinflussen können.

90 Prozent der Rhinoviren (*major group*) verwenden *ICAM-Proteine* als Rezeptoren, die ebenfalls zur Immunglobulinsuperfamilie gehören. Die restlichen, der *minor group* zugerechneten Rhinoviren binden sich an den LDL-Rezeptor. Auch einige Coxsackieviren der Subgruppe A binden sich an ICAM (Coxsackievirus A13, A18, A21). Coxsackievirus A9 adsorbiert dagegen an Vitronectin, ein Protein, das zur Gruppe der *Integrine* in der Immunglobulinsuperfamilie gerechnet wird. Auch die Echoviren Typ 1 und 8 binden sich an Integrine, und zwar an die $\alpha 2$-Untereinheit des VLA-2. Andere Echoviren (die Typen 6, 7, 11, 12, 20 und 21) verwenden das Oberflächenprotein CD55 (DAF, *decay accelerating factor*) als Interaktionspartner. Dieses zählt wiederum zur Immunglobulinsuperfamilie und hat die Aufgabe, Zellen vor der Lyse durch das Komplementsystem zu schützen. Alle diese zellulären Membranproteine werden zu unterschiedlichen Stadien der Leukocytendifferenzierung exprimiert und sind an den *Adhäsions-* und *Erkennungsprozessen* zwischen unterschiedli-

Tabelle 13.4: Zelluläre Rezeptoren verschiedener Picornaviren

Genus	Virus	Rezeptor	Rezeptorfamilie
Enteroviren	Poliovirus	67/80 kD	Ig-Superfamilie
	Coxsackievirus A (Typen 13, 18, 21)	ICAM-1	Ig-Superfamilie
	Coxsackievirus A (Typ 9)	Vitronectin	Integrine
	Coxsackievirus B	100 kD	Nucleolin
	Echovirus (Typen 1 und 8)	VLA-2	Integrine
	Echovirus (Typen 6, 7, 11, 12, 20, 21)	CD55	Ig-Superfamilie
Rhinoviren	Rhinovirus (*major group*)	ICAM-1	Ig-Superfamilie
	Rhinovirus (*minor group*)	120 kD	LDL-Rezeptor
Aphthoviren	Maul-und-Klauenseuche-Virus		Integrine
Cardioviren	Encephalomyocarditisvirus (Maus)		Sialoglycoprotein

chen Zelltypen beteiligt. Bei den Coxsackieviren der Subgruppe B vermittelt ein Protein mit Homologie zum *Nucleolin* die Adsorption des Virus.

Die spezifische Erkennung zellulärer Oberflächenproteine durch die Picornaviren stellt jedoch nur eine der Komponenten dar, die für die Zellspezifität der unterschiedlichen Virustypen sorgt. Für eine erfolgreiche Replikation sind intrazelluläre Faktoren entscheidend. Dies konnte man insbesondere bei den Polioviren zeigen. Die 67/80-kD-Rezeptoren sind auf sehr vielen verschiedenen Zellen zu finden, und Polioviren adsorbieren daran. Nur in einer Subpopulation dieser Zellen kann jedoch der Replikationszyklus ablaufen.

Nach der Adsorption werden die an die Zelloberfläche gebundenen Viren vermutlich über Endocytose in das Cytoplasma aufgenommen. Die hierbei gebildeten Vesikel sind reich mit *Clathrin* ausgestattet, einem zellulären Membranprotein, das an den Stellen der Virusanlagerung in hohen Konzentrationen vorliegt. Damit die weiteren Schritte der Replikation ablaufen können, muß das Virus aus diesen Vesikeln entlassen werden. Eine *ATP-abhängige Ionenpumpe* in der Membran bewirkt die Ansäuerung des Vesikelinneren. Dieser Prozeß führt zur Umlagerung des Viruscapsids. Das fettsäuremodifizierte VP4 und eine potentiell amphipathische α-Helix in der aminoterminalen Region von VP1 werden exponiert und bekommen Kontakt zu den Lipidanteilen der Vesikelmembran. VP4, das im Partikel eng mit dem viralen RNA-Genom assoziiert ist, wird von den Capsiden gelöst. In einem weiteren Schritt wird Clathrin abgegeben. An den Kontaktstellen zwischen den nun bereits umgeformten Capsiden und der Vesikelmembran bilden sich in der Folge kleine Poren aus, durch welche die virale RNA in das Cytoplasma entlassen wird. Alternativ zu dieser endocytosevermittelten Aufnahme hat man aber auch Hinweise, daß die Umlagerungen der Partikelstruktur an der Oberfläche der Zelle stattfinden. Das virale Genom würde in diesem Falle durch eine Pore, die sich an den Ikosaederecken ausbildet, aus dem Virion durch die Cytoplasmamembran in das Zellinnere geschleust werden.

Da das virale Genom bereits als RNA in Positivstrangorientierung vorliegt, kann im nächsten Schritt die Translation und die Bildung des Polyproteins erfolgen. Die RNA besitzt keine Cap-Struktur, die gewöhnlich an den 5′-Enden zellulärer mRNA-Moleküle zu finden ist und für die korrekte Bindung der ribosomalen Unterheiten an den Translationsstartpunkt sorgt. Das Genom weist dagegen eine im Vergleich zu zellulären mRNA-Spezies ungewöhnlich lange, nichtcodierende Basenfolge von bis zu 1 199 Nucleotiden (IRES) auf, die dem Startcodon vorgeschaltet ist (Abschnitt 13.1.2). Sie besitzt eine stark ausgeprägte, stabile Sekundärstruktur mit intramolekularen, doppelsträngigen Sequenzabschnitten (Abbildung 13.3). Die IRES bewirkt, daß die ribosomalen Untereinheiten das Picornavirusgenom als mRNA erkennen, mit dem Startcodon interagieren und so die ersten Translationsschritte einleiten können. Es wird vermutet, daß durch die Sekundärstuktur eine dem Translationsstart direkt vorgelagerte Basenfolge stabilisiert wird, die komplementär zur 18S-RNA der kleinen Ribosomenuntereinheit ist. Die rRNA kann so mit dem Virusgenom hybridisieren und hierüber das Ribosom zur korrekten Startstelle für die Proteinsynthese leiten. Fünf zelluläre Proteine, die auch die Zell- und Wirtsspezifität der verschiedenen Picornaviren bestimmen, konnten als IRES-bindende Faktoren identifiziert werden. Sie sind funktionell an der Initiation der Translation beteiligt. Eines dieser Proteine (p52), das *La-Protein* bindet sich normalerweise in Zellen an die 3′-Enden von Produkten der RNA-Polymerase III (dieses Enzym transkribiert vor allem die tRNA-Gene) und ist an der Terminationsregulation beteiligt. Das La-Protein induziert bei Patienten mit Lupus erythematodes und Sjögren-Syndrom eine Autoimmunreaktion. Eine weitere Komponente – p57 – weist Ähnlichkeit mit dem zellulären Polypyrimidin-Bindungsprotein auf. Der Translationsinitiationsfaktor eIF-2 und bisher nicht näher charakterisierte Proteine mit Molekulargewichten von 38 kD, 48 kD, und 54 kD wurden als zusätzliche Interaktionspartner für die IRES identifiziert.

Nach den initalen Schritten zur Translation des Genoms wird das durchgehende Polyprotein synthetisiert. Noch während der Translation wird es in die einzelnen Proteindomänen

Funktion der 5′-Cap-Struktur

Im eukaryotischen Translationssystem bindet sich der *Cap-Bindungskomplex* an die Cap-Region, ein *methyliertes Guanidintriphosphat*, das in 5′-5′-Bindung mit dem Ende der mRNA verestert ist. Der *Cap-Bindungskomplex* besteht aus dem *Cap-bindenden Protein* (*CBP*), das mit dem 5′-Ende interagiert, den Proteinen *eIF-4A* und *eIF-4B*, die sich an die dem Startcodon vorgeschaltete Strecke von bis zu 100 Nucleotiden binden und sie in einer einzelsträngigen, gestreckten Konfiguration halten, und dem Faktor *eIF-3*. Mit diesem im 5′-Bereich gebundenen Proteinkomplex interagiert die kleine Ribosomenuntereinheit zusammen mit der $tRNA^{met}$, dem Initiationsfaktor eIF-2 und GTP und initiiert auf diese Weise die Translation. Das als mRNA aktive Genom der Picornaviren besitzt keine 5′-Cap-Struktur und kann deshalb die für die Ribosomeninteraktion notwendige Wechselwirkung mit den Faktoren des *Cap-Bindungskomplexes* nicht durchführen.

gefaltet. Die ersten proteolytischen Spaltungen erfolgen noch während der Proteinsynthese des Vorläuferproduktes, und zwar dann, wenn die Sequenzen der 2A-Protease in Aminosäuren übersetzt vorliegen. Sie wirken autokatalytisch und führen zur Abspaltung des Protomeranteils am aminoterminalen Ende. Die 3C- beziehungsweise 3CD-Proteasen, die durch ihre Lage im carboxyterminalen Bereich des Vorläuferproteins erst zu einem späteren Zeitpunkt der Translation synthetisiert werden, sind an der Prozessierung der weiteren viralen Komponenten beteiligt. Danach liegen auch die RNA-abhängige RNA-Polymerase ($3D^{pol}$) und das Vpg als Voraussetzung für die Replikation des Genoms in der infizierten Zelle vor. Die Synthese des Polyproteins dauert etwa 15 Minuten.

Für die Bildung des zum Virusgenom komplementären Negativstranges als Zwischenprodukt bei der Replikation ist die Bildung eines Primermoleküls, *Vpg-pUpU-OH*, nötig. Dieser Vorgang findet – vermittelt durch die hydrophobe Domäne des 3AB-Proteins als Vorläufer des Vpg – an den Membrankompartimenten statt. Welche Enzyme an der Veresterung der Uridinreste mit dem Tyrosin an Position drei des Vpg verantwortlich sind, ist unbekannt. Der Vpg-pUpU-Primer assoziiert mit dem PolyA-Teil am 3′-Ende des Virusgenoms und bildet die Initiationsstruktur mit einem freien 3′-OH-Ende als Erkennungsstelle für die RNA-abhängige RNA-Polymerase ($3D^{pol}$), die den RNA-Gegenstrang zum Virusgenom synthetisiert (Abbildung 13.4). Es bildet sich ein kurzlebiges Zwischenprodukt aus doppelsträngiger RNA. Das 3′-Ende des fertig synthetisierten Negativstranges bilden zwei Adenosinreste – eine ideale Struktur für die Anlagerung von Vpg-pUpU-Primermolekülen. So wird die Bildung neuer RNA-Positivstränge initiiert. Die Synthese eines RNA-Stranges dauert ungefähr 45 Sekunden. Neben der $3D^{pol}$ und den Vpg-Primern ist ein zelluläres Protein (67 kD) für den korrekten Ablauf dieses Prozesses essentiell. Aus genetischen Studien weiß man, daß zusätzlich die viralen Proteine 2C und auch 2B aktiv sind – wie, ist unbekannt. Zwischen fünf und acht RNA-Plusstränge können an einem RNA-Negativstrang als Zwischenprodukt in der Replikation initiiert werden. Nur zwischen fünf bis zehn Prozent der in der Zelle vorliegenden viralen RNA sind Minusstränge. Von den neu synthetisierten RNA-Strängen werden wiederum virale Polyproteine translatiert. So kann sich die Menge an Viruskomponenten in der infizierten Zelle sehr schnell vervielfältigen. Der gesamte Prozeß der Polyproteinsynthese und Genomreplikation erfolgt im Cytoplasma der Zelle in Assoziation mit intrazellulären Membrankompartimenten. Auch die Polyproteine sind über die aminoterminale Myristylierung in sie eingelagert.

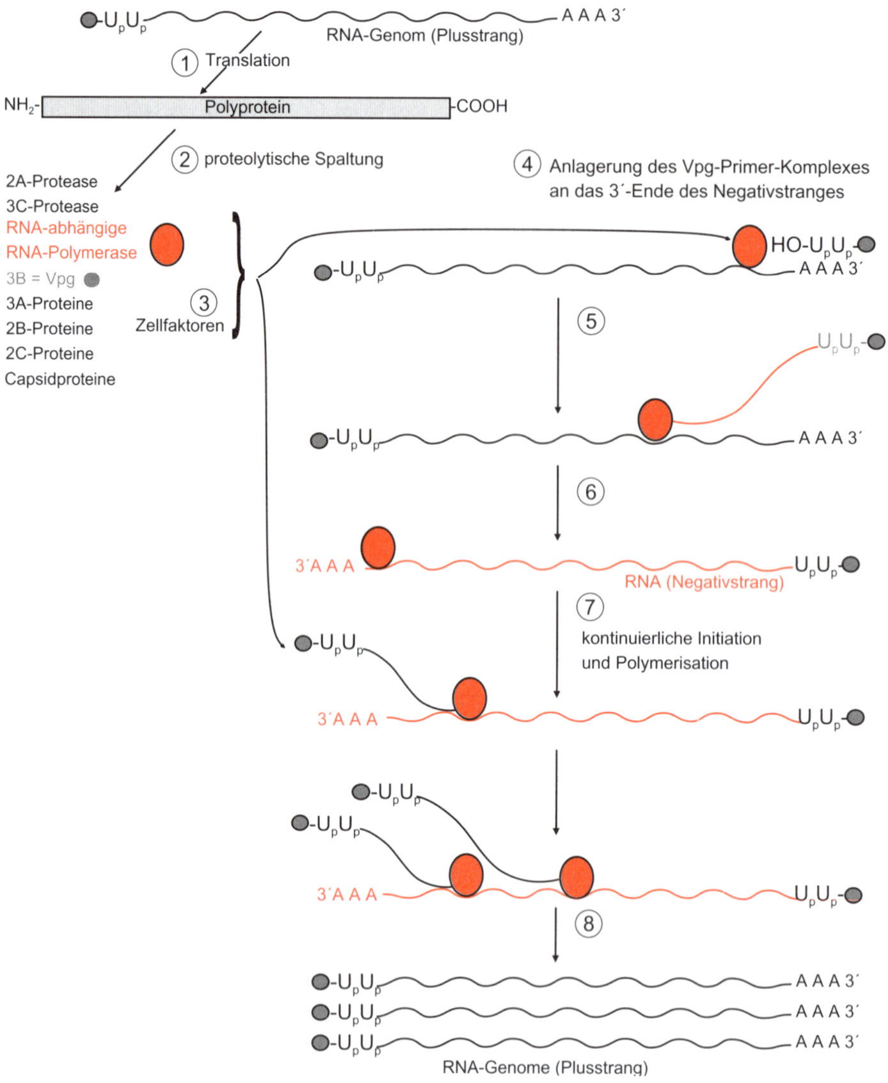

13.4 Verlauf der Genomreplikation bei Picornaviren. Das RNA-Genom wird in einem ersten Schritt translatiert (1), dadurch entsteht ein Polyprotein, das durch die Aktivität der Proteasen 2A und 3C/3CD in die Einzelkomponenten gespalten wird (2). Während dieses Vorgangs entsteht das Vpg, das uridinyliert wird (3). Hierbei werden auch zelluläre Proteinfunktionen benötigt. Das Vpg-pUpU wird an das 3′-Ende des RNA-Genoms angelagert (4) und wirkt als Primer für die Polymerisation des RNA-Negativstranges durch die RNA-abhängige RNA-Polymerase des Virus (5), die ebenfalls bei der Proteolyse des Polyproteins entsteht. An das 3′-Ende des neu gebildeten RNA-Negativstranges werden erneut Vpg-pUpU-Komplexe angelagert (6). Sie dienen als Primer für die Synthese von RNA-Strängen (7), die nun wiederum Plusstrangorientierung besitzen (8) und sowohl als mRNA zur Proteinsynthese als auch als Virusgenome dienen.

Der zelluläre Stoffwechsel wird durch die virale Replikation stark beeinflußt. Die große Menge viraler Genomstränge, die schon kurz nach der Infektion in der Zelle vorliegen und durch die IRES-Elemente eine sehr hohe Affinität für zelluläre Ribosomen aufweisen, bewirkt, daß die zelluläre Translationsmaschinerie ausschließlich mit der Synthese von

Virusproteinen beschäftigt ist. Zusätzlich baut die 2A-Protease des Poliovirus das p220 des *Cap-Bindungskomplexes* ab, der für die Translationsinitiation eukaryotischer mRNA-Spezies essentiell ist – ein zweiter Mechanismus zur Hemmung der zellulären Proteinsynthese. Die Proteine 2B und 3A des Poliovirus beeinflussen den Transport von zellulären Glycoproteinen und ihre Sekretion. Wie oben beschrieben, wird außerdem der TFIIIC-Faktor durch die 3C-Protease zerstört und hierdurch die von der RNA-Polymerase III abhängige Transkription gehemmt. Schließlich wird auch die mRNA-Synthese blockiert. Hier beeinflußt offensichtlich ein virales Protein, das man noch nicht kennt, die Aktivität der zellulären RNA-Polymerase II. Diese Vorgänge sind für die Ausbildung des *virus-host shutoff*, das heißt der virusbedingten Abschaltung des Zellstoffwechsels, verantwortlich.

Liegen in der Zelle virale Proteine und RNA-Genome in ausreichender Menge vor, so werden diese Komponenten zu infektiösen Virionen zusammengebaut (*Self-Assembly*). In einem ersten Schritt wird das myristylierte, an intrazelluläre Membrankompartimente angelagerte Protomer durch die Aktivität der 3C-Protease in VP0, VP1 und VP3 gespalten. Diese bleiben aber als Komplex miteinander verbunden und assoziieren mit vier weiteren VP0/VP1/VP3-Aggregaten zu *Pentameren* – den Vorläuferstrukturen der Ikosaederecken. Je zwölf der Pentamere lagern sich in einem weiteren Schritt zu Capsidvorläufern zusammen. Diese Proteinschalen schließen das RNA-Genom ein. Wie die Nucleinsäure in das Innere der Ikosaeder gelangt, ist nicht völlig geklärt. Mit diesem Prozeß sind jedoch größere Umlagerungen in der Proteinstrukur der Capside verbunden, die sich in einem deutlich anderen Sedimentationsverhalten der Partikel äußern. Man stellt sich vor, daß das RNA-Genom entweder durch eine Öffnung in das Innere der sogenannten Procapside gelangt oder daß die Nucleinsäure sich zuerst außen an die Partikelvorläufer bindet und im Rahmen eines weiträumigen Umfaltungsvorganges in das Innere verlagert wird. Als letzter Schritt bei der Bildung infektiöser Virionen – bedingt durch die Interaktion zwischen dem VP0 und der viralen RNA – wird die Protease im VP2-Anteil des VP0 aktiviert. Sie vollzieht dann die *Reifungsspaltung* zu VP2 und VP4. Die endgültige Freisetzung der Viren erfolgt durch die Veränderung der Membranpermeabilität in Verbindung mit dem infektionsbedingten Tod der Zelle. Der Replikationszyklus von der Adsorption des Virus bis zur Freisetzung der Nachkommenviren dauert etwa sechs bis sieben Stunden.

Die intrazellulären Vorgänge bei der Virusreplikation führen zu einer morphologischen Veränderung der Zellstruktur, die sich als *cytopathischer Effekt* mikroskopisch beobachten läßt: Die Chromatinstruktur wird aufgelöst, die Nucleinsäure-Protein-Komplexe akkumulieren an der Innenseite der Kernmembran. Auch das Cytoskelett verändert sich durch strukturelle Umlagerungen der mit den Mikrotubuli assoziierten Proteine. Die infizierten Zellen runden sich ab. Im weiteren Verlauf der Replikation bilden sich im gesamten Cytoplasma Vesikel aus. Die Zellmembran verändert ihre Permeabilität, weil vermehrt Phosphocholin eingebaut wird, und wird schließlich durchlässig.

13.1.5 Das Poliovirus

Epidemiologie und Übertragung

Die *Poliomyelitis* (Kinderlähmung) war als Erkrankung bereits 1 500 Jahre vor Christi Geburt bekannt. Große Polioepidemien traten immer dann auf, wenn sich in einer Bevölkerung größere Zahlen von empfänglichen Personen angesammelt hatten, so zum Beispiel in den Jahren zwischen 1940 und 1950. Viele der infizierten Kinder starben, bei anderen blieben lebenslang Lähmungen zurück. Einige überlebten die Poliovirusinfektion nur durch die zeitweise Unterbringung in der „Eisernen Lunge", die für begrenzte Zeit eine Beatmung

Die Kinderlähmung – heute eine Erwachsenenlähmung

Bei der Poliomyelitis des Menschen lag früher eine ähnliche epidemiologische Situation vor, wie man sie beim Theilerschen Encephalomyelitisvirus der Maus findet: Dieses Virus wird durch das säugende Muttertier an die Jungen weitergegeben, siedelt sich bei ihnen im Darm an und wird lebenslang ausgeschieden. Die Infektion erfolgt zu einem Zeitpunkt, bei dem mütterliche Antikörper, die mit der Milch übertragen werden, dem Jungtier Schutz vor der Erkrankung verleihen. Auch Poliovirusinfektionen erfolgten früher meist während der ersten sechs Lebensmonate unter dem Schutz placentar übertragener, mütterlicher IgG-Antikörper. Die Kinder erkrankten nicht, wenn sie in dieser frühen Lebensphase infiziert wurden, sondern entwickelten einen aktiven Immunschutz. Nur bei Kindern, die der Infektion entgingen, konnten spätere Kontakte mit dem Poliovirus – nun ohne den Schutz der mütterlichen Antikörper – zu Erkrankungen führen. Insgesamt erkranken weniger als ein Prozent aller seronegativen Kinder nach dem Kontakt mit dem Virus an der Poliomyelitis. Das Virus ist also wenig neuroinvasiv. Mit der Steigerung des Lebensstandards wurde der Erstkontakt mit dem Poliovirus ins höhere Lebensalter verschoben, aus der *Kinderlähmung* wurde somit eine *Erwachsenenlähmung*.

erlaubte. Franklin D. Roosevelt, 1933 bis 1945 Präsident der USA, infizierte sich etwa 1920 als Erwachsener mit dem Virus und behielt lebenslang Defekte der Muskulatur zurück.

Polioviren sind weltweit verbreitet. Noch 1992 registrierte man insgesamt über 150 000 Fälle von Kinderlähmung. Unter natürlichen Verhältnissen sind Polioviren – ebenso wie die Verteter der anderen Genera – streng artspezifisch. Sie lassen sich aber auf verschiedene Affenspezies übertragen und können in Schimpansengruppen – wie von Jane Goodall beschrieben – Epidemien hervorrufen. Vor allem das Poliovirus Typ 2 kann auch an Mäuse adaptiert werden. Polioviren vermehren sich bevorzugt im lymphatischen Gewebe des Darms, den Peyerschen Plaques, und werden von infizierten Personen über den Stuhl durchschnittlich etwa fünf Wochen lang ausgeschieden. Im Anfangsstadium der Erkrankung findet man auch eine Infektion der Tonsillen, so daß in dieser Phase das Virus im Sputum und Rachenspülwasser vorhanden ist. Die Übertragung erfolgt durch Aerosole, fäkal-oral über Schmutz- und Schmierinfektionen sowie über verunreinigtes Trinkwasser und Lebensmittel. Enterovirusinfektionen treten gehäuft in der warmen Jahreszeit auf.

Drei Typen humaner Poliomyelitisviren sind heute bekannt; sie weisen Unterschiede in den Aminosäurefolgen vor allem in den Schleifenregionen der VP1, VP2 und VP3-Proteine auf und lassen sich serologisch unterscheiden: Typ 1 (auch „Brunhilde") kommt relativ häufig vor und verursacht schwere, Typ 2 („Lansing") dagegen eher leichte Erkrankungen. Poliovirus Typ 3 („Leon") wird nur selten nachgewiesen, die Infektionen verlaufen schwer.

Klinik

Im Verlauf einer Poliovirusinfektion kommt es nach einer Inkubationsperiode von ein bis zwei Wochen zu *Magen-* und *Darmbeschwerden*, denen *Fieber* und *grippeähnliche Symptome* folgen. Der Großteil der Patienten erholt sich von dieser Form der *abortiven Poliomyelitis-Vorkrankheit*. Bei etwa ein bis zwei Prozent der Infizierten entwickelt sich daran anschließend eine Erkrankungsform ohne Lähmungserscheinungen, die man als *abortive Infektion* bezeichnet: Das Virus infiziert das zentrale Nervensystem und verursacht eine aseptische Meningitis, die mit Muskelkrämpfen und Rückenschmerzen verbunden sein kann. Die Symptome können zwei bis zehn Tage andauern, aber die meisten Patienten erholen sich ohne Folgeschäden. Bei bis zu zwei Prozent schließen sich an die Symptome der abortiven Infektion *schlaffe Lähmungen* an. Hiervon verlaufen zehn Prozent letal, etwa gleich viele Patienten erholen sich ohne Folgeschäden, bei 80 Prozent der Erkrankten bleiben jedoch Lähmungen unterschiedlichen Ausmaßes als Dauerschäden zurück.

In den letzten Jahren hat man das sogenannte *Post-Polio-Syndrom* beobachtet. Es handelt sich um Lähmungen, die 20 bis 25 Jahre nach der ursprünglichen Polioerkrankung auftreten. Man vermutet, daß ursprünglich wenig geschädigte Zellen nach Jahren absterben und so zu dem Syndrom führen können – in den USA erwartet man sehr viele Fälle dieser Spätkomplikation. Im Liquor dieser Patienten wurde poliovirusspezifisches IgM festgestellt – ein möglicher Hinweis auf eine aktive Virusreplikation. Dieses Phänomen ist bisher wenig untersucht, so daß unklar ist, ob das Virus tatsächlich über lange Zeiträume nach der Infektion persistieren kann.

Pathogenese

Nach der Übertragung wird das Poliovirus über den Magen in den Darmtrakt weitertransportiert, infiziert dort bevorzugt die Zellen der *Peyerschen Plaques*, die das lymphatische Gewebe des Darmbereichs darstellen. Von hier wird es über die ableitenden Lymphbahnen direkt in die Blutbahn oder in den Darm abgegeben. Zusätzlich erfolgt auch eine lokale Vermehrung im Lymphgewebe des Nasen- und Rachenraumes. Auf der Oberfläche der Monocyten findet man die Rezeptoren des Poliovirus. Nur in aktivierten Monocyten kann sich das Virus aber auch replizieren. In ihnen wird das Virus nach der initialen Vermehrung an den Eintrittsstellen zu weiteren Lymphknoten transportiert, vermehrt sich dort und bewirkt eine leichte Virämie, die einen ersten Fieberschub auslöst (Vorkrankheit). In der Folge breitet sich das Virus im gesamten Organismus aus und vermehrt sich im reticulohistiocytären System und in Endothelzellen. Hier beginnt eine zweite Virämie mit der Besiedelung des Rückenmarks und Gehirns. Diese führt unter anderem zur Infektion der großen motorischen Vorderhornzellen und Motoneuronen, die unterschiedlich stark geschädigt werden. Die entsprechenden Muskelzellen werden nicht mehr innerviert. Die Folge ist eine *schlaffe Lähmung*; dauert diese an, so kommt es zur Inaktivitätsatrophie der Muskulatur. Die Poliomyelitis kommt durch den Befall der *grauen* (*polios* bedeutet „grau“), das heißt zellreichen *Gehirnsubstanz* zustande. Es handelt sich dabei um eine Infektion der Ganglienzellen in der grauen Substanz mit Beteiligung der Motoneuronen in Rückenmark und Gehirn. Durch Makrophagen werden die zerstörten Neuronen entfernt (Neuronophagie). Noch Jahre nach der akuten Erkrankung sind die Motoneuronen atrophisch, man findet eine Neubildung von Gliazellen (Gliose) und leichte Entzündungserscheinungen. Weitere Replikationsherde sind Herzmuskelzellen. Patienten, die Lähmungen der Intercostalmuskulatur (Brustkorbmuskulatur) entwickeln, überleben die akute Phase nur in einer „Eisernen Lunge“. Die in Polioepidemiezeiten vorgenommenen Entfernungen der Tonsillen führten häufig zu Atemlähmungen: Das Virus gelangte hier entlang der Nervenfasern von der Wunde direkt in das verlängerte Rückenmark und zerstörte dort die entsprechenden motorischen Zellen.

Immunreaktion und Diagnose

Im Verlauf einer Poliovirusinfektion werden *IgM-*, *IgA* und *IgG-Antikörper* gegen die Capsid- und Nichtstrukturproteine gebildet. Kreuzreaktivität zwischen den drei Poliovirustypen läßt sich nur bei Verwendung hitzedenaturierter Viren zeigen. Reinfektionen führen zum Wiederanstieg der Antikörperkonzentration. Immunglobuline gegen bestimmte Epitope der

Strukturproteine sind neutralisierend. Polioviren können ohne Probleme in Zellkulturen (primären Affennierenzellen, HeLa- oder Verozellen) gezüchtet werden. Die Typisierung von Isolaten aus Stuhl, Rachenspülwasser oder Liquor erfolgt durch typspezifische Seren im *Neutralisationstest*. Nur so kann zuverlässig die Durchseuchungsrate oder ein Titeranstieg festgestellt werden. Bei geeigneten Fragestellungen kann man alternativ die Polymerasekettenreaktion zum Virusnachweis und zur Identifizierung von Mutanten heranziehen.

Therapie und Prophylaxe

Die von *Albert Sabin* entwickelte *Poliovirusvakzine* (Schluckimpfung) ist ein Lebendimpfstoff. Pro einer Million Impfungen beobachtet man nur 0,4 bis 1,0 Impfschäden. Dieser Impfstoff verursacht die Bildung virusneutralisierender IgG- und IgA-Antikörper. Seine Wirksamkeit zeigte sich unter anderem bei der Eindämmung ablaufender Polioepidemien. Bereits einige Jahre vor dem Lebendimpfstoff hatte *Jonathan Salk* einen Impfstoff auf der Basis abgetöteter Polioviren entwickelt, der heute – inzwischen verbessert durch einen erhöhten Antigengehalt – immer noch angewendet wird. Er induziert ebenfalls die Synthese von IgG-Antikörpern. Die Immunisierungsrate in Deutschland gegen die Poliovirustypen 1 und 2 liegt bei etwa 90 Prozent, gegen Poliovirus Typ 3 bei etwa 85 Prozent. Wiederauffrischungsimpfungen sind alle 10 Jahre zu empfehlen, vor allem bei Reisen in die Länder der Dritten Welt (Orient, Afrika etc.).

Der Lebendimpfstoff des Poliovirus Typ 1 unterscheidet sich durch 56 veränderte Nucleotide vom Wildtypvirus, der des Poliovirus Typ 3 weist zehn Mutationen auf. Für die Attenuierung scheinen vor allem Veränderungen der Basenfolgen im Bereich der IRES verantwortlich zu sein (Positionen 480, 481 beziehungsweise 472 in den Impfstämmen Sabin 1, 2 und 3). Sie beeinflussen die Stabilität der Sekundärstruktur der IRES und damit die Assoziation mit den Ribosomen und die Effektivität der Translation. Die Mutation an Position 2 493 des Poliovirus Typ 3 verändert dagegen die Aminosäuresequenz des VP1, es entsteht eine temperatursensible Virusvariante.

Picornaviren haben eine sehr hohe Mutationsrate. So entstehen bei Lebendimpfungen im Darm Rückmutationen, aber auch intertypische Rekombinanten, die sich bereits nach vier Tagen nachweisen lassen. Sie werden jedoch offensichtlich nicht wirksam, da man in immunologisch gesunden Personen nur in sehr seltenen Fällen das Auftreten von Symptomen findet, die der Kinderlähmung ähneln. Die Ausscheidung der Impfviren dauert ein bis zwei Monate. Die während dieser Phase entstehenden Rückmutanten können bei nichtgeimpften Kontaktpersonen symptomatische Infektionen auslösen. Diese zählen zu den häufigsten Impfkomplikationen, vor allem bei Personen mit Immundefekten. Impfzwischenfälle werden meist durch den Typ 3, seltener durch den Typ 2 und fast nie durch den Typ 1 des Lebendimpfstoffes verursacht.

13.1.6 Die Coxsackieviren

Epidemiologie und Übertragung

Coxsackieviren sind ebenfalls Vertreter des Genus Enteroviren in der Familie der Picornaviridae. Ihre Epidemiologie und Übertragung ähnelt der des Poliovirus (Abschnitt 13.1.5), der Erstkontakt mit den Viren erfolgt jedoch meist in einem späteren Lebensabschnitt. Unter natürlichen Bedingungen erzeugen Coxsackieviren nur im Menschen Krankheiten. Schimpansen machen nach experimenteller Infektion einen inapparenten Verlauf durch. Während

Tabelle 13.5: Symptome in der Maus nach Infektion mit Coxsackie-A- und -B-Viren

	Coxsackieviren, Subgruppe A	Coxsackieviren, Subgruppe B
häufige Symptome	Polymyositis (Brust-, Abdominal- und Fußmuskulatur)	Encephalitis Poliomyelitis Nekrosen im braunen Fett Endomyocarditis Pericarditis Pankreatitis
seltene Symptome	Encephalitis Poliomyelitis Nekrosen im braunen Fett Myocarditis	Myositis

die Züchtung des Virus in verschiedenen primären und kontinuierlichen Zellinien (Zellen aus menschlichen embryonalen Nieren oder Affennieren, HeLa-Zellen, Lungenkarzinomzellen A549) möglich ist, gelingt die initiale Isolierung immer noch in neugeborenen Mäusen am besten. Mäuse dienen auch zur Differenzierung der Viren in zwei Gruppen: Die Subgruppe A mit 23 Typen (1-24, Typ 23 fehlt) und die Subgruppe B mit 6 Serotypen. Diese Einteilung beruht auf Unterschieden der histopathologischen Läsionen in der Maus (Tabelle 13.5).

Klinik

Die Inkubationszeit beträgt *zehn bis vierzehn Tage*, häufig findet man asymptomatische Verläufe. Die Symptome können vielgestaltig sein und reichen von *leichten Erkältungskrankheiten* über *Meningitis* und *Myocarditis* bis zu seltenen, schweren *Lähmungen* des zentralen Nervensystems. Männer erkranken sehr viel häufiger als Frauen. Abhängig vom Virustyp werden Infektionen der quer- und glattgestreiften Muskulatur (Myositis), des Gehirns und der Hirnhäute, des Rückenmarks, der Pankreasinseln, Leber, Lunge, Haut und Konjunktiven (Coxsackievirus A24) gefunden (Tabelle 13.6).

Tabelle 13.6: Die Vertreter der Gattung Enterovirus und die häufig von ihnen verursachten Krankheitssymptome

Virus	Erkrankungen
Poliovirus	
Typ 1 bis 3	Fieber und grippeähnliche Symptome aseptische Meningitis Lähmungen
Coxsackieviren	
Typ A24	akute hämorrhagische Konjunktivitis
Typen A2-6, A8, A10, A22	Herpangina
Typen A4-6, A9, A16	Hand-Fuß-Mund-Krankheit
Typen A1-2, A4-7, A9-10, A14, A16, A22; B1-6	aseptische Meningitits
Typen A4, A7, A9, A10; B1-5	Lähmungen (sehr selten bei A-Typen)
Typen A4, A9; B5	Hepatitis
Typen A9-10, A16, A21, A24; B4-5	Erkrankungen des respiratorischen Traktes
Typ A10	Pharyngitis
Typen A18, A20-22, A24; B5	Durchfallerkrankungen bei Kindern
Typen B1-6	Fieber und grippeähnliche Symptome
Typen B1-5	Pleurodynie, Pericarditis, Myocarditis systemische Infektionen bei Kindern Meningoencephalitis
Typ B5	Hautausschläge

Tabelle 13.6: Fortsetzung

Virus	Erkrankungen
Echoviren	
Typen 1-9, 11, 13-22, 24-27, 29-33	aseptische Meningitis
Typen 1-2, 4, 6-7, 9, 11, 14-16, 18, 22, 30	Lähmungen
Typen 1-9, 11, 14, 16, 18-19, 25, 30, 32	Hautausschläge
Typ 19	Hand-Fuß-Mund-Krankheit
Typen 1, 6, 9, 19, 22	Pericarditis und Myocarditis
Typen 4, 9, 11, 20, 22, 25	Erkrankungen des respiratorischen Traktes
Typen 11, 14, 18, 20, 32	Durchfallerkrankungen bei Neugeborenen
Typen 1, 6, 9	Myalgien
Typen 4, 9	Hepatitis
Enteroviren	
Typen 68, 69	Bronchiolitis, Lungenentzündung
Typ 70	akute hämorrhagische Konjunktivitis
Typ 71	aseptische Meningitis, Meningo-encephalitis, Hand-Fuß-Mund-Krankheit
Typ 72	Hepatitis

Coxsackieviren B, vor allem der Typ B3, gelten als häufige Erreger von viralen *Herzmuskelentzündungen* (*Perimyocarditis*), die sich sowohl in dieser akuten Form wie auch in chronischen Verläufen (*dilatative Cardiomyopathie*) äußern können. Die Infektion kann sich bei Kindern und Erwachsenen unterschiedlich manifestieren. Bei Säuglingen verläuft die Myocarditis oft tödlich (Säuglingsmyocarditis). Man findet sie überwiegend dann, wenn die Infektion perinatal, das heißt bei der Geburt, erfolgt und die Mutter keine Antikörper gegen das Coxsackievirus hat.

Die Assoziation von Coxsackievirus-B-Infektionen mit dem chronischen Müdigkeitssyndrom ist unklar. In der Muskulatur dieser Patienten konnte Coxsackievirus-RNA nachgewiesen werden – ein möglicher Hinweis auf eine kausale Verbindung. Das Krankheitsbild des *juvenilen Diabetes mellitus (Typ 1)* beobachtet man gehäuft bei Patienten mit einem bestimmten HLA-Typ (HLA-DR und -DQ) nach Infektionen mit Coxsackievirus B4. Gelegentlich rufen Coxsackieinfektionen Hautausschläge hervor („Boston"-Exanthem, Hand-Fuß-Mund-Krankheit). Das erste ähnelt dem Rötelnexanthem, von dem es sich klinisch nicht differenzieren läßt.

Pathogenese

Die Aufnahme der Coxsackieviren, ihre Ausbreitung im Organismus und ihre Ausscheidung sind denen der Polioviren sehr ähnlich. Coxsackieviren verwenden jedoch andere zelluläre Rezeptoren, die meist der Immunglobulinsuperfamilie oder den Integrinen angehören (Tabelle 13.3). Wie die Polioviren replizieren sich die Coxsackieviren in *Halslymphknoten* und den *Peyerschen Plaques* des Darms. Eine Vermehrung im Darmepithel ließ sich *in vivo* bisher nicht nachweisen. Die Erreger werden nach der ersten Virämie über das Blut und infizierte Lymphocyten im Organismus verteilt und siedeln sich in den verschiedenen Zielorganen an. In die infizierten Bereiche infiltrieren zuerst Granulocyten, sie werden von mononucleären Zellen gefolgt. Im Liquor von Patienten mit coxsackievirusassoziierter Encephalitis finden sich dagegen meist nur Lymphocyten; ob es sich um CD4- oder CD8-positive Zellen handelt, ist nicht bekannt. Die infizierte Muskulatur weist fokale *Nekrosen* auf, die Zellen sind schollenartig zerfallen. Auch in Neuronen und Gliazellen des zentralen Nervensystem treten nekrotische Areale auf. Monocyten setzen *in vitro* nach Infektion mit

Coxsackievirus B3 die Cytokine TNFα, IL-1β und IL-6 frei. Sie sind vermutlich an der Ausbildung der Entzündung beteiligt.

Die chronisch-persistierende Herzmuskelentzündung ist durch ein geringes Ausmaß an infiltrierenden Zellen charakterisiert. Nur einzelne Muskelzellen zerfallen. Im Herzmuskel läßt sich Coxsackievirus-RNA nachweisen. Offenbar ist dabei das Verhältnis von RNA-Plus- zu Minussträngen auf ein Verhältnis von zwei zu eins verschoben, während gewöhnlich ein hoher Überschuß an genomischer RNA vorliegt. Es werden in diesen Fällen also relativ wenige Virusgenome produziert und auch die Menge an infektiösen Coxsackieviren ist in den persistierend infizierten Bereichen deutlich geringer.

Man nimmt an, daß der Diabetes mellitus vom Typ 1, der vor allem nach Infektionen mit Coxsackievirus B4 auftritt, durch Autoimmunprozesse zustande kommt. Die ungenügende Präsentation viraler Oligopeptide durch dendritische Zellen scheint dabei ein wichtiger pathogener Faktor zu sein. Auch hat man Hinweise, daß Ähnlichkeiten zwischen Virusproteinen und der zellulären Glutaminsäuredecarboxylase beteiligt sind.

Immunreaktion und Diagnose

Antikörper stellen die wichtigste Waffe des Immunsystems gegen Coxsackieviren dar. Die humorale Immunreaktion mit *IgM, IgG-* und *IgA-Antikörpern* gegen die Strukturproteine ist virustypspezifisch. Im ELISA kann IgM bis zu zwei Monate nach der Infektion und IgG lebenslang nachgewiesen werden. IgA-Antikörper im Magendarmtrakt wirken *protektiv*. Die Immunreaktion wird durch kreuzreagierende Epitope bei Reinfektionen mit anderen Virustypen aufgefrischt. Fehlen mütterliche Antikörper, kann es zur Säuglingsmyocarditis kommen. Cytotoxische T-Zellen scheinen für die Elimination des Coxsackievirus B3 aus dem Herzmuskel verantwortlich zu sein. Die Virustypisierung erfolgt im *Neutralisationstest*, da der Komplementbindungstest meist starke Kreuzreaktionen zeigt.

Therapie und Prophylaxe

Es gibt weder eine spezifische Therapie noch eine Schutzimpfung. Bei chronischen Erkrankungen der Herzmuskulatur ist zur Zeit eine Behandlung mit Interferon-α in Erprobung.

13.1.7 Die Echo- und Enteroviren

Epidemiologie und Übertragung

Epidemiologie, Übertragung und Vorkommen der Echo- und Enteroviren entsprechen weitgehend denen der Polio- und Coxsackieviren. Von den Enteroviren sind vier Serotypen (68 bis 71) bekannt. Diese Viren konnten aufgrund ihrer Charakteristika anderen Gruppen im Genus der Enteroviren nicht angegliedert werden. Man bezeichnete sie daher als Enteroviren und ordnete sie einer separaten Gruppe zu. Man kennt 31 Echovirustypen (1 bis 9, 11 bis 27 und 29 bis 33). Die ursprünglich als Typen 10 und 28 identifizierten Echoviren wurden später als Reo- beziehungsweise Rhinovirus Typ 1A identifiziert. Infektionen mit beiden Virusgruppen treten vorwiegend in der warmen Jahreszeit, in den Tropen aber ganzjährig auf. Sieben Prozent aller in den USA untersuchten Personen scheiden diese Viren aus, in den Tropen sind es bis zu 50 Prozent. Am häufigsten findet man die Typen 3, 4, 6, 7, 9 und 11 der Echoviren.

Klinik

Echo- und Enteroviren erzeugen vor allem *leichte, erkältungsähnliche Erkrankungen*. Viele Infektionen verlaufen asymptomatisch, lebensbedrohliche Fälle werden nur selten beobachtet. Die Inkubationszeit bis zum Krankheitsausbruch beträgt bis zu zwei, in seltenen Fällen mehr als vier Wochen. Die Viren werden über den Rachen und den Darm mehrere Wochen lang ausgeschieden. In vielen Fällen infizieren sich die Patienten gleichzeitig mit mehreren Echovirustypen, die über den Stuhl ausgeschieden werden. Daher ist es schwierig, den einzelnen Typen bestimmte Erkrankungsbilder zuzuordnen.

Bei den schweren Echovirusinfektionen überwiegt das Bild der *Meningitis*; nur die Virustypen 12 und 23 wurden bisher nicht in Asssoziation mit diesem Symptom isoliert. In anderen Fällen wurden bei Echovirusinfektionen *Hautausschläge, Gastroenteritis, Myelitis* und *Konjunktivitis* festgestellt (Tabelle 13.6). Echovirus Typ 1 und 9 stehen im Verdacht, bei schwangeren Frauen einen intrauterinen Fruchttod auszulösen. Andere Virustypen können Pleurodynie (Bornholmsche Krankheit) verursachen. Patienten mit erblichen oder erworbenen Defekten der Antikörperbildung entwickeln gehäuft *persistierende Echovirusinfektion*, die mit chronischer Enteritis, Arthritis oder auch Meningoencephalitis assoziiert sein können.

Das Enterovirus 68 erzeugt Infektionen des unteren Respirationstraktes, Bronchiolitis und Pneumonie, Enterovirus 69 nach den bisherigen Erkenntnissen überwiegend leichte Infektionen des oberen Respirationstraktes. Enterovirus 70 hat in Marokko, Indien, Hongkong, Singapur und Japan große Epidemien einer *hämorrhagischen Konjunktivitis* verursacht – ähnlich wie sie durch Coxsackievirus-A24-Infektionen ausgelöst wird. Daneben werden aber auch sporadische Fälle berichtet. In seltenen Fällen infiziert das Enterovirus 70 das zentrale Nervensystem und verursacht Lähmungen. Das Enterovirus 71 steht mit verschiedenen Erkrankungen in Verbindung, die sich in zentral- und periphernervösen oder akuten respiratorischen Zeichen, schlaffen Lähmungen, Encephalitiden und Hautausschlägen äußern können.

Pathogenese

Die Aufnahme der Echo- und Enteroviren und ihre Ausbreitung im Organismus erfolgt ähnlich wie bei den Polio- und Coxsackieviren. Sie werden nach anfänglicher Vermehrung im lymphatischen Gewebe des Darmes beziehungsweise des Rachens während der zweiten Virämiephase im Blut als freie Viruspartikel oder durch infizierte Lymphocyten zu den Zielorganen – Muskulatur, Haut, Meningen, Myocard, Darmepithel, zentrales Nervensystem, Respirationstrakt und Leber – transportiert, in denen sie sich abhängig vom Virustyp ansiedeln. Die molekularen Mechanismen, die zur Entstehung der unterschiedlichen Symptome beitragen, sind weitgehend unbekannt.

In der Bindehaut von mit Enterovirus 70 infizierten Personen findet man neben Hyperämie, punktförmigen Blutungen (Petechien) und Hämorrhagien Infiltrate mononucleärer Zellen mit diffus verteilten Lymphocyten, die in auffallend große, geschwollene Lymphfollikel übergehen. Die Hornhaut kann von Epitheltrübungen betroffen sein. Die schlaffen Lähmungen, die in seltenen Fällen bei Infektionen mit dem Enterovirus 70 auftreten, sind mit dem Zerfall von Motoneuronen, mit Hämorrhagien und Neurogliaproliferation verbunden. In der Immunfluoreszenz konnten Virusproteine in der Mikroglia und in den Neuronen nachgewiesen werden.

Immunreaktion und Diagnose

Im Infektionsverlauf werden virustypspezifische Antikörper der Klassen *IgM*, *IgG* und *IgA* gegen die *viralen Strukturproteine* gebildet. Die IgG-vermittelte Immunität hält lange an. Über die Bedeutung neutralisierender IgA-Antikörper ist wenig bekannt. Der Verlauf der IgM-Antwort wurde vor allem bei Infektionen mit Enterovirus 70 und 71 studiert. Man fand, daß die Immunreaktion sehr gering ausfällt, insbesondere bei Enterovirus 70 Infektionen in Verbindung mit hämorrhagischer Konjunktivitis.

Die Diagnose der Infektion mit Echo- und Enteroviren erfolgt durch *Virusisolierung* aus Stuhl, Urin, Rachenspülwasser, Liquor oder dem Augensekret. Antikörper können im *Neutralisationstest* nachgewiesen werden. Einige Echoviren besitzen hämagglutinierende Eigenschaften, die für die Diagnostik herangezogen werden können. Infolge der hohen Durchseuchung gibt es häufig Kreuzreaktionen, daher sind Komplementbindungsreaktion oder ELISA-Tests nur bei Erstinfektionen einsetzbar.

Therapie und Prophylaxe

Es gibt keine Impfstoffe und Therapeutika zur Vorbeugung oder Behandlung von Echo- und Enterovirus-Infektionen.

13.1.8 Das Hepatitis-A-Virus

Epidemiologie und Übertragung

Das Hepatitis-A-Virus wurde 1973 durch Stephen Feinstone elektronenmikroskopisch dargestellt. 1979 isolierten es Philip Provost beziehungsweise Gert Frösner und Mitarbeiter unabhängig voneinander. Es ist weltweit verbreitet, Infektionen werden jedoch bevorzugt in den tropischen und subtropischen Regionen und in den Entwicklungsländern beobachtet. Hier erfolgt die Infektion meist schon im Kindesalter. In Deutschland hat dagegen von 1965 bis 1975 die Prävalenz bei 20- bis 30jährigen Personen von 51 auf 11 Prozent abgenommen. Unter natürlichen Bedingungen verursacht das Virus nur beim Menschen Infektionen. Es läßt sich aber auf Krallenaffen und Schimpansen übertragen. Man kann es (ohne Auftreten eines cytopathischen Effekts) in primären und kontinuierlichen Nierenzellkulturen Grüner Meerkatzen züchten, allerdings ist der Vermehrungszyklus sehr langsam.

Muscheln reichern das Hepatitis-A-Virus an

Bekannt wurde die Übertragung des Hepatitis-A-Virus durch kontaminierte Muscheln. In manchen Gegenden der Welt werden Haushaltsabwässer ungeklärt in Flüsse und Meere eingeleitet. Da in den entsprechenden Ländern die Hepatitis-A-Infektion meist gehäuft auftritt, gelangt das gegen äußere Einflüsse sehr stabile Virus so in die Umwelt. Muscheln, die sich in der Nähe größerer Ansiedlungen im Meer befinden, also dort, wo die kontaminierten Abwässer eingeleitet werden, filtern die Viren sehr effektiv aus dem Wasser und reichern sie an. Werden solche Muscheln vor dem Verzehr nicht ausreichend erhitzt, so gelangt das Virus in den Magen- und Darmtrakt der Esser.

Die Übertragung erfolgt fäkal-oral durch *Schmutz-* und *Schmierinfektion*, über *verunreinigte Lebensmittel* und *Trinkwasser*. Daneben kann die Infektion in seltenen Fällen durch Blut und Speichel von Erkrankten in der virämischen Phase erfolgen. Bei Heimbewohnern, in Kindergärten, Ferienlagern oder auch in Bevölkerungsgruppen mit niedrigem sozioökonomischen Status wird das Virus gehäuft übertragen.

Klinik

Das Hauptsymptom einer Infektion mit dem Hepatitis-A-Virus ist eine *Leberentzündung* mit *Gelbsucht*, die durch den Übertritt der Gallenstoffe in das Blut und ihre Ausscheidung im Urin zustandekommt. Vor allem bei Kindern ist der Verlauf meist inapparent. Die Inkubationsphase beträgt durchschnittlich zwei bis sechs Wochen. Die Symptome der Gelbsucht setzen plötzlich ein und sind mit Übelkeit, Fieber und allgemeinem Krankheitsgefühl verbunden. Sie können mehrere Wochen anhalten. Bei einigen Patienten konnte man über Monate Virus-RNA nachweisen. Persistierende Infektionen wurden bisher allerdings nicht beobachtet. Gelegentlich traten fulminante Verläufe auf.

Pathogenese

Das Hepatitis-A-Virus gelangt meist durch kontaminierte Lebensmittel in den Magen- und Darmtrakt. Wie es von dort in sein Hauptzielorgan, die *Leber*, und dort in die *Hepatocyten* gelangt, ist unklar. Man vermutet, daß nach der Aufnahme über den Darm die Ausbreitung durch das Blut erfolgt. Auch nach oraler Infektion von Affen wurde das Virus in der frühen Infektionsphase nie im lymphatischen Rachenring, im Pharynx und im Darmepithel nachgewiesen. Die Replikation des Hepatitis-A-Virus in der Leber erfolgt acht bis zehn Tage vor dem Auftreten der Symptome. Während dieser Virämie findet man bis zu 10^5 Partikel pro Milliliter Blut. Das in der Leber gebildete Virus gelangt über die Gallenwege in den Darm und wird dort ausgeschieden. Bei Ausbruch der Erkrankung ist der Höhepunkt der Virusausscheidung bereits überwunden. Hepatitis-A-Viren können aber danach noch mehrere Wochen lang – bei immunsupprimierten Personen deutlich länger – im Stuhl nachgewiesen werden. Es kann eine vorübergehende Granulocytopenie und in seltenen Fällen eine Schädigung der Knochenmarkzellen verursachen.

Die infizierten Leberzellen sind vakuolisiert und degenerieren. In ihrem Cytoplasma kann man durch Immunfluoreszenztests und im Elektronenmikroskop Viruspartikel nachweisen. Infiltrierende mononucleäre Zellen finden sich zumeist in den Leberportalregionen. Neben den Leberzellen enthalten auch die Makrophagen der Milz und die Kupfferschen Sternzellen der Leber Virusproteine. Hierbei handelt es sich aber wahrscheinlich um passiv aufgenommene Viren.

Infizierte Leberzellen bilden kein Interferon-α und -β. Interferon-γ wird hingegen von den T-Helferzellen in erhöhten Konzentrationen sezerniert. Seine Mengen reichen offensichtlich aus, um die Expression der MHC-Klasse-I-Proteine auf der Zelloberfläche zu steigern. Cytotoxische T-Zellen können die infizierten Zellen so besser erkennen und lysieren. Auch *Natural-Killer*-Zellen sind frühzeitig im Gewebe nachweisbar. Die Zerstörung der infizierten Zellen wird vermutlich durch die einsetzende Immunreaktion, vor allem durch cytotoxische, CD8-positive T-Zellen verursacht. Diese überwiegen während der akuten Erkrankungsphase in der Leber, in der Rekonvaleszenz dagegen die CD4-positiven Lymphocyten. Man vermutet, daß bei der Zerstörung der Leberzellen neben Interferon-γ auch andere Cytokine eine wichtige Rolle spielen. Hinweise, daß das Virus selbst die Leberzellen zerstört, gibt es nicht. Auch *in vitro* vermehrt sich das Hepatitis-A-Virus sehr langsam, ohne daß sich ein cytopathischer Effekt beobachten läßt. Im Gegensatz zu anderen Picornaviren scheinen die Funktionen zur Bildung des *vhs*-Effekts nicht oder nur sehr schwach ausgeprägt zu sein.

Immunreaktion und Diagnose

Während der Hepatitis-A-Virus-Infektion sind bereits zum Zeitpunkt der Erkrankung IgM-Antikörper im Serum vorhanden. IgG-Antikörper gegen die Virusstrukturproteine folgen und persistieren *lebenslang*. Sowohl IgM- als auch IgG-Antikörper können das Virus neutralisieren. Deshalb sind beim Ausbruch der Erkrankung die Viruskonzentrationen im Stuhl und im Blut bereits stark zurückgegangen. Die neutralisierenden Antikörper richten sich gegen mehrere Domänen auf der Capsidoberfläche der Hepatitis-A-Viruspartikel. Sie bilden eine immundominante Region, an der die Aminosäuren 102 bis 114 des VP1 und 70 des VP3 beteiligt sind. Ein weiteres Epitop wurde im VP1 um die Aminosäure 221 charakterisiert. Es gibt Hinweise, daß neben den Strukturproteinen auch andere Komponenten (Enzyme und Nichtstrukturproteine) Antikörperbildung induzieren können. Die Diagnose erfolgt durch den *Nachweis des Virus im Stuhl* über *Antigen-Capture-ELISA-Tests* und durch die Bestimmung von Antikörpern im Serum: IgM weist auf eine akute, IgG auf eine abgelaufene Infektion hin. Zusätzlich bestimmt man die Transaminase- und Bilirubinwerte.

Therapie und Prophylaxe

Heute gibt es zwei Vakzinen, die nach zwei bis drei Impfungen sehr guten Schutz verleihen. Es handelt sich um *in vitro* gezüchtete, *formalininaktivierte Hepatitis-A-Viren*. Wie lange der Impfschutz anhält, kann man bisher noch nicht abschätzen. Durch Gabe von virusspezifischen Immunglobulinpräparaten kann man für einen Zeitraum von etwa vier bis sechs Wochen einen *passiven Immunschutz* vermitteln. Eine spezielle antivirale Therapie gibt es nicht.

13.1.9 Die Rhinoviren

Epidemiologie und Übertragung

Rhinoviren kommen nur beim Menschen vor. Sie lassen sich aber auf einige Affenarten und Frettchen übertragen. Es gibt über *100 Serotypen*, die sich in zwei Gruppen einteilen lassen: Die etwa 90 Vertreter der *Rhinovirus major group* binden sich an das ICAM-1-Molekül als zellulären Rezeptor, die restlichen Rhinoviren (*minor group*) an den LDL-Rezeptor. Rhinovirus 87 verwendet noch ein anderes zelluläres Protein als Rezeptor. In einer Population kommen viele Serotypen gleichzeitig vor.

Rhinovirusinfektionen treten vor allem im Frühjahr und im Herbst auf. Sie verursachen vermutlich 40 Prozent der akuten Infektionen des Respirationstraktes. Jeder Mensch macht ein bis drei Rhinovirusinfekte pro Jahr durch, deren Anzahl mit zunehmendem Alter abnimmt. Rhinovirusinfektionen haben eine hohe Morbidität und besitzen durch den damit verbundenen Arbeitsausfall eine große wirtschaftliche Bedeutung. Die Übertragung erfolgt meist *indirekt* über kontaminierte Hände, über Türklinken und nur selten – wenn überhaupt – durch Tröpfcheninfektion. Innerhalb von Familien, in Kindergärten und Schulen breiten sich Rhinoviren schnell aus.

Klinik

Die Inkubationszeit beträgt *ein bis zwei Tage*. Die Erkrankung beginnt mit *Niesen*, *Husten*, und *Kratzen im Hals*. Fieber, Lymphknotenschwellungen und allgemeines Krankheitsgefühl fehlen. Hauptsymptome sind *Sekretausfluß* und eine „verstopfte“ Nase. Das Sekret ist anfangs wäßrig, später dickflüssig und gelblich. Die Symptome dauern etwa eine Woche an. Klingen die Beschwerden nicht ab, so hat sich möglicherweise durch bakterielle Überinfektion eine Nebenhöhlenentzündung gebildet.

Pathogenese

Rhinoviren gelangen über die Schleimhäute des Hals-, Nasen- und Rachenbereichs in den Körper und adsorbieren über die Strukturen des Canyons auf der Partikeloberfläche an die jeweiligen Rezeptoren. Die Replikation der Rhinoviren hat sich an die Temperatur der Nasenschleimhaut (32 bis 33°C) angepaßt. Bereits 24 Stunden nach der Infektion können Rhinoviren nachgewiesen werden. Maximale Virustiter liegen nach zwei bis drei Tagen vor. Etwa vier Tage nach der Infektion geht die Virusausscheidung zurück. Im Rasterelektronenmikroskop sieht man, daß größere Mengen von Zellen aus dem Flimmerepithelverband abgestoßen werden. Das ist durch die direkte zellschädigende Wirkung des Virus bedingt und eine ideale Basis für bakterielle Überinfektionen.

Pathohistologisch beobachtet man beim Ausbruch der Erkrankung eine Hyperämie und Ödeme sowie eine verstärkte Bildung eines schleimhaltigen Sekrets, das einen drei- bis fünfmal höheren Proteingehalt als normal besitzt. In ihm läßt sich Interferon-β nachweisen. Interleukin-1β, Bradykinin, Lysylbradykinin und andere vasoaktive Stoffe – aber nicht Histamin – werden vermehrt gebildet. Insgesamt stimuliert die Virusinfektion die Bildung von Entzündungsmediatoren und erzeugt so die typischen Symptome. Es ist unklar, ob Interferone oder lokal vorliegende IgA-Antikörper bei der Limitierung der Infektion eine Rolle spielen.

Immunreaktion und Diagnose

Im Infektionsverlauf werden IgM-, IgG- und IgA-Antikörper gegen die Virusstrukturproteine gebildet. Fünf bis zehn Tage nach Infektion lassen sie sich in den infizierten Schleimhautbereichen und im Serum nachweisen. IgG ist mehrere Jahre, IgA nur wenige Monate lang nachweisbar. Über das Auftreten von cytotoxischen T-Zellen ist nichts bekannt. Unbekannt ist auch, ob es inapparente Infektionen gibt. IgA-Antikörper vermitteln Schutz vor Reinfektionen mit demselben Rhinovirustyp. Die Diagnosestellung erfolgt klinisch. Virusnachweis und Antikörperbestimmung sind in aller Regel unnötig.

Therapie und Prophylaxe

Eine Impfung gegen die Rhinovirusinfektion gibt es nicht. Wegen der hohen Anzahl verschiedener Virustypen ist die Entwicklung von Vakzinen auf diesem Gebiet sehr schwierig. Durch Gabe von *Interferon* läßt sich eine Rhinovirusinfektion verhindern. Eine Dauertherapie verbietet sich jedoch wegen damit verbundenen Schleimhautschädigungen. WIN-Substanzen, die sich in die Canyonstrukturen der Partikel einlagern, verhindern die Infektion, induzieren aber schnell die Bildung resistenter Rhinoviren, so daß die Anwendung dieser Substanzen zwecklos erscheint.

13.1.10 Weiterführende Literatur

Almond, J. W. *Poliovirus neurovirulence*. In: *The Neurosciences* 3 (1991) S. 101–108.

Enders, J. F.; Weller, T. H.; Robbins, F. C. *Cultivation of the Lansing strain of poliomyelitis virus in cultures of various human embryonic tissues*. In: *Science* 190 (1949) S. 85–87.

Foulis, A. K.; Farquharson, M. A.; Cameron, S. O.; McGill, M.; Schönke, H.; Kandolf, R. *A search for the presence of the enteroviral capsid protein VP1 in pancreases of patients with type 1 (insulin-dependent) diabetes and pancreases and hearts of infants who died of coxsackieviral myocarditis*. In: *Diabetologica* 33 (1990) S. 290–298.

Hogle, J. M.; Chow, M.; Filman, D. J. *Three-dimensional structure of poliovirus at 2.9 A resolution*. In: *Science* 229 (1985) S. 1358–1363.

Jang, S. K.; Pestova, T. V.; Hellen, C. U. T.; Witherell, G. W.; Wimmer, E. *Cap-independent translation of picornavirus RNAs: structure and fuction of the internal ribosomal entry site*. In: *Enzyme* 44 (1990) S. 292–309.

Kandolf, R.; Hofschneider, P. H. *Viral heart disease*. In: *Springer Semin. Immunopathol.* 11 (1989) S. 1–13.

Klump, W. M.; Bergmann, I.; Müller, B. C.; Ameis, D.; Kandolf, R. *Complete nucleotide sequence of infectious coxsackievirus B3 cDNA: Two initial 5′ uridine residues are regained during plus-strand RNA synthesis*. In: *J. Virol.* 64 (1990) S. 1573–1583.

Kräußlich, H.-G.; Nicklin, M. J. H.; Toyoda, H.; Wimmer, E. *Poliovirus proteinase 2A induces cleavage of eucaroyotic initiation facter 4F polypeptide p220*. In: *J. Virol.* 61 (1987) S. 2711–2718.

Landsteiner, K.; Popper, E. *Übertragung der Poliomyelitis acuta auf Affen*. In: *Z. Immunitätsforschung Orig.* 2 (1909) S. 377–390.

Le, S.-Y.; Chen, J.-H.; Sonenberg, N.; Maizel, J. V. *Conserved tertiary structural elements in the 5′ nontranslated region of cardiovirus aphthovirus and hepatitis A virus RNAs*. In: *Nucl Acid Res.* 21 (1993) S. 2445–2451.

Macadam, A. J.; Stone, D. M.; Almond, J. W.; Minor, P. D. *The 5′ noncoding region and virulence of poliovirus vaccine strains*. In: *Trends in Microbiology* 2 (1994) S. 449–459.

Magnus, v. H.; Gear, J. H. S.; Paul, J. R. *A recent definition of poliomyelitis viruses*. In: *Virology* 1 (1955) S. 185–189.

Meerovitch, K.; Svitkin, Y. U.; Lee, H. S.; Lejbkowicz, F.; Kenan, D. J.; Chan, E. K.; Agol, V. I.; Keene, J. D.; Sonenberg, N. *La autoantigen enhances and corrects aberrant translation of poliovirus RNA in reticulolysate*. In: *J. Virol.* 67 (1993) S. 3798–3807.

Mendelsohn, C. L.; Wimmer, E.; Racaniello, V. R. *Cellular receptor for poliovirus: molecular cloning, nucleotide sequence and expression of a new member of the immunoglobulin superfamily*. In: *Cell* 56 (1989) S. 855–865.

Olson, N. H.; Kolatkar, P. R.; Oliveira, M. A.; Cheng, R. H.; Greve, J. M.; McClelland, A.; Baker, T.S.; Rossmann, M.G. *Structure of a human rhinovirus complexed with its receptor molecule*. In: *Proc. Natl. Acad. Sci. USA* 90 (1993) S. 507–511.

Raab-de Verdugo, U.; Selinka, H. C.; Huber, M.; Kramer, B.; Kellermann, J.; Hofschneider, P. H.; Kandolf, R. *Characteriszation of a 100 kilodalton binding protein for the six serotypes of Coxsackie-B-viruses*. In: *J. Virol.* 69 (1995) S. 6751–6757.

Rossmann, M. G.; Arnold, E.; Erickson, J. W.; Frankenberger, E. A.; Griffith, J. P.; Hecht, H. J.; Johnson, J.; Kamer, J.; Luo, M.; Mosser, A. G.; Rueckert, R. R.; Sherry, B.; Vriend, G. *Structure of human common cold virus and functional relationship to other picornaviruses*. In: *Nature* 317 (1985) S. 145–153.

Rossmann, M. G. *The canyon hypothesis. Hiding the cell receptor attachment site an a viral surface from immune surveillance*. In: *J. Biol. Chem.* 264 (1989) S. 14587–14590.

Vallbracht, A.; Maier, K.; Stierhof, Y. D.; Wiedmann, K. H.; Flehmig, B.; Fleischer, B. *Liver derived cytotoxic cells in hepatitis-A virus infection*. In: *J. Infect. Dis.* 160 (1989) S. 209–217.

Vallbracht, A.; Fleischer, B.; Busch, F. W. *Hepatitis A: Hepatotropism and influence on myelopoesis*. In: *Intervirology* 35 (1993) S. 133–139.

Zeichardt, J.; Wetz, K.; Willigmann, P.; Habermehl, K. O. *Entry of poliovirus type 1 and mouse eberfeld (ME) into Hep-2 cells: receptor mediated endocytosis and endosomal and lysosomal uncoating*. In: *J. Gen. Virol.* 66 (1985) S. 483–492.

13.2 Flaviviren

Das *Gelbfiebervirus* wurde 1902 als Erreger des epidemischen Gelbfiebers identifiziert, einer Infektion, die in den tropischen Regionen der Erde viele Todesfälle verursachte und die erst durch die Entwicklung eines Impfstoffes auf der Basis attenuierter Gelbfieberviren eingedämmt werden konnte. Es war das erste Virus, für das ein an Insekten gebundener Übertragungsweg gefunden wurde. Die durch das Virus verursachte Gelbsucht war namensgebend für die Familie der Flaviviren (*flavus*, lateinisch für „gelb").

13.2.1 Einteilung und charakteristische Vertreter

Die Familie der *Flaviviridae* umfaßt drei Genera (Tabelle 13.7). Man kennt heute über 70 verschiedene Flavivirustypen. Zum Genus der *Flaviviren* gehören außer dem Gelbfiebervirus eine Reihe von humanpathogenen Erregern, die durch Arthropoden (Insekten und Spinnentiere) übertragen werden. Einige konnten mit fieberhaften *hämorrhagischen Erkrankungen* oder *Encephalitiden* in tropischen Ländern korreliert werden, die sich mit den Verbreitungsgebieten bestimmter Mücken (zum Beispiel *Aedes aegyptii, Aedes albopticus*) als Überträger des Virus decken. Hierzu gehören unter anderen das Denguefieber und die St.-Louis-Encephalitis. In Mitteleuropa ist der Erreger der *Frühsommer-Meningoencephalitis* (*FSME*) als ein Vertreter der durch Zeckenstiche übertragenen Encephalitiden in bestimmten Regionen endemisch verbreitet. Einige andere Vertreter der Flaviviren infizieren dagegen nur Säugetiere; sie werden direkt von Tier zu Tier übertragen (das Rio-Bravo-Virus infiziert ausschließlich Fledermäuse, das Jutiapa-Virus Nagetiere).

Tabelle 13.7: Charakteristische Vertreter der Flaviviren

Genus	Mensch	Tier
Flavivirus	Gelbfiebervirus Denguevirus Typ 1-4 West-Nile-Virus Japanisches-Encephalitis-Virus St.-Louis-Encephalitis-Virus FSME*-Virus	Gelbfiebervirus Wesselsbron-Virus (Schaf, Rind) Hämorrhagisches-Fieber-Virus der Affen Rio-Bravo-Virus Jutiapa-Virus
Pestivirus		Hog-Cholera-Virus (Klassische Schweinepest) Virus der bovinen Virusdiarrhoe (Mucosal Disease) Border-Disease-Virus der Schafe
Hepatitis-C-Virus	Hepatitis-C-Virus	
unbenannt	Hepatitis-G-Virus	

* Frühsommer-Meningoencephalitis

Arboviren

Viren, die durch Insekten oder Spinnentiere übertragen werden, bezeichnet man auch als *Arboviren* (*arthropod-borne viruses*). Voraussetzung für die Übertragung von Viren durch Arthropoden ist, daß diese bestimmte Organe der Tiere, etwa die Epithelzellen des Darmes und der Speicheldrüsen, infizieren können. Die alleinige Aufnahme von virushaltigem Blut durch Mücken oder Zecken genügt nicht: Die Viren müssen sowohl in Arthropoden- wie auch in Säugetierzellen einen produktiven Infektionszyklus durchführen können.

Das zweite Genus umfaßt die *Pestiviren*, die schwere Tierseuchen (zum Beispiel die klassische *Schweinepest* durch das *Hog-Cholera*-Virus) hervorrufen. Diese Viren werden nicht durch Arthropoden übertragen.

Kürzlich wurde aufgrund seiner molekularbiologischen Charakteristika das *Hepatitis-C-Virus* als eigenes Genus in die Familie der Flaviviridae eingeordnet. Es erzeugt beim Menschen eine Leberentzündung und wird durch kontaminiertes Blut und Blutkonserven übertragen. Relativ nahe verwandt mit dem Hepatitis-C-Virus ist das erst kürzlich von Scott Muerhoff identifizierte *Hepatitis-G-Virus*. Da die Aminosäuresequenz seines Polyproteins jedoch nur zu etwa 28 Prozent zum Hepatitis-C-Virus beziehungsweise zu 20 Prozent zum Gelbfiebervirus homolog ist, wird es vermutlich in ein eigenes, neues Genus der Flaviviridae eingeordnet werden. Über die Molekularbiologie und die Pathogenese dieses Virus gibt es bislang nur sehr wenige Daten. Inzwischen hat man Antikörper gegen das Hepatitis-G-Virus in vielen Personen gefunden; eine Leberentzündung scheint es jedoch nur sehr selten zu verursachen. Wegen ihrer humanmedizinischen Bedeutung beschränkt sich die Darstellung der medizinischen Aspekte – Epidemiologie, Klinik, Pathogenese, Diagnostik und Therapie – auf das Gelbfiebervirus, das Denguevirus, das FSME-Virus und das Hepatitis-C-Virus als Vertreter der Flaviviridae.

NonA-NonB-Hepatitisviren

Die Hepatitis-C-Viren wurden bis zu ihrer molekularen Identifizierung 1989 zu den sogenannten *NonA-NonB-Hepatitisviren* gerechnet. Ähnliches gilt für das Hepatitis-G-Virus, das ursprünglich als „GB-Agens" aus einem Patienten mit Leberentzündung gewonnen wurde und von Friedrich Deinhardt und Mitarbeitern in Krallenaffen passagiert und gezüchtet worden war. Es wurde erst 1995 sequenziert und als Flavivirus charakterisiert. Zu diesen NonA-NonB-Hepatitisviren gehörten alle Erreger einer Leberentzündung, die durch die Diagnostik für Hepatitis-A- und Hepatitis-B-Viren nicht erfaßt werden konnten. Auch nach der Charakterisierung der Hepatitis-C-, Hepatitis-E- und Hepatitis-G-Viren zählen dazu einige weitere, heute noch nicht bekannte Viren. So gibt es für die Existenz eines Hepatitis-F-Virus bislang nur indirekte Belege. Es war lange unklar, ob man das Hepatitis-C-Virus in die Familien Flavi- oder Togaviridae eingliedern sollte. Die genauere Kenntnis der molekularbiologischen Eigenschaften erlaubte es, das Hepatitis-C-Virus als eigenes Genus in die Familie der Flaviviridae aufzunehmen.

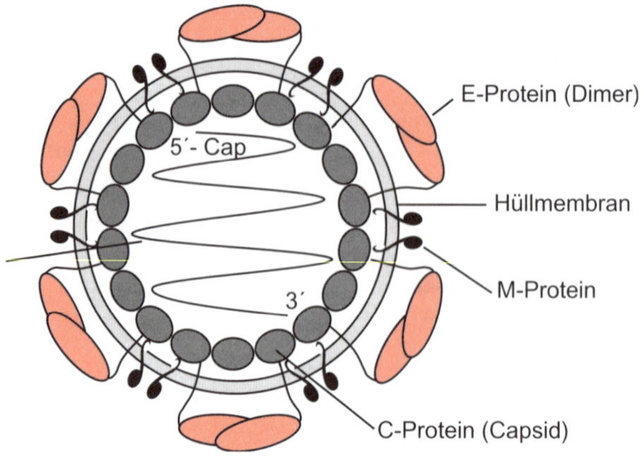

13.5 Aufbau eines Flaviviruspartikels (FSME-Virus). Das ikosaedrische Capsid wird von den C-Proteinen gebildet. Mit den Proteindomänen an der Capsidinnenseite ist das RNA-Genom assoziiert. Umgeben ist das Capsid von einer Hüllmembran, in welche die als Homodimere vorliegenden E-Proteine und die M-Proteine eingelagert sind.

13.2.2 Aufbau

Viruspartikel

Die infektiösen Viren haben einen Durchmesser von 40 bis 50 nm. Die sphärischen Capside, die nur aus einem viralen Protein (*C-Protein*) bestehen, sind von einer Hüllmembran umgeben, in die zwei virale Oberflächenproteine, bezeichnet mit den Abkürzungen M und E, eingelagert sind (Abbildung 13.5). Das *M-Protein* ist mit einem Molekulargewicht von 7 bis 8 kD relativ klein, das *E-Protein,* mit einer Größe von 51 bis 60 kD, ist spezifisch für den Virustyp. Dem Hepatitis-C-Virus fehlt das M-Protein. Neben dem Hauptglycoprotein E2 (gp70) findet man ein kleineres glycosyliertes Oberflächenprotein E1 (gp33). Im Inneren der Capside ist das RNA-Genom enthalten, das mit dem stark basischen C-Protein in enger Wechselwirkung vorliegt.

Genom und Genomaufbau

Das Genom besteht aus einzelsträngiger RNA und hat eine Länge von ungefähr 9 100 bis 11 000 Basen (10 862 beim Gelbfiebervirus, Impfvirus 17D; 10 477 beim FSME-Virus; etwa 9 500 bei Hepatitis-C-Viren; 9 143 bis 9 493 bei Hepatitis-G-Viren). Die RNA liegt in Plusstrangorientierung vor und besitzt einen großen Leserahmen, der beim Gelbfiebervirus eine Länge von 10 233 Basen hat (Abbildung 13.6). Ähnlich wie bei den Picornaviren wird

13.6 Genomorganisation der Flaviviren. A: Gelbfiebervirus, Impfvirus Stamm 17D. B: FSME-Virus, Stamm Neudörfl. C: Hepatitis-C-Virus. Alle Viren besitzen ein RNA-Genom. Beim Hepatitis-C-Virus findet sich in der nichttranslatierten Region am 5′-Ende eine IRES (*internal ribosomal entry site*), bei allen anderen Flaviviren ist das 5′-Ende das Genoms mit einer Cap-Gruppe modifiziert. Die Genome der Flaviviren besitzen einen durchgehenden offenen Leserahmen. Er codiert für ein Polyprotein, das proteolytisch in die verschiedenen Proteinkomponenten gespalten wird (Strukturproteine in Farbe). Verantwortlich sind hierfür sowohl Enzyme, die als Teil des Polyproteins autokatalytisch wirken und aktiviert werden, als auch zelluläre Signalasen. Die Zahlenangaben beziehen sich auf die Aminosäurepositionen im Polyprotein, an welchen die jeweiligen Spaltungen erfolgen. ▶

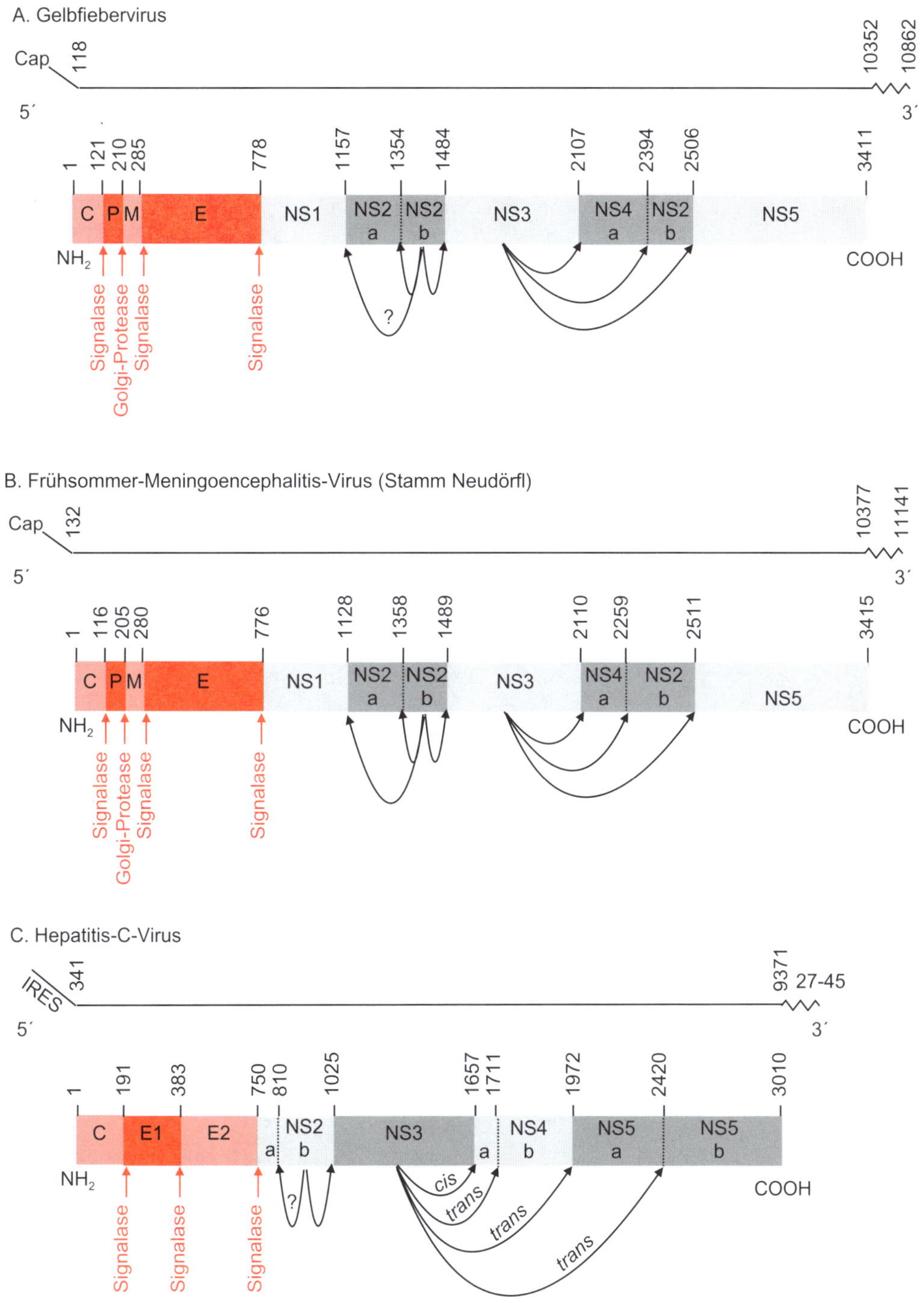
A. Gelbfiebervirus
Cap
118
10352
10862
5´
3´
1
121
210
285
778
1157
1354
1484
2107
2394
2506
3411
C
P
M
E
NS1
NS2 a
NS2 b
NS3
NS4 a
NS2 b
NS5
NH2
COOH
?
Signalase
Golgi-Protease
Signalase
Signalase
B. Frühsommer-Meningoencephalitis-Virus (Stamm Neudörfl)
Cap
132
10377
11141
5´
3´
1
116
205
280
776
1128
1358
1489
2110
2259
2511
3415
C
P
M
E
NS1
NS2 a
NS2 b
NS3
NS4 a
NS2 b
NS5
NH2
COOH
Signalase
Golgi-Protease
Signalase
Signalase
C. Hepatitis-C-Virus
IRES
341
9371
27-45
5´
3´
1
191
383
750
810
1025
1657
1711
1972
2420
3010
C
E1
E2
a
NS2 b
NS3
a
NS4 b
NS5 a
NS5 b
NH2
COOH
?
cis
trans
trans
trans
Signalase
Signalase
Signalase

von ihm *ein Vorläuferpolyprotein* synthetisiert und im Infektionsverlauf in die einzelnen Komponenten gespalten. Die RNA der Flavi- und Pestiviren weist am 5′-Ende eine *Cap-Struktur* auf. Der Leserahmen wird am 5′- und 3′-Ende von nichttranslatierten Nucleotidfolgen flankiert, die im Falle des Gelbfiebervirus 118 beziehungsweise 511 Basen lang sind. Das 3′-Ende selbst ist nicht polyadenyliert. Es finden sich jedoch in diesem Bereich adenosinreiche Basenfolgen variabler Länge.

Das Genom des Hepatitis-C-Virus weist im Vergleich zu den beiden anderen Genera der Flaviviridae Unterschiede auf: Die nichttranslatierte Region am 5′-Ende ist mit 340 Basen deutlich länger und hat die Funktion einer *IRES-Sequenz*, die die Bindung der Ribosomenuntereinheiten vermittelt und wichtig für die regulierte Translation des Polyproteins ist (Abschnitt 13.1.4). Am 3′-Ende des Hepatitis-C-Virus-Genoms befindet sich eine kurze Folge von Uridin- und Adenosinresten.

13.2.3 Virusproteine

Polyprotein

Das Polyprotein umfaßt beim Gelbfiebervirus insgesamt 3411 Aminosäuren (3412 beim FSME-Virus); die Sequenzen der Strukturproteine befinden sich im aminoterminalen Drittel in folgender Reihenfolge: Capsidprotein, virale Membranproteine PrM als Vorläuferprodukt des M-Proteins und E (Abbildung 13.6; Tabelle 13.8). Daran schließen sich die Sequenzfolgen der Nichtstrukturproteine NS1 bis NS5 an.

Beim Hepatitis-C-Virus sind die Proteine anders angeordnet: In seinem Polyprotein fehlen die Sequenzen des PrM- und M-Proteins. Im Anschluß an das Capsidprotein ist das *E1-Protein* lokalisert, ein glycosyliertes Membranprotein mit einem Molekulargewicht von circa 33 kD. Daran schließt sich die Aminosäurefolge eines zweiten Glycoproteins (*E2*, gp68–72) an. NS1 ist als Gen oder Protein beim Hepatitis-C-Virus nicht vorhanden (Abbildung 13.6). An die Proteinabschnitte C-E1-E2 schließen sich die Nichtstrukturproteine NS2 bis NS5B an. Tabelle 13.8 gibt einen vergleichende Zusammenfassung der Eigenschaften der Proteine.

Die Prozessierung des Vorläuferproteins in die einzelnen, funktionell aktiven Bestandteile erfolgt zum Teil durch eine zelluläre, mit der Membran des endoplasmatischen Reticulums assoziierte Protease, die man als *Signalase* bezeichnet und die im zellulären Stoffwechsel die Signalpeptide von den aminoterminalen Enden der am endoplasmatischen Reticulum translatierten Proteine entfernt. Dieses Enzym schneidet das Vorläuferprodukt an Erkennungsstellen zwischen den einzelnen Strukturproteinen und am Übergang zwischen dem E- und NS1- (Flaviviren) beziehungsweise E2- und NS2-Protein (Hepatitis-C-Virus). Für alle weiteren Prozessierungen scheinen im wesentlichen virale Proteasen verantwortlich zu sein: Die im NS2-Protein verankerte proteolytische Aktivität schneidet zwischen den NS2- und NS3-Anteilen, die NS3-Protease führt anscheinend alle weiteren Spaltungen durch.

Strukturproteine

Das *C-Protein* bildet das Capsid. Es enthält eine hohe Anzahl von basischen Aminosäuren, die im Partikel mit dem RNA-Genom zum Nucleocapsid interagieren. Das carboxyterminale Ende des C-Proteins ist stark hydrophob. Es wirkt als Signalpeptid für das PrM- beziehungsweise E1-Protein (beim Hepatitis-C-Virus), ist damit für die Inkorporation des in Translation befindlichen Polyproteins in die ER-Membran verantwortlich und induziert die Spaltung durch zelluläre Signalpeptidasen.

Tabelle 13.8: Vergleich und Funktion der flavivirusspezifischen Proteine

Protein	Gelbfiebervirus	FSME-Virus	Hepatitis-C-Virus	Funktion
C	12–14 kD	13–16 kD	22 kD	Capsidprotein Interaktion mit RNA-Genom
M	7–9 kD PrM:18–19 kD	7–8 kD PrM: 24–27 kD	–	Membranprotein PrM: glycosyliert
E	51–59 kD	50–60 kD	–	Membranprotein glycosyliert, neutralisierende Antikörper, Hämagglutinin, Adsorption
E1	–	–	31–35 kD	Membranprotein glycosyliert
E2	–	–	68–72 kD	Membranprotein glycosyliert
NS1	19–25 kD	39–41 kD*	–	glycosyliert, zellmembranassoziiert, sezerniert, kein Bestandteil der Viruspartikel
NS2A	20–24 kD	20 kD	6 kD	?
NS2B		14 kD	23 kD	Zn^{2+}-Metalloproteinase, assoziiert mit NS3-Protease (FSME-Viren und ähnliche)
NS3	68–70 kD	70 kD*	70 kD	Serinprotease, Helicase
NS4A		16 kD	8–10 kD	membranassoziiert (?), assoziiert mit NS3-Protease (Hepatitis-C-Virus)
NS4B		27 kD	27 kD	membranassoziiert (?)
NS5	103–104 kD	100 kD*	–	RNA-Capping, (nicht Hepatitis-C-Virus),
NS5A **NS5B**			56–58 kD 68–70 kD	RNA-abhängige RNA-Polymerase

* hochkonserviert, an Virusreplikation beteiligt
Die in der Tabelle angegebene Reihenfolge der Proteine entspricht ihrer Anordnung im Polyprotein.

Das *PrM-Protein* ist der Vorläufer des sehr kleinen, in der Virusmembran verankerten M-Proteins. Mit einem Molekulargewicht von etwa 19 kD beim Gelbfiebervirus und 24–27 kD bei den durch Zeckenstich übertragenen Flaviviren ist es deutlich größer als das M-Protein in den infektiösen Partikeln. Das PrM-Protein ist an Asparaginresten glycosyliert. Spät in der Virusreifung wird der aminoterminale Anteil des PrM-Proteins während der Passage durch den Golgi-Apparat durch eine furinähnliche, zelluläre Protease abgespalten. Das M-Produkt selbst ist nicht modifiziert.

Als zweites Membranprotein ist in der Virushülle das glycosylierte *E-Protein* verankert. Die Struktur des E-Proteins der FSME-Viren wurde 1995 durch Félix A. Rey und Kollegen mittels Röntgenbeugung aufgeklärt. Im Vergleich zu anderen, in ihrer Struktur bekannten viralen Oberflächenproteinen (Abschnitt 15.1.3; Hämagglutinin der Influenzaviren) besitzt das E-Protein einen ungewöhnlichen Aufbau: Es liegt als Dimer vor, ist über eine hydrophobe Aminosäurefolge im carboxyterminalen Bereich mit der Membran verankert, liegt

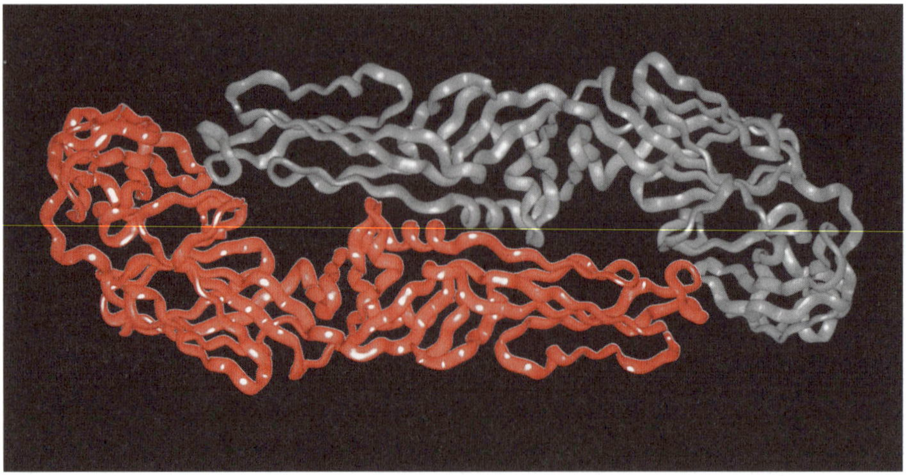

13.7 Struktur des E-Proteins des FSME-Virus, dargestellt in einem Bändermodell. In der Abbildung ist eine Aufsicht auf den homodimeren Proteinkomplex gezeigt (das Protein liegt hier also auf der Virusoberfläche). Die carboxyterminale Domäne, welche die Transmembranregion einhält, wurde durch proteolytischen Verdau entfernt. (Mit freundlicher Genehmigung von Franz X. Heinz, Universität Wien.)

ihr flach auf und bestimmt aufgrund der durch die Proteinfaltung bedingten Krümmung die Größe des Partikels (Abbildung 13.7). Das E-Protein vermittelt die Adsorption des Virus an die Zellen. Außerdem ist es für die hämagglutinierenden Eigenschaften der Flaviviren verantwortlich. Im Verlauf der Infektion gegen das E-Protein werden virusneutralisierende Antikörper induziert. Sie schützen vor einer Neuinfektion mit dem gleichen Virustyp.

Das glycosylierte *E1-Protein* des Hepatitis-C-Virus hat Sequenzhomologien mit dem gp62 der Pestiviren. Das war einer der Gründe, warum das Hepatitis-C-Virus vorübergehend diesem Genus zugerechnet wurde. Auch das *E2-Protein* des Hepatitis-C-Virus weist Ähnlichkeit mit Proteinen der Pestiviren auf. Im Genom der Flaviviren befindet sich an der dem E2-Protein entsprechenden Position im Polyprotein das *Nichtstrukturprotein NS1*, das beim Hepatitis-C-Virus fehlt. Es ist unklar, ob das E2-Produkt des Hepatitis-C-Virus sich im Verlauf der Evolution durch eine Fusion von einem Membranprotein mit NS1-Sequenzen entwickelt hat. Das NS1-Protein der Flaviviren ist mit der Cytoplasmamembran assoziiert und wird sezerniert. Das E2-Protein des Hepatitis-C-Virus ist dagegen fest in der Virusmembran verankert und wird nicht von der Zelle abgegeben. Im carboxyterminalen Bereich hat man eine hochvariable Region gefunden, in der sich die verschiedenen Sero-

Zahlreiche Viren sind in der Lage, Erythrocyten zu agglutinieren

Sehr viele Viren können über die entsprechenden Aktivitäten ihrer Oberflächenproteine eine Hämagglutination hervorrufen. Man versteht darunter die virusinduzierte Verklumpung und Aggregation von roten Blutköperchen. Vor der Einführung von hochspezifischen ELISA- und PCR-Tests zum Nachweis von viralen Infektionen war der *Hämagglutinations-* beziehungsweise *Hämagglutinationshemmtest* eine sehr wichtige diagnostische Methode (Kapitel 12). In vielen Fällen wird er auch heute noch eingesetzt.

typen des Hepatitis-C-Virus, aber auch einzelne Virusisolate unterscheiden. Die E1- und E2-Proteine liegen wahrscheinlich als Heterodimere vor.

Nichtstrukturproteine

Das bereits erwähnte *NS1-Protein* der Flaviviren ist mit der Zellmembran assoziiert und wird teilweise durch Sekretion von der Zelle abgegeben. Es gibt Hinweise, daß das membrangebundene NS1-Protein als Dimer, die sezernierte Form dagegen als Hexamer vorliegt. NS1-spezifische Antikörper scheinen bei einigen Flaviviren die Antikörper-vermittelte Lyse der infizierten Zellen einzuleiten und so protektiv zu wirken. Die Funktion des Proteins während des Infektionszyklus ist umstritten. Es gibt Hinweise, daß es am intrazellulären Transport der viralen Strukturproteine und an der Virusfreisetzung beteiligt ist.

Das *NS2-Protein* wird in die Anteile NS2A und NS2B gespalten. Die Funktion von NS2A ist unbekannt. Das NS2B-Protein der Flaviviren ist ein essentieller Cofaktor der NS3-Protease. Beim Hepatitis-C-Virus stellt NS2B sehr wahrscheinlich die katalytische Domäne einer *Zn2+-abhängigen Protease* dar, die zwischen NS2B und NS3 spaltet.

Auch dem *NS3-Protein* wird eine Proteaseaktivität zugeschrieben. Diese ist im wesentlichen für alle Spaltungen in den Regionen des Polyproteins verantwortlich, die der NS3-Domäne folgen. Die NS3-Protease ist ein *Heterodimer* bestehend aus *NS2B* und *NS3*. Beim Hepatitis-C-Virus interagiert das NS3- mit dem NS4A-Protein und bildet so ein Heterodimer. Sowohl bei Flaviviren als auch beim Hepatitis-C-Virus ist das NS3-Protein *bifunktionell*: Die aminoterminalen Region besitzt die *Proteaseaktivität*, in der carboxyterminalen Region befinden sich *NTP-Bindungsstellen* und eine *Helicaseaktivität*. Diese ist wahrscheinlich für die Entwindung der stark strukturierten RNA sowohl bei der Genomreplikation als auch bei der Translation und Synthese des Polyproteins notwendig.

Die Funktion der NS4A- und NS4B-Proteine der Flaviviren sowie des NS4B-Proteins des Hepatitis-C-Virus kennt man bisher nicht. Sie scheinen mit zellulären Membranen assoziiert zu sein.

Das NS5-Protein ist wahrscheinlich die *RNA-abhängige RNA-Polymerase* der Flaviviren und essentiell für die Replikation des RNA-Genoms. Es besitzt Aminosäurebereiche, die den entsprechenden Enzymen der Picorna- und Togaviren homolog sind. Im aminoterminalen Bereich vermutet man die Aktivität einer Methyltransferase, die beim Capping-Prozeß benötigt wird. Das NS5-Protein des Hepatitis-C-Virus wird durch die NS3-Protease in die Teile NS5A und NS5B gespalten. Die Polymeraseaktivität ist wahrscheinlich im NS5B-Teil lokalisiert. Eine phosphorylierte Form des NS5-Proteins findet man im Zellkern. Welche Funktion es dort ausübt und ob es an der Abschaltung des Stoffwechsels der Wirtszelle beteiligt ist, ist nicht bekannt.

13.2.4 Replikation der Flaviviren

Die zellulären Rezeptoren für die verschiedenen Flaviviren sind nicht bekannt. Für die Dengueviren wurde neben der direkten Wechselwirkung der viralen Membranproteine mit definierten Zelloberflächenkomponenten ein zweiter Weg der Bindung und Aufnahme der Viren beschreiben: Er ist abhängig von der Anwesenheit subneutralisierender Konzentrationen virustypspezifischer Antikörper oder solcher, die typübergreifend die Virusgruppe erkennen. Letzteres gilt vor allem für die Dengueviren, von denen es vier verschiedene Serotypen gibt. Die typspezifischen Antikörper binden sich nur an Epitope, die spezifisch für den jeweiligen Serotyp sind. Daneben gibt es jedoch vor allem im E-Protein der Dengueviren Domänen, die allen vier Serotypen gemeinsam sind. Virustypübergreifende Antikörper sind meist nichtneutralisierend. Werden Viren *in vitro* mit geringen Konzentrationen von Antikörpern gemischt, die sich an die Partikeloberfläche binden, kann über den Fc-Teil der Immunglobuline die Interaktion mit Fc-Rezeptoren auf Makrophagen und Monocyten vermittelt und so die Virusaufnahme und damit die Infektion eingeleitet werden (Abbildung 13.8). Man spricht in diesem Zusammenhang auch von *infektionsverstärkenden Antikörpern* oder *antibody enhancement*.

Nach der Adsorption an die Zelloberfläche gelangt das Virus durch Endocytose in die Zelle. Es liegt in einem Membranvesikel im Cytoplasma der Zelle vor und muß aus diesem entlassen werden. Hierzu wird das Innere der Endosomen über eine *ATP-abhängige H^+-Ionenpumpe* angesäuert, die Bestandteil der Vesikelmembran ist. Die Endosomenmembran verschmilzt mit der des Virus. An dieser *Membranfusion* ist das E-Protein aktiv beteiligt. Das Capsid gelangt so in das Cytoplasma; über die Mechanismen bei der Freisetzung der Nucleinsäure ist wenig bekannt.

In den nächsten Schritten interagiert das 5′-Ende des Genoms mit zellulären Ribosomenuntereinheiten. Bei den Flaviviren ist hierfür die *5′-Cap-Struktur* verantwortlich, die sich an Komponenten des *Cap-binding-complex* bindet und die Interaktion mit den Ribosomen vermittelt. Im Falle des Hepatitis-C-Virus ist die im nichttranslatierten Teil des 5′-Endes lokalisierte *IRES-Sequenz* für die Bindung der Ribosomen verantwortlich. Liegt nach begonnener Translation das C-Protein im aminoterminalen Bereich des Polyproteins vor, so stoppt die Elongation der Aminosäurekette kurzzeitig: Die hydrophobe Domäne im carboxyterminalen Bereich des C-Proteins wirkt als Signalpeptid. Sie interagiert mit dem *signal recognition particle* – einem Komplex aus zellulären Polypeptiden und der 5S-RNA – das den Transport des Translationskomplexes an die Membran des endoplasmatischen Reticulums bewirkt. Dort wird die wachsende Aminosäurekette durch die Membran des endoplasmatischen Reticulums geschleust, wobei die Transmembrandomänen in den PrM- und E-Proteinen das Polyprotein cotranslational in der Lipidschicht verankern. Die Signalasen führen die Prozessierungen zwischen den C-, PrM-, E- und NS1-Anteilen durch. Für die weiteren Spaltungen des Polyproteins ist die NS2B-/NS3-Protease verantwortlich (Abbildung 13.6). Vermutlich bleiben alle Virusproteine mit der ER-Membran assoziiert. Auch die sich anschließenden Schritte der Replikation laufen hier ab.

Liegt mit dem NS5-Protein die RNA-abhänigen RNA-Polymerase im Cytoplasma vor, katalysiert sie das Umschreiben des Positivstranggenoms in den Minusstrang, der wiederum als Matrize für die Bildung von Plussträngen dient, die sowohl als genomische RNA als auch als mRNA für die Synthese weiterer Virusproteine Verwendung finden. Die Details dieser Prozesse sind weitgehend unbekannt. Im Großen und Ganzen ähnelt der Mechanismus jedoch dem der Picornavirusreplikation. Bei den Flaviviren wird das 5′-Ende der Positivstränge mit einer Cap-Struktur versehen. Da die Replikation ausschließlich im Cytoplasma der Zelle erfolgt und zelluläre Capping-Enzyme hier nicht vorhanden sind, nimmt man an, daß die Flaviviren hierfür eigene Enzyme besitzen. Welche der Nichtstrukturproteine hierfür verantwortlich sind, ist jedoch unbekannt. Bisher wird nur die Methyltransferase im NS5-Protein vermutet.

Die Morphogenese zu infektiösen Partikeln erfolgt bei den Flaviviren an der Membran des endoplasmatischen Reticulums. Analoge Vorgänge vermutet man beim Hepatitis-C-Virus. Die C-, PrM und E-Komponenten – beziehungweise die E1- und E2-Polypeptide beim Hepatitis-C-Virus – werden im Verlauf der Translation in die Lipidschicht eingelagert und bilden hier Regionen mit einer hohen Konzentration an viralen Proteinen. Die membranassoziierten C-Proteine interagieren sowohl mit den carboxyterminalen Domänen der E-Proteine als auch über die basischen Aminosäuren mit den RNA-Genomen. Die Membran stülpt sich in das Lumen des endoplasmatischen Reticulums aus und bildet so den initialen Budding-Komplex, der sich schließlich abschnürt. Während des folgenden Transports durch den Golgi-Apparat

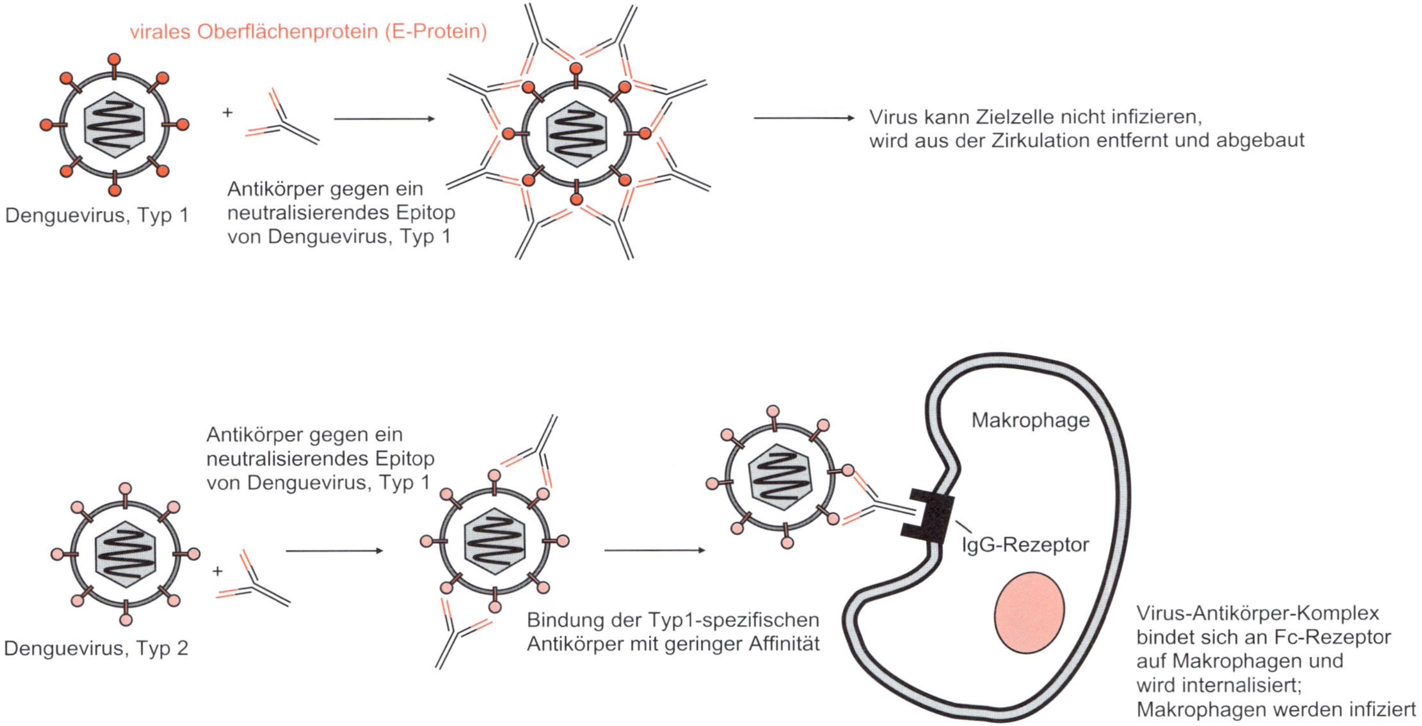

13.8 Die Funktionsweise infektionsverstärkender Antikörper. Nach einer Infektion mit einem bestimmten Subtyp der Dengueviren, zum Beispiel Denguevirus Typ 1, liegen für diesen Subtyp spezifische Antikörper im Organismus vor. Sie können sich bei Reinfektionen mit dem gleichen Virussubtyp an die Partikel binden und das Virus neutralisieren. Erfolgt jedoch in der Folge eine Infektion mit einem anderen Denguevirus-Subtyp, beispielsweise Denguevirus Typ 2, dann binden sich zwar aufgrund der ähnlichen Aminosäuresequenzen beider Virustypen die Antikörper auch an die Oberfläche des Denguevirus Typ 2, können es aber nicht neutralisieren. Die Virus-Antikörper-Komplexe binden sich über den Fc-Teil der Immunglobuline an Fc-Rezeptoren in der Membran von Makrophagen. Dies bewirkt die Internalisierung des Komplexes und so die Infektion der Makrophagen.

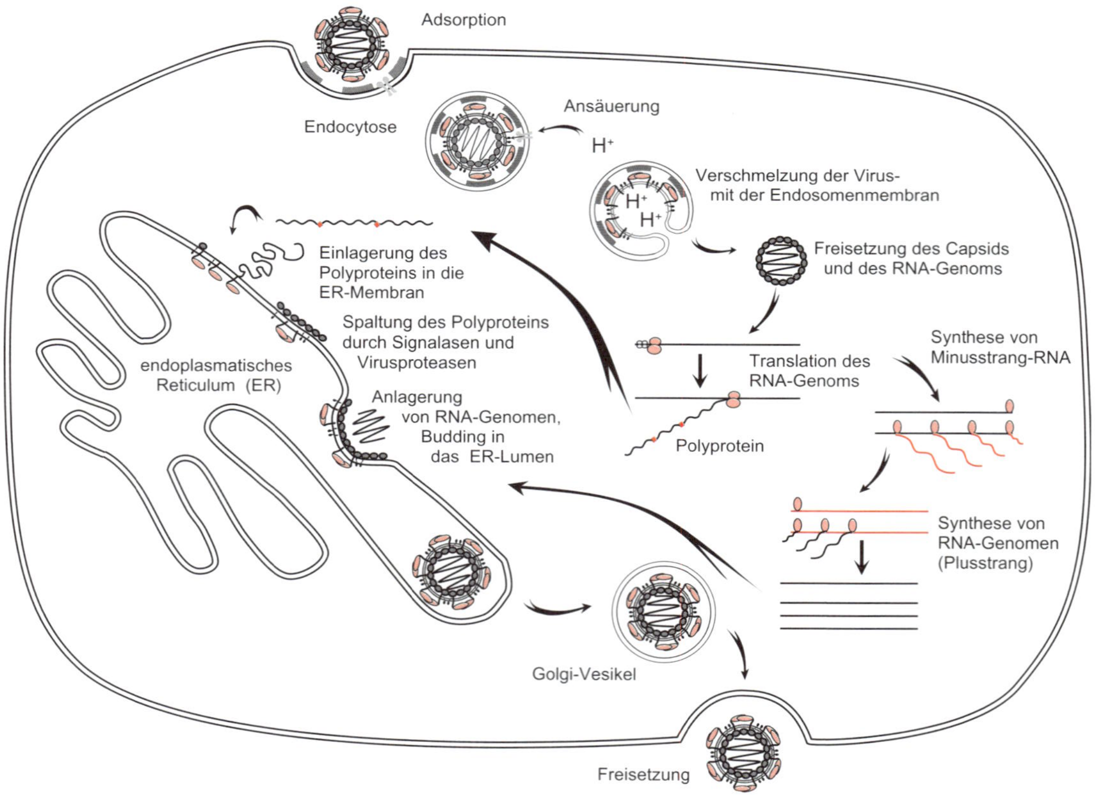

13.9 Verlauf der Infektion einer Zelle mit dem FSME-Virus. (Der Zellkern ist der Übersichtlichkeit halber hier nicht eingezeichnet.) Das Virus adsorbiert an einen noch unbekannten Rezeptor der Cytoplasmamenbran und wird über Endocytose von der Zelle aufgenommen. Die Ansäuerung des Endosomeninneren bewirkt die Fusion der Endosomen- mit der Virusmembran, wodurch das Capsid in das Cytoplasma gelangt. Das Virusgenom entspricht einer mRNA. Es wird in ein Polyprotein translatiert. Bedingt durch signalpeptidähnliche Proteindomänen wird das Polyprotein in die Membran des endoplasmatischen Reticulums eingelagert. Alle weiteren Schritte im Infektionszyklus verlaufen daher in räumlicher Nähe zu diesem Zellkompartiment. Die mit dem endoplasmatischen Reticulum assoziierte Signalase spaltet das Vorläuferprotein im Bereich der Strukturproteine C, PrM und E. Alle anderen Spaltungen im Anteil der Nichtstrukturproteine werden durch das NS3-Protein durchgeführt, das zusammen mit dem NS2B als Protease wirkt. So entsteht mit dem Protein NS5 die RNA-abhängige RNA-Polymerase, die das virale Plusstranggenom in einen RNA-Negativstrang umschreibt; dieser dient seinerseits wieder als Matrize für die Synthese neuer Virusgenome. Diese lagern sich an die Regionen der Membran des endoplasmatischen Reticulums an, welche hohe Konzentrationen der Virusstrukturproteine enthalten. Es kommt zum Budding der Viruspartikel in das Lumen des endoplasmatischen Reticulums, die im weiteren Verlauf über die Golgi-Vesikel zur Zelloberfläche transportiert und freigesetzt werden.

werden die Membranproteine glycosyliert, und das PrM- wird zum M-Protein prozessiert. Die Golgi-Vesikel fusionieren schließlich mit der Cytoplasmamembran und setzen ihren Inhalt mit den infektiösen Viruspartikeln an der Zelloberfläche frei. Der Ablauf des Replikationszyklus eines Flavivirus ist in Abbildung 13.9 dargestellt.

13.2.5 Das Gelbfiebervirus

Epidemiologie und Übertragung

Das Gelbfiebervirus wird durch Stechmücken der Spezies *Aedes* sp. übertragen. Die ersten historisch gesicherten Fälle traten 1648 in Mexiko auf. Wahrscheinlich war das Virus jedoch ursprünglich nur auf dem afrikanischen Kontinent verbreitet. Der Sklavenhandel zwischen Afrika und Nord- beziehungsweise Südamerika durch die spanischen und englischen Eroberer führte während des 17. und 18. Jahrhunderts zum Import der Mücken/Viruskombination und damit zur epidemischen Ausbreitung der Gelbfiebererkrankung in den tropischen Regionen Amerikas. Das Gelbfieber trat vor allem in den Küstenstädten Afrikas, Amerikas, aber auch Südeuropas auf und war eine der großen Seuchen der Menschheit, die Tausende von Toten forderte. So hat es beim Bau des Panamakanals über 100 000 Todesfälle durch die Gelbfieberinfektion gegeben. Er konnte erst fertiggestellt werden, nachdem die Mücken als Überträger der Infektion ausgerottet waren. Bereits 1881 hatte Carlos Finlay, ein kubanischer Arzt, vermutet, daß die Erkrankung durch Insekten übertragen wird, was Walter Reed schließlich 1900 bewies. 1929 wurde das Gelbfiebervirus auf Affen übertragen und damit der Weg für die weitere Erforschung bereitet.

Heute ist Gelbfieber endemisch in Afrika – überwiegend in den Tropenwäldern Westafrikas – und in Südamerika verbreitet. Es beschränkt sich auf bestimmte klimatische Regionen. Die Gelbfieberviren können sich in den verschiedenen Aedesarten, die unterschiedlich gut an die Umweltbedingungen im Dschungel, in den Savannen und den Städten angepaßt sind, unterschiedlich gut vermehren. In den asiatischen Ländern ist die Erkrankung bisher nicht aufgetreten. Man vermutet, daß die dort verbreiteten Aedesarten für das Virus wenig empfänglich sind und deswegen schlechte Übertragungsvektoren darstellen. Andererseits könnten Kreuzimmunitäten mit den in asiatischen Ländern weit verbreiteten Dengueviren das Auftreten apparenter Gelbfiebererkrankungen verhindern. Auch erscheint es denkbar, daß früher die Menschen in Afrika durch die vielen verschiedenen insektenübertragenen Virusinfektionen eine breite, kreuzreaktive Immunität entwickelt hatten, die größere Gelbfieberepidemien in der Bevölkerung verhinderte: Es erkrankten nur nichtimmune Europäer. Durch die fortschreitende Urbanisierung haben sich in den letzten Jahrzehnten die Lebensbedingungen in Afrika stark verändert, so daß das Gelbfieber inzwischen häufig beobachtet wird. So wurde aus Nigeria in den vergangenen Jahren über epidemische Ausbrüche der Gelbfiebererkrankung mit mehr als 100 000 Fällen berichtet. Die Zahl der jährlich in Südamerika offiziell gemeldeten Erkrankungen liegt bei etwa 2 000. Vermutlich ist die Dunkelziffer sehr hoch.

Das Gelbfiebervirus ist genetisch sehr stabil. Es existiert nur ein Serotyp. Während der Erkrankung ist es mehrere Tage lang im Blut der infizierten Personen vorhanden. Werden sie in dieser Zeit von einer Mücke gestochen, so nimmt diese das Virus zusammen mit dem Blut auf. Das Virus vermehrt sich im Darmepithel, den Körper- und Speicheldrüsenzellen der Insekten. Dieser Vorgang dauert ungefähr eine Woche und wird als extrinsische Inkubationsperiode bezeichnet. Danach kann die Mücke das Gelbfiebervirus im Speichelsekret durch neue Stiche übertragen.

Die Entstehung von Gelbfieberepidemien

Das Gelbfiebervirus kann unter natürlichen Bedingungen zwei Zyklen durchlaufen: das *Dschungel-* oder *Savannengelbfieber* und das *urbane Gelbfieber*. Beim ersten sind verschiedene Mücken der Arten *Aedes africanus* und *haemagogus* an der Übertragung beteiligt. Sie brüten in Wasseransammlungen in Baumhöhlen, Pfützen oder Erdlöchern. Die Insektenweibchen geben das Virus auch vertikal an ihre Nachkommen weiter. Man weiß, daß auch Affen als Zwischenwirte bei der Aufrechterhaltung der Infektionskette des Dschungel- oder Savannengelbfiebers eine Rolle spielen. So erkranken und sterben die Neuweltaffen Südamerikas an der Infektion, während die Altweltaffen Afrikas, die sich offensichtlich im Laufe ihrer Evolution gut an das Virus angepaßt haben, meist nur subklinisch infiziert werden. Auf Menschen, die sich in diesen Regionen aufhalten, können die Viren als Seitenglieder der Infektionskette übertragen werden und sporadische Erkrankungen verursachen. Durch infizierte Personen kann das Gelbfiebervirus dann in die Städte getragen werden. Hier ist die Mückenart *Aedes aegyptii* verbreitet, die die Viren aufnimmt, überträgt und zur epidemischen Verbreitung des Virus führt.

Klinik

Gewöhnlich zeigen sich drei bis sechs Tage nach dem Mückenstich als erste Symptome Fieber, Übelkeit, Kopf- und Muskelschmerzen – in dieser Phase der Infektion ist der Erkrankte virämisch. Nach kurzzeitiger Besserung können die Symptome mit Wiederanstieg des Fiebers, Erbrechen von Blut als Anzeichen der Hämorrhagie, Dehydrierung, Bauchschmerzen und Anzeichen von Nierenversagen nach einigen Tagen verstärkt auftreten. In dieser Erkrankungsphase entwickeln die Patienten aufgrund der Zerstörung der Leberzellen und der damit verbundenen Intoxikation die Anzeichen der *Gelbsucht*. Das Virus ist dann nicht mehr im Blut vorhanden. Die Hälfte der Patienten, die in diese zweite Phase eintreten, sterben zwischen dem siebten bis zehnten Tag durch Nieren- und Leberversagen, Schock und Delirium. Häufiger als diese fulminanten Gelbfiebererkrankungen sind subklinische oder abortive Formen der Infektion, bei denen die Symptome in einer deutlich abgeschwächten Form oder auch gar nicht auftreten.

Pathogenese

Nachdem das Gelbfiebervirus durch den Mückenstich in den Blutkreislauf gelangt ist, infiziert es Endothelzellen, Lymphocyten und bevorzugt die *Makrophagen* und *Monocyten* in der Umgebung der Einstichstelle. Sie transportieren die Viren über die Lymphbahnen in die Lymphknoten und lymphatischen Gewebe, wo sie auf weitere infizierbare Zielzellen treffen. Während der virämischen Phase vermehrt sich das Virus sehr stark und befällt im weiteren Verlauf die Makrophagen in der Leber (Kupffersche Sternzellen), die aufgrund der Virusvermehrung absterben. Die in der Leber vorhandenen Viren befallen und zerstören die *Hepatocyten*. Infizierte Makrophagen können in seltenen Fällen das Gelbfiebervirus in das Gehirn transportieren, wo es eine Encephalitis hervorrufen kann. Die Hämorrhagien, die sich in der symptomatischen Infektionsphase als innere Blutungen in der Niere, im Gehirn und anderen Organen äußern, sind darauf zurückzuführen, daß durch die Infektion und die damit verbundene Zerstörung der Leberzellen *verringerte Mengen an Blutgerinnungsfaktoren* gebildet werden.

Immunreaktion und Diagnose

Das Gelbfiebervirus läßt sich leicht *in vitro* in menschlichen (HeLa-, KB-Zell-Linien) und Affennierenzellen (Vero-Zellen) züchten. Die Vermehrung ist auch in embryonalen Hühner- und Entenzellen und in kontinuierlich wachsenden Linien aus Nagetieren möglich. IgM- und IgG-Antikörper gegen die E- und M-Proteine können etwa ein bis zwei Wochen nach der Infektion (das bedeutet fünf bis sieben Tage nach Beginn der Symptome) in ELISA-, Immunfluoreszenz-, Hämagglutinationshemm- und Virusneutralisationstests nachgewiesen werden. Neutralisierende Antikörper persistieren lebenslang und vermitteln einen dauerhaften Schutz vor einer Reinfektion. NS1-spezifische Antikörper können während der virämischen Phase die antikörperabhängige Lyse der infizierten Zellen induzieren und so einen wichtigen Beitrag zur Kontrolle der Infektion und der Eliminierung des Virus aus dem Organismus leisten. Inwieweit das zelluläre Immunsystem durch die Induktion von cytotoxischen T-Zellen hierbei eine Rolle spielt, ist ungeklärt.

Therapie und Prophylaxe

Durch kontinuierliche Züchtung des Gelbfiebervirus in bebrüteten Hühnereiern gelang Max Theiler 1937 die Züchtung eines *attenuierten Gelbfiebervirus* (*Stamm 17D*), das beim Menschen keine Symptome mehr auslöst. Die molekulare Basis der Attenuierung ist nicht bekannt. Insgesamt finden sich im Vergleich zum Wildtypgenom 68 veränderte Nucleotide, die 32 veränderte Aminosäuren in den viralen Proteinen zur Folge haben. Die meisten der Mutationen befinden sich im dem für das E-Protein codierenden Bereich, so daß man vermutet, daß das Impfvirus sich weniger gut an die Rezeptoren auf den Leberzellen binden kann, daher weniger Virus gebildet wird und die Infektion langsamer und deshalb abgeschwächt verläuft. Im Blut der Geimpften werden circa drei bis fünf Tage nach Inokulation niedrige Viruskonzentrationen gefunden, die Virämie dauert ein bis zwei Tage. Die erste Immunantwort ist bei 95 Prozent der Geimpften zehn Tage nach der Vakzinierung nachweisbar. Zur Aufrechterhaltung des Schutzes sind Wiederholungsimpfungen in zehnjährigen Abständen nötig. Rückmutationen zum Wildtyp wurden nie beobachtet, so daß der Gelbfieberimpfstoff als eine weltweit sehr erfolgreiche und sichere Vakzine gilt. Millionen Menschen wurden inzwischen geimpft. Damit war eine deutliche Eindämmung und Reduzierung der Gelbfieberinfektionen in den tropischen Ländern verbunden; über große Epidemien wird heute nur noch sehr selten berichtet. Der attenuierte Gelbfieberimpfstoff wird weltweit unter der Kontrolle der WHO (in Deutschland im Robert-Koch-Institut in Berlin) hergestellt und vertrieben. Er darf nur in staatlich zugelassenen Impfinstituten verabreicht werden. Die Gelbfieberimpfung ist in vielen Ländern für Reisende in Gelbfieberendemiegebieten Pflicht.

Die Attenuierung des Wildtyp- zum Impfvirus war nicht reproduzierbar

Die Isolierung des Impfstammes 17D des Gelbfiebervirus durch Max Theiler war ein glückliches Zufallsereignis: Bei Züchtung des Wildtypvirus in bebrüteten Hühnereiern konnte dieser Stamm zwischen der 89. und 114. Passage gewonnen werden. Versuche, diesen Vorgang zur reproduzieren, waren bisher nicht erfolgreich.

Neben der Impfung der Bevölkerung vor allem in den Endemieregionen besteht eine weitere wichtige Maßnahme zur Eindämmung der Infektion in der Bekämpfung der Mückenarten, die bei der Übertragung des Virus eine entscheidende Rolle spielen. Insektizide sind hierbei ebenso wichtig wie die Trockenlegung der Brutstätten für die Mückenlarven.

13.2.6 Das Denguevirus

Epidemiologie und Übertragung

Das *Denguefieber* ist als menschliche Erkrankung seit über 200 Jahren bekannt und wurde wegen der starken Gelenk- und Muskelschmerzen früher als „Knochenbruchfieber" bezeichnet. Die ersten Berichte über ein epidemisches Auftreten stammen aus Indonesien und Ägypten. Auch in Nordamerika (Philadelphia) gab es 1780 eine Denguefieberepidemie. Weitere Ausbrüche wurden in der Folge regelmäßig in fast allen tropischen und subtropischen Regionen beobachtet. 1903 isolierte Graham aus dem Blut von Erkrankten einen filtrierbaren Erreger. T. L. Bancroft zeigte 1906 seine Übertragbarkeit durch *Aedes aegyptii*. 1944 identifizierten Albert Sabin und J. Schlesinger die Dengueviren als Krankheitserreger, indem sie Blut von infizierten Soldaten auf Mäuse übertrugen. Inzwischen sind vier verschiedene Serotypen der Dengueviren bekannt, die durch unterschiedliche Aedesarten übertragen werden. Ähnlich wie bei der Gelbfieberinfektion gibt es städtische und ländliche Formen des Denguefiebers. Die Verbreitung von letzterer erfolgt durch *Ae. albopictus* und *Ae. scutellaris*. *Ae. aegyptii* ist vor allem an der Ausbreitung und Übertragung der Infektion in den Städten beteiligt.

Die Verbreitung der Mücken auf dem asiatischen Kontinent insbesondere während des zweiten Weltkrieges und die sich daran anschließende Urbanisierung der Bevölkerung führten zu einer dramatischen Zunahme der Denguefiebererkrankungen im asiatischen Raum. Da zu dieser Zeit auch der Reiseverkehr stark zunahm, wurden die infizierten Mücken mit Flugzeugen vom pazifischen Raum nach Mittel- und Südamerika sowie in die USA importiert. Das Denguefieber ist heute die häufigste durch Insekten übertragene Virusinfektion des Menschen und in den meisten Städten der tropischen Länder endemisch. In drei- bis fünfjährigen Abständen brechen Epidemien aus. Jährlich erkranken Millionen von Personen am Denguefieber und Hunderttausende an dem damit verbundenen *hämorrhagischen Fieber* und dem *Dengue-Schock-Syndrom*.

Klinik

Dengueviren verursachen unterschiedliche Ausprägungen einer Erkrankung, die häufig inapparent oder in Verbindung mit leichtem Fieber (Denguefieber) verläuft, aber auch mit schwerem hämorrhagischen Fieber oder hämorrhagischen Schockzuständen verbunden sein kann. Die Inkubationszeit bis zum Auftreten der Symptome des Denguefiebers, das vor allem bei älteren Kindern oder Erwachsenen beobachtet wird, beträgt drei bis sieben Tage. Der Ausbruch der Erkrankung ist durch das plötzliche Auftreten von Fieber, Kopf-, Gelenk- und Muskelschmerzen, Übelkeit und Erbrechen gekennzeichnet. Die Symptome dauern gewöhnlich drei bis sieben Tage, gelegentlich aber auch über mehrere Wochen an.

Das hämorrhagische Fieber oder Dengue-Schock-Syndrom tritt vor allem bei Kindern unter fünfzehn Jahren auf, gelegentlich aber auch bei Erwachsenen. Diese Form ist ebenfalls durch plötzliches Einsetzen von Fieber zusammen mit unterschiedlichen anderen Symptomen gekennzeichnet. Sie dauert bis zu sieben Tagen an. Eine kritische Phase tritt dann ein, wenn das Fieber auf normale Werte oder darunter absinkt und sich Kreislaufversagen, petechiale Blutungen der Haut und Schleimhäute, Blutungen im oberen Teil des Gastrointestinaltraktes, eine erhöhte Neigung zu Blutergüssen und neurologische Beschwerden auftreten. In diesen Fällen kann es zu Schockzuständen kommen und die Krankheit kann tödlich verlaufen.

Die Weltgesundheitsorganisation WHO hat strikte Kriterien für die Diagnose des hämorrhagischen Denguefiebers und des Dengue-Schock-Syndroms aufgestellt: Dazu gehören hohes Fieber, hämorrhagische Symptome, das Anschwellen der Leber und Kreislaufversagen. Die Erkrankung wurde abhängig von der Schwere des Verlaufs in vier Stadien eingeteilt: Stadien I und II entsprechen der leichteren Variante des hämorrhagischen Denguefiebers, Stadien III und IV dem Dengue-Schock-Syndrom.

Pathogenese

Dengueviren gelangen durch den Stich einer infizierten Mücke in den Organismus und befallen die *Makrophagen*, die sich in der lokalen Umgebung befinden. Diese bringen das Virus über die Lymphbahnen zu den Lymphknoten, wo die Viren weitere Zielzellen vorfinden und sich in ihnen replizieren. Nach dieser Phase ist der Patient *virämisch*, und es lassen sich 10^8 bis 10^9 infektiöse Partikel pro Milliliter Blut nachweisen. Die Virämie dauert durchschnittlich vier bis fünf Tage an. Neben den Makrophagen sind *Endothelzellen* und möglicherweise auch *Knochenmarkzellen* infizierbar. Außerdem fand man das Virus auch in anderen Organen wie Leber, Lunge, Nieren und im Gastrointestinaltrakt. Inwieweit es sich in diesen Geweben repliziert, ist jedoch unklar. Es gab zwar einige wenige Berichte über *Encephalitiden* in Zusammenhang mit Deguevirusinfektionen. Trotzdem ist bisher unklar, ob das Virus die Blut-Gehirn-Schranke überwinden und sich in Gehirnzellen vermehren kann. Man vermutet, daß die neurologischen Symptome vielmehr indirekt durch Blutungen oder ödematöse Anschwellungen im Gehirn ausgelöst werden. Die pathologischen Veränderungen in den Geweben ähneln denjenigen, die man bei Infektionen mit dem Gelbfiebervirus beobachtet (Abschnitt 13.2.5).

Das hämorrhagische Denguefieber und das Dengue-Schock-Syndrom sind durch die erhöhte *Durchlässigkeit der Blutkapillarwände* gekennzeichnet. Für die Ausbildung dieser schweren Erkrankungsform macht man *immunpathogenetische Mechanismen* verantwortlich. Die verschiedenen Serotypen der Dengueviren weisen untereinander 63 bis 68 Prozent an Aminosäurehomologie in ihren E-Proteinen auf. Die Homologie beträgt zwischen unterschiedlichen Vertretern eines Denguevirus-Serotyps dagegen über 90 Prozent, zu anderen Viren des Genus Flavivirus (zum Beispiel Gelbfiebervirus) liegt sie unter fünfzig Prozent. Die schweren Erkrankungen treten vor allem bei *Zweitinfektionen* mit einem anderen Serotyp der Dengueviren auf. Diese Patienten besitzen *gruppenspezifische, kreuzreaktive Antikörper* gegen das Denguevirus der Primärinfektion, die sich an das E-Protein auf der Virusoberfläche binden können, die Infektion aber nicht verhindern, sondern dem Virus im Gegenteil über *Interaktion mit Fc-Rezeptoren* auf Makrophagen eine bevorzugte, effiziente Aufnahme durch die Zellen vermitteln (Abbildung 13.8). Auf die *infektionsverstärkende Wirkung* dieser Antikörper wurde bereits in Abschnitt 13.2.4 eingegangen. Sie scheinen entscheidend zur Auslösung des hämorrhagischen Denguefiebers beziehungsweise des Dengue-Schock-Syndroms beizutragen. Daneben gibt es aber auch Hinweise, daß verschiedene Dengueviren eine *unterschiedliche Virulenz* besitzen und die Schwere der Erkrankung mit hochvirulenten Virusisolaten in Verbindung stehen kann: Man findet das hämorrhagische Denguefieber zum Teil epidemisch gehäuft und auch bei Personen, die sich zum ersten Mal mit Dengueviren infiziert haben.

Immunreaktion und Diagnose

IgM-Antikörper gegen die viralen E-Proteine werden ab dem fünften Tag nach der *Erstinfektion* mit Denguevirus in ELISA-Tests gefunden. Sie bleiben über einen Zeitraum von zwei bis drei Monaten nachweisbar. IgG-Antikörper folgen, erreichen ihre maximale Konzentration mit Titern von 1:640 bis 1:1 280 etwa zwei bis drei Wochen nach der Infektion und persistieren wahrscheinlich lebenslang. IgG ist *virustypspezifisch neutralisierend*. Es gibt Hinweise, daß neben der humoralen Immunantwort auch *cytotoxische T-Zellen* für die Eliminierung des Virus aus dem Organismus wichtig sind. Bei verschiedenen Personen wurden Klone cytotoxischer T-Lymphocyten nachgewiesen, die denguevirusinfizierte Zellen lysieren konnten.

Bei *Zweitinfektionen* mit anderen Denguevirus-Serotypen ist die IgM-Antwort nur kurzfristig. Da jedoch bereits IgG-Antikörper gegen gruppenspezifische Epitope des E-Proteins vorliegen, wird ihre Synthese sehr schnell induziert und die Antikörper erreichen mehr als das zehnfache der Konzentrationen, die während der Erstinfektion nachweisbar waren.

Da die denguevirusspezifischen Antikörper mit anderen Flaviviren kreuzreagieren, ist insbesondere in Ländern, in denen viele verschiedene Vertreter dieser Viren endemisch sind, die Diagnose einer akuten Infektion über den Antikörpernachweis schwierig. Eindeutige Aussagen können daher meist nur durch die *Isolierung der Viren* aus dem Blut der Infizierten – Dengueviren lassen sich *in vitro* in verschiedenen kontinuierlichen Zellinien (Vero- oder *Baby-Hamster-Kidney*-Zellen) vermehren – oder durch den Nachweis viraler RNA mittels der Polymerasekettenreaktion getroffen werden.

Therapie und Prophylaxe

Bisher sind weder Impfstoffe zur Vorbeugung der Denguevirusinfektion noch geeignete antivirale Therapeutika verfügbar. Die Immunpathogenese durch infektionsverstärkende Antikörper, die mit dem hämorrhagischen Denguefieber und dem Dengue-Schock-Syndrom in Verbindung steht, läßt die Entwicklung geeigneter Vakzinen als sehr schwierig erscheinen. Man hat allerdings inzwischen in Thailand mit finanzieller Unterstützung der Rockefeller-Stiftung attenuierte Viren für alle vier Serotypen entwickelt; sie sind als Lebendimpfstoff in klinischer Erprobung. Daneben steht die Bekämpfung der Mücken als Überträger der Infektion und ihrer Brutstätten im Vordergrund.

13.2.7 Das Frühsommer-Meningoencephalitis-Virus (FSME-Virus)

Epidemiologie und Übertragung

Die durch Zecken übertragenen Encephalitisviren lassen sich nach ihrer geographischen Verbreitung in zwei Subtypen einteilen: Die *östlichen zeckenübertragenen Encephalitisviren* findet man bevorzugt im asiatischen Teil Rußlands und den Ländern der ehemaligen Sowjetunion, die *westlichen Subtypen* in den Ländern Zentral- und Osteuropas – insbesondere im europäischen Teil Rußlands – und in Skandinavien. Sie sind auch als die Subtypen RSSEV (*Russian Spring Summer Encephalitis Virus*) und CEEV (*Central European Encephalitis Virus*) des TBEV (*Tick-Borne Encephalitis Virus*) in der Literatur beschrieben. Verwandte Virustypen gibt es auch in Indien (*Kyasanur Forest Disease Virus*). Das FSME-Virus ist der einzige Vertreter aus der Gruppe der zentraleuropäischen Encephalitisviren, der in

Mitteleuropa verbreitet ist. Endemisch tritt es vor allem in bestimmten Gebieten in Österreich (Kärnten) und Süddeutschland (Donaugebiet, Schwarzwald), in Slowenien, Kroatien, Ungarn, Tschechien, der Slovakei, Polen, Litauen, Lettland, Estland und Rußland auf. Das FSME-Virus wird durch Zeckenstiche, vor allem durch die Spezies *Ixodes ricinus* übertragen, die in Wäldern und Auengebieten vorkommt. Das FSME-Virus kann – vor allem in den Monaten von April bis September/Oktober – auf Menschen und Nagetiere übertragen werden. Das Reservoir für FSME-Viren sind kleine Nagetiere, in denen sie endemisch sind. Die Infektion des Menschen ist sozusagen eine Sackgasse, da sie die Weiterverbreitung des FSME-Virus unterbricht. Das Virus kann innerhalb der Zeckenpopulation auch transovariell auf die Nachkommen weitergegeben werden.

Klinik

Im Vergleich zur Infektion zu den osteuropäischen Virustypen verläuft die Infektion mit dem FSME-Virus relativ mild. 70 Prozent der Fälle bleiben inapparent, die anderen 30 Prozent der Infizierten entwickeln eine in zwei Phasen gegliederte Form der Erkrankung. Zwischen dem Kontakt mit dem Virus und dem Auftreten der ersten Symptome vergehen ein bis zwei Wochen. Die ersten Krankheitsanzeichen sind *grippeähnliche Symptome* wie *Fieber*, *Kopfschmerzen*, *Übelkeit* und *Lichtsensibilität*. Sie dauern etwa eine Woche. Während dieser Zeit können Viren aus dem Blut isoliert werden. Danach bessert sich das Befinden vorübergehend. Die zweite Phase, die etwa 30 Prozent der Erkrankten entwickeln, kann von einer milden Form der *Meningitis* (Entzündung der Hirn- oder Rückenmarkshäute) bis zu schweren Formen der *Encephalitis* (Entzündung des Gehirns) mit Zittern, Schwindel, veränderter Wahrnehmung und Lähmungserscheinungen reichen. Die Todesrate liegt zwischen einem und fünf Prozent der Patienten mit schweren klinischen Verläufen. Circa 20 Prozent der Überlebenden der zweiten Infektionsphase haben neurologische Folgeerscheinungen.

Pathogenese

Nach der Inokulation durch den Zeckenstich infiziert das FSME-Virus an der Stichstelle vorhandene *Endothelzellen* und *Makrophagen* und wird durch sie zu den Lymphknoten transportiert, wo es geeignete Zielzellen für weitere Vermehrungszyklen findet. Aus dem lymphatischen System gelangen die Viren in das Blut. Hierdurch werden sie im Körper verbreitet und siedeln sich in den Zellen des reticulohistiocytären System an, wo sie sich vermehren. Infizierte Makrophagen transportieren das Virus in das zentrale Nervensystem. Neben einer Spezifität für die Infektion von Lymphocyten hat das FSME-Virus einen ausgeprägten *Neurotropismus*. Durch die Infektion schwillt das Gehirn ödematös an, und es treten lokal begrenzte Blutungen auf. Histopathologisch lassen sich entzündliche Veränderungen in der Umgebung der Blutgefäße, neuronale Degenerationen und Nekrosen im Bereich des Hirnstammes, der basalen Ganglien, des Rückenmarks sowie der Groß- und Kleinhirnrinde erkennen. Besonders empfindlich für die Infektion sind die vorderen Rückenmarkszellen im Bereich der Halswirbelsäule. Das erklärt auch die Lähmungserscheinungen, die bevorzugt in den oberen Extremitäten auftreten.

Das E-Protein des FSME-Virus scheint der entscheidende Parameter für die Virulenz der unterschiedlicher Virusisolate zu sein: Die Veränderung einer Aminosäure (Tyrosin an Position 384 zu Histidin) kann die Virulenz der Infektion entscheidend beeinflussen.

Immunreaktion und Diagnose

Das FSME-Virus läßt sich in *bebrüteten Hühnereiern* oder in *embryonalen Hühnerzellkulturen* vermehren. Die Diagnose der akuten Infektion erfolgt durch den Nachweis von virusspezifischen IgM-Antikörpern in ELISA-Tests. Im Verlauf der Infektion werden IgG-Antikörper gebildet, die virusneutralisierend sind und lebenslang nachweisbar bleiben.

Therapie und Prophylaxe

Es gibt einen Impfstoff, der aus gereinigten und durch Formalinbehandlung *inaktivierten Viruspartikeln* hergestellt wird, die in primären embryonalen Hühnerzellen gezüchtet werden. Die Vakzine enthält als Adjuvans Aluminiumhydroxid. Sie zeigt eine sehr gute Serokonversionsrate und Schutzwirkung, die drei bis vier Jahre anhält. Danach ist eine Auffrischungsimpfung erforderlich. Geimpft werden bevorzugt Personen in Hochendemiegebieten sowie Bevölkerungsgruppen, die sich aus beruflichen oder sonstigen Gründen viel in Wäldern aufhalten und ein hohes Risiko haben, von Zecken gestochen zu werden.

13.2.8 Das Hepatitis-C-Virus

Epidemiologie und Übertragung

Das Hepatitis-C-Virus wurde lange Zeit den sogenannten NonA-/NonB-Hepatitisviren zugeordnet. 1989 gelang es dann Daniel W. Bradley, das Genom dieser Viren zu charakterisieren. Heute sind zwölf verschiedene Genotypen des Hepatitis-C-Virus aus unterschiedlichen geographischen Regionen bekannt.

Vor Einführung geeigneter Testverfahren hat das Hepatitis-C-Virus 80 bis 90 Prozent der NonA-/NonB-Hepatitiden verursacht. Es kommt nur beim Menschen vor und wurde meist durch *Bluttransfusionen* oder *Blutprodukte* übertragen. Eine von drei- bis fünftausend Blutspenden ist positiv. Das Risiko, daß man sich beim Erhalt einer positiven Blutkonserve infiziert, beträgt 75 Prozent. Die durch Transfusion erworbene Hepatitis verläuft häufig chronisch. Weitere Übertragungsmöglichkeiten sind das *gemeinsame Benutzen von Spritzen* bei Drogenabhängigen, in seltenen Fällen *Sexualverkehr* sowie Haushaltskontakte mit infi-

Die Entdeckung des Hepatitis-C-Virus

Die Identifizierung und Charakterisierung des Hepatitis-C-Virus erfolgte mit molekularbiologischen Methoden. Man ging von dem Blut eines experimentell infizierten Schimpansen aus und isolierte daraus die RNA. Von der RNA stellte man cDNA-Klone her. Die darin codierten Proteine wurden exprimiert. Unter ihnen versuchte man solche zu identifizieren, die mit Seren von Patienten mit chronischer NonA-/NonB-Hepatitis reagieren. Der entsprechende DNA-Klon wurde sequenziert. Nun konnte man Oligonucleotide herstellen und die RNA-Genome im Blut des Schimpansen durch Polymerasekettenreaktion amplifizieren und schließlich vollständig sequenzieren. Im letzten Schritt stellte man dann monoklonale Antikörper gegen die viralen Proteine her, die auch eine Identifizierung der Viruspartikel erlaubten.

zierten Patienten bei mangelhaften hygienischen Verhältnissen. Krankenhauspersonal ist durch Verletzungen mit Kanülen gefährdet. Das Virus kann während der Schwangerschaft von der Mutter auf das Kind übertragen werden. Bei etlichen Erkrankungsfällen kennt man die Infektionsquelle nicht.

Klinik

Nach einer Inkubationsperiode von sechs bis acht Wochen tritt eine im allgemeinen leicht verlaufende Leberentzündung auf. Etwa 75 Prozent der Infektionen verlaufen inapparent, schwere Verläufe sind selten. Bei bis zu 80 Prozent aller Infizierten entstehen *chronisch-persistierende* oder *chronisch-reaktivierte* Hepatitiden. Im Blut dieser Patienten lassen sich Viren nachweisen. Die chronischen Infektionen sind durch erhöhte Transaminasespiegel gekennzeichnet. Je aktiver die Infektion ist, desto höher sind die Werte. In fünf bis zwanzig Prozent der chronischen Fälle entsteht eine *Zirrhose*, bei etwa vier Prozent von diesen ein primäres Leberzellkarzinom. Dieses kann auch ohne vorangehende Zirrhose entstehen. Komplikationen sind Polyarteriitis nodosa, membranproliferative Glomerulonephritis und das idiopathische Sjögren-Syndrom.

Pathogenese

Das Virus gelangt vorwiegend durch kontaminiertes Blut oder Blutprodukte direkt in den Kreislauf, wird über infizierte Makrophagen zur Leber transportiert, infiziert hier die *Hepatocyten* und zerstört diese. Die Folge ist eine *Leberentzündung mit Zellnekrosen*. Man vermutet, daß bei der Hepatitis C ein virusbedingter Zellschaden vorliegt. Interferon-α wird von den Leberzellen produziert und sezerniert. Elektronenmikroskopisch beobachtete man im Cytoplasma der infizierten Leberzellen tubuläre Strukturen. Über die Details der Pathogenese der akuten Infektion ist wenig bekannt. Bei der chronischen Infektion bilden sich Antigen-Antikörper-Komplexe aus, die sich in den Glomerula ablagern können. Man macht sie für die membranproliferative Glomerulonephritis bei diesen Patienten verantwortlich.

Das Hepatitis-C-Virus hat eine hohe Mutationsrate und verändert sich im Verlauf der Infektion im Patienten. Ständig bilden sich neue *Quasispezies*. Die Basenveränderungen entstehen bei der Replikation mit einer Wahrscheinlichkeit von 2×10^{-3}. Sie sind darauf zurückzuführen, daß die RNA-abhängige RNA-Polymerase des Virus, anders als zelluläre DNA-Polymerasen die Lesegenauigkeit nicht überprüfen kann. Die Einteilung der Typen und Subtypen des Hepatitis-C-Virus beruhte ursprünglich auf der Sequenz des NS5-Gens. Variationen finden sich jedoch in allen Bereichen. Die nichttranslatierte Region am 5'-Ende des Genoms ist am stärksten konserviert. Die Mutationen in den viralen Genen sind nicht einheitlich verteilt. Es gibt hypervariable und variable Regionen sowie relativ konstante Sequenzen. Die hypervariablen Regionen liegen im aminoterminalen Bereich des E2-Proteins zwischen den Aminosäuren 1 bis 27 und 90 bis 97. Sie werden durch Antikörper erkannt und sind so einem starken immunologischen Selektionsdruck ausgesetzt. Im Verlauf einer chronischen Infektion verändert das Virus beide Epitope so, daß die Antikörper sie nicht mehr erkennen. Vermutlich entstehen hierbei Virusvarianten, die eine chronische Infektion herbeiführen können. Ob bestimmte Mutationen für die Virulenz der verschiedenen Quasispezies wichtig sind, weiß man nicht genau. Einige der Subtypen scheinen sich in ihrer Empfindlichkeit für Interferon-α zu unterscheiden.

Primäres Leberzellkarzinom. Auf welche Weise das Hepatitis-C-Virus die Krebsentstehung fördert, ist nicht endgültig geklärt. Es gibt Hinweise, daß bestimmte Sequenzen des C-Proteins mit dem zellulären Ras-Protein wechselwirken und daß hierdurch die Transformation eingeleitet wird. Die Zeitspanne zwischen der Infektion und der Ausbildung eines primären Leberzellkarzinoms beträgt etwa 40 Jahre. Ausgangspunkt ist meist die apparente oder inapparente Infektion in Jugendlichen und Erwachsenen, die in eine chronische Form übergeht. Die perinatale Übertragung des Virus von infizierten Müttern auf die neugeborenen Kinder spielt im Gegensatz zu den mit Hepatitis-B-Virus assoziierten Karzinomen nur eine geringe Rolle (Abschnitt 18.1). Doppelinfektionen mit Hepatitis-B- und Hepatitis-C-Virus kommen in Japan bei bis zu 18 Prozent der primären Leberzellkarzinome vor. Gleichzeitige Infektionen von Hepatitis-B-, Hepatitis-C- und Hepatitis-D-Viren bewirken eine Verkürzung der Inkubationszeit bis zum Auftreten des Karzinoms.

Immunreaktion und Diagnose

Die Diagnose einer Hepatitis-C-Infektion wird durch Bestimmung der *Transaminasewerte*, den *Nachweis der Virusgenome* in Seren und Leberbiopsien durch die *Polymerasekettenreaktion* – den wichtigsten Ansatz zur Diagnose einer Hepatitis-C-Virus-Infektion – und ELISA-Tests durchgeführt. Für die semiquantitative Bestimmung viraler Nucleinsäuren muß ihre Sequenz im ersten Schritt der Polymerasekettenreaktion von RNA in DNA umgeschrieben werden. Bei ELISA-Tests oder im Western-Blot setzt man in Bakterien produzierte Virusproteine zum Nachweis spezifischer Antikörper ein. Antikörper gegen das C-Protein lassen sich wenige Tage bis Wochen nach dem Beginn der Symptome nachweisen, solche gegen die Nichtstrukturproteine (NS3, NS4, NS5) erst später. Immunglobuline gegen die Membranproteine E1 und E2 entdeckt man nur bei etwa zehn Prozent der akuten Infektionen frühzeitig. Es ist unbekannt, ob diese Antikörper nicht gebildet oder aufgrund der Variabilität der Aminosäuresequenz und der mangelnden Empfindlichkeit der Testsysteme nicht erfaßt werden. Bei der akuten Infektion findet man IgM-Antikörper gegen das NS4- und das C-Protein. Sie persistieren bei der chronischen Hepatitis-C. Das ist ein Hinweis darauf, daß bei der chronischen Infektion virale Genexpression und Proteinsynthese ständig erfolgen. Über zelluläre Immunreaktionen ist bisher nichts bekannt.

Therapie und Prophylaxe

Einen Impfstoff gegen das Hepatitis-C-Virus gibt es bisher nicht. Die Anwendung von Interferon-α beim chronischen Verlauf der Infektion hat sich teilweise bewährt. Viren vom Typ 2 waren für eine Interferon-Therapie kaum empfindlich. Man hofft, daß nach akuter Behandlung der frischen Infektion eine Dauertherapie mit geringerer Interferon-Dosierung erfolgreich sein könnte.

13.2.9 Weiterführende Literatur

Bartenschlager, R.; Ahlborn-Laake, L.; Yasargil, K.; Mous, J.; Jacobson, H. *Substrate determinants for cleavage in cis and trans by hepatitis C virus NS3 proteinase.* In: *J. Virol.* 69 (1995) S. 98–205.

Failla, C.; Tomei, L.; de Francesco, R. *An amino-terminal domain of the hepatitis C virus NS3 protease is essential for interaction with NS4A.* In: *J. Virol.* 69 (1995) S. 1769–1777.

Halstead, S. B. *The XXth century dengue pandemic: Need for surveillance and research.* In: *World Health Stat. Q* 45 (1992) S. 292–298.

Heinz, F. X.; Mandl, C. *The molecular biology of tick-borne encephalitis virus. Review article.* In: *APMIS* 101 (1993) S. 735–745.

Heinz, F. X.; Mandl, C. W.; Holzmann, H.; Kunz, C.; Harris, B. A.; Rey, F.; Harrison, S. C. *The flavivirus envelope protein E: Isolation of a soluble form of tick-borne encephalitis virus and its crystallization.* In: *J. Virol.* 65 (1991) S. 5579–5583.

Heinz, F. X.; Stiasny, K.; Puschner-Auer, G.; Holzmann, H.; Allison, S. L.; Mandl, C.; Kunz, C. *Structural changes and functional control of the tick-borne encephalitis virus glycoprotein E by the heterodimeric association withprotein prM.* In: *Virol.* 198 (1994) S. 109–117.

Henchal, E. A.; Putnak, J. R. *The Dengue viruses.* In: *Clin. Microbiol. Rev.* 376 (1990) S.

Kato, N.; Ootsuyama, Y.; Sekiyo, H.; Ohkoshi, S.; Nakazawa, T.; Hijikata, M.; Shinotohno, K. *Genetic drift in hypervariable region 1 of the viral genome in persistent hepatitic C virus infection.* In: *J. Virol.* 68 (1994) S. 4776–4784.

Mandl, C. W.; Guirakhoo, F.; Holzmann, H.; Heinz, F. X.; Kunz, C. *Antigenic structure of the flavivirus envelope protein E at the molecular level using tick-borne encephalitis as a model.* In: *J. Virol.* 63 (1989) S. 564–571.

Matsuura, Y.; Miyamura, T. *The molecular biology of hepatitis C virus.* In: *Sem. Virol.* 4 (1993) S. 297–304.

Muerhoff, A. S.; Leary, T. P.; Simons, J. N.; Pilot-Matias, T. J.; Dawson, G. J.; Erker, J. C.; Chalmers, M. L.; Schlauder, G. G.; Desai, S. M.; Mushahwar, I. K. *Genomic organization of GB viruses A and B: Two new members of the flaviviridae associated with GB agent hepatitis.* In: *J. Virol.* 69 (1995) S. 5621–5630.

Reesink, H. W. (Hrsg.) *Hepatitis C Virus.* In: *Current Studies in Hematology and Blood Transfusion* 61. Basel (Karger) 1994.

Rey, F. A.; Heinz, F. X.; Mandl, C.; Kunz, C.; Harrison, S. C. *The envelope glycoprotein from tick-borne encephalitis virus at 2Å resolution.* In: *Nature* 375 (1995) S. 291–299.

Taylor, K. *Hepatocellular carcinoma in Japan and its linkage to infection with hepatitis C virus.* In: *Sem. Virol.* 4 (1993) S. 305–312.

Wallner, G.; Mandl, C. W.; Kunz, C.; Heinz, F. X. *The flavivirus 3'-noncoding region: Extensive size heterogenicity independent of evolutionary relationships among strains of tick-borne encephalitis virus.* In: *Virology* 213 (1995) S. 169–178.

Yamshchikov, V. F.; Compans, R. W. *Formation of flavivirus envelope: role of the viral NS2B-NS3 protease.* In: *J. Virol.* 96 (1995) S. 1995–2003.

13.3 Togaviren

Ursprünglich hatte man die *Togaviren* aufgrund ihrer morphologischen Ähnlichkeit mit den Flaviviridae in eine gemeinsame Virusfamilie eingeordnet. Als Einzelheiten über die Replikationsmechanismen bekannt wurden, zeigten sich jedoch deutliche Unterschiede. Deshalb teilt man die beiden Virusgruppen heute in zwei getrennte Familien ein. Im Hinblick auf die Evolution kann man die Flaviviren als Vorstufe für die Togaviren ansehen. Auch die letzteren synthetisieren während der Vermehrung Polyproteine. Die Togaviren haben jedoch mit der Produktion einer *subgenomischen RNA* für die Translation der Strukturproteine die Möglichkeit entwickelt, die Menge der verschiedenen Proteine an die jeweiligen Bedürfnisse anzupassen. Der Name dieser Virusfamilie leitet sich von dem lateinischen Wort *toga* (Mantel, Hülle) ab: Auf den ersten elektronenmikroskopischen Aufnahmen war ein Capsid erkennbar, das von einer weiten Membranhülle umgeben war.

Die Familie der Togaviren umfaßt zwei Genera (Tabelle 13.9). Die durch Insekten übertragenen *Alphaviren* kommen in Europa nur selten vor. Diese Viren sind aber in Amerika, Afrika und Asien vor allem als Erreger von Encephalitiden und Arthritiden in Tieren bekannt. Aber auch bei Menschen verursachen sie gelegentlich symptomatische Infektionen. Die Vertreter des zweiten Genus, der *Rubiviren,* zu denen der Erreger der *Rötelninfektion* gehört, sind dagegen weltweit verbreitet. Sie werden nicht durch Insekten übertragen. Der großen humanmedizinischen Bedeutung des Rötelnvirus entsprechend, beschränkt sich die Darstellung der medizinischen Aspekte – Epidemiologie, Klinik, Pathogenese, Diagnostik und Therapie – auf diesen Vertreter der Togaviren.

13.3.1 Einteilung und charakteristische Vertreter

Die Alphaviren vermehren sich gewöhnlich in verschiedenen Wirten. Sie können von unterschiedlichen Stechmückenarten zwischen Pferden, verschiedenen Vogelarten (Fasanen, Kranichen) und Menschen übertragen werden und sich in diesen replizieren (Tabelle 13.9). Sie sind also nicht wirtsspezifisch.

Semliki-Forest- und Sindbisvirus – zwei gut untersuchte Vertreter der Alphaviren

Die *Semliki-Forest-* und die *Sindbisviren* sind die hinsichtlich der Molekularbiologie und Replikationsmechanismen am besten untersuchten Vertreter der Togaviren. Sie galten deswegen lange als Prototypen dieser Virusfamilie. Serologisch besitzen sie eine Verwandtschaft mit den equinen Encephalitisviren WEEV, EEEV und VEEV, die auf dem amerikanischen Kontinent verbreitet sind. Beide Virusarten lassen sich leicht in Zellkulturen unterschiedlicher Spezies vermehren und zeigen einen ausgeprägten cytopathischen Effekt. Das Sindbisvirus ist in Afrika, Osteuropa und Asien weit verbreitet, wird von Mücken der Gattung *Culex* übertragen und verursacht nur in seltenen Fällen eine fieberhafte Erkrankung mit Hautausschlägen und Gelenkbeschwerden, die hinsichtlich Klinik und Pathogenese der von einigen Flaviviren hervorgerufenen Krankheit ähnlich ist. Neurotrope Isolate wurden bisher nur in Einzelfällen beschrieben. Das Semliki-Forest-Virus ist in Afrika, Indien und Südostasien endemisch und wird durch *Aedes* spp. übertragen. Für den Menschen ist es weitgehend apathogen. Darum wird es heute häufig als gentechnologischer Vektor zur Expression von Genen in eukaryotischen Zellkulturen eingesetzt.

Tabelle 13.9: Charakteristische Vertreter der Togaviren

Genus	Mensch/Tier
Alphaviren	Sindbisvirus (SIN, Maus) Western-Equine-Encephalitis-Virus (WEEV, Pferd) Eastern-Equine-Encephalitis-Virus (EEEV, Pferd) Venezuelian-Equine-Encephalitis-Virus (VEEV, Nagetiere, Pferd) Semliki-Forest-Virus (SFV, Pferd)
Rubiviren	Rötelnvirus (nur Mensch)

13.3.2 Aufbau

Viruspartikel

Die infektiösen Partikel der Togaviren haben einen Durchmesser von 60 bis 80 nm und bestehen aus ikosaedrischen oder sphärischen Capsiden (Durchmesser 40 nm), die von einer Membranhülle umgeben sind. In diese Membran sind die viralen *Glycoproteine E1* und *E2* eingelagert. Sie liegen als Heterodimere aus E1 und E2 vor, die weiter zu trimeren Proteinkomplexen assoziieren. Pro Virion finden sich etwa 80 dieser Trimere. Sie bilden *spike*-ähnliche Vorsprünge von sechs bis acht Nanometern auf der Virusoberfläche (Abbildung 13.10). Die Trimere vermitteln die Adsorption an zelluläre Rezeptoren und sind für die Bindung virusneutralisierender Antikörper verantwortlich. Beim Rötelnvirus findet man zusätzlich auch E1/E1-Homodimere auf dem Partikel. Das Capsid besteht aus nur einem viralen Protein (*C-Protein*). Es enthält das RNA-Genom und ist durch Aminosäuren an der Innenseite mit ihm komplexiert.

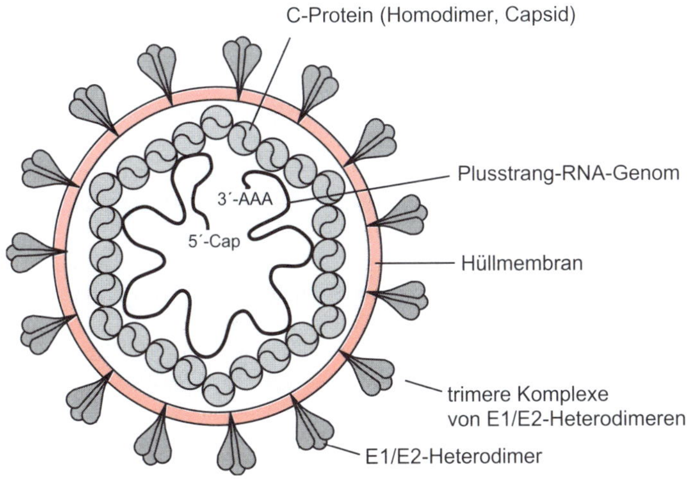

13.10 Aufbau eines Togaviruspartikels. Das ikosaedrische Capsid besteht aus C-Proteinen; mit seinen Innenseiten ist das virale RNA-Genom verbunden. Das Capsid ist von einer Hüllmembran umgeben, in welche die viralen Oberflächenproteine eingelagert sind.

A. Sindbisvirus

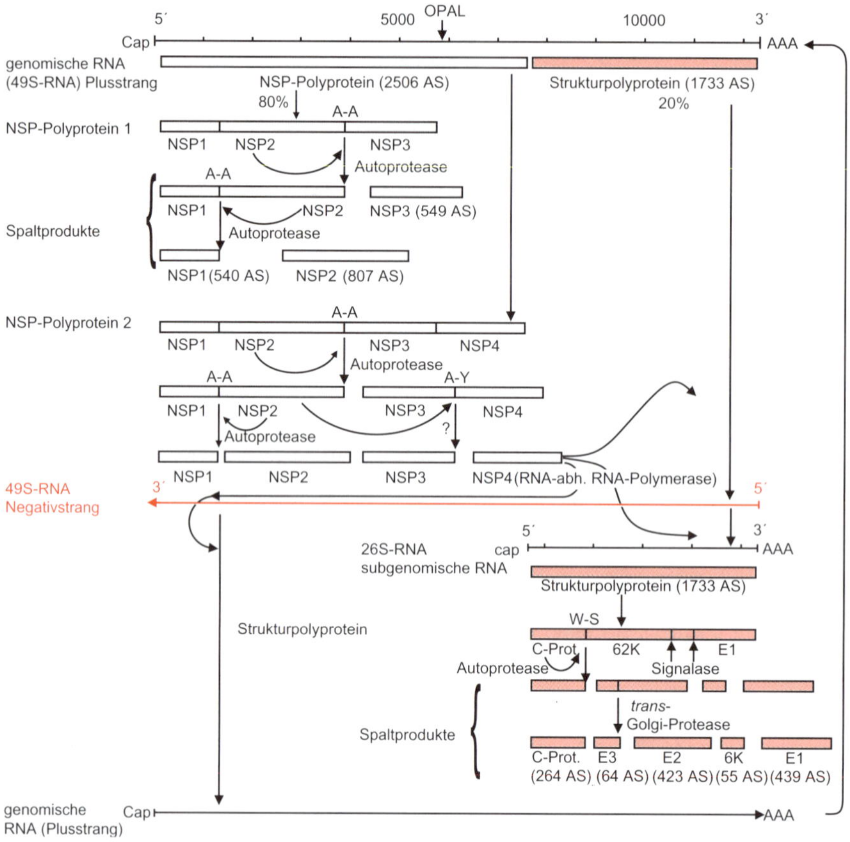

13.11 Genomorganisation und Replikationsverlauf der Togaviren. A: Sindbisvirus. B: Rötelnvirus.

Genom und Genomaufbau

Das Genom der Togaviren besteht aus einzelsträngiger RNA, die in Plusstrangorientierung vorliegt, am 5′-Ende gecappt und am 3′-Ende polyadenyliert ist und eine Länge von 9 757 (Rötelnvirus, Stamm Therien), 11 703 (Sindbisvirus) beziehungsweise 11 442 Basen (Semliki-Forest-Virus) besitzt. Das Genom enthält zwei offene Leserahmen: Der in der 5′-orientierten Hälfte codiert für das Vorläuferpolyprotein der vier Nichtstrukturproteine NSP1 bis NSP4, der andere enthält die genetische Information für die Sequenzen der Strukturproteine, das heißt der C-, E1- und E2-Proteine (Abbildung 13.11). Während bei den Sindbis- und Semliki-Forest-Viren die beiden Leserahmen durch einige wenige Nucleotide voneinander getrennt sind, überlappen sie beim Rötelnvirus um 1 500 Basen. Das Polyprotein der Strukturproteine wird in einem anderen Leseraster translatiert. Am 5′-Ende des Genoms befindet sich ein kurzer, nichttranslatierter Bereich (41 Nucleotide beim Rötelnvirus, 60 bis 80 beim Sindbisvirus), und zwischen dem Stopcodon des zweiten Leserahmens und dem PolyA-Anteil am 3′-Ende liegen beim Rötelnvirus 61 Basen (264 beim Semliki-Forest-Virus, 322 beim Sindbisvirus), die in definierte Sekundärstrukturen gefaltet sind.

B. Rötelnvirus

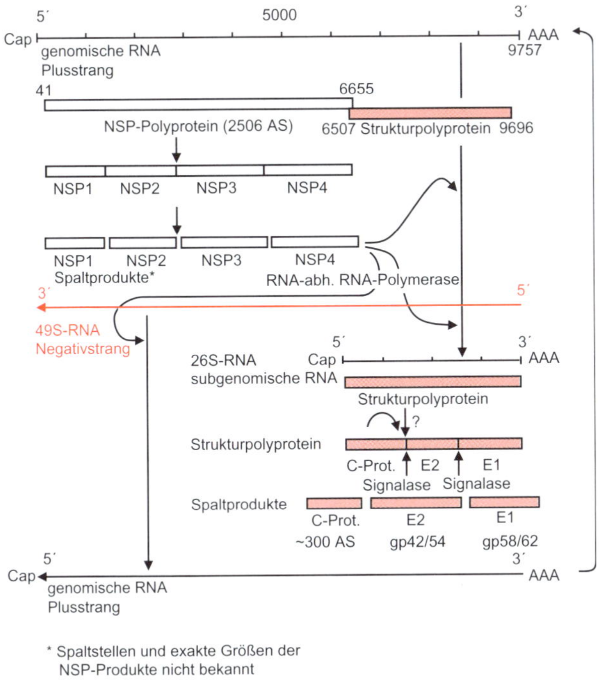

Die RNA-Genome codieren für je ein Polyprotein der Nichtstrukturproteine und ein Strukturpolyprotein. Der Vorläufer der Nichtstrukturproteine wird zuerst gebildet und durch die Aktivität der Protease als Teil des Polyproteins autokatalytisch in die Einzelkomponenten gespalten. Dabei entsteht eine RNA-abhängige RNA-Polymerase, welche unter Verwendung des Plusstrang-RNA-Genoms als Matrize eine Negativstrang-RNA bildet. Diese dient ihrerseits als Matrize für die Synthese genomischer RNA-Stränge in Plusstrangorientierung als auch für die von subgenomischer RNA. Letztere dient als mRNA für die Translation des Polyproteins der Strukturkomponenten, welches durch die Aktivität zellulärer Signalasen in die verschiedenen Bestandteile prozessiert wird.

13.3.3 Virusproteine

Polyprotein der Nichtstrukturproteine

Die Vorläuferproteine der vier viralen Nichtstrukturproteine NSP1 bis NSP4 unterscheiden sich bei den verschiedenen Virustypen. Beim Sindbisvirus werden zum Beispiel zwei unterschiedliche Vorläufer gebildet: Einer umfaßt die Proteine NSP1 bis NSP3 und endet an einem Opal-Stopcodon (UGA), das sich zwischen den Proteinabschnitten NSP3 und NSP4 befindet (Abbildung 13.11A); dieses Signal für die Beendigung der Translation wird aber in 20 Prozent der Fälle überlesen, und die Translation wird dann bis zum Ende des NSP4-Proteins fortgesetzt. Beim Semliki-Forest-Virus findet man nur ein Nichtstrukturpolyprotein der vollen Länge. Ob ähnliche zweistufige Translationsprozesse bei den anderen Togaviren eine Rolle spielen, ist nicht bekannt. Tabelle 13.10 gibt einen Überblick über Größe und Funktion der togavirusspezifischen Proteine.

Tabelle 13.10: Übersicht über Funktion und Größe der viralen Proteine von Togaviren

	Sindbisvirus	Semliki-Forest-Virus	Rötelnvirus	Funktion
NSP-Polyprotein	2 506 AS	2 431 AS	2 205 AS	
NSP1	540 AS	537 AS		Methyltransferase, 5'-Capping-Enzym
NSP2	807 AS	798 AS		Protease, Helicase (Nucleotidase)
NSP3	549 AS	482 AS		aktiv bei der Replikation
NSP4	610 AS	614 AS		RNA-abhängige RNA-Polymerase
Strukturpolyprotein	1733 AS	1739 AS	1063 AS	
C-Protein	264 AS	267 AS	260–300 AS	Capsidprotein, Protease
E3-Protein	64 AS	64 AS	–	Spaltprodukt, NH_2-Ende von E2
E2-Protein	423 AS	418 AS	42–54 kD	glycosyliert, palmitinoyliert, Neutralisation bei SIN und SFV; Hämagglutination und Fusion bei Rötelnvirus
6K-Protein	55 AS	60 AS	–	Spaltprodukt, Signalsequenz am NH_2-Ende von E1
E1-Protein	439 AS	438 AS	58–62 kD	glycosyliert, palmitinoyliert, Neutralisation bei Rötelnvirus; Hämagglutination und Fusion bei SIN und SFV

* AS: Aminosäuren; HA: Hämagglutinin; SIN: Sindbisvirus; SFV: Semliki-Forest-Virus
Die Proteine sind in der Reihenfolge ihrer Lokalisation in den Vorläuferprodukten angegeben.

Nichtstrukturproteine

Die Daten über die Spaltprodukte des Vorläuferpolyproteins für die Nichtstrukturproteine stammen überwiegend aus Untersuchungen von Sindbis- und Semliki-Forest-Viren oder aus dem Vergleich der Aminosäuresequenzen, die Homologien zu Polypeptiden bekannter Funktion aufweisen. Für das Rötelnvirus sind nur wenige Details bekannt. Man kann aber davon ausgehen, daß die Nichtstrukturproteine bei den verschiedenen Togaviren eine identische Funktion im Infektionszyklus erfüllen. Die Aktivitäten dieser vier Nichtstrukturproteine spielen eine wichtige Rolle bei der viralen Replikation und Transkription.

Das *NSP1-Protein* scheint eine Methyltransferase zu sein, die an der Bildung der *methylierten 5'-Cap*-Strukturen der viralen RNA-Spezies beteiligt ist. Togaviren müssen für diese Enzymfunktion codieren, da sie die entsprechenden zellulären, im Kern lokalisierten Funktionen aufgrund ihres ausschließlich im Cytoplasma ablaufenden Replikationszyklus nicht mitverwenden können. Die Sequenzen des NSP1-Proteins sind innerhalb der verschiedenen Togaviren hochkonserviert.

Das *NSP2-Protein* enthält im carboxyterminalen Bereich eine *proteolytische Aktivität*, die das Vorläuferprotein autokatalytisch zwischen den NSP2- und NSP3-Anteilen spaltet. Als Erkennungssequenz dienen zwei aufeinanderfolgende Alaninreste. Durch die Spaltung entstehen die Produkte NSP1-NSP2 und NSP3-NSP4 (beziehungsweise NSP3 beim Sindbisvirus). Die NSP2-Protease zerlegt in einem darauffolgenden Schritt – wiederum unter Verwendung eines Alanindimers als Schnittstelle – das NSP1-NSP2-Vorläuferprotein in die einzelnen aktiven Komponenten. Ob die NSP2-Protease auch an der Prozessierung des anderen Vorläuferproteins NSP3-NSP4 beteiligt ist, dessen Spaltung an der Aminosäurenfolge Alanin-Tyrosin nur sehr langsam verläuft, konnte bislang nicht geklärt werden. Außerdem vermutet man, daß das NS2-Protein als Helicase bei der Genomreplikation aktiv ist.

Das *NSP3-Protein* wird bei der Genomreplikation benötigt.Wie es dabei wirkt, ist jedoch unbekannt. Es hat eine kurze Halbwertszeit und liegt in der Zelle zum Teil in phosphorylierter Form vor. *Das NSP4-Protein* ist eine *RNA-abhängigen RNA-Polymerase*. Es ist sowohl bei der Synthese der Negativstrang-RNA als auch bei der Bildung der genomischen und subgenomischen RNA-Spezies aktiv.

Polyprotein der Strukturproteine

Dieses Polyprotein ist bei allen Togaviren deutlich kleiner als das der Nichtstrukturproteine. Beim Rötelnvirus hat es theoretisch ein Molekulargewicht von 110 kD (Abbildung 13.11B). Es enthält die Sequenzen der Proteine C, E2 und E1. Im Falle der Alphaviren liegen zwischen den jeweiligen Proteinabschnitten verbindende Aminosäurefolgen, die im Verlauf der Prozessierung des Polyproteins und der Virusreifung entfernt werden. Die Synthese der Strukturpolyproteine findet an der Membran des endoplasmatischen Reticulums statt. Zu Signalpeptiden analoge Aminosäuresequenzen hat man bei den Alphaviren direkt nach dem carboxyterminalen Ende des C-Proteins (das heißt am Aminoterminus des p62-Proteins, aus dem zu einem späteren Zeitpunkt E2 entsteht) und im 6K-Protein vor dem E1-Anteil gefunden (Abbildung 13.11A). Beim Rötelnvirus sind sie an den carboxyterminalen Enden der C- und E2-Proteine lokalisiert. Diese Bereiche sind für den Transport des in Translation befindlichen Polyproteins zur und seine Einlagerung in die Membran des endoplasmatischen Reticulums verantwortlich. Mit der Membran assoziierte Proteasen (*Signalasen*) schneiden die Vorläuferproteine nach den signalpeptidähnlichen Sequenzen und sorgen so für die Bildung der Einzelkomponenten. Bei den Alphaviren ist zusätzlich eine autokatalytisch wirkende Proteaseaktivität im C-Protein identifiziert worden, die zur Abspaltung des Capsidproteins vom Vorläufer beiträgt. Ähnliche Funktionen hat man auch für das C-Protein der Rötelnviren postuliert.

Capsidprotein (C-Protein)

Das C-Protein ist abhängig vom jeweiligen Virustyp 260 bis 300 Aminosäuren lang und hat ein Molekulargewicht von etwa 32 kD. Nach der Abspaltung von der wachsenden Polyproteinkette durch seine *autoproteolytische Funktion* bei den Alphaviren beziehungsweise der signalasevermittelten Freisetzung beim Rötelnvirus dimerisiert das C-Protein und assoziiert mit den viralen RNA-Genomen zu Nucleocapsiden. Diese Wechselwirkung ist sehr stark, denn im Cytoplasma der infizierten Zellen findet man nur sehr wenig freies C-Protein. Die proteolytische Aktivität ähnelt der einer Serinprotease, die Erkennung wird durch die Aminosäurefolge Tryptophan-Serin vermittelt.

Glycoprotein E2

Bei den Alphaviren wird das E2-Protein durch Spaltung eines Vorläuferproteins mit einem Molekulargewicht von 62 kD gebildet. Dieses *p62-Protein* wird durch hydrophobe Sequenzen in seiner carboxyterminalen Domäne in der Membran des endoplasmatischen Reticulums verankert und über den Golgi-Apparat zur Zellmembran transportiert. Dadurch ist das carboxyterminale Ende selbst zum Cytoplasma hin orientiert. Es besitzt Aminosäuren, die spezifisch mit den C-Proteinen der Nucleocapside interagieren. Dadurch wird spät im Infektionszyklus der Assembly-Prozeß eingeleitet, in dessen Verlauf die Membran des endoplasmatischen Reticulums die vorgeformten Capside umhüllt. Auf dem Weg zur Zelloberfläche wird das p62 durch *Zucker-* und *Fettsäuregruppen* modifiziert und im *trans*-Golgi-Bereich durch eine trypsinähnliche Protease in den aminoterminalen Anteil E3 und das E2-Protein gespalten. Während beim Sindbisvirus E3 von der Zelloberfläche abgegeben wird, bleibt es beim Semliki-Forest-Virus mit dem E2-Protein assoziiert und ist in unterschiedlichen Mengen auch im Virion nachweisbar. Bei den Alphaviren ist die überwiegende Mehrheit der neutralisierenden Antikörper gegen das E2-Protein gerichtet, das im Virion als Heterodimer mit E1 vorliegt. Man konnte drei wichtige Epitope hier charakterisieren.

Das E2-Protein (gp42–54) des Rötelnvirus ist ebenfalls *glycosyliert, fettsäuremodifiziert* und über die carboxyterminalen Aminosäuren in der Membran verankert. Den E3-Anteil, der bei Alphaviren vom aminoterminalen Bereich abgespalten wird, konnte man hier nicht identifizieren. Das E2-Protein der Rötelnviren hat *hämagglutinierende* und *membranfusionierende* Aktivität und liegt überwiegend als Heterodimer mit E1 vor. Hier ist jedoch der Hauptteil der neutralisierenden Antikörper nicht gegen das E2-, sondern gegen das E1-Protein gerichtet.

Glycoprotein E1

Bei den Alphaviren befindet sich zwischen dem carboxyterminalen Ende des E2-Proteins und dem Beginn der E1-Sequenzen ein kurzer, sehr hydrophober Abschnitt von 55 bis 60 Aminosäuren. Man bezeichnet ihn wegen seiner Größe von etwa 6 kD auch als *6K-Protein.* Es hat eine signalpeptidähnliche Funktion und vermittelt während der Translation die Durchschleusung der Proteinkette des E1-Proteins durch die Membran des endoplasmatischen Reticulums. In geringen Mengen ist es auch in den infektösen Partikeln nachweisbar. Signalasen spalten den 6K-Anteil vom E1-Protein ab, das über eine hydrophobe Transmembranregion am carboxyterminalen Ende in der Membran verankert ist. Das E1-Protein ist *glycosyliert* und *fettsäuremodifiziert.* Bei den Alphaviren scheint mit ihm die *Hämagglutinations-* und *Fusionsaktivität* verbunden zu sein. Im Gegensatz zum E2-Protein konnten nur wenige E1-spezifische Antikörper mit virusneutralisierender Funktion gefunden werden.

Beim Rötelnvirus sind, wie erwähnt, die neutralisierenden Antikörper mehrheitlich gegen das E1-Protein gerichtet. Man hat zwei Proteindomänen identifiziert, an die sich die schützenden Antikörper anlagern. Das monomere Protein hat ein Molekulargewicht von 58 bis 62 kD, es ist glycosyliert und mit Palmitinsäure modifiziert. Das E1-Protein des Rötelnvirus ist für die Adsorption des Partikels an zelluläre Rezeptoren verantwortlich.

13.3.4 Replikation der Togaviren

Alphaviren gelangen durch Insektenstiche direkt in die Blutbahn und lagern sich mittels der Membranproteine an Rezeptoren auf Endothelzellen und lymphatischen Zellen an. Dort vermehren sich die Viren. Über das Blut werden sie zu den weiteren Zielorganen transportiert.

Welche zelluläre Komponente für die Bindung der Viruspartikel verantwortlich ist, ist nicht geklärt. Im Falle des Sindbisvirus wurde *Laminin* auf der Oberfläche von Hühnerfibroblasten als Rezeptor identifiziert, aber auch andere zelluläre Proteine binden die Virionen.

Auch beim Rötelnvirus kennt man den zellulären Rezeptor für das Virus noch nicht. Dieses Virus wird nicht durch Insektenstiche, sondern durch Tröpfcheninfektion übertragen. Es gelangt über die Schleimhaut des Mund-, Nasen- und Rachenraumes in den Organismus. In den Schleimhautzellen finden die ersten Replikationsrunden statt. Das freigesetzte Virus infiziert danach Lymphocyten und Makrophagen und wird durch sie im Organismus verteilt.

Die Aufnahme der Viruspartikel durch die Zellen erfolgt durch *rezeptorvermittelte Endocytose*. Das Innere der endocytotischen Vesikel (Endosomen) wird in einem energieabhängigen Prozeß durch Import von H^+-Ionen angesäuert. Dies aktiviert die fusionierende Aktivität der viralen Membranproteine, es kommt zur Verschmelzung der Endosomenmembran mit der Virushülle und dadurch zur Freisetzung des Capsids. Wie die enge Wechselwirkung der C-Proteine mit dem RNA-Genom aufgehoben wird, ist unbekannt. Die Polarität der RNA in Plusstrangorientierung erlaubt jedoch über die Cap-Struktur am 5′-Ende die Bindung des zellulären *Cap-Binding-Complex* und hierüber die Assoziation mit den ribosomalen Untereinheiten, die mit der Translation der Sequenzfolgen für das Polyprotein der Nichtstrukturproteine beginnen. Dieses Polypeptid wird an freien Ribosomen im Cytoplasma synthetisiert und durch die oben erwähnten proteolytischen Funktionen in die Einzelkomponenten gespalten. Liegt die Aktivität der *RNA-abhängigen RNA-Polymerase* in der Form des funktionell aktiven NSP4-Proteins vor, wird die *Negativstrang-RNA* synthetisiert. Beim Sindbisvirus bildet das NSP4-Protein hierbei mit dem ungespaltenen NSP1-Polyprotein einen Komplex (Abbildung 13.11A). Die Initiation erfolgt am 3′-Ende im Bereich einer hochkonservierten Basenfolge, die dem PolyA-Anteil direkt vorgelagert ist. Zusätzlich scheinen aber auch Basen aus den nichttranslatierten Sequenzen am 5′-Ende des Genoms beteiligt zu sein. Diese sind teilweise zu Bereichen des 3′-Endes komplementär und können mit diesen einen partiellen RNA-Doppelstrang ausbilden und so eine *Zirkularisierung* des Genoms vermitteln. Zusätzlich scheinen zelluläre Proteine die Initiation der RNA-Synthese am 3′-Ende zu beeinflussen: Man fand, daß phosphorylierte Formen des zellulären Proteins *Calreticulin* sich an die 3′-Enden des Rötelnvirusgenoms binden. Die Details der Initiation der RNA-Synthese sind unbekannt, klar ist jedoch, daß im weiteren Verlauf ein zum gesamten Genomstrang komplementäres RNA-Produkt entsteht. Der Prozeß läuft an intrazellulären Membranen ab.

Von dieser Negativ-RNA wird neben neuen RNA-Genomen in voller Länge eine *subgenomische RNA* gebildet, die an der Verbindungsregion zwischen den beiden Leserahmen initiiert wird und diejenigen Sequenzen enthält, die für das Strukturpolyprotein codieren. Verantwortlich hierfür ist das NSP4-Protein und die Spaltprodukte der Nichtstrukturproteine. Die subgenomische RNA wird nach ihrem Sedimentationsverhalten auch als *26S-RNA* bezeichnet – im Gegensatz zu der 49S-RNA des Genoms (Abbildung 13.11). Sie wird am 5′-Ende gecappt und methyliert, so daß in den nächsten Schritten die Translation und Synthese der Strukturproteine beginnen kann. In der infizierten Zelle wird weit mehr subgenomische RNA als genomische RNA gebildet.

Liegen aktive C-Proteine vor, so assoziieren diese mit Basenfolgen im 5′-Bereich der neu gebildeten 49S-Plusstränge und bilden die Vorformen der Nucleocapside. Diese ersten Verpackungsschritte verhindern auch, daß die genomische RNA translatiert wird. Die Synthese weiterer NSP-Proteine bricht ab. Durch diesen relativ einfachen Regulationsmechanismus ist gewährleistet, daß in der Spätphase der Infektion überwiegend virale Strukturkomponenten produziert werden, die zu diesem Zeitpunkt für die Bildung der Viruspartikel in wesentlich größeren Mengen benötigt werden als die enzymatisch aktiven Nichtstrukturproteine.

Im weiteren Verlauf assoziieren die vorgeformten Nucleocapside mit den carboxyterminalen Bereichen der E2-Proteine und werden mit der Membran und den darin eingelagerten viralen Glycoproteinen umgeben. Diese Budding-Komplexe können sowohl an den Membranen des endoplasmatischen Reticulums und des Golgi-Apparats als auch an der Cytoplasmamembran entstehen. Die umhüllten Virionen werden entweder durch die Golgi-Vesikel zur Zelloberfläche transportiert oder dort direkt freigesetzt.

13.3.5 Das Rötelnvirus

Epidemiologie und Übertragung

Die oft epidemisch auftretende *Rötelnerkrankung* oder *Rubella* (*German measles*) ist 1800 genau beschrieben worden. Den viralen Erreger übertrug man 1938 erstmals durch Ultrafiltrate auf Menschen und Affen. Bei einer Epidemie im Jahre 1940 in Australien entdeckte der Augenarzt Sir Norman Gregg, daß Kinder mit angeborenem Katarakt, Hörschäden und Herzmißbildungen („Gregg-Syndrom") Mütter hatten, die während der Schwangerschaft die Röteln durchgemacht hatten. Das Virus erzeugt also nicht nur die harmlosen Röteln, sondern ruft auch schwerwiegende *Embryopathien* hervor. 1962 wurde das Virus erstmals *in vitro* gezüchtet. Die Infektion von RK-13- oder Verozellen (Affennierenzellinien) erzeugt einen erkennbaren cytopathischen Effekt. Nachdem 1964 in den USA eine große Epidemie abgelaufen war, gelang 1967 die Entwicklung eines attenuierten Lebendimpfstoffes. Seine Anwendung führte dazu, daß die Röteln heute kaum noch oder nur sporadisch auftreten.

Das Rötelnvirus ist serologisch einheitlich. Es kommt nur beim Menschen vor, läßt sich jedoch auf einige Affenspezies übertragen. Die Übertragung erfolgt durch Tröpfcheninfektion und führt bei flüchtigem Kontakt in etwa zwanzig Prozent der Fälle zur Ansteckung. Überträger sind infizierte Personen in der virämischen Phase, die bereits sechs Tage vor Ausbruch des Exanthems beginnt und ein bis zwei Wochen andauert (Abbildung 13.12), infizierte Kleinkinder, die mit dem Embryopathiesyndrom geboren wurden, sowie Erwachsene mit inapparenten Reinfektionen, die das Virus dennoch übertragen können. Viren finden sich auch in der Tränenflüssigkeit, im Urin, im Zervixsekret, im Stuhl, in der Lunge, im Liquor und in der Synovialflüssigkeit.

Klinik

Postnatale Infektionen. Die normal verlaufenden Röteln sind eine relativ harmlose, wenig fieberhafte Erkankung. Infektionen bei Kindern verlaufen häufig inapparent. Der mit der symptomatischen Erkrankung verbundene *Hautausschlag (Exanthem)* tritt etwa ein bis zwei Wochen nach dem Kontakt mit dem Rötelnvirus auf und bleibt bis zu fünf Tagen bestehen (Abbildung 13.12). Er ist oft uncharakteristisch und deshalb von fleckförmigen Exanthemen anderer Viruskrankheiten nur schlecht zu unterscheiden. Der Ausschlag ist kleinfleckig und konfluiert nicht. Erkältungsähnliche Symptome fehlen, oft sind stark *geschwollene Halslymphknoten* zu beobachten. Insbesondere bei jungen Frauen gehen die Infektionen zum Teil mit *Arthralgien* der kleinen Gelenke einher. Diese klingen meist innerhalb von einigen Wochen ab, können aber in Einzelfällen auch länger andauern. Selten kommt es zu einer Thrombocytopenie, deren Entstehungsmechanismus ungeklärt ist. Eine Autoimmunencephalitis tritt etwa mit einer Häufigkeit von 1:6 000 auf. Etwa 20 Prozent der Rötelninfektionen mit dieser postinfektiösen Encephalitis verlaufen tödlich.

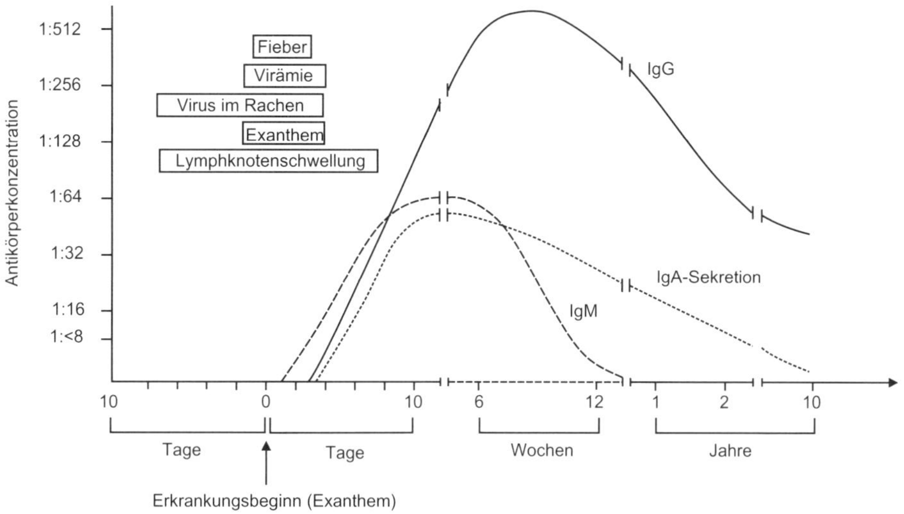

13.12 Verlauf der Antikörperbildung bei einer Rötelnvirusinfektion. Tag 0 auf der Skala gibt die Zeit an, bei welcher das erstmalige Auftreten des Hautausschlags (Exanthem) beobachtet wird. Die Inkubationsperiode beträgt bis zu zehn Tage. Bereits vor der Ausbildung des Exanthems findet man Lymphknotenschwellung und Fieber, und das Rötelnvirus ist im Blut und im Rachenspülwasser vorhanden. IgM-Antikörper kann man sehr bald nach dem Einsetzen der Symptome im Blut nachweisen, ihre Konzentration nimmt im Verlauf von drei bis sechs Monaten ab. IgG-Antikörper folgen den IgM-Immunglobulinen und bleiben lebenslang nachweisbar.

Pränatale Infektionen. Erfolgt die Infektion mit dem Rötelnvirus während der Schwangerschaft, können *Abort*, *Totgeburt* und *Mißbildungen des Embryos* auftreten, während die werdende Mutter keine oder nur leichte Symptome zeigt. In der Frühphase der Schwangerschaft – zur Zeit der Organdifferenzierung – werden besonders viele Embryonen geschädigt. Mehrfachdefekte treten vor allem nach einer Infektion in den ersten beiden Schwangerschaftsmonaten auf. Während der virämischen Phase wird die Placenta in 80 bis 90 Prozent, der Embryo in 60 bis 70 Prozent der Fälle infiziert. Leitsymptome sind *Augenschäden*, *Herzmißbildungen* und *Innenohrdefekte*. Als Spätfolgen beobachtet man Hörstörungen, Panencephalitis, Diabetes mellitus und Krampfleiden (Tabelle 13.11).

Pathogenese

Das Rötelnvirus siedelt sich im menschlichen Organismus zuerst im Nasen-Rachen-Raum (Nasopharynx) an. Die primäre Replikation erfolgt im Epithel dieser Region. Dort werden auch Lymphocyten infiziert, die das Virus in die lokalen Lymphknoten transportieren, wo sich weitere infizierbare Zielzellen befinden. Von ihnen geht wahrscheinlich die Virämie aus, in deren Verlauf sich das Virus über den ganzen Organismus ausbreitet. Zu diesem Zeitpunkt ist das Rötelnvirus frei im Blut vorhanden. Es kommt jedoch auch zellgebunden vor und läßt sich unter anderem in der Tränenflüssigkeit, im Nasen-Rachen-Raum, im Zervixsekret, im Liquor und in der Synovialflüssigkeit nachweisen. Zusammen mit den ersten virusspezifischen Antikörpern tritt das Exanthem auf, weswegen man vermutet, daß *Immunkomplexe*, das heißt mit Antikörpern komplexierte Viren, seine Ursache sind. Solche Aggregate lassen sich häufig im Blut nachweisen. Auch die akute Arthritis in Verbindung mit der Infektion wird auf Virus-Antikörper-Komplexe zurückgeführt, die in der Gelenkflüssigkeit vorhanden sind. In Zellen der Synovialmembranen wird vermehrt IL-1 produziert, ein Hin-

Tabelle 13.11: Rötelnembryopathien und ihre Symptome

Syndrom	Organ	Symptom
Gregg-Syndrom	Herz	Ductus botalli
		Aortenstenose
	Augen	Katarakt
		Glaukom
		Retinopathie
	Ohren	Innenohrdefekte
erweitertes Rötelnsyndrom		geistige Retardierung
		geringes Geburtsgewicht
		Minderwuchs, Osteopathie
		Encephalitis
		Hepatosplenomegalie
		Pneumonie
		Thrombocytopenie
		Purpura
spätes Rötelnsyndrom		chronisches Exanthem
		Wachstumsstillstand
		interstitielle Pneumonie
		IgG- und IgA-Hypogammaglobulinämie
		Persistenz von IgM
Spätmanifestation		Hörschäden
		Diabetes mellitus
		progressive Panencephalitis
		Krampfleiden

weis darauf, daß dort Entzündungsprozesse ablaufen. Ob hierfür eine antigene Verwandtschaft (molekulare Mimikry) zwischen Rötelnvirusproteinen und den Polypeptiden der Synovialzellen verantwortlich ist, konnte man nicht eindeutig klären.

Hinweise darauf, daß sich das Rötelnvirus in Synovialzellen vermehren kann und dort über längere Zeiträume persistiert, hat man bei Kleinkindern mit kongenitalem Rötelnsyndrom gefunden – also bei Kindern, die während des Embryonalstadiums infiziert wurden. Bei ihnen läßt sich das Rötelnvirus in den Wachstumszonen der Knochen, den Epi- und Diaphysen nachweisen. Man nimmt an, daß das in diesen Kindern persistierende Virus die Produktion von Interferonen auslöst und daß dadurch die Teilung der Knochenzellen gehemmt wird, was einen Minderwuchs der Extremitäten bewirkt.

In den seltenen Fällen der postinfektiösen Encephalitis kann man gelegentlich virale Proteine im Gehirngewebe nachweisen. Man vermutet hier eine zelluläre Immunantwort gegen das basische Myelinprotein der Rückenmarks- und Nervenscheiden, weil Lymphocyten der Erkrankten nach der Zugabe dieses Proteins proliferieren. Pathohistologisch beobachtet man bei Jugendlichen oder Erwachsenen perivaskuläre Entzündungen und Entmarkungen, bei Kindern eher eine unspezifische Schädigung ohne bestimmte Merkmale.

Bei Infektionen während der Schwangerschaft transportiert das Blut die Viren in die Placenta und in die Chorionzotten. Dort vermehrt es sich und gelangt in das Endothel der placentaren Blutgefäße und damit in den kindlichen Kreislauf. Das Virus infiziert offenbar nur wenige Zellen im embryonalen Gewebe. Die Virusproduktion mit Ausscheidung dauert aber nach der Geburt noch lange Zeit (bis zu einem Jahr) an. Wie die Schädigung der sich differenzierenden Organe und die Störung der embryonalen Zellteilung zustande kommt, ist unbekannt. Man vermutet, daß dabei Interferone und möglicherweise weitere Cytokine mit zellschädigenden Eigenschaften oder auch Apoptosemechanismen eine wichtige Rolle spielen.

Immunreaktion und Diagnose

Postnatale Röteln. Im Verlauf einer Rötelnvirusinfektion entstehen Antikörper der Gruppen IgM, IgA und IgG gegen die E1-, E2- und C-Proteine. Neutralisierend sind die E1-spezifischen Immunglobuline. Der Antikörpernachweis erfolgt durch *Hämagglutinationshemm-* und *ELISA-Tests*. Virusspezifisches IgM bleibt etwa vier bis sechs Monate nach der Infektion nachweisbar, IgA etwa drei Jahre und IgG lebenslang (Abbildung 13.12). Die serologische Diagnose einer akuten Infektion mit dem Rötelnvirus erfolgt durch Bestimmung der IgM- und IgG-Werte. Das alleinige Vorhandensein von IgG-Antiköpern weist auf eine abgelaufene Infektion hin. Niedrige Antikörpertiter (nachweisbar in Verdünnungen bis 1/16 im Hämagglutinationshemmtest) schützen nur unzureichendend vor einer Reinfektion. Die IgA-Antwort beschränkt sich auf die Subklasse IgA_1 und richtet sich überwiegend gegen das C-Protein. Die Synthese der Antikörperklassen und Subklassen wird hormonell beeinflußt. So haben Frauen während der frühen Infektionsphase IgA-Antikörper gegen das E2-Protein, während diese bei Männern fehlen. Die zelluläre Immunantwort ist wenig untersucht. Bei immunen Personen lassen sich cytotoxische T-Zellen nachweisen. In der Aminosäuresequenz des C-Proteins konnte man drei T-Zell-Epitope charakterisieren.

Pränatale Röteln. Virusspezifisches IgM bilden infizierte Embryonen erst ab der 22. bis 23. Schwangerschaftswoche. Durch eine *Punktion der Nabelschnur* und den Nachweis von IgM-Antikörpern im Nabelschnurblut kann man feststellen, ob eine Infektion des Embryos tatsächlich erfolgt ist. Fehlen diese Antikörper, so kann man mit sehr hoher Wahrscheinlichkeit eine Infektion des Fetus ausschließen. Der Nachweis von IgM gibt jedoch keinen Aufschluß darüber, ob eine Embryopathie vorliegt. Eine weitere Möglichkeit der pränatalen Diagnose ist der Nachweis viraler Nucleinsäuresequenzen in Chorionzottenmaterial durch die Polymerasekettenreaktion. Diese Methode ermöglicht die Diagnose einer embryonalen Infektion bereits in einem sehr frühen Schwangerschaftsstadium.

Die Infektion schädigt auch das Immunsystem des Embryos, sodaß rötelnvirusspezifische IgM-Antikörper bis längere Zeit nach der Geburt nachweisbar sind. Eine periphere Toleranz möglicherweise in Kombination mit einer Störung des Umschaltens der Synthese der Antikörperklassen von IgM zu IgG könnte hierfür verantwortlich sein. Auch die Stimulierbarkeit der Lymphocyten durch Rötelnvirusproteine oder Mitogene zur Proliferation ist deutlich reduziert.

Bei Verdacht einer Rötelnvirusinfektion während der Schwangerschaft muß der Antikörpertiter der werdenden Mutter bestimmt werden. Ist IgG in Serumverdünnungen von 1/32 und höher vorhanden, so ist die Patientin vor der Infektion geschützt, und es besteht keine Gefahr einer embryonalen Schädigung. Liegt der Wert darunter, sollte innerhalb von ein bis zwei Tagen nach der Exposition rötelnvirusspezifisches IgG verabreicht werden, da eine frische Infektion möglich ist. In der Folge sollte man durch weitere Antikörperkontrollen feststellen, ob in der Schwangeren tatsächlich eine Infektion abläuft und ob der Embryo infiziert wurde. Ist im Nabelschnurblut rötelnvirusspezifisches IgM vorhanden, so ist ein Abbruch der Schwangerschaft wegen einer möglichen Schädigung des ungeborenen Kindes empfehlenswert. Fehlen diese Antikörper, so besteht nach den heutigen Kenntnissen keine Gefahr.

Therapie und Prophylaxe

Die beste Vorsichtsmaßnahme gegen intrauterine Rötelnvirusinfektionen ist die Impfung. In den USA verwendete man ab 1967 die attenuierten Impfstämme HPV-77-DES, HPV-77 DK-R und Cendehill. Ab 1979 kam der Stamm RA 27/3 zum Einsatz, der höhere Antikörpertiter induziert. Die Impfung sollte bei Kleinkindern und erneut bei Mädchen vor dem Eintritt in das gebärfähige Alter erfolgen und nach Möglichkeit alle Frauen erfassen. Um eine weitgehende Herdimmunität zu erreichen, sollten auch Jungen geimpft werden. Seit der Einführung der Impfung ist die Zahl der Embryopathien stark zurückgegangen. Von ihrer konsequenten Fortführung erhofft man eine Ausrottung des Virus. Bei Absinken der Antikörperkonzentrationen sollte die Impfung aufgefrischt werden.

Bei Exposition mit dem Rötelnvirus während der Schwangerschaft nimmt man eine passive Immunisierung mit virusspezifischem IgG vor. Der Schutzeffekt ist um so größer, je eher diese passive Immunisierung erfolgt; schon drei Tage nach der Exposition ist der vermittelte Schutz nur noch gering. Eine Chemotherapie existiert nicht.

13.3.6 Weiterführende Literatur

Dominguez, G.; Wang, C.-Y.; Frey, T. K. *Sequence of the genome of rubella virus: Evidence of genetic rearrangement during togavirus evolution.* In: *Virology* 177 (1990) S. 225–238.

Frey, T. K. *Molecular biology of rubella virus.* In: *Adv. Virus Res.* 44 (1994) S. 69–160.

Lovett, A. E.; McCarthy, M.; Wolinsky, J. S. *Mapping cell-mediated immunodominant domains of the rubella virus structural proteins using recombinant proteins and synthetic peptides.* In: *J. Gen. Virol.* 74 (1993) S. 445–452.

Shirako, Y.; Strauss, J. H. *Regulation of sindbis virus RNA replication: uncleaved p123 and nsP4 function in minus strand RNA synthesis wheras cleaved products from p123 are required for efficient plus-strand synthesis.* In: *J. Virol.* 68 (1994) S. 1874–1885.

Singh, N. K.; Atreya, C. D.; Nakhasi, H. L. *Identification of calreticulin as a rubella virus RNA binding protein.* In: *Proc. Natl. Acad. Sci.* 91 (1994) S. 12770–12774.

Suomaleinen, M.; Garoff, H.; Baron, M. D. *The E2 signal sequence of rubella virus remains part of the capsid protein and confers membrane association in vitro.* In: *J. Virol.* 64 (1990) S. 5500–5509.

Wolinsky, J. S. *Rubella Virus.* In: Fields, B. N.; Knipe, D. N.; Howley, P. M. (Hrsg.) *Virology.* 3. Aufl. New York (Raven Press) 1995. S. 899–930.

13.4 Coronaviren

Humane *Coronaviren* wurden 1965 von D. A. Tyrrell und Mitarbeitern bei Erkältungskrankheiten entdeckt und 1968 aufgrund von morphologischen Unterschieden zu anderen Viren als eigene Familie definiert. Elektronenmikroskopische Aufnahmen zeigten Viruspartikel, die von einer Membranhülle mit eingelagerten Proteinen umgeben waren, durch die sie wie von einem „Strahlenkranz" (lateinisch *corona*) umgeben erschienen. Als später die moleku-

Tabelle 13.12: Charkteristische Vertreter der Coronaviren

Genus	Gruppe	Mensch	Tier
Coronavirus	1. HCV-229E-ähnliche	humanes Coronavirus HCV-229E	Virus der übertragbaren Gastroenteritis der Schweine (TGE-Virus) Virus der infektösen Peritonitis der Katze (FIP-Virus)
	2. HCV-OC43-ähnliche	humanes Coronavirus HCV-OC43	Maus-Hepatitis-Virus (MHV), Serotypen 1–3 Coronavirus des Rindes (BHV)
	3. IBV-ähnliche		Virus der infektiösen Bronchitis der Vögel (IBV)
Arterivirus			Equine-Arteriitis-Virus
Torovirus			Berne-Virus

laren Details des Genomaufbaus und der Replikationsmechanismen bekannt wurden, bestätigten sie die urspünglich nur auf morphologischen Untersuchungen beruhende Einteilung.

Coronavirusinfektionen verursachen beim Menschen harmlose Erkältungskrankheiten und in seltenen Fällen Gastroenteritis. Bei Tieren fand man Coronaviren in Verbindung mit Infektionen des respiratorischen und des gastrointestinalen Traktes. So verursacht das Maus-Hepatitis-Virus sowohl Leberentzündungen als auch Bronchitis und stellt ein wichtiges Modellsystem für die Klärung pathogener Mechanismen dar.

13.4.1 Einteilung und charakteristische Vertreter

Coronaviren sind artspezifisch. Sie lassen sich meist nur in Kulturen von Zellen ihrer Wirtspezies züchten. Es gibt drei Genera: Coronavirus, Arterivirus und Torovirus. Die Coronaviren kann man nach ihren molekularen und serologischen Eigenschaften in drei Gruppen unterteilen (Tabelle 13.12). Sie infizieren Menschen und viele verschiedene Säugetiere wie Huftiere und diverse Fleischfresser. Die Biologie der Arteri- und Toroviren und die von ihnen verursachten Krankheiten sind kaum untersucht.

13.4.2 Aufbau

Viruspartikel

Die *membranumhüllten Virionen* der Coronaviren haben einen Durchmesser von 80 bis 160 nm. Das *einzelsträngige RNA*-Genom hat Plusstrangorientierung und liegt assoziiert mit den *N-Proteinen* als Nucleocapsid im Inneren der Partikel vor (Abbildung 13.13). Dieser Komplex aus RNA und N-Proteinen ist *helikal angeordnet*. Die Helix hat einen Durchmesser von 10 bis 20 nm. Definierte Aminosäuren im N-Protein interagieren mit der carboxyterminalen Domäne des in die Membran eingelagerten *M-Proteins*. Das Nucleocapsid ist so über Proteinwechselwirkungen mit der Innenseite der Membran assoziiert. Neben dem M-Protein, einem am aminoterminalen Ende glycosylierten Protein von 20 bis 30 kD, sind ein bis zwei weitere virale Proteine in die Hüllmembran eingelagert: Das ebenfalls glycosylierte *S-Protein* (180 bis 200 kD) liegt in keulenförmigen Oligomeren vor, die etwa 20 nm aus der Membranoberfläche

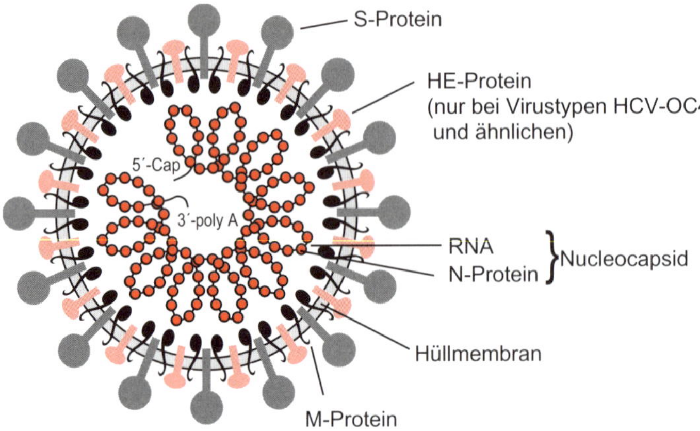

13.13 Aufbau eines Coronaviruspartikels. Im Innern des Partikels liegt das mit N-Proteinen komplexierte RNA-Genom als helikales Nucleocapsid vor. Es ist von einer Membranhülle umgeben, in welche die Glycoproteine S und HE sowie das nichtglycosylierte M-Protein eingelagert sind.

herausragen und für das Erscheinungsbild der *Corona* verantwortlich sind. Das dritte mit der Membran assoziierte Protein, *HE,* ist nur in den Coronaviren vorhanden, die Ähnlichkeit zum humanen Coronavirus OC43 und Maus-Hepatitis-Virus haben. Es hat ein Molekulargewicht von 65 kD, liegt als Dimer vor und verleiht eine *hämagglutinierende Aktivität.*

Genom und Genomaufbau

Coronaviren besitzen das größte Genom aller bekannten RNA-haltigen Viren: Es hat eine Länge von circa *30 000 Basen,* ist einzelsträngig, liegt in Positivstrangorientierung vor, ist am 5'-Ende mit einer *Cap-Gruppe* modifiziert und am 3'-Ende *polyadenyliert* (Abbildung 13.14). Die RNA ist infektiös. Das Genom enthält mehrere codierende Regionen: Zwei relativ große, an den Enden um 40 bis 60 Nucleotide miteinander überlappende Leserahmen, von denen einer kurz nach dem 5'-Ende beginnt, umspannen etwa 20 000 Basen und codieren gemeinsam für ein Protein von theoretisch 700 kD. Die *Verschiebung des ribosomalen Leserasters* (*frame shift*) während der Translation führt zum Überlesen eines Stopcodons und ermöglicht die Proteinsynthese bis zum Ende des zweiten Leserahmens. Das Produkt wird proteolytisch gespalten, so entsteht eine funktionell aktive *RNA-abhängige RNA-Polymerase.* Die anderen Leserahmen verwenden andere Raster. In der Reihenfolge vom 5'- zum 3'-Ende codieren sie für ein Nichtstrukturprotein von 30 kD, das HE-Protein – soweit in den jeweiligen Virustypen vorhanden –, das S-Protein, ein Nichtstrukturprotein von 14 kD, eines von 10–13 kD, das M-Protein und direkt vor dem 3'-Ende für das N-Protein.

13.4.3 Virusproteine

Nichtstrukturproteine

Über die Funktionen der verschiedenen Nichtstrukturproteine der Coronaviren weiß man wenig. Um sich replizieren zu können, muß das Virus für eine *RNA-abhängige RNA-Polymerase* codieren. Diese wird in Form eines großen Vorläuferproteins von etwa 700 kD

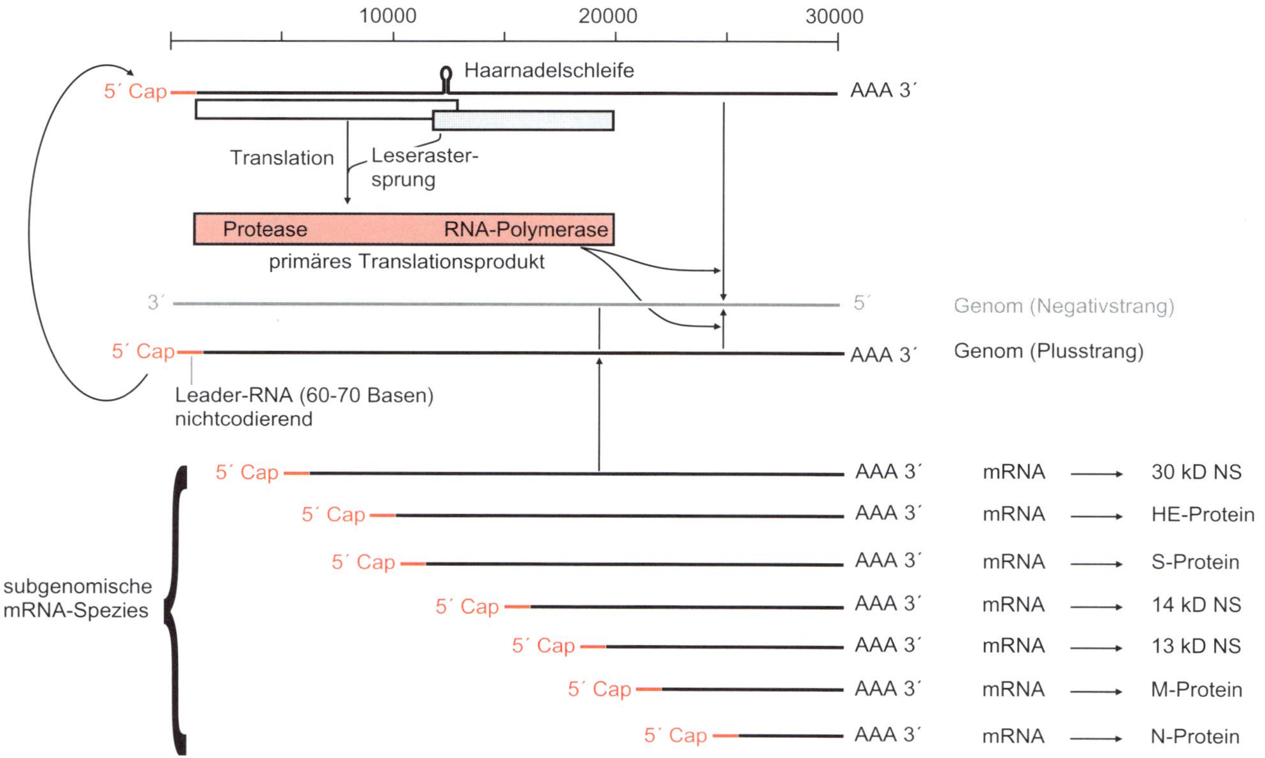

13.14 Genomorganisation und Replikationsverlauf bei Coronaviren. Das RNA-Genom des Virus wirkt als mRNA und wird im Cytoplasma der Zelle translatiert. Das primär gebildete Translationsprodukt codiert in zwei miteinander überlappenden Leserahmen. Eine Haarnadelschleife in der RNA induziert bei der Translation einen Leserasterschub und somit die Synthese eines durchgehenden Proteins. Dieses umfaßt die Sequenzen einer RNA-abhängigen RNA-Polymerase, welche das Plusstrang-RNA-Genom in einen Negativstrang überschreibt. Letzteres dient als Matrize sowohl für die Synthese von neuen Plusstrang-RNA-Genomen als auch für die Transkription einer Reihe von subgenomischen RNA-Spezies, die am 5′-Ende mit einer Cap-Gruppe modifiziert sind und die bei allen RNA-Molekülen identischen Sequenzen einer Leader-Region enthalten. Von den subgenomischen mRNAs werden die verschiedenen viralen Struktur- und Nichtstrukturproteine translatiert.

unter Verwendung der Virusgenoms als mRNA gebildet. Für die Synthese dieses Proteins muß durch Induktion einer *ribosomalen Leserasterverschiebung* das Stopcodon überlesen werden. Das geschieht aufgrund einer definierten Sekundärstuktur der RNA, die am Ende des ersten Leserahmens eine Haarnadelschleife bildet. Das große, experimentell nicht faßbare Vorläuferprotein wird durch eine in seinem aminoterminalen Bereich postulierte Protease in mehrere Spaltprodukte geteilt, deren Funktion im einzelnen nicht geklärt ist und zu denen die RNA-abhängige RNA-Polymerase gehört.

Einige weitere Nichtstrukturproteine mit Molekulargewichten von 30, 14, und 10–13 kD werden in anderen Genombereichen codiert. Ihre Funktionen im viralen Zyklus sind weitgehend ungeklärt. Die Viren der unterschiedlichen Gruppen können sich in der Codierungskapazität für die verschiedenen Nichtstrukturproteine stark unterscheiden. Ob eines davon für die Bildung der *Proteinkinase* verantwortlich ist, die bei einigen Coronaviren mit den infektiösen Partikeln assoziiert ist, ist unklar (Tabelle 13.13).

Strukturproteine

Zwei Typen von Membranproteinen findet man in allen Coronaviren: das M- und das S-Protein (in älterer Nomenklatur auch E1- bezeihungsweise E2-Protein genannt). Das dritte Glycoprotein HE ist nur in Viren der Gruppe um die Typen HCV-OC43 und des Maus-Hepatitisvirus nachweisbar (Tabelle 13.13).

Tabelle 13.13: Bekannte Funktionen und Eigenschaften der Coronavirusproteine

Protein	Größe (kD)	Eigenschaften	Funktion
S-Protein (E2)	180–200	glycosyliertes Membranprotein; lokalisiert in Virus- und Cytoplasmamembran infizierter Zellen; Di- oder Trimer	1. Adsorption an Aminopeptidase N (HCV-229E) bzw. CEA-Proteine (HCV-OC43) 2. induziert Membranfusion 3. neutralisierende Antikörper 4. ADCC-Antwort
M-Protein (E1)	20–30	glycosyliertes Membranprotein; lokalisiert in viraler und ER-Membran infizierter Zellen	1. Interaktion mit N-Protein 2. initiiert die virale Morphogenese durch Budding in das ER-Lumen
HE-Protein (E3)	65	glycosyliertes Membranprotein der Serogruppe OC43; Dimer	1. sekundäre Adsorption an acetylierte Neuraminsäurereste 2. Acetylesterase 3. Hämagglutinin 4. Hämadsorption
N-Protein	50–60	phosphoryliert, stark basisch	1. Bindung an RNA-Genom unter Bildung des helikalen Nucleocapsids 2. Interaktion mit cytoplasmatischer Domäne des M-Proteins
RNA-abhängige RNA-Polymerase	?	?	Bildung der genomischen und subgenomischen RNA-Spezies
Proteinkinase	?	?	virionassoziiert
Protease	?	?	proteolytische Spaltung des Polymerasevorläuferproteins

ER: endoplasmatisches Reticulum; ADCC: antikörpervermittelte cytotoxische Zellreaktion.

Das *M-Protein* (M steht für Matrix) ist ein an der aminoterminalen Domäne glycosyliertes Oberflächenprotein mit einem Molekulargewicht von 20 bis 30 kD. Die Zuckergruppen sind überwiegend mit Serin- oder Threoninresten verknüpft. Es liegt also im Gegensatz zu der meist üblichen *N*-Glycosylierung an Asparaginresten hier eine *O-Glycosylierung* vor. Nur wenige aminoterminale Bereiche dieses Proteins sind an der Oberfläche exponiert, und es besitzt drei Transmembranregionen. Das carboxyterminale Ende befindet sich im Inneren des Viruspartikels und interagiert mit dem N-Protein des Nucleocapsids. Das M-Protein wird nicht über den Golgi-Apparat zur Cytoplasmamembran transportiert, sondern bleibt während des gesamten Infektionszyklus in der Membran des endoplasmatischen Reticulums. An diesen Stellen erfolgen durch die Wechelwirkung des M-Proteins mit dem Nucleocapsid die ersten Schritte des *Virus-Assembly*, die das *Budding* in das Lumen des endoplasmatischen Reticulums einleiten.

Das *S-Protein* (S steht für *surface* oder *spike*) hat ein Molekulargewicht von 180 bis 200 kD. Es ist glycosyliert und über eine Transmembranregion in der Nähe des fettsäuremodifizierten Carboxyendes in der Membran der Viruspartikel, aber auch in der Cytoplasmamembran verankert. Das S-Protein liegt als Di- oder Trimer vor und bildet in dieser Form keulenähnlicher Proteinvorsprünge auf der Virusoberfläche. Im Verlauf einer Infektion werden *neutralisierende Antikörper* gegen das S-Protein gebildet. Drei wichtige Epitope konnte man in der Aminosäuresequenz lokalisieren. Über Domänen des S-Proteins adsorbiert das Virus an die Rezeptoren auf der Zelloberfläche. Die Tatsache, daß das Protein in der Membran der infizierten Zellen vorhanden ist, macht diese zu Zielen für die *antikörpervermittelte cytotoxische Zellyse* durch Killerzellen. Im S-Protein ist ebenfalls die *Fusionsaktivität* des Virus lokalisiert. Darunter versteht man die Fähigkeit der viralen Hüllmembran, mit der Cytoplasmamembran zu verschmelzen und die Fusion der Membranen infizierter Zellen mit der von nichtinfizierten und die damit verbundene Polykaryocytenbildung zu bewirken. Um die Fusionspotenz zu aktivieren, muß bei einigen Coronavirustypen (MHV, IBV und ähnliche) eine zelluläre, trypsinähnliche Protease das S-Protein an einer stark basischen Aminosäurefolge in der Mitte der Sequenz spalten. Dieser Vorgang erfolgt wahrscheinlich während der späten Schritte der Virusreifung im Golgi-Apparat. Er ergibt einen aminoterminalen Anteil S_1, der nichtkovalent mit der carboxyterminalen Hälfte S_2 verbunden ist und von der Virusoberfläche abgelöst werden kann. Die Fusionswirkung wird jedoch nicht dadurch vermittelt, daß wie bei den Paramyxoviren durch die Spaltung ein neues, hydrophobes, aminoterminales Ende am S_2-Teil gebildet wird (Abschnitt 14.2). Der molekulare Mechanismus der Membranfusion bei den Coronaviren ist unbekannt. Auch Virustypen, deren S-Protein nicht proteolytisch gespalten wird, können Zellverschmelzungen induzieren.

Ein drittes Membranprotein (HE oder E3) wird nur bei Viren gefunden, die der Gruppe um das humane Coronavirus OC43 angehören. Es ist glycosyliert, hat ein Molekulargewicht von 65 kD und ist über Disulfidbrücken zu einem Dimer verbunden. Die Viren, die für das *HE-Protein* codieren und es exprimieren, haben die Fähigkeit der *Hämagglutination* und Bindung an Erythrozyten. Hierbei interagiert das HE-Protein mit 9-*O*-acetylierten Neuraminsäuregruppen, die sich als Modifikation an Lipid- und Proteinkomponenten auf Zelloberflächen befinden. Mit dem HE-Protein assoziiert ist eine *Esterase*, über die das Virus die Acetylgruppen von der Neuraminsäure entfernen kann. Das HE-Protein der Coronaviren hat eine ausgeprägte Sequenzhomologie zum HEF-Protein der Influenza-C-Viren (Abschnitt 15.1).

Das *N-Protein* (N = nucleinsäurebindend), das in Wechselwirkung mit dem viralen Genom vorliegt, ist reich an basischen Aminosäuren und phosphoryliert. Außerdem kann es spezifisch mit den carboxyterminalen Regionen des M-Proteins interagieren. Phylogenetische Stammbäume, die auf der Nucleinsäuresequenz des N-Gens beruhen, korrelieren gut mit der Einteilung der Coronaviren in drei Gruppen.

13.4.4 Replikation der Coronaviren

Coronaviren der 229E-Gruppe adsorbieren durch Wechselwirkung nicht näher charakterisierter Domänen des S-Proteins mit der *Aminopeptidase N*, einer Metalloprotease, auf der Zelloberfläche. Die Proteolyse ist allerdings für die Bindung und Infektion der Zellen durch das Virus keine Voraussetzung. Zumindest gibt es keinen Hinweis, daß die Aminopeptidase N bei der Bindung das S-Protein spaltet. Bei einigen Viren der OC43-Gruppe wurden verschiedene Isoformen des *CEA-Antigens (carcinogenic embryonic antigen)* als zelluläre Rezeptoren identifiziert, die zur Gruppe der Immunglobulinsuperfamilie gerechnet werden. Coronaviren dieser Serogruppe, die zusätzlich das HE-Protein in der Membran enthalten, können außerdem mit *acetylierten Neuraminsäureresten* auf der Zelle interagieren. Diese erste Wechselwirkung des HE-Proteins mit den Zuckergruppen reicht jedoch für die Infektion der Zelle nicht aus. Sie muß durch spezifische Bindung des S-Proteins an die Aminopeptidase N oder das CEA-Antigen verstärkt werden. Ob das Nucleocapsid durch *direkte Fusion* der Virus- mit der Cytoplasmamembran (ähnlich wie bei den Paramyxoviren, Abschnitt 14.2) in das Zellinnere gelangt oder ob die Aufnahme des Partikels durch eine *rezeptorvermittelte Endocytose* und nachfolgende Fusion der Endosomen- mit der Virusmembran (wie bei den Flavi- und Togaviren, Abschnitte 13.2 und 13.3) erfolgt, ist nicht geklärt. Einige experimentelle Befunde sprechen für direkte Membranfusion.

Alle Replikationsschritte laufen im Cytoplasma der Zelle ab. Von der genomischen RNA wird zuerst – wie bereits erwähnt – unter Induktion eines ribosomalen Leserastersprunges ein Protein translatiert, das die *RNA-abhängige RNA-Polymerase* enthält (Abbildung 13.14). Das Vorläuferprotein, das hierbei gebildet wird, hat ein Molekulargewicht von mehr als 700 kD. Bisher konnte man es im Verlauf einer viralen Infektion in der Zelle nicht direkt nachweisen. *In vitro*-Translationsexperimente, bei denen man die genomische RNA als Matrize einsetzte, ergaben jedoch, daß es das einzige Translationsprodukt ist und daß es in mehrere kleinere Produkte gespalten wird, von denen eines die RNA-abhängige RNA-Polymerase ist.

Im folgenden Schritt wird durch die Polymeraseaktivität des gebildeten Enzyms und unter Verwendung der genomischen RNA als Matrize der Gegenstrang synthetisiert. Dieser umfaßt das gesamte Genom und hat eine negative Orientierung. Im weiteren Verlauf des Replikationszyklus hat er zwei Funktionen: Er dient als Matrize für die Synthese neuer Virusgenome und für die Bildung *subgenomischer mRNA-Spezies*. Mit diesen kleineren mRNA-Molekülen als Matrize werden die verschiedenen Struktur- und Nichtstrukturproteine synthetisiert. Sie zeichnen sich dadurch aus, daß sie alle das gleiche 3′-Ende haben. Ihre Startpunkte sind jedoch unterschiedlich. Bis auf einige Ausnahmen wird jeweils nur der am 5′-Ende gelegene Leserahmen in ein Protein übersetzt.

Alle subgenomischen mRNA-Moleküle haben jedoch am 5′-Ende eine einheitliche, etwa 60 bis 90 Nucleotide lange Sequenz: die *Leader-RNA*. Sie ist am 5′-Ende gecappt und komplementär zum 3′-Ende des Negativstranges. Man vermutet, daß diese Leader-RNA als Primer für die subgenomischen mRNA-Spezies dient. Nahe ihrem 3′-Ende weist sie eine konservierte Basenfolge (UCUAAAC) auf. Komplementäre Sequenzen hierzu sind in der Negativstrang-RNA an unterschiedlichen Stellen zu finden. Sie sind den verschiedenen Initiationsstellen für die Synthese der subgenomischen mRNA-Spezies vorgelagert: Mit ihnen kann die Leader-RNA hybridisieren und so einen kurzen doppelsträngigen Bereich mit dem 3′-OH-Ende für die Fortsetzung der Polymerisation liefern. Die RNA-Polymerase kann deshalb die Synthese der subgenomischen mRNA-Spezies an den verschiedenen Startregionen vermutlich nicht selbst initiieren. Daher mußte das Virus wohl diesen Mechanismus des Transfers einer Leader-RNA entwickeln. Der Befund, daß die konservierte Heptamersequenz vor einigen Transkriptionsstartpunkten mehrfach wiederholt vorliegt, weist darauf hin, daß an diesen Stellen die RNA-Synthese bevorzugt initiiert wird und daß so auch die

Menge der verschiedenen Proteine kontrolliert werden kann. Welche Mechanismen bei der Regulation der Proteinsynthese außerdem eine Rolle spielen, ist nicht geklärt. Mengenmäßig wird in der infizierten Zelle am meisten vom N-Protein gebildet, das von der kürzesten mRNA translatiert wird.

Das N-Protein komplexiert mit den genomischen RNA-Strängen zu den helikalen Nucleocapsiden und bindet sich an die carboxyterminale Domäne des in die Membran des endoplasmatischen Reticulums eingelagerten M-Proteins. Dies löst den Budding-Prozeß aus, in dessen Verlauf das Nucleocapsid mit der M-, S-, und – soweit vorhanden – HE-Proteine enthaltenden Membran umgeben wird. Die entstehenden Partikel werden in das Lumen des endoplasmatischen Reticulums abgegeben und im weiteren Verlauf über die Golgi-Vesikel zur Zelloberfläche transportiert, wo sie in die Umgebung entlassen werden.

13.4.5 Die humanen Coronaviren

Epidemiologie und Übertragung

Die humanen Coronaviren der Subtypen HCV-229E und -OC43 kommen weltweit vor. Bis zu 90 Prozent der Erwachsenen haben Antikörper gegen beide Viren – ein Hinweis auf ihre weite Verbreitung. Coronaviren werden von infizierten Personen durch *Tröpfcheninfektion* übertragen. Coronavirustypen, die Gastroenteritis verursachen, werden auch im Stuhl ausgeschieden und bei ungenügender Hygiene hierdurch übertragen. Die Infektionen treten gehäuft während des Winterhalbjahres auf, und man schätzt, daß 15 bis 30 Prozent der Erkältungen durch humane Coronaviren ausgelöst werden. Reinfektionen – auch mit dem gleichen Virusstamm – werden häufig beobachtet und verlaufen meist symptomlos.

Klinik

Coronaviren verursachen *Erkältungserkrankungen* der oberen Atemwege. Die Infektionen verlaufen häufig inapparent oder haben überwiegend harmlose Auswirkungen. Die Inkubationszeit beträgt zwei bis fünf Tage, die Erkrankungsdauer mit Schnupfen, Husten, Hals- und Kopfschmerzen in Verbindung mit leichtem Fieber etwa eine Woche. Bei Säuglingen und Kleinkindern kann die Infektion einen deutlich schwereren Verlauf nehmen. Hier kann es zu asthmatischen Anfällen und in Einzelfällen auch zu Bronchitis und Lungenentzündungen kommen. Vorwiegend bei Kindern werden humane Coronaviren auch mit Erkrankungen des *gastrointestinalen Systems* (nekrotisierende Gastroenteritis) in Verbindung gebracht. Coronavirusähnliche Partikel findet man im Stuhl von Patienten mit Durchfallerkrankungen. Bei immungeschwächten Personen, zum Beispiel bei AIDS-Patienten, verursachen Coronaviren schwere und lang andauernde Durchfallerkrankungen.

Pathogenese

Die humanen Coronaviren 227E und OC43 vermehren sich in den *Flimmerepithelzellen des Respirationstraktes*, die entsprechende Rezeptormoleküle aufweisen (Abschnitt 13.4.4). Elektronenmikroskopische Untersuchungen weisen darauf hin, daß andere, wenig charakterisierte Coronaviren sich auch im Darmepithel vermehren können. Die Infektion beschränkt sich in aller Regel auf die Epithelzellen dieser Organe. Die Pathogenese ähnelt daher der humanen Rotavirusinfektionen (Abschnitt 16.1).

Fälle, in denen das Virus während der Erkrankung Makrophagen und Lymphocyten infiziert, sich in diesen vermehrt, über die Blutbahn verbreitet wird und in der Folge Leber-, Endothel-, Glia- und Nierenepithelzellen befällt, sind nur von tierischen Coronaviren bekannt. Inwieweit das HE-Protein bei der Infektion dieser Zelltypen und der Pathogenese der Erkrankung in diesen Fällen eine Rolle spielt, ist nicht bekannt. Mutationen im S-Protein verändern den Tropismus, das heißt die Spezifität für verschiedene Zelltypen, und die Virulenz. Neben virusspezifischen scheinen auch genetische Merkmale des Menschen für die Etablierung der Coronavirusinfektion wichtig zu sein: So ist die Empfänglichkeit für Infektionen mit dem Virus 229E offenbar durch einen Faktor bedingt, der auf dem Chromosom 15 codiert wird.

Immunreaktion und Diagnose

Im Verlauf einer Coronavirusinfektion werden IgM-, IgG- und IgA-Antikörper gebildet. Immunglobuline gegen das S-Protein sind neutralisierend. Im Nasensekret sezernierte IgA-Antikörper und Interferone scheinen für den Schutz vor einer Infektion wichtig zu sein. Über die Bedeutung der zellulären Immunantwort im Verlauf der Infektion beim Menschen ist kaum etwas bekannt. Vom Maus-Hepatitis-Virus weiß man, daß cytotoxische T-Zellen an der Eliminierung des Virus aus dem Organismus beteiligt sind.

Coronaviren lassen sich nur schwer in Kultur züchten. HCV-227E kann man in Organkulturen der embryonalen Trachea, menschlichen Rhabdomyosarcomzellen oder der Linie MA-177, einer diploiden Darmepithelzellinie, vermehren. Das Temperaturoptimum liegt bei 32°C. Anzeichen für eine Virusvermehrung ist die Abnahme der Flimmeraktivität. Die Anzucht von Viren des Subtyps OC43 ist deutlich schwieriger. Gastrointestinale Virustypen konnten bisher nicht *in vitro* gezüchtet werden.

Die Diagnose einer Coronavirusinfektion erfolgt meist retrospektiv durch Nachweis von virusspezifischen IgM- und IgG-Antikörpern im ELISA-Test. Eine akute Infektion im Gastrointestinaltrakt kann man durch den elektronenmikroskopischen Nachweis von Viruspartikeln im Stuhl feststellen. Alternativ hierzu kann man heute die viralen Nucleinsäuren mit der Polymerasekettenreaktion amplifizieren und nachweisen.

Therapie und Prophylaxe

Da eine Coronavirusinfektion weitgehend harmlos verläuft, hat man bisher nicht versucht, einen Impfstoff zu entwickeln. Eine antivirale Therapie gibt es nicht. Da Coronavirusinfektionen bei Tieren jedoch oft sehr schwere, auch tödliche Erkrankungen verursachen, hat man für sie in den vergangenen Jahren einige Vakzinen auf der Basis attenuierter Viren entwickelt. So gibt es Impfstoffe gegen die infektiöse Peritonitis der Katze (FIP), die übertragbare Gastroenteritis des Schweines (TGE) und Coronavirusinfektionen von Rind und Hund.

13.4.6 Weiterführende Literatur

Holmes, K. V; Lai, M. M.: *Coronaviridae: The viruses and their replication.* In: Fields, B. N.; Knipe, D. N.; Howley, P. M. (Hrsg.) *Virology.* 3. Aufl. New York (Raven Press) 1995. S. 1075–1094.

Lai, M. M. *Coronavirus: organization, replication and expression of genome.* In: *Annu. Rev. Microbiol.* 44 (1990) S. 303–333.

Myint, S.; Manley, R.; Cubitt, D. *Viruses in bathing waters.* In: *Lancet* 343 (1994) S. 1640 f.

13.5 Caliciviren

Die Familie der *Caliciviridae* ist hinsichtlich ihrer Molekularbiologie wenig untersucht. Ihr Name leitet sich von dem lateinischen Wort *calix* (Tasse) ab und weist auf die tassenförmig vertieften Strukturen der Ikosaederseitenflächen hin, die in elektronenmikroskopischen Aufnahmen sichtbar sind. Ähnlich wie die Picornaviren besitzen auch die Caliciviren ein *unumhülltes Capsid* und ein *Plusstrang-RNA-Genom*. Im Unterschied zu ihnen werden jedoch während des Replikationszyklus *subgenomische mRNA-Spezies* synthetisiert. Dadurch ähneln sie auch den Togaviren. Humanpathogene Vertreter sind die *Norwalk-Viren* und das *Hepatitis-E-Virus*. Die Einordnung des letzteren in die Familie der Caliciviren ist noch nicht endgültig. Man fand, daß einige Proteine des Hepatitis-E-Virus homolog zu denen des Rötelnvirus sind, das zu den Togaviren gerechnet wird. Eine Hypothese geht davon aus, daß das Hepatitis-E-Virus sich von dem Rötelnvirus ableitet und im Laufe seiner Entwicklung die für die Membranproteine codierenden Gene verloren hat. Es verursacht eine meist durch kontaminiertes Trinkwasser übertragene Form der Leberentzündung. Die Züchtung von Caliciviren in Zellkultur ist bisher unmöglich.

13.5.1 Einteilung und charakteristische Vertreter

Die Familie der Caliciviridae wird heute in zwei Genera unterteilt (Tabelle 13.14). Das Genus *Calicivirus* umfaßt das Norwalk-Virus sowie einige eng mit ihm verwandte, serologisch aber unterscheidbare Erreger, die – wie das Norwalk-Virus selbst – nach den Orten beziehungsweise geographischen Gebieten benannt sind, an denen sie erstmals bei epidemisch auftretenden Gastroenteritiden aus Erkrankten isoliert wurden. Das *Hepatitis-E-Virus* wurde lange Zeit den „NonA-NonB-Hepatitisviren" zugerechnet (Abschnitt 13.2). Nach seiner erstmaligen Isolierung durch Mikhail S. Balayan – er hatte sich selbst mit erregerhaltigem Material infiziert – erfolgte die molekulare Charakterisierung 1988 durch Daniel W. Bradley und Mitarbeiter. Sie konnten aus Stuhlproben Viruspartikel isolieren, die mit Seren von Rekonvaleszenten eine positive Reaktion zeigten und nach oraler Verfütterung bei Makaken eine Hepatitis erzeugten. Aufgrund der Art seiner Übertragung, der Struktur und der molekularbiologischen Charakteristika hat man das Hepatitis-E-Virus vorläufig als ein eigenes Genus in die Familie der Caliciviridae eingeordnet.

Tabelle 13.14: Charakteristische Vertreter der Caliciviren

Genus	Mensch	Tier
Calicivirus	Norwalk-Virus Hawai-Virus Montgomery-County-Virus Snow-Mountain-Virus Taunton-Virus	Calicivirus der Katzen Vesiculäres Exanthem-Virus der Schweine, Hunde, Nerze San-Miguel-Virus der Seelöwen
Hepatitis-E-Virus	Hepatitis-E-Virus	

13.5.2 Aufbau

Viruspartikel

Die Vertreter der Caliciviridae haben *hüllmembranlose, ikosaedrische Capside,* die einen Durchmesser von 27 bis 34 nm besitzen und an den Seitenflächen Eindellungen aufweisen. Sie bestehen aus etwa 180 Einheiten eines Proteins, das beim Norwalk-Virus ein Molekulargewicht von 59 kD und beim Hepatitis-E-Virus von 76 kD besitzt. Neben diesem Capsidprotein kann man von den Partikeln ein lösliches Polypeptid (30 kD beim Norwalk-Virus; 14,5 kD beim Hepatitis-E-Virus) gewinnen. Man weiß nicht, ob es sich um ein proteolytisch erzeugtes Fragment der Capsidproteine handelt oder ob es separat durch einen unabhängigen Leserahmen codiert wird. Im Inneren der Capside befindet sich das virale Genom.

Genom und Genomaufbau

Das Genom der Norwalk-Viren besteht aus *einzelsträngiger RNA*, die in *Plusstrangorientierung* vorliegt, *an den 3'-Enden polyadenyliert* ist und beim Norwalk-Virus eine Länge 7 753 Basen aufweist. Beim Hepatitis-E-Virus hat es eine Länge von etwa 7 500 Basen. An die 5'-Enden der RNA ist bei den tierischen Caliciviren und wohl auch beim Norwalk-Virus kovalent ein virales Protein gebunden, das dem Vpg der Picornaviren entspricht (Abschnitt 13.1). Im Falle des Hepatitis-E-Virus vermutet man eine *methylierte Cap-Struktur* am 5'-Ende, wie man sie üblicherweise auch bei den zellulären mRNA-Molekülen findet. In den 5'- und 3'-Bereichen der genomischen RNA befinden sich kurze, nichttranslatierbare Sequenzfolgen (Abbildung 13.15). Sequenzanalysen der RNA-Moleküle ergaben *drei offene*

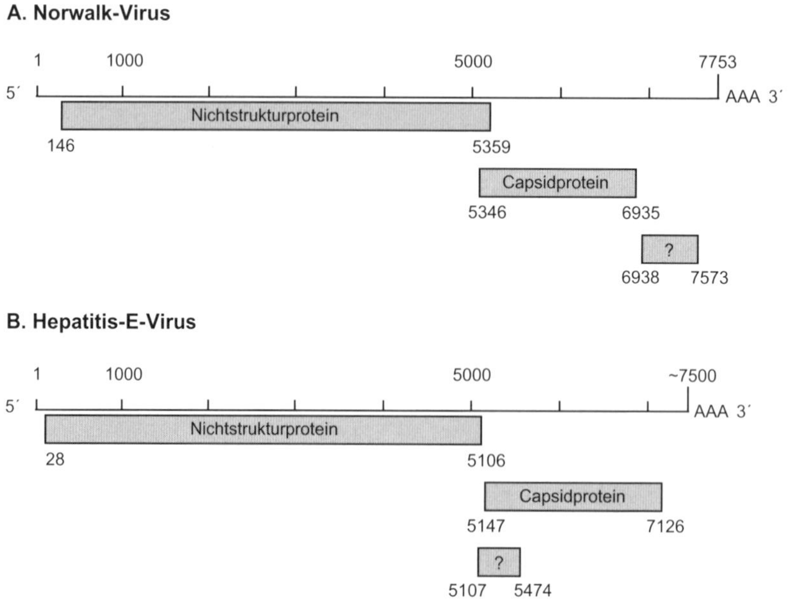

13.15 Genomorganisation bei zwei Vertretern der Caliciviren. A: Norwalk-Virus. B: Hepatitis-E-Virus.

Leserahmen, die an den Enden teilweise miteinander überlappen. Aufgrund von Sequenzhomologien vermutet man, daß in der 5'-orientierten Hälfte ein Vorläuferprodukt für die Nichtstrukturproteine codiert wird. Der zweite Leserahmen dient anscheinend der Synthese des Capsidproteins. Ein weiterer Leserahmen codiert für ein Protein unbekannter Funktion.

13.5.3 Virusproteine

Über die verschiedenen Proteine der Norwalk- und Hepatitis-E-Viren ist nur sehr wenig bekannt. Im Bereich der Nichtstrukturproteine beider Viren wurden Aminosäurefolgen definiert, die *Nucleotidbindungsstellen* von *Helicasen* ähneln, der carboxyterminale Bereich weist die Sequenzhomologien zur *RNA-abhängigen RNA-Polymerase* der Picornaviren auf. In der aminoterminalen Domäne des Nichtstrukturvorläuferproteins des Hepatitis-E-Virus scheint eine *Methyltransferase-Aktivität* lokalisiert zu sein, die vielleicht für die Modifikation der 5'-Cap-Struktur verantwortlich ist. Im Zentrum des Nichtstrukturproteins der Norwalk-Viren konnte man eine für *Cysteinproteasen* typische Aminosäurefolge mit Homologie zur 3C-Protease der Picornaviren identifizieren. Beim Hepatitis-E-Virus weist diese Domäne eine Ähnlichkeit mit Cysteinproteasen des Papain-Typs auf. Ob sie tatsächlich für die Prozessierung des Polyproteins für die Nichtstrukturproteine verantwortlich sind, ist bisher nicht bekannt.

Die Sequenzen für das Capsidprotein befinden sich in einem separaten Leserahmen. Werden sie mit gentechnologischem Methoden in eukaryotischen Expressionssystemen exprimiert, assoziieren sie in einem Self-Assembly-Prozeß zu virusähnlichen Partikeln. In Viruspräparationen kann man geringe Mengen eines weiteren kleineren Proteins nachweisen. Ob es vom dritten Leserahmen codiert wird oder ein Spaltprodukt des Capsidproteins oder der Nichtstrukturproteine darstellt, ist ungeklärt.

13.5.4 Replikation der Caliciviren

Weil man Caliciviren nicht in Zellkulturen züchten kann, ist sehr wenig über ihre Replikation bekannt. Der gesamte Zyklus scheint ähnlich wie bei den Picornaviren im *Cytoplasma* der infizierten Zelle abzulaufen. Auch hier dient das Genom als mRNA für die direkte Translation der verschiedenen Virusproteine. Ob es eine unterschiedliche Nutzung der Leserahmen und eine damit verbundene quantitativ unterschiedliche Synthese der verschiedenen Viruskomponenten gibt, hat man noch nicht erforscht. Im Infektionsverlauf scheinen beim Norwalk-Virus eine, beim Hepatitis-E-Virus zwei *subgenomische RNA-Spezies* aus dem 3'-Bereich des Genoms hervorzugehen. Dafür ist eine RNA-abhängige RNA-Polymerase erforderlich, die sich wohl im carboxyterminalen Teil des Nichtstrukturproteins befindet und analog zu den Picornaviren für die Synthese sowohl der Negativstrang-RNA als Zwischenprodukt während der Replikation als auch der neuen Plusstranggenome als Erbinformation für die Nachkommenviren verantwortlich ist.

13.5.5 Das Norwalk- und das Hepatitis-E-Virus

Epidemiologie und Übertragung

Das Norwalk-Virus und die serologisch mit ihm verwandten Erreger verursachen mit Übelkeit und Durchfall verbundene *Gastroenteritiden* bei Schulkindern und Erwachsenen und sind für viele der nichtbakteriellen Darminfektionen in diesem Personenkreis verantwortlich. Sie werden *fäkal-oral* – meist durch *kontaminiertes Trinkwasser* – übertragen und treten epidemisch in Schulen, Heimen oder ähnlichen Einrichtungen auf, in denen viele Menschen auf engem Raum zusammenleben.

1955 trat in Neu-Delhi eine Hepatitisepidemie auf, die durch kontaminiertes Trinkwasser übertragen wurde und an der 29 000 Menschen erkrankten. Weitere Ausbrüche beobachtete man in Mittelamerika, Afrika, Hinterindien und im Süden der ehemaligen UdSSR. Ursprünglich hatte man aufgrund der Übertragungsweise gedacht, daß Hepatitis-A-Viren die Erkrankungen ausgelöst hätten. Erst retrospektiv ließen sie sich alle als Hepatitis-E-Virus-Epidemien identifizieren. Hepatitis-E-Viren besitzen nicht die hohe Partikelstabilität, wie man sie bei Hepatitis-A-Viren kennt (Abschnitt 13.1). Die Herkunft des Hepatitis-E-Virus, das unter natürlichen Bedingungen nur den Menschen infiziert, ist nicht geklärt. Es scheint aber bereits sehr lange in der menschlichen Bevölkerung verbreitet zu sein. Virusisolate aus unterschiedlichen geographischen Regionen weisen deutliche Sequenzunterschiede in den Genomen auf. Neben der üblicherweise beobachteten fäkal-oralen Übertragung wird die direkte Weitergabe der Infektion auch von Mensch zu Mensch durch Tröpfcheninfektion gefunden. Ähnlich wie die Norwalk-Viren infizieren Hepatitis-E-Viren vor allem *Jugendliche* und *Erwachsene*.

Klinik

Die durch Norwalk-Viren verursachten Gastroenteritiden verlaufen überwiegend harmlos und dauern etwa ein bis drei Tage an. Bei Hepatitis-E-Virus-Infektionen treten nach einer mittleren Inkubationsperiode von gut sieben Wochen *grippeähnliche Symptome*, *Erbrechen*, *Fieber*, *Gelenk-* und *Kopfschmerzen* auf, die mit einem Anstieg der Leberenzymwerte einhergehen. Die sich im Krankheitsverlauf entwickelnde *cholostatische Gelbsucht,* die durch den Rückstau von Gallenflüssigkeit verursacht wird, kann mehrere Wochen andauern. Es handelt sich meist um eine *leichte Erkrankung*. Chronisch-persistierende Infektionen sind nicht bekannt. Häufig – vor allem bei Kindern – verlaufen die Infektionen asymptomatisch. Auffällig ist jedoch die hohe Rate von Todesfällen von knapp 20 Prozent bei schwangeren Frauen.

Pathogenese

Auch über die Pathogenese der Infektionen sowohl mit den Norwalk- als auch mit den Hepatitis-E-Viren ist nur wenig bekannt. Das Hepatitis-E-Virus gelangt überwiegend über kontaminierte Lebensmittel in den Organismus und siedelt sich in den Leberzellen an. Wie es dorthin gelangt, ist unbekannt. Von hier wird das Virus über die Gallengänge in den Darm ausgeschieden. Die Virämie, die mit der Ausscheidung infektiöser Hepatitis-E-Viren verbunden ist, scheint bereits vor dem Auftreten der Symptome vorzuliegen. Ob der inapparente Infektionsverlauf bei Kindern zur Induktion einer schützenden Immunantwort führt oder ob diese Personengruppe in späteren Jahren durch das Vorliegen von subneutralisierenden Antikörperkonzentrationen bevorzugt infiziert wird, weiß man nicht. Einen Mechanismus, bei dem die Infektion verstärkende Antikörper bei Reinfektionen eine Rolle spielen, vermutet man auch bei der Pathogenese der Norwalk-Virus-Infektion.

Pathohistologisch ist die Hepatitis-E durch *Zellnekrosen* und *-degenerationen* gekennzeichnet. In den intratubulären Infiltraten lassen sich einwandernde Granulocyten nachweisen. Im Portalgebiet befinden sich dagegen mehr Lympho- als Granulocyten. Die Infektionen und Entzündungen verlaufen in verschiedenen geographischen Gebieten (Mexiko, Ghana,

Neu-Delhi) sehr unterschiedlich. Der „Ghana-Stamm“ des Hepatitis-E-Virus erzeugt eine cholostatische Erkrankungsform. Der „Neu-Delhi-Stamm“ induziert dagegen vor allem einen degenerativen Typ mit herdförmigen Nekrosen der Leberzellen.

Immunreaktion und Diagnose

Während Infektionen mit beiden Virusarten treten zunächst IgM- und dann IgG-Antikörper gegen die Virusstrukturproteine auf, die man in ELISA-Tests nachweisen kann. Die Konzentration der Antikörper sinkt nach der Erkrankung bald wieder ab. Nur Western-Blot-Analysen konnten ein bis zwei Jahre nach der Infektion in einigen Seren spezifische Immunglobuline nachweisen. Über die zelluläre Immunität ist nichts bekannt. Frische Infektionen kann man durch den Nachweis von Viruspartikeln in Stuhlproben durch Elektronenmikroskopie oder von viraler RNA im Serum durch die Polymerasekettenreaktion diagnostizieren.

Therapie und Prophylaxe

Die beste Maßnahme zur Vermeidung von Infektionen ist die Sauberhaltung von Wasserversorgungsanlagen. Chemotherapie oder Impfstoffe existieren nicht.

13.5.6 Weiterführende Literatur

Aggarwal, R.; Naik, S. R. *Hepatitis E: intrafamilial transmission versus waterborne spread.* In: *J. Hepatol.* 21 (1994) S. 718–723.

Bradley, D. W.; Balayan, M. S. *Viruses of enterically transmitted non-A, non-B hepatitis.* In: *Lancet* 1 (1988) S. 819.

Bradley, D. W.; Beach, M. J.; Purdy, M. A. *Molecular characterization of hepatitis C and E viruses.* In: *J. Arch. Virol.* 7 (Suppl.) (1993) S. 1–14.

Bradley, D. W. *Enterically transmitted non-A, non-B hepatitis.* In: *Br. Med. Bull.* 46 (1990) S. 442–461.

Choo, Q. L.; Kuo, G.; Weiner, A. J.; Overby, L. R.; Bradley, D. W.; Houghton, M. *Isolation of a cDNA clone from a blood-borne non-A, non-B viral hepatitis genome.* In: *Science* 244 (1989) S. 359–362.

Jiang, X.; Graham, D. Y; Wang, K.; Estes, M. K. *Norwalk virus genome. Cloning and characterization.* In: *Science* 250 (1990) S. 1580–1583.

Jiang, X.; Wang, M.; Wang, K.; Graham, D. Y.; Estes, M. K. *Sequence and genome organization of Norwalk virus.* In: *Virology* 195 (1993) S. 51–61.

Purdy, M. A.; Tam, A. W.; Huang, C. C.; Carbough, P. O.; Reyers, G. R. *Hepatitis E Virus: A non enveloped member of the „alpha-like“ RNA virus supergroup.* In: *J. Gen. Virol.* 4 (1993) S. 319–326.

Tam, A. W.; Smith, M. M.; Guerra, M. E.; Huang, C. C.; Bradley, D. W.; Fry, K. E.; Reyes, G. R. *Hepatitis E virus (HEV): Molecular cloning and sequencing of the full-length viral genome.* In: *Virology* 185 (1991) S. 120–131.

14. Viren mit einzelsträngigem, kontinuierlichem RNA-Genom in Negativstrangorientierung

Die Viren, die ein einzelsträngiges, durchgängiges RNA-Genom in Negativstrangorientierung haben, faßt man in der Ordnung der *Mononegavirales* zusammen. Zu ihnen zählen die Familien *Rhabdoviridae, Paramyxoviridae* und *Filoviridae* sowie die erst kürzlich charakterisierten *Bornaviridae.*

14.1 Rhabdoviren

Die Familie der Rhabdoviridae umfaßt Erreger, die als Erbinformation eine *einzelsträngige, nichtsegmentierte RNA* in *Negativstrangorientierung* enthalten und deren infektiöse Partikel *stäbchenförmig* sind und etwa einer Gewehrpatrone ähneln. Zu den Rhabdoviridae zählen sehr viele verschiedene Viren, von denen etwa die Hälfte pflanzenpathogen ist. Die tierischen Rhabdoviren besitzen ein sehr weites Wirtsspektrum und können unterschiedliche Organismen infizieren. Sie werden entweder durch Insektenstiche oder durch Bisse infizierter Tiere übertragen. Die *Rabies-* oder *Tollwutviren* aus dieser Virusfamilie rufen beim Menschen schwere, tödliche Erkrankungen hervor.

14.1.1 Einteilung und charakteristische Vertreter

Die tierischen Rhabdoviren – bis heute sind über 70 Typen bekannt – hat man in drei Genera unterteilt: *Vesiculoviren, Lyssaviren* und *Ephemeroviren* (Tabelle 14.1). Hinsichtlich der Molekularbiologie und der Replikationsmechanismen ist das *Vesicular-Stomatitis-Virus* gut untersucht, das sich in Insekten (Stechmücken, Fliegen) und Säugetieren vermehrt und auf dem amerikanischen Kontinent bei Pferden und Rindern schwere Tierseuchen (Bläschenkrankheit) verursacht. Man kann es ohne Probleme in gut etablierten Zellkultursystemen wie der menschlichen HeLa- oder der murinen L-Linie vermehren. Eine Übertragung auf den Menschen wurde nur in Verbindung mit Laborkontaminationen bei Autopsien infizierter Tiere beobachtet; es treten dann grippeähnliche Symptome auf. Auch die Vertreter des Genus *Ephemerovirus* werden durch Insekten übertragen. Sie sind in den tropischen Gebieten Afrikas, Asiens und Australiens verbreitet, infizieren Rinder und verursachen bei den Tieren eine fieberhafte Erkrankung. Zu den humanpathogenen Vertretern der Lyssaviren gehören das *Rabiesvirus* und ähnliche Erreger wie das Lagos-Bat-Virus, das Mokola-Virus und das Duvenhage-Virus. Letztere werden in seltenen Fällen durch Tierbisse – überwiegend von Fledermäusen – auf Menschen übertragen und verursachen tödliche Erkrankungen des zentralen Nervensystems. Diese Viren kommen größtenteils in Afrika vor. Die Virustypen unterscheiden sich durch eine unterschiedliche serologische Erkennung ihrer G-Oberflächenproteine.

Tabelle 14.1: Charakteristische Vertreter der Rhabdoviren

Genus	Mensch/Tier	Tier	Pflanze
Vesiculovirus		Vesicular-Stomatitis-Viren	Cocalvirus
Lyssavirus	Rabiesvirus Lagos-Bat-Virus Mokola-Virus Duvenhage-Virus Europäische Fledermausviren, Typ 1 und 2		
Ephemerovirus		Ephemeral-Fieber-Virus der Rinder Adelaide-River-Virus	
Nucleorhabdovirus			Sonchus-Yellow-Net-Virus Mais-Mosaik-Virus
Cytorhabdovirus			Lettuce-Necrotic-Yellows-Virus Strawberry-Crinkle-Virus

14.1.2 Aufbau

Viruspartikel

Die Virionen der tierischen Rhabdoviren sind *geschoßähnlich* geformt und haben eine Länge von etwa 180 nm und einen Durchmesser von 65 nm; Partikel der Pflanzenrhabdoviren können bis zu doppelt so lang sein. Die Virusstruktur ist beim Vesicular-Stomatitis-Virus gut untersucht und bei den tierischen Rhabdoviren wohl ähnlich. Die infektiösen Partikel bestehen aus zwei Komponenten: einem *Nucleocapsid* und einer *Membranhülle*. Das Nucleocapsid ist in enge helikale Windungen gefaltet – 35 beim Vesicular-Stomatitis-Virus – und besteht aus den viralen *Proteinen N* (60 kD), *P* oder *NS* (40 kD) und *L* (190 kD) und dem RNA-Genom (Abbildung 14.1). Das L-Protein ist die RNA-abhängige RNA-Polymerase, die bei den Negativstrangviren ein Bestandteil des Virions ist. Das Nucleocapsid ist von einer Hüllmembran umgeben, in welche die viralen *Glycoproteine G* (64–68 kD) eingelagert sind, deren trimere Komplexe etwa 10 nm aus der Partikeloberfläche herausragen. Mit der Innenseite der Membran ist das *Matrixprotein M* (25–26 kD) assoziiert, das gleichzeitig über basische Aminosäuren mit den Proteinen des Nucleocapsids wechselwirkt und dessen enge Packung im Partikelinneren gewährleistet. Die Hüllmembran des Virus weist im Vergleich zur Zellmembran einen höheren Gehalt an Cholesterin, Aminophospholipiden und Sphingomyelin auf und ist aufgrund dieser Zusammensetzung wesentlich flexibler. Die Größe des Genoms bestimmt die Länge der Virionen. In allen Präparationen findet man nichtinfektiöse Partikel (auch *defective-interfering particles*, *DI particles* genannt), die bei gleichem Durchmesser nur 60 bis 90 nm lang sind. Die Genome der defekten Viren können bis zu 80 Prozent verkürzt sein.

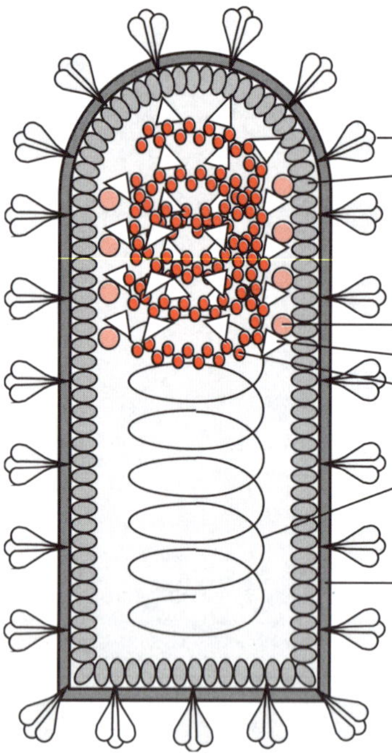

14.1 Aufbau eines Rhabdoviruspartikels. Das Genom besteht aus einer einzelsträngigen RNA, die mit den N-, P- und L-Proteinen zu einem helikalen Nucleocapsid interagiert. Das Nucleocapsid ist von einer Membranhülle umgeben, in welche die G-Proteine eingelagert sind. Mit der Innenseite der Membran ist das M-Protein assoziiert, das gleichzeitig auch in Bindung mit den Nucleocapsidkomponenten vorliegt.

Genom und Genomaufbau

Das *einzelsträngige RNA-Genom* der meisten Rhabdoviren ist etwa *12 000 Basen* lang (11 162 beim Vesicular-Stomatitis-Virus, 11 932 beim Rabiesvirus, Stamm PV) und hat *Negativstrangorientierung*, es kann also nicht direkt als mRNA verwendet werden und ist nicht infektiös. Es weist *fünf offene Leserahmen* auf, die in 3'→5'-Orientierung in der Reihenfolge N-P-M-G-L angeordnet sind (Abbildung 14.2). Am 3'-Ende ist dem N-Gen eine kurze, nichtcodierende *Leader-Region* (47 Basen beim Vesicular-Stomatitis-Virus, 58 Basen beim Rabiesvirus) vorgeschaltet. Am 5'-Ende befindet sich ebenfalls ein nichtcodierender kurzer Abschnitt (57 beziehungsweise 70 Basen beim Vesicular-Stomatitis-Virus und beim Rabiesvirus). Beide Regionen enthalten *cis*-aktive Sequenzelemente, die für die Initiation von Trankription und Replikation essentiell sind. Die einzelnen Gene besitzen an ihren 3'- und 5'-Enden konservierte Basen, die den Start und das Ende der Transkription signalisieren.

Zwischen den einzelnen Genen befinden sich nichtcodierende, *intergenische Abschnitte* variabler Länge: Beim Vesicular-Stomatitis-Virus handelt es sich in allen Fällen um Guanosin-Adenosin-Dinucleotide. Das Genom ist hier hochkondensiert und weist kaum Regionen auf, die nicht für Proteine codieren. Bei den Rabiesviren sind zwei Nucleotide nur zwischen dem N- und P-Gen zu finden, in den anderen intergenischen Abschnitten handelt es sich um Pentanucleotide. Zwischen den Genen für die G- und L-Proteine findet man einen relativ großen, nichtcodierenden Abschnitt von 423 Basen, dessen Funktion unbekannt ist und den man als *Pseudogen* ψ bezeichnet. Beim Virus der infektiösen hämatopoetischen Nekrose –

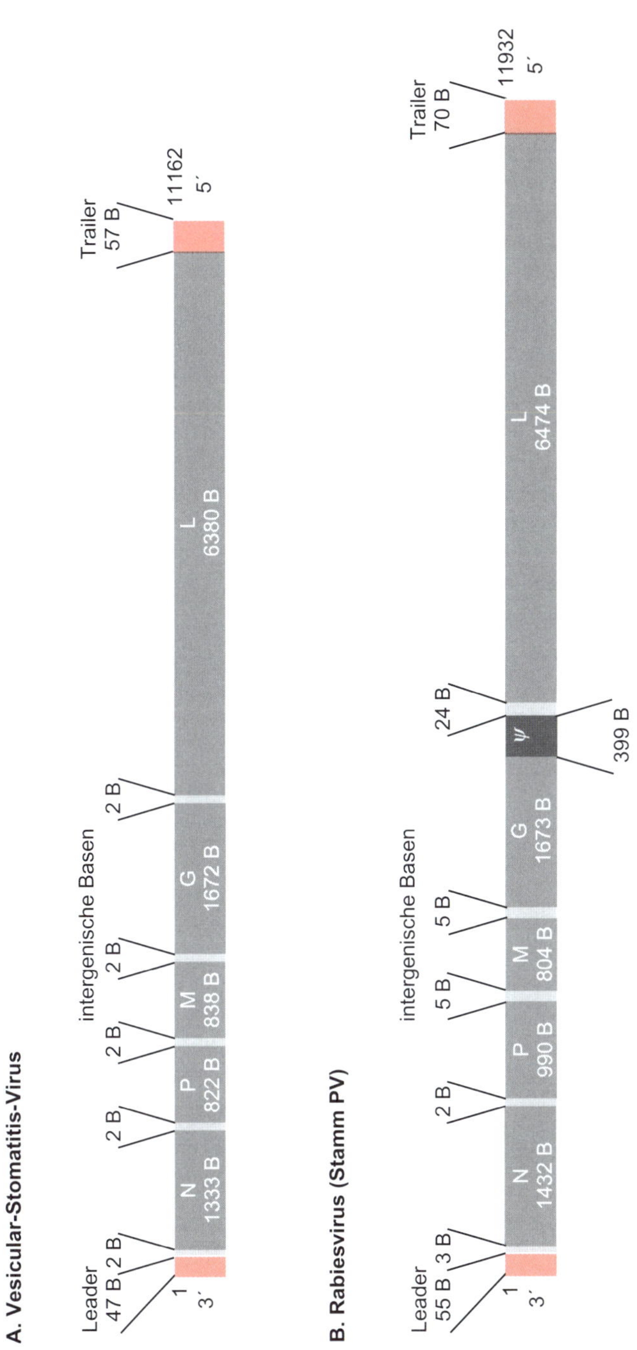

14.2 Genomorganisation der Rhabdoviren. A: Vesicular-Stomatitis-Virus; B: Rabiesvirus (Stamm PV). Die Längenangaben für die verschiedenen Gene beziehen sich auf die mRNAs, die im Replikationsverlauf gebildet werden (B = Basen). Die nichtcodierenden Regionen, das heißt die intergenischen Sequenzen, welche bei der Bildung der mRNAs übersprungen werden, sind hellgrau, die Leader- und Trailer-Regionen am 3'- beziehungsweise 5'-Ende rot wiedergegeben. Im Rabiesvirusgenom findet man im Bereich des Gens für das G-Protein eine nichtcodierende Region, die als Pseudogen oder ψ-Gen bezeichnet wird (dunkelgrau dargestellt). Sie ist von den G-Sequenzen durch ein Stopsignal für die Transkription getrennt, das jedoch nicht in allen Fällen zum Einsatz kommt. Daher findet man auch Transkripte, die bis zum Ende des Pseudogens durchgehen.

einem Fischrhabdovirus – wird von diesem Bereich eine mRNA-Spezies gebildet. Ungeklärt ist ihre Funktion und ob sie für ein sechstes Virusprotein codiert. Das Gen hat eine ähnliche Länge wie das HN-Gen der Paramyxoviren (Abschnitt 14.2), das sich an einer vergleichbaren Position im Genom befindet. Man schließt daraus, daß dieses Virus ein evolutionäres

Bindeglied zwischen den Vesiculo- und den Paramyxoviren darstellt. Durch Sequenzvergleiche der Pseudogene, die als nichtcodierende Region besonders anfällig für Mutationen sind, läßt sich die Evolution der verschiedenen Vertreter der Rhabdoviren nachvollziehen.

14.1.3 Virusproteine

Proteine des Nucleocapsids

N-Protein. Das N-Protein ist die Hauptkomponente des Nucleocapsids. Es ist mit der Nucleinsäure in ihrer ganzen Länge assoziiert und für die helikale Faltung des Nucleocapsids verantwortlich. Auf Grund elektronenmikroskopischer Daten schätzt man, daß pro Partikel *1 800 N-Proteine* mit der RNA komplexiert sind. Das N-Protein hat ein Molekulargewicht von circa 60 kD und ist *phosphoryliert*. Untersuchungen von J. Lafson und Kollegen ergaben, daß das N-Protein der Tollwutviren als *Superantigen* wirkt. Das heißt, es kann epitopunabhängig MHC-Klasse-II-Proteine mit bestimmten Vβ-Ketten der T-Zell-Rezeptoren auf der Oberfläche von CD4-positiven Zellen verbinden und ihre Proliferation und Cytokinausschüttung einleiten (Kapitel 7 und Abschnitt 14.1.5.). Das N-Protein ist zugleich das gruppenspezifische Antigen der Rhabdoviren: Antikörper und T-Helferzellen, die gegen N-proteinspezifische Epitope der Rabiesviren gerichtet sind, reagieren auch mit den N-Proteinen anderer Vertreter des Genus Lyssavirus, jedoch nicht mit Vesiculoviren und umgekehrt. Das weist darauf hin, daß viele Aminosäuren in den N-Proteinen konserviert sind.

P-Protein. Dieses Protein wird in der Literatur auch als NS-(Nichtstruktur-) oder M1-Protein bezeichnet. Es hat ein Molekulargewicht von 40 bis 45 kD und liegt in etwa *900 Einheiten* mit dem Nucleocapsid assoziiert vor. Das P-Protein ist an etwa 20 bis 30 Serin- und Threoninresten *phosphoryliert*. Dieses hohe Ausmaß der Modifikation mit sauren Gruppen ist für das ungewöhnliche Laufverhalten des Proteins im SDS-Polyacrylamidgel verantwortlich: Danach entspricht sein Molekulargewicht nur etwa 33 kD. Das P-Protein liegt in Wechselwirkung sowohl mit N- als auch mit L-Proteinen vor. Aus der gut untersuchten Funktion der P-Proteine des Vesicular-Stomatitis-Virus und der Paramyxoviren schließt man, daß es auch beim Rabiesvirus an der Transkription beteiligt ist. Das P-Protein scheint die Interaktion der N-Proteine mit dem RNA-Genom zu reduzieren und die Nucleinsäure so für den Polymerasekomplex zugänglich zu machen.

L-Protein. Das L-Protein ist eine *RNA-abhängige RNA-Polymerase*. Etwa *30* bis *60 Kopien* des Enzyms befinden sich in Interaktion mit den P-Proteinen des Nucleocapsids. Das L-Protein ist mit 2 142 Aminosäuren sehr groß; die codierende Region umfaßt bei einigen Rhabdovirustypen über die Hälfte des Genoms. Es besitzt theoretisch ein Molekulargewicht von über 244 kD, experimentell findet man eines von 190 kD. Es entspricht dem aktiven Enzym. Ob Proteasen zur Bildung einer verkürzten Form führen oder ob Modifikationen für das unterschiedliche Molekulargewicht verantwortlich sind, ist unklar. Die Sequenzen der L-Proteine sind zwischen den Vesiculo- und Lyssaviren stark konserviert, die zentrale Region des Proteins weist einen Homologiegrad von 85 Prozent auf. Man vermutet, daß das L-Protein neben seiner Polymeraseaktivität auch an dem *RNA-Capping* und der *Polyadenylierung* der primären Transkripte sowie an der *Phosphorylierung* der P-Proteine beteiligt ist.

Membranproteine

M-Protein. Das M-Protein (M = Matrix) ist kein integrales Membranprotein, es ist nicht glycosyliert, und es besitzt keine hydrophoben Sequenzfolgen mit den charakteristischen Eigenschaften von Transmembranregionen. Sein Molekulargewicht beträgt 25 bis 26 kD. Das M-Protein enthält sehr viele *basische Aminosäuren*, über die es sich mit seiner aminoterminalen Domäne an die phosphorylierten N- und P-Proteine des Nucleocapsids bindet. Über ähnliche ionische Wechselwirkungen scheint der carboxyterminale Bereich des M-Proteins mit den sauren Phosphatgruppen der Membranlipide zu interagieren. Das M-Protein wirkt also gewissermaßen als Klebstoff zwischen der Membran und dem Nucleocapsid. Es ist daneben beim Zusammenbau der verschiedenen Viruskomponenten zu infektiösen Partikeln wichtig und bestimmt über seine intrazelluläre Lokalisation den Ort des Knospungsvorganges an der Cytoplasmamembran.

G-Protein. Das virale G-Protein ist *glycosyliert* und in der Virusmembran über eine hydrophobe Domäne im Bereich des carboxyterminalen Endes verankert. Eine kurze Aminosäurefolge von 44 Resten am Carboxyterminus, die am membranverankerten Protein in das Cytoplasma orientiert ist, ist vermutlich an der Aggregation der G-Proteine zu *Trimeren* beteiligt. Das monomere G-Protein hat, abhängig vom Ausmaß seiner Glycosylierung, ein Molekulargewicht von 64 bis 68 kD. Die Aminosäuresequenzen der G-Proteine verschiedener Rhabdoviren sind sehr heterogen. Biologisch aktiv ist das G-Protein nur als Oligomer: So vermittelt es die *Adsorption* der Viruspartikel an bestimmte zelluläre Rezeptoren und ist an *Membranfusionen* beteiligt, die durch Ansäuerung des Endosomeninneren nach der Partikelaufnahme durch die Zelle induziert werden und zur Entlassung des Nucleocapsids in das Cytoplasma führen. Es gibt keinen Hinweis darauf, daß das G-Protein zur Induktion der Fusionsaktivität proteolytisch gespalten werden muß, wie man es von den Para- und Orthomyxoviren oder den Retroviren kennt (Abschnitte 14.2.3, 15.1.3 und 17.1.3). Weiterhin ist das G-Protein für die *Hämagglutinationsfähigkeit* des Virus erforderlich. Gegen definierte Epitope des G-Proteins werden im Verlauf der Infektion *neutralisierende Antikörper*

Tabelle 14.2: Übersicht über die molekularen Eigenschaften der Proteine des Rabiesvirus

	Molekulargewicht (kD)	Modifikation	Funktion
N-Protein	60	phosphoryliert	Bestandteil des Nucleocapsids, circa 1 800 Einheiten pro Partikel, RNA-bindendes Protein, verantwortlich für Genomkondensation im Virion; Superantigen
P-Protein	40-45	phosphoryliert	Bestandteil des Nucleocapsids, circa 900 Einheiten pro Partikel, Cofaktor bei der Transkription?
L-Protein	190	nicht bekannt	Bestandteil des Nucleocapsids, circa 30-60 Einheiten pro Partikel, RNA-abhängige RNA-Polymerase Capping und Polyadenylierung der viralen mRNA-Spezies, Methyltransferase, Proteinkinase zur Modifikation des P-Proteins?
M-Protein	24-25	–	Matrixprotein, an der Innenseite der Virusmembran lokalisiert, wichtig bei Virusmorphogenese
G-Protein	64-68	*N*-glycosyliert	Membranprotein, vermittelt Adsorption, Fusion, Hämagglutination, induziert Synthese neutralisierender Antikörper

gebildet. Mittels monoklonaler Antikörper konnte man bei verschiedenen Rabiesvirusisolaten fünf Epitope charakterisieren, die für die Bindung von neutralisierenden Immunglobulinen verantwortlich sind. So lassen sich auch die vier verschiedenen Rabiesvirustypen unterscheiden.

14.1.4 Replikation der Rhabdoviren

Im ersten Schritt des Vermehrungszyklus adsorbieren die Rhabdoviren über die G-Proteine auf der Partikeloberfläche an zelluläre Rezeptoren. Sowohl für das Vesicular-Stomatitis-Virus als auch für die Rabiesviren ist nicht endgültig geklärt, welche zellulären Strukturen für die Adsorption verantwortlich sind. Beim Vesicular-Stomatitis-Virus gibt es Hinweise aus *in vitro*-Experimenten, bei denen man Vero-Zellen (Nierenzellkulturen Grüner Meerkatzen) infiziert hat, daß die Bindung durch *Phosphatidylserinmoleküle* in der Cytoplasmamembran vermittelt wird. Auch bei den Rabiesviren hat man *Phospholipide* und *Glycolipide* als Reaktionspartner identifiziert. Zusätzlich scheinen bei ihnen jedoch weitere Komponenten an der spezifischen Bindung des G-Proteins an bestimmte Zelltypen beteiligt zu sein. Die Befunde, daß man die Adsorption des Rabiesvirus an Neuronen durch Inkubation mit Neurotoxinen wie α-Bungarotoxin hemmen kann und daß das G-Protein im Bereich der Aminosäuren 189 bis 214 zu Neurotoxinen homolog ist, weisen auf die Interaktion des Virus mit *nicotinsäureabhängigen Acetylcholinrezeptoren (nAChR)* hin. Allerdings sind diese Daten umstritten.

Der folgende Schritt der Partikelaufnahme durch die Zelle ist *energie-* und *pH-Wert-abhängig*. Es wird angenommen, daß die Viren durch *rezeptorvermittelte Endocytose* aufgenommen werden. Die Ansäuerung des Vesikelinneren durch eine *ATP-abhängige* H^+*-Ionenpumpe* in der Endosomenmembran aktiviert die Fusionsaktivität des G-Proteins, die Membranen verschmelzen und das Nucleocapsid gelangt in das Cytoplasma.

Die mit dem Nucleocapsid komplexierten N-, P- und L-Proteine sorgen anschließend für die *Transkription* des RNA-Negativstranggenoms. Dieser Prozeß beginnt am 3′-Ende des Genoms (Abbildung 14.3). Hier befindet sich die *einzige Initiationsstelle* für die RNA-Synthese. Zuerst wird eine kurze RNA synthetisiert, die komplementär zur *Leader-Region* ist. Dieses RNA-Molekül wird nicht gecappt und nicht polyadenyliert, es codiert für kein Protein. Die Aufgabe der Leader-RNA, die in großen Mengen gebildet wird, kennt man nicht genau. In Zellen, die mit dem Vesicular-Stomatitis-Virus infiziert sind, scheinen die RNA-Moleküle in den Kern transportiert zu werden und die DNA-abhängige RNA-Polymerisation zu stören. Hierdurch stoppt die Transkription der Wirtszelle und damit auch die Synthese der Zellproteine und die Replikation. Der zelluläre Stoffwechsel dient nun ausschließlich der Virusvermehrung. Die molekularen Details dieses Vorgangs hat man noch nicht aufgeklärt. Im Unterschied zum Vesicular-Stomatitis-Virus ist das Abschalten der zellulären Funktionen bei Rabiesviren nicht sehr stark ausgeprägt.

Die Transkription des viralen Genoms stoppt am Ende der Leader-Region, und die intergenischen Nucleotide werden überlesen. Die RNA-abhängige RNA-Polymerase nimmt am Beginn des N-Gens ihre Aktivität wieder auf und synthetisiert die hierzu komplementäre mRNA, die gecappt wird. Am Ende des N-Gens befindet sich eine *uridinreiche Sequenzfolge*, die als Signal für die Polyadenylierung dient (5′-AGU_7CAUA-3′). Auch an den anderen Endpunkten der für Proteine codierenden Regionen hat man diese Sequenzfolge entdeckt. Der Polymerasekomplex überliest die intergenischen Sequenzen und nimmt seine Aktivität am Beginn des P-Gens wieder auf – ein Vorgang, der sich an allen weiteren Übergängen wiederholt. Dieser Prozeß des Überspringens und der Reinitiation ist nicht immer erfolgreich, so daß sich in der Folge ein *Gradient* unter den neusynthetisierten mRNA-Spezies ausbildet, der in Richtung 5′-Ende des Genoms kontinuierlich abnimmt (Abbildung

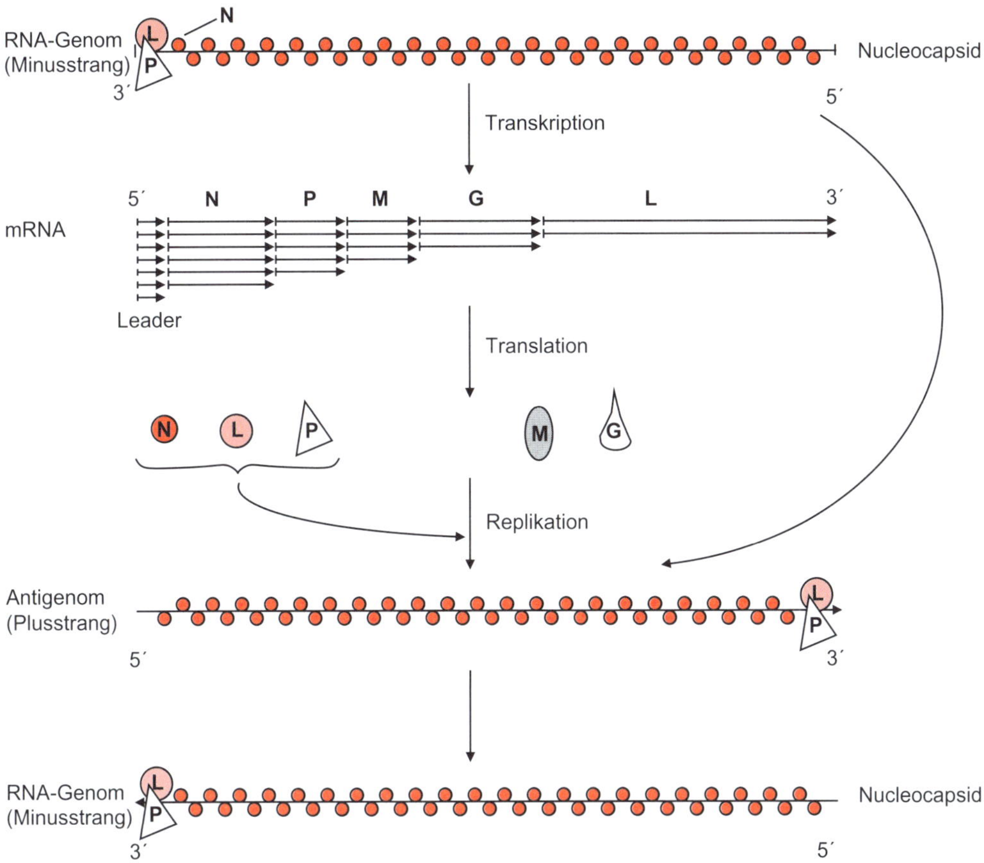

14.3 Verlauf der Genomreplikation der Rhabdoviren. Das Minus- oder Negativstranggenom der Rhabdoviren liegt im Cytoplasma der infizierten Zellen komplexiert mit den viralen Proteinen N, P und L vor. Zuerst erfolgt – katalysiert durch die RNA-abhängige RNA-Polymerase-Aktivität des L-Proteins – die Synthese von mRNAs, von denen im weiteren die entsprechenden Proteine translatiert werden. Die kurze Leader-RNA codiert nicht für Proteine und hat vermutlich regulatorische Funktionen. An Kontrollsequenzen zwischen den einzelnen Genen stoppt die Transkription, überliest die intergenischen Bereiche und startet erneut. Dieser Vorgang ist nicht immer erfolgreich. Es bildet sich ein Konzentrationsgradient an Transkripten, der mit fortschreitender Transkriptionsrichtung kontinuierlich abnimmt. Liegt in der Zelle eine ausreichende Menge neu synthetisierter N-Proteine vor, dann bewirken sie zusammen mit den P- und L-Proteinen, daß die Kontrollelemente an den Übergängen zwischen den Genen überlesen werden. Es entsteht ein durchgehender RNA-Plusstrang, der über seine ganze Länge mit N-Proteinen komplexiert ist. Er dient als Antigenom und somit als Matrize für die Bildung der RNA-Minusstränge, das heißt von genomischer RNA.

14.3). Da die mRNA-Sequenzen cotranskriptionell translatiert werden, liegen in der infizierten Zelle die N-Proteine in der größten, die L-Proteine in der geringsten Menge vor.

Das *Umschalten vom Transkriptionsmodus* mit der Synthese einzelner monocistronischer mRNA-Spezies zum *Replikationsmodus* mit der Bildung eines durchgehenden RNA-Moleküls, das als Zwischenprodukt für die Bildung neuer Virusgenome in negativer Orientierung dient, ist von der Menge des in der Zelle gebildeten N-Proteins abhängig. Das N-Protein interagiert mit den RNA-Sequenzen während ihrer Synthese und verhindert, daß die Transkription an den jeweiligen Genenden abbricht, so daß ein *durchgehendes RNA-Molekül* in Positivstrangorientierung entsteht (Abbildung 14.3). An seinem 3′-Ende, das heißt in der Sequenzfolge im Anschluß an das L-Gen, wird die Synthese neuer Genome initiiert, die wiederum mit N-Proteinen komplexieren. P- und L-Proteine binden sich an die mit N-Proteinen bedeckte Negativstrang-RNA und bilden die Nucleocapside, die im nächsten Schritt mit M-Proteinen wechselwirken. Das Anlagern der M-Proteine an die Nucleocapside induziert die Kondensation zu helikalen Strukturen.

Die Synthese des G-Proteins beginnt mit der Translation des aminoterminalen Signalpeptids, stoppt und wird nach Assoziation mit einem *signal-recognition-particle* an der Membran des endoplasmatischen Reticulums fortgesetzt. Das Signalpeptid wird durch die zelluläre Signalase entfernt, und das G-Protein in das Lumen eingeschleust, über die carboxyterminale hydrophobe Region in der Membran verankert und während des weiteren Transports durch den Golgi-Apparat zur *Cytoplasmamembran* glycosyliert. Über die M-Proteine interagiert der Ribonucleoproteinkomplex mit Regionen der Cytoplasmamembran, die eine hohe Konzentration an G-Proteinen besitzen. Dadurch wird der *Knospungsvorgang* (Budding) initiiert, während dessen das Nucleocapsid von der Membran umgeben und von der Zelloberfläche abgegeben wird.

Das Abschalten des Wirtszellmetabolismus ist in Zellen, die mit dem Vesicular-Stomatitis-Virus infiziert sind, stark ausgeprägt. Die Zellen zeigen einen deutlichen cytopathischen Effekt, der ein Anzeichen für die Schädigung ist (Kapitel 5). Er ist in rabiesvirusinfizierten Zellkulturen bei weitem nicht so ausgeprägt, was möglicherweise auf eine schlechtere Replikation hindeutet, bei der weniger Nachkommenviren entstehen.

14.1.5 Das Tollwutvirus (Rabiesvirus)

Epidemiologie und Übertragung

Die *Tollwut* ist weltweit verbreitet: Man bezeichnet sie auch als *Rabies* oder *Lyssa* – letzteres aufgrund des wolfsähnlichen Heulens erkrankter Hunde. Virusfrei sind unter anderem Großbritannien, Schweden und Spanien. Die *sylvatische Tollwut* oder *Wildtollwut* ist in unterschiedlichen Gebieten in verschiedenen Tierarten verbreitet: In West-, Osteuropa und Nordamerika in *Füchsen* und *Dachsen*, im Osten beziehungsweise mittleren Westen der USA in *Waschbären* und *Stinktieren*, in der Karibik, Asien und Südafrika in *Mungos* und in den Ländern der früheren Sowjetunion, dem Iran und Afghanistan in *Wölfen*. In Südamerika ist das Virus endemisch in blutsaugenden, früchte- oder insektenfressenden *Fledermäusen*. Letztere waren in seltenen Fällen auch in Dänemark und dem Ostseegebiet mit Tollwutviren infiziert. Vampirfledermäuse sind die Hauptüberträger der Tollwuterkrankung auf Rinder und andere Haustiere in Südamerika. Die Übertragung erfolgt durch *Bisse infizierter Tiere*, die das Virus bereits bis zu zwölf Tage vor Erkrankungsbeginn im Speichel ausscheiden. Die verschiedenen Tierarten sind unterschiedlich empfänglich für die Entwicklung der Tollwuterkrankung. Füchse, Wölfe und Schakale sind besonders gefährdet und übertragen die Infektion auch sehr effektiv, während Fledermäuse, Hauskatzen, Waschbären oder Hunde weniger empfänglich sind – das Opossum gilt als weitgehend resistent.

Neben der Wildtollwut gibt es die *urbane Tollwut*. Dabei wird das Rabiesvirus vor allem durch Hunde und Katzen auf den Menschen übertragen. In den westlichen Ländern spielen Hunde aufgrund der weit verbreiteten Impfung als Übertäger der Erkrankung auf den Menschen kaum noch eine Rolle. In Asien, Afrika und Südamerika sind meist herrenlose Hunde jedoch die Hauptübertragungsquelle des Rabiesvirus auf den Menschen. Hier verursacht die Infektion jährlich mehrere tausend Tote. In Indien beliefen sich 1985 allein die registrierten Todesfälle auf 25 000.

Die Tollwut ist als übertragbare Erkrankung lange bekannt

Die Tollwut war bereits im Altertum bekannt. Bereits im dritten Jahrtausend vor Christi Geburt, wußte man, daß „tollwütige" Hunde die Krankheit durch Bisse übertragen können. So ist im babylonischen Gesetzbuch des Eshnunna, das noch vor dem des Königs Hammurabi (etwa 2300 vor Christi Geburt) galt, nachzulesen, daß die Halter tollwütiger Hunde für durch sie verursachte Todesfälle mit Geldstrafen rechnen mußten. A. C. Celsus erkannte bereits im ersten Jahrhundert vor Christus die Bedeutung von Wildtieren und Hunden für die Übertragung. Er empfahl das Ausschneiden und Ausbrennen der Bißwunden. 1804 hat M. Zinke die Tollwut durch Einreiben des Speichels tollwütiger Hunde in frische Wunden von Kaninchen übertragen. Louis Pasteur hat 1882 erstmals die Tollwut intracerebral auf Kaninchen übertragen und durch fortlaufende Passagierung des Virus in Kaninchen einen Impfstoff entwickelt. Das Impfvirus – *virus fixe* – zeichnete sich durch eine konstante Inkubationsperiode aus, beim Wildtypvirus (*virus de rue*) war sie dagegen variabel. Das Impfmaterial bestand aus dem Rückenmark infizierter Kaninchen, das zerrieben und zwei Wochen lang getrocknet wurde. Es war nicht mehr infektiös, aber immunogen und erzeugte bei Hunden Schutz vor der Infektion. Am 6. Juli 1885 wurde Joseph Meister aus dem Elsaß als erster Mensch gegen die Tollwut geimpft. Auf der Basis von Pasteurs Impfstoff entwickelte man den viele Jahrzehnte benutzte „Semple"-Impfstoff, der durch Phenolbehandlung abgetötete Viren enthielt. Die in den Entwicklungsländern noch heute verwendete „Hempt"-Vakzine enthält mit Äther extrahierte Viren aus dem Rückenmark infizierter Kaninchen. Seit 1980 gibt es Impfstoffe, die *in vitro* gezüchtete, abgetötete Rabiesviren enthalten. Seit 1954 immunisiert man Patienten mit Bißwunden von möglicherweise tollwütigen Tieren zusätzlich zur aktiven Impfung passiv mit Immunglobulinpräparaten, die Antikörper gegen das Rabiesvirus enthalten.

Klinik

Die Inkubationszeit der Tollwut kann bei Menschen und Tieren stark variieren (von zehn bis zwölf Tagen bis zu mehreren Monaten). Überwiegend beträgt sie zwischen zwei bis sieben Wochen. Nur in zehn Prozent der Fälle vergehen mehr als drei Monate bis zur Entwicklung der Symptome. Es sind jedoch Einzelfälle beschrieben, bei denen die Tollwut erst nach einigen Jahren auftrat.

Im Vergleich zu anderen Lebewesen gilt der Mensch als relativ unempfänglich für die Tollwuterkrankung. Vor Einführung der passiven und aktiven Impfung starben etwa 15 Prozent der Personen, die von tollwütigen Hunden gebissen worden waren. Oft zeigen sich trotz des Bisses eines nachweislich tollwütigen Tieres keine Krankheitsanzeichen, die Infektion konnte sich dann vermutlich überhaupt nicht etablieren. Bißwunden im Gesichts- und Kopfbereich bergen ein wesentlich höheres Risiko, daß eine Erkrankung eintritt, als solche an Armen oder Beinen. Die Entfernung des Bißstelle zum Gehirn, wo sich die Erkrankung manifestiert, die Virusmenge, die dabei übertragen wird, und die möglicherweise unterschiedliche Virulenz verschiedener Isolate sind entscheidend für die Länge der Inkubationszeit, den Ausbruch der Tollwut und die Mortalität.

Unbehandelt ist die Tollwut beim Menschen vermutlich immer tödlich

Ob es asymptomatische Formen der Tollwuterkrankung gibt, ist unklar. Bei Reihenuntersuchungen nicht gegen die Erkrankung geimpfter Tierärzte und Waschbärjäger in den USA fand man bei gesunden Personen in einigen Fällen niedrige Konzentrationen von rabiesvirusspezifischen Antikörpern. Diese Daten können ein Hinweis darauf sein, daß in seltenen Fällen inapparente Tollwutinfektionen möglich sind. Da die beobachteten Antikörperkonzentrationen jedoch sehr niedrig lagen, ist nicht auszuschließen, daß sie auf unspezifische Reaktivitäten zurückzuführen sind.

Die ersten Anzeichen einer Tollwuterkrankung sind ein Ziehen und Brennen an der Bißstelle, oft in Verbindung mit *Kopfschmerzen, Gelenksteife* und *Fieber*. Die akuten neurologischen Symptome äußern sich durch *Hyperaktivität*, *Konvulsionen*, *Hyperventilation* und *Lähmungserscheinungen*. Diese können in eine etwa zwei bis sieben Tage andauernde Phase der „rasenden Wut" mit *Hydrophobie* (Wasserscheuheit), *Schluckkrämpfen*, *steigendem Fieber*, *erhöhtem Speichelfluß* und *geistiger Verwirrtheit* übergehen. Bei 20 Prozent der Patienten schließt sich daran die Phase der „stillen Wut" an, die durch *Lähmungen*, *Bewußtlosigkeit* und *Koma* gekennzeichnet ist. Der Tod erfolgt durch Atmungsstillstand.

Pathogenese

Beim Biß gelangt das Virus in die Haut, das subkutane Bindegewebe und die Muskulatur. In den *Muskelzellen* vermehrt sich das Virus wenige Tage und infiziert hier durch Bindung an die Acetylcholinrezeptoren die *Nervenendigungen* oder *Nervenfasern*, die das entsprechende Organ versorgen. In den Fällen mit kurzer Inkubationszeit gelangt das Virus anscheinend auch direkt in die peripheren Nerven. Es wandert im Axon mit einer Geschwindigkeit von acht bis zwanzig Millimetern pro Tag zum Rückenmark, vermehrt sich in den Neuronen und gelangt von dort zum Gehirn. Nach neuen Erkenntnissen werden dabei nicht die kompletten Partikel, sondern die *Nucleocapside* von Zelle zu Zelle weitergegeben. Wie das Virus dabei die Synapsen überwindet, ist nicht bekannt.

Die Hauptreplikationsorte im Gehirn sind *Ammonshorn*, *Hippocampus* und *Hirnstamm*. Es entsteht eine *Encephalomyelitis*. Die geweblichen Veränderungen sind gering, erst gegen Ende der Krankheit treten perivaskuläre Infiltrate auf. Es werden fast nur die Neuronen zerstört. Nach der Vermehrung im Gehirn wandert das Rabiesvirus axonal in die Augenbindehaut und in die Speichel- und Hautdrüsen – es ist dann im Speichel und der Tränenflüssigkeit vorhanden. Zugleich erfolgt eine Ausbreitung in viele periphere Organe, zum Beispiel in die Nebennieren. Erst in dieser späten Infektionsphase bildet das Virus infektiöse Partikel. Auf welche Weise die klinischen Symptome entstehen, ist nicht bekannt. Man vermutet eine Störung der Neurotransmittersysteme. Es gibt Hinweise, daß die Lähmungen *immunpathologisch* durch den Angriff cytotoxischer T-Lymphocyten auf die infizierten Nervenzellen hervorgerufen werden. Das setzt aber voraus, daß in den Neuronen die Synthese von MHC-Klasse-I-Proteinen induziert wurde. Möglicherweise geschieht das über einen interferonvermittelten Mechanismus, da Interferon-γ und Interferon-α während der Frühphase der Infektion von stimulierten T-Helferzellen und Makrophagen sezerniert werden.

Das G-Protein scheint für die Virulenz der Rabiesviren und ihre Neuroinvasivität entscheidend zu sein: Es gibt natürlich vorkommende Virusvarianten mit Mutationen der Aminosäure 333 des G-Proteins – die Punktmutationen führen zu einem Austauch des Arginins gegen Isoleucin oder Glutamin. Sie zeigen eine *abgeschwächte Virulenz* und eine reduzierte Tendenz zur Induktion von Membranfusionen in Zellkulturen neuronalen Ursprungs. CD4-positive Zellen sind für die immunologische Beherrschung der Infektion von entscheidender Bedeutung. Werden sie im Tiersystem entfernt, kann die Infektion auch nach vorhergehender Impfung nicht kontrolliert werden. Deswegen ist für den Eintritt in die späte Erkrankungsphase mit Lähmungserscheinungen möglicherweise die Wirkung des N-Proteins als *Superantigen* wichtig. In der Maus beobachtete man typische klonale Deletionen von T-Helferzellen mit bestimmten $V\beta$-Ketten der T-Zell-Rezeptoren. Die Wirkung des N-Proteins beruht auf einer epitopunabhängigen Vernetzung bestimmter $V\beta$-Ketten der T-Zell-Rezeptoren mit MHC-Klasse-II-Antigenen, was zur Proliferation der entsprechenden T-Lymphocyten führt. Sie sezernieren erhöhte Mengen von verschiedenen Cytokinen. Dies führt schließlich zu einer funktionellen Inaktivierung (Anergie) der jeweiligen T-Zell-Klone oder zu ihrer Depletion. Über diesen durch das N-Protein vermittelten Mechanismus kann ein Teil der immunologischen Abwehrreaktion ausgeschaltet werden und das Virus sich in der Folge leichter ausbreiten.

Immunreaktion. Während der teilweise sehr langen Inkubationsperiode und auch zum Zeitpunkt der Erkrankung lassen sich *keine Antikörper* nachweisen. Das ist wahrscheinlich darauf zurückzuführen, daß das Virus nach anfänglicher Vermehrung im Muskel sehr schnell Nervenzellen infiziert, die keine MHC-Moleküle auf der Oberfläche besitzen und so nicht in der Lage sind, Fremdepitope in Form von Peptiden zu präsentieren. Außerdem wandert das Virus in den Axonen in Form von Nucleocapsiden. Größere Mengen kompletter, infektiöser Viruspartikel werden erst gegen Ende der Erkrankung gebildet, so daß neutralisierende Antikörper gegen das G-Protein erst spät entstehen. Während der Frühphase der Infektion scheinen *NK-Zellen* bei der Kontrolle der Virusausbreitung im Körper eine wichtige Rolle zu spielen. Sie erkennen durch einen MHC-unabhängigen Mechanismus virusinfizierte Zellen. Schon früh lassen sich im Organismus hohe Konzentrationen an Interferon-α und Interleukin-2 nachweisen. Beide Cytokine können die Aktivität von NK-Zellen induzieren. Deswegen spielen sie im Rahmen der unspezifischen Abwehrreaktionen bei der Bekämpfung der virusinfizierten Zellen eine wichtige Rolle.

Liegen in der Spätphase der Infektion oder nach Impfung G-proteinspezifische, neutralisierende Antikörper vor, können sie die Antikörper- oder Komplement-vermittelte Lyse der infizierten Zellen einleiten. Auch gegen die Komponenten des Nucleocapsids werden Antikörper gebildet. Monoklonale Antikörper gegen bestimmte Epitope des N-Proteins können noch lange nach einer experimentellen Infektion vor der Erkrankung schützen, selbst wenn sich das Virus bereits im Rückenmark befindet. Man nimmt an, daß die N-proteinspezifischen Antikörper den Transport des Nucleocapsids an den Synapsen zwischen den Neuronen hemmen. Cytotoxische T-Zellen richten sich vor allem gegen Epitope der G-, N-, und P-Proteine. Sie reichen jedoch nicht aus, um die Virusausbreitung im Organismus zu hemmen. Entscheidend hierfür ist die Aktivität der CD4-positiven T-Helferzellen.

Diagnose

Die Labordiagnose erfolgt beim Menschen durch Tupfpräparate von der Bindehaut und Biopsien vom Nacken mit dem Nachweis *Negrischer Einschlußkörperchen* (Kapitel 5 und Abbildung 5.2C). Hierbei handelt es sich um eosinophile, cytoplasmatische Ablagerungen viraler Nucleocapside, die erstmals von Aldechi Negri 1903 in rabiesvirusinfizierten Lebewesen und Zellen nachgewiesen werden konnten. Bei fast allen verstorbenen Tollwutpatienten findet man Negrische Einschlußkörperchen im Ammonshorn. Seit Einführung der *Polymerasekettenreaktion* kann man die Diagnose auch über den Nachweis viraler Nucleinsäuren im Liquor infizierter Personen und Tiere stellen.

Therapie und Prophylaxe

Die Impfung erfolgt in den Industrieländern durch eine dreimalige Gabe von *abgetöteten Rabiesviren*, die in Vero- oder embryonalen Hühnerzellen gezüchtet werden. In den Entwicklungsländern wird der „Hempt"-Impfstoff zwölfmal subkutan unter die Bauchhaut injiziert. Die Nebenwirkungen (postvakzinale Encephalitis) sind dabei jedoch hoch. Wird ein nichtgeimpfter Mensch von einem potentiell tollwütigen Tier gebissen, muß eine Exponiertenprophylaxe erfolgen. Sie umfaßt die *Wundversorgung*, eine *passive Immunisierung* mit lokal und systemisch verabreichten Präparaten, die hohe Konzentrationen neutralisierender Antikörper gegen das G-Protein enthalten, sowie eine *aktive Impfung* mit abgetöteten Viruspräparationen. Wegen der langen Inkubationszeit ist diese Art der Impfung fast immer erfolgreich, denn sie erlaubt es, vor dem möglichen Auftreten der Symptome erfolgreich eine Immunreaktion anzuregen. Die Tollwut ist die einzige Viruskrankheit, bei der eine aktive Impfung nach der Exposition Schutz erzeugt. Außer durch die Impfung von Menschen wird die Tollwuterkrankung auch wirksam durch die Vakzinierung von Haustieren mit einem attenuierten Lebendimpfstoff kontrolliert. Wildlebende Füchse werden durch impfstoffhaltige Köder oral immunisiert. In den USA und einigen Teilen Europas verwendet man zur Impfung von Wildtieren ein rekombinantes Vacciniavirus, welches das G-Protein des Rabiesvirus exprimiert.

14.1.6 Weiterführende Literatur

Baer, G. M. *Rabies – An Historical Perspective*. In: *Infect. Agents and Dis.* 3 (1994) S. 168–180.

Banerjee, A. K.; Barik, S. *Gene expression of vesicular stomatitis virus genome RNA*. In: *Virology* 188 (1992) S. 417–428.

Black, D.; Wiktor, T. J. *Survey of raccoon hunters for rabies antibody titers: pilot study*. In: *J. Fla. Med. Assoc.* 73 (1986) S. 517–520.

Conzelmann, K. K.; Cox, J. H.; Schneider, L. G.; Thiel, H. J. *Molecular cloning and complete nucleotide sequence of the attenuated rabies virus SAD B19*. In: *Virology* 175 (1990) S. 485–499.

Dietzschold, B.; Ertl, H. C. J. *New developments in the pre- and post-exposure treatment of rabies*. In: *Critical Rev. in Immunol.* 10 (1991) S. 427–439.

Fishbein, D. B.; Robinson, L. E. *Rabies*. In: *New Engl. J. Med.* 329 (1993) S. 1632–1638.

Lafon, J.; Lafage, M.; Martinez-Anrends, A.; Ramirez, R.; Vuillier, F.; Charron, D.; Lotteau, V.; Scott-Algara, D. *Evidence of a viral superantigen in humans*. In: *Nature* 358 (1992) S. 507–509.

Lafon, M.; Scott-Algara, D.; Marche, P. N.; Cazenave, P. A.; Jouvin-Marche, E. *Neonatal deletion and selective expansion of mouse T cells by exposure to rabiesvirus nucleocapsid superantigen*. In: *J. Exp. Med.* 180 (1994) S. 1207–1215.

Ravkov, E. V.; Smith, J. S.; Nichol, S. T. *Rabies virus glycoprotein gene contains a long 3' noncoding region which lacks pseudogene properties*. In: *Virology* 206 (1995) S. 718–723.

Rose, J. K.; Schubert, M. *Rhabdovirus genomes and their products*. In: Wagner, R. R. (Hrsg.) *The rhabdoviruses*. New York (Plenum Press) 1987. S. 129–166.

Rupprecht, C. E.; Dietzschold, B.; Koprowski, H. (Hrsg.) *Lyssaviruses*. Curr. Topics Microbiol. Immunol., Bd. 187. Berlin, Heidelberg, New York (Springer) 1994.

Thraenhart, O. *Aktueller Stand der Epidemiologien, Diagnostik und Prävention der Tollwut*. In: *Dtsch. Ärzteblatt* 91 (1994) S. 2071–2067.

Tsiang, H. *Pathophysiology of Rabies Virus Infection of the Nervous System*. In: *Adv. Virus Res.* 42 (1993) S. 375–412.

14.2 Paramyxoviren

Die Familie der *Paramyxoviridae* weist hinsichtlich der Replikationsmechanismen und -strategien eine große Ähnlichkeit mit den *Rhabdoviridae* auf. Sequenzhomologien auf Nuclein- oder Aminosäureebene findet man jedoch nicht. Auch die Paramyxoviren haben ein nichtsegmentiertes, durchgehendes *RNA-Genom* in *Negativstrangorientierung*. Sie sind bei Mensch und Tier weit verbreitet und verursachen zum Teil schwere Erkrankungen. Als Beispiele seien die *Masern* und *Mumps* mit ihren Komplikationen genannt, der *Pseudokrupp,* der von menschlichen Parainfluenzaviren verursacht wird, sowie die Infektionen der Atemwege durch das *Respiratorische Syncytialvirus*. Masernviren können *persistierende Infektionen* auslösen, bei denen das Virus über Jahre im Organismus verbleibt und geringe Mengen viraler Partikel produziert. Deshalb wird es zu den *slow viruses* gezählt (Kapitel 1). Ein molekularbiologisch gut untersuchter Prototyp der Paramyxovirusfamilie ist das *Sendai-Virus*. Es wurde 1952 von N. Kuroya und Mitarbeitern in der Stadt Sendai in Japan entdeckt, als sie Mäuse mit Gewebeproben eines an Lungenentzündung verstorbenen Kindes infizierten. Man hielt es daher zuerst für einen menschlichen Erreger. Es stellte sich jedoch heraus, daß dieses Virus in Mäusen weit verbreitet ist und bei Menschen nur selten Erkrankungen verursacht. Es wurde als Parainfluenzavirus Typ 1 der Maus charakterisiert. Humane Typen der Parainfluenzaviren entdeckte man einige Jahre später (1956 bis 1960) als Erreger von Erkrankungen vor allem des Respirationstraktes von Kindern. Von ihnen hat insbesondere das Pseudokrupp verursachende *croup-associated-virus* (Parainfluenzavirus Typ 2), das 1955 aus Patienten isoliert wurde, große Bedeutung.

14.2.1 Einteilung und charakteristische Vertreter

Die Paramyxoviren werden in zwei Unterfamilien eingeordnet: die *Paramyxovirinae* und die *Pneumovirinae*. Erstere lassen sich aufgrund der Funktion ihrer Membranproteine in drei *Genera* einteilen (Tabelle 14.3): Parainfluenza- und Rubulaviren haben eine Neuraminidase und können Erythrocyten agglutinieren, besitzen also Hämagglutinationsaktivität. Die Rubulaviren – zu ihnen zählt das Mumpsvirus – codieren zusätzlich für ein kleines, hydrophobes Protein, SH, das mit der Hüllmembran verbunden ist. *Morbilliviren,* zu denen man das Masernvirus zählt, besitzen zwar die Fähigkeit der Hämagglutination, aber keine Neuraminidase. Die Vertreter der zweiten Unterfamilie, die Pneumoviren – hierzu gehört das Respiratorische Syncytialvirus –, weisen keine dieser Funktionen auf. Alle Viren haben aber den gleichen Partikelaufbau, ein durchgehendes RNA-Genom als Erbinformation und werden über die gleichen Replikationsmechanismen vermehrt.

Tabelle 14.3: Charakteristische Vertreter der Paramyxoviren

Unterfamilie	Genus	Mensch	Tier
Paramyxovirinae	Paramyxovirus	Parainfluenzavirus Typen 1 und 3	Sendai-Virus (murines Parainfluenzavirus, Typ1)
	Rubulavirus	Mumpsvirus Parainfluenzavirus Typen 2 und 4	Newcastle-Disease-Virus (Geflügel) Vogelparamyxoviren Typen 2–9
	Morbillivirus	Masernvirus	Hundestaupevirus Rinderpestvirus
Pneumovirinae	Pneumovirus	Respiratorisches Syncytialvirus (RS-Virus)	Respiratorisches Syncytialvirus des Rindes

14.2.2 Aufbau

Viruspartikel

Die infektiösen Viruspartikel haben einen Durchmesser von etwa 150 bis 250 nm. Das *Nucleocapsid* besteht aus *P-*, *L-* und *N-* oder *NP-Proteinen*, die mit dem einzelsträngigen Negativstrang-RNA-Genom zu einem helikal angeordneten Nucleoproteinkomplex aggregiert vorliegen, und ist von einer Membranhülle umgeben (Abbildung 14.4). Das *L-Protein* (L = *large*, Molekulargewicht über 200 kD) besitzt die enzymatische Aktivität einer *RNA-abhängigen RNA-Polymerase* und ist mit dem *P-Protein* (P = Phosphoprotein) assoziiert. Das *N-* oder *NP-Protein* (Nucleocapsidprotein) ist die Hauptproteinkomponente des Nucleocapsids.

In die Membran sind virale Oberflächenproteine eingelagert: Das *F-Protein* (F = Fusion) ist ein Heterodimer aus einem F_1- und F_2-Anteil. Es ist glycosyliert und fettsäuremodifiziert und hat ingesamt ein Molekulargewicht von etwa 60 bis 65 kD. Es vermittelt die Aktivität der Virionen zur Induktion von *Membranfusionen*. Man findet es bei allen Paramyxoviren. Das *HN-Protein* (HN = Hämagglutinin-Neuramindase) hat bei Vertretern des Genus Paramyxovirus und Rubulavirus die enzymatische Aktivität einer *Neuraminidase* und wirkt gleichzeitig *hämagglutinierend*. Es ist außerdem für die *Adsorption* der Viruspartikel an

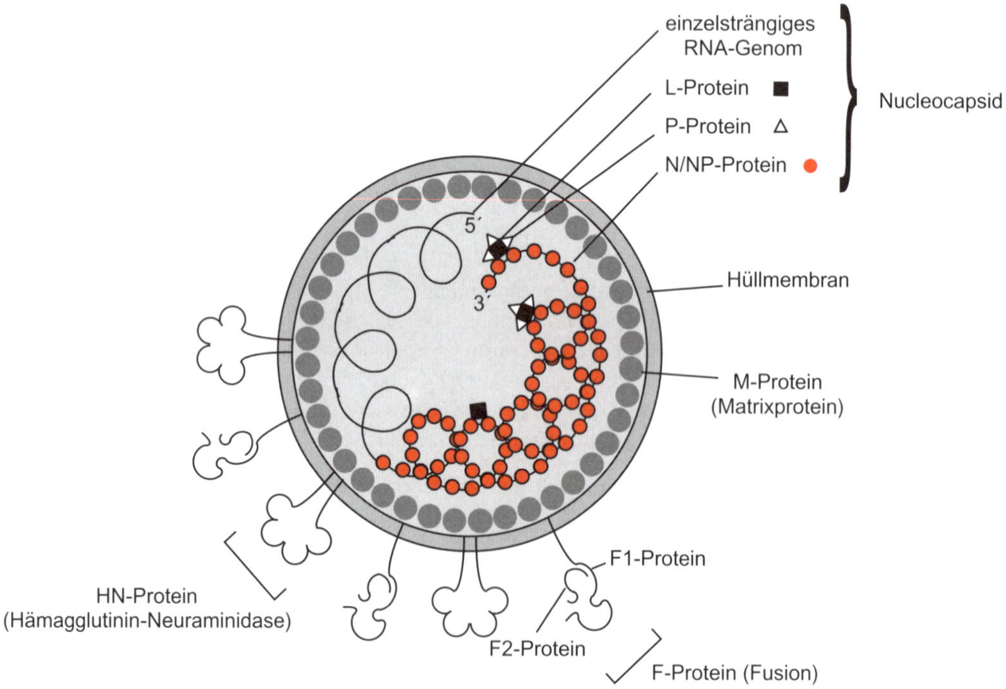

14.4 Aufbau eines Paramyxoviruspartikels, am Beispiel eines Parainfluenzavirus. Das Genom besteht aus einer einzelsträngigen RNA, die mit den N-, P- und L-Proteinen zu einem helikalen Nucleocapsid interagiert. Das Nucleocapsid ist von einer Membranhülle umgeben, in welche die HN-Proteine (Tetramere) und F-Proteine (Heterodimere aus je einer F_1- und F_2-Kette) eingelagert sind. Mit der Innenseite der Membran ist das M-Protein assoziiert, das gleichzeitig auch in Bindung mit den Nucleocapsidkomponenten vorliegt.

die Zellen verantwortlich. Es hat ein Molekulargewicht von 70 bis 80 kD. Neben einer Modifikation durch Zuckergruppen fand man bei einigen Virustypen an das Protein angefügte Fettsäuremoleküle. Es liegt als Oligomer vor, bei dem die Einzelkomponenten über Disulfidbrücken verbunden sind. Gegen dieses Protein sind die meisten der neutralisierenden Antikörper gerichtet. Bei den Morbilliviren übt das H-Protein die Funktion der Adsorption und Hämagglutination aus, die Neuraminidaseaktivität fehlt. Es hat beim Masernvirus ein Molekulargewicht von 79 kD. Den Pneumoviren fehlt sowohl die Hämagglutinations- als auch die Neuraminidaseaktivität. Das Membranprotein, das bei diesen Viren die Adsorption an die Zellen vermittelt, bezeichnet man als *G-Protein* (G = Glycoprotein). Es hat ein Molekulargewicht von 84 bis 90 kD, etwa zwei Drittel davon sind durch Kohlenhydratgruppen bedingt.

Ein weiteres Virusprotein, das *M-Protein* (M = Matrix), ist innen mit der Hüllmembran verbunden, aber nicht an der Oberfläche der Partikel exponiert. Es kleidet vielmehr die Innenseite der Hüllmembran aus und interagiert mit dem N-Proteinen des Nucleocapsids. Es hat ein Molekulargewicht von etwa 28 kD (Pneumoviren) bis 40 kD (Parainfluenzaviren) und zeichnet sich durch einen hohen Anteil an basischen Aminosäuren aus. Tabelle 14.4 gibt einen Überblick über die Eigenschaften und Funktionen der verschiedenen Proteine.

Genom und Genomaufbau

Das Genom der Paramyxoviren besteht aus *einzelsträngiger RNA* in *Negativstrangorientierung*, das heißt, es wirkt nicht als mRNA und ist nicht infektiös. Das Genom hat eine Länge von 15 384 Basen beim Mumps- und Sendai-Virus, 15 463 Basen beim Parainfluenzavirus Typ 3, 15 892 Basen beim Masern- und 15 222 Basen beim Respiratorischen Syncytialvirus. Das Genom liegt im Komplex mit Proteinen als *Nucleocapsid* vor. Dieser Komplex hat den Aufbau einer linksgängigen Helix von 14 bis 17 nm Durchmesser. In ihrem Inneren bildet sich ein Hohlzylinder von circa 5 nm Durchmesser aus. Etwa 2 400 bis 2 800 Einheiten des N-Proteins sind mit der RNA assoziiert (pro Helixwindung sind es 11 bis 13 Moleküle). Ein N-Protein bindet sich also an etwa sechs Basen. Die hohe Proteinbeladung des Genoms schützt es vor der Zerstörung durch Nucleasen und verleiht ihm die für die Verpackung in die Viruspartikel nötige Flexibilität. Zusätzlich ist das N-Protein notwendig, damit in Wechselwirkung mit den P- und L-Proteinen die Transkription des Genoms stattfinden kann. Letztere sind ebenfalls ein Teil des Nucleocapsids, pro Partikel werden etwa 300 Moleküle des P- beziehungsweise 30 Moleküle des L-Proteins gefunden. Diese sind über nichtkovalente Wechselwirkungen miteinander und mit den N-Proteinen assoziiert und lassen sich experimentell vom Nucleocapsid ablösen.

Am 3′-Ende des Genoms befindet sich eine kurze, als *Leader* bezeichnete Sequenzfolge von 52 bis 54 Basen, die zwar transkribiert wird, aber nicht für Aminosäuren codiert (Abbildung 14.5). Am 5′-Ende des Genoms befindet sich ein nichttranskribierter Bereich von 40 bis 44 Basen, den man *Trailer* nennt. Hier liegen die *cis*-aktiven Initiationssignale für den Start der Polymerasereaktion zur Bildung neuer Genomstränge und zur Verpackung der RNA-Moleküle in die Viruspartikel während des Assembly. Kurze, nichttranskribierte Sequenzfolgen (*intergenische Nucleotide*) befinden sich auch zwischen den verschiedenen Genen. Beim Masernvirus haben sie die Sequenz CUU oder CGU, beim Sendai-Virus GAA oder GGG, beim Parainfluenzavirus GAA. Beim Mumpsvirus schwankt ihre Länge zwischen einer und sieben Basen. Konservierte Sequenzfolgen finden sich an den Start- und Endpunkten der Gene (S- und E-Consensus). Sie flankieren die intergenischen Regionen und sorgen für die geordnete Transkription der Genomabschnitte.

Die Anordnung der Gene auf der Nucleinsäure ist bei Vertretern der Genera Paramyxo- und Morbillivirus sehr ähnlich. In 3′→5′-Richtung finden sich die Gene N-P-M-F-H/

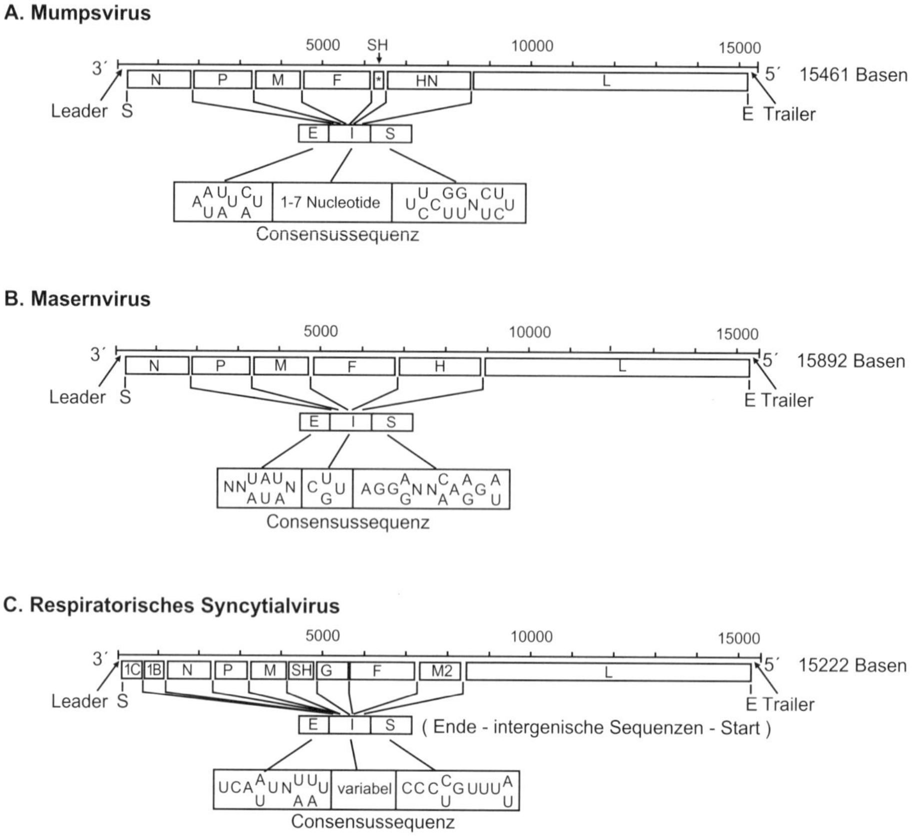

14.5 Genomorganisation bei Paramyxoviren. A: Mumpsvirus; B: Masernvirus; C: Respiratorisches Syncytialvirus. Das Genom besteht aus einer einzelsträngigen RNA, die als Negativstrang vorliegt. Unter der schematisch als Linie dargestellten RNA ist die Lage und Länge der verschiedenen von den Viren codierten Gene angegeben, die im Replikationsverlauf in mRNA transkribiert werden. An den Enden und zwischen den Genen befinden sich Kontrollsequenzen, die mit E-I-S bezeichnet sind. An den E-Sequenzen (Ende) stoppt die Transkription, die I-Sequenzen (intergenisch) werden überlesen, die S-Sequenzen kontrollieren den erneuten Start der mRNA-Synthese. Die für die jeweiligen Viren spezifischen Consensussequenzen an den Genübergängen sind angegeben. Mit 1C (NS1) und 1B (NS2) sind Gene für Nichtstrukturproteine bezeichnet, die man beim Respiratorischen Syncytialvirus findet. Das SH- oder 1A-Gen codiert für ein kleines, sehr hydrophobes Membranprotein. Man findet es im Genom der Pneumoviren und beim Mumpsvirus, hier jedoch nicht bei allen Vertretern der Genus Rubulavirus. Am Übergang zwischen dem Gen M2 und L des Respiratorischen Syncytialvirus überlappt das 3′-Ende des M2-Transkripts mit dem 5′-Ende der mRNA für das L-Protein.

HN-L (Abbildung 14.5). Im Genom der Pneumoviren ist die Abfolge anders: Ihm fehlen die Sequenzen der HN- beziehungsweise H-Proteine. In dem entsprechenden Bereich findet sich die Information für ein als M2-Protein bezeichnetes Produkt von etwa 22 kD, das bei diesen Viren in unregelmäßigen Mengen in der Matrixproteinschicht der Partikel nachgewiesen werden kann. Der für das G-Protein codierende Nucleinsäurebereich liegt zwischen den Genen für die M- und F-Proteine. Zusätzlich befinden sich im 3′-Bereich des Pneumovirusgenoms zwei kürzere Leserahmen, 1B oder NS2 und 1C oder NS1 genannt, deren Funktion unbekannt ist. Ein 1A- oder SH-Gen ist sowohl bei den Pneumoviren als auch beim Mumpsvirus vorhanden. Es codiert für ein kurzes, hydrophobes Peptid.

Das Genom der Paramyxoviren enthält neben diesen relativ einfach erkennbaren Genen weitere Codierungskapazitäten: In der für das P-Protein codierenden Region befindet sich ein zweiter Leserahmen, der ein anderes Raster verwendet und für zwei Formen eines *Nichtstrukturproteins* codiert (*C* und *C'*, C = *cellular protein*) sowie für die *Polypeptide Y1 und Y2*, die einen anderen Startpunkt verwenden. Eine aminoterminal verkürzte Version des P-Proteins ist das *X-Protein*. Eine weitere Variation besteht darin, daß mRNA-Moleküle aus dem Bereich des P-Gens durch gezieltes Einfügen von Guanosinresten über den Prozeß der *RNA-Editierung* so verändert werden, daß sich hierdurch neue Leserahmen (für die *Proteine V* und *W*) ergeben können.

14.2.3 Virusproteine

Strukturproteine

Membranproteine. Die *HN-*, *H-* beziehungsweise *G-Proteine* sind in der Membran der verschiedenen Paramyxoviren verankert und für die spezifische *Adsorption* der Partikel an die Zelloberfläche verantwortlich. Es handelt sich um Membranproteine des Typs II, das heißt, sie besitzen kein Signalpeptid am aminoterminalen Ende sondern eine hydrophobe Sequenzfolge von 25 bis 30 Aminosäuren in der Nachbarschaft des Aminoterminus. Sie wirkt als Signal für den Transport des Translationskomplexes zur Membran des endoplasmatischen Reticulums, erlaubt das Durchschleusen der Proteinkette in das Lumen und dient als Transmembranregion zur Verankerung des Polypeptids. Eine Signalase schneidet hier nicht. Folglich befinden sich die etwa 30 bis 40 Aminosäuren am aminoterminalen Ende im Cytoplasma und die Sequenzen im Anschluß an die hydrophobe Domäne im Lumen des endoplasmatischen Reticulums – hier werden sie durch Anfügen von Zuckergruppen modifiziert – beziehungsweise auf der Oberfläche der Virusmembran. Die Proteine liegen als Oligomere vor, die durch Disulfidbrücken miteinander verbunden sind. Vermutlich handelt es sich dabei um *Tetramere*.

Das *HN-Protein* besitzt eine Domäne mit ausgeprägter Homologie zur Neuraminidase der Influenzaviren. Es spaltet endständige Neuraminsäurereste von komplexen Kohlenhydratgruppen ab. Neuraminsäuren dienen vielen Vertretern der Paramyxoviren als zelluläre Rezeptoren. Sie sind Modifikationen von Lipid- und Proteinkomponenten auf Zelloberflächen. Die Bindung an die Neuraminsäure wird durch Aminosäuren um Position 400 des HN-Proteins vermittelt. Die Neuraminidaseaktivität entfernt eben diese Rezeptorgruppen. Das gewährleistet vermutlich die effiziente Ausbreitung einer Viruspopulation: Zum einen erschwert das Entfernen der als Rezeptor wirkenden Gruppen die Infektion mit einem zweiten Viruspartikel. Außerdem verhindert es später im Replikationszyklus, daß freigesetzte Viren sofort wieder mit Rezeptoren der infizierten zerstörten Zelle reagieren und damit für die kommenden Infektionszyklen nicht mehr zur Verfügung stehen.

Die *H-Proteine* der Morbilliviren haben keine Neuraminidaseaktivität, binden sich jedoch an diese Zuckergruppe und besitzen eine signifikante Sequenzhomologie zu den HN-Proteinen des Genus Paramyxovirus. Die Struktur der Proteine und ihre Oligomerisierung dürfte deswegen sehr ähnlich sein, vor allem weil die Lokalisation der Cysteinreste stark konserviert ist. Auch das weist auf eine enge Verwandtschaft zwischen den HN- und H-Proteine beider Genera hin. Die funktionell deutlich unterschiedlichen *G-Proteine* der Pneumoviren besitzen mit 298 Aminosäuren nur die Hälfte der Größe der knapp 600 Reste langen HN-und H-Proteine. Sie besitzen im Gegensatz zu letzteren einen sehr hohen Gehalt an Zuckergruppen, die *O*-glycosidisch mit Serin- oder Threoninresten verbunden sind.

Die *F-Proteine* besitzen sehr stark konservierte Sequenzen und sind in der Membran der Virionen verankert. Der heterodimere Komplex aus F_1- und F_2-Teilen induziert nach der Adsorption der Partikel an eine Zelle die *Fusion* der viralen mit der zellulären Membran. Das F-Protein wird als *Vorläuferpolypeptid* F_0 synthetisiert. Dieses besitzt am aminoterminalen Ende ein typisches Signalpeptid für den Transport des Translationkomplexes zur Membran des endoplasmatischen Reticulums (Abbildung 14.6A). Nach dem Durchschleusen der Aminosäurekette durch die Membran bewirkt eine hydrophobe Sequenzfolge am carboxyterminalen Ende die Verankerung des F_0-Proteins in der Membran, das Signalpeptid wird abgespalten. Das F_0-Protein wird im Verlauf des Transportes durch den Golgi-Apparat glycosyliert. Die Prozessierung des F_0-Proteins in den *aminoterminalen Anteil* F_2 (circa 10–20 kD bei den verschiedenen Viren; Tabelle 14.4) und das F_1*-Protein* erfolgt durch eine im Golgi-Bereich lokalisierte Protease. Die Spaltstelle liegt zwischen einem Abschnitt basischer Aminosäuren und einer hydrophoben Domäne. Letztere bildet nach der Spaltung das aminoterminale Ende des membranverankerten F_1-Proteins. Der F_2-Anteil bleibt mit dem F_1-Protein durch eine Disulfidbrücke verbunden (Abbildung 14.6B). Durch die Proteolyse des F_0-Proteins wird am Aminoterminus des F_1-Teils ein stark hydrophober Bereich von circa 25 Aminosäuren exponiert. Er kann nun im Verlauf des Infektions- und Adsorptionvorganges die Verschmelzung der viralen mit der zellulären Membran vermitteln (Abbildung 14.6B). Antikörper, die gegen dieses Fusionspeptid des F_1-Proteins gerichtet sind, haben neutralisierende Wirkung und verhindern die Aufnahme des Virus durch die Zelle.

Tabelle 14.4: Eigenschaften und Funktionen der verschiedenen Paramyxovirusproteine

Protein	Parainfluenzavirus	Masernvirus	Respiratorisches Syncytialvirus	Funktion
Strukturproteine				
F_0-Protein	63 kD glycosyliert acyliert	55–60 kD glycosyliert acyliert	68–70 kD glycosyliert acyliert	Vorläuferprodukt, Membranprotein, wird prozessiert zu F_2 und F_1
F_2-Protein	10–12 kD	18–20 kD	20 kD	aminoterminale Region von F_0, Signalpeptid am NH_2-Ende
F_1-Protein	50–55 kD	41 kD	48 kD	carboxyterminale Region von F_0, Fusionspeptid am NH_2-Ende, Transmembranregion (Typ I Membranprotein), neutralisierende Antikörper
F-Protein				fusionsaktives Heterodimer aus F_1 und F_2
HN-Protein	69–72 kD glycosyliert acyliert	—	—	Bindung an Neuraminsäure und Neuraminidase, Adsorption, Hämagglutination, neutralisierende Antikörper, Oligomer (Di- und Tetramer), Transmembranregion am NH_2-Ende (Typ II Membranprotein)
H-Protein	—	79 kD glycosyliert acyliert	—	keine Neuraminidaseaktivität, sonstige Funktionen wie bei HN-Protein
G-Protein	—	—	84–90 kD *O*-glycosyliert	keine Neuraminidase, kein Hämagglutinin, sonstige Funktionen wie bei HN-Protein

Tabelle 14.4: (Fortsetzung)

Protein	Para-influenza-virus	Masernvirus	Respiratorisches Syncytialvirus	Funktion
M-Protein	39,5 kD	36 kD	29 kD	Matrixprotein, bildet Proteinschicht an Membraninnenseite, initiiert Assembly
N/NP-Protein	58 kD	60 kD	43 kD	Nucleocapsidprotein, interagiert mit RNA-Genom
P-Protein	67 kD phosphoryliert	72 kD phosphoryliert	27 kD phosphoryliert	ergänzt Polymeraseaktivität des L-Proteins, bindet an L- und N-Proteine,
L-Protein	256 kD	200 kD	250 kD	RNA-abh. RNA-Polymerase, bindet an N- und P-Proteine, Teil des Nucleocapsids, Proteinkinase
Nichtstrukturproteine				
1A/SH-Protein	57 AS*	—	64 AS	Funktion unklar, hydrophob
1C/NS1-Protein	—	—	139 AS	Funktion unklar
1B/NS2-Protein	—	—	124 AS	Funktion unklar
C-Protein	199 AS/ 23,3 kD	20 kD	—	Hemmung der Genomtranskription
D-Protein	ca. 20 kD	?	—	aminoterminal verkürztes C-Protein
V-Protein	22–28 kD	46 kD		Insertion von G-Resten durch RNA-Editing; cysteinreich, phosphoryliert

* beim Mumpsvirus
AS: Aminosäuren

Modell zur F-Protein vermittelten Membranfusion

Für den Adsorptions-, Membranfusions- und Infektionsvorgang hat man folgendes Modell entwickelt: Im ersten Schritt adsorbieren die Viruspartikel über eine spezifische Wechselwirkung des HN- oder H-Proteins an Rezeptoren auf der Zelloberfläche. Das bringt die Oberflächen der Virus- und Cytoplasmamembranen in eine sehr enge räumliche Nähe. Im zweiten Schritt kann das stark hydrophobe aminoterminale Ende des F_1-Proteins, das die hydrophobe Umgebung in der Lipidschicht bevorzugt, mit der Cytoplasmamembran interagieren und so eine zusätzliche, direkte Verbindung zwischen Virus und Zelle schaffen: Das F_1-Protein ist nun über sein carboxyterminales Ende mit der Virusmembran assoziiert und mit dem Aminoterminus mit der Cytoplasmamembran der Zelle. Die beiden Membrankompartimente stoßen nun sozusagen aneinander, der fluide Charakter der Lipiddoppelschichten fördert ihre Verschmelzung. Virus- und Zellmembran gehen also ineinander über, und das im Virion enthaltene Nucleocapsid wird in das Zellinnere entlassen.

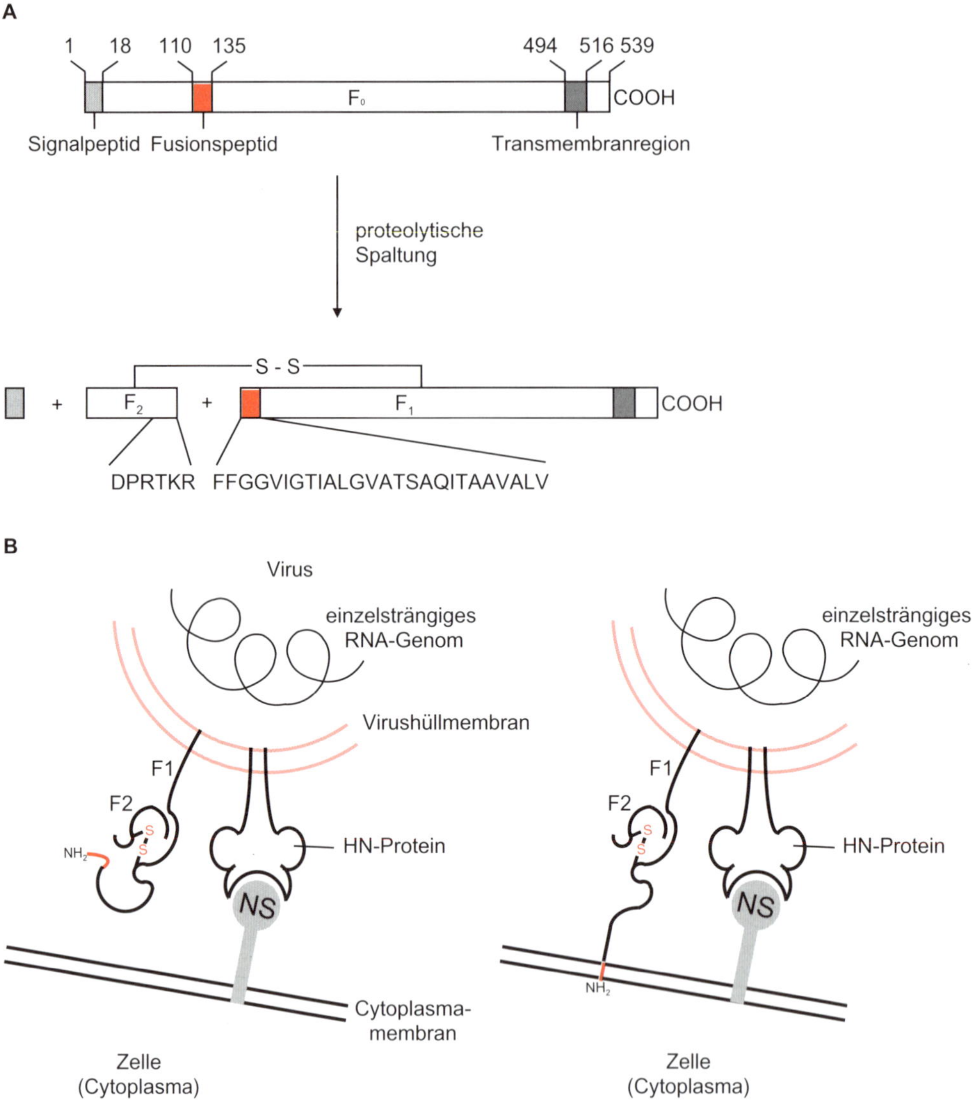

14.6 Das F-Protein der Paramyxoviren. A: Lage der funktionell aktiven Domänen im F-Protein des humanen Parainfluenzavirus Typ 3. Das Protein wird durch eine trypsinähnliche Protease in einen aminoterminalen Anteil F_2 und einen membranverankerten Anteil F_1 gespalten. Beide Anteile bleiben über eine Disulfidbrücke miteinander verbunden. B: Postulierter Wirkmechnismus bei der F-Protein-induzierten Membranfusion. Das Viruspartikel bindet sich über das HN-Protein an eine endständige Neuraminsäure (NS), die sich an Proteinen oder Lipiden auf der Zelloberfläche befindet. Die hydrophoben Aminosäuren am aminoterminalen Ende des F1-Proteins, das in die Membranhülle des Virus eingelagert ist, gelangen so in die Nähe der Cytoplasmamembran und können sich in sie einlagern. Hierdurch wird eine enge Verbindung zwischen der Virus- und der Zellmembran geschaffen, welche die Fusion und Verschmelzung beider fördert.

Das *M-Protein* ist ein relativ kleines, nichtglycosyliertes, mit der Hüllmembran assoziiertes Virusprotein. In der Sequenz des M-Proteins läßt sich weder ein Signalpeptid noch eine Transmembrandomäne identifizieren. Es kann mit den im Cytoplasma lokalisierten Domänen der beiden anderen viralen Glycoproteine interagieren und lagert sich so unter Ausbildung einer *Matrixschicht* an der Innenseite der Membran an. Zusätzlich kann das M-Protein mit dem Nucleocapsid, vor allem dem N-Protein wechselwirken. Es ist für die Bildung der Viruspartikel und die Verpackung der viralen RNA im Verlauf der Morphogenese und des Virus-Assembly von großer Bedeutung.

Proteine des Nucleocapsids. Das Nucleocapsid besteht aus drei viralen Proteinen, die mit dem RNA-Genom einen Komplex bilden. Die Hauptkomponente des Nucleocapsids ist das N-Protein, das in enger Bindung an die RNA vorliegt. Für das Anlagern an die Nucleinsäure sind die Domänen im aminoterminalen Teil des Proteins verantwortlich, während das carboxyterminale Drittel an der Oberfläche des Ribonucleoproteinkomplexes exponiert ist und mit den P- und L-Proteinen interagiert. Der Komplex aus N-, P- und L-Protein ist in seiner Gesamtheit an der Transkription des RNA-Genoms beteiligt. Das N-Protein ist zwar enzymatisch nicht aktiv. Seine Beteiligung an diesem Prozeß konnte aber durch den Befund belegt werden, daß „nackte" RNA durch die P- und L-Proteine nicht transkribiert werden kann. Weitere Wechselwirkungen des N-Proteins erfolgen mit den M-Polypeptiden, die mit der Cytoplasmamembran der infizierten Zelle und der Virusmembran assoziiert sind. Diese Bindung ist für die korrekte Faltung und Verpackung der Nucleocapside in die entstehenden Partikel essentiell.

Die Sequenzen der *L-Proteine* sind bei allen Paramyxoviren konserviert. Nur wenige Moleküle assoziieren mit den Nucleocapsiden im Viruspartikel und in den infizierten Zellen. Die L-Proteine sind nicht gleichmäßig über die gesamte Länge des Nucleocapsids verteilt, sie liegen vielmehr gehäuft an den transkriptionsaktiven Regionen vor und sind dort nichtkovalent miteinander verbunden. Das L-Protein ist eine RNA-abhängige RNA-Polymerase, kann aber nicht allein, sondern nur im Komplex mit den Proteinen P und N wirken. Es ist außerdem vermutlich als Proteinkinase an der Phosphorylierung der P- und N-Proteine beteiligt.

Mit dem L-Protein assoziiert ist das *P-Protein*, die dritte Komponente des Nucleocapsids, das wegen dieser Interaktion ebenfalls in Clustern vorliegt. Es handelt sich um ein phosphoryliertes, wahrscheinlich trimeres Polypeptid. Die Phosphatgruppen befinden sich überwiegend in der aminoterminalen Region. Während des Transkriptionsprozesses kann das P-Protein seine Lokalisation auf dem Nucleocapsid verändern: Es wandert gleichsam auf ihm entlang und gilt deswegen als „mobiles" Protein. Der Komplex aus L- und P-Protein ist nicht nur für die Synthese der verschiedenen RNA-Produkte verantwortlich, sondern auch für die Capping-und Methylierungsreaktion an den 5′-Enden der mRNA-Moleküle und für die 3′-Polyadenylierung.

Nichtstrukturproteine

Bei einigen Paramyxoviren, zum Beispiel beim Mumpsvirus, und auch bei den Pneumoviren (Abbildung 14.5A und 14.5C) findet sich in der Nucleinsäuresequenz des Genoms ein kurzer offener Leserahmen, der für ein kurzes, hydrophobes *SH-Protein* (SH = *strongly hydrophobic*) codiert, das die Merkmale eines membranassoziierten Produkts hat. Seine Funktion ist nicht bekannt, und es konnte bisher nicht eindeutig als Teil des Virions nachgewiesen werden. Es ist auch nicht klar, ob es in infizierten Zellen exprimiert wird. Zwei weitere Nichtstrukturproteine lassen sich aus der Sequenz der Pneumovirusgenome ableiten: Dem Leserahmen 1C wurde das NS1-Protein, dem 1B-Rahmen das NS2-Protein zugeordnet. Beide wurden bisher nicht in infizierten Zellen nachgewiesen, ihre Funktion ist unbekannt.

Nichtstrukturproteine gibt es auch bei anderen Paramyxoviren. Auch dort ist ihre Funktion in den meisten Fällen unklar. Verantwortlich für die Synthese sind Sequenzen im

P-Gen. Beim Sendai-Virus entdeckte man, daß ausgehend vom P-Gen sieben bis acht verschiedene Proteine gebildet werden können:

1. das P-Protein, das colinear zur Genomsequenz ist;
2. das X-Protein, das von derselben RNA im selben Raster wie das P-Protein translatiert wird, aber ein späteres AUG-Codon für den Start verwendet, also ein aminoterminal verkürztes Produkt des P-Proteins darstellt;
3. die Familie der C-Proteine (C, C' und Y1/Y2), die in einem anderen Leseraster unter Verwendung unterschiedlicher Startcodons translatiert wird; es entstehen Proteine mit einem Molekulargewicht von etwa 20 kD, die sich hinsichtlich der aminoterminalen Enden unterscheiden; es gibt Hinweise, daß die verschiedenen C-Proteine die Transkription des Genoms hemmen;
4. die Proteine V und W, für deren Synthese die mRNA für das P-Protein durch *RNA-Editing* (Redigieren der RNA) verändert werden muß; in die Sequenz werden posttranskriptionell ein bis zwei Guanosinreste eingefügt, so daß sich das Leseraster verschiebt. Die Proteine, die von diesen RNA-Spezies translatiert werden, sind in den aminoterminalen Regionen mit dem P-Protein identisch. Erst am Editierungspunkt verändert sich durch das verschobene Leseraster auch die Sequenz. Die V-Proteine scheinen die Genomreplikation zu hemmen.

Sequentiell und daher möglicherweise auch funktionell ähnliche Produkte findet man auch bei allen anderen Paramyxoviren: Das C-Protein der humanen Parainfluenzaviren und des Masernvirus wird unter Verwendung eines alternativen Startcodons in einem anderen Leseraster gebildet. Das D-Protein der Parainfluenzaviren ist eine aminoterminal verkürzte Version des C-Proteins. Beim Mumpsvirus konnte man diese Version eines Nichtstrukturproteins allerdings nicht finden. Hier ist die Synthese des P-Proteins von dem posttranskriptionellen Einfügen einer Base abhängig, während das V-Protein von der nichtmodifizierten RNA translatiert wird.

Ein RNA-Editing gibt es bei allen humanen Paramyxoviren. Dieser Prozeß, bei dem meist die Insertion eines Guanosinrestes an einer definierten Stelle der mRNA (oft in einer PolyU-reichen Region, ähnlich den Polyadenylierungssignalen) das Leseraster verändert, führt zur Bildung der V-Proteine. Sie entsprechen in ihrer aminotermianlen Region der Sequenz des P-Proteins, gehen dann aber in eine stark cysteinreiche Aminosäurefolge über. Eine Editierung kann nicht nur in der mRNA für das P-Protein stattfinden. Ähnliche Mechanismen in der für das C-Protein codierenden mRNA führen bei einigen Viren zur Translation eines weiteren, abgewandelten Proteins (W-Protein). Welche Funktionen diese für den P-Genbereich codierenden Proteinvariationen haben, weiß man nicht genau.

14.2.4 Replikation der Paramyxoviren

Paramyxoviren adsorbieren über die HN-, H- oder G-Proteine an neuraminsäurehaltige Oberflächenkomponenten der Zellen. Im folgenden Schritt vermittelt das fusionsaktive F-Protein die Verschmelzung der Hüllmembran des Virions mit der Cytoplasmamembran (Abschnitt 14.2.3), ein Vorgang, der zur Aufnahme des Nucleocapsids durch die Zelle führt. Alle weiteren Schritte laufen im Cytoplasma der infizierten Zelle ab.

Das RNA-Genom der Paramyxoviren kann nicht direkt in Protein übersetzt werden. Die Synthese der Proteine und alle weiteren Replikationsschritte sind von der Transkription des Genoms in geeignete mRNA-Spezies abhängig. Deshalb ist eine RNA-abhängige RNA-Polymerase mit dem Nucleocapsid assoziiert und wird mit ihm in die Zelle eingebracht. Alle drei mit der Nucleinsäure komplexierten Proteine sind für den Ablauf der Transkription nötig, das L-Protein stellt die eigentliche Polymerase. Die primäre Transkription beginnt am 3'-Ende der RNA im Bereich der Leader-Sequenz, die dem ersten Gen vorgeschaltet ist. Es wird eine kurze, zur Leader-Region komplementäre RNA gebildet, die vor dem Beginn des N-Gens abbricht. Der Polymerasekomplex bleibt mit dem Virusgenom assoziiert, rückt einige Nucleotide weiter bis zum Startsignal der mRNA-Synthese des N-Gens und beginnt hier erneut mit der Polymerisation. Die Reaktion wird am Ende des Gens im Bereich der Consensussequenz E gestoppt, die den Genen zwischengeschalteten, intergenischen Basen werden übersprungen und die Polymerisationsreaktion beginnt erneut an der S-Consensusregion des benachbarten P-Gens. Diese aufeinanderfolgenden Vorgänge – Start der mRNA-Synthese, Polymerisation, Ende der mRNA-Synthese, Überspringen der intergenischen Basen – wiederholt sich für jeden Genbereich, so daß schließlich sechs unterschiedliche mRNA-Spezies für die Gene N, P, M, F, HN/H/G und L vorliegen (Abbildung 14.7A, B). Alle mRNA-Moleküle sind am 5'-Ende gecappt und am 3'-Ende polyadenyliert. Das Polyadenylierungssignal bildet wahrscheinlich die uracilreiche Basenfolge, die innerhalb der E-Consensussequenzen aller Paramyxoviren zu finden ist. Die Modifikation der 5'-Enden der mRNA-Moleküle erfolgt durch die Nucleocapsidproteine P.

Der sich im Verlauf der mRNA-Synthese wiederholende Vorgang von Stop/Überspringen/Neustart an den E/I/S-Consensussequenzen ist nicht immer erfolgreich: Manchmal fällt der Enzymkomplex beim Überspringen der intergenischen Sequenzen von der RNA-Matrize ab. Als Folge bildet sich in der Transkriptionsrichtung ein Gradient aus: Vom N-Gen, das dem 3'-Ende des Genoms am nächsten liegt, wird am meisten transkribiert, für das L-Protein liegen die wenigsten mRNAs vor. Die Mengenverhältnisse der entsprechenden Proteine sind ähnlich. Etwa zwei bis vier Stunden nach der Infektion sind die ersten viralen Proteine in der Zelle nachweisbar. Für die Synthese der Nichtstrukturproteine C, C', V müssen die oben beschriebenen Editierungsvorgänge ablaufen. Welche Funktion die kurze, nicht gecappte Leader-RNA hat, ist unklar. Möglicherweise ist sie für die korrekte Bindung des L-Proteins und den damit verbundenen Beginn der Transkription wichtig. Ob die Leader-RNA der Paramyxoviren wie die des Vesicular-Stomatitis-Virus die zellulären Stoffwechselprozesse abschalten kann, ist nicht bekannt (Abschnitt 14.1.4).

Die Synthese eines durchgehenden RNA-Moleküls in Positivstrangorientierung ist Voraussetzung für die Bildung neuer Virusgenome. Das heißt, daß neben den verschiedenen mRNA-Spezies, die die Bereiche der einzelnen Gene umfassen, auch RNA-Moleküle gebildet werden müssen, deren Synthese an den E/I/S-Consensussequenzen nicht abbricht, sondern diese mit abliest. Nur ein solches kontinuierliches RNA-Produkt kann als Matrize für die Synthese neuer RNA-Genome dienen.

Das Umschalten von der Transkription der einzelnen mRNA-Spezies zur Replikation mit der Bildung durchgehender RNA-Stränge in Plusstrangorientierung ist von der Menge an N-Proteinen abhängig, von denen – wie erwähnt – am meisten gebildet wird. Liegen sie in ausreichender Menge im Cytoplasma vor, so interagieren sie mit der Leader-RNA und verhindern damit den Stop der Transkription an den E-Consensusregionen, die nun überlesen werden. Durch diesen Mechanismus der *Antitermination* entsteht ein durchgehendes RNA-Molekül (Antigenom), das über seine gesamte Länge mit N-Proteinen komplexiert ist (Abbildung 14.7). Zugleich scheint sich ein Komplex zwischen N- und P-Proteinen zu bilden, der mit dem L-Protein wechselwirkt und dieses in seiner Aktivität so verändert, daß die Entstehung durchgehender Antigenome gefördert wird. Die Regulation des Umschaltens zwischen Genomtranskription und -replikation über die Menge an neu synthetisierten N-Proteinen ist einfach und sinnvoll: Ein Umschalten kann erst dann erfolgen, wenn genügend Protein gebildet wurde.

Die im Cytoplasma vorliegenden Antigenome werden als Matrizen für die Produktion neuer Virusgenome verwendet. Auch an diese binden sich sofort N-Proteine. Gleichzeitig erfolgt die Translation der anderen viralen Proteine. Die Membranproteine HN/H oder G

A

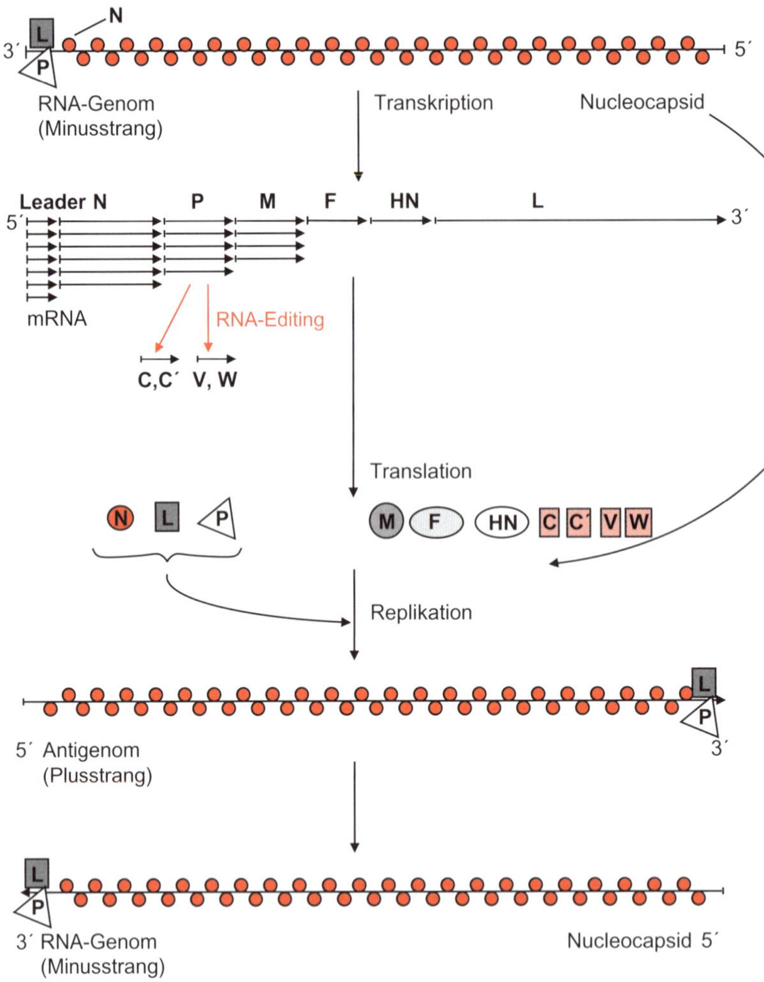

14.7 A: Verlauf der Genomreplikation der Paramyxoviren. Das Minus- oder Negativstranggenom der Rhabdoviren liegt im Cytoplasma der infizierten Zellen komplexiert mit den viralen Proteinen N, P und L vor. Zuerst erfolgt – katalysiert durch die RNA-abhängige RNA-Polymerase-Aktivität des L-Proteins – die Synthese von mRNAs, von denen im weiteren die entsprechenden Proteine translatiert werden. Die kurze Leader-RNA codiert nicht für Proteine und hat vermutlich regulatorische Funktionen. An Kontrollsequenzen zwischen den einzelnen Genen stoppt die Transkription, überliest die intergenischen Bereiche und startet erneut. Dieser Vorgang ist nicht immer erfolgreich. Es bildet sich ein Konzentrationsgradient an Transkripten, der mit fortschreitender Transkriptionsrichtung kontinuierlich abnimmt. Das Transkript aus dem Bereich des P-Gens wird durch posttranskriptionelle RNA-Editing-Vorgänge so verändert, daß die Produkte V und W entstehen. Ein alternativer Start führt zur Bildung der Proteine C und C'. Liegt in der Zelle eine ausreichende Menge neu synthetisierter N-Proteine vor, dann bewirken sie zusammen mit den P- und L-Proteinen, daß die Kontrollelemente an den Übergängen zwischen den Genen überlesem werden. Es entsteht ein durchgehender RNA-Plusstrang, der über seine ganze Länge mit N-Proteinen komplexiert ist. Er dient als Antigenom und somit als Matrize für die Bildung der RNA-Minusstränge, das heißt von genomischer RNA.

B

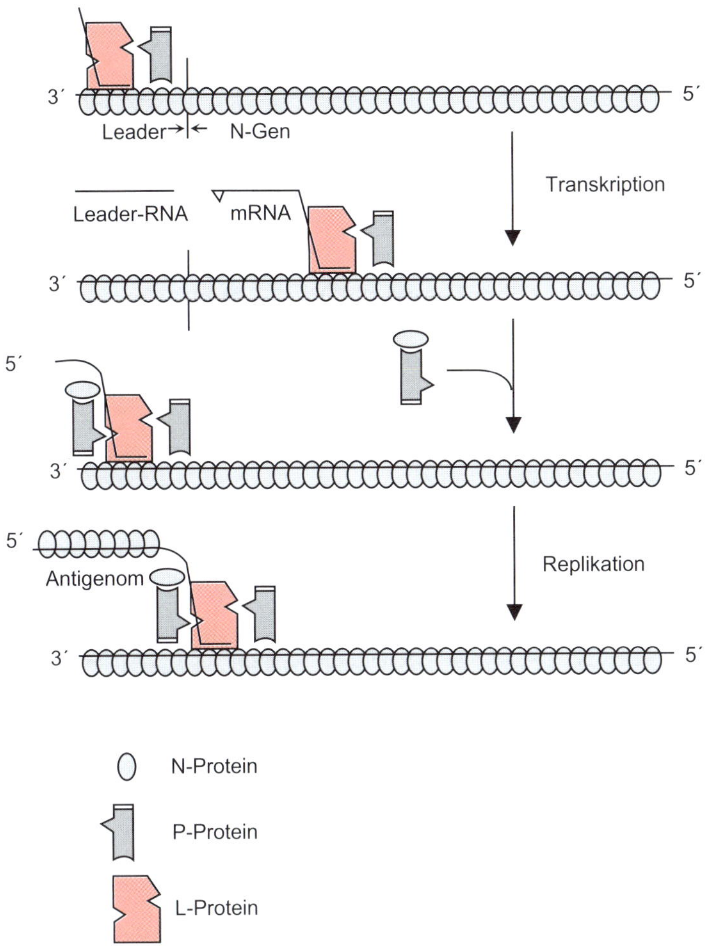

B: Modell zu den Vorgängen und Proteinwechselwirkungen bei der mRNA-Synthese und Genomreplikation (nach einem Vorschlag von Dr. Wolfgang Neubert, MPI für Biochemie, Martinsried). Am 3'-Ende des Genoms beginnt die RNA-abhängige RNA-Polymerase mit der Transkription des Negativstranggenoms. Das Stopsignal am Ende der Leader-Sequenz beendet diesen Vorgang, die intergenischen Basen werden übersprungen, und es erfolgt ein neuer Transkriptionsstart am nächsten Startsignal für die Transkription. Liegen nach der Translation der mRNAs neusynthetisierte N- und P-Proteine in der Zelle vor, lagern sie sich als Komplex mit dem L-Protein an das 3'-Ende der Genome an. Freie N-Proteine aggregieren mit dem Transkript und verhindern, daß es an den Kontrollsequenzen der Genübergänge zum Abbruch der RNA-Synthese kommt. Auf diese Weise entstehen durchgehende RNA-Stränge, die als Antigenome und so als Matrizen für die Produktion neuer Virusgenome dienen.

und das F_0-Protein werden im Golgi-Apparat modifiziert; letzteres wird in die Anteile F_1 und F_2 gespalten und zur Zelloberfläche transportiert. Die M-Proteine lagern sich an der Innenseite der Cytoplasmamembran an und bilden in Wechselwirkung mit den dort lokalisierten F- und HN-, H- oder G-Proteinen eine Matrixproteinschicht aus. Diese wiederum interagiert mit den Ribonucleoproteinkomplexen aus RNA-Genom, N-, P- und L-Proteinen, die Membran stülpt sich an diesen Stellen aus und die so entstehenden neuen Viruspartikel werden durch Budding an der Zelloberfläche freigesetzt.

14.2.5 Die humanen Parainfluenzaviren

Epidemiologie und Übertragung

Man kennt heute vier Typen humaner *Parainfluenzaviren*. Sie sind weltweit verbreitet und verursachen bei Säuglingen und Kindern Erkrankungen der Atemwege. Infektionen mit Parainfluenzavirus Typ 1, 2 und 3 äußern sich vorwiegend als Erkrankungen des oberen Respirationstraktes, seltener als *Bronchitis* und *Bronchiolitis*, und sie sind die Hauptursache des *Pseudokrupp*. Oft verlaufen die Infektionen inapparent. Im Alter von vier bis fünf Jahren sind die meisten Kinder mit diesen Viren infiziert worden, im Erwachsenenalter kann es zu leichter verlaufenden Reinfektionen kommen. Die schweren Verläufe der Infektionen mit dem Parainfluenzavirus vom Typ 3 werden bei Säuglingen bereits während der ersten Lebensmonate beobachtet, mit den Typen 1 und 2 erst später. Das Parainfluenzavirus Typ 4 verursacht meist harmlose Infektionen der oberen Atemwege bei Kindern und jungen Erwachsenen. Alle Viren werden durch direkten Kontakt mit infizierten Personen und durch Tröpfcheninfektion übertragen. Die Viren können bis zu mehreren Monaten nach der Infektion ausgeschieden werden.

Klinik

Bei Kindern beginnen die Symptome nach einer Infektion mit *Husten*, *Heiserkeit* und *Fieber* über 38 °C. Sie können in Schnupfen, Pharyngitis (Rachenentzündung) und Bronchitis übergehen. Nach fünf bis sieben Tagen klingen Fieber und Krankheitsanzeichen meist wieder ab. Wenn sich ein Pseudokrupp entwickelt, dauern die Symptome weiter an, der Husten verschlimmert sich und bekommt einen blechernen, bellenden Klang. Die Kinder erholen sich meist schnell, bekommen jedoch später öfter asthmatische Beschwerden.

Pathogenese

Das Virus infiziert die Zellen der *Nasen-* und *Rachenschleimhäute*. Von dort breitet es sich über den Kehlkopf in die Bronchien und in die unteren Luftwege aus. In der Submucosa und im peribronchiolären Gewebe findet man mononucleäre Zellen, Lymphocyten und Makrophagen. Die Gewebe sind ödematös geschwollen und zeigen eine verstärkte Schleimproduktion. Interferone und Interleukine (Interferon-γ, Tumornekrosefaktor-α, Interleukine 2, 6, und 10) sind lokal bereits drei bis sechs Stunden nach einer Infektion nachweisbar. Sie deuten darauf hin, daß ein Entzündungsprozeß abläuft. Man vermutet, daß bei der Entstehung einer Lungenentzündung neben der direkten Zellzerstörung, das Alveolarepithel sekundär durch immunologische Prozesse geschädigt wird. Neben den Interferonen und Interleukinen sind hierbei vermutlich cytotoxische T-Zellen, IgE-Antikörper und Antigen-Antikörper-Komplexe beteiligt. Die Symptome des Pseudokrupp, die man vor allem bei ein- bis zweijährigen Kindern gelegentlich im Anschluß an die Infektion beobachtet, entstehen durch die starke *Schwellung der Kehlkopfschleimhaut*. Man findet bei den Patienten lokal erhöhte Konzentrationen an IgE-Antikörpern und Histamin, die mit der relativ häufigen Entwicklung von asthmatischen Zuständen in späteren Jahren verbunden sein können. Auch cytotoxische T-Lymphocyten und eine durch sie ausgelöste, immunpathologische Schädigung des Epithels sind hieran möglicherweise beteiligt.

Was die Virulenz der Infektion bestimmt, ist unklar. Es gibt Hinweise, daß sie mit dem Ausmaß der Spaltung des F_0-Proteins in Verbindung steht: Werden Individuen infiziert, deren Schleimhautepithelzellen eine entsprechende Protease besitzen oder hat das infizierende Virus eine durch zelluläre Proteasen leicht erkennbare Spaltstelle, kann eine sehr schnelle Infektion mit Ausbreitung des Virus durch Zellfusionen erfolgen. Die in der Schleimhaut vorhandenen Makrophagen weisen eine reduzierte Phagocytoseaktivität für Staphylococcen auf, wodurch leicht eine bakterielle Überinfektionen entstehen kann. Diese können ihrerseits die Ausbreitung der Viren in die Lungenepithelzellen fördern, da Staphylo- und Streptococcen Proteasen besitzen, die das F_0-Protein spalten. So entstehen mehr infektiöse Partikel. Zur Schwere der Erkrankung können auch patientenspezifische Faktoren wie die Anfälligkeit für allergische Reaktionen und psychosoziale Parameter beitragen.

Immunreaktion und Diagnose

Im Infektionsverlauf werden IgM-, IgA- und IgG-Antikörper gegen die Strukturproteine gebildet. Nach der Infektion sind IgA- und IgG-Antikörper gegen die viralen HN- und F-Oberflächenproteine vorhanden, die neutralisierend wirken, weil sie die Adsorption beziehungsweise die Fusion hemmen. Bei Erwachsenen gelten vor allem neutralisierende IgA-Antikörper in der Nasenschleimhaut als ein Anzeichen für einen Schutz vor Reinfektionen. Cytotoxische T-Zellen – Epitope wurden in den Sequenzen der HN-, P- und N-Proteine charakterisiert – sind für die Eliminierung des Virus aus dem Organismus wahrscheinlich ebenfalls von Bedeutung. Auf der Ebene der T-Helferlymphocyten scheinen Epitope der F- und N-Proteine bevorzugt die Population der T_H1-Zellen zu stimulieren, während die des G-Proteins eher T_H2-Zellen aktivieren.

Die Infektion mit Parainfluenzaviren ist von anderen Viruserkrankungen mit ähnlichen Symptomen (Influenza-A-Virus, *Haemophilus influenzae*) abzugrenzen. Die Diagnose der frischen Infektion erfolgt durch Virusisolierung und -züchtung aus Sputum oder Rachenspülwasser – alle vier Virustypen lassen sich gut in Affennierenzellinien (LLC-MK2) vermehren – oder durch den direkten Nachweis von Virusproteinen in Biopsiematerial. Antikörper können im Serum durch den *ELISA*-, den *Hämagglutinationshemm-* und den *Komplementbindungstest* nachgewiesen werden – allerdings erst acht bis zwölf Tage nach Erkrankungsbeginn, wenn die Beschwerden meist schon abgeklungen sind.

Therapie und Prophylaxe

Es gibt bis heute weder einen Impfstoff noch eine antivirale Therapie.

14.2.6 Das Mumpsvirus

Epidemiologie und Übertragung

Das serologisch einheitliche Mumpsvirus ist weltweit verbreitet und kommt nur beim Menschen vor. Es wird durch *Tröpfcheninfektion* übertragen und von infizierten Personen bis zu sieben Tage vor und neun Tage nach Ausbruch der Erkrankung ausgeschieden. Etwa 90 Prozent der Erwachsenen sind seropositiv. Epidemische Formen der Mumpserkrankung treten vorwiegend im Winter und im Frühjahr in Abständen von zwei bis sieben Jahren auf. Man kennt aber auch sporadische Fälle. Experimentell läßt sich das Virus auf Affen, Katzen und Hunde übertragen, an bebrütete Hühnereier adaptieren und in Zellkulturen züchten.

Die Krankheit Mumps kennt man schon seit langer Zeit

Bereits Hippokrates hat im fünften Jahrhundert vor Christi Geburt den Mumps mit den geschwollenen Speicheldrüsen und der Hodenentzündung beschrieben und von anderen Infektionskrankheiten abgegrenzt. Die auffallenden Symptome finden sich auch in der darstellenden Kunst wieder: So hat am Portal des Straßburger Münsters eine „Törichte Jungfrau" die typischen Krankheitsanzeichen.

Klinik

Die Erkrankung bricht circa zwei bis drei Wochen nach dem Kontakt mit dem Virus aus, etwa ein Drittel der Fälle verläuft asymptomatisch. Bei 95 Prozent der symptomatischen Infektionen findet man eine *Entzündung der Speicheldrüsen*, vor allem den *Ohrspeicheldrüsen* (Parotis), die innerhalb von zwei Tagen stark anschwellen. Es entwickelt sich mäßiges Fieber, das einige Tage anhält. Etwa zehn Prozent der Erkrankungen sind mit einer leicht verlaufenden *Meningoencephalitis* verbunden. Daneben beobachtet man bei 25 Prozent der erkrankten Männer *Hodenentzündungen*, die zur Sterilität führen können. Etwa ein bis fünf Prozent der Frauen entwickeln Eierstockentzündungen, die jedoch ohne Komplikationen verlaufen. Es gibt einige Berichte, daß Mumpsinfektionen während der Schwangerschaft Aborte hervorrufen können. Das Virus kann weitere Organe wie den Pankreas, die Schilddrüse oder die Nieren infizieren und dort zu Entzündungen führen. In einigen Fällen wurden Arthritiden der großen und kleinen Gelenke beobachtet. Wie sie entstehen, ist unklar. Spätfolgen sind Schwerhörigkeit als Folge von Infektionen des Innenohres und Diabetes mellitus nach einer Pankreatitis.

Pathogenese

Das Mumpsvirus gelangt durch Tröpfcheninfektion in die *Schleimhaut* des *Hals-*, *Nasen-* und *Rachenraumes* und vermehrt sich in den Epithelzellen. In der Folge werden die sich dort befindenden Lymphocyten infiziert, und das Virus breitet sich mit ihnen über das Blut im Organismus aus. In dieser Phase scheiden die Patienten das Virus aus. Das Mumpsvirus siedelt sich dann in den *Speicheldrüsen*, dem *Pankreas*, den *Testes*, den *Ovarien* und anderen Drüsen an und verursacht hier Zellzerstörungen. Die Reaktion des Immunsystems führt zu Entzündungen, die mit einer Schwellung der Organe und weiteren Zellschädigungen einhergehen. Die Hodenentzündung, bei der nicht das samenbildende Epithel, sondern die interstitiellen Zellen befallen werden, tritt nur nach der Pubertät auf. Man führt das auf hormonelle Einflüsse oder das Auftreten von neuen, infizierbaren Zelltypen zurück. Während der Virämie gelangt das Virus in die Gehirn- und Rückenmarkshäute, vermehrt sich in den Zellen und verursacht eine Meningoencephalitis oder Meningitis. Es gibt Hinweise, daß das Virus sich auch bei Patienten, bei denen man keine derartigen Symptome beobachtet, im zentralen Nervensystem vermehrt.

Immunreaktion und Diagnose

Die Mumpsinfektion hinterläßt eine *lebenslange Immunität*. Inapparente Reinfektionen hat man bisher nicht beobachtet. Im Infektionsverlauf werden IgM-, IgA- und IgG-Antikörper gebildet, die sich durch *ELISA*- und *Hämagglutinationshemmtests* oder *Komplementbindungsreaktionen* nachweisen lassen und eine serologische Diagnosestellung ermöglichen. Antikörper gegen das NP-Protein treten früh im Infektionsverlauf auf, IgG-Antikörper gegen die viralen F-, HN- und NP-Proteine zeigen eine abgelaufene Infektion an. Vor allem die Antikörper gegen das HN-Protein wirken neutralisierend. Über die zelluläre Immunität und über immunpathologische Prozesse weiß man kaum etwas. Da sich das Virus in aktivierten Lymphocyten vermehrt, findet man jedoch eine reduzierte Reaktivität dieser Zellpopulation bei Inkubation mit Antigenen.

Therapie und Prophylaxe

Die Impfung gegen die Mumpserkrankung wird mit einem *attenuierten Virusstamm* durchgeführt. Durch Adaptation an bebrütete Hühnereier und anschließende Kultivierung in embryonalen Hühnerzellkulturen erhielt man verschiedene Impfstämme (Jeryl-Lynn-B, Urabe). Die molekulare Basis der Attenuierung ist nicht bekannt. Nach jüngsten Berichten scheint die Impfung keinen lebenslangen Schutz zu verleihen. Eine Chemotherapie existiert nicht.

14.2.7 Das Masernvirus

Epidemiologie und Übertragung

Die Masern sind weltweit verbreitet und eine schwere Infektionskrankheit. Die erste Beschreibung der Masernerkrankung ist etwa 1 000 Jahre alt. Da das Virus kein Reservoir außerhalb des Menschen besitzt und hochansteckend ist, reichte wahrscheinlich die geringe Besiedlungsdichte während der Zeit davor nicht aus, um die Infektionsketten aufrecht zu erhalten. Bereits im späten Mittelalter wurden jedoch Epidemien beschrieben, und die Aufnahme von Handelsbeziehungen zwischen Europa und Asien förderte die Verbreitung des Virus. Die europäischen Eroberer brachten bei der Entdeckung des amerikanischen Kontinents die Masern auch dorthin, und die Infektion löste unter der indianischen Urbevölkerung schwere Epidemien mit tödlichen Krankheitsverläufen aus. Ähnliches wurde auch von Inselvölkern (Fidji, Faröer) berichtet, bei denen das Masernvirus eingeschleppt wurde. In diesen Populationen fehlte ein Immunschutz gegen die Infektion. Die Erkrankung betraf daher alle Altersgruppen und verlief zum Teil auch wegen ungenügender Pflege und schlechter Ernährung sehr schwer. Auch heute ist die Mortalität in unterentwickelten Gebieten noch sehr hoch.

1906 beschrieb Pirquet die immunsuppressive Wirkung des Masernvirus. Er stellte fest, daß im Verlauf einer Erkrankung eine vorher positive Tuberkulinreaktion negativ wurde. Das Masernvirus ist also das erste Virus, bei dem eine immunsuppressive Wirkung beschrieben wurde. 1911 wurde der Masernerreger auf Affen übertragen und 1954 erstmals als Virus aus Zellkulturen isoliert.

Die Verbreitung erfolgt durch *Tröpfcheninfektion* von Mund-, Nasen- und Rachenschleimhaut sowie der Augenbindehaut oder durch direkten Kontakt. Kleinste Mengen an Virus genügen für die Infektion. Die Erkrankung erfolgt meist im Kindes- und frühen Jugendlichenalter bis 15 Jahre. In letzter Zeit beobachtet man kleine Ausbrüche von Masernerkrankungen in Personenkreisen, die zwar geimpft worden waren, aber nach 15 bis 20 Jahren nur noch eine geringe Immunität aufweisen.

Klinik

Die Masern sind eine *schwere, hochfieberhafte Erkrankung*. Asymptomatische oder subklinische Verläufe gibt es nur sehr selten. Erwachsene erkranken besonders schwer. Die Inkubationszeit dauert etwa neun bis elf Tage. Zu den ersten Symptomen gehören *Bindehautentzündungen, Lichtscheue, Husten, Schnupfen* und schnell ansteigendes *Fieber*. Ein sicheres Vorzeichen sind die sogenannten *Koplikschen Flecken* in der Mundschleimhaut. Etwa zwei bis drei Tage nach den ersten Krankheitsanzeichen fällt das Fieber ab. Erst anschließend tritt gleichzeitig mit einem erneuten Fieberanstieg bis auf 40 °C der Hautausschlag auf, zuerst hinter den Ohren und im Nacken, dann im Gesicht. Innerhalb von zwei bis drei Tagen breitet er sich über den ganzen Körper aus. Nach weiteren zwei bis drei Tagen klingt das Exanthem wieder ab. Die symptomatische Phase der Masernerkrankung dauert etwa zehn Tage.

Komplikationen sind eine *Pneumonie, Bronchopneumonie, Mittelohrentzündung* und eine *postinfektiöse Autoimmunencephalitis* (Wahrscheinlichkeit 1:2 000). EEG-Veränderungen werden aber auch ohne erkennbare Veränderungen des zentralen Nervensystems in 50 Prozent der Fälle gefunden. Es ist aber unklar, ob sie durch eine Infektion des Gehirns, der Gefäßwände des Gehirns oder sekundär durch Cytokinwirkung ausgelöst werden. Eine Leberentzündung tritt vor allem bei der Infektion von Erwachsenen auf. Sie beschränkt sich im wesentlichen auf das Epithel der Gallengänge. Eine Infektion des Darmepithels, die von den Gefäßkapillaren ausgeht, ist häufig und äußert sich als Diarrhoe. Bei immundefizienten Personen verlaufen die Masern sehr schwer, zum Teil unter Ausbildung der Hechtschen Riesenzellpneumonie, die durch das Auftreten von mehrkernigen Zellen im Bronchialbaum und in der Lunge charakterisiert ist.

Pathogenese

Als zellulärer Rezeptor des Masernvirus dienen Neuraminsäurereste auf den ersten beiden Domänen des *CD46-Proteins*. Neben der Bindung an die Zuckerkomponente beeinflußt die charakteristische Proteinfaltung die spezifische Adsorption. Das CD46-Protein ist ein Mitglied der Immunglobulinsuperfamilie. Es schützt die Zellen vor unspezifischer Lyse durch das Komplement. Durch die Adsorption des Virus und seine Aufnahme über die F-Protein-vermittelte Membranfusion wird das CD46-Protein von einigen Masernvirusstämmen verändert und verliert so seine Funktionsfähigkeit – die Zellen werden nun durch Komplement lysiert und so aus dem Organismus eliminiert. Die Infektionskette bricht ab. Man vermutet, daß diese Art der CD46-Inaktivierung bevorzugt bei Virusstämmen erfolgt, die zu einer abgeschwächten Form der Masern führen, während bei den hochvirulenten Stämmen diese Inaktivierung des CD46 fehlt und die Zellen daher nicht frühzeitig abgetötet werden, so daß sich das Virus schnell weiter ausbreiten kann.

Das Masernvirus infiziert zuerst *Schleimhautzellen* der oberen Atemwege. Die Folge sind Niesen, Schnupfen und Husten. Vom oberen Respirationstrakt kann sich das Virus weiter in den Bronchialbaum ausbreiten und peribronchiale Entzündungen verursachen. Die Schädigung des bronchialen Flimmerepithels fördert die Überinfektion mit verschiedenen bakteriellen Erregern, so daß eine Lungenentzündung entstehen kann. Das an den primären Infektionsorten freigesetzte Virus befällt die dort anwesenden *Makrophagen*. Diese transportieren es zu den *lokalen Lymphknoten*, von denen die *erste Virämie* ausgeht. Weitere Vermehrungsorte sind Endothelzellen, Makrophagen, Mono- und Lymphocyten. Die Zellen proliferieren, es bleibt aber bei einer klinisch inapparenten Hyperplasie. Die charakteristischen *Whartin-Finkeldeyschen Riesenzellen* entstehen durch F-Protein vermittelte Fusionen der infizierten Endothelzellen mit Nachbarzellen. Sie finden sich später auch in vielen anderen Geweben. In dieser Infektionsphase beobachtet man generalisierte Lymphknotenschwellungen. Im Gegensatz zu den Parainfluenzaviren kann es offensichtlich aus den proliferierenden Flimmerepithelzellen an der basolateralen Seite in die darunterliegenden Zellschichten übergehen, die Infektion in andere Gewebe tragen und hier Entzündungsprozesse einleiten. Während der *zweiten Virämie*, die etwa drei bis fünf Tage andauert, vermehrt sich das Virus in vielen Organen (Haut, Nieren, Leber, Harnblase, Gastrointestinaltrakt). In die Bereiche einwandernde Monocyten produzieren Interleukin 1. Die Synthese von TNF-α scheint dagegen eher reduziert zu sein. Die Kapillarinfektionen der Haut äußern sich als *Exanthem*, in dem sich das Virus nachweisen läßt. Das Auftreten des Ausschlags markiert den Beginn der Immunreaktion, die bei Patienten mit einem geschädigten Immunsystem fehlt; bei ihnen entsteht kein Exanthem. MHC-Klasse-I-restringierte cytotoxische T-Lymphocyten wandern in die infizierten Bereiche der Haut ein, lysieren die infizierten Zellen und eliminieren so das Virus aus dem Organismus. Es gibt Hinweise, daß das Masernvirus über längere Zeiträume nach der Infektion persistieren kann. In diesen Fällen lassen sich Virusproteine in den Lymphknoten nachweisen. Ob in diesen Fällen ein genetisch bedingter Defekt der Erkennung von masernvirusspezifsichen T-Zell-Epitopen vorliegt, ist unklar.

Encephalitis. Man kennt heute drei Formen von mit Masernvirusinfektionen assoziierten *Encephalitiden* (Tabelle 14.5):

1. *Akute para-* oder *postinfektiöse Encephalitis* oder *Autoimmunencephalitis*: Diese Form der Encephalitis findet man bei etwa einer von 1 000 bis 2 000 Maserninfektionen. Sie tritt vor allem bei Kindern auf, die älter als zwei Jahre sind und entwickelt sich gleichzeitig mit oder etwa eine Woche nach dem Auftreten des Ausschlages. Das Masernvirus ist im Gehirn

Tabelle 14.5: Formen der Masernencephalitis

	akute postinfektiöse Encephalitis (Autoimmunencephalitis)	akute progressive infektiöse Encephalitis (MIBE)	subakute sklerotisierende Panencephalitis (SSPE)
Übertragbarkeit durch Lymphocyten von Erkrankten	ja (im Tierversuch)	nein	nein
Vorkommen	circa 1:2 000 bei normalen Masernerkrankungen	bei Immundefekten (HIV-Infektionen, Transplantationspatienten, Cytostatikabehandlung)	circa 1:100 000, bevorzugt bei männlichen Patienten, die im Alter bis zu 2 Jahren infiziert wurden
Auftreten	direkt im Anschluß an die Masern	6 bis 10 Monate nach der Maserninfektion	5 bis 16 Jahre nach der Maserninfektion
Virusnachweis im Gehirn	nein	ja	ja, nach Kokultivierung mit infizierbaren Zellen, viele Mutationen
Virusreplikation	nein	ja	überwiegend defekt
Einschlußkörperchen	nein	ja	ja, wenige
zelluläre Immunität	Lymphocyten gegen das basische Myelin	durch Immundefekt gestört	normal

nicht nachweisbar. Die postinfektiöse Encephalitis äußert sich durch *Entmarkung der Myelinscheiden* im Gehirn durch Autoimmunreaktionen. Es ist unklar, wodurch der Angriff des Immunsystems auf das körpereigene Gewebe ausgelöst wird und ob hierbei Ähnlichkeiten zwischen viralen und zellulären Proteinen (wie dem basischen Myelin) eine Rolle spielen. Zehn bis 20 Prozent der postinfektiösen Encephalitiden verlaufen tödlich. Pathohistologisch sind sie durch erweiterte Gefäße, Hämorrhagien, perivaskuläre Infiltrate mit Makrophagen, Lymphocyten und Plasmazellen gekennzeichnet. Die Erkrankung ist mit Benommenheit, Delirium, Koma und Lähmungserscheinungen verbunden. Im Tierversuch läßt sie sich durch Lymphocyten als „allergische Encephalitis" übertragen.

2. *Akute progressive infektiöse Encephalitis* oder *akute Einschlußkörperchen-Encephalitis*, auch *MIBE* (*masern inclusion body encephalitis*) genannt: Diese stets tödliche Form der Encephalitis schließt sich nach einer Pause von sechs bis zehn Monaten an die akute Erkrankung an. Sie tritt nur bei Patienten mit *Immundefekten* auf. Das Masernvirus kann in diesen Fällen aus dem Gehirn isoliert werden. Es verhält sich hier als *opportunistischer Einwanderer*. Die Krankheit erstreckt sich vorzugsweise auf die zellhaltigen Bereiche des Gehirns. Viele Neuronen- und Gliazellen, in denen sich das Virus vermehrt, weisen *Einschlußkörperchen* auf.
3. *Subakute sklerotisierende Panencephalitis* (*SSPE*): Die stets tödliche SSPE ist eine seltene, späte Komplikation der Maserninfektion. Sie tritt mit einer Wahrscheinlichkeit von 1:100 000 sechs bis 15 Jahre nach der akuten Masernerkrankung auf, oft dann, wenn die Infektion früh im Alter bis zu zwei Jahren erfolgte. Sie ist bei männlichen Pateinten häufiger als bei weiblichen. Die SSPE manifestiert sich pathohistologisch als Knötchenencephalitis. Den ersten Hinweis auf diese Spätfolge der Masernerkrankung geben sehr hohe Antikörpertiter in Blut und Liquor gegen die H- und N-Proteine. Vermutlich infiziert das Virus die Gehirnendothelzellen und tritt von hier aus in das Gehirn über. Dort kann man virale Sequenzen nachweisen.
   Bei der SSPE treten interferonresistente Subpopulationen des Masernvirus auf. Diese können ebenso wie die chronische Produktion von Interferon an der Entstehung der SSPE beteiligt sein. Im Gehirn finden sich Viren mit *Mutationen* in den M-, H- und F-Genen, die überwiegend nicht mehr infektiös sind. Vermutlich kann sich die Infektion durch Weitergabe der Nucleoproteinkomplexe und durch Zellfusionen im zentralen Nervensystem ausbreiten. Einschlußkörperchen in den Zellen sind selten. Ursache für diesen Prozeß ist wahrscheinlich ein Defekt der Virusreplikation in den Gehirnzellen, der in einer *abortiven Infektionsform* endet. Auf welcher Ebene der virale Infektionszyklus gestört ist, weiß man nicht. Eine Hypothese besagt, daß falsches RNA-Editing im P-Genbereich zu gehäuften Mutationen führt, was die Replikation und die Morphogenese des Virus unmöglich macht.

Immunreaktion und Diagnose

Mit dem Auftreten des Exanthems lassen sich IgM- und später IgG -Antikörper gegen die F-, H- und N-Proteine durch *Immunfluoreszenz-*, *Hämagglutinationshemm-*, *Komplementbindungs-* und *ELISA-Tests* nachweisen. IgG-Antikörper gegen die H- und F-Proteine schützen bei Reinfektion vor der erneuten Ausbreitung des Masernvirus im Organismus; IgA ist für die Schleimhautimmunität verantwortlich. Außer durch Antikörpernachweis läßt sich die Diagnose der Masern meist klinisch stellen. Die Viren können aus Nasen-Rachen-Abstrichen, dem Blut und der Bronchiallavage isoliert werden. Sie lassen sich in vielen menschlichen Zellinien oder in Nierenzellinien Grüner Meerkatzen (Verozellen) züchten. In Kulturen induziert die durch F-Proteine vermittelte Zellfusion die Bildung mehrkerniger Riesenzellen.

Im Verlauf der akuten Erkrankung sorgen vor allem cytotoxische T-Lymphocyten für die Eliminierung virusinfizierter Zellen in den verschiedenen Organen. Wie wichtig das zelluläre Immunsystem ist, zeigt auch die Tatsache, daß die Infektion auch bei Patienten mit Störungen des humoralen Immunsystems (Agammaglobulinämie) normal verläuft. Bereits zu Beginn des Exanthems sind masernvirusspezifische CD4-positive T-Helferzellen, überwiegend vom T_H2-Typ aktiviert. Sie erkennen Epitope der H-, N-, M-, F- und P-Proteine und sezernieren Cytokine, die Makrophagen und weitere T-Lymphocyten aktivieren sowie die Proliferation von B-Zellen induzieren. Letztere produzieren dann Antikörper gegen masernvirusspezifische Proteine. Ein Teil der CD4-positiven Zellen kann auch MHC-Klasse-II-exprimierende, infizierte Zellen lysieren. Zu diesem Zeitpunkt finden sich außerdem bereits große Mengen IFN-γ im Blut. Sie machen die noch nicht infizierten Zellen resistent. Zugleich lassen sich erhöhte Konzentrationen der Interleukine 2 und 4 sowie von Neopterin nachweisen. Die Proliferation der langzeitaktivierten T_H1-Zellen fehlt dagegen. Vermutlich ist darauf die im Infektionsverlauf auftretende Immunsuppression bezüglich vieler Antigene (unter anderem Tuberkulose) zurückzuführen.

Therapie und Prophylaxe

Die beste Prophylaxe ist die aktive Schutzimpfung mit einem *attenuierten Lebendimpfstoff*, dessen Schutzwirkung lange anhält. Das attenuierte Masernimpfvirus wurde von Enders nach Adaption an das bebrütete Hühnerei und mehrfacher Passage in embryonalen Hühnerfibroblasten entwickelt. Sind Kinder, die man aufgrund einer schweren anderen Erkrankung nicht impfen konnte, Masernviren ausgesetzt, sollte eine passive Immunisierung durch Gabe von virusspezifischen Immunglobulinen erfolgen. Bei schweren, durch Masernvirus verursachten Pneumonien wendet man versuchsweise Ribavirin als Aerosol an.

14.2.8 Das Respiratorische Syncytialvirus

Epidemiologie und Übertragung

1956 wurde aus Schimpansen mit Schnupfen das *chimpanzee coryza agent* isoliert, das ähnliche Symptome bei den Tierpflegern auslöste. Chanock und Mitarbeiter wiesen 1957 bei Kindern mit schweren Erkrankungen der unteren Luftwege ein Virus nach, das mit dem der Schimpansen identisch war und als *respiratory syncytial virus* bezeichnet wurde. Dieser Name weist auf seine Eigenschaft hin, Erkrankungen des Respirationstraktes zu erzeugen und *in vitro* Syncytienbildung zu induzieren. Es gibt die Subtypen A und B, die sich durch die immunologische Reaktion gegen das G-Protein unterscheiden.

Die Infektion mit dem Respiratorischen Syncytialvirus ist hochansteckend – man findet bis zu 10^6 infektiöse Viruspartikel in einem Milliliter Speichel. Es wird vorwiegend durch Tröpfchen und durch direkten Kontakt mit infizierten Personen übertragen. Vor allem Kinder infizieren sich während der Wintermonate. Über 80 Prozent von ihnen besitzen bereits im Alter von vier Jahren Antikörper gegen das Virus. Das Respiratorische Syncytialvirus gilt als das *infektiologische Hauptproblem* des *ersten Lebensjahres*. Säuglinge im Alter zwischen sechs Wochen und einem halben Jahr sind am meisten gefährdet. Reinfektionen mit leichten Erkrankungsformen werden im höheren Lebensalter in Verbindung mit dem Absinken der Antikörperkonzentration gefunden. Nosokomiale Infektionen in Altersheimen, Kindergärten und -kliniken sind häufig.

Klinik

Die Inkubationzeit beträgt etwa *vier* bis *fünf Tage*. Die Erkrankung äußert sich durch leichte bis lebensbedrohende *grippale Infekte* mit Fieber und Schnupfen. Häufig entwickeln sich nach ein bis zwei Tagen *Entzündungen* der *Rachen-* (Pharyngitis) und *Luftröhrenschleimhäute* (Tracheitis) sowie der *Bronchien*. Bis zu 40 Prozent der erkrankten Kinder entwickeln eine *Bronchiolitis* mit Zyanose (Blausucht) und *Lungenentzündung*, bis zu fünf Prozent den *Pseudokrupp* (Abschnitt 14.2.5). Die Virusausscheidung kann nach Abheilung der Symptome längere Zeit andauern. Zu den Komplikationen gehören Mittelohrentzündungen, die wahrscheinlich durch bakterielle Überinfektion verstärkt werden.

Pathogenese

Das Respriatorische Syncytialvirus gelangt über die Tröpfcheninfektion in den *oberen Respirationstrakt*, vermehrt sich in den Zellen des Schleimhautepithels und kann sich von hier aus – vor allem bei Säuglingen und Kleinkindern – innerhalb von ein bis zwei Tagen in die unteren Luftwege ausbreiten. Tierversuche zeigten, daß das Virus durch aspirierte Sekrete und das Flimmerepithel bis zu den Alveolen transportiert wird. Die Bronchial- und Alveolarepithelien werden unter *Syncytienbildung* zerstört. In den Zellen bilden sich cytoplasmatische Einschlußkörperchen, die aus Anreicherungen von Nucleocapsiden bestehen. Die infizierten Epithelzellen schwellen an, werden nekrotisch und in den Speichel und das Bronchialsekret abgegeben. Die submucosalen und äußeren Gewebeschichten sind stark ödematös und die Schleimsekretion ist verstärkt. Hierdurch bilden sich Pfropfen, welche die Alveolen verschließen, so daß der CO_2/O_2 -Austausch verringert ist, und es zu einer Zyanose (Blaufärbung der Haut) kommt. Außer Epithelzellen können Makrophagen und Monocyten infiziert und im peripheren Blut nachgewiesen werden. Diese Zellen setzen jedoch keine Viren frei, so daß es hier zu keiner Virämie kommt.

In den Bronchioalveolaren findet man *Infiltrate* von *Lymphocyten*, *Plasmazellen* und *infizierbaren Makrophagen*. Die Zellen reagieren mit der Sekretion von Interleukin-1β und Tumornekrosefaktor-α. Sie wirken also immunregulatorisch. Granulocyten phagocytieren Virus-Antikörper-Komplexe und reagieren mit einer erhöhten Produktion der Interleukine 6 und 8 sowie von Tumornekrosefaktor-α. Alle diese Prozesse zusammen können sich als interstitielle Lungenentzündung äußern.

Schwere Erkrankungen sind häufig anzutreffen, wenn Säuglinge während der ersten sechs Lebensmonate infiziert werden – also in einer Phase, in der mütterliche Antikörper gegen das Respiratorische Syncytialvirus im Blut des Kindes vorhanden sind. Das läßt auf einen möglicherweise *infektionsverstärkenden Mechanismus* durch die Immunglobuline schließen. In den ersten sechs Wochen nach der Geburt entsteht keine Bronchiolitis. Man vermutet daher, daß diese Entzündungsreaktion nur dann ausgelöst wird, wenn virusspezifische Antikörper im Überschuß vorliegen und die Immunkomplexbildung lokal zu einer Komplementaktivierung, Cytokinfreisetzung und chemotaktischen Anlockung von Lymphocyten führt.

Immunreaktion und Diagnose

Im Verlauf der Infektion mit dem Respiratorischen Syncytialvirus werden IgM-, IgA- und IgG-Antikörper gebildet, die sich in *Komplementbindungs-* und *ELISA*-Tests nachweisen lassen. Bei der Erkrankung von Kleinkindern wird die Diagnose meist durch den Nachweis von virusinfizierten Zellen im Speichelsekret über Immunfluoreszenz gestellt. Antikörper gegen die G-und F-Proteine sind neutralisierend und vermitteln insbesondere nach wiederholten Infektionen antiviralen Schutz. Die viralen Subtypen A und B lassen sich anhand von neutralisierenden, monoklonalen Antikörpern gegen die G-Proteine unterscheiden. Tierversuche lassen vermuten, daß MHC-Klasse-I-restringierte, cytotoxische T-Lymphocyten an der Eliminierung des Virus aus dem Organismus entscheidend beteiligt sind. Bei Patienten mit Defekten der zellulären Immunantwort kann das Virus auch in der Leber, dem Myocard und den Nieren nachgewiesen werden.

Therapie und Prophylaxe

Ein Impfstoff liegt noch nicht vor. Durch Formalin abgetötete Viren waren wenig erfolgreich, da das F-Protein durch die chemische Behandlung zerstört wird und nur Antikörper gegen das G-Protein gebildet werden. Diese sind zwar virusneutralisierend, konnten aber die Virusverbreitung durch Zellfusionen nicht verhindern. Ob eine passive Immunisierung durch Immunglobulingabe wirksam ist, ist umstritten. Die klinische Therapie von Patienten, die sich mit dem Respiratorischen Syncytialvirus infiziert haben, erfolgt durch Sauerstoffzufuhr in der Atemluft. Ribaviringaben in der Form von Aerosolspray haben sich bewährt.

14.2.9 Weiterführende Literatur

Ananaba, G. A.; Anderson, L. J. *Antibody enhancement of RS-Virus stimulation of leukotrine production by a macrophage-like cell line.* In: *J. Virol.* 65 (1991) S. 5052–5060.

Anderson, L. J.; Csou, C.; Potter, C.; Keyserting, H. L.; Smith, T. F.; Ananoba, G.; Bangham, Ch. R. M. *Cytokine response to RS-virus stimulation of human peripheral blood mononuclear cells.* In: *J. Infect. Dis.* 170 (1994) S. 1201–1208.

Arnold, R.; Werner, F.; Humbert, B.; Werchau, H.; König, W. *Effect of RS-virus-antibody-complexes on cytokine (IL-8, IL-6, TNF-α) release and respiratory burst in human granulocytes.* In: *Immunology* 82 (1994) S. 184–191.

Bellini, W. J.; Rota, J. S.; Rota, P. S. *Virology of Measles Virus.* In: *J. Infect. Dis.* 170, Suppl. 1 (1994) S. 15–23.

Briss, P. A.; Fehrs, L. J. et al. *Sustained transmission of mumps in a highly vaccinated population: Assessment of primary vaccine failure and waning vaccine-induced immunity.* In: *J. Infect. Dis.* 169 (1994) S. 77–82.

Buchholz, C. J.; Spehner, D.; Drillien, R.; Neubert, W. J.; Homann, H. E. *The conserved N-terminal region of sendai virus nucleocapsid protein NP is required for nucleocapsid assembly.* In: *J. Virol.* 67 (1993) S. 5803–5812.

Buchholz, C. J.; Retzler, C.; Homann, H. E.; Neubert, W. J. *The carboxyterminal domain of sendai virus nucleocapsid protein is involved in complex formation between phosphoprotein and nucleocapsid like particles.* In: *Virology* 204 (1994) S. 770–776.

Curran, J.; Homann, H. E.; Rochat, S.; Buchholz, C. J.; Neubert, W. J.; Kolakofsky, D. *The hypervariable C-terminal tail of the sendai paramyxovirus nucleocapsid protein is required for template function but not for RNA encapsidation.* In: *J. Virol.* 67 (1993) S. 4358–4364.

Dave, V. P.; Allan, J. E.; Hurwitz, J. L. *Viral cross-reactivity and antigenetic determinants recognized by human parainfluenza virus type 1-specific cytotoxic T-cells.* In: *Virology* 199 (1994) S. 376–383.

Einberger, H.; Mertz, R.; Hofschneider, P. H.; Neubert, W. J. *Purification, renaturation and reconstituted protein kinase activityof the sendai virus (L) protein: L protein phosphorylates the NP and P proteins in vitro.* In: *J. Virol.* 64 (1990) S. 4274–4280.

Ellenberger, J. S.; Epstein, J. C.; Fratantoni, D.; Scott, K. C. *A trial of RSV immune globulin in infants and young children: The FDA's view.* In: *New Engl. J. Med.* 331 (1994) S. 203–204.

Griffin, D. E.; Ward, B. J.; Esolen, L. M. *Pathogenesis of Measles Virus infection: An hypothesis for altered immune responses.* In: *J. Infect. Dis.* 170, Suppl. 1 (1994) S. 24–31.

Hemming, V. G.; RSVIG study group. *Use of intravenous γ-globulin to passively immunize high risk children against RS-virus: Safety and pharmacokinetics.* In: *Antimicrob. Agents and Chemother.* 35 (1991) S. 1469–1473.

Kirk, J.; Zhou, A. L.; McQuaid, S.; Cosby, S. L.; Allen, I. V. *Cerebral endothelial cell infection by measles virus in subacute sclerosing Panencephalitis: Ultrastructural and in situ hybridization evidence.* In: *Neuropathology and Applied Neurobiology* 17 (1991) S. 289–297.

McIntosh, K. *Pathogenesis of severe acute infections in the developing world: Respiratory Syncytial Virus and Parainfluenza Viruses.* In: *Rev. Inf. Dis.* 13, Suppl. 6 (1991) S. 492–500.

Mo, X. Y.; Serawar, S. R.; Doherty, P. *Induction of cytokines in mice with parainfluenza pneumonia.* In: *J. Virol.* 69 (1994) S. 1288–1291.

Ray, R.; Matsouka, Y.; Burnett, T. L.; Glace, B. J.; Compans, R. W. *Human parainfluenza virus induces a type-specific protective immune response.* In: *J. Infect. Dis.* 162 (1990) S. 746–749.

Roberts, S. A.; Lichtenstein, D.; Balland, L. A.; Wertz, G. W. *The membrane-associated and secreted forms of the RS-virus attachment protein G are synthesized from alternative initiation codons.* In: *J. Virol.* 68 (1994) S. 4538–4546.

Vainionpäa, R.; Hyypia, T. *Biology of Parainfluenza Viruses.* In: *Clin. Microbiol. Rev.* 7 (1994) S. 265–275.

Wharten, M.; Cocho, S. L.; Hutcheson, R. H.; Bistowish, J. M.; Schaffner, W. *A large outbreak of mumps in the postvaccine era.* In: *J. Infect. Dis.* 158 (1988) S. 1253–1260.

Young, D. F.; Randall, R. E.; Hoyle, J. A.; Souberbielle, B. E. *Clearance of a persistent paramyxovirus infection is mediated by cellular immune responses but not by serum-neutralizing antibody.* In: *J. Virol.* 64 (1990) S. 5403–5411.

14.3 Filoviren

Die Familie der *Filoviridae* zählt wie die der *Rhabdo-* und *Paramyxoviridae* zur Ordnung der *Mononegavirales*. Filoviren kommen unter natürlichen Bedingungen in Europa nicht vor. Zu ihnen gehören die *Marburg-* und die *Ebolaviren*, die beim Menschen oft tödliche Erkrankungen mit *hämorrhagischem Fieber* verursachen.

Filoviren erfordern hohe Sicherheitsvorkehrungen

Der Umgang mit Filoviren und ihre Erforschung sind mit hohen Sicherheitsauflagen verbunden. In Deutschland müssen die Laboratorien den höchsten Sicherheitsstandard (S4) aufweisen. Erst die Einführung gentechnischer Methoden erlaubte die Aufklärung der Sequenz dieser Viren und eine erste Analyse der von ihnen codierten Proteine.

Tabelle 14.6: Charakteristische Vertreter der Filoviren und bisher identifizierte Wirte

Genus	Mensch	Tier
Filovirus	Marburgvirus	*Cercopithecus aethiops*
	Ebolavirus	
	Stamm Zaire	
	Stamm Sudan	
	Stamm Reston	*Macaca fascicularis*

14.3.1 Einteilung und charakteristische Vertreter

Zu den Filoviridae gehören die Marburg-, Ebola- und Restonviren (Tabelle 14.6). Bisher wurden die Vertreter der Filoviren nicht in einzelne Genera eingeteilt. Hinsichtlich ihres Genomaufbaus sind sie den Paramyxoviren ähnlicher als den Rhabdoviren. Die Unterschiede sind jedoch so groß, daß man sie in eine eigene Virusfamilie eingruppierte. Die serologische Verwandtschaft des Marburg- mit dem Ebolavirus ist sehr gering. Das Restonvirus ist dagegen serologisch mit dem Ebolavirus verwandt. Man isolierte es auf den Philippinen aus Makaken. Es kann zwar den Menschen infizieren, verursacht jedoch keine Erkrankungen, sondern regt lediglich die Antikörperbildung an. Die natürlichen Wirte für das Marburgvirus und das Ebolavirus sind unbekannt. Grüne Meerkatzen (*Cercopithecus aethiops*) werden durch Marburgviren infiziert, entwickeln jedoch eine tödliche Erkrankung. Sie sind daher nicht das Reservoir des Virus.

14.3.2 Aufbau

Viruspartikel

Die Virionen der Filoviren haben eine uneinheitliche, *pleomorphe* Gestalt. Sie ähneln den Rhabdoviren, sind jedoch deutlich länger und *fadenförmig* (Abbildung 14.8). Die Filamente können verzweigt sein, U-förmige Gestalt haben oder spiralig aufgewickelt erscheinen. Die Partikel haben einen konstanten Durchmesser von 80 nm, ihre Länge ist hingegen hochvariabel (bis zu 14 000 nm). Das Marburgvirus ist im Durchschnitt etwa 665 nm, das Ebolavirus 805 nm lang. Die Filamente bestehen aus einem *helikalen Nucleocapsid*, das aus dem RNA-Genom und den *viralen Proteinen NP* (Nucleoprotein), *VP35* oder *P* (virales Protein, 35 kD), *VP30* und *L* (RNA-abhängige RNA-Polymerase) besteht. Das Nucleocapsid ist von einer Membranhülle umgeben. Mit der Innenseite dieser Lipidschicht und den Proteinanteilen des Nucleocapsids ist das *VP40* assoziiert, das in den Partikeln in hoher Konzentration vorliegt und den Matrixproteinen der Rhabdo- und Paramyxoviren entspricht. In die Membran eingelagert sind die *Glycoproteine GP*, die als Trimere vorliegen und etwa 7 nm aus der Virusoberfläche herausragen. Als weiteres Protein findet man ein Polypeptid mit einem Molekulargewicht von 24 kD, das *VP24*, das mit der Membran assoziiert ist (Tabelle 14.7)

Genom und Genomaufbau

Das *einzelsträngige, nichtsegmentierte RNA-Genom* der Filoviren ist etwa 19 000 Basen lang. Es hat *Minusstrangorientierung*. Die RNA ist nichtinfektiös, und von ihr können nicht direkt Proteine synthetisiert werden. An den 3′- und 5′-Enden des Genoms befinden

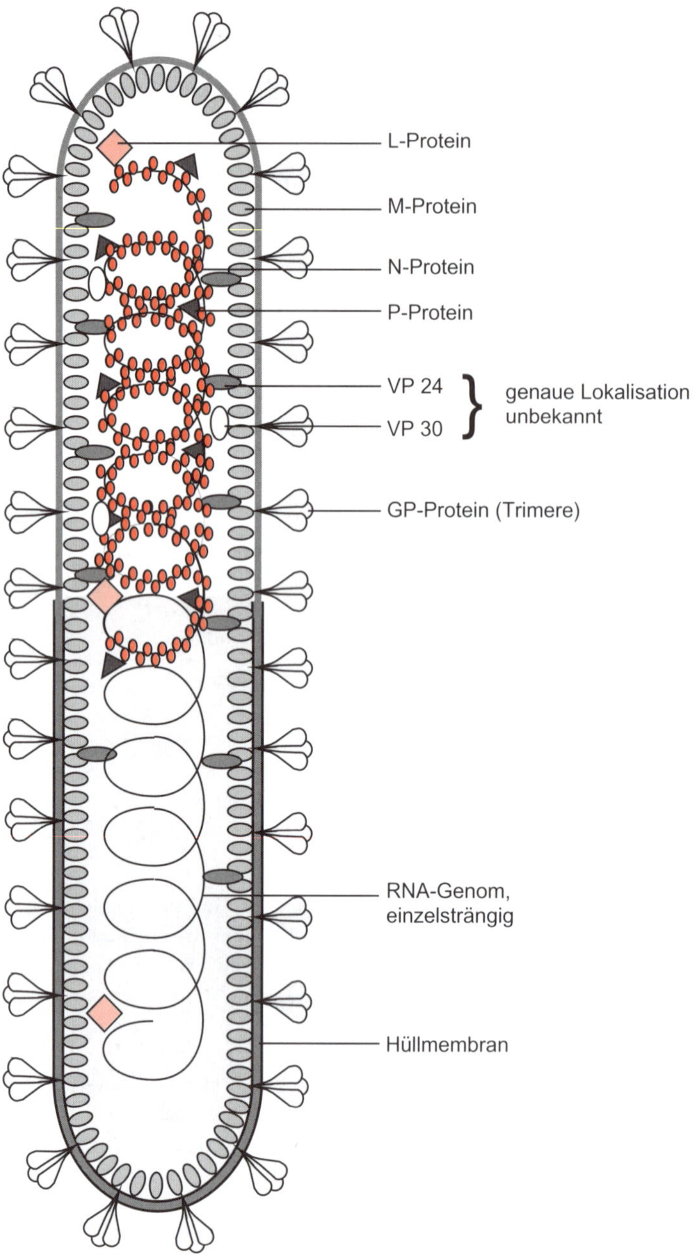

14.8 Aufbau eines Ebolaviruspartikels. Das Genom besteht aus einer einzelsträngigen RNA, die mit den N-, P- und L-Proteinen zu einem helikalen Nucleocapsid interagiert. Das Nucleocapsid ist von einer Membranhülle umgeben, in welche die G-Proteine eingelagert sind. Mit der Innenseite der Membran ist das M-Protein assoziiert, das gleichzeitig auch in Bindung mit den Nucleocapsidkomponenten vorliegt. Die genaue Lokalisation der Proteine VP35 und VP40 ist unbekannt.

Tabelle 14.7: Überblick über die Eigenschaften und Funktionen der Filovirusproteine

	Molekulargewicht		Modifikation	Funktion
	Marburgvirus	Ebolavirus		
NP	96 kD	104 kD	phosphoryliert	assoziiert mit dem RNA-Genom, Komponente des Nucleocapsids
VP35 (P)	32 kD	35 kD		Komponente des Nucleocapsids, Bestandteil des Trankriptase-Komplexes
L	267 kD	267 kD		RNA-abhängige RNA-Polymerase, Komponente des Nucleocapsids
VP30	28 kD	30 kD		Komponente des Nucleocapsids, Funktion unbekannt
VP40 (M)	38 kD	40 kD		Matrixprotein, assoziiert mit Innenseite der Virusmembran und den Nucleocapsidkomponenten
GP	170 kD	125kD	*N*-glycosyliert *O*-glycosyliert	Oberflächen- und Membranprotein, Homotrimer, Adsorption, Induktion neutralisierender Antikörper?
VP24	24 kD	24 kD		membranassoziiert, Funktion unbekannt

sich nichtcodierende Sequenzen, die an ihren äußersten Enden zueinander komplementär sind und wahrscheinlich ähnliche Funktionen wie die *Leader*- und *Trailer*-Regionen der Paramyxoviren bei der Initiation der Transkription und der Bildung des Plusstranges im Zuge der Replikation haben. Zwischen diesen nichtcodierenden Regionen befinden sich die Leserahmen in der Reihenfolge 3′-NP-VP35/P-VP40/M-GP-VP30-VP24-L-5′ (Abbildung 14.9). Im Bereich des GP-Gens liegt ein weiterer offener Leserahmen, der für ein etwa 15 kD großes Protein codiert; ein entsprechendes Produkt konnte man allerdings bisher nicht identifizieren. Beim Ebolavirus liegen die für das GP-Protein codierenden Sequenzen in zwei getrennten offenen Leserahmen vor. Die Synthese des Proteins ist vom Einfügen eines Nucleotids in die mRNA durch Editing oder – alternativ – von der Verschiebung des ribosomalen Leserasters abhängig. An den Initiations- und Terminationsorten der Transkription finden sich Sequenzfolgen, die bei allen Genen konserviert sind und das Pentanucleotid 3′-UAAUU-5′ enthalten. Die codierenden Bereiche sind entweder durch kurze intergenische Basenfolgen voneinander getrennt oder sie überlappen in einem kurzen Abschnitt. Die Überschneidungen beschränken sich auf die konservierten Transkriptionsignale um das erwähnte Pentanucleotid. Solche überlappenden Genenden findet man im Genom des Ebolavirus bei drei Genübergängen, beim Marburgvirus überlappen nur die Gene, die für die P- (VP30) und M-Proteine (VP40) codieren (Abbildung 14.9).

14.3.3 Virusproteine

Ein vergleichender Überblick der bekannten Charakteristika der Proteine der Marburg- und Ebolaviren wird in Tabelle 14.7 gegeben. Die Funktionen der Proteine sind nicht sehr gut

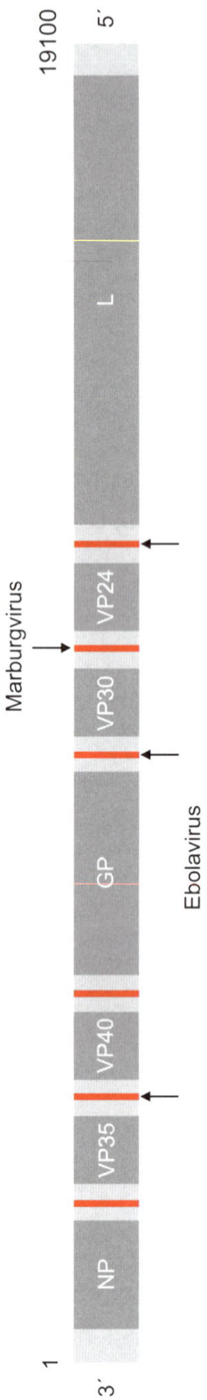

14.9 Genomorganisation bei Filoviren. Das Genom, hier als Balken dargestellt, besteht aus einer einzelsträngigen RNA, die als Negativstrang vorliegt. Die Lage und Länge der verschiedenen von den Viren codierten Gene, die im Replikationsverlauf in mRNA transkribiert werden, ist schematisch angegeben. An den Enden und zwischen den Genen befinden sich Kontrollsequenzen für Ende und Start der Transkription und intergenische Basen. Beim Marburgvirus überlappen die 3′-nichtcodierenden Sequenzen der VP30-spezifischen mRNA mit dem 5′-Ende von VP24 (angedeutet durch den Pfeil über dem Genom). Ähnliche Überlappungen findet man beim Ebolavirus am Übergang der Gene P/VP35 und M/VP40, GP und VP30 sowie VP24 und L (siehe Pfeile unter der Genomabbildung).

untersucht. In vielen Fällen geht man davon aus, daß sie den Polypeptiden entsprechen, die in den analogen Genomregionen der Rhabdo- und Paramyxoviren codiert werden.

Nucleocapsidproteine

Das Nucleocapsid besteht aus einem *Komplex* von *RNA* und *Proteinen*. In der größten Menge liegt das *NP-Protein* mit einem Molekulargewicht von 96 kD und 104 kD beim Marburg- beziehungsweise Ebolavirus vor. Es bedeckt die gesamte Länge des RNA-Genoms, ist phosphoryliert und dürfte ein funktionelles Analogon der NP-Proteine der Paramyxo- und Rhabdoviren und für die helikale Struktur des RNA-Proteinkomplexes im Virion verantwortlich sein. Das *VP35* scheint funktionell dem P- oder NS-Protein der anderen Familien der Mononegavirales zu entsprechen. Das *L-Protein* hat vermutlich die Aktivität der RNA-abhängigen RNA-Polymerase. Beim Marburgvirus hat sie ein theoretisches Molekulargewicht von 267 kD, beim Ebolavirus eine ähnliche Größe. Anders als bei den Paramyxo- und Rhabdoviren findet man im Nucleocapsid der Filoviren eine weitere Proteinkomponente, das VP30.

Membranproteine

Das virale *Glycoprotein GP* ist als einziges auf der Oberfläche der Viruspartikel exponiert. Es liegt als *Homotrimer* vor und ist sehr stark mit *Zuckergruppen* modifiziert. Diese machen die Hälfte des experimentell bestimmten Molekulargewichts von 170 kD und 125 kD beim Marburg- beziehungsweise Ebolavirus aus. Die Zuckergruppen sind sowohl *N*- als auch *O*-glycosidisch mit den Aminosäureresten verbunden. Neuraminsäure als endständiger Zucker findet sich beim Ebolavirus, nicht aber im GP des Marburgvirus. Dort ist es durch Galactose ersetzt. Die GP-Proteine sind als Typ-I-Membranproteine über eine hydrophobe Domäne in der Nähe des Carboxylendes in der Virus- und der Cytoplasmamembran der infizierten Zelle verankert. Neue Untersuchungen weisen darauf hin, daß vom GP-Leserahmen ein zweites, verkürztes Protein gebildet wird, dem die Transmembrandomäne im carboxyterminalen Bereich fehlt und das von der infizierten Zelle sezerniert wird. Es gibt außerdem Hinweise, daß ähnlich wie bei den Paramyxoviren auch bei den Filoviren das RNA-Editing bei der Synthese weiterer Proteinkomponenten – so eines Glycoproteins – eine Rolle spielt. Vom *VP40* wird vermutet, daß es eine ähnliche Funktion wie das Matrixprotein der Paramyxo- und Rhabdoviren hat und die Innenseite der Virushülle mit dem Nucleocapsid verbindet. Als dritte Proteinkomponente findet man das VP24 mit der Membran assoziiert.

14.3.4 Replikation der Filoviren

Die Details der Vorgänge bei der Replikation der Filoviren sind nicht bekannt. Auch hier vermutet man, daß sie ähnlich wie bei den anderen Vertretern der Mononegavirales abläuft. Der zelluläre Rezeptor für die Filoviren ist unbekannt. Die Adsorption und Aufnahme des Partikels durch die Zelle vermittelt auf viraler Seite vermutlich das GP-Protein. Alle weiteren Schritte laufen im Cytoplasma ab. Dazu gehören die Transkription des Genoms in polyadenylierte mRNA-Spezies mit der sich anschließenden Translation in die verschiedenen Proteine. Man vermutet, daß sich auch bei den Filoviren zwischen dem NP- und dem L-Polypeptid ein Gradient bezüglich der Menge an gebildeten Proteinen ausbildet. Die Bildung eines durchgehenden Plusstrangs als Antigenom und Matrize für die Replikation erfolgt erst, wenn ausreichende Mengen von Virusproteinen in der Zelle vorhanden sind. Gleichzeitig mit der Replikation findet im Cytoplasma der Zelle die Morphogenese der Nucleocapsidkomponenten statt. Diese lagern sich über die Matrixproteine VP40 an die Bereiche der Cytoplasmamembran an, in denen die GP-Proteine verankert sind. Die infektiösen Viren werden durch Knospung von der Zelloberfläche freigesetzt.

14.3.5 Marburg- und Ebolavirus

Epidemiologie und Übertragung

1967 isolierten Werner Slenzka, Rudolf Siegert und Dietrich Peters in Marburg erstmals das *Marburgvirus* aus Personen, die Umgang mit aus Uganda importierten Grünen Meerkatzen (*Cercopithecus aethiops*) hatten. 25 Mitglieder des Laborpersonals erkrankten am *hämorrhagischen Fieber*, sieben von ihnen starben. In sechs Fällen übertrugen sie die Infektion auf Familienmitglieder und Krankenhauspersonal weiter. Die Infektion wurde gleichzeitig auch in Frankfurt und Belgrad beobachtet. Auch hier hatten die Erkrankten Kontakt mit der erwähnten Affenspezies aus Afrika. Seitdem wurde das Virus nur noch in Einzelfällen bei Erkrankten in Afrika nachgewiesen. Das *Ebolavirus* wurde erstmals 1976 bei Epidemien in Zaire und im Sudan nachgewiesen und als Filovirus identifiziert. Insgesamt erkrankten hier über 500 Personen am hämorrhagischen Fieber. Nach sporadischen Einzelfällen traten 1979 im Sudan und 1995 in der Stadt Kikwit in Zaire neue Epidemien auf. Bei letzterer waren 244 Todesfälle bei insgesamt 315 infizierten Personen zu verzeichnen.

Das natürliche Reservoir der Marburg- und Ebolaviren ist nicht bekannt. Affen und andere Tiere, die experimentell mit den Viren infiziert werden, sterben meist an der Erkrankung. Das gilt besonders für das Marburg-Virus und den Zaire-Stamm des Ebolavirus. Eine Ausnahme stellen Meerschweinchen dar, die auf die Infektion mit Marburg- und Ebolaviren mit einer fieberhaften Erkrankung reagieren, die sie aber meist überleben. In Reston in den USA isolierte man aus kranken Makaken (*Macaca fascicularis*) von den Philippinen das *Restonvirus*. Es kann offensichtlich auch auf den Menschen übertragen werden und induziert die Bildung von Antikörpern, ruft aber keine Erkrankungen hervor.

Wie die Viren im natürlichen Umfeld übertragen werden, ist unbekannt. Die beobachteten Fälle von Infektionen beim Menschen sind überwiegend auf Kontakte mit dem Blut infizierter Tiere zurückzuführen. Von infizierten Personen kann das Virus – möglicherweise auch durch Tröpfcheninfektion – auf Krankenhauspersonal und Familienmitglieder übertragen werden.

Klinik

Die Symptome der Erkrankung sind beim Marburg- und Ebolavirus ähnlich. Sie treten nach einer Inkubationzeit von vier bis 16 Tagen auf und sind durch *Fieber, Kopf-* und *Muskelschmerzen* sowie *Schüttelfrost* gekennzeichnet. Diesen ersten Anzeichen folgen sehr schnell *Halsschmerzen, Übelkeit, Erbrechen, Durchfall* und *abdominale Beschwerden*. Blutungen in der Augenbindehaut und im Schleimhautbereich des Rachens treten früh auf, schwere *Hämorrhagien* im *Magen-* und *Darmtrakt*, den *Lungen* und der *Mundschleimhaut* schließen sich nach einigen Tagen an. Während dieser akuten Phase und zum Teil noch lange danach können Viren im Rachenspülwasser, Urin, in der Samenflüssigkeit und dem Kammerwasser des Auges nachgewiesen werden. Der Tod tritt etwa ein bis zwei Wochen nach Ausbruch der Symptome ein und wird meist durch die schweren Blutungen oder Schockzustände verursacht. Die Mortalitätsrate der Ebola-Epidemien beträgt zwischen 50 und 80 Prozent, die der Marburg-Infektionen um 30 Prozent.

Pathogenese

Über die Pathogenese der Infektion ist wenig bekannt. Man vermutet, daß *Makrophagen* und *Bindegewebszellen* die primären Ziele darstellen. Nach der ersten Virämie vermehrt sich das

Virus in *Epithelzellen* der Leber. In den infizierten Zellen lassen sich *cytoplasmatische Einschlußkörperchen* aus viralen Nucleocapsiden nachweisen. Pathohistologisch findet man vor allem herdförmige Nekrosen in der Leber und follikuläre Nekrosen in der Milz und den Lymphknoten. Die Adsorption des Marburgvirus an die Leberzellen scheint durch den Asialoglycoproteinrezeptor vermittelt zu werden, an welchen sich gewöhnlich Proteinkomponenten binden, die keine Neuraminsäurereste in ihren Zuckerbestandteilen besitzen. Für das Marburgvirus stellt die Leber ein sehr wichtiges Zielorgan dar. Das Fehlen endständiger Neuraminsäurereste im GP-Protein ist daher vermutlich für die Pathogenese dieser Virusinfektion wichtig. Im Spätstadium der Erkrankung beobachtet man Hämorrhagien in fast allen Organen. *Blutungen* in den *Nierentubuli* sind ein Anzeichen für die schwere Schädigung dieses Organs. Hier findet man auch *Ablagerungen* von *Fibrin* und *Fibrinspaltprodukten*. Abnormalitäten in den Blutgerinnungsparametern weisen auf eine generelle Störung der Blutgerinnung hin.

Immunreaktion und Diagnose

Auch über die Antikörperantwort ist nur wenig bekannt. Zehn bis 14 Tage nach der Infektion lassen sich hauptsächlich Immunglobuline gegen das Glycoprotein GP in ELISA- und Immunfluorenszenztests nachweisen. Ob sie neutralisierend wirken, weiß man nicht. Ebenso ist unbekannt, ob die zelluläre Immunantwort gegen Virusproteine bei der Kontrolle der Infektion eine Rolle spielt. *In vitro* mit Ebolaviren infizierte Endothelzellen und Makrophagen sezernieren hohe Konzentrationen von TNF-α.

Die Diagnose wird üblicherweise durch Virusisolierung aus dem Serum während der virämischen Phase gestellt. Das Marburgvirus kann in Vero-Zellkulturen (Nierenzellen von Grünen Meerkatzen), die Ebola- und Restonviren in MA-104-Zellen (fötale Nierenzellinie eines Rhesusaffen) gezüchtet werden. Alternativ kann man mit Hilfe der Polymerasekettenreaktion virale DNA in biologischem Material nachweisen. Wegen der großen Gefährdung des Personals, die von diesen Viren ausgeht, sind in den Labors und Krankenhäusern umfangreiche Sicherheitsmaßnahmen einzuhalten. In den meisten Fällen wird daher die Diagnose im epidemiologischen Zusammenhang und anhand der Krankheitsgeschichte gestellt.

Therapie und Prophylaxe

Einen Impfstoff, der vor der Infektion mit Marburg- und Ebolaviren schützt, gibt es nicht. Eine spezifische antivirale Therapie ist nicht möglich. Die Gaben von Interferon oder Immunglobulinpräparaten aus dem Plasma von Personen, die die Infektion überlebt haben, sind im Versuchsstadium.

14.3.6 Weiterführende Literatur

Becker, S.; Huppertz, S.; Klenk, H.-D.; Feldmann, H. *The nucleoprotein of Marburg virus is phosphorylated*. In: *J. Gen. Virol.* 75 (1994) S. 809–818.

Becker, S.; Spiess, M.; Klenk, H.-D. *The asialoglycoprotein receptor is a potential liver-specific receptor for Marburg virus*. In: *J. Gen. Virol.* 76 (1995) S. 393–399.

Martini, G. A.; Siegert, R. (Hrsg.) *Marburg Virus Disease*. Berlin (Springer) 1971.

14.4 Bornaviren

Die *Bornasche Erkrankung* der Pferde wurde erstmals 1894 im Ort Borna bei Leipzig beschrieben. Bereits vorher hatte man ähnliche Symptome in Süddeutschland und der Schweiz beobachtet. Erst während der letzten Jahre wurde klar, daß sich auch andere Säugetiere und Vögel mit Bornaviren infizieren und daß das Virus weltweit verbreitet ist. Serologische Daten weisen darauf hin, daß auch Menschen von diesem Erreger infiziert werden. Die molekulare Charakterisierung und Genomsequenzierung erfolgte erst 1994 etwa gleichzeitig in den Gruppen von Juan Carlos de la Torre und W. Ian Lipkin. Sie ergab, daß die Bornaviren zur Ordnung der *Mononegavirales* gehören, da sie ein *nichtsegmentiertes RNA-Genom* in *Negativstrangorientierung* aufweisen. Bisher wurde für die Bornaviren noch keine eigene Virusfamilie geschaffen. Sie zeigen aber so viele Unterschiede in der Genomorganisation, daß sie sich nicht den Familien der *Rhabdoviridae*, *Paramyxoviridae* oder *Filoviridae* zuordnen lassen.

14.4.1 Einteilung und charakteristische Vertreter

Bornaviren wurden bisher überwiegend aus Pferden und Schafen isoliert (Tabelle 14.8). Man kann sie jedoch experimentell auf eine Reihe anderer Wirte wie Nagetiere, Rinder und Katzen, nichtmenschliche Primaten sowie Vögel übertragen. Das Reservoir der Bornaviren sind vermutlich Schafe und Ziegen.

14.4.2 Aufbau

Viruspartikel

Die infektiösen Partikel der Bornaviren sind von einer Membranhülle umgeben und haben einen Durchmesser von 90 nm. Bisher wurde nur ein *Glycoprotein (gp18)* identifiziert, das mit der Membran assoziiert ist. Die Hülle umgibt einen helikalen *Ribonucleoproteinkomplex*, der, wie elektronenmikroskopische Aufnahmen zeigen, etwa 60 nm mißt. Sein genauer Aufbau ist nicht bekannt. In Analogie zu den anderen Vertretern der Mononegavirales vermutet man, daß er aus den *N-* (p40 oder ORF I, 40 kD) und *P-Proteinen* (p23 oder ORF II, 23 kD), der *RNA-abhängigen RNA-Polymerase* (p190 oder ORF V, geschätztes Molekulargewicht 190 kD) und dem viralen RNA-Genom besteht. p40 und p23 konnten ebenso wie das gp18 als Genprodukte nachgewiesen werden. Auf das Vorhandensein des p190 schließt man aufgrund der Größe des offenen Leserahmens und in Analogie zu anderen Negativstrangviren.

Tabelle 14.8: Charakteristische Vertreter der Bornaviren

Erreger	**natürlicher Wirt**
Bornavirus Stamm He-80	Pferd
Bornavirus Stamm V	Pferd
Bornavirus Stamm Dü-92	Schaf
Bornavirus Lun-92	Katze

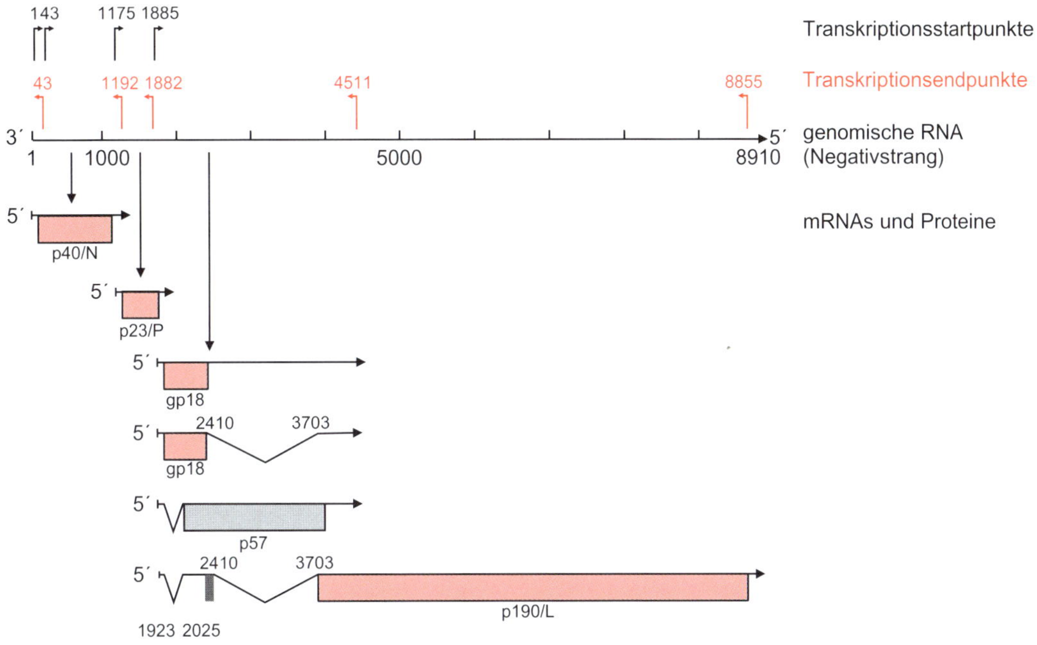

14.10 Genomorganisation bei Bornaviren. Das Genom besteht aus einer einzelsträngigen RNA, die als Negativstrang vorliegt. Man findet vier Startpunkte (nach rechts gerichtete Pfeile über der Genomlinie) und fünf Endpunkte der Transkription (nach links gerichtete, rote Pfeile). Die Transkripte und die Spleißvorgänge sowie die Proteine, die von den verschiedenen mRNAs translatiert werden, sind im unteren Teil der Abbildung gezeigt. Die unterschiedliche Anfärbung der Proteine weist darauf hin, daß für ihre Synthese unterschiedliche Leseraster verwendet werden.

Genom und Genomaufbau

Das Genom der Bornaviren besteht aus *einzelsträngiger RNA* in *negativer Orientierung* und ist circa *8 900 Basen* lang. Die Enden sind zueinander komplementär. Das Genom weist *fünf offene Leserahmen* auf (Abbildung 14.10), die in der Reihenfolge 3′-p40/N-p23/P-gp18-p57-p190/L-5′ angeordnet sind. Am 3′-Ende hat man 43 Basen identifiziert, die nicht für Proteine codieren und der *Leader*-Region der anderen Negativstrangviren entsprechen. Eine *Trailer*-Region von 55 Basen am 5′-Ende wird weder transkribiert noch codiert sie für virale Produkte. Im Unterschied zu den anderen Vertretern der Mononegavirales befindet sich nicht vor jedem offenen Leserahmen eine Transkriptionsinitiationsstelle. Diese findet man nur an drei Positionen, nämlich vor den Genen, die für p40/N, p23/P und gp18 codieren. Sie sind durch eine uridinreiche Sequenzfolge gekennzeichnet. Die mRNA-Spezies der Gene *p57* und *p190/L* werden aus einem gemeinsamen, größeren Vorläuferprodukt, das an der Initiationsequenz vor gp18 gestartet wird, durch *alternative Spleißvorgänge* erzeugt. Eine weitere RNA startet an Position 1 des Genoms. Sie umfaßt die p40/N- und p23/P-Gene, ist jedoch weder gecappt noch polyadenyliert, wird nicht in Proteine übersetzt und hat möglicherweise eine ähnliche Funktion bei der Abschaltung des Wirtszellstoffwechsels wie die *Leader*-RNA beim Vesicular-Stomatitis-Virus. Die Synthese der verschiedenen mRNA-Spezies wird an vier Genompositionen beendet. Diese sind durch die Sequenzfolge $AU_{6\text{-}7}$ gekennzeichnet, die auch das Signal für die Polyadenylierung darstellt. Sie befinden sich im Anschluß an die Leserahmen für p40/N, p23/P, p57 und p190/L. Am Übergang zwischen p40/N und p23/P liegt die Startstelle für p23/P. Sie befindet sich 18 Nucleotide vor dem Terminationssignal für p40, so daß die mRNA-Spezies in diesem kurzen Bereich überlappen. Das scheint jedoch die Funktion der beiden Signale nicht zu stören. Die Leserahmen für gp18 und p57 überlappen an den Enden miteinander, und die Proteine werden unter Verwendung unterschiedlicher Raster translatiert. Auf ähnliche Weise überlappen auch die Bereiche des p57 mit dem p190/L. Das p190/L-Produkt wird von einer mRNA translatiert, die durch Überlesen der Terminationstelle am Ende des p57 entsteht.

14.4.3 Virusproteine

Von den potentiell im Genom der Bornaviren codierten Proteinen hat man bisher nur drei identifiziert: *p40* ist ein *nucleinsäurebindendes Protein*, das nach seinen Charakteristika den *N-Proteinen* der anderen Negativstrangviren entspricht und wohl mit dem Genom assoziiert vorliegt. *p23* ist *phosphoryliert*, ebenfalls ein Bestandteil des Nucleocapsids und dürfte dem *P-Protein* entsprechen. Diese beiden Komponenten entsprechen wohl den als „S-Antigen“ bezeichneten Polypeptiden, die man als „lösliche Antigene“ aus mit Bornavirus infizierten Geweben isoliert hat.

Das Gen für *gp18* ist an einer Stelle des Genoms lokalisiert, an der bei anderen Negativstrangviren das Gen für die M-Proteine liegt. Im Unterschied zu diesen handelt es sich jedoch um ein *glycosyliertes Oberflächenprotein*. Vermutlich vermittelt es die *Adsorption* der Viruspartikel an die Zelloberfläche. *p57* hat eine Aminosäuresequenzfolge, welche die Charakteristika eines *Typ-I-Membranproteins* aufweist (Glycosylierung, aminoterminales Signalpeptid, carboxyterminal lokalisierte, hydrophobe Verankerungsregion). Es könnte dem G-Protein des Respiratorischen Syncytialvirus entsprechen. *p190* wird durch *zwei Exons* codiert, die ein *Spleißvorgang* auf RNA-Ebene miteinander verbindet. Aufgrund seiner Lage auf dem Genom dürfte es der *RNA-abhängigen RNA-Polymerase* der anderen Negativstrangviren entsprechen. Eine Übersicht der Charakteristika der bornavirusspezifischen Proteine gibt Tabelle 14.9.

Tabelle 14.9: Charakteristika und Funktion der bornavirusspezifischen Proteine

	Molekular-gewicht	Modifikation	Funktion
p40	40 kD		N-Protein, Bestandteil des Nucleocapsids und des S-Antigens
p23	23 kD	phosphoryliert	P-Protein, Bestandteil des Nucleocapsids und des S-Antigens
gp18	18 kD	glycosyliert	membranassoziiertes Oberflächenprotein, Adsorption
p57	57 kD (theoretisch)	glycosyliert?	weist Charakteristika von Membranproteinen auf, bisher nicht identifiziert, Funktion unbekannt
p190	190 kD (theoretisch)		RNA-abhängige RNA-Polymerase, Bestandteil des Nucleocapsids
p16	16 kD (theoretisch)		Funktion unbekannt, bisher nicht identifiziert

14.4.4 Replikation der Bornaviren

Über die molekularen Details des Replikationsvorgangs ist nur sehr wenig bekannt. Anhaltspunkte liefert vielleicht die Synthese eines durchgehendes Plusstranges durch N-Protein-vermittelte Antitermination bei den Rhabdo- und Paramyxoviren. Der zelluläre Rezeptor für Bornaviren konnte bisher nicht identifiziert werden. Man vermutet, daß die Adsorption auf viraler Seite durch das gp18 auf der Oberfläche der Virionen vermittelt wird. Einzigartig unter den Vertretern der Mononegavirales ist, daß *Transkription* und *Genomreplikation* nicht im Cytoplasma der Zelle, sondern im *Zellkern* ablaufen. Ob das Virus oder nur der Nucleoproteinkomplex nach der Aufnahme durch die Zelle dorthin transportiert wird und wie das geschieht, ist unklar. Der Zellkern als Ort des Replikationszyklus ermöglicht es dem Virus jedoch, die hier vorliegenden *Spleißosomen* für die Transkription seiner Gene einzusetzen. So kann eine effiziente Nutzung der Codierungskapazität des im Vergleich zu anderen Negativstrangviren relativ kleinen Genoms erreicht werden (Abbildung 14.10). So werden die Proteine p57 und p190/L von mRNA-Spezies translatiert, die durch alternatives Spleißen eines gemeinsamen Vorläuferprodukts gebildet werden.

Das Transkriptionsterminationsignal T2 am Ende des p23-Gens kann in seltenen Fällen überlesen werden. Es entstehen dann größere, *bicistronische mRNA-Moleküle*, die zusätzlich die Information für gp18 und p57 enthalten. Es gibt jedoch keinen Hinweis, daß die beiden letzteren auch von diesen RNAs translatiert werden. Das Durchlesen am Signal T3 ist jedoch für die Synthese einer durchgehenden mRNA für das p190/L-Protein essentiell. Ob hierdurch auch die Menge an synthetisiertem p190 reguliert wird, das als Enzym nur in geringer Kopienzahl in der infizierten Zelle benötigt wird, ist unklar.

14.4.5 Das Bornavirus

Epidemiologie und Übertragung

Die *Bornasche Krankheit*, eine plötzlich auftretende *Encephalomyelitis* von *Pferden* und *Schafen*, wurde seit 250 Jahren beobachtet und erstmals 1813 beschrieben. Der Name geht auf einen Ausbruch der Erkrankung in einem Kavallerieregiment im Jahr 1894 im Bezirk Borna in Sachsen zurück. Daneben hat man die Erkrankung in bestimmten Regionen Süddeutschlands und der Schweiz gehäuft beobachtet. 1935 wurde der Erreger als filtrierbares Agens erkannt und damit als Virus identifiziert. 1909 entdeckten Joest und Degen in infizierten Zellen die nach ihnen benannten Einschlußkörperchen.

Inzwischen weiß man, daß Bornaviren *weltweit* in *Pferden, Schafen, Ziegen, Katzen* und *Rindern* verbreitet sind und auf viele verschiedene Säugetiere wie Kaninchen, Ratten, Meerschweinchen, Mäuse, Rhesusaffen und Vögel übertragen werden können. Untersuchungen von Pferden in Mitteleuropa ergaben, daß etwa zwölf Prozent der Tiere Antikörper im Serum besaßen. Innerhalb eines Jahres nach der Infektion entwickeln sie meist die Symptome der Bornaschen Erkrankung. Daneben zeigten serologische Untersuchungen bei *psychiatrisch behandelten Patienten* bornavirusspezifische Antikörper. Auch konnte man in Einzelfällen virale Genome in Monocyten des Blutes nachweisen. Möglicherweise kann also auch der Mensch von Bornaviren infiziert werden. Ob die Infektion bevorzugt Personen betrifft, die engen Kontakt mit Pferden und Schafen haben, ist nicht bekannt.

Experimentell läßt sich das Virus intracerebral, intraperitoneal und nasal übertragen. Man vermutet, daß die Übertragung unter natürlichen Bedingungen durch *Tröpfcheninfektion* erfolgt. Es ist nicht bekannt, wo und in welcher Erkrankungsphase das Virus von den infizierten Tieren ausgeschieden wird.

Klinik

Nach einer Inkubationszeit von einigen Wochen bis zu mehreren Monaten treten Hypästhesien (verminderte Empfindlichkeit für Sinnesreize), Lethargie und Lähmungen auf. Die Symptome umfassen Störungen der Sensibilität, Beweglichkeit, Verhaltensstörungen, Schlaf- und Fettsucht, Fieber, Blindheit, Verschwinden der Aggressivität bis hin zu Lähmungen, Nystagmus und Koma. Schimpansen entwickelten nach experimenteller Infektion Verhaltensstörungen; 90 Prozent der Tiere sterben nach einer Krankheitsdauer von ein bis drei Wochen. Es gibt Anhaltspunkte, daß dieses Virus beim Menschen psychiatrische Symptome (manisch-depressive Zustände) verursachen kann.

Pathogenese

Das Bornavirus gelangt bei der natürlichen Übertragung auf die *Nasenschleimhaut* der Tiere. Es besitzt einen ausgeprägten Neurotropismus und infiziert das gesamte zentrale und periphere Nervensystem. In das zentrale Nervensystem gelangt das Virus wahrscheinlich durch Vermehrung in den Riechkolben (*Bulbus olfactorius*). Von hier breitet es sich überwiegend in Form von *Nucleoproteinkomplexen* streng axonal aus. Die Synthese infektiöser Partikel geschieht vermutlich ausschließlich am Eintrittsort. Man nimmt an, daß die Weitergabe der Nucleoproteinkomplexe von Zelle zu Zelle im Nervensystem über Neurotransmitterrezeptoren erfolgt.

Das Bornavirus verursacht eine *Encephalomyelitis*. Die geweblichen Veränderungen beschränken sich auf die grauen, das heißt vorwiegend zellhaltigen Regionen. Sie treten vor allem im *limbischen System* mit perivenösen Infiltraten von Makrophagen sowie CD4- und CD8-positiven Lymphocyten auf. Die Komplementkomponente C1q wird in großen Mengen gebildet. Auch die für die Interleukine 1 und 2, TNF-α sowie IFN-γ spezifischen mRNA-Spezies werden in den infizierten Bereichen verstärkt exprimiert. Zu Beginn der Erkrankung sind Neuronen, Astrocyten, Oligodendroglia-, Ependym- und Schwannsche Zellen infiziert. Später breitet sich die Infektion über den ganzen Organismus aus, und man findet das Virus in vielen Organen, auch in den Monocyten des Blutes. In den Kernen der infizierten Neuronen und Astrocyten lassen sich Virusproteine als *Joest-Degensche Einschlußkörperchen* nachweisen. Die neurologischen Symptome und der Schweregrad der Entzündung korrelieren mit dem Außmaß der Bildung von Stickstoffmonoxid.

Bornaviren verursachen keinen cytopathischen Effekt. Die Pathogenese der Erkrankung steht mit der Immunantwort des Wirtes in engem Zusammenhang: Werden erwachsene Ratten und Mäuse mit dem Virus infiziert, erkranken sie und sterben nach einigen Wochen. Bei Infektion von neugeborenen, immunsupprimierten oder athymischen Mäusen fehlen die Krankheitssymptome, und das infektiöse Virus kann lebenslang im zentralen Nervensystem nachgewiesen werden. Diese *persistierende Infektion* ist durch das *Fehlen* von entzündlichen Infiltraten und Neuronenschäden gekennzeichnet. In den infizierten Regionen lassen sich jedoch Virusproteine nachweisen. Die virushaltigen Zellen beschränken sich anfangs auf den Inokulationsort, breiten sich später aber über weite Bereiche aus. Diese Ausbreitung erfolgt während der persistierenden Infektion axonal-transsynaptisch.

Es gibt noch weitere Hinweise, daß das zelluläre Immunsystem für die Ausbildung der Symptome während der akuten Infektion verantwortlich ist. So werden Ratten mit asymptomatischer, persistierender Infektion nach Transfusion von spezifisch sensibilisierten Lymphocyten krank. Auch kann durch frühzeitige Antikörpergabe gegen CD4- und CD8-Proteine das Auftreten der Symptome verhindert werden. Bei Ratten beobachtet man nach langdauernder Persistenz eine Vakuolisierung der weißen Substanz, das heißt der markscheidenhaltigen Fasern. Außerdem sind hiervon auch Oligodendrogliazellen betroffen. Man vermutet, daß es eine immunpathologische Reaktion gegen das Myelin gibt.

Immunreaktion und Diagnose

Antikörper gegen das S-Antigen (p40 und p23) entstehen bei jeder Infektion. Über das Vorkommen und die Bedeutung neutralisierender Antikörper ist wenig bekannt. Die Diagnose einer Erkrankung kann durch Nachweis spezifischer Antikörper in Serum oder Liquor mittels Immunfluoreszenz- oder ELISA-Tests gestellt werden. Durch die Polymerasekettenreaktion kann RNA in Blut- und Gewebezellen nachgewiesen werden. Bei Menschen mit Verhaltensstörungen, manisch-depressiven Syndromen und Epileptikern fand man häufiger Antikörper als in der gesunden Bevölkerung. Bei den Betroffenen ließen sich in einigen Fällen im peripheren Blut mit Bornavirus infizierte Monocyten nachweisen.

Therapie und Prophylaxe

Eine Therapie für die Bornasche Erkrankung gibt es bislang nicht.

14.4.6 Weiterführende Literatur

Bode, L.; Zimmermann, W.; Ferszt, P.; Steinbach, F.; Ludwig, H. *Borna disease virus genome transcribed and expresses in psychiatric patients.* In: *Nature Medicine* 1 (1995) S. 232–237.

Briese, T.; de la Torre, J. C.; Lewis, A.; Ludwig, H.; Lipkin, W. I. *Borna disease virus, a negative strand RNA virus, transcribes in the nucleus of infected cells.* In: *Proc. Natl. Acad. Sci.USA* 89 (1992), S 1486–1489.

Briese, T.; Schneemann, A.; Lewis, A.; Ludwig, H.; Lipkin, W. I. *Genomic organization of Borna disease virus.* In: *Proc. Natl. Acad. Sci. USA* 91 (1994) S. 4362–4366.

Cubitt, B.; de la Torre, J. C. *Borna disease virus (BDV), a nonsegmented RNA virus, replicates in the nuclei of infected cells where infectious Bdv ribonucleoproteins are present.* In: *J. Virol.* 68 (1994) S. 1371–1381.

Cubitt, B.; Oldstone, C.; de la Torre, J. C. *Sequence and genome organization of Borna disease virus.* In: *J. Virol.* 68 (1994) S. 1382–1396.

Gosztonyi, G.; Dietzschold, B.; Kao, M.; Rupprecht, C. E.; Ludwig, H.; Koprowski, H. *Rabies and Borna-Virus.* In: *Laboratory Investigation* 68 (1993) S. 285–295.

Kliche, S.; Briese, T.; Henschen, A.; Stitz, L.; Lipkin, W. I. *Characterization of a Borna disease glycoprotein.* In: *J. Virol.* 68 (1994) S. 6918–6923.

Ludwig, H.; Furiya, K.; Bode, L.; Klein, N.; Dürrwald, R.; Lee, D. S. *Biology and neurobiology of Borna disease virus (BDV), definded by antibodies, neutralizability and their antigenic potential.* In: *J. Arch. Virol.* 7 (1993) S. 111–133.

Richt, J. A.; Clements, J. E.; Herzog, S.; Pyper, J.; Becht, H. *Analysis of virus-specific RNA species and proteins in Freon-113 perparations of Borna disease.* In: *Med. Microbiol. Immunol.* 182 (1993) S. 271–280.

Schneemann, A.; Schneider, P. A.; Lamb, R. A.; Lipkin, W. I. *The remarkable coding strategy of Borna Disease Virus: A new member of the nonsemented negative strand RNA viruses.* In: *Virol.* 210 (1995) S. 1–8.

Stitz, L.; Bilzer, T.; Richt, J. A.; Rott, R. *Pathogenesis of Borna disease.* In. *J. Arch. Virol.* 7 (1993) S. 135–151.

15. Viren mit einzelsträngigem, segmentiertem RNA-Genom in Negativstrangorientierung

Man kennt heute drei Virusfamilien, deren Vertreter ein RNA-Genom mit negativer Orientierung besitzen, das in den infektiösen Viruspartikeln nicht als ein kontinuierliches Molekül, sondern in mehreren Segmenten vorliegt. Es handelt sich um die *Orthomyxoviridae*, die *Bunyaviridae* und die *Arenaviridae*. Ähnlich wie die Mononegavirales (Kapitel 14) benötigen auch sie für die Synthese der mRNA und für die Replikation ein spezielles Enzym, eine RNA-abhängige RNA-Polymerase, die zusammen mit weiteren Viruskomponenten bei der Infektion in die Zelle gelangt. Das in Segmenten vorliegende Genom ermöglicht den Viren die Bildung von *Reassortanten*. Hier werden bei Doppelinfektionen von Zellen mit unterschiedlichen Virustypen die RNA-Moleküle während der Replikation und der Morphogenese gemischt. Die Nachkommenviren können so Neukombinationen der RNA-Segmente und damit neue Eigenschaften erhalten. Besonders gut untersucht ist dieser Mechanismus, der als *antigenic shift* bezeichnet wird, bei den Influenza-A-Viren, den Erregern der Virusinfluenza oder -grippe.

15.1 Orthomyxoviren

Die bekanntesten Vertreter dieser Virusfamilie sind die verschiedenen Typen der Influenza-A-Viren, die beim Menschen die klassische Virusgrippe verursachen. Den ersten Hinweis, daß es sich bei den Erregern der Schweineinfluenza um Viren handelt, lieferten die 1931 veröffentlichten Ergebnisse von Richard Shope: Er fand heraus, daß diese Tierseuche durch filtrierbare Agentien ausgelöst wird. 1933 isolierten Wilson Smith, Christopher Andrewes und Patrick Laidlaw erstmals *Influenza-A-Viren* aus Menschen. Influenza-B-Viren wurden 1940 von T. Francis beschrieben, und 1955 zeigte Werner Schäfer in Tübingen, daß auch eine tödliche Erkrankung im Geflügel durch Influenzaviren verursacht wird (klassische Geflügelpest). Alle diese Viren gehören zur Familie der *Orthomyxoviridae*. Sie sind durch ein segmentiertes *RNA-Genom* in *Negativstrangorientierung* gekennzeichnet.

Insbesondere Influenza-A-Viren sind als Erreger von hochfieberhaften Erkrankungen der Atemwege bekannt. Die Influenza oder Grippe tritt periodisch als Pandemie auf, die meist in Südostasien und China ihren Ursprung nimmt und sich von dort weltweit ausbreitet. Influenzapandemien sind mit einer hohen Zahl von Todesfällen nicht nur bei älteren Personen, sondern auch bei Jugendlichen verbunden. Die „spanische Grippe" forderte in den Jahren 1918/1919 über 20 Millionen Todesopfer – deutlich mehr, als durch den Ersten Weltkrieg zu beklagen waren. Außerdem ruft das Influenzavirus nachfolgende Epidemien kleineren Ausmaßes hervor (durch den Vorgang des *antigenic drift*).

15.1.1 Einteilung und charakteristische Vertreter

Aufgrund verschiedener molekularer Eigenschaften und der serologischen Charakteristika ihrer NP- und M-Proteine unterscheidet man *Influenzaviren der Typen A, B* und *C* (Tabelle

Tabelle 15.1: Charakteristische Vertreter der Orthomyxoviren

Genus	Mensch	Tier
Influenzavirus A, B	Influenza-A-Viren	Influenza-A-Viren (Schweine, Pferde, Seehunde, Puter, Enten, Möwen etc.)
	Influenza-B-Viren	
Influenzavirus C	Influenza-C-Viren	Influenza-C-Viren (Schwein)

15.1). Influenza-A- und -B-Viren sind in einem Genus zusammengefaßt. Influenza-C-Viren besitzen nicht nur eine andere Anzahl von Genomsegmenten (sieben, acht sind es bei Influenza-A und -B-Viren), sondern auch andere Oberflächenproteine: Influenza-A- und -B-Viren codieren für je ein *Hämagglutinin (HA)* und eine *Neuraminidase (NA)*, Influenza-C-Viren vereinigen beiden Eigenschaften in einem Oberflächenprotein, dem *Hämagglutinin-Esterase-Fusionsprotein (HEF)*. Deswegen hat man sie in ein gesondertes Genus eingeordnet. (Der Virustyp wird durch die Spezifität des NP-Proteins, die verschiedenen Subtypen hingegen durch diejenige der HA-Proteine festgelegt.) Während Influenza-A-Viren außer dem Menschen noch viele andere Säugetiere und Vögel infizieren können, wurden Influenza-B-Viren bisher nur aus Menschen und Influenza-C-Viren nur aus Menschen und Schweinen isoliert.

15.1.2 Aufbau

Viruspartikel

Die Viruspartikel der Orthomyxoviren sind pleomorph, das heißt, sie sind hinsichtlich ihrer Größe und Form stark unterschiedlich. Man findet hauptsächlich *sphärische* Formen mit einem Durchmesser von etwa 120 nm, aber auch filamentöse Virionen. Sie bestehen aus segmentierten Nucleocapsiden, die von einer *Hüllmembran* umgeben sind (Abbildung 15.1). In diese sind viruscodierte, glycosylierte Oberflächenproteine (*spikes*) eingelagert: Bei den Influenza-A- und -B-Viren handelt es sich um das *Hämagglutinin (HA)*, das etwa sieben bis acht nm aus der Partikeloberfläche herausragt und als *trimerer Komplex* vorliegt, und um die *Neuraminidase (NA)*, deren aktive Form durch ein *Homotetramer* repräsentiert wird. Das HA-Protein ist für die Adsorption der Viren an Neuraminsäuren auf der Oberfläche der Wirtszellen verantwortlich. Daneben kann es Membranen fusionieren und Erythrocyten agglutinieren. Das NA-Protein spaltet endständige Neuraminsäuren von komplexen Kohlenhydraten ab. Influenza-C-Viren besitzen statt der HA- und NA-Proteine nur einen Typ von Oberflächenproteinen, nämlich das als trimerer Komplex vorliegende *HEF-Protein*. Zusätzlich findet man bei allen Influenza-A-Viren ein weiteres, als Tetramer vorliegendes, kleines *Protein M2* in einer geringen Kopienzahl von etwa 20 bis 60 Molekülen in der Membran verankert, das die Funktion einer Protonenpumpe besitzt. Das *Matrixprotein M1* ist mit der Innenseite der Lipiddoppelschicht assoziiert und kleidet diese aus.

Die Hüllmembran umgibt die viralen *Nucleocapsidbestandteile*. Diese setzen sich bei Influenza-A- und -B-Viren aus *acht Segmenten* einzelsträngiger RNA zusammen. Beim Influenza-C-Virus aus *sieben*. Die Nucleinsäuresegmente sind über ihre gesamte Länge mit den *Nucleoproteinen NP* komplexiert. Zusätzlich sind an jedem Abschnitt die Proteine des *Polymerasekomplexes, PB1, PB2* und *PA*, gebunden (Abbildung 15.1).

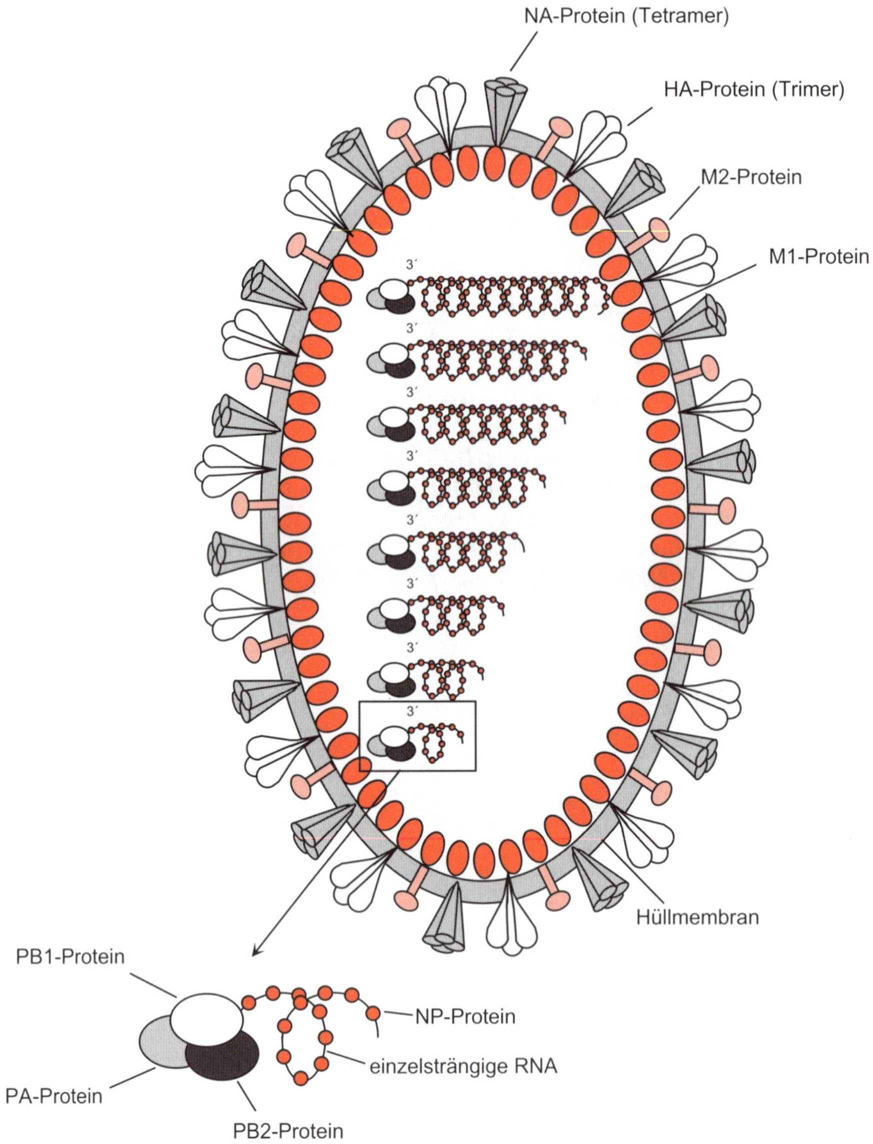

15.1 Aufbau eines Partikels des Influenza-A-Virus. Das einzelsträngige RNA-Genom besteht aus acht Segmenten, die mit den NP-Proteinen komplexiert sind. Die Proteine des Polymerasekomplexes, PB1, PB2 und PA, sind mit den 3′-Enden verbunden. Die Nucleocapsidsegmente sind von einer Hüllmembran umgeben, in welche die Oberflächenproteine HA, NA und M2 eingelagrt sind. Das M1-Protein befindet sich an der Innenseite der Membran, wo es eine Proteinschicht ausbildet.

Genom und Genomaufbau

Das segmentierte RNA-Genom der Influenza-A-, -B- und -C-Viren umfaßt insgesamt etwa 13 600, 14 600 beziehungsweise 12 900 Basen (Tabelle 15.2). Die 3′- und 5′-Enden der einzelnen Segmente sind über kurze Bereiche zueinander komplementär und bilden Doppelstränge aus, über welche die RNA-Moleküle in einer *quasizirkulären, pfannenstielähnli-*

Tabelle 15.2: Die RNA-Genomsegmente der Influenzaviren und die Proteine, für die sie codieren

Segment	Influenza A-Virus* Länge (Basen)	Protein	Influenza B-Virus Länge (Basen)	Protein	Influenza C-Virus Länge (Basen)	Protein
1	2341	PB2	2386	PB1	2350	P1
2	2341	PB1	2396	PB2	2350	P2
3	2233	PA	2304	PA	2150	P3
4	1778	HA	1882	HA	2000	HEF
5	1565	NP	1841	NP	1750	NP
6	1413	NA	1557	NA, NB	1150	M, CM2
7	1027	M1, M2	1191	M1,BM2	975	NS1, NS2
8	890	NS1, NS2	1096	NS1, NS2	–	

* Influenza-A-Virus Stamm A/PR/8/34

chen Form gehalten werden. Sie codieren nicht für Proteine, sondern stellen die Signalsequenzen für die Initiation der Transkription und der RNA-Replikation dar. Mit der einzelsträngigen RNA sind die basischen, argininreichen *NP-Proteine* assoziiert, wobei jedes NP-Molekül einen Abschnitt von etwa 20 Nucleotiden abdeckt. Als weitere Proteine, die mit den RNA-Abschnitten verbunden sind, finden sich pro Partikel etwa *50 Polymerasekomplexe*. Sie bestehen aus den Proteinen PB1, PB2 und PA und sind bevorzugt mit den 3'-Enden der Genomsegmente assoziiert.

Jedes Segment des Influenzavirusgenoms codiert für bestimmte Virusproteine, meist eines pro Abschnitt. Nur die beiden kleinen RNA-Segmente der Influenza-A- und C-Viren sowie die Segmente sechs, sieben und acht der Influenza-B-Viren codieren für zwei Polypeptide, deren Translation von *unterschiedlich gespleißten mRNA-Spezies* ausgeht (Tabelle 15.2).

15.1.3 Virusproteine

Strukturproteine

Membranproteine. Das *Hämagglutinin (HA)* ist ein trimerer Proteinkomplex. Das Vorläuferprotein für die Monomere hat eine Länge von etwa 560 Aminosäuren und besitzt am aminoterminalen Ende ein Signalpeptid und nahe dem Carboxyterminus einen Abschnitt hydrophober Aminosäuren, die das Protein in der Cytoplasmamembran der infizierten Zelle beziehungsweise der Virusmembran verankern. Im Verlauf der Translation wird die wachsende Aminosäurekette durch die Membran des endoplasmatischen Reticulums geschleust und das Signalpeptid vom aminoterminalen Ende abgespalten. Während des Transports durch den Golgi-Apparat zur Zelloberfläche interagieren die monomeren HA-Proteine zu *Trimeren* und werden durch Anfügen von *Zuckergruppen* modifiziert. Im Bereich der Transmembranregion am carboxyterminalen Ende werden Palmitinsäurereste angehängt. Eine trypsinähnliche *Furin-Protease* spaltet das HA-Vorläuferprotein in den *aminoterminalen Anteil* HA_1 (36 kD, in modifizierter Form circa 50 kD) und HA_2 (26 kD). Dabei wird ein Argininrest an der Spaltstelle vom Carboxylende des entstehenden HA_1 entfernt. HA_1 und HA_2 bleiben über eine Disulfidbrücke miteinander verbunden (Abbildung 15.2A). Durch die Spaltung wird am aminoterminalen Ende des HA_2-Proteins ein Abschnitt

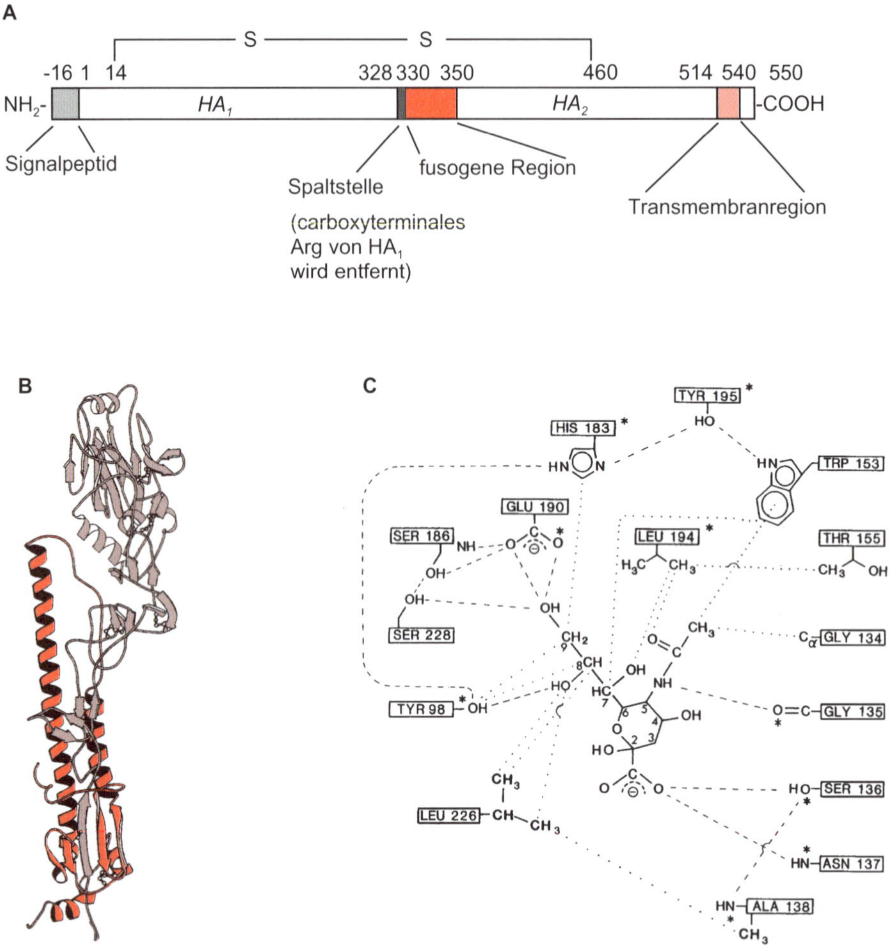

15.2 Das Hämagglutinin der Influenza-A-Viren. A: Schematische Darstellung des HA-Proteins und die Lokalisation der funktionell wichtigen Domänen. Die Zahlen beziehen sich auf die Position in der Aminosäuresequenz des Hämagglutinins des Stammes A/Aichi/2/68/H3N2 (beginnend an der ersten Aminosäure am aminoterminalen Ende nach Abspaltung des Signalpeptids). Angegeben sind weiterhin die Spaltstelle, die fusogene Region, die Transmembranregion und die Cysteinreste, die eine Disulfidbrücke ausbilden, durch welche die beiden Spaltprodukte miteinander verbunden bleiben. B: Kristallstruktur des Komplexes von HA_1 und HA_2 nach der Spaltung, dargestellt als Bändermodell. Die Pfeile repräsentieren β-Faltblattstrukturen, die Zylinder α-Helices. Das HA_1-Protein ist grau, der HA_2-Anteil rot angefärbt. Im natürlichen HA_2-Protein ist das Protein am carboxyterminalen Ende um die Transmembrandomäne und den kurzen cytoplasmatischen Anteil verlängert. Diese wurden aus technischen Gründen zur verbesserten Reinigung und Kristallisation des externen Teiles des Proteinkomplexes entfernt. Die Adsorptionsstelle, über welche das HA_1-Protein mit endständigen Neuraminsäureresten interagiert, befindet sich an der der Membran abgewandten Stelle des HA_1, in dieser Abbildung im oberen Teil des HA_1-Proteins, wo die Aminosäuren eine globuläre Domäne ausbilden. (Aus: Lamb, R. A; Krug, R. M. *Fields Virology,* Bd 1, S. 1361. Mit freundlicher Genehmigung von F. Hughson und D. Wiley, Howard Hughes Medical Institute, Harvard University, Cambridge, Mass.) C: Wechselwirkungen des HA_1-Proteins mit der *N*-Acetyl-Neuraminsäure. Gezeigt sind die verschiedenen Aminosäuren (entsprechend ihren Positionen im HA_1), die über Wasserstoffbrücken (gestrichelte Linien) und van-der-Waals-Kontakte (gepunktete Linien) mit dem Zuckerrest im Zentrum der Abbildung interagieren. Die Sternchen zeigen die Aminosäurereste an, die unter den verschiedenen Influenza-A-Virusstämmen einen hohen Konservierungsgrad aufweisen. (Aus: Wharton, S. A. et al. *The Influenza-Viruses.* New York 1989, S. 135.)

Die Klärung der Struktur des Hämagglutinins brachte wichtige Daten für das Verständnis der Proteinfunktion

Im Jahre 1981 klärten Ian Wilson, John Skehel und Don Wiley den Aufbau des HA-Komplexes durch Röntgenstrukturanalyse auf. Es war das erste virale Membranprotein, bei dem das gelang. Dafür spalteten sie den oberflächenexponierten Anteil des Komplexes durch Behandlung mit Bromelain ab und erhielten so ein lösliches Trimer. Diese und weiterführende Untersuchungen ergaben, daß die Adsorption an *N*-Acetyl-Neuraminsäure durch eine *globuläre Domäne* aus acht antiparallelen β-Faltblättern des HA_1-Anteils vermittelt wird. Sein aminoterminales Ende ist in Membrannähe lokalisiert (Abbildung 15.2B). Die folgenden 63 Aminosäuren haben eine gestreckte Konformation und bilden eine Art Abstandhalter zwischen der Membran und der sich daran anschließenden globulären Domäne. Die Bindung an die *N-Acetyl-Neuraminsäure* als zellulären Rezeptor erfolgt über eine taschenartig geformte Struktur, die für Antikörpermoleküle unzugänglich ist. Durch die Faltung der Aminosäurekette in der globulären Domäne wird die Neuraminsäurebindungstelle von Proteinbereichen umgeben, die *B-Zell-Epitope* darstellen. Hiergegen sind die neutralisierenden Antikörper gerichtet, die der Wirt im Infektionsverlauf bildet. Vor allem bezüglich der Sequenzen dieser Epitope unterscheiden sich die verschiedenen Influenza-A-Virussubtypen. Ähnlich wie bei den Picornaviren (Abschnitt 13.1) ist bei den Influenzaviren die eigentliche Rezeptorbindungsstelle nicht oberflächenexponiert und so dem Selektionsdruck durch die Antikörper entzogen.

Der Teil des HA_1-Proteins, der sich an die globuläre Domäne anschließt, ist so gefaltet, daß das carboxyterminale Ende wiederum in Membrannähe liegt. Die amino- und carboxyterminalen Anteile des HA_1-Proteins können miteinander wechselwirken und zusammen mit dem aminoterminalen Bereich des HA_2-Proteins eine *stammähnliche Struktur* ausbilden (Abbildung 15.2B). Im Verlauf der Adsorptions- und Aufnahmeprozesses der Viruspartikel in das zelluläre Endosomenkompartiment erfährt die Struktur des HA_1/HA_2-Komplexes durch die damit verbundene Ansäuerung größere Umlagerungen, so daß die hydrophobe Region am Aminoterminus des HA_2-Proteins in die benachbarte Endosomenmembran eintauchen und so die Fusion vermitteln kann.

unpolarer, hydrophober Aminosäuren exponiert, der so seine *fusogene Aktivität* zur Verschmelzung der Virus- mit der Endosomenmembran zu Beginn des Replikationszyklus entfalten kann (vergleiche die Aktivität des F-Proteins der Paramyxoviren, Abschnitt 14.2.3). Die *Adsorption* des Virus an *endständige Neuraminsäuren*, die sich als Modifikation von Membranproteinen oder -lipiden auf der Zelloberfläche befinden, wird durch eine Domäne im HA_1-Protein vermittelt, an der mehrere Aminosäuren beteiligt sind, die durch die dreidimensionale Faltung in räumliche Nähe zueinander gekommen sind (Abbildung 15.2B, C).

Vergleiche der Aminosäuresequenzen verschiedener Influenza-A- und -B-Viren lassen vermuten, daß diese sehr nahe miteinander verwandt sind und ihre HA-Proteine einen ähnlichen Aufbau besitzen. In der Gruppe der Influenza-A-Viren konnten bis heute 14 verschiedene Subtypen des HA-Proteins (H1 bis H14) identifiziert werden, die auch die Virussubtypen bestimmen. Sie unterscheiden sich in ihrer Aminosäuresequenz und in der Erkennung durch Antikörper. Das *HEF-Protein* der Influenza-C-Viren hat ein Molekulargewicht von 88 kD und unterscheidet sich in Funktion und Sequenz deutlich von den Proteinen der anderen Influenzaviren: Es vereinigt in sich die *rezeptorbindenden* und *fusogenen Eigenschaften* mit den *rezeptorzerstörenden Aktivitäten* (Neuraminidase). Ähnlich wie das HA-Protein liegt es als Trimer vor und muß zur Aktivierung der Fusionswirkung durch eine trypsinähnliche, zelluläre Protease gespalten werden. Als Rezeptor verwenden Influenza-C-Viren die *N-Acetyl-9-O-Acetyl-Neuraminsäure*. Die rezeptorzerstörende Aktivität entspricht der einer Neuraminsäure-*O*-Acetylesterase. Antikörper, die gegen das HA-beziehungsweise HEF-Protein gerichtet sind, können die Viren neutralisieren.

Die *Neuraminidase (NA)* der Influenza-A- und B-Viren ist als *Tetramer* aktiv. Die monomeren Proteineanteile haben eine Länge von etwa 460 Aminosäuren. Die zur Verankerung in der Membran dienende hydrophobe Sequenzfolge befindet sich in der Nähe des Aminoterminus. Ein aminoterminales Signalpeptid existiert nicht (Abbildung 15.3A). Die glycosylierten NA-Proteine sind daher *Membranproteine des Typs II*, deren Aminoterminus im Lumen des endoplasmatischen Reticulums beziehungsweise im Cytoplasma der Zelle lokalisiert ist. Die Röntgenstrukturanalyse ergab, daß die NA-Proteine einen „Stiel"-Teil besitzen, der sich an die Transmembranregion anschließt. Der übrige Teil des NA-Proteins von etwa 390 Aminosäureresten ist in eine *globuläre Struktur* gefaltet. Diese Domäne besteht aus sechs β-Faltblattregionen, von denen jede aus vier β-Faltblättern besteht. Von oben gesehen haben sie Ähnlichkeit mit einem Flugzeugpropeller mit sechs Rotorblättern (Abbildung 15.3B). Die als Homotetramer in der Membran verankerte Neuraminidase hat die Form eines Pilzes, die miteinander interagierenden globulären Domänen bilden den „Pilzhut". Dieses Enzym hat vermutlich die Funktion, nach erfolgter Infektion die Rezeptoren von der Zelloberfläche zu entfernen. Der Vorgang spielt wahrscheinlich bei der *Freisetzung der Viruspartikel* eine wichtige Rolle und soll verhindern, daß die Virionen über die HA-Proteine mit Membranbestandteilen der durch die Infektion zerstörten Zelle wechselwirken. Außerdem wird so vermutlich das Verkleben der Partikel miteinander unterbunden – die Viren selbst haben keine endständigen Neuraminsäurereste auf ihrer Oberfläche, weil diese durch das Enzyms entfernt werden.

A

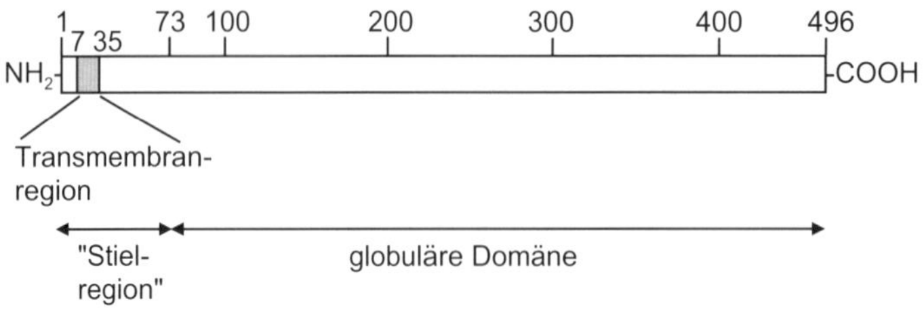

B

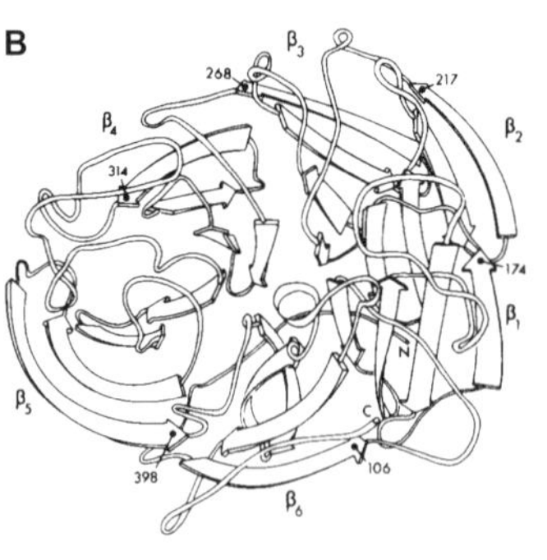

15.3 Die Neuraminidase der Influenza-A-Viren. A: Schematische Darstellung des NA-Proteins und die Lokalisation der funktionell wichtigen Domänen. Die Zahlen beziehen sich auf die Position in der Aminosäuresequenz der Neuraminidase des Stammes A/Tokyo/3/67/H3N2 (beginnend am aminoterminalen Ende). Die Lage der Transmembranregion und der Domänen, welche den „Stiel" und die globuläre Proteinregion bilden, ist angegeben. B: Kristallstruktur der globulären Domäne der Neuraminidase, dargestellt als Bändermodell. Die Pfeile repräsentieren β-Faltblattstrukturen. Die sechs großen β-Faltblattregionen sind nach ihrer Lage im Protein mit β1 bis β6 bezichnet. N und C bezeichnen die amino- und carboxyterminalen Enden des Proteins; die aminoterminale Transmembranregion wurde proteolytisch entfernt. (Aus: Coleman, P. M. *The Influenza-Viruses*. New York 1989, S. 189.)

Wie die HA-Proteine unterscheiden sich auch die Neuraminidasen verschiedener Virusisolate voneinander. Insgesamt kennt man bei den Influenza-A-Viren *neun Subtypen* von NA-Proteinen (N1 bis N9). Gegen diese werden Antikörper gebildet, die *neutralisierende Eigenschaften* haben. Sie hemmen zwar nicht die Bindung der Viren an den Rezeptor, verhindern aber bis zu einem gewissen Grad die Ausbreitung im Organismus. Die Kombination der verschiedenen HA- und NA-Proteine in einem Virusisolat bestimmt die antigenen Eigenschaften des jeweiligen Influenzavirussubtyps.

Die *M1-Proteine (Matrixproteine)* liegen in den Viruspartikeln in hoher Kopienzahl vor. Sie haben ein Molekulargewicht von 28 kD, sind mit der Innenseite der Hüllmembran assoziiert und bilden hier eine Schicht aus, indem sie miteinander wechselwirken. Sie besitzen keine Transmembranregion, sondern scheinen über Interaktion mit den im Cytoplasma gelegenen Abschnitten der HA-, NA- und M2-Proteine mit der Virushülle assoziiert zu sein. Zugleich sind sie mit den NP-Proteinen der Nucleocapside verbunden. Sie haben eine wichtige Funktion bei der Verpackung der Nucleocapside in die entstehenden Viruspartikel.

Das *M2-Protein* der Influenza-A-Viren wird zusammen mit dem M1-Protein auf dem Genomsegment 7 codiert. Für seine Synthese wird die M1-spezifische mRNA *gespleißt*. Die acht aminoterminalen Aminosäuren beider Proteine sind identisch. Ab dem Spleißpunkt ändert sich das Leseraster und damit die Aminosäuresequenz (Abbildung 15.4A). Das so gebildete M2-Protein hat ein Molekulargewicht von circa 15 kD und liegt in der infizierten Zelle in hoher Kopienzahl vor, im Viruspartikel dagegen nur in wenigen Einheiten. Es ist fettsäuremodifiziert und über eine carboxyterminal gelegene Folge von hydrophoben Aminosäuren in der Membran verankert, wo es als *Tetramer* vor liegt. Es fungiert als *Ionenkanal*. Die Protonenpumpe des M2-Proteins ist früh während der Infektion bei der Freisetzung der viralen Nucleinsäure, aber auch während der Morphogenese aktiv: Beim Uncoating bewirkt es eine Umlagerung der Strukturen des M1-Proteins. Dadurch lockert sich die Wechselwirkung dieser Proteine mit dem Nucleocapsid, das im Anschluß in den Zellkern transportiert wird. Spät im Infektionszyklus werden die M2-Proteine in die Membran der Golgi-Vesikel eingelagert und verhindern durch die Regulation des pH-Werts die vorzeitige Strukturumlagerung der HA_1/HA_2-Proteine und die damit in Verbindung stehende Induktion des Fusionsaktivität. *Amantadin*, ein antiviral wirkendes Therapeutikum, hemmt die Funktion der Protonenpumpe (Kapitel 9). Mutationen des M2-Gens vermitteln Resistenz gegen Amantadin.

Bei Influenza-B-Viren scheint ein *M2-analoges Protein* (18 kD) auf dem Genomsegment 6 zusammen mit dem Neuraminidasegen codiert zu sein. Es wird unter Verwendung eines alternativen Startcodons translatiert. Ein Vergleich der Aminosäuresequenz des als *NB* bezeichneten, glycosylierten Proteins mit dem M2-Protein der Influenza-A-Viren ließ darauf schließen, daß es sich um einen ähnlichen Ionenkanal handelt. Amantadin beeinflußt aber bei Influenza-B-Viren nicht die Funktion des NB-Protein, denn Influenza-B-Viren sind generell nicht durch diese und ähnliche Substanzen hemmbar. Auch bei Influenza-C-Viren ist auf dem Segment 6 zusammen mit dem M1-Gen offensichtlich ein entsprechendes Ionenkanalprotein codiert, das als CM2 bezeichnet wird.

Komponenten des Nucleocapsids. Das *NP-Protein* ist die Haupkomponente der Nucleocapside. Die RNA-Moleküle sind über ihre gesamte Länge mit dem Polypeptid komplexiert. Es ist reich an *basischen Argininresten*, besitzt eine Domäne, die seinen Transport in den Zellkern vermittelt, und hat ein Molekulargewicht von etwa 55 kD. Während des Replikationszyklus ist es in seiner freien, nicht-RNA-gebundenen Form für den korrekten Ablauf der *Genomreplikation* wichtig. Die Sequenz des NP-Proteins unterschiedlicher Influenzaviren ist hochkonserviert und bestimmt den jeweiligen Virustyp. Es besitzt wichtige *T-Zell-Epitope*, die von den infizierten Zellen im Komplex mit MHC-Klasse-I-Proteinen präsentiert werden, und ist daher für die Auslösung der zellulären Immunantwort des Wirtes und die Eliminierung der virusinfizierten Zellen aus dem Organismus wichtig.

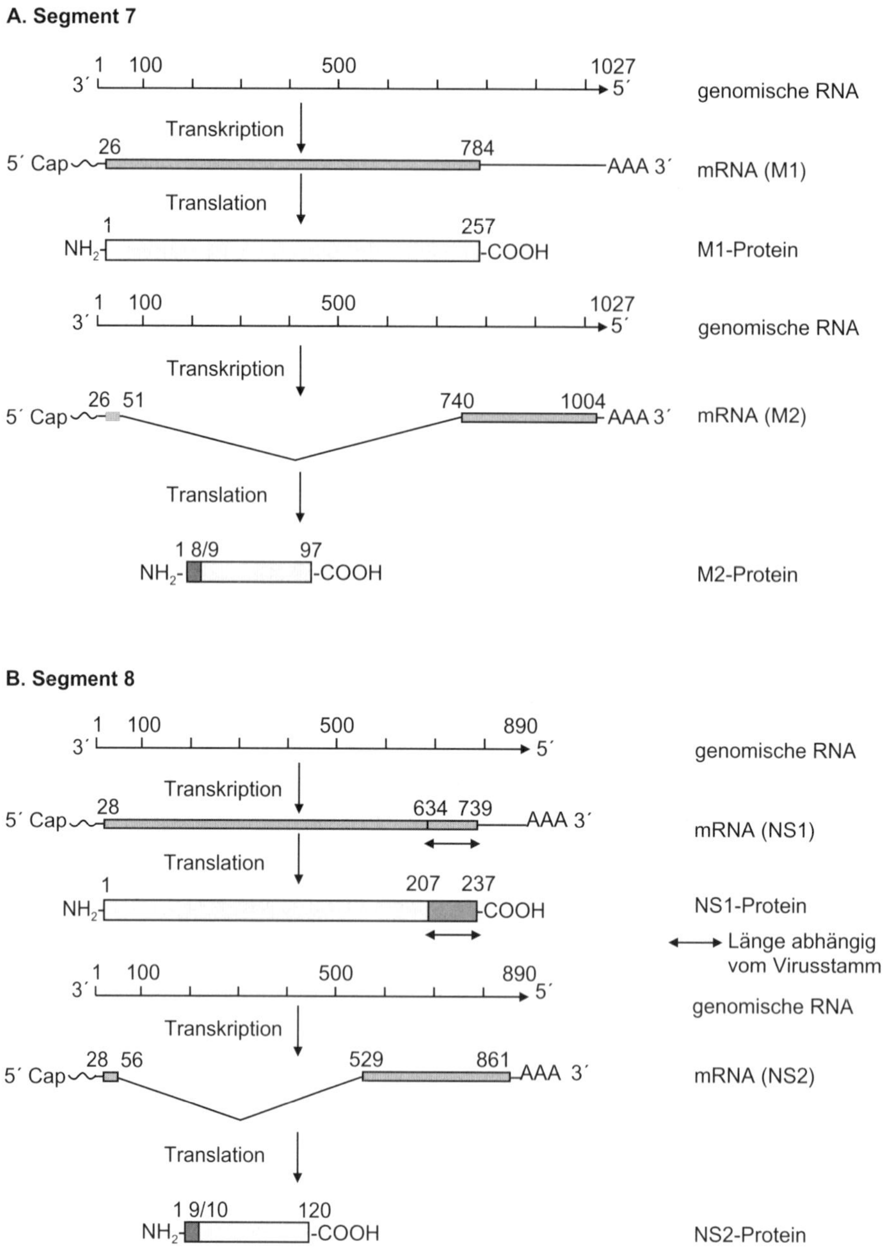

15.4 Genomorganisation der beiden kleinen RNA-Segmente der Influenza-A-Viren. A: Genomsegment 7. Das Segment wird transkribiert. Das M1-Protein wird von der so entstandenen, ungespleißten mRNA translatiert. Durch Spleißen entsteht eine weitere mRNA-Form. Sie dient zur Translation des M2-Proteins. Seine acht aminoterminalen Aminosäurereste sind mit dem M1-Protein identisch. Am Spleißpunkt ändert sich das Leseraster und damit die Proteinsequenz. B: Genomsegment 8. Das Segment wird transkribiert. Das NS1-Protein wird von der so entstandenen, ungespleißten mRNA translatiert. Durch Spleißen entsteht eine weitere mRNA-Form. Sie dient zur Translation des NS2-Proteins, dessen aminoterminale Aminosäurereste mit dem NS1-Protein identisch sind. Am Spleißpunkt ändert sich das Leseraster und damit die Proteinsequenz.

Die Komplexe der *P-Proteine* aus den Komponenten *PB1, PB2* und *PA*, die nichtkovalent miteinander verbunden sind, liegen in etwa 50 Einheiten pro Viruspartikel vor und sind bevorzugt mit den Enden der Genomsegmente assoziiert. Sie besitzen die Aktivität einer *RNA-abhängigen RNA-Polymerase*. Die Proteine haben alle ein Molekulargewicht von 80 bis 90 kD und weisen Signalsequenzen für den Transport in den Zellkern auf. Die PB1- und PB2-Proteine sind reich an *basischen* Aminosäuren. PA gilt dagegen als saures Protein. Das PB2-Protein bindet sich an 5′-Cap-Strukturen zellulärer mRNA-Moleküle – sie werden als Primer für die virale mRNA-Synthese verwendet – und spaltet diese nach etwa zehn bis 13 Nucleotiden von den Enden der Transkripte ab. Der PB1-Anteil besitzt vermutlich die Polymerase-Aktivität und ist für die Kettenverlängerung verantwortlich. Die genaue Funktion des PA-Proteins ist nicht bekannt. Es bleibt aber während des Replikationsvorgangs mit beiden PB-Proteinen im Komplex assoziiert.

Nichtstrukturproteine

Die beiden *Nichtstrukturproteine NS1* und *NS2* werden auf dem Segment 8 (beziehungsweise Segment 7 bei Influenza-C-Viren), dem kleinsten des Influenzavirusgenoms, codiert. Das NS1-Protein der Influenza-A-Viren besitzt ein Molekulargewicht von 26 kD. Es wird in den Zellkern transportiert und wirkt als *Cofaktor beim Spleißvorgang*, bindet sich an den PolyA-Teil der mRNA und reguliert ihren *Export* aus dem Zellkern in das Cytoplasma. Die mRNA für das *NS2-Protein* (11 kD), dessen genaue Funktion unbekannt ist, wird durch Spleißen aus der NS1-spezifischen mRNA gebildet (Abbildung 15.4B). Auch dem NS2-Protein schreibt man regulatorische Aktivitäten bei der Synthese intakter genomischer RNA zu. Man konnte es in geringen Mengen in Viruspartikeln nachweisen, deren *Virulenz* es zu beeinflussen scheint.

Die Information für ein weiteres Nichtstrukturprotein scheint bei Influenza-B-Viren auf dem Segment 6 zu liegen: Bei diesen Viren wird das hier codierte Matrixprotein M1 von einer gespleißten mRNA translatiert. Ausgehend von der ungespleißten mRNA wird das *Protein BM2* synthetisiert, das ein Molekulargewicht von etwa 12 kD besitzt und in infizierten Zellen nachgewiesen wurde. Seine Funktion ist unbekannt. Tabelle 15.3 gibt einen Überblick zu den charakteristischen Eigenschaften der durch Influenzaviren codierten Proteine

Tabelle 15.3: Eigenschaften und Funktionen der von Influenzaviren codierten Proteine

	Influenza A	Influenza B	Influenza C	Funktion
A. Strukturproteine				
HA	77 kD glycosyliert	77 kD glycosyliert	–	Vorläuferprotein für HA_1 und HA_2, Induktion neutralisierender Antikörper
HA_1	50 kD glycosyliert	50 kD glycosyliert	–	aminoterminaler Anteil von HA, Adsorption an Neuraminsäure, Hämagglutination
HA_2	26 kD glycosyliert	26 kD glycosyliert	–	carboxyterminaler Anteil von HA, Membranfusion
HEF	–	–	88 kD glycosyliert	Hämagglutination, Rezeptorbindung, Membranfusion, Induktion neutralisierender Antikörper, Acetylesterase
HEF1			65 kD glycosyliert	aminoterminaler Anteil von HEF

Tabelle 15.3: (Fortsetzung)

	Influenza A	**Influenza B**	**Influenza C**	**Funktion**
HEF2			30 kD glycosyliert	carboxyterminaler Anteil von HEF
NA	56 kD glycosyliert		–	Neuraminidase, Abspaltung endständiger Neuraminsäurereste; wichtig bei Freisetzung der Partikel Induktion neutralisierender Antikörper
M1	28 kD	28 kD	30 kD	Matrixprotein, assoziiert mit der Innenseite der Virusmembran, funktionell aktiv bei der Morphogenese
M2/NB/CM2	15 kD/M2	18 kD/NB	18 kD/CM2	integrales Membranprotein, Ionenkanal funktionell aktiv früh im Infektionszyklus bei der Entlassung der Nucleocapside aus dem Endosomen
NP	55 kD	55 kD	60 kD	Hauptkomponente des Nucleocapsids, basisch, Kerntransportsignal
PB1	90 kD	85 kD	89 kD	Komponente des Nucleocapsids und des Polymerasekomplexes, RNA-abhängige RNA-Polymerase, basisch
PB2	80 kD	88 kD	85 kD	Komponente des Nucleocapsids und des Polymerasekomplexes, Bindung an 5′-Cap-Strukturen, basisch
PA	83 kD	83 kD	82 kD	Komponente des Nucleocapsides und des Polymerasekomplexes, sauer
B. Nichtstrukturproteine				
NS1	26 kD	40 kD	25 kD	Kernprotein, Cofaktor beim RNA-Spleißen, reguliert Export der gespleißten mRNA
NS2	11 kD	11 kD	14 kD	regulatorisches Protein, in geringen Mengen im Virion
BM2		12 kD		

15.1.4 Replikation der Orthomyxoviren

Die Vertreter der Orthomxoviren binden über ihre *HA*- beziehungsweie *HEF-Oberflächenproteine* an die *N-Acetylneuraminsäure* beziehungsweise die *9-O-Acetyl-N-Acetylneuraminsäure* auf der Zelloberfläche. Die Cytoplasmamembran umschließt die gebundenen Viruspartikel und nimmt sie in Vesikeln in die Zelle auf. Die Nucleocapside sind damit gleichsam von zwei Membranen umgeben. Durch die Ansäuerung des *Endosomenvesikels* verändert das HA-Protein seine Konformation. Dadurch gelangt die fusogene Region am aminoterminalen Ende des HA_2-Fragments in unmittelbare Nähe der Endosomenmembran. Der hydrophobe Charakter der fusionsvermittelnden Aminosäuren erlaubt das Einlagern des aminoterminalen HA_2-Endes in die Endosomenmembran und induziert die *Verschmelzung* der beiden Lipiddoppelschichten. Die fusogene Aktivität des HA-Proteins ähnelt weitgehend der des F-Proteins der Paramyxoviren (Abschnitt 14.2.3). Auch dieses muß gespalten werden, damit es aktiv werden kann (Abbildung 14.6). Der Hauptunterschied zwischen den beiden Proteinen ist, daß bei Paramyxoviren die Membranfusion bei der Bindung der Viren an die Zelloberfläche induziert wird und daß die Verschmelzung zwischen

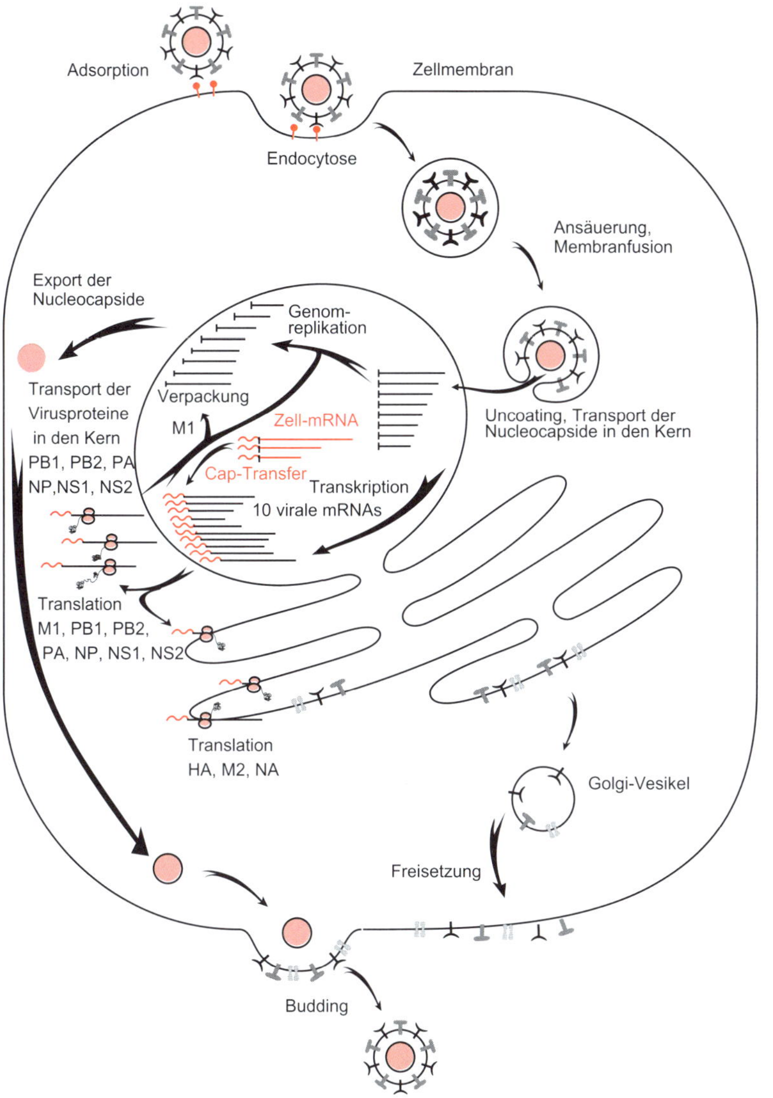

15.5 Replikationsverlauf bei Influenzaviren.

Cytoplasma- und Virusmembran erfolgt. Bei den Orthomyxoviren ist eine direkte Membranverschmelzung nicht möglich. Für die Aktivierung der fusogenen Wirkung des HA-Proteins ist die *Ansäuerung im Endosom* Voraussetzung. Durch die Fusion der Endosomen mit der Virusmembran werden die Nucleoproteinkomplexe aus den Vesikeln entlassen und können in das Cytoplasma gelangen (Abbildung 15.5).

Die Ansäuerung durch die Protonenpumpe des M2-Proteins löst die Interaktion der NP- mit den M1-Proteinen. Die segmentierten Nucleocapside werden durch die Kernporen in den Zellkern transportiert, wo die folgenden *Transkriptions-* und *Replikationsschritte* ablaufen. Zunächst wirkt der Ribonucleoproteinkomplex als Matrize für die Produktion von mRNA-Molekülen. Der Promotor hierfür befindet sich in den Sequenzen der 3′-Enden der verschiedenen Segmente, die den Transkriptionsstartpunkten vorgelagert sind und mit den 5′-Enden doppelsträngige Strukturen ausbilden. Die virale RNA-abhängige RNA-Polymerase kann die Synthese weder selbst initiieren, noch kann eines der Proteine PB1, PB2 oder PA die mRNA-Moleküle mit 5′-Cap-Gruppen modifizieren oder methylieren. Orthomyxoviren haben deshalb zur Initiation der Transkription einen Mechanismus entwickelt, der es ihnen ermöglicht, die 5′-Cap-Strukturen von zellulären mRNA-Molekülen zu nutzen. Hierzu binden die PB2-Proteine, die als Bestandteil der Nucleocapside mit den 3′-Enden der Genomsegmente assoziiert sind, an die 5′-Cap-Gruppen von zellulären mRNA-Molekülen und lagern sie an die 3′-Enden der viralen RNA-Segmente an. Das terminale Nucleotid ist hier immer ein Uridin. Mit diesem hybridisiert ein Adeninrest in den ersten zehn bis 13 Basen der zellulären mRNA. Eine dem PB2-Protein eigene *Nucleaseaktivität* spaltet anschließend bei dem Adenin und erzeugt so ein *freies 3′-OH-Ende*, das als Primer für die folgenden Polymerisationsschritte dient. Dieser Mechanismus des „5′-Cap-Stehlens" hat für das Virus zusätzlich den Vorteil, daß er die zellspezifische Transkription und Translation unterbricht und den Wirtsstoffwechsel auf die Bedürfnisse der Virusinfektion umschaltet. Es werden fast nur noch die Virusgene transkribiert und die entsprechenden Proteine synthetisiert.

An der Elongation der mRNA sind die drei *Proteine PB1, PB2* und *PA* des Polymerasekomplexes beteiligt. Die Transkription wird etwa 15 bis 20 Nucleotide vor dem 5′-Ende der Genomsegmente in der Region beendet, in welcher die einzelsträngigen RNA-Sequenzen in die pfannenstielähnlichen Doppelstrangbereiche übergehen. Diese bilden wahrscheinlich eine physikalische Barriere für den Enzymkomplex und verlangsamen die Polymerisation. Eine hier lokalisierte, bei allen mRNA-Spezies konservierte uridinreiche Sequenzfolge dient als Signal für die Polyadenylierung der Transkripte. Die von den kleinen RNA-Segmenten gebildeten Transkripte werden teilweise gespleißt. Dabei scheint das NS1-Protein als Spleißosomen-Cofaktor beteiligt zu sein.

Bei dem *Export* der viralen mRNAs aus dem Kern wirken zelluläre mit viralen Komponenten (NS1-Protein) zusammen. Die sich anschließende Translation der membranassoziierten Proteine (HA beziehungsweise HEF, NA und M2) erfolgt an der Membran des endoplasmatischen Reticulums. Eine Signalase entfernt nach dem Durchschleusen der Aminosäureketten die aminoterminalen Signalpeptide von den HA- und M2-Proteinen. Über Golgi-Apparat und Golgi-Vesikel werden die Proteine zur Zelloberfläche transportiert. Sie interagieren dabei zu trimeren beziehungsweise tetrameren Komplexen und werden glycosyliert. Die HA- und M2-Proteine werden zusätzlich durch Anfügen von Palmitinsäure modifiziert, und das HA-Protein in die Anteile HA_1 und HA_2 gespalten. Das als *H^+-Pumpe* aktive M2-Protein reguliert den pH-Wert in den Golgi-Vesikeln und verhindert die vorzeitige Induktion der Fusionsaktivität der HA-Komplexe in diesem Kompartiment.

Die Proteine PB1, PB2, PA, NP, NS1 und M1 besitzen in ihnen Sequenzen Signale für den Transport in den Zellkern. Bei der sich anschließenden Replikation der Genomsegmente entfalten sie ihre verschiedenen Aktivitäten. Für das *Umschalten* vom Transkriptions- in den Replikationsmodus müssen freie, neusynthetisierte NP-Proteine im Kern angereichert sein. Man vermutet, daß sie durch Interaktion mit den Proteinen des Polymerasekomplexes diese in ihrer Wirkung modifizieren und so die Replikation einleiten. Auch die Initiation der replikativen RNA-Synthese scheint *primerabhängig* zu sein. *In vitro* reichen hierfür Dinucleotide pppApG aus; sie hybridisieren mit den 3′-Enden der Genomsegmente und liefern die notwendigen freien 3′-OH-Enden, an denen mit Hilfe der PB1-, PB2- und PA-Proteine unter Auflösung der pfannenstielähnlichen Strukturen an den Genomenden ein *vollständiger Gegenstrang* ansynthetisiert wird. Diese *Antigenome* assoziieren mit NP-Proteinen, werden in einem analogen Prozeß als Matrizen zur Synthese neuer viraler RNA-Stränge in negativer Orientierung verwendet und assoziieren mit den NP-, PB1-, PB2- und PA-Proteinen zu *Nucleocapsiden*. An diese binden sich im folgenden Schritt die Matrixproteine M1, und die Komplexe werden aus dem Zellkern in das Cytoplasma und hier an die Stellen transportiert, an denen erhöhte Mengen an HA-, NA- und M2-Proteinen in die Zellmembran eingelagert sind. Man vermutet, daß die Nucleocapside durch die mit ihnen assoziierten M1-Proteine an die ins Cytoplasma ragenden Sequenzen der Oberflächenproteine binden. Hier bilden sich die *initialen Budding-Strukturen*, die Membran stülpt sich aus und umschließt die Nucleocapside, die durch *Knospung* an der Oberfläche abgegeben werden. Durch die Aktivität des *NA-Proteins* werden endständige Neuraminsäurereste von den zellulären und viralen Oberflächenproteinen entfernt. So wird verhindert, daß die freigesetzten Viruspartikel miteinander oder mit Membranbestandteilen der durch die Infektion geschädigten Zelle wechselwirken und verkleben.

Es ist unklar, ob es einen Mechanismus gibt, der gewährleistet, daß in jedes Viruspartikel die richtige Kombination der acht beziehungsweise sieben Genomsegmente verpackt wird. Eine derartige Selektion ist nur schwer vorstellbar. Es gibt Hinweise, daß statt dessen in jedes Virus etwa *elf bis 13 Nucleocapsidsegmente* eingelagert werden, ohne Rücksicht darauf, um welche es sich handelt. Nur ein Teil der neu gebildeten Virionen wäre dann infektiös. Die Tatsache, daß bei der Züchtung von Influenzaviren in Zellkultur nur zehn Prozent der Nachkommen infektiös sind, stützt diese Hypothese.

15.1.5 Die humanen Influenzaviren

Epidemiologie und Übertragung

Influenzaviren werden durch virushaltige *Aerosole* übertragen und verursachen bei Menschen die *Grippe* oder *Influenza*, eine schwere Erkrankung der Atemwege und des gesamten Organismus. Während sich die Krankheitsverläufe bei den Influenza-A- und -B-Viren weitgehend ähneln, zeichnen sich Infektionen mit Influenza-C-Viren durch leichte Symptome aus.

Die Influenza-A-Virusinfektion tritt in der Bevölkerung in relativ regelmäßigen Abständen als *Pandemie* auf. So gab es im vergangenen Jahrhundert fünf große Ausbrüche der Influenza in den Jahren 1890, 1900, 1918/19, 1957 und 1968. Fast alle hatten ihren Ursprung in *Südostasien* und breiteten sich von dort, zum Beispiel auf Schiffen, nach Europa aus. Die jeweiligen Erreger, die man als Subtypen bezeichnet, verursachten unterschiedlich schwere Erkrankungen. Todesfälle waren vor allem bei älteren oder geschwächten Personen zu verzeichnen. Von anderen viralen Erkrankungen unterscheidet sich die Influenza vor allem dadurch, daß die Immunität, die sich im Infektionsverlauf ausbildet, nur vor Folgeinfektionen mit Viren des gleichen Subtyps schützt. Dieselben Personen können so trotz vorliegender neutralisierender Antikörper mehrmals mit verschiedenen Influenzavirussubtypen infiziert werden.

Die Isolierung des ersten humanen Influenza-A-Virus durch Smith, Andrewes und Laidlaw 1933 und die sich anschließenden, zum Teil retrospektiv durchgeführten seroepidemiologischen Untersuchungen zeigten, daß sich die Influenza-A-Viren der aufeinanderfolgenden Pandemien in der *Erkennung ihrer Oberflächenproteine HA und NA durch Antikörper* (*Antigenität*) unterscheiden. Das 1933 isolierte Inluenza-A-Virus war eine Variante der Viren, welche die Pandemie von 1918/19 verursacht hatten. Ihm ordnete man dem Subtyp *H1* und *N1* zu. Bei dem Influenzavirus der Pandemie von 1957 wurden gegen das Hämagglutinin und die Neuraminidase Antikörper mit einer anderen Spezifität gebildet. Man bezeichnete es deshalb als den Subtyp *H2N2*. Antikörper aus Personen, die mit dem Virus des Jahres 1957 infiziert worden waren, konnten das Influenza-A-Virus von 1918 nicht neutralisieren und umgekehrt. Das Influenza-A-Virus der Pandemie von 1968 hatte ein anderes Hämagglutinin (H3) als diese beiden Subtypen, zeigte jedoch die gleiche Reaktivität hinsichtlich der Neuraminidase. Der gleiche HA-Subtyp, nämlich H3, war bereits bei

Tabelle 15.4: Epidemiologie der menschlichen Influenza-A-Viren

Jahr	Virussubtyp	vermutlicher Ursprungswirt	ausgetauschte Segmente
1890	H2N2	?	
1900	H3N8	?	
1918/19 „Spanische Grippe"	H1N1 ← 8 Segmente ↓ 5 Segmente ↓	← Ente	8 (Adaption eines Entenvirus an Schweine und/oder Menschen)
1957 „Asiatische Grippe"	H2N2 ← 3 Segmente ↓ 6 Segmente ↓	← Ente	3 (PB1, HA, NA; Reassortante)
1968 „Hong-Kong-Grippe"	H3N2 ← 2 Segmente	← Ente	2 (PB1, HA; Reassortante)
1977	H1N1	?	

der Grippepandemie des Jahres 1900 aufgetreten, hier in Verbindung mit einer Neuraminidase N8. H2 entsprach wiederum dem Virusstamm von 1890, der die Kombination H2N2 besaß (Tabelle 15.4). In den Zeiten zwischen den einzelnen Pandemien traten nur wenige, meist kleinere Epidemien auf. Die Viren waren praktisch aus der Bevölkerung verschwunden. Einige Zeit später traten sie in veränderter Form wieder auf und lösten neue Erkrankungswellen aus. Die Variabilität betraf vor allem die viralen Oberflächenproteine, die im Infektionsverlauf die Bildung neutralisierender Antikörper induzieren.

Die Aminosäuren der verschiedenen HA-Proteine unterscheiden sich beträchtlich. Der Homologiegrad des HA_1-Anteils beträgt nur *35 Prozent.* Bei HA_2 und der Neuraminidase sind etwa 53 beziehungsweise 56 Prozent der Aminosäuren gleich. Die Veränderungen der Influenza-A-Viren der aufeinanderfolgenden Pandemien beruhen nicht auf Mutationen. Die Virusstämme besitzen vielmehr *neue RNA-Segmente* der entsprechenden Gene. Influenza-A-Viren sind außer beim Menschen in verschiedenen Vogel- (Möwen, Wild- und Hausenten) und Säugetierarten (Schweinen, Pferden, Nerzen, Robben und Walen) verbreitet. Werden diese mit berücksichtigt, so kennt man bis heute *14 verschiedene Subtypen der HA-* und *neun der NA-Proteine.* (Die Oberflächenproteine von Influenzaviren, die man aus Vögeln isolierte, weisen einen relativ hohen Konservierungsgrad auf. Man vermutet, daß sie phylogenetisch relativ alt sind.) Alle Subtypen, die man in humanpathogenen Virusisolaten gefunden hatte, konnte man in ähnlicher Form auch bei den Influenzaviren der Vögel, insbesondere der Enten nachweisen. Es gibt zwar Sequenzfolgen, die für die Oberflächenproteine der Influenzaviren von Vögeln, Pferden beziehungsweise Schweinen und Menschen spezifisch sind und die die Wirtsspezifität reflektieren. Hierzu zählt die Aminosäureposition 226 des HA-Proteins (Subtyp H3), die an der Rezeptorbindung beteiligt ist; während bei aus Vögeln oder Pferden isolierten Viren Glutamin vorherrscht, findet sich in Isolaten aus Schweinen und Menschen – diese sind einander sehr ähnlich – ein Leucinrest. Die verschiedenen Subtypen weisen jedoch untereinander eine wesentlich größere Variabilität auf als die Proteine des gleichen Subtyps aus unterschiedlichen Organismen. Neben charakteristischen Aminosäurefolgen der Oberflächenproteine vermitteln wohl vor allem durch die NP-, M1- und M2-Proteine die Wirtsspezifität. Sie sind in den verschiedenen Influenzaviren unterschiedlicher Spezies konserviert.

Man schloß aus diesen Daten, daß die Influenzaviren die Fähigkeit besitzen, einzelne Abschnitte ihres Genoms auszutauschen, wobei sie die Wirtsspezies überschreiten können. So erhalten sie Proteine, die ihnen völlig neue serologische Eigenschaften verleihen.

Das System zur Bezeichnung der Subtypen der Influenzaviren

Die Nomenklatur zur Bezeichnung und Unterscheidung der verschiedenen Influenzavirusstämme bedient sich folgenden Schemas: Neben dem Virustyp (Influenzavirus A, B oder C) gibt man den Wirt an, aus dem der Erreger isoliert wurde, den geographischen Ort der Isolierung, die Numerierung des Isolats, das Jahr und die Subtypen der HA- und NA-Proteine. So lautet zum Beispiel die Bezeichnung eines der ersten isolierten Influenza-A-Viren aus dem Schwein: A/Swine/Iowa/15/30/(H1N1). Es wurde 1930 in Iowa als fünfzehntes Virus des Subtyps H1N1 isoliert. Wenn das Isolat aus einem Menschen gewonnen wurde, gibt man den Wirt nicht an. A/HK/1/68(H3N2) war also der erste Virusstamm des Subtyps H3N2, der 1968 in Hongkong in Menschen nachgewiesen wurde. Bei Influenza-B- und C-Viren entfällt der Hinweis auf den HA- beziehungsweise NA-Subtyp.

Genetik der Epidemiologie. Der Austausch von einzelnen Genomsegmenten wird als *antigenic shift* bezeichnet. Voraussetzung für diesen Prozeß ist, daß Virusstämme mit verschiedenen HA- und NA-Subtypen zugleich in einem Organismus und in denselben Zellen vorliegen. Diese Bedingungen scheinen in *Südostasien,* vor allem in China, besonders oft erfüllt zu sein, denn dort nahmen die meisten Influenzapandemien ihrer Ausgang. Hier leben vor allem in den ländlichen Regionen Enten, Schweine und Menschen eng zusammen. Man stellt sich folgenden Ablauf vor: Anders als bei Säugetieren vermehren sich die Influenza-A-Viren in Vögeln vorwiegend in den Epithelzellen des Darms und werden daher in großen Mengen mit den Exkrementen ausgeschieden, ohne daß die Tiere selbst erkranken. Schweine können sich mit einigen der Vogelinfluenzavirustypen infizieren. Nehmen sie kontaminiertes Wasser zu sich, so kommt es zu einer Infektion mit produktiver Virusvermehrung. Zugleich sind Schweine auch empfänglich für Infektionen mit humanen Influenzavirustypen, so daß vorstellbar ist, daß ein Schwein zur gleichen Zeit mit Influenzaviren zweier unterschiedlicher Wirte infiziert sein kann. Findet diese Infektion in derselben Zelle statt, können bei der Morphogenese am Ende des Replikationszyklus sogenannte *Virusreassortanten* entstehen, die Gemische der verschiedenen Genomsegmente enthalten. In seltenen Fällen konnte so eine „erfolgreiche“ Variante entstehen, die vom infizierten Schwein auf den Menschen übertragen wird, in ihm eine Infektion auslöst und an andere Personen weitergegeben wird. Die Influenzavirusreassortante kann so eine neue Influenzaviruspandemie auslösen.

Unklar ist, warum man bisher nur drei der 14 verschiedenen, in der Natur vorkommenden HA-Subtypen bei humanen Influenzaviren gefunden hat. Man vermutet, daß in den anderen Fällen Reassortanten entstehen, für die der menschliche Organismus wenig empfänglich ist. Neben diesen drastischen Veränderungen bei neuen Pandemien durch den *antigenic shift* verändern sich die Oberflächenproteine der Influenzaviren jedoch auch im Verlauf einer Pandemie und in der Zeit danach (während der „Amtszeit“ des jeweiligen Virus). Diese Varianten betreffen vor allem die Bereiche der HA- und NA-Proteine, die für die Bindung neutralisierender Antikörper verantwortlich sind. Im HA-Protein sind diese vor allem in den Aminosäureregionen lokalisiert, welche die in einer Grube verborgene Rezeptorbindungsstelle umgeben (Abbildung 15.2B und C). Sie beruhen auf *Punktmutationen* in den für sie codierenden Genabschnitten. Die RNA-abhängige RNA-Polymerase der Influenzaviren hat eine hohe Fehlerrate beim Einbau der komplementären Basen beim Replikationsprozeß und inkorporiert mit einer Häufigkeit von etwa 10^{-5} falsche Basen in die RNA-Stränge, die statistisch über das ganze Genom verteilt sind. Die Antikörper, die im Infektionsverlauf gebildet werden, üben einen Selektionsdruck aus. Dadurch werden im Verlauf einer Epidemie Viren bevorzugt, bei denen die oberflächenexponierten Bereiche der Proteine verändert sind, welche die Bildung einer neutralisierenden Immunreaktion induzieren. Das Virus kann so über längere Zeit in einer Bevölkerung persistieren („Amtszeit" des Virus). Dieser Mechanismus der Veränderung antigener Proteinbereiche durch Punktmutationen nennt man auch *antigenic drift*.

Entstehung der humanen Influenzavirusstämme. Das Virus der *asiatischen Grippe* von 1957 unterschied sich von dem Virus der Pandemie, die 1918/19 auftrat, in insgesamt *drei Genomsegmenten*: *PB1, HA* und *NA*. Vergleichende Untersuchungen ergaben, daß diese Segmente ursprünglich aus einem Enteninfluenzavirus stammten. Die übrigen entsprachen denjenigen des Influenzavirus der spanischen Grippe, sie wurden also in die neue Reassortante übernommen (Tabelle 15.4). Im Virus der *Hong-Kong-Grippe* von 1968 waren erneut *zwei Segmente* ausgetauscht; der für *Hämagglutinin* und der für das *PB1-Protein* codierende Abschnitt unterschieden sich vom Virus der asiatischen Grippe. Auch in diesem Fall scheinen sie von einem Enteninfluenzavirus abzustammen. Das NA-Segment wurde in dieser Reassortante nicht ausgetauscht. Eine andere Entstehung wird für das Virus der *spanischen Grippe* vorgeschlagen: In diesem Fall scheint es sich nicht um eine Reassortante zu handeln, sondern um ein Enteninfluenzavirus, das zu Beginn dieses Jahrhundert in den USA auf Schweine übertragen wurde und sich unter *Beibehaltung aller acht Segmente* durch kontinuierliche Veränderungen über Punktmutationen an diesen Wirt adaptierte. Dieses Virus scheint in der Folge zwischen Menschen und Schweinen zirkuliert zu sein, bis sich eine Mutante mit einem hohen pathogenen Potential entwickelte, die ausgehend von Fort Dix in den USA mit den amerikanischen Soldaten am Ende des Ersten Weltkriegs nach Europa importiert wurde und hier die schwere Pandemie der spanischen Grippe (1918/19) verursachte. Dieses Virus des Subtyps H1N1 und die durch *antigenic drift* veränderten Varianten ließen sich bis 1956 in der Bevölkerung nachweisen. Danach war es 21 Jahre lang verschwunden, bis es in einer Variante 1977 als Erreger der *russischen Grippe* in Nordchina wieder auftrat. Diese Virusvariante entsprach exakt einem Isolat, das 1950 aus einem Patienten gewonnen worden war. Die Herkunft des Virus von 1977 ist nach wie vor rätselhaft. Die komplette Identität mit dem Virus von 1950 – auch eine Variation durch *antigenic drift* war nicht zu beobachten – läßt aber darauf schließen, daß dieses Virus die Zeit zwischen 1950 und 1977 in „eingefrorenem" Zustand überdauert hat. Es gibt Spekulationen, daß es sich um einen versehentlich freigesetzten Laborstamm handelt.

Die hier beschriebenen Mechanismen der genetischen Neuordnung und der damit verbundenen Entstehung neuer Virussubtypen wurden überwiegend bei Influenza-A- und in geringerem Ausmaß bei Influenza-C-Viren gefunden. Inwieweit sie bei Influenza-C-Viren zur Entstehung von Genotypen mit unterschiedlicher Pathogenität beitragen, ist unklar. Direkte Reassortierung zwischen zwei humanpathogenen Virusstämmen in einer infizierten Person wurde in Einzelfällen beim Influenza-C-Virus beschrieben. Influenza-B-Viren, die man bisher nur beim Menschen nachgewiesen hat, bilden keine Reassortanten.

Klinik

Die Inkubationszeit beträgt normalerweise vier bis fünf Tage. Es wurden aber auch kurze Perioden von nur 24 Stunden beschrieben. Vor allem bei Erwachsenen kann die Infektion inapparent verlaufen. Die Erkrankung beginnt mit dem plötzlichen Einsetzen von *Kopfschmerzen, Kältegefühl, Schüttelfrost* und *Husten*. Hohes *Fieber* bis 41 °C, *Muskelschmerzen, Appetitlosigkeit* und *allgemeines Schwächegefühl* folgen. Diese Phase dauert etwa drei Tage, danach geht das Fieber zurück und ist ab dem sechsten Tag meist auf normale Werte abgesunken, das Virus ist aus dem Körper eliminiert. Der Husten kann mehrere Wochen lang anhalten. Schwere Verläufe werden bei erstmaligem Kontakt mit einem Pandemievirus auch bei gesunden Kindern und Jugendlichen gefunden. Die Virusausscheidung dauert hier bis zu zwei Wochen nach Erkrankungsbeginn an. Bei Kindern, die sich im Alter von weniger als einem Jahr infizieren, findet man gehäuft die Symptome des Pseudokrupp (siehe auch die Abschnitte 14.2.5 und 14.2.8).

Eine schwere, lebensbedrohende Grippe tritt dann auf, wenn sich im Anschluß an die beschriebenen Symptome eine primäre virale interstitielle (oft hämorrhagische) *Lungenentzündung* entwickelt. Sie tritt vor allem bei älteren (über 65 Jahre) oder immunsupprimierten Patienten auf, aber auch bei etwa 25 Prozent der Normalpersonen, und kann bis zu zwei Wochen lang andauern. Treten Kreislaufschäden mit Myocarditis hinzu, kann es innerhalb von ein bis vier Tagen zum Tod kommen. Lungenentzündungen können auch sekundär durch bakterielle Überinfektion (unter anderem durch *Streptococcus pneumoniae*, *Staphylococcus aureus* und *Hemophilus influenzae*) entstehen.

Influenzavirus-B-Infektionen verlaufen sehr ähnlich. Tödliche Erkrankungen mit primärer viraler Lungentzündung gibt es jedoch nicht (sekundäre bakterielle Pneumonien sind allerdings häufig). Bei Kindern können Influenza-B-Viren das *Reye-Syndrom* hervorrufen, das mit Gehirn- und Leberschäden einhergeht. Es tritt zum Teil dann auf, wenn zur Behandlung der Grippe hohe Dosen Aspirin eingesetzt werden. Influenza-C-Viren verursachen im allgemeinen leichte Erkrankungen der oberen Atemwege.

Pathogenese

Influenzaviren gelangen über Tröpfcheninfektion in den Organismus und infizieren durch Bindung des HA-Proteins an endständige Neuraminsäurereste auf den *Epithelzellen der Mund-, Nasen- und Rachenschleimhaut*; von hier aus breiten sie sich in den *unteren Respirationstrakt* aus; virämische Phasen, in welchen das Virus im Blut vorhanden ist, kommen nicht vor. Zellzerstörungen sind in den *Flimmerepithelien* und den *schleimproduzierenden Hautschichten* aller Bereiche des Respirationstraktes zu beobachten, eine verdickte, hyalinisierte Basalschicht in Verbindung mit submucösen, ödematösen Anschwellungen wird exponiert. In diesen Bereichen findet man Infiltrate von neutrophilen und mononucleären Zellen. Bildet sich eine primäre, interstitielle Lungenentzündung aus, wird das Virus auf die Zellen des Lungenparenchyms übertragen. Man findet starke *Anschwellungen der Alveolarwände*, deren Epithel durch die Zellzerstörung häufig vollkommen abgetragen ist. In Folge der Nekrosen entstehen Blutungen und Risse in den Alveolar- und Bronchiolenwänden. In diese Bereiche wandern vor allem mononucleäre Zellen ein.

Bei bakteriell bedingten Lungenentzündungen gibt es Hinweise, daß spezifische Proteasen von *Staphylococcus aureus* die Spaltung des HA-Proteins fördern und damit die Infektiosität des Influenzavirus steigern; Coinfektionen können so synergistisch zur Entstehung von Lungenentzündungen beitragen. Dies erklärt auch die gute therapeutische Wirkung von Antibiotika bei der Behandlung der Influenza.

Immunreaktion und Diagnose

Die Eliminierung des Virus aus dem Organismus geschieht vor allem durch *cytotoxische T-Zellen*, die Oligopeptide des *NP-Proteins* in Kombination mit MHC-Klasse-I-Proteinen erkennen. Da das NP-Protein bei allen Influenza-A-Viren relativ hoch *konserviert* ist, liegen nach der Erstinfektion CD8-positive Gedächtniszellen vor, die bei Folgeinfektionen schnell reaktiviert werden können und so zu einer schnelleren Eliminierung der virusinfizierten Zellen beitragen. Neben dem NP-Protein befinden sich auch in den Sequenzen der M-, NS- und

Resistenz gegenüber Influenzavirusinfektionen

Mäuse können experimentell mit Influenzaviren infiziert werden und versterben. Man fand, daß es Mausstämme gibt, die gegen die Infektion resistent sind. In ihnen konnte auf dem Chromosom 16 ein Gen lokalisert werden, das für ein *Mx1-Protein* codiert. Interferon-α und -β induzieren die Expression dieses dominanten Gens, welches in den Zellen und Mäusen den *Resistenzzustand* vermittelt. Das Mx-Protein ist hydrophil, hat ein Molekulargewicht von etwa 70 bis 80 kD und liegt in Mauszellen nach der Induktion im Kern angereichert vor. Man vermutet, daß es sich an das virale PB2-Protein bindet und nach der Translation seinen Transport in den Zellkern behindert. Eine GTPase-Aktivtät des Mx-Proteins scheint hieran funktionell beteiligt zu sein. Ähnliche Proteine konnten in der Folge auch in anderen Spezies, darunter auch im Menschen (MxA-Protein), identifiziert werden; hier sind sie zusätzlich im Cytoplasma aktiv und können auch gegenüber der Infektion durch das Vesicular-Stomatitis-Virus (Abschnitt 14.1) Resistenz verleihen.

der Polymeraseproteine T-Zell-Epitope. Virusspezifische *CD4-positive T-Helferzellen* sind nicht an der direkten Eliminierung infizierter Zellen beteiligt, sondern für die *Induktion und Verstärkung der humoralen Immunantwort* und Antikörperbildung wichtig. Daneben sezernieren sie, wie auch die bereits zu Infektionsbeginn vorhandenen *aktivierten Makrophagen* und *natürlichen Killerzellen*, Interferone und andere Cytokine. Diese fördern die Einwanderung weiterer T-Zellen und Makrophagen in die infizierten Gewebe; *Interferon-γ* ist wohl für die verstärkte Synthese von MHC-Klasse-I-Proteinen verantwortlich, die im Komplex mit viralen Peptiden auf der Zelloberfläche die Erkennung durch cytotoxische T-Zellen fördern. Influenzaviren induzieren auch effektiv die Synthese von *Interferon-α* und *-β*, sie sind bereits einen Tag nach Beginn der Virusproduktion im oberen Respirationstrakt vorhanden und induzieren antivirale Resistenz in den nicht infizierten Zellen.

Im Infektionsverlauf werden *IgM, IgA* und *IgG-Antikörper* gebildet (Abbildung 15.1.7). Influenzaviren induzieren eine lebenslang anhaltende Antikörperreaktion, die vor Reinfektionen mit dem gleichen Virussubtyp relativ effektiv schützt. Die neutralisierenden IgG- und IgA-Antikörper sind gegen die HA-Proteine gerichtet, vor allem gegen fünf Epitope, die sich auf der Oberfläche des Proteins in Nachbarschaft der Rezeptorbindungstelle befinden. Antikörper gegen die Neuraminidase können die Ausbreitung der Infektion im Organismus eingrenzen. Die Tatsache, daß 1977 beim erneuten Auftreten des Influenzavirus H1N1 mit der russichen Grippe ältere Personen geschützt waren, die mit diesem Virustyp erstmals im Rahmen der Epidemie von 1918/19 infiziert worden waren, weist auf die Effektivität des langanhaltenden, virussubtypspezifischen Schutzes hin.

Die Diagnose einer frischen Infektion erfolgt durch die Bestimmung von IgM-Antikörpern im Serum, Virusisolierung aus Rachenspülwasser oder den Nachweis von Virusproteinen in Biopsiematerial. IgG-Antikörper sind Anzeichen für eine abgelaufene Infektion, vor allem in der Nasenschleimhaut sezernierte IgA_1-Antikörper schützen vor Reinfektionen. Influenzaviren können in einer Reihe von primären und immortalisierten Nierenzellkulturen (MDBK- oder MDCK-Zellen) aus unterschiedlichen Wirten (Hunden, Affen, Kälber, Hamster) unter Ausbildung eines cytopathischen Effekts gezüchtet werden. Infektiöse Viren werden nur gebildet, wenn die Zellen ausreichende Mengen von trypsinähnlichen Enzymen produzieren, die das HA-Protein spalten können. Neben diesen Systemen ist die Viruszüchtung in *bebrüteten Hühnereiern* üblich.

Therapie und Prophylaxe

Amantadin und das hierzu analoge *Rimantadin* können therapeutisch zur Prophylaxe und zur Behandlung der Influenza-A-Virus-Infektion angewandt werden; Influenza-B-und -C-Viren sind nicht sensibel. Beide Substanzen sind *tricyclische, primäre Amine*, welche die Virusreplikation auf dem Stadium der Partikelaufnahme und der Freisetzung der Nucleocapside im Cytoplasma hemmen. Angriffspunkt ist das *M2-Protein*, das Protonenkanäle in der Virusmembran ausbildet. Mutationen in der hydrophoben Transmembranregion dieses Proteins, die bei Behandlung schnell auftreten, führen zu resistenten Virusstämmen. Deswegen und wegen der mit dem Einsatz verbundenen Nebenwirkungen bleibt die Anwendung von Amantadin auf Hochrisikogruppen beschränkt (siehe auch Kapitel 9).

Impfstoffe stehen gegen Influenza-A- und -B-Infektionen zur Verfügung. Es handelt sich um *abgetötete Viruspräparationen*, die in bebrüteten Hühnereiern gezüchtet werden. Wegen der hohen Variabilität der Influenzaviren müssen die Impfstoffe jährlich an die aktuell zirkulierenden Virusstämme beziehungsweise Subtypvarianten angepaßt werden. Beim Ausbruch einer neuen Pandemie sollte der Impfstoff dem neuen Virussubtyp möglichst schnell angepaßt werden. Neben den Vakzinen aus abgetöteten Viruspartikeln werden auch aufgereinigte Membranpräparationen angeboten, welche die Oberflächenproteine enthalten. Diese werden vor allem zur Impfung von Kindern unter zwölf Jahren empfohlen, weil Vakzinen aus ganzen, inaktivierten Viren bei ihnen geringe fieberhafte Impfreaktionen (gegen Ovalbumin) auslösen.

15.1.6 Weiterführende Literatur

Bullough, P. A.; Hughson, F. M.; Skehel, J. J.; Wiley, D. C. *Structure of influenza virus hemagglutinin at the pH of membrane fusion*. In: *Nature* 371 (1994) S. 37–43.

Herrler, G.; Klenk, H. D. *Structure and function of the HEF glycoprotein of influenza C virus*. In: *Adv. Virus Res.* 40 (1991) S. 213–234.

Hongo, S.; Sugawara, K.; Nishimura, H.; Muraki, Y.; Kitame, F.; Nakamura, K. *Identification of a second protein encoded by influenza C virus RNA segment 6*. In: *J. Gen. Virol.* 75 (1994) S. 3503–3510.

Klenk, H. D.; Garten, W. *Host cell proteases controlling virus pathogenicity*. In: *Trends Microbiol.* 2 (1994) S. 39–43.

Krug, R. M. *The Influenzaviruses*. New York (Plenum Press) 1989.

Lu, Y.; Qian, X-Y.; Krug, R. M. *The influenza virus NS1 protein: a novel inhibitor of pre-mRNA splicing*. In: *Genes and Development* 8 (1994) S. 1817–1828.

Melen, K.; Ronni, T.; Lotta, T.; Julkunen, I. *Enzymatic characterization of interferon-induced antiviral GTPases murine Mx1 and human MxA proteins*. In: *J. Biol. Chem.* 269 (1994) S. 2009–2015.

Pavlovic, J.; Schroder, A.; Blank, A.; Pitossi, F.; Staeheli, P. *Mx proteins: GTPases involved in the interferon-induced antiviral state*. In: *Ciba Found. Symp.* 176 (1993) S. 233–243.

Peng, G.; Hongo, S.; Muraki, Y.; Sugawara, K.; Nishimura, H.; Kitame, F.; Nakamura, K. *Genetic reassortment of influenza C viruses in man*. In: *J. Gen. Virol.* 75 (1994) S. 3619–3622.

Pinto, L. H.; Holsinger, L. J.; Lamb, R. A. *Influenza Virus M2-protein has ion channel activity*. In: *Cell* 69 (1992) S. 517–528.

Scholtissek, C.; Burger, P.; Bachmann, A.; Hannoun, C. *Genetic relatedness of hemagglutinins of the H1 subtype of influenza A viruses isolated from swine and bird*. In: *Virology* 129 (1983) S. 521–523.

Scholtissek, C.; Burger, P.; Kistner, O.; Shortridge, K. F. *The nucleoprotein as a possible major factor in determining host specificity of influenza H3N2 viruses*. In: *Virology* 147 (1985) S. 287–294.

Varghese, J. N.; Laver, W. G.; Colman, P. M. *Structure of the influenza virus glycoprotein antigen neuraminidase at 2.9f.* In: *Nature* 303 (1983) S. 345–352.
Veit, M.; Klenk, H. D.; Kendal, A.; Rott, R. *The M2 protein of influenza A virus is acylated.* In: *J. Gen. Virol.* 72 (1991) S. 1461–1465.
Veit, M.; Kretschmar, E.; Kuroda, K.; Garten, W.; Schmidt, M. F.; Klenk, H. D.; Rott, R. *Site-specific mutagenesis identifies three cysteine residues in the cytoplasmatic tail as acylation sites of influenza virus hemagglutinin.* In: *J. Virol.* 65 (1991) S. 2491–2500.
Webster, R. G.; Bean, W. J.; Gorman, O. T.; Chambers, T. M.; Kawaoka, Y. *Evolution and ecology of influenza A viruses.* In: *Microbiological Reviews* 56 (1992) S. 152–179.
Weis, W.; Brown, J. H.; Cusack, S.; Paulson, J. C.; Skehel, J. J.; Wiley, D. C. *Structure of the influenza virus hemagglutinin complexed with ist receptor, sialic acid.* In: *Nature* 333 (1988) S. 426–431.
Wiley, D. C.; Skehel, J. J. *The structure and function of the hemagglutinin membrane glycoprotein of influenza virus.* In: *Annu. Rev. Biochem.* 56 (1987) S. 365–394.
Wilson, I. A.; Skehel, J. J.; Wiley, D. C. *Structure of the hemagglutinin membrane glycoprotein of influenza virus at 3 Å resolution.* In: *Nature* 289 (1981) S. 366–373.
Zurcher, T.; Pavlovic, J.; Staeheli, P. *Nuclear localisation of mouse Mx1 protein is necessary for inhibition of influenza virus.* In: *J. Virol.* 66 (1992) S. 5059–5066.

15.2 Bunyaviren

Die Familie der *Bunyaviridae* umfaßt viele Virustypen, die unterschiedliche Organismen infizieren können. Ihr Name leitet sich von dem Ort Bunyamwera in Uganda ab, in dem das Bunyamwera-Virus erstmals isoliert wurde. Alle Bunyaviren besitzen ein in *drei Segmente gegliedertes, einzelsträngiges RNA-Genom* in *Negativstrangorientierung*. Sie kommen unter natürlichen Bedingungen in verschiedenen Säugetieren vor und werden überwiegend durch *Arthropodenstiche* übertragen. Menschen werden nur selten infiziert. In diesen Fällen verursachen die Bunyaviren meist fieberhafte, hämorrhagische Erkrankungen. Eine direkte Weitergabe der Viren von Mensch zu Mensch erfolgt nur in Ausnahmefällen bei nosokomialen Infektionen in Krankenhäusern. Da alle Virustypen auf eine bestimmte Insekten- oder Zeckenart als Vektor angewiesen sind, hängt ihr geographisches Vorkommen von den Verbreitungsgebieten der Wirtstiere ab. Die meisten Bunyaviren sind in den Tropen und Subtropen zu Hause. Eine Ausnahme bildet das Genus Hantavirus, dessen Vertreter auch in Europa vorkommen. Diese Viren werden über die *Exkremente von chronisch infizierten Nagetieren* ausgeschieden und so übertragen. Beim Menschen verursachen sie eine fieberhafte, hämorrhagische Erkrankung, die mit einer Schädigung der Nierenfunktion (hämorrhagisches nephropathisches Syndrom) einhergeht.

15.2.1 Einteilung und charakteristische Vertreter

Bisher hat man über 350 verschiedene Bunyavirustypen identifiziert. Man teilt sie in fünf Genera ein: *Bunyavirus, Phlebovirus, Nairovirus, Hantavirus* und *Tospovirus*. Das letztgenannte umfaßt die pflanzenspezifischen Bunyaviren (Tabelle 15.5). Die Einteilung in die unterschiedlichen Genera erfolgt auf der Basis der Wirtsspezifität und der molekularen Eigenschaften. Hierzu zählen vor allem die konservierten Enden der Genomsegmente, deren Sequenzfolgen innerhalb des Genus weitgehend identisch sind (Tabelle 15.6), aber auch die Anordnung der Gene auf den Segmenten. Aufgrund der serologischen Eigenschaften der NP-Proteine werden verschiedene Viren in den Genera zu *Serogruppen* zusammengefaßt. Die Unterscheidung der Virustypen erfolgt vor allem aufgrund der charakteristischen Reaktivität der Glycoproteine im Neutralisations- oder Hämagglutinationshemmtest.

Tabelle 15.5: Charakteristische Vertreter der Bunyaviren

Genus	Serogruppe	Mensch	Tier	Pflanze
Bunyavirus	California-Viren	California-Encephalitis-Virus La-Crosse-Virus Tahyna-Virus		
	Simbu-Viren	Oropuche-Virus	Akabane-Virus	
	Bunyamwera-Viren		Bunyamwera-Viren	
Phlebovirus	Phlebomotus-Fieber-Viren	Phlebomotus-Fieber-Virus Rift-Valley-Fieber-Virus	Rift-Valley-Fieber-Virus	
	Uukuniemi-Viren		Uukuniemi-Virus der Vögel	
Nairovirus	CCHF*-Viren	CCHF*-Virus		
	Nairobi-Sheep-Disease-Viren		Nairobi-Sheep-Disease-Virus	
Hantavirus	Hantaanviren	Hantaanvirus Seoulvirus Belgradvirus Puumalavirus Four-Corners-Virus		
Topsovirus				Tomato-Spotted-Wilt-Virus

*CCHF: *Crimean-Congo hemorrhagic fever* (Krim-Kongo-Fieber). In dieser Tabelle sind nur die Serogruppen und Virustypen als Beispiele angeführt, die bekannterweise bei Menschen Erkrankungen verursachen oder als relativ gut charakterisierte Prototypen gelten.

Tabelle 15.6: Konservierte Basenfolgen an den Genomenden der Bunyaviren

Genus	3′-Ende	5′-Ende
Bunyavirus	UCAUCACAUGA...	...UCGUGUGAUUGA
Hantavirus	AUCAUCAUCUG....	...AUGAUGAU
Nairovirus	AGAGUUUCU...	...AGAAACUCU
Phlebovirus	UCUCGUUAG....	...CUAACGAGA

15.2.2 Aufbau

Viruspartikel

Die Partikel der Bunyaviren sind *pleomorph*, das heißt vielgestaltig. Sie haben überwiegend eine *sphärische Form* mit einem Durchmesser von 100 bis 120 nm. Man findet in elektronenmikroskopischen Aufnahmen aber auch ovale oder filamentöse Partikel mit einer Länge von über 200 nm (Abbildung 15.6). Sie bestehen aus *drei Nucleocapsidsegmenten*, die von einer *Hüllmembran* umgeben sind. Mit dieser sind zwei *Glycoproteine G1 und G2* assoziiert, die etwa 10 nm aus der Virusoberfläche hervorragen und die durch proteolytische

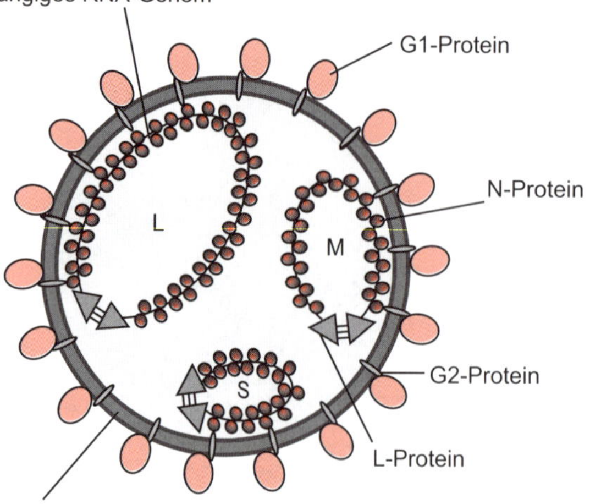

15.6 Darstellung eines Bunyaviruspartikels (Hantavirus). Das Genom besteht aus drei Segmenten einzelsträngiger RNA, die als Negativstrang mit den N- und L-Proteinen zu helikalen Nucleocapsiden komplexieren. Komplementäre Sequenzen an den Enden verleihen ihnen eine quasizirkuläre Form. Die Nucleocapside sind von einer Membranhülle umgeben, in welche die Komplexe der viralen Glycoproteine G1 und G2 eingelagert sind.

Die G1 und G2-Proteine der Bunyaviren

Aus Tradition bezeichnet man bei den verschiedenen Bunyavirustypen immer das G-Protein mit dem größeren Molekulargewicht als G1. Da die Spaltung des Vorläuferproteins bei den verschiedenen Virustypen an ganz verschiedenen Stellen erfolgt, entspricht das größere Produkt G1 nicht immer dem aminoterminalen Ende, wie das zum Beispiel bei Hantaviren der Fall ist. Hinsichtlich ihrer Funktion analoge G-Proteinabschnitte tragen also in der Literatur nicht immer dieselben Bezeichnungen.

Spaltung aus einem gemeinsamen Vorläuferprotein entstehen. Die Molekulargewichte sind bei den einzelnenVirustypen unterschiedlich, für G1 schwanken die Zahlen zwischen 55 und 125 kD (70 kD bei Hantaviren), für G2 zwischen 30 und 70 kD (55 kD bei Hantaviren). Bei einigen Vertretern des Genus Nairovirus scheint ein weiteres Protein mit der Membran assoziiert zu sein, das ebenfalls ein Teil des Vorläuferproteins ist. Die helikalen Nucleocapside bestehen aus einzelsträngiger RNA, die mit dem *N-Protein* (20 bis 50 kD; 48 kD bei Hantaviren) komplexiert ist. Pro Partikel findet man etwa 2 100 Einheiten des N-Proteins. Zusätzlich enthalten die Virionen etwa 25 Kopien des *L-Proteins* (180 bis 200 kD), die mit den Nucleocapsiden assoziiert sind. Sie fungieren als RNA-abhängige RNA-Polymerase.

Genom und Genomaufbau

Das einzelsträngige RNA-Genom der Bunyaviren liegt in drei Segmenten vor. An den 3′- und 5′-Enden befinden sich *komplementäre Abschnitte* von acht bis elf Nucleotiden

Länge, die miteinander Doppelstrangregionen ausbilden können (Tabelle 15.6). Die RNA-Moleküle liegen so in einer *quasizirkulären, pfannenstielähnlichen Form* vor. Die konservierten Genomenden enthalten die *cis*-aktiven Consensussequenzen für die Initiation der Transkription und der Replikation. Die Segmente umfassen insgesamt etwa 12 000 Basen RNA (Abbildung 15.7A, B).

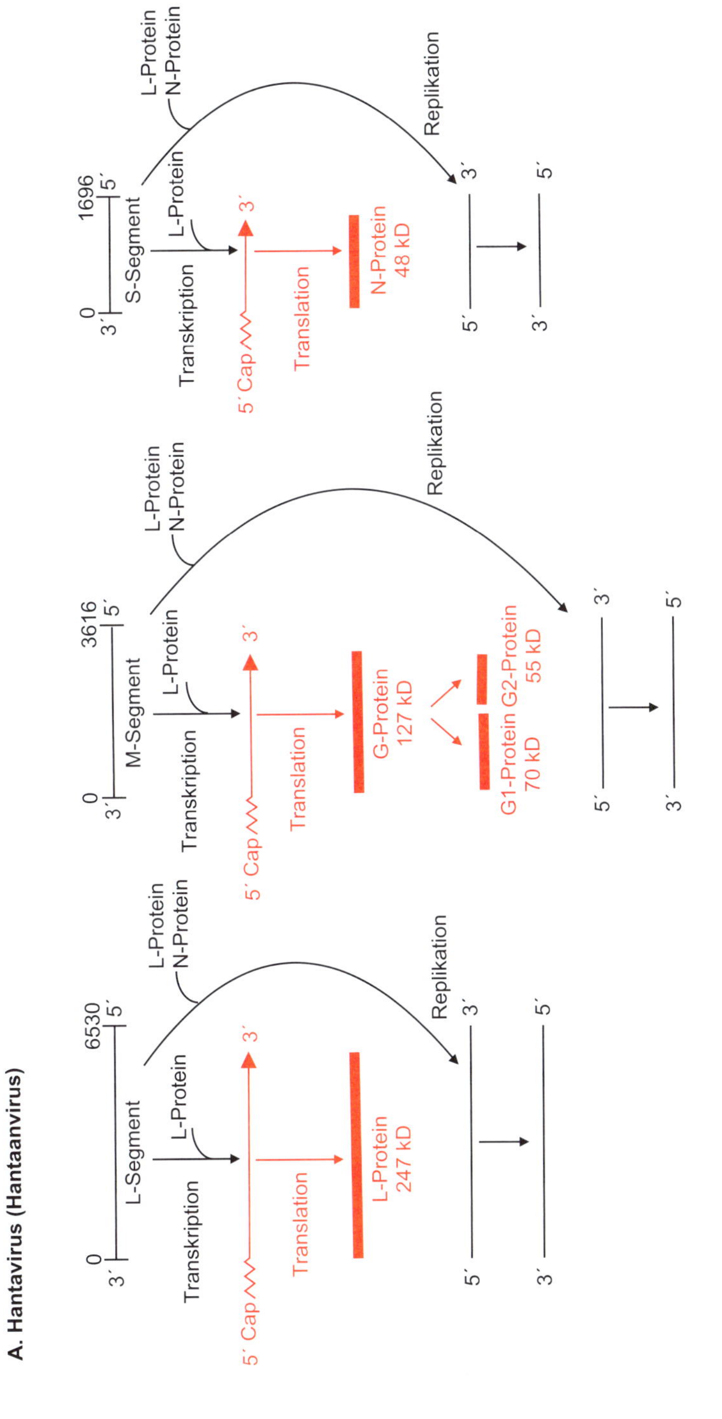

15.7 Schematische Darstellung der Transkription, Translation und Genomreplikation bei den Bunyaviridae. A: Hantavirus (Hantaanvirus). B: Phlebovirus (Uukuniemivirus). Die genomischen L-, M- und S-Segmente werden in gecappte mRNA-Spezies transkribiert. Dieser Schritt wird durch das L-Protein, das als Teil der Viruspartikel in die Zelle gelangt ist, katalysiert. Von den gebildeten mRNAs werden die Proteine L, G und N translatiert. Liegen ausreichende Mengen von neusynthetisierten N-Proteinen in der Zelle vor, erfolgt die Bildung ungecappter RNA-Stränge in positiver Orientierung (Antigenome). Diese dienen als Matrizen für die Bildung von RNA-Molekülen in Negativstrangorientierung, die denen der Genomsegmente entsprechen. Beim Uukuniemivirus wird vom Antigenom des S-Segments eine weitere mRNA transkribiert, von welcher das NSs-Protein translatiert wird. Das S-Segment besitzt in diesem Fall also *Ambisense-Orientierung*.

Das *L-Segment* (L = *large*) besitzt bei den tierischen Viren durchschnittlich *6 330 bis 9 000 Basen*; es codiert für das L-Protein. Das *M-Segment* (M = *middle*) ist *2 300 bis 5 000 Basen* lang und enthält die Information für die G-Proteine. Das *S-Segment* (S = *small*) hat eine Länge von etwa *960 bis 3 000 Basen*. Bei den Genera Nairovirus und Hanta-

B. Phlebovirus (Uukuniemivirus)

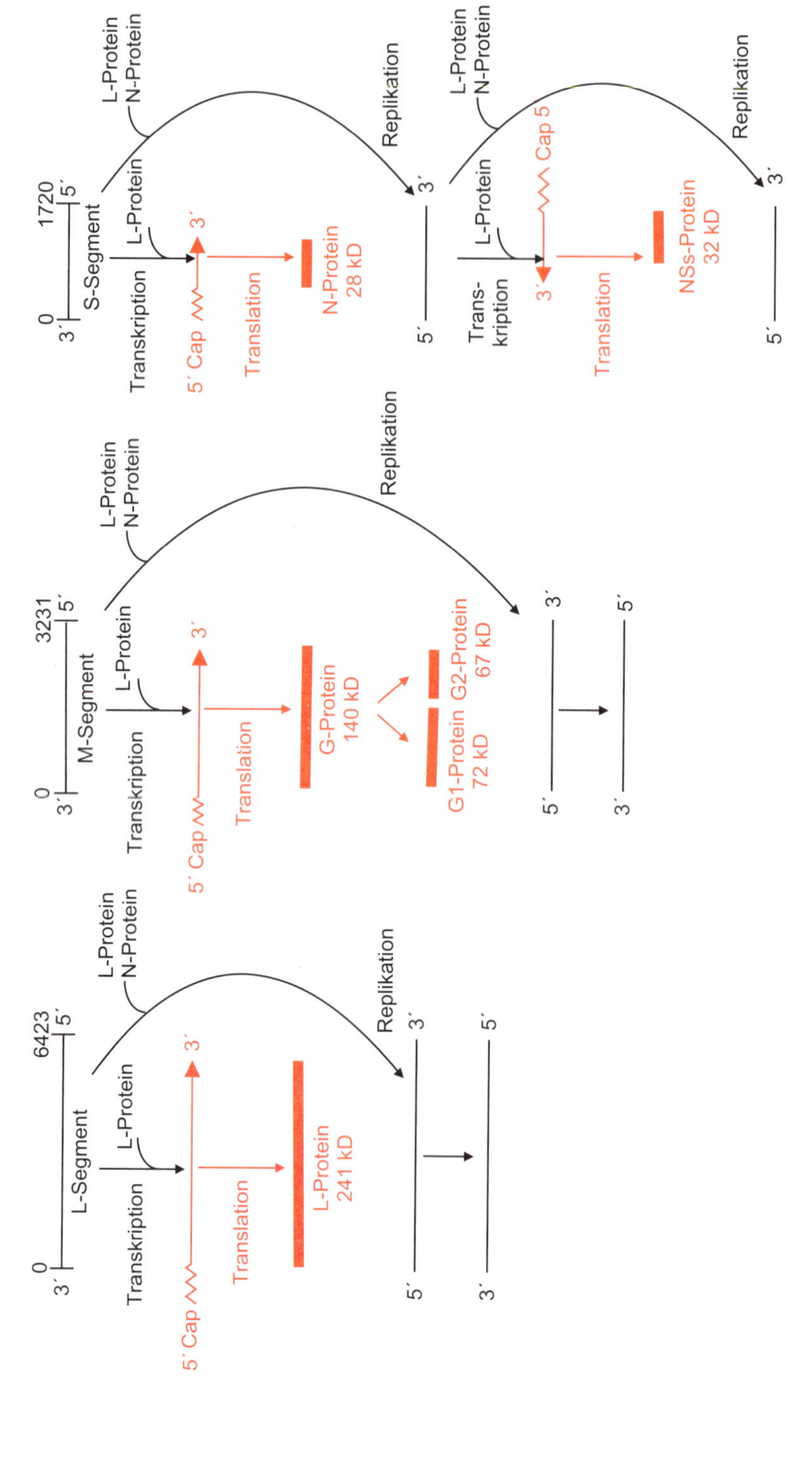

Tabelle 15.7: Die Eigenschaften der Genomsegmente von Bunyaviren und der durch sie codierten Proteine

Segment		Bunyavirus	Hantavirus	Nairovirus	Phlebovirus		Funktion
L-Segment	Basenlänge	6 875	6 530	> 12 000	6 423[a]	6 606[b]	
	Proteine/kD	L/259	L/247	L/> 200	L/241	L/247	RNA-abhängige RNA-Polymerase
M-Segment	Basenlänge	4 458	3 616	4 888	3 231[a]	3 884[b]	
	Proteine/kD[c]	G2/32 NSm/18 G1/110	G1/70 G2/55	G3/? G2/35 G1/73	G1/72 G2/67	NSm/14 G2/55 G/62	G1/G2-Proteine: Adsorption, Fusion, Induktion neutralisierender Antikörper; NSm: unbekannt
S-Segment	Basenlänge	961	1 696	1 712	1 720[a]	1 690[b]	
	Proteine/kD	N/26 NSs/11[d]	N/48	N/50	N/28 NSs/32[e]	N/28 NSs/29[e]	N-Protein: RNA-Bindung, Hauptkomponente des Nucleocapsids; NSs: unbekannt

Als Molekulargewichte sind die theoretischen Werte angegeben, die sich aus der Aminosäuresequenz ableiten lassen.
[a] Uukuniemivirus
[b] Rift-Fever-Valley-Virus
[c] Die Proteine sind entsprechend der Reihenfolge auf dem Vorläuferprotein angegeben, aus dem sie durch Proteasen herausgeschnitten werden.
[d] Das NSs-Protein der Bunyaviren wird unter Verwendung eines alternativen Startcodons translatiert.
[e] Das NSs-Protein der Phleboviren von einer subgenomischen RNA in gegenläufiger Orientierung gebildet.

virus codiert es für das N-Protein. Bei den Bunyaviren findet man ein zweites Gen, das unter Verwendung eines alternativen Startcodons von derselben mRNA-Spezies translatiert wird. Bei den Phleboviren besitzt das S-Segment *Ambisense-Orientierung*: Vom Antigenomstrang, der als Zwischenprodukt bei der Replikation entsteht, wird eine mRNA-Spezies transkribiert, die für die Translation eines *NSs-Proteins* (NSs = *non-structural protein, small segment*) dient. Die Leserahmen überlappen nicht miteinander. In den intragenischen Bereichen scheinen die Basen schleifenartige, teilweise doppelsträngige *Sekundärstrukturen* auszubilden, die als Terminationssignale für die Transkription dienen können. Tabelle 15.7 gibt einen Überblick über die verschiedenen Charakteristika der Bunyavirusgenome.

15.2.3 Virusproteine

Strukturproteine

Membranproteine. Die *G-Proteine* der Hantaviren werden als Vorläuferprotein von etwa 125 kD synthetisiert und durch eine zelluläre Protease, die im Golgi-Apparat vorliegt oder mit dem endoplasmatischen Reticulum assoziiert ist, in einen *aminoterminalen Anteil G1* (70 kD) und das *G2-Protein* (55 kD) gespalten. Beim Vergleich der Aminosäuresequenzen der verschiedenen Hantavirustypen findet man in den G1-Teilen etwa 43, in den G2-Proteinen 55 Prozent Homologie.

Vom aminoterminalen Bereich des G-Vorläuferproteins der Nairoviren wird durch Proteolyse ein relativ großes Fragment gebildet. Man vermutet, daß dieses Fragment dem dritten Glycoprotein entspricht, das man gelegentlich in den Viruspräparationen findet. Die G2- und G1-Proteine (35 kD beziehungsweise 73 kD) entstehen durch die Spaltung aus der carboxyterminalen Region des Vorläuferproteins. Sowohl bei den Bunya- als auch bei den Phleboviren entstehen durch die Proteolyse aus dem Vorläuferprodukt außer G1 und G2 je ein kleineres Protein: *NSm* (*non-structural protein, middle segment*). Seine Funktion ist unbekannt. Bei den Bunyaviren liegt es zwischen dem aminoterminalen G2-Protein (32 kD) und dem G1-Protein (110 kD) und besitzt ein Molekulargewicht von 18 kD. Beim Rift-Fever-Valley-Virus, einem Phlebovirus, befindet sich das NSm-Protein (14 kD) dagegen am aminoterminalen Ende des G-Vorläuferproteins.

Mit den cysteinreichen *glycosylierten* und *acylierten* G1- und G2-Proteinen adsorbieren die Viren an die *zellulären Rezeptoren*. Es gibt Hinweise, daß das G1-Protein bei den Bunyaviren für die Bindung an Insektenzellen verantwortlich ist, wohingegen der G2-Anteil an Rezeptoren auf Säugetierzellen adsorbiert. Die Proteolyse setzt eine mit den G-Proteinen verbundene *Fusionsaktivität* frei, die außerdem von einem *sauren pH-Wert* abhängig ist, der in den G1-Proteine strukturelle Umlagerungen induziert. Man vermutet, daß die G1- und G2-Proteine ähnlich wie der HA_1/HA_2-Komplex der Influenzaviren (Abschnitt 15.1) nach der Aufnahme der Viruspartikel die Fusion der Virus- und der Endosomenmembran vermitteln.

Die G-Proteine enthalten Sequenzen, die für ihre Lokalisation in der Golgi-Membran verantwortlich sind. Diese Aminosäurefolgen verhindern, daß die Virusproteine über die Golgi-Vesikel weiter zur Zelloberfläche transportiert werden. Das Zurückhalten der Proteine ist für die Bildung infektiöser Partikel wichtig, weil in diesem Zellkompartiment die Morphogenese mit der Anlagerung der Nucleocapside an die G-Proteine erfolgt und die neu gebildeten Virionen durch Knospung in die Golgi-Vesikel hinein entstehen.

Komponenten des Nucleocapsids. Die *N-Proteine* werden auf dem S-Segment des Genoms codiert. Sie sind mit den RNA-Molekülen assoziiert und die Hauptkomponente der Nucleocapside. Die amino- und carboxyterminalen Enden der N-Proteine sind hochkonserviert. Man vermutet, daß sie auch funktionell an der Genomreplikation beteiligt sind. Bei den Hantaviren haben sie ein Molekulargewicht von etwa 48 kD, bei den Bunya- und Phleboviren sind sie mit 26 bis 28 kD deutlich kleiner.

Die *L-Proteine* besitzen die Aktivität einer *RNA-abhängigen RNA-Polymerase*. Sie werden sowohl für die Transkription des Genoms in mRNA-Spezies als auch für die Genomreplikation benötigt. Das L-Protein der Hantaviren besitzt ein theoretisches Molekulargewicht von 247 kD, was etwa dem des aus Viruspräparationen gereinigten Proteins entspricht. Seine Polymeraseaktivität ist von Mn^{2+}-Ionen abhängig. Die L-Proteine der Hantavirustypen besitzen untereinander eine ausgeprägte Homologie (70 bis 85 Prozent). Bei den Vertretern der anderen Genera besitzen die L-Proteine eine ähnliche Größe, ausgeprägte Sequenzhomologien sind jedoch nicht erkennbar.

Nichtstrukturproteine

Bei einigen Vertretern der Bunyaviridae wurden zwei Nichtstrukturproteine gefunden. Eines, das NSm-Protein als Spaltprodukt des G-Vorläuferproteins, wurde bereits erwähnt. Bei den Bunyaviren wird ein *NSs-Protein* (11 kD) im gleichen Leserahmen wie das N-Protein auf dem S-Segment codiert. Es wird unter Verwendung eines anderen Startcodons in einem anderen Leseraster translatiert. Deswegen sind die beiden Proteine nicht homolog. Die Funktion dieses Proteins ist unbekannt. Das NSs-Protein der Phleboviren (32 kD) wird ebenfalls auf dem S-Segment codiert, jedoch in der umgekehrtern Orientierung zum N-Protein, die beiden Leserahmen laufen praktisch aufeinander zu, sind aber durch eine intergenische Basenfolge voneinander getrennt, in der die Terminationssignale der Transkription liegen. Auch über die Funktion des NSs-Proteins weiß man nichts.

15.2.4 Replikation der Bunyaviren

Viele Details der Bunyavirusreplikation konnten bisher nicht geklärt werden, darunter die Frage, an welchen zellulären Rezeptor die Viren adsorbieren. Seitens des Virus wird dieser Schritt von den G-Proteinen vermittelt. Nach der Bindung an die Zelloberfläche wird das Viruspartikel durch *Endosomen* in das Cytoplasma aufgenommen: Die Ansäuerung des Vesikelinneren – vermutlich durch eine Ionenpumpe in der Endosomenmembran – ist die Voraussetzung für die Umlagerung des G-Proteins und die damit verbundene Induktion der fusogenen Aktivität. Anschließend werden die Nucelocapside in das Cytoplasma entlassen, wo alle weiteren Schritte des Replikationszyklus erfolgen (Abbildung 15.7).

Die Transkription der Genomsegmente erfolgt durch die RNA-abhängige RNA-Polymeraseaktivität des L-Proteins, das mit den Nucleocapsiden assoziiert ist. Die Initiation ist – ähnlich wie bei den Orthomyxoviren – *primerabhängig*. Die gebildeten Transkripte besitzen an ihren 5′-Enden eine *methylierte Cap-Gruppe* und zehn bis 18 zusätzliche, nicht viruscodierte Nucleotide, die von zellulären mRNAs abstammen. Vermutlich haben die Bunyaviren ähnlich wie die Orthomyxoviren einen Mechanismus des „*Cap-Stehlens*" entwickelt (Abschnitt 15.1). Das L-Protein bindet sich vermutlich an die 5′-Enden einer zellulären mRNA, spaltet sie über eine mit ihm assoziierte Endonuclease nach zehn bis 18 Basen ab, lagert die gecappten Oligonucleotide an die viralen Genomenden an und verwendet die 3′-OH-Enden als Primer für die Elongation.

Die Bildung langer Transkripte ist darauf angewiesen, daß gleichzeitig Proteine synthetisiert werden. Man vermutet, daß sich noch während der Transkription Ribosomen an das 5′-Ende der mRNA binden und so verhindern, daß sich zwischen der mRNA und dem Genom ein RNA-Doppelstrang ausbildet, der die Verlängerung der Transkripte verhindert. Andererseits könnten auch Wirtszellproteine mit der entstehenden mRNA wechselwirken und so die Bildung von RNA/RNA-Hybriden unterdrücken. Die Transkription setzt sich nicht bis zu den Enden der Genomsegmente fort, sondern endet etwa 50 bis 100 Nucleotide davor. Bei der Transkription des S-Segments der Phleboviren endet die Transkription an einem Terminationssignal, das sich etwa in der Mitte des Moleküls befindet (Abbildung 15.7B). Die 3′-Enden der mRNA werden offensichtlich nicht polyadenyliert.

Die Translation der mRNA in Protein wird somit noch im Verlauf der Transkription initiiert. Die G-Vorläuferproteine werden mittels einer aminoterminalen Signalsequenz durch die Membran des endoplasmatischen Reticulums geschleust und dort verankert. Sie werden durch eine mit diesem Kompartiment assoziierte Protease prozessiert, so daß G1 und G2 und in manchen Fällen NSm entstehen. Im weiteren Verlauf werden die Proteine glycosyliert und durch Anfügen von Fettsäuren modifiziert.

Danach muß ein vollständiger, durchgehender RNA-Gegenstrang synthetisiert werden. Diese RNA ist nicht gecappt und besitzt keine zusätzlichen Basen am 5′-Ende – ob sie für die Initiation andere Primer benötigt, ist unklar. Für die Bildung dieser *Antigenome* muß die Aktivität des L-Proteins modifiziert werden. Möglicherweise geschieht das durch Interaktion mit den neusynthetisierten N-Proteinen. Die Antigenome komplexieren mit N-Proteinen und dienen als Matrizen für die Bildung neuer viraler Genomsegmente in Negativstrangorientierung und – im Falle des S-Segments der Phleboviren – für die Transkription NSs-spezifischer mRNAs (Abbildung 15.7B).

Die bei der Replikation gebildeten Genomsegmente interagieren mit den N- und L-Proteinen zu Nucleocapsiden. Elektronenmikroskopische Daten weisen darauf hin, daß die Morphogenese an den *Membranen der Golgi-Vesikel* abläuft. Die G-Proteine sind hier stark angereichert, und die Nucleocapside interagieren vermutlich über Domänen der N-Proteine mit den intracytoplasmatischen Anteilen der G-Proteine. Die Golgi-Membran umhüllt die Nucleocapsidsegmente, und die so entstehenden Partikel werden in das Lumen der Golgi-Vesikel abgeschnürt, die anschließend an die Zelloberfläche transportiert werden. Hier verschmilzt die Vesikel- mit der Cytoplasmamembran, und die Viren werden in die Umgebung abgegeben.

Ähnlich wie bei den Orthomyxoviren gibt es auch bei den Bunyaviren keine Hinweise auf einen Mechanismus, der dafür sorgt, daß jedes Viruspartikel die für die Infektiosität richtige Kombination an Nucleocapsidsegmenten erhält. *In vitro* können bei Coinfektion derselben Kultur mit verschiedenen Virusvarianten Reassortanten erzeugt werden. Es gibt keinerlei Hinweise, daß diese auch unter natürlichen Bedingungen entstehen. Wahrscheinlich wird das dadurch verhindert, daß die Virustypen optimal an eine bestimmte Arthropodenart als Vektor angepaßt sind und deswegen Doppelinfektionen nur sehr selten vorkommen.

15.2.5 Die Hantaviren

Epidemiologie und Übertragung

Die Hantaviren verursachen bei Menschen das *hämorrhagische, nephropathische Syndrom*, auch HFRS (*hemorrhagic fever with renal syndrome*) genannt. Der Begriff ist für alle Erkrankungen geprägt worden, die mit ähnlichen Symptomen verlaufen und durch infizierte Nagetiere auf den Menschen übertragen werden. Der Name leitet sich vom Fluß Hantaan in Korea ab. In diesem Gebiet fand man die ersten Erkrankungen. Das Hantaanvirus und die mit ihm verbundene Erkrankung waren vermutlich seit langem in Korea verbreitet. Internationale Aufmerksamkeit erregten sie allerdings erst, als 1951 während des Korea-Krieges die dort stationierten Soldaten an einer fieberhaften, mit Nierenversagen einhergehenden Infektion erkrankten, die man als hämorrhagisches Koreafieber bezeichnete. Die Infektion war mit einer hohen Mortalität von 15 Prozent der Patienten verbunden.

Das Hantaanvirus wurde erstmals 1978 von H. Lee und Mitarbeitern beschrieben. Sie beobachteten, daß Seren von Patienten mit hämorrhagischem Koreafieber mit Proteinen in der Lunge der gestreiften koreanischen Feldmaus (*Apodemus agrarius corea*) reagierten. Das Virus läßt sich in diese Mausart übertragen und verursacht eine *persistierende Infektion*. Es wird mit dem Urin und Kot der Tiere ausgeschieden. Krankheitsanzeichen lösen die Viren nur bei experimenteller Infektion von Hamstern, neugeborenen oder immundefizienten Scid-Mäusen (*severe combined immunodeficiency*) aus – letztere besitzen weder ein humorales noch ein zelluläres Immunsystem. Sie sterben nach der Infektion mit Hantaanviren an einer Encephalitis. Die Übertragung auf andere Mausarten oder Labortiere erwies sich als schwierig, ebenso die Züchtung des Virus in Zellkulturen. Heute kann man das Hantaanvirus in Vero-E6-Zellen (Nierenzellkulturen von Grünen Meerkatzen) vermehren. Die Infektion verursacht dort keinen ausgeprägten cytopathischen Effekt.

Inzwischen sind mehrere Virustypen bekannt, die mit dem Hantaanvirus verwandt sind. Die *Puumalaviren* sind in *Skandinavien, Europa* und den *osteuropäischen Staaten* verbreitet. Sie verursachen persistierende Infektionen bei *Rötelmäusen* (*Clethrionomys glareolus*) und werden von ihnen über Speichel, Urin und Kot ausgeschieden. Das Virus ist in damit kontaminierter Erde vorhanden und kann über Staub und Aerosole auf den Menschen übertragen werden. Es verursacht dann eine dem hämorrhagischen Koreafieber ähnliche, aber weniger schwer verlaufende Erkrankung (*Nephropathia epidemica*). Häufig sind die Infektionen asymptomatisch. Etwa 1,7 Prozent der Bevölkerung in Deutschland weisen Antikörper gegen die Viren auf.

Das *Belgradvirus* wird von der Gelbhalsmaus (*Apodemus flavicollis*) übertragen. Es ruft zum Teil schwere Erkrankungen hervor, deren Verläufe denjenigen von Hantaanvirusinfektionen in Südostasien gleichen. In den USA kam es zu meist inapparenten Infektionen mit dem *Prospect-Hill-Virus*, das in der Wühlmaus *Microtus pennsylvanicus* endemisch ist und durch sie übertragen wird. Das *Seoulvirus* infiziert verschiedene *Rattenarten*, kommt in Ostasien vor und ist durch infizierte Ratten auf Schiffen in fast alle Hafenstädte verschleppt worden. Die Infektion verläuft beim Menschen häufig schwer. Neben diesen Infektionen, die auf den Kontakt mit viruskontaminiertem Erdstaub zurückzuführen sind, wurden Hantavirusübertragungen gelegentlich auch bei Laborpersonal und Tierpflegern gefunden, die in Tierställen beschäftigt oder an Tierexperimenten beteiligt waren.

1993 hat man in den USA einen weiteren Vertreter des Genus Hantavirus isoliert und als *Four-Corners-*, *Sin-Nombre-* oder *Muerto-Canyon-Virus* bezeichnet. Es wird durch die Ausscheidungen infizierter Nagetiere übertragen und verursacht im Unterschied zu den anderen Viren dieses Genus Erkrankungen des Respirationstraktes – HPS (*hantavirus pulmonary syndrome*) genannt –, die zu über 60 Prozent tödlich verlaufen. Die Pathogenese dieser seltenen Infektion ist nicht bekannt.

Einige wenige Bunyaviren werden in Europa durch Insekten übertragen

Sandfliegen der Gattung *Phlebomotus*, *Sergentomyia* oder *Lutzomyia* gelten im europäischen und asiatischen Mittelmeerraum, den arabischen Ländern und in Pakistan als Überträger von Phlebotomus-Fieber-Viren. Zu diesen zählen die Typen *Sandfly-Fever-Virus-Naples* und *-Toscana*, die das Toscana- oder Neapelfieber übertragen. Die Infektionen verursachen beim Menschen eine gewöhnlich leichte, fieberhafte Erkrankung, die mit einer aseptischen Meningitis verbunden sein kann und etwa zwei bis vier Tage andauert.

Klinik

Hantaviren verursachen das hämorrhagische, nephropatische Syndrom, das sich abhängig vom Virustyp bei einzelnen Personen in unterschiedlicher Schwere äußern kann. Bei etwa einem Drittel der mit Hantaviren Infizierten kommt es zu Hämorrhagien, in den übrigen Fällen verläuft die Erkrankung grippeähnlich. Die Inkubationszeit beträgt durchschnittlich ein bis zwei Wochen, in seltenen Fällen wurden Zeiträume von über sechs Wochen beschrieben. Die ersten Symptome (hohes *Fieber, Frösteln* und *Muskelschmerzen*) setzen plötzlich ein und können mit *Kopf-* und *Rückenschmerzen* verbunden sein. Diese Phase hält drei bis sieben Tage an. Daran schließen sich in etwa 30 Prozent der Fälle die hämorrhagischen Symptome an, die sich als punktförmige Blutungen (Petechien) in der Augenbindehaut und den Schleimhautbereichen äußern. Diese Patienten entwickeln Thrombocytopenien, und in ihrem Urin lassen sich Blut und Proteine nachweisen. Noch während der ersten Krankheitswoche tritt ein Blutdruckabfall ein, der bei bis zu 15 Prozent der Patienten in hypovolämische Schockzustände (Schock nach Blut- oder Flüssigkeitsverlust) übergehen kann, die bei etwa einem Drittel tödlich verlaufen. Mit der Rückentwicklung zu normalen Blutdruckwerten setzt eine etwa drei bis sieben Tage andauernde verminderte Harnproduktion (Oligurie) ein, die durch Nierenversagen bedingt ist. In dieser Phase werden Todesfälle durch Herzversagen, Lungenödeme und Gehirnblutungen verursacht. Eine verstärkte Urinbildung von drei bis sechs Litern pro Tag zeigt die Überwindung der Erkrankung an. Die Rekonvaleszenz bis zur Ausbildung normaler Elektrolytwerte dauert jedoch bis zu drei Monate.

Pathogenese

Das Virus wird durch Aerosole auf die Mund-, Nasen- und Rachenschleimhaut übertragen. Wie sich die Infektion im Organismus ausbreitet, ist unklar. Bei infizierten Personen läßt sich das Virus vor allem in der *Niere*, aber auch in der Leber, der Milz, dem Herzen und dem Gehirn nachweisen. Das Ausmaß der histopathologischen Veränderungen mit verstreuten Hämorrhagien und Zerstörungen der Nierentubuli und des Nierenmarks ist von der Schwere der Erkrankung abhängig. Im Cytoplasma der Epithelzellen der Nierentubuli findet man virale Glycoproteine. Die Nekrosen und Zellzerstörungen scheinen direkt durch die Virusinfektion bedingt zu sein.

Die für die verschiedenen Hantavirustypen empfänglichen immunologisch ausgereiften Nagetiere etablieren eine *asymptomatische, persistierende Form* der Infektion. Die Tiere entwickeln für kurze Zeit eine virämische Phase, in der das Virus aus dem Blut isoliert werden kann. Anschließend werden die Viren über lange Zeit vor allem im Urin, aber auch im Speichel der Tiere ausgeschieden. Werden die hochempfindlichen neugeborenen Mäuse infiziert, so repliziert sich das Virus vor allem in den Endothelzellen der Kapillargefäße der Nieren, Lungen und des Gehirns; die virämische Phase dauert etwa zwei Wochen. In der Folge versterben die Tiere an entzündlichen Läsionen in diesen Geweben. Das Auftreten von Krankheitsanzeichen deutet darauf hin, daß sich die Viren in den immunologisch nicht kompetenten Tieren ungehindert ausbreiten und ihre Cytopathogenität mit direkter Zerstörung der infizierten Zellen entfalten können. Daneben hat man aber auch Hinweise darauf, daß die Zellzerstörungen sekundär durch die zelluläre Immunantwort bedingt sind. Werden nämlich Mäuse, die keine T-Zell-Antwort ausbilden können, mit dem Hantavirus infiziert, dann entwickelt sich bei ihnen eine persistierende Form der Infektion.

Immunreaktion und Diagnose

IgM-Antikörper lassen sich bei Patienten etwa sieben Tage nach der Infektion, das heißt meist schon mit dem Einsetzen der Symptome, in ELISA-Tests entdecken. Ihre Konzentration sinkt nach drei bis sechs Monaten unter die Nachweisgrenze ab. IgG-Antikörper folgen dem IgM relativ bald und bleiben wahrscheinlich lebenslang erhalten. Antikörper gegen die G-Proteine sind virusneutralisierend und hemmen die Adsorption ebenso wie die Fusions- und Hämagglutinationsaktivität. Bei unklarer Serologie ist der Western-Blot wichtig. Virusspezifische Antikörper und Immunkomplexe werden zeitweise über den Urin der Patienten ausgeschieden. Ihr Auftreten korreliert jedoch nicht mit der Schwere der Infektion. Ob sie für die Pathogenese der Infektion wichtig sind, ist unklar.

Therapie und Prophylaxe

Eine Behandlung gibt es ebensowenig wie einen zugelassenen Impfstoff. In Korea und China hat man durch Formaldehyd inaktivierte Viruspräparationen auf ihre Wirksamkeit getestet. Die beste Vorsorge ist es, den Kontakt mit infizierter Erde oder Staub zu meiden, was jedoch meist bei den exponierten Personengruppen (Landarbeitern, Kanal- und Straßenbauern) nicht möglich ist. Labornagetiere sollten auf mögliche persistierende Hantavirusinfektionen hin getestet werden, um so die Gefährdung von Tierpflegern und Mitarbeitern möglichst niedrig zu halten.

15.2.6 Weiterführende Literatur

Elliott, R. M. *Molecular biology of the bunyaviridae*. In: *J. Gen. Virol.* 71 (1990) S. 501–507.

Marshall, E. *Hantavirus outbreak yields to PCR*. In: *Science* 262 (1993) S. 832–836.

Matsuoka, Y.; Chen, S. Y.; Compans, R. W. *A signal for golgi retention in the bunyavirus G1 glycoprotein*. In: *J. Bio. Chem.* 269 (1994) S. 22565–22573.

Matsuoka, Y.; Chen, S. Y.; Compans, R. W. *Bunyavirus protein transport and assembly*. In: *Curr. Top. Microbiol. Immunol.* 169 (1991) S. 161–179.

Nichol, S. T.; Spiropoulou, C. F.; Morzunov, S.; Rollin, P. E.; Ksiazek, T. G.; Feldmann, H.; Sanchez, A.; Childs, J.; Zaki, S.; Peters, C. J. *Genetic identification of a hantavirus associated with an outbreak of acute respiatory illness*. In: *Science* 262 (1993) S. 914–917.

Spiropoulou; C. F.; Morzunov, S.; Feldmann, H.; Sanchez, A.; Peters, C. J.; Nichol, S. T. *Genome structure and variability of a virus causing hantavirus pulmonary syndrome*. In: *Virol.* 200 (1994) S. 715–723.

Zöller, L.; Faulda, M.; Meisl, H.; Ruh, B.; Kimmig, P.; Schelling, U.; Zeier, M.; Kulzer, P.; Becker, C.; Roggendorf, M.; Bautz, E. K. F.; Krüger, D. H.; Darai, G. *Seroprevalence of hantavirus antibodies in germany as determined by a new recombinant enzyme immunoassay*. In: *Eur. J. Clin. Microbiol.* 14 (1995) S. 305–313.

15.3 Arenaviren

Die *Arenaviren*, die überwiegend in Südamerika und Afrika verbreitet sind, verursachen persistierende Infektionen bei Nagetieren und werden von diesen mit dem Urin und dem Speichel ausgeschieden. Bei Kontakt mit dem Blut oder den kontaminierten Ausscheidungsprodukten können einige der Arenaviren Menschen infizieren und *fieberhafte, hämorrhagische Erkrankungen* verursachen. Beispiele sind die Erreger des Argentinischen hämorrhagischen Fiebers und des Lassafiebers. Der Prototyp der Familie ist das *Virus der lymphocytären Choriomeningitis* (LCMV), das in verschiedenen Mausarten vorkommt und in seltenen Fällen beim Menschen eine akute, aseptische Meningitis verursacht. Die LCMV-Infektion der Maus stellt heute ein wichtiges, gut etabliertes System zur Untersuchung der Immunantwort dar. Der Name der Arenaviren ist vom lateinischen Wort *arena* (Sand) abgeleitet und weist auf die körnige (granuläre) Struktur hin, welche die Viruspartikel in elektronenmikroskopischen Aufnahmen besitzen. Diese erhalten die Virionen durch ribosomale Untereinheiten, die sie bei der Morphogenese aufnehmen.

15.3.1 Einteilung und charakteristische Vertreter

Die Arenaviridae umfassen nur ein Genus und werden aufgrund ihrer geographischen Verbreitung in Arenaviren der „alten Welt", die in Europa oder Afrika verbreitet sind, und die Viren der „neuen Welt" in Südamerika eingeteilt (Tabelle 15.8). Das LCMV kommt als einziges humanpathogenes Arenavirus in Europa und Nordamerika vor. In Afrika verursacht das *Lassavirus* schwere, oft tödlich verlaufende Hämorrhagien. In Südamerika kennt man die *Junin-*, *Machupo-* und *Guanaritoviren* als Erreger des Argentinischen, des Bolivianischen und des Venezuelanischen hämorrhagischen Fiebers. Kürzlich konnte man ein weiteres humanpathogenes Arenavirus in Brasilien identifizieren: Das *Sabiavirus* ist ein Vertreter der Tacaribeviren, deren Wirte im Unterschied zu den anderen Arenaviren nicht Nagetiere, sondern früchtefressende Fledermäuse sind.

Tabelle 15.8: Charakteristische Vertreter der Arenaviren

	Mensch	Tier
Altweltviren	LCMV[a]	LCMV/*Mus musculus*
	Lassavirus	Lassavirus/*Mastomys natalensis* Mopeiavirus/*Mastomys natalensis* Mobalavirus/*Praomys jacksonii* Ippyvirus/*Arvicanthus* sp.
Neuweltviren	Juninvirus	Juninvirus/*Calomys musculinus*
	Machupovirus	Machupovirus/*Calomys callosus*
	Guanaritovirus	Guanaritovirus/*Sigmodon hispidus* Amaparivirus/*Oryzomys goeldi* Paranavirus/*Oryzomys buccinatus* Pichindevirus/*Oryzomys albigularis* Flexalvirus/*Oryzomys* sp. Latinovirus/*Calomys callosus* Taniamivirus/*Sigmodon hispidus*
	Sabiavirus	Sabiavirus/*Artibeus* sp.[b] Tacaribevirus/*Artibeus* sp.[b]

In der Spalte „Tier" sind die Nagetierarten angegeben, in denen die jeweiligen Virustypen persistierende Infektionen verursachen und von denen sie übertragen werden.
[a] Virus der lymphocytären Choriomeningitis, [b] früchtefressende Fledermausart.

15.3.2 Aufbau

Viruspartikel

Die Partikel der Arenaviren sind *pleomorph*. Überwiegend haben sie eine sphärische Form mit variablen Durchmessern von 50 bis 300 nm (Abbildung 15.8). Sie bestehen aus zwei Nucleocapsidsegmenten, die von einer Hüllmembran umgeben sind. Beim LCMV sind in die Hüllmembran die Glycoproteine G1 (40–46 kD) und G2 (35 kD) eingelagert, die durch Proteolyse aus einem größeren Vorläuferprotein gebildet werden und als keulenähnliche Vorsprünge aus der Partikeloberfläche hervorragen. Das G2-Protein ist in der Membran verankert, wohingegen das G1-Protein durch nichtkovalente Bindung mit der Partikeloberfläche assoziiert ist. Es gibt Hinweise, daß beide Proteine als Homotetramere vorliegen. Im Inneren der Membranhülle befinden sich die viralen *RNA-Genomsegmente L und S*, die mit den Nucleoproteinen (NP, 63 kD) komplexiert sind. Man findet in den Partikeln gelegentlich auch mehrere Kopien der L- und S-Segmente. Weitere Komponenten der Virionen sind die L-Proteine (200 kD) – RNA-abhängige RNA-Polymerasen –, relativ große Mengen von Z-Proteinen (11 kD) – ihre Funktion ist unklar – sowie eine Proteinkinase. Letztere kann das NP-Protein *in vitro* phosphorylieren. Ob dieses Enzym viruscodiert ist, weiß man noch nicht. Bei der Morphogenese der Partikel, die an der Cytoplasmamembran durch Knospung entstehen, werden Ribosomen der Wirtszelle aufgenommen. Man vermutet, daß dies die in den Partikeln nachweisbaren Polyadenylierungs- und Polyuridinylierungsenzyme erklärt. Das Vorhandensein der Ribosomen hat keinen Einfluß auf die Infektiosität der Viren.

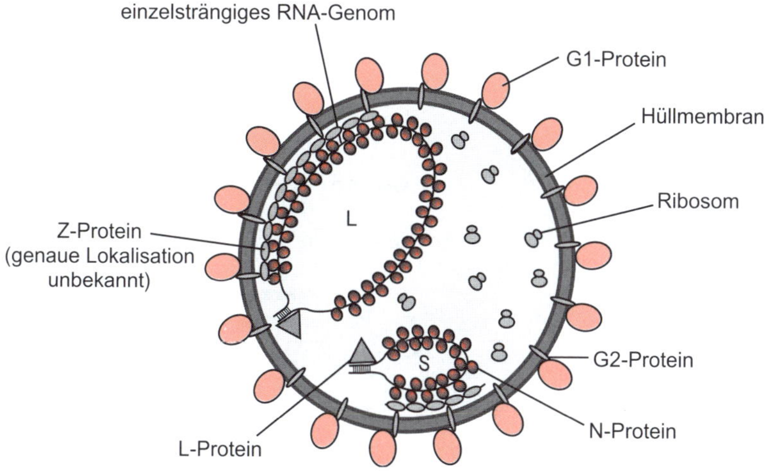

15.8 Darstellung eines Arenaviruspartikels. Das Genom besteht aus zwei Segmenten einzelsträngiger RNA, die als Negativstrang mit den NP- und L-Proteinen zu helikalen Nucleocapsiden komplexieren. Die Z-Proteine interagieren vermutlich mit den NP-Proteinen. Komplementäre Sequenzen an den Enden verleihen ihnen eine quasizirkuläre Form. Die Nucleocapside sind von einer Membranhülle umgeben, in welche die viralen Glycoproteine G1 und G2 eingelagert sind. Als weitere Komponenten findet man im Inneren der Partikel Untereinheiten zellulärer Ribosomen.

Genom und Genomaufbau

Das Genom der Arenaviren besteht aus *zwei Segmenten einzelsträngiger RNA*, die beide *Ambisense-Orientierung* aufweisen und zusammen über etwa 10 000 bis 12 000 Basen verfügen. Beim LCMV ist das *S-Segment* (S = *small*) 3 376 Basen lang, das *L-Segment* (L = *large*) 7 220 Basen. Beide sind über ihre gesamte Länge mit nucleosomenähnlich angeordneten NP-Proteinen komplexiert und bilden so *helikale Nucleocapside*. Außerdem sind einige Einheiten der L-Proteine mit ihnen verbunden. An den 3′- und 5′-Enden der Segmente sind etwa 30 Nucleotide konserviert, die invertiert komplementär sind. Deshalb können die Enden doppelsträngige Bereiche ausbilden, was ihnen eine quasizirkuläre, pfannenstielähnliche Konfiguration verleiht. Neben diesen intramolekularen Basenpaarungen können die Endsequenzen aber auch mit weiteren RNA-Segmenten wechselwirken, so daß sie als Homo- oder Heterodimere vorliegen. Die intermolekulare Hybridbildung bewirkt, daß die L- und S-Segmente in den Partikeln nicht immer in gleichen Mengen vorhanden sind. Die konservierten Endsequenzen enthalten die Promotoren für die Transkription und die Kontrollelemente für die Replikation.

Das *S-Segment* codiert für das Vorläuferprotein GPC (*glycoprotein precursor*) der G1 und G2-Proteine und für das NP-Protein (Abblidung 15.9). Beide Gene überlappen nicht miteinander und sind durch eine *intergenische Region* voneinander getrennt, die in der RNA-Sequenz eine stabile Haarnadelstruktur ausbildet. Das *NP-Protein* wird in der 3′-Hälfte des S-Segments codiert und von einer mRNA translatiert, die komplementär zu diesem Genombereich ist. Dieses Gen liegt also in negativer Orientierung vor. Das *GPC-Protein* wird in der 5′-Hälfte des Genoms codiert, jedoch in positiver Orientierung. Für die Synthese dieses Polypeptids muß das genomische RNA-Segment in ein Antigenom umgeschrieben werden: Dieses dient dann als Matrize für die Transkription der GPC-spezifischen mRNA. Beide Leserahmen laufen also gleichsam aufeinander zu. Sie werden durch die intergenische Region voneinander getrennt, die als Terminationssignal für die Transkription dient.

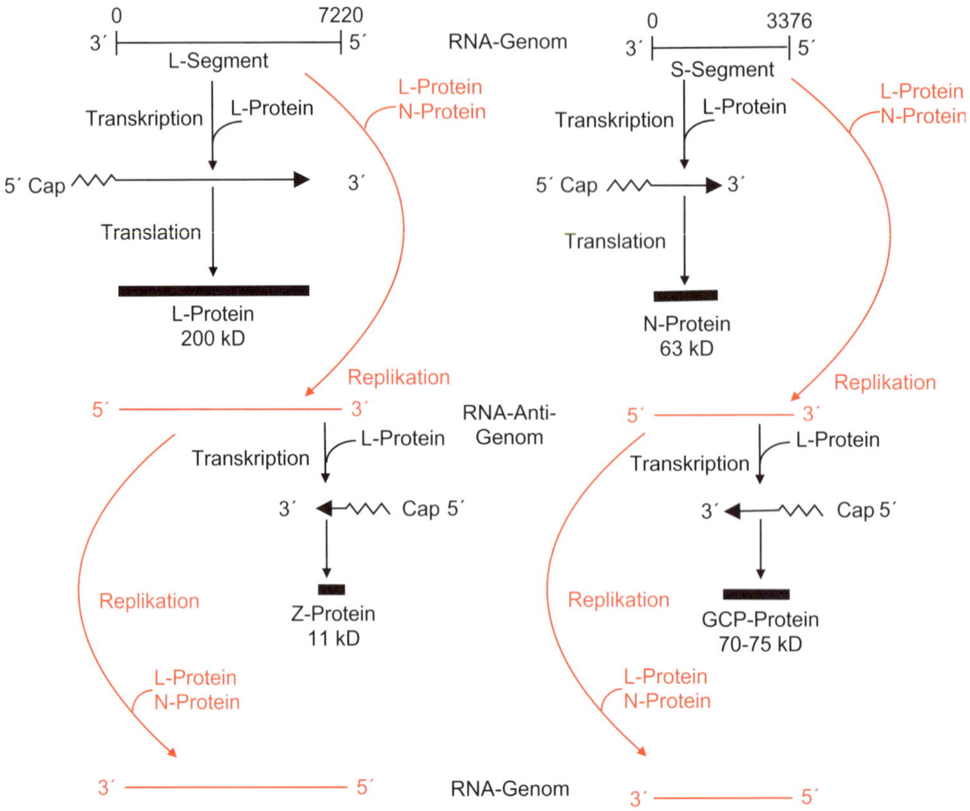

15.9 Schematische Darstellung der Transkription, Translation und Genomreplikation beim Virus der lymphocytären Meningitis. Die genomischen L- und S-Segmente werden in gecappte mRNA-Spezies transkribiert. Dieser Schritt wird durch das L-Protein, das als Teil der Viruspartikel in die Zelle gelangt ist, katalysiert. Von den gebildeten mRNAs werden die Proteine L und N translatiert. Liegen ausreichende Mengen neusynthetisierten N-Proteins in der Zelle vor, erfolgt die Bildung ungecappter RNA-Stränge in positiver Orientierung (Antigenome). Diese dienen sowohl als Matrizen für die Bildung von RNA-Molekülen in Negativstrangorientierung, die denen der Genomsegmente entsprechen, als auch für die Synthese von gecappten mRNAs für die Proteine Z und GCP (Glycoproteinvorläufer). Beide Segmente besitzen also Ambisense-Orientierung.

Auch das *L-Segment* besitzt zwei nicht miteinander überlappende Leserahmen in Ambisense-Orientierung. Das *L-Protein* wird in der 3′-Hälfte des Segments in negativer Orientierung codiert (Abbildung 15.9). In der 5′-Region fand man einen Leserahmen in entgegengesetzter Leserichtung, der für ein als *Z-Protein* bezeichnetes, Zn^{2+}-Ionen bindendes Polypeptid codiert. Zwischen beiden Leserahmen befindet sich eine intergenische Region, die cytidinreich und etwa 200 Basen lang ist. Sie bildet definierte Sekundärstrukturen aus, die als Terminationssignale für die mRNA-Synthese dienen.

15.3.3 Virusproteine

Membranproteine. Die Glycoproteine des LCMV werden als ein GPC-Vorläuferprotein mit einem Molekulargewicht von etwa 70 bis 75 kD gebildet. Eine trypsinähnliche Protease zerschneidet das glycosylierte, wahrscheinlich als Tetramer vorliegende GPC-Protein im Golgi-

Tabelle 15.9: Molekulare Charakteristika und Funktionen der Proteine von LCMV

Protein	Molekulargewicht/Anzahl der Aminosäuren	Modifizierung	Funktion
GPC	70–75 kD/498 AS	glycosyliert	Vorläuferprotein von G1 und G2, Homotetramer?
G1	40–46 kD/262 AS	glycosyliert	aminoterminaler Anteil von GPC, externes Glycoprotein, Induktion neutralisierender Antikörper
G2	35 kD/236 AS	glycosyliert	carboxyterminaler Anteil von GPC, integrales Membranprotein
NP	63 kD/558 AS	teilweise phosphoryliert	Nucleocapsidkomponente, mit RNA-Genom komplexiert
L	200 kD/2211 AS		RNA-abhängige RNA-Polymerase, Nucleocapsidkomponente
Z	11 kD/90 AS		Zinkfingerprotein, Bestandteil der Viruspartikel

oder *post*-Golgi-Kompartiment in einen *aminoterminalen Anteil G1* (40–46 kD), der keinen Membrananker besitzt, und einen *carboxyterminalen Teil G2* (35 kD). Dieser ist durch eine hydrophobe Domäne in die Lipiddoppelschicht eingelagert. Ob und in welcher Form beide Proteine miteinander verbunden sind beziehungsweise wie das G1-Protein mit der Partikeloberfläche assoziiert ist, weiß man nicht. Gegen das G1-Protein werden im Infektionsverlauf neutralisierende Antikörper gebildet. Das G2-Protein ist über seine carboxyterminale, cytoplasmatische Domäne mit den NP-Proteinen der Nucleocapside verbunden. Tabelle 15.9 gibt eine Übersicht zu den molekularen Charakteristika und Funktionen der Proteine von LCMV.

Nucleoprotein. Die NP-Proteine haben ein Molekulargewicht von etwa 63 kD und sind mit den RNA-Segmenten assoziiert. In Analogie zu den anderen Negativstrang-RNA-Viren glaubt man, daß auch das NP-Protein der Arenaviren das Umschalten vom Transkriptions- zum Replikationsmodus reguliert (Abschnitte 14.1 bis 14.4, 15.1 und 15.2). In infizierten Zellen und in gereingten Viruspräparationen sind in reproduzierbaren Mengen Abbauprodukte des NP-Proteins vorhanden. Außerdem findet man spät im Replikationszyklus eine *phosphorylierte Variante* des NP-Proteins. Ob diese Produkte an der Regulation der Transkription und Replikation beteiligt sind, ist nicht bekannt.

RNA-abhängige RNA-Polymerase. Das L-Protein (200 kD) ist in geringen Mengen in den Viruspartikeln nachweisbar und mit den Nucleocapsiden assoziiert. Es hat ein theoretisches Molekulargewicht von 256 kD. Ob es modifiziert oder prozessiert wird, ist unklar.

Z-Protein. Das relativ hydrophobe Z-Protein (11 kD) befindet sich in großen Mengen in den Viruspartikeln. Seine Funktion ist umstritten: Es konnte gezeigt werden, daß es in den Virionen mit den NP-Proteinen wechselwirkt. Zusammen mit seiner hohen Konzentration legt das die Vermutung nahe, daß das Z-Protein eine ähnliche Funktion hat wie die Matrixproteine anderer Negativstrang-RNA-Viren (Rhabdo-, Paramyxo- und Orthomyxoviren; Abschnitte 14.1, 14.2 und 15.1). Andererseits besitzt das Z-Protein ein *Zinkfingermotiv* und bindet Zn^{2+}-Ionen. Das weist es als potentiell nucleinsäurebindendes Protein aus. *In vitro* beeinflußt das Z-Protein die RNA-Transkription und die Replikation.

15.3.4 Replikation der Arenaviren

Wie die Arenavirusreplikation im Detail abläuft, ist nicht bekannt. In vielen Fällen leitet man die Vorgänge von den Abläufen bei Bunya- oder Influenzaviren ab. So ist der zelluläre Rezeptor unbekannt, an den das Virus über das G1-Protein adsorbiert. Das gleiche gilt für den Aufnahmemechanismus der Partikel. Die Spaltung der GPC-Proteine in die Anteile G1 und G2 läßt in Analogie zum HA-Protein der Influenzaviren auf eine endosomenvermittelte Aufnahme mit anschließender Induktion der Fusionsaktivität schließen (Abschnitt 15.1). Alle Prozesse nach der Freisetzung der Nucleocapside laufen im *Cytoplasma* ab. Dabei binden sich die Nucleocapside an die Kernmembran. Möglicherweise sind Kernfaktoren an der Replikation beteiligt, denn die Virusvermehrung ist in entkernten Zellen wenig effizient.

In den ersten Schritten des Infektionszyklus werden die NP- und L-Gene transkribiert, die in negativer Orientierung auf den Segmenten S beziehungsweise L lokalisiert sind (Abbildung 15.9). Am 5'-Ende der mRNA-Moleküle findet man eine Cap-Gruppe, der ein bis sieben nicht viruscodierte Nucleotide folgen. Das läßt vermuten, daß die Arenaviren ähnlich wie die Influenzaviren den Mechanismus des *Cap-Stehlens* für die Transkriptionsinitiation entwickelt haben und daß sie die 5'-Cap-Strukturen zellulärer mRNAs als Primer verwenden. Die mRNA-Synthese endet an den haarnadelähnlichen Sekundärstrukturen der intergenischen Bereiche. Die Transkripte werden an freien Ribosomen in die NP- beziehungsweise L-Proteine translatiert.

Das Umschalten vom Transkriptions- in den Replikationsmodus mit der Synthese durchgehender RNA-Produkte ist vermutlich von der Menge an neu synthetisierten NP-Proteinen abhängig (Abbildung 15.9). Auch dieser Vorgang benötigt einen *Primer*. Wie dieser beschaffen ist, konnte bisher nicht völlig geklärt werden. An den 5'-Enden der entstehenden Antigenome der Tacaribeviren findet man einen Guanosinrest, der weder in Basenpaarung vorliegt noch von der Virus-RNA codiert ist. Außerdem sind kurze Abschnitte der Genomenden heterogen. Eine Modell für den Initiationsvorgang besagt, daß das L-Protein Oligonucleotide als Primer für die Polymerisationsreaktion verwendet und an die 3'-Enden der RNA-Segmente anlagert. Die entstehenden, antigenomischen RNA-Stränge aggregieren danach mit NP-Proteinen.

Die mRNAs für die GPC- und Z-Proteine werden von den durchgehenden Antigenomsträngen der S- beziehungsweise L-Segmente abgelesen. Sie enden ebenfalls an den Terminationssignalen der intragenischen Region. Die Synthese des GPC-Proteins erfolgt an der Membran des endoplasmatischen Reticulums, es wird in das Lumen eingeschleust und über eine hydrophobe Domäne im carboxyterminalen Bereich in der Membran verankert. Die Proteine interagieren zu Homotetrameren, werden glycosyliert und in die G1- und G2-Anteile gespalten. Die G1- und G2-Komplexe werden über die Golgi-Vesikel zur Zelloberfläche transportiert und bilden in der Cytoplasmamembran G-Protein-reiche Regionen aus. Parallel dazu dienen die Antigenome auch als Matrizen für die Bildung durchgehender RNA-Genomstränge, die mit NP-Proteinen zu Nucleocapsiden assoziieren.

Die Z-Proteine binden sich an die Nucleocapside, die über das NP-Protein mit den im Cytoplasma gelegenen Bereichen der G2-Proteine interagieren. So entstehen die initialen Buddingstrukturen. Die Nucleocapside werden von der Membran umschlossen – dabei gelangen auch Ribosomen in die Virionen – und von der Zelle abgegeben. Es scheint keinen Mechanismus zu geben, der gewährleistet, daß jedes Partikel je ein S- und ein L-Segment erhält. Beim LCMV zeigte man, daß bei gleichzeitiger Infektion von Zellen mit verschiedenen Virusstämmen Reassortanten entstehen können.

Persistierende LCMV-Infektion. Die LCMV-Infektion ist nicht cytolytisch. Nachdem das Virus sich anfangs stark vermehrt, etabliert es in Vero-Zellen (Nierenzellkulturen Grüner Meerkatzen) oder auch in Neuronenzellen eine persistierende Infektion. Die Synthese von Wachstumsfaktoren ist dabei reduziert. In dieser Phase produziert das Virus nur noch wenige

Nachkommen, die Synthese von G-Proteinen nimmt ab, und im Cytoplasma sind steigende Konzentrationen von L-Proteinen nachweisbar. Man vermutet, daß diese Anreicherung der RNA-abhängigen RNA-Polymerase darauf hinweist, daß sich inaktive Enzymkomplexe gebildet haben. Die Transkription und Replikation der Genome wird dadurch vermindert. Die Zellen produzieren kontinuierlich geringe Mengen infektiöser Partikel, so daß es auch genug Genomsegmente gibt, um bei der Zellteilung die Weitergabe der Virusinformation auf die Tochterzellen zu gewährleisten. Die persistierend infizierten Zellen können mit dem in den Kultur freigesetzten Virus nicht überinfiziert werden. Es liegt also ein Interferenzzustand vor, das heißt, das persistente Virus verhindert über einen unbekannten Mechanismus die Infektion der Zelle mit weiteren Viren.

15.3.5 Das Virus der lymphocytären Choriomeningitis (LCMV)

Epidemiologie und Übertragung

1933/34 isolierten C. Armstrong und R. D. Lillie erstmals das Virus der lymphocytären Choriomeningitis (LCMV) aus einem Patienten, der an einer Infektion mit dem St.-Louis-Encephalitis-Virus, einem Flavivirus (Abschnitt 13.2), erkrankt war. Sie übertrugen das LCMV auf Mäuse und Affen. Zwischen 1935 und 1938 führte Erich Traub in Princeton seine bahnbrechenden Untersuchungen über die LCMV-Infektion von Mäusen durch. Die lymphocytäre Choriomeningitis war die erste Infektionskrankheit, bei der man ein chronisches Virusträgerstadium beobachtete. Sie hat in der akuten Phase fast ausschließlich immunpathologische Ursachen. Michael B. A. Oldstone entwickelte durch seine Untersuchungen am LCMV erstmals seine Theorie über Immunkomplexkrankheiten. Rolf Zinkernagel konnte hier erstmals die MHC-Restriktion von CD8-positiven, cytotoxischen Lymphocyten zeigen.

Das LCMV infiziert weltweit verschiedene wildlebende Mausarten, welche das Virus lebenslang ausscheiden und die Hauptquelle für die Übertragung auf den Menschen darstellen. Diese findet vor allem in der kalten Jahreszeit statt, wenn die Mäuse den Schutz der Häuser suchen. Das Virus wird über urinhaltigen Aerosolstaub auf den Menschen übertragen. Das bestätigen die vielen Laborinfektionen von Tierpflegern, die mit infizierten Mäusen Kontakt hatten. Experimentell läßt sich das Virus auch auf verschiedene andere Nagetiere wie Hamster und Meerschweinchen und auch auf Affen übertragen.

Eine Infektion von Menschen mit dem LCMV ist selten. Deutlich weniger als 0,1 Prozent der Bevölkerung hat Antikörper gegen das Virus. Die Übertragungshäufigkeit ist in ländlichen oder verwahrlosten Wohnquartieren, in denen sich die Mäuse aufgrund der Ansammlung von Abfällen stark vermehren, ungleich größer als in städtischen Wohngebieten.

Klinik

Die LCMV-Infektion verläuft beim Menschen häufig asymptomatisch oder als leichte, grippeähnliche Erkrankung. Die Inkubationszeit beträgt durchschnittlich ein bis zwei Wochen. Die lymphocytäre Choriomeningitis selbst äußert sich durch zum Teil sehr starke Kopfschmerzen, Fieber, Schwächezustände und Brechreiz. Hauptsymptom ist die Nackensteifigkeit, die durch die *Meningitis* verursacht wird. Die Erkrankung dauert fünf bis sieben Tage an, die Symptome können jedoch später in zwei oder drei Wellen wieder auftreten. Lähmungen und andere neurologische Krankheitszeichen findet man nur sehr selten. Werden schwangere Frauen mit dem LCMV infiziert, so kann es auf den Embryo übertragen werden. Man hat vereinzelte Hinweise, daß die Virusinfektion das ungeborene Kind schädigen und einen Hydrocephalus verursachen kann.

Pathogenese

Das Virus wird vermutlich durch kontaminierten Staub über Aerosole auf die Schleimhaut des Mund- und Rachenbereichs übertragen und über die Lymphflüssigkeit oder den Blutstrom im Organismus verteilt. Man hat Hinweise, daß es die Zellen des reticuloendothelialen Systems infiziert. Die *Leukopenie,* das heißt die Abnahme von weißen Blutzellen, ist ein ausgeprägtes Merkmal bei allen LCMV-Infektionen. Bei den sehr seltenen Todesfällen bei Menschen stellte man massive Infiltrationen von mononucleären Zellen vor allem im Plexus chorioideus, aber auch in den Meningen, im Ependym und im Gefäßendothel fest. Bei den wenigen systemischen Infektionen fand man sie auch in der Leber, der Lunge und dem Lymphsystem.

Infektion von Mäusen. Erfolgt die Infektion bei neugeborenen Mäusen oder durch intrauterine Übertragung auf den Embryo, so findet man große Virusmengen in allen Organen, auch im Gehirn. (Dort vermehrt sich das LCMV in den Neuronen und ruft in seltenen Fällen Störungen der Gehirnfunktionen hervor.) Später treten geringe Mengen von Antikörpern gegen das NP- und die G1- und G2-Proteine auf. Die Infektion ist meist asymptomatisch. Die Mäuse sind anschließend persistierend infiziert und Virusträger und scheiden große Mengen LCMV aus. Die Etablierung der Persistenz selbst beruht wahrscheinlich auf einer peripheren Toleranz der T-Zellen, die durch die hohen Virusmengen während der Infektion induziert wird. Mehrere Monaten später tritt eine durch Immunkomplexe verursachte Glomerulonephritis auf. Die Immunkomplexe bestehen aus Virusproteinen, der Komplementkomponente C1q und Antikörpern und können sich über den Fc-Teil von letzteren an die zellulären Fc-Rezeptoren anlagern. Man findet sie auch in Arterienwänden und im Plexus chorioideus des Gehirns.

Werden dagegen erwachsene Mäuse mit LCMV infiziert, entsteht – ähnlich wie beim Menschen – eine akute lymphocytäre Choriomeningitis mit sehr dichten Infiltrationen von T- und B-Lymphocyten, NK- und Plasmazellen sowie Monocyten in die infizierten Gewebe. Ähnliches findet man in den Nieren, der Leber, den Speicheldrüsen, dem Pankreas, der Lunge und dem Lymphsystem. In den Lymphknoten treten Nekrosen und Blutungen auf. Weiterhin stellt man eine seröse Pleuritis und Peritonitis, Tachypnoe und gesteigerte Gefäßdurchlässigkeit fest. Diese Symptome ähneln denen des hämorrhagischen Fiebers (Abschnitt 15.3.6). Einzelne Virusstämme variieren in ihrer Virulenz sehr stark. Schließlich wird das Virus vollständig aus dem Organismus eliminiert.

Immunpathogenese. In der frühen Phase der akuten Infektion findet man in der Maus erhöhte Konzentrationen von Tumornekrosefaktor-α, Interferon-α und -β sowie anderen Cytokinen. Sie aktivieren die Proliferation von natürlichen Killerzellen, die aber für die Eliminierung des Virus nicht entscheidend sind. In dieser Phase induzieren sie wohl vor allem die Expression von *MHC-Klasse I-Antigenen* auf der Oberfläche infizierter und uninfizierter Zellen, was diese zu bevorzugten Zielen für cytotoxische T-Lymphocyten macht. Die CD8-positiven T-Zellen spielen die wichtigste Rolle bei der Viruseliminierung und schützen vor Reinfektionen. Die CD4-positiven Zellen sind in geringem Ausmaß auch cytotoxisch, tragen jedoch vor allem in der späten Infektionsphase durch die Sekretion von Cytokinen wie Interleukin-2 und Interferon-γ zur Aktivierung der CD8-positiven Zellen und zur Antikörperbildung bei. Die virusspezifischen B- und T-Zellen expandieren, die LCMV-Produktion geht zurück.

Die Tendenz zur Induktion persistierender oder akuter Infektionen ist einerseits abhängig vom Virusstamm: Man kennt wenig virulente Stämme wie Docile, Traub oder Armstrong/

Die lymphocytäre Choriomeningitis der Maus wird durch cytotoxische T-Zellen verursacht

Daß die lymphocytäre Choriomeningitis in immunreifen Tieren durch *immunpathogene Mechanismen*, genauer gesagt durch CD8-positive T-Lymphocyten ausgelöst wird, ließ sich durch folgende Experimente beweisen: Röntgenbestrahlung oder die Gabe von immunsuppressiven Agentien verhindern die Entstehung der Erkrankung bei erwachsenen Mäusen, die dann ähnlich wie neugeborene Tiere eine symptomfreie, persistierende Infektion etablieren. Ähnliches gilt für Mäuse, denen nach der Geburt der Thymus entfernt wurde und die deswegen keine cytotoxischen T-Zellen bilden können. Werden in diese Mäuse T-Zellen erkrankter Tiere injiziert, so entsteht eine typische lymphocytäre Choriomeningitis.

Klon13 beziehungsweise hochvirulente wie WE oder Armstrong. Andererseits ist sie auch vom Mausstamm und seinem MHC-Klasse-I-Typ sowie – wie oben beschrieben – vom Alter der Tiere beim Erstkontakt mit dem Virus abhängig. Außerdem werden während der Infektion unterschiedliche LCMV-Quasispezies gebildet, die das Geschehen beeinflussen. Aus persistierend infizierten Mäusen wurden sowohl krankheitserzeugende als auch persistenzerzeugende Virusvarianten isoliert. So bewirkt die Veränderung der Aminosäure an Position 260 des G1-Proteins von Leucin zu Phenylalanin eines gewöhnlich persistenzerzeugenden Stammes, der nicht die Bildung cytotoxischer T-Zellen induziert, eine akute lymphocytäre Choriomeningitis mit anschließender Viruselimination. Durch die Veränderung der Aminosäuresequenz wird dieses zu einem von MHC-Klasse-I-Antigenen präsentierten Epitop, so daß die entsprechenden Zellen eliminiert werden.

Immunreaktion und Diagnose

Im Verlauf der akuten LCMV-Infektion treten IgM- und IgG-Antikörper gegen das NP- und die G1- und G2-Proteine auf, sowie CD8- und CD4-positive T-Lymphozyten und aktivierte NK-Zellen. Epitope, die von cytotoxischen T-Zellen erkannt werden, konnte man im Maussystem in allen Proteinen identifizieren. Die serologische Diagnose erfolgt über den Antikörpernachweis im ELISA-Test. Viren lassen sich durch die Polymerasekettenreaktion nachweisen.

Therapie und Prophylaxe

Einen Impfstoff gegen die LCMV-Infektion gibt es nicht. In ganz schweren Fällen kann eine Ribavarinbehandlung die Symptome mildern.

15.3.6 Die Viren der hämorrhagischen Fieber

Epidemiologie und Übertragung

Die Lassa-, Junin-, Machupo- und Guanaritoviren verursachen bei bestimmten Nagetieren (Tabelle 15.8) persistierende Infektionen und werden danach lebenslang mit dem Urin ausgeschieden. Die mit diesen Viren verbundenen Erkrankungen sind an die geographischen Regionen gebunden, in denen die entsprechenden Nagetierspezies unter natürlichen Bedingungen vorkommen: Lassafieber in Westafrika, das hämorrhagische Fieber durch Junin-, Machupo- beziehungsweise Guanaritoviren in Argentinien, Bolivien und Venezuela. Sie werden vermutlich durch virushaltigen Staub oder direkten Kontakt mit den Nagetieren übertragen. In epidemiologischen Studien zur Übertragung des Lassafiebers in Westafrika konnte man zeigen, daß die Viren vor allem bei solchen Personen Infektionen verursachen, die es gewohnt sind, Mäuse und andere kleine Nagetiere zu jagen und als Lebensmittel zu verwenden. Die im Blut der Tiere vorhandenen Erreger gelangen über kleinste Verletzungen in den Blutstrom und lösen die Infektion aus. Sie können auch durch direkte Kontakte von infizierten Patienten auf andere Menschen übertragen werden. So gibt es beim Lassafieber nosokomiale Infektionen, die vermutlich in Krankenhäusern durch die Verwendung ungenügend sterilisierter Instrumente zustandekommen. Die mit den Erkrankungen verbundene Todesrate ist hoch, etwa 16 Prozent der Infizierten sterben.

Klinik

Das Lassafieber hat eine Inkubationszeit von bis zu drei Wochen. Es äußert sich zuerst durch hohes Fieber, Kopf-, Rücken- Hals- und Gelenkschmerzen, Pharyngitis, Erbrechen und Durchfall. Viele Patienten zeigen Blutungen der Schleimhäute, Proteinausscheidung im Urin, Anschwellungen im Gesicht und Nacken sowie Anzeichen einer Encephalitis. Beim Argentinischen und Bolivianischen (hämorrhagischen) Fieber werden keine Symptome im Respirationstrakt gefunden. Dafür entwickeln viele der Patienten einen Hautausschlag.

Pathogenese

Nach der Aufnahme werden die Viren durch den Blutstrom verteilt. Sie infizieren vor allem die Zellen des reticuloendothelialen Systems in vielen Organen, zum Beispiel der Leber, der Lunge und der Placenta. Die Schädigung der Gewebe ist relativ gering. Die Pathogenese der Erkrankung ist weitgehend unklar. Beim Lassafieber findet man fokale Nekrosen vor allem in Leber, Milz und Nebennieren. Beim Argentinischen und Bolivianischen Fieber treten verstärkt Blutungen der Haut- und Schleimhautbereiche im Magen- und Darmtrakt und eine deutlich erhöhte Gefäßdurchlässigkeit auf.

Immunreaktion und Diagnose

Beim Lassafieber findet man zu Beginn der Infektion eine geringe IgM- und IgG-Antwort. Neutralisierende Antikörper können häufig nur in geringen Titern spät nach der Erkrankung nachgewiesen werden. Die Elimination des Virus erfolgt daher nicht durch Antikörper, sondern vermutlich – ähnlich wie bei der LCMV-Infektion in der Maus gezeigt – über die zelluläre Immunantwort durch cytotoxische T-Zellen. Auch persistiert das Virus oft lange Zeit nach der Erkrankung und ist im Serum oder im Urin nachweisbar.

Im Gegensatz hierzu sind beim Argentinischen und Bolivianischen hämorrhagischen Fieber neutralisierende Antikörper etwa drei bis vier Wochen nach der Infektion im Serum vorhanden. Sie können im Immunfluoreszenz- oder Komplementbindungstest nachgewiesen werden und erleichtern bei den Junin- und Machupoviren die serologische Diagnosestellung. Das Guanaritovirus scheint sich hinsichtlich der Induktion der Antikörperbildung ähnlich zu verhalten.

Therapie und Prophylaxe

Gegen die Lassaviren wurde ein Impfstoff entwickelt, der auf rekombinanten, die G-Proteine exprimierenden Vacciniaviren basiert. In Affen ließen sich hierdurch die schweren Erkrankungen und Todesfälle verhindern. Antikörper werden auch hier nicht gebildet, so daß der Schutz wohl auf der zellulären Immunantwort beruht. Ebenfalls im Tierversuch erwies sich ein attenuiertes Juninvirus als erfolgreich. Dieser Impfstoff wird zur Zeit in Argentinien erprobt, ist jedoch noch nicht für die Anwendung beim Menschen zugelassen. Die Behandlung der Patienten mit Ribavirin führt zu deutlich abgeschwächten Erkrankungsverläufen.

15.3.7 Weiterführende Literatur

Battegay, M.; Meskopleidis, D.; Rahentulla, A.; Hengartner, H.; Mak, T. W.; Zinkernagel, R. *Enhanced establishment of a virus carrier state in adult CD4+ T-cell deficient mice.* In: *J. Virol.* 68 (1994) S. 4700–4704.

Butz, E. A.; Southern, P. J. *Lymphocytic choriomeningitis virus-induced Immune dysfunction: Induction of and recovery from T-cell anergy in adult infected mice.* In: *J. Virol.* 68 (1994) S. 8477–8480.

Garcin, D.; Kolakofsky, D. *A novel mechanism fpr the initiation of Tacaribe arenavirus genome replication.* In: *J. Virol.* 64 (1990) S. 6169–6203.

Garcin, D.; Rochat, S.; Kolakofsly, D. *The Tacaribe arenavirus small zink finger protein is required for both mRNA synthesis and genome replication.* In: *J. Virol.* 67 (1993) S. 807–812.

Lisieux, T.; Coimbra, M.; Nassar, E. S.; Burattini, M. N.; deSouza, T. L.; Ferreira, I.; Rocco, I. M.; da Rose, A. P.; Vasconcelos, P. F.; Pinheiro, F. P. *New arenavirus isolated in brazil.* In: *Lancet* 343 (1994) S. 391–392.

Meyer, B. J.; Southern P. J. *Sequence heterogenicity in the termini of lymphocytic choriomeningitis virus genomic and antigenomic RNAs.* In: *J. Virol.* 68 (1994) S. 7659–7664.

Moskophidis, D.; Löhler, J.; Lehmann-Grube, F. *Antiviral antibody producing cells in parenchymatous organs during persistent virus infections.* In: *J. Exp. Med.* 165 (1987) S. 705–719.

Notkins, A. L.; Oldstone, M. B. A. *Concepts in Pathogenesis II.* Heidelberg (Springer) 1986.

Oldstone, M. B. A. *Arenaviruses.* Curr. Top. Microbiol. Immunol., Bd. 134. Heidelberg (Springer) 1987.

Polyak, S. J.; Zheng, S.; Harnish, D. G. *5'*termini of pichinde arenavirus S RNAs and mRNAs contain nontemplated nucleotides. In: *J. Virol.* 69 (1995) S. 3211–3215.

Salvato, M. S. (Hrsg.) *The Arenaviruses.* New York (Plenum Press) 1993.

Salvato, M. S.; Shimomaye, E. M. *The completed sequence of lymphocytic choriomeningitis virus reveals a unique RNA structure and a gene for a zink finger protein.* In: *Virology* 173 (1989) S. 1–7.

Salvato, M. S.; Schweighofer, K. J.; Burns, J.; Shimomaye, E. M. *Biochemical and immunological evidence that the 11 kDa zinc-binding protein of lymphocytic choriomeningitis virus is a component of the virus.* In: *Virus Res.* 22 (1992) S. 185–198.

Zinkernagel, R. M.; Hengartner, H. *Virally induced Immunosuppression.* In: *Curr. Op. Immunol.* 4 (1992) S. 408–412.

16. Viren mit doppelsträngigem, segmentiertem RNA-Genom

16.1 Reoviren

Die *Reoviridae* sind die einzigen Viren, die ein *segmentiertes, doppelsträngiges RNA-Genom* besitzen. Sie sind weltweit in verschiedenen Säugetieren, darunter Menschen, Affen, Hunden, Mäusen, Schafen und Rindern, verbreitet. Auch aus Fischen, Reptilien und Insekten konnte man sie isolieren. Zwei Genera der Reoviridae umfassen pflanzenpathogene Viren. Der Name *Reo*virus wurde dieser Gruppe 1959 von Albert Sabin verliehen. Er leitet sich von der Bezeichnung *respiratory, enteric, orphan virus* ab und weist darauf hin, daß diese Viren die Atem- und Verdauungswege infizieren, man aber zu dem damaligen Zeitpunkt noch keine Erkrankungen mit ihnen assoziieren konnte. Die Partikel besitzen eine hohe Stabilität und können deswegen in der Umwelt, wie zum Beispiel in Flüssen, Seen und Abwässern, längere Zeit überdauern. Die meisten Reoviren infizieren den Respirations- oder Gastrointestinaltrakt, und die Infektionen verlaufen meist asymptomatisch. Humanpathogene Reoviren sind die *Rotaviren*, die vor allem bei Kindern Gastroenteritiden, also Durchfallerkrankungen verursachen. Dieses Kapitel beschäftigt sich – soweit nicht anders angegeben – mit den Eigenschaften der Rotaviren.

Tabelle 16.1: Charakteristische Vertreter der Reoviren

Genus	Mensch	Tier	Pflanze
Orthoreovirus (10)*	Reovirus (Serotypen GT1–3)	Reoviren 1–3 der Mäuse	
Orbivirus (10)*	Orungovirus, Kemerovovirus	Blue-Tongue-Virus der Schafe African-Horsesickness-Virus	
Rotavirus (11)*	humane Rotaviren Gruppen A, B, C	tierische Rotaviren Gruppen A–F	
Aquareovirus (11)*		Golden-Shiner-Virus (Schellfisch)	
Cypovirus (10)*		cytoplasmatisches Polyhedrosisvirus (Insekten)	
Coltivirus (12)*		Colorado-Tick-Fever-Virus	
Phytoreovirus (12)*			Pflanzenreoviren (Subgruppe I)
Fijivirus (10)*			Pflanzenreoviren (Subgruppe II)
Oryzavirus (10)*			Pflanzenreoviren

* Die Angaben in Klammern beziehen sich auf die Anzahl der Genomsegmente, welche die Partikel der Viren der verschiedenen Genera enthalten.

16.1.1 Einteilung und charakteristische Vertreter

Die Familie der Reoviridae wird in verschiedene Genera unterteilt. Jedes Genus ist durch bestimmte Charakteristika der Partikelmorphologie, die Anzahl der Strukturproteine und Genomsegmente sowie durch seinen Wirtstropismus gekennzeichnet (Tabelle 16.1). Die weitere Einteilung in Serogruppen erfolgt auf der Basis der immunologischen Erkennung der Capsidproteine.

16.1.2 Aufbau

Viruspartikel

Die Rotaviren sind sphärische Partikel mit einem Durchmesser von 70 bis 80 Nanometern und aus *drei Proteinschichten* mit ikosaedrischer Struktur aufgebaut. Sie besitzen ein inneres Capsid (55 nm Durchmesser), das eine innere Core-Struktur umgibt und noch von einem zweiten äußeren Capsid umschlossen ist. Die Virionen haben keine Membranhülle (Abbildung 16.1). In kryoelektronenmikroskopischen Aufnahmen haben die Partikel eine radähnliche Struktur mit mehreren „Speichen", die durch die Wechselwirkung der beiden Capside miteinander entstehen. Davon leitet sich der Name für die Rotaviren ab (*rota*, lateinisch für „Rad"). Auf der Partikeloberfläche konnte man 60 Proteinvorsprünge (10 nm) entdecken, die bei den Rotaviren vom VP4 (VP = Virusprotein) mit einem Molekulargewicht von 88 kD gebildet werden. Das von 132 Öffnungen durchsetzte äußere Capsid enthält als weiteres Protein das VP7 (34 kD). Die Poren münden in Kanäle, die von den VP6-Proteinen (44 kD) des inneren Capsids gebildet werden. Sie verbinden die äußere mit der inneren Proteinschale und reichen bis zum Partikel-Core. Dieses besteht aus dem Protein VP2 (102 kD), das eine Schicht, die Core-Schale, bildet. Im Inneren des Cores findet man die doppelsträngigen RNA-Segmente komplexiert mit den Proteinen VP1 und VP3 (125 kD beziehungsweise 88 kD). Über die Kanäle können Ionen in das Virusinnere diffundieren. Auch die Genom-

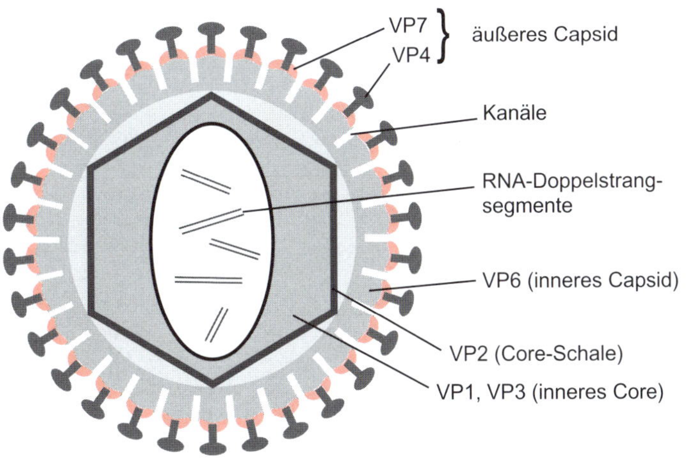

16.1 Aufbau eines Rotaviruspartikels. Die Virionen bestehen aus drei Schichten. Im Inneren befinden sich die doppelsträngigen RNA-Segmente, die mit den Proteinen VP1 und VP3 das innere Core bilden und mit den VP2-Proteinen wechselwirken. Letztere interagieren zu einer Proteinschicht, der Core-Schale. Die Proteine VP6 bilden das innere Capsid, VP4 und VP7 das äußere Capsid. Die Schichten der inneren und äußeren Capside sind von Kanälen durchsetzt, die bis zum inneren Core reichen.

segmente werden vermutlich so ein- und ausgeschleust. Mit der Core-Schale und dem inneren Core sind eine RNA-abhängige RNA-Polymerase und eine Guanyltransferase assoziiert. Letztere ist mit dem VP3-Protein verbunden und an der Modifikation der RNA-Segmente durch Cap-Gruppen beteiligt.

Genom und Genomaufbau

Das Genom der Rotaviren besteht aus *elf Segmenten doppelsträngiger RNA*, die ihrer Länge nach geordnet werden (Tabelle 16.2). Das Genom der Rotaviren der Subgruppe A verfügt insgesamt über etwa 18 000 bis 19 000 Basenpaare. Die 5'-Enden der Segmente tragen Cap-Strukturen ($m^7GpppG^{(m)}GPy$). An allen 3'-Enden, die nicht polyadenyliert sind, befinden sich Cytidinreste. An beiden Enden der Segmente sind kurze Bereiche von sieben bis zehn Basenpaaren konserviert. Man vermutet, daß sie für die Initiation von Transkription und Replikation sowie für die Verpackung der viralen Erbinformation in die Partikel wichtig

Tabelle 16.2: Genomsegmente des Rotavirus und die Proteine, für die sie codieren

Segment Nr.	**Länge** (Basenpaare)	**Protein**	**Molekulargewicht**	**Lokalisation**	**Funktion**
1	3 302	VP1	125 kD	inneres Core	leicht basisch
2	2 687–2 690	VP2	102 kD	Core-Schale	RNA-bindend, myristyliert
3	2 591	VP3	99 kD	inneres Core	basisch, Guanyltransferase
4	2 359–2 364	VP4	88 kD	äußeres Capsid	Oberflächenprotein, Hämagglutinin, induziert Bildung neutralisierender Antikörper, wird in VP8 (28 kD) und VP5 (60 kD) gespalten, Fusion
5	1 581–1 611	NS53 (NSP1)*	58 kD		Zinkfingerprotein, RNA-Replikation
6	1 356	VP6	44 kD	inneres Capsid	Trimer, myristyliert?
7	1 075–1 104	NS34 (NSP3)	34 kD		RNA-bindend, sauer
8	1 059	NS35 (NSP2)	36 kD		basisch, RNA-Replikation
9	1 062	VP7	34 kD/37 kD	äußeres Capsid	glycosyliert, Oberflächenprotein, induziert Bildung neutralisierender Antikörper, Adsorption
10	750–751	NS28 (NSP4)	28 kD		in ER-Membran eingelagert, interagiert mit inneren Capsiden während Morphogenese, glycosyliert
11	663–667	NS26 (NSP5)	26 kD		phosphoryliert, *O*-glycosyliert

* Man findet in der Literatur zwei unterschiedliche Bezeichnungen für die Nichtstrukturproteine der Rotaviren. Eine numeriert die Proteine NSP von 1 bis 5, wobei NSP1 dasjenige mit dem höchsten Molekulargewicht ist, NSP5 mit dem geringsten. In analoger Weise bezeichnete man auch die Virusstrukturproteine, die man in gereinigten Partikeln identifizierte. Die andere Nomenklatur kürzt die Nichtstrukturproteine mit NS ab und gibt in Verbindung damit das experimentell bestimmte Molekulargewicht an.

sind. Jedes Segment wird im Verlauf der Replikation in mRNA transkribiert und codiert für ein Virusprotein (Tabelle 16.2). Die Leserahmen sind von kurzen, nichtcodierenden Sequenzen flankiert. Ihre Länge schwankt am 5'-Ende der mRNA zwischen neun und 46 Nucleotiden und zwischen 17 und 182 am 3'-Ende. Bei anderen Reoviren codieren einige Segmente für zwei oder drei Proteine. Möglicherweise gibt es auch im Segment 9 der Rotaviren eine bicistronische mRNA.

16.1.3 Virusproteine

Strukturproteine

Äußeres Capsid. Das VP4-Protein (88 kD) ist eine nichtglycosylierte Komponente des äußeren Capsids und liegt als *Homodimer* vor. Eine trypsinähnliche Protease kann zwischen den Aminosäuren an den Positionen 241 und 247 ein aminoterminales Protein VP8* (28 kD) abspalten, das im Bereich der Aminosäuren 93 bis 208 die *hämagglutinierende Aktivität* der Rotaviren besitzt. Gegen das VP8*-Protein, dessen Sequenz sich bei verschiedenen Rotavirustypen stark unterscheidet, werden im Infektionsverlauf typspezifische, neutralisierende Antikörper gebildet. Das carboxyterminale Spaltprodukt, VP5* (60 kD), beeinflußt die Fähigkeit der Viruspartikel zur Penetration in die Zellen und damit ihre Infektiosität. Möglicherweise aktiviert die Spaltung eine fusogene Proteindomäne, die sich jedoch nicht am Aminoterminus des Spaltprodukts VP5* befindet. Bei den F- und HA-Proteinen der Paramyxo- und Influenzaviren ist die fusogene Aktivität in den entsprechenden aminoterminalen, hydrophoben Bereichen der HA_2- und F_1-Polypeptide lokalisiert (Abschnitte 14.2 und 15.1). Das VP5*-Protein besitzt dagegen an seinem aminoterminalen Ende viele polare Aminosäuren, so daß für die fusogene Aktivität des VP5*-Proteins der Rotaviren ein anderer Mechanismus postuliert werden muß. Daneben fand man, daß die unterschiedliche Virulenz einzelner Virusstämme mit Variationen in der Aminosäuresequenz des VP5*-Proteins korreliert. Wenn bei der Aminosäure an Position 469 ein Austausch von Phenylalanin oder Leucin zu Glutamin vorliegt, zeigt das Schweinerotavirus PRV-4F eine erhöhte Virulenz. Kreuzreagierende, gruppenspezifische Immunglobuline sind präferentiell gegen den VP5*-Anteil des VP4 gerichtet.

VP7 (34 kD) ist an Asparaginresten glycosyliert und die Hauptkomponente des äußeren Capsids. Es wird während seiner Synthese durch eine im aminoterminalen Bereich gelegene, hydrophobe Domäne in der Membran des endoplasmatischen Reticulums verankert. An diese Domäne schließt sich an Position 51 eine Signalase-Erkennungsstelle an. Durch die Spaltung wird der in das Lumen eingeschleuste carboxyterminale Anteil von der Membranverankerung gelöst, bleibt aber mit der ER-Membran verbunden. Das VP7 wird möglicherweise mit zwei verschiedenen aminoterminalen Enden synthetisiert. Im gleichen Leseraster wurde nach 90 Basen ein weiteres Startcodon gefunden. Bei seiner Verwendung entsteht ein um 30 Aminosäuren verkürztes Produkt, dem die Ankerregion fehlt. Das VP7-Protein ist für die *Adsorption* der Virionen an die Zelloberfläche verantwortlich. Gegen Epitope dieses Proteins sind die meisten neutralisierenden Antikörper gerichtet. Aufgrund ihrer Spezifität lassen sich die humanen Rotaviren der Subgruppe A verschiedenen Serotypen zuordnen.

Inneres Capsid. Das VP6 (44 kD) liegt im Viruspartikel als *trimerer Komplex* vor. Neben der Interaktion der VP6-Proteine miteinander über die aminoterminale Proteindomäne findet man auch eine Bindung an die VP2-Bestandteile des Virus-Cores. VP6 ist das gruppenspezifische Antigen der Rotaviren. Gegen dieses Polypeptid gerichtete Immunglobuline dienen, unabhängig vom Virustyp, als diagnostischer Anhaltspunkt für eine Rotavirusinfektion.

Virus-Core. Das VP2-Protein (102 kD) ist die Hauptkomponente des Virus-Cores. Es bindet sich über den aminoterminalen Bereich (Aminosäuren 1 bis 132) an RNA. Es kann *per se* zu coreähnlichen, partikulären Strukturen interagieren und bildet eine Proteinschicht aus, die an der Innenseite des inneren Capsids mit den VP6-Proteinen interagiert. VP1 ist an der Genomreplikation beteiligt. Ob es hierbei eine aktive Rolle spielt, ist jedoch unklar. VP1 (125 kD) und VP3 (99 kD) sind mit den RNA-Segmenten assoziiert, VP3 ist eine *Guanyltransferase* und modifiziert die während der Infektion synthetisierten mRNA-Moleküle mit methylierten 5'-Cap-Gruppen. Man vermutet, daß VP1 im Komplex mit VP3 als RNA-abhängige RNA-Polymerase wirkt.

Nichtstrukturproteine

Insgesamt codieren die Rotaviren für fünf Nichtstrukturproteine, die in den infizierten Zellen bei der Replikation und der Virusmorphogenese aktiv sind. Welche Aufgaben sie im einzelnen haben, ist unbekannt. Das glycosylierte NS28- oder NSP4-Protein ist über eine aminoterminale Ankerregion in die Membran des endoplasmatischen Reticulums eingelagert. Es fördert bei der *Virusmorphogenese* die Durchschleusung der subviralen, aus dem inneren Capsid bestehenden Viruspartikel durch die Membran in das Lumen des ER. Das Zn^{2+}-Ionen bindende NSP1 (NS53) interagiert über seine aminoterminale Region, die zwei hintereinander geschaltete Zinkfingermotive enthält, mit den 5'-Enden der während der Infektion gebildeten mRNA-Moleküle. An die 3'-Enden, deren Basenfolge bei den verschiedenen Rotavirus-Serogruppen konserviert ist – bei der Serogruppe A handelt es sich um die Sequenz GACC-3' – bindet sich sequenzspezifisch das NSP3 (NP34). Man vermutet, daß die Wechselwirkung mit NSP3 ein wichtiger Schritt bei der Verpackung der elf mRNA-Segmente in die Core-Partikel ist. Auch über die Funktion des NSP2 (NS35) weiß man nur wenig. Es bildet multimere Aggregate, die mit dem VP1 wechselwirken. Der gesamte Proteinkomplex bindet sich dann unspezifisch an RNA. Die Funktionen und die molekularen Charakteristika der rotaviralen Proteine sind in Tabelle 16.2 zusammengefaßt.

16.1.4 Replikation der Rotaviren

Der zelluläre Rezeptor für die Adsorption der Viruspartikel an die Zelloberfläche ist nicht bekannt. Die Tatsache, daß eine Neuraminidasebehandlung die Virusbindung reduziert, läßt vermuten, daß Neuraminsäurereste an der Adsorption beteiligt sind. Auch wie die Zellen die gebundenen Viren aufnehmen, weiß man nicht. Es gibt sowohl experimentelle Daten, die für eine Aufnahme durch Endosomen sprechen, als auch solche, die auf eine direkte Interaktion der Zellmembran mit dem äußeren Capsid hindeuten. Die Spaltung des VP4-Proteins in VP8* und VP5* fördert die Aufnahme der Partikel. Niedrige Konzentrationen von Ca^{2+}-Ionen begünstigen das Abstreifen der Proteinschicht des äußeren Capsids. Klar ist, daß dieses während der Partikelaufnahme entfernt wird, denn im Cytoplasma findet man nur das innere Capsid mit den Proteinen VP1, VP2, VP3, VP6 und den RNA-Segmenten.

Beim Ablösen von der Außenschicht scheint eine Umlagerung des inneren Capsids stattzufinden, welche die RNA-abhängige RNA-Polymerase aktiviert. Außer dieser enzymatischen Aktivität kann der Proteinkomplex aus VP1, VP2 und VP3 und eventuell auch VP6 die einer Guanyltransferase, einer Nucleotidphosphorylase und zweier Methylasen ausüben. Sie leiten unter Erhalt der Core-Struktur die Transkription der doppelsträngigen RNA-Genomsegmente ein und synthetisieren 5'-gecappte mRNA-Moleküle. Diese sind in ihrer vollen Länge komplementär zu den Genomsegmenten. Nur der Negativstrang des doppelsträngigen Genoms wird abgelesen. Die Transkription ist also *asymmetrisch*, und es werden nur mRNAs gebildet, die anschließend translatiert werden. Durch die Anreicherung der Virusproteine bilden sich im Cytoplasma Einschlußkörperchen, die man auch als *Viroplasma* bezeichnet. Die Proteine NS28 (NSP4) und VP7 werden an der Membran des endoplasmatischen Reticulums synthetisiert, durch sie hindurch geschleust und im weiteren Verlauf glycosyliert. NS28 bleibt als integrales Membranprotein in der ER-Membran verankert.

In den Viroplasmabereichen aggregieren die mRNA-Moleküle mit den Proteinen VP1, VP2, VP3 und VP6 zu den inneren Capsidpartikeln. Man hat Hinweise, daß sich auch die VP4-Proteine an die Oberflächen der sich ausbildenden inneren Capside binden. Die Capside interagieren an der Membran des endoplasmatischen Reticulums mit den zum Cytoplasma orientierten aminoterminalen Domänen der NS28-Proteine, die als Rezeptor für die Capside dienen. In einem knospungsähnlichen Vorgang werden sie von der Membran umgeben und in das Lumen entlassen. *In vitro* beobachtet man hierbei – ähnlich wie bei den Influenza-A-Viren (Abschnitt 15.1) – häufig die Entstehung von *Reassortanten*. Außerdem sind in der Zellkultur Umordnungen der RNA-Segmente festgestellt worden. Dabei werden Teile eines Segments in ein anderes eingebaut. Ob dieser Vorgang zu überlebensfähigen Virusvarianten mit veränderter Zellspezifität oder Virulenz führt, ist nicht bekannt. Im weiteren Verlauf der Replikation werden die Lipidkomponenten von den Partikeln entfernt; die im Lumen des endoplasmatischen Reticulums angereicherten VP7-Proteine lagern sich an die inneren Capside an und bilden so das äußere Capsid der Virionen. Auf welche Weise das geschieht, weiß man nicht genau. Während der Morphogenese werden die einzelsträngigen mRNA-Moleküle durch die Aktivität des in die Partikel aufgenommenen Transkriptasekomplexes zu Doppelsträngen ergänzt. Die hierzu notwendigen Nucleotide können über die Kanäle der VP6-Proteine in das Innere diffundieren. Dieser Vorgang entspricht einem *konservativen Replikationsmodus*: Die Elternstränge bleiben während des Prozesses erhalten, die neugebildeten RNA-Genomsegmente erhalten keinen der RNA-Ausgangsstränge. Die reifen Viren werden durch Zellyse freigesetzt. In den Partikeln findet man viele unvollständige RNA-Segmente. Sie sind teilweise einzelsträngig. Das weist darauf hin, daß die Zelle häufig vor der endgültigen Fertigstellung der RNA-Doppelstränge abstirbt.

16.1.5 Die humanen Rotaviren

Epidemiologie und Übertragung

Rotaviren der Subgruppe A sind weltweit verbreitet und die Erreger von Durchfallerkrankungen bei Kindern. Die Viren der Subgruppe B findet man vor allem in China. Sie verursachen heute Erkrankungen bei älteren Kindern und Erwachsenen, nachdem sie zuvor nur bei Schweinen aufgetreten waren. Die menschlichen Rotaviren wurden 1973 aus dem Stuhl von an Diarrhöe erkrankten Kindern isoliert. Bis dahin kannte man die Viren nur als Verursacher von Durchfällen bei Mäusen und Affen. Inzwischen weiß man, daß Rotaviren die Hauptursache von schweren Gastroenteritiden bei Kindern sind. Sie werden von infizierten Personen mit dem Stuhl ausgeschieden und fäkal-oral übertragen. Aufgrund ihrer Stabilität bleiben sie lange infektiös. In Kinderkliniken, Krippen und Kindergärten treten Rotavirusinfektionen gehäuft auf und können dort große Probleme hervorrufen. So weiten sie sich unter mangelhaften hygienischen Bedingungen leicht zu (Krankenhaus-)Epidemien aus. In deren Verlauf entwickeln sich schnell neue Serotypen und Virusreassortenten. Man schätzt, daß in den Entwicklungsländern jedes Jahr ein bis drei Millionen Kinder an Rotavirusinfektionen sterben.

Klinik

Rotavirus-A-Erkrankungen treten vor allem bei Kindern im Alter von drei Monaten bis zu zwei Jahren auf. Bei Neugeborenen und älteren Kindern verlaufen die Infektionen meist inapparent. Die Inkubationszeit beträgt ein bis drei Tage. Die Erkrankung ist durch Fieber, Erbrechen, Bauchschmerzen und Durchfall gekennzeichnet und dauert durchschnittlich drei bis fünf Tage an. Etwa 40 Prozent der schwer erkrankten Kinder müssen stationär in Krankenhäusern behandelt werden. In schweren Fällen treten bedingt durch den Flüssigkeitsverlust Verschiebungen der Elektrolytkonzentrationen im Blut und lethargische Zustände ein. Tödliche Verläufe in Verbindung mit Kreislaufversagen beobachtet man in den Industrieländern selten. Bei immunsupprimierten Kindern können Rotaviren neben den Darmepithelzellen auch andere Organe infizieren. Bei ihnen fand man das Virus auch in der Leber.

Pathogenese

Rotaviren werden oral aufgenommen, infizieren die Epithelzellen der Dünndarmzotten und vermehren sich in ihnen. Die Zellen schwellen an, bilden Vakuolen und sterben aufgrund der Virusinfektion ab. Die Darmzotten erscheinen dadurch insgesamt verbreitert und gestaucht. Im Cytoplasma sind große Mengen viraler Proteine als Einschlußkörperchen (Viroplasma) nachweisbar. Die Zerstörung der Epithels der Darmvilli zuerst im oberen, später auch im unteren Dünndarm beeinträchtigt die Wasseraufnahme, was sich in Durchfällen äußert. In die infizierten Gewebe wandern mononucleäre Zellen ein.

Immunreaktion und Diagnose

Im Verlauf der Infektion werden IgM-, IgG- und IgA-Antikörper gegen die Proteine VP4, VP6 und VP7 gebildet. VP4- und VP7-spezifische Antikörper sind virusneutralisierend. In der Darmschleimhaut lassen sich IgA-Antikörper nachweisen, die an der Viruselimination im Darm beteiligt sind und vor Reinfektionen schützen. Man vermutet, daß die meisten Kinder in den ersten drei Jahren mit Rotaviren Kontakt haben und durch IgA-Antikörper vor weiteren Infektionen geschützt sind. Bei rotavirusinfizierten Mäusen konnte man cytotoxische T-Zellen in der Dünndarmschleimhaut nachweisen. Man vermutet, daß sie auch beim Menschen für die Eliminierung der Viren unerläßlich sind.

Die Diagnose der akuten Infektion erfolgt durch den elektronenmikroskopischen Nachweis von Viruspartikeln im Stuhl oder von viraler RNA mit Hilfe der Polymerasekettenreaktion. Partikel und damit die Infektion weist man meist durch Antigen-Capture-ELISA-Tests nach. Die Viren der Subgruppe A können nach Trypsinbehandlung zur Spaltung des VP4-Proteins in Affennierenzellkulturen gezüchtet werden. Durch ELISA-Tests kann man auch gruppenspezifische Antikörper vor allem gegen die VP6-Proteine nachweisen, die eine abgelaufene Infektion anzeigen.

Therapie und Prophylaxe

Ein antivirales Therapeutikum gegen Rotaviren gibt es nicht. Die Behandlung beschränkt sich daher auf orale oder intravenöse Flüssigkeits- und Elektrolytgaben. Ein Impfstoff ist nicht verfügbar. Man versucht jedoch eine Vakzine auf der Basis tierischer, für den Menschen apathogener Rotaviren zu entwickeln oder Reassortanten zu etablieren, die das für das VP7-Protein codierende Segment der menschlichen Rotaviren in Kombination mit den übrigen Segmenten von animalen Viren enthalten.

16.1.6 Weiterführende Literatur

Au, K. S.; Mattion, N. M.; Estes, M. K. *A subviral particle binding domain on the rotavirus nonstructural glycoprotein NS28.* In: *Virology* 194 (1993) S. 665–573.

Burke, B.; Bridger, J. C.; Desselberger, U. *Temporal correlation between a single amino acid change in the VP4 of a porcine rotavirus and a marked change in pathogenicity.* In: *Virology* 202 (1994) S. 754–759.

Conner, M. E.; Matson, D. O.; Estes, M. K. *Rotavirus vaccines and vaccination potential.* In: *Curr. Top. Microbiol. Immunol.* 185 (1994) S. 285–337.

Desselberger, U.; McCrae, M. A. *The rotavirus genome.* In: *Curr. Top. Microbiol. Immunol.* 185 (1994) S. 31–66.

Donelli, G.; Superti, F. *The rotavirus genus.* In: *Comp. Immunol. Microbiol. Infect. Dis.* 17 (1994) S. 305–320.

Fuentes-Panama, E. M.; Lopez, S.; Gorziglia, M.; Arias, C. F. *Mapping of the hemagglutination domain of rotaviruses.* In: *J. Virol.* 69 (1995) S. 2629–2632.

Hua, J.; Chen, X.; Patton, J. T. *Deletion of the rotavirus metalloprotein NS53 (NSP1): the conserved cystein-rich region is essential for virus-specific RNA-binding.* In: *J. Virol.* 68 (1994) S. 3990–4000.

Joklik, W. K.; Roner, M. R. *What reassorts when reovirus reassorts?* In: *J. Biol. Chem.* 270 (1995) S. 4181–4184.

Kattoura, M. D.; Chen, X.; Patton, J. T. *The rotavirus RNA-binding protein NS35 (NSP2) forms 10S multimers and interacts with the viral RNA polymerase.* In: *Virology* 202 (1994) S. 803–813.

Labbe, M.; Baudoux, P.; Charpilienne, A.; Poncet, D.; Cohen, J. *Identification of the nucleic acid binding domain of the rotavirus VP2 protein.* In: *J. Gen. Virol.* 75 (1994) S. 3423–3430.

Mansell, E. A.; Raming, R. F.; Patton, J. T. *Temperature-sensitive lesions in the capsid proteins of the rotavirus mutants tsF and tsG that affect virion assembly.* In: *Virology* 204 (1994) S. 69–81.

Poncet, D.; Laurent, S.; Cohen, J. *Four nucleotides are the minimal requirement for RNA recognition by rotavirus non structural protein NSP3.* In: *EMBO J.* 13 (1994) S. 4165–4173.

Raming, R. F. *Rotaviruses. Introduction and overview.* In: *Curr. Top. Microbiol. Immunol.* 185 (1994) S. 1–7.

Ushijima, H.; Xin, K. Q.; Nishimura, S.; Morikawa, S.; Abe, T. *Detection and sequencing of rotavirus VP7 gene from human materials (stool, sera, cerebrospinal fluid and throat swabs) by reverse transcription and PCR.* In: *J. Clin. Microbiol.* 32 (1994) S. 2893–2897.

Yaeger, M.; Berriman, J. A.; Baker, T. S.; Bellamy, A. R. *Three-dimensional structure of the rotavirus haemagglutinin by cryo-electron microscopy and difference map analysis.* In: *EMBO J.* 13 (1994) S. 1011–1018.

Yolken, R. H.; Ojeh, C.; Khatri, I. A.; Sajjan, U.; Forstner, J. F. *Intestinal mucins inhibit rotavirus replication in an oligosaccharide-dependent manner.* In: *J. Inf. Dis.* 169 (1994) S. 1002–1006.

17. Viren mit einzelsträngigem RNA-Genom und doppelsträngiger DNA als Zwischenprodukt

17.1 Retroviren

Retroviren wurden Anfang dieses Jahrhunderts zum ersten Mal beschrieben: Peyton Rous entdeckte 1911, daß er mit filtrierten Extrakten aus Geflügelsarkomen diese Tumorerkrankung auf gesunde Hühner übertragen konnte. Er erhielt hierfür 1966 den Nobelpreis, und das in den Extrakten enthaltene Retrovirus wurde nach ihm *Rous-Sarkom-Virus* genannt. Rous hatte damit das erste Tumorvirus gefunden, und er definierte virale Erreger als filtrierbare Agentien. Damit unterschied er sie von Bakterien, die durch entsprechende Filtersysteme aus Kulturlösungen und anderen Materialien abgetrennt werden können. Einen weiteren Hinweis auf die Assoziation von Retroviren mit Tumorerkrankungen erhielt J. J. Bittner 1936 bei seinen Untersuchungen zur Entstehung von malignen Milchdrüsenerkrankungen der Maus: Er beschrieb das MMTV (*mouse mammary tumor virus*) als den Erreger dieser Krankheit. Dieses Virus zeigte auch einen bis dahin unbekannten Übertragungsmodus: MMTV kann nicht nur als infektiöses, von der Zelle freigesetztes, exogenes Partikel übertragen werden (horizontale Infektion oder Übertragung), sondern auch als endogener Bestandteil des Genoms von Keimbahnzellen auf die Folgegeneration (vertikale Übertragung).

1970 machten Howard M. Temin und S. Mituzami sowie David Baltimore die später mit dem Nobelpreis gewürdigte Entdeckung, daß Retroviren die genetische Information für ein bis dahin unbekanntes Enzym besitzen, das sie in die Lage versetzt, den üblichen genetischen Informationsfluß von DNA über RNA in Protein umzukehren: Die *Reverse Transkriptase* kann RNA in doppelsträngige DNA umschreiben, eine Aktivität, die sich in der Bezeichnung „Retroviren" widerspiegelt. Viren dieser Gruppe waren bereits früher als Erreger von Tumorerkrankungen in Tieren nachgewiesen worden. Man bezeichnet sie deshalb auch als *Oncornaviren*. Dieses Kunstwort bringt das onkogene Potential mit dem RNA-Genom dieser Erreger zusammen. Daß die tumorerzeugende Fähigkeit in Form von „Onkogenen" in der viralen Erbinformation verankert ist, beschrieben 1976 H. E. Varmus, J. M. Bishop, P. K. Vogt und D. Stehelin. Varmus und Bishop erhielten dafür ebenfalls den Nobelpreis.

1980 beschrieb Robert C. Gallo mit dem HTLV (*human T-cell leukemia virus*) das erste Retrovirus, das beim Menschen Krebserkrankungen, nämlich *T-Zell-Leukämien,* verursachen kann. In den folgenden Jahren identifizierten die Arbeitsgruppen von Luc Montagnier am Pasteur-Institut in Paris und Robert C. Gallo am National Institute of Health in Bethesda die humanen Immundefizienzviren HIV-1 und HIV-2 als Retroviren und Erreger der erworbenen Immunschwäche AIDS. Die große Forschungsaktivität, die dieser Befund nach sich zog, führte dazu, daß heute viele Einzelheiten der Molekularbiologie und Pathogenese retroviraler Infektionen bekannt sind und daß diese Viren zu den am besten untersuchten gehören. Es ist unmöglich, sämtliche Retroviren, die Details ihres Replikationszyklus und ihrer Molekularbiologie im Rahmen dieses Kapitels abzuhandeln. Über die Biologie der Retroviren gibt es für interessierte Leser zahlreiche Übersichtswerke. Das vorliegende Kapitel gibt einen Überblick über die allen Retroviren gemeinsamen Mechanismen der Replikation und

Die Spumaretroviren – die ersten Retroviren, die man im Menschen entdeckte

Das *humane Spumaretrovirus* (HSRV), das auch unter der Bezeichnung HFV (*human foamy virus*) bekannt ist, war das erste Retrovirus, das man (1971) aus menschlichem Gewebe, nämlich aus Zellkulturen eines menschlichen Nasopharynxkarzinoms, isolieren konnte. Ähnliche Viren kommen in Schimpansen, verschiedenen Alt- und Neuweltaffen, Katzen, Rindern und Mäusen vor. Alle induzieren in Zellkulturen eine Syncytiumbildung. Bis heute konnte man jedoch Infektionen mit humanen oder tierischen Retroviren nicht mit bestimmten Erkrankungen korrelieren.

Infektion. Im Detail wird jeweils auf die humanpathogenen Retroviren, insbesondere auf die humanen Immundefizienzviren (HIV) und auf die T-Zell-Leukämie-Viren (HTLV), eingegangen.

17.1.1 Einteilung und charakteristische Vertreter

Die Familie der *Retroviridae* ist in drei Unterfamilien, nämlich die *Onkoviren*, *Lentiviren* und *Spumaviren*, eingeteilt (Tabelle 17.1). Die Unterteilung der Onkovirusgruppe in fünf Genera erfolgte an Hand von morphologischen und genetischen Unterschieden. Retrovirusinfektionen kommen überwiegend bei Wirbeltieren vor, wo sie viele verschiedene Symptome hervorrufen (Tumorerkrankungen, Immundefizienzen, neurologische Defekte bis hin zu offensichtlich völlig harmlosen Infektionsverläufen).

Tabelle 17.1: Charakteristische Vertreter der Retroviren

Unterfamilie	Genus	Mensch	Tier	Typ
Onkoviren	B-Typ-Viren		Maus-Mamma-Tumor-Virus (MMTV)	exogen/ endogen
		HervK-Familien		endogen
	C-Typ-Viren (Säugetiere)		Moloney-Maus-Leukämie-Virus (Mo-MLV)	exogen
			Harvey-Maus-Sarkom-Virus (Ha-MSV)	exogen
			felines Leukämie-Virus (FeLV)	exogen
			Affen(Simian)-Sarkom-Virus (SSV)	exogen
		Erv-3		endogen
		S71-Familien		endogen
	C-Typ-Viren (Vögel, ALSV*)		Rous-Sarkom-Virus (RSV)	exogen
			aviäres Myoblastosis-Virus (AMV)	exogen
			aviäres Leukose-Virus (ALV)	exogen
			aviäres Erythroblastosis-Virus(AEV)	exogen
			Rous-assoziiertes Virus (RAV 1-50)	exogen
			Rous-assoziiertes Virus (RAV 0)	exogen endogen
	D-Typ-Viren		Mason-Pfitzer-Affen-Virus	exogen
	HTLV-/BLV-Gruppe	humane T-Zell-Leukämie-Viren (HTLV-1/HTLV-2)	Rinder-Leukämie-Virus (BLV)	exogen
		HRES-1		endogen

Tabelle 17.1: (Fortsetzung)

Unterfamilie	Genus	Mensch	Tier	Typ
Lentiviren	Lentiviren	humane Immundefizienzviren (HIV-1/HIV-2)	Affen-Immundefizienzvirus (SIV)	exogen
			Katzen-Immundefizienzvirus (FIV)	exogen
			Rinder-Immundefizienzvirus (BIV)	exogen
			Visna-Maedi-Virus der Schafe	exogen
			Virus der infektiösen Anämie der Pferde (EIAV)	exogen
			Arthritis-Encephalitis-Virus der Ziegen (CAEV)	exogen
Spumaviren	Spumaviren	humane Spumaviren	*simian-foamy-virus* (SFV)	exogen
			verschiedene andere Spumaviren in Primaten	

* ALSV: aviäre Leukämie-Sarcom-Viren

Weiterhin man kann zwischen *exogenen* und *endogenen* Retroviren unterscheiden. Erstere besitzen in ihrem Genom alle Informationen, die für den Ablauf eines Infektionszyklus mit Freisetzung von infektiösen Viruspartikeln benötigt werden. Außerdem kann das Genom bestimmter exogener Retroviren *Onkogene* enthalten. Diese Viren können sich von Organismus zu Organismus verbreiten. Einige dieser Viren sind defekt, ihnen fehlen also essentielle Informationen für den produktiven Infektionszyklus. Diese sind unter Umständen durch die Sequenzen der Onkogene ersetzt. Für die Produktion infektiöser Viren und ihre Weiterverbreitung benötigen die defekten Retroviren die Hilfe eines anderen Retrovirus (Helfervirus), das die fehlenden Funktionen ergänzt.

Im Unterschied dazu sind endogene Retroviren in allen Zellen eines Organismus in das Genom integriert und werden vertikal über Keimbahnzellen übertragen. Unter bestimmten Umständen werden sie zur Produktion von exogenen, infektiösen Partikeln aktiviert. Viele sind jedoch genetisch so weit verkrüppelt – oft sind nur die das Provirusgenom flankierenden LTR-Regionen erhalten –, daß auch Helferviren sie nicht mehr aktivieren können. Nur die Ähnlichkeit ihrer ins Zellgenom integrierten DNA weist darauf hin, daß es sich um ursprünglich retrovirale Sequenzen handelt. Diese *Retrotransposons* sind weit verbreitet und machen bis zu ein Prozent des menschlichen Genoms aus. Die Tatsache, daß man sie auch im Genom von Nagetieren (*IAP, intracisternale A-Typ-Partikel*), Hefezellen (*Ty-Elemente*) und Insekten (*Copia-Elemente*) findet, weist darauf hin, daß sie evolutionär hochkonserviert sind. Sie sind dafür verantwortlich, daß man in eukaryotischen Zellen – oft in Verbindung mit Differenzierungsprozessen – eine Reverse-Transkriptase-Aktivität und partikuläre Proteinstrukturen findet.

17.1.2 Aufbau

Viruspartikel

Die infektiösen Partikel der verschiedenen Retroviren haben einen ähnlichen Aufbau und einen Durchmesser von etwa 100 nm (Abbildung 17.1). Das Capsid ist von einer Hüllmembran umgeben, die von der Cytoplasmamembran der Zelle abgeleitet ist. Mit ihr sind die viralen Glycoproteine assoziiert, von denen eines als *transmembranes Protein* (TP) über eine Region von circa 20 hydrophoben Aminosäuren verankert ist. Das andere, das sogenannte *externe Glycoprotein* (EP), ist dagegen nichtkovalent mit dem außerhalb der Membran gelegenen Teil des transmembranen Proteins verbunden. Beide werden als

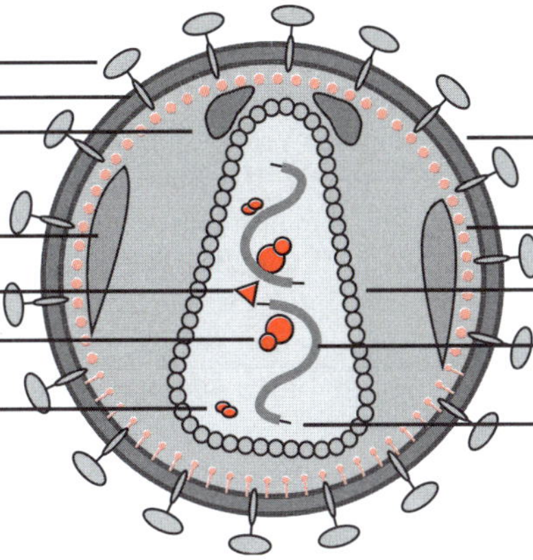

17.1 Aufbau eines Retroviruspartikels am Beispiel des humanen Immundefizienzvirus Typ 1 (HIV-1). Im Inneren des Partikels findet man das konische Capsid. Es besteht aus den Capsidproteinen (p24, CA) und enthält zwei virale RNA-Genome, die im Komplex mit den Nucleocapsidproteinen (p7, NC) vorliegen und alle Charakteristika einer zellulären mRNA haben. Das Capsid ist von einer Hüllmembran umgeben, welche die externen und die transmembranen Glycoproteine (gp120 und gp41) enthält. Die Innenseite der Membran wird von einer Schicht von Matrixproteinen (p17, MA) ausgekleidet. Das Link-Protein (p6, LI) verbindet das Capsid mit der Membran. Zusammensetzung und Funktion der Lateralkörperchen sind nicht bekannt.

gemeinsames Vorläuferprotein gebildet. Die Spaltung und Bildung des aminoterminalen, externen und des carboxyterminalen, transmembranen Anteils erfolgt während der Virusmorphogenese durch eine zelluläre, mit dem endoplasmatischen Reticulum und dem Golgi-Apparat assoziierten Protease. Beim HIV-1 haben die durch Zuckergruppen modifizierten Formen der externen und transmembranen Proteine Molekulargewichte von 120 kD (gp120) beziehungsweise 41 kD (gp41). Es gibt Hinweise, daß das funktionell aktive gp120 als Trimer vorliegt.

Die Matrixproteine (MA) sind über aminoterminal angefügte Myristinsäurereste mit der Innenseite der Hüllmembran verbunden. Bei den Lentiviren liegen sie als Trimere vor und bilden miteinander eine netzähnliche Proteinschicht aus, die den Virionen eine isometrische Struktur verleiht. Im Partikelinneren, überwiegend im Zentrum, findet man das Viruscapsid oder *Core*, das – je nach Virustyp – eine sphärisch-ikosaedrische (B- und C-Typ-Viren) oder konische Form (D-Typ und Lentiviren) aufweist. Nur bei B-Typ-Retroviren ist das Capsid exzentrisch im Virion gelagert. Es besteht aus Capsidproteinen (CA), die wie die Matrixproteine Komponenten der gruppenspezifischen Antigene (*Gag*-Proteine) sind. Die Capside enthalten zwei identische Moleküle einzelsträngiger RNA als Virusgenom, die nicht kovalent und auch nicht durch Basenpaarung miteinander verbunden sind. Die RNA ist mit den Nucleocapsidproteinen (NC) komplexiert, die ebenfalls Komponenten der Gag-Proteine sind. Ein weiterer Vertreter dieser Proteingruppe, das Link-Protein (LI), bildet die Verbindung zwischen dem Capsid und der Hüllmembran. Es hat ein Molekulargewicht von 6 kD und wurde erstmals beim HIV beschrieben. Als weitere virale Komponenten befinden sich im Viruspartikel die Enzyme Reverse Transkriptase (RT), Integrase (IN) und Protease (PR).

Genom und Genomaufbau

Das Genom der Retroviren besteht aus einzelsträngiger RNA, die mit der 5′-Cap-Struktur und der 3′-Polyadenylierung alle Charakteristika einer eukaryotischen mRNA aufweist

(Abbildung 17.2A). Je nach Virustyp kann die RNA von 7 000 Basen (C-Typ-Viren, MLV = Maus-Leukämie-Virus) über etwa 9 000 beziehungsweise 9 200 beim HTLV und beim HIV bis zu 12 000 beim humanen Spumaretrovirus (HSRV) lang sein. An eine als Primer-Bindungsstelle (PB) bezeichnete Sequenzfolge von 18 Nucleotiden im 5′-Bereich des Genoms ist ein Molekül *zellulärer tRNA* hybridisiert. Hierfür sind komplementäre Basenfolgen am 3′-Ende der tRNA verantwortlich. Die Aminosäurespezifität der tRNA unterscheidet sich bei den einzelnen Virustypen. Beim HIV und HSRV handelt es sich um $tRNA^{Lys}$, beim HTLV um $tRNA^{Pro}$. Die Genome aller infektiösen Retroviren codieren für die Produkte *Gag* (gruppenspezifische Antigene), *Pol* (enzymatische Aktivitäten) und *Env* (Glycoproteine). Die komplexen Retroviren wie die Lenti- und Spumaviren sowie die HTLV besitzen weitere Gene, die für regulatorische und akzessorische Proteine codieren. Sie bestehen häufig aus mehreren Exons und werden von mehrfach gespleißten mRNA-Spezies translatiert (Abbildung 17.3).

Die codierenden Regionen werden am 5′- und 3′-Ende des Genoms von regulatorisch wichtigen Kontrollsequenzen flankiert, die für die reverse Transkription sowie die Integration der viralen Erbinformation in die zelluläre DNA essentiell sind. Folgende Abschnitte lassen sich unterscheiden (Abbildung 17.2A):

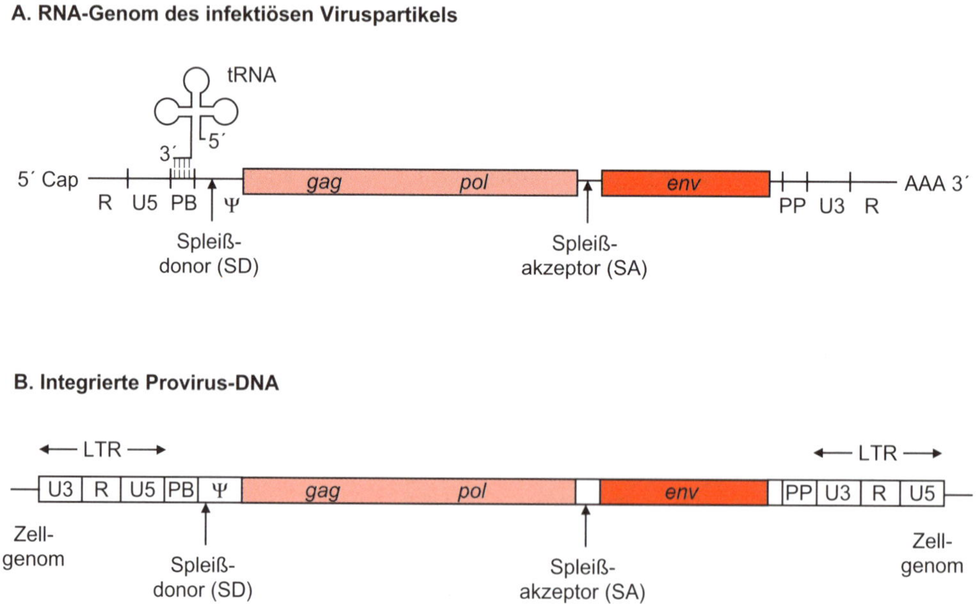

17.2 Genomorganisation der Retroviren. Dargestellt sind die Sequenzelemente und Gene, die man bei allen Retrovirusgenomen findet. A: Anordung der Sequenzelemente und offenen Leserahmen, die man im RNA-Genom aller infektiösen Retroviruspartikel findet. Das Genom ist am 5′-Ende mit einer Cap-Gruppe modifiziert, das 3′-Ende ist polyadenyliert. An die PB-Region (*primer binding*) ist eine tRNA gebunden, ψ gibt die Sequenzfolge an, über welche das RNA-Genom mit den Nucleocapsidproteinen während der Morphogenese wechselwirkt. R: wiederholte (*redundant*) Regionen; U3 und U5: besondere (*unique*) Regionen am 3′- beziehungsweise 5′-Ende; PP: Polypurinstelle. Die für die Gag-, Pol- und Env-Proteine codierenden Regionen sind durch die schattierten Bereiche angedeutet. SD und SA kennzeichnen die Lage der Spleißdonor- und Spleißakzeptorstellen für die Synthese jener mRNAs, von denen die Env-Proteine translatiert werden. B: Anordnung der Sequenzelemente und offenen Leserahmen im Genom des Provirus nach seiner Integration in das Wirtszellgenom. LTR (*long terminal repeat*) kennzeichnet die Anordnung jener Sequenzelemente, die im Verlauf der reversen Transkription gebildet werden.

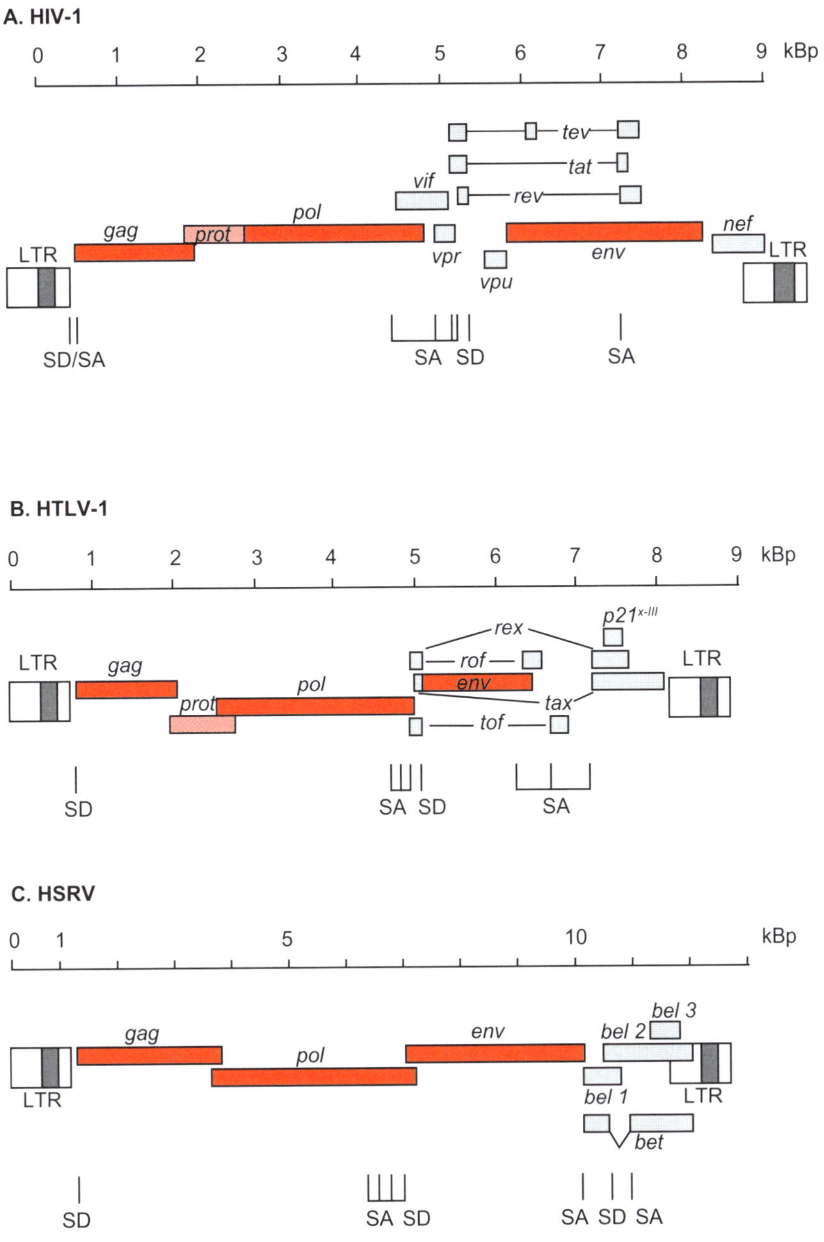

17.3 Genomaufbau der humanen Retroviren. Die Leserahmen der Genprodukte sind mit Abkürzungen bezeichnet, die im Text erklärt sind. Die Exons der regulatorisch aktiven Proteine, die von gespleißten mRNAs translatiert werden, sind durch Striche miteinander verbunden. Die unterschiedliche Schattierung der offenen Leserahmen gibt die unterschiedlichen Leseraster an, die verwendet werden. Mit SD und SA sind die verschiedenen bei der Transkription verwendeten Spleißdonor- und Spleißakzeptorstellen gekennzeichnet. A: Humanes Immundefizienzvirus Typ 1 (HIV-1). B: Humanes T-Zell-Leukämie-Virus Typ 1 (HTLV-1). C: Humanes Spumaretrovirus (HSRV).

1. Die *R-Region* (R = redundant) ist zwischen 15 (B-Typ-Viren) und 240 (HTLV/BLV) Nucleotide lang und schließt am 5'-Ende des Genoms direkt an die Cap-Struktur an; in identischer Basenfolge und Orientierung liegt sie auch am 3'-Ende des Genoms vor.
2. An die R-Region schließt sich am 5'-Ende des Genoms eine als *U5* (U = *unique*) bezeichnete Basenfolge an (75 Basen bei C-Typ-Viren, bis zu 200 bei HTLV/BLV); diese Region enthält die Sequenzen, die für die Integration des Provirus in das Zellgenom wichtig sind.
3. Anschließend an die U5-Region findet sich die *Primer-Bindungsstelle (PB)* mit einer Länge von 18 Basen, die mit dem 3'-Ende eines tRNA-Moleküls über Basenpaarung komplexiert ist.
4. Die Sequenzfolge zwischen der PB-Stelle und dem Beginn der *gag*-Gene bezeichnet man als *Leader-Region*; sie ist bei den verschiedenen Retrovirustypen unterschiedlich lang und kann bis zu 475 Basen (C-Typ-Viren) umfassen. Hier befindet sich eine Spleißdonorstelle, die für die Produktion aller gespleißten mRNA-Moleküle verwendet wird. Viele Retroviren bilden im Verlauf des Infektionszyklus nur eine gespleißte mRNA-Form, die für die Glycoproteine codiert. Die gleiche Spleißdonorstelle wird aber auch zur Bildung der oft vielfach gespleißten mRNA-Moleküle verwendet, von denen bei den komplexen Retroviren wie den Lenti- und Spumaviren oder HTLV die regulatorischen und akzessorischen Proteine translatiert werden. Benachbart findet man die als *ψ-Stelle* bezeichnete kurze Sequenzfolge, mittels derer sich die RNA-Genome bei der Morphogenese an die Nucleocapsidproteinabschnitte der sich bildenden Viruspartikel anlagern.
5. Im Anschluß an die Leader-Region folgen die für Proteine codierenden Gene, die abhängig vom Virustyp unterschiedlich lang sein können und die jeweilige Genomlänge bestimmen (Abbildungen 17.2 und 17.3). An sie kann sich eine kurze, nichtcodierende Region anschließen. Bei den Lenti-, Spuma- und HTLV-ähnlichen Viren geht der codierende Bereich jedoch direkt in die nachfolgenden Sequenzelemente über oder überlappt mit ihnen. Hier findet man einen *Polypurintrakt* (PP), eine allen Retroviren eigene Folge von mindestens neun Adenosin- und Guanosinresten. Sie ist für die Initiation der Synthese des DNA-Doppelstranges bei der reversen Transkription wichtig.
6. Auf den Polypurintrakt folgt die *U3-Region*, die analog zum U5-Bereich nach ihrer Lage am 3'-Ende des Genoms bezeichnet wird. Die U3-Region ist je nach Virustyp unterschiedlich lang: Im Falle der B-Typ-Viren (MMTV) kann sie über 1 200 Basen umfassen und codierende Genbereiche enthalten, bei Lentiviren ist sie etwa 450, bei Spumaviren 800 Basen lang. Da diese Sequenzen nach der Umschreibung des RNA-Genoms in doppelsträngige DNA das 5'-Ende des LTR (*long terminal repeat*) bilden (Abbildung 17.2B), das den Genen vorgelagert ist, befinden sich auch hier – ähnlich wie in der U5-Region – wichtige Basenfolgen für die Integration. Daneben ist die U3-Region auch für die Genexpression des ins Wirtszellgenom integrierten Provirus essentiell, da sie die Promotoren und *cis*-aktive Elemente enthält, an die sich transaktive, zelluläre Proteine binden und so die virale Transkription und Genexpression regulieren.
7. An die U3-Region schließt sich – wie schon oben erwähnt – ein weiterer R-Bereich an, dem ein PolyA-Teil von circa 200 Adenosineinheiten folgt.

LTR-Region und Promotor

Nach der reversen Transkription wird die virale Erbinformation als doppelsträngige DNA in das Genom der Zelle integriert – auf diesen Prozeß wird im Abschnitt 17.1.4 detailliert eingegangen. Das integrierte Provirusgenom hat an den Enden identische Sequenzfolgen, die im Verlauf des Umschreibens der einzelsträngigen RNA in die DNA generiert werden. Sie flankieren die Virusgene, und man bezeichnet sie als *long terminal repeats* (LTR). Diese Wiederholungseinheiten bestehen aus den Regionen U3, R und U5, die an den Genomenden in gleicher Orientierung vorliegen (Abbildung 17.2B). Das LTR enthält alle *cis*-aktiven Sequenzen, die Promotor- und Enhancer-Elemente, welche die retrovirale Genexpression kontrollieren. Nur bei den Spumaviren gibt es Hinweise auf die Existenz eines internen Promotors (IP) im Bereich des *env*-Gens, der möglicherweise die Transkription der *bel*-Nichtstrukturgene kontrolliert. Zelluläre, transaktive Proteine binden sich vor allem an die U3-Sequenzen und induzieren die Transkription der integrierten Virusgene. Neben der Interaktion der viralen Glycoproteine mit bestimmten Zelloberflächenkomponenten sorgt dies für die zelltyp- und zelldifferenzierungsabhängige Infektion. Ein Beispiel ist das MMTV, in dessen U3-Region man DNA-Sequenzen charakterisieren konnte, an die sich aktivierte Glucocorticoidrezeptoren binden. Da dieses Virus über die Milch vom Muttertier auf die Mäusekinder übertragen wird, ist so gewährleistet, daß die Genexpression und Virusproduktion ausschließlich in den Milchdrüsen laktierender Mäuse aktiviert werden.

Im U3-Bereich der humanen Retroviren findet man mehrere unterschiedliche *cis*-aktive Kontrollelemente, die mit bestimmten zellulären DNA-bindenden Proteinen interagieren. Eine sehr wichtige Sequenzfolge stellt bei HIV die Bindungsstelle für den Nuclearfaktor κB (NFκB), ein Transaktivatorprotein, dar. In seiner aktiven Form liegt er nach Stimulierung durch das Immunsystem und die Wirkung der Cytokine IL-1 oder TNF-α in T-Lymphocyten vor und leitet die virale Genexpression ein. Bei den humanen Immundefizienzviren ist die NFκB-abhängige Genexpression sehr wichtig für die Pathogenese, da jede Stimulierung des Immunsystems durch andere Infektionen die HIV-Expression induziert. Die gebildeten Partikel infizieren ihrerseits wieder T-Zellen und leiten die weitere Schädigung dieser Zellpopulation ein. Neben den NFκB-abhängigen, *cis*-aktiven Sequenzen finden sich in den U3-Regionen von HIV etliche andere Kontrollelemente, unter anderem auch Bindungsstellen für die Faktoren Sp1 und Ap2 und für ein *leader-binding protein* LBP-1 (Abbildung 17.4).

Auch der Promotor von HTLV ist komplex und besitzt ebenfalls viele *Erkennungsstellen* für *zelluläre Transaktivatoren*. Die Expression von HTLV wird jedoch zusätzlich durch virale, transaktive Proteine – so die *Tax*-Proteine – beeinflußt, die über gebundene Zellproteine mit mehreren TRE-Elementen (*tax-responsive elements*) im U3-Bereich interagieren. In ähnlicher Weise ist das *Bel1*-Protein von HSRV ein Transaktivator für die Steigerung der Genexpression der Spumaviren. Es bindet sich an die BRE-Sequenzen (*bel-responsive elements*) im U3-Bereich dieser Viren. Lange hat man eine ähnliche transaktive Wirkung für das *Tat*-Protein von HIV postuliert, die expressionsfördernde Wirkung dieses Proteins hat jedoch eine andere Basis.

17.1.3 Virusproteine

Gruppenspezifische Antigene (Gag-Proteine)

Zum Komplex der gruppenspezifischen Antigene zählen die Matrix-, Capsid- und Nucleocapsidproteine, die man in infektiösen Virionen nachweisen kann. Beim HIV wurde ein Link-Protein (p6) identifiziert, das ebenfalls den Gag-Proteinen zugerechnet wird und das spitze Ende der konischen Capside mit der Hüllmembran verbindet. Synthetisiert werden die Gag-Proteine als gemeinsames *Vorläuferprodukt*, das die virale Protease im Verlauf der Virusmorphogenese in die einzelnen Komponenten spaltet, die man im freigesetzten, infektiösen Viruspartikel findet (Abbildung 17.5). Die Gag-Vorläuferproteine haben beim HIV ein Molekulargewicht von 55 kD, beim HTLV-1 von 48 kD und beim HSRV von 74 kD. Die sequentielle Anordnung der einzelnen Gag-Komponenten im Vorläuferprotein stimmt bei den verschiedenen Retroviren überein: Im aminoterminalen Bereich findet man die Sequenzen des Matrixproteins, ihnen folgen die für die Capsidproteine sowie im carb-

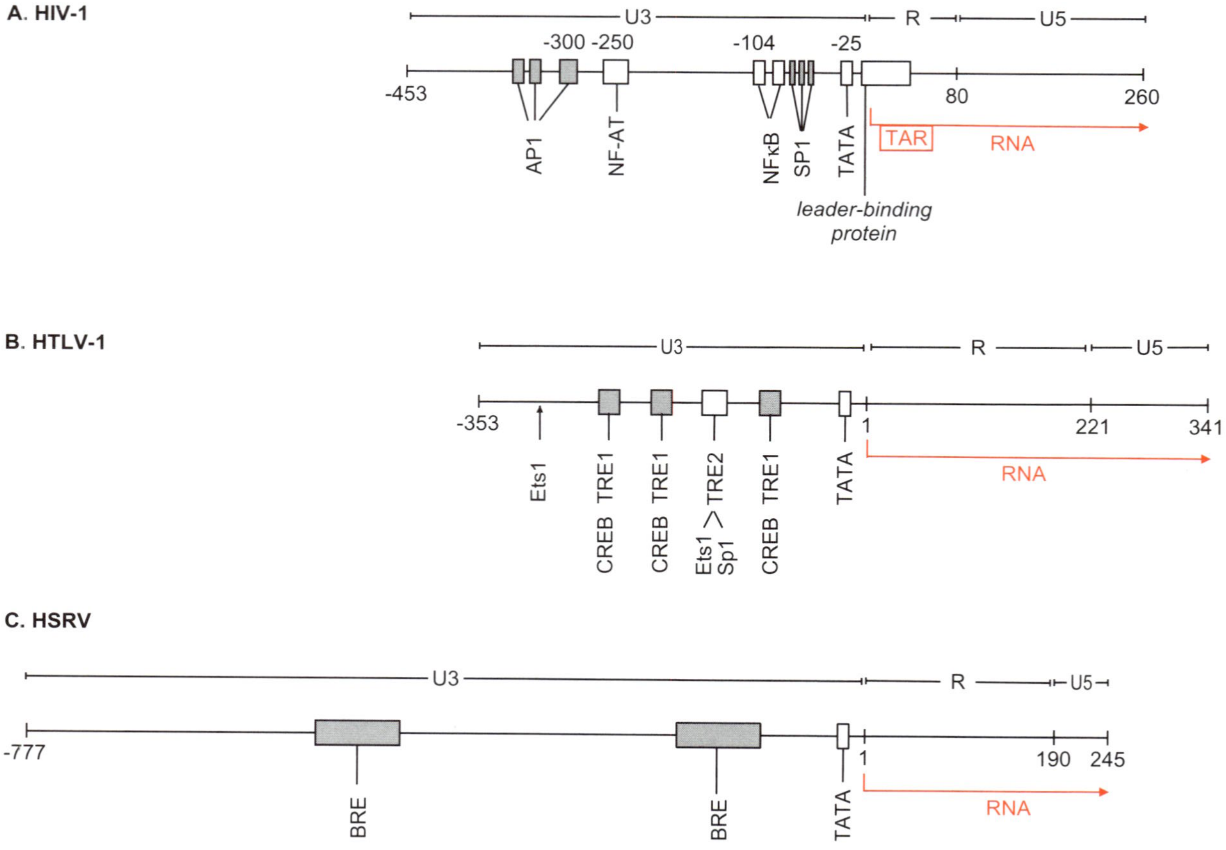

17.4 Die LTR-Regionen (*long terminal repeats*) mit den Abschnitten U3, R und U5 in den proviralen Genomen der humanen Retroviren. Angegeben sind der Startpunkt der mRNA-Synthese (rot), die Lokalisation der *cis*-aktiven Kontrollelemente im Promotorbereich, ihre Bezeichnung und die zellulären und viralen Faktoren, die mit ihnen interagieren und die Transkriptionsaktivität beeinflussen. A: Humanes Immundefizienzvirus Typ 1 (HIV-1). B: Humanes T-Zell-Leukämie-Virus Typ 1 (HTLV-1). C: Humanes Spumaretrovirus (HSRV).

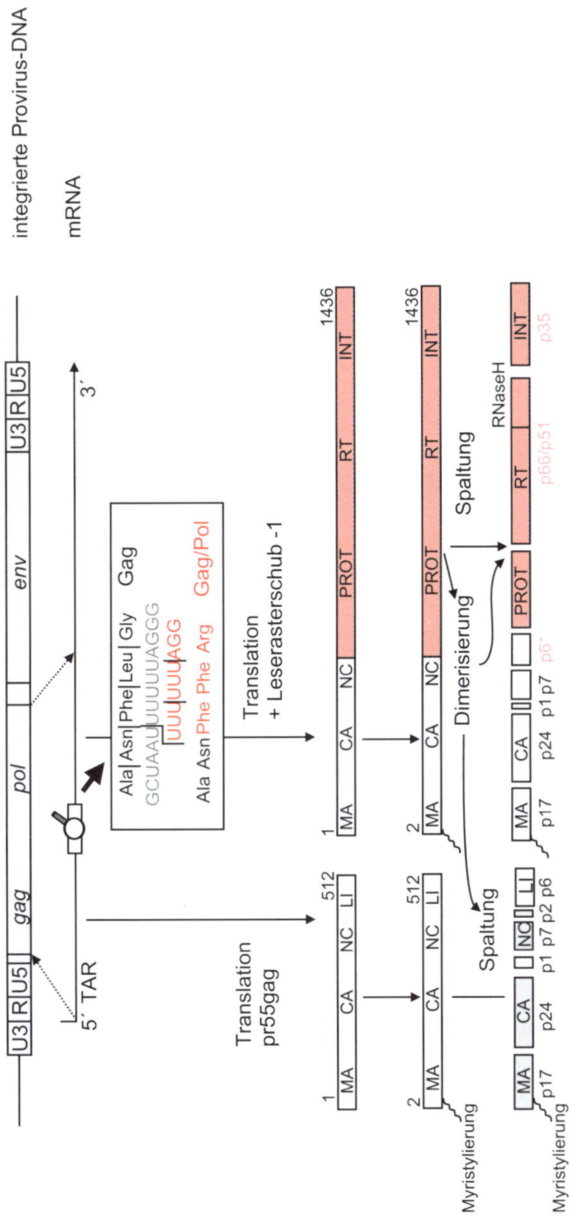

17.5 Verlauf der Synthese der Gag- und Gag/Pol-Proteine beim humanen Immundefizienzvirus Typ 1 (HIV-1, Stamm BH102). Von der integrierten Provirus-DNA wird eine mRNA synthetisiert, die an der R-Region im 5′-LTR beginnt und das gesamte Virusgenom umfaßt. Von diesem Transkript werden die Gag- und Gag/Pol-Proteine translatiert. In dem Teil, der für das NC-Protein codiert, findet sich eine uridinreiche Sequenzfolge in der mRNA. In etwa fünf Prozent der Translationsereignisse erfolgt hier ein ribosomaler Leserasterschub von −1, der zur Folge hat, das das Stopcodon des Gag-Polyproteins überlesen wird und so ein Gag/Pol-Fusionsprotein entsteht. Sowohl das Gag- als auch das Gag/Pol-Vorläuferprodukt werden am aminoterminalen Ende myristyliert. Das Gag/Pol-Produkt enthält in seiner Sequenz die virale Protease, die sich nach Dimerisierung autokatalytisch aus dem Polyprotein herausspaltet und die Vorläuferproteine in die einzelnen Komponenten prozessiert.

oxyterminalen Bereich die für die Nucleocapsid- und die Link-Proteine. Die Gag-Proteinvorläufer werden an freien Ribosomen im Cytoplasma der Zelle synthetisiert. Die Myristylierung erfolgt cotranslational an der α-Aminogruppe eines Glycins an Position 2. Dazu wird das aminoterminale Methionin entfernt. Zelluläre Faktoren transportieren die modifizierten Gag-Vorläuferproteine zur Cytoplasmamembran der infizierten Zelle, mit der sie über die Fettsäuren interagieren. Tabelle 17.2 gibt einen vergleichenden Überblick über die molekularen Eigenschaften und Funktionen der durch humane Retroviren codierten Proteine.

Tabelle 17.2: Die Eigenschaften der Proteine von HIV-1, HTLV-1 und HSRV

	HIV-1	HTLV	HSRV	Merkmale
Strukturproteine				
1. Membranproteine				
Vorläuferproteine	gp160	gp68	gp130	glycosyliert, Trimer?
externes Glycoprotein (EP)	gp120	gp46	gp80	glycosyliert, Trimer? Adsorption, Bildung neutralisierender Antikörper, Zelltropismus
transmembranes Glycoprotein (TM)	gp41	gp21	gp45	glycosyliert, Fusion, Bildung neutralisierender Antikörper
2. gruppenspezifische Antigene (Gag)				
Gag-Vorläuferprotein	pr55	pr48	pr74	myristyliert, Bildung virusähnlicher Partikel
Matrixprotein (MA)	p17	p19	p27	myristyliert, phosphoryliert mit der Hüllemembran assoziiert
Capsidprotein (CA)	p24	p24	p33	Strukturprotein des Capsids
Nucleocapsidprotein (NC)	p7	p15	p15	Zinkfingermotiv, Assoziation mit RNA-Genom
Link-Protein (LI)	p6	?	?	Verbindung zwischen Capsid und Membran
Enzyme				
Gag/Pol-Vorläuferprotein	pr160	pr160	pr190	
Gag/Prot-Vorläuferprotein		pr60		
1. Reverse Transkriptase	p51/66*	p95	p80	RNA- und DNA-abhängige Polymerase, RNase H
2. Protease	p9	p14	p10	spaltet Gag- und Gag/Pol-Vorläuferproteine in die Einzelkomponenten
3. Integrase	p38	p60	p40	Endonuclease, Ligase; verantwortlich für die Integration des Virusgenoms in die Wirts-DNA
Regulatorproteine				
1. Transaktivator der Transkription	p9/14 (Tat)	p40 (Tax)	p36 (Bel1)	phosphoryliert (Tax, Bel1); Tat bindet sich an TAR an den 5′-Enden der RNA und ermöglicht die Elongation; Tax (und Bel1?) binden sich an zelluläre, im Promotor gebundene Faktoren und verstärken die Initiation der Transkription
2. posttranskriptioneller Transaktivator	p19 (Rev)	p27 (Rex)	–	phosphoryliert; bindet sich an RRE beziehungsweise RxRE und fördert den Export einfach gespleißter und ungespleißter mRNA aus dem Kern

Tabelle 17.2: (Fortsetzung)

	HIV-1	HTLV	HSRV	Merkmale
Hilfsproteine (nicht essentiell)				
1. Virion-Infektiositätsfaktor (Vif)	p23	–	–	Cysteinproteinase?, beschleunigt die Infektion in peripheren Blutlymphocyten
2. Virion-assoziiertes Protein R (Vpr)	p11/15	–	–	virionassoziiert, Transaktivator
3. virales Protein U (Vpu, nur bei HIV-1)	p14/16	–	–	phosphoryliert, mit der Membran des endoplasmatischen Reticulums assoziiert, verhindert die intrazelluläre Komplexbildung zwischen gp160 und CD4-Rezeptoren
4. Nef-Protein	p25/27	–	–	myristyliert, Ähnlichkeit mit G-Proteinen, teilweise mit der Cytoplasmamembran assoziiert
5. virales Protein X (Vpx, nur bei HIV-2/SIV)	p13/16	–	–	virionassoziiert
6. $p21^{x\text{-}III}$	—	p21	–	?
7. bel2	——	——	p43	?
8. bet	——	——	p56	Fusionsprotein aus Bel1 und Bel2

Die Zahlenwerte beziehen sich auf das Molekulargewicht des jeweiligen Proteins
*Heterodimer

Die Gag-Proteine haben verschiedene Funktionen, die zur Infektiosität der Viren beitragen:

1. Die Gag-Vorläuferproteine sind für die Bildung *partikulärer Strukturen* notwendig; die anderen Virusproteine und die RNA-Genome sind hierfür nicht erforderlich. Werden die Gag-Proteinvorläufer *per se* in eukaryotischen Zellen exprimiert, lagern sie sich an die Cytoplasmamembran an und schnüren sich als kleine, virusähnliche Lipid-Protein-Vesikel von der Zelloberfläche ab. Die hierbei aktiven Bereiche liegen in den Matrix- und Capsidproteinteilen.
2. Die Nucleocapsidproteine enthalten Aminosäurefolgen, die spezifisch mit den ψ-Regionen in der *Leader*-Sequenz der RNA-Genome interagieren. Bei HIV und HTLV wird diese Protein-Nucleinsäure-Wechselwirkung durch Domänen vermittelt, die den Zinkfingermotiven der DNA-bindenden Proteine ähneln. Bei den humanen Spumaretroviren scheint die Bindung an die RNA durch eine basische, argininreiche Region im NC-Protein zu erfolgen.
3. Die Matrixproteine sind im reifen Viruspartikel mit der Innenseite der Hüllmembran assoziiert. Beim HIV fördert das phosphorylierte Matrixprotein p17, das als Teil des Viruspartikels bei der Infektion von der Zelle aufgenommen wird, den Transport des in doppelsträngige DNA überschriebenen Virusgenoms in den Zellkern. Außerdem ermöglicht es die HIV-Infektion ruhender Zellen. Diese erst kürzlich gefundene Aktivität unterscheidet HIV von den anderen Retroviren, die den Replikationszyklus nur in sich teilenden Zellen einleiten können.

Die *Gag*-Proteine induzieren spezifische humorale und zelluläre Immunantworten. Die Antikörperspezifität ist – bedingt durch den relativ hohen Gehalt an konservierten Aminosäuren bei Vertretern des gleichen Genus – häufig typübergreifend. Cytotoxische T-Zell-Epitope wurden in den Matrix- und Capsidproteinen des HIV identifiziert. Man vermutet, daß sie für die immunologische Kontrolle der Infektion und somit für die Dauer der asymptomatischen HIV-Infektion bis zum Ausbruch der AIDS-Symptome entscheidend sind.

Enzyme (*pol*-Genprodukte)

Gag/Pol-Vorläuferprotein. Die Gene, die für die Synthese der viralen Protease, der Reversen Transkriptase und der Integrase verantwortlich sind, werden im zentralen Bereich des Genoms codiert. Die Sequenzen der Protease liegen in der 5′-orientierten Region des *pol*-Gens und überlappen mit den für das NC-Protein codierenden Nucleinsäurefolgen. Auch die Produkte des *pol*-Gens werden als Vorläuferprotein synthetisiert. Hierbei handelt es sich um ein Fusionsprotein zwischen den Gag-Proteinen im aminoterminalen Bereich und den sich daran anschließenden Pol-Domänen (Abbildung 17.5); diese Gag/Pol-Vorläuferproteine haben Molekulargewichte von 160 kD beim HIV beziehungsweise 190 kD beim HSRV. Voraussetzung für die Synthese des Gag/Pol-Fusionsproteins ist die Verschiebung des ribosomalen Leserasters während der Translation in einer uridinreichen Region der mRNA, die für die Translation sowohl der Gag- wie auch der Gag/Pol-Proteine benutzt wird. Hier bildet die RNA eine Haarnadelschleife, und die Proteinsynthese verlangsamt sich. Bedingt durch die homologe Basenfolge kommt es gelegentlich zu einer fehlerhaften Erkennung der Codongrenzen durch die Ribosomen. Verschiebt sich hierdurch das Leseraster um –1 beim HIV beziehungsweise +1 beim HSRV, so wird das Stopcodon zur Beendigung der Synthese der Gag-Proteine überlesen, und die Pol-Domänen werden angefügt. Dieser Leserastersprung findet bei etwa fünf Prozent der Translationsvorgänge statt, so daß das Mengenverhältnis der Gag/Pol-Fusionsprodukte zu den Gag-Proteinen etwa 5:95 beträgt. Die uridinreiche Nucleinsäurefolge befindet sich in dem Teil der mRNA, der für den Nucleocapsidproteine des Vorläuferprodukts codiert. Deshalb bestehen die Gag/Pol-Vorläuferproteine im aminoterminalen Bereich bis in den Bereich des NC-Anteils aus Gag-Polypeptiden, an welche sich die Domänen der Protease, der Reversen Transkriptase und der Integrase anschließen. Auch die Gag/Pol-Fusionsproteine werden am aminoterminalen Ende myristyliert und sind über diese Modifikation mit der Cytoplasmamembran assoziiert. Die Spaltung in die enzymatisch aktiven Einzelkomponenten durch die Protease erfolgt überwiegend erst bei der Virusreifung im bereits von der Zelloberfläche freigesetzten Partikel.

Beim HTLV-1 werden insgesamt drei verschiedene Gag-Fusionsvorläuferpolypeptide gebildet: Das erste umfaßt die Sequenzen der Gag-Proteine. Ein weiteres wird unter Verschiebung des Leserasters im Bereich des Nucleocapsidproteins synthetisiert, so daß die Sequenzen der Protease angefügt werden und ein *Gag/Protease*-Fusionsprodukt entsteht, dessen Translation beim HTLV-1 an einem gesonderten Stopcodon endet. Die Synthese der weiteren Pol-Bereiche erfolgt nur dann, wenn eine zweite Verschiebung des Leserasters im Bereich der Proteasedomäne stattfindet. Hierdurch entsteht ein *Gag/Prot/Pol*-Fusionsprotein.

Protease. Die aktive Protease ist ein *Dimer* aus zwei identischen Proteineinheiten, die beim HIV aus 99 Aminosäuren bestehen und ein Molekulargewicht von etwa 9 bis 10 kD aufweisen. Die Struktur des Proteins ist bekannt. Im aktiven Zentrum findet man zwei funktionell wichtige Asparaginsäuren. Das Enzym wirkt so als *Aspartat-Protease*. Es ist für die Prozessierung der Gag- und Gag/Pol-Vorläuferproteine in die einzelnen Komponenten verantwortlich, die man in den infektiösen Viruspartikeln vorfindet. Die Spaltungen erfolgen bevorzugt zwischen Phenylalanin- oder Tyrosin- und Prolinresten. Außerdem ist die dreidimensionale Faltung der

Gag- und Gag/Pol-Vorläuferproteine für die Erkennung der Schnittstellen ausschlaggebend. Synthetische Peptide, welche von den Sequenzen der Spaltstellen abgeleitet sind, inhibieren die Protease. Daneben wurden in den letzten Jahren verschiedene Substanzen entwickelt, die das Enzym hemmen und die Bildung infektiöser HIV-Partikel unterbinden (Kapitel 9).

Reverse Transkriptase. Die Mg^{2+}-abhängige Reverse Transkriptase enthält mehrere funktionelle Aktivitäten: Sie kann sowohl als RNA- als auch als DNA-abhängige DNA-Polymerase wirken und hat zusätzlich die Aktivität einer RNase H, die den RNA-Anteil von DNA/RNA-Hybriddoppelsträngen abbaut. Beim HIV-1 ist die Reverse Transkriptase ein Heterodimer aus zwei Proteineinheiten mit Molekulargewichten von 66 kD und 51 kD. Auch die Kristallstruktur dieses Enzyms ist bekannt. Die kleinere Untereinheit entsteht durch proteolytische Abspaltung des carboxyterminalen Teils. Das 51-kD-Protein ist daher mit dem aminoterminalen Bereich der großen Einheit identisch. Die RNaseH-Aktivität liegt in der carboxyterminalen Region der größeren Einheit, die Polymerasefunktionen werden durch die aminoterminalen Aminosäuren bestimmt. Das Enzym besitzt keine Mechanismen zur Kontrolle der Lesegenauigkeit. Daher werden mit einer relativ hohen Wahrscheinlichkeit von 10^{-3} bis 10^{-4} falsche Basen in die neusynthetisierten Stränge eingebaut. Neben den natürlich vorkommenden Basen verwendet die Reverse Transkriptase auch chemisch veränderte Derivate. Werden Nucleosidanaloga wie Azidothymidin (3′-Azido-3′-Desoxythymidin), Didesoxyinosin oder Didesoxycytidin angeboten, so führen sie bei Einbau in die DNA-Stränge zum Kettenabbruch, und die Bildung des für die Integration in das Wirtszellgenom notwendigen doppelsträngigen DNA-Zwischenprodukts unterbleibt (Kapitel 9).

Integrase. Die Integrase wird im 3′-Bereich des *pol*-Leserahmens codiert. Sie wirkt sowohl als Endonuclease – kann also doppelsträngige DNA an bestimmten Basenfolgen schneiden – als auch als Ligase. Die Integrase bindet sich an die Enden des linearen, in doppelsträngige DNA übersetzten Virusgenoms und ist für seine Integration in das Zellgenom verantwortlich.

Membranproteine

In die Cytoplasmamembran der infizierten Zelle und in die das Viruspartikel umgebende Membran sind Glycoproteine eingelagert, für welche die *env*-Gene codieren. Es handelt sich jeweils um Komplexe aus einem externen (EP) und einem transmembranen Protein (TM), die nichtkovalent miteinander verbunden sind. Beide Proteine werden als gemeinsames Vorläuferprodukt (gp160 beim HIV, 68 kD beim HTLV, 130 kD bei HSRV) von einer einfach gespleißten mRNA translatiert, wobei man die Sequenzen des externen Proteins in der aminoterminalen Domäne findet. Eine aminoterminale Signalsequenz sorgt für die Translation des Proteins an der Membran des endoplasmatischen Reticulums und die Durchschleusung der Aminosäurekette in das Lumen. Über eine hydrophobe, etwa 20 Reste lange Sequenz im TM-Proteinanteil erfolgt die Verankerung in der Membran (Abbildung 17.6). Im endoplasmatischen Reticulum findet die Modifikation der Aminosäuren mit Zuckergruppen statt. Die Proteine aggregieren zu wahrscheinlich trimeren Komplexen und werden nach einem Abschnitt basischer Aminosäuren in das externe und das transmembrane Glycoprotein gespalten. Hierfür ist eine mit dem Golgi-Apparat assoziierte zelluläre Protease verantwortlich – beim HIV eine Furinprotease. Das externe Glycoprotein hat beim HIV-1 ein Molekulargewicht von 120 kD (gp120), das Transmembranprotein von 41 kD (gp41). Vor allem das gp120 weist einen sehr hohen Modifikationsgrad mit *N*-glycosidisch gebundenen Zuckergruppen auf. Sie stellen über die Hälfte des Molekulargewichts des Proteins dar.

Vergleicht man die Aminosäuresequenzen verschiedener Isolate von HIV-1, so fällt die hohe Variabilität auf, die man im gp120 vor allem fünf Bereichen (V1 bis V5) zuordnen

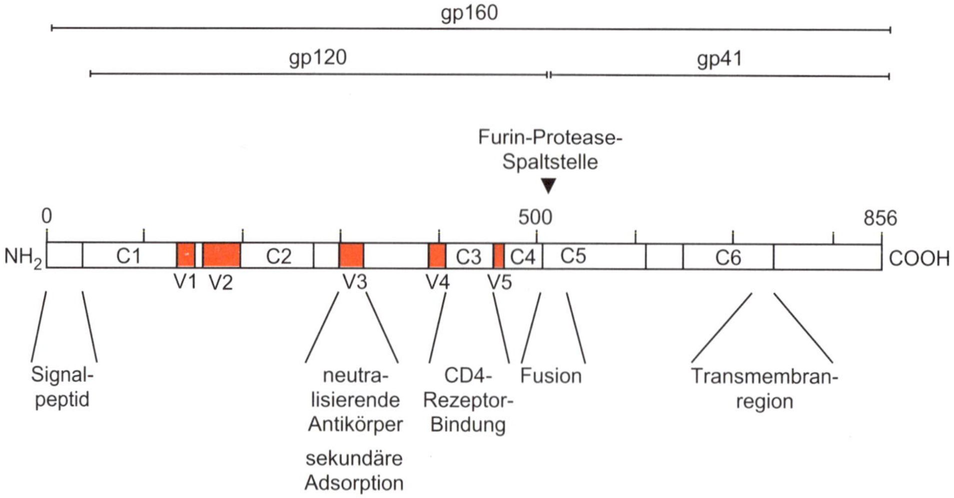

17.6 Die Glycoproteine von HIV-1 (Stamm HIV/HTLV-IIIB). Die Proteine werden als gemeinsames Vorläuferprodukt (gp160) synthetisiert. Im endoplasmatischen Reticulum und im Golgi-Apparat erfolgt ihre Spaltung in gp120 (externer Anteil) und gp41 (transmembraner Anteil) durch eine Furin-Protease. Der Vergleich der Aminosäuresequenzen unterschiedlicher HIV-Isolate zeigt, daß die Proteine aus hochvariablen (V1 bis V5, dunkel schattiert) und konservierten Domänen (C1 bis C6) bestehen. Die Proteinbereiche, denen man bestimmte Funktionen zuordnen kann, sind angegeben.

kann (Abbildung 17.6). Diese sind voneinander durch Abschnitte getrennt, die im Vergleich zu den V-Regionen einen relativ hohen Konservierungsgrad haben (C1 bis C6). Die variablen Bereiche unterscheiden sich nicht nur bei HIV-Isolaten aus verschiedenen Patienten. Auch Folgeisolate aus derselben Person zeigen im Verlauf der Erkrankung signifikante Unterschiede der Aminosäuren in den V-Regionen. Man findet neben Resten mit unterschiedlichen, funktionellen Seitengruppen größere Deletionen und Insertionen sowie veränderte Glycosylierungsmuster, die in ihrer Gesamtheit die Struktur und Aktivität der variablen Regionen verändern. Die variablen Regionen verfügen über alle Eigenschaften, die sie als oberflächenexponierte Bereiche ausweisen. Sie sind für die Bildung von gp120-spezifischen Antikörpern verantwortlich, von denen einige das Virus neutralisieren können. Der Selektionsdruck, den diese Antikörper ausüben, führt in Verbindung mit der hohen genetischen Variabilität der Retroviren, die auf der hohen Fehlerrate der Transkriptionsprozesse beruht, zur kontinuierlichen Bildung neuer HIV-Varianten, die der neutralisierenden Wirkung der Immunglobuline entgehen. Die V3-Domäne hat unter den variablen Bereichen eine besondere Stellung: Sie ist 30 bis 35 Aminosäuren lang und wird von Cysteinresten flankiert, die sich zu einer Disulfidbrücke schließen und die Bildung einer oberflächenexponierten V3-Proteinschleife induzieren. In ihrem Zentrum findet man eine bei fast allen Isolaten konservierte Aminosäurefolge (Glycin-Prolin-Glycin-Arginin), die eine stabile β-Turn-Struktur bildet. Die flankierenden V3-Sequenzen weisen hingegen bei verschiedenen Isolaten eine hohe Variabilität auf. Die V3-Domäne ist als einzige der variablen Regionen des gp120 nicht glycosyliert. V3-spezifische Antikörper können das Virus neutralisieren und die Infektion *in vitro* verhindern. Die neutralisierende Wirkung der V3-spezifischen Immunglobuline ist jedoch auf das HIV-Isolat beschränkt, das die Immunantwort induziert hat. V3-Bereiche anderer Isolate mit geringen Abweichungen in der Aminosäuresequenz werden nicht mit einer für die Neutralisationswirkung ausreichenden Affinität gebunden. Die C-Regionen sind dem Selektionsdruck der Antikörperantwort jedoch nicht ausgesetzt und weisen überwiegend konservierte Aminosäurefolgen auf, die das Proteingerüst des externen Glycoproteins ausbilden. Mit ihnen sind die allen HIV-Isolaten gemeinsamen Funktionen der Membranproteine, zum Beispiel die Adsorption an den CD4-Rezeptor, verbunden.

Die Membranproteine haben im Infektionsverlauf verschiedene Aufgaben, die man bestimmten Domänen zuordnen kann:

1. Die externen Glycoproteine sind für die Adsorption der Viruspartikel an zelluläre Oberflächenkomponenten verantwortlich. Während man bei der überwiegenden Mehrheit der Retroviren über die Art der Bindung und die daran beteiligten zellulären Strukturen nur wenig weiß, sind die viralen und zellulären Reaktionspartner des HIV bekannt: Über die Sequenzen in der dritten konservierten Domäne C3 des gp120 interagiert HIV-1 mit der ersten immunglobulinähnlichen Domäne des CD4-Proteins – eines Vertreters der Immunglobulinsuperfamilie – auf der Oberfläche von T-Helferzellen. An dieser Wechselwirkung sind Aminosäuren weiterer gp120-Regionen beteiligt; die durch die dreidimensionale Faltung des Proteins exponiert sind. Auch die V3-Domäne scheint an der Bindung des HIV-1-Partikels an die Zielzellen beteiligt zu sein – hierauf weist die neutralisierende Wirkung der V3-spezifischen Antikörper hin. Man hat Hinweise, daß das Virus hierüber mit membranständigen zellulären Proteasen (Tryptase oder CD26) wechselwirkt, die als sekundäre Rezeptoren fungieren. Experimentelle Daten weisen darauf hin, daß die V3-Regionen auch für die unterschiedliche Vorliebe (Tropismus) einzelner HIV-Isolate für T-Zellen beziehungsweise Makrophagen oder Monocyten verantwortlich ist.
2. Die viralen Membranproteine enthalten Epitope, gegen die neutralisierende Antikörper gebildet werden. Im Falle von HIV-1 ist – wie erwähnt – die V3-Domäne das Epitop, das hauptsächlich die Bildung von isolatspezifischen, neutralisierenden Antikörpern induziert. Daneben wurden einige weitere Aminosäurebereiche im gp120 beschrieben, gegen die neutralisierende Immunglobuline produziert werden. Sie scheinen überwiegend auf der dreidimensionalen Struktur der Polypeptidkette zu beruhen. Im gp41 kennt man ein Epitop, gegen welches auch isolatübergreifende neutralisierende Antikörper gebildet werden.
3. Durch die proteolytische Spaltung in die externen und die transmembranen Proteinanteile und die Interaktion des gp120 mit dem CD4-Rezeptor wird eine hydrophobe Sequenz am aminoterminalen Bereich des gp41 umgelagert, welche die Fusion der Virus- mit der Cytoplasmamembran der zu infizierenden Zelle, aber auch diejenige der infizierten Zellen mit weiteren CD4-positiven T-Lymphocyten vermittelt. Beim HIV ist die Fusionsdomäne etwa 25 Aminosäuren lang. In bezug auf ihre Sequenz und auf ihre Lokalisation am aminoterminalen Ende des transmembranen Proteinanteils zeigt sie eine auffallende Ähnlichkeit mit den fusionsaktiven Regionen des F-Proteins der Paramyxo- und des Hämagglutinins der Orthomyxoviren (Abschnitte 14.2 und 15.1).

Transaktivatoren

Tat-Proteine. Tat-Proteine *(transactivator of transcription)* hat man bisher nur bei den Lentiviren identifiziert. Sie werden durch zwei Exons codiert, als erste Virusproteine während des Infektionszyklus synthetisiert und entfalten ihre Funktion im Zellkern. Sie haben bei HIV-1 abhängig vom Isolat Längen von 82 bis 101 Aminosäuren und Molekulargewichte von 9 bis 14 kD. Neben den von zwei Exons codierten Tat-Proteinen findet man verkürzte Versionen, denen die Sequenzen des zweiten Exons fehlen, und Tev-Proteine, die das erste Exon von *tat* durch alternative Spleißmechanismen mit Abschnitten der *env-* und *rev*-Gene verbinden (Tev = *tat, env, rev*). Alle drei Tat-Proteinvarianten besitzen ähnliche Funktionen, so daß man vermutet, daß diese im ersten Exon im aminoterminalen Bereich lokalisiert sind. Dieser kann wiederum in fünf Domänen unterteilt werden. Der aminoterminale, bei verschiedenen Virusisolaten unterschiedlich lange Bereich enthält konservierte Motive mit *sauren* Aminosäureresten; man vermutet, daß er eine amphipathische α-Helixstruktur ausbildet. Ihm folgt eine *cysteinreiche*, konservierte Domäne, die Zn^{2+}- und Cd^{2+}-Ionen bindet und etwa 15 Aminosäuren lang ist. An sie schließt sich eine zehn Reste umfassende *Kernregion* an. Veränderungen der Aminosäuresequenzen oder Deletionen in diesen Bereichen beeinflussen die transaktivierende Wirkung der Tat-Proteine. Es folgt eine Region mit einem hohen Gehalt an *basischen* Aminosäuren, die den Transport des Tat-Proteins in den Kern und seine Bindung an die RNA vermittelt (Abbildung 17.7A). Die carboxyterminalen Aminosäuren des ersten Exons verstärken die Aktivität des Proteins. Die Funktion der im zweiten Exon codierten Domänen ist unklar. Hier befindet sich eine üblicherweise an Proteininteraktionen beteiligte Sequenzfolge (Arginin-Glycin-Asparaginsäure), von der man vermutet, daß sie an der Wechselwirkung mit zellulären Proteinen beteiligt ist.

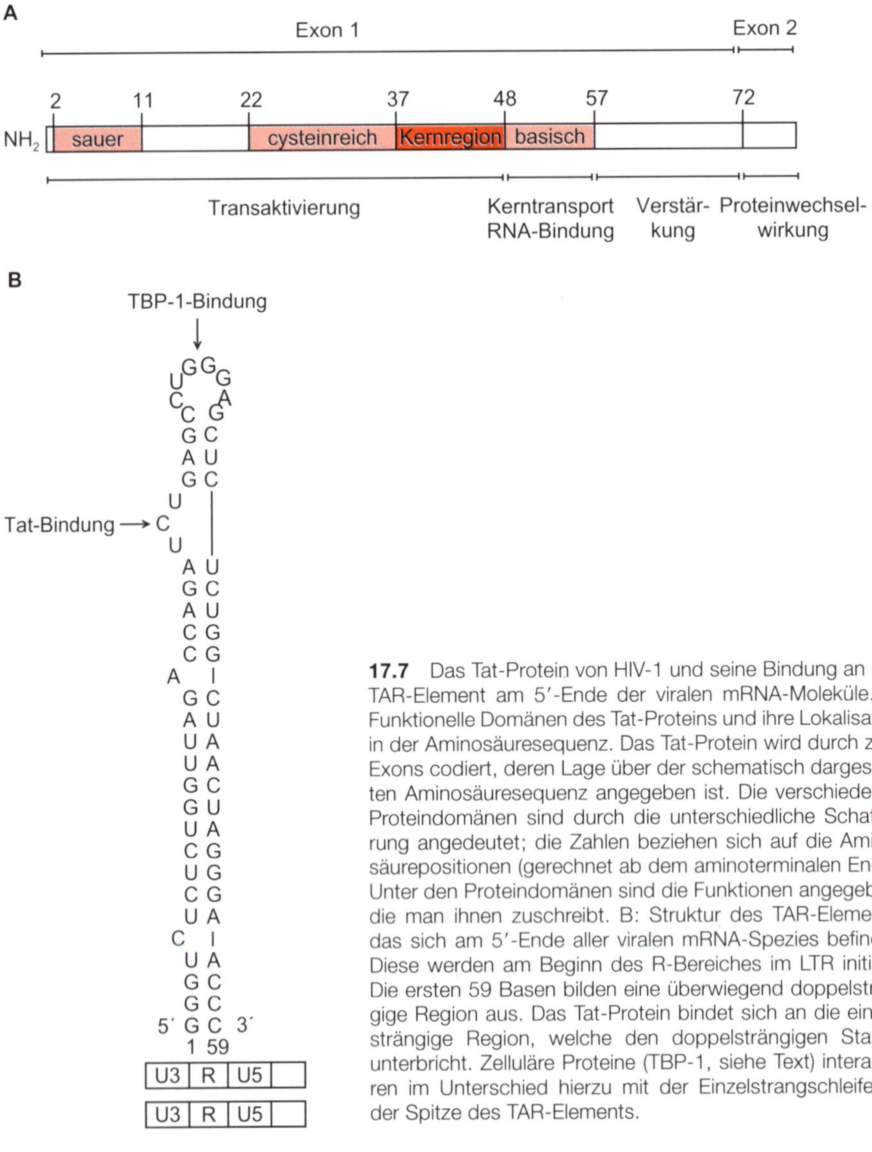

17.7 Das Tat-Protein von HIV-1 und seine Bindung an das TAR-Element am 5′-Ende der viralen mRNA-Moleküle. A: Funktionelle Domänen des Tat-Proteins und ihre Lokalisation in der Aminosäuresequenz. Das Tat-Protein wird durch zwei Exons codiert, deren Lage über der schematisch dargestellten Aminosäuresequenz angegeben ist. Die verschiedenen Proteindomänen sind durch die unterschiedliche Schattierung angedeutet; die Zahlen beziehen sich auf die Aminosäurepositionen (gerechnet ab dem aminoterminalen Ende). Unter den Proteindomänen sind die Funktionen angegeben, die man ihnen zuschreibt. B: Struktur des TAR-Elements, das sich am 5′-Ende aller viralen mRNA-Spezies befindet. Diese werden am Beginn des R-Bereiches im LTR initiiert. Die ersten 59 Basen bilden eine überwiegend doppelsträngige Region aus. Das Tat-Protein bindet sich an die einzelsträngige Region, welche den doppelsträngigen Stamm unterbricht. Zelluläre Proteine (TBP-1, siehe Text) interagieren im Unterschied hierzu mit der Einzelstrangschleife an der Spitze des TAR-Elements.

Die transaktivierende Wirkung der Tat-Proteine, welche die Transkription vom LTR-Promotor mehr als hundertfach verstärken, wird durch ihre Bindung an das *TAR-Element* (TAR = *trans-activation response*) vermittelt. Dieses ist an den 5′-Enden aller viralen mRNA-Spezies lokalisiert. Die RNA-Moleküle liegen hier in ausgeprägter Sekundärstruktur vor und bilden bei HIV-1 über die ersten 59 Nucleotide eine teilweise doppelsträngige RNA-Haarnadelschleife aus (Abbildung 17.7B), beim HIV-2 ist sie 123 Basen lang. Das Tat-Protein von HIV-1 bindet sich an eine „Blase", die durch drei nicht in Basenpaarung vorliegende Nucleotide im Stamm des TAR-Elements gebildet wird. An der Spitze des TAR-Elements befindet sich eine weitere Blasenregion, an die sich ein zellulärer TRP1-Komplex (TRP = *TAR-RNA-binding protein*) aus zwei Untereinheiten – p185 und p90 – anlagert. Für die Wirkung des Tat-Proteins hat man folgendes Modell: Der Komplex der zellulären RNA-Polymerase II bindet sich an den LTR-Promotor des integrierten Provirusgenoms und initiiert die RNA-Synthese. Die gebildeten Produkte sind kurz, enthalten aber die 5′-terminalen Sequenzen der TAR-Elemente, die mit TRP1 interagieren. Die Elongation der mRNA-Synthese ist in dieser Situation blockiert, die gebildeten kurzen Transkripte sind instabil und werden bis auf die vor dem Abbau geschützten TAR-Regionen abgebaut, die im Cytoplasma akkumulieren. Ist Tat-Protein im Zellkern vorhanden, so bindet es sich an die Blasenstruktur im Stamm des TAR-Elements und *verhindert den Abbruch* der Polymerisation. Der Initiationskomplex wird stabilisiert, und translatierbare Transkripte werden gebildet. Zugleich findet man eine *erhöhte Initiationsrate*, die ebenfalls die Transkription verstärkt. Kompliziert wird die Situation dadurch, daß ein zellulärer TRP2-Komplex aus vier Proteinen mit der Bindungsstelle des Tat-Proteins konkurriert. Wie dies die Tat-Bindung beeinflußt, ist unklar. Weiterhin wurden Tat-bindende zelluläre Proteine (TBP) identifiziert, die vermutlich mit der carboxyterminalen Domäne des Proteins interagieren. Man hat sowohl die Tat-Wirkung verstärkende (TBP-1, p50) als auch sie hemmende Einflüsse (p36) beschrieben.

Tax-Proteine. Die Bezeichnung der ebenfalls transaktiven Tax-Proteine leitet sich von der X-Region des Genoms von HTLV ab, die zwischen dem *env*-Gen und dem LTR lokalisiert ist und deren Funktion anfangs unbekannt war. Ihre Wirkungsweise unterscheidet sich von der des Tat-Proteins. Die nucleären Tax_1- und Tax_2-Proteine von HTLV-1 beziehungsweise HTLV-2 beeinflussen *cis*-aktive TRE-Sequenzelemente (TRE = *tax-responsive element*) der Provirus-DNA im Bereich der viralen LTR-Promotoren und von verschiedenen zellulären Promotoren. Das Tax_1-Protein ist phosphoryliert, 353 Aminosäuren lang und besitzt ein Molekulargewicht von etwa 40 kD. Dem Tax_2-Protein (37 kD) fehlen 22 Aminosäuren am Carboxyterminus. Die Sequenzen beider Proteine sind konserviert und haben etwa 80 Prozent Homologie. Im aminoterminalen Bereich der Tax_1- und Tax_2-Proteine findet man ein zinkfingerähnliches Motiv, das Zn^{2+}-Ionen bindet. Man vermutet, daß die Tax-Proteine in ihren aktiven Formen als Homodimere vorliegen. Sie üben ihre transaktivierende Funktion nicht durch direkte Wechselwirkung mit den 21 Basenpaare langen TRE1- und TRE2-Elementen aus, die in der U3-Region des LTR lokalisiert sind (Abbildung 17.4). Die TRE1-Sequenzen liegen in dreifacher Wiederholung vor und interagieren mit verschiedenen zellulären Faktoren der CREB-Proteinfamilie (*cAMP responsive element binding protein*) und dem NFκB. An das TRE2-Element binden sich unter anderem die Faktoren Sp1 und Ets. Die Tax-Proteine wechselwirken mit den an die verschiedenen TRE-Elemente gebundenen zellulären Faktoren und haben so einen indirekt transaktivierenden Einfluß auf die virale mRNA-Synthese. Das erklärt auch, warum die Tax-Proteine die Expression vieler verschiedener, zellulärer Genen aktivieren können: Sie induzieren die Expression aller Gene, die in der Zelle von NFκB kontrolliert werden. Hierzu gehören der Granulocyten und Makrophagen stimulierende Wachstumsfaktor (GM-CSF), Interleukin-2 und die α-Kette des Interleukin-2-Rezeptors. Man hat Hinweise, daß diese Aktivierung zellulärer Cytokine und Cytokinrezeptoren mit der Pathogenese der HTLV-vermittelten T-Zell-Leukämie eng verbunden ist (Kapitel 6 und 8 und Abschnitt 17.1.6).

Bel1-Protein. Das Bel1-Protein, dessen Name von der Lage des Genortes (*between env and LTR*) des HSRV abgeleitet ist – auch als Taf-Protein (*transactivator of foamy virus*) bezeichnet –, ist ein nucleäres, phosphoryliertes Protein mit einem Molekulargewicht von 36 kD. Es bindet sich an die BRE-Sequenzen (*bel response element*), die im U3-Bereich des LTR der HSRV lokalisiert sind (Abbildung 17.4). Ob hier eine direkte Wechselwirkung mit der DNA-Sequenz erfolgt oder ob die Transaktivierung über Interaktion mit zellulären Faktoren ausgeübt wird, ist unklar.

Posttranskriptionell wirkende Transaktivatoren

Rev-Protein. Die außerordentlich kompakte Genomorganisation der komplexen Retroviren mit nur einem Promotor im LTR bedingt, daß diese Viren während ihres Replikationszyklus auf Mechanismen angewiesen sind, die es ihnen ermöglichen, die Synthese der Genprodukte auch nach der Transkription zu kontrollieren. Neben der Verschiebung des ribosomalen Leserasters bei der Translation der Gag/Pol-Proteine und alternativen Spleißvorgängen zur Generierung der mRNA-Spezies für die Regulator- und Membranproteine erfüllen auch die *Rev-Proteine* (*regulator of expression of virion proteins*) dabei eine wichtige Funktion. Diese Klasse von *posttranskriptionell wirkenden Transaktivatoren* entdeckte man erstmals bei HIV. Sie sind für die zeitliche Regulation der Genexpression während des Replikationszyklus essentiell. Mit Ausnahme der Synthese des Rev-Proteins selbst sowie der Tat-, Tev- und Nef-Proteine ist die Translation aller weiteren viralen Polypetide von der Aktivität dieses Regulators abhängig.

Das Rev-Protein (13 kD) wird in zwei Exons codiert, die mit denen des Tat-Proteins überlappen. Seine Translation erfolgt jedoch in anderen Leserastern (Abbildung 17.3A). Es hat eine Länge von 116 Aminosäuren, ist phosphoryliert und liegt in Tetrameren oder höher molekularen Aggregaten vor. Es wird früh während der Infektion gebildet und reichert sich im Zellkern und den Nucleoli an. Hier bindet es sich an eine als *RRE* (*rev response element*) bezeichnete, etwa 240 Nucleotide lange RNA-Sequenz, die man im Bereich des *env*-Gens in allen einfach gespleißten oder ungespleißten viralen mRNA-Molekülen findet. Diese codieren für die Env-, Vif-, Vpr- und Vpu-Proteine beziehungsweise für die Gag- und Gag/Pol-Vorläuferprodukte. Die Interaktion bewirkt den bevorzugten Export dieser mRNA-Spezies in das Cytoplasma, wo sie in die entsprechenden Proteine translatiert werden. Bei den mehrfach gespleißten mRNA-Spezies, von denen die Proteine Tat, Tev, Rev und Nef abgelesen werden, wird das RRE durch die Spleißvorgänge als Teil eines Introns entfernt, so daß ihre Synthese unabhängig von der Bindung des Rev-Regulators erfolgt.

Das Rev-Protein besitzt zwei funktionell wichtige Domänen: Die Aminosäuren der aminoterminalen Hälfte sind für die Bindung an RRE, die Kernlokalisation und die Oligomerisierung des Rev-Proteins verantwortlich. Die RRE-Assoziation erfolgt über die argininreiche Domäne der Aminosäuren 35 bis 50. Das Kernlokalisationssignal konnte man den Resten 40 bis 45 zuordnen (Abbildung 17.8A). Die für die Oligomerisierung verantwortlichen Bereiche flankieren die RRE-Bindungsstelle. In der carboxyterminalen Hälfte identifizierte man die Aminosäuren 73 bis 84 als essentiell für die transaktivierende Aktivität des Rev-Proteins. Sie wird deshalb in der Literatur als Effektorregion bezeichnet. Vermutlich befinden sich in dieser Domäne wichtige Interaktionsstellen für zelluläre Proteine, die für die Rev-Aktivität entscheidend sind. Die Basensequenz des RRE-Elements kann sich nach Computerberechnungen zu einer Struktur falten, die reich an doppelsträngigen Bereichen ist (Abbildung 17.8B): Man findet einen doppelsträngigen Stamm, der in vier Haarnadelschleifen (*stem-loops*) übergeht. Das Rev-Protein bindet sich an eine Blase mit ungepaarten Nucleotiden im Bereich der Haarnadelschleife II. Das bewirkt die Anlagerung weiterer Rev-Proteine, so daß das RRE schließlich mit Rev-Oligomeren komplexiert ist. Die Anlagerung verhindert, daß diese mRNAs weiteren Spleißvorgängen unterworfen werden, und ermöglicht ihren

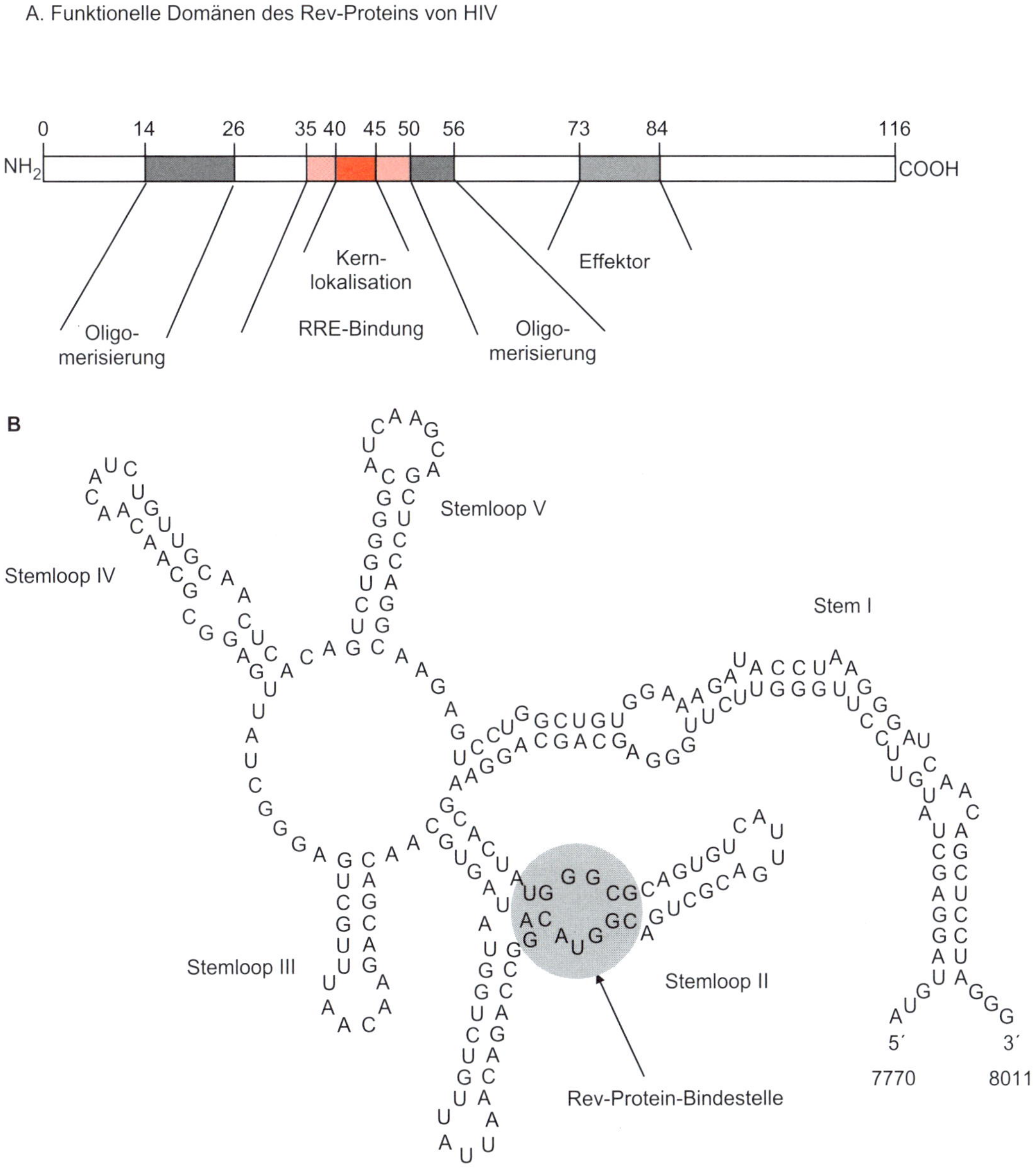

17.8 Das Rev-Protein von HIV-1 und seine Bindung an das RRE, das im Bereich der für die Env-Proteine codierenden Sequenzen der mRNA-Moleküle lokalisiert ist. A: Funktionelle Domänen des Rev-Proteins und ihre Lokalisation in der Aminosäuresequenz. Die verschiedenen Proteindomänen sind durch die unterschiedliche Schattierung angedeutet; die Zahlen beziehen sich auf die Aminosäurepositionen (gerechnet ab dem aminoterminalen Ende). Unter den Proteindomänen sind die Funktionen angegeben, die man mit ihnen verbindet. B: Struktur der RRE-Domäne in der mRNA. Eine etwa 240 Basen lange Region in dem Teil der mRNA, in dem sich die für die Env-Proteine codierenden Sequenzen befinden, ist in der Lage, eine Struktur einzunehmen, die durch die Ausbildung von vier Haarnadelschleifen (Stemloop II bis V) in einer längen Stammregion (Stem I) geprägt ist. Die Interaktionsstelle des Rev-Proteins ist durch die Schattierung angedeutet. Die Zahlen an den 5′- und 3′-Enden beziehen sich auf die Lage des RRE in der ungespleißten Form der mRNA (gerechnet ab dem Transkriptionsstart).

Transport in das Cytoplasma und ihre Translation. Die molekularen Details dieses Vorgangs sind jedoch noch weitgehend unverstanden.

Rex-Proteine. Die Funktion der Rex-Proteine, deren zweites Exon in der X-Genregion von HTLV-1 und HTLV-2 liegt, entspricht der der Rev-Proteine von HIV (Abbildung 17.3B). Sie sind phosphoryliert und haben Molekulargewichte von 27 kD (Rex_1) und 26 kD (Rex_2). Die Kernlokalisations- und RNA-Bindungsregionen befinden sich in den aminoterminalen Domänen, die für die Transaktivierung wichtigen Regionen im Zentrum. Die 255 Basen langen *RxRE-Sequenzen* (*rex response element*) liegen beim HTLV-1 im Bereich des 3′-LTR am Übergang zwischen der R- und U3-Region. Sie überlappen mit den Polyadenylierungssignalen und bilden eine sekundärstrukturreiche Haarnadelschleife. Beim HTLV-2 konnte man ein weiteres RxRE am R/U5-Übergang im 5′-LTR identifizieren. Ist es vorhanden, so reichern sich im Cytoplasma einfach gespleißte und ungespleißte mRNA-Moleküle an. Rex_1 und Rex_2 binden sich auch an die RRE-Regionen von HIV und können die Rev-Proteine in ihrer Wirkung komplementieren – umgekehrt ist das jedoch nicht möglich.

Akzessorische Proteine

Vif-Protein. Das Vif-Protein (*viral infectiosity factor*) wird bei den Lentiviren zwischen den *pol-* und *env*-Genen codiert (Abbildung 17.3A), von einer einfach gespleißten mRNA translatiert und hat eine Länge von 192 Aminosäuren beziehungsweise ein Molekulargewicht von 23 kD. Es beeinflußt die Infektiosität der Nachkommenviren, die von bestimmten Zelltypen freigesetzt werden. Bei der Infektion von peripheren Blutlymphocyten ist das Vif-Protein essentiell für die Produktion von infektiösen HIV. Bei der Infektion von T-Zellen ist die Anwesenheit des Vif-Proteins nicht nötig. Wie es wirkt, ist unklar: Man fand es vor allem im Cytoplasma und in Assoziation mit zellulären Membrankompartimenten und hielt es für eine Cysteinproteinase, die Sequenzen am carboxyterminalen, ins Cytoplasma ragenden Teil des gp41 schneidet. Andere experimentelle Daten widersprechen jedoch diesem Befund. Werden Vif-defekte Viren gezüchtet, zeigen sie eine veränderte Partikelmorphologie mit inhomogener Einlagerung der Capsidproteine. Verwendet man diese Viren für neuerliche Infektionsexperimente, so findet man eine inkomplette Synthese doppelsträngiger DNA.

Vpr-Protein. Der *vpr*-Leserahmen überlappt mit dem des *vif*-Gens und mit dem ersten Exon des *tat*-Gens. Das Protein wird ebenfalls von einer einfach gespleißten mRNA translatiert. Das 78 bis 96 Aminosäuren lange Vpr-Protein (*viral protein rapid*) wurde bisher bei fast allen Lentiviren identifiziert und hat Molekulargewichte von 11 bis 15 kD. Es interagiert mit der Domäne des Link-Proteins p6 im carboxyterminalen Bereich der Gag-Vorläuferproteine und wird mit in die entstehenden Viruspartikel eingebaut. Pro Virus findet man etwa 100 Moleküle Vpr-Protein. Man fand, daß es die Virusreplikation und die Ausbildung eines cytopathischen Effekts bei der Infektion von T-Zellen beschleunigt und daß es als Transaktivator wirken kann. Möglicherweise fördert es so während der frühen Infektionsphase eine Tat-unabhängige Transkription des Virusgenoms.

Vpu-Protein. Das Vpu-Protein (*viral protein out*) wird nur im Genom von HIV-1 und dem mit ihm eng verwandten SIV-Typ der Schimpansen (SIVcpz) codiert. Das 80 bis 82 Aminosäuren lange, über die Caseinkinase 2 (CK-2) phosphorylierte Vpu-Protein wird von einer bicistronischen mRNA translatiert, die auch die Sequenzen der Env-Proteine enthält. Es verfügt über hydrophobe Aminosäurefolgen im aminoterminalen Bereich und wird hierdurch in die Membran des endoplasmatischen Reticulums eingelagert. Vpu-negative Varianten setzen infektiöse Nachkommenviren nur verspätet oder vermindert frei. Man konnte zeigen, daß das

Vpu-Protein die intrazelluläre Komplexbildung zwischen neusynthetisiertem gp160 und dem CD4-Protein im Bereich des endoplasmatischen Reticulums und des Golgi-Apparats verhindert und daß daraufhin eine beschleunigte Spaltung des Membranproteinvorläufers in gp120 und gp41 erfolgt. HIV-2 und andere Lentiviren benötigen die Vpu-Funktion möglicherweise deshalb nicht, weil die Affinität ihrer Oberflächenproteine zum CD4-Rezeptor geringer ist als die von gp160. Daneben weisen jüngste Daten darauf hin, daß das Vpu-Protein als Protonenkanal wirkt. Wie das den Infektionszyklus beeinflußt, ist unklar.

Vpx-Protein. Das *vpx*-Gen (*viral protein x*) ist nur beim HIV-2 oder SIV vorhanden und wird zwischen den *pol*- und *env*-Genen codiert. Es hat ausgeprägte Homologie mit dem benachbarten *vpr*-Gen und ist möglicherweise durch eine Genduplikation entstanden. Das etwa 112 Aminosäuren umfassende Vpx-Protein (14 bis 16 kD) wird von einer einfach gespleißten mRNA translatiert und läßt sich in den Virionen zwischen dem Capsid und der Hüllmembran nachweisen. Es verstärkt die Replikationsfähigkeit der Viren in Makrophagen und peripheren Blutlymphocyten, hat in anderen Systemen jedoch keinen Einfluß. Man vermutet, daß es bei der Infektion mit in die Zelle gelangt, den viralen RNA-Proteinkomplex stabilisiert oder seinen Transport in den Zellkern fördert.

Nef-Protein. Der für das Nef-Protein (*negative factor*) codierende Genombereich liegt zwischen dem *env*-Gen und dem 3'-LTR, mit dessen U3-Region er überlappt. Die Expression dieses Gens erfolgt unabhängig von der transaktivierenden Wirkung des Tat-Proteins durch Translation einer mehrfach gespleißten mRNA. Hierdurch zählt das Nef-Protein zu den sehr früh während der Infektion gebildeten Virusproteinen. Das *nef*-Gen findet man im Genom aller Lentiviren. Sein Protein hat bei einer Länge von durchschnittlich 206 Aminosäuren ein Molekulargewicht von 25 bis 27 kD beim HIV-1 und etwa 34 kD bei HIV-2. Das Bel3-Produkt der humanen Spumaviren scheint dem Nef-Protein der Lentiviren zu entsprechen. Die Nef-Proteine sind aminoterminal myristyliert und werden zum Teil über die Fettsäuren in die Cytoplasmamembran der infizierten Zellen eingelagert. Daneben findet man sie aber auch im Zellkern. Nef-Proteine konnten auch in gereinigten Viruspartikeln nachgewiesen werden. Sie weisen eine hohe Variabilität von 17 Prozent der Aminosäuresequenzen auf. Außerdem findet man bei verschiedenen HIV-Isolaten unterschiedlich große Deletionen oder Insertionen im codierenden Bereich, bei anderen – so zum Beispiel dem Stamm HXB2 – sogar ein auf bis zu 124 Aminosäuren verkürztes Produkt. Die Funktion des Nef-Proteins während der Replikation und Infektion ist umstritten. Klar ist, daß das Protein die Synthese spezifischer Antikörper und cytotoxischer T-Zellen induziert. Das Nef-Protein kann an einem Threonin (Position 15 des Nef-Proteins von HIV-1) durch die Proteinkinase C phosphoryliert werden. Es gibt Hinweise, daß es mit anderen zellulären Kinasen interagiert, selbst Kinasefunktion besitzt und autophosphorylierend wirkt. Im Bereich der Aminosäuren 94 bis 123 weist das Nef-Protein von HIV-1 Homologie mit verschiedenen G-Proteinen auf. Über eine GTP-Bindung oder GTPase-Aktivität gibt es widersprüchliche Aussagen. Der ursprünglich beobachtete negative Effekt des Proteins auf die virale Transkription und Replikation wurde in anderen Arbeiten nicht bestätigt, hier zeigte sich dagegen ein positiver Einfluß. Ähnlich widersprüchlich sind die Aussagen über die Fähigkeit des Nef-Proteins, die Konzentration des CD4-Rezeptorproteins auf der Oberfläche infizierter Zellen zu senken und so der Überinfektion durch weitere HIV entgegenzuwirken.

Tof- und Rof-Proteine. Diese beiden Leserahmen identifizierte man kürzlich im Genom von HTLV-1. Das Tof-Protein besteht aus dem ersten Exon des Tax_1-Proteins und einem Exon aus der X-Genregion. In ähnlicher Weise wird das Rof-Protein durch das erste Exon des Rex_1-Proteins codiert, an das eine mit dem 3'-Ende des *env*-Gens überlappende Region angespleißt wird. Die Funktion beider Proteine ist unklar.

Nef-defiziente SIV-Stämme sind avirulent

Hinweise, daß das Nef-Protein für die Virulenz der Immundefizienzviren wichtig ist, erhielt man durch Untersuchungen von SIV-infizierten Rhesusaffen. Affen, die mit Viren infiziert wurden, die Defekte in den *nef*-Genen aufwiesen, starben im Gegensatz zu mit Wildtypviren infizierten Tieren nicht. Bei ihnen sind wesentlich weniger Lymphocyten infiziert. Möglicherweise beruht dieser Befund mit auf einem negativen Einfluß des Nef-Proteins auf die Virusreplikation. Bei Affen, die mit Nef-defekten SIV infiziert wurden, wirkt sich dieser hemmende Effekt nicht aus. Man vermutet, daß hier während der frühen Infektionsphase eine starke Virusreplikation stattfindet, die eine massive Immunantwort zur Folge hat, die wiederum zur Eliminierung der infizierten Zellen und des Virus führt. Bei den Wildtypviren wird dagegen zu Beginn der Infektion die Virussynthese durch die negative Wirkung des Nef-Proteins unterdrückt, und es etabliert sich eine persistierende Infektionsform, da eine kompetente Immunantwort nicht induziert wird. Ob dieses Modell korrekt und auf HIV-Infektionen übertragbar ist, ist unklar. Die Nef-Proteine beider Virustypen unterscheiden sich deutlich. Konserviert ist vor allem die zu den G-Proteinen homologe Domäne.

$p21^{x\text{-}III}$. Die Funktion dieses Proteins, das ebenfalls in der X-Genregion von HTLV-1 codiert wird, ist unklar. Der Leserahmen überlappt mit dem zweiten Exon des *rex_I*-Gens. Das Protein scheint ein Molekulargewicht von 21 kD zu besitzen und posttranslational modifiziert zu werden.

Bet- und Bel2-Protein. Das Bet-Protein der HSRV entsteht durch einen alternativen Spleißmechanismus, der die ersten 88 Codons des *bel1*-Leserahmens mit dem *bel2*-Gen verbindet. Das Bet-Protein hat ein Molekulargewicht von 60 kD und ist phosphoryliert. Das Bel2-Protein (44 kD) ist mit dem carboxyterminalen Bereich des Bet-Proteins identisch. Die Funktion beider Produkte ist nicht geklärt.

17.1.4 Replikation der Retroviren

Der externe Teil des Membranproteinkomplexes vermittelt die Adsorption der Retroviren an die Zielzellen. Bisher konnte man den zellulären Reaktionspartner der humanpathogenen Vertreter nur beim HIV identifizieren. Es handelt sich um das *CD4-Protein* (55 kD), ein Mitglied der *Immunglobulinsuperfamilie*, das aus vier extrazellulären, immunglobulinähnlichen Domänen besteht. Die aminoterminale Domäne weist drei Bereiche auf, die den *complementarity-determining regions (CDR)* der Immunglobuline ähneln. HIV bindet sich über die konservierte Region C3 nahe dem Carboxyterminus des gp120 (Abbildung 17.6) mit hoher Affinität (Dissoziationskonstante 10^{-9} M) an die Domänen CDR2 und CDR3. Dafür muß das gp120 in seiner nativen Konformation als wahrscheinlich trimerer Komplex vorliegen. Nur das glycosylierte gp120 bindet sich. Es sind also neben den Aminosäuren der C3-Region weitere, faltungsabhängige Determinanten an der Interaktion beteiligt. Der CD4-Rezeptor ist auf der Oberfläche von T-Helferzellen sowie von Makrophagen und Monocyten vorhanden. Bei Induktion der zellulären Immunantwort bindet er sich im Komplex mit den T-Zell-Rezeptoren an eine konstante Region der MHC-Klasse II-Proteine. Geringe Konzentrationen von CD4-Proteinen hat man auch auf anderen Zellen, wie Fibroblasten, nachgewiesen. Die CD4-Rezeptoren sind zwar hauptsächlich, aber nicht allein für

Das HIV benutzt neben dem CD4-Protein noch weitere Komponenten für die Adsorption an die Zellen

Das CD4-Protein ist der Hauptrezeptor für HIV. Man hat jedoch Hinweise, daß die Infektion bestimmter Zelltypen unabhängig davon erfolgt. Einige HIV-Stämme können Zellen infizieren, bei denen sich keine CD4-Rezeptoren auf der Oberfläche nachweisen lassen. Hierzu gehören unter anderem *neuronale Zellen* wie Oligodendrocyten oder Schwannsche Zellen. Die Infektion dieser Zellen kann durch Antikörper gegen *Galactosylceramid*, ein Glycolipid, gehemmt werden, das wahrscheinlich der Reaktionspartner von gp120 auf Gehirnzellen ist. Auch Antikörper, die gegen Epitope von gp120/gp41 gerichtet sind, jedoch keine neutralisierende Funktion haben, können eine CD4-unabhängige Virusadsorption vermitteln. Sie interagieren einerseits mit dem Viruspartikel und binden sich andererseits an Fc-Rezeptoren auf der Oberfläche unterschiedlicher Zelltypen, die in der Folge infiziert werden. Diese *antikörpervermittelte Adsorption* – man bezeichnet die dabei aktiven Immunglobuline auch als *infektionsverstärkende Antikörper* (siehe auch Abschnitt 13.2.) – sind möglicherweise bei der Pathogenese der HIV-Infektion von großer Bedeutung, da sie dem HIV den Eintritt in normalerweise nicht infizierbare Zellen ermöglichen.

die Adsorption der HIV-Partikel verantwortlich. Die V3-Region des gp120 kann mit *membranassoziierten, zellulären Proteasen* (wie der Tryptase oder dem CD26-Protein) oder mit Chemokinrezeptoren wechselwirken, die als akzessorische Interaktionspartner fungieren. Da die V3-Region mit Ausnahme des β-Turn-Bereichs (Abschnitt 17.1.3) eine hohe Sequenzvariabilität besitzt, vermutet man, daß hierauf zumindest teilweise die Präferenz bestimmter Virusisolate für bestimmte Zellen und Gewebe beruht. Im übrigen dient ein Membranprotein mit Ähnlichkeit zu zellulären G-Protein-gekoppelten Rezeptoren, das von Y. Feng und Mitarbeitern als Fusin bezeichnet wurde, dem lymphotropen HIV als Cofaktor für den Eintritt in T-Lymphocyten. Teile der viralen Glycoproteine binden sich an das Fusin und erleichtern die Verschmelzung der Membranen und so den Eintritt in die Zelle. Chemokinrezeptoren scheinen dem Virus bevorzugt den Eintritt in Makrophagen zu erleichtern.

Die meisten neutralisierenden Antikörper sind gegen die V3-Region gerichtet. Sie hemmen jedoch nicht die Bindung des gp120 an den CD4-Rezeptor, sondern beeinflussen Umlagerungen des Proteinkomplexes, die für die nachfolgenden Schritte der Partikelaufnahme und Membranfusion wichtig sind. Man stellt sich folgenden Ablauf vor: Das Virus bindet sich über die konservierte C3-Region an den CD4-Rezeptor. Das induziert Umlagerungen in der Proteinstruktur, die der V3-Region die Wechselwirkung mit anderen Oberflächenkomponenten ermöglichen. Zugleich aktiviert die Konformationsänderung die *Membranfusionsaktivität* des hydrophoben, aminoterminalen Endes des transmembranen gp41, das der fusogenen Region der F_1- oder HA_2- Proteine der Para- beziehungsweise Orthomyxoviren ähnelt (Abschnitte 14.2 und 15.1). Es lagert sich in die Cytoplasmamembran ein und vermittelt deren Verschmelzung mit der Virushülle, so daß das Capsid, das neben den beiden einzelsträngigen RNA-Genomen auch die Enzyme Reverse Transkriptase, Protease und Integrase enthält, ins Zellinnere gelangt (Abbildung 17.11).

Das Capsid bleibt während der folgenden Prozesse als partikuläre Struktur erhalten, auch wenn es seine Konformation – möglicherweise durch die Wirkung der Protease – verändert und somit für Nucleotide durchlässig wird. Im Cytoplasma schreibt die mit dem Ribonucleoproteinkomplex assoziierte Reversen Transkriptase das RNA-Genom in doppelsträngige

DNA um. Dieser Vorgang beginnt am 3′-OH-Ende des tRNA-Moleküls, das an die PB-Region im 5′-Bereich des RNA-Genoms gebunden ist und die Initiation der Polymerasereaktion ermöglicht. Ausgehend von der tRNA synthetisiert die Reverse Transkriptase im ersten Schritt in 5′ → 3′-Richtung einen zu den U5- und R-Sequenzen komplementären DNA-Strang. Die mit der Reversen Transkriptase assoziierte RNase-H-Funktion baut den RNA-Anteil des kurzen Hybridteils ab (Abbildung 17.9). Hierdurch liegt nun ein DNA-Einzelstrang vor, der die U5- und R-Sequenzen enthält und kovalent mit dem 3′-Ende der tRNA verknüpft ist. Dieses Molekül wird an das 3′-Ende des RNA-Genoms transferiert, hybridisiert hier an die in wiederholter Folge vorliegenden R-Sequenzen und dient als Primer für die Synthese des zum RNA-Genom komplementären, durchgehenden DNA-Stranges. Ob dieser *Primertransfer* intramolekular an das Ende desselben RNA-Stranges oder intermolekular an dasjenige des zweiten RNA-Genoms im Capsid erfolgt, ist unklar. Der RNA-Anteil des gebildeten RNA/DNA-Hybrids wird wiederum durch die RNase H abgebaut, jedoch nicht vollständig: Die kurze RNA-Folge des Polypurintraktes bleibt erhalten. Die Struktur des RNA/DNA-Hybrids ist in diesem Bereich offensichtlich gegenüber der RNase H resistent. Das 3′-OH-Ende dieses RNA-Abschnitts dient in der folgenden Reaktion als Primer für die Synthese des ersten, doppelsträngigen DNA-Abschnitts, der sich über die PB-Region der noch immer gebundenen tRNA erstreckt. Diese wird nun abgebaut. Übrig bleibt ein teil-

Die beiden RNA-Moleküle in den Virionen sind vermutlich für die Entstehung neuer Virustypen verantwortlich

Die Tatsache, daß alle infektiösen Retroviruspartikel zwei RNA-Genome enthalten, weist darauf hin, daß bei der reversen Transkription intermolekulare Prozesse stattfinden können. Man vermutet weiterhin, daß das diploide RNA-Genom die Basis für die Entstehung neuer Virustypen und der Onkoviren ist. Die reverse Transkription findet – wie oben beschrieben – unter Erhaltung der partikulären Strukturen statt, in denen die beiden RNA-Genome in enger räumlicher Nähe zueinander vorliegen. Bei der Neusynthese der DNA-Stränge kann die Reverse Transkriptase zwischen beiden Molekülen hin- und herwechseln und „Mosaikstränge" bilden, die aus aufeinanderfolgenden Abschnitten der Ausgangsgenome bestehen (*copy-choice*-Rekombination). Man vermutet, daß so auch zelluläre Gene Teil der viralen Erbinformation wurden: Die Virusgenome entsprechen ungespleißten mRNA-Spezies. Als Signal für ihre Verpackung dienen die ψ-Sequenzen an den 5′-Enden, die den *gag*-Genen vorgelagert sind. Gelegentlich erfolgt während des Infektionszyklus eine fehlerhafte Transkription, bei der auch die das Provirus flankierenden Wirtszellsequenzen abgelesen werden und damit Teil der gebildeten und in die Virionen eingelagerten RNA werden. Diese Partikel sind infektiös, die Capside werden von den Zellen aufgenommen, und bei der reversen Transkription können Mosaikstränge entstehen, wodurch die zellulären Sequenzen Teil des Retrovirusgenoms werden. In den folgenden Infektionszyklen verändern sie sich durch die hohe Fehlerrate bei der Transkription so sehr, daß sie ihre ursprüngliche Funktion verlieren, und man nur aufgrund ihrer sequentiellen Ähnlichkeit auf die Abstammung von Zellgenen schließen kann. So könnten Gene für zelluläre Membranproteine in die mRNA der evolutionär vermutlich sehr alten Retroelemente aufgenommen worden sein, die schließlich zu den *env*-Genen der exogenen Retroviren mutierten. Andere, in der Zelle für regulatorisch aktive Proteine codierende Sequenzen könnten sich analog als Teil der viralen Erbinformation zu den Onkogenen der C-Typ-Retroviren abgewandelt haben.

weise doppelsträngiges DNA-Molekül mit einer 3′-überhängenden Sequenz, die komplementär zur PB-Region ist. Hierzu komplementäre DNA-Sequenzen befinden sich auch am 3′-Ende des durchgehenden DNA-Erststranges. Sie können miteinander hybridisieren und die Primerstruktur für die nachfolgende Synthese des DNA-Doppelstranges liefern. Die Enden werden aufgefüllt. Schließlich liegt das Virusgenom als ein doppelsträngiges DNA-Molekül vor, bei dem die codierenden Sequenzen von den U3-, R- und U5-Einheiten der LTR-Regionen flankiert werden (Abbildung 17.9). Da die Reverse Transkriptase die Lesegenauigkeit nicht überprüfen kann, werden bei der Synthese der beiden DNA-Stränge mit einer Wahrscheinlichkeit von 10^{-3} bis 10^{-4} falsch gepaarte Basen eingebaut – ein Vorgang, der zu der bei Retroviren beobachteten hohen Mutationsrate beiträgt.

Das in eine doppelsträngige DNA überführte Virusgenom bleibt auch bei den weiteren Vorgängen mit den Capsidkomponenten verbunden und wird als Komplex mit ihnen in den Zellkern transportiert. Beim HIV ist das Matrixprotein p17, das im Viruspartikel mit der Innenseite der Membran assoziiert ist, hieran beteiligt. Eine phosphorylierte Form des p17 bleibt an die Capside gebunden und ermöglicht dem Virus den Transport des doppelstängigen DNA-Genoms in den Zellkern und so die Infektion von ruhenden Zellen. Ob hierbei noch weitere Faktoren aktiv sind, ist unklar. Lentiviren sind in dieser Hinsicht eine Ausnahme, da die anderen Retroviren nur sich teilende Zellen infizieren können. Im Zellkern wird das doppelsträngige DNA-Molekül in das Genom der Wirtszelle integriert. Dieser Vorgang wird von der dritten enzymatischen Komponente des Pol-Proteinkomplexes vermittelt: Die *Integrase* entfernt zwei Nucleotide von den 3′-Enden, so daß 5′-überhängende, einzelsträngige Dinucleotide entstehen. Ebenfalls durch die Aktivität der Integrase wird die zelluläre DNA an einer *willkürlichen Stelle* geschnitten, so daß überhängende 5′-Enden entstehen, die – je nach Virustyp – vier bis sechs Basen umfassen können. Diese 5′-Enden der zellulären DNA werden mit den 3′-Enden des Virusgenoms verbunden, die 5′-überhängenden Dinucleotide des Virusgenoms gehen verloren, und die einzelsträngigen Lücken werden durch zelluläre Reparatursysteme gefüllt und durch Ligasen zu Doppelsträngen geschlossen (Abbildung 17.10). Im Verlauf dieses Vorgangs verliert das Virusgenom seine beiden endständigen Nucleotide, vier bis sechs Basen der zellulären DNA, die das *integrierte Provirus* flankieren, werden dupliziert. Die Integration der viralen Erbinformation verändert das Zellgenom: Abhängig von der Lage des Ereignisses können zelluläre Gene zerstört werden, oder sie kommen unter die Kontrolle des 3′-LTR-Promotors und werden durch ihn aktiviert.

Die Integration des Virusgenoms ist die Voraussetzung für die Expression der Gene. An die U3-Region des LTR binden sich – in Abhängigkeit vom Virustyp – verschiedene zelluläre Faktoren, welche die Transkription durch die zelluläre RNA-Polymerase II ermöglichen. Beim HIV ist ein hierfür wichtiges Protein NFκB, beim HTLV-1 binden sich unter anderem CREB- und Ets-Faktoren (Abbildung 17.4). Beim HIV-1 geht man davon aus, daß bei ausreichenden Konzentrationen der zellulären Faktoren NFκB – dieser wird nach Stimulierung der infizierten T-Lymphocyten durch das Immunsystem in seine aktive Form überführt – und Sp1 eine geringe Transkription stattfindet, die meist nach den Sequenzen des TAR-Elements wieder abbricht. Gelegentlich wird aber doch eine mRNA gebildet, die gespleißt und im Cytoplasma in das Tat-Protein translatiert wird. Dieses steigert die Transkriptionsrate um das Hundertfache, indem es zurück in den Zellkern gelangt, sich an die TAR-Elemente bindet, die Transkripte stabilisiert und deren Elongation ermöglicht. In dieser frühen Infektionsphase findet man *drei Größenklassen viraler mRNA* im Zellkern:

1. mehrfach gespleißte mRNA-Moleküle mit einer Länge von etwa 2 000 Basen, die für die Proteine Tat, Rev und Nef codieren und denen das RRE-Element fehlt, das zusammen mit einem Intron entfernt wurde;
2. einfach gespleißte mRNA-Spezies mit einer Länge von etwa 4 000 Basen, die für die Proteine Env, Vif, Vpu und Vpr codieren;

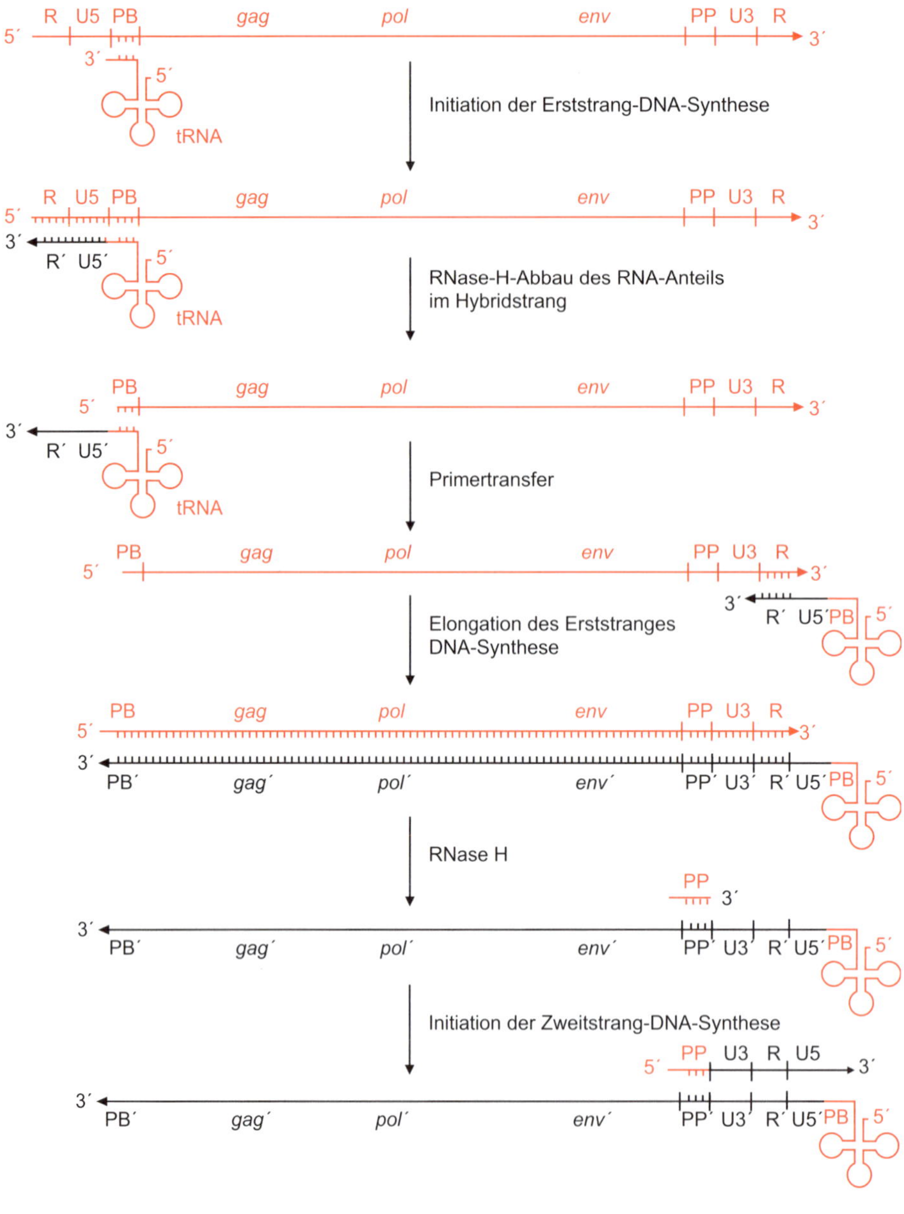

17.9 Vorgänge beim Umschreiben des einzelsträngigen RNA-Genoms der Retroviren in doppelsträngige DNA durch die Reverse Transkriptase. Das mRNA-Genom des Virus und die von ihm gebundene tRNA sind rot dargestellt, die Sequenzen, die im Verlauf der reversen Transkription in DNA umgeschrieben werden, schwarz. Die Sequenzelemente und offenen Leserahmen tragen die üblichen Abkürzungen, so wie sie im Text und in den anderen Abbildungen dieses Kapitels verwendet und erklärt sind. Sequenzen, die komplementär zu den RNA-Sequenzen des Genoms sind, tragen zusätzlich hochgestellte Striche (′).

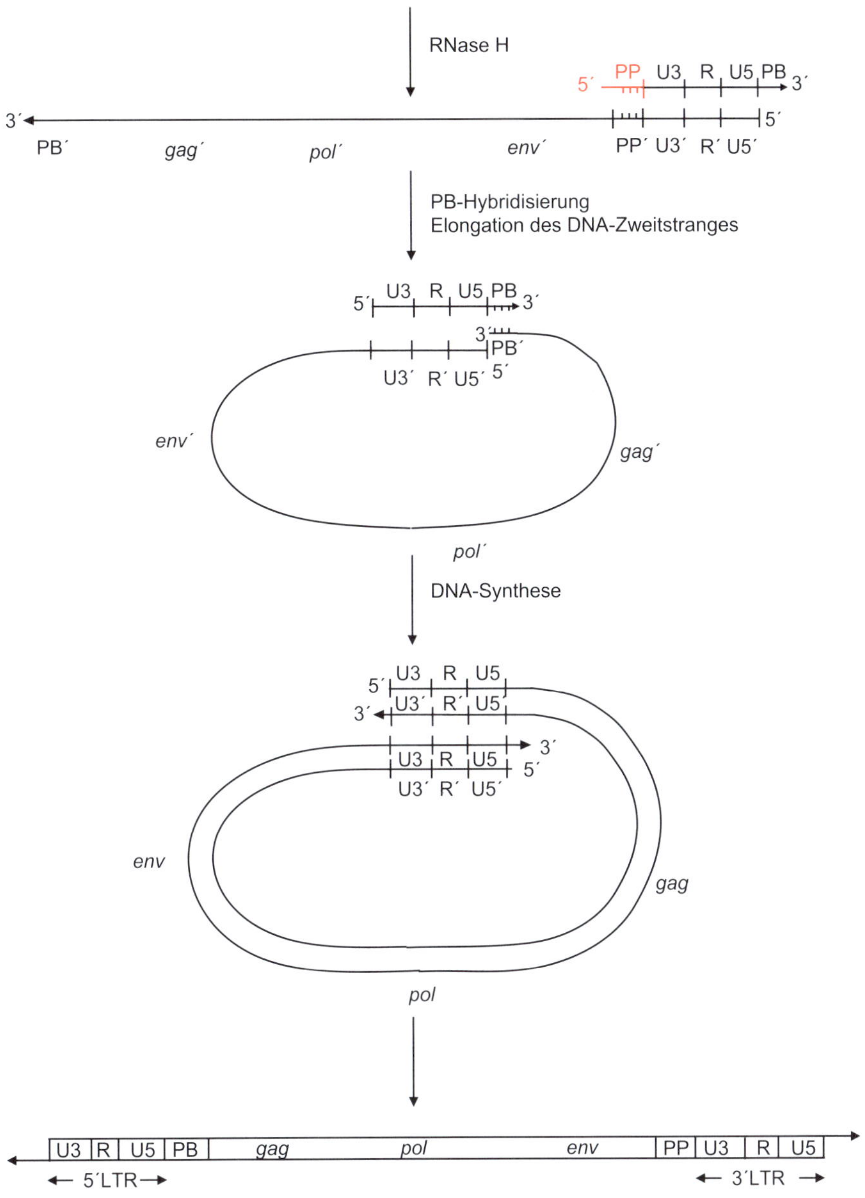

3. ungespleißte mRNA-Formen, von denen die Gag- und Gag/Pol-Proteine translatiert werden und die den RNA-Genomen entsprechen (Abbildung 17.11).

Die mehrfach gespleißten mRNA-Spezies überwiegen. Sie werden in das Cytoplasma transportiert und in die entsprechenden Proteine translatiert.

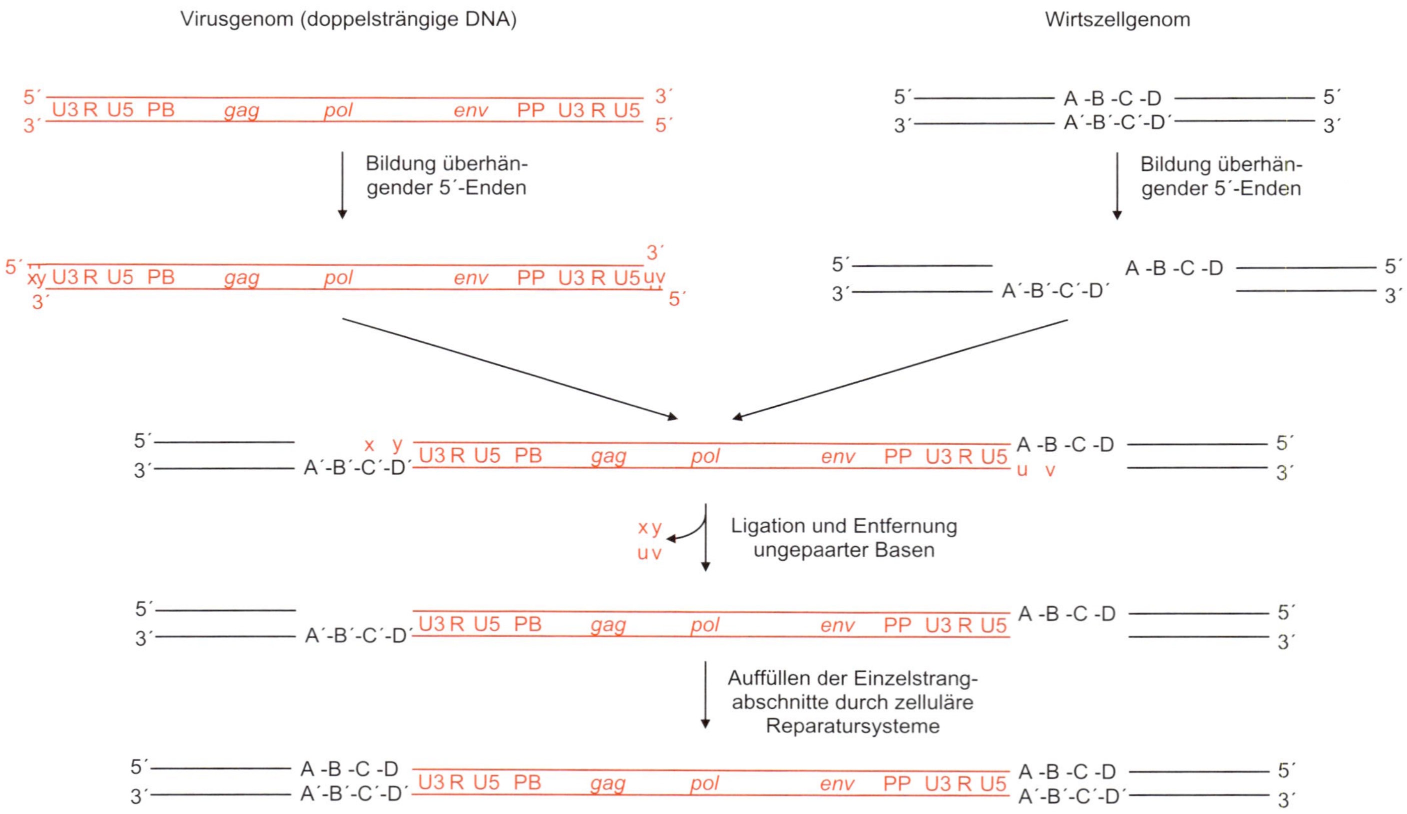

17.10 Die Integration des viralen DNA-Doppelstranggenoms nach abgeschlossener reverser Transkription in das Genom der Wirtszelle. Rot: Sequenzen des Provirus, das als doppelsträngige DNA vorliegt. Schwarz: Sequenzen der DNA der Wirtszelle. Mit u und v beziehungsweise x und y sind zwei endständige Basen der nicht integrierten Provirus-DNA angedeutet, die im Verlauf der Integration entfernt werden. Mit A, B, C und D ist die willkürliche Basenfolge der Wirtszell-DNA angegeben, an welcher die Integrase schneidet und 5′-überhängende Enden herstellt. Diese Basenfolgen liegen nach erfolgter Integration zu beiden Seiten der Provirus-DNA in identischer Folge vor.

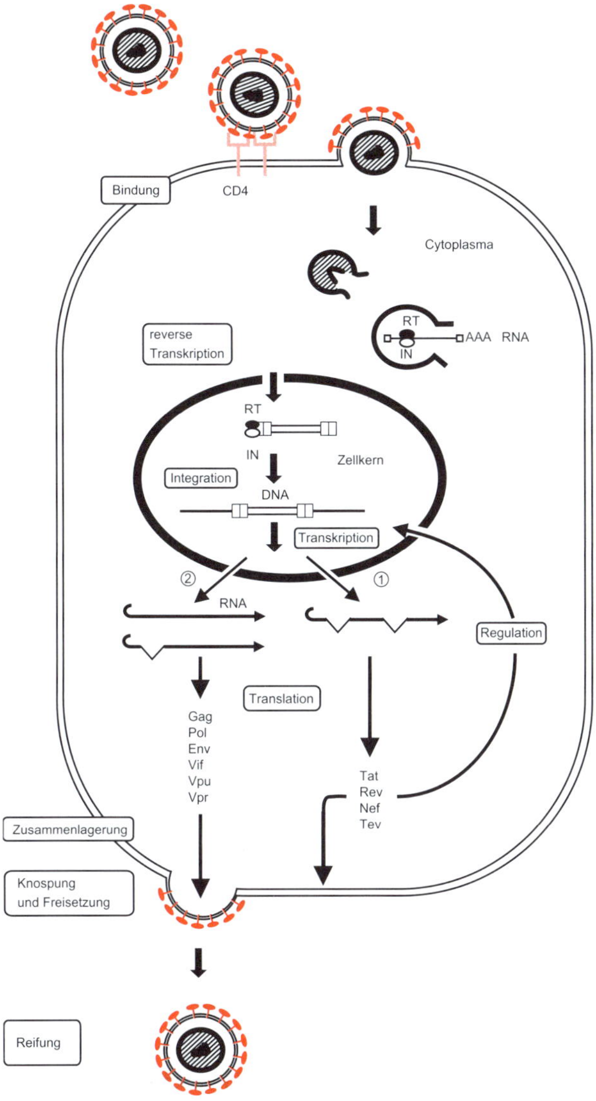

17.11 Zusammenfassung der Vorgänge, die bei der HIV-Infektion einer CD4-positiven Zelle ablaufen. Im oberen Teil der Abbildung adsorbiert das Virus mit dem äußeren Teil des Glycoproteinkomplexes an den CD4-Rezeptor, und die Hüllmembran des Virus verschmilzt mit der Cytoplasmamembran. Das RNA-Genom des Virus wird durch die Reverse Transkriptase (RT) in doppelsträngige DNA umgeschrieben. Im Zellkern vermittelt die virale Integrase (IN) die Integration der Virus-DNA in das Zellgenom. Die Provirus-DNA wird durch die RNA-Polymerase II der Zelle transkribiert, wobei anfangs mehrfach gespleißte mRNAs gebildet werden, die nach dem Export aus dem Zellkern in das Cytoplasma translatiert werden. Die im Cytoplasma synthetisierten regulatorisch aktiven Proteine Tat, Rev, Nef und Tev werden in den Zellkern transportiert und führen hier zur verstärkten Transkription und zur Bildung ungespleißter und einfach gespleißter mRNAs. Diese dienen nach dem Transport in das Cytoplasma sowohl zur Translation der viralen Strukturproteine und der akzessorischen Polypeptide wie auch als Virusgenome, die sich an der Cytoplasmamembran mit den Proteinkomponenten zusammenlagern. In der Folge kommt es zur Knospung unreifer Viruspartikel von der Zelloberfläche (unterer Teil der Abbildung). Die Reifung zu infektiösen Viren erfolgt über die Spaltung der Gag- und Gag/Pol-Vorläuferproteine durch die virale Protease.

Die Variabiltät der Retroviren beruht hauptsächlich auf der Ungenauigkeit der Aktivität der RNA-Polymerase II

Die Virusgenome werden von der zellulären RNA-Polymerase II produziert, die mit einer relativ hohen Fehlerrate beim Einbau der Nucleotide arbeitet und über keine Korrekturmöglichkeiten verfügt. Bei den Prozessen, die dieses Enzym in der Zelle durchführt, ist eine hohe Genauigkeit nicht notwendig. Es ist normalerweise für die Synthese von relativ kurzlebigen Produkten wie mRNA-Molekülen verantwortlich, die in der Folge in Proteine translatiert werden. Die dabei entstandenen Fehler werden daher nicht vererbt. Bei der Produktion der mRNAs ähnlichen Retrovirusgenome manifestieren sich die Mutationen dagegen in der Erbinformation der Nachkommenviren, die schließlich von der infizierten Zelle freigesetzt werden. Auch die Reverse Transkriptase trägt mit zu den vielen beobachteten Variationen der RNA-Viren bei, vermutlich aber in einem geringeren Ausmaß als die RNA-Polymerase II. Die Reverse Transkriptase wird nur einmal während des Infektionszyklus benötigt, nämlich beim Umschreiben des RNA-Genoms in DNA vor der Integration in das Wirtszellgenom. Die vielen tausend RNA-Genome, welche in die Nachkommenviren verpackt werden, sind jedoch Produkte der RNA-Polymerase II. Die Quasispezies, die man insbesondere bei HIV-Infektionen beobachtet hat, dürften daher vor allem auf die fehlerhafte Arbeitsweise des zellulären Enzyms zurückzuführen sein.

Die Aktivität des Rev-Proteins ist Voraussetzung für den Übergang von der frühen zur späten Zyklusphase. Da es von einer der mehrfach gespleißten mRNA-Moleküle synthetisiert wird, liegt es bereits früh vor. Nach dem Transport in den Zellkern bindet es sich an die RRE-Elemente der einfach und ungespleißten mRNA-Spezies und ermöglicht ihren Export in das Cytoplasma, wo sie translatiert oder als RNA-Genome in die entstehenden Partikel verpackt werden.

Die Synthese der Env-Proteine verläuft an der Membran des endoplasmatischen Reticulums. Die aminoterminale Domäne wirkt als Signalpeptid und sorgt für die Bindung des Signalerkennungspartikels (*signal-recognition-particle*). Die wachsende Aminosäurekette wird durch die ER-Membran geschleust und dort über die hydrophobe Region im carboxyterminalen Bereich verankert (Abbildung 17.6). Die Env-Proteinbereiche, die im Lumen des endoplasmatischen Reticulums lokalisiert sind, werden an Asparaginresten glycosyliert. Die Polypeptide interagieren zu vermutlich trimeren Komplexen. Die Aktivität der ebenfalls mit der ER-Membran assoziierten Vpu-Proteine verhindert, daß die viralen Glycoproteine vorzeitig mit den CD4-Rezeptoren wechselwirken. Im Verlauf des Transports über den Golgi-Apparat zur Zelloberfläche erfolgt die Spaltung in den externen (gp120) und den membranverankerten Proteinanteil (gp41). Die Glycoproteinkomplexe lassen sich auf den Oberflächen infizierter Zellen nachweisen. Sie entfalten hier ihre fusogene Wirkung, indem sie sich an die CD4-Proteine nichtinfizierter Zellen binden – Fusin und Chemokinrezeptoren dienen dabei als mögliche Cofaktoren – und die Verschmelzung der Membranen induzieren. So kann das HIV-Genom von Zelle zu Zelle weitergegeben werden und das Virus sich partikelunabhängig im Organismus verbreiten.

Die Translation aller anderen Virusproteine erfolgt an freien Ribosomen im Cytoplasma. Die Gag- und Gag/Pol-Vorläuferproteine werden während ihrer Synthese am aminoterminalen Ende myristyliert und mit Hilfe zellulärer Faktoren zur Zellmembran transportiert, an die sie sich anlagern. Hier findet die Morphogenese zu infektiösen Virionen statt. Vermutlich über intermolekulare Wechselwirkungen der Matrix- und Capsidproteinanteile akkumulieren die Gag- und Gag/Pol-Vorläuferproteine in Bereichen, die elektronenmikroskopisch erkennbar sind. Weitere Interaktionen erfolgen zwischen den Gag-Vorläufern und den ebenfalls an der Zelloberfläche vorhandenen Glycoproteinen. Hieran sind vermutlich Aminosäuren der Matrixproteine und der in das Zellinnere orientierten Anteile der Transmembranproteine beteiligt. Auch zelluläre Chaperone wie das Cyclophilin, eine Prolin-Isomerase, spielen hierbei vermutlich eine wichtige Rolle. Die genomischen RNA-Moleküle – also die mRNA-Spezies, von denen die Gag- und Gag/Pol-Vorläuferproteine translatiert werden – enthalten in der *Leader*-Region zwischen dem U5-Bereich und den *gag*-Genen das ψ-Element. Allen anderen mRNA-Spezies fehlt es, da es durch Spleißen entfernt wird. Über dieses ψ-Element binden sich die RNA-Genome an die Zinkfingermotive der Nucleocapsidproteinanteile in den Gag-und Gag/Pol-Vorläuferprodukten. Dieser Mechanismus gewährleistet, daß nur vollständige RNA-Moleküle mit den Viruskomponenten an der Membran interagieren. Unklar ist, wie sichergestellt wird, daß immer zwei RNA-Genome an die Bereiche angelagert und in die entstehenden Partikel verpackt werden. Bei Kontakt mit den RNA-Molekülen stülpen sich die betroffenen Membranbereiche an der Zelloberfläche aus und bilden Vesikel, die sich abschnüren. In diesen noch unreifen Viruspartikeln liegen in hoher, lokaler Konzentration Gag/Pol-Vorläuferproteine vor sowie – bedingt durch die Aminosäurezusammensetzung der Virusproteine – ein leicht saurer pH von etwa 6,0 bis 6,2. Die Proteasedomänen, die sich am Übergang zwischen den Gag- und Pol-Bereichen befinden, können so dimerisieren und in der leicht sauren Umgebung ihre optimale Wirkung entfalten. In einem autokatalytischen Schritt spalten sie sich aus dem Vorläufermolekül heraus. Die Gag- und Gag/Pol-Vorläufer werden anschließend in die Matrix-, Capsid-, Nucleocapsid- und Link-Proteine sowie die Reverse Transkriptase und Integrase prozessiert. Gleichzeitig machen die Viruspartikel strukturelle Umlagerungen unter Ausbildung des konischen Capsids durch und werden infektiös. Da die Protease erst im von der Zelle freigesetzten Viruspartikel aktiviert wird, ist sichergestellt, daß die Vorläuferproteine nicht bereits im Cytoplasma gespalten werden. Dann ginge nämlich die Verbindung mit der Membran verloren, und eine korrekte Morphogenese und Assoziation mit den RNA-Genomen wären unmöglich. Auch würde die proteolytische Wirkung zelluläre Polypeptide betreffen und die Zelle vorzeitig schädigen. Die Zellen sterben durch die Virusvermehrung ab; der programmierte Zelltod wird induziert.

Der Replikationszyklus von HTLV ist dem von HIV sehr ähnlich. Auch hier findet man in der Frühphase die Translation der mehrfach gespleißten mRNA-Spezies und die Synthese der Tax- und Rex-Proteine. Die Tax-Proteine lagern sich an zelluläre Faktoren an, die an Sequenzelemente der U3-Region gebunden sind, und verstärken so die Transkription der viralen Gene. Die Rex-Proteine interagieren mit den RxRE-Regionen, die sich nahe dem 5′-Ende der ungespleißten RNA-Spezies befinden, die für die Gag-, Gag/Prot- und Gag/Prot/Pol-Vorläuferproteine codieren, vermitteln hierüber ihren Export aus dem Kern und ihre Translation. Die Vorgänge bei der Morphogenese ähneln weitgehend den für HIV beschriebenen.

Die einfachen Retroviren besitzen keine genetische Information für Regulatorproteine oder Transaktivatoren. Die Genexpression der integrierten Provirussequenzen wird ausschließlich durch zelluläre Faktoren induziert, die spezifisch mit bestimmten *cis*-aktiven Elementen der U3-Regionen interagieren. Der Übergang von der frühen zur späten Infektionsphase ist nicht reguliert, da diese Viren nicht über Produkte verfügen, die den Rev-Proteinen entsprechen. Die Vorgänge bei der reversen Transkription und Integration der Virussequenzen beziehungsweise bei der Bildung infektiöser Partikel sind jedoch vergleichbar mit den oben beschriebenen. Im Gegensatz zu HIV sind diese Viren nicht cytolytisch. Sie induzieren eine *persistierende (produktive) Infektion*, in deren Verlauf kontinuierlich Nachkommenviren gebildet werden, ohne daß die Zelle hierdurch geschädigt oder abgetötet wird.

Retrovirale Vektoren ähneln den Genomen defekter Retroviren

Retrovirale Vektoren finden in den letzten Jahren bevorzugt Einsatz bei gentherapeutischen Ansätzen. Sie sind meist von murinen Leukämieviren (MLV) abgeleitet und enthalten alle für die Integration notwendigen Sequenzen der LTR-Regionen und das für die Verpackung verantwortliche ψ-Element. Die für die Virusproteine codierenden Bereiche sind durch Fremdgene und deren Kontrollsequenzen ersetzt, die man in menschliche Zellen einbringen möchte. Die Vektoren werden in sogenannten Helferzellinien exprimiert, die eine Kopie eines kompletten Retrovirusgenoms enthalten. Es synthetisiert alle für die Replikation und Infektion notwendigen Proteine, kann jedoch seine genomische Virus-RNA nicht in Partikel verpacken, da es einen Defekt in den ψ-Sequenzen aufweist. Werden die retroviralen Vektoren in diese Helferzellen eingebracht und transkribiert, kann die gebildete transgene mRNA durch die ihr eigene ψ-Region mit den Strukturproteinen des Helfervirus interagieren und zu Partikeln verpackt werden. Die rekombinanten Virionen, die keinerlei Erbinformation für Viruskomponenten besitzen, adsorbieren über ihre Oberflächenproteine an Zellen, die Capside werden in das Cytoplasma aufgenommen, und die transgene RNA wird in doppelsträngige DNA überschrieben und in das Wirtszellgenom integriert. Der Vorteil dieses Systems ist die stabile Integration der Fremdgene, die bei Teilungen auf die Tochterzellen weitergegeben werden. Nachteilig ist die Retroviren eigene unspezifische Integration an willkürlichen Stellen des Zellgenoms. Weiterhin kann bei den heute gebräuchlichen Systemen eine intrazelluläre Rekombination der LTR-Regionen des integrierten Vektors mit ähnlichen Sequenzen der im menschlichen Genom verbreiteten Retroelemente und endogenen Retroviren nicht ausgeschlossen werden. Dieser Vorgang könnte zur Mobilisierung der Fremdgene führen.

17.1.5 Das humane Immundefizienzvirus (HIV)

Epidemiologie und Übertragung

Die Immunschwäche AIDS (*acquired immunodeficiency syndrome*) wurde erstmals 1981 bei einer Gruppe homosexueller Männer mit schweren opportunistischen Infektionen beschrieben. Der Übertragungsweg ließ schon damals auf ein in Blut oder Blutprodukten vorhandenes Virus schließen. Diese Vermutung wurde 1983 bestätigt, als die Arbeitsgruppen von Luc Montagnier am Pasteur-Institut in Paris und von Robert Gallo am National Cancer Institute in Bethesda aus den Lymphocyten von AIDS-Patienten Retroviren isolierten, die sie anfangs mit den Namen LAV (*lymphadenopathy-associated virus*) beziehungsweise HTLV-III belegten. Im weiteren Verlauf zeigte sich jedoch, daß das neue Virus keine der anfangs von Gallo vermuteten Ähnlichkeiten mit den humanen T-Zell-Leukämie-Viren besaß. Ab 1986 verwendete man die heute international gebräuchliche Bezeichnung HIV (*human immunodeficiency virus*). Aufgrund von Sequenzunterschieden teilt man HIV-1 heute in neun Subtypen ein: A bis H und zusätzlich HIV-0. Ein zweiter HIV-Typ (HIV-2) wurde 1986 erstmals aus einem westafrikanischen AIDS-Patienten isoliert. Die Viren scheinen ihren Ursprung in Afrika zu haben. Retrospektive serologische Untersuchungen ergaben, daß schon vor 1980 Antikörper gegen HIV sporadisch in der Bevölkerung vorhanden waren. Die HIV-1-Epidemie begann Anfang der achtziger Jahre etwa gleichzeitig in den größeren Städten Zentralafrikas und der USA. Seitdem hat sich diese Infektion weltweit ausgebreitet und sich insbesondere in den Ländern der Dritten Welt – vor allem in Afrika, Indien, Südostasien und Südamerika – zu einer *Pandemie* entwickelt. Die HIV-2-Infektion war ursprünglich vor allem auf Westafrika beschränkt. In den letzten Jahren wurden jedoch gehäuft Fälle in Indien und vereinzelt auch in vielen anderen Ländern nachgewiesen. Auch dieses Virus hat also die Kontinentgrenzen überschritten. Nach Angaben der Weltgesundheitsorganisation (WHO) sind heute etwa 14 Millionen Menschen mit HIV infiziert, allein acht Millionen davon in Afrika. Bis zum Jahr 2 000 werden vermutlich 30 bis 40 Millionen Menschen infiziert sein.

HIV-1 befällt außer Menschen nur Schimpansen, bei denen man aber bisher keine Zeichen einer Immundefizienz gefunden hat. HIV-2, das auf molekularer Ebene eine enge Verwandtschaft mit den Immundefizienzviren der Affen (SIV) aufweist, kann bei einigen Makakenarten chronische Infektionen hervorrufen, die ebenfalls nur selten mit einer Immunschwäche assoziiert sind. SIV ruft bei Rhesusaffen eine AIDS-ähnliche Erkrankung hervor. Grüne Meerkatzen als die natürlichen Wirte überleben die Infektion dagegen ohne Erkrankung. Außerdem fand man HIV-ähnliche Immundefizienzviren bei Rindern (*bovine immunodeficiency virus*, BIV) und Katzen (*feline immunodeficiency virus*, FIV). *In vitro* kann man die Erreger in T-Zell- oder Makrophagenlinien züchten.

Beim Menschen werden die Viren durch *kontaminiertes Blut* (zum Beispiel bei Transfusionen, durch kontaminierte Injektionsnadeln oder andere medizinische Instrumente, bei gemeinsamem Gebrauch von Injektionsspritzen durch Drogenabhängige) und *Blutprodukte* (nicht virusinaktivierte Blutgerinnungs- oder Immunglobulinpräparate) sowie durch die Samen- oder Vaginalflüssigkeit bei *homo-* und *heterosexuellen Sexualkontakten* übertragen. Außerdem wird das Virus häufig vor oder bei der Geburt oder auch beim Stillen von infizierten Frauen auf die Kinder übertragen.

Klinik

Die *Primärinfektion* mit HIV verläuft häufig inapparent. Nur in 20 bis 30 Prozent der Fälle ist sie mit grippe- oder mononucleoseähnlichen Symptomen und mit Lymphknotenschwellungen verbunden. Diese werden meist aber erst rückblickend auf die HIV-Serokonversion bezogen. Vorübergehend findet man ein Absinken der CD4-positiven Lymphocyten auf unter 500 Zellen pro Mikroliter und eine Verschiebung des T4/T8-Zellquotienten auf weniger als 0,5. Hieran kann sich ein mehrere Jahre lang dauerndes, *symptomfreies Latenzstadium* anschließen. In dieser Zeit lassen sich in den Patienten zwar HIV-spezifische Antikörper nachweisen, infektiöses Virus oder virushaltige Zellen findet man im peripheren Blut jedoch nur selten (Abbildung 17.12); mit der Polymerasekettenreaktion sind allerdings Virus-RNA-Genome nachweisbar – ein Hinweis auf infektiöse Partikel. Heute kennt man Fälle, bei denen diese asymptomatische Phase seit über zehn Jahren andauert. An die Latenzphase kann sich über mehrere Wochen bis Jahre lang das Stadium der *Lymphadenopathie* (LAS = Lymphadenopathisches Syndrom) anschließen. Es ist durch eine mehr als drei Monate persistierende Vergrößerung von mindestens zwei peripheren Lymphknoten gekennzeichnet. Das LAS-Stadium kann in den *AIDS-related complex* (ARC) übergehen. Hier treten zusätzlich Fieber, Nachtschweiß und Gewichtsverlust auf, und gelegentlich beobachtet man beginnende opportunistische Infektionen wie eine ösophageale Candidiasis. Die Symptome können sich aber spontan wieder zurückbilden. HIV-spezifische Antikörper sind auch während dieser Zeit im Serum der Patienten vorhanden, und die Zahl der CD4-positiven Zellen kann auf unter 400 pro Mikroliter absinken. Die HIV-Infektion kann in der Phase des LAS/ARC über Jahre stabil bleiben oder innerhalb von wenigen Wochen und Monaten in das Vollbild der AIDS-Erkrankung übergehen. Ein Hinweis auf die Verschlechterung der klinischen Situation ist meist der weitere Abfall der CD4-positiven Zellen. Als

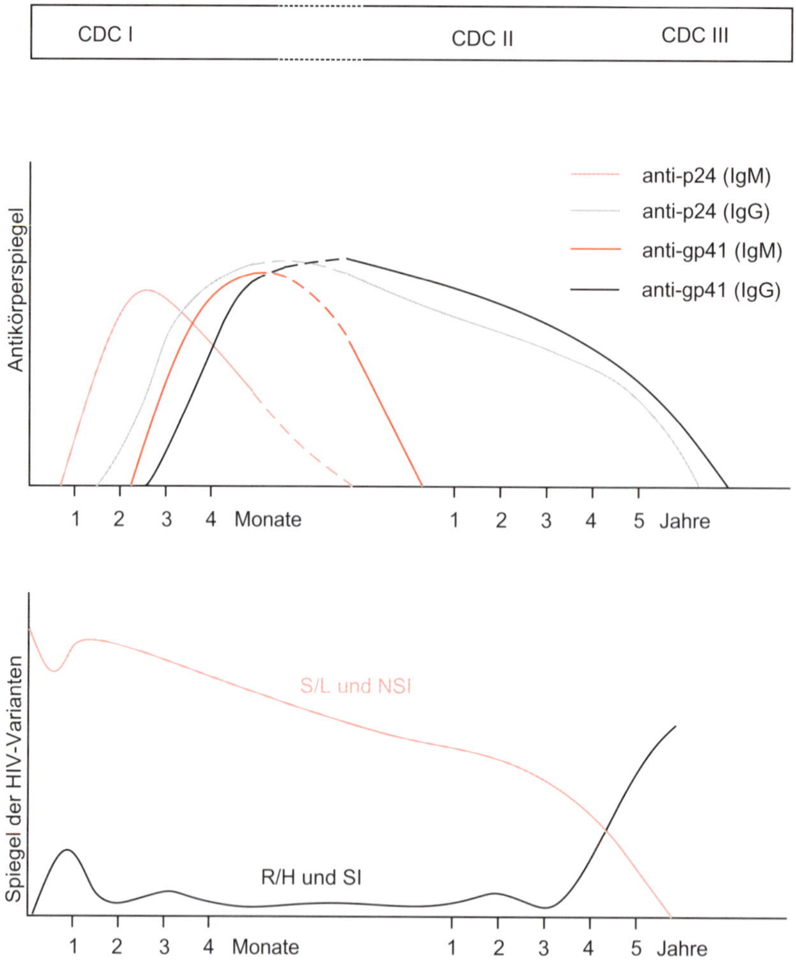

17.12 Klinische Krankheitsstadien nach der CDC-Klassifikation (oben) in Verbindung mit dem serologischen Verlauf der HIV-Infektion (Mitte) und den Konzentrationen an freiem HIV im peripheren Blut (unten). Frühzeitig nach der Infektion findet man die Bildung von IgM gegen die Capsidproteine (hellrot), gefolgt von IgM gegen die Glycoproteine (rot). Dem IgM folgen IgG-Antikörper gegen die Capsidproteine (hellgrau) und die Glycoproteine (schwarz). Während IgM einige Monate nach der Infektion nicht mehr nachweisbar ist, bleibt die Konzentration des IgG über unterschiedlich lange Zeiträume konstant. Sie nimmt beim Übergang der Erkrankung in das Stadium CDC-III ab. Zu Beginn der Infektion findet man in den infizierten Zellen bevorzugt HIV-Varianten, die in der Zellkultur dem Wachstumstyp *slow/low* (S/L, rote Linie) entsprechen beziehungsweise keine Syncytienbildung induzieren (NSI). Diese nehmen bei fortschreitender Infektion ab und werden kontinuierlich durch HIV-Varianten ersetzt, die zur Induktion der Syncytienbildung (SI, schwarze Linie) neigen und sich in Kultur schnell zu hohen Konzentrationen (*rapid/high* = R/H) vermehren.

eine kritische Grenze gelten 200 CD4-positive Zellen pro Mikroliter Blut. Zunehmende Defekte der zellvermittelten Immunantwort, die vor allem zu sich *wiederholenden Infekten* mit *opportunistischen Erregern* und/oder dem Auftreten von *malignen Tumoren* (vor allem *Kaposi-Sarkomen* bei homosexuellen Männern und Lymphomen) führen, charakterisieren das Vollbild AIDS. *Neurologische Symptome* (subakute Encephalitis) sind in der Spätphase der Erkrankung häufig. Bei einem Teil der Patienten entwickeln sich *Demenzsyndrome* oder *Gehirnatrophien*. Aus dem Gehirn dieser Personen, aber auch bei HIV-positiven Personen ohne neurologische Manifestation, kann man Viren isolieren. In der Spätphase der Erkrankung sinken die HIV-spezifischen Antikörper ebenso wie die CD4-Zellzahl ab, und infektiöse Viren sind im peripheren Blut nachweisbar. Die Patienten erliegen meist einer lebensbedrohenden, opportunistischen Infektion.

Die HIV-Erkrankung kann nach den Kriterien der Centers for Disease Control (CDC) in drei Stadien (I bis III) unterteilt werden. Sie setzen sich aus den drei klinischen Kategorien der Krankheit (A bis C, Tabelle 17.3) sowie der Anzahl CD4-positiver Zellen zusammen, die man ebenfalls drei Gruppen zuordnet. Dem Stadium CDC-I ordnet man alle Patienten zu, die mehr als 500 CD4-positive Zellen pro Mikroliter Blut aufweisen und Symptome der klinischen Kategorien A oder B zeigen beziehungsweise 200 bis 499 CD4-positive Zellen pro Mikroliter Blut besitzen, aber symptomfrei sind. Patienten der klinischen Kategorie B mit weniger als 500 CD4-Zellen pro Mikroliter oder der klinischen Kategorie A mit weniger als 200 CD4-positiven Zellen pro Mikroliter werden dem Stadium CDC-II zugerechnet. Alle Patienten mit dem Vollbild AIDS, das heißt den Symptomen der klinischen Kategorie C, ordnet man unabhängig von der CD4-Zellzahl in das Stadium CDC-III ein.

Tabelle 17.3: Klinische Kategorien der HIV-Infektion der Centers for Disease Control (CDC)

Kategorie A	akute HIV-Infektion: mononucleoseähnliches Bild akute (primäre) HIV-Infektion mit Symptomen perstistierende, generalisierte Lymphadenopathie (LAS)
Kategorie B	Krankheiten und Symptome, die nicht in die AIDS-definierte Kategorie C fallen, die aber ursächlich mit der HIV-Infektion verbunden sind oder auf eine Störung der zellulären Immunabwehr schließen lassen
	bazilläre Angiomatose *Candida*-Infektionen des Oropharynx chronisch verlaufende oder schwere vulvovaginale *Candida*-Infektionen cervicale Dysplasien oder Carcinoma *in situ* andauerndes Fieber über 38,5°C Durchfälle, die länger als vier Wochen andauern orale Haarleukoplakie rezividierender *Herpes zoster* (Gürtelrose) periphere Neuropathie
Kategorie C	AIDS-definierende Erkrankungen
	Pneumocystis carinii-Pneumonie *Toxoplasma*-Encephalitis *Candida*-Infektionen des Ösophagus, der Bronchien, der Luftröhre und der Lunge chronische *Herpes simplex*-Infektionen mit Ulcerationen, Herpes-Bronchitis, Herpes-Pneumonie, Herpes-Ösophagitis generalisierte Cytomegalievirus-Infektionen, Cytomegalievirus-Retinitis extrapulmonale Cryptococcen-Infektionen disseminierende oder extrapulmonale Tuberkulose (typische und atypische Mykobakterien; *Mycobacterium avium* oder *M. kansasii*) Kaposi-Sarkom maligne Lymphome (Burkitt-Lymphom, immunoblastisches oder primäres zerebrales Lymphom) invasive Cervix-Karzinome HIV-Encephalopathie Wasting-Syndrom

Pathogenese

Das Virus gelangt bei der Infektion entweder direkt oder über Verletzungen der Schleimhautbereiche in das Blut. Man vermutet, daß die *Langerhans-Zellen* der Haut die ersten Zielzellen des Virus sind, die es über die afferente Lymphflüssigkeit in die nächstliegenden Lymphorgane und -gewebe transportieren. Die Lymphknoten, die danach das HIV in ihrem Netzwerk aus follikulären dendritischen Zellen enthalten, sind das Virusreservoir. Hier findet der Erreger T-Lymphocyten für seine Vermehrung vor und stimuliert gleichzeitig die zellvermittelte und die humorale Immunantwort. Auch Makrophagen werden früh durch das Virus infiziert und transportieren es in das Gehirn. Während der Latenzphase findet eine aktive Virusreplikation statt, obwohl man kaum infektiöses, frei zirkulierendes HIV im Blut findet. Im peripheren Blut ist zwar nur etwa eine von 10^4 bis 10^5 CD4-positiven Zellen mit HIV infiziert, und die Architektur der Lymphknoten ist intakt. In ihren Keimzentren findet man jedoch eine hochgradige Anreicherung HIV-infizierter Zellen wie auch mit Antikörpern komplexierte Viren. Die Viren werden von den follikulären dendritischen Zellen adsorbiert, die als Filter dienen und verhindern, daß sie die Lymphknoten verlassen. Während dieser frühen Infektionsphase repliziert sich das Virus außer in den Lymphknoten in anderen lymphoretikulären Geweben wie der Milz, den Tonsillen und den Peyerschen Plaques. Kürzlich konnten die Arbeitsgruppen von David Ho und George Shaw zeigen, daß aber auch im peripheren Blut während der frühen, noch symptomfreien Phase der Infektion pro Tag etwa 10^9 neue infektiöse Viruspartikel gebildet und freigesetzt und ebensoviele CD4-positive Zellen zerstört werden – das entspricht etwa fünf Prozent der gesamten Lymphocyten eines Menschen. Genausoviele werden jedoch regeneriert. Die Viren werden von dem noch intakten Immunsystem abgefangen und eliminiert. Diese Daten zeigen, daß eine massive Virusproduktion abläuft, die aber von der Immmunabwehr in Schach gehalten wird.

Dieses Gleichgewicht bricht beim Übergang in die symptomatische Phase völlig zusammen. Das Immunsystem kann die freigesetzten Viren nicht mehr abfangen und die Zellen, die Viren produzieren, eliminieren. Das HIV-Genom unterliegt einer *hohen Mutationsrate* – aufgrund der Fehlerrate bei den Transkriptionsvorgängen besitzt jedes produzierte Virus durchschnittlich mindestens ein falsch eingebautes Nucleotid. Aufgrund des gleichzeitig ausgeübten Selektionsdrucks durch das Immunsystem verändern die Viren kontinuierlich die Epitope sowohl für die humorale als auch für die zelluläre Immunreaktion und entgehen den Abwehrmechanismen. Zugleich mit der Ausbildung von immunologisch nicht mehr kontrollierbaren Varianten verändern die Viren ihre *Replikationseigenschaften* und zeigen einen veränderten *Zelltropismus*. Während man in der frühen Infektionsphase bevorzugt Viren isoliert, die sich *in vitro* langsam (*slow*) mit niedrigen (*low*) Konzentrationen an Nachkommenviren vermehren und nur wenige Syncytien durch die gp120/CD4-vermittelte Fusion der Zellmembranen induzieren (*no syncytium induction*) – sie werden deshalb als S/L- oder NSI-Stämme bezeichnet –, haben die Viren der Spätstadien andere Charakteristika: Sie replizieren sich in der Kultur rasch (*rapid*) zu hohen (*high*) Titern und vermitteln die Bildung einer Vielzahl von Riesenzellen (R/H- oder SI-Stämme). Auch ihre Zellspezifität ist verändert: Während die S/L- oder NSI-Varianten bevorzugt Makrophagen infizieren, zeigen die R/H- oder SI-Viren einen ausgeprägten Tropismus für die Infektion von T-Lymphocyten. Zusammenfassend kann man folgern, daß sich durch die kontinuierlichen Mutationen im Infektionsverlauf *hochvirulente Virusvarianten* bilden, die der Immunantwort entgehen, sich explosionsartig in den lymphatischen Geweben vermehren und diese zerstören. Im AIDS-Stadium ist folglich die Architektur der Lymphknoten zerstört, das Netzwerk der follikulären dendritischen Zellen und die Keimzentren sind aufgelöst, und alle CD4-positiven T-Lymphocyten produzieren Viren, die – da der Filter nicht mehr existiert – in das periphere Blut entlassen werden.

Neben der cytolytischen Wirkung des HIV scheinen jedoch noch weitere Faktoren für die fortschreitende Abnahme der CD4-Zellen verantwortlich zu sein. Die in der Frühphase der Infektion durch S/L- oder NSI-Stämme infizierten Makrophagen sezernieren andere *Cytokine* (Tumornekrosefaktoren und Interleukine), die sich an Rezeptoren auf den Oberflächen von T-Lymphocyten binden und dort *apoptotische Prozesse*, das heißt den programmierten Zelltod, induzieren. Die Apoptose wird offensichtlich auch durch die Interaktion der CD4-Rezeptoren auf uninfizierten Zellen mit gp120-Antikörper-Komplexen ausgelöst. Das externe Glycoprotein ist – wie im Abschnitt 17.1.3 beschrieben – nichtkovalent mit dem transmembranen Protein oder anderen Komponenten des Viruspartikels verbunden. Es kann daher als lösliches gp120 abgegeben werden, mit zirkulierenden Antikörpern reagieren und nach Bindung an die CD4-Rezeptoren den erwähnten Zelltod auslösen. Auch von den infizierten Zellen sezernierte Tat-Proteine scheinen in der Lage zu sein, Apoptose zu induzieren. Eine weitere Erklärungsmöglichkeit für die Abnahme der T-Helferzellen ist die Bindung des gp120 an die Zelloberfläche und seine anschließende Aufnahme. In der Zelle wird das Protein durch Proteasen abgebaut, und die entstehenden Peptide können von MHC-Molekülen präsentiert werden. Diese Lymphocyten simulieren einen Infektionszustand und können durch cytotoxische T-Zellen eliminiert werden. Alle diese Mechanismen können dazu beitragen, daß im Infektionsverlauf kontinuierlich mehr CD4-positive Zellen zerstört werden, als nachgebildet werden. Als Folge davon ist das Immunsystem immer weniger in der Lage, die HIV-Vermehrung selbst, aber auch andere opportunistische Infektionen zu kontrollieren.

Für die Immunkontrolle der Infektion scheinen vor allem die *CD8-positiven, cytotoxischen T-Zellen* verantwortlich zu sein. Sie erkennen HIV-infizierte Zellen, die Peptidfragmente der Virusproteine über MHC-Klasse-I-Antigene präsentieren, und lysieren sie. Daneben fand man, daß die cytotoxischen T-Zellen einen *lymphokinähnlichen Faktor* abgeben, der die HIV-Replikation in den infizierten CD4-T-Zellen hemmt. Die molekulare Natur dieses Faktors ist unbekannt, er konnte jedoch auch in SIV-infizierten Grünen Meerkatzen nachgewiesen werden, die – im Gegensatz zu Rhesusaffen – die Virusreplikation kontrollieren können und keine Immundefizienz entwicklen. Der Faktor wurde vorläufig als JL-16 bezeichnet. Die Aktivität der zellvermittelten Immunantwort wird durch T_H1-Zellen (T-Helfer-1-Zellen), eine Subpopulation der CD4-positiven T-Lymphocyten, reguliert. Sie sezernieren Interleukin-2 und Interferon-γ, welche die Aktivität der cytotoxischen T-Zellen stimulieren. Im Unterschied hierzu unterstützt die Gruppe der T_H2-Zellen durch die Abgabe der Interleukine 4, 6, 8 und 10 die humorale, durch Antikörper vermittelte Abwehrreaktion. Die jeweiligen Cytokine ermöglichen bei gesunden Personen zugleich eine gegenseitige Kontrolle der beiden Subpopulationen, so daß eine unkontrollierte Reaktion der einen auf Kosten der anderen vermieden wird. Man fand, daß während der HIV-Latenzphase die Cytokinsekretion der T_H1-Zellen kontinuierlich abnimmt und daß als Folge hiervon die Fähigkeit der CD8-positiven Lymphocyten, infizierte Zellen zu eliminieren und den oben erwähnten Faktor freizusetzen, verloren geht. Möglicherweise ist also die gestörte Cytokinproduktion der T_H1-Zellen neben der hohen genetischen Variabilität der Viren eine der grundlegenden Ursachen für die Unfähigkeit des zellulären Immunsystems, die Virusinfektion zu kontrollieren und einen symptomfreien Zustand aufrecht zu erhalten. Warum das Cytokinmuster sich im Erkrankungsverlauf ändert, ist unklar.

Die cytotoxischen T-Zellen sind für die Dauer des symptomfreien Trägerstadiums sehr wichtig

Die Bedeutung der cytotoxischen T-Zellen für die Kontrolle der HIV-Infektion läßt sich durch die Untersuchungen an *Langzeitüberlebenden* belegen. Hierbei handelt es sich um Personen, bei denen eine symptomfreie Latenzphase zum Teil schon zehn Jahre lang andauert. Bei ihnen findet man signifikant höhere Werte cytotoxischer CD8-Lymphocyten als bei Patienten mit den üblichen Erkrankungsverläufen. Auch haben die Langzeitüberlebenden normale Cytokinwerte und eine intakte T_H1-Zellpopulation, und hohe Konzentrationen des lymphokinähnlichen, die Virusreplikation supprimierenden Faktors werden von den CD8-positiven Zellen sezerniert. Man vermutet, daß dieser Personenkreis über MHC-Subtypen verfügt, die T-Zell-Epitope aus für die Virussynthese funktionell wichtigen Proteinbereichen präsentieren. In diesen Epitopbereichen kann das Virus keine Mutationen tolerieren, da diese zu einer Einbuße der Proteinfunktion führen würden. Auch gibt es Hinweise, daß sich HIV-Infektionen in bestimmten Menschen nicht etablieren können: Manche Prostituierte in Großstädten Gambias, die nachweislich Kontakt mit HIV hatten, zeigten weder eine Serokonversion noch konnte man das Virus in den Lymphocyten nachweisen. In diesem Gebiet Zentralafrikas war anfangs das HIV-2 wesentlich weiter verbreitet als HIV-1. Diese Situation hat sich jedoch während der letzten Jahre umgekehrt. Nach Vergleich der Proteinsequenzen der beiden Virustypen suchte man in den konservierten Domänen nach Peptiden, die von den HLA-B35 und HLA-B53 präsentiert werden können. Beide HLA-Typen sind in der Bevölkerung Gambias sehr häufig anzutreffen Man konnte zeigen, daß die Prostituierte über cytotoxische T-Lymphocyten verfügten, die HIV-infizierte Zellen *in vitro* erkennen und lysieren konnten. Vermutlich hatte also ein Kontakt mit den Viren stattgefunden, ohne daß sich die Infektion etablieren konnte. Die Frauen besitzen offenbar cytotoxische T-Gedächtniszellen, die sie vermutlich bei Folgekontakten mit den Viren vor der Infektion schützen.

Immunreaktion und Diagnose

Der Verlauf der Antikörperantwort ist in Abbildung 17.12 dargestellt. Zwischen der Infektion und dem Nachweis der ersten Immunglobuline können einige Wochen liegen. Worauf die bei einigen Patienten verzögerte Antikörperproduktion beruht, ist unklar. Man vermutet, daß hierfür sowohl die Virusmenge, die in den Organismus gelangt, als auch der Immunstatus des jeweiligen Patienten wichtig sind. IgM gegen die Gag- und Env-Proteine sind etwa drei bis vier Wochen nach der Infektion über einen Zeitraum von einigen Monaten in ELISA-Tests und Western-Blots nachweisbar. Ihnen folgen IgG-Antikörper gegen die Strukturproteine. Frühzeitig während der Infektion findet man auch Antikörper gegen das Nef-Protein. Antiköper gegen die Strukturproteine bleiben während der Latenzphase in konstanten Konzentrationen erhalten. Bei Verschlechterung der klinischen Situation gehen sie zurück. Beim Vollbild der AIDS-Erkrankung sind sie nicht mehr oder nur in geringer Menge im Serum vorhanden. Viren lassen sich bereits kurze Zeit nach der Infektion durch den Nachweis von p24-Capsidproteinen im Capture-ELISA, von viraler Nucleinsäure durch die Polymerasekettenreaktion oder durch die Anzucht von infektiösen Viren nachweisen. Die Zahl der Virus-RNA-Genome, die während der sehr frühen Infektionsphase im Blutplasma nachweisbar ist, läßt relativ verläßlich auf die Dauer der Latenzperiode schließen:

Liegt sie unter 10 000 pro Milliliter, ist die symptomfreie Phase durchschnittlich lang und dauert of über zehn Jahre an. Werden zwischen 10 000 und 36 000 RNA-Genome pro Milliliter gefunden, schließt sich eine mittellange, bei noch höheren Werten eine kurze Latenzperiode an. Während der Latenzphase selbst kann das Virus nur unregelmäßig und nur mit der Polymerasekettenreaktion in peripheren Blutlymphocyten aufgespürt werden; p24-Capsidproteine findet man nicht. Das ändert sich bei Eintritt in die symptomatische Phase, in der man große Mengen viraler Proteine und Nucleinsäuren findet.

Die zelluläre Immunantwort wurde im vorhergehenden Abschnitt bereits detailliert beschrieben. Virusspezifische cytotoxische T-Zellen und T-Helferzellen sind in der Früh- und Latenzphase nachweisbar. T-Zell-Epitope hat man in fast allen Virusproteinen gefunden. Ihre Erkennung hängt in großem Maße von der bei der Infektion vorherrschenden Virusvariante und dem MHC-Typ des Patienten ab.

Therapie und Prophylaxe

Die Therapie der HIV-Infektion beginnt heute gewöhnlich bei Eintritt des Patienten in das CDC-Stadium II, wenn die Zahl der CD4-positiven Zellen auf unter 500 pro Mikroliter Blut abgesunken ist. Inzwischen geht man allerdings dazu über, schon frühzeitig, das heißt noch während des asymptomatischen Latenzstadiums, mit der Behandlung zu beginnen. Als antiviral wirkende Substanzen für die Therapie stehen derzeit Hemmstoffe der Reversen Transkriptase zur Verfügung. Hauptsächlich werden verschiedene *Nucleosidanaloga* (Azidothymidin, Didesoxycytosin, Didesoxyinosin; Kapitel 9) eingesetzt, die sich an das aktive Zentrum des Enzyms binden und in die DNA-Stränge eingebaut werden, was zum Kettenabbruch führt. Als problematisch erweist sich das rasche Auftreten von resistenten HIV-Varianten, deren Replikation durch die Inhibitoren nicht mehr beeinflußt werden kann. Offensichtlich induziert jedes Nucleosidanalogon einen bestimmten Typ von Mutationen. Daher versucht man heute durch den frühzeitigen Einsatz von Substanzkombinationen der Resistenzentwicklung entgegenzuwirken. Weitere nucleosidische wie auch nichtnucleosidische Inhibitoren der Reversen Transkriptase sowie Hemmstoffe der Protease sind in der klinischen Erprobung. Durch diese Agentien kann jedoch bisher nur der Eintritt der HIV-Erkrankung in das Vollbild AIDS verzögert werden; eine Heilung, das heißt die Eliminierung der viralen Erbinformation aus den Zellen des Organismus, findet nicht statt. Außerdem werden die opportunistischen Infektionen gezielt durch *Antibiotika-* und *Fungizidgaben* sowie durch *Viruschemotherapeutika* bekämpft. Der Einsatz von Cytokinen zum Ausgleich des gestörten T_H1/T_H2-Zellverhältnisses wird diskutiert.

Bisher sind alle klassischen Ansätze für die Entwicklung eines präventiv wirkenden Impfstoffes gescheitert. Die Gabe von abgetöteten HIV-Viren, rekombinanten Vacciniaviren, welche die HIV-spezifischen Glycoproteine synthetisierten, von gentechnologisch produzierten Oberflächenproteinen oder synthetischen Peptiden aus verschiedenen Virusproteinen induzierte in Tierexperimenten keinen Schutz vor der Infektion mit dem Wildtypvirus. Verantwortlich sind hierfür wohl die hohe Variabilität, die es dem Erreger gestattet, den induzierten Antikörpern zu entgehen, und das Unvermögen, durch Totimpfstoffe eine ausreichende, zelluläre Immunantwort zu induzieren.

17.1.6 Die humanen T-Zell-Leukämie-Viren (HTLV)

Epidemiologie und Übertragung

Das humane T-Zell-Leukämie-Virus Typ 1 wurde erstmals 1980 von Robert Gallo und Mitarbeitern aus einem Patienten mit *adulter T-Zell-Leukämie* (ATL) isoliert. Diese Form der T-Zell-Leukämie kommt nur bei Erwachsenen und vor allem in Japan, der Karibik, Südamerika und Afrika vor. In diesen Ländern haben etwa fünf bis 15 Prozent der Bevölkerung Antikörper gegen HTLV-1. Aus Untersuchungen in Japan geht vervor, daß etwa zwei Prozent der HTLV-1-positiven Personen im Alter zwischen 20 und 70 Jahren eine ATL entwickeln. Alle ATL-Patienten sind seropositiv, und man kann bei ihnen HTLV-1-infizierte T-Zellen nachweisen. Dieses und die Tatsache, daß im Genom aller Leukämiezellen HTLV-1-Gensequenzen integriert sind, weist auf einen kausalen Zusammenhang zwischen der Virusinfektion und der Erkrankung hin. Daneben wird die HTLV-1-Infektion aufgrund epidemiologischer Untersuchungen mit langsam fortschreitenden Myelopathien in tropischen Ländern, wie der tropischen spastischen Paraparese (TSP) und der HTLV-1-assoziierten Myelopathie (HAM), in Verbindung gebracht. Letztere tritt in Gebieten Japans mit endemischer HTLV-1-Verbreitung auf. Die Übertragung des Virus erfolgt durch Bluttransfusionen, Sexualkontakte und durch die Milch infizierter Mütter beim Stillen. Blutplasma seropositiver Spender ist nicht infektiös. Das ist ein Hinweis dafür, daß die Viren nicht als freie Partikel, sondern durch die infizierten Zellen weitergegeben werden. Die myelopathischen Erkrankungen werden vor allem nach HTLV-1-positiven Bluttransfusionen beobachtet und sind seit Einführung der serologischen Testung aller Blutkonserven deutlich zurückgegangen.

HTLV-2 ist mit HTLV-1 eng verwandt. Die Genome besitzen etwa 60 Prozent Sequenzhomologie. Das HTLV-2 wurde 1982 von der Arbeitsgruppe von Robert Gallo aus der immortalisierten CD8-positiven, morphologisch ungewöhnlichen T-Zell-Linie einer Haarzelleukämie isoliert. Bis heute gelangen weitere Virusisolierungen nur in vereinzelten Fällen. Es ist unklar, ob HTLV-2 menschliche Leukämien oder andere Erkrankungen verursacht. Auch über die Verbreitung des Virus ist nur wenig bekannt. In der indianischen Bevölkerung Nord- und Südamerikas findet man gehäuft seropositive Personen. Auch unter intravenösen Drogenabhängigen in Nordamerika und in Europa ist der Prozentsatz an seropositiven Personen erhöht.

Klinik

Die Primärinfektion mit HTLV scheint asymptomatisch zu verlaufen, und die meisten Infizierten bleiben lebenslang symtomfreie Virusträger. Die akute ATL ist durch vergrößerte Lymphknoten, Leber und Milz, Hautläsionen und die Infiltration leukämischer Zellen in verschiedene Organe gekennzeichnet. Die meisten Patienten weisen erhöhte Calciumkonzentrationen im Blut auf. Neben der akuten findet man eine chronische Form der ATL, bei der die Patienten nur wenige morphologisch veränderte T-Zellen im Blut besitzen und über lange Zeiträume keine Anzeichen der Erkrankung aufweisen. Die chronische ATL kann spontan in die akute Form übergehen. Bei Entwicklung einer akuten ATL tritt meist innerhalb eines halben Jahres der Tod ein.

Die spastische Paraparese mit beidseitigen Lähmungserscheinungen der Gliedmaßen und dem Verlust der Kontrollfunktionen über Blase und Darm tritt etwa zwei Jahre nach der Übertragung des Virus durch eine kontaminierte Blutkonserve ein. Bei den Patienten findet man eine große Anzahl infizierter, morphologisch veränderter T-Lymphocyten, die das Rükkenmark vor allem im Bereich der Brustwirbelsäule infiltrieren. Über die Pathogenese dieser Erkrankung ist kaum etwas bekannt.

Pathogenese

In vivo findet man das HTLV-1 ausschließlich in CD4-positiven Zellen. Die ATL-Zellen eines Patienten haben die Nucleinsäure des HTLV-1 alle an derselben Stelle in das Genom integriert. Das weist darauf hin, daß alle Leukämiezellen aus einer gemeinsamen Vorläuferzelle hervorgegangen sind. Die Integrationsstelle ist bei verschiedenen Patienten jedoch unterschiedlich. Durch die Integration ausgelöste Mutationen scheinen daher nicht mit der Pathogenese der Erkrankung in Verbindung zu stehen. Auf der Oberfläche der Leukämiezellen findet man hohe Konzentrationen des *α-Rezeptors für Interleukin-2* (IL-2Rα). Weiterhin produzieren die Zellen erhöhte Mengen von Interkeukin-2, Interleukin-1β und des GM-CSF. Verantwortlich ist hierfür vermutlich die transaktivierende Wirkung des Tax-Proteins, das NFκB- und CREB-abhängige zelluläre Promotoren induziert und die Expression der durch sie kontrollierten Gene verstärkt. Die Cytokine werden dabei von den Zellen abgegeben, binden sich an ihre auf der Zelloberfläche in hohen Mengen vorhandenen Rezeptoren und veranlassen die Teilung der Lymphocyten. Die Proliferation der T-Zellen wird also durch einen *autokrinen Stimulationsmodus* induziert. Die tumorinduzierenden Eigenschaften des Tax-Proteins konnten auch bei transgenen Mäusen gezeigt werden, die mesenchymale Tumoren entwickeln. Das Tax-Protein selbst wird jedoch ebensowenig wie die anderen Virusprodukte in den immortalisierten Zellen synthetisiert. Es ist wohl vor allem an den ersten Schritten der Immortalisierung beteiligt und für die Erhaltung des transformierten Zustands nicht mehr nötig. Außerdem vermutet man, daß noch unbekannte Zellfaktoren mit daran beteiligt sind.

Immunreaktion und Diagnose

IgG-Antikörper gegen die Gag-, Env- und Tax-Proteine können in ELISA-Tests und im Western-Blot nachgewiesen werden; die meisten Antikörper sind gegen die Gag-Proteine gerichtet. Wegen der ausgeprägten Sequenzähnlichkeit ist eine Unterscheidung zwischen HTLV-1- und HTLV-2-spezifischen Immunglobulinen mit diesen Testsystemen nicht möglich. Diese erfolgt über den Nachweis integrierter viraler Genome durch die Polymerasekettenreaktion.

Therapie und Prophylaxe

Bisher gibt es weder einen Impfstoff, der die Infektion mit HTLV verhindert, noch wirksame antivirale Substanzen zur Therapie der ATL oder TPS. Zur Behandlung der Haarzelleukämie ist von der FDA (Food and Drug Association) in den USA Interferon zugelassen.

17.1.7 Weiterführende Literatur

Barre-Sinoussi, F.; Cherman, J. C.; Rey, F.; Nugeyre, M. T.; Chamaret, S.; Gruest, T.; Dauguet, C.; Axler-Blin, C.; Vezin-Brun, F.; Routioux, C.; Rosenbaum, W.; Montagnier, L. *Isolation of a T-lymphotropic retrovirus from a patient with risk of acquired immune deficiency syndrome (AIDS).* In: *Science* 220 (1983) S. 868–871.

Baunach, G.; Maurer, B.; Hahn, H.; Kranz, M.; Rethwilm, A. *Functional analysis of the human foamy virus accessory reading frame.* In: *J. Virol.* 67 (1993) S. 5411–5418.

Bukrinsky, M. I.; Haggarty, S.; Dempsey, M. P.; Sharova, N.; Adzhubel, A.; Spitz, L.; Lewis, L.; Goldfarb, D.; Emerman, M.; Stevenson, M. *A nuclear localization signal within the*

HIV-1 matrix protein governs infection of non-dividing cells. In: *Nature* 365 (1993) S. 666–669.

Callebaut, C.; Krust, B.; Jacotot, E.; Hovanessian, A. G. *T-cell activation antigen, CD26, as a cofactor for entry of HIV in CD4+ cells.* In: *Science* 262 (1993) S. 2045–2050.

Cullen, B. R. *Regulation of human immunodeficiency virus replication.* In: *Ann. Rev. Microbiol.* 45 (1991) S. 219–250.

Deng, H.; Liu, R.; Ellmeier, W.; Choe, S.; Unutmaz, D.; Burkhart, M.; Di Marzio, P.; Marmon, S.; Sutton, R. E.; Hill, C. M.; Davis, C. B.; Peiper, S. C.; Schall, T. J.; Littman, D. R.; Landau, N. R. *Identification of a major co-receptor for primary isolates of HIV-1.* In: *Nature* 381 (1995) S. 661–666.

Ennen, J.; Findeklee, H.; Dittmar, T.; Norley, S. G.; Eernst, M.; Kurth, R. *CD8+ T lymphocytes of african green monkeys secrete an immunodeficiency virus suppressing lymphokine.* In: *Proc. Natl. Acad. Sci. USA* 91 (1994) S. 72007–72011.

Fäcke, M.; Janetzko, A.; Shoeman, R. L.; Kräusslich, H.-G. *A large deletion in the matrix protein of the human immunodeficiency virus gag gene redirects virus particle assembly from the plasma membrane to the endoplasmatic reticulum.* In: *J. Virol.* 67 (1993) S. 4972–4980.

Feng, Y.; Broder, C. C.; Kennedy, P. E.; Berger, E. A. *HIV-1 entry cofactor: Functional cDNA cloning of a seven-transmembrane, G protein-coupled receptor.* In: *Science* 272 (1996) S. 872–877.

Flügel, R. M. *The molecular biology of human spumavirus.* In: Cullen, B. R. (Hrsg.) *Human Retroviruses.* Oxford (IRL Press) 1993. S. 193–214.

Gaynor, R. B. *Regulation of human immunodeficiency virus type 1 gene expression by the transacitivator protein Tat.* In: *Curr. Topics in Microbiol. Immunol.* 193 (1995) S. 51–78.

Gibbs, J. S.; Desrosiers, R. C. *Auxiliary proteins of the primate immunodeficiency viruses.* In: Cullen, B. R. (Hrsg.) *Human Retroviruses.* Oxford (IRL Press) 1993. S. 137–158.

Gitlin, S. D.; Dittmer, J.; Reid, R. L.; Brady, J. N. *The molecular biology of human T-cell leukemia viruses.* In: Cullen, B. R. (Hrsg.) *Human Retroviruses.* Oxford (IRL Press) 1993. S. 159–192.

Gottlieb, M. S.; Schroff, R.; Schanker, H. M.; Weisman, J. D.; Fan, T. P.; Wolf, R. A.; Saxon, A. *Pneumocystis carinii pneumonia and mucosal candidiasis in previously healthy homosexual men: evidence of a new acquired cellular immunodeficiency.* In: *New Engl. J. Med.* 305 (1981) S. 1425–1431.

Gürtler, L. G.; Hauser, P. H.; Eberle, J.; v. Brunn, A.; Knapp, S.; Zekeng, L.; Tsague, J. M.; Kaptue, L. *A new subtype of human immunodeficiency virus type 1 (MVP-5180) from Cameroon.* In: *J. Virol.* 68 (1994) S. 1581–1585.

Hallenberger, S.; Bosch, V.; Angliker, H.; Shaw, E.; Klenk, H.-D.; Garten, W. *Inhibition of furin-mediated cleavage activation of HIV-1 glycoprotein gp160.* In: *Nature* 360 (1992) S. 358–361.

Ho, D.; Neumann, U. A.; Perelson, A. S.; Chen, W.; Leonard, J. M.; Markowitz, M. *Rapid turnover of plasma virions and CD4 lymphocytes in HIV-1 infection.* In: *Nature* 373 (1995) S. 123–126.

Hope, T.; Pomerantz, R. J. *The human immunodeficiency virus type 1 rev protein. A pivotal protein in the viral life cycle.* In: *Curr. Topics in Microbiol. Immunol.* 193 (1995) S. 91–106.

Jabbar, M. A. *The human immunodeficiency virus type 1 vpu protein: roles in virus release and CD4 downregulation.* In: *Curr. Topics in Microbiol. Immunol.* 193 (1995) S. 107–120.

Kappes, J. C. *Viral protein X.* In: *Curr. Topics in Microbiol. Immunol.* 193 (1995) S. 121–132.

Levy, J. A. *HIV and pathogenesis of AIDS.* Washington D. C. (ASM Press) 1994.

Levy, D. N.; Refaeli, Y.; Weiner, D. B. *The vpr regulatory gene of human immunodeficiency virus.* In: *Curr. Topics in Microbiol. Immunol.* 193 (1995) S. 209–236.

Löchelt, M.; Muranyi, W.; Flügel, R. M. *Human foamy virus genome posseses an internal, bel-1-dependent and fuctional promotor.* In: *Proc. Natl. Acad. Sci. USA* 90 (1993) S. 7317–7321.

Kalyanaraman, V. S.; Sarngadharan, M. G.; Robert.Guroff, M.; Miyoshi, I.; Blayney, D.; Golde, D.; Gallo, R. C. *A new subtype of human T-cell leukemia virus (HTLV-II) associated with a T-cell variant of hairy cell leukemia.* In: *Science* 218 (1982) S. 571–573.

Masur, H.; Michelis, M. A.; Greene, J. B.; Onorata, I.; Vande Stouwe, R. A.; Holzmann, R. S.; Wormser, G.; Brettmann, L.; Lange, M.; Murray, H. W.; Cunningham-Rundles, S. *An outbreak of community-acquired Pneumocystis carinii pneumonia: initial manifestation of cellular immune dysfunction.* In: *New Engl. J. Med.* 305 (1981) S. 1431–1438.

McClure, M. O.; Sommerfeldt, M. A.; Marsh, M.; Weiss, R. A. *The pH independence of mammalian retrovirus infection.* In: *J. Gen. Virol.* 71 (1990) S. 767–

Mergener, K.; Fäcke, M.; Welker, R.; Brinkmann, V.; Gelderblom, H. R.; Kräusslich, H.-G. *Analysis of HIV particle formation using transient expression of subviral constructs in mammalian cells.* In: *Virol.* 186 (1992) S. 25–39.

Modrow, S.; Hahn, B. H.; Shaw, G. M.; Gallo, R. C.; Wong-Staal, F.; Wolf, H. *Computer-assisted analysis of the envelope protein sequences of seven HTLV-III/LAV isolates: Prediction of antigenic epitopes in conserved and variable regions.* In: *J. Virol.* 61 (1987) S. 570–578.

Modrow, S.; Höflacher, B.; Mellert, W.; Erfle, V.; Wahren, B.; Wolf, H. *Use of synthetic oligopeptides in identification and characterization of immunological functions in the amino acid sequence of the envelope protein of HIV-1.* In: *Journal of the Aquired Immunodeficiency Syndrome* 2 (1989) S. 21–27.

Modrow, S.; Kattenbeck, B.; v. Poblotzki, A.; Niedrig, M.; Wagner, R.; Wolf, H. *The gag-proteins of human immunodeficiency virus type 1: Mechanisms of virus assembly and possibilities of interference.* In: *Medical Microbiol. and Immunol.* 183 (1994) S. 177–194.

Niedrig, M.; Gelderblom, H.; Pauli, G.; März, J.; Bikhard, H.; Wolf, H.; Modrow, S. *Inhibition of infectious human immunodeficiency virus type 1 particle formation by Gag protein-derived peptides.* In: *J. Gen. Virol.* 75 (1994) S. 1469–1474.

Parslow, T. G. *Post-transcriptional regulation of human retroviral gene expression.* In: Cullen, B. R. (Hrsg.) *Human Retroviruses.* Oxford (IRL Press) 1993. S. 101–136.

Peterlin, B. M.; Adams, M.; Alonso, A.; Baur, A.; Ghosh, S.; Lu, X.; Luo, Y. *Tat trans-activator.* In: Cullen, B. R. (Hrsg.) *Human Retroviruses.* Oxford (IRL Press) 1993. S. 75–100.

Planelles, V.; Li, Q.-X.; Chen, I. S. *The biological and molecular basis for cell tropism in HIV.* In: Cullen, B. R. (Hrsg.) *Human Retroviruses.* Oxford (IRL Press) 1993. S. 17–48.

Poblotzki, v. A.; Wagner, R.; Niedrig, M.; Wanner, G.; Wolf, H.; Modrow, S. *Identification of a region in the pr55gag-polyprotein essential for HIV-1 particle formation.* In: *Virology* 193 (1993) S. 981–985.

Poiesz, B. J.; Ruscetti, F. W.; Gazdar, A. F.; Bunn, P. A.; Minna, J. D.; Gallo, R. C. *Detection and isolation of type C retrovirus particles from fresh and cultures lymphocytes of a patient with cutaneous T-cell lymphoma.* In: *Proc. Natl. Acad. Sci. USA* 77 (1980) S. 7415–7419.

Popovic, M.; Sarngadharan, M. G.; Read, E.; Gallo, R. C. *Detection, isolation and continuous production of cytopathic retroviruses (HTLV-III) from patients with AIDS and pre-AIDS.* In: *Science* 224 (1984) S. 497–500.

Rao, Z.; Belyaev, A. S.; Fry, E.; Roy, P.; Jones, I. M.; Struart D. I. *Crystal structure of SIV matrix antigen and implications for virus assembly.* In: *Nature* 378 (1995) S. 743–747.

Ratner, L.; Niedermann, T. M. J. *Nef.* In: *Curr. Topics in Microbiol. Immunol.* 193 (1995) S. 169–208.

Rethwilm, A. *Regulation of foamy virus gene expression.* In: *Curr. Topics in Microbiol. Immunol.* 193 (1995) S. 1–24.

Schubert, U.; Henklein, P.; Boldyreff, B.; Wingender, E.; Strebel, K.; Porstmann, T. *The human immunodeficiency virus type 1 encoded vpu protein is phosphorylated by casein kinase-2 (CK-2) at positions ser52 and ser56 within a predicted α-helix-turn-α-helix motif.* In: *J. Mol. Biol.* 236 (1994) S. 16–25.

Schubert, U.; Strebel, K. *Differential activities of the human immunodeficiency type-1 encodes vpu protein are regulated by phosphorylation and occur in different cellular compartiments.* In: *J. Virol.* 68 (1994) S. 2260–2271.

Starcich, B. R.; Hahn, B. H.; Shaw, G. M.; McNeely, P. D.; Modrow, S.; Wolf, H.; Josephs, S. F.; Parks, E. S.; Parks, W. P.; Gallo, R. C.; Wong-Staal, F. *Identification and characterization of conserved and divergent regions in the envelope genes of HTLV-III/LAV, the retrovirus of AIDS.* In: *Cell* 45 (1986) S. 637–648.

Vaishnav, Y.; Wong-Staal, F. *The biochemistry of AIDS.* In: *Annu. Rev. Biochem.* 60 (1991) S. 577–630.

Volsky, D. J.; Potash, M. J.; Simm, M.; Sova, P.; Ma, X.-Y.; Chao, W.; Shahabuddin, M. *The human immunodeficiency virus type 1 vif gene: The road from an accessory to an essential role in human immunodeficieny virus type 1 replication.* In: *Curr. Topics in Microbiol. Immunol.* 193 (1995) S. 157–168.

Wei, X.; Gosh, S. K.; Taylor, M. E.; Johnson, V. A.; Emini, E. A.; Deutsch, P.; Lifson, J. D.; Novak, M. A.; Hahn, B.; Saag, M. S.; Shaw, G. M. *Viral dynamics in human immunodeficiency virus type 1 infection.* In: *Nature* 373 (1995) S. 117–122.

Yoshida, M.; Miyoshi, I.; Hinuma, Y. *Isolation and characterization of retrovirus from cell lines of human adult T-cell leukemia and its implication in the disease.* In: *Proc. Natl. Acad. Sci. USA* 79 (1982) S. 2031–2035.

18. Viren mit doppelsträngigem DNA-Genom

Man kennt viele Viren mit einem doppelsträngigen DNA-Genom. Sie werden in fünf Virusfamilien eingeteilt: *Hepadnaviridae*, *Papovaviridae*, *Adenoviridae*, *Herpesviridae* und *Poxviridae*. Mit Ausnahme der Poxviridae hat man in allen Familien Vertreter gefunden, die im Menschen *persistierende Infektionen* herbeiführen können. Hepadna-, Papova- und Herpesviren stehen in enger kausaler Beziehung zu *Tumorerkrankungen* des Menschen. Dies legt nahe, daß Doppelstrang-DNA-Viren über vielerlei Möglichkeiten verfügen, die Abläufe bei der Zellteilung zu regulieren und zu beeinflussen. Die Hepadnaviren, die zu Beginn dieses Kapitels besprochen werden, stehen den Retroviren sehr nahe. Viele Details ihres Replikationszyklus weisen darauf hin, daß sie sich im Verlauf der Evolution aus den Retroviren entwickelt haben.

18.1 Hepadnaviren

Die Bezeichnung *Hepadnaviren* steht für eine Virusfamilie, deren Hauptvertreter das Hepatitis-B-Virus des Menschen ist. Dieses Virus hat auch den Namen der Familie geprägt: Als Erreger der mitunter chronischen Form der Leberentzündung (Hepatitis) hatte man ein Virus charakterisiert, das als Genom eine *teilweise doppelsträngige DNA* enthielt. Um diesen Virustyp von Hepatitisviren mit einem RNA-Genom als Erbinformation abzugrenzen, wurde der Name *Hepadna*viren als Abkürzung für *Hepa*titis-*DNA*-Viren gebildet. In der Folge entdeckte man bei verschiedenen Wirbeltieren noch andere Viren mit ähnlicher Struktur und einem doppelsträngigen DNA-Molekül. Diese ordnete man ebenfalls in die Familie der Hepadnaviren ein.

18.1.1 Einteilung und charakteristische Vertreter

Man teilt die heute bekannten Hepadnaviren in zwei Genera ein (Tabelle 18.1): Die *Orthohepadnaviren* umfassen die Vertreter, die Säugetiere infizieren. Zu ihnen zählt als

Tabelle 18.1: Charakteristische Vertreter der Hepadnaviren

Genus	Mensch	Tier
Orthohepadnavirus	Hepatitis-B-Virus (HBV)	Hepatitis-B-Virus des Erdhörnchens (GSHV) Hepatitis-B-Virus des Waldmurmeltieres (WHV)
Avihepadnavirus		Enten-Hepatitis-B-Virus (DHBV) Reiher-Hepatitis-B-Virus (HHBV)

Erläuterung der Abkürzungen: HBV: Hepatitis-B-Virus; DHBV: *duck hepatitis B virus*; GSHV: *ground squirrel hepatitis B virus*; WHV: *woodchuck hepatitis B virus*; HHBV: *heron hepatitis B virus* bekanntestes das Hepatitis-B-Virus, das bei Menschen akute und chronische Formen einer Leberentzündung verursacht. Von diesen Viren kennt man mehrere Subtypen, die sich in der immunologischen Erkennung der viralen Membranproteine (in ihrer Antigenität) unterscheiden. Die chronische Hepatitis B korreliert eng mit der Entstehung von primären Leberkarzinomen. Ähnliche Virustypen isolierte man aus Erdhörnchen und amerikanischen Waldmurmeltieren. Das zweite Genus, *Avihepadnavirus*, enthält Virustypen, die Vögel (Enten und Reiher) infizieren. Sie unterscheiden sich von den Orthohepadnaviren, weil ihnen das Gen für das X-Protein fehlt, ein Nichtstrukturprotein, das vermutlich die Tumorbildung anregt. Der Genomaufbau der Hepadnaviren und die Art der Replikation ähneln denen der Caulimoviren, einer Gruppe von Pflanzenviren, deren Partikel im Unterschied zu denen der Hepadnaviren allerdings nicht von einer Hüllmembran umgeben sind. Zu ihnen zählt man unter anderen das Blumenkohlmosaikvirus (*cauliflower mosaic virus*) und das Dahlienmosaikvirus (*dahlia mosaic virus*).

18.1.2 Aufbau

Viruspartikel

Die infektiösen Viruspartikel haben eine *sphärische Gestalt* mit einem Durchmesser von 42 nm. Bei den Hepatitis-B-Viren bezeichnet man sie auch als *Dane-Partikel*, nach D. S. Dane, der sie 1970 entdeckt hat. In der aus der Membran des endoplasmatischen Reticulums entstandenen Hüllmembran des Virus ist das *HBsAg* (*hepatitis B virus surface antigen*) als virales Protein verankert. Im Inneren befindet sich ein ikosaedrisches Capsid mit einem Durchmesser von 22 bis 25 nm. Dieses besteht aus 180 Einheiten des *HBcAg* (*hepatitis B virus core antigen*) und enthält das DNA-Genom. Außer den infektiösen Virionen existieren noch sphärische, 22 nm messende sowie fadenförmige Partikel (200 bis 300 nm lang und 22 nm im Durchmesser), die nicht infektiös sind und keine DNA enthalten. Beide bestehen aus HBsAg, das in die Membran eingelagert ist (Abbildung 18.1). Die infektiösen und die verschiedenen nichtinfektiösen Partikel findet man in großen Mengen im Blut von Personen, die akut oder chronisch mit dem Hepatitis-B-Virus infiziert sind.

Genom und Genomaufbau

Das Genom der infektiösen Partikel hat einen ungewöhnlichen Aufbau. Es besteht aus einer etwa *3 200 Basenpaaren* langen, nur *teilweise doppelsträngigen DNA*, wobei der sogenannte vollständige Strang nicht geschlossen ist und am 5′-Ende ein virales Protein (TP = *terminal protein*) kovalent gebunden hat. Der unvollständige Strang umfaßt 40 bis 85 Prozent des Genoms. Mit seinem 3′-Ende ist ein virales Protein (DNA-Polymerase/Reverse Transkriptase) nichtkovalent assoziiert (Abbildung 18.2).

Das Genom der Hepatitis-B-Viren besitzt je nach Subtyp zwischen 3 100 und 3 300 Basenpaare (3 215 beim Subtyp adr, 3 221 beziehungsweise 3 182 bei den Subtypen adw und ayw). Im Dane-Partikel ist nur ein Strang vollständig, und zwar der Negativstrang, der im Replikationsverlauf in mRNA transkribiert wird. Der kurze DNA-Gegenstrang (Plusstrang) umfaßt circa 1 700 bis 2 800 Basen. Er codiert nicht für virale Genprodukte und wird daher auch nicht transkribiert. Als weitere Besonderheiten weist das Hepadnavirusgenom direkte Wiederholungssequenzen (*direct repeats*, DR1 und DR2) auf, die eine Länge von je 11 Basenpaaren haben und durch ungefähr 225 Basenpaare voneinander getrennt sind (Abbildung 18.2). Am 5′-Ende des unvollständigen Stranges befindet sich ein 17 bis 19 Nucleotide

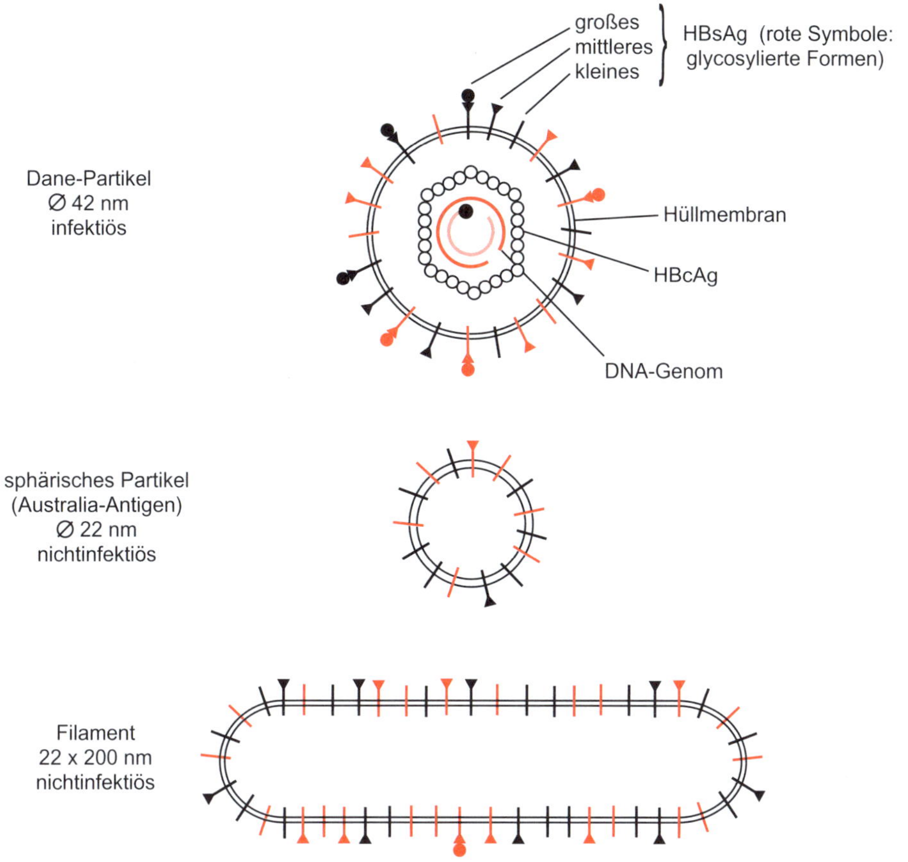

18.1 Aufbau und Zusammensetzung der infektiösen und nichtinfektiösen Partikel des Hepatitis-B-Virus. Im oberen Teil der Abbildung ist ein infektiöses Hepatitis-B-Virus dargestellt. Es besteht aus einem teilweise doppelsträngigen DNA-Genom, das mit den Capsidproteinen (HBcAg) zu einem ikosaedrischen Nucleocapsid assoziiert ist. Dieses wird von einer Lipidmembran umhüllt, in welche die drei Formen des HBsAg (großes, mittleres und kleines HBsAg) eingelagert sind. Die durch Zuckergruppen modifizierten Formen der Membranproteine sind rot angegeben, die nicht modifizierten schwarz. Die im unteren Teil der Abbildung dargestellten nichtinfektiösen, sphärischen beziehungsweise filamentösen Partikel enthalten keine Virusgenome. Sie sind Membranvesikel, welche die verschiedenen Formen des HBsAg enthalten. Während man in den sphärischen Partikeln fast nur die kleine Form des HBsAg findet, enthalten die Filamente auch das mittlere und geringe Mengen des großen HBsAg.

langes Stück *RNA mit einer terminalen Cap-Struktur*, der die Sequenzen des DR2-Elements folgen. An das 5′-Ende des vollständigen Negativstranges ist das TP-Protein gebunden; er endet mit dem DR1-Sequenzen. Ungefähr 20 Basenpaare vor dem 3′-Ende des vollständigen Stranges liegt die einzige Consensussequenz für eine Polyadenylierung. Zwischen der Wiederholungseinheit DR1 und dem PolyA-Signal befinden sich 60 bis 70 Basenpaare, die eine Homologie zur U5-Region im LTR-Bereich der Retroviren aufweisen. Allgemein zeigen die Hepadnaviren in einigen Besonderheiten der Sequenz, in der Anordnung der Gene auf der viralen DNA und in der Funktion einzelner Proteine Ähnlichkeiten mit der Familie der Retroviren (Abschnitt 17.1).

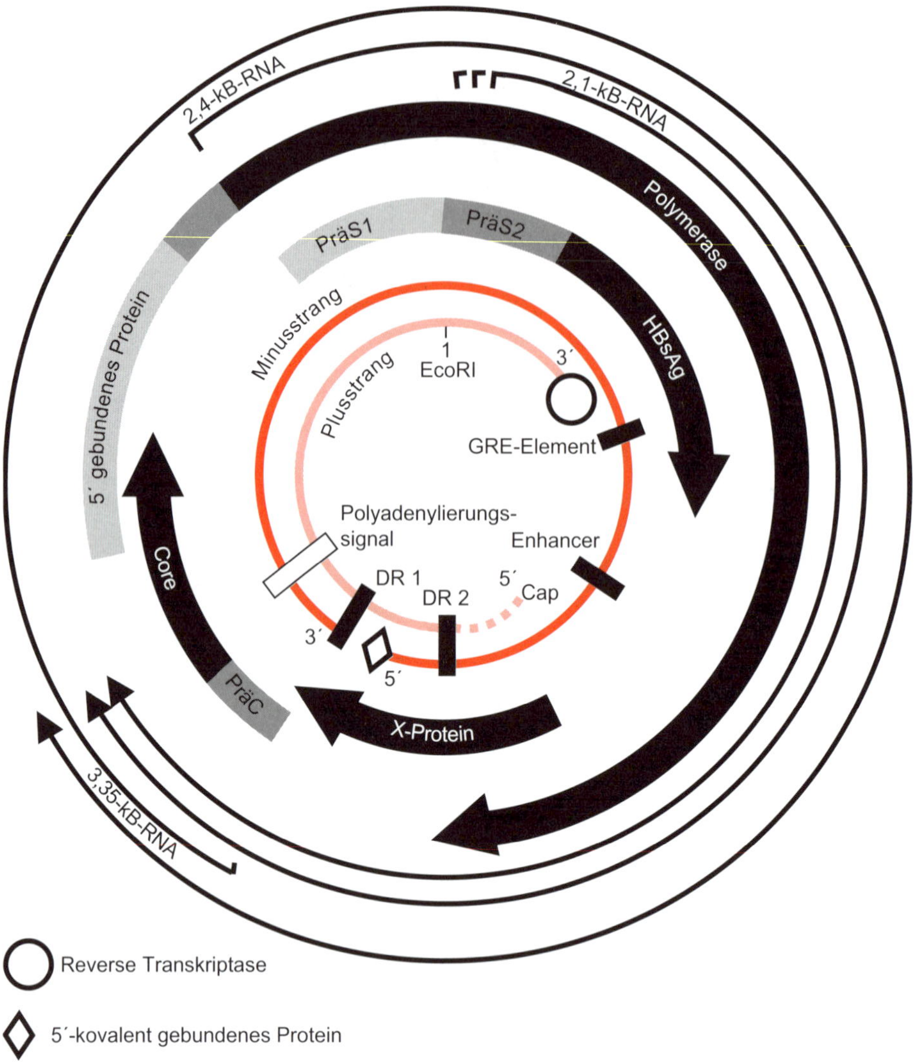

18.2 Genomorganisation des Hepatitis-B-Virus (Subtyp ayw). Das Genom liegt in den infektiösen Viruspartikeln als teilweise doppelsträngige DNA vor. An das 5′-Ende des vollständigen, nicht kovalent geschlossenen Minusstranges ist das virale terminale Protein (TP) kovalent gebunden. Am 5′-Ende des unvollständigen Plusstranges, der im Verlauf der Replikation transkribiert wird, befindet sich ein kurzes Stück RNA. Mit seinem 3′-Ende ist die virale Polymerase assoziiert. Im Genom findet man zwei wiederholte Sequenzfolgen (DR1 und DR2, *direct repeat*), ein Signal für die Polyadenylierung der mRNAs (PolyA), einen Enhancer, der die Synthese der mRNA (2,1-kB-RNA) verstärkt, welche für das kleine HBsAg codiert, und ein *glucocorticoid response element* (GRE), an das sich durch Hormonbindung aktivierte Glucocorticoidrezeptoren binden. Die Lage der offenen Leserahmen und die Produkte, für die sie codieren, ist durch die kompakten Pfeile angedeutet. Bisher konnte man drei verschiedene mRNAs (3,35/3,3-kB- oder prägenomische RNA, 2,4-kB- und 2,1-kB-RNA) und ihre Startpunkte identifizieren. Sie sind im äußersten Kreis der Abbildung angegeben und codieren für die unterschiedlichen Virusproteine. Alle enden an der Polyadenylierungssequenz. Im Genom gibt es eine Schnittstelle für das Restriktionsenzym *Eco*RI. Eine internationale Übereinkunft regelt, daß das erste Adenin in der Erkennungsseuenz als Startpunkt für die Numerierung der Basen verwendet wird.

Das Genom enthält insgesamt *vier offene Leserahmen*, die in verschiedenen Leserastern abgelesen werden und sich teilweise überlappen (Abbildung 18.2). Es handelt sich um den Leserahmen, der für die *verschiedenen Formen des HBsAg* (großes, mittleres und kleines) codiert, den Leserahmen für das *Capsid-* oder *Core-Protein* (HBcAg) und das *sezernierte Protein* HBeAg, denjenigen für das *Polymerase-Protein* sowie den für das sogenannte *X-Protein* (HBx). Das Polymerase-Protein enthält im aminoterminalen Bereich die Sequenzen für das Protein TP, das im infektiösen Viruspartikel kovalent am 5′-Ende des vollständigen Stranges gebunden ist. Der übrige Proteinbereich umfaßt die Polymerase, welche die Aktivität einer Reversen Transkriptase und einer RNaseH besitzt. Das bei verschiedenen Subtypen des Hepatitis-B-Virus unterschiedlich große X-Protein ist ein möglicherwiese gewebespezifisch wirkender Transaktivator. Seine Funktion für die Virusreplikation ist nicht geklärt.

Zusätzlich zu diesen codierenden Bereichen gibt es eine Reihe von Kontrollsequenzen für die Regulation der Transkription und den Start der verschiedenen viralen mRNA-Spezies (Abbildung 18.2). *In vivo* hat man bisher drei verschiedene mRNA-Klassen gefunden. Für sie gibt es unterschiedliche Startpunkte, alle haben jedoch das gleiche 3′-Ende, da bei der Transkription das einzige im Genom vorhandene Polyadenylierungssignal für alle mRNAs verwendet werden muß. Der erste Startpunkt liegt sechs Nucleotide vor der DR1-Einheit. Von hier aus wird eine mRNA gebildet, die eine Länge von etwa 3 300 Basen hat und sich über das gesamte Genom erstreckt. Aufgrund der Position der Polyadenylierungsstelle überlappt sie sogar über einen Bereich von etwa 120 Basen mit dem 5′-Ende der mRNA, dem Beginn des Moleküls. Von dieser mRNA werden das HBcAg und die Polymerase gebildet. Zwischen dem 5′-Ende der RNA und dem Startcodon der Polymerase liegen über 500 Nucleotide. Wie ihre Translation initiiert wird, ist ungeklärt. Etwa 30 bis 40 Nucleotide vor dem Transkiptionsstart für die 3,3-kB-RNA hat man eine weitere Initiationsstelle identifiziert. Bei ihrer Verwendung entsteht eine 3,35 kB lange mRNA für die Synthese des HBeAg. Die Translation beginnt hier an einem Startcodon, das im gleichen Leseraster liegt wie das des HBcAg (Abbildung 18.3A). Das entstehende Produkt ist am aminoterminalen Ende gegenüber dem HBcAg um die 29 Aminosäuren des PräC-Anteils verlängert. Eine zweite Klasse von mRNAs beginnt ungefähr 38 Nucleotide vor dem Beginn des Leserahmens für das PräS1-HBsAg und ist 2 400 Basen lang. Von ihr wird das PräS1-HBsAg synthetisiert. Die Startpunkte für die dritte mRNA-Gruppe mit einer Länge von 2 100 Basen, die mengenmäßig mit Abstand am meisten gebildet wird, liegt in der Region, die für das PräS1-HBsAg codiert. Die Transkription kann hier an drei Positionen begonnen werden, die in der Umgebung des Startcodons für das PräS2-HBsAg nahe beieinander liegen. Die mRNAs sind daher am 5′-Ende heterogen. Abhängig vom Startpunkt wird hier die mittlere oder die kleine Form des HBsAg synthetisiert (Abbildung 18.3B). Ob eine der mRNAs auch für die Produktion des X-Proteins verwendet wird, ist noch unklar. Es könnte auch eine eigene mRNA dafür geben, welche einen vor dem X-Gen gelegenen Promotor nutzt. Eine etwa 800 Basen lange mRNA hat man in Zellinien entdeckt, die mit rekombinanter DNA des Hepatitis-B-Virus transfiziert wurden. In Zellen, die mit dem Hepatitis-B-Virus infiziert sind, also unter natürlichen Bedingungen, wurde sie bisher noch nicht nachgewiesen.

Eine bei der Transkription aktive *Enhancer-Sequenz* liegt etwa 450 Basenpaare vor dem Beginn des PräC-Genbereichs und damit direkt in dem dem X-Gen vorgeschalteten Bereich. Bei Hepatitis-B-Virus-Subtypen mit einer sehr langen Form des X-Gens (Subtyp adr) liegt diese Sequenz sogar noch im X-Genabschnitt selbst. *In vitro* binden sich verschiedene zelluläre Proteine an diesen Enhancer. Es gibt jedoch Hinweise darauf, daß von hier aus spezifisch in Leberzellen eine verstärkte Transkription der viralen Gene gesteuert wird. Im Bereich des für das HBsAg codierenden Gens ist eine 18 Nucleotide lange Region lokalisiert, die der *Erkennungsstelle von humanen Glucocorticoidrezeptoren* (GRE = *glucocorticoid response element*) ähnelt. In Anwesenheit von Glucocorticoiden wird die Expression des HBsAg um ungefähr das Fünffache gesteigert.

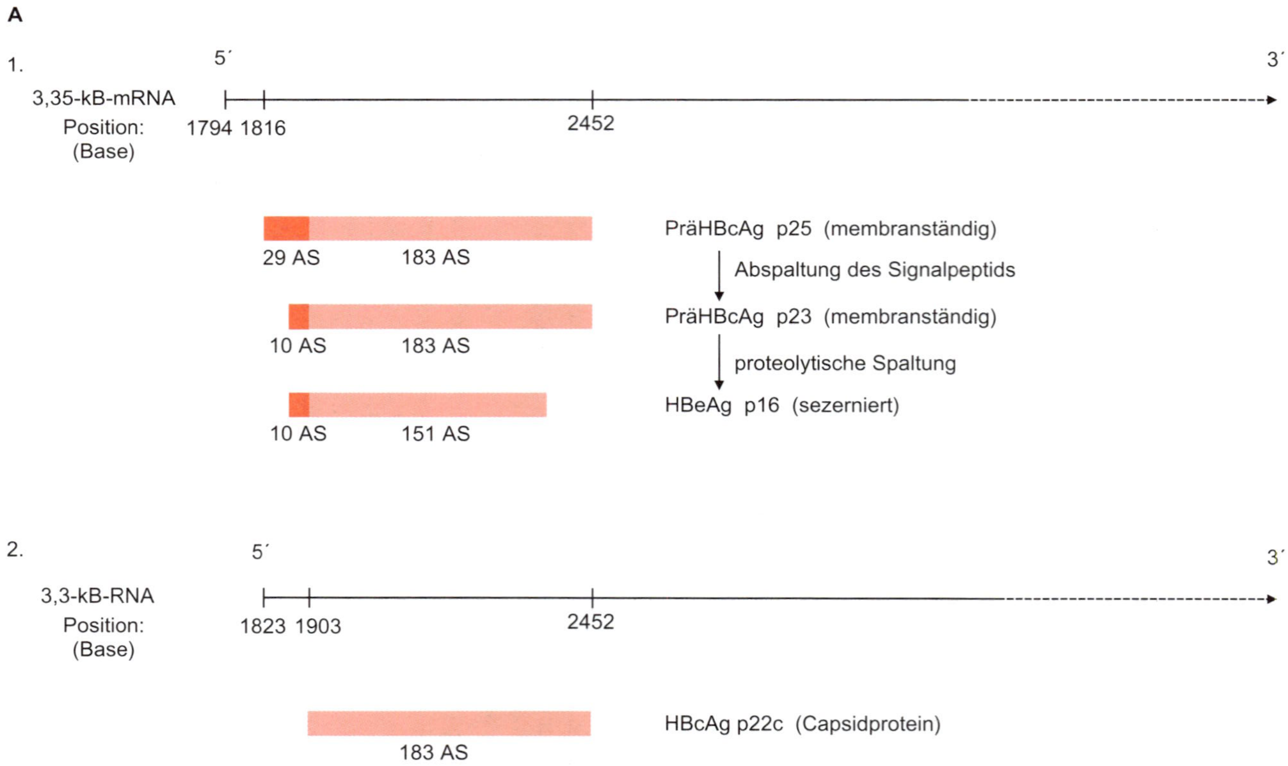

18.3 Die Syntheseprodukte der Leserahmen C und S des Hepatitis-B-Virus (Subtyp ayw). A: Der C-Leserahmen codiert für unterschiedliche Formen des Capsidproteins HBcAg und des sezernierten HBeAg. Das HBeAg und die mit ihm verwandten Proteine werden von der 3,35 kB langen mRNA translatiert (die Zahlenangaben beziehen sich auf die Nucleotidposition im Virusgenom, gerechnet ab der *Eco*RI-Schnittstelle als Position 1). 29 Codons danach findet man ein weiteres Startcodon, das für die Initiation des HBcAg verwendet wird. Die 29 aminoterminalen Aminosäuren repräsentieren den PräC-Anteil und steuern die Synthese des Proteins am endoplasmatischen Reticulum. Nach Abspaltung des Signalpeptids am aminoterminalen Ende und der carboxyterminalen Domäne entsteht daraus das HBeAg. Das HBcAg wird im Unterschied hierzu von der 3,3 kB langen mRNA als 183 Aminosäuren langes Protein translatiert, wobei das Startcodon an Position 1 903 für die Initiation benutzt wird (unterer Teil der Abbildung).

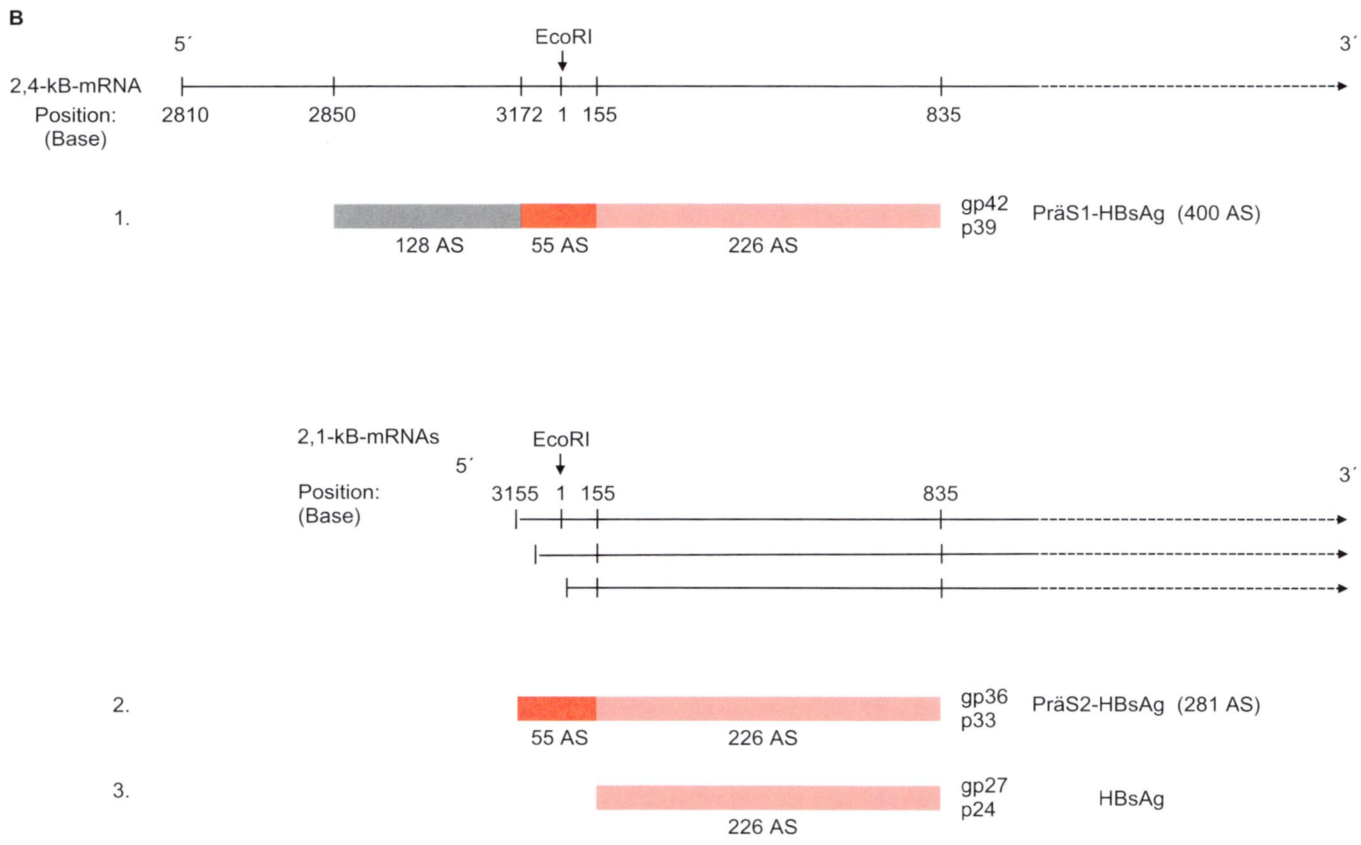

B: Von der 2,4 kB langen mRNA wird die große Form des HBsAg (PräS1-HBsAg) translatiert (die Zahlenangaben beziehen sich auf die Nucleotidposition im Virusgenom, gerechnet ab der *Eco*RI-Schnittstelle als Position 1). Das große oder PräS1-HBsAg (p39 beziehungsweise gp42) beginnt an Position 2 850 und enthält gegenüber dem kleinen HBsAg 128 zusätzliche Aminosäuren am Aminoterminus. Das mittlere oder PräS2-HBsAg (p33 beziehungsweise gp36) beginnt mit dem Startcodon an Position 3 172 und ist dadurch am aminoterminalen Ende 55 Aminosäuren länger als das kleine HBsAg. Beide werden von einer Gruppe etwa 2,1 kB langer mRNAs translatiert, die heterogene 5′-Enden besitzen (unterer Teil der Abbildung). Bei der Synthese des kleinen HBsAg wird das Startcodon an Position 155 verwendet; es entsteht ein Protein von 226 Aminosäuren Länge (p24), das teilweise glycosyliert wird (gp27).

18.1.3 Virusproteine

HBcAg und verwandte Proteine

Das Capsid setzt sich aus den viralen *Core-Proteinen* (HBcAg) zusammen, die ein Molekulargewicht von 22 kD (p22) besitzen (Abbildung 18.3A). Das HBcAg wird im Verlauf der Virusreplikation wahrscheinlich durch eine zelluläre Kinase an Serinresten phosphoryliert. Am carboxyterminalen Ende befinden sich basische Aminosäuren, die im Viruspartikel vermutlich eine Verbindung mit dem Genom eingehen. Das HBcAg hat die Eigenschaft, sich in der Zelle zu partikulären Strukturen zusammenzulagern, und es spielt eine wichtige Rolle beim viralen Self-Assembly.

Außerdem wird eine carboxyterminal um 32 bis 34 (abhängig vom Virussubtyp) Aminosäuren verkürzte Form des HBcAg mit einem Molekulargewicht von 16 kD (p16) gebildet. Ihr fehlen die basischen Aminosäuren, die mit dem Genom interagieren (Abbildung 18.3A). Dieses als *HBeAg* bezeichnete Protein (wobei „e" für *early* (früh) steht, weil es sehr früh während der Infektion nachweisbar ist) wird in einer Version synthetisiert, die gegenüber dem HBcAg am aminoterminalen Ende durchschnittlich 29 zusätzliche Aminosäurereste aufweist. Dieser in der Länge leicht variable „PräC"-Anteil sorgt dafür, daß die Synthese des HBeAg an der Membran des endoplasmatischen Reticulums stattfindet. Er dient als Signalpeptid und wird im weiteren Verlauf abgespalten. Das Protein wird durch den Golgi-Apparat an die Zelloberfläche transportiert und von der Zelle abgegeben. Eine Variante des HBeAg findet man in der Zellmembran. Das Protein ist kein Bestandteil der Virionen. Während der Infektion findet es sich im Serum der infizierten Personen. Ein Überblick über Eigenschaften und Funktionen der verschiedenen Virusproteine liefert Tabelle 18.2.

Tabelle 18.2: Funktion und Eigenschaften der vom Hepatitis-B-Virus codierten Proteine

Protein	Molekulargewicht	Modifikation	Funktion
HBsAg	24 kD 27 kD	– glycosyliert	Oberflächenprotein, Induktion neutralisierender Antikörper, Partikelbildung
PräS2-HBsAg	33 kD 36 kD	– glycosyliert	Oberflächenprotein, Induktion neutralisierender Antikörper, Bindung an Serumalbumin
PräS1-HBsAg	39 kD 42 kD	acyliert glycosyliert, acyliert	Adsorption an Rezeptor, Induktion neutralisierender Antikörper, Oberflächenprotein
HBcAg	22 kD	phosphoryliert	Capsidprotein, Interaktion mit dem Genom, Partikelbildung
HBeAg	16 kD		sezerniertes Protein, zum geringen Teil membranassoziiert
P-Protein	90 kD	?	DNA- und RNA-abhängige DNA-Polymerase (Reverse Transkriptase), RNaseH, terminales Protein für die Initiation der Replikation
HBx-Protein	17 kD		Transaktivator für virale und zelluläre Promotoren, Bindung an Tumorsuppressorprotein p53, Stimulation von Proteinkinase C

Die verschiedenen Formen des HBsAg

In die Hüllmembran der Hepatitis-B-Viren sind verschiedene Formen der viralen Glycoproteine (HBsAg) eingelagert (Abbildung 18.1). Das Hauptprotein im infektiösen Viruspartikel, die *kleine Form des HBsAg* (*kleines HBsAg*), besitzt ein Molekulargewicht von 24 kD (p24). Ein Teil ist glycosyliert (27 kD, gp27). Neben diesem Hauptprotein sind zwei weitere HBsAg-Variationen in die Hüllmembran des Virus eingelagert. Diese Proteine besitzen am aminoterminalen Ende zusätzliche Aminosäuren, die auf der Außenseite der Membran und somit auf der Oberfläche des Viruspartikels lokalisiert sind. Ansonsten stimmen sie jedoch in ihrer Sequenz mit der kleinen Form des HBsAg überein (Abbildung 18.3B). Man bezeichnet sie als *PräS1-HBsAg* (*großes HBsAg*) und *PräS2-HBsAg* (*mittleres HBsAg*), und sie haben Molekulargewichte von 39 kD (p39) beziehungsweise 33 kD (p33). Auch sie liegen manchmal in glycosylierter Form (gp42 beziehungsweise gp36) vor. Man nimmt an, daß alle Formen der HBsAg-Proteine vier Transmembranregionen besitzen und daß die amino- und carboxyterminalen Enden an der Partikeloberfläche gelegen sind. Das PräS1-HBsAg wird zusätzlich durch eine Myristinsäure am Aminoterminus modifiziert und ist über diese mit der Membran assoziiert. Von den verschiedenen Formen der HBsAg-Proteine liegen in den infektiösen Virionen ungefähr gleiche Mengen vor.

Die HBsAg-Proteine induzieren im Infektionsverlauf eine schützende humorale Immunantwort. Das wichtigste immunogene Epitop des kleinen HBsAg ist die Determinante „a“. Sie induziert die Bildung von neutralisierenden Antikörpern. Daneben gibt es zwei Paare von Subtypdeterminanten, die sich überwiegend allelisch verhalten und sich gegenseitig ausschließen: d, y und r, w. Die Determinante w kann in vier weitere Typen unterteilt werden, zusätzlich kennt man die seltener vorkommenden Determinanten q, x und g. Ihre Kombination miteinander ergibt die hauptsächlich vorkommenden Subtypen des Hepatitis-B-Virus, die man bestimmten geographischen Regionen zuordnen kann: ayw, ayw2, ayw3, ayw4, ayr, adw4, adr. In einzelnen Virusisolaten, meist in Südostasien, findet man auch ungewöhnliche Varianten wie adwr, adyw oder awr. Die Determinanten a und d/y liegen im Bereich der Aminosäuren 284 bis 323 des kleinen HBsAg. Sie scheinen von der dreidimensionalen Faltung der Proteinkette und der korrekten Bildung von Disulfidbrücken abzuhängen. Punktmutationen können die verschiedenen Determinanten und ihre immunologische Erkennung durch die entsprechenden Antikörper verändern. In den aminoterminalen Sequenzen der PräS1- und PräS2-HBsAg konnte man wichtige T-Zell-Epitope identifizieren, die in Kombination mit MHC-Klasse-I-Proteinen auf den Oberflächen infizierter Zellen präsentiert werden und die Zerstörung durch cytotoxische T-Zellen auslösen.

HBsAg-Partikel hat man als Impfstoff verwendet

Bei der Entwicklung des ersten Impfstoffes gegen Hepatitis-B-Viren, der Anfang der achtziger Jahre auf den Markt kam, nutzte man aus, daß insbesondere bei Personen mit chronischen Infektionsverläufen große Mengen nichtinfektiöser HBsAg-Partikel vorkommen. Man isolierte sie aus Blutspenden von chronisch Hepatitis-B-Virus-infizierten Patienten und reinigte sie. Mit diesen Präparationen impfte man vor allem Personen mit einem hohen Infektionsrisiko (medizinisches Personal, Homosexuelle). Diese produzierten daraufhin Antikörper gegen HBsAg, die einen Schutz vor der eigentlichen Infektion vermittelten. Einige Jahre später wurde dieser Impfstoff durch die erste gentechnisch hergestellte Vakzine abgelöst, die beim Menschen eingesetzt wurde. Hierbei handelt es sich um partikuläres HBsAg aus Hefezellen.

Die *nichtinfektiösen sphärischen* und *filamentösen Partikelformen*, die bei akuten und chronischen Infektionen in großen Mengen im Blut vorkommen, bestehen *nur aus HBsAg* und *Membrananteilen*. Die 22-nm-Partikel – sie werden auch als Australia-Antigen bezeichnet – enthalten fast ausschließlich das kleine HBsAg, zum Teil in glycosylierter Form. In den Filamenten findet man zusätzlich auch das mittlere HBsAg. Das große HBsAg (PräS1-HBsAg) ist in den nichtinfektiösen Partikeln nur in sehr geringen Konzentrationen nachweisbar.

Polymerase

Neben den eben erwähnten verschiedenen Formen des HBsAg und dem HBcAg findet man in den infektiösen Viruspartikeln ein virales Protein, das nichtkovalent mit dem 3′-Ende des unvollständigen DNA-Stranges komplexiert ist. Es hat die Aktivität einer *RNA- und DNA-abhängigen DNA-Polymerase*, also einer *Reversen Transkriptase*. Mit ihm ist eine *RNaseH* verbunden. Es codiert im Leserahmen P und hat ein Molekulargewicht von etwa 90 kD. Über ein Tyrosin in der aminoterminalen Proteindomäne ist das gleiche Protein kovalent an das 5′-Ende des vollständigen Stranges gebunden. Während der Replikation dient dieses *terminale Protein* (TP) als Primer für die Initiation der DNA-Synthese.

HBx-Protein

Ob während der Infektion mit Orthohepadnaviren das *X-Protein* (17 kD) gebildet wird, ist ebenso unklar wie die Funktion dieses Nichtstrukturproteins bei der Virusreplikation. Das X-Protein findet sich gelegentlich, jedoch nicht regelmäßig, in geringen Mengen in Leberbiopsien von Hepatitis-B-Virus-Infizierten und Patienten mit einem primären hepatozellulären Karzinom. Diese Personen produzieren manchmal auch Antikörper gegen das HBx-Protein – ein indirekter Hinweis auf seine Synthese. Es wirkt *in vitro* als *Transkriptionsfaktor* für die Promotoren der HBcAg- und HBsAg-Gene sowie verschiedener anderer viraler und zellulärer Gene, die von den RNA-Polymerasen II und III transkribiert werden. Über welchen Mechanismus die Aktivität der RNA-Polymerasen beeinflußt wird, ist jedoch unklar. Man diskutiert unter anderem eine direkte Wechselwirkung mit ihnen sowie die Aktivierung der Proteinkinase C und der hiermit verbundenen Signalkaskade, wodurch verschiedene Transkriptionsfaktoren beeinflußt werden können. Andere Daten zeigen, daß das HBx-Protein über reaktive Sauerstoffintermediate den Transaktivator NFκB aktiviert und daß es die Aktivität der CDK2- und CDC2-Kinasen und über sie auch die Zellzyklusrate steigert. Das X-Protein ist vermutlich an der Entstehung des Hepatitis-B-Virus-assoziierten Leberkarzinoms beteiligt. Wird es in der Leber von transgenen Mäusen exprimiert, so induziert es Hepatome. Außerdem bindet sich das X-Protein an das zelluläre Tumorsuppressorprotein p53 und hemmt es in seiner Funktion (Kapitel 6). Es verhält sich also ähnlich wie das T-Antigen von SV40 (Abschnitt 18.2.2), das E6-Protein der humanen Papillomviren (Abschnitt 18.2.3) und das E1B-Protein der Adenoviren (Abschnitt 18.3), die auf unterschiedliche Weise die Funktion des p53 beeinflussen und so die Zellteilung induzieren.

18.1.4 Replikation des Hepatitis-B-Virus

Wie das Hepatitis-B-Virus in die Wirtszelle aufgenommen wird, ist ungeklärt. Auch den zellulären Rezeptor kennt man nicht. Die aminoterminalen PräS1-Domänen der großen Form des HBsAg scheinen für die Adsorption verantwortlich zu sein. Man vermutet eine Bindung an Endonexin II oder an den Asialoglycoproteinrezeptor, beides Membranproteine menschlicher Hepatocyten. Möglicherweise wird die Anheftung zusätzlich über *Serumalbumin* vermittelt, das sich an die PräS2-Sequenzen des mittleren HBsAg und an einen Rezeptor auf Hepatocyten bindet. Die Serumalbuminbindung wird auch für Autoimmunmechanismen verantwortlich gemacht, die oft in Assoziation mit der Hepatitis-B-Virus-Infektion auftreten. Man vermutet, daß sich das Serumalbumin durch die Wechselwirkung mit den Viruspartikeln geringfügig in seiner Struktur verändert und dadurch als Fremdantigen erkannt wird.

Abbildung 18.4 veranschaulicht den Weg, den Hepatitis-B-Viren in der infizierten Zelle nehmen. Nach Eintritt in die Zelle und Freisetzung der Nucleinsäure wird das virale Genom in den Kern transportiert. Der unvollständige DNA-Strang wird durch die mit ihm assoziierte Polymerase vervollständigt. Dabei wird das RNA-Oligonucleotid abgebaut, das TP-Protein entfernt und die Lücke geschlossen. So entsteht ein *zirkulär geschlossener DNA-Doppelstrang,* der mit Histonproteinen zu Nucleosomen assoziiert in superhelikaler Struktur vorliegt. In seltenen Einzelfällen werden in dieser Infektionsphase das ganze Hepatitis-B-Virus-Genom oder Teile davon in das Zellgenom integriert.

Im Kern erfolgt die Transkription des episomalen Virusgenoms durch die zelluläre RNA-Polymerase II. Wie bereits erwähnt werden mRNAs gebildet, die das gleiche 3′-Ende haben (gemeinsame PolyA-Stelle), jedoch unterschiedliche Initiationsstellen und somit unterschiedliche Längen (Abbildung 18.2). Nach der Modifizierung der 5′-Enden durch Cap-Gruppen und der Polyadenylierung der 3′-Enden durch zelluläre Enzyme werden die verschiedenen RNA-Moleküle in das Cytoplasma transportiert.

Dort werden von den verschiedenen mRNA-Molekülen Proteine translatiert, wobei die Capsidproteine HBcAg und die unterschiedlich großen Formen des Oberflächenproteins HBsAg entstehen. Die Synthese des HBsAg findet an der Membran des endoplasmatischen Reticulums statt, wo die wachsenden Aminosäureketten in das Lumen eingeschleust und über die vier Transmembranregionen verankert werden. Das Prä-Core-Protein (Prä-HBcAg) enthält ebenfalls am aminoterminalen Ende ein Signalpeptid. Nach der Entfernung durch eine Signalase wird dieses Protein in das Lumen des ER abgegeben und nach proteolytischer Abspaltung der carboxyterminalen Domäne als HBeAg über die Golgi-Vesikel sezerniert. Die Entfernung des Signalpeptids erfolgt nicht bei allen Molekülen. Einige Proteine, sowohl in der Version des Prä-HBcAg als auch der des Prä-HBeAg, sind daher mit der Cytoplasmamembran assoziiert (Abbildung 18.3A). Ob und von welcher der mRNAs das X-Protein des menschlichen Hepatitis-B-Virus translatiert wird, ist unklar. Nur bei den Hepatitis-B-Viren der Waldmurmeltiere und der Erdhörnchen scheint seine Transaktivatorfunktion während des Replikationszyklus essentiell zu sein. Das Polymerase-Protein wird von einem Leserahmen auf der 3 300 Basen langen mRNA translatiert, dessen Startcodon in einiger Entfernung vom 5′-Ende der RNA liegt. Wie diese interne Translationsinitiation erfolgt, ist unklar. Die 3 300 Basen lange mRNA, welche die Sequenzen des ganzen Genoms überspannt und – durch die Lage der Polyadenylierungsstelle – am 3′-Ende die gleiche Basenfolge wie am 5′-Ende besitzt, dient neben ihrer Funktion als mRNA für die Translation des HBcAg und der Polymerase auch als *prägenomische RNA* für den ersten Schritt der Virusreplikation.

Bei der Initiation der Replikation lagern sich vermutlich mehrere Moleküle der *Polymerase* an Sequenzen der zwischen der DR1- und DR2-Region am 5′-Ende der prägenomischen RNA-Form an. Die RNA bildet hier eine stabile *Haarnadelschleife*, auch ε-Signal genannt, welche die Interaktion mit der aminoterminalen Domäne der Polymerase vermittelt. Sie liefert als *genome linked protein* mit der OH-Gruppe eines Tyrosinrestes den Primer für die Initiation der Polymerisation und bleibt kovalent mit dem 5′-Ende verbunden. Es wird nur ein kurzes Stücke DNA polymerisiert, nämlich die Sequenzen, welche die Region zwischen dem ε-Signal und dem 5′-Ende der mRNA umfassen. Dann kommt es zum Transfer dieses Initiationskomplexes an die ε-Struktur, die sich am 3′-Ende des Transkripts befindet. Hier

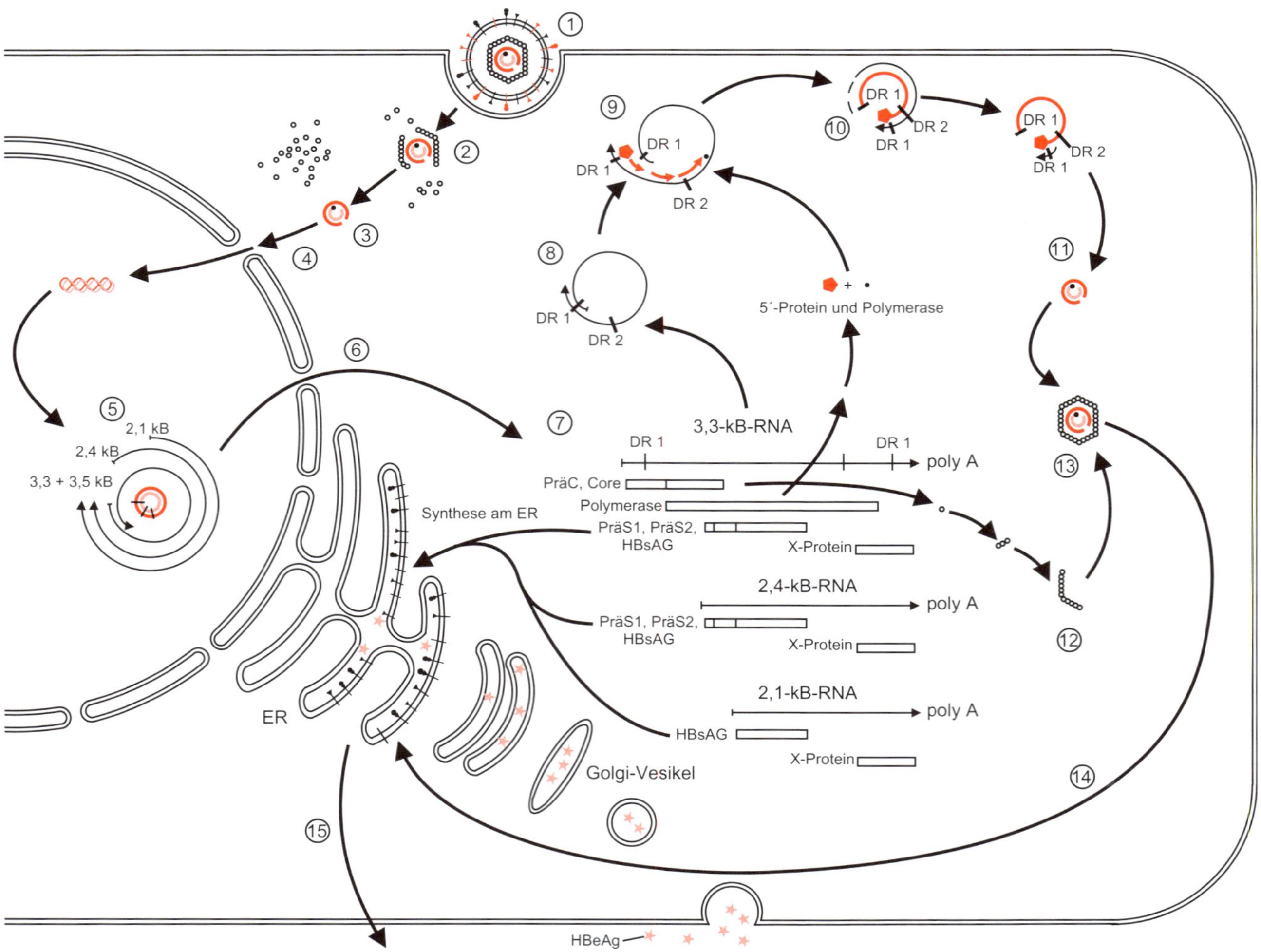

18.4 Der Verlauf der Replikation des Hepatitis-B-Virus in einer Zelle. 1. Adsorption. 2. Uncoating. 3. Transport des viralen DNA-Genoms in den Zellkern. 4. Vervollständigung zur zirkulär geschlossenen, *supercoiled* DNA-Form. 5. Transkription. 6. Export der verschiedenen mRNA-Spezies aus dem Zellkern in das Cytoplasma. 7. Translation der mRNA: HBsAg und HBeAg am endoplasmatischen Reticulum mit anschließendem Transport über den Golgi-Apparat; HBcAg, Polymerase und X-Protein an freien Ribosomen im Cytoplasma. 8. Verwendung der 3,3 Kb langen mRNA als Prägenom. 9. Initiation der Synthese des DNA-Stranges durch die virale Polymerase (Priming durch das am 5′-Ende gebundene Protein). 10. Abbau des RNA-Anteils im Hybrid durch die RNase-H-Aktivität der Polymerase. 11. Beginn der Synthese des Doppelstranges der viralen DNA nach Primer-Transfer. 12. Aggregation des HBcAg. 13. Verpacken des unvollständigen Genoms mit den HBcAg-Aggregaten. 14. und 15. Freisetzung des infektiösen Partikels, das am endoplasmatischen Reticulum mit der HBsAg-haltigen Membran umgeben wird.

befinden sich die identischen Basensequenzen wie am 5′-Ende, daher kann die bereits synthetisierte DNA-Region hiermit hybridisieren. Ähnliche Vorgänge findet man bei der reversen Transkription der Retroviren (Abschnitt 17.1.4). Der Komplex dient als Primer für die Synthese eines durchgehenden DNA-Stranges (katalysiert durch die Aktivität der viralen Polymerase), der die gesamte prägenomische mRNA umfaßt. Bereits der Initiationskomplex bildet die Erkennungsstruktur für die Anlagerung von HBcAg-Proteinen; er wird im weiteren Verlauf aus dem Kern in das Cytoplasma transportiert. Nach dem Abbau der RNA am *RNA/DNA-Hybrid* durch die RNase-H-Aktivität der Polymerase bleibt am 5′-Ende ein kurzes Stück gecappter RNA zurück, dessen 3′-OH-Ende als Primer für die Synthese des DNA-Gegenstranges dient. Der synthetisierte Erststrang geht in die Ringform über, kann wegen des am 5′-Ende kovalent gebundenen Proteins jedoch nicht geschlossen werden. Anschließend wird ebenfalls durch die virale Polymerase der komplementäre DNA-Strang an das 3′-OH-Ende des RNA-Primers ansynthetisiert. Er überspannt die Lücke, bleibt aber unvollständig, da nach der Initiation die virale DNA schon mit den Capsidproteinen zum Partikel verpackt, mit der HBsAg-haltigen Membran umgeben und freigesetzt wird. Er wird nur so weit fortgesetzt, wie die bei der Verpackung mitgenommenen Nucleotide reichen.

Die Morphogenese wird – wie oben erwähnt – noch während der Genomreplikation durch die Bindung des Polymerase-Proteins an das ε-Signal eingeleitet, das sich am 5′-Ende der prägenomischen RNA ausbildet. Dieser Komplex wird in die im Cytoplasma vorgeformtem Capside, die aus HBcAg-Proteinen bestehen, eingelagert. Die Umhüllung der Capside mit der Membran, die die verschiedenen Formen des HBsAg enthält, findet an intrazellulären Membranen statt. Man vermutet, daß die entstehenden Viruspartikel in das Lumen des endoplasmatischen Reticulums und des Golgi-Apparats abgegeben werden und über sekretorische Wege an die Zelloberfläche transportiert und dort freigesetzt werden.

18.1.5 Das humane Hepatitis-B-Virus

Epidemiologie und Übertragung

Das Hepatitis-B-Virus wird durch *Blut*, *Blutprodukte* und *Sexualverkehr* übertragen. Als Erregerreservoir dient ausschließlich der Mensch, aber eine experimentelle Übertragung des Virus auf Schimpansen ist möglich. Hepatitis-B-Viren kommen in unterschiedlicher Konzentration im Blut akut infizierter Personen und in dem chronischer Virusträger vor. In einem Milliliter Blut befinden sich bis zu 10^9 infektiöse Viruspartikel sowie 10^{13} (entspricht etwa 50 μg/ml) nichtinfektiöse, sphärische beziehungsweise 10^9 filamentöse HBsAg-Partikel. Das Blut ist bereits vor dem Auftreten der mit der Hepatitis-B-Infektion verbundenen Leberentzündung infektiös. Schwangere Frauen mit chronischer Hepatitis-B-Infektion oder solche, die zur Zeit des Geburtstermins an einer akuten Infektion erkranken, können das Virus vor oder während der Geburt an ihre Kinder weitergeben. Dies gilt vor allem für die Hochendemiegebiete in Ostasien (Taiwan) und in Zentral- und Westafrika. Hier sind 20 bis 80 Prozent der Bevölkerung mit dem Hepatitis-B-Virus infiziert, wobei in der Mehrzahl der Fälle (90 Prozent) die Infektion bei der Geburt (perinatal) erfolgt. Das Virus kann auch durch die Muttermilch an die Säuglinge weitergegeben werden. Insgesamt rechnet man auf der Erde mit 350 Millionen infizierten Personen.

In den Industrieländern kommt das Hepatitis-B-Virus hingegen nur *sporadisch-endemisch* vor. In Deutschland sind etwa 0,5 Prozent aller Menschen Träger des HBsAg, fünf Prozent besitzen Antikörper. Ein besonderes Problem sind Virusübertragungen auf medizinisches Personal, vor allem durch Kontakt von virushaltigem Blut mit der Schleimhaut, nichtintakter Haut oder durch Verletzungen mit kontaminierten Kanülen.

Ausgedehnte Impfprogramme in den Entwicklungsländern sollen die Zahl der Virusträger in der Bevölkerung und damit die der Zirrhosen und Karzinome reduzieren

Der hohen Durchseuchung mit Hepatitis-B-Viren in den Entwicklungsländern versucht die WHO (World Health Organisation) seit einigen Jahren aktiv entgegenzuwirken. In diesen Regionen ist die Durchseuchung mit 20 bis 80 Prozent der Bevölkerung sehr hoch, und dementsprechend hoch ist auch die Anzahl an chronischen Virusträgern. Das primäre Leberzellkarzinom ist dort die häufigste Tumorerkrankung. Ausgedehnte Impfprogramme in der Bevölkerung sollen einen ausreichenden Schutz vor der Hepatitis-B-Virus-Infektion vermitteln und die Infektionskette in diesen Ländern unterbrechen. Die wichtigsten Maßnahmen sind die passive Impfung der Neugeborenen von Hepatitis-B-Virus-positiven Müttern und die aktive Impfung mit gentechnisch hergestellten HBsAg-Partikel im Kindesalter. Dieses Vorgehen hat bereits heute eine Abnahme der Karzinomhäufigkeit bewirkt.

Klinik

Das Hepatitis-B-Virus infiziert die Zellen der Leber und kann eine *akute Hepatitis* verursachen. Die Inkubationszeit beträgt – je nach Infektionsdosis – zwei bis sechs Monate. Bei Jugendlichen und Erwachsenen verlaufen 65 Prozent der Infektionen symptomlos, bei 35 Prozent kommt es zu einer Hepatitis (Leberentzündung). Hauptsymptom der akuten Hepatitis ist eine *Gelbsucht* (Ikterus). Weitere Symptome sind die Vergrößerung der Leber und, sehr selten, Störungen der Blutbildung und Exantheme. Die Hepatitis dauert im Regelfall zwei bis drei Wochen an. Bessert sich der Zustand des Patienten nicht, so muß man von einem Übergang in eine *chronische* Verlaufsform ausgehen. Diese findet man bei etwa fünf bis zehn Prozent, bezogen auf alle Hepatitis-B-Infektionen. Prä- oder perinatale Infektionen führen dabei zu etwa 90 Prozent zu chronischen Leberentzündungen, und zwar meist ohne eine akute Erkrankung. Bei Infektionen im Kleinkindalter sind es etwa 50 Prozent. 60 Prozent der chronisch infizierten Personen bleiben asymptomatische, „gesunde" Virusträger. Histopathologisch unterteilt man die symptomatischen chronischen Hepatitis-B-Infektionen in die *chronisch-aggressiv-progrediente Hepatitis* (CAH) und in die *chronisch-persistente Hepatitis* (CPH). Die CAH kann spontan in eine CPH übergehen. Folgeerkrankungen sind die Leberzirrhose und das Leberzellkarzinom. Man vermutet, daß sich insbesondere bei der perinatalen Infektion eine Toleranz gegen das Hepatitis-B-Virus entwickelt, die ein lebenslanges Virusträgerstadium einleiten kann. Diese immunologische Toleranz wird vor allem auf das placentagängige HBeAg zurückgeführt. Hinweise darauf ergaben sich aus Versuchen mit transgenen Mäusen.

Pathogenese

Akute Hepatitis-B-Virus-Infektion. Von der Eintrittsstelle aus gelangt das Hepatitis-B-Virus über die Blutbahn in die *Leber*. Das Hepatitis-B-Virus ist selbst nicht cytopathogen. Die Zerstörung der Leberzellen wird wahrscheinlich durch CD8-positive Lymphocyten (cytotoxische T-Zellen) bewirkt, die sich in der Umgebung der befallenen Leberzellen nachweisen lassen. Diese Lymphocyten sind gegen von Hepatitis-B-Virusproteinen abgeleitete

Peptide gerichtet, die dem zellulären Immunsystem im Komplex mit MHC-Klasse-I-Antigenen auf der Oberfläche der infizierten Hepatocyten präsentiert werden. Die cytotoxischen T-Zellen sezernieren dabei Cytokine, die ebenfalls zellschädigend sind, zum Beispiel den Tumornekrosefaktor-α. Die akute Hepatitis wird also immunpathologisch ausgelöst und stellt eigentlich eine Schutzreaktion des Organismus dar. Zellen mit hohen Konzentrationen des HBsAg bezeichnet man auch als Milchglas-Zellen. Bei ihnen kann allerdings eine direkte Cytopathogenität des Hepatitis-B-Virus vorliegen. Die Bedeutung des Vorkommens von Hepatitis-B-Viren in Makrophagen und Blutmonocyten sowie in Pankreas-, Samen- und anderen Zellen ist vorläufig unklar. Man konnte jedoch zeigen, daß die Myelopoese gestört ist und daß das Hepatitis-B-Virus auch unreife Blutzellen befällt.

Eine akute Hepatitis, die anschließend ausheilt, nimmt folgenden Verlauf: Bereits während der Inkubationszeit lassen sich im Serum *Hepatitis-B-Viren* und erhöhte Konzentrationen an *Interferon* nachweisen. Die Interferone induzieren die Transkription der MHC-Gene, wodurch sich die Menge von *MHC-Klasse-I-Antigenen* auf der Zelloberfläche erhöht. Dieser Mechanismus hilft dem zellulären Immunsystem, mit Hepatitis-B-Viren infizierte Zellen besser zu erkennen. In transgenen Mäusen konnte gezeigt werden, daß Interferon-α und -β sowie Interleukin-2 die Hepatitis-B-Virus-Genexpression reduzieren. Die hohe Interferonkonzentration ist auch für das Fieber und das starke Krankheitsgefühl zu Beginn der Erkrankung verantwortlich.

Chronische Hepatitis-B-Infektion. Die beiden Formen der chronischen Hepatitis treten auf, wenn das Immunsystem die Virusinfektion nicht beherrschen kann. Bei einer perinatalen Infektion und bei einer Ansteckung im Kleinkindalter trifft das Virus auf einen immunbiologisch nicht ausgereiften Organismus; eine Immuntoleranz kann entstehen. Bei Jugendlichen und Erwachsenen könnte ein Interferonmangel zur Etablierung chronischer Infektionen beitragen. Bei der Entwicklung von chronisch persistierenden Hepatitisinfektionen spielen auch die sehr hohen Mengen von nichtinfektiösen HBsAg-Partikeln eine Rolle, wie man sie bei einigen Patienten während der akuten Erkrankungsphase findet. Sie können die neutralisierenden, HBsAg-spezifischen Antikörper abfangen. Die Konzentration der nichtinfektiösen HBsAg-Partikel ist insbesondere bei Männern sehr hoch. Männliche Geschlechtshormone binden sich in den Zellen an die Glucocorticoidrezeptoren. Diese Komplexe lagern sich an das GRE-Element (Abbildung 18.2) im Hepatitis-B-Virus-Genom, wodurch die Transkriptionsrate der mRNA für das kleine HBsAg (2,1-kB-mRNA) deutlich erhöht wird. Dies führt in der Folge zur erhöhten Produktion dieses Proteins, zu größeren Mengen nichtinfektiöser HBsAg-Partikel und zu einem verstärkten Auftreten von chronischen Hepatitiden. Das könnte auch erklären, warum mehr Männer als Frauen von an primären Leberzellkarzinomen erkranken.

Virusvarianten, die kein HBeAg synthetisieren, findet man bei bis zu 20 Prozent aller chronisch infizierten Personen, vor allem in Süditalien und in Südostasien. Die Erkrankung ist in diesen Fällen durch hohe Transaminasewerte, große Mengen an Hepatitis-B-Virus-DNA sowie durch schwere Krankheitsverläufe und einen schnellen Übergang zur Leberzirrhose gekennzeichnet. Diese *HBe-negativen Hepatitis-B-Viren* werden durch Mutationen im PräC-Bereich des Genoms verursacht, die im codierenden Bereich Stopcodons erzeugen. Man weiß, daß diese Mutanten übertragbar sind und in der Leber den Wildtyp ersetzen können.

Ebenfalls vor allem in Süditalien treten Hepatitis-B-Virusvarianten mit Mutationen im HBsAg-Gen auf. Diese haben jedoch nur eine geringe epidemiologische Bedeutung. Sie verändern das Protein und die antigenen Determinanten so, daß sich neutralisierende, gegen das Wildtypprotein gerichtete Antikörper nicht mehr oder nur ungenügend binden können (Abschnitt 18.1.3). Neben Mutationen im Bereich des kleinen HBsAg gibt es auch Veränderungen in den PräS1- und PräS2-Bereichen des HBsAg. Diese sind kaum untersucht, und es ist unklar, ob diese Virusvarianten andere Verläufe der Hepatitis-B-Virus-Infektion hervorrufen.

Primäres Leberzellkarzinom (PLC). Etwa 250 000 Personen sterben pro Jahr an diesem Tumor, der bei Personen mit chronisch persistierenden Infektionen auftritt. Das Hepatitis-B-Virus ist der wichtigste Risikofaktor für seine Entstehung. Je länger eine chronische Hepatitis-B-Virus-Infektion besteht, desto größer ist die Wahrscheinlichkeit, daß sich ein primäres Leberzellkarzinom bildet. Es tritt in denselben Gebieten gehäuft auf, in denen es viele Hepatitis-B-Virus-Infektionen mit chronischen Verläufen gibt. Bei Personen mit einer chronischen Hepatitis-B ist das Risiko für die PLC-Entstehung auf das etwa *200fache* erhöht.

Auf molekularer Ebene entsteht das PLC schrittweise, wobei die Ausbildung von unterschiedlichen präneoplastischen Läsionen auf mehrere mögliche genetische Ereignisse hinweist:

1. Ein Schlüsselereignis der zum Karzinom führenden Kausalkette ist die *Integration* des Hepatitis-B-Virus-Genoms an willkürlichen Stellen in die chromosomale DNA der Zelle. Sie erfolgt bevorzugt bei chronischen Trägern, die über lange Zeiten große Mengen an Virus produzieren. Die ringförmige Hepatitis-B-Virus-DNA wird dabei meist im Bereich der Lücke im unvollständigen DNA-Strang geschnitten – nur selten ist die Sequenz des HBs-Gens von diesem Ereignis betroffen –, so daß in den Zellen des Karzinoms auch nach Integration der viralen Sequenzen das HBsAg und meist auch das X-Protein gebildet werden, während die Synthese von infektiösen Virionen infolge der mit der Integration verbundenen Zerstörung des viralen Genoms unterbleibt. Auch erfolgen häufig Deletionen im Hepatitis-B-Virus-Genom, so daß es nicht mehr zur Produktion infektiöser Viren reaktiviert werden kann. Die lange Inkubationszeit bis zum Auftreten des Leberkarzinoms und dessen Monoklonalität lassen vermuten, daß die notwendigen Prozesse langsam und selten ablaufen. Durch die Integration an beliebigen Stellen in der zellulären DNA können zelluläre Funktionen zerstört werden, deren Ausfall meist zum Absterben der jeweiligen Zelle führen dürfte. Bei einer transformierten Zelle muß die Integration in die zelluläre DNA andererseits bewirken, daß die betreffende Zelle nicht stirbt, sondern sich vielmehr unendlich teilt. Das kann durch Störung unterschiedlicher Zellfunktionen geschehen: So hat in Einzelfällen das Integrationsereignis die Aktivität des zellzyklusregulierenden *Cyclingens* verändert, was eine erhöhte Zellteilungrate zur Folge haben kann.
2. Eine weitere Hauptrolle bei der Entstehung des PLC spielt das *HBx-Protein*, das häufig in Tumorzellen exprimiert wird. Dieses Protein wirkt transaktivierend auf zelluläre Promotoren und über den Proteinkinase-C-Weg zellteilungsstimulierend. Die Expression von zellulären Transaktivatorproteinen wie c-Fos/c-Jun ist in Einzelfällen stark erhöht. In anderen Fällen fand man mutierte Formen von c-Ras. Weiterhin induziert das X-Protein durch Bindung an die Enhancer-Region im integrierten, viralen Genom die Expression der 2 100 Basen langen RNA, die vorrangig für die Synthese der kleinen Form des HBsAg verantwortlich ist. Wie schon erwähnt, erklärt man auch die höhere Tumorrate bei Männern mit der stärkeren Stimulierung der Expression des HBsAg durch die Bindung der aktivierten Glucocorticoidrezeptoren an die Sequenzen des GRE. Die hohen Konzentrationen des Proteins in der Form nichtinfektiöser Partikel können neutralisierende Antikörper abfangen und so zu einer Etablierung einer der chronischen Verlaufsformen führen, welche die Voraussetzung für die Entstehung der PLC sind. Außerdem hemmt das X-Protein die Funktion des zellulären *Tumorsuppressorproteins p53*. Das führt zu einem verfrühten Eintritt der Zelle in die S-Phase des Zellzyklus, in welcher das Zellgenom repliziert wird (Kapitel 6). Spontan entstandene DNA-Schäden oder solche, die durch mutagene Agentien hervorgerufen sind, werden nicht korrekt repariert, und es kommt in den betroffenen Zellen zu einer *erhöhten Mutationsrate*.
3. Auch Cofaktoren scheinen bei der Tumorentstehung eine wichtige Rolle zu spielen. Zu diesen zählen die *Aflatoxine*. Hierbei handelt es sich um Difuran-Cumarin-Derivate, die ein hohes mutagenes Potential haben. Sie sind Stoffwechselprodukte des Schimmel-

pilzes *Aspergillus flavus*, die sich in verdorbenen Speisen anreichern. Werden solche verzehrt, dann wird das Aflatoxin in der Leber in ein aktives Produkt überführt, das sich an die DNA bindet. Dadurch kommt es zu gehäuften Mutationen, die auch das Gen für das zelluläre Tumorsuppressorprotein p53 betreffen können. Bei Patienten mit gehäufter Exposition gegenüber Aflatoxinen fand man Mutationen bevorzugt im Codon 249 des p53, die seine Funktion beeinträchtigen. Auf diese Weise können Aflatoxine die Wirkung des X-Proteins zur Inaktivierung des p53 verstärken. Ähnlich kommen chronische Entzündungsvorgänge in Verbindung mit hohem Alkoholkonsum und Leberzirrhose als weitere Cofaktoren bei der Tumorentstehung in Frage.

4. Zusätzlich hat man in den Tumorzellen Chromosomendeletionen, DNA- und Genamplifikationen und Umordnungen der zellulären DNA beobachtet. Beim Hepatitis-B-Virus des Waldmurmeltieres, das bei diesen Tieren eine chronische Hepatitis erzeugt, fand man Aktivierungen des zellulären Protoonkogens *c-myc*; viele der infizierten Tiere (16 bis 30 Prozent) entwickeln persistierende Infektionen, die praktisch alle nach kurzer Zeit in Leberzellkarzinome übergehen.

Das Enten-Hepatitis-B-Virus – ein wichtiges Modellsystem

Ein weiteres Modellsystem zur Untersuchung der Molekularbiologie der Hepatitis-B-Viren ist die Infektion von *chinesischen Haus-* und *amerikanischen Pekingenten* mit dem Enten-Hepatitis-B-Virus. Hier findet eine vertikale Übertragung von der infizierten Mutterente auf die Eier statt. Das Virus vermehrt sich im Dottersackgewebe des sich entwickelnden Embryos und wird von dort wahrscheinlich ab dem sechsten Tag der Embryonalentwicklung auf Hepatocyten übertragen. Experimentell kann man bei Entenküken, die einen Tag alt sind, durch intravenöse oder intrahepatäre Injektion von klonierter Virus-DNA Infektionen ausgelösen. Auch über die Injektion in Eier lassen sich Infektionen induzieren, jedoch ist das zeitliche Fenster, in welchem eine Infektion möglich ist, sehr kurz. Die Tatsache, daß primäre Hepatocyten, die länger als eine Woche in Kultur gehalten werden, nicht mehr infizierbar sind, weist ebenfalls darauf hin, daß der Grad der Zelldifferenzierung auf die Permissivität der Zellen einen wichtigen Einfluß hat. Ob die infizierten Enten akute Lebererkrankungen entwickeln, ist unklar. Symptome beobachtete man bisher kaum. Die Entwicklung von zirrhotischen Erscheinungen und hepatozellulären Karzinomen ist lediglich in einer bestimmten Art von chinesischen Enten beschrieben worden. Hier hat sich die DNA des Enten-Hepatitis-B-Virus in das Zellgenom integriert. Die Tatsache, daß Avihepadnaviren generell kein Gen für ein X-Protein besitzen, zeigt, daß hier X-Protein-unabhängige Ereignisse für die Ausbildung der Tumorerkrankung verantwortlich sein müssen.

Immunreaktion und Diagnose

Immunogene Domänen für *cytotoxische T-Zellen* und *Antikörper* befinden sich auf dem HBcAg und HBeAg. Auch der PräS1/2-HBsAg-Komplex besitzt Epitope für B- und T-Zellen. Cytotoxische T-Zellen gegen das HBcAg lassen sich bereits in der Inkubationszeit nachweisen. Peptide, die in infizierten Zellen aus viralen Proteinen gebildet werden, erscheinen zusammen mit den MHC-Klasse-I-Proteinen auf der Zelloberfläche und stellen als Komplex das Ziel für die cytotoxischen T-Zellen dar. Diese lassen sich während der akuten Infektion vor allem im Lebergewebe in großer Zahl nachweisen. Bei chronischen Verläufen hat man auch natürliche Killerzellen gefunden, welche die infizierten Hepatocyten lysieren können.

Antikörper gegen Epitope aller HBsAg-Formen wirken neutralisierend und blockieren daher weitgehend die Ausbreitung durch das Blut; außerdem schützen sie vor einer Reinfektion. Antigen-Antikörper-Komplexe, die während der Infektion im Blut zirkulieren, spielen eine wichtige Rolle bei der Pathogenese: Sie werden in Arteriolen abgelagert und sind für Entzündungsvorgänge in diesen Bereichen mitverantwortlich. Auch die gelegentlich mit der Hepatitis-B-Virus-Infektion einhergehenden Exantheme entstehen auf diese Weise.

Zur serologischen Diagnose einer akuten Hepatitis B bestimmt man den Gehalt an Transaminasen, das Vorhandensein von HBsAg und HBeAg und die Konzentration von IgM gegen HBsAg. Die Ausheilung wird durch das Auftreten von IgG-Antikörpern gegen HBsAg, zeitweise auch gegen das HBeAg angezeigt (Abbildung 18.5). Die Diagnose von chronischen Verlaufsformen ergibt sich aus dem wiederholten Nachweis von HBeAg über einen Zeitraum von sechs Monaten. Das Vorhandensein von HBeAg und Antikörpern gegen HBeAg ist ebenso wie der Nachweis von viraler DNA im Serum mittels Polymerasekettenreaktion ein Grad für die Aktivität der Infektion und das Ausmaß der Virusreplikation.

Ein wichtiger Hinweis auf das Vorhandensein von infektiösen Hepatitis-B-Viren im Blut ist der Nachweis von HBeAg. Auch der Gehalt an Hepatitis-B-Virus-DNA dient als Gradmesser für die Ansteckungsgefahr. Der Durchseuchungsgrad der Bevölkerung erfolgt durch Bestimmung der Antikörper gegen das HBcAg. Diese Antikörper sind bei allen Personen, die mit dem Hepatitis-B-Virus Kontakt hatten – also bei akut oder chronisch Infizierten oder Personen mit abgeklungener Hepatitis B – lebenslang vorhanden (Abbildung 18.5). Immunglobuline gegen HBsAg werden erst relativ spät während der Infektion gebildet und nehmen in ihrer Konzentration bald wieder ab. Sie sind deshalb für Durchseuchungsstudien ungeeignet.

Zellkulturen, die es erlauben, menschliche Hepatitis-B-Viren *in vitro* zu vermehren, gibt es nicht. Von menschlichen hepatozellulären Karzinomen konnten Zellkulturen (zum Beispiel HepG2-Zellen) etabliert werden, welche die Hepatitis-B-Virus-DNA im Zellgenom integriert enthalten und kontinuierlich HBsAg produzieren. Die Zellen geben jedoch keine infektiösen Viren ab. Dieses *in vitro*-System erlaubt es jedoch zumindest, den Einfluß von möglicherweise therapeutisch wirksamen Agentien auf die HBsAg-Produktion zu testen. So hemmen Interferon-α und -β die Vermehrung von Hepatitis-B-Viren und induzieren einen Resistenzzustand in HepG2-Zellen. Dies ließ sich *in vivo* bestätigen.

Therapie und Prophylaxe

Eine Chemotherapie der Hepatitis B ist derzeit nicht möglich. Bei chronischen Formen verabreicht man Interferon-α in hohen Dosen. Bei 20 bis 30 Prozent der Patienten findet man eine Eliminierung des Virus aus der Leber und damit eine Heilung der chronischen Hepatitis. Bei weiteren 30 Prozent der interferonbehandelten Patienten zeigt sich eine Reduktion der Virusmenge im Blut: Die nachweisbaren Mengen viraler DNA und des HBeAg verringern sich, dafür treten Antikörper gegen das HBeAg auf. Prophylaktisch impft man mit gentechnologisch in Hefezellen (*Saccharomyces cerivisiae*) hergestelltem HBsAg. Der Impferfolg sollte durch eine Antikörperbestimmung kontrolliert werden. In seltenen Fällen, zum Beispiel bei Patienten mit gestörtem Immunsystem, bleibt die Antikörperbildung aus. Hier läßt sich teilweise durch Gabe von Interleukin-2 eine Immunantwort gegen den Impfstoff erzielen. Neugeborene Kinder von chronisch infizierten Müttern erhalten *aktive und passive Schutzimpfungen.* Das gleiche geschieht bei Verdacht auf Hepatitis-B-Virus-Übertragung durch kontaminiertes Blut bei Verletzungen. Die Übertragung durch Bluttransfusionen und Blutprodukte läßt sich durch die diagnostische Untersuchung der Spender verhindern. Nach Einführung dieser Maßnahme ist die Zahl der durch Hepatitis-B-Viren verursachten,

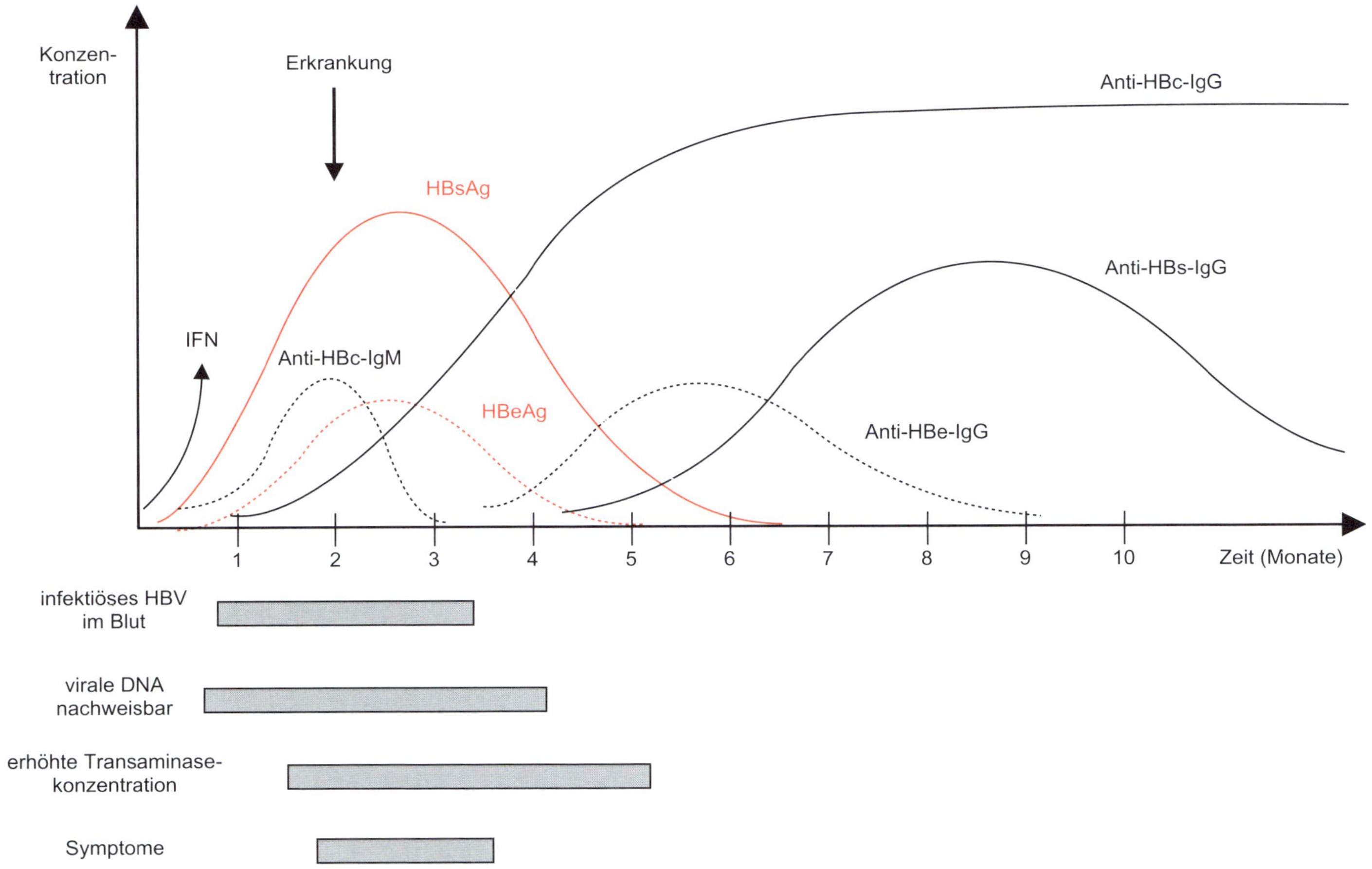

18.5 Die serologischen Parameter, die im Verlauf einer akuten Hepatitis-B-Virus-Infektion im Blut nachgewiesen werden können. Der Pfeil zeigt den Beginn der Erkrankung an. Zu diesem Zeitpunkt sind HBsAg, HBeAg und IgM gegen HBcAg im Blut vorhanden. IgG gegen HBcAg folgt bald, IgG gegen HBeAg und solche gegen HBsAg können einige Monate nach Erkrankungsbeginn nachgewiesen werden.

transfusionsbedingten Hepatitiden drastisch gesunken. Die Methoden sind jedoch nicht empfindlich genug, um alle Übertragungen auszuschließen (das Risiko liegt bei 1:63 000).

18.1.6 Hepatitis-D-Viren

1977 entdeckte Mario Rizzetto das *Hepatitis-D-Virus* in Patienten mit einer chronischen Hepatitis-B. Man hielt es anfangs für ein neues Antigen des Hepatitis-B-Virus und bezeichnete es als Delta-Antigen. Erst später stellte es sich heraus, daß es sich um einen Erreger mit einem einzelsträngigen RNA-Genom handelt, der für das Delta-Antigen codiert. Man ordnete dieses Virus als bisher einzigen bekannten Vertreter in das Genus *Deltavirus* ein. Die pflanzenpathogenen *Virusoide* und die *Viroide* sind dem Hepatitis-D-Virus hinsichtlich der Genomorganisation und den Replikationsmechanismen sehr ähnlich. Eine Infektion mit dem Hepatitis-D-Virus erfolgt nur zusammen mit einer akuten Hepatitis-B-Virus-Infektion oder in Patienten, die eine chronische Hepatitis B entwickelt haben. Die Hepatitis-D-Viren sind also nur in Kooperation mit dem Hepatitis-B-Virus infektiös und benötigen für die Bildung infektiöser Nachkommenviren Komponenten dieses Erregers. Das Hepatitis-B-Virus stellt die Glycoproteine HBsAg und die Membranhülle zur Verfügung, die dem Hepatitis-D-Virus den Eintritt in die Zellen ermöglichen, und wirkt somit als Helfervirus. Wegen dieser Wechselbeziehung besprechen wir die Biologie des Hepatitis-D-Virus zusammen mit der des Hepatitis-B-Virus.

Aufbau und Virusproteine

Die Partikel des Hepatitis-D-Virus sind sphärisch mit einem Durchmesser von 34 bis 36 nm. Sie bestehen aus den *Membranproteinen des Hepatitis-B-Virus* (großes, mittleres und kleines HBsAg), die in eine Hüllmembran eingelagert sind. Sie umschließt das *einzelsträngige, zirkuläre RNA-Genom* des Hepatitis-D-Virus, das mit dem *Hepatitis-Delta-Antigen* (*HDAg*) komplexiert ist. Dieses ist das einzige Genprodukt des Hepatitis-D-Virus, von dem eine große (27 kD) und eine kleine Version (24 kD) in etwa gleichen Mengen in den Partikeln vorkommen.

HDAg. Sowohl die große wie auch die kleine Form des HDAg sind phosphoryliert. Beide haben die gleiche Sequenz und unterscheiden sich nur durch 19 zusätzliche Aminosäuren am carboxyterminalen Ende des großen HDAg (27 kD). Man vermutet, daß sich diese Proteindomäne an die in das Partikelinnere gerichteten Aminosäuren des HBsAg bindet und daher für die Morphogenese der Hepatitis-D-Viren wichtig ist. Die aminoterminalen, überwiegend basischen Reste beider Proteinvarianten wechselwirken dagegen mit der RNA. Sie enthalten auch ein Kernlokalisationssignal und vermitteln vermutlich auch die Oligomerisierung des HDAg. Das kleine HDAg ist für die Genomreplikation notwendig, während die große Form diesen Vorgang eher behindert. In den infizierten Zellen findet man die Proteine ausschließlich im Zellkern. Man vermutet, daß sie cytotoxisch wirken und durch den Tod der infizierten Zellen in die Umgebung abgegeben werden. Im Infektionsverlauf findet man beide Proteine in etwa gleichen Mengen im Blut der Patienten.

Genom und Replikation

Das Genom ist eine zirkuläre, einzelsträngige RNA in negativer Orientierung und umfaßt je nach Isolat zwischen 1 672 und 1 683 Nucleotide. Etwa 70 Prozent der RNA liegen in intramolekularer Basenpaarung vor. Diese verleihen dem Genom eine hohe Stabilität und im

Elektronenmikroskop ein stäbchenförmiges Aussehen. Die Sequenz des Genoms ist hoch variabel. Bei Isolaten aus unterschiedlichen geographischen Regionen findet man Sequenzunterschiede von bis zu 21 Prozent.

Die Oberflächenkomponenten des Hepatitis-D-Virus sind identisch mit denen des Hepatitis-B-Virus. Daher verwendet das Hepatitis-D-Virus für die Infektion einer Zelle die gleichen Wege wie das Hepatitis-B-Virus. Das Genom gelangt im weiteren Verlauf in den Zellkern. Hier erfolgt durch die RNA-Polymerase II die Transkription einer etwa 800 Basen langen

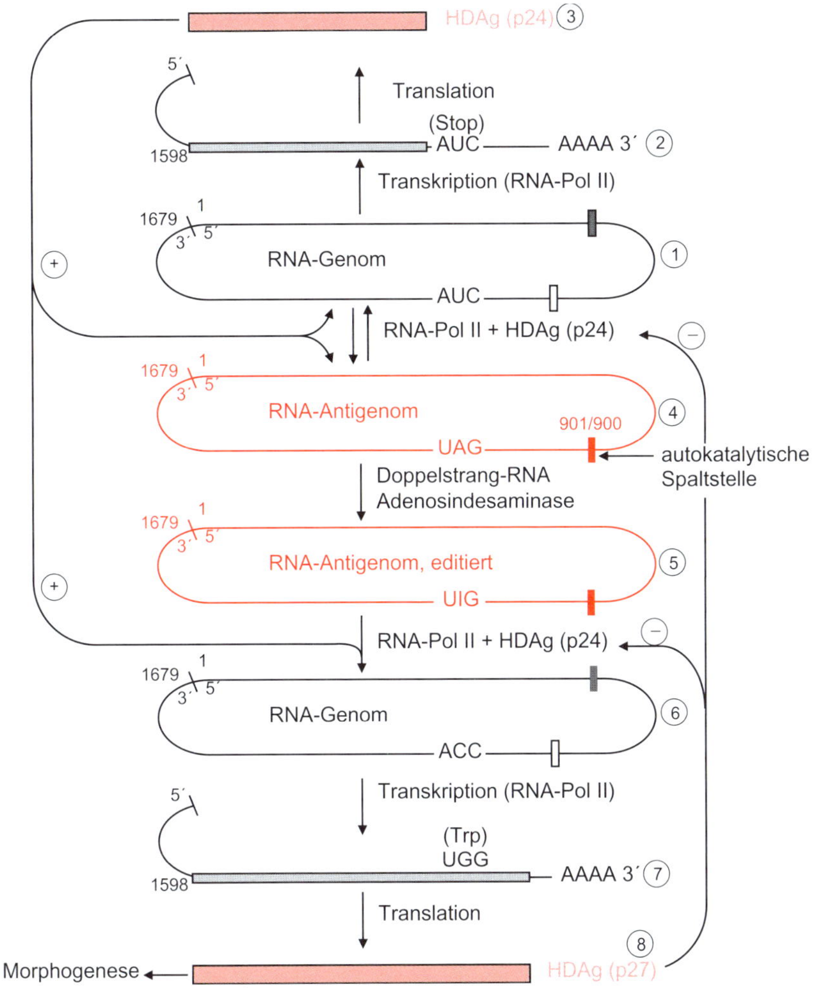

18.6 Aufbau und Replikation des Genoms des Hepatitis-D-Virus. Das Genom des Hepatitis-D-Virus besteht aus einer einzelsträngigen RNA (1), die zu einem hohen Prozentsatz intramolekulare Basenpaarungen ausbildet (die Numerierung der Basen erfolgt ausgehend von einer einmalig vorkommenen *Hind*III-Schnittstelle, die entsteht, wenn man die RNA in doppelsträngige DNA überführt). Von der genomischen RNA wird eine mRNA transkribiert (2), von der die Translation des HDAg (p24) erfolgt (3). Es wirkt mit der RNA-Polymerase II zusammen und bewirkt die Bildung von komplementären Antigenomen (4), die ihrerseits als Matrizen für die erneute Genombildung dienen. In einem Teil der Antigenome wird der Adenosinrest im Stopcodon UAG in einem Editierungsschritt zu Inosin desaminiert (5). Die editierten Antigenome werden ebenfalls in genomische RNA-Moleküle überführt (6). Von diesen wird eine mRNA transkribiert (7), die für die große Version des HDAg (27 kD) codiert (8). Dieses behindert die Genomreplikation und ist für die Morphogenese der Hepatitis-D-Viren wichtig.

mRNA, die für das kleine HDAg (24 kD) codiert (Abbildung 18.6). Seine Aktivität ist zusammen mit der RNA-Polymerase II notwendig, um das RNA-Genom in ein komplementäres Antigenom zu überschreiben. Dies erfolgt vermutlich in einem Prozeß, der dem *rolling circle*-Mechanismus ähnelt, wie man ihn bei der Vermehrung der Herpesvirus-DNA während des lytischen Replikationszyklus findet (Abschnitt 18.4). Es entstehen Konkatemere, die vielfache Einheiten der Antigenome umfassen und in die einzelnen Abschnitte geschnitten werden. Hierfür sind *autokatalytische Vorgänge* verantwortlich. Sowohl das Antigenom als auch das RNA-Genom besitzen Sequenzfolgen, welche als Endonuclease wirken. Sie schneiden die RNA an einer bestimmten Sequenz und ligieren sie anschließend wieder. Hierin ähnelt das Genom der Hepatitis-D-Viren den pflanzenpathogenen Viroiden, die ebenfalls über eine solche *Ribozymaktivität* verfügen. Die Schnittstellen befinden sich zwischen den Nucleotiden 685 und 686 des Virusgenoms beziehungsweise 901 und 902 des Antigenoms. Die Endonuclease- und Ligaseaktivitäten vermutet man in einer Region von etwa 85 Nucleotiden, welche die Schnittstellen umgeben (Abbildung 18.6).

In einem Teil der Antigenome wird der Adenosinrest im Stopcodon (UAG) des kleinen HDAg durch die zelluläre Doppelstrang-RNA-Adenosindesaminase zu einem Inosin desaminiert. Sowohl die editierten wie auch die nichteditierten Antigenome werden durch die RNA-Polymerase II in genomische RNA-Stränge überführt. Ähnlich wie oben beschrieben, entstehen auch dabei Konkatemere, die vielfache Genomeinheiten enthalten und autokatalytisch geschnitten werden. Von den RNA-Genomsträngen, die von den editierten Antigenomen gebildet wurden, werden nun mRNAs transkribiert, in welchen das ursprüngliche Stopcodon UAG in ein UGG überführt ist. Dieses codiert für die Aminosäure Tryptophan. Auf diese Weise werden 19 weitere Aminosäuren ansynthetisiert und es entsteht das große HDAg (27 kD), das für die Verpackung der RNA-Genome benötigt wird. Sowohl im Genom wie auch im Antigenom findet man einige weitere offene Leserahmen, die aber bei verschiedenen Isolaten von Hepatitis-D-Viren nicht konserviert sind. Sie werden nicht exprimiert.

Beide Formen des HDAg interagieren mit den RNA-Genomen. Die große Form des Proteins bindet sich über die carboxyterminalen Aminosäuren an die verschiedenen HBsAg-Moleküle, die im Verlauf der gleichzeitigen Replikation der Hepatitis-B-Viren in intrazelluläre Membranen eingelagert werden. Die RNA-HDAg-Komplexe werden so mit der HBsAG-haltigen Membran umgeben. Wo dieser Vorgang in der Zelle abläuft und über welche Wege die Partikel freigesetzt werden, ist ungeklärt.

Klinik und Pathogenese

Die Übertragungswege des Hepatitis-D-Virus sind mit denen des Hepatitis-B-Virus identisch. Die Inkubationszeit beträgt zwischen drei und sieben Wochen. Wird eine akute Hepatitis-B- von einer Hepatitis-D-Infektion begleitet, dann äußert sich die Erkrankung häufig mit den Symptomen einer fulminanten Hepatitis B. Die Coinfektion ist durch eine im Vergleich zur Hepatitis-B-Infektion erhöhte Sterblichkeitsrate gekennzeichnet. Werden Patienten mit einer chronischen Hepatitis B mit dem Hepatitis-D-Virus überinfiziert, dann etabliert sich bei ihnen häufig auch eine chronische Hepatitis D. Etwa 60 bis 70 Prozent dieser Personen entwickeln eine Leberzirrhose. Man kennt aber auch Fälle, bei denen das Hepatitis-D-Virus keine chronische Infektion etabliert, sondern vollständig aus dem Organismus eliminiert wird.

Es ist unklar, ob die Zellen durch die Virusinfektion selbst oder durch immunpathologischen Mechanismen geschädigt werden. Für beide Möglichkeiten hat man Hinweise: Die Behandlung der Patienten mit immunsuppressiv wirkenden Therapeutika hat keinen Einfluß auf den Krankheitsverlauf. Die infizierten Leberzellen zeigen eine erhöhte Vakuolenbildung. *In vitro* sterben die Zellen, wenn HDAg in großen Mengen synthetisiert wird. Welche viralen

Komponenten die Zellveränderungen induzieren, ist unklar. Das HDAg kann theoretisch mit zellulären RNAs und Proteinen wechselwirken. So könnte deren Funktion beeinflußt werden. Eine andere Hypothese besagt, daß die Virus-RNA Ähnlichkeiten zur 7S-RNA der Zelle besitzt, die ein Teil des Signalerkennungspartikels (*signal recognition particle*) ist. Hierdurch könnte die Synthese der zellulären Membranproteine gestört sein. Andererseits existieren aber auch Zellinien, die das Hepatitis-D-Genom in Form einer im Zellgenom integrierten cDNA enthalten und ohne erkennbare Veränderungen kontinuierlich Virus-RNA und HDAg synthetisieren. Auf einen immunpathologischen Mechanismus weist auch der Befund hin, daß die Zellveränderungen in der Leber meist erst dann auftreten, wenn die Virusreplikation bereits abgeklungen ist und Antikörper gegen das HDAg nachweisbar sind.

Immunreaktion und Diagnose

Im Infektionsverlauf kann man im Blut der Patienten mit ELISA-Tests Antikörper gegen das HDAg nachweisen. Sie sind jedoch nicht virusneutralisierend und schützen auch nicht vor Reinfektionen, da das HDAg nicht an der Oberfläche der Viruspartikel exponiert ist. Möglicherweise beeinflussen sie aber bei wiederholten Infektionen den Erkrankungsverlauf. Während der Infektion kann man in der Leber auch HDAg-spezifische cytotoxische T-Lymphocyten und T-Helferzellen finden.

Therapie und Prophylaxe

Eine antivirale Therapie ist vorläufig nicht verfügbar. Da das Hepatitis-D-Virus auf eine gleichzeitige Infektion mit dem Hepatitis-B-Virus angewiesen ist, schützt jedoch die Hepatitis-B-Vakzine gleichzeitig auch vor einer Infektion mit den Erregern der Hepatitis D.

18.1.7 Weiterführende Literatur

Bartenschlager, R.; Schaller, H. *Hepadnaviral assembly is initiated by polymerase binding to the encapsidation signal in the viral genome.* In: *EMBO J.* 11 (1992) S. 3413–3420.

Chen, I.-H.; Huang, C.-J.; Ting, L.-P. *Overlapping initiator and TATA box functions in the basal core promotor of hepatitis B virus.* In: *J. Virol.* 69 (1995) S. 3647–3657.

Feitelson, M. A.; Zhu, M.; Duan, L. X.; London, W. T. *Hepatitis-B-x-antigen and p53 are associated in vitro and in liver tissues from patients with primary hepatocellular carcinoma.* In: *Oncogene* 8 (1993) S. 1109–1117.

Gerbes, A. L.; Caselmann, W. H. *Point mutations of the p53 gene, human hepatocellular karzinome and aflatoxins.* In: *J. Hepatol.* 19 (1993) S. 312–315.

Gerlich, W. *Hepatitis B surface proteins.* In: *J. Hepatol.* 13 (1991) S. 90–92.

Kekule, A. S.; Lauer, U.; Weiss, L.; Luber, B.; Hofschneider, P. H. *Hepatitis B virus transactivator uses a tumor promotor signalling pathway.* In: *Nature* 361 (1993) S. 742–745.

Klingmüller, U.; Schaller, H. *Hepadnavirus infection requires interaction between the viral pre-s domain and a specific hepatocellular receptor.* In: *J. Virol.* 67 (1993) S. 7414–7422.

Milich, D. R.; Jones, J.; Hughes, J.; Maruyama, T. *Role of T-cell tolerance in the persistence of hepatitis b virus infection.* In: *J. Immunother.* 14 (1993) S. 226–233.

Nassal, M.; Schaller, H. *Hepatitis B virus replication.* In: *Trends Microbiol.* 1 (1993) S. 221–228.

Polson, A. G.; Bass, B. L.; Casey, J. L. *RNA editing of hepatitis delta virus antigenome by dsRNA-adenosine deaminase*. In: *Nature* 380 (1996) S. 454–456.

Robinson, W. S. *Molecular events in the pathogenesis of hepadnavirus-associated hepatocellular karzinoma*. In: *Annu. Rev. Med.* 45 (1994) S. 297–323.

Rossner, M. T. *Hepatitis B virus X-gene product. A promiscuous transcriptional activator*. In: *J. Med. Virol.* 36 (1992) S. 101–107.

Schirrmacher, P.; Rogler, C. E.; Dienes, H. P. *Current pathogenic and molecular concepts in viral liver carcinogenesis*. In: *Virchows Arch. B. Cell. Pathol.* 63 (1993) S. 71–89.

Truant, R.; Antunovic, J.; Greenblatt, J.; Prives, C.; Cromlish, J. A. *Direct interaction of the hepatitis B Virus Hbx protein with p53 leads to inhibition by Hbx of p53 response element-directed transactivation*. In: *J. Virol.* 69 (1995) S. 1851–1959.

Ullrich, S. J.; Zeng, Z. Z.; Jay, G. *Transgenic mouse models of human gastric and hepatic carcinoma*. In: *Semin. Cancer. Biol.* 5 (1995) S. 61–68.

Wang, X. W.; Forrester, K.; Yeh, H.; Feitelson, M. A.; Gu, J. R.; Harris, C. C. *Hepatitis B virus X protein inhibitis p53 sequence sepcific DNA-binding, transcriptional activity and association with transcription factor ERCC3*. In: *Proc. Natl. Acad. Sci USA* 91 (1994) S. 2230–2234.

Weber, M.; Bronsema, V.; Bartos, H.; Bosserhoff, A.; Bartenschlager, R.; Schaller, H. *Hepadnavirus P protein utilizes a tyrosine residue in the TP domain to prime reverse transcription*. In: *J. Virol.* 68 (1994) S. 2994–2999.

Will, H.; Reiser, W.; Weimer, T.; Pfaff, E.; Büscher, M.; Sprengel, R.; Cattaneo, R.; Schaller, H. *Replication strategy of human hepatitis B virus*. In: *J. Virol.* 61 (1987) S. 904–911.

18.2 Papovaviren

Die Familie der *Papovaviridae* umfaßt zwei Genera: die *Polyomaviren* und die *Papillomviren* (Tabelle 18.3). Diese sind sich in den Grundstrukturen des molekularen Aufbaus sehr ähnlich, so daß Joseph Melnick sie 1964 in einer Familie zusammenfaßte. Beide haben eine zirkuläre, doppelsträngige DNA als Genom. Die Capside sind klein und nicht von einer Membran umhüllt. Die Polyoma- und die Papillomviren weisen jedoch hinsichtlich ihrer Replikationsmechanismen, der Funktion der Proteine, für die sie codieren, und der Pathogenese der Erkrankungen, die sie verursachen, so viele Unterschiede auf, daß sie in zwei voneinander getrennten Abschnitten besprochen werden. Der Name *Papova*viren für die Familie ist ein Kunstwort, das aus den Anfangsbuchstaben der Unterfamilien besteht: *Pa*pillomviren, *Po*lyomaviren und *va*kuolisierende Viren. Letzteres ist ein Hinweis auf die cytopathische Eigenschaft der Papovaviren, die sich in den Zellen durch die Ausbildung von Vakuolen im Cytoplasma äußert.

Tabelle 18.3: Charakteristische Vertreter der Papovaviren

Genus	Mensch	Tier
Polyomavirus	BK-Virus* JC-Virus*	SV40 (Simian Virus 40) HaPV (Hamster-Papovavirus) Polyomavirus der Maus Polyomavirus des Wellensittich B-lymphotropes Papovavirus der Affen
Papillomvirus	HPV 1–75 (humane Papillomviren, Warzenviren)	CRPV (Shopes Kaninchenpapillomvirus) BPV (Rinderpapillomvirus)

* Diese Virusspezies wurden mit Abkürzungen der Namen der Patienten benannt, aus denen sie ursprünglich isoliert wurden.

18.2.1 Einteilung und charakteristische Vertreter

Die Polyomaviren lassen sich in zwei Gruppen einteilen (Tabelle 18.3): zum einen SV40 und SV40-ähnliche Viren – hierzu zählen die humanpathogenen BK- und JC-Viren –, zum anderen die eigentlichen Polyomaviren, wobei das der Maus am besten untersucht ist. Die tumorerzeugenden Eigenschaften des Mauspolyomavirus wurden 1953 von Ludwik Grosz entdeckt. Er fand, daß Zellextrakte von an Leukämie erkrankten Mäusen nach Übertragung auf gesunde Tiere verschiedene Typen von Tumorerkrankungen, nämlich Leukämien und Parotistumoren, hervorrufen können. Die Isolierung des Polyomavirus der Maus gelang Sarah Stewart und Bernice Eddy (1957/58) nach Beimpfung von Mausfibroblastenkulturen, in denen sie einen cytopathischen Effekt beobachteten. Nach Übertragung des Virus auf neugeborene Mäuse stellten sie 24 verschiedene Tumortypen fest. Der Name *Polyoma* leitet sich von der Eigenschaft ab, in vielen verschiedenen Organen Tumoren erzeugen zu können.

Papillomviren verursachen bei zahlreichen Wirbeltieren *Hautwarzen* (Papillome). Experimentell wurden Warzen 1894 von Licht und Variot durch rohes Warzengewebe übertragen; 1907 folgte die Übertragung durch bakterienfreie Ultrafiltrate. 1932 isolierte Richard Shope aus einem Kaninchen das erste Papillomvirus (Shopes Kaninchenpapillomvirus). Er zeigte auch, daß gutartige Tumoren in bösartige Formen übergehen können: Die Mehrstufenhypothese der Krebsentstehung war geboren. Wie in den letzten Jahren klar geworden ist, verursachen bestimmte humane Papillomviren nicht nur diese meist gutartigen Hauterkrankungen, sondern auch verschiedene maligne *Epitheltumoren*, vor allem das Cervixkarzinom. Papillomviren haben eine stark ausgeprägte Wirts- und Gewebsspezifität. Sie sind strikt epitheliotrop und können sich nur in den enddifferenzierten Keratinocyten replizieren. Daher kann man sie bisher nicht *in vitro* züchten. Für viele Daten über die Biologie und die Pathogenese dieser Virusinfektion diente daher als Modell das Rinderpapillomvirus. Das erklärt auch, warum die Mehrheit der menschlichen Papillomvirustypen – heute sind 75 humane Papillomvirustypen (HPV) identifiziert, mit weiteren ist zu rechnen – erst mit der Verfeinerung der Methoden zur Nucleinsäureisolierung und -sequenzierung charakterisiert werden konnte. Die Einteilung der verschiedenen Virustypen erfolgt aufgrund der Sequenzmerkmale. Als neue Typen definiert man heute solche, die hinsichtlich der Basenabfolgen in den für die Proteine E6, E7 und L1 codierenden Genomabschnitten um weniger als 90 Prozent mit bereits bekannten Typen übereinstimmen.

18.2.2 Aufbau der Polyomaviren

Viruspartikel

Die infektiösen Viruspartikel sind Capside ohne Hüllmembran mit einem Durchmesser von 45 nm und einem ikosaedrischem Aufbau (Abbildung 18.7). Sie bestehen aus drei viralen Strukturproteinen: *VP1*, *VP2* und *VP3*. VP1 ist die Hauptkomponente. Pro Partikel findet man 72 Capsomere, die aus pentameren Komplexen des VP1 bestehen. VP2 und VP3 kommen nur in geringen Mengen in den Capsiden vor und werden für den geordneten Zusammenbau der verschiedenen Komponenten zu infektiösen Virionen benötigt. Die Partikel der BK- und JC-Viren, SV40-ähnliche Viren der Menschen, haben die Fähigkeit zur Hämagglutination. SV40 selbst besitzt diese Eigenschaft nicht. Das virale Genom ist im Inneren der ikosaedrischen Capside enthalten.

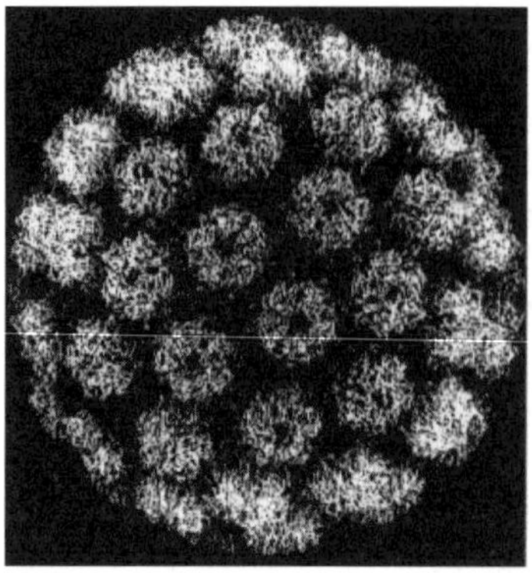

18.7 Darstellung der Struktur eines SV40-Partikels als Vertreter der Polyomaviren. Das Viruscapsid besteht aus 72 Pentameren von VP1. Je zwölf repräsentieren die Ecken des Ikosaeders; sie sind mit je fünf weiteren Pentameren assoziiert. In Inneren des Partikels befindet sich das zirkuläre, doppelsträngige DNA-Genom. (Aus: Cole, N. C. *Polyomavirinae: The viruses and their replication*. In: Fields, B. N.; Knipe, D. N.; Howley, P. M. (Hrsg.) *Virology*. 3. Aufl. Philadelphia, New York (Lippincott/Raven) 1996. S. 1997–2025.)

Genom und Genomaufbau

Polyomaviren haben ein kovalent geschlossenes und somit *zirkuläres, doppelsträngiges DNA-Genom* mit einer Länge von circa 5 200 Basenpaaren (5 243 beim SV40, 5 130 beziehungsweise 5 153 beim BK- beziehungsweise JC-Virus; Abbildung 18.8A). Die DNA liegt im Virion als Superhelix vor, mit der vier zelluläre Histone (H2A, H2B, H3, H4) in *Nucleosomen*strukturen assoziiert sind. Pro Genom findet man 24 bis 26 Nucleosomen. Die DNA-Sequenzen der BK- und JC-Viren weisen zum Genom von SV40 knapp 70 Prozent Homologie auf, untereinander sind sie zu etwa 75 Prozent identisch.

Das zirkuläre, doppelsträngige DNA-Genom läßt sich nach dem Zeitpunkt der Genexpression in zwei Bereiche einteilen (Abbildung 18.8A, B). Der *frühe Bereich* codiert für Proteine, die man als *T-Antigene* bezeichnet. Von dieser Region werden durch die Verwendung *alternativer Erkennungsstellen für RNA-Spleißmechanismen* bei SV40 und den JC- und BK-Viren zwei, beim Polyomavirus drei RNA-Spezies gebildet. Bei den SV40-ähnlichen Viren fand man in der 5′-Region einen Leserahmen für ein kleines Protein, das als ELP (*early leader protein*) bezeichnet wird. Seine Funktion ist unbekannt. Durch die Verwendung desselben Startpunktes für die RNA-Synthese haben alle von der frühen Region gebildeten RNA-Moleküle das gleiche 5′-Ende. Der *späte Genombereich* codiert für die viralen *Strukturproteine VP1, VP2* und *VP3*. Auch hier überlappen die Leserahmen miteinander, und die unterschiedlichen Proteine entstehen durch alternative Spleißvorgänge, wobei zusätzlich verschiedene Startpunkte für die Transkription verwendet werden. Bei den SV40-ähnlichen Viren befindet sich im Bereich der Leader-Sequenz am 5′-Ende der späten RNA-Spezies außerdem die Information für ein kleines Protein, das LP1- oder Agnoprotein. Die RNA-Syntheserichtungen in der frühen und späten Genomregion sind *gegenläufig*, es dient also erst der eine, dann der andere DNA-Strang als Matrize. Zwischen den Ausgangspunkten für die Transkription der frühen und späten Regionen liegt ein kurzer Bereich von 400 Basenpaaren, der nicht für virale Proteine codiert (Abbildung 18.8A, B). Er enthält *regulatorische Sequenzen*, nämlich den *Replikationsursprung*, die *Promotoren* und eine *Enhancer-Region* zur Regulation und Verstärkung der Transkription (Abbildung 18.9).

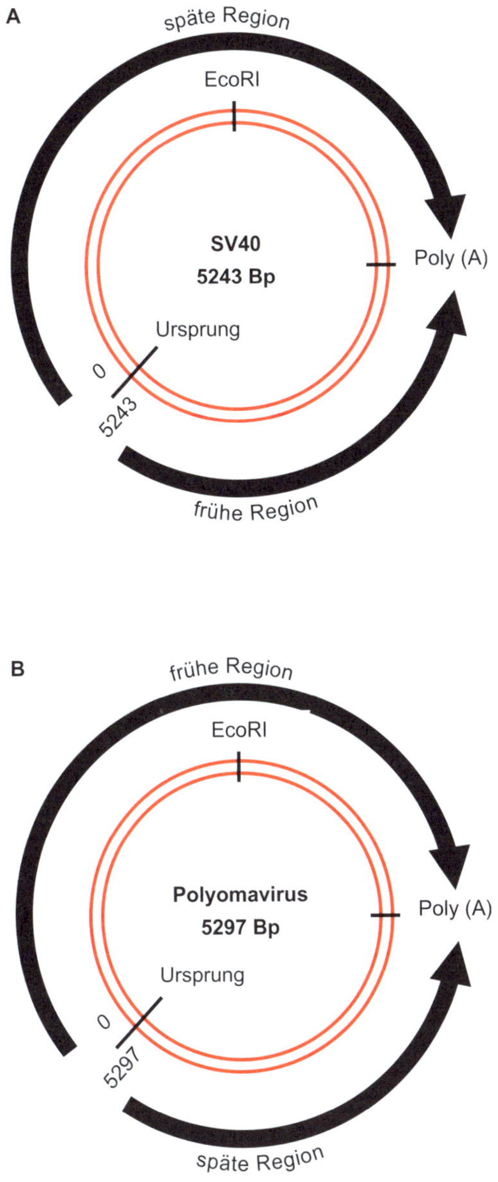

18.8 Genomorganisation der Polyomaviren. A: SV40. B: Polyomavirus der Maus. Die Genome bestehen aus doppelsträngiger, zirkulärer DNA. Sie besitzen einen Replikationsursprung, in dessen Umgebung sich auch die Kontrollelemente für die Transkription befinden. Beide DNA-Stränge codieren für Proteine. Die Gene für die frühe und die späte Genexpression sind gegenläufig orientiert. Die Polyadenylierungsstellen für beide Transkriptionsrichtungen liegen nahe beieinander gegenüber der nichtcodierenden Kontrollregion.

SV40 hat sich als wichtiges Modellsystem für die Molekularbiologie eukaryotischer Zellen erwiesen

Eine superhelikale DNA mit Nucleosomenstrukturen fand man zum ersten Mal bei der Analyse des Genoms von Polyomaviren, nämlich beim SV40. Später entdeckte man, daß auch die zelluläre DNA mit Histonproteinen assoziiert in Nucleosomen angeordnet ist. Die Nucleosomenstruktur der SV40-DNA – auch als „Minichromosom" bezeichnet – diente ursprünglich als Modellsystem für die Analyse vergleichbarer Aggregate des zellulären Genoms und zum Studium der DNA-Replikation in eukaryotischen Zellen. Auch die Existenz alternativer RNA-Spleißvorgänge wurde erstmals beim SV40, und zwar bei der frühen, für die T-Antigene codierenden Region gefunden. Hierdurch können unterschiedliche, einander überlappende Leserahmen für die Synthese unterschiedlicher Proteine genutzt werden. So kann insbesondere die Codierungskapazität kleiner Virusgenome sehr effektiv erweitert werden. Später fand man ähnliche Mechanismen auch bei eukaryotischen Systemen. Der SV40-Enhancer war außerdem das zuerst entdeckte *cis*-regulatorisch wirkende DNA-Element, das orientierungsunabhängig die Transkription von definierten Promotoren verstärkt.

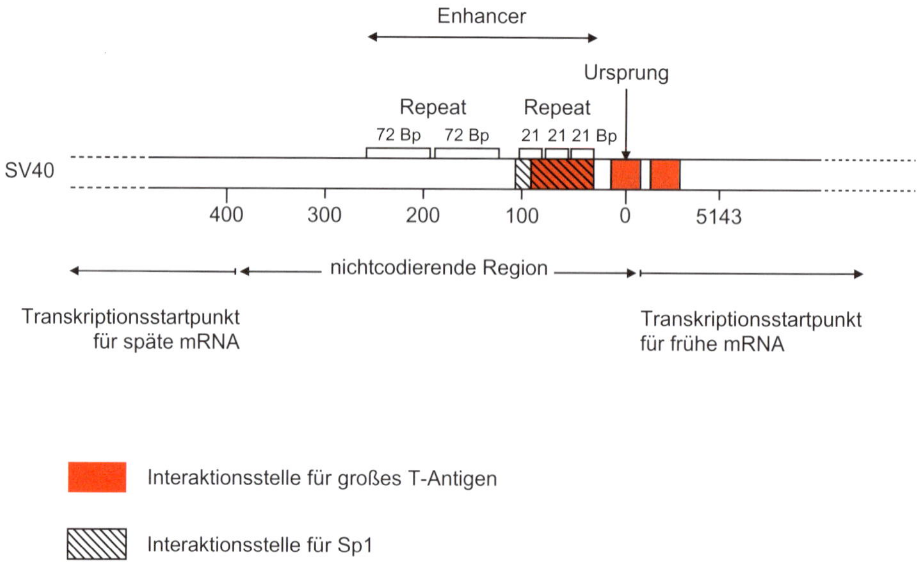

18.9 Die Anordnung der Sequenzelemente in der Kontrollregion des SV40. Der Ursprung für die DNA-Replikation ist dunkel schraffiert angegeben. Hier beginnt auch die Numerierung der Basen in Richtung der Gene für die späten Expressionsprodukte (virale Strukturproteine). In Nachbarschaft des Replikationsursprungs liegt der Startpunkt für die frühe mRNA-Synthese. Die Transkription der späten Gene verläuft in umgekehrter Richtung. Zwischen beiden Startpunkten liegt eine nichtcodierende Region. Hier befindet sich der Enhancer, der sich aus zwei Wiederholungseinheiten („Repeats") von je 72 Basenpaaren und drei 21 Nucleotide umfassenden Sequenzwiederholungen zusammensetzt. In dieser Region liegt auch die Bindungstelle für das große T-Antigen, die mit der Interaktionsstelle für den zellulären Transaktivator Sp1 überlappt.

18.2.3 Virusproteine der Polyomaviren

Frühe Proteine

Die frühen Proteine der Polyomaviren umfassen die verschiedenen *T-Antigene*, die nach ihrem Molekulargewicht als das *große T-*, *das mittlere T-* (nicht bei den SV40-ähnlichen Viren) sowie das *kleine t-Antigen* bezeichnet werden. Ein Überblick über die molekularen Charakteristika der Proteine ist in Tabelle 18.4 gegeben. Man geht davon aus, daß die Proteine der humanpathogenen BK- und JC-Viren eine Funktion bei der Replikation haben, wie die des SV40, das als ein sehr gut untersuchtes Modellvirus gilt. Deshalb wird bei der Besprechung der Molekularbiologie vor allem – wenn nicht anders angegeben – auf die bei SV40 bekannten Daten eingegangen.

Großes T-Antigen. Das große T-Antigen von SV40 ist eines der am besten charakterisierten viralen Proteine. Es ist *multifunktionell,* hat eine Länge von 708 Aminosäuren und ein Mole-

Tabelle 18.4: Vergleichende Übersicht über die funktionellen Eigenschaften der Proteine von Polyomaviren

Protein	Länge und Molekulargewicht				Modifikation, Funktion
	SV40	BK-Virus	JC-Virus	Polyomavirus	
frühe Proteine					
großes T-Antigen	708 AS 90 kD*	695 AS 90 kD	688 AS 88 kD	785 AS 100 kD	phosphoryliert, *N*-myristyliert, *O*-glycosyliert, adenyliert, poly-ADP-ribosyliert, palmitoyliert; Regulation der Transkription; Initiation der Replikation; Transformation
kleines t-Antigen	174 AS 20 kD	172 AS 20 kD	172 AS 20 kD	195 AS 22 kD	Akkumulation viraler Genome
mittleres T-Antigen	–	–	–	421 AS 53 kD	Interaktion mit *pp60src*
ELP	2,7 kD	4,3 kD	4,3 kD	–	frühes Leader-Protein
späte Proteine					
VP1	362 AS 45 kD	362 AS	354 AS	385 AS	Hauptcapsidprotein Pentamer
VP2	352 AS 38 kD	351 AS	344 AS	319 AS	Capsidkomponente
VP3	234 AS 27 kD	232 AS	225 AS	204 AS	Capsidkomponente
LP1/Agnoprotein	62 AS	66 AS	71 AS	–	spätes Protein, bindet sich an VP1 und verhindert Komplexbildung, aktiv bei der Morphogenese

* Die Molekulargewichte der frühen Proteine sind Durchschnittswerte; wegen der hohen und unterschiedlichen Modifizierung der frühen Proteine schwanken sie bei den verschiedenen Subfraktionen der Proteine beträchtlich.

kulargewicht von 90 kD. Die meisten Aktivitäten übt es im Zellkern aus (Abbildung 18.10). Da das große T-Antigen wie üblich im Cytoplasma der Zelle synthetisiert wird, muß es zur Entfaltung dieser Funktionen in den Kern transportiert werden – ein Vorgang, den eine *Kernlokalisationssequenz* ermöglicht, die aus einer Abfolge von überwiegend basischen Aminosäuren besteht (Aminosäuren 126 bis 132 beim SV40). Ein geringer Prozentsatz des in der Zelle synthetisierten großen T-Antigens (etwa fünf Prozent) liegt dagegen im Cytoplasma oder assoziiert mit der Zellmembran vor. Die Verankerung erfolgt über die aminoterminale Fettsäuremodifikation des membranassoziierten T-Antigens. Andere Fraktionen dieses Proteins sind in unterschiedlichem Ausmaß an verschiedenen Serin- und Threoninresten *phosphoryliert*. Weitere Modifikationen sind *Poly-ADP-Ribosylierungen*, *Glycosylierungen* und *Acylierungen*. Die vielfältigen chemischen Modifikationen beeinflussen die Aktivität dieses Proteins. So können diese relativ kleinen Viren mit sehr niedriger Codierungskapazität zusätzlich zum Einsatz alternativer Spleißvorgänge Proteinvarianten mit unterschiedlichen Funktionen erzeugen.

Einige dieser Funktionen sind für die Replikation des Virus in der Zelle von entscheidender Bedeutung. Dabei kann das große T-Antigen folgende Aufgaben übernehmen:

1. Es bindet sich an die virale DNA im Bereich des *Replikationsursprungs*;
2. es besitzt *Helicase-* und *ATPase-Aktivität* und schmilzt den Doppelstrang am Replikationsursprung auf;
3. es ist an der *Regulation der Transkription der frühen Gene* beteiligt, weil es durch die Bindung an Promotorbereiche der frühen Gene deren Transkription unterdrückt und so seine eigene Synthese in der Zelle reguliert;
4. es wirkt *transaktivierend* auf den Promotor der späten mRNA.

Neben diesen für das Virus wichtigen Aktivitäten beeinflußt das große T-Antigen aber auch zelluläre Funktionen. So wird die zelluläre DNA- und rRNA-Synthese stimuliert. Dabei werden die beiden Vorgänge von unterschiedlichen Proteindomänen vermittelt. Des weiteren geht das große T-Antigen eine Wechselwirkung mit dem zellulären *Chaperon hsp70* ein. Es bindet sich auch an das *Cyclin*, das *Tubulin* und das Protein *cdc-2*, die an der Regulation des Zellzyklus beteiligt sind.

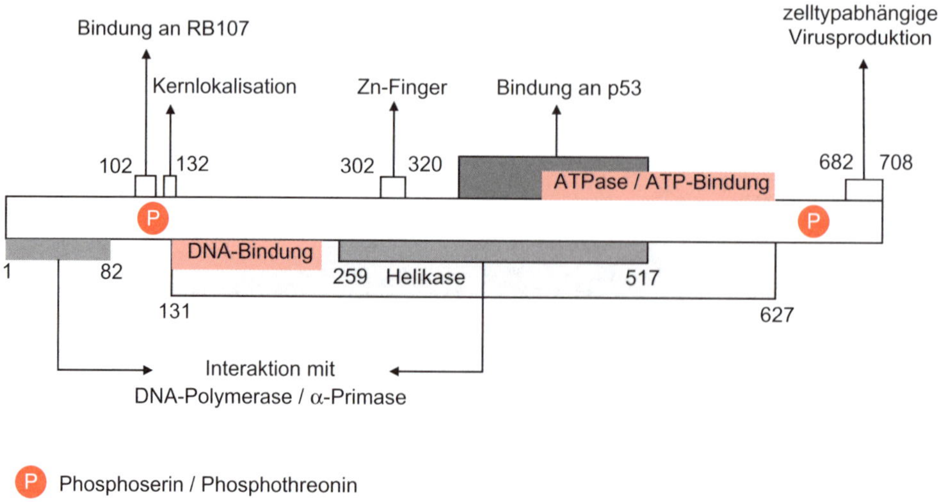

18.10 Lage der funktionell aktiven Domänen des großen T-Antigens von SV40. Die Zahlenangaben beziehen sich auf die Aminosäurepositionen, beginnend am aminoterminalen Ende.

Berühmt gemacht hat das große T-Antigen von SV40 und Mauspolyomavirus jedoch seine Fähigkeit, eine *Zellimmortalisierung* zu induzieren. Es ermöglicht den Viren also, primäre Zellen in der Gewebekultur zu unendlichem Wachstum anzuregen und Tumorerkrankungen bei Wirten zu induzieren, die das Virus unter natürlichen Bedingungen nicht infiziert. SV40 verursacht bei neugeborenen Hamstern und Mäusen die Bildung von Tumoren. Das große T-Antigen übt seine Wirkung aus, indem es sich an zelluläre Proteine bindet, die zu den *Tumorsuppressorproteinen* oder *Antionkogenen* gehören. Beispiele sind die zellulären Suppressorproteine *p53*, das an der Regulation der Zellteilung beteiligt ist, und *Rb105/107*, das die Transkription bestimmter zellulärer Gene beeinflußt (Kapitel 6). Durch die Interaktion mit dem viralen Protein werden sie inaktiviert und die Vorgänge sowie die Regulation der Zellteilung gestört (siehe auch Abschnitt 18.3.3 (Adenoviren)). Bei den humanen BK- und JC-Viren hat man diese ausgeprägte Fähigkeit der T-Antigene zur Zellimmortalisierung bisher nicht gefunden.

Kleines t-Antigen. Das *kleine t-Antigen* von SV40 besitzt ein Molekulargewicht von etwa 20 kD und ist 174 Aminosäuren lang. Da die RNA-Synthese des kleinen und des großen T-Antigens vom gleichen Promotor aus gesteuert werden, sind ihre 5′-Enden colinear und die ersten 82 Aminosäuren der Proteine von SV40 miteinander identisch. Ein Teil der frühen mRNA wird gespleißt und die Translation des zweiten Exons in einem anderen Leserater fortgesetzt. So entsteht das große T-Antigen. Die Sequenzen der kleinen t-Antigene enden hingegen an einem Stopcodon, das im Intron liegt und durch Spleißen aus der mRNA für die großen T-Antigene entfernt wird (Abbildung 18.11A). 50 Prozent des kleinen t-Antigens sind im Cytoplasma, die andere Hälfte im Kern lokalisiert. Seine Rolle im viralen Vermehrungszyklus ist nicht genau geklärt. Es bindet sich spezifisch an mehrere zelluläre Proteine und scheint für die *Akkumulation der viralen DNA* in der infizierten Zelle wichtig zu sein.

Mittleres T-Antigen. Die *mittleren T-Antigene* werden nur von Mauspolyomaviren und verwandten Virustypen (Hamsterpapovavirus) gebildet. Die Synthese des mittleren T-Antigens wird von dem gleichen Promotor wie die des kleinen t- und des großen T-Antigens gesteuert. Deswegen stimmen die ersten 78 beziehungsweise 195 Aminosäuren des insgesamt 421 Aminosäuren langen Proteins mit der Sequenz des großen T- und kleinen t-Antigens überein. Durch Verwendung anderer Spleißdonor- und -akzeptorstellen als derjenigen, die zur Synthese des großen T-Antigens führen, erfolgt die Fortsetzung der Proteinsynthese in einem anderen Raster (Abbildung 18.11B). Die Hauptmenge des mittleren T-Antigens ist mit der Zellmembran assoziiert. Geringe Mengen befinden sich im perinucleären Raum und im Cytoplasma. Man vermutet, daß das mittlere T-Antigen der Mauspolyomaviren zusammen mit dem großen T-Antigen die Zelltransformation induziert. Es interagiert mit dem zellulären Protoonkogen *pp60src*. Der genaue Wirkmechanismus des mittleren T-Antigens und sein Beitrag zur Transformation sind jedoch noch weitgehend ungeklärt.

Späte Proteine

Strukturproteine. Der Hauptbestandteil der viralen Capside ist das spät im Replikationszyklus gebildete Protein VP1. Dieses Protein vermittelt auch die *Adsorption* der Viren an definierte Rezeptoren auf der Zelloberfläche. *Neutralisierende Antikörper* sind gegen Epitope des VP1 gerichtet. In den pentameren VP1-Komplexen der Capsomere ist das aminoterminale Ende des Proteins im Inneren der Capside gelagert, während die carboxyterminalen Domänen „armähnlich" über nichtkovalente Bindungen mit dem Nachbarcapsomer interagieren und so die einzelnen Aggregate auf der Partikeloberfläche miteinander vernetzen (Abbildung 18.7), wie R. C. Liddington und Kollegen durch Röntgenstrukturanalysen der

18.11 A: Vom Genom des SV40 gebildete mRNAs und Proteine. B: Vom Genom des Mauspolyomavirus gebildete mRNAs und Proteine. Die Transkripte sind als Linien (mit Pfeilen als Hinweis auf die 3′-Enden), die Proteine als Balken dargestellt. Zur Vereinfachung der Darstellung wurden die normalerweise zirkulären Genome am Replikationsursprung in der nichtcodierenden Kontrollregion geöffnet und linearisiert. Die Zahlenangaben beziehen sich auf die Nucleotidpositionen, die Zählung beginnt am Replikationsursprung in der nichtcodierenden Region. Die Proteinregionen der T-Antigene und der Strukturproteine, die identische Aminosäurefolgen haben, sind mit entsprechend gleichen Schraffierungsintensitäten dargestellt.

A. SV40

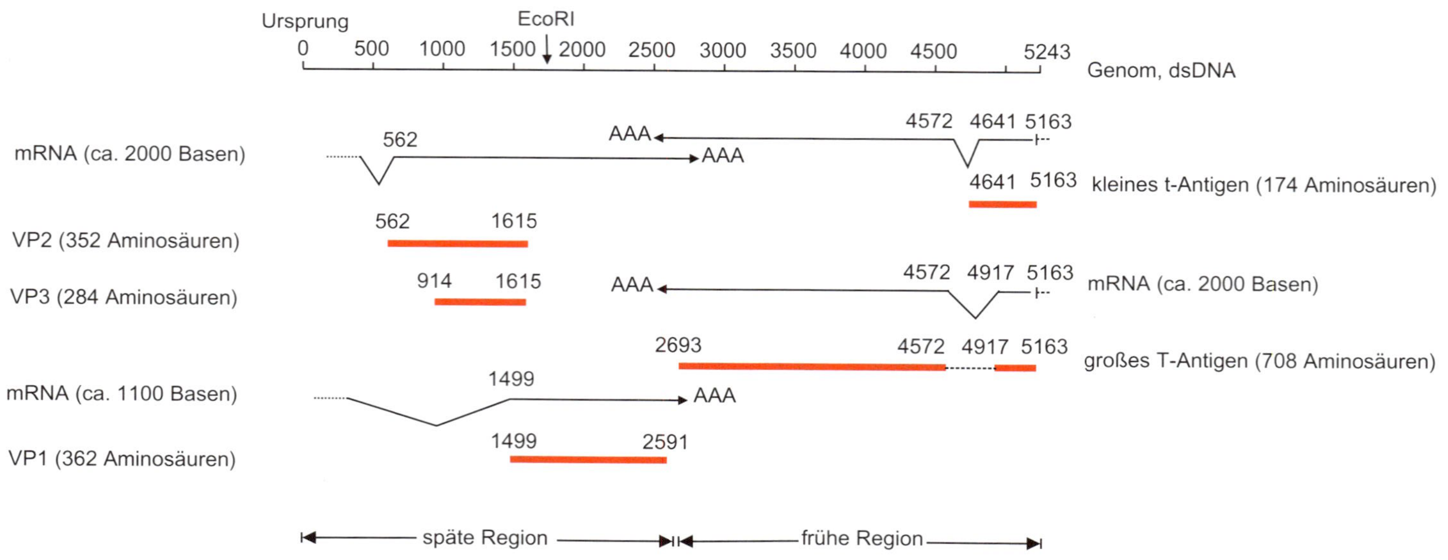

B. Polyomavirus der Maus

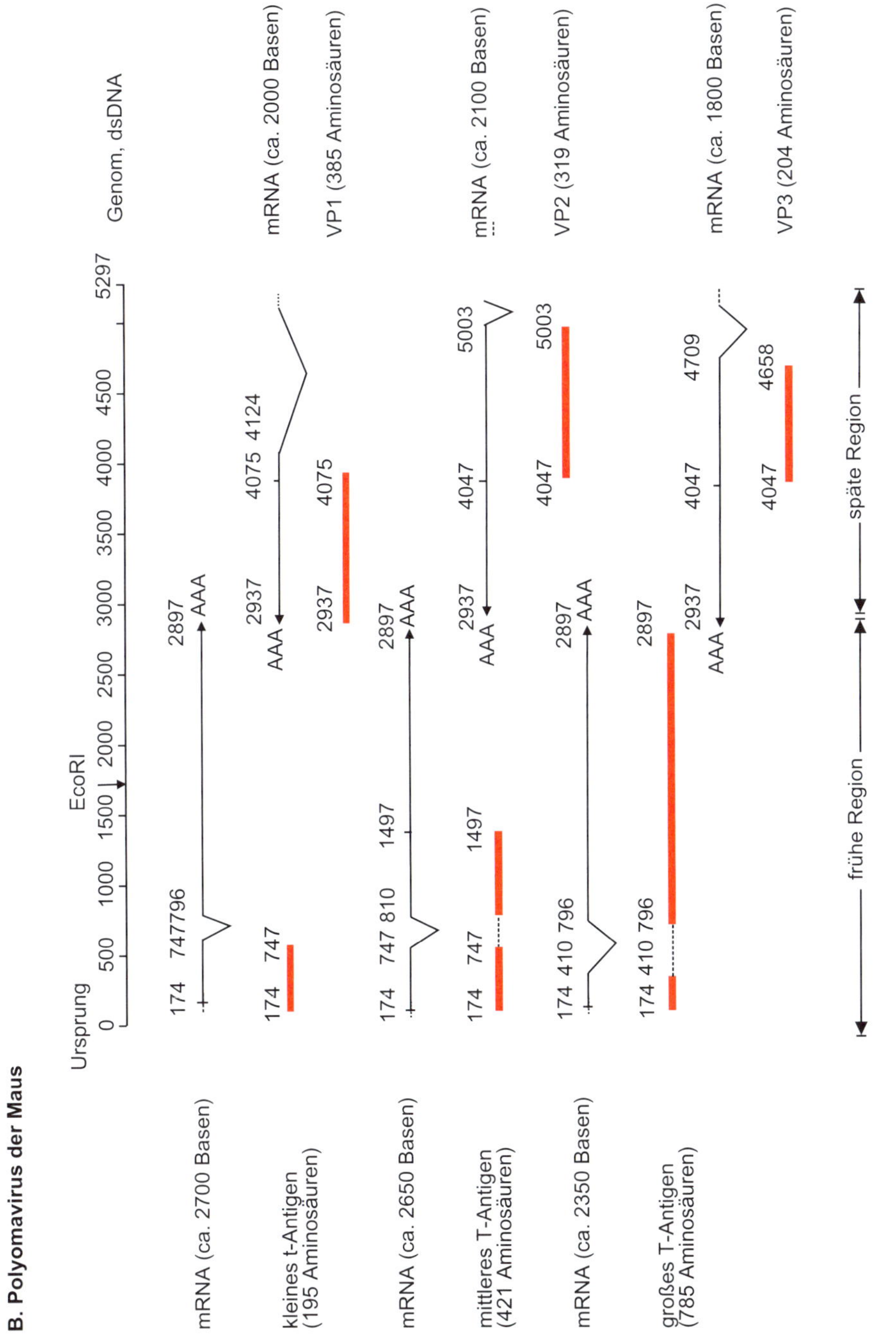

SV40-Partikel festgestellt haben. VP1 umfaßt beim SV40 362 Aminosäuren und wird in der Hälfte des mRNA-Vorläufers codiert, die zum 3'-Ende hin liegt (Abbildung 18.11A).

VP2 und VP3 werden von einer *bicistronischen RNA* translatiert, wobei das 234 Aminosäure lange VP3 von SV40 dem carboxyterminalen Bereich des VP2-Proteins entspricht. VP2 verwendet einen anderen Translationsstart, so daß es bei SV40 (Länge 352 Aminosäuren) am Aminoterminus 118 zusätzliche Aminosäuren besitzt (Abbildung 18.11A). Beim Mauspolyomavirus beginnt das VP2 115 Reste vor dem VP3-Startpunkt und besitzt so eine Länge von 319 Aminosäuren (Abbildung 18.11B). Da die Zusammensetzung der verschiedenen Komponenten zu Partikeln im Zellkern erfolgt, besitzen alle viralen Strukturproteine *Kernlokalisationssignale*.

Nichtstrukturprotein. Das späte Protein LP1 oder Agnoprotein, das nicht Teil der Virionen ist, wird nur von den SV40-ähnlichen Viren gebildet. Es wird im Bereich des Leaders am 5'-Ende der späten mRNA-Spezies codiert und ist ein kleines, beim SV40 62 Aminosäuren langes Polypeptid (circa 8 kD). Es interagiert in der Zelle mit VP1 und hat vermutlich eine wichtige Funktion bei der Morphogenese.

18.2.4 Replikation der Polyomaviren

An welchen zellulären Rezeptor sich das Viruspartikel über VP1 bindet, ist noch nicht bekannt. Man hat Hinweise, daß die Viren möglicherweise mit Neuraminsäureresten an den Rezeptoren interagieren. Das Partikel wird durch Endocytose aufgenommen und unter Umgehung des lysosomalen Weges zum Kern transportiert, wo das virale Genom freigesetzt wird. Danach erfolgt die *frühe Transkription* der mRNA-Spezies, die für die verschiedenen T-Antigene codieren (Abbildung 18.11). Die mRNA-Synthese erfolgt durch die zelluläre RNA-Polymerase II, wie die Hemmbarkeit der Transkription durch α-Amanitin zeigt. Virale Proteine sind für die frühe Transkription nicht nötig. Die mRNAs für die verschiedenen T-Antigene werden durch alternative Spleißvorgänge aus einem gemeinsamen RNA-Vorläufermolekül gebildet, wobei das 5'-Ende der SV40-spezifischen RNA 70 Nucleotide vor dem Initiationscodon liegt (20 Nucleotide beim Polyomavirus). Sind durch die Translation der entsprechenden mRNA ausreichende Mengen an großem T-Antigen in der Zelle vorhanden, so bindet sich dieses an den frühen Promotor und reduziert die Menge an frühen Transkripten. Der frühe Promotor von SV40 ist zellulären Transkriptionsregulatoren sehr ähnlich (Abbildung 18.9) und liegt etwa 30 Nucleotide vor dem eigentlichen Transkriptionsstart. Eine GC-reiche Region („21-Basenpaar-Repeat") liegt 40 Nucleotide vor dem Transkriptionsstart. An sie binden sich zelluläre Transkriptionsfaktoren der Gruppe *Sp1*. Zusätzlich fördert der benachbarte Enhancer die frühe RNA-Synthese.

Für eine erfolgreiche Replikation der viralen DNA muß sich die Zelle in der S-Phase des Teilungszyklus befinden. Die Viren haben daher Mechanismen entwickelt, diese zellulären Prozesse zu beeinflussen. Verantwortlich ist dafür das große T-Antigen, das früh während der Infektion gebildet wird, mit den zellulären Proteinen *p53* und *RB105/107* interagiert und sie in ihrer regulierenden Funktion hemmt. Dies aktiviert unter anderem die *cdc-2-Kinase* (*cell cycle dependent kinase*), die das T-Antigen an dem Threonin der Position 124 phosphoryliert. Nur das so modifizierte T-Antigen bindet sich an den Replikationsursprung, schmilzt den DNA-Doppelstrang in dieser Region auf und führt so zur Bildung einer Replikationsblase. Im Bereich dieser Blase kann der zelluläre Proteinkomplex aus einzelstrangbindenden Proteinen, DNA-Primase und DNA-Polymerase α binden und mit der Synthese von RNA-Primern beginnen. An den 3'-OH-Enden der „Leit"-Stränge (*leading strands*) werden die Nucleotide kontinuierlich in 5' $\rightarrow$ 3'-Richtung anpolymerisiert (Abbildung 18.12). Das zirkuläre virale Genom wird *bidirektional* an den Replikationsgabeln wei-

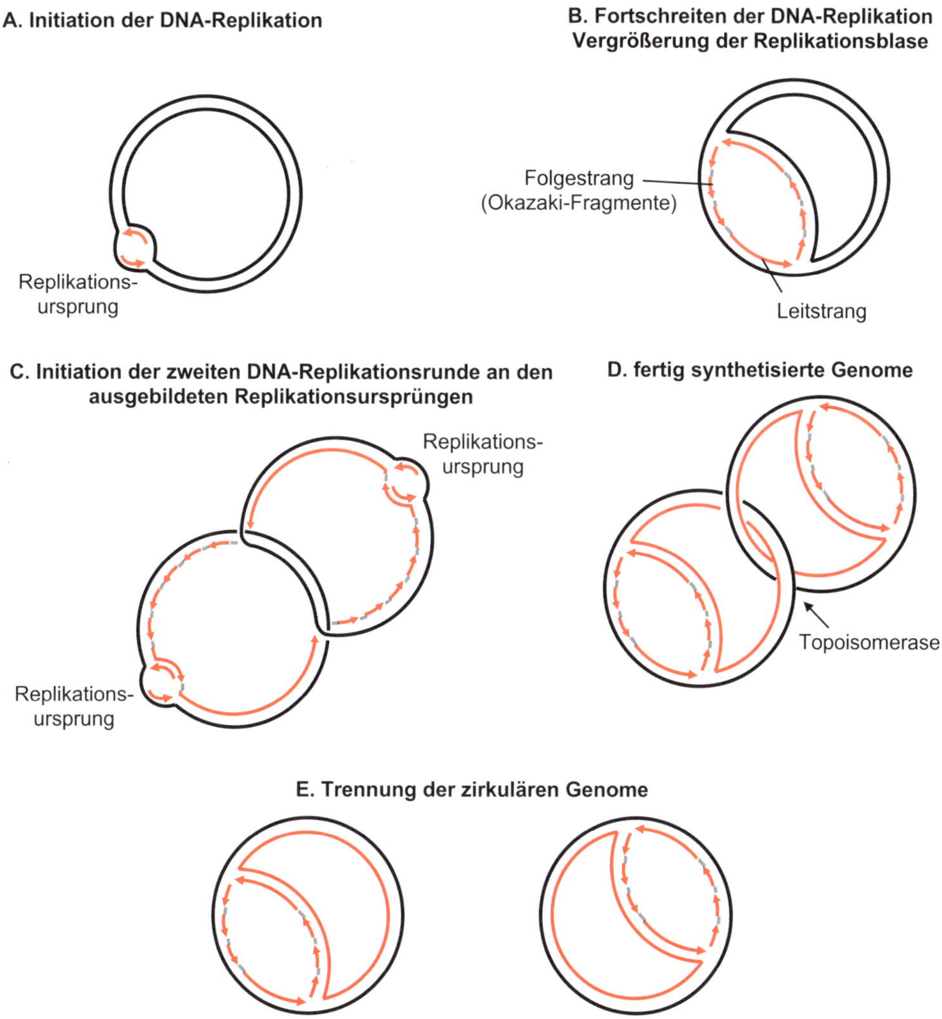

18.12 Ablauf der Genomreplikation bei Polyomaviren. Das große T-Antigen bindet sich an den Replikationsursprung in der nichtcodierenden Kontrollregion. Der DNA-Doppelstrang wird an dieser Stelle lokal aufgeschmolzen (A). Die Replikation erfolgt bidirektional und semikonservativ und wird von den zellulären Enzymen der DNA-Synthese (DNA-Polymerase α, Primase) katalysiert. Wie üblich wird in $5' \rightarrow 3'$-Richtung synthetisiert, wobei der „Leitstrang" (*leading strand*) kontinuierlich, der „Folgestrang" (*lagging strand*) hingegen in der Form von Okazaki-Fragmenten gebildet wird (B). Die neusynthetisierten Stränge sind jeweils rot dargestellt, die RNA-Primer im Folgestrang sind dabei etwas heller schraffiert. Liegen die Sequenzen am Replikationsursprung als DNA-Doppelstränge vor, dann beginnt hier eine neue Replikationsrunde (C). Die fertig synthetisierten Genome werden unter Katalyse durch eine Topoisomerase voneinander getrennt (D) und liegen dann als voneinander getrennte Tochtermoleküle vor (E).

Von SV40 abgeleitete Vektoren ermöglichen die kontinuierliche Expression von Fremdgenen in eukaryotischen Zellen

Die Fähigkeit des großen T-Antigens von SV40, sich an den Replikationsursprung zu binden und die Replikation des zirkulären viralen Genoms einzuleiten, setzt man in der Gentechnologie erfolgreich zur kontinuierlichen Expression von Fremdgenen in eukaryotischen Zellen ein. Man verwendet Vektoren, die den SV40-spezifischen Replikationsursprung enthalten, und exprimiert die Fremdproteine meist unter Kontrolle des Promotors für die späten Proteine des SV40 in Verbindung mit dem SV40-Enhancer. Die Vektoren enthalten selbst keine genetische Information für das große T-Antigen. Man bringt den Vektor jedoch in Zellen ein, die dieses Protein kontinuierlich synthetisieren. Ein bekanntes Beispiel dafür ist die Kaninchenzellinie COS, die ein im Replikationsursprung defektes SV40-Genom enthält, dieses selbst nicht vermehren kann, aber das große T-Antigen für die Replikation des in die Zelle eingebrachten Vektors liefert.

ter aufgewunden, so daß die Synthese in beide Richtungen fortschreiten kann. Der DNA-Strang, der in der Gegenrichtung verläuft (Folgestrang, *lagging strand*), wird diskontinuierlich durch Synthese und Ligation von sogenannten Okazaki-Fragmenten gebildet, die jeweils durch kurze RNA-Primer initiiert werden. Dieser Vorgang entspricht weitgehend der Replikation des zellulären Genoms, mit dem Unterschied, daß der Prozeß an den sich im Replikationsstadium befindenen Tochtermolekülen neu initiiert wird, sobald sich im Bereich des Replikationsursprungs ein neuer doppelsträngiger Sequenzbereich ausgebildet hat (Abbildung 18.12). Die Replikation endet, wenn beide Replikationsgabeln aufeinandertreffen; zur Entwindung und Trennung der Moleküle ist eine Topoisomerase zu fordern. Die Verwendung der zellulären DNA-Polymerase-α bei der Replikation des Virusgenoms sorgt beim Einbau der Nucleotide für eine hohe Lesegenauigkeit. Die Polyomaviren besitzen deshalb eine hohe genetische Stabilität.

Erst nach der DNA-Replikation erfolgt die Transkription der späten viralen Gene für die Strukturproteine. Die Bindung des großen T-Antigens an die Enhancer-Sequenzen steigert dabei die Menge an gebildeter RNA. Die Größe der RNA-Vorläufermoleküle ist sehr heterogen. Beim Polyomavirus fand man Spezies, welche die Größe des viralen Genoms mehrfach umspannen. Aus diesen großen RNA-Molekülen werden die gecappten und polyadenylierten mRNA-Spezies gebildet, die für die verschiedenen späten Proteine codieren. Dem codierenden Bereich der verschiedenen Strukturproteine wird eine in Tandemkonfiguration wiederholte Leader-Sequenz vorgeschaltet. Diese enthält eine Nucleotidfolge, die Homologie zur 18S-rRNA der Maus aufweist. Man vermutet, daß dies die Translationseffizienz der verschiedenen mRNA-Spezies steigert. Von der Leader-Sequenz wird das Agnoprotein LP1 translatiert.

Der Zusammenbau der verschiedenen viralen Bestandteile, das heißt der neugebildeten DNA-Doppelstränge mit den zellulären Histonen H1, H2A, H2B, H3 und H4 zu Minichromosomen und deren Assoziation mit den Strukturproteinen zu Capsiden findet im Zellkern statt. Die VP1-Proteine bilden Komplexe mit dem Agnoprotein LP1. Man vermutet, daß hierdurch eine vorzeitige Oligomerisierung des VP1 verhindert und so die Wechselwirkung erst im Kern eingeleitet wird, damit die VP1-Proteine mit den Minichromosomen Partikel bilden können. Im Verlauf der Reifung wird das Histon H1 wieder aus dem Komplex entfernt. Die Nachkommenviren werden durch den Tod der Zelle freigesetzt; *in vitro* enthält eine infizierte Zelle bis zu 100 000 neue Virionen.

18.2.5 Die BK- und JC-Viren

Epidemiologie und Übertragung

Bisher kennt man nur zwei humane Polyomavirustypen, das BK- und das JC-Virus (*Polyomavirus hominis* 1 und 2). Das JC-Virus isolierte man 1971 aus dem Gehirn eines Patienten (mit den Initialen J. C.), der an *progressiver multifokaler Leukoencephalopathie* (PML) erkrankt war. Das BK-Virus wurde im gleichen Jahr aus dem *Urin* eines Nierentransplantatempfängers (B. K.) isoliert, der immunsuppressiv behandelt wurde. In der Folge zeigten serologische Untersuchungen, daß die Durchseuchung der Bevölkerung mit beiden Virustypen sehr hoch ist: Antikörper gegen das BK-Virus lassen sich bei knapp 100 Prozent, gegen das JC-Virus bei circa 80 Prozent aller Erwachsenen nachweisen. Es gibt Hinweise, daß die Infektion mit dem JC-Virus etwas später erfolgt als die mit BK-Virus. Danach persistieren beide Viren in den Nieren und können – vor allem bei immunologischen Defekten – reaktiviert und im Urin ausgeschieden werden. BK- und JC-Viren werden bei 50 Prozent aller Schwangeren reaktiviert und ausgeschieden, bei 50 Prozent aller Knochenmarktransplantierten findet man BK-Viren im Urin. Die Übertragung erfolgt wahrscheinlich oral durch *Schmierinfektion* mit dem Urin infizierter Personen.

Klinik

Die pathogenetische Bedeutung der BK- und JC-Viren ist gering. Schwerwiegende Krankheiten treten vor allem bei Patienten mit immunologischen Defekten auf (Tabelle 18.5). Die Primärinfektion mit BK-Viren verursacht bei Kindern mit einem intakten Immunsystem gelegentlich *Erkrankungen der Atemwege* und *Cystitis* (Harnblasenentzündung). Danach persistiert das Virus im Nierengewebe und im Gehirn. Nur bei immundefizienten Patienten (Knochenmark- und Nierentransplantierten) verursacht die Virusreaktivierung gravierende Symptome, wie hämorrhagische Cystitis und Ureterstenose. Sie treten ein bis zwei Wochen nach der Transplantation auf. Bei einigen AIDS-Patienten wurde in Verbindung mit dem BK-Virus eine subakute Meningoencephalitis gefunden. In Meningiomen, Glioblastomen und Osteosarcomen konnte man in seltenen Fällen DNA des BK-Virus nachweisen. Daß die Virusinfektion eine Tumorerkrankung verursacht, konnte bisher nicht gezeigt werden.

JC-Virus löst bei der Primärinfektion keine Erkrankung aus und scheint in den Nieren und im Knochenmark zu persistieren. Bei Patienten mit Immundefekten, vor allem bei AIDS-Patienten, ist das JC-Virus für die Ausbildung der *progressiven multifokalen Leukoencephalopathie* (PML) verantwortlich. Zwei bis zehn Prozent der bei AIDS-Patienten beobachteten neurologischen Symptome beziehungsweise zwei bis vier Prozent der Todesfälle führt man

Tabelle 18.5: Durch BK- und JC-Viren verursachte Krankheiten

BK-Virus	JC-Virus
Infekte der Atemwege	PML (progressive multifokale Leukoencephalopathie) bei immundefizienten Personen (AIDS-Patienten)
hämorrhagische Cystitis (bei Knochenmarktransplantierten)	
Ureterstenose (bei Nierentransplantierten)	
Cystitis (bei Kindern)	
Pankreatitis (sehr selten)	

auf JC-Virus-Infektionen zurück. Nach der Infektion vermutlich im Kindesalter und einer anschließenden langen, mehrjährigen Inkubationszeit beginnen die PML-Symptome, wenn die Patienten durch die HIV-Infektion in ein Stadium der Immunsuppression eintreten. Anfangs handelt es sich um Seh- und Sprachstörungen sowie partielle Lähmungen. Innerhalb von sechs Monaten kommt es dann zu fortschreitender Demenz und zum Tod. In einigen Fällen fand man bei PML-Patienten Gehirntumoren. Ob die Virusinfektion die maligne Entartung verursacht, ist unklar.

Pathogenese

Infektion mit BK- und JC-Viren. Nach oraler Übertragung breiten sich die BK- und JC-Viren wahrscheinlich hämatogen aus. Beim BK-Virus geht man davon aus, daß es im Infektionsverlauf B-Lymphocyten infiziert, über diese in andere Organbereiche wie die *Nieren*, die Lunge, Milz, Lymphknoten und Leber transportiert wird und sich dort ansiedelt. In Verbindung mit Erkrankungen der oberen Atemwege kann BK-Virus auch die Tonsillen infizieren und dort persistieren. Neue Untersuchungen zeigen, daß sich DNA des BK-Virus auch im *Gehirn* von Verstorbenen finden läßt, die keinerlei neurologische Symptome aufgewiesen hatten. Daher geht man heute davon aus, daß auch das Gehirn ein Ort der BK-Viruspersistenz ist. Das Hauptorgan der lebenslangen Persistenz sind jedoch die Nieren, über die das Virus bei Reaktivierungen ausgeschieden wird. So kann bei AIDS-Patienten die Menge an ausgeschiedenem BK-Virus 3000fach ansteigen. Der Grad der fortschreitenden Immundefizienz hat keinen Einfluß auf die Menge des ausgeschiedenen BK-Virus. Man nimmt an, daß das BK-Virus früh nach der HIV-Infektion reaktiviert wird.

Auch das JC-Virus wird vermutlich durch infizierte Lymphocyten und Makrophagen im Organismus verteilt. Es scheint in den Nieren und im Knochenmark zu persistieren und wird bei immundefizienten Patienten ebenfalls im Urin ausgeschieden. Infizierte Makrophagen transportieren es nach der Primärinfektion oder bei Reaktivierungen in das zentrale Nervensystem und geben es über die Virchow-Robinschen Räume an Gliazellen weiter, in denen die Viren persistieren oder in Verbindung mit Störungen des Immunsystems zur Replikation reaktiviert werden. Da in etwa 20 Prozent der untersuchten Gehirne von Patienten ohne diesbezügliche Symptomatik die DNA von JC- und BK-Viren nachgewiesen wurde, ist zu folgern, daß sie sich bereits während der Primärinfektion hier ansiedeln konnten. Über die Molekularbiologie der Latenz und den Mechanismus der Reaktivierung ist wenig bekannt.

Bei PML-Patienten werden infektiöse JC-Viren in *Oligodendrocyten* gebildet. Hier vermehrt sich das Virus lytisch, und man findet nucleäre Einschlußkörperchen aus viralen Proteinen in den infizierten Zellen. Im weiteren Krankheitsverlauf entwickeln sich multifokale, fleckförmige Entmarkungsherde in den Myelinscheiden des Gehirns. Der carboxyterminale Bereich des großen T-Antigens des JC-Virus enthält Aminosäuren, die eine gewisse Homologie mit dem basischen Myelinprotein der Nervenmarkscheiden aufweisen. Histopathologisch gibt es aber keinen Hinweis, daß die in Verbindung mit der PML auftretende Demyelierung eine primäre Autoimmunkrankheit ist. Aus Gehirnen der Patienten kann man verschiedene, durch Mutationen veränderte Varianten des JC-Virus isolieren. Sie weisen Deletionen, Duplikationen und Insertionen vor allem in der Promotor-/Enhancer-Region des Genoms auf. Isolate aus dem Urin sind dagegen weitgehend einheitlich. Ob die mutierten Viren eine veränderte Virulenz besitzen und für die Ausbildung der PML-Symptome verantwortlich sind, ist ungeklärt. Die große Häufigkeit der PML bei AIDS-Patienten beruht neben der durch HIV-induzierten Immundefizienz möglicherweise auch darauf, daß das HIV-spezifische, transaktivierend wirkende Tat-Protein die Expression und Replikation von JC-Viren induzieren kann (Abschnitt 17.1). Eine Steigerung der Genexpression des JC-Virus konnte *in vitro* auch durch das humane Cytomegalievirus gezeigt werden.

Zelltransformation und Tumorbildung. Die ersten transformierten Zellen entdeckte man bereits 1959 und 1960 in mit dem Polyomavirus der Maus infizierten Nagetierzellen (Mausfibroblasten und BHK-Zellen). Großes Aufsehen und intensive Forschungsarbeit zog 1971 die Isolierung von SV40 aus der Nierenzellinie eines Rhesusaffen durch B. Sweet und M. Hillemann nach sich, weil dieses Affenvirus bei neugeborenen Hamstern Tumorerkrankungen auslösen konnte. Bei Rhesusaffen konnte man ähnliche Erkrankungen nicht finden. Auch das Polyomavirus der Maus und das Hamsterpapovavirus (HaPV) induzierten nur in anderen als ihren natürlichen Wirten eine Tumorbildung. Tumorerkrankungen des Menschen konnten bisher in keinem Falle kausal mit einer Polyomavirusinfektion in Verbindung gebracht werden.

Die ersten Impfstoffe gegen die Kinderlähmung waren mit SV40 kontaminiert

Der Beweis, daß SV40 bei Menschen keine bösartigen Erkrankungen auslöst, konnte klarer als bei jedem anderen Erreger erbracht werden. Zwischen 1950 und 1960 züchtete man Polioviren in primären Nierenzellen von Rhesusaffen. Zu dieser Zeit war nicht bekannt, daß die Zellen auch mit dem Affenvirus SV40 infiziert waren. Die zuerst entwickelte „Salk-Vakzine“ war ein Totimpfstoff gegen die Kinderlähmung (Abschnitt 13.1) und enthielt neben den inaktivierten Polio- also auch SV40-Viren. Der einige Jahre später von Albert Sabin entwickelte Lebendimpfstoff bestand dagegen aus attenuierten Polioviren. Da auch diese in Affenzellen gezüchtet wurden, die mit SV40 kontaminiert waren, enthielt die Vakzine ebenfalls aktives SV40. Mit ihr impfte man zwischen 1955 und 1961 Millionen von Amerikanern und Europäern. Deswegen sind vermutlich alle Personen, die in diesem Zeitraum gegen die Poliovirusinfektion geimpft wurden, zugleich mit SV40 infiziert worden. In den folgenden Jahren konnte man bei diesem Personenkreis keine erhöhte Inzidenz für irgendwelche Tumorerkrankungen finden. Da in der Zwischenzeit 30 bis 40 Jahre vergangen sind – eine für die Krebsentwicklung ausreichende Zeitspanne –, kann man mit großer Sicherheit davon ausgehen, daß SV40 beim Menschen keine bösartigen Erkrankungen hervorruft. Bei Tierpflegern, die engen Kontakt mit Affen haben, fand man Antikörper gegen SV40-Proteine – ein Hinweis darauf, daß das Virus Menschen infizieren kann. Auch hier fand man jedoch keine Erkrankungen.

Ob SV40 und Mauspolyomavirus Krebs verursachen, hängt davon ab, ob die Viren einen produktiven Infektionszyklus durchführen können, das heißt, ob die Zellen für die Infektion *permissiv* sind. Die produktive, lytische Infektion ist mit der Bildung einer hohen Zahl von Nachkommenviren verbunden und endet immer mit dem Tod der Zelle. Eine Transformation kann deswegen nur dann erfolgen, wenn die Zellen *nichtpermissiv* für den lytischen Vermehrungszyklus sind. Dann bricht der virale Zyklus nach der Synthese der T-Antigene ab, es erfolgt eine *abortive Infektion* (siehe Kapitel 6 und Abschnitt 18.3.5). Die Transformation ist also nicht nur von der Aktivität des großen T-Antigens abhängig. Auch zelluläre Funktionen spielen eine wichtige Rolle. Die Zelltransformation und die Tumorerkrankungen werden durch die Interaktion des großen T-Antigens dieser Viren mit zellulären Proteinen verursacht, die dadurch in ihrer Funktion gestört werden und die zur Klasse der Tumorsuppressorproteine gehören. Diese Proteine gewährleisten normalerweise einen kontrollierten Ablauf der Zellteilung. Wird dies durch Wechselwirkung mit dem T-Antigen verhindert, treten die Zellen unkontrolliert in die S-Phase des Zellzyklus ein, und es folgt eine unregulierte Vermehrung. Neben diesen Proteinwechselwirkungen können auch Veränderungen der Wirtszell-DNA an der Krebsentstehung beteiligt sein: In SV40-transformierten Zellen sind bis zu zehn Kopien des viralen Genoms an unterschiedlichen Stellen in die chromosomale DNA der Zelle integriert. Inwieweit diese *Integrationsereignisse* an der Initiation der Transformation beteiligt sind, ist nicht endgültig geklärt. Sie können jedoch bei der Progression und Metastasierung eine wichtige Rolle spielen.

Auch für BK- und JC-Viren ist bei Tieren, die von diesen Viren normalerweise nicht infiziert werden, die Entstehung von Tumoren beschrieben worden: Werden die Erreger in neugeborene Mäuse oder Hamster inokuliert, entstehen dort Tumoren. Das Genom der BK-Viren ist in den transformierten Zellen selten, das der JC-Viren häufig in die Wirtszell-DNA integriert.

Immunreaktion und Diagnose

Bei der Primärinfektion des Menschen mit BK- und JC-Viren findet man die Synthese von *IgM-* und *IgG-Antikörpern*, die überwiegend gegen die viralen VP1-Proteine gerichtet sind. Sie lassen sich mit ELISA-Tests nachgewiesen. Bei Reaktivierungen erfolgt nur die Produktion von IgG. Bei der Ausbildung von PML steigt die Antikörperkonzentration nicht an. Für die Diagnose der PML wird die DNA des JC-Virus im Liquor durch die Polymerasekettenreaktion nachgewiesen. Über eine Stimulierung oder Inhibierung des Immunsystems durch diese Infektionen ist wenig bekannt. Man findet eine reduzierte Stimulierbarkeit von Lymphocyten durch virale Proteine.

BK-Viren lassen sich in einigen Zellinien, zum Beispiel in HEK-Zellen (*human embryonic kidney cells*), vermehren. Ähnlich wie bei SV40 beobachtet man nach einer Inkubationszeit von ein bis zwei Wochen Vakuolisierungen, Einschlußkörperchen und Zellyse. Das JC-Virus läßt sich nur in embryonalen Amnion- und Gehirnzellkulturen, speziell in Oligodendrocyten, vermehren.

Therapie und Prophylaxe

Impfstoffe gegen beide Virusinfektionen existieren nicht. Der therapeutische Einsatz von AraA, AraC, IFN-α oder IFN-γ ist umstritten.

18.2.6 Aufbau der Papillomviren

Viruspartikel

Ähnlich wie bei den Polyomaviren sind die Partikel der Papillomviren kleine Capside ohne eine umgebende Membran. Der Durchmesser beträgt 55 nm und liegt damit etwas über dem der Polyomaviren. Die *ikosaedrischen Capside* bestehen aus 72 Capsomeren, die von zwei Strukturproteinen gebildet werden: den viralen Proteinen *L1* (circa 80 Prozent des Gesamtproteins der Partikel) und *L2*. Im Inneren dieser Capside befindet sich das virale Genom.

Genom und Genomaufbau

Ähnlich wie die Polyomaviren haben auch die Papillomviren ein *kovalent geschlossenes, zirkuläres, doppelsträngiges DNA-Genom*, das aber mit circa 8 000 Basenpaaren deutlich größer ist. Die DNA liegt – mit zellulären Histonproteinen in einer *nucleosomenähnlichen*

Struktur assoziiert – als *Superhelix* vor. Alle Papillomviren haben den gleichen Genomaufbau (Abbildung 18.13A, B). Das zirkuläre Genom kann in zwei Bereiche eingeteilt werden: eine Region, die für die früh im Vermehrungszyklus gebildeten Proteine codiert, und eine zweite, die die Gene für die spät synthetisierten Strukturproteine umfaßt. Die Transkription

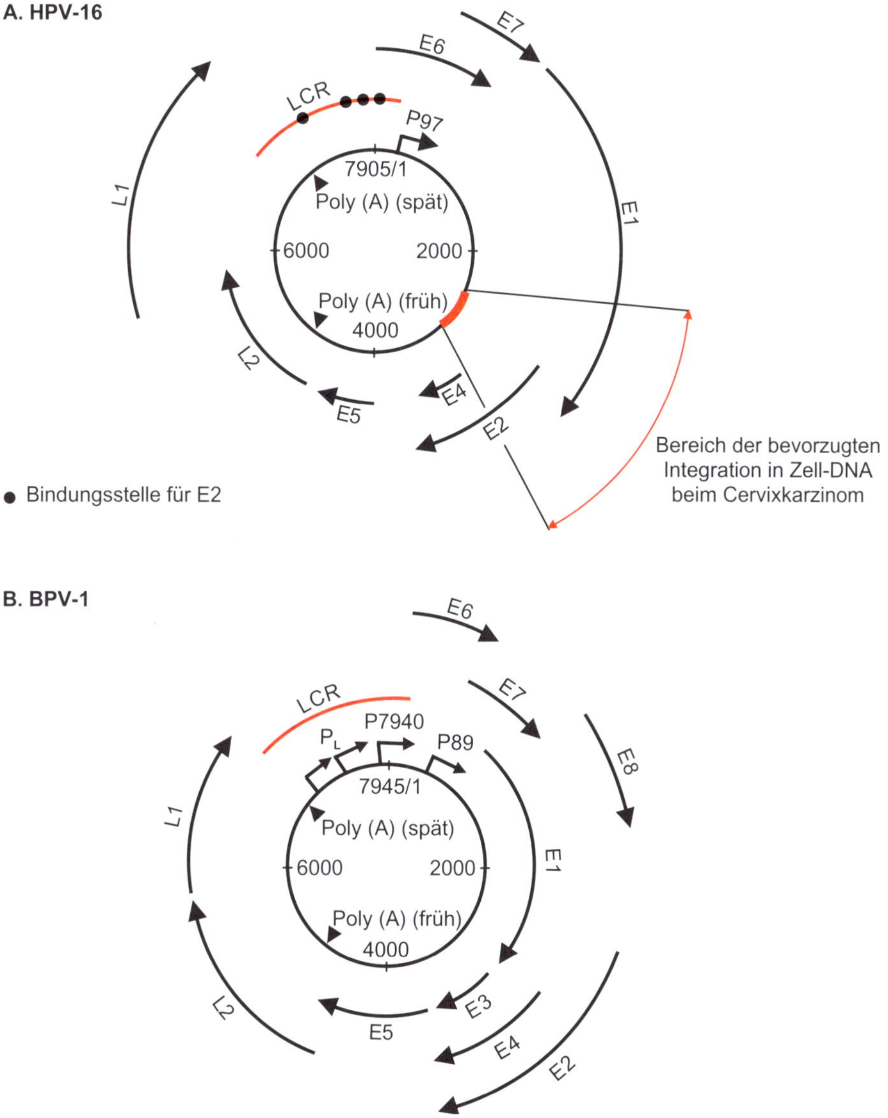

18.13 Genomaufbau der Papillomviren. A: Das humanpathogene Papillomvirus Typ 16. B: Das Rinderpapillomvirus Typ 1. Die Genome bestehen aus einer zirkulären, doppelsträngigen DNA, die schematisch als innerster Kreis dargestellt ist. Die Polyadenylierungssignale, die für die frühen und späten Transkripte verwendet werden, sind mit Pfeilen angegeben. Nur ein DNA-Strang wird transkribiert. Die im Replikationverlauf gebildeten mRNAs, ihre Lage auf dem Genom und ihre Translationsprodukte sind in den äußeren Kreisen dargestellt. Ein Bereich von etwa 1 000 Basenpaaren (LCR = *long control region*) codiert nicht für Proteine. Hier befinden sich der Replikationsursprung und die wichtigsten Promotoren für die Kontrolle der Genexpression. Die Region, an der sich das Virusgenom der malignen Papillomvirustypen bei der Integration in das Zellgenom bevorzugt öffnet, ist rot gekennzeichnet.

dieser beiden Bereiche verläuft unter Verwendung der verschiedenen offenen Leserahmen nur eines DNA-Stranges, das heißt alle frühen und späten Funktionen werden im Gegensatz zu den Polyomaviren auf einem Strang codiert (Abbildung 18.8 und 18.13). Die frühe Region enthält mehrere offene Leserahmen (E1 bis E7/8, E = *early*, früh), und die Codierungskapazität wird durch Verwendung der verschiedenen Leseraster sehr effektiv ausgenützt. Der späte Genombereich codiert für die beiden Strukurproteine L1 und L2 (L = *late*, spät). Spleißdonor- und -akzeptorstellen sind an vielen Orten im Genom zu finden und werden für die Synthese der verschiedenen Produkte verwendet. Zwischen dem Ende der späten und dem Beginn der frühen Region liegt ein circa 1 000 Basenpaare langer Bereich, der nicht für virale Proteine codiert. Er wird als *LCR (long control region)* bezeichnet, weil er die meisten viralen *cis*-wirksamen Kontrollelemente wie Promotoren, Enhancer und den Replikationsursprung enthält.

18.2.7 Virusproteine der Papillomviren

Frühe Proteine

E1-Funktionen. Der Leserahmen *E1* codiert für phosphorylierte Proteine mit Molekulargewichten zwischen 68 und 85 kD, die für die Replikation des viralen Genoms erforderlich sind. Ihre Sequenz ist bei den verschiedenen Virustypen hochkonserviert, und sie weisen strukturelle und funktionelle Ähnlichkeiten zum großen T-Antigen von SV40 auf (ATPase- und Helicase-Aktivität, DNA-Bindung im Bereich des Replikationsursprungs oder *origin of replication*; Tabelle 18.6). Es kann zwischen den Proteinfunktionen *E1-M (modulierende Funktion)* im 5′-Bereich des Leserahmens und *E1-R (aktiv bei der produktiven Replikation)* in der 3′-Region unterschieden werden. Der Grad der Phosphorylierung ist vermutlich für die

Tabelle 18.6: Merkmale und Funktion der Proteine von Papillomviren

	Molekulargewicht	Lokalisation	Funktion
frühe Proteine			
E1-M	68–85 kD	Zellkern	Modulation der Replikation
E1-R	68–85 kD	Zellkern	produktive Replikation
E2	48 kD	Zellkern	Transaktivator/Transrepressor
E2-Tr	31 kD	Zellkern	Transrepressor; Interaktion mit E1 bei der Replikation
E3	unbekannt	unbekannt	unbekannt
E5 (bovine Typen)	ca. 5 kD	Cytoplasmamembran	Transformation Interaktion mit zellulären Rezeptorproteinen?
E5 (humane Typen)	unbekannt	unbekannt	Interaktion mit EGF-Rezeptoren
E6	ca. 16 kD	Cytoplasma	Interaktion mit p53, Induktion der proteolytischen Spaltung von p53, Aktivierung der Telomerase
E7	ca. 10 kD	Zellkern	Interaktion mit RB105, Induktion von E2-ähnlichen Zellpromotoren
E8	unbekannt	unbekannt	unbekannt

Tabelle 18.6: (Fortsetzung)

	Molekulargewicht	Lokalisation	Funktion
späte Proteine			
L1	57 kD	Cytoplasma/ Zellkern	Hauptcapsidkomponente
L2	43–53 kD	Cytoplasma/ Zellkern	Strukturprotein
E4	unbekannt	Cytoplasma	Wechselwirkung mit dem Cytokeratingerüst

Ausprägung der beiden verschiedenen Funktionen wichtig. Beide sind in unterschiedlichen Phasen des viralen Infektionszyklus aktiv: E1-M kontrolliert in undifferenzierten und für die lytische Infektion nicht permissiven Epithelzellen eine begrenzte Form der viralen Genomreplikation. Nach dieser anfänglichen Vermehrung liegt das Genom in *50–400 Kopien* in einem für die jeweilige Zelle konstanten *Multikopieplasmid* vor. Die Weitergabe dieser Genomkopien bei der Teilung der Zelle ist die Aufgabe des replikationsmodulierenden Proteins E1-M, das im Falle des Rinderpapillomvirus 1 (BPV-1) eine Größe von 23 kD besitzt.

E1-R wird im Unterschied zu E1-M dann aktiv, wenn sich die infizierten, undifferenzierten Zellen im Verlauf ihrer Teilungen zu ausdifferenzierten Epidermiszellen entwickelt haben. Diese Zellen in den äußeren Hautschichten erlauben den lytischen Ablauf der Infektion. In ihnen findet ein *Umschalten der Replikation* des viralen Genoms vom weitgehend konstant gehaltenen Multikopiestatus zur produktiven Virusvermehrung statt. Dabei entstehen hohe Zahlen vervielfältigter Genome. Diese Form der Replikation ist mit der Bildung von infektiösen Nachkommenviren verbunden.

E2-Funktionen. Vom *E2-Leserahmen* werden mehrere unterschiedliche Formen *DNA-bindender Proteine* synthetisiert, die beim Rinderpapillomvirus besonders gut untersucht sind (Abbildung 18.14). Da sie im Vergleich mit den humanen Papillomviren viele Aminosäuren konserviert haben, nimmt man an, daß die Proteine der beiden Virustypen die gleichen Funktionen haben. Es handelt sich um wichtige regulatorisch aktive Proteine bei der Transkription und Replikation. Das E2-Protein bindet sich an die Basenfolge 5′-ACC$(N)_6$GGT-3′, die sich in verschiedenen Promotorelementen im Bereich der LCR-Region und in der Nähe des Replikationsursprungs befindet. Im letzten Fall interagiert es dabei mit dem E1-Protein und stabilisiert dessen Bindung an den *origin of replication*. Eines der E2-Proteine hat ein Molekulargewicht von 48 kD und deckt den gesamten offenen E2-Leserahmen ab. Es besteht aus zwei funktionellen Domänen. Hierbei handelt es sich zum einen um eine *DNA-bindende* Region im carboxyterminalen Bereich; diese Aktivität entfaltet sich allerdings erst, wenn das E2-Protein als Dimer vorliegt. Die dafür nötigen Aminosäuresequenzen liegen ebenfalls im carboxyterminalen Bereich. Die zweite Domäne umfaßt eine *transaktivierend* wirkende Region am Aminoterminus. Sie bindet sich an konditionelle Enhancer in der LCR und reguliert zusammen mit den anderen E2-Polypeptiden die Transkription der Gene E6 und E7. Beide Domänen sind durch Aminosäuren verbunden, deren Anzahl und Sequenz sich bei verschiedenen Virustypen unterscheiden. Bei den hochonkogenen Typen der humanen Papillomviren (HPV-16 und HPV-18) hat das E2-Protein vor allem die Aufgabe, in Cervixkeratinocyten die Transkription der E6- und E7-Gene zu unterdrücken. Beim HPV-8 stellte man fest, daß es sich zusammen mit zellulären Faktoren an den Promotor für die späten mRNAs bindet und deren Synthese unterdrückt.

Wird beim Rinderpapillomvirus ein im Bereich des E2-Leserahmens gelegener Promotor für die Transkription verwendet, so entsteht eine Variante des E2-Proteins, der die aminoter-

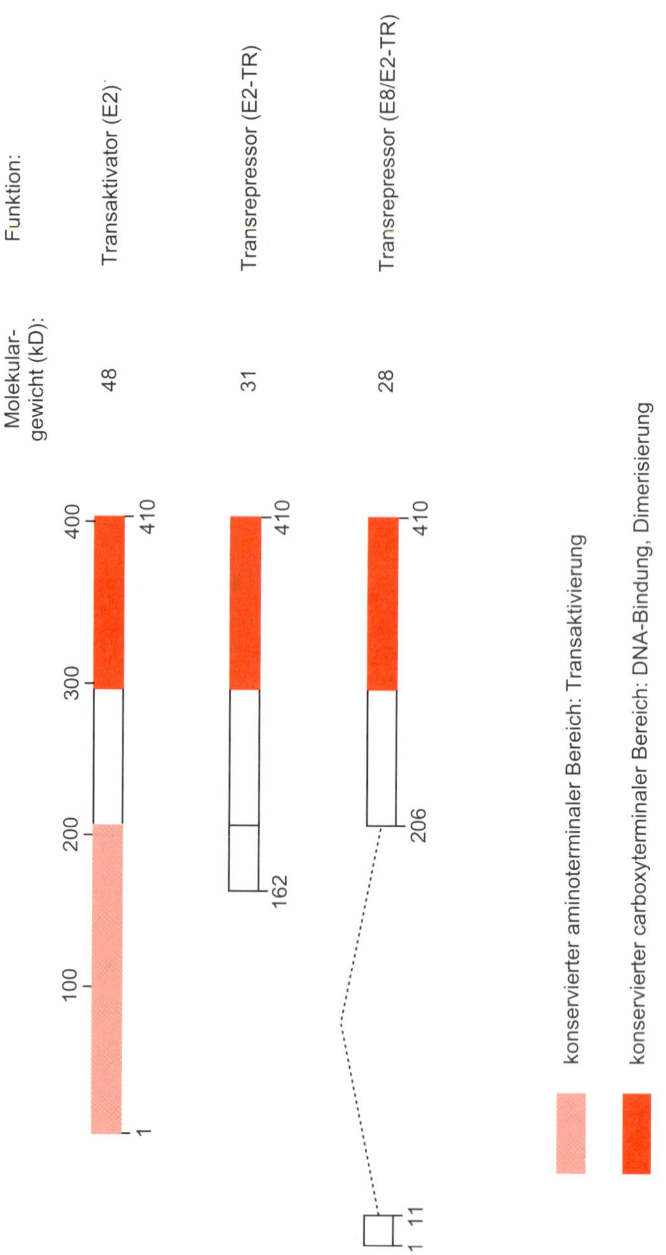

18.14 Expressionsprodukte des E2-Leserahmens und die funktionellen Aktivitäten der E2-Proteine am Beispiel des Rinderpapillomvirus BPV-1. Die bei verschiedenen Virustypen konservierten Proteindomänen sind durch die dunkleren Schraffierungen angegeben. Die Zahlenangaben beziehen sich auf die Aminosäurepositionen, beginnend am ersten Codon des entsprechenden Leserahmens. Während der frühen Genexpression findet man die Synthese des E2-Transaktivators (48 kD) und einer aminoterminal verkürzten Form E2-TR (31 kD), dem die transaktivierende Domäne fehlt. Es wirkt ebenso als Repressor wie das Protein E8/E2-TR (28 kD).

minalen 161 Aminosäurereste fehlen und die ein Molekulargewicht von 31 kD besitzt. Durch die Verkürzung fehlt dieser Form des E2-Proteins die transaktivierende Domäne; die DNA-bindenden Funktionen und die Möglichkeiten zur Dimerisierung sind aber noch vorhanden. Dieses Protein *E2-Tr* kann sich so zwar an die entsprechenden DNA-Sequenzen binden, aber nicht mehr die Transaktivierung induzieren, so daß es als *Transrepressor* wirkt. Ausschlaggebend dafür, ob das E2-Protein transaktiviert oder transreprimiert, ist die Konzentration der beiden Proteine und das Mengenverhältnis beider Proteinvarianten zueinander. Sowohl das Homodimer $(E2\text{-}Tr)_2$ als auch das Heterodimer E2/E2-Tr wirken nicht transaktivierend, und auch der Promotor des E2-Genbereichs selbst wird autoregulativ von diesen Komplexen beeinflußt. Die Aktivität der verschiedenen E2-Promotoren wird zusätzlich von zellulären Faktoren beeinflußt, die in Abhängigkeit vom Differenzierungsgrad der Zelle gebildet werden. Dieser komplexe Regulationsmechanismus ist in den Details noch nicht geklärt.

Das Ganze wird – zumindest für BPV-1 – noch komplizierter, da hier noch eine dritte Version des E2-Proteins synthetisiert wird. Sie wird von einer mRNA translatiert, bei der durch einen Spleißvorgang Sequenzen des E8-Leserahmens mit Regionen verknüpft werden, die für den carboxyterminalen, DNA-bindenden Bereich von E2 codieren. Es entsteht ein Protein *E8E2-Tr*, das 11 Aminosäuren von E8 verbunden mit 205 Aminosäuren des carboxyterminalen Bereichs von E2 umfaßt, ein Molekulargewicht von 28 kD hat und *transreprimierend* wirkt (Abbildung 18.14). Da viele der humanen Papillomvirustypen keinen dem BPV entsprechenden Leserahmen für E8 besitzen, ist unklar, ob sie ein ähnlich wirkendes Produkt besitzen.

E6-Funktionen. Das im Leserahmen E6 codierte Protein trägt bei einigen Papillomvirustypen mit zur Transformation bei, kann jedoch diesen Prozeß nicht allein induzieren. Das *E6-Protein* hat bei HPV-16 eine Länge von 158 Aminosäuren, ist mit Zn^{2+}-Ionen komplexiert und hat die Charakteristika eines Zinkfingerproteins. Das ist ein Hinweis dafür, daß es sich an DNA binden kann. Enzymatische oder transaktivierende Aktivitäten wurden für dieses Protein nicht gefunden. Das E6-Protein der Papillomvirustypen, die ein sehr hohes transformierendes Potential aufweisen (HPV-16, HPV-18), kann mit dem *zellulären Protein p53*, einem zellulären *Tumorsuppressorprotein,* interagieren (siehe Kapitel 6 sowie Abschnitte 18.1.3, 18.2.3 und 18.3.3). Diese Wechselwirkung führt das p53 dem *ubiquitinabhängigen Abbau* zu; es wird proteolytisch gespalten, und in der Zelle kommt es zu einem Mangel an diesem Antionkogen. In der Folge akkumulieren sich in der DNA Mutationen, da die Zellen in die S-Phase des Teilungszyklus eintreten, bevor die Reparatursysteme die Schäden beseitigen können. Das kann zur Ausprägung des onkogenen Potentials einiger Papillomvirustypen beitragen. Spleißdonor- und Spleißakzeptorstellen im E6-Leserahmen sind Hinweise darauf, daß neben dieser Form des E6-Proteins zwei kleinere Varianten gebildet werden könnten. Bei HPV-16 fand man, daß sie an der Regulation des Promotors p97 in der LCR-Region beteiligt sind.

Daneben hat das E6-Protein eine zweite, bei der Zelltransformation möglicherweise wichtige Funktion: Es aktiviert die zelluläre Telomerase, ein Enzym, das in normalen Zellen kaum vorhanden ist, dessen Aktivität aber in Tumorzellen nachgewiesen werden konnte. Die Telomerase wirkt der kontinuierlichen Verkürzung der Wiederholungssequenzen an den Telomeren, das heißt den Enden der Chromosomen, entgegen, die gewöhnlich bei der Genomreplikation auftritt und mit der Zellalterung korreliert ist.

E7-Funktionen. Das im E7-Leserahmen codierte, relativ kleine phosphorylierte Protein mit einer Länge von 98 Aminosäuren ist die Hauptursache für das *transformierende Potential* bestimmter humaner Papillomvirustypen. Auch das *E7-Protein* hat keine enzymatischen Aktivitäten. Es kann allerdings bestimmte virale und zelluläre Promotoren transaktivieren, die den *E2-Promotoren* des Adenovirus gleichen. Man vermutet, daß daran ein im carboxyterminalen Bereich des E7-Proteins gelegenes Zinkfingermotiv beteiligt ist, das aus den Wiederholungseinheiten Cys-X-X-Cys besteht. Diese Aminosäurefolge findet sich auch im *E1A-Protein* der Adenoviren, das E2- und E2-ähnliche Promotorelemente *transaktiviert* und zelltransformierend wirkt (Abschnitt 18.3.3). Neben dieser Sequenzhomologie im carboxyterminalen Bereich fällt eine weitere Ähnlichkeit zum E1A-Protein der Adenoviren auf: Die ersten 37 Aminosäuren des E7-Proteins weisen eine große Homologie zu den Domänen 1 und 2 des *E1A-Proteins* und derjenigen Region im großen *T-Antigen* von SV40 auf, die für die Bindung an *RB105* und an das sehr ähnliche Protein *RB107* verantwortlich ist (Abbildung 18.15). Diese Regionen im E1A-Protein und im großen T-Antigen sind essentiell für die Interaktion des adenoviralen Polypeptids mit den *zellulären Tumor-*

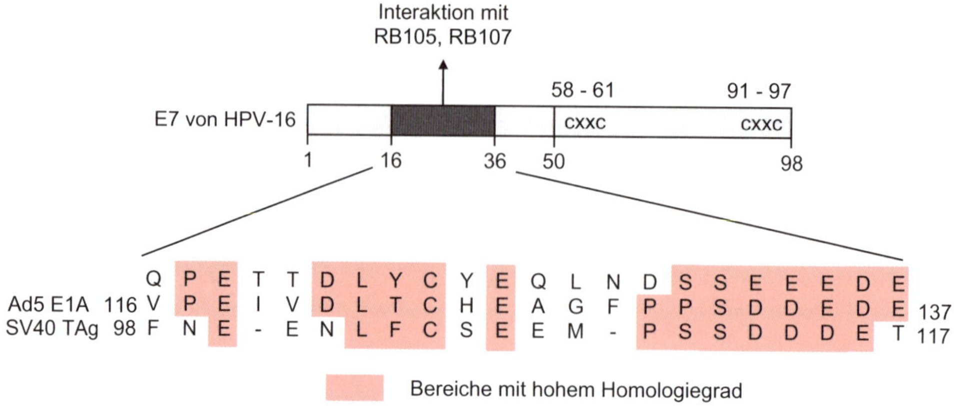

18.15 Das E7-Protein des humanen Papillomvirus Typ 16. Die Zahlenangaben beziehen sich auf die Aminosäurepositionen, beginnend am aminoterminalen Ende. Das E7-Protein weist in der carboxyterminalen Domäne konservierte Motive der Form Cys-X-X-Cys auf, die es als Zinkfingerprotein auszeichnen. Zwischen den Positionen 16 und 36 befindet sich eine Domäne, die viele Aminosäuren enthält, die man auch im großen T-Antigen von SV40 und dem E1A-Protein der Adenoviren findet. Über diese Proteinregion wird die Interaktion mit den zellulären Tumorsuppressoren RB105 und RB107 vermittelt.

suppressorproteinen RB105 und *RB107*. Diese zellulären Antionkogene sind an der Kontrolle von E2-ähnlichen zellulären Promotoren beteiligt, indem sie den zellulären Transaktivator E2F binden und so inaktivieren. Das E1A-Protein löst den E2F/RB105-Komplex, hebt die Kontrollfunktion auf und induziert die Transkription der Gene, die von E2F-abhängigen Promotoren kontrolliert werden (Kapitel 6 und Abbildung 18.16A, B). Die Folge ist eine unregulierte Zellteilung. Eine ähnliche Wechselwirkung wurde inzwischen auch für das E7-Protein der Papillomviren beschrieben: Über die zu dem adenoviralen E1A-Protein homologen Domänen der E7-Proteine der HPV-Typen, die wie HPV-16 oder -18 ein hohes Risiko für die Induktion von malignen Zellentartungen aufweisen, findet auch hier eine Interaktion mit dem zellulären RB105 statt. Bei HPV-6 und HPV-11, die nur selten mit malignen Tumorerkrankungen in Verbindung stehen, findet sich diese hohe Affinität der E7-Proteine zu RB105/107 nicht.

Weitere frühe Funktionen. Beim Rinderpapillomvirus BPV-1 identifizierte man das primäre transformierende Potential in dem 44 Aminosäuren umfassenden Protein des Leserahmens E5. Das E5-Protein des humanen Papillomvirus Typ 16 kann *in vitro* Fibroblasten transformieren. Keratinocyten beginnen unter seiner Wirkung zu proliferieren. Man hat Hinweise, daß es sich hierzu in der Zelle an die EGF-Rezeptoren (*epidermal growth factor*) anlagert. Unbekannt sind die Funktionen der E3- und E8-Leserahmen. E3 hat man im Genom der meisten humanen Papillomvirustypen nicht gefunden.

Späte Proteine

Die Gene für die späten Proteine der Papillomviren werden ausschließlich in ausdifferenzierten Keratinocyten synthetisiert. Hierzu gehören die beiden Strukturproteine der Gene *L1* (Hauptcapsidprotein, 57 kD) und *L2* (dieses Protein kommt in geringeren Mengen in den Capsiden vor, 43–53 kD). Neben diesen beiden wird spät im Vermehrungszyklus ein Protein synthetisiert, das eigentlich im Bereich der frühen viralen Funktionen im Leserahmen *E4* codiert wird. Dieses wird in differenzierten Keratinocyten in großen Mengen gebildet und

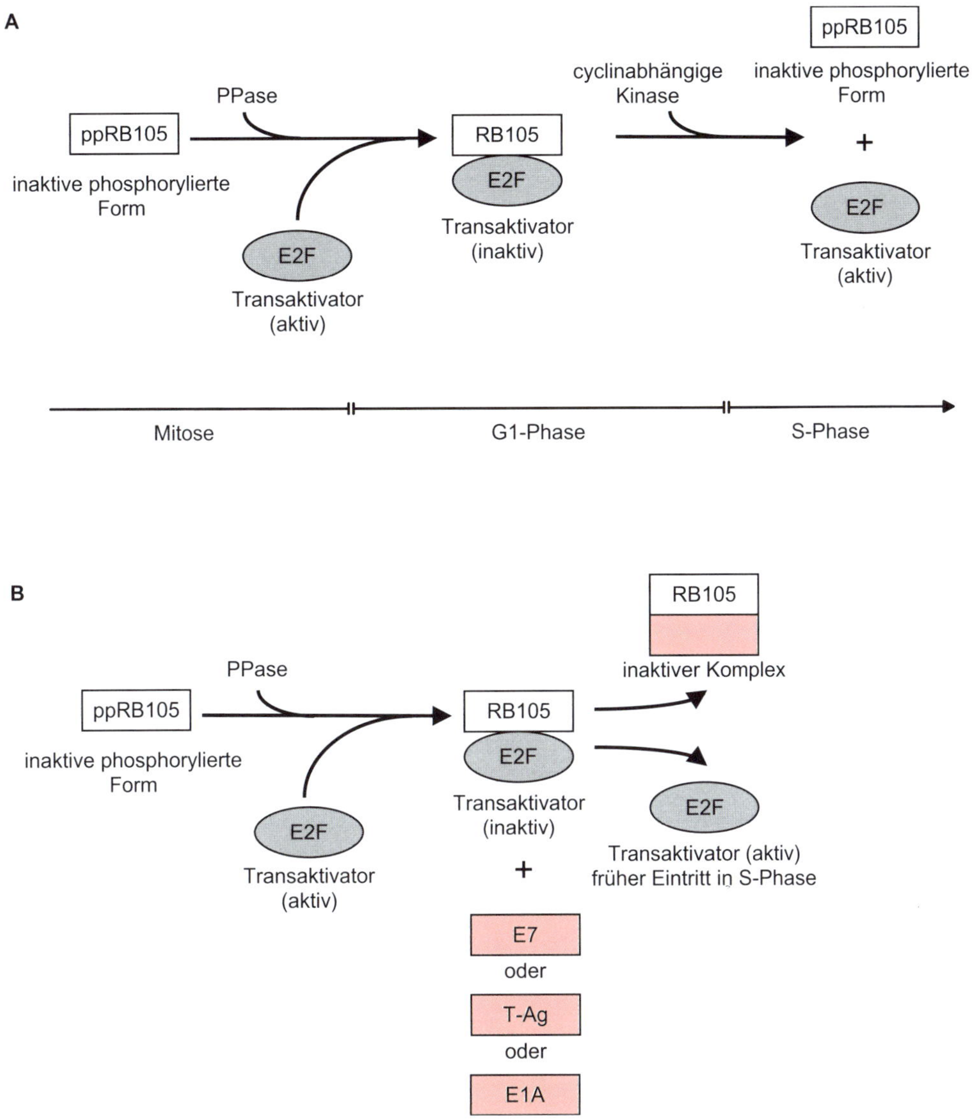

18.16 Funktion der zellulären Tumorsuppressorproteine RB105/RB107. A: In nichtinfizierten Zellen. Die RB-Proteine sind während der Mitose inaktiv und liegen in phosphorylierter Form vor. Beim Übergang in die G1-Phase des Zellteilungszyklus wird das Protein durch eine zelluläre Phosphatase dephosphoryliert und dabei aktiviert. Es bindet sich in dieser Form an die Transaktivatoren der Gruppe E2F und verhindert, daß diese sich an Promotoren binden und sie transaktivieren können. Treten die Zellen in die S-Phase ein, erfolgt die Phosphorylierung der RB-Proteine durch eine cyclinabhängige Kinase. Hierdurch werden sie erneut inaktiv. Sie geben die E2F-Transaktivatoren ab, die ihrerseits nun ihre DNA-bindenden Transaktivatorfunktionen entfalten. B: In infizierten Zellen. In der Zelle liegen die Virusproteine E7 von Papillomviren, E1A von Adenoviren oder das große T-Antigen des SV40-Virus vor. Sie interagieren in der G1-Phase mit den RB-Proteinen, die in dieser Phase im Komplex mit den E2F-Faktoren vorliegen. Die Bindung der Virusproteine bewirkt, daß sich der Komplex löst. Die E2F-Proteine werden freigesetzt, aktiv und können die entsprechenden Promotoren transaktivieren. Hierdurch kommt es zu einem verfrühten Eintritt der Zelle in die S-Phase.

liegt im Cytoplasma der Zelle vor. Im Komplex mit dem E1-Protein bindet sich das E4-Polypeptid an das Cytokeratingerüst der infizierten Zelle. Eine Übersicht über die Merkmale und Funktionen der verschiedenen Papillomvirusproteine gibt Tabelle 18.6.

18.2.8 Replikation der Papillomviren

Die Replikation der Papillomviren verläuft in zwei Phasen, die vom *Differenzierungsgrad* der Zelle abhängig sind. Papillomviren infizieren undifferenzierte Epithelzellen in den basalen Hautschichten. Diese erreichen sie, indem sie durch kleinste Verletzungen der äußeren Hornschicht eindringen. Den Rezeptor, der für die Adsorption der Viruspartikel verantwortlich ist, kennt man nicht. Man vermutet, daß die Aufnahme durch Endocytose erfolgt. Nach der Infektion liegt das virale Genom im Kern der undifferenzierten Zelle vor, und die frühen viralen Gene werden transkribiert. Dieser Vorgang wird durch mehrere virale Promotoren kontrolliert, die im Bereich des LCR den frühen Genen vorgeschaltet sind (Abbildung 18.13) und die durch zelluläre Faktoren in ihrer Aktivität beeinflußt werden können. Das zelluläre *YY1-Protein* beeinflußt zum Beispiel die Aktivität der viralen Promotoren *negativ*. Einen ähnlichen, negativen regulatorischer Einfluß haben der *Transkriptionsfaktor OctI*, der Faktor für die Induktion der Interleukin-6-Synthese (*NF-IL6*) und der Rezeptor für Retinolsäure (*RAR*). *Positiv regulierend* wirken unter anderem das enhancerbindende Protein *Sp1*, die Faktoren *AP-1*, *JunB*, *KRF-1* (keratinocytenspezifischer Transkriptionsfaktor) und *aktivierte Glucocorticoidrezeptor-Komplexe*. Neben dieser komplexen Kontrolle der Transkription sind vielfache Spleißvorgänge möglich. Hierdurch entstehen mRNAs, die für unterschiedliche Versionen der frühen Proteine codieren. Alle Transkripte der frühen Gene besitzen jedoch die gleiche Polyadenylierungsstelle (Abbildung 18.13).

Wichtig für die ersten Prozesse nach der Infektion ist die Transkription der Gene für das *E1-M-Protein* und des *Transaktivatorproteins E2*. E1-M ist dafür verantwortlich, daß das virale Genom in den ersten Replikationsschritten auf 50–400 Kopien pro Zelle vermehrt wird. Diese Anzahl bleibt dann konstant. Das virale Genom wird anschließend ebenfalls unter Einfluß von E1-M als Multikopieplasmid bei der Teilung der undifferenzierten Zelle auf die Tochterzellen weitergegeben. Das Transaktivatorprotein E2 ist für die Transkription der weiteren frühen Gene nötig, wird jedoch durch die transreprimierend wirkenden Varianten E2-Tr und E8/E2-Tr (letzteres wahrscheinlich nur in BPV-infizierten Zellen) in seiner Aktivität reguliert. Fehlen diese Aktivitäten der E2-Proteine, steigt die Transkription der E6- und E7-Gene an.

Gentechnisch einsetzbare Vektoren enthalten die frühen Gene der Papillomviren

Die Fähigkeit von Papillomviren, die kontinuierliche Replikation eines amplifizierten Plasmids in eukaryotischen Zellen zu bewirken, nutzt man in der Gentechnologie für die Expression von Fremdgenen. Man verwendet Vektoren, die von BPV-1 abgeleitet sind und die frühe Region und den LCR-Bereich – das entspricht 69 Prozent des Genoms – enthalten. Die späten Funktionen sind deletiert und gegen die gewünschten Fremdgene unter Kontrolle eukaryotischer Promotoren ersetzt. Die Vorteile dieses Systems sind, daß der Vektor nach Einbringen in die Zelle durch die frühen Papillomvirusfunktionen amplifiziert wird und daß die transformierenden Eigenschaften eine hohe Zellteilungsrate bewirken.

Die Haut, deren oberste Schichten absterben, wird ausgehend von den Zellen der Basalschicht kontinuierlich regeneriert. Die Teilung der Hautzellen bewirkt in vertikaler Richtung,

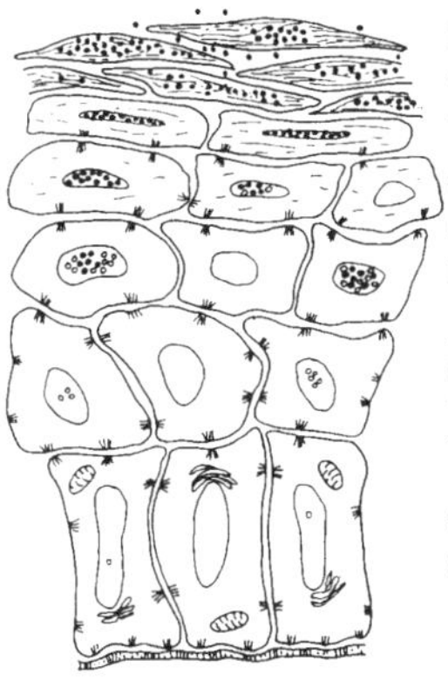

18.17 Die Abhängigkeit der Genexpression der Papillomviren vom Differenzierungsgrad der Zellen in der Epidermis. Die Zeichnung stellt einen Querschnitt durch die Epidermis dar. Auf der linken Seite sind die Bezeichnungen für die verschiedenen Hautschichten angegeben. Die offenen Kreise in den Zellkernen stellen die dort vorhandenen Papillomvirusgenome dar, die schwarzen Punkte dagegen die Viruspartikel, die vor allem in den oberen Hautschichten, das heißt den enddifferenzierten Keratinocyten des Stratum corneum, gebildet und von der Oberfläche der Haut in die Umgebung freigesetzt werden. (Leicht verändert nach Cossart, Y. E.; Thompson, C.; Rose, B. *Virology.* In: Mindel, A. (Hrsg.) *Genital warts. Human papillomavirus infection.* London, Boston, Melbourne, Auckland (Edward Arnold) 1995. S. 1–34.)

das heißt zur Hautoberfläche hin, die *Differenzierung* der *basalen Epithelzellen* zu *Keratinocyten* (Abbildung 18.17). Aufgrund der Differenzierung verändert sich das zelluläre Milieu, und der virale Promotor für die späten Gene (P_L), der sich in der LCR-Region befindet, wird aktiv. Von dort aus wird ein RNA-Vorläuferprodukt synthetisiert, welches das gesamte Genom umspannt. Es dient der Translation der *späten Proteine L1* und *L2*. Für diese Vorläufer-RNA gibt es eine eigene Polyadenylierungsstelle am Ende des Bereichs für die späten Gene. Es gibt Hinweise, daß der P_L-Promotor auch schon in undifferenzierten Zellen aktiv ist. In diesem Falle bricht jedoch die Transkription vorzeitig ab, und es wird das Polyadenylierungssignal der frühen mRNA-Spezies verwendet. Das ist ein weiterer Hinweis darauf, daß bei diesem Prozeß viele noch unbekannte zelluläre Faktoren regulierend eingreifen. Zugleich mit der Produktion der L1-, L2- und E4-Proteine wird der Replikationsmodus umgeschaltet, und E1-R wird als Protein aktiv und induziert die Synthese einer großen Anzahl von viralen, zirkulären Genomen. In den Zellen der obersten Hautschicht, den ausdifferenzierten Keratinocyten, assoziieren dann die viralen Capsidproteine L1 und L2 mit den Genomen, die mit zellulären Histonen komplexiert sind, zu infektiösen Papillomviruspartikeln. Nach dem Absterben der Zellen werden sie freigesetzt. Dieser mit der Produktion infektiöser Viren verbundene Zelltod führt bei den Papillomviren aber nicht zur Begrenzung der Infektion: Durch den zweiphasigen Verlauf des viralen Vermehrungszyklus werden aus den unteren, undifferenzierten Hautschichten immer wieder Zellen „nachgeliefert“, die das virale Genom im Multikopiestatus enthalten. So kann sich eine *persistierende Form* der Infektion etablieren, die trotz Absterbens der virusproduzierenden Zellen mit einer andauernden, kontinuierlichen Freisetzung viraler Partikel verbunden ist.

Die E6- und E7-Proteine wirken während dieses produktiven Infektionsverlaufs nicht transformierend. Sie hemmen wahrscheinlich zelluläre Faktoren wie p53 und RB105/107, die die Zellteilung negativ regulieren. Ein produktiver Infektionszyklus von Papillomviren ist nur in Zellen möglich, die sich in der S-Phase des Teilungszyklus befinden. Die Viren müssen deswegen Mechanismen entwickeln, durch die sie Zellproteine, die den Eintritt in die S-Phase verzögern, ausschalten. Das geschieht mit Hilfe der Proteine E6 und E7, die während des produktiven Infektionszyklus in relativ geringen Mengen gebildet werden und die transformierende Wirkung nicht ausüben können, weil die virusproduzierenden Zellen sterben.

18.2.9 Die humanen Papillomviren

Epidemiologie und Übertragung

Die Durchseuchung der menschlichen Bevölkerung mit Papillomviren ist ebenso wie die klinische Manifestation der Infektion als Warzen im Haut- und Schleimhautbereich weltweit hoch. Am weitesten verbreitet sind die Virustypen, die gewöhnliche Warzen an Händen und Füßen verursachen. Aber auch den Typ HPV-5 findet man in allen Bevölkerungsgruppen; er ist der häufigste Virustyp, der assoziiert ist mit der Erkrankung *Epidermodysplasia verruciformis*, die sich durch multiple Warzenbildung äußert. HPV-16 tritt weltweit in Verbindung mit *Gebärmutterhalskrebs* auf; gehäuft findet man es in Europa. Eine geographisch unterschiedliche Verbreitung findet sich nur für einige Typen. So trifft man HPV-13 und HPV-32 bevorzugt in Zentral- und Südamerika, Alaska und Grönland an.

Die Übertragung der Viren mit der Ausbildung von Warzen findet überwiegend ab einem Alter von fünf Jahren durch direkten Kontakt mit infizierten Hautregionen oder über kontaminierte Gegenstände im familiären Bereich statt. Aber auch in Freizeiteinrichtungen (Schwimmbädern, Sportvereinen) kommt es durch die gemeinsame Benutzung der Anlagen (Holzroste und ähnliches spielen eine wichtige Rolle) durch viele Personen zu einer gehäuften Übertragung von Papillomviren. Zusätzlich werden die genitalen Papillomvirustypen im jugendlichen Erwachsenenalter durch Geschlechtsverkehr übertragen. In einigen Fällen erfolgt die Übertragung von genitalen Papillomviren während des Geburtsvorgangs auf das Neugeborene. Die Infektion manifestiert sich bei Kindern und Jugendlichen meist in Form von Papillomen im Kehlkopf-, Nasen- und Rachenbereich. Bei immunsupprimierten Personen (HIV-Infizierten, Transplantationspatienten) findet man eine vermehrte Warzenbildung und häufige maligne Entartung.

Klinik

Humane Papillomviren infizieren Zellen der äußeren Haut- und Schleimhautschichten und rufen zumeist lokale Zellproliferationen in dem infizierten Bereich hervor. Diese äußern sich überwiegend als gutartige *Warzenerkrankungen* und bilden sich meist spontan wieder zurück. Auffallend ist, daß einige HPV-Typen mit spezifischen pathohistologischen Warzenbildern in Verbindung gebracht werden können, die in bestimmten Körperregionen lokalisiert sind (Tabelle 18.7). Man unterscheidet zwei Hauptorte der klinischen Manifestation: den kutanen Hautbereich und die Schleimhaut. Sie können mit bestimmten HPV-Typen korreliert werden:

1. Im kutanen Bereich finden sich *gewöhnliche Warzen* als erhabene Hautläsionen mit Hyperkeratose vor allen an Händen und Beinen, *flache Warzen*, die meist einzeln an Händen und im Gesicht auftreten und nur wenig erhoben sind, oder *plantare Warzen*, die tief in die Hautschichten hineinreichen können und überwiegend an den Fußsohlen vorkommen. Verursacher dieser Warzenformen sind unter anderem die HPV-Typen 1, 2, 3, 4, 7, 10, 26–29, 41, 48, 60, 63 und 65.

Tabelle 18.7: Hautläsionen und Tumorerkrankungen und die HPV-Typen, die sie bevorzugt verursachen

klinisches Bild	Besonderheiten	HPV-Typen
plantare Warzen	einzelne Warzen, bevorzugt an Fußsohle; gutartig	1, 4
gewöhnliche Warzen	gehäufte Warzenbildung, meist an Händen; gutartig	1, 2, 4, 26, 28, 29, 41, 48, 60, 63, 65
flache Warzen	gehäufte Warzenbildung, an Armen, Beinen, im Gesicht; gutartig	3, 10, 27
Metzgerwarzen	gewöhnliche Warzen an Händen von Metzgern, Schlächtern etc.; gutartig	7
juvenile Larynxpapillome	meist bei Kindern, starkes Wachstum; gutartig	6, 11
fokale, epitheliale Hyperplasie	Läsionen im Mundbereich; gutartig	13, 32
Condylomata acuminata	exophytische Läsionen der Haut und Schleimhaut; meist gutartig, gehen in seltenen Fällen in maligne Formen über	6, 11, 40, 42–44
flache Condylome, cervicale intraepitheliale Neoplasien (CIN I, CIN II)	meist gutartig, können in maligne Formen übergehen	6, 11, 16, 18, 30, 31, 33–35, 39, 40, 42–45, 51, 52, 56–59, 61, 64, 66–68
Cervixkarzinom cervicale intraepitheliale Neoplasien (CIN III)	Präkanzerose, invasiver Tumor;	16, 18, 31, 33, 35, 39, 45, 51, 52, 56, 58, 62, 66
Epidermodysplasia verruciformis	gehäufte Warzenbildung; bösartig	5, 8, 14, 17, 20, 47
Epidermodysplasia verruciformis (bei immunsupprimierten Personen)	gehäufte Warzenbildung; meist gutartig	3, 9, 12, 19, 21-25, 36-38, 46, 47, 49, 50
bowenoide Papulose	pigmentierte Hautläsionen; bösartig	16, 18

Die *Epidermodysplasia verruciformis*, eine seltene Hauterkrankung mit multipler Warzenbildung am ganzen Körper, ist vorwiegend mit den HPV-Typen 5, 8, 9, 12, 14, 15, 17, 19, 25, 36, 38 und 47 assoziiert. Sie tritt nur bei Personen mit einer autosomal rezessiv vererbten Prädisposition auf. Bei den meisten Patienten ist die zelluläre Immunreaktion gestört. Etwa 50 Prozent der Patienten entwickeln in einem Zeitraum von etwa 20 Jahren nach Auftreten der multiplen Warzen maligne Tumoren, die vor allem mit den HPV-Typen 5 und 8, seltener mit 14, 17, 20 und 47 assoziiert sind. UV-Licht scheint ein Cofaktor zu sein, der beim Übergang der anfangs gutartigen Läsionen zu intraepithelialen Neoplasien und invasiven Karzinomen eine wichtige Rolle spielt.

2. Die mit Papillomviren assoziierten Erkrankungen im Schleimhautbereich lassen sich wiederum in zwei Gruppen eingeteilen: Im Bereich der Mundhöhle und des Larynx, häufig auch an den Stimmbändern, findet man leicht erhabene, multiple Papillome und epi-

theliale Hyperplasien. Die hauptsächlich bei Kindern vorkommenden juvenilen Larynxpapillome können durch ihre Lage im Respirationstrakt lebensbedrohlich werden, wenn sie die Luftwege verengen. Eine maligne Entartung ist selten. In diesen Läsionen lassen sich die HPV-Typen 6, 11, 13, 16, 32 und 33 nachweisen. Die zweite Gruppe der Erkrankungen manifestiert sich im anogenitalen Bereich. Condylomata acuminata (weiche, sich deutlich von der Hautoberfläche abhebende Hyperkeratinosen) und bowenoide Papillose (flache, multiple, oft pigmentierte Läsionen) findet man vor allem an den äußeren Genitalien und in der Analregion junger Erwachsener. Condylomata acuminata sind meist mit den HPV-Typen 6, 11, 40, 42–44, 54 und 55 korreliert. Sie entarten nur selten zu einer bösartigen Form. Auch die Form der multiplen bowenoiden Papillose ist trotz ihrer Assoziation mit HPV-16 überwiegend gutartig. Eine andere Form des Morbus Bowen, die mit solitären Hautläsionen im Alter von über 50 auftritt, zeigt jedoch häufig einen Übergang zu intraepithelialen Neoplasien.

Papillomvirusinfektionen der Cervix äußern sich als flache Condylomata oder niedriggradige intraepitheliale Neoplasien, die sich bei Behandlung mit fünfprozentiger Essigsäurelösung weißlich anfärben. Sie sind häufig multizentrisch. An der Entstehung des Cervixkarzinoms sind nur bestimmte HPV-Typen beteiligt: HPV-16 wird in über 50 Prozent, HPV-18 in bis zu 20 Prozent der Fälle gefunden. Außerdem lassen sich die HPV-Typen 31, 33, 35, 39, 45, 51, 56 und 58 nachweisen (Tabelle 18.7). Die gleiche Typenverteilung findet man auch bei hochgradigen cervikalen intraepithelialen Neoplasien (CIN I bis III, die steigenden Zahlenwerte geben den Schweregrad der Neoplasie an). Dabei handelt es sich um Vorläufer des invasiven Karzinoms. Die Latenzzeit zwischen der Primärinfektion und der Ausbildung des Tumors beträgt etwa 20 bis 40 Jahre.

Die Tatsache, daß die angegebenen Virustypen bei über 90 Prozent der Karzinome vorhanden sind, bedeutet nicht, daß alle Frauen, die Kontakt mit den entsprechenden Virustypen hatten, eine persistierende Infektionsform in Verbindung mit dem Übergang zu hochgradigen intraepithelialen Neoplasien oder Karzinomen entwickeln. Das ist nur bei wenigen der Fall. Frauen mit nachweisbarer HPV-16- oder HPV-18-Infektion besitzen im Vergleich zu nichtinfizierten Frauen ein etwa elffach höheres Risiko, innerhalb von zwei Jahren eine hochgradige intraepitheliale Neoplasie auszubilden. Auch bei der Entstehung von papillomvirusassoziierten malignen Erkrankungen des Genitalbereichs spielen Cofaktoren anscheinend eine wichtige Rolle. Dabei könnte es sich um Hormone handeln, gleichzeitige Infektionen mit anderen Viren (unter anderem Herpesviren und humane Immundefizienzviren) oder um Zigarettenrauchen (Tabelle 18.8). Auch eine genetische Veranlagung oder Störungen des zellulären Immunsystems scheinen beteiligt zu sein.

Tabelle 18.8: Cofaktoren bei der Karzinogenese durch Papillomviren

Virustyp	Karzinom	Cofaktor
HPV-5, 8, 14, 17, 20, 47	Plattenepithel-Karzinom der Haut (Epidermodysplasia verruciformis)	rezessive Erbfaktoren, UV-Licht
HPV-6, 11 u. a.	Larynxtumor	Röntgenstrahlung
HPV-16, 18, 31 u. a.	maligne, anogenitale Tumoren, Cervixkarzinom	Tabakrauch, Hormone, virale Infektionen im Schleimhautbereich (HSV, CMV, HHV-6, HIV)
Shopes Kaninchenpapillomvirus	Hauttumoren	Teer
BPV-4	Verdauungstrakt	Farnkräuter (Kieselsäure)

Pathogenese

HPV-assoziierte Hautwarzenerkrankung (gutartige Tumoren). Bei den meisten Warzen handelt es sich um gutartige, *selbstlimitierende Erkrankungen* der Haut, die häufig nach einiger Zeit spontan zurückgehen. Die Viren gelangen über kleinste Zerstörungen der äußeren Keratinocytenschicht in die basalen Epithelzellen. Dort werden die frühen Proteine E1 bis E7 synthetisiert, und das Genom wird in niedriger Kopiezahl als Episom repliziert und bei der Teilung auf die Tochterzellen weitergegeben. Allen Warzenformen ist gemeinsam, daß sie eine intakte, unveränderte basale Epithelschicht aufweisen, die den Infektionsherd vom peripheren Blut und innen liegenden Schichten abtrennt (Abbildung 18.17). In allen über der Basalschicht gelegenen, äußeren Hautschichten findet man eine *zelluläre Hyperplasie*. Stark vakuolisierte Zellen des Plattenepithels mit Kernveränderungen (*Koilocyten*) können histologisch nachgewiesen werden, und die äußerste Hornschicht kann Anzeichen einer Hyperkeratose aufweisen. Die mit der Erkrankung verbundene örtliche Verdickung der Haut ist auf die Induktion lokaler Zellproliferationen und verzögerter Zelldifferenzierung durch das Papillomvirus zurückzuführen. Dafür sind wohl die Proteine E6 und E7 verantwortlich, die durch die Expression der frühen Gene der Papillomviren in den undifferenzierten Hautschichten ihre Aktivität entfalten und mit zellulären Tumorsuppressorproteinen interagieren. Das drängt die infizierten Zellen bevorzugt in die S-Phase des Teilungszyklus. Durch die erhöhte Teilung wird die Anzahl der sich differenzierenden Zellen vermehrt; dies gestattet dem Virus die produktive Replikation sowie die Synthese der späten Proteine L1 und L2 und von Nachkommenviren. Die damit einhergehende lokal begrenzte Induktion der Zellproliferation äußert sich als Warze oder als Condylom.

HPV-assoziierte Tumorerkrankung (bösartige Tumoren) und Zelltransformation. Die molekularen Ereignisse, welche die Umwandlung normaler Hautkeratinocyten in maligne Zellen kontrollieren, erfolgen in drei Abschnitten. Damit sind *intrazelluläre*, *interzelluläre* und *immunologische* (MHC-abhängige) Vorgänge verbunden. Die Entstehung des Cervixkarzinoms kann in eine Reihe von histologisch und cytologisch differenzierbaren Stadien (CIN I → CIN II → CIN III → invasives Karzinom) eingeteilt werden. Die Vorstellung, daß diese Stadien eine einheitliche Kausalkette darstellen, wurde in den letzten Jahren angezweifelt. Die in den Cervixatypien der Stadien CIN I/CIN II und Condylomen beobachtete Genexpression von HPV-6 und HPV-11 (niedriges Risiko) wird als Ursache einer Zellproliferation angesehen, führt jedoch nicht zwangsläufig zur Entstehung eines Cervixkarzinoms.

Bei den meisten malignen Tumoren des Genitalbereichs liegt das virale Genom nicht episomal im Kernplasma, sondern in die zelluläre DNA integriert vor. Das Ausmaß der *Integration* scheint mit Fortschreiten der malignen Veränderung (Stadien CIN II und CIN III) zuzunehmen. Die malignen Tumoren sind monoklonal, das heißt, die virale DNA ist in allen Zellen des Tumors an derselben Stelle im Zellgenom vorhanden. Die Integration erfolgt vermutlich während des Persistenzstadiums des Virus in undifferenzierten Epithelschichten. Hier findet gehäuft eine *Rekombination* mit dem Wirtszellgenom statt, die zur Integration führt. Diese wird möglicherweise durch definierte Nucleinsäuresequenzfolgen im Genom der „malignen Virustypen" gefördert. Auf Seite der Wirtszell-DNA erfolgt die Integration zufällig. Das virale Genom hingegen scheint sich bevorzugt in der Region der E1- und E2-Leserahmen zu öffnen (Abbildung 18.13), so daß die in diesen Bereichen liegenden Gensequenzen die Übergänge zur zellulären DNA darstellen. Durch die Integration wird der E2-Leserahmen zerstört. Dadurch verliert das E2-Protein seine Funktion, und als Folge werden keine infektiösen Papillomviren gebildet. Die virale Genexpression wird also in einem frühen Stadium gestoppt. Bei den genitalen humanen Papillomviren mit hohem Entartungsrisiko (HPV-16 und -18) wirkt das E2-Protein in undifferenzierten Hautzellen vermutlich als Transrepressor und unterdrückt die Transkription der Gene E6 und E7. Wird das E2-Protein durch die Integration zerstört, kommt es zu einer *Überexpression der E6- und E7-Gene*, die in den Zellen dann in einer relativ hohen Konzentration vorliegen. Die Proteine E6 und E7 beeinflussen in diesen Fällen durch die Wechselwirkung mit den Tumorsuppressorproteinen die Regulation des Zellzyklus und führen zu einer hohen Proliferationsrate und zur Zelltransformation.

Nicht in jedem Cervixkarzinom läßt sich ein Papillomvirusgenom in integrierter Form nachweisen. Die Überexpression der E6- und E7-Proteine erfolgt dann vermutlich auf andere Art. So besitzt aus Cervixkarzinomen isolierte episomale HPV-DNA gehäuft *Mutationen* in den YY1-bindenden Genombereichen der LCR-Region. Die damit verknüpfte Unfähigkeit, den als Transrepressor wirkenden Zellfaktor YY1 zu binden, kann ebenfalls zur Überexpression der Gene E6 und E7 führen.

Das selektive Einbringen des menschlichen *Chromosoms 11* in Tumorzellen führt zur Abschwächung des malignen Potentials der Papillomviren. Außerdem findet man in Tumorzellen häufig Veränderungen des Chromosoms 11. Daraus schloß man, daß auf dem kurzen Arm dieses Chromosoms ein *Faktor CIF* (*cellular interfering factor*) codiert wird, der die Tumorbildung beeinflußt. Neue Experimente zeigten, daß CIF möglicherweise die Aktivität der Phosphatase PP2A kontrolliert. Dieses Enzym reguliert das Gleichgewicht von phosphorylierten und nichtphosphorylierten Versionen zellulärer Faktoren wie YY1, Oct1, NF-IL-6. Diese binden sich an die viralen Promotoren in der LCR-Region und unterdrücken die Transkription der frühen Gene. Eine Deletion oder Mutation des CIF-codierenden Bereichs auf Chromosom 11 verändert die Aktivität der Phosphatase und so auch den Phosphorylierungsgrad der Silencer oder Transrepressorproteine. Das bewirkt, daß sie ihre promotorbindenden Eigenschaften verlieren und die Expression der frühen Gene nicht mehr unterdrücken können. Auch das führt zu einer Überexpression der Proteine E6 und E7.

Neben diesen intrazellulären Vorgängen scheinen auch von außen wirkende Faktoren die Proliferation der infizierten Zellen zu beeinflussen. Aktivierte Makrophagen üben auf HPV-infizierte, nicht maligne Zellen einen zweifachen Effekt aus: Sie induzieren in ihnen die Synthese des *macrophage-chemoattractant protein* (MCP-1), das *in vivo* weitere aktivierte Makrophagen anlockt, welche die infizierten Zellen eliminieren. Gleichzeitig sezernieren die aktivierten Makrophagen verschiedenen Cytokine und unterdrücken so die E6/E7-Expression. Es ist bekannt, daß TNF-α und -β sowie IFN-γ die Expression von E6 und E7 hemmen können. Im Gegensatz dazu findet man, daß HPV-immortalisierte Zellinien und HPV-positive Tumorzellinien die Makrophagen nur zur Sekretion von geringen Mengen der Interleukine 1, 6, und 8 sowie von TNF-α und des Granulocyten-Makrophagen-koloniestimulierenden Faktors (GM-CSF) stimulieren können. Die verminderte Produktion der Cytokine beeinträchtigt den immunologischen und entzündlichen Reaktionsprozeß gegen HPV-immortalisierte Zellen auf negativer Weise. Die immortalisierten Zellen werden nicht zerstört.

Neben der Unterdrückung von immunologischen Reaktionen durch die beschriebene reduzierte Sekretion von Cytokinen scheinen weitere Komponenten des Immunsystems an der Entstehung von Cervixkarzinomen beteiligt zu sein. So haben Frauen mit dem *MHC-Klasse-II-Typ DQw3* ein sehr hohes Risiko für die Ausbildung solcher Karzinome. Man vermutet, daß Träger dieses HLA-Typs bestimmte HPV-spezifische Epitope nicht effektiv präsentieren können. Auch bei Störungen des zellulären Immunsystems – ob sie nun genetischer Natur (Wiskott-Aldrich-Syndrom) oder durch medikamentöse Behandlung mit Immunsuppressiva bei Organtransplantationen oder durch Infektionen mit dem humanen Immundefizienzvirus ausgelöst sind – treten gehäuft hochgradige intraepitheliale Neoplasien oder invasive Karzinome auf. Dieser Befund sowie das gehäufte Auftreten bestimmter HLA-Typen sind weitere Hinweise auf eine essentielle Beteiligung des zellulären Immunsystems an der Kontrolle der Infektion mit den HPV-Typen, die ein hohes Risiko für eine maligne Tumorinduktion darstellen.

Immunreaktion und Diagnose

Bei den verschiedenen Papillomvirustypen sind in den Capsidproteinen viele Domänen oberflächenexponiert und so einer Antikörperbindung zugänglich. Auch sind zum Teil viele Aminosäuren bei den verschiedenen Virustypen konserviert. Trotzdem bietet die Infektion mit einem Papillomvirustyp keinen Schutz vor einer Reinfektion mit demselben oder einem ähnlichen Virus. Die Unfähigkeit des Organismus, eine schützende Immunantwort gegen Papillomviren aufzubauen, erklärt sich wahrscheinlich aus dem Ort und dem Ablauf der Infektion in den äußersten Hautschichten. Die Viruspartikel oder die viralen Proteine kommen so nicht mit den immunologisch aktiven Zellen des peripheren Blutes in Kontakt. Daher findet man keine oder nur eine unregelmäßige Produktion von Immunglobulinen gegen die viralen Strukturproteine. Auch ist über die Bedeutung virusneutralisierender Antikörper für die Limitierung der Papillomvirusinfektionen wenig bekannt. Es ist jedoch anzunehmen, daß sie – selbst wenn sie in den Patienten vorliegen – kaum in Kontakt mit den Viruspartikeln treten können. Bei Patientinnen mit Cervixkarzinomen hat man Hinweise, daß sich die Menge der Antikörper gegen frühe und späte Proteine in Vergleich zu der von Kontrollpersonen unterscheidet. Bei ihnen findet man gehäuft, aber auch hier nur in 50 Prozent der Fälle, Antikörper gegen E7, E4 und L1.

Bei Patienten mit Defekten der zellulären Immunantwort, zum Beispiel in AIDS-Patienten, beobachtet man gehäuft Warzen, Condylome und maligne Tumoren. Das deutet auf eine zentrale Rolle der T-Zell-Antwort bei HPV-Infekten hin. Spontane Regressionen von Hautwarzen sind wohl auf in die Hautschichten einwandernde *cytotoxische T-Zellen* zurückzuführen, die virusinfizierte Zellen als fremd erkennen. Häufig treten solche spontanen Rückbildungen nach traumatischen Ereignissen auf, welche die Einwanderung der T-Lymphocyten begünstigen. Ferner beobachtet man sie bei meist kleinen Tumorzellverbänden: Hier scheinen Cytokine wie TNF-α und TGF-β den Fas-induzierten, programmierten Zelltod auszulösen.

Ein Nachweis von HPV-typspezifischen Antikörpern im Serum von Patienten ist bisher nicht möglich. Antikörper werden nur sehr unregelmäßig und in niedrigen Titern gegen die Proteine L1, L2 und E2, E4, E7 festgestellt und sind kein zuverlässiges Kriterium für den Nachweis einer Infektion. Die Diagnose erfolgt deswegen durch den *Nachweis viraler DNA* in Biopsien und Abstrichen mit Hilfe der Polymerasekettenreaktion und der *in situ*-Hybridisierung. Soweit man weiß, liegt die virale DNA bei der „Durchseuchungs-Infektion“ als Episom vor. Mit der fortschreitenden Schwere der Erkrankung und der Anzahl der Zellatypien (von CIN I bis III und metastasierenden Karzinomen) ist die Nucleinsäure häufiger ins Genom der Zelle integriert. Deshalb sollte zur Abschätzung des Risikos für die Entwicklung einer Tumorerkrankung außer der Bestimmung des Virustyps auch eine Differenzierung zwischen den beiden Zustandsformen der viralen Nucleinsäure erfolgen. Heute ergänzt die *in situ*-Hybridisierung und der DNA-Nachweis über die Polymerasekettenreaktion den cytologischen Papanicolaou-Test.

Therapie und Prophylaxe

Die meisten Hautwarzenerkrankungen sind harmlos und eine gezielte Therapie deshalb nicht nötig. Befinden sie sich an störenden Stellen oder gibt es kosmetische Gründe für die Entfernung, so empfiehlt sich die Ätzung mit $AgNO_3$, rauchender HNO_3 oder die Kryotherapie. Eine Keratolyse kann man durch Behandlung mit Salicylsäure oder 5-Fluorouracil induzieren. Meist verschwinden die Warzen nach einigen Tagen. Plantare Warzen werden gelegentlich operativ entfernt. Condylome lassen sich durch Injektion von IFN-α und -β zum Verschwinden bringen. Auch die Lasertherapie, die Elektroexzision oder -koagulation zeigt hier gute Erfolge. Systemische Gaben von IFN-α und -β lassen sich mit gutem Erfolg zur Behandlung von Zellatypien einsetzen.

Bei malignen Formen der Erkrankung im Genitalbereich ist eine operative Entfernung die einzige Methode. Die frühzeitige Diagnose der Erkrankung spielt eine sehr große Rolle für die Prognose. In fortgeschrittenem Stadium ist die Gefahr groß, daß nach Vaskulisierung des *in situ*-Karzinoms die malignen proliferierenden Zellen die Basalmembran durchbrechen und transformierte Zellen in das Blut gelangen, so daß Metastasen in anderen Organen entstehen können.

Eine Impfung gibt es nicht. Als erschwerend für die Entwicklung einer Vakzine erweist sich die Begrenzung der Infektion auf die äußeren Schichten der Epidermis; ein Schutz durch virusneutralisierende Antikörper erscheint fraglich, da diese nicht an den Infektionsort gelangen. Außerdem weiß man wenig über die Immunogenität der Proteine oder Capside. Zur Zeit gibt es mehrere Ansätze, einen Impfstoff zu entwickeln. Einerseits setzt man die viralen Capsidproteine L1 und L2 ein. Sie bilden partikuläre Strukturen aus. Andererseits versucht man, Vakzinen auf der Basis der E6- und E7-Proteine der malignen Papillomvirustypen herzustellen. Die geimpfte Person wäre zwar nicht vor der Infektion selbst geschützt. Möglicherweise könnte jedoch das zelluläre Immunsystem die maligne entarteten, infizierten Zellen erkennen. Außerdem experimentiert man mit Bakterien, die ein Teil der normalen Bakterienflora im genitalen Schleimhautbereich sind. Man hat sie gentechnisch so verändert, daß sie auf ihrer Oberfläche virale Proteine exprimieren. Man hofft, daß sie im genitalen Schleimhautbereich, das heißt, im Eintrittsbereich der Viren in den Körper, die Bildung schützender IgA-Antikörper induzieren.

18.2.10 Weiterführende Literatur

Auewarakul, P.; Gissmann, L.; Cid-Arregui, A. *Targeted expression of E6 and E7 oncogenes of human papillomavirus type 16 in the epidermis of transgenic mice elicits generalized hyperplasia involving autokrine factors.* In: *Mol. Cell. Biol.* 14 (1994) S. 8250–8258.

Bavinck, J. N.; Gissmann, L.; Claas, F. H.; Van de Woude, F. J.; Persjin, G. G.; Ter-Schegget, J.; Vermeer, B. J.; Jochmus, I; Muller, M.; Steger, G. *Relation between skin cancer, humoral responses to human papillomaviruses, and HLA class II molecules in renal transplant recipients.* In: *J. Immunol.* 151 (1993) S. 1579–1586.

Bouvard, V.; Storey, A.; Pim, D.; Banks, L. *Characterization of the human papillomavirus E2 protein: evidence of trans-activation and trans-repression in cervical keratinocytes.* In: *EMBO-Journal* 13 (1994) S. 5451–5459.

Comerford, S. A.; Maika, S. D.; Laimins, L. A.; Messing, A.; Elsasser, H. P.; Hammer, R. E. *E6 and E7 expression from HPV 18 LCR: development of genital hyperplasia and neoplasia in transgenic mice.* In: *Oncogene* 10 (1995) S. 587–597.

Dong, X. P.; Stubenrauch, F.; Beyer-Finkler, E.; Pfister, H. *Prevalence of deletions of YY1-binding sites in episomal HPV 16 DNA from cervical cancers.* In: *Int. J. Cancer* 58 (1994) S. 803–808.

Fanning, E. *Modulation of cellular growth control by SV40 large T-Antigen.* In: Doerfler, W.; Böhm, P. (Hrsg.) *Malignant transformation by DNA viruses.* Weinheim (VCH) 1992. S. 1–20.

Fanning, E. *Simian virus 40 large T antigen: the puzzle, the pieces and the emerging picture*, In: *J. Virol.* 66 (1992) S. 1289–1293.

Haller, K.; Stubenrauch, F.; Pfister, H. *Differentiation-dependent transcription of the epidermodysplasia verruciformis-associated human papillomavirus type 5 in benign lesions.* In: *Virology* 214 (1995) S. 245–255.

Liddington, R. C.; Yan, Y.; Moulai, J.; Sahli, R.; Benjamin, T. L.; Harrison, S. C. *Structure of simian virus 40 at 3.8-A resolution.* In: *Nature* 354 (1991) S. 278–286.

May, M.; Dong, X. P.; Beyer-Finkler, E.; Stubenrauch, F.; Fuchs, P. G.; Pfister, H. *The E6/E7 promotor of extrachromosomal HPV 16 DNA in cervical cancers escapes from cellular repression by mutation of target sequences for YY1*. In: *EMBO-Journal* 13 (1994) S. 1460–1466.

Paavonen, J. *Pathophysiologic Aspects of Human Papillomavirus Infection*. In: *Curr. Op. Inf. Dis.* 6 (1993) S. 21–26.

Pfister, H. *Papillomviren, Krebs und Immunsuppression*. In: *AIFO* 7 (1992) S. 115–124.

Stubenrauch, F.; Leigh, I. M.; Pfister H. *E2 represses the late promotor of human papillomavirus type 8 at high concentrations by interfering with cellular factors*. In: *J. Virol.* 70 (1996) S. 119–126.

Thule, M.; Grabowski, G. *Mutagenic activity of BKV and JCV in human and mammalian cells*. In: *Arch. Virol* 113 (1990) S. 221–233.

Vallbracht, A.; Löhler, J.; Gossmann, J.; Glück, T.; Petersen, D.; Gerth, H.-J.; Gencic, M.; Dörries, K. *Disseminated BK type polyomavirus infection in an AIDS patient associated with central nervous system disease*. In: *American J. Pathol.* 143 (1993) S. 29–30.

Yogo, Y.; Guo, J.; Iida, T.; Satok, K.; Takahashi, H.; Hall, W. W.; Nagashima, K. *Occurence of multiple JC virus variants with distinctive regulatory sequences in the brain of a single patient with PML*. In: *Virus Genes* 8 (1994) S. 99–105.

zur Hausen, H. *Human Pathogenic Papillomaviruses*. Curr. Top. Microbiol. and Immunol., Bd. 186. Heidelberg (Springer) 1994.

zur Hausen, H. *Human papillomaviruses in the pathogenesis of anogenital cancer*. In: *Virology* 184 (1991) S. 9–13.

18.3 Adenoviren

1953 isolierten W. P. Rowe und Mitarbeiter Adenoviren aus Tonsillen und adenoidem Gewebe und vermehrten sie in Kultur. Heute sind über 40 verschiedene humane Adenovirustypen bekannt. Sie verursachen überwiegend *Erkrankungen der Atemwege*, infizieren aber auch den *Gastrointestinalbereich* und die *Bindehaut des Auges*. 1962 zeigten J. J. Trentin und Mitarbeiter, daß das humane Adenovirus Typ 12 bei Nagetieren *maligne Tumorerkrankungen* hervorrufen kann. Dies war der erste Hinweis, daß es auch humanpathogene Viren mit karzinogenem Potential gibt. Ein kausaler Zusammenhang mit menschlichen Tumoren wurde jedoch bisher nicht festgestellt. Neben den humanen Adenoviren wurden eine große Anzahl weiterer Adenovirusspezies in Säugetieren und Vögeln entdeckt.

Das RNA-Spleißen wurde bei Adenoviren entdeckt

Ein wichtiger molekularer Prozeß, der in eukaryotischen Zellen abläuft, wurde erstmals bei Adenoviren beobachtet: das *Spleißen von RNA* – ein regulierter Vorgang, in dessen Verlauf im Zellkern aus einer oft sehr großen Vorläufer-RNA kleinere Formen herausgeschnitten werden. Diese „reifen", translatierbaren mRNA-Moleküle können Bereiche aus weit voneinander entfernt liegenden Genomregionen enthalten. Sie werden erst nach dem Spleißen in das Cytoplasma transportiert und dort in Protein übersetzt. Das RNA-Spleißen wurde 1977 gleichzeitig von P. A. Sharp und L. T. Chow beschrieben. Mit dieser Entdeckung zeigte sich, daß bei Eukaryoten die mRNA nicht immer colinear mit den Gensequenzen ist – die alte „Ein-Gen-ein-Enzym"-Hypothese galt also nicht mehr.

18.3.1 Einteilung und charakteristische Vertreter

Die Familie der *Adenoviridae* läßt sich in zwei Genera eingeteilen (Tabelle 18.9). Die *Mastadenoviren* umfassen die verschiedenen Virusspezies der Säugetiere, die *Aviadenoviren* die der Vögel. Die humanen Adenoviren werden in sechs Subgenera (A bis F) eingeteilt. Diese Eingruppierung besagte ursprünglich, ob die Virustypen in hohem, mittleren oder geringem Ausmaß Tumoren in Nagetieren erzeugen können. Weitere Kriterien sind heute die Größe der Capsidproteine und die Ähnlichkeit der Virus-DNA (Tabelle 18.10). Adenoviren eines bestimmten Subgenus weisen eine Basenhomologie von über 50 Prozent auf.

Tabelle 18.9: Charakteristische Vertreter der Adenoviren

Genus	Mensch	Tier
Mastadenovirus	Subgenera A-F Adenovirus (Typen 1–47)	Adenoviren der Hunde (Typ 1 und 2) Mausadenoviren (Typ 1 und 2) Equines Adenovirus Affenadenoviren (Typen 1–27) Rinderadenoviren (Typen 1–9)
Aviadenovirus		Geflügeladenoviren (Typen 1–12) Adenoviren der Gänse (Typen 1–3) Adenoviren der Enten (Typ 1 und 2)

Tabelle 18.10: Einteilung der humanen Adenoviren mit Häufung bei bestimmten Erkrankungsbildern nach ihrem onkogenen Potential im Nagetiersystem

Subgenus	Virustypen	Zielorgane	Tumorbildung in Nagetieren	Zelltransformation	DNA-Homologie (im Subgenus)
A	Ad12, 18, 31	Gastrointestinalbereich	hoch	ja	48–69 %
B	Ad3, 7, 11, 14, 16, 21, 34, 35	Lunge, Pharynx, Bindehaut	mittel	ja	89–94 %
C	Ad1, 2, 5, 6	Pharynx	sehr niedrig	ja	99–100 %
D	Ad8, 9, 11, 13, 15, 17, 19, 20, 22–30, 32, 33, 36–39, 42–47	Bindehaut	sehr niedrig	ja	94–99 %
E	Ad4	Respirationstrakt	sehr niedrig	ja	
F	Ad40, 41	Gastrointestinalbereich	unbekannt	ja	62–69 %

18.3.2 Aufbau

Viruspartikel

Adenoviren haben einen Durchmesser von 80 bis 110 nm. Sie sind *Capside* ohne Membranhülle, die eine ikosaedrische Struktur mit 20 Seitenflächen und zwölf Ecken aufweisen (Abbildung 18.18). Sie bestehen aus *252 Capsomeren*, nämlich 240 sogenannten *Hexonen* und zwölf sogenannten *Pentonen*. Die Ecken werden von Pentonen gebildet; der Name weist auf deren fünfeckige Form und die fünf Nachbarcapsomeren der Seitenflächen hin, mit denen sie verbunden sind. Die Pentone bestehen aus einem *Pentonbasis-* und einem *Fiberproteinanteil*. Die Pentonbasis ist ein Pentamer des viralen Strukturproteins III (80 kD). Mit jeder der zwölf Pentonbasen ist ein Fiberprotein (IV, 62 kD) assoziiert, das an den Ecken 9 bis 30 nm hervorragt und an seinem Ende eine knöpfchenförmige Struktur besitzt. Jedes Fiberprotein besteht aus einem trimeren Proteinkomplex. Mit den Pentonbasisproteinen ist ein weiteres virales Polypeptid, das pentonassoziierte Protein (IIIa) verbunden. Die Capsomere der Ikosaederseitenflächen werden Hexone genannt; die Bezeichnung weist auf die sechs Nachbarcapsomere hin, die an sie angrenzen. Jede Capsidseitenfläche wird von zwölf Hexonen gebildet, von denen jedes ein Trimer des viralen *Hexonproteins* (II, 120 kD) ist. Mit den Hexonen sind die *hexonassoziierten Proteine* verbunden: An den Kontaktstellen der einzelnen Capsomere findet man die Proteine IX, X, XI und XII, an den Innenseiten des Capsids die Polypeptide VI und VIII. Das Innere des Partikels enthält einen *Nucleoproteinkomplex*, der aus dem Genom des Adenovirus und den Proteinen V und VII besteht. Die römischen Ziffern II bis XII, mit denen man die Strukturproteine der Adenoviren bezeichnet, richten sich nach der Laufgeschwindigkeit, die man bei ihrer Auftrennung in Polyacrylamidgelen beobachtet. Protein I fehlt, da sich später herausstellte, daß es sich um einen Komplex von zwei Proteinen handelte.

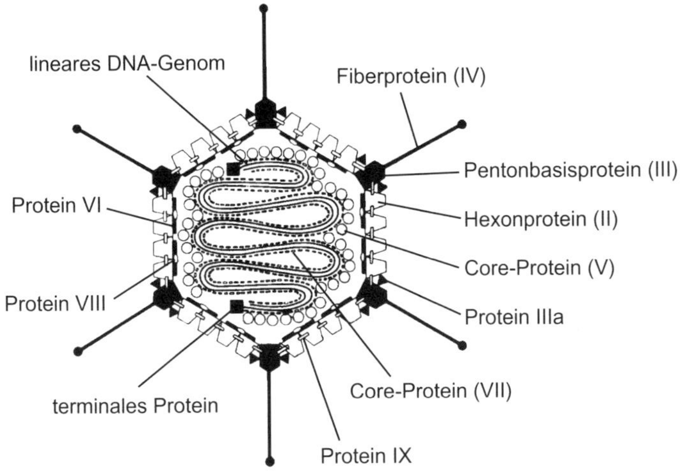

18.18 Partikel eines Adenovirus. An den 12 Ecken des ikosaedrischen Partikels befinden sich Fiberproteine (IV, *spikes*), die von der Oberfläche hervorragen. Sie sind mit den Pentonbasisproteinen (III) assoziiert, die sich an den Ecken des Ikosaeders befinden. Die Seitenflächen werden von Hexonproteinen (II) gebildet. Im Inneren des Partikel befindet sich das lineare doppelsträngige DNA-Genom, das mit den Proteinen V, VII und X zu einer Core-Struktur komplexiert ist. Die römischen Ziffern sind die international gebräuchlichen Bezeichnungen für die Strukturproteine (siehe auch Text).

Genom und Genomaufbau

Das Genom der Adenoviren besteht aus *doppelsträngiger, linearer DNA* mit einer Länge von 36 000 bis 38 000 Basenpaaren (je nach Virustyp, 35 937 beim Ad2). An die beiden 5'-Enden des Genom ist über einen Serinrest je ein *terminales Protein* (TP, 55 kD) kovalent gebunden. Beide TP-Komponenten können über nichtkovalente Wechselwirkungen miteinander interagieren und halten so das DNA-Genom in einem *quasizirkulären Zustand* (Abbildung 18.19A). Mit der Nucleinsäure sind zwei weitere virale Proteine komplexiert, die reich an Argininresten sind und deshalb einen ausgeprägt basischen Charakter haben. Das *Protein VII* besteht zu etwa 23 Prozent aus Arginin und hat ein Molekulargewicht von 18,5 kD. Es liegt in über 1 000 Kopien pro Partikel vor und ist mit dem Genom über seine gesamte Länge assoziiert. Es kann mit Aminosäuresequenzen an den Innenseiten der Capside wechselwirken und ist so mit für die dichte, geordnete Packung der DNA im Virion verantwortlich. Das andere mit der DNA assoziierte *Protein, V,* findet man in etwa 180 Einheiten pro Partikel. Es hat ein Molekulargewicht von 48,5 kD und ist ebenfalls für die Faltung des Genoms im Virion verantwortlich, da es neben der Wechselwirkung mit der Nucleinsäure nichtkovalent mit den Innenseiten der Pentone interagiert. Die Funktion eines kleinen, argininreichen Proteins (μ, 4 kD), das mit dem Nucleoproteinkomplex assoziiert ist, kennt man bislang nicht.

An den Genomenden findet man *invertierte Sequenzwiederholungen,* die in Abhängigkeit vom Virustyp 54 bis 166 Basenpaare lang sind (Ad2 und Ad5: 103, Ad12: 164). Gereinigte Genome, die durch Hitzebehandlung in Einzelstränge getrennt werden und anschließend beim Abkühlen rehybridisieren, weisen eine im Elektronenmikroskop darstellbare *„pfannenstiel"ähnliche Struktur* auf, da die Enden über die invertierten Wiederholungseinheiten doppelsträngige Regionen ausbilden können (Abbildung 18.19B). Diese Enden sind während der DNA-Replikation für die Initiation der Doppelstrangsynthese wichtig.

Beide DNA-Stränge codieren für Proteine, wobei Gengruppen, deren Produkte sich funktionell ergänzen und zur gleichen Zeit im Infektionszyklus benötigt werden, in enger räumlicher Nachbarschaft vorliegen (Abbildung 18.19C). Das Genom besteht aus fünf codierenden Bereichen, von denen vier (E1 bis E4) früh während der Infektion aktiviert werden. Die Gruppe der spät exprimierten Gene (L) ist für die Synthese der viralen Strukturproteine verantwortlich.

18.3.3 Virusproteine

Frühe Proteine

E1-Funktionen. Die Gene der E1-Gruppe werden als erste im Verlauf des viralen Infektionszyklus transkribiert. Sie stellen somit die Gruppe der adenoviralen *immediate early genes* dar, weil für ihre Expression keine anderen, in der Zelle neusynthetisierten viralen Faktoren nötig sind. Sie befinden sich entsprechend der international üblichen Orientierung am linken Ende des Genoms und umfassen etwa 4 000 Basen, was elf Prozent des Genoms entspricht. Die E1-Region enthält zwei aktive Transkriptionseinheiten: Eine codiert für die *E1A-*, die zweite für die *E1B-Proteine.* Beide Proteingruppen gemeinsam sind *in vitro* für die *Transformation von Nagetierzellen* verantwortlich.

Von den E1A-Genen werden zwei mRNA-Spezies mit einer Länge von 900 und 1 000 Basen gebildet, die identische Enden haben, bei denen aber unterschiedlich lange Intronsequenzen aus den Vorläuferprodukten herausgeschnitten werden (Abbildung 18.20A). Von ihnen werden die beiden frühen Formen der E1A-Proteine translatiert. Im Falle von Ad5

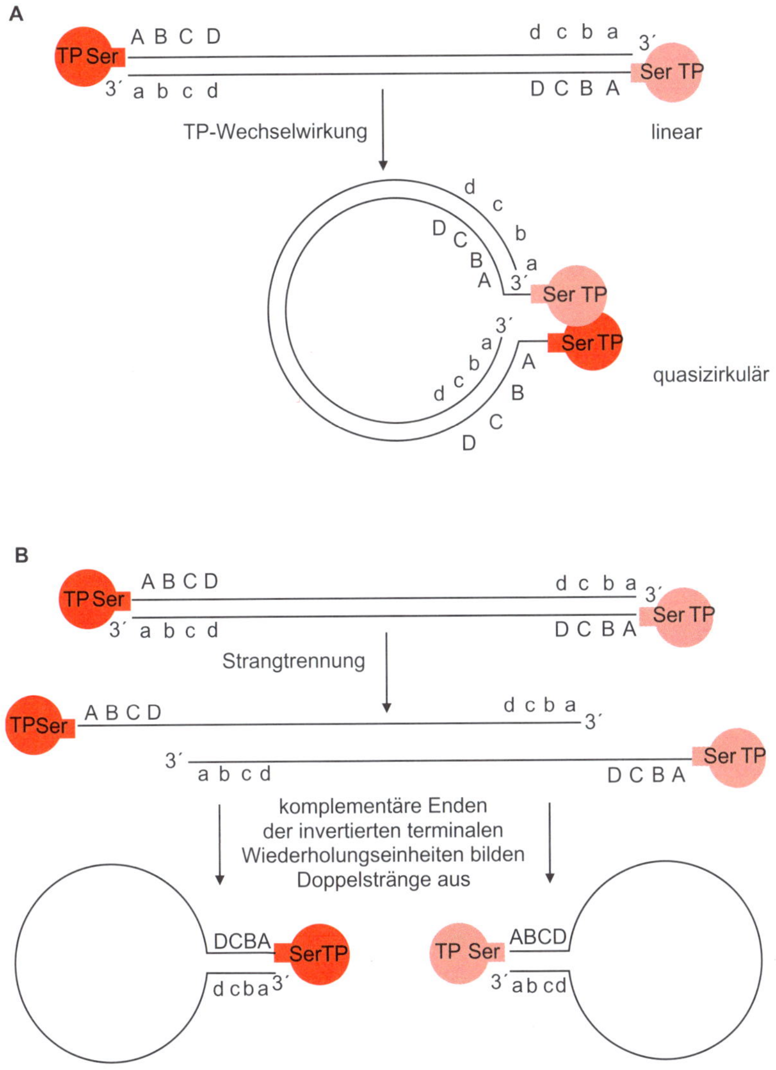

18.19 Genomaufbau der Adenoviren. A: Das Genom der Adenoviren besteht aus einer doppelsträngigen, linearen DNA. Je ein terminales Protein TP ist kovalent über einen Serinrest mit den beiden 5′-Enden verbunden. Die Proteine interagieren miteinander und halten das Genom so in einem quasizirkulären Zustand. B: Das Adenovirusgenom enthält an seinen Enden wiederholte Sequenzfolgen, die zueinander invertiert sind. Dies ist durch die großen und kleinen Buchstaben schematisch angedeutet. Überführt man das doppelsträngige Genom in DNA-Einzelstränge, dann können ihre Enden doppelsträngige Bereiche ausbilden. Sie werden wegen ihres Aussehens als „Pfannenstiele" bezeichnet.

haben diese eine Länge von *289* und *243 Aminosäureresten.* Sie haben identische amino- und carboxyterminale Enden und sind in unterschiedlichem Ausmaß durch eine viruscodierte Proteinkinase (E4/14kD-Protein) *phosphoryliert.* Das verleiht ihnen ein heterogen

C

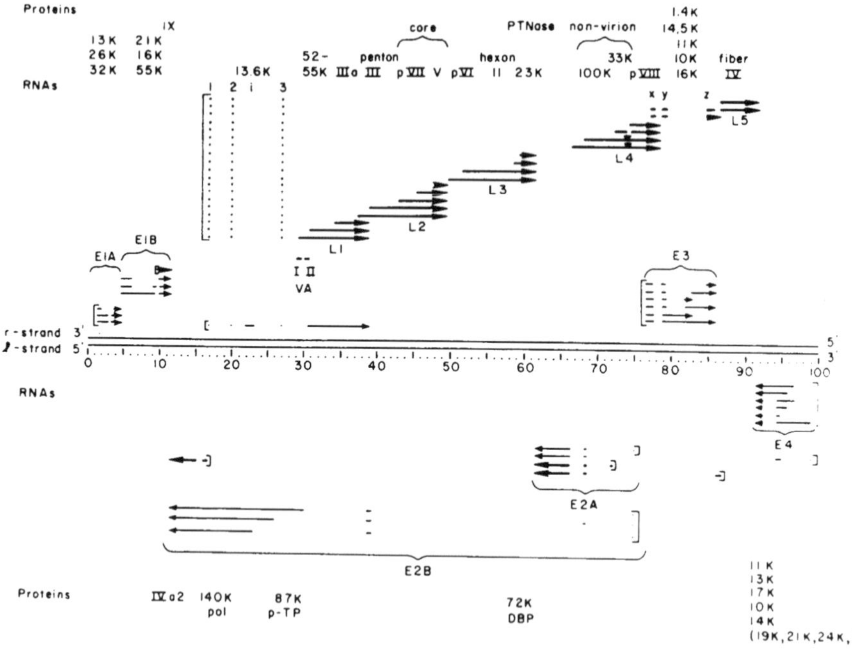

18.19 C: Lage der offenen Leserahmen von Adenovirus Typ 2, die in Gengruppen benachbart sind. Die doppelsträngige DNA des Virusgenoms (*r*- beziehungsweise *l*-Strang) ist durch die doppelten Linien in der Mitte der Zeichnung dargestellt und in Genomeinheiten unterteilt. Die Pfeile geben generell die verschiedenen, teilweise gespleißten mRNAs und die Transkriptionsrichtung an. Die dicken Pfeile stehen dabei für die spät im Infektionszyklus gebildeten mRNAs, die dünnen Pfeile für die frühen Transkripte. Die meisten der späten mRNAs beginnen an der Genomposition 16.3 und enthalten eine dreiteilige Leader-Sequenz aus nichtcodierenden Exons, die mit den Ziffern 1, 2 und 3 bezeichnet sind. Einige späte mRNAs enthalten ein viertes Leader-Segment (i); dieses codiert für ein Protein von 14 kD. Als dicke Pfeile sind auch die Transkripte angegeben, die zwar von früh aktiven Transkriptionseinheiten abstammen, aber in erhöhten Mengen spät während des Infektionszyklus nachweisbar sind. Zusätzlich sind mit Abkürzungen oder den entsprechenden Molekulargewichten die Proteine angegeben, für welche die Leserahmen codieren. Die römischen Ziffern geben die entsprechenden viralen Strukturproteine an. (Aus Shenk, T. *Adenoviridae: The viruses and their replication*. In: Fields, B. N.; Knipe, D. N.; Howley, P. M. (Hrsg.) *Virology*. 3. Aufl. Philadelphia, New York (Lippincott/Raven) 1996. S. 2111–2148.)

erscheinendes Molekulargewicht. Am carboxyterminalen Ende befindet sich eine *Kernlokalisationssequenz*. Vergleicht man die Aminosäurefolgen der E1A-Proteine der verschiedenen Adenovirustypen, fällt auf, daß sie drei stark *konservierte Regionen (CR1* bis *CR3)* besitzen. Im 243 Reste langen E1A-Protein fehlt die CR3-Domäne, weil der alternative Spleißvorgang die codierende Region aus der mRNA entfernt hat. Mit den CR-Domänen sind verschiedene Funktionen der E1A-Proteine assoziiert. Im viralen Infektionszyklus wirken die E1A-Proteine vor allem transaktivierend und induzieren die Transkription der E2-, E3- und E4-Gene. E1A bindet sich nicht direkt an die DNA, sondern übt seine transaktivierende Aktivität durch Wechselwirkung mit Wirtsproteinen aus, die in Promotorbereichen der Gene gebunden sind. In der CR3-Region befindet sich die Consensussequenz eines *Zinkfingermotivs*. Hierüber interagiert das E1A-Protein mit dem zellulären *Transkriptionsfaktor TFIID*, der sich an die TATA-Boxen bindet, welche dem Transkriptionsstart vorgelagert

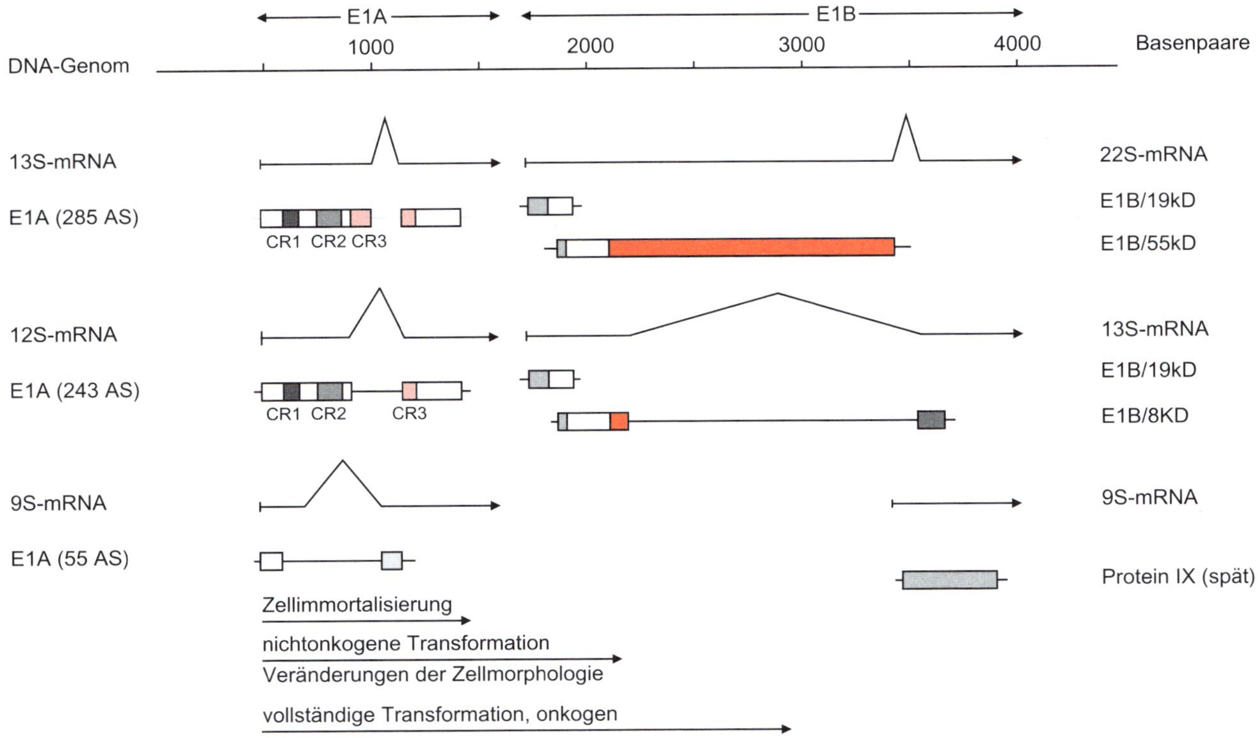

18.20 Die Hauptprodukte der E1-Region des Adenovirus Typ 2. Im oberen Teil der Abbildung ist die Region im doppelsträngigen DNA-Genom des Adenovirus gezeigt, die für die E1-Proteine codiert. Durch Verwendung unterschiedlicher Spleißdonor- und -akzeptorstellen werden von der E1A-Region (linke Hälfte der Abbildung) drei mRNAs gebildet, die für zwei unterschiedliche Formen der E1A-Proteine und ein weiteres, kleines Protein codieren. Die Lage der Domänen CR1 bis CR3, die zwischen den E1A-Proteinen unterschiedlicher Adenovirustypen konserviert sind, ist hellrot angedeutet. Auch von der E1B-Region werden drei Transkripte gebildet. Vom größten werden sowohl das E1B/19kD- als auch das E1B/55kD-Protein translatiert, wohingegen das kleinere Transkript für die Synthese des E1B/19kD- und einer verkürzten Version des 55-kD-Proteins dient. Die dritte mRNA verwendet einen anderen Startpunkt; von ihr wird das späte Strukturprotein IX translatiert. Die Pfeile im unteren Teil geben die Teile der E1-Region an, die für die Immortalisierung beziehungsweise Transformation der Zellen verantwortlich sind.

sind. Neben den viralen E2-, E3-, und E4-Genen werden auch einige zelluläre Gene aktiviert, zum Beispiel diejenigen des zellulären 70-kD-Heat-Shock-Proteins (hsp70), eines Wachstumsfaktors für Epithelzellen, und des Tubulins.

Die E1A-Proteine weisen neben der Aktivierung viraler und zellulärer Promotoren eine ganze Reihe weiterer Funktionen auf. So wirken sie nicht nur als Transaktivatoren, sondern auch als *Transrepressoren*. Diese Aktivität konnte vor allem mit der 243 Aminosäuren langen Version in Verbindung gebracht werden, der fast vollständig die CR3-Region mit dem Zinkfingermotiv fehlt. In einer weiteren Funktion ähnelt das E1A-Protein dem E7-Produkt der Papillomviren und dem großen T-Antigen von SV40: Die E1A-Proteine können in ruhenden Zellen, die sich in der G_1- oder G_0-Phase des Zellzyklus befinden, die DNA-Synthese induzieren und so den *Eintritt in die S-Phase* einleiten. Diese Fähigkeit kann mit der transformierenden Aktivität der E1A-Proteine korreliert werden. Sie basiert auf der Wechselwirkung mit den zellulären *Tumorsuppressoren RB105* und *RB107* und möglicherweise mit weiteren zellulären Proteinen mit ähnlicher Funktion (p300). Der postulierte Wirkmechanismus ist im Abschnitt 18.2.3 beschrieben (Abbildung 18.15 und 16A, B). Im Falle der E1A-Proteine steht diese Aktivität mit den CR1- und CR2- Bereichen in Verbindung. Hierüber können die E1A-Proteine mit den zellulären Tumorsuppressoren der RB-Klasse interagieren und den Komplex der aktiven, dephosphorylierten Form der RB-Proteine mit den zellulären E2F-Transaktivatoren lösen, der diese im inaktiven Zustand hält. Die E2F-Faktoren werden aktiv, können sich an die entsprechenden Promotorbereiche vor zellulären Genen binden und die Transkription einleiten.

Neben den beiden 289 und 243 Aminosäuren langen E1A-Proteinen werden von den E1A-Genen in der späten Infektionsphase weitere Versionen synthetisiert (Abbildung 18.20A). Sie haben alle das gleiche aminoterminale Ende, werden aber von unterscheidlich gespleißten mRNA-Molekülen codiert. Man vermutet, daß sie an der Kontrolle der funktionellen Aktivitäten der E1A-Proteine beteiligt sind.

Von den E1B-Genen wird eine 2 200 Basen lange mRNA gebildet. Zwei unterschiedliche Startcodons initiieren die Synthese der beiden E1B-Proteine (*20 kD* und *55 kD*), die in zwei miteinander überlappenden Leserahmen codiert werden und sich hinsichtlich ihrer Sequenz unterscheiden (Abbildung 18.20B). Während man die Funktion des kleinen E1B-Protein während des lytischen Infektionszyklus nicht genau kennt – Virusmutanten mit defekten Versionen dieses Proteins zeigen ein beschleunigtes Auftreten des cytopathischen Effekts in infizierten Zellen –, spielt das *größere E1B-Protein* eine wichtige Rolle bei der *Zelltransformation*: Nur wenn dieses und die E1A-Proteine in Nagetierzellen exprimiert werden, entwickeln die Zellen den voll transformierten Zustand. Diese Funktion erklärt sich aus der Wechselwirkung des E1B mit dem zellulären *Protein p53*, einem zellulären Antionkogen (siehe Kapitel 6 sowie Abschnitte 18.1 und 18.2).

Die molekulare Wirkung des p53 unterscheidet sich von der der Proteine der RB-Klasse. Es verhindert jedoch ebenfalls den Eintritt der Zelle in die S-Phase. In Zellen mit Mutationen und DNA-Schäden liegt p53 in hohen Konzentrationen vor und stoppt den Zellzyklus am Übergang in die S-Phase. Man nimmt an, daß durch diese Verzögerung den Zellen die Möglichkeit gegeben wird, die Schäden unter Einsatz der zellulären DNA-Reparaturmechanismen zu eliminieren, bevor die Replikation beginnt und die mutierten Sequenzen auf die Tochterzellen weitergegeben werden. Ist die Reparatur nicht erfolgreich, werden die geschädigten Zellen durch Einleitung des programmierten Zelltodes (Apoptose) aus dem Organismus entfernt. Die Interaktion mit dem E1B-Protein (55 kD) hemmt die funktionelle Aktivität von p53, und die Zellen treten verfrüht in die S-Phase ein. Das E1B-Protein ähnelt funktionell dem großen T-Antigen von SV40 und dem HBx-Protein des Hepatitis-B-Virus, die sich ebenfalls an das p53-Protein binden. Das E6-Protein der Papillomviren bindet sich nicht nur an p53, es leitet zusätzlich auch seinen Abbau ein. Alle diese Prozesse unterstreichen, daß für den Ablauf des viralen Replikationszyklus eine teilungsaktive Zelle erforderlich ist. Polyoma-, Papillom-, Adeno- und wahrscheinlich auch Hepatitis-B- und Herpesviren haben ähnliche Mechanismen entwickelt, um die G_0/G_1-Phase des Zyklus aufzuheben und die S-Phase einzuleiten.

Das große E1B-Protein hat noch eine weitere für den kontrollierten Verlauf der viralen Infektion wichtige Funktion: In Wechselwirkung mit einem Protein, das im Bereich der E4-Gene (34 kD) codiert wird, fördert es den *Export* der späten, für Strukturproteine codierenden mRNA-Spezies, wohingegen die zellspezifische mRNA im Kern zurückgehalten wird.

E2-Funktionen. Die Expression der E2-Proteine hängt von der transaktivierenden Aktivität der E1A-Proteine ab. Man zählt sie somit nicht zur Gruppe der *immediate-early*-Gene. Der für die E2-Gene codierende Bereich erstreckt sich über 20 000 Basen in der zentralen Region des Genoms und kann in zwei Abschnitte, *E2A* und *E2B,* eingeteilt werden. Die verschiedenen Produkte werden durch Verwendung unterschiedlicher Spleißsignale aus großen RNA-Vorläufermolekülen herausgeschnitten. Die Produkte der E2-Gene werden für die Replikation der viralen DNA benötigt. Das E2A-Gen codiert für ein Protein (72 kD), das im aminoterminalen Bereich stark *phosphoryliert* ist und sich an *einzelsträngige DNA* binden kann. Es lagert sich bei der Replikation der viralen DNA an die Stränge, die durch die Neusynthese verdrängt werden und verhindert, daß diese Einzelstränge doppelsträngige Strukturen ausbilden können oder von Nucleasen abgebaut werden (Abschnitt 18.4; Abbildung 18.21B). In der E2B-Region werden zwei virale Proteine codiert: Eines besitzt ein Molekulargewicht von 80 kD und ist das Vorläuferprotein pTP für das im infektiösen Virus an die 5'-Enden des Genoms gebundene *terminale Protein* (TP), von dem bei der Morphogenese eine virale Protease das TP (55 kD) abspaltet. Das zweite in der E2B-Region codierte Protein hat ein Molekulargewicht von 140 kD. Es ist die virale *DNA-Polymerase.*

E3-Funktionen. Die E3-Region enthält die genetische Information für etliche relativ kleine Proteine, die für den adenoviralen Infektionszyklus nicht essentiell sind. Sie können diesen jedoch modulieren und sind für die *Etablierung persistierender Adenovirusinfektionen* mitverantwortlich Auch die E3-Proteine werden von mRNA-Molekülen translatiert, die unter Verwendung alternativer Spleißsignale aus einem größeren Vorläuferprodukt entstehen. Die verschiedenen E3-Produkte haben folgende Funktionen: Ein *glycosyliertes 19-kD-Protein* reduziert die Konzentration von MHC-Klasse-I-Proteinen auf der Oberfläche der infizierten Zelle, indem es deren korrekte Glycosylierung im endoplasmatischen Reticulum und im Golgi-Apparat verhindert. Diese Membranproteine werden daraufhin nicht mehr zur Zelloberfläche transportiert, und die Zellen können Peptide aus den viralen Proteinen nicht mehr im Komplex mit MHC-Klasse-I-Antigenen präsentieren. Der Mangel an MHC-Klasse-I-Proteinen auf den Zelloberflächen verhindert also, daß die infizierten Zellen von cytotoxischen T-Zellen erkannt und eliminiert werden. Wenn auch umstritten ist, ob dieser Prozeß an der Etablierung des onkogenen Potentials der Adenoviren beteiligt ist – gerade die mit den hochonkogenen Adenovirustypen Ad12 und Ad31 infizierten Zellen zeigen diese Abnahme des MHC-Klasse-I-Gehalts nicht –, so steht diese Aktivität des E3/19kD-Proteins wohl in engem Zusammenhang mit der Fähigkeit der Adenoviren, persistierende Infektionsverläufe zu etablieren.

Ein weiteres Protein der E3-Gruppe (14,7 kD) macht die infizierten Zellen unempfindlich für eine durch TNF-*α* vermittelte Lyse. Es wirkt damit einer Aktivität des E1A-Proteins entgegen, das die Lyseempfindlichkeit erhöht. Ein anderes E3-Polypeptid (10,4 kD) wird von den infizierten Zellen sezerniert und bindet sich in einem autokrinen Mechanismus an den *EGF-Rezeptor* (*epidermal growth factor*) an der Oberfläche. Das vermittelt den Zellen das Signal zur Proliferation, das heißt zum Eintritt in den Teilungzyklus. Ein ähnlicher an EGF-Rezeptoren bindender Faktor wurde auch bei vacciniavirusinfizierten Zellen identifiziert (Abschnitt 18.5).

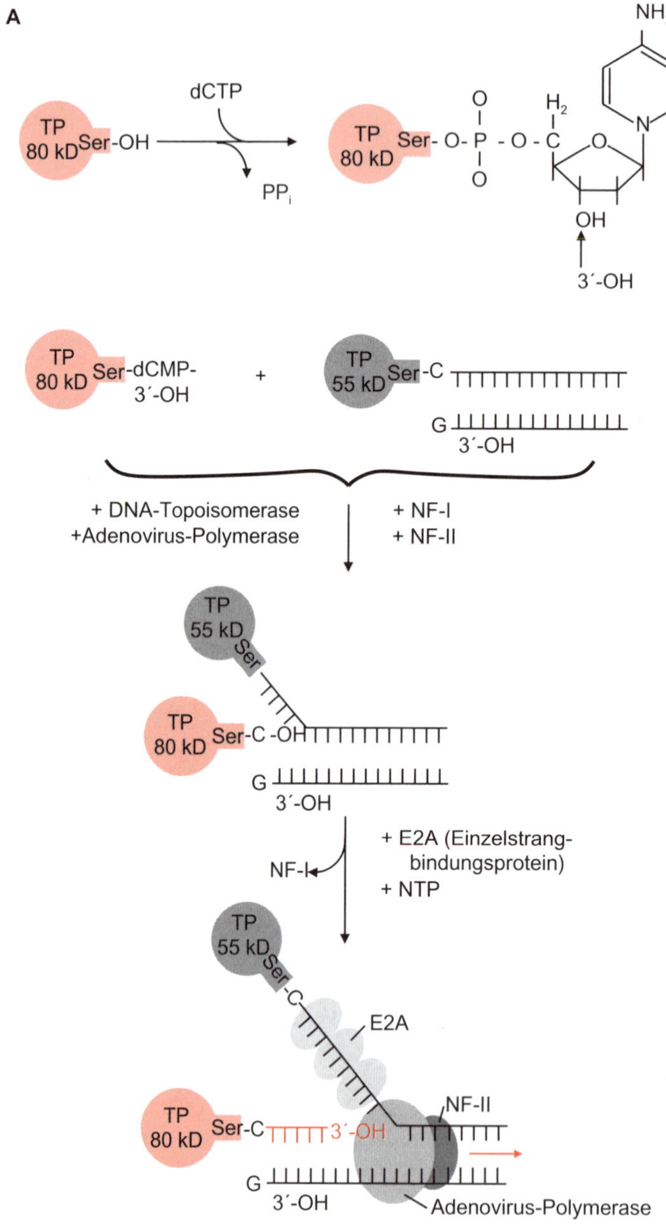

18.21 Genomreplikation bei Adenoviren. A: Initiation der DNA-Polymerisation. Das terminale Protein TP liegt nach seiner Synthese als Produkt mit einem Molekulargewicht von 80 kD vor. Unter Abspaltung von Pyrophosphat erfolgt die Veresterung eines dCMP-Restes mit der OH-Gruppe eines Serins im TP-Protein. Das TP/80kD-Protein tritt in Wechselwirkung mit den TP/55kD-Proteinen, die an die 5′-Enden des Genoms kovalent gebunden sind. Unter Beteiligung der zellulären DNA-Topoisomerase, der Kernfaktoren NF-I und NF-II und der adenoviralen Polymerase wird ein Initiationskomplex gebildet: Das Cytosin, das an das TP/80kD-Protein gebunden ist, hybridisiert mit dem Guanosinrest am 3′-Ende des Genoms; dadurch wird ein Elternstrang (mit dem kovalent gebundenen 55-kD-TP am 5′-Ende) aus dem Doppelstrang verdrängt und komplexiert mit den Einzelstrangbindungsproteinen E2A. Das Cytosin stellt somit ein 3′-OH-Ende zur Verfügung, an welches die zum anderen Elternstrang komplementären Basen anpolymerisiert werden. Der Kernfaktor NF-I wird für die folgenden Schritte nicht mehr benötigt.

B

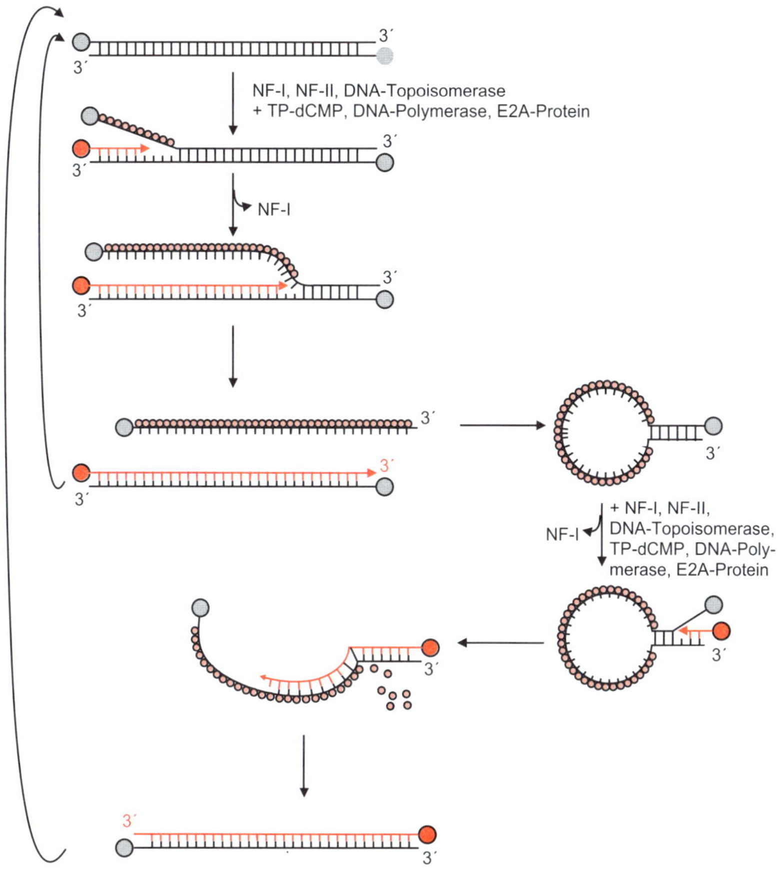

18.21 B: Elongation und Bildung der Doppelstränge. Wie in der Legende zur Teilabbildung A beschrieben wird die DNA-Polymerisation durch Anlagerung des Komplexes aus dem TP/80kD-Protein (große rote Punkte) und dCMP initiiert. Der im Verlauf der Polymerisation aus dem DNA-Doppelstrang verdrängte Elternstrang komplexiert mit den E2A-Proteinen (kleine hellrote Punkte), während die Anlagerung komplementärer Nucleotide bis zum Genomende fortgesetzt wird. Danach liegen ein DNA-Einzelstrang, der mit E2A-Proteinen komplexiert ist, und ein Doppelstrang vor, von dem ein Strang aus dem ursprünglichen Virusgenom übernommen, der Gegenstrang durch die Neusynthese ergänzt wurde (semikonservativer Replikationsmodus). Während die doppelsträngige DNA erneut in den beschriebenen Replikationsweg einmünden kann, bilden die Enden des Einzelstranges, die komplementäre, invertierte Basenfolgen besitzen (siehe Abbildung 18.19A, B) eine „Pfannenstielstruktur" aus. Die als Doppelstrang vorliegenden Genomenden bewirken die Anlagerung eines weiteren Initiationskomplexes. Während der Polymerisationsreaktion werden die an den Einzelstrang gebundenen E2A-Proteine kontinuierlich verdrängt. Am Ende dieser Reaktionsfolgen liegt ein DNA-Doppelstrang vor, der wiederum aus einem Eltern- und einem neusynthetisierten Strang besteht.

E4-Funktionen. Eines der viralen Proteine, die in der E4-Region codiert werden, wurde schon kurz bei Besprechung der Funktionen des großen E1B-Proteins (55 kD) erwähnt. Das *E4/34kD-Protein* fördert in Wechselwirkung mit dem E1B-Protein den Transport später viraler mRNA-Spezies aus dem Zellkern in das Cytoplasma und hemmt gleichzeitig den der zellulären Transkripte. Hierdurch nimmt die Stoffwechselaktivität der Zelle mit fortschreitender Virusreplikation ab. Das *E4/14kD-Protein* wirkt als Proteinkinase und beeinflußt das Ausmaß der Phosphorylierung einiger zellulärer Proteine (zum Beispiel c-Fos und AP-1) und der viralen E1A-Proteine. Eine andere Komponente, das E4/17kD-Protein, bindet sich an E2F-Faktoren. Es verstärkt die Bindung dieser Transaktivatoren an die viralen, E2F-abhängigen Promotoren und führt so zu einer höheren Transkriptionsrate. Ein weiteres E4-Protein mit einer Masse von 10 kD bindet sich an die Kernmatrix. Es ist bei allen Adenovirustypen konserviert. Seine Funktion ist für die Virusvermehrung nicht essentiell, denn Deletionsmutanten zeigen kein verändertes Replikationsverhalten. Ein E4-Protein des Ad9 mit einer Länge von 125 Aminosäuren ist anscheinend für die Induktion von Brusttumoren bei weiblichen Ratten essentiell. Der genaue Mechanismus ist unbekannt. Der Promotor für die Expression dieses Virusproteins scheint durch Östrogene induzierbar zu sein.

Späte Proteine

Die späten Virusproteine sind fast ausnahmslos Strukturproteine. Spät im Verlauf der Infektion werden auch noch einige der frühen Proteine gebildet, so vor allem das in der E2A-Region codierte Polypeptid, das sich an einzelsträngige DNA-bindet. Sie werden mit der Ausnahme des hexonassoziierten Proteins IX in einer Region codiert, die 80 Prozent des Genoms überspannt. Das Gen für das Protein IX befindet sich dagegen im Bereich der E1B-Gene und wird unter Verwendung eines anderen Leserasters transkribiert.

Die Strukturproteine werden von mRNA-Molekülen translatiert, die aus einem großen, mehr als *30 000 Basen langen Vorläufer* herausgespleißt werden. Alle reifen mRNA-Spezies beginnen mit einer identischen, nicht für ein Protein codierenden RNA-Sequenz als *Leader*, die aus drei kurzen, über Spleißen zusammengefügten RNA-Fragmenten besteht (Abbildung 18.19C). Daran schließen sich die unterschiedlichen, für die verschiedenen viralen Strukturproteine codierenden Sequenzen an. Es gibt Hinweise, daß einige der Strukturproteine

Tabelle 18.11: Eigenschaften und Funktionen ausgewählter Proteine der Adenoviren

	Molekulargewicht	Modifikation	Funktion
E-Bereich			
E1A	1. 40 kD 289 AS	phosphoryliert	sehr frühes Protein; Transaktivator, Zinkfingermotiv, Bindung an TFIID; Bindung an RB105, Mitoseinduktion, Immortalisierung; Transformation zusammen mit E1B
	2. 26 kD 243 AS	phosphoryliert	sehr frühes Protein; Transrepressor; Bindung an RB105, Mitoseinduktion, Immortalisierung; Transformation zusammen mit E1B
E1B	1. 55 kD 496 AS	phosphoryliert	sehr frühes Protein; Bindung an p53, Transformation zusammen mit E1A; Regulation des RNA-Transports zusammen mit E4/34 kD
	2. 20 kD 176 AS	phosphoryliert	sehr frühes Protein; aktiv bei DNA-Synthese; reduziert das Auftreten cytopathogener Effekte; teilweise membranassoziiert

Tabelle 18.11: (Fortsetzung)

	Molekular-gewicht	Modifikation	Funktion
E2A	72 kD	phosphoryliert	bindet sich an einzelsträngige DNA; aktiv bei DNA-Replikation
E2B	80 kD		Vorläuferprotein (pTP) des terminalen Proteins (TP, 55 kD); TP ist kovalent an 5'-Enden des Genoms gebunden; wirkt als Primer bei der Initiation der DNA-Synthese
	140 kD		DNA-Polymerase
E3	19 kD	glycosyliert	Verringerung von MHC-Klasse-I-Proteinen auf der Zelloberfläche
	14,7 kD		Verringerung der Empfindlichkeit für Zellyse durch TNF-α
	10,4 kD		sezerniertes Protein, bindet sich an EGF-Rezeptoren auf der Zelloberfläche; induziert Proliferation
E4	34 kD		Interaktion mit E1B/55 kD, Regulation des mRNA-Transports von Kern in das Cytoplasma
	17 kD		Interaktion mit E2F-Faktoren, kooperative Bindung an E2F-abhängige Promotoren
	14 kD		Phosphokinase, beeinflußt Phosphorylierung zellulärer und viraler Proteine, wirkt so regulierend auf die Transkription zellulärer Proteine
	10 kD		Bindung an Kernmatrix
	125 AS		Induktion von Mammatumoren bei Ad9-infizierten Ratten
L-Bereich			
II	120 kD		Hexonprotein, im Capsomer als Trimer; induziert Bildung gruppenspezifischer Antikörper
III	80 kD		Teil des Pentoncapsomers; bildet als Pentamer die Pentonbasis
IIIa	66 kD	phosphoryliert	pentonbasisassoziiertes Protein
IV	62 kD	glycosyliert	Fiberprotein; liegt in den Fibern als Trimer vor; induziert Bildung virustypspezifischer Antikörper
V	48,5 kD	phosphoryliert	Nucleocapsidkomponente; interagiert mit dem Genom und der Innenseite der Capside
VI	23,4 kD	phosphoryliert	hexonassoziiertes Protein; an der Innenseite der Capside lokalisiert
VII	18,5 kD		Nucleocapsidkomponente; argininreich, mit dem DNA-Genom assoziiert
VIII	13 kD		hexonassoziiertes Protein, an der Innenseite der Capside lokalisiert

Tabelle 18.11: (Fortsetzung)

	Molekulargewicht	Modifikation	Funktion
IX	11,5 kD		hexonassoziiert; an den Kontaktstellen der Hexoncapsomere
X	7 kD		hexonassoziiert; an den Kontaktstellen der Hexoncapsomere
XI	4,5 kD		hexonassoziiert; an den Kontaktstellen der Hexoncapsomere; identisch mit μ-Protein
XII	3 kD		hexonassoziiert; an den Kontaktstellen der Hexoncapsomere
	100 kD		spätes Nichtstrukturprotein; Chaperon, aktiv bei Morphogenese
	33 kD		spätes Nichtstrukturprotein; Chaperon, aktiv bei Morphogenese

(VI, VII, VIII) erst beim geordneten Zusammenbau der Einzelkomponenten aus größeren Vorläuferproteinen herausgeschnitten werden. Einen Überblick zu den Eigenschaften und Funktionen der verschiedenen Proteine gibt Tabelle 18.11.

18.3.4 Adenovirusassoziierte RNA (VA-RNA I und II)

Das Adenovirusgenom enthält neben der Information für die verschiedenen frühen und späten Proteine Gene für kleine, *nicht für Protein codierende RNA-Moleküle,* die virusassoziierten RNA-Spezies VA-I und VA-II. Sie sind etwa 160 Nucleotide lang, werden von der zellulären RNA-Polymerase III transkribiert und haben einen hohen GC-Gehalt und eine ausgeprägte *Sekundärstruktur.* Die VA-RNA-Gene liegen in Regionen, die für die späten Produkte codieren.

Die mengenmäßig am meisten produzierte *VA-RNA I* kontrolliert die Translation der viralen mRNA über die Hemmung der zellulären Proteinkinase DAI. Diese Kinase inaktiviert den *Translationselongationsfaktor eIF2α* durch Phosphorylierung. Ist eIF2α inaktiv, so bricht die Bildung der entstehenden Aminosäureketten an den Ribosomen ab. Dieser Mechanismus zur Inhibierung der Proteinsynthese wird durch Interferon-α und doppelsträngige RNA induziert, welche die zelluläre *Proteinkinase DAI* aktivieren (Kapitel 8). Die VA-RNA I wirkt diesem interferonvermittelten Mechanismus entgegen, indem sie sich an die Proteinkinase DAI bindet und sie hemmt. Das ermöglicht die Translation der viralen Polypeptide.

18.3.5 Replikation der Adenoviren

Adenoviren infizieren ein großes Spektrum unterschiedlicher Zellen. Sie können *in vitro* problemlos in menschlichen Tumorzellinien (HeLa, KB) in hohen Konzentrationen vermehrt werden. *In vivo* infiziert das Virus bevorzugt Epithelzellen des Hals-, Nasen- und Rachenraumes, der Lunge und des Verdauungstraktes. Der zelluläre Rezeptor, der dem Virus die

Adsorption ermöglicht, ist unbekannt. Seitens des Virus wird die spezifische Interaktion mit der Zelle über die *Knöpfchen der Fiberproteine* vermittelt. Gegen diese Proteinbereiche werden neutralisierende Antikörper gebildet. Nach der ersten Kontaktaufnahme mit der Zelloberfläche wandert der Rezeptor mit dem gebundenen Virus zu *clathrinreichen Regionen* in der Cytoplasmamembran, die endocytotische Vesikel bilden und das Virus in das Cytoplasma aufnehmen. In diesen Vesikeln erfolgt eine Ansäuerung, an den Kontaktstellen der Fiberproteine mit der Endosomemmembran löst sich das Vesikel auf, und das Virus wird unter Verlust der Pentonbasis- und Fiberproteine ins Cytoplasma freigesetzt. Danach bindet sich das pentonlose Restpartikel über die Hexonproteine an *Mikrotubuli* und wird zu den *Kernporen* transportiert. Der virale DNA-Protein-Komplex gelangt so in den Kern, die Capside bleiben im Cytoplasma zurück. Im Zellkern erfolgt die Transkription der viralen Gene und die Neusynthese der DNA. Dieser Prozeß kann grob in vier Schritte eingeteilt werden, wobei der regulierte, korrekte Ablauf eines jeden Schrittes für den nachfolgenden unerläßlich ist:

1. Transkription der frühen Gene, Synthese der frühen Proteine;
2. DNA-Replikation;
3. Transkription der späten Gene, Synthese der späten Proteine;
4. Morphogenese.

Als erstes transkribiert die zelluläre RNA-Polymerase II die *E1A-* und *E1B-Gene* (Abbildung 18.20). Auch das Anfügen der Cap-Gruppen an die 5′-Enden und die Polyadenylierung wird von zellulären Enzymen vorgenommen. Die Produkte der E1A- und E1B-Gene sind für den weiteren Ablauf des Infektionszyklus unerläßlich, da die Transaktivatorwirkung des E1A-Proteins für die Induktion der Transkription der E2-, E3- und E4-Gene benötigt wird. Das E1A-Protein aktiviert zelluläre, transaktive, DNA-bindende Proteine, die sogenannten E2F- und E4F-Faktoren. Die Bezeichnung leitet sich von der frühen adenoviralen Gengruppe ab, die sie beeinflussen. Da diese Faktoren normalerweise die Transkription verschiedener Wirtsgene regulieren, werden auch diese während der frühen Infektionsphase aktiviert. Die Produkte der E2-Gene werden anschließend für die Vermehrung des viralen Genoms benötigt.

Die eigentliche Replikation des viralen Genoms erfolgt *semikonservativ* ohne die Synthese von DNA in Okazaki-Fragmenten. Dieser Prozeß beginnt mit der *Veresterung eines dCMP-Moleküls* mit der β-Hydroxylgruppe eines *Serinrestes* des terminalen Proteinvorläufers pTP (80 kD; Abbildung 18.21A). Der dCMP-pTP-Komplex hat eine hohe Affinität zur viralen DNA-Polymerase und interagiert mit den TP-Komponenten, die kovalent an die 5′-Enden des Genoms gebunden sind. Der so entstandene Komplex wirkt über die 3′-OH-Gruppe der Desoxyribose des dCMP als *Primer* für die Initiation der DNA-Synthese. Hierzu ist zusätzlich die Aktivität der zellulären *Kernfaktoren NF-I* und *NF-II* erforderlich. NF-II ist eine DNA-Topoisomerase I.

Im weiteren Verlauf wird der DNA-Altstrang mit dem am 5′-Ende gebundenen TP verdrängt, und die Elongation des Neustranges erfolgt durch kontinuierliches Anpolymerisieren von Nucleotiden an den Initiationskomplex (Abbildung 18.21B). Für die Verlängerung ist die Topoisomerase-I-Aktivität des Kernfaktors NF-II nötig. Der verdrängte DNA-Strang wird kontinierlich mit E2A-Proteinen komplexiert, die sich bevorzugt an DNA-Einzelstränge binden und verhindern, daß zelluläre Nucleasen das Molekül abbauen. Vermutlich hybridisieren die invertierten terminalen Wiederholungssequenzen des verdrängten Stranges miteinander und bilden einen Doppelstrang aus, der den Enden eines normalen Adenovirusgenoms sehr stark ähnelt. Das löst die Anlagerung neuer Initiationskomplexe aus dCMP-pTP/adenoviraler DNA-Polymerase/NF-I/NF-II aus. Im Verlauf der Elongation wird der „Pfannenstiel“ aufgelöst, die an den Einzelstrang gebundenen Proteine lösen sich, und der

Einzelstrang dient als Matrize für die kontinuierliche Synthese des Doppelstranges (Abbildung 18.21B). Die Spaltung des terminalen Vorläuferproteins in das TP/55kD, das mit dem Genom infektiöser Adenoviren komplexiert ist, erfolgt erst, wenn die Replikation beendet ist, durch die proteolytische Aktivität eines der späten viralen Proteine (23 kD).

Nach der Genomvermehrung ändert sich das virale Transkriptionsmuster: Die meisten der frühen Gene werden nicht mehr transkribiert. Dafür werden die späten Genombereiche aktiviert und die mRNA-Spezies für die viralen Strukturproteine gebildet. An dem Umschaltvorgang ist der Proteinkomplex E1B/55kD und E4/34kD beteiligt, der den Export der späten viralen mRNA-Spezies in das Cytoplasma fördert. Die zelluläre Proteinsynthese wird gestört. Verantwortlich ist hierfür vermutlich ein spätes Virusprotein, das die Phosphorylierung des p20 des *cap-binding*-Komplexes verhindert. Das verhindert die Bindung des Komplexes an zelluläre mRNAs, wohingegen die späten viralen Transkripte durch bestimmte Sequenzen in der Leader-Region davon nicht betroffen sind. Die ersten Prozesse der *Morphogenese* finden im Cytoplasma statt: Aus den Hexon-, Pentonbasis- und Fiberproteinen entstehen die Capsomere. Hierzu sind *Proteinfaltungskatalysatoren* (Chaperone) erforderlich, die zum Teil vom Virus selbst codiert werden und zum Teil aus der Zelle stammen. Für die Trimerisierung der Hexonproteine sind zum Beispiel zwei späte virale Produkte mit Molekulargewichten von 100 kD und 33 kD nötig, die in miteinander überlappenden Leserahmen in der L4-Region der späten Gene codiert werden. Sie interagieren mit den Hexonproteinen und katalysieren die Bildung der Hexoncapsomere. In den freigesetzten Partikeln sind die Faltungshelfer nicht enthalten. Wie die Capsomere anschließend in den Kern transportiert werden, weiß man nicht. Je neun Hexone bilden hier die Vorstufen der Ikosaederseiten, aus denen dann mit den Pentonen eine *Vorläuferform* des *Capsids* entsteht. In dieses Vorcapsid werden die viralen Nucleoproteine V und VII eingeschleust, die im reifen Viruspartikel mit der DNA komplexiert sind. Man geht davon aus, daß die beiden Proteine erst im sich bildenden Partikel mit dem Genom interagieren. Die Nucleinsäure gelangt vermutlich über eine der Ecken in das Innere des Vorcapsids. Sie ist nur mit den pTP-Proteinen an den Enden komplexiert. Anschließend erfolgt die proteolytische Spaltung des pTP in TP. Als Folge der Infektion stirbt die Zelle ab. Dabei werden die Virionen freigesetzt.

18.3.6 Das humane Adenovirus

Einteilung, Epidemiologie und Übertragung

Die verschiedenen Adenoviren zeichnen sich durch unterschiedliche Infektionsformen, Organtropismen und Symptome aus (Tabelle 18.10) und werden auch aufgrund dieser Merkmale in verschiedene Subgenera (A bis F) eingeteilt. Vertreter des *Subgenus A* (Ad12, Ad18, Ad31) hat man vor allem bei Kindern mit Infektionen des *Gastrointestinaltraktes* gefunden. Ad3 undAd7 gehören zum *Subgenus B*. Sie treten hauptsächlich während des Winterhalbjahres epidemisch auf und sind weltweit mit am häufigsten bei Patienten, die unter *Erkältungen* leiden. Ausbrüche von Ad7-Infektionen wurden öfter bei Angehörigen des US-Militärs diagnostiziert. Die Typen Ad11, Ad34 und Ad35 verursachen persistierende Infektionen der Nieren und lassen sich aus dem Urin von Erkrankten isolieren. Die Typen Ad1, Ad2, und Ad5 des *Subgenus C* sind endemisch verbreitet. Sie verursachen vor allem bei Kleinkindern *Infektionen* des *Respirationstraktes*. Das *Subgenus D* umfaßt viele Virustypen. Sie sind für die *Keratokonjunktivitis* verantwortlich, die vor allem während der Sommermonate auftritt. Ad4 als Vertreter des *Subgenus E* wurde insbesondere bei Rekruten in den USA isoliert, die an epidemisch auftretenden Erkrankungen des *Respirationstraktes* litten. Ad40 und Ad41 sind bisher die einzigen bekannten Vertreter des *Subgenus F*. Sie sind weltweit verbreitet und verursachen vor allem bei Säuglingen und Kleinkindern *gastrointestinale Infektionen* mit Durchfällen.

Die Übertragung der Viren erfolgt gewöhnlich durch *Aerosole* oder *kontaminierte Gegenstände* und *Flüssigkeiten*. Die in den Sommermonaten gehäuft auftretende infektiöse Entzündung der Augenbinde- und -hornhaut (Keratokonjunktivitis) wird in Schwimmbädern durch Wasser übertragen, das mit Adenoviren kontaminiert ist. In Gegenden mit schlechten hygienischen Verhältnissen, aber auch in Kinderkliniken und innerhalb von Familien können Adenoviren in Verbindung mit Infektionen des Gastrointestinaltraktes auch fäkal-oral übertragen werden. Oft persistieren Adenoviren nach der Infektion jahrelang in den Tonsillen und werden intermittierend über den Speichel ausgeschieden. Bei immunsupprimierten Patienten ist die Virusausscheidung verstärkt, die Typen Ad42–47 konnten bisher nur aus AIDS-Patienten isoliert werden.

Klinik

50 Prozent der Adenovirusinfektionen verlaufen asymptomatisch. Bei Infektionen des Respirationstraktes beträgt die Inkubationszeit etwa sechs Tage. Die ersten Anzeichen sind eine *Konjunktivitis* mit anschließendem *Fieber* und *Halsschmerzen*. Die erkältungsähnlichen Symptome werden häufig von Erbrechen und Durchfällen begleitet. Nach einer Woche klingen die Beschwerden meist wieder ab. Epidemisch auftretende Infektionen mit den Virustypen Ad3, Ad4, Ad7 und Ad21 können in *Bronchial-* und *Lungenentzündungen* übergehen. Bei Kindern im Alter unter zwei Jahren verlaufen die Infektionen meist schwerer als bei Erwachsenen.

Infektionen des Gastrointestinaltraktes können sich mit *Übelkeit, Erbrechen* und *Durchfällen* äußern. Die Inkubationszeit beträgt etwa eine Woche, die Symptome können neun bis zwölf Tage andauern. Die *Keratokonjunktivitis* tritt zusammen mit erkältungsähnlichen Symptomen auf. Die Inkubationzeit beträgt gewöhnlich zwischen sechs und neun Tage. Die Symptome – tränende, schmerzende Augen, Lichtempfindlichkeit und Hornhauterosionen – können bis zu sechs Wochen andauern. Die durch Adenoviren verursachte Form der Keratokonjunktivitis verläuft meist ohne Folgen.

Das *shipyard-eye* war eine schwere Form der durch Adenoviren verursachten Keratokonjunktivitis

Während des Zweiten Weltkrieges traten in Schiffswerften gehäuft Entzündungen der Augenbinde- und -hornhaut (*shipyard-eye*) auf, die oft sehr schwere Verlaufsformen zeigten. In diesen Fällen wurden die Adenoviren wahrscheinlich durch nicht ausreichend sterilisierte Instrumente bei Entfernung von Fremdkörpern aus den Augen übertragen. Die Infektionen hatten oft länger anhaltende Trübungen des Auges zur Folge und waren mit Lymphknotenschwellungen verbunden.

In seltenen Fällen konnten Adenoviren mit akuter Blasenentzündung, Mengingoencephalitis oder nekrotisierender Enterocolitis in Verbindung gebracht werden. Bei AIDS-Patienten, bei denen das Immunsystem durch die fortschreitende HIV-Infektion geschwächt ist, können Adenoviren persistierende Diarrhöen sowie schwere, lebensgefährliche Lungenentzündungen hervorrufen.

Pathogenese

Symptomatische Infektion beim Menschen. Adenoviren gelangen meist über die Atemwege in den Organismus. Sie infizieren bevorzugt *Epithelzellen* des Pharynx, des Dünndarmes sowie die Konjunktivalzellen und replizieren sich dort. Eine virämische Ausbreitung im Organismus läßt sich selten, meist nur in AIDS-Patienten, beobachten. Die Proteinsynthese und die Prozessierung zellulärer RNA-Spezies durch die Zelle werden im Verlauf der Infektion fast vollständig gehemmt, und die infizierten Zellen sterben ab. In den Zellen können im Kern basophile *Einschlußkörperchen* nachgewiesen werden. Da man man in diesen Regionen elektronenmikroskopisch parakristalline Ansammlungen von Capsiden und Capsidproteinen beobachtete, stellen die Einschlußkörperchen wahrscheinlich Bereiche dar, in denen der Zusammenbau der verschiedenen Komponenten zu Viruspartikeln erfolgt. Zellfusionen oder vielkernige Zellen treten nicht auf.

In die infizierten Organbereichen wandern mononucleäre Zellen und Lymphocyten ein. Bei letzteren handelt es sich zum Großteil um *cytotoxische T-Zellen*, die die infizierten Zellen an Peptiden erkennen, die von MHC-Klasse-I-Proteine präsentiert werden. Sie sind für die Eliminierung des Virus aus dem Organismus verantwortlich. Dieser Erkennung entgehen einige Adenovirustypen, indem sie durch die Aktivität des E3/19kD-Proteins die Menge an MHC-Klasse-I-Antigenen auf der Zelloberfläche reduzieren. Zusätzlich schützt das E3/14,7kD-Protein die infizierten Zellen vor der cytotoxischen Wirkung des TNF-α. So können die Adenoviren vermutlich *persistierende Infektionsverläufe* hervorrufen. Bis zu zwei Jahre nach einer Erkrankung lassen sich nämlich Adenoviren aus den Patienten isolieren. Auch erneute Ausbrüche symptomatischer Infektionen in immunsupprimierten Patienten weisen auf die Persistenz einiger Virustypen hin. Man vermutet, daß die Viren in den Tonsillen überdauern, da hier virale DNA nachgewiesen werden kann. Viruspartikel oder -proteine sind dort jedoch anscheinend nicht vorhanden. In einigen menschlichen Tumoren (Magen-, Darm- und neuronalen Tumoren) fand man adenovirale Nucleinsäuresequenzen. Eine kausale Beziehung zwischen der Virusinfektion und der Tumorerkrankung konnte jedoch bisher nicht eindeutig gezeigt werden. Eine Integration des gesamten Virusgenoms oder auch von Fragmenten wurde in menschlichen Zellen anders als bei transformierten Nagetierzellen nicht festgestellt.

Tumorbildung und Zelltransformation bei Nagetieren. Einige der humanen Adenovirustypen (Ad12, Ad18, Ad31), die zu dem hochonkogenen Subgenus A (Tabelle 18.10) gezählt werden, können nach einer zwei- bis dreimonatigen Inkubationszeit bei *Hamstern* und anderen *Nagetieren* in 100 Prozent der Fälle *mesenchymale Tumoren (Sarkome)* hervorrufen. Das Subgenus B (Ad3, 7, 11) gilt als schwach onkogen. Hier beträgt die Inkubationszeit bis zur Tumorbildung bis zu zwei Jahre. Die meisten Virustypen können hingegen bei Nagetieren keine Tumoren erzeugen. Alle Adenoviren (Subgenus A bis F) können jedoch *in vitro* Nagetierzellen transformieren. Für die *Zelltransformation* reicht die Genomregion aus, die für die sehr frühen viralen E1A- und E1B-Proteine codiert. Ihre Funktion wurde bereits im Abschnitt 18.3.3 beschrieben. Wird nur die E1A-Region in Zellen eingebracht, so werden diese Zellen immortalisiert, die E1A-Proteine können aber alleine nicht den voll transformierten Zustand induzieren. Hierzu sind die Produkte der beiden frühen Gene nötig.

Man weiß inzwischen, daß auch die Wirkung der E1A- und E1B-Proteine allein nicht für die Tumorbildung genügt: Nur Zellen, die *in vitro* mit den hochonkogenen Adenovirustypen beziehungsweise mit ihren E1A- und E1B-Genen transformiert wurden, können bei Ratte oder Hamster, wenn man sie in einen syngenen Wirt verpflanzt, Tumoren bilden. Werden Zellen in Kultur mit Adenoviren des Subgenus B transformiert, so verursachen sie in syngenen, immunkompetenten Wirten keine Tumoren, wohl aber in nackten Mäusen, bei denen das zelluläre Immunsystem defekt ist. Neben der zelltransformierenden Wirkung aller Adenoviren hat die Gruppe der hochonkogenen Typen also zusätzliche Mechanismen entwickelt, um dem Immunsystem des Wirtes zu entgehen.

Man vermutet, daß nach der Transformation mit der E1A/E1B-Region der onkogenen Adenoviren verschiedene Mechanismen wirksam werden:

1. Die *nichtonkogenen Adenoviren* enthalten in ihren E1A- und E1B-Proteinen Epitope, die von den MHC-Klasse-I-Proteinen der Maus präsentiert und durch *cytotoxische T-Zellen* in den immunkompetenten Tieren eliminiert werden können. Ein solches Epitop konnte bei Ad5 identifiziert werden. Es umfaßt die Aminosäuren 232 bis 247 im zweiten codierenden Exon des E1A-Proteins. Es wird über H-$2D^b$ präsentiert, wirkt als *immundominantes Epitop* und sorgt dafür, daß die präsentierenden Zellen erkannt und getötet werden. Ein entsprechendes T-Zell-Epitop konnte in den E1A-Proteinen von Ad12 und den anderen hochonkogenen Virustypen nicht gefunden werden. Sie können daher in den Mäusen auch nicht von cytotoxischen T-Lymphocyten erkannt werden.
2. Die E1A-Proteine der *onkogenen Adenovirustypen* hingegen können *per se*, das heißt ohne die Aktivität des E3/19kD-Proteins, den Gehalt an MHC-Klasse-I-Antigenen in primären Nagetierzellen reduzieren. Dafür ist die CR3-Region im E1A-Protein von Ad12 verantwortlich, wobei alle drei Genloci des H-2-Allels der Maus in ihrer Expressionsaktivität reduziert sind. Das E1A-Proteins wirkt hier also als *Transrepressor* (Abschnitt 18.3.3) und führt zu einer *vier- bis zwanzigfach geringeren MHC-Klasse-I-Genexpression* im Vergleich zu nichttransformierten Zellen oder solchen, die mit den E1-Genen von Ad5 transformiert wurden. Zellen mit weniger MHC-Antigenen auf der Oberfläche werden von cytotoxischen T-Lymphocyten nicht erkannt und eliminiert.
3. Für die Entstehung der adenovirusassoziierten Tumoren hat man noch eine Reihe weiterer Mechanismen vorgeschlagen, die zur Zelltransformation und Tumorgenese beitragen sollen. Die DNA von Ad12 ist bei transformierten Zellen in das *Wirtszellgenom integriert*. Das kann bei den Genen in den betroffenen Regionen eine veränderte Expression zur Folge haben. Die integrierten Sequenzen werden *de novo methyliert*. Dabei können benachbarte, zelluläre Genomregionen ebenfalls modifiziert werden, was die Genexpression beeinflußt. Außerdem findet man im Bereich der integrierten Virus-DNA und in den benachbarten Abschnitten ausgedehnte *Sequenzamplifikationen und -rearrangements*. Diese Vorgänge verändern die Expression zellulärer Protoonkogene: In durch Ad12 transformierten Zellen ist die Expression von *c-myc* und *c-jun* deutlich erhöht, in durch Ad5 transformierten Zellen die Produktion von c-Jun. Dieses Phänomen ist bei Hamsterzellen am besten erforscht. Dort kann Ad12 keinen produktiven Infektionszyklus durchführen: Zwar werden die Zellen infiziert und die virale DNA in den Kern transportiert. Eine DNA-Replikation und Synthese der späten Virusproteine mit der Produktion von infektiösen Partikeln findet jedoch nicht statt. In diesen Zellen wird das virale Genom zehn bis 16 Stunden nach der Infektion in das Genom integriert, was die oben beschriebenen Veränderungen im Methylierungsmuster und der zellulären Genexpression zur Folge hat. Eine *abortive Infektion* von Hamsterzellen ohne Produktion von infektiösen Nachkommenviren wird bei Ad2 oder Ad5 nicht beobachtet. Diese Virustypen können Ad12 funktionell komplementieren: Zellen, bei denen die linke Genomhälfte von Ad2 oder Ad5 in die DNA integriert war und die die darin codierten Genprodukte konstitutiv exprimierten, erlaubten bei Überinfektion mit Ad12 die Produktion infektiöser Ad12-Partikel.

Bei der durch Adenoviren induzierten Zelltransformation und Tumorentstehung wirken also vermutlich viele verschiedene Faktoren zusammen, von denen man erst einige kennt.

Immunreaktion und Diagnose

Adenovirusinfektionen bewirken eine langandauernde, virustypspezifische Immunität, wahrscheinlich wegen ihrer intensiven Replikation in den Hals- und Darmlymphknoten. Die Erkennung virusinfizierter Zellen durch cytotoxische T-Lymphocyten ist für die Eliminierung des Virus aus dem Organismus entscheidend. T-Zell-Epitope wurden in einer Reihe von Virusproteinen – auch den frühen und sehr frühen Proteinen – identifiziert. Antikörper werden bevorzugt gegen die Oberflächenstrukturen der Capside gebildet.

Die Diagnose einer akuten Adenovirusinfektion basiert auf dem Nachweis von IgM-Antikörpern gegen die viralen Strukturproteine. Wegen der hohen Durchseuchung der Bevölkerung mit verschiedenen Adenovirustypen, der großen Ähnlichkeit der Aminosäuresequenzen in den Hexon-, Penton- und Fiberproteinen und der damit verbundenen Kreuzreaktivität der im Infektionsverlauf gebildeten Antikörper reicht es nicht, adenovirusspezifisches IgG im Serum der Patienten zu bestimmen. Gibt es von dem Patienten Serumproben aus der Zeit vor der Erkrankung, so kann ein Titeranstieg der adenovirusspezifischen IgG-Antikörper einen Hinweis auf eine frische Infektion darstellen.

Virustypspezifische Antikörper werden vor allem gegen die Knöpfchenstrukturen der Fiberproteine gebildet, welche die meisten typspezifischen Epitope enthalten. Die Immunglobuline gegen das Fiberprotein sind neutralisierend und verleihen dem Patienten einen lebenslangen Schutz vor einer Neuinfektion mit dem gleichen Adenovirustyp, jedoch nicht mit anderen.

Die Diagnose erfolgt vor allem durch die Isolierung des Virus aus Rachen- und Augenabstrichen, aus dem Stuhl und dem Urin. Adenoviren lassen sich mit Ausnahme der Vertreter der Subgruppe D relativ gut in permanenten, diploiden, humanen Zellinien wie HeLa- oder HEK-Zellen (humane, embryonale Nierenzellen) züchten. Die lytische Infektion der Zellen verursacht einen spezifischen cytopathischen Effekt. Die in den Kulturen angereicherten Viren können über Hämagglutinationstests, den Einsatz typspezifischer Antiseren und die Analyse des Restriktionsenzymmusters der viralen DNA weiter charakterisiert werden. Insbesondere bei schwer züchtbaren Adenovirustypen aus Stuhlmaterial kann der elektronenmikroskopische Nachweis von Viruspartikeln und der Antigen-Capture-ELISA für eine schnelle Diagnosestellung wichtig sein.

Therapie und Prophylaxe

Eine Therapie für die Adenovirusinfektion gibt es nicht. Bei schweren Fällen von Keratokonjunktivitis scheint die Verabreichung von Interferon-β einen positiven Effekt zu haben. Eine Impfung wurde gegen die Typen Ad4 und Ad7 entwickelt. Diese haben beim Personal des US-Militärs immer wieder schwere Epidemien hervorgerufen, häufig in Verbindung mit Lungenentzündungen. Der Impfstoff ist nur für die Anwendung bei Angehörigen der US-Streitkräfte zugelassen. Er beruht auf replikationsfähigen Ad4- und Ad7-Viren, die in magensaftresistenten Gelatinekapseln verabreicht und nach Schlucken der Kapseln im Darm freigesetzt werden. Diese Adenoviren verursachen nur dann eine Erkrankung, wenn sie Epithelzellen des Hals-, Nasen- und Rachenraumes und der Lunge infizieren. Im Darmepithel kann zwar eine begrenzte Infektion ablaufen. Sie verläuft jedoch ohne Symptome. Während der Virusvermehrung wird eine spezifische Immunantwort ausgelöst, die einen Schutz vor der Infektion mit diesen Virustypen verleiht. Der generelle Einsatz solcher Lebendvakzinen ist wegen der endemischen Verbreitung der verschiedenen Adenovirustypen in der Bevölkerung und der damit verbundenen Gefahr, daß neue Virusrekombinanten entstehen, sehr umstritten. Das onkogene Potential der Adenoviren spricht ebenfalls gegen die ausgedehnte Anwendung eines solchen Impfstoffes, auch wenn bisher kein kausaler Zusammenhang mit einer Tumorentstehung im Menschen hergestellt werden konnte.

18.3.7 Weiterführende Literatur

Berget, S. M.; Moore, C.; Sharp, P. A. *Spliced segments at the 5′ terminus of adenovirus 2 late mRNA*. In: *Proc. Natl. Acad. Sci. USA* 74 (1977) S. 3171–3175.

Chow, L. T.; Gelinas, R. E.; Broker, T. R.; Roberts, R. J. *An amazing sequence arrangement at the 5′ ends of adenovirus 2 messenger RNA*. In: *Cell* 12 (1977) S. 1–8.

Doerfler, W. *Transformation of cells by adenoviruses: less frequently discussed mechanisms*. In: Doerfler, W.; Böhm, P. (Hrsg.) *Malignant Transformation by DNA viruses*. Weinheim (VCH) 1992. S. 141–169.

Heller, H.; Kammer, C.; Wilgenbus, P.; Doerfler, W. *Chromosomal insertion of foreign (adenovirus type 12, plasmid, or bacteriophage lambda) DNA is associated with enhanced methylation of cellular DNA*. In: *Proc. Natl. Acad. Sci. USA* 92 (1995) S. 5515–5519.

Javier, R.; Raska, K.; Shenk, T. *Requirement of Adenovirus type 9 E4 region in production of mammary tumors*. In: *Science* 257 (1992) S. 1267–1271.

Jones, N. C. *The multifunctional products of the adenovirus E1A gene*. In: Doerfler, W.; Böhm, P. (Hrsg.) *Malignant Transformation by DNA viruses*. Weinheim (VCH) 1992. S. 87–113.

Kleinberger, T.; Shenk, T. *A protein kinase is present in a complex with adenovirus E1A proteins*. In: *Proc. Natl. Acad. Sci USA* 88 (1991) S. 11143–11147.

Lawler, M.; Humphries, P.; O'Farrelly, C.; Hoey, H.; Sheils, O.; Jeffers, M.; O'Brien, D. S.; Kellerher, D. *Adenovirus 12 E1A gene detection by polymerase chain reaction in both the normal and coeliac duodemum*. In: *Gut* 35 (1994) S. 1226–1232.

Matthews, M. B.; Shenk, T. *Adenovirus virus-associated RNA and translational control*. In: *J. Virol*. 65 (1991) S. 5657–5662.

Müller, U.; Kleinberger, T.; Shenk, T. *Adenovirus E4orf4 protein reduces phosphorylation of c-fos and E1A proteins while simultaneously reducing the level of AP-1*. In: *J. Virol*. 66 (1992) S. 5867–5978.

Top, F. H. Jr; Buescher, E. L; Bancroft, W. H.; Russel, P. K. *Immunization with live types 7 and 4 adenovirus vaccines. II. Antibody response and protective effect against acute respiratory disease due to adenovirus type 7*. In: *J. Infect. Dis*. 124 (1971) S. 155–160.

Van der Eb, A.; Zantema, A. *Adenovirus Oncogenesis*. In: Doerfler, W.; Böhm, P. (Hrsg.) *Malignant Transformation by DNA viruses*. Weinheim (VCH) 1992. S. 115–140.

Wold, W. S. M.; Gooding, L. R. *Region E3 of adenovirus: a cassette of genes involved in host immunosurveillance and virus-cell interactions*. In: *Virology* 184 (1991) S. 1–12.

18.4 Herpesviren

Herpesvirusinfektionen gibt es beim Menschen sowie bei vielen Wirbeltierarten – von Affen und Katzen bis hin zu Fröschen und Fischen. Obwohl die Symptome stark variieren, gleichen sich bei allen Vertretern dieser Virusfamilie die Partikelmorphologie und die biologischen Eigenschaften. Die Vermehrung des doppelsträngigen DNA-Genoms erfolgt im Zellkern, wo auch die Morphogenese erfolgt. Die das Capsid umgebende Hülle wird von der *inneren Kernmembran* gebildet. Alle Herpesviren codieren für mehrere Enzyme, die im Nucleinsäurestoffwechsel und bei der Genomreplikation aktiv sind. Die Wirtszellen, in denen sich Herpesviren lytisch vermehren, sterben bei der Produktion von Nachkommenviren ab.

Ein weiteres, charakteristisches Merkmal aller Herpesviren ist ihre Fähigkeit, nach der Erstinfektion *latent* im Organismus zu verbleiben. In diesem Zustand ist die Produktion von infektiösen Partikeln unterbunden, und die Zellen überleben. Das Virus kann jedoch wiederholt aus der Latenz zum lytischen Infektionszyklus reaktiviert werden – ein Vorgang, der sich durch das Wiederauftreten des gleichen oder eines zur Primärinfektion ähnlichen Erkrankungsbildes äußern kann. Bisher kennt man acht humane Herpesviren, deren Infektionen sich in Erkrankungen unterschiedlicher Organe wie der Haut (Herpes-simplex-Virus Typ

1 und 2 sowie Varicella-Zoster-Virus), des lymphatischen Systems (Epstein-Barr-Virus, humane Herpesviren Typ 6 und 7) oder des zentralen Nervensystems (humanes Herpesvirus Typ 6B) manifestieren. Das Epstein-Barr-Virus ist an der Entstehung zweier menschlicher Tumorerkrankungen, des Burkitt-Lymphoms und des Nasopharynxkarzinoms, beteiligt. Cytomegalieviren verursachen bei immungeschwächten Personen lebensbedrohende, generalisierte Erkrankungen, besonders Pneumonien. Bei schwangeren Frauen können die Infektionen schwere Schädigungen des Embryos zur Folge haben. Das Genom eines weiteren humanen Herpesvirus (humanes Herpesvirus Typ 8) wurde erst kürzlich in den Zellen von Kaposi-Sarkomen nachgewiesen. Die Hinweise mehren sich, daß es an der Entstehung dieses Tumors ursächlich beteiligt ist. Der Name der Herpesviren leitet sich vom griechischen Wort *herpein* (kriechen) ab und weist auf die kriechende Ausbreitung des von Herpes-simplex-Viren verursachten Hautausschlags hin.

18.4.1 Einteilung und charakteristische Vertreter

Die Vertreter der *Herpesviridae* lassen aufgrund ihrer Pathogenität, der Zelltypen, die sie infizieren, und ihrer Vermehrungseigenschaften drei Unterfamilien zuordnen (Tabelle 18.12). *α-Herpesviren* weisen ein breites Wirtsspektrum auf. Sie vermehren sich *in vitro*

Tabelle 18.12: Charakteristische Vertreter der Herpesviren

Unterfamilie	Genus	Mensch*	Tier
α-Herpesviren	Simplexvirus	humanes Herpesvirus 1 (Herpes-simplex-Virus 1)	bovines Herpesvirus 2 (Mammilitisvirus des Rindes)
		humanes Herpesvirus 2 (Herpes-simplex-Virus 2)	*cercopithecine herpesvirus* 1 (Herpes-B-Virus)
	Varicellavirus	humanes Herpesvirus 3 (Varicella-Zoster-Virus)	Schweine-Herpesvirus 1 (Pseudorabiesvirus)
			bovines Herpesvirus 1 (Virus der infektiösen Rhinotracheitis des Rindes)
			Pferde-Herpesvirus 1 (Equine-Abortion-Virus)
β-Herpesviren	Cytomegalievirus	humanes Herpesvirus 5 (humanes Cytomegalievirus)	
	Muromegalievirus		murines Herpesvirus 1 (Maus-Cytomegalievirus)
	Roseolovirus	humanes Herpesvirus 6 humanes Herpesvirus 7	*aotine herpesvirus* 1, 3 (Herpesvirus aotus,Typen 1 und 3)
γ-Herpesviren	Lymphocryptovirus	humanes Herpesvirus 4 (Epstein-Barr-Virus)	*cercopithecine herpesvirus* 2 (Pavian-Herpesvirus)
			pongine herpesvirus 1 (Schimpansen-Herpesvirus)
	Rhadinovirus	humanes Herpesvirus 8	*ateline herpesvirus* 2 (Herpesvirus ateles)
			saimirine herpesvirus 1 (Herpesvirus saimiri)

* Bei der Angabe der Virustypen sind jeweils der systematische Name und in Klammern die im allgemeinen Sprachgebrauch übliche Bezeichnung angegeben.

mit kurzen Replikationszyklen und breiten sich in der Kultur schnell aus; *in vivo* persistieren sie in den Nervenzellen der Ganglien. Die Herpes-simplex- und die Varicella-Zoster-Viren als Vertreter dieser Unterfamilie verursachen beim Menschen einen bläschenartigen Hautausschlag. Im Unterschied hierzu besitzen die *β-Herpesviren,* zum Beispiel die Cytomegalieviren, ein enges Wirtsspektrum. Sie haben einen relativ langen Vermehrungszyklus und breiten sich deshalb *in vitro* nur langsam aus. Die infizierten Zellen erscheinen deutlich vergrößert. Auch die dritte Unterfamilie, die der *γ-Herpesviren,* hat ein sehr enges Wirtsspektrum; die Dauer des Replikationszyklus ist bei den verschiedenen Virustypen unterschiedlich. Die γ-Herpesviren infizieren entweder B-Lmphocyten (Epstein-Barr-Virus) oder T-Zellen und induzieren in ihnen den Zustand der Viruslatenz. Einige dieser Viren können außerdem Epithel- oder Fibroblastenzellen lytisch infizieren. Aufgrund der Sequenz der Virus-DNA, des Genomaufbaus und der immunologischen Verwandtschaft bestimmter Virusproteine teilt man die Unterfamilien weiter in verschiedene Genera ein, denen wiederum die sich serologisch unterscheidbaren Virustypen zugeordnet werden. Neben den allgemein gebräuchlichen Virusnamen werden die Herpesvirustypen nach ihrem jeweiligen Wirt bezeichnet und chronologisch in der Reihenfolge ihrer Entdeckung durchnumeriert, so zum Beispiel die humanen Herpesviren Typ 1 bis 8 (Tabelle 18.12).

18.4.2 Aufbau

Viruspartikel

Die Virionen der Herpesviren haben Durchmesser von 150 bis 200 nm und bestehen aus insgesamt mehr als 30 Strukturproteinen. Die Zahl schwankt bei den verschiedenen Virustypen und ist nicht in allen Fällen genau bekannt (Abbildung 18.22, Tabelle 18.13). Im Inneren der Partikel findet man das Virus-Core – eine fibrilläre Proteinmatrix, mit der das doppelsträngige, lineare DNA-Genom assoziiert ist. Im Elektronenmikroskop ähnelt es gelegentlich einer Spule, um welche die DNA wie ein Nähfaden oder Kupferdraht aufgewickelt ist. Das Core ist von einem icosaedrischen Capsid mit einem Durchmesser von 100 nm umgeben, das aus 162 Capsomeren besteht. Das Hauptcapsidprotein VP5 hat beim Herpes-simplex-Virus ein Molekulargewicht von 155 kD, und jeweils sechs Moleküle bilden ein Capsomer. Sie sind über Disulfidbrücken mit weiteren Virusproteinen (VP19C) verbunden, die an der Innenseite der Capside lokalisiert und mit der DNA assoziiert sind. Die Capsomere (Hexone) bilden tubuläre Strukturen mit einer Röhre an der oberflächenexponierten Seite, die aber nicht bis in das Capsidinnere reicht. An den zwölf Ecken des Ikosaeders sind die p155-Proteine (Pentone) mit den Vertex-Proteinen als weiteren Komponenten verbunden. Letztere konnte man bisher keinem der Leserahmen auf dem Genom zuordnen. Zusätzlich zu diesen Polypeptiden findet man noch zwei bis drei Proteine (VP23 und VP26) als Bestandteile der Capside. Neben infektiösen Virionen produzieren infizierte Zellen auch sogenannte L-Partikel. Sie sind nichtinfektiös und bestehen nur aus der Hüllmembran und dem Tegument.

Intrazelluläre Capside, die vor ihrer Umhüllung mit der inneren Kernmembran isoliert werden, enthalten eine Reihe weiterer Proteine, die zum Teil auch in den infektiösen Partikeln nachweisbar sind: VP21 scheint im Capsidinneren lokalisiert zu sein, und die VP22-Proteinfamilie der Leserahmen U_L26 und U_L26a spielt während der Morphogenese eine besondere Rolle. Das Produkt des U_L26-Gens ist eine Protease (Pra), die sich selbst und andere Mitglieder (VP22/U_L26a) spaltet und dabei unter anderem eine verkürzte Form der Protease (VP24; Prn) und die Familie der ICP35-Polypeptide generiert, unter denen sich

Tabelle 18.13: Molekulare Eigenschaften und Funktionen der in Herpesviruspartikeln identifizierten Strukturproteine*

Molekulargewicht (kD)/Bezeichnung/Genort HSV	CMV	EBV	Modifikation	Funktion
Capsid				
155/VP5/U_L19	153/-/UL86	150/-/BcLF1		Hauptcapsidprotein, Capsomer
50/VP19C/U_L38	34–37/-/UL46	47/-/-		Capsidprotein, Innenseite
34/VP23/U_L18	28/-/-	28/-/-		Vp23 an der Capsidoberfläche, fibrilläres Netzwerk zwischen den Capsomeren
11/VP26/U_L35	11/-/-			
-/VP21/-				im Capsidinneren
-/VP22a/U_L26.5	37/-/UL80a			carboxyterminaler Bereich von UL26 bzw. UL80, *scaffolding*-Protein, nicht in infektiösen Partikeln, Substrat für UL26
62/VP22/U_L26	-/-//UL80			Protease, Assemblin
-/VP24/U_L26				Spaltprodukt von UL26 (auch als *Prn* bekannt), kleinste Form der aktiven Protease
Tegument				
54/α-TIF/ICP25, VP16/U_L48	71/-/UL82	-/-/BPLF1 ?	phosphoryliert	transaktives Protein, induziert die Transkription der *immediate early*-Gene
74/VP13-14/U_L47			phosphoryliert	moduliert die funktionelle Aktivität von α-TIF
58/Vhs-Protein/ U_L41				*virus-host shutoff*, bewirkt Abbau und Destabilisierung der mRNA-Spezies der Wirtszelle
300/VP1-2/U_L36	212/-/UL48			
18/-/U_S11			myristyliert	bindet sich an die große Ribosomenuntereinheit und an die mRNA des U_L34-Gens, Antiterminatorfunktion?
	150/-/UL32		phosphoryliert, *N*-Acetyl-Glucosamin	Akzeptor von Phosphatgruppen durch die virionassoziierte Proteinkinase, induziert virustypübergreifende Antikörperbildung
57/VP18.8/U_L13	65/-/UL83		phosphoryliert	Proteinkinase und Akzeptor von Phosphatgruppen (beim CMV)
		152/-/-		Hauptkomponente des Teguments
Membranproteine				
100/gB/U_L27	150/gB/UL55	110/-/BALF4	glycosyliert	Penetration und Partikelaufnahme, Dimer, proteolytische Spaltung in zwei Teile (beim CMV in gp55 und gp93); Zellfusion; beim EBV nicht in der Virusmembran, sondern in der Kern- und ER-Membran nachweisbar

Tabelle 18.13: (Fortsetzung)

Molekulargewicht (kD)/Bezeichnung/Genort HSV	CMV	EBV	**Modifikation**	**Funktion**
55/gC/U_L44			glycosyliert	Adsorption, bindet unterschiedliche Komponenten des Komplementkomplexes
44/gD/U_S6			glycosyliert	Penetration und Partikelaufnahme, beeinflußt Virulenz in Mäusen
60/gE/U_S8			glycosyliert	Rezeptor für den Fc-Teil von Immunglobulinen
25/gG/U_S4				
90/gH/U_L22	86/gH/UL75	85/-/BXLF2	glycosyliert	Penetration und Partikelaufnahme
42/gI/U_S7			glycosyliert	Rezeptor für den Fc-Teil von Immunglobulinen
10/gJ/U_S5				
38/gK/U_L53			glycosyliert	Mutanten induzieren Zellfusion
25/gL/U_L1	32/gL/UL115	25/-/BKRF2	glycosyliert	Zellfusion, während des Transports zur Cytoplasmamembran Komplexbildung mit gH
51/gM/U_L10	45/-/UL100		glycosyliert	integrales Membranprotein, sehr hydrophob
	47–52/gcII/US6		glycosyliert	heterogene Proteinfamilie
	48/-/UL4		glycosyliert	
		gp220/350/-/ BLLF1	glycosyliert	Bindung an CD21 (C3d-Komplementrezeptor, neutralisierende Antikörper)
		55–78/-/ BILF2	glycosyliert	
		gp42/-/ BZLF2	glycosyliert	assoziiert mit gp85/BXLF2 und gp25/BKRF2, bindet sich an MHC-Klasse-II-Proteine, Penetration?
30/-/U_L24				Mutanten induzieren Zellfusion
25/-/U_L20				intrazellulärer Partikeltransport bei der Virusmorphogenese, Zellfusion

Vergleichend sind bei den verschiedenen Virustypen jeweils die Proteine aufgeführt, die entweder ein signifikantes Ausmaß an ähnlichen Sequenzen besitzen oder funktionell ähnliche Eigenschaften haben.

* Die Angaben für die einzelnen Proteine beziehen sich auf das Molekulargewicht (kD), die Bezeichnung des Proteins nach den Regeln, wie sie in Abschnitt 18.4.2 erklärt sind, und die Bezeichnung des Genorts, an dem sie auf dem Genom des jeweiligen Virus codieren. Oft war es nicht möglich, für jedes Protein alle Angaben zu machen, denn in vielen Fällen sind die Molekulargewichte oder die Genlokalisation nicht bekannt.

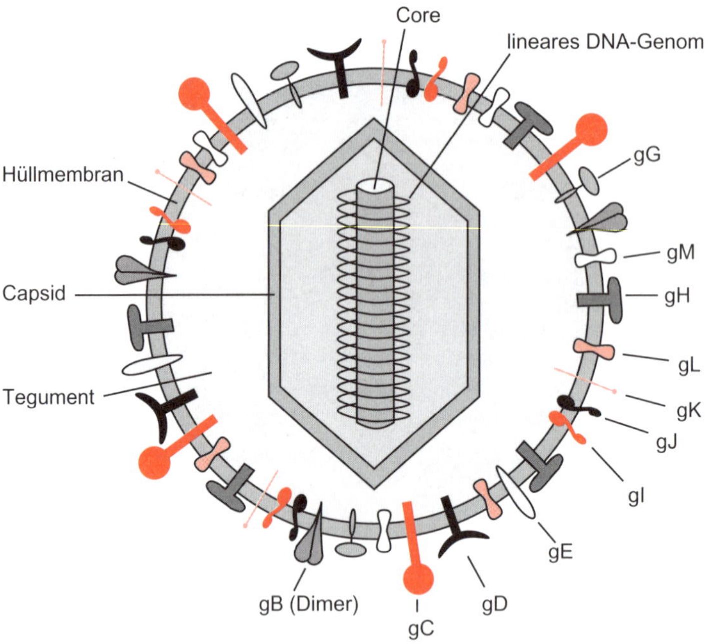

18.22 Aufbau des Partikels eines Herpes-simplex-Virus. Im Inneren des Virions findet man ein Protein-Core, welches in Wechselwirkung mit dem linearen, doppelsträngigen DNA-Genom vorliegt. Es ist von einem ikosaedrischen Capsid umgeben, das aus mehreren Virusstrukturproteinen besteht. Zwischen dem Capsid und der von der inneren Kernmembran abgeleiteten Hüllmembran befindet sich das Tegument, das verschiedene regulatorisch aktive Proteine enthält. In die Hüllmembran sind beim Herpes-simplex-Virus elf unterschiedliche Proteine eingelagert; sie sind durch die verschiedenen Symbole angedeutet.

das *Scaffolding*-Protein VP22a befindet. Dieses bildet bei der Morphogenese das Gerüst für die sich formenden Capside und ist in infektiösen Virionen nicht mehr nachweisbar. Proteine mit ähnlichen Eigenschaften konnte man auch in den Capsiden der Cytomegalieviren nachweisen: Das UL80-Produkt ist eine Protease, die auch als *Assemblin* bezeichnet wird. Durch autokatalytische Spaltung entsteht das Protein UL80a, das funktionell dem VP22a der Herpes-simplex-Viren entspricht. Die Capside sind von einer Hüllmembran umgeben, in die beim Herpes-simplex-Virus bis zu elf virale Glycoproteine (gB, gC, gD, gE, gG, gH, gI, gJ, gK, gL, gM) sowie zwei bis vier nichtglycosylierte Polypeptide eingelagert sind. Sie bilden teilweise Proteinvorsprünge auf der Virusoberfläche und erfüllen wichtige Funktionen bei der Adsorption der Partikel an die Zellrezeptoren, bei der Penetration und Aufnahme sowie bei der Induktion einer schützenden, neutralisierenden Antikörperantwort. Der zwischen den Capsiden und der Membran lokalisierte, als Tegument bezeichnete Bereich kann unterschiedlich groß sein. Seine Dicke bestimmt den leicht variablen Durchmesser der Partikel. Das Tegument ist eine unstrukturierte Proteinmatrix, die bis zu 20 Virusproteine enthält. Sie gelangen bei der Infektion mit in die Zelle. Für einige der Tegumentproteine des Herpes-simplex-Virus hat man wichtige, regulatorische Funktionen während der Frühphase des Replikationszyklus beschrieben. Zu ihnen gehören der *α*-TIF-Faktor (*α-trans-inducing factor*), das Vhs-Protein (*virus host shutoff*), eine Proteinkinase und das U_S11-Produkt. Die Proteine, die man in den morphologisch den Herpes-simplex-Viren sehr ähnlichen Virionen der anderen Herpesviren findet, haben teilweise vergleichbare Molekulargewichte und Funktionen (Tabelle 18.13).

Die Proteine der Herpesviren werden mit unterschiedlichen Abkürzungen bezeichnet

Die Nomenklatur der Herpesvirusproteine ist nicht einfach. Beim Herpes-simplex-Virus sind Strukturproteine mit der Abkürzung VP (für Virionprotein) und einer Nummer versehen, die sich nach dem Laufverhalten des jeweiligen Proteins im SDS-Polyacryamidgel richtet. Das Protein, das sich am langsamsten durch das Gel bewegt, trägt die Nummer 1 (VP1). Von ihnen sind die intrazellulären Proteine (ICP = *infected cell proteins*) zu unterscheiden, die in der infizierten Zelle synthetisiert werden. Sie sind in analoger Weise durchnumeriert. Da es sich bei einigen Virionproteinen auch um intrazellulär nachweisbare Produkte handelt, überschneiden sich die Nomenklaturen beider Gruppen. Daneben kürzt man die Glycoproteine mit gX ab, wobei sich die großen Buchstaben auf die Reihenfolge beziehen, in der die Polypeptide entdeckt wurden. gA und gF fehlen, weil sie sich später als Vorläuferproteine oder Spaltprodukte anderer Glycoproteine erwiesen. Daneben werden die Proteine auch nach den Leserahmen benannt, in denen sie codieren. Diese sind unter der Bezeichnung der Genomsegmente unabhängig von ihrer Orientierung von links nach rechts durchnumeriert, zum Beispiel U_S1 oder U_L19; diese beiden werden im ersten Leserahmen in der kurzen beziehungsweise der langen, einmalig vorhandenen Genomregion (*unique short region* beziehungsweise *unique long region*) codiert. Ein anderes Einteilungsprinzip beruht auf dem Zeitpunkt, zu dem die fraglichen Proteine in der Zelle gebildet werden: α-Proteine sind die ersten, die unabhängig von der Neusynthese anderer Virusprodukte nach der Infektion entstehen. Man bezeichnet sie deshalb auch als sehr frühe oder *immediate early*-Proteine. β- oder *delayed early*-Proteine folgen zeitlich den α-Proteinen und sind von deren Präsenz in der Zelle abhängig. γ- oder späte (*late*) Proteine werden gegen Ende des Zyklus synthetisiert. Die meisten von ihnen sind Strukturproteine. Alle Bezeichnungen werden in der Literatur parallel verwendet. So wird zum Beispiel das Produkt des Leserahmens U_S1, ein α-Protein, auch als ICP22 bezeichnet, beim γ-Protein U_L19 handelt es sich um das Capsidprotein VP5 oder p155. Ähnlich ist man bei der Nomenklatur der Genprodukte des Cytomegalievirus verfahren.

Nicht ganz so verwirrend ist die Bezeichnung der Genprodukte des Epstein-Barr-Virus. Sie richtet sich nach den Genomfragmenten, die durch den Verdau der DNA mit dem Restriktionsenzym *Bam*H1 entstehen. Das größte ist das A-, das zweitgrößte das B-Fragment und so weiter. Da man mehr Fragmente findet, als es Buchstaben gibt, wird die Bezeichnung nach Z mit kleinen Buchstaben weitergeführt. Die einzelnen Leserahmen werden den Fragmenten zugeordnet und in ihrer Reihenfolge durchnumeriert. Dabei wird berücksichtigt, ob sie in die rechte oder linke Leserichtung orientiert sind. Das gibt einen Anhaltspunkt dafür, von welchem DNA-Strang die mRNA des jeweiligen Gens abgelesen wird. Eines der *immediate early*- oder α-Proteine des Epstein-Barr-Virus wird so dem Leserahmen BZLF1 (*Bam*H1/*Z-fragment*/*left frame* 1) zugeordnet; es handelt sich um den ersten, nach links gerichteten Leserahmen des Z-Fragments, das nach *Bam*H1-Verdau entsteht. Daneben werden die Proteine auch unter Angabe ihrer Molekulargewichte abgekürzt: So steht zum Beispiel gp220/350 für Glycoproteine der entsprechenden Größen.

Genom und Genomaufbau

Die Genome der Herpesviren liegen in den Virionen als *lineare, doppelsträngige DNA* vor und sind zwischen 120 000 und 230 000 Basenpaaren lang. Bei allen Virustypen findet man einmalig vorkommende (*unique*) und wiederholte (*repeat*) Sequenzabschnitte, die bei den Vertretern der jeweiligen Genera in unterschiedlichen Mustern angeordnet sind (Abbildung 18.23). Man vermutet, daß die beiden Genomenden im Virion in enger räumlicher Nähe zueinander vorliegen. Die sauren Phosphatgruppen sind mit basisch geladenen, zellulären Spermin- und Spermidinmolekülen abgesättigt. Bei der Infektion wird die lineare DNA in ein zirkuläres Molekül überführt, das dann als Episom im Kernplasma vorliegt. Beide Stränge codieren für insgesamt über 100, bei den Cytomegalieviren sogar über 200 Genprodukte, die teilweise unter Verwendung unterschiedlicher Leseraster von miteinander überlappenden Leserahmen exprimiert werden. Abgesehen von wenigen Ausnahmen wird die Expression jedes Gens von einem spezifischen, dem Leserahmen vorgelagerten Promotor kontrolliert, der die üblichen Erkennungsstellen für die eukaryotsiche RNA-Polymerase II besitzt. Zusätzlich verfügen die Promotorbereiche über Bindungsstellen für zelluläre und virale Transaktivatoren, die bestimmen, zu welchem Zeitpunkt des Infektionszyklus das entsprechende Gen aktiviert und exprimiert wird. Viele Proteine werden von gespleißten mRNA-Molekülen translatiert. Die hierfür notwendigen Spleißdonor- und -akzeptorstellen sind über den gesamten Genombereich verteilt. Insbesondere die Proteine, die während der Latenz des Epstein-Barr-Virus synthetisiert werden, werden von mRNA-Molekülen translatiert, die mehrfachen, sich über große Genombereiche erstreckenden Spleißvorgängen unterliegen.

Herpes-simplex-Virus. Das Genom ist etwa 152 000 Basenpaare lang und in ein *langes* und *kurzes Segment* (L, 126 000 Basenpaare, beziehungsweise S, 26 000 Basenpaare) unterteilt (Abbildung 18.23A). Jedes enthält einen Abschnitt einheitlicher Sequenzfolgen, die als *unique long* (U_L-Region) und *unique small* (U_S-Region) bezeichnet und die von invertierten Einheiten wiederholter Sequenzen flankiert sind. Nach ihrer Lage an den Genomenden oder im Zentrum, wo die beiden Segmente kovalent miteinander verbunden sind, bezeichnet man sie als *terminal repeat* oder *internal repeat* (TR beziehungsweise IR). Die *Repeats*, welche die U_L-Region flankieren, bestehen am Genomende aus mehrfach wiederholten a-Abschnitten – jeder umfaßt 465 bis 624 Basenpaare –, welchen ein b-Element (8 800 Basenpaare) folgt. Man bezeichnet diesen Abschnitt als TR_L-Region (*terminal repeat, long segment*). Diesem wiederum schließt sich die U_L-Region (108 000 Basenpaare) an, der ein b'-Element in umgekehrter Orientierung und eine unterschiedliche Anzahl von a-Wiederholungen folgen. Sie bilden den Übergang zwischen den Segmenten und werden zusammen mit dem anschließenden c-Element (6 600 Basenpaare) als IR-Region bezeichnet. Es folgt die U_S-Region, an die sich eine invertierte c'-Einheit und a-Sequenzen (TR_S) anschließen (Abbildung 18.23A). Das Genom des Herpes-simplex-Virus besteht also aus einer Abfolge der Sequenzelemente

$$a_n\text{-}b\text{—}U_L\text{—}b'\text{-}a'_m\text{-}c\text{—}U_S\text{—}c'\text{-}a.$$

$$TR_L\text{—}U_L\text{—}IR_L/IR_S\text{—}U_S\text{—}TR_S$$

Während der Infektion und Replikation können durch intramolekulare Rekombination der identischen, invertierten Wiederholungseinheiten vier isomere Genomformen entstehen, in denen die U_L- und U_S-Regionen unterschiedlich zueinander orientiert sind (Abbildung 18.23A). Man findet alle Isomere als Genome in den Virionen, alle sind infektiös und unterscheiden sich nicht in ihrem Informationsgehalt, da sie in der Zelle als zirkuläre Episome vorliegen. Im Genom der Herpes-simplex-Viren hat man drei Stellen identifiziert, an denen

A. Herpes-simplex-Virus

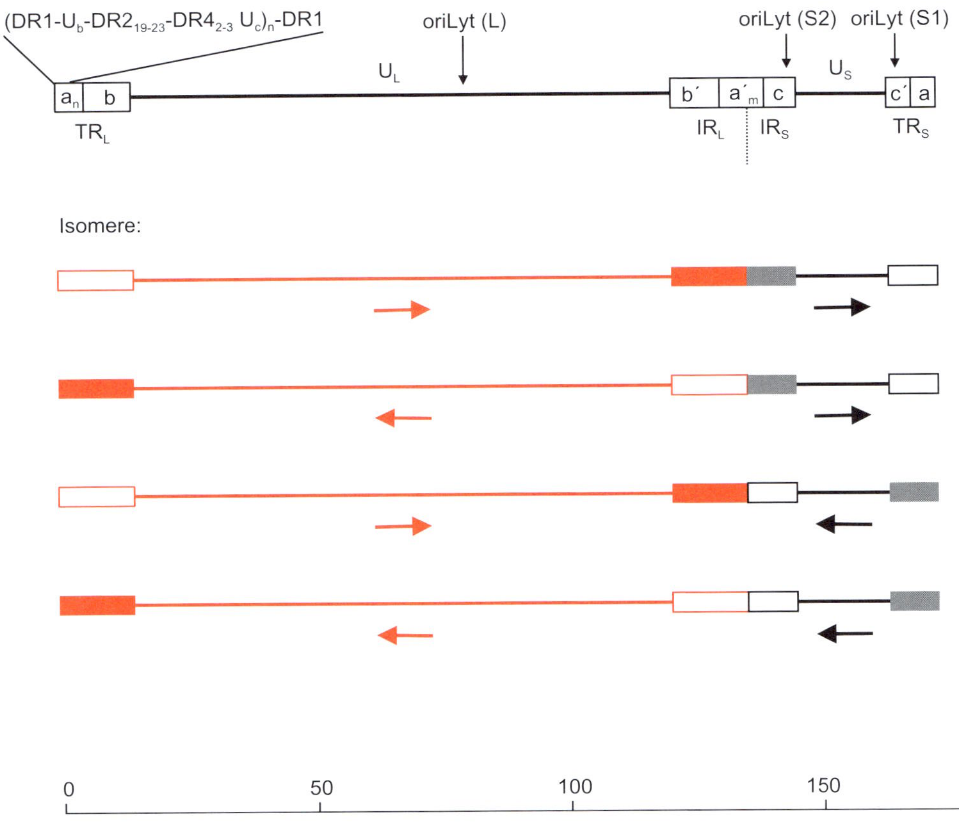

18.23 Genomaufbau der Herpesviren: A: Herpes-simplex-Virus. B: Cytomegalievirus. C: Varicella-Zoster-Virus. D: Epstein-Barr-Virus. E: Humanes Herpesvirus 6. Die Genomregionen, die aus Sequenzwiederholungen bestehen, sind als Balken dargestellt. Sie befinden sich an den Genomenden (TR = *terminal repeat*) und innerhalb des Genoms (IR = *internal repeat*). Die einmalig vorkommenden Genomabschnitte (U = *unique*) sind als Striche repräsentiert. Zusätzlich sind die Replikationsursprünge der Genomvermehrung nach dem *rolling circle*-Mechanismus angegeben, die während des lytischen Replikationszyklus aktiv sind: oriL, oriS1 und oriS2 beim Herpes-simplex-Virus, oriLyt beim Cytomegalievirus, oriLyt (S1) und oriLyt (S2) beim Varicella-Zoster-Virus, oriLyt beim Epstein-Barr-Virus). Im Falle des Epstein-Barr-Virus ist auch der Replikationsursprung bekannt, der während der Latenz für die Vermehrung der episomalen Virus-DNA verwendet wird (oriP). Durch die Lage der terminalen und internen Wiederholungseinheiten und ihre Orientierung zueinander (angedeutet durch die kleinen Buchstaben; a und a' stellen als Beispiel invertiert zueinander vorliegende, identische Basenfolgen dar) können die einheitlichen Genomabschnitte der Herpes-simplex-Viren, des Cytomegalievirus und des Varicella-Zoster-Virus in verschiedenen Orientierungen zueinander angeordnet sein. Dadurch entstehen bis zu vier verschiedene isomere Formen des Genoms. Die Wahrscheinlichkeiten, mit denen sie in den Virionen gefunden werden, sind jeweils angegeben. Beim Genom des Epstein-Barr-Virus ist weiterhin auch die Lage der Sequenzfolge eingezeichnet, die im Virusisolat B95-8 deletiert ist. Zur weiteren Erläuterung siehe Text.

B. Cytomegalievirus

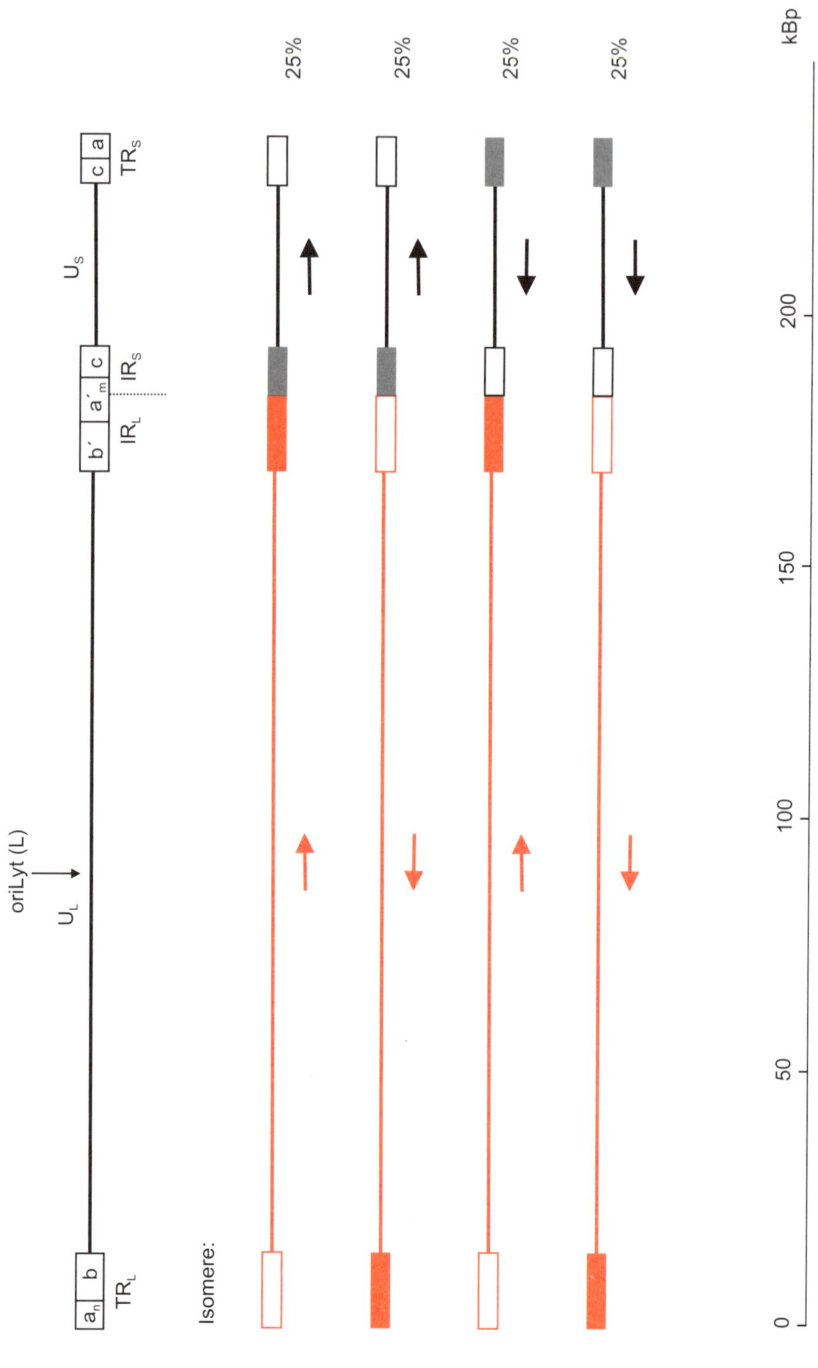

C. Varicella-Zoster-Virus

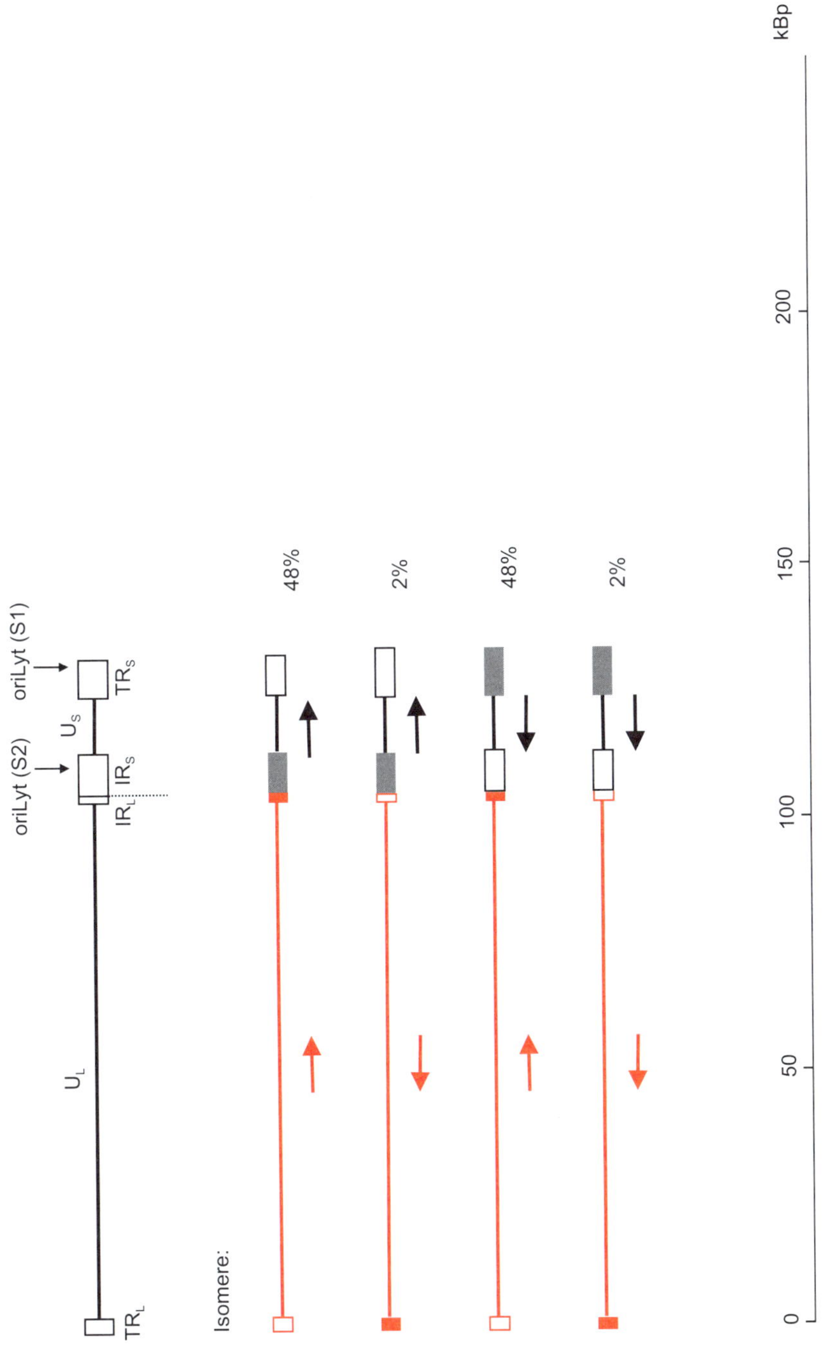

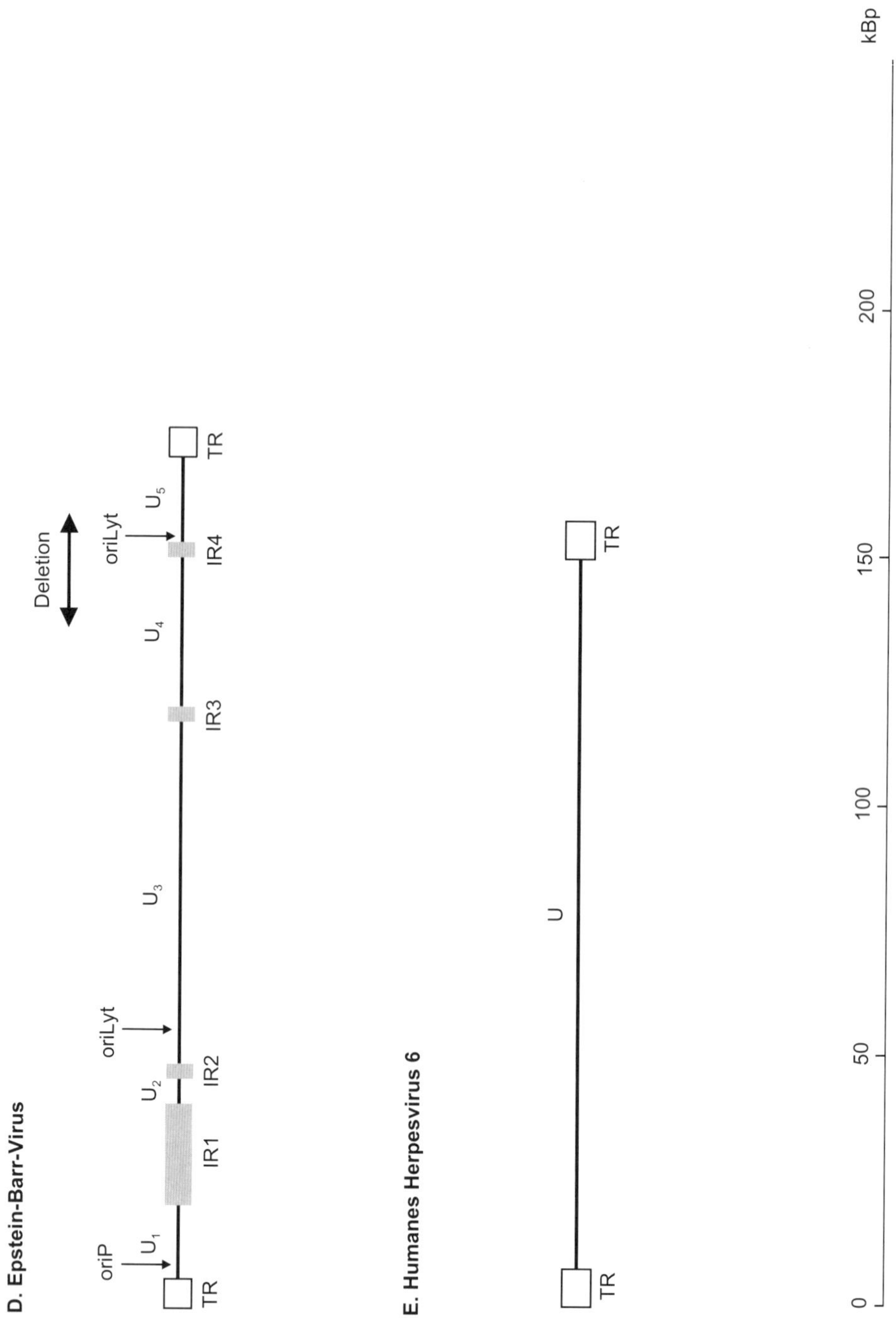
D. Epstein-Barr-Virus
oriP
U1
TR
IR1
U2
IR2
oriLyt
U3
IR3
U4
Deletion
oriLyt
IR4
U5
TR
E. Humanes Herpesvirus 6
TR
U
TR
0
50
100
150
200
kBp

die Genomreplikation während des lytischen Replikationszyklus startet: Eine befindet sich im Zentrum der U_L-Region (OriL), die beiden anderen (OriS) in den c-Sequenzen der Wiederholungseinheiten, welche die U_S-Region flankieren. Sie sind etwa 800 bis 1 000 Basenpaare lang und besitzen in ihren Zentren kurze, symmetrisch angeordnete Sequenzelemente und Palindrome. Mindestens ein OriS-Element muß für den korrekten Ablauf der DNA-Synthese im Genom vorhanden sein, ein OriL ist nicht unbedingt essentiell.

Die Anzahl der a-Einheiten in den TR- und IR-Elementen schwankt in Abhängigkeit vom Virusstamm. Sie bestehen ebenfalls aus aufeinanderfolgenden kurzen, in direkter Orientierung wiederholten und aus einmalig vorkommenden Sequenzen (Abbildung 18.23A), die bei allen Herpes-simplex-Viren konserviert sind: Am Ende findet man eine 20 Basenpaare lange, direkte Wiederholungseinheit (DR1), gefolgt von einer einheitlichen U_b-Region (65 Basenpaare), einem 19- bis 23fach wiederholten Repeat DR2 (22 Basenpaare), einem DR4-Repeat (37 Basenpaare) in zwei- bis dreifacher Wiederholung und einer U_c-Region (58 Basenpaare). Das DR1-Element am Ende der TR_L-Region ist nur 18 Basenpaare lang. Am 3′-Ende findet man ein überhängendes Nucleotid. Am anderen Genomende findet man nur ein Basenpaar des DR1-Repeats und ebenfalls eine 3′-überhängende Base. Bei der Genomzirkularisierung ergänzen sich die Sequenzen zu einem vollständigen DR1-Element. Die DNA-Sequenzen der Herpes-simplex-Viren Typ 1 und Typ 2 ähneln sich stark (85 Prozent Homologie), und die Anordnung der verschiedenen Elemente ist identisch.

Cytomegalievirus. Die Cytomegalieviren gehören zu den humanpathogenen Viren mit der höchsten Codierungskapazität. Das Genom des humanen Cytomegalievirus (Stamm AD169) umfaßt 229 354 Basenpaare und enthält die Information für etwa 200 Genprodukte. Etwa 30 Proteine weisen in ihrer Aminosäuresequenz eine signifikante Homologie mit entsprechenden Genprodukten von Herpes-simplex- oder anderen Herpesviren auf. Es fällt auf, daß die Erbinformation der Cytomegalieviren neun Gruppen eng miteinander verwandter Gene enthält, die etwa 26 Prozent des Genoms einnehmen. Hierzu gehören die Gene RL11 und US6, die für die Glycoproteinfamilien gp48 beziehungsweise gcII/gp47–52 codieren. Das Genom ist ähnlich wie das von Herpes-simplex-Viren in ein langes und ein kurzes einmaliges Segment (U_L und U_S) unterteilbar, die von Wiederholungseinheiten flankiert sind (Abbildung 18.23B). Auch hier bilden sich durch intramolekulare Rekombination vier isomere Stränge. Die Ausgangsstelle für die Genomreplikation während des lytischen Vermehrungszyklus (oriLyt) liegt im Zentrum der UL-Region.

Varicella-Zoster-Virus. Das Varicella-Zoster-Virus gehört zu den α-Herpesviren, und sein Genom umfaßt etwa 125 000 Basenpaare. Ein Isolat wurde bisher vollständig sequenziert (124 884 Basenpaare). Der Genomaufbau ähnelt demjenigen des Herpes-simplex-Virus, mit dem Unterschied, daß die Wiederholungeinheiten TR_L und IR_L, welche die lange einheitliche U_L-Region (104 800 Basenpaare) flankieren, mit nur 88 Basenpaaren sehr kurz sind. Die TR_S und IR_S-Einheiten sind dagegen 7 319 Basenpaare lang und umrahmen die 5 232 Reste umfassende U_S-Region. Wahrscheinlich wegen der Kürze der TR_L- und IR_L-Sequenzen findet beim Varicella-Zoster-Virus nur in seltenen Fällen eine intramolekulare Rekombination statt, so daß meist nur zwei isomere Genomformen vorliegen, bei denen die S-Elemente unterschiedliche Orientierungen aufweisen (Abbildung 18.23C).

Epstein-Barr-Virus. Der B95-8-Stamm des Epstein-Barr-Virus verfügt über ein Genom von 172 281 Basenpaaren Länge, das keine isomeren Stränge bildet. An den Genomenden findet man eine unterschiedliche Anzahl von Wiederholungseinheiten von 538 Basenpaaren (TR, *terminal repeat*), die in gleicher Orientierung vorliegen. Die internen Repeats (IR1, 3 072 Basenpaare), die in Abhängigkeit vom Virusstamm in unterschiedlicher Anzahl aneinandergereiht sind, teilen das Genom in einen kurzen und einen langen Abschnitt (U_S oder U1 und

U_L; 12 000 beziehungsweise 134 000 Basenpaare) einheitlicher Sequenzen (Abbildung 18.23D). Das U_L-Segment wird von drei weiteren Abschnitten kurzer, tandemartig wiederholter Sequenzelemente (IR2, IR3 und IR4) unterbrochen und läßt sich so weiter in eine U2-, U3-, U4- und U5-Region unterteilen. In den Endbereichen des U_L-Segments findet man zwei weitere, konservierte *direct repeat*-Elemente (DL und DR), die 125 Basenpaare lang sind. In ihrer Nachbarschaft liegen die beiden Initiationsstellen für die Genomreplikation (oriLyt) während des lytischen Vermehrungszyklus. Den Replikationsursprung für die episomale Genomvermehrung während der Latenz (oriP) findet man dagegen in der U1-Region. Da jeder Virusstamm eine spezifische Anzahl der verschiedenen Wiederholungseinheiten aufweist, ist die Genomlänge der Epstein-Barr-Viren heterogen. Daneben gibt es Isolate, bei denen große DNA-Bereiche deletiert sind. Unter anderem sind im Genom des Epstein-Barr-Virus B95-8, das B-Zellen mit einer hohen Tendenz zur Etablierung des latenten Zustands infiziert, am rechten Ende der U_L-Segments 11 835 Basenpaare deletiert. Damit fehlen dem B95-8-Genom auch die IR4- und DR-Sequenzen. Dagegen fehlen bei dem Virusisolat P3HR1, das B-Zellen nicht latent infizieren kann, die U2-Region und ein Teil der sie flankierenden IR1- und IR2-Einheiten.

Humane Herpesviren 6, 7 und 8. Das humane Herpesvirus 6 unterscheidet sich in seinem Genomaufbau von allen anderen humanpathogenen Herpesviren. Es besteht aus etwa 161 000 bis 168 000 Basenpaaren. An den Enden der linearen DNA findet man über einen Bereich von etwa 10 000 Basenpaaren TR-Elemente von je 3 950 Resten, die in den einzelnen Molekülen unterschiedlich oft wiederholt sind und eine einheitliche Region von etwa 142 000 Basenpaaren Länge flankieren (Abbildung 18.23E). Isomere Genomformen können also nicht entstehen. Eine ähnliche Genomanordnung findet man bei den humanen Herpesviren 7 und 8 sowie den Herpesviren der Neuweltaffen, *Herpesvirus saimiri* und *Herpesvirus ateles*.

18.4.3 Virusproteine des lytischen Zyklus

Bei der hohen Codierungskapazität der Herpesvirusgenome und der damit verbundenen großen Zahl von Proteinen ist es unmöglich, alle molekularen Details und die mit ihnen verbundenen Funktionen einzeln zu besprechen. Im Rahmen dieses Kapitels werden daher nur einige für den Replikationszyklus oder die Pathogenese besonders wichtige Polypeptide herausgegriffen. Leser, die an weiteren Einzelheiten interessiert sind, finden weitere Informationen in Übersichtsartikeln, die in Abschnitt 18.4.12 angegeben sind.

Strukturproteine

Membranproteine. In die Hüllmembran der Herpesviren sind verschiedene Glycoproteine eingelagert (Tabelle 18.13). Bei Herpes-simplex-Viren konnte man zeigen, daß das *gC-Protein* an Heparansulfat-Proteoglycan auf der Zelloberfläche adsorbiert. Weitere noch unbekannte Zellstrukturen scheinen zusätzlich für die Adsorption verantwortlich zu sein. gC-spezifische Antikörper hemmen die Partikelbindung an die Zellen und sind neutralisierend. Neben der gC-abhängigen konnte man auch eine von diesem Protein unabhängige (gB, gD; siehe unten) Interaktion des Virus mit den Zellen zeigen. Das gC-Protein des Herpes-simplex-Virus 1 besitzt 511 Aminosäuren. Die 25 Reste am aminoterminalen Ende dienen als Signalpeptid und vermitteln die Synthese am endoplasmatischen Reticulum. Es ist sowohl über *N*- als auch über *O*-glycosidische Bindungen mit Zuckergruppen modifiziert und liegt als oligomerer Komplex aus mehreren Untereinheiten vor. Man konnte zeigen, daß das gC-Protein auf der Oberfläche infizierter Zellen vorhanden ist und daß es die *Komplementkom-*

ponente C3b bindet (Kapitel 7). Verantwortlich hierfür sind diskontinuierliche Bereiche des Proteins. Die Funktion der C3b-Bindung ist nicht endgültig geklärt. Man vermutet, daß infizierte Zellen oder die Viruspartikel so der komplementvermittelten Eliminierung entgehen. Neben der C3b-bindenden Aktivität besitzen Herpes-simplex-Viren einen weiteren Mechanismus, wie sie der Immunantwort entgehen können: Die *Glycoproteine gE und gI* wirken als Fc-Rezeptoren und binden Immunglobuline. Das verhindert die Interaktion der Antikörper mit den Effektorzellen. Daneben erscheint es möglich, daß neutralisierende B-Zell-Epitope auf der Virusoberfläche durch die Bindung der Antikörpermoleküle maskiert sind und nicht als fremd erkannt werden. Auch beim Cytomegalievirus hat man Fc-Rezeptor-ähnliche Strukturen gefunden. Sie konnten bisher allerdings keinem Virusprotein zugeordnet werden.

Die *Glycoproteine gB, gD* und *gH* sind an der Aufnahme des Virus in das Cytoplasma beteiligt. Jedes dieser Polypeptide induziert die Bildung neutralisierender Antikörper, welche die Infektion auf der Stufe der *Penetration* hemmen. Das gB-Protein des Herpes-simplex-Virus 1 verfügt nach Abspaltung des aminoterminalen Signalpeptids über 875 Aminosäuren, die an sechs Positionen mit *N*-glycosidisch gebundenen Kohlenhydratgruppen modifiziert sind. In seiner reifen Form scheint gB als Homodimer vorzuliegen. Die meisten Antikörper, die während einer Infektion gebildet werden, sind gegen dieses Protein gerichtet. Das *gD-Protein* besteht aus 394 Aminosäuren. Auch hier dienen 25 Reste am Aminoterminus als Signalpeptid. Zuckergruppen sind *O*- und *N*-glycosidisch gebunden. Nach einer Herpes-simplex-Virus-Infektion können bei den Patienten nicht nur gD-spezifische, neutralisierende Antikörper, sondern auch cytotoxische T-Zellen nachgewiesen werden, die Epitope dieses Proteins erkennen. Zusätzlich fand man, daß die Anwesenheit des gD-Proteins auf der Oberfläche von infizierten Zellen die Adsorption und Aufnahme weiterer Herpesviruspartikel verhindert. Wie die Herpes-simplex-Viren nach der Adsorption von der Zelle aufgenommen werden, ist unklar. Man weiß, daß die Virus- und Cytoplasmamembranen direkt verschmelzen und daß das Capsid mit den Tegumentkomponenten so in das Zellinnnere entlassen wird. Der Vorgang ist jedoch nicht mit ähnlichen Prozessen vergleichbar, wie sie durch die F-Proteine der Paramyxoviren oder das gp120 von HIV (Abschnitte 14.2 und 17.1) vermittelt werden: Weder gB noch gD oder gH werden proteolytisch gespalten, und in keinem Fall wird eine hydrophobe, fusionsaktive Domäne exponiert. Da die Membranverschmelzung direkt an der Zelloberfläche erfolgt und nicht an die Aufnahme der Virionen durch Endosomen gebunden ist, erfolgt auch keine von sauren pH-Werten abhängige Proteinumlagerung und Fusionsaktivierung wie beispielsweise bei den Influenzaviren (Abschnitt 15.1). Die gB-, gD- und gH-Proteine induzieren auch die Fusion der Cytoplasmamembran von infizierten mit der uninfizierter Zellen – ein Vorgang, durch den sich die Viren unabhängig von der Anwesenheit infektiöser Partikel im Organismus ausbreiten können.

Proteine, die gB und gH entsprechen, findet man auch bei den β- und γ-Herpesviren (Tabelle 18.13). Das gB-Homolog des humanen Cytomegalievirus wird im Leserahmen UL55 codiert und als Vorläuferprotein von 906 Aminosäuren gebildet. Im Gegensatz zum Protein des Herpes-simplex-Virus wird es nach der Position 460 proteolytisch gespalten. Hierdurch entsteht ein Heterodimer aus dem aminoterminalen gp93 und dem carboxyterminalen gp55, wobei beide über Disulfidbrücken miteinander verbunden sind. Die meisten virusneutralisierenden Antikörper sind gegen diesen Proteinkomplex gerichtet. Das dem gB entsprechende Protein des Epstein-Barr-Virus ist das gp110. Es wird im Leserahmen BALF4 codiert. Ähnlich wie das gB des Herpes-simplex-Virus wird es nicht prozessiert. Es scheint aber eine andere Funktion zu haben: Man kann es vor allem in den Membranen des Zellkerns und des endoplasmatischen Reticulums nachweisen, jedoch nicht auf der Virusoberfläche oder in der Cytoplasmamembran. Das dem *gH-Protein* der Herpes-simplex-Viren homologe Produkt der Cytomegalieviren, gp86 (UL75), umfaßt 742 Aminosäuren. Es entspricht dem gp85, das im BXLF2-Leserahmen des Epstein-Barr-Virus codiert wird. Die gH-Proteine komplexieren im endoplasmatischen Reticulum mit weiteren viralen Polypeptiden und werden zusammen mit diesem zur Zelloberfläche transportiert: Bei dem Interaktionspartner handelt es sich um das *gL* der Herpes-simplex-Viren beziehungsweise die *gL-homologen Proteine* des Cytomegalie- (gp32, UL115) oder des Epstein-Barr-Virus (gp25, BKRF2).

Beim Epstein-Barr-Virus sind die meisten neutralisierenden Antikörper gegen ein Glycoprotein gerichtet, das auf den Virionen und den infizierten Zellen in zwei verschiedenen Formen vorhanden ist. Das *gp350* wird im Leserahmen BLLF1 codiert und von einer ungespleißten mRNA translatiert. Für die Synthese des *gp220* wird aus dem zentralen Bereich der mRNA ein Intron entfernt, so daß das Protein mit den amino- und carboxyterminalen Bereichen des gp350 sequenzidentisch ist. Beide Proteine verfügen über einen hohen Gehalt an Zuckergruppen. Außer einer schützenden Antikörperantwort induzieren sie bei infizierten Personen eine antikörperabhängige, cytotoxische T-Zell-Reaktion (Kapitel 7). Die Epstein-Barr-Viren adsorbieren über den gp220/350-Komplex an das *CD21-Protein*, den Rezeptor für die Komplementkomponente C3d.

Die Proteine gp220/350 verwendet man als Impfstoff gegen das Epstein-Barr-Virus

Das gp220/350 ist das am besten geeignete Protein für die Entwicklung eines Impfstoffes gegen das Epstein-Barr-Virus. Krallenaffen, bei denen das Virus Lymphome induziert, bilden diese Tumoren nicht, wenn man sie zuvor mit gereinigten gp220/350-Präparationen geimpft hat und die Tiere entsprechende Antikörper gebildet haben. Vor diesem Hintergrund versucht man heute, eine Vakzine für den Menschen zu entwickeln. In China ist die Epstein-Barr-Virus-Infektion mit einem erhöhten Risiko für die Entwicklung von Nasopharynxkarzinomen verknüpft. Bereits Kleinkinder sind dort sehr häufig infiziert (Abschnitt 18.4.11). Deshalb hat man in den vergangenen Jahren gereinigte Formen eines mit gentechnologischen Methoden hergestellten gp220/350 in China erprobt. Erste Ergebnisse dieser Studie zeigen, daß die Virusinfektion auf diese Weise erfolgreich verhindert wird.

Tegumentproteine. Das *α-TIF-Protein* (54 kD) der Herpes-simplex-Viren wird spät während des lytischen Replikationszyklus synthetisiert. Es wird bei der Morphogenese in die infektiösen Partikel integriert und liegt in ihnen als eine Tegumentkomponente vor. Für die Virusvermehrung ist es nicht unbedingt erforderlich: Mutanten mit einem zerstörten *α*-TIF-Gen können sich ebenfalls vermehren, wenn auch ineffizienter und mit verlängerten Replikationszeiten. Das *α*-TIF-Protein besteht aus drei funktionell wichtigen Domänen: Die erste umfaßt die Reste 173 bis 241. Sie sind reich an basischen Aminosäuren und binden sich an DNA, bevorzugt an die Sequenzfolge GArAT (r = Purinbase). Die zweite Domäne enthält die Aminosäuren 378 bis 389. Sie interagieren mit dem zellulären *Transaktivator Oct-1*. Die 80 sauren, carboxyterminalen Aminosäuren stellen die dritte Domäne dar. Sie vermittelt die transaktivierenden Eigenschaften. *α*-TIF wird in der infizierten Zelle in den Kern transportiert und verstärkt dort die Expression der *immediate early*-Gene. Das Protein bindet sich nicht selbst an die Promotoren, sondern interagiert vielmehr mit dem Faktor C1, der sich aus zwei Untereinheiten (80 und 70 kD) zusammensetzt. Dieser *α*-TIF/C1-Komplex heftet sich anschließend an das Protein Oct-1, das seinerseits in Wechselwirkung mit bestimmten Sequenzmotiven in den Promotoren der *immediate early*-Gene vorliegt. Hierdurch kann die transaktivierende Domäne des *α*-TIF mit dem TATA-Box-bindenden Transkriptionsfaktor TFIID interagieren und dadurch die Initiation der mRNA-Synthese verstärken. Die Sequenzfolge 5′-GyATGnTAATGArATT-3′ (y = Pyrimidin, r = Purin, n = Purin oder Pyrimidin) in den Promotorbereichen ist essentiell für die Bindung des Komplexes und die Transaktivierung. Oct-1 interagiert

Die Transaktivatoren Oct-1 und Oct-2 zählen zur Familie der Homöoboxproteine POU

Der *Transaktivator Oct-1* (auch als NF-A1, NFIII, OTF-1, OBP100 bekannt) bindet sich in der Zelle an das Octamermotiv ATGCAAAT, das sich zum Beispiel in Promotoren von Genen für das Histon 2B oder für die kleine nucleäre RNA (snRNA) befindet, die unabhängig vom Typ und Differenzierungsstadium konstitutiv in vielen unterschiedlichen Zellen exprimiert werden. Das gleiche Octamermotiv findet man auch in den Promotoren der Immunglobulingene. An dieses bindet sich jedoch das Oct-2-Protein. Beide gehören zusammen mit den Faktoren Pit-1 und Unc-86 aus dem Nematoden *Caenorhabditis elegans* zu der Familie der *Homöoboxproteine POU* (Pit-1, Oct, Unc-86). Allen ist eine etwa 150 Aminosäuren lange POU-Domäne gemein, die sich aus der homöoboxähnlichen POU-Homöodomäne und einer POU-spezifischen Region zusammensetzt. Erstere ist für die Ausbildung des Proteinkomplexes mit α-TIF und auch für die Bindung an das DNA-Octamermotiv verantwortlich. α-TIF interagiert spezifisch mit der Helix 2 der POU-Homöodomäne des Oct-1-Proteins, jedoch nicht mit derjenigen von Oct-2. Die Funktion der POU-spezifischen Domäne ist unklar. Vermutlich trägt sie mit zur DNA-Bindung bei.

dabei bevorzugt mit den Nucleotiden ATGnTAAT. α-TIF selbst interagiert als Teil des gebildeten Komplexes – aber nicht in freier Form – mit den Resten GArAT.

Beim Cytomegalievirus hat das *Tegumentprotein pp71*, aus dem Leserahmen UL83, eine dem α-TIF der Herpes-simplex-Viren vergleichbare Transaktivatorfunktion. Es induziert die Expression der *immediate early*-Gene und wird durch die mit den Viruspartikeln assoziierte Proteinkinase phosphoryliert. Es bindet zusammen mit zellulären Faktoren und beeinflußt die AP-1- oder CRE/ATF-Erkennungsstellen im Enhancer, der die Expression der *immediate early*-Gene 1 und 2 kontolliert. Beim Epstein-Barr-Virus besitzt das Protein des Leserahmens BPLF1 30 Prozent Sequenzhomologie mit α-TIF. Ob es eine entsprechende Funktion bei der Einleitung der lytischen Infektion hat, ist unbekannt.

α-TIF ist nicht das einzige Tegumentprotein, das die Expression der *immediate early*-Gene der Herpes-simplex-Viren beeinflußt: Die Produkte der Leserahmen U_L46 und U_L47 (VP13-14) wirken sich ebenfalls auf den Transaktivierungsprozeß aus. Auf welche Weise das geschieht, weiß man nicht. VP13-14 wird dabei von der viralen Proteinkinase (U_L13), einem weiteren Bestandteil des Teguments, phosphoryliert. Inwieweit sich diese Proteinmodifikation auf die sehr frühe Genexpression auswirkt, ist unbekannt. Auch in den Virionen der β- und γ-Herpesviren hat man Proteinkinasen gefunden. Beim Cytomegalievirus scheint diese Aktivität mit dem Tegumentprotein pp65 assoziiert zu sein.

Auch das Produkt des U_S11-Gens ist im Tegument der Herpes-simplex-Viren vorhanden. Es wird spät im Infektionszyklus synthetisiert. In infizierten Zellen bindet es sich an die 60S-Ribosomenuntereinheit. Welchen Effekt das hat, ist unbekannt. Das U_S11-Protein scheint zusätzlich der Termination der Transkription entgegenwirken zu können: Es erkennt eine Haarnadelschleife in der mRNA, die vom Leserahmen U_L34 transkribiert wird. Die Interaktion bewirkt, daß die mRNA-Synthese fortgesetzt wird und nicht unter Bildung einer nichtpolyadenylierten mRNA vorzeitig abbricht. Bei dem Genprodukt U_L34, dessen Synthese durch das U_S11-Protein reguliert wird, handelt es sich um ein Membranprotein, das in infizierten Zellen gebildet und von der viralen Proteinkinase (U_L13) phosphoryliert wird. Es findet sich auch im Virion, doch seine Funktion ist unbekannt.

Eine weitere Komponente des Teguments der Herpes-simplex-Viren ist in der Frühphase der Infektion für den Abbau und die Destabilisierung der zellulären mRNA-Spezies verantwortlich, einen Vorgang, der mit einer schnellen Abnahme der Proteinsynthese und -modifikation der Wirtszelle verbunden ist. Es bewirkt die Abspaltung der 5′-Cap-Gruppen und den Abbau der Transkripte vom 5′-Ende her. Das *Protein Vhs* (58 kD), das dieses Abschalten der Wirtsfunktionen einleitet, wird im Leserahmen U_L41 codiert und spät im Infektionszyklus gebildet. Neben den zellulären destabilisiert es auch die viralen mRNA-Moleküle. Wahrscheinlich wird so der Übergang von den frühen zu den späten Phasen der Replikation reguliert. Bei den β- und γ-Herpesviren konnte man bisher keine Vhs-ähnliche Proteinfunktion identifizieren.

Nichtstrukturproteine

Enzyme und Funktionen bei der Genomreplikation. Neben den bisher erwähnten Enzymen wie der Protease und der Proteinkinase, die Teil der Virionen sind, codieren die Herpesviren für eine große Anzahl von Enzymen und Polypeptiden, die verschiedene Schritte des Nucleinsäurestoffwechsels katalysieren und bei der DNA-Synthese und Genomvermehrung aktiv sind (Tabelle 18.14). Die meisten sind *delayed early*-Proteine und müssen in ihrer funktionell aktiven Form in der infizierten Zelle vorliegen, bevor die Replikation beginnen kann.

Außer etlichen zellulären sind sieben virale Proteine für die Genomreplikation der Herpes-simplex-Viren essentiell: 1. Die *DNA-Polymerase* (140 kD), deren Sequenz bei allen Herpesviren konserviert ist; sie wird im Unterschied zum zellulären Enzym durch Phosphonoessigsäure und -ameisensäure gehemmt. Neben der 5′→3′-Polymerasefunktion besitzt sie ähnlich wie die zellulären Enzyme eine *3′*→5′-Exonucleaseaktivität und verfügt somit über einen Mechanismus zur Überprüfung der Lesegenauigkeit. 2. Ein 62-kD-Protein (*processivity factor*), das im Komplex mit der Polymerase vorliegt und sich an doppelsträngige DNA bindet. 3.–5. Der *Helicase-Primase-Komplex*, der sich sich aus drei Proteinen (99 kD, 80 kD und 114 kD) zusammensetzt. Er ist für die Entwindung der doppelsträngigen DNA-

Tabelle 18.14: Herpesvirusproteine mit Aufgaben bei der Replikation

Molekulargewicht (kD)*/Genort			Funktion
HSV	CMV	EBV	
140/U_L30	140/UL54	110/BALF5	DNA-Polymerase
124/U_L29	140/UL57	138/BALF2	bindet sich an einzelsträngige DNA
94/U_L9	?	38–40/BZLF1	bindet sich an Replikationsursprung Ori_{Lyt}
62/U_L42	52/UL44	50/BMRF1	bindet sich an doppelsträngige DNA (*processivity factor*)
99/U_L5	-/UL105	-/BSLF1	Teil des Helicase/Primase-Komplexes
80/U_L8	-/UL102 ?	-/BBLF4	Teil des Helicase/Primase-Komplexes
114/U_L52	-/UL70	-/BBLF2/3	Teil des Helicase/Primase-Komplexes
80–85/U_L12	-/UL98	70/BGLF5	alkalische DNase, aktiv bei Reparaturprozessen?
-/U_L23	-/-	70/BXLF1	Thymidinkinase
140/U_L39	-/U_L45	85/BORF2	große Untereinheit der Ribonucleotidreductase
38/U_L40	?	34/BaRF1	kleine Untereinheit der Ribonucleotidreductase
39/U_L2	-/UL114	78–88/BKRF3	Uracilglycosylase, aktiv bei Reparaturprozessen?
-/U_L50	-/UL72	-/BLLF3	dUTPase

* Die Molekulargewichte sind angegeben, soweit sie bekannt sind.

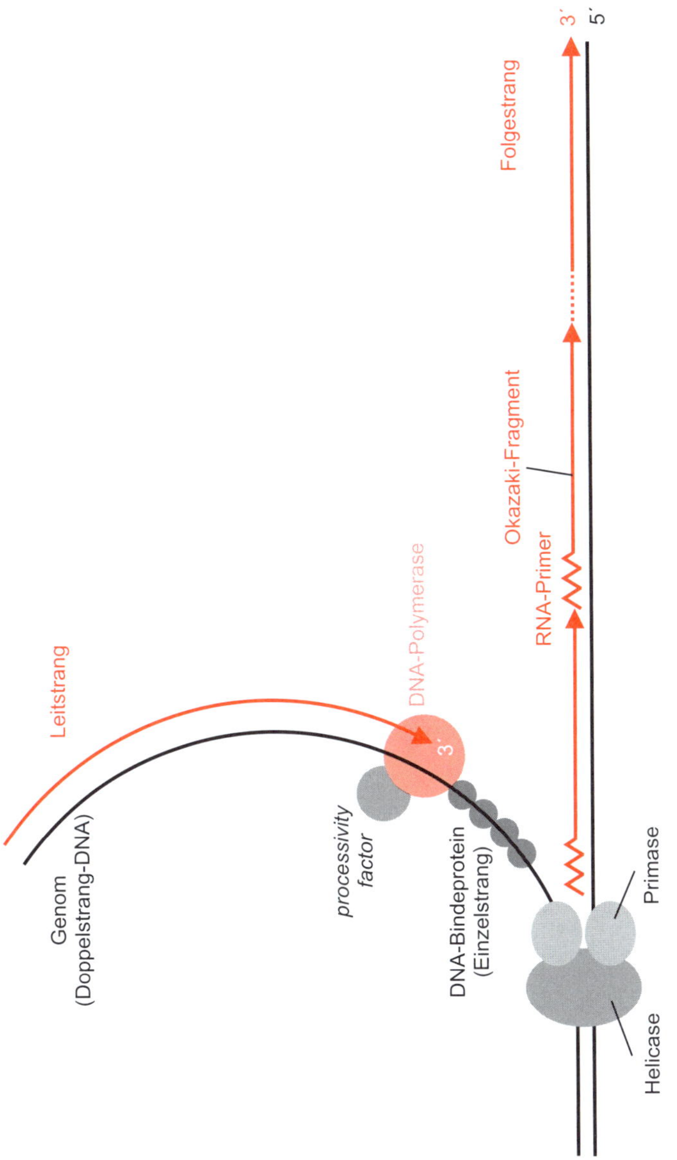

18.24 Virusproteine, die bei der lytischen Genomreplikation der Herpesviren nach dem *rolling circle*-Mechanismus beteiligt sind.

Helix und die Bildung der RNA-Primer verantwortlich, welche die DNA-Polymerase bei der Bildung der Okazaki-Fragmente im Verlauf der Folgestrang- oder *lagging strand*-Synthese benötigt. 6. Ein Protein (124 kD), das sich an *einzelsträngige DNA bindet* und zugleich mit dem Polymerasekomplex interagiert. Es lagert sich an die DNA-Einzelstränge an, die an der Replikationsgabel entstehen und hält sie in einer gestreckten, für die Polymerase lesbaren Konfiguration. 7. Ein *Ori$_{Lyt}$-bindendes Protein* (94 kD), das als Dimer mit drei Sequenzelementen am Replikationsursprung wechselwirkt und vermutlich die Anlagerung der übrigen, für die DNA-Synthese notwendigen Komponenten ermöglicht. Beim Cytomegalie- und beim Epstein-Barr-Virus konnten ähnliche Genprodukte identifiziert werden (Tabelle 18.14). Man vermutet, daß diese für die Vermehrung des Virusgenoms obligaten

Proteine sich in einem ähnlichen Komplex aneinanderlagern, wie man ihn von den entsprechenden Komponenten eukaryotischer Zellen kennt (Abbildung 18.24).

Daneben verfügen die Herpesviren über einige weitere Enzyme, die in den Nucleinsäurestoffwechsel eingreifen, deren Funktion jedoch auch von entsprechenden zellulären Proteinen übernommen werden kann. Das bekannteste dieser Enzyme ist die *Thymidinkinase*, die außer bei den Cytomegalieviren in allen Herpesviren nachgewiesen werden konnte. Thymidinkinase-negative Herpes-simplex-Viren können sich zwar *in vitro* replizieren, zeigen jedoch ein verändertes Virulenzverhalten in Mäusen. Das Enzym katalysiert die Phosphorylierung von Thymidin, aber auch von anderen Pyrimidin- und Purinderivaten zum Monophosphat beziehungsweise (beim Herpes-Simplex-Virus Typ 1) zum Diphosphat. Es hat ein wesentlich breiteres Substratspektrum als die zelluläre Thymidinkinase. Hierauf beruht die antivirale Wirkung von verschiedenen Nucleosidderivaten wie *Aciclovir*, einem acyclischen Analogon des Guanosins, dessen unvollständiger Zuckereinheit die $3'$-OH-Gruppe fehlt (Kapitel 9, Abbildung 9.1). Sein Einbau in die DNA-Stränge führt zum Kettenabbruch. Aciclovir wird von der herpesviralen Thymidinkinase zum Monophosphat umgewandelt. Die zelluläre Thymidinkinase akzeptiert das Guanosinanalogon nicht als Substrat. Die weiteren Phosphorylierungen zum Triphosphat werden jedoch von eukaryotischen Enzymen durchgeführt. Das Aciclovir-Triphosphat wird dann bevorzugt von der herpesviruscodierten DNA-Polymerase für die Replikation des Genoms verwendet (Abbildung 9.2). Die Tatsache, daß zwei virusspezifische Enzyme das Nucleosidanalogon bevorzugt als Substrat akzeptieren, gewährleistet die spezifische Aktivierung in virusinfizierten Zellen und den ausschließlichen Einbau in die virale DNA. Zellspezifische Prozesse werden hiervon also nicht oder nur zu einem sehr geringen Prozentsatz betroffen. *Ganciclovir* ist ein ähnliches Nucleosidanalogon (Abbildung 9.1). Es wird in analoger Weise von der Thymidinkinase phosphoryliert, in die DNA eingebaut und führt zum Kettenabbruch. Erstaunlicherweise hemmt es auch die Cytomegalievirusreplikation, obwohl diese Viren für keine Thymidinkinase codieren. Man vermutet, daß die Bildung des Monophosphats in diesem Falle durch eine virale Proteinkinase erfolgt, die im Leserahmen UL97 codiert wird.

Als weitere enzymatische Aktivitäten wurden eine *alkalische DNase* und eine *Uracilglycosylase* identifiziert. Man vermutet, daß beide für die Korrektur von falsch eingebauten Nucleotiden in die DNA-Stränge benötigt werden. Die Uracilglycosylase verhindert den Einbau von dUTP in die DNA und korrigiert so auch spontane Desaminierungen von Cytosinresten (eine Desaminierung von dCTP ergibt dUTP). Da die DNA von Herpesviren einen hohen Cytosin- und Guanosingehalt aufweist, ist dieses Enzym möglicherweise für die Aufrechterhaltung der korrekten Nucleotidzusammensetzung in den Genomen von Bedeutung. Die *dUTPase* verhindert vermutlich ebenfalls den Einbau von dUTP in die DNA-Stränge, indem es die Hydrolyse von dUTP zu dUMP katalysiert.

Die *Ribonucleotidreductase* besteht aus je zwei großen und zwei kleinen Untereinheiten (140 kD beziehungsweise 38 kD). Das Enzym bewirkt die Umwandlung von Ribonucleotiden zu Desoxyribonucleotiden und garantiert so, daß genügend Bausteine für die Neusynthese der Genome zur Verfügung stehen. Auch dieses Enzym ist ein möglicher Angriffspunkt für antiviral wirkende Therapeutika: Peptide, welche die Interaktion der Untereinheiten verhindern, reduzieren die Virusvermehrung.

Transaktivatoren. Die meisten der *immediate early*-Proteine der Herpesviren sind Transaktivatoren, die den Ablauf der lytischen Infektion regulieren, indem sie die Expression der *delayed early*- und der späten Gene aktivieren. Die Sequenzen dieser Proteine sind für die verschiedenen Virustypen spezifisch und nur selten über kurze Strecken konserviert. Herpes-simplex-Viren codieren für fünf *immediate early*-Proteine (ICP0, ICP4, ICP22/U_S1, ICP27/U_L54, ICP47/U_S12). Die Gene von ICP0 und ICP4 liegen in den b- beziehungsweise c-Sequenzen der Wiederholungseinheiten und deswegen in doppelter Kopie vor (Abbildung

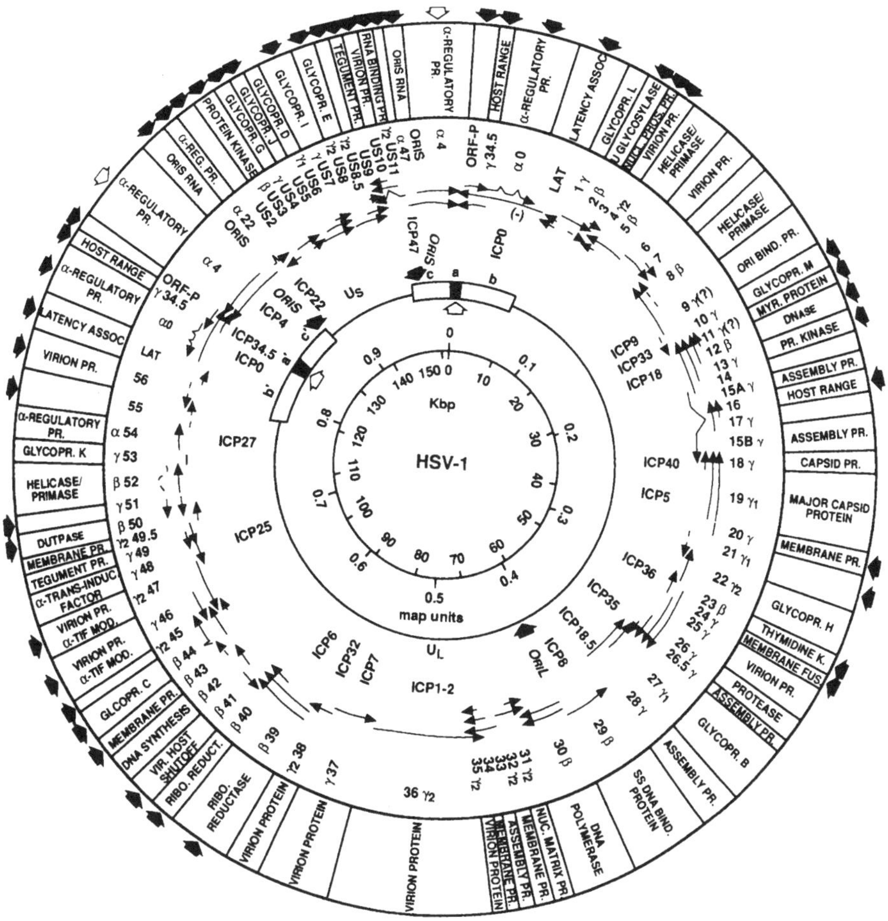

18.25 Übersicht über die Leserahmen im Genom des Herpes-simplex-Virus Typ 1, die Transkripte und die Proteine, die im Infektionsverlauf gebildet werden. Die einzelnen Kreise stellen folgende Parameter dar: Der innerste Kreis gibt die Kilobasenpaare beziehungsweise die relativen Genomeinheiten an. Der darauf folgende Kreis beschreibt die Organisation des Herpes-simplex-Virus-Genoms in einmalig vorkommende (U_L und U_S) und in wiederholte DNA-Sequenzfolgen (als Balken dargestellt, die kleinen Buchstaben a, b, c beziehungsweise a', b', c' bezeichnen die in unterschiedlicher Orientierung vorliegenden Wiederholungseinheiten). Die offenen Pfeile kennzeichnen die Nuclease-Spaltstellen, an denen die nach der Replikation vorliegende konkatemere DNA in einzelne Genomeinheiten überführt wird. Die schwarzen Pfeile bezeichnen die Ausgangspunkte der Genomreplikation (ori_S und ori_L) während des lytischen Infektionszyklus. Der sich anschließende Kreis repräsentiert eine Transkriptionskarte. Die Orientierung der verschiedenen mRNAs ist durch die Pfeile angegeben. Zwischen dem zweiten und dem dritten Kreis sind die Produkte (ICP = *infected cell protein*) aufgeführt, die von den jeweiligen mRNAs translatiert werden. Die arabischen Ziffern außerhalb dieses Kreises beziehen sich auf die Nummer des offenen Leserahmens, von dem das jeweilige Transkript gebildet wird. α, β und γ deuten an, zu welcher Phase des lytischen Infektionszyklus (sehr früh, früh beziehungsweise spät) die Produkte synthetisiert werden. Der äußerste Kreis gibt die Funktion der Proteine an, die in den verschiedenen Leserahmen codieren. Die offenen Pfeile kennzeichnen hier die Lokalisation des Gens für das Protein ICP4, dessen Existenz für die Initiation des lytischen Zyklus essentiell ist (Details siehe Text). Die Leserahmen, die mit den schwarzen Pfeilen markiert sind, können dagegen deletiert werden, ohne daß der Infektionszyklus davon beeinflußt wird. (Aus Roizman, B.; Sears, A. E. *Herpes-simplex Viruses and their replication*. In: Fields, B. N.; Knipe, D. N.; Howley, P. M. (Hrsg.) *Virology*. 3. Aufl. Philadelphia, New York (Lippincott/Raven) 1996. S. 2231–2295.)

18.25). Die Bezeichnung ihrer Genorte folgt nicht den üblichen Regeln. Das phosphorylierte und durch UDP- und ADP-Reste modifizierte *ICP4-Protein* (140 kD) ist essentiell für die Virusreplikation. Es induziert mit Ausnahme der *immediate early*-Gene die Expression aller anderen Leserahmen und bindet sich, wenn auch relativ schwach, an eine Vielzahl von Promotoren. Vermutlich übt es seine Transaktivatorfunktion zusammen mit zellulären Faktoren aus. In einer negativen Rückkopplung unterdrückt das ICP4-Protein die Transkription des eigenen Gens, indem es sich an die Consensussequenz 5′-ATCGTC-3′ bindet, die dem Startpunkt der mRNA-Synthese entspricht. Ein ähnliches *cis*-aktives Element findet man auch in den Promotoren der Gene für das ICP0-Protein und für die *LAT*-RNA, deren Expression ebenfalls durch ICP4 reprimiert wird. Die *LAT*-RNA wird sehr früh im lytischen Zyklus synthetisiert und ist das einzige virale Genprodukt, das während des Latenzstadiums nachgewiesen werden kann (Abschnitte 18.4.4 und 18.4.5). Das *ICP0-Protein* (79 kD) wirkt synergistisch mit ICP4 und verstärkt dieses in seiner transaktiven Wirkung. Für die lytische Virusvermehrung *in vitro* ist es nicht unbedingt erforderlich. Möglicherweise hat das ICP0 jedoch dann eine wichtige Funktion, wenn das Virus aus der Latenz zur lytischen Replikation reaktiviert wird. Das phosphorylierte *Protein ICP27* (51 kD), das über ein Zinkfingermotiv verfügt und sich im Zellkern anreichert, ist hingegen für die Virusvermehrung essentiell. Es verstärkt die Synthese von späten Genprodukten und unterdrückt die Bildung der *immediate early*-Proteine. Hierbei wirkt es vermutlich auf unterschiedliche Weise: Man hat transaktiverende Funktionen beschrieben, die durch Bindung an nicht näher definierte Promotorelemente ausgelöst werden. Die Hauptfunktion des ICP27 scheint jedoch in der Regulation auf *posttranskriptioneller Ebene* zu liegen. Es beeinflußt die Verwendung alternativer Terminations- und Polyadenylierungsstellen bei der mRNA-Synthese und so auch den mRNA-Export in das Cytoplasma. Zusätzlich inhibiert ICP27 mRNA-Spleißprozesse. ICP22 und ICP47 werden für die lytischen Vermehrung der Herpes-simplex-Viren nicht benötigt. Für ICP22 fand man nicht näher charakterisierte, transaktivierende Regulatorfunktionen.

Auch die *immediate early*-Proteine des Cytomegalievirus sind transaktivierend. Man kennt insgeamt vier Genomregionen, die sehr früh während des lytischen Infektionszyklus durch das Tegumentprotein pp71 aktiviert werden: die *ie1/ie2-Region*, welche die Leserahmen UL123 und UL122 enthält, UL36/37, US3 und ein Gen der US22-Familie (TRS1/IRS1), das im Berich des c-Elements in den Wiederholungseinheiten lokalisiert und deshalb in zweifacher Kopie vorhanden ist. Die *ie1/ie2*-Region steht unter der Kontrolle eines Enhancers aus kurzen, wiederholten Sequenzelementen, der nach der Infektion durch pp71 und zelluläre AP-1- oder CRE/ATF-Faktoren aktiviert wird (Abbildung 18.26). Das phosphorylierte *IE1-Protein* (68–72 kD) ist das mengenmäßig am meisten gebildete *immediate early*-Protein des Cytomegalievirus und wird von einer mehrfach gespleißten mRNA aus vier Exons translatiert. Die aminoterminalen 85 Aminosäuren werden in den Exons 2 und 3 codiert, die restlichen 406 Reste im Exon 4, das dem Leserahmen UL123 entspricht. Das IE1-Protein stimuliert die Expression des zellulären Transaktivators NFκB (NF = *nuclear factor*) und scheint dessen Aktivität zu verstärken. Im Komplex mit NFκB induziert das IE1-Protein seine eigene Expression und diejenige der *delayed early*- und der späten Gene. Das Ausmaß der Aktivierung ist zelltypabhängig und nicht in allen Zellen gleich stark. Die ebenfalls phosphorylierten *IE2-Proteine* werden in unterschiedlichen Versionen synthetisiert. Die aminoterminalen 85 Aminosäuren sind identisch mit denen des IE1-Proteins, und durch alternative Spleißvorgänge werden die im Leserahmen UL122 codierten Sequenzen angefügt. So entsteht ein 579 Aminosäuren umfassendes IE2-Protein (82 kD). Eine verkürzte, 425 Aminosäuren lange IE2-Form (54 kD) entsteht durch weitere Spleißvorgänge im UL122-Exon. Ein intern im UL122-Leserahmen gelegener, später Promotor induziert die Synthese einer mRNA, von der ein 338 Aminosäuren umfassendes Protein (40 kD) translatiert wird, das mit dem carboxyterminalen Bereich des IE2/82kD-Produkts identisch ist. Es bindet sich an ein dem Transkriptionsstart der IE1/IE2-RNA vorgelagertes *crs*-Ele-

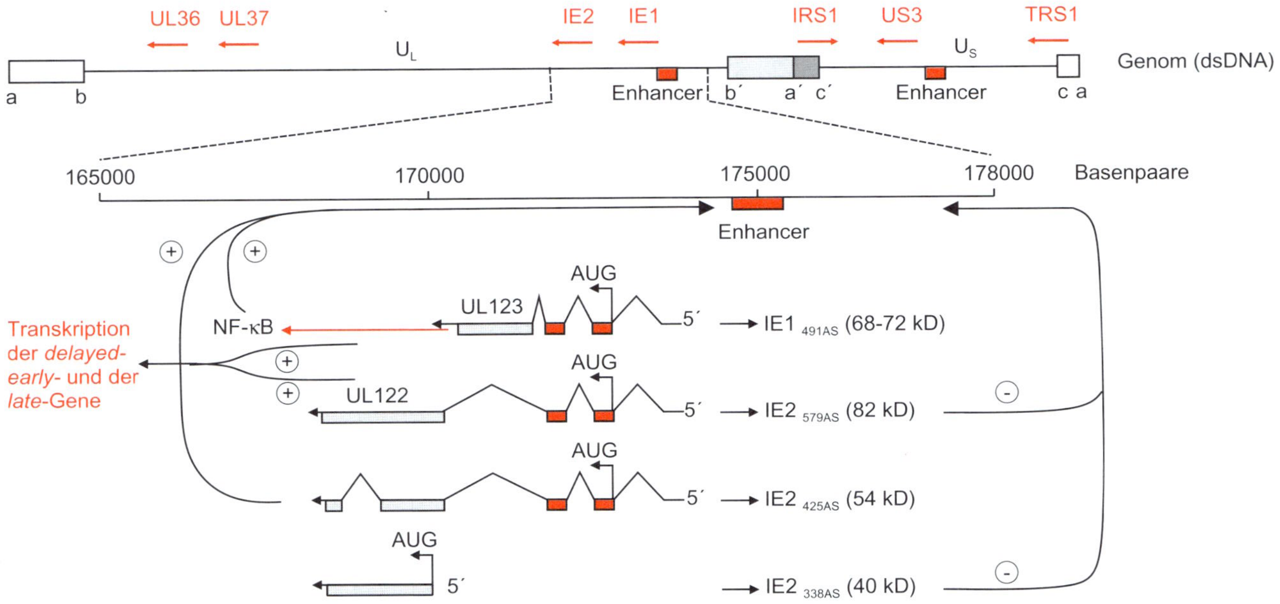

18.26 Die *immediate early*-Gene des Cytomegalievirus, ihre Lage und Orientierung auf dem Genom. Im oberen Teil der Abbildung ist das Virusgenom dargestellt, in rot sind die fünf bekannten Gene eingezeichnet, die für *immediate early*-Proteine codieren. Die schraffierten Boxen geben die Enhancer-Regionen an, welche die Expression der *immediate early*-Gene verstärken. Vergrößert herausgezeichnet ist die Genomregion, die für die verschiedenen Formen der IE1- und IE2-Proteine codiert, die als Produkte der Leserahmen UL123 beziehungsweise UL122 durch Verwendung alternativer Spleißsignale gebildet werden. Hier sind die mRNA-Moleküle angegeben sowie die Exons, die für die Synthese der IE1- und IE2-Polypeptide benutzt werden. Die Proteinsequenzen, die von den Exons translatiert werden, sind als Balken dargestellt. Die Pfeile geben an, in welcher Weise sie ihre eigene Expression beziehungsweise die weiterer Genprodukte der Cytomegalieviren beeinflussen.

ment (*cis-repression signal*) und unterdrückt so die Bildung der mRNA. Diesen Vorgang kann auch das 82kD/IE2-Produkt vermitteln. Dieses Protein erfüllt jedoch seine Hauptaufgabe bei der Regulation der Genexpression während der frühen Stadien des lytischen Infektionszyklus der Cytomegalieviren. Es bindet sich vermutlich in Wechselwirkung mit zellulären Transaktivatoren an die *delayed early-* und die späten Promotoren und induziert die Expression der von ihnen kontrollierten Gene. Die IE1- und 82kD/IE2-Proteine wirken dabei synergistisch, verstärken ihre transaktivierende Wirkung also und aktivieren auch eine große Anzahl zellulärer Promotoren. Man hat Hinweise darauf, daß auch die Produkte der anderen *immediate early*-Gene (UL36, UL37, U3 und TR/IRS1) die Expression der späteren Virusgene beeinflussen. Sie sind jedoch nicht so gut untersucht wie die IE1-/IE2-Proteine.

Beim Epstein-Barr-Virus hat man drei *immediate early*-Gene identifiziert, welche die Expression der *delayed early-* und der Strukturproteine induzieren. Sie werden in den Leserahmen BZLF1, BRLF1 und BI'LF4 codiert (Abbildung 18.27). Da bisher kein geeignetes Zellkultursystem bekannt ist, in dem ausschließlich der lytische Vermehrungszyklus dieses Virus untersucht werden kann, hat man die *immediate early*-Gene zunächst als diejenigen definiert, deren Expression nach Induktion des lytischen Zyklus in latent infizierten B-Zellen aktiviert wird. Dies kann durch Zugabe von bestimmten Chemikalien (Phorbolestern, Butter-

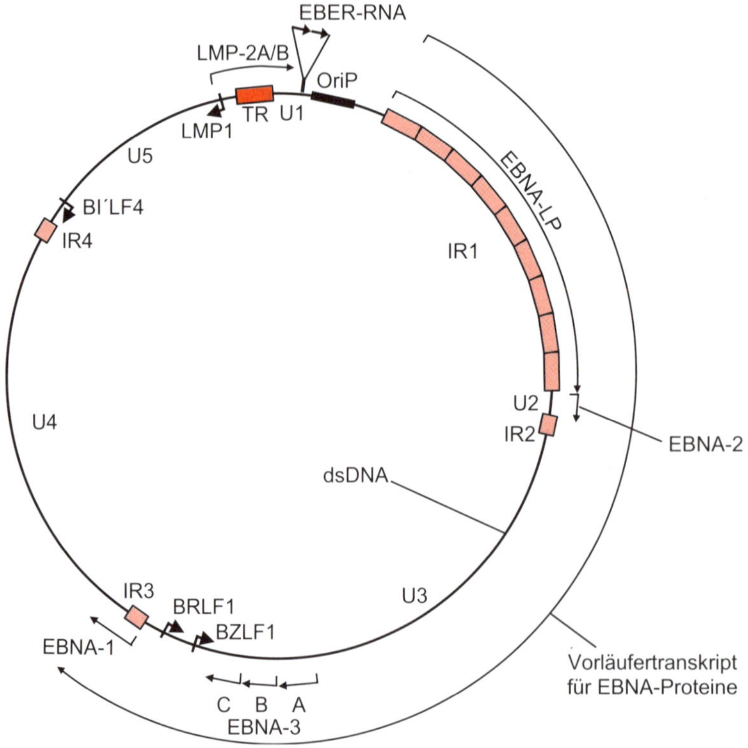

18.27 Die *immediate early-* und die latenten Gene des Epstein-Barr-Virus und ihre Lage auf dem Genom. Das Genom des Epstein-Barr-Virus ist in seiner episomalen Form dargestellt, wie es im Kernplasma vorliegt. Die Vorläufertranskripte für die verschiedenen EBNA-Proteine starten an den gleichen Promotoren; durch alternative Spleißereignisse werden die in den verschiedenen Leserahmen codierenden Sequenzen angefügt. Die LMP1- und LMP2-Proteine verfügen über gesonderte Transkriptionsstartstellen. Die LMP2A- und -2B-Polypeptide werden von einer mehrfach gespleißten mRNA translatiert, welche die terminalen Wiederholungseinheiten (TR) überspannt und daher nur vom zirkularisierten Virusgenom abgelesen werden kann.

säure) zu den latent infizierten B-Zell-Linien oder durch Überinfektion mit dem nicht transformierenden Virusstamm P3HR-1 geschehen. Inzwischen konnte man zeigen, daß die Infektion von primären Nabelschnurlymphocyten das gleiche Muster an *immediate early*-Proteinen ergibt. Dem *BZLF1*- oder *Zta-Protein* kommt als *Transaktivator* eine besondere Bedeutung zu: Seine Anwesenheit reicht aus, um in permissiven Zellen den produktiven Vermehrungszyklus des Epstein-Barr-Virus einzuleiten. Es ist ein phosphoryliertes Polypeptid (38 bis 40 kD), das Homologie mit der Familie der zellulären AP1-Faktoren besitzt, zu denen auch die Produkte der Protoonkogene *c-fos* und *c-jun* gehören. Ähnlich wie diese Transaktivatoren dimerisiert das BZLF1-Protein durch seine carboxyterminale Domäne. Eine Folge basischer Aminosäuren im zentralen Bereich vermittelt die Bindung an die DNA, und die transaktivierenden Eigenschaften findet man in der aminoterminalen Region (Abbildung 18.28). Das Gen wird von drei verschiedenen, mehrfach gespleißten mRNA-Spezies transkribiert: Eine wird von dem komplex aufgebauten Promotor kontrolliert, der dem BZLF1-Gen vorgelagert ist; seine Aktivität wird von mehreren, bisher nur unvollständig charakterisierten Zellfaktoren (zum Beispiel von c-Fos, c-Jun, dem Transkriptionsfaktor YY1 und dem Ku-Protein) beeinflußt. Die anderen beiden mRNAs sind bicistronisch. Sie unterscheiden sich durch alternative Spleißereignisse in den nichttranslatierten Bereichen. Ihre Synthese wird durch den Promotor des BRLF1-Gens induziert; im 5′-orientierten Teil findet man die Information für das *BRFL1-Protein* (94 bis 98 kD), in der 3′-Hälfte diejenige für das BZLF1-Proteins. Vermutlich wird von dieser mRNA aber nur das BRLF1-Protein translatiert. Das BZLF1-Protein hat einen transaktivierenden Einfluß auf die meisten viralen Promotoren. Außerdem bindet es sich an die Sequenzen des Ori_{Lyt} und induziert so vermutlich die Initiation der lytischen Genomreplikation. Es interagiert mit zellulären Proteinen wie p53, NFκB, dem Ku-Protein und Retinolsäurerezeptoren und hemmt deren Aktivität. Das BRLF1-Produkt, ein vermutlich ebenfalls phosphoryliertes *immediate early*-Protein, kooperiert mit dem BZLF1-Protein und verstärkt seine transaktivierenden Eigenschaften. Die Expression des BI'LF4-Gens hängt vom Differenzierungszustand der Zelle ab. Im transformierenden Virusstamm B95-8 ist das Gen deletiert. Das BI'LF4-Gen codiert für ein Transaktivatorprotein (68 kD), das in einem Rückkopplungsmechanismus seine eigene Expression und die des BSMLF1-Leserahmens induziert. Der aminoterminale Anteil des *BSMLF1-Produkts* (60 kD) wird in einem Exon des BSLF2-Gens codiert, das durch Spleißen mit dem des BMLF1 verbunden wird. Die Expression wird durch den BZLF1-Transaktivator weiter verstärkt. Das Protein beeinflußt vermutlich überwiegend posttranskriptionelle Vorgänge. Es gibt Hinweise, daß es die Polyadenylierung der viralen mRNA-Spezies und so deren Export in das Cytoplasma reguliert.

Proteine mit Homologien zu zellulären Genprodukten. Alle Herpesviren codieren für solche Proteine. Auf die Homologie einiger Glycoproteine der Herpes-simplex-Viren mit Fc- und C3b-Rezeptoren wurde bereits kurz eingegangen. Beim Cytomegalievirus identifizierte man ein Gen (UL18), dessen Produkt mit der *schweren Kette der MHC-Klasse-I-Proteine* homolog ist. Das UL18-Protein kann mit dem β_2-Mikroglobulin interagieren, das normalerweise als Komplex mit der schweren MHC-Klasse-I-Kette vorliegt und an der Epitoppräsentation beteiligt ist (Kapitel 7). Das UL18-Gen ist für den Ablauf der Cytomegalievirusinfektion nicht essentiell. Möglicherweise ist es an der Einleitung des Latenzstadiums beteiligt. Da es mit β_2-Mikroglobulin komplexiert, verarmen die Zellen an Strukturen, die von cytotoxischen T-Zellen erkannt werden, und entgehen so der Immunantwort. Drei weitere Virusgene (UL33, US27, US28) besitzen Ähnlichkeit mit Rezeptoren *zellulärer Wachstumsfaktoren* und werden in der späten Phase des Replikationszyklus exprimiert. Auch sie sind für den Infektionsverlauf nicht essentiell, verschaffen den infizierten Zellen aber einen Wachstumsvorteil. Das UL20-Gen ist mit der *γ-Kette des T-Zell-Rezeptors* homolog.

Auch das Epstein-Barr-Virus verfügt über einige Genprodukte, die durch die Ähnlichkeit mit eukaryotischen Proteinen den infizierten Zellen eine bessere Anpassung an den Organis-

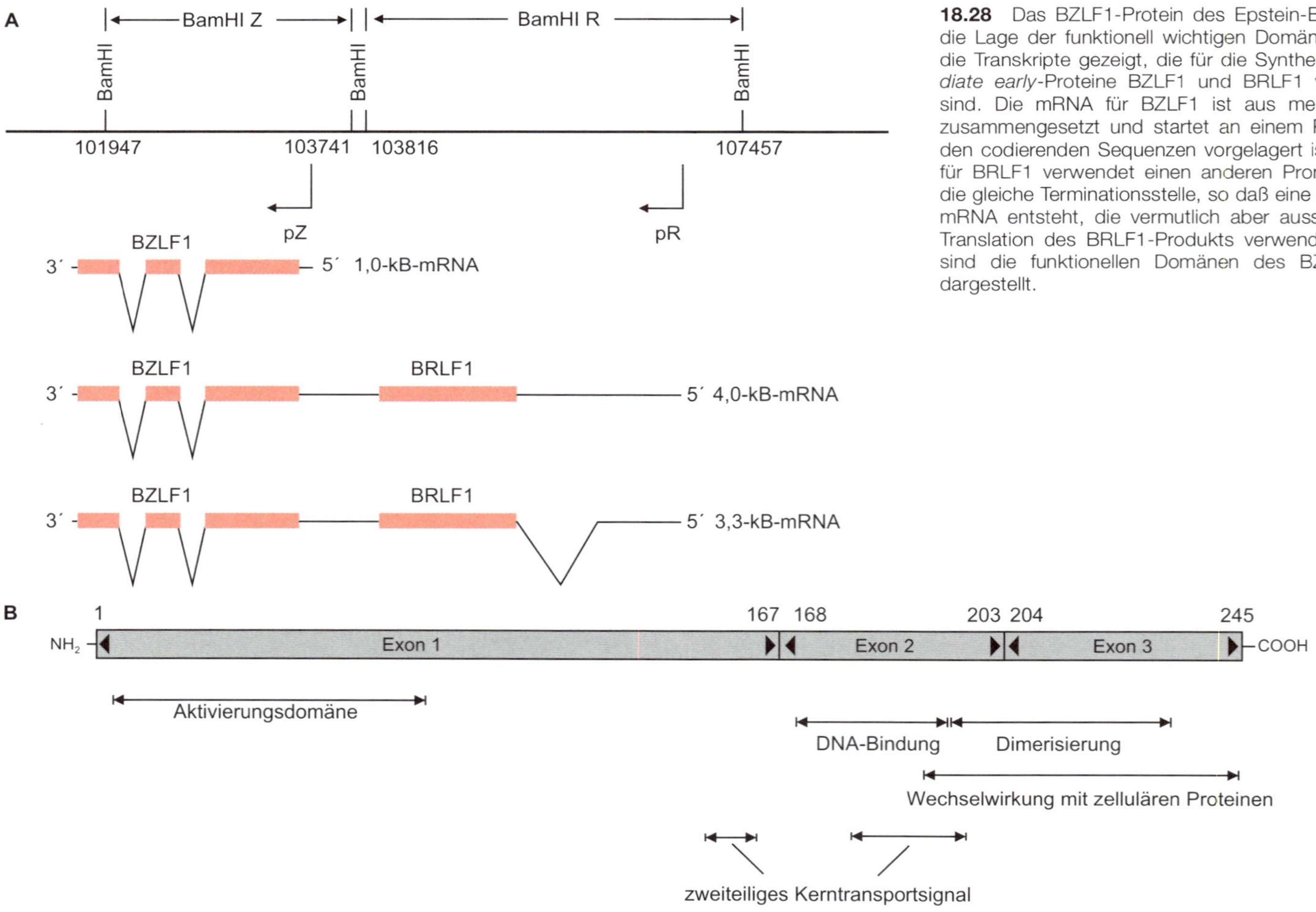

18.28 Das BZLF1-Protein des Epstein-Barr-Virus und die Lage der funktionell wichtigen Domänen. In A sind die Transkripte gezeigt, die für die Synthese der *immediate early*-Proteine BZLF1 und BRLF1 verantwortlich sind. Die mRNA für BZLF1 ist aus mehreren Exons zusammengesetzt und startet an einem Promotor, der den codierenden Sequenzen vorgelagert ist. Die mRNA für BRLF1 verwendet einen anderen Promotor, jedoch die gleiche Terminationsstelle, so daß eine bicistronsiche mRNA entsteht, die vermutlich aber ausschließlich zur Translation des BRLF1-Produkts verwendet wird. In B sind die funktionellen Domänen des BZLF1-Proteins dargestellt.

mus erlauben. Das im Leserahmen BCRF1 codierte Produkt ist ein Homologon des *Interleukin-10*, das die Induktion cytotoxischer T-Zellen hemmt. Es wird von infizierten Zellen sezerniert und wirkt ähnlich wie das Interleukin-10. Das BHRF1-Protein ist mit dem *bcl-Protoonkogen* verwandt und verzögert die Auslösung des Apoptosemechanismus in den mit Epstein-Barr-Virus infizierten Zellen. Auch für EBNA1 existiert ein homologes Zellprotein. Seine Funktion ist nicht bekannt.

18.4.4 Genprodukte der Latenz

RNA-Produkte

***LAT*-RNA.** Alle Herpesviren haben Mechanismen entwickelt, die es ihnen ermöglichen, nach der Erstinfektion, die mit der Produktion infektiöser Nachkommenviren einhergeht, im infizierten Organismus in ein Latenzstadium überzugehen. In dieser Phase werden keine Viruspartikel gebildet. Im Falle der Herpes-simplex-Viren konnte bisher nicht gezeigt werden, daß in latent infizierten Nervenzellen Virusproteine synthetisiert werden. Man fand nur eine Expression der gespleißten *LAT*-RNA, die von Bereichen der TR_L- und IR_L-Wiederholungseinheiten abgelesen wird und in *antisense*-Orientierung zum ICP0-Gen verläuft (Abbildung 18.25). Man kann sich vorstellen, daß die *LAT*-RNA, die eine gegenläufige Orientierung zu den Transkripten des *immediate early*-Proteins ICP0 hat, mit diesen RNA-Doppelstränge ausbildet und so die Synthese des Transaktivatorproteins unterbindet. Ob ein solcher Vorgang zur Etablierung und Aufrechterhaltung des latenten Stadiums beiträgt, ist unklar. Im Intron der *LAT*-RNA befindet sich ein offener Leserahmen. Das entsprechende Protein wurde jedoch noch nicht entdeckt.

EBER-RNA. Die Gene der *EBER1*- und *EBER2-RNA* (*EBV-encoded RNA*) sind tandemartig angeordnet und werden im U1-Genomabschnitt des Epstein-Barr-Virus codiert (Abbildung 18.27). Es handelt sich um kurze, nichtpolyadenylierte Transkripte der RNA-Polymerase III, die über große Bereiche intramolekulare Doppelstrangregionen ausbilden und nicht für Proteine codieren. Sie ähneln den VA1- und VA2-RNA-Spezies der Adenoviren (Abschnitt 18.3) und können diese funktionell ersetzen. Auch sie wirken also der interferonvermittelten Aktivierung der DAI-Proteinkinase entgegen, die den Translationsinitiationsfaktor eIF-2 phosphoryliert und so die Proteinsynthese inhibiert. Hierdurch verhindern die latent infizierten Zellen, daß das Interferon seine Schutzwirkung entfaltet (Kapitel 8). Ob die EBER-RNA noch andere Aktivitäten besitzt – etwa Spleißvorgänge beeinflußt –, ist unklar.

Latente Proteine des Epstein-Barr-Virus

Im Gegensatz zum Herpes-simplex-Virus synthetisiert das Epstein-Barr-Virus während der latenten Infektion bis zu neun verschiedene Proteine. *In vitro* sind sechs von ihnen für die Etablierung und Aufrechterhaltung des nichtproduktiven Zyklus in B-Zellen nötig. Die B-Lymphocyten werden durch die Aktivität dieser Proteine *immortalisiert*. Sie erhalten also die Fähigkeit, sich unendlich zu teilen und *in vitro* zu kontinuierlichen Zellinien auszuwachsen. Bei den Proteinen handelt es sich um EBNA1 und EBNA2 (*Epstein-Barr virus nuclear antigen*), die zueinander ähnlichen Proteine EBNA3A und EBNA 3C, das EBNA-LP (EBNA-Leader-Protein) und das latente Membranprotein LMP1 (Abbildung 18.27 und Tabelle 18.16). EBNA3B und LMP2A/B sind in der Zellkultur für die Immortalisierung von B-Zellen nicht unbedingt erforderlich.

Tabelle 18.15.: Eigenschaften und Funktionen der während der Viruslatenz gebildeten Proteine des Epstein-Barr-Virus

Protein	Molekular-gewicht (kD)	Modifikation	Funktion
LMP1	70	phosphoryliert	latentes Membranprotein (LMP1), integrales Membranprotein, induziert Expression von CD23, LFA-1, -3, ICAM und Bcl-2 über TNF-Rezeptor-ähnliche Signalkaskade
LMP2A	53	phosphoryliert	latentes Membranprotein; wird durch Src-Kinasen an Tyrosinresten phosphoryliert; Modulation der Signaltransduktion
LMP2B	40		latentes Membranprotein, aminoterminal verkürzte Version von LMP2A; sehr hydrophob; hemmt Funktion von LMP2A
EBNA1	70–80	phosphoryliert	latentes Kernprotein, bindet sich an OriP und fördert die episomale Replikation, Transaktivor für den EBNA-Promotor, Glycin-Alanin-Wiederholungseinheiten verhindern MHC-Klasse-I-Präsentation
EBNA2	75–88	phosphoryliert	latentes Kernprotein, Transaktivator für EBNA- und LMP1-Promotoren, bewirkt erhöhte Expression von CD21, CD23 und c-Frg
EBNA3	90–110		latente Kernproteine, drei Formen A–C; EBNA2A induziert EBNA3C-Synthese, EBNA3C induziert CD23 und LMP-Synthese
EBNA-LP	20–50	phosphoryliert	latente Kernproteine; aktiviert Expression von Cyclin2D, induziert gemeinsam mit EBNA2 den Übergang von G_0 zu G_1 des Zellzyklus

EBNA-Proteine. Die Gene der latenten EBNA-Proteine liegen weit voneinander entfernt über das ganze Virusgenom verstreut. Trotzdem wird von den EBNA-Genen eine gemeinsame *Vorläufer-RNA* von über 100 000 Basen Länge transkribiert, aus der die verschiedenen mRNA-Spezies durch alternative, vielfache Spleißereignisse und die Verwendung unterschiedlicher Polyadenylierungssignale entstehen. Zwei Promotoren (Cp und Wp) kontrollieren die Synthese der Vorläufer-RNAs, die für die Synthese aller EBNA-Proteine verantwortlich sind. Cp befindet sich im Bereich des BamH1-C-Fragments der U1-Region, Wp innerhalb des BamH1-W-Fragments in den IR1-Wiederholungseinheiten (Abbildungen 18.27 und 18.29). Außerdem fand man zwei weitere Promotoren (Fp und Qp), welche die Bildung von Transkripten kontrollieren, von denen nur EBNA1 translatiert wird. Diese Kontrollelemente liegen in den BamH1-Fragmenten F und Q. In den Zellen der mit dem Epstein-Barr-Virus assoziierten Tumoren scheint bevorzugt der Promotor Fp aktiv zu sein.

Das *EBNA-LP* wird im wesentlichen in zwei Exons von 66 beziehungsweise 132 Basenpaaren codiert, die in den Sequenzelementen des IR1-Repeats liegen. Für die Expression muß das erste Exon mit dem zweiten so zusammengefügt werden, daß ein AUG-Initiationscodon entsteht. Da jedes Epstein-Barr-Virus-Isolat eine andere Anzahl von IR1-Wiederholungseinheiten besitzt, besteht auch das EBNA-LP aus einer entsprechenden Zahl von wiederholten Proteindomänen von jeweils 66 Aminosäuren. Nur die 45 Reste des carboxyterminalen Bereichs sind einheitlich, da sie in einem Exon der U2-Genomregion codiert werden. Das EBNA-LP wird phosphoryliert und reichert sich im Zellkern an. Zusam-

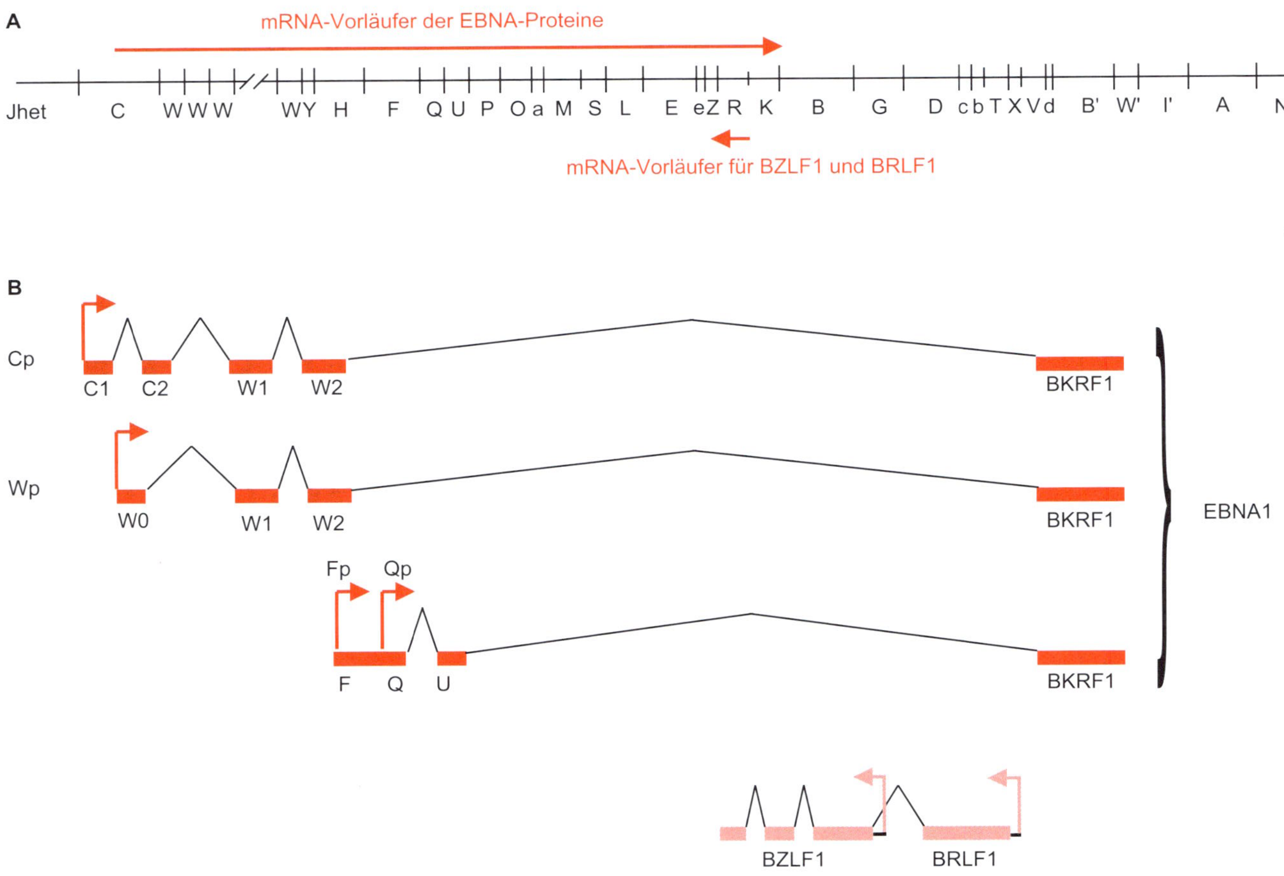

18.29 Die Transkription der *immediate early*-Proteine des Epstein-Barr-Virus erfolgt in Antisense-Richtung zu der mRNA für das Protein EBNA1. A: Übersicht über das gesamte Genom des Epstein-Barr-Virus in linearer Form. Die Buchstaben geben die DNA-Fragmente an, die man nach dem Verdau der DNA mit dem Restriktionsenzym BamH1 erhält. Die Bezeichnung erfolgt nach ihrer Größe. (A ist das größte Fragment; da mehr Fragmente entstehen, als Buchstaben im Alphabet verfügbar sind, fährt man nach Z mit kleinen Buchstaben fort. Die mit hochgestellten Strichen (') gekennzeichneten Fragmente befinden sich im Bereich der Deletion, die man im Genom des Isolats B95-8 findet.) Die Orientierung und die Lage der Vorläufertranskripte für die während der Latenz gebildeten EBNA-Proteine und die *immediate early*-Proteine, die in den BamH1-Fragmenten R und Z codieren, sind rot angegeben. B: Vergrößerte Darstellung der Vorläufertranskripte und ihre Orientierung. Die mRNA für EBNA1 beginnt an Promotoren, welche in den BamH1-Fragmenten C, W, F oder Q lokalisiert sind (Details siehe Text). Die für EBNA1 codierenden Sequenzen befinden sich im Leserahmen BKRF1 des BamH1-K-Fragmentes. Ein großes, über 100 000 Basen langes Intron wird bei der Bildung der mRNA aus dem Vorläufertranskript herausgespleißt. Im Bereich dieses Introns, jedoch in gegenläufiger Orientierung, sind die Leserahmen lokalisiert, die für die *immediate early*-Proteine BRLF1 und BZLF1 codieren. Die Synthese des BRLF1-Proteins erfolgt von einer bicistronischen mRNA, die zusätzlich die Sequenzen des Leserahmens BZLF1 enthält. Für die Synthese des letzteren wird jedoch ein unabhängiger Promotor verwendet.

men mit dem EBNA2-Protein induziert es in ruhenden B-Zellen den *Übergang von der G_0- in die G_1-Phase* des Zellzyklus. Die Anwesenheit der beiden Proteine ist für die Immortalisierung ausreichend. Sie aktivieren die Expression von Cyclin D2 und leiten so die kontinuierliche Teilung der Zellen ein. Das EBNA-LP bindet sich auch an die Tumorsuppressorproteine RB und p53, beeinflußt diese jedoch offensichtlich nicht in ihrer Regulatorfunktion.

EBNA1 wird von einer mRNA-Spezies translatiert, die aus verschiedenen kleinen, nichtcodierenden Exons besteht, an die das Exon des Leserahmens BKRF1 angespleißt ist. Da dieser Leserahmen den Bereich der IR3-Wiederholungseinheiten umfaßt, enthält auch EBNA1 repetitive Sequenzen, in diesem Falle die IR3-codierten Aminosäuren Glycin und Alanin, deren Anzahl derjenigen in den IR3-Elementen entspricht. EBNA1 weist daher ein für jedes Virusisolat spezifisches Molekulargewicht zwischen 70 und 80 kD auf. Das phosphorylierte EBNA1 hat folgenden Aufbau: Die aminoterminale Domäne besteht aus 89 überwiegend basischen Aminosäuren, ihr folgen etwa 240 Reste des repetitiven Glycin-Alanin-Bereichs. Ein kurzer basischer Bereich schließt sich an. Das carboxyterminale Ende ist hydrophil und enthält sowohl basische als auch saure Aminosäuren. EBNA1 wird in jeder transformierten Zelle gebildet und ist für die *Aufrechterhaltung des immortalisierten Zustands* und der Viruslatenz nötig. Es wirkt als *Transaktivator*, bindet sich an den Cp-Promotor, induziert dadurch die Expression der latenten Gene und reguliert seine eigene Synthese. Außerdem ist EBNA1 für die Replikation des episomalen Virusgenoms während der Latenz wichtig. Es bindet sich an die Initiationsstelle der DNA-Synthese im latenten Zyklus, *OriP*. Dies ist eine Region aus symmetrisch angeordneten Sequenzelementen, an die sich mehrere Einheiten von EBNA1 anlagern. Sie induzieren so die Bindung des zellulären DNA-Polymerase-Komplexes und die mit dem Zellzyklus synchrone, episomale Genomvermehrung. Damit ist EBNA1 für die Aufrechterhaltung des Latenzstadiums unentbehrlich. Obwohl alle transformierten Zellen mit EBNA1 ein Virusprotein synthetisieren, konnte bisher in keinem System gezeigt werden, daß cytotoxische T-Zellen EBNA1-spezifische Epitope erkennen. Kürzlich konnte man zeigen, daß die Glycin-Alanin-Wiederholungseinheiten für das immunologische Nichterkennen der durch Epstein-Barr-Virus immortalisierten Zellen verantwortlich sind: Sie verhindern, daß EBNA1 durch den Proteasomenkomplex abgebaut wird und Peptide entstehen, die von MHC-Klasse-I-Proteinen präsentiert werden. Fusionsprodukte des Glycin-Alanin-*Repeats* mit anderen nachweislich gut erkennbaren T-Zell-Epitopen werden ebenfalls nicht durch MHC-Klasse-I-Antigene präsentiert.

EBNA2 ist für die *Etablierung der Latenz* und des immortalisierten Stadiums essentiell. Ein erster Hinweis darauf war die Beobachtung, daß der Virusstamm P3HR-1, dessen Genom in dem für EBNA2-codierenden Bereich eine Deletion aufweist, B-Zellen *in vitro* nicht immortalisiert. Die transformierenden Eigenschaften kann man durch Komplementation der fehlenden Sequenzen wieder herstellen. Es existieren zwei Subtypen des Epstein-Barr-Virus, die sich in ihrer Sequenz des EBNA2 voneinander unterscheiden: Typ 1 besitzt eine hohe Transformationsrate und entspricht der EBNA2-Variante des B95-8 Stammes. Die Induktion des transformierten Zustandes in B-Lymphocyten durch Typ 2 (Stamm Jijoye) ist demgegenüber reduziert. Beide Subtypen findet man in *ex vivo* etablierten Zellinien aus B-Zell-Lymphomen. Ein unterschiedliches Potential bei der Tumorerzeugung erscheint daher eher unwahrscheinlich. Die beiden EBNA2-Varianten beruhen auf unterschiedlichen DNA-Sequenzen im Leserahmen BYRF1. Dieser wird als Exon an die nichtcodierenden Regionen der Vorläufer-RNA für die latenten EBNA-Produkte angespleißt. EBNA2-Typ 1 ist 491 Aminoäuren lang, Typ 2 443. Die Unterschiede liegen vor allem in einer relativ hydrophoben Domäne im Zentrum des Protein. Dagegen enthalten beide EBNA2-Varianten eine prolinreiche Region und Wiederholungen der Reste Arginin/Lysin-Glycin. Die Proteine sind phosphoryliert, haben Molekulargewichte von 75 bis 88 kD und reichern sich im Zellkern als oligomere Komplexe an. EBNA2 wirkt als *Transaktivator*. Es bindet sich aber wahrscheinlich nicht selbst an die Promotoren, sondern vermittelt diesen Effekt indirekt in

Kooperation mit zellulären Faktoren wie RBP-Jκ (*recombination signal binding protein*) und Pu-1. Es induziert den Cp-Promotor, der die Expression der EBNA-Produkte reguliert, und den Promotor der latenten Membranproteine (LMP-1); zusätzlich verstärkt es die Synthese der zellulären CD21- und CD23-Proteine sowie des Protoonkogens c-Frg. CD23 ist ein schwach affiner IgE-Rezeptor. Er wird auf antigenstimulierten Epstein-Barr-Virus-transformierten B-Zellen und primären B-Lymphocyten exprimiert. Eine sezernierte Form des CD23 wirkt als B-Zell-Wachstumsfaktor und trägt zur Aktivierung und Proliferation der B-Lymphocyten im Verlauf der Epstein-Barr-Virus-Infektion bei.

Die EBNA3-Proteine (EBNA3-A, -B und -C) werden von mRNA-Spezies translatiert, die durch alternatives Spleißen der Vorläufer-RNA die Exons der Leserahmen BLRF3, BERF1, 2, 3 und 4 enthalten. Die Leserahmen BLRF3 und BERF1 codieren für EBNA2-A, BERF2a und BERF2b für EBNA2-B sowie BERF3 und BERF4 für EBNA3-C. Diese sind miteinander verwandt und wahrscheinlich durch Genduplikation entstanden. Die Proteine sind abhängig vom Virusstamm zwischen 925 und 1 069 Aminosäuren lang. Die Wirkungsweise der EBNA3-Proteine ist unklar. EBNA3-A reguliert die Expression von EBNA3-C, das seinerseits die CD23- und LMP-Synthese induziert. EBNA3-B ist für die Immortalisierung nicht notwendig.

LMP-Proteine. Das *LMP1* (70 kD) wird im Leserahmen BNLF1 codiert. Ein eigener, während der Viruslatenz aktiver Promotor kontrolliert seine Expression. Die aminoterminale Proteinhälfte besteht aus sechs Transmembranregionen, die LMP1 in der Cytoplasmamembran der infizierten Zellen verankern. Ein Signalpeptid ist nicht vorhanden, und die amino- und carboxyterminalen Domänen sind zum Zellinneren hin ausgerichtet. LMP1 wird posttranslational an Serinresten der carboxyterminalen Region phosphoryliert. Es ist über Vimentin mit dem Cytoskelett assoziiert und deshalb in bestimmten Bereichen der Zelloberfläche in hoher lokaler Konzentration vorhanden. LMP1 besitzt einige Eigenschaften, die es als *potentielles Onkogen* ausweisen: Seine alleinige Expression verändert die Wachstumseigenschaften und die Morphologie von Nagetierfibroblastenlinien, die ihre Kontakthemmung und ihre Abhängigkeit von hohen Serumkonzentrationen im Kulturmedium verlieren. Es inhibiert die Differenzierung von Epithelzellen. LMP1-synthetisierende Zellen bilden in immundefizienten Mäusen Tumoren. LMP1 induziert die Expression von CD23 – hierbei wirkt es synergistisch mit EBNA2 – und die Synthese der Adhäsionsmoleküle LFA-1, LFA-3 und ICAM sowie des Transferrinrezeptors. In den Zellen findet man erhöhte Konzentrationen des Protoonkogens Bcl-2, das Apoptosemechanismen unterdrückt. Wie LMP1 diese vielfältigen Effekte hervorruft, ist unklar. Eine Hypothese besagt, daß das Protein einen möglicherweise konstitutiv aktiven Wachtumsfaktorrezeptor darstellt, der kontinuierlich eine Signalkaskade auslöst und so die Expression verschiedener zellulärer Gene einleitet. Die cytoplasmatische Domäne des LMP1 hat eine ähnliche Funktion wie diejenige des TNF-Rezeptors, obwohl sie nur eine geringe sequentielle Homologie zueinander aufweisen. Der TNF-Rezeptor aggregiert nach der Bindung des Tumornekrosefaktors in der Cytoplasmamembran zu Oligomeren. Das induziert eine Signalkaskade (siehe auch Kapitel 8). Die zellulären Faktoren TRAF-1 und -2 (*TNF-receptor associated factors*) lagern sich an die cytoplasmatischen Domänen an und leiten die Phophorylierung und Aktivierung verschiedener Zellproteine ein, unter anderem auch diejenige des NFκB. Hierdurch werden alle von NFκB-abhängigen Promotoren kontrollierten Gene aktiviert. LMP1 scheint auch ohne exogene Stimulierung in der Zellmenbran zu Clustern zu aggregieren, die dann die gleiche intrazelluläre Kaskade einleiten.

In der späten Phase der lytischen Infektion wird – kontrolliert von einem internen Promotor – eine aminoterminal verkürzte Variante des LMP1 (40 kD) gebildet, die nur aus zwei aminoterminalen Transmembranregionen und der carboxyterminalen Domäne besteht. Dieses Protein kann keinen der oben beschriebenen Vorgänge auslösen.

Die Synthese von *LMP2A* und *LMP2B* wird von Promotoren kontrolliert, die im BamH1-N-Fragment des Epstein-Barr-Virusgenoms liegen. Sie induzieren die Synthese von mehrfach gespleißten mRNA-Spezies, die den Bereich der terminalen Wiederholungseinheiten überspannen. Die Gene können daher nur dann transkribiert werden, wenn das Genom als zirkulär geschlossenes Episom vorliegt. Das sehr hydrophobe LMP2B besteht ausschließlich aus zwölf potentiellen Transmembranregionen, seine Enden sind in das Zellinnere orientiert. LMP2A besitzt am Aminoterminus zusätzlich eine hydrophile, cytoplasmatische Domäne von 119 Aminosäuren. Die Proteine liegen im Komplex mit zellulären *Proteinkinasen der Src-Familie* vor und sind in der aminoterminalen Region an Tyrosinresten phosphoryliert. Sie scheinen die Signaltransduktion zu beeinflussen: Sie verhindern, daß die intrazellulären Calciumionen mobilisiert werden und daß die B-Zellen durch die Wechselwirkung ihrer membranständigen Immunglobuline mit Antigenen stimuliert werden. Das bewirkt, daß die B-Zellen in einem Ruhezustand mit reduzierter Teilungsrate vorliegen. Die Synthese der B7-Proteine, die neben den MHC-Antigenen als Corezeptoren bei der Erkennung der Zellen durch cytoxtoxische T-Lymphocyten notwendig sind, ist unterdrückt. LMP2B hemmt die Aktivitäten von LMP2A und blockiert diese Mechanismen.

18.4.5 Replikation der Herpesviren

Lytischer Infektionszyklus

Herpes-simplex-, Varicella-Zoster- und Cytomegalieviren können sich *in vitro* im lytischen, produktiven Replikationszyklus in einer Reihe von primären oder etablierten Fibroblastenlinien vermehren. Für das Epstein-Barr-Virus, das sich *in vivo* lytisch unter anderem in Epithelzellen des Hals-, Nasen- und Rachenraumes vermehrt, gibt es bisher kein Zellkultursystem, in dem sich diese Form der produktiven Vermehrung simulieren läßt. Wie oben erwähnt, kann man den lytischen Zyklus nur durch die Behandlung latent infizierter B-Zellen mit verschiedenen Chemikalien oder durch Überinfektion induzieren.

Herpesviren adsorbieren durch ihre Oberflächenproteine an bestimmte Strukturen der Zelloberfläche. Beim Epstein-Barr-Virus erfolgt eine spezifische Interaktion des gp220/350 mit dem CD21-Protein, dem Rezeptor für die Komplementkomponente C3d. Herpes-simplex-Viren binden sich dagegen mit dem gC-Protein an Heparansulfat auf der Zelloberfläche. Die Membranen der Viruspartikel und der Zelle verschmelzen miteinander, und das Capsid mit dem Tegument gelangt in das Cytoplasma. Hier lagern sich die Capside an Mikrotubuli an und werden zu den Kernporen transportiert, durch die das Genom in das Nucleoplasma entlassen wird. Dorthin gelangen auch die viralen Proteine – soweit sie, wie beispielsweise α-TIF, über Kerntransportsignale verfügen. Das DNA-Genom zirkularisiert und liegt dann als *Episom* im Kernplasma vor.

Außer dieser Möglichkeit der Infektion von Zellen, bei der freie Viruspartikel mit bestimmten Komponenten auf der Zelloberfläche wechselwirken, können Herpesviren auch in Zellen gelangen, welche diese Rezeptoren nicht besitzen. Die Membranen der infizierten Zellen können mit denjenigen von nichtinfizierten verschmelzen, also eine Membranfusion einleiten. Auf diesem Weg werden die Capside von Zelle zu Zelle weitergegeben. Eine ähnliche zellgebundene Infektionsform findet man auch bei den Paramyxo- und den Lentiviren (Abschnitte 14.2 und 17.1).

Die Expression des Virusgenoms erfolgt in einem kaskadenartig reguliertem Zyklus. Zuerst werden die *immediate early*-Proteine synthetisiert. Bei den Herpes-simplex- und Cytomegalieviren wird ihre Expression durch die Transaktivatoren α-TIF beziehungsweise pp71 verstärkt, die sich in Kooperation mit bestimmten Zellfaktoren an die Promotoren der sehr frühen Gene binden und ihre Transkription durch die RNA-Polymerase II einleiten. Es entstehen am 5′-Ende gecappte, teilweise gespleißte, polyadenylierte mRNAs, die in das Cytoplasma gebracht und dort translatiert werden. Die *immediate early*-Proteine sind wichtige Regulatoren in der Zelle. Sie werden in den Kern transportiert und aktivieren die Promotoren der *delayed early*-Gene, deren Expression in ähnlicher Weise erfolgt. Zu diesen *delayed early*-Proteinen gehören die Enzyme und nucleinsäurebindenden Polypeptide, die für die Replikation des Virusgenoms erforderlich sind.

Die Replikation der Virus-DNA während des lytischen Vermehrungsszyklus folgt dem Prinzip des *rolling circle*. Im Genom findet man Sequenzelemente (Ori_{Lyt}), die als Ausgangsorte für die DNA-Synthese dienen. Es ist unklar, warum sie bei den meisten Herpesviren in mehreren Kopien vorhanden sind, da nur eines bei der Initiation verwendet wird. An den Replikationsursprung binden sich die Ori_{Lyt}-bindenden Proteine (beim Herpes-simplex-Virus das Genprodukt U_L9, beim Epstein-Barr-Virus das BZLF1-Protein), die ermöglichen, daß sich der Komplex der viralen DNA-Polymerase/Helicase/Primase daran anlagert. Ein DNA-Strang wird geschnitten, so daß ein 3′-OH- und ein 5′-Phosphat-Ende entstehen. Welches virale Protein als einzelstrangspezifische Endonuclease wirkt, ist unklar. Das 3′-OH-Ende dient als Primer für die Polymerisationsreaktion. Die Nucleotide werden unter Verwendung des geschlossenen DNA-Stranges als Matrize kontinuierlich ansynthetisiert (Abbildung 18.24). Während dieses Vorgangs wird das 5′-Ende fortlaufend vom Matrizenstrang gelöst. Seine einzelsträngige DNA wird durch die Bildung von kurzen RNA-Primern und Okazaki-Elementen zum Doppelstrang ergänzt (Abbildung 18.24). So bildet sich ein DNA-Strang, der vielfache Einheiten des Virusgenoms in *konkatemerer Anordnung* enthält.

Zeitgleich mit der DNA-Synthese werden die späten Virusproteine exprimiert. Die Bildung der Glycoproteine erfolgt an der Membran des endoplasmatischen Reticulums. In den Golgi-Vesikeln werden sie mit Kohlenhydratgruppen modifiziert und teilweise proteolytisch gespalten. Ein Teil der Glycoproteine wird weiter zur Zelloberfläche transportiert und in die Cytoplasmamembran eingelagert. Gegen diese Polypeptide richtet sich die antikörpervermittelte cytotoxische T-Zell-Reaktion, die zur Lyse der so als infiziert erkennbaren Zellen führt. Der andere Teil der Glycoproteine wandert über das endoplasmatische Reticulum zurück zur *inneren Kernmembran* und reichert sich dort an. Parallel hierzu werden die Capsid- und Tegumentkomponenten in das Kernplasma transportiert.

Im Zellkern findet der Zusammenbau der verschiedenen Strukturproteine zu Partikelvorläufern statt. Zuerst interagieren die Capsidproteine zu partikulären Vorstufen, die keine DNA enthalten. Mit ihnen ist die virale Protease (U_L26 beim Herpes-simplex-Virus, UL80/Assemblin beim Cytomegalievirus) assoziiert, die durch autokatalytische Spaltung und durch Abbau des $U_L26.5$- beziehungsweise des UL80A-Produkts die Gerüstproteine (*scaffolding*-Proteine) herstellt. Diese sind an der Ausbildung der partikulären Capsidvorläufer beteiligt. Proteine in den Seitenflächen (VP19C/U_L38 beim Herpes-simplex-Virus) ermöglichen eine Wechselwirkung mit dem U_c-Element in der a-Wiederholungseinheit im doppelsträngigen DNA-Konkatemer (Pac-Signal) beziehungsweise mit hierzu analogen Verpackungssignalen bei den anderen Herpesviren. Ein Genomäquivalent wird in das Vorcapsid eingeschleust. Dabei gehen die *scaffolding*-Proteine verloren. Am Übergang der DNA-Sequenzen zur folgenden Genomeinheit erfolgt eine erneute Interaktion mit den Erkennungsstellen der Pac-Signale, und der Doppelstrang wird geschnitten. An die nun DNA-haltigen Capside binden sich die Tegumentproteine. Sie assoziieren mit der inneren Kernmembran, in welche die Glycoproteine eingelagert sind. Die Membran stülpt sich an diesen Stellen aus und umhüllt die Partikel, die sich im Bereich zwischen der inneren und der äußeren Kernmembran ansammeln. Von hier aus werden sie über das endoplasmatische Reticulum und den Golgi-Apparat – hier werden die Oberflächenproteine erneut modifiziert, und die Partikel reifen zu infektiösen Virionen – zur Zelloberfläche transportiert, wo ihre Freisetzung erfolgt. Die Viren können sich aber auch durch Zell-Zell-Kontakte oder Zellfusion ausbreiten.

Latenter Infektionszyklus

Während der Latenz liegt die Virus-DNA in den Zellen als *extrachromosomales Episom* in unterschiedlicher, aber stabiler Kopienzahl im Kernplasma vor. Sie wird parallel mit dem Zellgenom durch die zelluläre DNA-Polymerase repliziert und an die Tochterzellen weitergegeben. Unterschiedliche Mechanismen unterdrücken in dieser Phase die Produktion infektiöser Partikel. Die molekularen Vorgänge und Regulationsprozesse bei der Etablierung und der Aufrechterhaltung der Latenz sowie bei der erneuten Reaktivierung zur lytischen Replikation sind weitgehend unverstanden.

Herpes-simplex-Viren. Das Virus liegt latent in den Neuronen der Spinalganglien vor. Pro Zelle findet man bis zu zehn bis 100 Episome. Das Virus wandert während der Primärinfektion über Zell-Zell-Kontakte der lytisch infizierten Epithelzellen mit Nervenendigungen in die Nervenfasern und als Capsid axonal weiter, bis es im Ganglion angelangt ist. Wahrscheinlich können die *immediate early*-Gene in den Neuronen nicht dauerhaft exprimiert werden, weil diese Zellen zusätzlich zum zellulären Transaktivator Oct-1 auch das Oct-2-Protein bilden. Dieses entsteht durch alternatives Spleißen und bindet sich ebenfalls an die Promotoren der sehr frühen Gene. Es weist jedoch in der POU-Domäne eine α-Helix auf, die mit dem α-TIF nicht interagieren kann. Das Oct-2-Protein verfügt aber über Aminosäuresequenzen, an die sich ein weiterer zellulärer Faktor binden kann, der als Repressor wirkt. Folglich unterbleibt die Synthese der für die Einleitung des lytischen Replikationszyklus wichtigen *immediate early*-Proteine. In den Ganglienzellen selbst wird ausschließlich die *LAT*-RNA gebildet, die möglicherweise als Antisense-RNA zu den Transkripten des ICP0 wirkt und so zur Aufrechterhaltung der Latenz beiträgt. Wie sich dieses Gleichgewicht bei der Reaktivierung des Virus ändert, ist unklar. Man vermutet, daß in den Zellen kurzzeitig Oct-1 entsteht und hierüber die Transkription der sehr frühen Gene eingeleitet wird.

Epstein-Barr-Virus. Wie bereits erwähnt, können B-Zellen von Epstein-Barr-Viren latent infiziert und immortalisiert werden. Das Genom liegt dort in 40- bis 100facher Kopie als Episom vor. Die Aktivität des EBNA1-Proteins unterstützt nur den latenten DNA-Replikationsursprung OriP, und das Genom wird unter Beteiligung des zellulären Polymerasekomplexes vermehrt. Die anderen Produkte des latenten Infektionszyklus, deren Eigenschaften, soweit bekannt, im Abschnitt 18.4.4 beschrieben sind, fördern die Etablierung des Latenzstadiums. Auch im Falle des Epstein-Barr-Virus hat man Hinweise, daß die Expression der *immediate early*-Gene, insbesondere des BZLF1-Gens, durch zellspezifische Faktoren inhibiert ist. Außerdem scheinen auch Antisense-RNA-vermittelte Hemmechanismen dabei eine Rolle zu spielen. Die Intronsequenzen der 100 000 Basen langen Vorläufer-RNA der EBNA-Proteine liegen nämlich in Antisense-Orientierung zu den *immediate early*-Transkripten BZLF1, BRLF1 und BSMLF1 vor (Abbildungen 18.27 und 18.29).

18.4.6 Die Herpes-simplex-Viren

Epidemiologie und Übertragung

Die Typen 1 und 2 des Herpes-simplex-Virus sind seit langer Zeit an den Menschen angepaßt. Bereits im Altertum waren unter der Bezeichnung *Herpes* Hautkrankheiten mit Bläschenbildung bekannt. Auch William Shakespeare beschreibt in seinem Theaterstück *Romeo und Julia* – offenbar rezidivierende – Herpesbläschen an den Lippen. Daneben hatte Jean Astruc, der Leibarzt des französischen Königs, bereits um 1763 Hinweise für genitale Herpesvirusinfektionen gefunden. Der Ophthalmologe Wilhelm Grüter zeigte 1913/14 in Marburg, daß der *Herpes corneae* des Menschen, das heißt die durch Herpes-simplex-Virus Typ 1 verursachte Hornhautinfektion, auf das Kaninchenauge übertragen werden kann. 1919 übertrug Löwenstein auch den Erreger der Fieberbläschen auf das Kaninchenauge. Doerr berichtete 1920/21, daß nach einer cornealen Infektion eine Encephalitis auftreten kann. Munk und Ackermann haben 1953 das Herpes-simplex-Virus erstmals mit dem Elektronenmikroskop abgebildet. Ende der sechziger Jahre zeigten Andre Nahmias und Karl Schneweis, daß für die Entstehung der labialen und genitalen Herpesvirusinfektionen zwei durch ihre antigenen Eigenschaften voneinander unterscheidbare Viren verantwortlich sind.

Die Herpes-simplex-Viren sind weltweit verbreitet und gehören mit zu den häufigsten Krankheitserregern. Mehr als 90 Prozent aller Erwachsenen sind mit ihnen infiziert. Die Primärinfektion mit dem Herpes-simplex-Virus Typ 1 erfolgt meist bei Kindern durch Kontakt mit virushaltigem Bläscheninhalt oder Sekreten der Mundhöhle. Das Virus besiedelt danach das *Trigeminusganglion* im Gesichtsbereich und kann in unregelmäßigen Abständen reaktiviert werden. Diese Rezidive äußern sich durch das erneute Auftreten der Hautbläschen, meist an den gleichen Stellen wie bei der Primärinfektion. Die Viren werden mit dem Inhalt der Hautbläschen, die hohe Konzentrationen infektiöser Virionen enthalten, ausgeschieden. Eine Übertragung scheint aber auch durch asymptomatische Träger möglich zu sein. Das Herpes-simplex-Virus Typ 2 wird durch Genitalsekrete bei Sexualkontakten übertragen. Diese Infektion erfolgt vor allem im jungen Erwachsenenalter. Das Infektionsrisiko schwankt und wird vor allem durch das Sexualverhalten bestimmt: Nur etwa drei Prozent von Klosterangehörigen haben Antikörper, bei Prostituierten sind es hingegen über 70 Prozent. Mit Herpes-simplex-Virus im Genitalbereich infizierte Frauen können den Erreger bei der Geburt auf das Neugeborene übertragen. Hier kann das Virus schwere generalisierte und häufig tödliche Erkrankungen (*Herpes neonatorum*) verursachen. Zur Klärung epidemiologischer Fragestellungen kann man durch die Analyse der Virus-DNA mit Restriktionsenzymen intratypische Stammunterschiede feststellen und so Infektketten aufklären.

Klinik

Klinisch unterscheiden sich die Herpes-simplex-Virus-Typen durch die Orte der apparenten und der latenten Infektion: Erkrankungen manifestieren sich beim Virus vom Typ 1 überwiegend im *oro-facialen Bereich*. Das Virus vom Typ 2 verursacht hingegen meist *genitale* Symptome. Die *Primärinfektionen* verlaufen häufig inapparent. Die Inkubationszeit beträgt durchschnittlich etwa sechs bis acht Tage. Die symptomatische Infektion mit dem Herpes-simplex-Virus Typ 1 ist durch Fieber und ulcerierende oder vesiculäre Läsionen an den Lippen und der Mundschleimhaut (*Herpes labialis*) gekennzeichnet. Zusätzlich beobachtet man ödematöse Anschwellungen im Gesicht, Lymphknotenschwellungen, Gingivostomatitis und Hornhautentzündungen. Nach zwei bis drei Wochen klingen die Krankheitsanzeichen meist wieder ab. Nur in seltenen Fällen sind Encephalitiden mit der Infektion verbunden. Bei immungeschwächten Patienten findet man auch Krankheitsverläufe mit Hepatitiden, Ösophagitis und schweren Hautulcerationen. Im Anschluß an die Primärinfektion etabliert sich das Herpes-simplex-Virus Typ 1 latent in den Zellen des Trigeminusganglions.

Infektionen mit Herpes-simplex-Virus Typ 2 verlaufen ähnlich, manifestieren sich jedoch überwiegend in der Genitalschleimhaut (*Herpes genitalis*). Der typische Latenzort ist hier das *Ganglion sacrale*. Komplikationen sind Meningitiden und bei Übertragung auf neugeborene Kinder eine generalisierte Infektion, der *Herpes neonatorum* (siehe vorhergehender Abschnitt: Epidemiologie und Übertragung). *Rezidive* äußern sich bei beiden Infektionen durch das Auftreten des bläschenförmigen Hautausschlags in meist abgeschwächter Form. Sie können sich ohne Entzündungserscheinungen (Rekurrenz) äußern oder mit ihnen (Rekrudeszenz) einhergehen. Rezidivierende Hornhautentzündungen können zur Erblindung führen. Die Viren werden durch unterschiedliche Einflüsse reaktiviert; zum Beispiel durch *UV-Strahlen, Fieber, psychische Einflüsse, Streßsituationen, hormonelle Faktoren (Menstruation)* und bestimmte *Chemikalien*, zum Beispiel Adrenalin und Immunsuppressiva.

Pathogenese

Bei der Primärinfektion infiziert das Virus die oralen beziehungsweise die genitalen Schleimhautzellen, in denen es sich lytisch vermehrt. Bei einer histologischen Untersuchung der sich ausbildenden *Hautbläschen* findet man degenerierte Keratinocyten und durch Zellfusion entstandene, vielkernige Riesenzellen, die eosinophile, nucleäre Einschlußkörperchen enthalten. Außer der Bläschenbildung und der Nekrose des Epithels ist die Infiltration von Granulocyten in den infizierten Bereichen ein erstes Zeichen der sich ausbildenden Entzündung. Die Nekrosen durchbrechen die Basalmembran nicht. In der Dermis reichern sich jedoch CD4-positive Zellen an, die IFN-γ freisetzen. Hierdurch werden Makrophagen aktiviert, die eine weitere Stimulierung des Immunsystems bewirken. Die erste Kontaktaufnahme des Virus mit dem Immunsystem erfolgt in den Langerhans-Zellen, die anschließend in die lokalen Lymphknoten wandern und zu reifen dendritischen Zellen differenzieren. Vermutlich sezernieren die Langerhans-Zellen und möglicherweise auch die Keratinocyten Interleukin-1, TNF-α und andere Cytokine, welche die Entzündung auslösen. Mit ihrem Beginn kommt es auch zu der Exsudation von Gewebeflüssigkeit – hierdurch entstehen die Bläschen – und einer vermehrten Einwanderung von Zellen in die infizierten Bereiche. Die Viren unterscheiden sich in ihrer *Neuroinvasivität* und *Neurovirulenz*. Sie gelangen über *Zell-Zell-Kontakte* in freie Nervenendigungen, die das infizierte Gewebe versorgen, und von dort über die Axone und die sensorischen Fasern in die dazugehörigen Ganglien, infizieren diese latent und verbleiben dort lebenslang. Nach einer Wanderung zurück in die Haut können sie in einem zweiten Schub der Primärinfektion zu verstärkter Bläschenbildung führen. In den Neuronen laufen Entzündungsprozesse unter Beteiligung von CD4- und CD8-positiven T-Zellen ab. Auch hier werden TNF-α und Interleukin-1 freigesetzt. In Abhängigkeit von der Neurovirulenz des Virusisolats werden Neuronen früher oder später nekrotisch. Ob apoptotische Vorgänge hierbei eine Rolle spielen, ist unklar. Über die Dauer der Entzündungsprozesse und darüber, wie die Replikation beendet wird, weiß man wenig. Auch nach einer Reaktivierung wandert das Virus vom Ganglion entlang der Nervenleitschiene zurück in die Haut. Hier verursacht das Herpesvirus erneut Entzündungen mit Bläschenbildung, die durch die Aktivität der Makrophagen sowie IFN-Sekretion eingegrenzt werden. Unklar ist, warum die Rezidive gelegentlich als Rekurrenzen ohne klinisch faßbare Entzündungserscheinungen auftreten und warum etwa 50 Prozent aller mit Herpes-simplex-Virus infizierten Personen nie Rezidive entwickeln.

Die Herpes-simplex-Virus-assoziierte *Encephalitis* ist eine akute, nekrotisierende Entzündung. Sie ist durch eine Virusreplikation, Zellnekrosen und eine Granulocyteninfiltration charakterisiert und läuft teilweise auch als hämorrhagische Encephalitis ab. Bei der Herpesvirusinfektion von Neugeborenen (Herpes neonatorum) können encephalitische, generalisierte oder solche Formen auftreten, die nur unter der Beteiligung der Augen und der Haut ablaufen. Man vermutet, daß bei Herpesvirusinfektion im immunologisch unreifen Organismus kein Interferon-γ und TNF-α gebildet werden. Die Herpes-simplex-Virus-Encephalitis kann auf zwei unterschiedlichen Wegen entstehen: Das Virus kann über das Spinalganglion oder über den Bulbus olfactorius aufsteigend zum Gehirn wandern. Bei Versuchstieren wanderte das Herpes-simplex-Virus über das Ganglion in das Rückenmark und von dort weiter zum Gehirn; vom primärinfizierten Ganglion gelangte es auf der „Nervenleitschiene" in andere Spinalganglien und auch in das vegetative Nervensystem. Es gibt Hinweise, daß das

Herpes-simplex-Virus bei diesen Tieren auch in anderen Geweben persistiert, beispielsweise in der Fußsohle oder der Hornhaut. Auch im Stammhirn wurde virale DNA nachgewiesen.

Immunreaktion und Diagnose

Im Verlauf einer Herpes-simplex-Virus-Infektion entstehen IgM-, IgG- und IgA-Antikörper. Neutralisierend sind vor allem Antikörper gegen die Glycoproteine gB, gC und gD. Sie schützen vor Neuinfektionen mit dem gleichen Virustyp. Vor allem die gegen das gD-Protein gerichteten Immunglobuline unterbinden die hämatogene Verbreitung des Virus und sind durch die *antikörpervermittelte cytotoxische Zellantwort* von Granulocyten und Makrophagen an der Eliminierung der infizierten Zellen beteiligt. Cytotoxische, CD8-positive T-Lymphocyten fand man vor allem gegen Epitope der Glycoproteine. Bei rezidivierenden Herpesinfektionen findet man kaum Veränderungen der Antikörperkonzentration. Da die Viren bei der Entstehung der Rezidive ohne die Neubildung infektiöser Virionen entlang der Nervenleitschiene zur Haut wandern und hier durch Zellkontakte weitergegeben werden, sind sie für das Immunsystem wahrscheinlich nicht zugänglich. Obwohl neutralisierende Antikörper im Organismus vorhanden sind, können sie somit die neuerliche Virusvermehrung und die Entstehung von Entzündungen nicht verhindern. Nach einer Erstinfektion mit Herpes-simplex-Virus vom Typ 1 ist der Organismus nicht vollständig vor der Infektion mit dem Typ 2 geschützt: Sie verläuft allerdings meist weniger schwer und neigt seltener zur Bildung von Rezidiven. Das gilt auch dann, wenn die Infektionen in umgekehrter Reihenfolge auftreten. Diese teilweise vorliegende Kreuzimmunität wertet man als Hinweis dafür, daß man durch geeignete Impfungen ebenfalls einen Schutz gegen rezidivierende Herpesvirusinfektionen erreichen kann.

Die Glycoproteine gC und gE/gI können die Immunantwort negativ beeinflussen, weil sie Rezeptoren für die Komplementkomponente C3b beziehungsweise den Fc-Teil der Immunglobuline sind. Neben der antikörpervermittelten Zellreaktion sind CD4- und vor allem CD8-positive *cytotoxische T-Lymphocyten* für die Kontrolle der lytischen Virusinfektion in der Haut unerläßlich. Bei CD8-defizienten Mäusen ist die Viruseliminierung aus dem zentralen Nervensystem verzögert. Vor allem die *immediate early*-Proteine ICP27 und 4 scheinen Epitope zu besitzen, die von cytotoxischen T-Zellen erkannt werden.

Die Diagnose erfolgt über die serologische Bestimmung der Antikörperkonzentrationen (IgM, IgG) oder – bei akuten Infektionen – durch die Virusisolierung aus Bläschenmaterial, Liquor oder Gewebe. Der cytopathische Effekt in der Kultur tritt nach ein bis drei Tagen auf. Bei einer Encephalitis gelingt die Isolierung des Virus nur in etwa 10 Prozent der Fälle. Hier kann jedoch virale DNA über die Polymerasekettenreaktion nachgewiesen werden. Die Differenzierung zwischen Herpes-simplex-Virus Typ 1 und 2 erfolgt durch Bestimmung gG-spezifischer Antikörper oder durch die Polymerasekettenreaktion.

Therapie und Prophylaxe

Herpesvirusinfektionen können lokal oder systemisch (oral oder intravenös) mit *Aciclovir* therapiert werden, das von der viralen Thymidinkinase und der DNA-Polymerase als Substrat akzeptiert wird und bei der Replikation des viralen DNA-Genoms zum Strangabbruch führt (Abschnitt 18.4.3). Mit der Therapie sollte möglichst früh, bei einer Encephalitis und einem Herpes neonatorum beim erstem Verdacht, begonnen werden. Eine ausschließlich lokale Anwendung ist jedoch nur bei begrenzten, rezidivierenden Infektionen empfehlenswert. Während der Therapie können sich *resistente Viren* entwickeln, die heute bereits vor allem bei immunsupprimierten Patienten ein großes Problem darstellen. Die Mutationen liegen meist im Gen für die Thymidinkinase und nur in seltenen Fällen in dem für die Polymerase. Epidemiologisch spielen die resistenten Viren jedoch bisher keine Rolle. Wahrscheinlich sind sie *in vivo* wesentlich weniger infektiös. Eine Impfung gegen die Herpes-simplex-Virus-Infektion ist vorläufig nicht möglich. Verschiedene Vakzinen, die auf den Glycoproteinen gB und gD als Antigen basieren, werden jedoch klinisch erprobt und zeigen ermutigende Ergebnisse. Die Gabe von spezifischen Immunglobulinen ist bei einer Infektion von Neugeborenen sinnvoll.

18.4.7 Das Varicella-Zoster-Virus

Epidemiologie und Übertragung

Die *Windpocken* (Varizellen) sind als Erkrankung des Menschen seit dem frühen Mittelalter bekannt. 1875 zeigte Steiner, daß hierfür ein infektiöses Agens verantwortlich ist. Er konnte die Symptome durch den Inhalt der Hautbläschen auf gesunde Personen übertragen. 1909 beschrieb J. von Bókay die Windpocken und die *Gürtelrose* (*Zoster*) als ähnliche Erkrankungen. K. Kundratitz und E. Buusgaard konnten dies in den zwanziger und dreißiger Jahren experimentell bestätigen, indem sie mit dem Inhalt von Zosterbläschen Windpocken induzierten. Die Züchtung des Virus in Zellkulturen gelang T. Weller, W. P. Rowe sowie M. G. Smith unabhängig voneinander 1956/57. Hierdurch ließ sich zeigen, daß die Erreger der Windpocken und der Gürtelrose die gleiche Morphologie haben. Spätere Restriktionsenzymanalysen der Virusgenome durch S. Straus und Kollegen bewiesen, daß das „Windpocken"-Virus nach unterschiedlich langen Zeitspannen eine Gürtelrose verursachen kann und daß es sich folglich bei der Gürtelrose nicht um eine Neuinfektion mit einem verwandten Virustyp, sondern um ein Rezidiv handelt. Das Varicella-Zoster-Virus befällt nur den Menschen und ist weltweit verbreitet. Mehr als 90 Prozent aller Menschen sind im Alter von 15 Jahren seropositiv. Das Virus wird durch Kontakt mit dem Inhalt des bläschenförmigen Hautausschlags von an Windpocken oder Gürtelrose erkrankten Personen oder durch Tröpfcheninfektion von Patienten während der virämischen Phase übertragen. Nach der Primärinfektion bleibt das Virus lebenslang latent in den *paravertebralen, sensorischen Ganglien* des Rückenmark. Die Gürtelrose, die meist bei älteren Personen auftritt, ist auf die Reaktivierung des latenten Varicella-Zoster-Virus zurückzuführen. Man schätzt, daß etwa zehn bis 20 Prozent der seropositiven Personen einen Zoster entwickeln.

Klinik

Die Infektion mit dem Varicella-Zoster-Virus verläuft nur in etwa fünf Prozent der Fälle asymptomatisch. Die Inkubationszeit beträgt durchschnittlich zwei Wochen. Die Windpocken beginnen mit Fieber, dem ein *bläschenförmiger Ausschlag* folgt. Dieser tritt zuerst in der Mundschleimhaut, am Kopf und am Rumpf auf und breitet sich von dort zu den Extremitäten aus. Etwa drei bis fünf Tage lang bilden sich schubweise neue Bläschen. Danach klingt der Ausschlag unter Krustenbildung ab, und nach zwei bis drei Wochen sind die Läsionen verheilt. Schwere Infektionsverläufe findet man vor allem bei Neugeborenen und immunsupprimierten Patienten. Hier können sich Hepatitiden, Lungenentzündungen, eine Encephalitis und Thrombocytopenien ausbilden. Die Virusreaktivierung kündigt sich meist einige Tage vor dem Auftreten der Gürtelrose mit Schmerzen und erhöhter Hautempfindlichkeit an. Der Ausschlag ist meist auf eine Hautregion am Kopf oder am Rumpf beschränkt. Er zieht sich ausgehend von der Wirbelsäule gürtelähnlich um den Brustkorb oder die Lendenregion und ist häufig schmerzhaft und von Fieber begleitet. Die Bläschen verkrusten innerhalb von ein bis zwei Wochen. In den Hautregionen, die von der Gürtelrose befallen waren, treten oft lang anhaltende, schmerzhafte *Neuralgien* auf. Andere Komplikationen wie Encephalitiden oder Lungenentzüngungen sind selten. Bei immunsupprimierten Patienten können sich chronische Formen des Zoster ausbilden, vor allem aber auch Varicella-Pneumonien auftreten.

Pathogenese

Das Virus gelangt bei der Übertragung aerogen auf die Mundschleimhaut. Während der Primärinfektion repliziert es sich im oberen Respirationstrakt und dem Oropharynx. Vermutlich wird das Virus von mononucleären Zellen zu den Lymphknoten transportiert und erzeugt am vierten bis sechsten Tag eine geringfügige erste Virämie mit Ausbreitung in das reticulohistiocytäre System und die Endothelzellen. Während der sich anschließenden zweiten Virämie gelangt das Virus dann über das Blut in die Peripherie. Die Hautläsionen beginnen, wenn die Infektion von den Endothelzellen in den Blutkapillaren der Haut auf die Epithelzellen übergreift. In die infizierten Bereich wandern mononucleäre Zellen ein, die Cytokine wie Interferon-γ sezernieren. Mit der beginnenden Entzündung wird Gewebeflüssigkeit abgegeben. So kann sich die nichtinfizierte Schicht des Stratum corneum von den darunterliegenden infizierten Basalzellen der Epidermis trennen und Bläschen bilden. Anfangs enthalten sie zellfreie Viren. Später findet man in den Vesikeln zusätzlich Makrophagen, Lymphocyten und Cytokine. Die infizierten Zellen fusionieren und bilden *vielkernige Riesenzellen* mit eosinophilen nucleären Einschlußkörperchen. Während der Infektion gelangt das Varicella-Zoster-Virus über direkte Zell-Zell-Kontakte in die Nervenendigungen und wandert von dort in die sensorischen Ganglien des Rückenmarks. Es ist unklar, ob das Virus in den Neuronen und Satellitenzellen latent verbleibt. Die molekularen Mechanismen, die zur Etablierung und Aufrechterhaltung der Latenz beitragen, sind unbekannt. Anders als beim Herpes-Simplex-Virus werden einige Gene transkribiert. *In vitro* induziert die Infektion mit dem Varicella-Zoster-Virus den programmierten Zelltod (Apoptose). Man vermutet, daß in den Neuronen apoptotische Vorgänge verhindert werden und sich so die Latenz etablieren kann. Auch über die Vorgänge bei der Reaktivierung des Virus, bei der es sich im Ganglion vermehrt und dabei große Teile davon zerstören kann, weiß man wenig. Eine *Immunsuppression* als Auslöser scheint hierzu genauso beizutragen wie Traumata des Rükkenmarks, psychische Faktoren und bestimmte Substanzen. Ähnlich wie die Herpes-simplex-Viren gelangen auch Varicella-Zoster-Viren nach der Reaktivierung entlang der Nervenleitschienen zu dem Hautbereich, der von dem entsprechenden Ganglion versorgt wird. Hier verursachen sie in der Epidermis erneut die Bildung eines bläschenartigen Ausschlags. Während der Reaktivierung bei einer Gürtelrose findet man auch Entzündungen und Nekrosen der betroffenen Ganglien und der Nerven.

Immunreaktion und Diagnose

Während der Primärinfektion werden IgM-, IgA- und IgG-Antikörper gegen die Virusproteine gebildet. IgG-Antikörper bleiben lebenslang nachweisbar. Sind sie gegen Glycoproteine gerichtet, so sind sie zum Teil neutralisierend und schützen vor Neuinfektionen, jedoch nicht vor Virusreaktivierungen. Die zelluläre Immunreaktion trägt wahrscheinlich entscheidend zur Eliminierung des Virus aus den infizierten Hautbereichen während der Primärinfektion bei. Cytotoxische CD8-positive Zellen, welche die infizierten Zellen lysieren, sind bereits früh nachweisbar. CD4-positive Zellen erkennen vor allem Epitope der Glycoproteine und eines *immediate early*-Proteins (ORF62). Beim Auftreten der Gürtelrose findet man eine Abnahme der zellulären Immunantwort, die sich erst im Verlauf der Reaktivierung zusammen mit der erneuten Virusvermehrung wieder regeneriert. Neben der serologischen Diagnose wird bei der akuten Infektion das Virus aus dem Inhalt der Bläschen oder aus Rachenspülwasser isoliert und *in vitro* gezüchtet.

Therapie und Prophylaxe

Die Infektion mit Varicella-Zoster-Viren kann durch die Verabreichung eines Lebendimpfstoffes verhindert werden. Er enthält attenuierte Viren, die man nach kontinuierlicher Züchtung des Wildtypvirus in der Zellkultur erhalten hat. In Deutschland werden mit dieser Vakzine bisher fast ausschließlich an Leukämie erkrankte Kinder geimpft. Bei diesen Patienten verlaufen Infektionen mit Varicella-Zoster-Viren oft sehr schwer, da ihr Immunsystem durch die Erkrankung und die damit verbundene Therapie geschwächt sind. Immunglobuline mit hohen Konzentrationen von neutralisierenden Antikörpern gegen Varicella-Zoster-Viren wendet man vor allem bei Personen an, bei denen die Gefahr von Komplikationen besteht: Hierzu gehören Neugeborene, schwangere Frauen und immunsupprimierte Patienten. Die Immunglobuline verhindern die Infektion oder schwächen den Verlauf ab, wenn sie möglichst schnell nach dem Kontakt mit infizierten Personen gegeben werden. Die Windpocken und die Gürtelrose können mit *Aciclovir* behandelt werden, das hier jedoch wesentlich höher dosiert werden muß als bei Herpes-simplex-Virus-Infektionen. Bessere Wirkung haben Famciclovir oder Brivudin. Die Dauer der generalisierten Infektionen wird reduziert, und die Symptome werden verhindert. Aus mit Aciclovir behandelten AIDS-Patienten konnte man resistente Stämme des Varicella-Zoster-Virus isolieren. Sie scheinen jedoch aufgrund der Mutationen des Thymidinkinasegens einen Wachstumsnachteil zu haben und sind bisher in der Normalbevölkerung ohne Bedeutung.

18.4.8 Das humane Cytomegalievirus

Epidemiologie und Übertragung

Die streng artspezifischen Cytomegalieviren kannte man ursprünglich nur in Verbindung mit prä- oder perinatalen Infektionen, die zu *Schädigungen der Embryonen oder neugeborenen Kindern* führten. Serologische Untersuchungen zeigten jedoch, daß 40 bis 80 Prozent der Jugendlichen mit diesem Virus infiziert sind und daß es nach der meist asymptomatischen Primärinfektion lebenslang im Menschen persistiert und sporadisch reaktiviert wird. Bei Erwachsenen, insbesondere bei *immunsupprimierten Personen* – zum Beispiel Transplantatempfängern, Tumor- und AIDS-Patienten – verursacht das Cytomegalievirus Erkrankungen, die häufig mit schweren Verläufen einhergehen. Nach der Primärinfektion werden Cytomegalieviren intermittierend ausgeschieden. Dabei sind Kinder im Alter von drei bis acht Jahren am ansteckendsten. Die Übertragung erfolgt durch infizierte Zellen im Speichel, seltener durch Muttermilch oder Schmierkontaminationen mit virushaltigem Blut oder Urin. Man findet das Virus auch in den Cervixsekreten und in der Samenflüssigkeit, so daß der Sexualverkehr eine wichtige Ansteckungsquelle darstellt. Immundefiziente Patienten scheiden größere Virusmengen aus. Die Übertragung ist auch durch Organtransplantate, Bluttransfusionen und -produkte möglich. Ein wichtiger Übertragungsweg ist der von der Mutter auf das ungeborene Kind. Da mit der hormonellen Umstellung während der Schwangerschaft eine Aktivierung des Virus aus der Latenz einhergeht, scheiden zehn Prozent aller schwangeren Frauen Cytomegalieviren aus. Man schätzt, daß etwa ein Prozent aller Kinder bei der Geburt infiziert sind, von denen bis zu zehn Prozent früher oder später Symptome aufweisen. Das bedeutet, daß abhängig von der Region und der Bevölkerungsgruppe bis zu 0,1 Prozent aller Kinder bei der Geburt durch das Cytomegalievirus geschädigt sind.

Klinik

Die Inkubationszeit beträgt zwischen vier und acht Wochen. Bei immunkompetenten Personen verläuft die Primärinfektionen meist *asymptomatisch*. Nur selten treten Erkrankungszeichen auf, die denen einer Mononucleose ähneln, nämlich Fieber, Lymphknotenschwellungen, Gastritis, Ösophagitis oder grippeähnliche Erscheinungen. Gelegentlich findet man Leuko- und Thrombocytopenien und atypische CD8-positive Lymphocyten sowie eine erniedrigte CD4-Zellzahl. Die Transfusionsmononucleose ist zusätzlich durch Angina charakterisiert. Pränatale Infekte führen in etwa zehn Prozent der Fälle zur *cytomegalen Einschlußkörperchenkrankheit*, die sich in Hepatosplenomegalie, Thrombocytopenie, Hörschäden und Entwicklungsdefekten aufgrund der Infektion des zentralen Nervensystems äußert. Die perinatale Übertragung des Virus auf Neugeborene kann zu ähnlichen, aber meist abgeschwächten Symptomen führen. Bei immunsupprimierten Patienten findet man bedingt durch die organtypischen Viruslokalisationen Hepatitiden, Chorioretinitis, gastrointestinale Ulcerationen mit Schmerzen und Durchfällen oder relativ selten eine Encephalitis. Die interstitielle Cytomegalievirus-Pneumonie zeigt oft schwere Verläufe und ist die häufigste Todesursache bei AIDS-Patienten und Knochenmarktransplantierten. Bei AIDS-Patienten findet man das Virus in den Nebennieren, der Lunge, dem Gastrointestinaltrakt, dem zentralen Nervensystem und der Netzhaut. Bei Patienten mit Organübertragungen kann das Cytomegalievirus zu Entzündungen des Transplantats führen, die histologisch einer Abstoßungsreaktion gleichen.

Pathogenese

Im Verlauf der apparenten und wahrscheinlich auch der inapparenten Primärinfektion von immunkompetenten Personen gelangt das Cytomegalievirus bei der meist oralen Übertragung in die Speicheldrüsen und wird von hier hämatogen und auch zellgebunden verbreitet. Die Zellen des Gefäßendothels spielen bei der Ausbreitung des Virus in die verschiedenen Organe eine wichtige Rolle. Cytomegale Zellen sind in vielen Organen festzustellen, vor allem in den Speicheldrüsen, den Nieren und Nebennieren. Von diesen Regionen können Nekrosen ausgehen. Virale DNA läßt sich außerdem in pathohistologisch unauffälligen Zellen im Myocard, in der Leber, der Milz, der Lunge, dem Knochenmark und den Nieren nachweisen. Das Virus kann auch im Blut in freier Form oder zellgebunden vorliegen, unter anderen in Endothelzellen und Granulocyten. Letzteres weist auf eine generalisierte Infektion hin. Das Virus verbleibt vermutlich in vielen Organen in einem latent-persistierenden Zustand, der auf molekularer Ebene nicht charakterisiert ist. Da man es im Urin und auch im Speichel, dem Cervixsekret und der Samenflüssigkeit findet, müssen Zellen der entsprechenden Organe persistent und latent infiziert sein.

Die Ausbreitung der Cytomegalievirusinfektion wird wesentlich durch den *Funktionszustand des Immunsystems* bestimmt, da bereits die postnatale Infektion und diejenige von Kleinkindern sowie allen älteren Personen meist inapparent verläuft. Bei der Übertragung auf ungeborene Kinder findet das Virus ein noch unentwickeltes Immunsystem vor. Bei Infektionen während des zweiten bis sechsten Schwangerschaftsmonats erreicht die Schädigungsrate etwa 50 Prozent. Hier kann es je nach Entwicklungsstadium zu Schädigungen des Gehirns (Mikrocephalie), der Augen (Chorioretinitis), des Gehörs und zu Hepatosplenomegalie kommen. Viele Kinder sterben *in utero* oder nach der Geburt. Bei Personen mit Immundefekten muß man zwischen Primärinfektionen und Reaktivierungen unterscheiden, da die ersteren schwerer verlaufen. Die Ursache dieser generalisierenden Infektionen sind Defekte der zellulären Immunität. Als Folge breitet sich das Virus in viele Organe aus und verursacht entsprechende, pathohistologisch faßbare Organschäden. Bei AIDS-Patienten entwickeln sich oft eine Chorioretinitis sowie Magen- und Darmulcera, und 20 bis 30 Prozent sterben unmittelbar an einer interstitiellen Cytomegalievirus-Pneumonie.

Immunreaktion und Diagnose

Während der Primärinfektion bildet der Organismus IgM- und IgG-Antikörper. Außerdem werden cytotoxische T-Zellen induziert. Die zelluläre Immunantwort ist für die Viruseliminierung und die Beendigung der Symptome verantwortlich, Antikörper kontrollieren die *virämische Ausbreitung* und schützen vor Neuinfektionen. Neutralisierende Antikörper sind hauptsächlich gegen das gB-homologe Glycoprotein gerichtet. Die meisten nachweisbaren Immunglobuline erkennen das Phosphoprotein pp68, die Hauptkomponente des Teguments. Weder die Antikörper noch die zelluläre Immunantwort können jedoch eine Reaktivierung der latenten Infektion verhindern. Trotz Vorliegens eines prästimulierten Immunsystems wurden bei Organtransplantationen Mehrfachinfektionen beobachtet. Hinweise, daß das zelluläre Immunsystem bei der Kontrolle der lytischen Infektion entscheidend ist, ergeben sich aus mehreren Beobachtungen: Bei pränatalen oder perinatalen Infektionen dauert die Virusausscheidung wesentlich länger als bei solchen, die erst im späteren Lebensalter erfolgen. Man kann daraus schließen, daß mehr Zellen infiziert worden sind und möglicherweise das im Embryo oder Neugeborenen noch nicht entwickelte Immunsystem eine höhere Virusreplikation zuließ. Auch bei Immundefizienzen ist die Virusausscheidung verstärkt, teilweise findet man eine persistierende, zellgebundene Virämie. Da diese Patienten eine beeinträchtigte zelluläre Immunreaktion haben, die humorale Antwort aber meist intakt ist, haben die CD4- und CD8-positiven T-Zellen bei der Kontrolle der Infektion während der Latenzphase vermutlich eine wichtige Funktion. Auch erscheint die Gefahr einer pränatalen Infektion größer, wenn das zelluläre Immunsystem der Mutter geschädigt ist. Vom Mauscytomegalievirus ist bekannt, daß cytotoxische T-Zellen Epitope in den *immediate early*-Proteinen erkennen. Ähnliche Mechanismen können auch für die Kontrolle der lytischen Virusreplikation im Menschen von Bedeutung sein.

Die serologische Diagnose der Primärinfektion erfolgt über den Nachweis von spezifischen Antikörpern in der Komplementbindungsreaktion oder in ELISA-Tests. Das Virus kann aus dem Speichel, dem Cervixsekret, dem Liquor und dem Urin isoliert werden. Die Züchtung des Cytomegalievirus gelingt nur in menschlichen oder in Schimpansenzellen, speziell in embryonalen Lungenfibroblasten oder Vorhautzellen von Neugeborenen. Die infizierten Zellen vergrößern sich (Cytomegalie), und nach der Fixierung lassen sich nucleäre, eulenaugenartige Einschlußkörperchen feststellen. Wegen der langsamen Vermehrung des Virus in der Kultur und der langen Zeitspanne bis zum Auftreten des cytopathischen Effekts wird die Virusreplikation durch den Nachweis von *immediate early*-Proteinen durch Immunfluoreszenz bereits nach ein bis zwei Tagen bestimmt. In Granulocyten ist das pp68-Protein nachweisbar. Alternativ hierzu kann man virale Nucleinsäuren durch die Polymerasekettenreaktion entdecken. Zur Diagnose von akuten Virusinfektionen muß virale RNA nachgewiesen werden. Dazu verwendet man Primer, die spezifisch die Transkription der *immediate early*- oder Glycoproteingene anzeigen.

Therapie und Prophylaxe

Für die Therapie der Cytomegalievirusinfektion stehen *Ganciclovir* und Foscarnet (Phosphonoameisensäure) zur Verfügung (Kapitel 9). Beide Substanzen verursachen Nebenwirkungen. Ganciclovir wird durch die Proteinkinase (UL97) phosphoryliert und von der viralen DNA-Polymerase bei der Genomreplikation in die DNA-Stränge eingebaut (Abschnitt 18.4.3). Aciclovir wirkt kaum und muß in sehr hohen Konzentrationen eingesetzt werden, da die Cytomegalieviren nicht für eine Thymidinkinase codieren. Foscarnet hemmt die virale DNA-Polymerase nichtkompetitiv. Die Verabreichung von Immunglobulinpräparaten erfolgt bei Verdacht auf perinatale Infektionen. Ein Impfstoff steht noch nicht zur Verfügung; er befindet sich in der Erprobung.

18.4.9 Die humanen Herpesviren 6 und 7

Epidemiologie und Übertragung

Obwohl Salahuddin und Mitarbeiter das *humane Herpesvirus 6* 1986 ursprünglich als *„menschliches B-lymphotropes Virus"* aus Patienten mit lymphoproliferierenden Erkrankungen isolierten, erwies sich später, daß es hauptsächlich T-Zellen infiziert und sich dort repliziert. Vier Jahre später fand man in CD4-positiven T-Lymphocyten ein weiteres, mit dem humanen Herpesvirus 6 verwandtes Virus, das man heute als Typ 7 der menschlichen Herpesviren bezeichnet. Vom humanen Herpesvirus 6 gibt es zwei Subtypen, A und B. Mit dem Subtyp A konnten bisher keine Erkrankungen korreliert werden. Das humane Herpesvirus 6B verursacht bei Kindern das *Exanthema subitum*, auch *Dreitagefieber* genannt. Die Durchseuchung der Bevölkerung mit diesem Virus ist hoch; bereits im Alter von zwei Jahren sind praktisch alle Kinder seropositiv. Infektionen mit dem humanen Herpesvirus 7 erfolgen eher etwas später, nämlich ab dem dritten Lebensjahr. Es wurde bisher nur vereinzelt aus Patienten mit Exanthema subitum isoliert. Die Durchseuchungsrate bei Erwachsenen beträgt etwa 85 Prozent. Nach der Primärinfektion verbleiben beide Viren latent im Organismus, werden über den Speichel ausgeschieden und hierdurch übertragen.

Klinik

Die Primärinfektion mit dem humanen Herpesvirus 6 erfolgt meist im Kindesalter und verläuft häufig asymptomatisch. Das Krankheitsbild des Exanthema subitum ist durch hohes Fieber gekennzeichnet, das einige Tage anhält und dem ein Hautausschlag folgt. Gelegentlich findet man geschwollene Lymphknoten, eine Beeinträchtigung der Leberfunktion und selten eine Encephalitis. Das Virus ist danach lebenslang in T-Zellen nachweisbar. Ob mit Reaktivierungen Erkrankungen verbunden sind, ist unklar. Hinweise darauf, daß das humane Herpesvirus 6 im späteren Leben mit dem chronischen Müdigkeitssyndrom assoziiert ist, konnte man nicht bestätigen. Die Virusinfektion scheint auch das Knochenmark zu schädigen.

Pathogenese

Über die Pathogenese der Infektion, den Latenzort und die Mechanismen, die zur Reaktivierung des humanen Herpesvirus 6 beitragen, ist noch wenig bekannt. Der Befund, daß das Virus bei AIDS-Patienten in denselben Zellen vorkommt, die auch durch das humane Immundefizienzvirus infiziert werden, ließ es als möglichen Cofaktor bei der Entstehung der Immundefizienz erscheinen. Das humane Herpesvirus 7 bindet sich, wie auch das humane Immundefizienzvirus, an das CD4-Protein auf der Oberfläche von T-Helferzellen. Den Rezeptor für das humane Herpesvirus 6 konnte man noch nicht charakterisieren. Auf eine Cofaktorfunktion bei der AIDS-Erkrankung weist hin, daß frühe, nucleäre Proteine des humanen Herpesvirus 6 den Promotor in der LTR-Region des Immundefizienzvirus transaktivieren.

Immunreaktion und Diagnose

Während der Primärinfektion bildet der Organismus IgM- und IgG-Antikörper. IgG bleibt lebenslang nachweisbar, seine Konzentration fällt jedoch im Laufe der Jahre ab. Die zelluläre Immunantwort ist bisher kaum untersucht. Man kann eine Infektion serologisch diagnostizieren, das Virus aus dem Speichel oder dem Rachenspülwasser isolieren und in Nabelschnurlymphocyten züchten oder Virus-DNA durch die Polymerasekettenreaktion nachweisen.

Therapie und Prophylaxe

Es gibt heute weder einen Impfstoff zur Verhinderung der Infektion noch ein antiviral wirkendes Therapeutikum. In der Zellkultur kann die Virusvermehrung durch Ganciclovir gehemmt werden.

18.4.10 Das Epstein-Barr-Virus

Epidemiologie und Übertragung

Dennis Burkitt beschrieb 1958 ein Lymphom, das in Ost- und Zentralafrika bei Kindern und Jugendlichen die häufigste Tumorerkrankung war. Seine Verbreitung entsprach der der Malaria. In B-Zell-Linien aus diesen monoklonalen *Burkitt-Lymphomen* fanden Anthony Epstein, Budd Achong und Yvonne Barr sowie R. Pulvertaft 1964 herpesvirusähnliche Partikel. Der Erreger wurde von Gertrude und Werner Henle als neue Virusgattung erkannt und nach seinen Entdeckern als *Epstein-Barr-Virus* bezeichnet. Das Burkitt-Lymphom ist mit einer Inzidenz von zehn Fällen pro 100 000 Personen und Jahr die häufigste kindliche Tumorerkrankung in Afrika. Bei Krallenaffen verursacht das Virus einen dem Burkitt-Lymphom ähnlichen, aber polyklonalen Tumor – ein Hinweis auf die kausale Beteiligung des Virus an der Onkogenese. 1968 fanden Gertrude und Werner Henle sowie Volker Diehl im Blut von Personen, welche die Erkrankung der *infektiösen Mononucleose* überwunden hatten, Antikörper gegen eben dieses Epstein-Barr-Virus. Es zeigte sich, daß das Virus weltweit verbreitet ist, daß 95 Prozent der Erwachsenen seropositiv sind und daß alle Infizierten nach der Primärinfektion lebenslang Epstein-Barr-Virus positive B-Zellen im Blut besitzen. Diese ruhenden B-Lymphocyten enthalten das Virus und haben die Fähigkeit, in Kultur zu immortalisierten Zellinien auszuwachsen. *In vivo* verhindert vermutlich ein funktionierendes zelluläres Immunsystem eine unkontrollierte Vermehrung dieser Zellen. Außer dem Burkitt-Lymphom, aus dessen Tumorzellen man das Virus ursprünglich isolierte, verursacht es eine weitere menschliche Tumorerkrankung: das *Nasopharynxkarzinom* – mit einer Inzidenz von etwa 20 Erkrankungen pro 100 000 Personen pro Jahr der häufigste Tumor in China und Südostasien. Außer dem Virus scheinen bei der Entwicklung dieser Tumorerkrankungen weitere, verhaltens- und umweltspezifische Faktoren eine wichtige Rolle zu spielen.

Das Epstein-Barr-Virus wird nach der Primärinfektion lebenslang in unterschiedlichen Mengen über den Speichel ausgeschieden und übertragen. Es ist weltweit verbreitet. In Europa und den USA erfolgt die Infektion meist im Jugendlichen- und frühen Erwachsenenalter. Der Übertragungsweg gab der mit der Infektion verbundenen Mononucleose die Bezeichnung „*kissing disease*". In China und den Entwicklungsländern sind – bedingt durch die geringere Hygiene und die mancherorts noch übliche Mund-zu-Mund-Fütterung der Kleinkinder – alle Kinder im Alter von etwa zwei Jahren seropositiv.

Klinik

Bei der Primärinfektion mit dem Epstein-Barr-Virus beträgt die Inkubationszeit durchschnittlich vier bis sechs Wochen. Im Kindesalter verläuft die Infektion meist *asymptomatisch*. Erfolgt sie bei Jugendlichen oder Erwachsenen, treten gehäuft die Anzeichen einer *infektiösen Mononucleose* auf. Diese selbstlimitierende, lymphoproliferative Erkrankung ist auch unter der Bezeichnung *Pfeiffersches Drüsenfieber* bekannt. Sie äußert sich mit Halzschmerzen, Fieber und geschwollenen Lymphknoten. Eine häufige Begleiterscheinung sind tränende Augen. Bei etwa der Hälfte der Patienten findet man zwei bis drei Wochen nach Beginn der symptomatischen Phase Milzschwellungen. Bei 20 bis 25 Prozent treten Hautausschläge auf, und erhöhte Transaminasewerte weisen auf eine Hepatitis hin. Selten beobachtet man Meningitiden oder Gelenkentzündungen. Die Symptome klingen üblicherweise nach einigen Wochen ab, das Virus bleibt jedoch im Organismus und wird lebenslang über den Hals-, Nasen- und Rachenraum in den Speichel ausgeschieden. Zusätzlich ist das Genom des Epstein-Barr-Virus in etwa einer von 10 000 B-Zellen des peripheren Blutes enthalten. Das Virus liegt hier latent vor. In seltenen Fällen klingen die Symptome der infektiösen Mononucleose nicht vollständig ab, und die Patienten entwickeln eine chronisch-persistierende Infektion, bei der sich das Virus zusätzlich zum Latenzstadium in erhöhtem Maß auch lytisch vermehrt. Oft kann man auch im Serum freie Viren nachweisen. Die Symptome dieser *chronisch-aktiven Infektion* wie Müdigkeit, Abgeschlagenheit und Lymphknotenschwellungen sind schwächer ausgeprägt als bei der infektiösen Mononucleose. Sie können über Monate und Jahre hinweg andauern. Tödliche Verläufe der infektiösen Mononucleose treten familiär gehäuft bei Männern auf und sind mit bestimmten Gendefekten auf dem X-Chromosom (Xq25-27) korreliert. Dieses sogenannte *XLP-Syndrom* (*X-linked lymphoproliferative syndrome*) oder *Duncan-Syndrom* (nach der ersten von David Purtilo beschriebenen Familie mit dem Gendefekt) ist durch eine Hypogammaglobulinämie, eine aplastische Anämie und die massive Infiltration der Lunge, Nieren, Leber und des Knochemmarks mit CD8-positiven T-Zellen und B-Lymphocyten gekennzeichnet. Als Folge versagen diese Organe. Etwa 30 Prozent der Patienten entwickeln zusätzlich polyklonale *B-Zell-Lymphome*. Epstein-Barr-Virus-assoziierte Lymphome findet man außerdem gehäuft bei immunsupprimierten Patienten. Organtransplantatempfänger haben ein bis zu fünf Prozent erhöhtes Risiko, ein B-Zell-Lymphom zu entwickeln, bei AIDS-Patienten steigt dieses Risiko bis auf 60 Prozent.

Das *Burkitt-Lymphom* tritt in Äquatorialafrika und in Neuginea bei Kindern im Alter von etwa sieben bis neun Jahren endemisch auf. Etwa 95 Prozent dieser Burkitt-Lymphome enthalten Epstein-Barr-Viren in den transformierten Zellen. Bei der sporadischen Form dieses Tumors, die weltweit vor allem bei Erwachsenen zu finden ist, sind etwa 20 Prozent mit dem Epstein-Barr-Virus assoziiert. Die endemische Form manifestiert sich überwiegend in Tumoren des Kiefer- und Gesichtsbereichs oder des Abdomens. Bei dem sporadischen Burkitt-Lymphom ist dagegen meist das Knochenmark beteiligt. Alle Burkitt-Lymphomzellen weisen *Chromosomentranslokationen* auf: Meist wird der lange Arm des Chromosoms 8 auf das Chromosom 14 übertragen, seltener gelangen Teile der Chromosomen 2 oder 22 auf den langen Arm von Chromosom 8. Das monoklonale *Nasopharynxkarzinom*, die zweite Tumorerkrankung, die das Epstein-Barr-Virus verursacht, entwickelt sich als Primärtumor in der Rosenmüllerschen Grube des Nasopharynx. Er äußert sich durch Einschränkungen des Gehörs, Nasenbluten und eine Blockierung der Ohrtuben. Dieser Tumor metastasiert rasch, so daß die meisten Patienten durch die Verbreitung der Tumorzellen im Lymphsystem Sekundärtumoren ausbilden.

Pathogenese

Primärinfektion. Das Virus gelangt bei der Übertragung durch den Speichel auf die Schleimhaut des Mund- und Rachenraums, in der B-Lymphocyten vorliegen. Diese haben auf ihrer Oberfläche hohe Konzentrationen des *CD21-Proteins*, an das sich der Komplex der Glycoproteine gp220/350 des Epstein-Barr-Virus bindet, welcher die Aufnahme in die B-Zellen vermittelt. Die Infektion verursacht eine *polyklonale Aktivierung* der B-Zellen mit der Folge einer massiven T-Zell-Antwort. Dieser Vorgang äußert sich in den bei der infektiösen Mononucleose beobachteten Schwellungen der lymphatischen Gewebe wie Lymphknoten, Milz, Leber und Tonsillen. Man vermutet, daß sich das Virus in der Frühphase der Infektion in einem Teil der B-Zellen lytisch repliziert und daß diese infektiöse Viruspartikel freisetzen. Die anschließende zelluläre Immunantwort richtet sich dann vor allem gegen die Zellen, welche die Proteine des produktiven Zyklus synthetisieren. In anderen infizierten B-Lymphocyten etabliert sich dagegen die latente Infektion. Verantwortlich sind hierfür vermutlich Zellfaktoren, welche, wie zum Beispiel das Ku-Protein, zusammen mit noch unbekannten Faktoren die Expression des *immediate early*-Proteins BZLF1 und somit den lytischen Zyklus reprimieren. Hierdurch können die EBNA-Proteine ihre Wirkung entfalten: EBNA1 fördert die Replikation des Virusgenoms als Episom. EBNA2, EBNA3A und C, EBNA-LP und die latenten Membranproteine sind für die Immortalisierung der Zellen verantwortlich und ermöglichen ihnen die kontinuierliche Teilung. Die EBER-RNA verhindert, daß interferonvermittelte Abwehrmechanismen aktiv werden (Abschnitte 18.4.4 und 18.4.5). Nach der Etablierung der Latenz exprimieren die ruhenden B-Zellen LMP2A als einziges Virusprotein. In diesem Ruhestadium haben die Zellen nur geringe Mengen von MHC-Antigenen auf ihren Oberflächen. Zusätzlich fehlt ihnen der Faktor B7, der costimulatorisch bei der Aktivierung des zellulären Immunsystems wirkt. Diese EBV-positiven B-Lymphocyten entgehen daher der Immunantwort, bleiben im Körper erhalten und stellen das Virusreservoir. Nur sehr selten wird in ihnen der lytische Vermehrungszyklus und die Synthese infektiöser Viren induziert. Dieser Vorgang führt zur Eliminierung der Zellen durch cytotoxische T-Zellen, die Epitope der *immediate early*-Proteine erkennen. Wichtige T-Zell-Epitope, die von mehreren HLA-Subtypen gebunden und von cytotoxischen T-Lymphocyten erkannt werden, konnte man in funktionell wichtigen Regionen des BZLF1-Proteins identifizieren. Versagt die immunologische Eliminierung, so sterben die Zellen aufgrund der Virusvermehrung ab.

An der Eintrittspforte des EBV im Mund- und Rachenbereich, findet man neben den B-Lymphocyten eine weitere Zellpopulation, die das Epstein-Barr-Virus infizieren kann: die *Epithelzellen des Oro- und Nasopharynx*, insbesondere diejenigen der Speicheldrüsen. Auf ihrer Oberfläche wurden geringe Mengen des CD21-Proteins nachgewiesen. Man vermutet, daß sie von Epstein-Barr-Viren infiziert werden, die in der Frühphase der Infektion, wie oben beschrieben, von einem Teil der B-Zellen produziert werden. Die Viren könnten aber auch durch die *Fusion* infizierter B-Zellen mit den Epithelzellen in diese Gewebe gelangen. In den Epithelzellen wird bevorzugt der lytische Infektionszyklus eingeschlagen. Für seinen vollständigen Ablauf scheint der Differenzierungszustand der infizierten Zellen von entscheidender Bedeutung zu sein. In den Basalzellen des Epithels konnte man bisher nur die Synthese von BZLF1 nachweisen. Allerdings liegt es hier im Cytoplasma vor und kann so seine transaktivierenden, regulatorischen Funktionen nicht entfalten. Mit zunehmender Differenzierung der Zellen – sie schreitet stufenweise zur Oberfläche der Schleimhaut hin voran – erfolgt der Transport der viralen Transaktivatoren in den Kern, wo sie die Kaskade der Virusgenexpression des lytischen Zyklus induzieren. Die an der Oberfläche exponierten Zellen setzen schließlich Viren frei und geben sie in den Speichel ab. Vermutlich werden die Zellen des Nasopharynx kontinuierlich mit Epstein-Barr-Viren aus β-Lymphocyten infiziert, so daß es hierdurch zu einer andauernden Virusausscheidung kommt.

Wie die *chronisch-aktive Epstein-Barr-Virusinfektion* entsteht, weiß man nicht. Anscheinend kann das Virus bei diesen Patienten B-Zellen nicht latent infizieren, so daß sie kontinuierlich in geringem Ausmaß Viren produzieren. Die Patienten besitzen auch keine Antikörper gegen die EBNA-Proteine, die normalerweise ein Hinweis auf die Etablierung des latenten Infektionszyklus sind. Andererseits könnte auch ein Defekt der zellulären Immunantwort vorliegen, der dazu führt, daß der Organismus die lytisch infizierten B-Zellen nicht vollständig eliminieren kann. Wie das XLP-Syndrom auf molekularer Ebene entsteht, weiß man nicht. Man vermutet, daß auch hier eine Unfähigkeit des Immunsystems der Patienten, die frühe Epstein-Barr-Virusinfektion zu kontrollieren, eine massive B-Zell-Proliferation gestattet.

Sekundärerkrankungen. Obwohl alle Epstein-Barr-Virus-positiven Personen latent infizierte B-Zellen im peripheren Blut besitzen, entwickeln sie fast nie die mit dem Epstein-Barr-Virus assoziierten Tumorerkrankungen. Im immunologisch gesunden Organismus verhindert das zelluläre Immunsystem die unkontrollierte Proliferation der infizierten B-Zellen. Daher findet man mit Epstein-Barr-Viren assoziierte, polyklonale B-Zell-Lymphome vor allem in AIDS-Patienten oder Empfängern von Organtransplantationen, deren zelluläres Immunsystem beeinträchtigt ist. Cytotoxische T-Zell-Epitope wurden bisher bei allen latenten Genprodukten entdeckt. Insbesondere EBNA3C scheint hierzu beizutragen. Nur bei EBNA1 ist die Epitoppräsentation durch die Funktion der Glycin-Alanin-Wiederholungseinheiten unterdrückt (Abschnitt 18.4.4). Aber auch wenn die Expression der latenten Genprodukte nur sporadisch und zeitlich limitiert erfolgt, gestattet sie somit dem zellulären Immunsystem, die unkontrollierte Proliferation der Zellen zu verhindern.

Zur Pathogenese des monoklonalen *Burkitt-Lymphoms* tragen mehrere Faktoren bei. Auffällig ist die Korrelation dieser Tumorerkrankung mit den Endemiegebieten der *Malariainfektion*. In den entsprechenden Bereichen Zentralafrikas werden die Kinder bereits sehr früh infiziert, zum Teil haben sie möglicherweise bereits während der Embryonalentwicklung mit dem Epstein-Barr-Virus Kontakt. Man vermutet, daß das Virus im Verlauf von malariabedingten Fieberschüben von der schwangeren Frau in den Embryo gelangt. Infektionen mit *Plasmodium falciparum*, dem Erreger der Malaria tropica, supprimieren außerdem die T-Zell-Antwort und stimulieren die B-Zell-Proliferation. Das Epstein-Barr-Virus findet somit einerseits einen immunologisch unreifen Organismus vor und infiziert andererseits eine größere Zellzahl. Unbekannte Faktoren verursachen in den Zellen *Chromosomentranslokationen*, wobei das *c-myc-Gen*, das normalerweise in einer genetisch wenig aktiven Region des Chromosoms 8 liegt, auf das Chromosom 14 übertragen wird. Weniger häufig findet man Translokationen der Chromosomen 2 und 22 auf das Chromosom 8. In allen Fällen gelangt das *c-myc*-Gen in Genomregionen, die in B-Lymphocyten stark exprimiert werden. Der entsprechende Abschnitt auf dem Chromosom 14 ist für die Synthese der schweren Kette der Immunglobuline verantwortlich. Durch die Translokation auf das Chromosom 2 steht die *c-myc*-Expression unter dem Einfluß des Enhancers der leichten κ-Kette. Bei derjenigen auf das Chromosom 22 reguliert der Enhancer der leichten λ-Kette die c-Myc-Synthese. Dadurch liegen in den Zellen hohe Konzentrationen des DNA-bindenden, transaktiven c-Myc-Proteins vor. Möglicherweise läßt sie so eine weitere Eigenschaft der Burkitt-Lymphomzellen erklären: Es gibt Hinweise, daß c-Myc die Expression der MHC-Klasse-I-

Gene reprimiert und somit ihre Konzentration auf der Zelloberfläche reduziert. Zusammen mit den zuvor erwähnten Mechanismen könnte dies dazu führen, daß das zelluläre Immunsystem die sich unkontrolliert teilenden Zellen nicht mehr erkennen kann.

Auf welche Weise das Nasopharynxkarzinom entsteht, ist unklar. Die Untersuchung seiner Pathogenese wird insbesondere dadurch erschwert, daß man die Tumorzellen bisher nicht *in vitro* züchten kann. Auch gibt es kein Kultursystem, das es erlaubt, den lytischen Replikationszyklus in Epithelzellen zu untersuchen. Das Nasopharynxkarzinom ist ein monoklonaler Tumor. Alle Zellen, auch diejenigen des meist sehr kleinen Primärtumors, enthalten Genome des Epstein-Barr-Virus. Zwar findet man den Tumor mit niedriger Inzidenz weltweit. Seine geographische Beschränkung auf Südoastasien und China ist jedoch auffällig. Hier treffen vermutlich verschiedene Faktoren zusammen, die seine Entstehung fördern. In China findet die Infektion mit dem Epstein-Barr-Virus bereits im Kleinkindalter statt, so daß der Erreger auf ein ungereiftes Immunsystem trifft. Außerdem ist in den Hochrisikogebieten der Genuß ganz bestimmter *Lebens- und Heilmittel* gebräuchlich – etwa von dauerkonservierten Speisen wie eingesalzenen Fischen, die einen hohen Gehalt an *Nitrosaminen* haben. Hohe Konzentrationen *phorbolesterähnlicher Substanzen* konnte man in Kräutertees nachweisen, die vor allem bei Erkältungserkrankungen angewendet werden. *In vitro* induzieren diese Chemikalien bei latent infizierten B-Zell-Linien den lytischen Zyklus und die Produktion von Nachkommenviren. Man kann also davon ausgehen, daß – bedingt durch die Lebensgewohnheiten – die Bevölkerung Südostasiens deutlich höhere Viruskonzentrationen im Scheimhautbereich des Nasopharynx aufweist als in anderen Ländern. Hierdurch besteht eine höhere Wahrscheinlichkeit, daß das Epstein-Barr-Virus Zellen im Nasen- und Rachenraum infiziert, in denen der lytische Replikationszyklus gehemmt ist. (Würde er ablaufen, hätte er den Zelltod zur Folge.) Diese Zellen könnten immortalisiert werden und zum Tumor auswachsen. Außerdem hat man Hinweise, daß bestimmte genetische Konstellationen des *HLA-Subtyps* die Entstehung des Tumors begünstigen. Möglicherweise können Personen mit den MHC-Klasse-1-Kombinationen A33/B58 oder A2/Bw46 bestimmte virale Epitope nur unzureichend präsentieren, so daß die Zellen der Immunkontrolle entgehen.

Außerdem findet man die DNA des Epstein-Barr-Virus in 60 Prozent aller Hodgkin-Lymphome, in Tumoren des glatten Muskelgewebes und in bestimmten Magenkarzinomen. In den Krebszellen werden nur einige der Genprodukte der Latenz synthetisiert (EBNA1 und EBNA2). Ob sie in diesen Fällen zum Tumorgeschehen beitragen, ist unklar.

Immunreaktion und Diagnose

Die polyklonale B-Zell-Aktivierung während der infektiösen Mononucleose induziert die Bildung von *Autoantikörpern* und von *heterophilen Immunglobulinen*, die gegen viele unterschiedliche Antigene gerichtet sind. Sie sind ein erstes diagnostisches Anzeichen für eine frische Epstein-Barr-Virus-Infektion und können im sogenannten Paul-Bunnell-Test nachgewiesen werden. Im Verlauf der Primärinfektion produziert der Organismus virusspezifische IgM-, IgA- und IgG-Antikörper gegen die *delayed early-* und die Strukturproteine, die in diagnostischen Nachweisverfahren (Immunfluoreszenz- und ELISA-Tests) auch unter der Bezeichnung EA (für *early antigen*) und VCA (für *virus capsid antigen*) bekannt sind (Abbildung 18.30). Das Vorhandensein von IgM und IgA ist ein Hinweis auf eine akute Primärinfektion. Die wenig später nachweisbaren IgG-Antikörper gegen frühe Proteine sinken während der folgenden Monate und Jahre ab. IgG gegen die Strukturproteine bleibt aber lebenslang vorhanden. IgA- und IgG-Antikörper gegen die Glycoproteine gp220/350 (MA) sind neutralisierend und schützen vor Neuinfektionen. Mit dem Übergang des Epstein-Barr-Virus in die latente Phase treten Antikörper der IgG-Klasse gegen die EBNA-Proteine auf. Sie sind ein diagnostisches Anzeichen für eine abgelaufene Epstein-Barr-Virus-Infek-

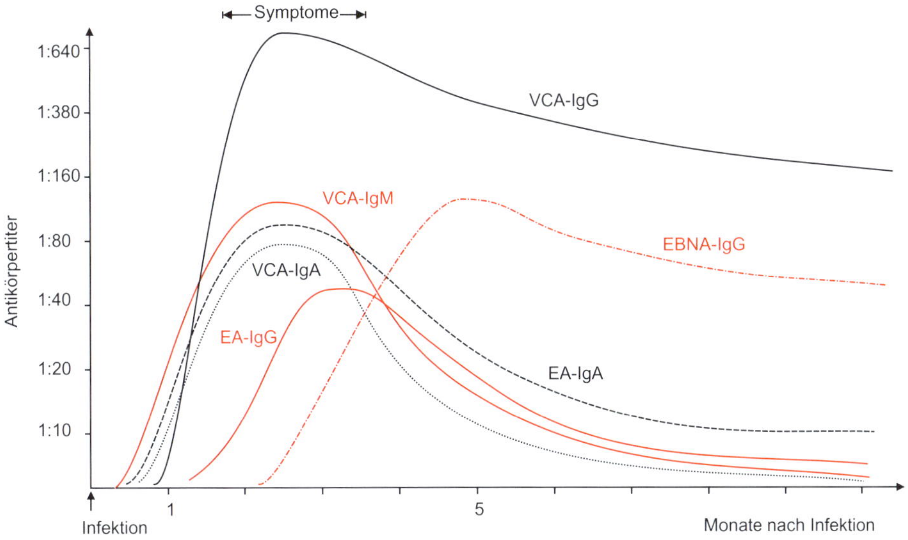

18.30 Verlauf der Antikörperbildung bei einer Epstein-Barr-Virus-Infektion. Angegeben sind die Antikörper der Klassen IgM, IgG und IgA, die man zu den verschiedenen Zeiten im Verlauf einer Primärinfektion mit dem Epstein-Barr-Virus durch den Immunfluoreszenztest nachweisen kann (EA = *early antigen*, frühe Virusproteine; EBNA = *Epstein-Barr virus nuclear antigen*; VCA = *virus capsid antigen*, Strukturproteine).

tion (Abbildung 18.30). Bei Patienten mit einer chronisch-aktiven Epstein-Barr-Virus-Infektion fehlen sie. Das weist darauf hin, daß das Virus bei diesen Personen nicht oder nur in geringem Ausmaß in den latenten Zyklus übergeht und EBNA-Proteine deswegen nur in niedrigen Konzentrationen synthetisiert werden. Einen weiteren, wichtigen diagnostischen Wert besitzen *IgA-Antikörper*, die gegen die frühen, aber auch späten Virusproteine gerichtet sind. Man findet sie fast ausschließlich bei Patienten mit Nasopharynxkarzinomen, auch wenn der Tumor gerade erst entsteht und die Personen noch keine Beschwerden haben. Da im Frühstadium, das heißt noch vor der Metastasierung diagnostizierte Nasopharynxkarzinome sehr gut durch Bestrahlung behandelt werden können, sind diese Antikörper von besonderer Wichtigkeit. Ihre Präsenz ist außerdem ein weiterer Anhaltspunkt für die kausale Beteiligung des Epstein-Barr-Virus an der Pathogenese dieser Tumorerkrankung. Bei allen Personen mit einer frischen oder abgelaufenen Infektion kann man außerdem mit der Polymerasekettenreaktion Virusgenome in den B-Zellen des peripheren Blutes nachweisen.

Auf die Bedeutung der cytotoxischen T-Zellen für die Kontrolle der Virussynthese im Rahmen der Primärinfektion wurde bereits im vorhergehenden Abschnitt hingewiesen. Wichtig scheinen hierbei vor allem T-Lymphocyten zu sein, die Epitope der *immediate early*-Proteine erkennen und so die infizierten Zellen aus dem Organismus eliminieren, bevor sie Nachkommenviren bilden und sie freisetzen. Die T-Zell-Antwort gegen die latenten Virusproteine verhindert hingegen vor allem die unkontrollierte Proliferation latent infizierter B-Lymphocyten.

Therapie und Prophylaxe

Obwohl Aciclovir die Virusreplikation *in vitro* sehr gut hemmt, hat sein Einsatz keinen signifikanten Einfluß auf den klinischen Verlauf der infektiösen Mononucleose und des XLP-Syndrom. Die Therapie beschränkt sich daher heute vor allem auf die durch die Epstein-Barr-Virus-Infektion hervorgerufenen Tumorerkrankungen. In der Frühphase diagnostizierte Nasopharynxkarzinome (auf die Wichtigkeit der IgA-Antikörper für die Früherkennung wurde schon hingewiesen) können durch *lokale Bestrahlung* oder *chirurgische Maßnahmen* sehr gut behandelt werden. Mit zunehmender Metastasierung sinken allerdings die Behandlungschancen. Burkitt-Lymphome lassen sich durch *Chemotherapie* gut behandeln. Impfstoffe gegen das Epstein-Barr-Virus sind noch nicht verfügbar, aber in Vorbereitung. Mit gentechnischen Methoden hergestellte Präparationen der Glycoproteine gp220/350 schützen Krallenaffen sehr effizient vor der Entwicklung virusassoziierter Tumorerkrankungen. Erste klinische Tests dieser Vakzine im Menschen finden momentan in den Hochrisikogebieten für Nasopharynxkarzinome statt.

18.4.11 Das humane Herpesvirus 8

Epidemiologie und Übertragung

Im Herbst 1994 beschrieben Y. Chang und Mitarbeiter ein bisher unbekanntes Herpesvirus in Geweben von Kaposi-Sarkomen, die AIDS-Patienten im Verkauf der Erkrankung entwickelt hatten. Inzwischen weiß man, daß das DNA-Genom dieses humanen Herpesvirus Typ 8 etwa 270 000 Basen doppelsträngiger DNA umfaßt. Hinsichtlich der Organisation gleicht es den Genomen der humanen Herpesviren der Typen 6 und 7. Aufgrund von phylogenetischen Sequenzähnlichkeiten ordnete man das humane Herpesvirus 8 in das Genus Rhadinovirus in der Unterfamilie der γ-Herpesviren ein. Das Virus scheint in allen Formen von Kaposi-Sarkomen (den epidemischen, endemischen und iatrogenen) vorhanden zu sein, also auch in Tumoren von Patienten, die nicht gleichzeitig eine Infektion mit dem humanen Immundefizienzvirus aufweisen. Inwieweit die Bevölkerung mit dem humanen Herpesvirus 8 infiziert ist, läßt sich noch nicht endgültig sagen. Ein kürzlich entwickelter Antikörpernachweistest auf der Grundlage von Western-Blots zeigte, daß 90 Prozent der Patienten mit Kaposi-Sarkomen Antikörper besitzen. Man hat jedoch auch Hinweise, daß das Virus gelegentlich in gesunden Erwachsenen nachweisbar ist und daß es möglicherweise durch Sexualverkehr übertragen wird. Auf jeden Fall ist die Durchseuchung geringer als beim Epstein-Barr-Virus.

Klinik

Ob das humane Herpesvirus 8 im Verlauf der Primärinfektion eine Erkrankung verursacht, ist unklar. Alle epidemiologischen Daten sprechen dafür, daß es kausal mit der Entwicklung des Kaposi-Sarkoms in Verbindung steht. Daneben konnte man Genome dieses Herpesvirus in Effusionslymphomen (*primary body cavity-based lymphoma*) – Tumoren, die in der Spätphase bei Patienten in der Spätphase der AIDS-Erkrankung auftreten – und bei Patienten nachweisen, die an der multizentrischen Castleman-Krankheit leiden. Letztere ist eine atypische lymphoproliferative Erkrankung, die gehäuft, aber nicht ausschließlich bei Patienten mit Kaposi-Sarkomen auftritt. Auch in diesen Fällen vermutet man, daß das Herpesvirus an der Entstehung der Symptome beteiligt ist.

Pathogenese

Das humane Herpesvirus 8 gelangt vermutlich durch Sexualverkehr in den Organismus. Welche Zellen es infiziert, ist bisher kaum untersucht. In Kaposi-Sarkomen konnte man die DNA mit der Polymerasekettenreaktion in den Spindel- und in den Endothelzellen nachweisen, die beide charakteristisch für diesen polyklonalen, multizentrisch auftretenden Tumor sind. Ob in den Zellen virale Proteine gebildet werden, ist nicht bekannt.

Immunreaktion und Diagnose

Ob und gegen welche Proteine im Infektionsverlauf Antikörper gebildet werden, ist nicht untersucht. Das gleiche gilt für die zelluläre Immunantwort. Ein jüngst entwickelter Western-Blot-Test erlaubt den Nachweis von Antikörpern. Der Nachweis des Virus in den Geweben erfolgt mit der Polymerasekettenreaktion. Die Züchtung des Virus ist in Angiosarkomzellen nach Behandlung mit Phorbolestern gelungen.

Therapie und Prophylaxe

Da die Erforschung der Biologie des humanen Herpesvirus 8 erst begonnen hat, gibt es weder Behandlungsmöglichkeiten noch eine Impfung.

18.4.12 Weiterführende Literatur

Ablashi, D. V.; Berneman, Z. N.; Kramarsky, B.; Whitman Jr., J.; Asano, Y.; Pearson, G. R. *Human herpesvirus-7 (HHV-7): current status.* In: *Clinical and Diagnostic Virology* 4 (1995) S. 1–13.

Ansari, M. Q.; Dawson, D. B.; Nador, R.; Rutherford, C.; Schneider, N. R.; Latimer, M. J; Picker, L.; Knowles, D. M.; McKenna, R. W. *Primary body cavity-based AIDS-related lymphomas.* In: *Am. J. Clin. Pathol.* 105 (1996) S. 221–229.

Becker, J.; Leser, U.; Marschall, M.; Langford, A.; Jilg, W.; Gelderblom, H.; Reichart, P.; Wolf, H. *Expression of proteins encoded by Epstein-Barr virus transactivator genes depends on the differentiation of cells in oral hairy leukoplakia.* In: *Proc. Natl. Acad. Sci. USA* 88 (1991) S. 8332–8336.

Bogedain, C.; Wolf, H.; Modrow, S.; Stuber, G.; Jilg, W. *Specific cytotoxic T lymphocytes recognize the immediate-early transactivator Zta of Epstein-Barr-Virus.* In: *J. Virol.* 69 (1995) S. 4872–4879.

Boshoff, C.; Schulz, T. F.; Kennedy, M. M.; Graham, A. K.; Fisher, C.; Thomas, A.; McGee, J. O.; Weiss, R. A.; O'Leary, J. J. *Kaposi's sarcoma-associated herpesvirus infects endothelial and spindle cells.* In: *Nat. Med.* 1 (1995) S. 1274–1278.

Chang, Y.; Cesarman, E.; Pessin, M. S.; Lee, F.; Culpepper, J.; Knowles, D. M.; Moore, P. S. *Identification of herpesvirus-like DNA sequences in AIDS-associated Kaposi's sarcoma.* In: *Science* 226 (1994) S. 1865–1869.

Clemens, M. J. *Functional significance of Epstein-Barr virus-encoded small RNAs.* In: *Epstein-Barr Virus Report* 1 (1994) S. 107–111.

Coen, D. M. *Acyclovir-resistant, pathogenic Herpesviruses.* In: *Rev. in Microbiol.* 2 (1994) S. 481–485.

Collins, P.; Darby, G. *Laboratory studies of HSV strains resistant to Acyclovir.* In: *Rev. Med. Virol.* 1 (1991) S. 19–28.

Dienes, H. P.; Weise, K.; Schirmacher, P.; Falke, D. *HSV Hepatitis and Related Problems*. In: *Int. Rev. Exp. Pathology* 35 (1994) S. 2–38.

Fenner, F. J.; Gibbs, E. P. J.; Murphy, F. A.; Rott, R.; Studdert, M. J.; White, D. O. *Veterinary Virology*. 2. Aufl. New York (Academic Press) 1993.

Gelb, L. D. *Varicella-Zoster-Virus: molecular biology*. In: Roizman, B.; Whitley, R. J.; Lopez, C. (Hrsg.) *Human herpesviruses*. New York (Raven Press) 1993. S. 281–308.

Gessain, A.; Sudaka, A.; Briere, J.; Fouchard, N.; Nicola, M. A.; Rio, B.; Arborio, M.; Troussard, X.; Audouin, J.; Diebold, J.; de The, G. *Kaposi sarcoma-associated herpes-like virus (human herpesvirus type 8) DNA sequences in multicentric Castleman's disease: is there any relevant association in non-human immunodeficiency virus-infected patients?* In: *Blood* 87 (1996) S. 414–416.

Grefte, A.; Blom, N.; v. d. Giessen, M.; Son, W. V.; The, T. H. *Ultrastructural analysis of circulating cytomegalic cells in patients with active cytomegalic infection: Evidence for virus production and endothelial origin*. In: *J. Inf. Dis.* 168 (1993) S. 1110–1118.

Heilbronn, R.; Weller, S. K.; zur Hausen, H. *Herpes simplex Virus type 1 mutants for the origin-binding protein induce DNA-amplification in the absence of viral replication*. In: *Virol.* 350 (1990) S. 640–651.

Inman, G. J.; Farell, P. J. *Epstein-Barr virus EBNA-LP and transcription regulation properties of pRB, p107 and p53 in transfection assays*. In: *J. Gen. Virol.* 76 (1994) S. 2141–2149.

Kaplan, A. *The Herpesviruses*. New York (Academic Press) 1973.

Liebowitz, D.; Kieff, E. *Epstein-Barr virus*. In: Roizman, B.; Whitley, R. J.; Lopez, C. (Hrsg.) *Human herpesviruses*. New York (Raven Press) 1993. S. 107–172.

Lopez, C. *Human herpesviruses 6 and 7: Molecular biology and clinical aspects*. In: Roizman, B.; Whitley, R. J.; Lopez, C. (Hrsg.) *Human herpesviruses*. New York (Raven Press) 1993. S. 309–316.

Marschall, M.; Leser, U.; Seibl, R.; Wolf, H. *Identification of proteins encoded by the Epstein-Barr virus trans-activator genes*. In: *J. Virol.* 63 (1989) S. 938–942.

Marschall, M.; Schwarzmann, F.; Leser, U.; Oker, B.; Alliger, P.; Mairhofer, H.; Wolf, H. *The BI'LF4 trans-activator of Epstein-Barr virus is modulated by type and differentiation of the host cell*. In: *Virol.* 181 (1991) S. 172–179.

Mocarski, E. S., Jr. *Cytomegalovirus biology and replication*. In: Roizman, B.; Whitley, R. J.; Lopez, C. (Hrsg.) *Human herpesviruses*. New York (Raven Press) 1993. S. 173–226.

Monini, P.; deLellis, L.; Fabris, M.; Rigolin, F.; Cassai, E. *Kaposi's sarcoma-associated herpesvirus DNA sequences in prostate tissue and human semen*. In: *N. Engl. J. Med.* 334 (1996) S. 1168–1172.

Nahmias, A. J.; Dowdle, W. R.; Schinazi, R. F. *The Human Herpesviruses*. Amsterdam, New York (Elsevier) 1981.

Nasemann, T. *Die Infektionen durch das Herpes-simplex-Virus*. Jena (G. Fischer) 1965.

Nash, A. A.; Cambouropoulos, P. *The Immune Responses to HSV*. In: *Sem. in Virology* 4 (1993) S. 184–186.

Prang, N.; Wolf, H.; Schwarzmann, F. *Epstein-Barr virus lytic replication is controlled by posttranscriptional negative regulation of BZLF1*. In: *J. Virol.* 69 (1995) S. 2644–2648.

Roizman, B.; Sears, A. E. *Herpes-simplex-viruses and their replication*. In: Roizman, B.; Whitley, R. J.; Lopez, C. (Hrsg.) *Human herpesviruses*. New York (Raven Press) 1993. S. 11–68.

Salahuddin, S. Z.; Ablashi, D. V.; Markham, P. D.; Josephs, S. F.; Sturzenegger, S.; Kaplan, M.; Halligan, G.; Biberfeld, P.; Wong-Staal, F.; Kramarsky, B.; Gallo, R. C. *Isolation of a new virus, HBLV, in patients with lymphoproliferative disorders*. In: *Science* 234 (1986) S. 596–601.

Schwarzmann, F.; Prang, N.; Reichelt, B.; Rinkes, B.; Haist, S.; Marschall, M.; Wolf, H. *Negatively cis-acting elements in the distal part of the promotor of Epstein-Barr virus trans-activator gene BZLF1*. In: *J. Gen. Virol.* 75 (1994) S. 1999–2006.

Seifert, G.; Oehme, J. *Pathologie und Klinik der Cytomegalie*. Leipzig (Thieme) 1957.

Sinclair, A. J.; Palmero, I.; Peters, G.; Farell, P. J. *EBNA2 and EBNA-LP cooperate to cause G_0 to G_1 transition during immortalisation of resting human B lymphocytes by Epstein-Barr virus*. In: *EMBO J.* 13 (1995) S. 3321–3328.

Wolf, H.; Haus, M.; Wilmes, E. *Epstein-Barr virus persists in the parotid gland*. In: *J. Virol.* 51 (1984) S. 795–798.

Wolf, H.; Bogedain, C.; Schwarzmann, F. *Epstein-Barr virus and its interaction with the host*. In: *Intervirology* 35 (1993) S. 26–39.

18.5 Pockenviren

Die Familie der *Poxviridae* umfaßt eine große Anzahl verschiedener Viren, die bei Säugetieren, Vögeln und Insekten Infektionen auslösen. Pockenviren besitzen einen komplexen Aufbau. Die von dem humanpathogenen Pockenvirus *Variola* verursachten Infektionen (*Variola vera*) sind die ältesten bekannten übertragbaren Erkrankungen des Menschen (Kapitel 1). Am Beispiel des menschlichen Pockenvirus machte man bereits früh – ohne nähere Kenntnis des Erregers oder der Biologie der Infektion – wichtige Entdeckungen über die Pathogenese von Infektionserkrankungen. Berühmt sind die ersten Impfungen mit einem von der Kuh stammenden Pockenvirus, die Ende des 18. Jahrhunderts von Edward Jenner in England erprobt und dann weltweit eingesetzt wurden. Jenner gab diesem Virus den Namen *Vacciniavirus*. In China wurde jedoch bereits in vorchristlicher Zeit die *Variolation*, das heißt die kutane Inokulation von frischen oder unter bestimmten Bedingungen getrockneten

Das Vacciniavirus – heute ein Expressionssystem in der Gentechnologie

Die Impfung gegen die Pocken wurde 1979 eingestellt, weil das Risiko, eine seltene Nebenwirkung (postvaccinale Encephalitis) zu bekommen, größer war, als dasjenige, sich mit einem Pockenvirus zu infizieren und zu erkranken. Heute setzt man Vacciniaviren überwiegend als Vektoren zur Expression von Fremdgenen in eukaryotischen Zellen ein. Infolge der jahrzehntelangen Verwendung von Vacciniaviren bei der Pockenschutzimpfung hat man viel Erfahrung im Umgang mit diesem Virus als Lebendvakzine. Außerdem sind seine pathobiologischen Eigenschaften sehr gut untersucht. Es gibt deshalb Überlegungen, rekombinante Vacciniaviren zur Erzeugung eines immunologischen Schutzes vor bestimmten infektiösen Erregern wieder zuzulassen. Hierzu fügt man die genetische Information für ein Protein, von dem man weiß, daß es für die Ausbildung einer neutralisierenden Immunantwort wichtig ist (zum Beispiel den Membranproteinkomplex gp120/gp41 des humanen Immundefizienzvirus) in das Genom des Vacciniavirus ein. Das erfolgt an einer Stelle, die im Vacciniavirusgenom für Proteine codiert, die für die Replikation nicht essentiell sind. Im Verlauf der Virusvermehrung in den geimpften Personen kann dann das Fremdprotein produziert werden und die Ausbildung von immunologischen Reaktionen einleiten.

Pockenpusteln, die das humanpathogene Pockenvirus enthielten, zur Vorbeugung der Infektion angewandt. 1958 begann die WHO mit einem weltweiten Impfprogramm. Das Ziel, die Erde vom Variolavirus und der damit verbundenen Erkrankung zu befreien, wurde 1977 ereicht. 1979 wurden die Pockenerkrankung des Menschen für ausgerottet erklärt, die Impfung wurde eingestellt und ist seitdem nicht mehr gesetzlich vorgeschrieben. Als Impfvirus verwandte man das *Vacciniavirus*, das ursprünglich auch von Jenner eingesetzt worden war. Als man später eine molekularbiologische Charakterisierung der Vacciniaviren durchführte, zeigte sich, daß diese nicht dem von Jenner vermutlich benutzten Kuhpockenvirus entsprachen. Ihre Herkunft ist unklar. Sie sind weder mit dem Variolavirus, noch mit dem Melkerpocken- oder dem Kuhpockenvirus (*Orthopox bovis*) eng verwandt. Man vermutet, daß es sich beim Vacciniavirus um ein inzwischen ausgestorbenes Tierpockenvirus handelt, das sich im Laufe vieler Passagen zur Produktion des Impfvirus weiter vermehrt hat.

18.5.1 Einteilung und charakteristische Vertreter

Die Pockenviren werden in zwei Unterfamilien eingeteilt: Die *Chordopoxviridae* umfassen die Pockenviren der Wirbeltiere, die *Entomopoxviridae* die der Insekten (Tabelle 18.16). Die Chordopoxviridae umfassen sechs Genera, deren Verteter einander hinsichtlich der Morphologie und des Wirtstropismus ähneln. Auch die nucleoproteinartigen Polypeptide, die sich an die Virus-DNA binden, sind serologisch miteinander verwandt. Die Genome der Viren der unterschiedlichen Genera hybridisieren nicht miteinander.

Tabelle 18.16: Charakteristische Vertreter der Pockenviren

Unterfamilie	Genus	Mensch	Tier
Pockenviren der Wirbeltiere (Chordopoxviridae)	Orthopoxvirus	Variolavirus Vacciniavirus	Kuhpockenvirus Affenpockenvirus Kaninchenpockenvirus Kamelpockenvirus
	Parapoxvirus		Pseudokuhpockenvirus
	Avipoxviren		Pockenviren des Kanarienvogels, der Taube, des Geflügels (Hühner), des Truthahnes
	Capripoxvirus		Pockenviren der Ziege, des Schafes
	Leporipoxvirus		Myxomvirus, Fibromatoseviren der Hasen, Kaninchen, Eichhörnchen
	Suipoxvirus		Pockenviren der Schweine
	Molluscipoxvirus	Molluscum-contagiosum-Virus	
	Yatapoxviren	Tanapockenvirus Yabapockenvirus	Tanapockenvirus Yabapockenvirus
Pockenviren der Insekten (Entemopoxviridae)	Entomopoxvirus A Entomopoxvirus B Entomopoxvirus C		Pockenviren der Käfer, Schmetterlinge, Dipteren (Fliegen)

18.5.2 Aufbau

Viruspartikel

Pockenviren sind die größten bekannten Viren. Die Partikel haben eine ovale, *ziegelsteinähnliche Form* mit einer deutlich strukturierten Oberfläche und Abmessungen von 300 zu 200 zu 100 nm. Im Inneren enthalten die Virionen ein bikonkaves Capsid oder Core. Es besteht aus dem linearen Virusgenom, das in enger Assoziation mit Proteinen in eine S-förmige Struktur zusammengefaltet ist. In den Konkavitäten des Core sind zwei Lateralkörper eingelagert, deren Funktion und Zusammensetzung nicht bekannt ist. Neue kryoelektronenmikroskopische Bilder der Pockenviruspartikel zeigen, daß es sich hierbei möglicherweise um Präparationsartefakte handelt. Umgeben ist es von einer zweifachen Membran. In der Zelle liegt das Virus als ein mit einer Membranhülle umgebenes Core vor. Extrazelluläre Pockenviruspartikel enthalten eine zusätzliche Membran als umgebende Hülle (Abbildung 18.31). Beide Typen von Viruspartikeln sind infektiös. Für die Übertragung der Infektion zwischen verschiedenen Individuen ist die extrazelluläre Form verantwortlich.

Genom und Genomaufbau

Das Genom der Pockenviren besteht aus *linearer, doppelsträngiger DNA* mit einer Länge von 130 000 Basenpaaren bei Spezies der Parapoxviren bis zu 300 000 Basenpaaren bei Geflügelpockenviren. Das Genom des Vacciniavirus umfaßt etwa 190 000 Basenpaare (191 636 Basenpaare beim Stamm „Kopenhagen"). An den Genomenden sind die beiden DNA-Stränge durch kovalente Bindungen geschlossen. Sie bestehen in einem Bereich von etwa 3 500 Basenpaaren aus tandemartig angeordneten Sequenzwiederholungen, die jeweils 70 Basenpaare lang sind (Abbildung 18.32). Die beiden Enden des DNA-Genoms sind identisch und zueinander in gegenläufiger Ausrichtung angeordnet. Man bezeichnet sie deshalb als ITR-Elemente (*inverted terminal repeat*). Die Länge der ITR-Abschnitte hängt vom Virustyp ab. Beim Vacciniavirus sind sie 10 500 Basenpaare lang.

Das Genom der Pockenviren codiert auf beiden DNA-Strängen für insgesamt 150 bis 200 Gene, wobei die verschiedenen Leserahmen nur selten miteinander überlappen. Zwischen den Genen befinden sich sehr kurze nichtcodierende Abschnitte. Die Gene besitzen keine Intronsequenzen, und die Promotoren sind im Vergleich zu eukaryotischen relativ kurz. Die früh beziehungsweise spät während der viralen Replikation transkribierten Gene sind in Gruppen angeordnet.

18.5.3 Virusproteine

Die Pockenviren haben einen komplexen Aufbau und codieren für eine große Anzahl viraler Strukturproteine sowie enzymatisch und regulatorisch aktiver Polypeptide, die noch nicht in allen Einzelheiten bekannt und untersucht sind. Relativ gut sind nur die Vacciniaviren untersucht. Alle im den folgenden Abschnitten angegebenen Daten beziehen sich auf sie.

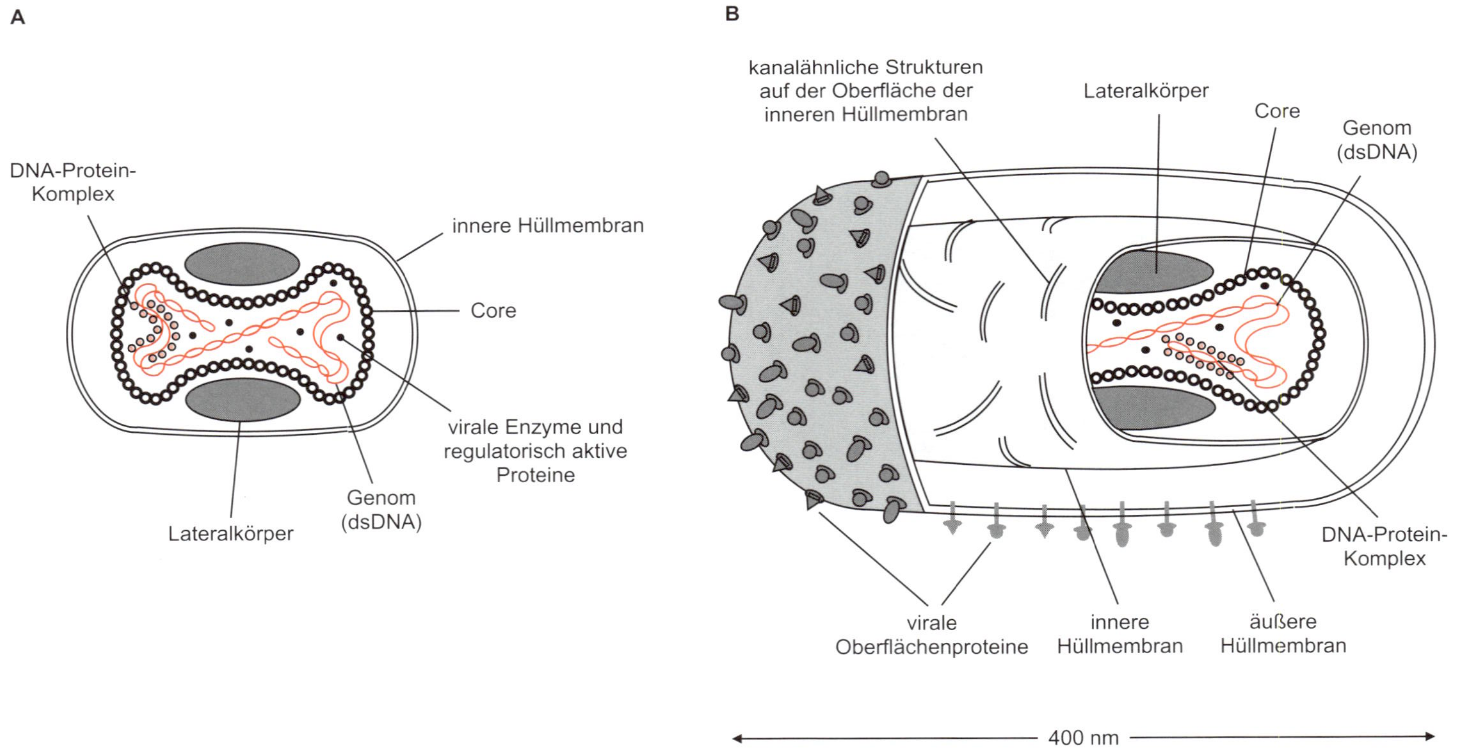

18.31 Aufbau eines Pockenviruspartikels. A: Intrazelluläre Form der Pockenviren im Querschnitt. Im Inneren liegt das DNA-Genom in Wechselwirkung mit Virusproteinen in einem S-förmigen Komplex vor. Dieses Nucleocapsid ist von einem Core oder Capsid umgeben, das seinerseits von einer doppelten Lipidmembran umhüllt ist. Die Funktion und Zusammensetzung der Lateralkörper ist unklar; vermutlich handelt es sich um Artefakte, die bei der Präparation der Viruspartikel für die Elektronenmikroskopie entstehen. Diese Form der Pockenviruspartikel ist infektiös. B: Extrazelluläre Form der Pockenviren im Aufschnitt. Die Komponenten im Partikelinneren einschließlich der inneren Hüllmembran entsprechen den in Teilabbildung A beschriebenen. Auf der Oberfläche der inneren Hüllmembran finden sich kanalähnliche Strukturen, die von viralen Membranproteinen gebildet werden. Umgeben ist das Partikel von einer weiteren, äußeren Hüllmembran, in die ebenfalls Virusproteine eingelagert sind. Auch diese Form der Pockenviruspartikel ist infektiös.

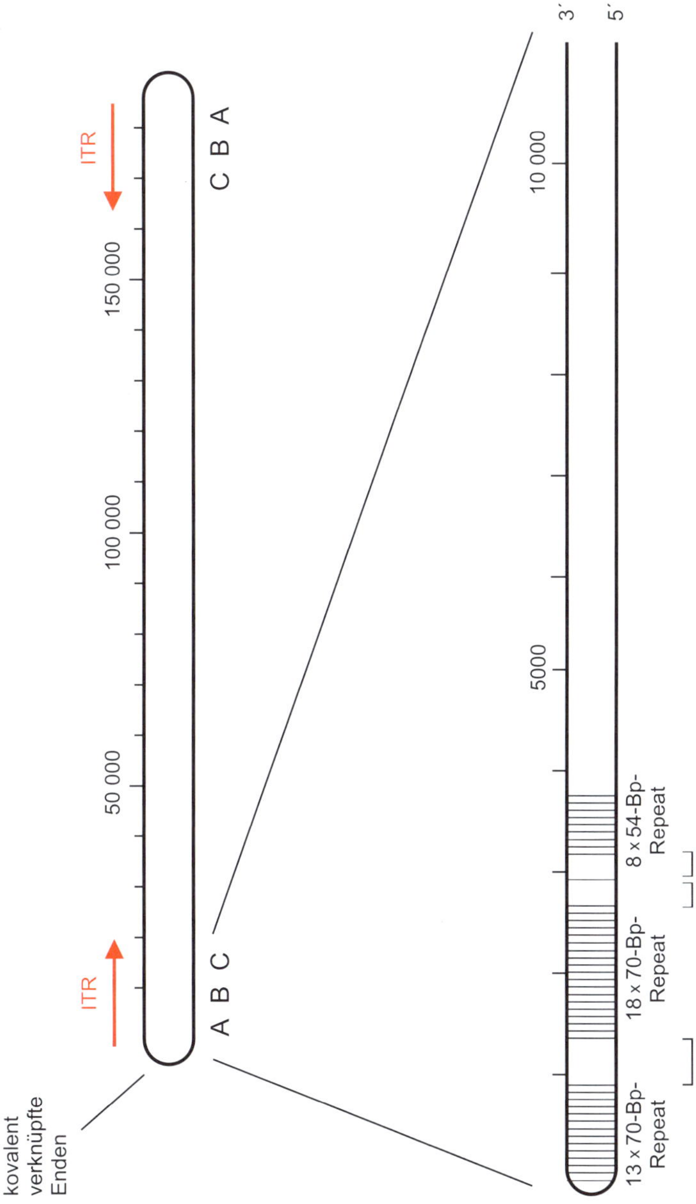

ITR = *inverted terminal repeat* (10 500 Bp)

18.32 Aufbau des Genoms der Pockenviren (Vacciniavirus). Das Genom besteht aus doppelsträngiger DNA, die an den Enden kovalent geschlossen ist. An den Genomenden findet man zueinander invertierte Sequenzfolgen (ITR = *inverted terminal repeat*), die aus verschiedenen Wiederholungseinheiten aufgebaut sind.

Strukturproteine

Die äußere Hüllmembran der extrazellulären Vacciniaviruspartikel enthält mindestens acht verschiedene viruscodierte Proteine unterschiedlicher Molekulargewichte. Sie sind teilweise durch Zuckergruppen modifiziert. Das in der äußeren Membran am stärksten vertretene Protein besitzt ein Molekulargewicht von 37 kD und ist nicht glycosyliert, jedoch acyliert

(Tabelle 18.17). In der inneren Membran, also der Hülle, welche die intrazellulären Viruspartikel umgibt, hat man weitere Transmembranproteine identifiziert, von denen nur eines durch Zuckergruppen modifiziert ist. Gegen einige der Proteine der inneren Membran wie auch gegen diejenigen, die in die äußere Hülle eingelagert sind, werden virusneutralisierende Antikörper gebildet.

Das virale Core besteht zu 70 Prozent aus vier Proteinen mit Molekulargewichten von 11 kD bis 74 kD. Drei von ihnen werden als größere Vorläuferprodukte synthetisiert und erst nachträglich durch proteolytische Spaltungen in die Polypeptide umgewandelt, die man im infektiösen Vacciniaviruspartikel findet (Tabelle 18.17). Mit dem DNA-Genom sind etliche virale Proteine assoziiert, welche für die Faltung der Nucleinsäure in eine Supercoil-Struktur sorgen.

Tabelle 18.17: Auswahl von Strukturproteinen des Vacciniavirus

Lokalisation	Besonderheiten	Molekular-gewicht (kD)	Funktion
äußere Membranhülle	*N*- und *O*-Glycosylierung	34	Hämagglutinin
äußere Membranhülle	nicht glycosyliert	42	
äußere Membranhülle	nicht glycosyliert; acyliert	37	prozentual häufigstes Membranprotein
äußere Membranhülle	*N*- und *O*-Glycosylierung	35	
äußere Membranhülle	nicht glycosyliert	25	
äußere Membranhülle	*N*-Glycosylierung	20	
innere Membranhülle	nicht glycosyliert	13	Bestandteil der kanalähnlichen Oberflächenstrukturen; Fusionsaktivität; neutralisierende Antikörper; Trimer aus drei Einheiten
innere Membranhülle	nicht glycosyliert	35	Sequenzähnlichkeit mit Kohlenstoffanhydrase; bindet sich an Strukturen auf der Cytoplasmamembran
innere Membranhülle	nicht glycosyliert	37	
innere Membranhülle	nicht glycosyliert	14	Trimer, Penetration, Fusion
innere Membranhülle	*N*-Acetyl-Glucosamin als einzige Zuckergruppe	?	
Core	größeres Vorläuferprotein	74	
Core	größeres Vorläuferprotein	62	
Core	größeres Vorläuferprotein	25	
Core	phosphoryliert an Serinresten	14	
Nucleocapsid	DNA-bindend	25	
Nucleocapsid	DNA-bindend	11	

Enzyme

Während der Infektion werden verschiedene viruscodierte Enzyme exprimiert. Diese sind zum Teil auch Bestandteile der Viruspartikel. Bei den meisten ist unklar, ob sie als enzymatisch aktive Proteine bei der Virusmorphogenese benötigt werden oder ob sie während des Zusammenbaus unspezifisch in die entstehenden Virionen aufgenommen werden. Da sich die Pockenviren als einzige Viren mit einem DNA-Genom im *Cytoplasma* der infizierten Zellen replizieren, können sie die im Kern lokalisierten zellulären Enzyme nicht nutzen. Sie müssen daher die Information für viele Enzyme, die für die DNA-Replikation, Transkription, RNA-Modifikation und für den Nucleinsäurestoffwechsel notwendig sind, im Genom enthalten (Tabelle 18.18). Außer einer eigenen RNA-Polymerase, die aus acht viralen Untereinheiten besteht, codieren Pockenviren unter anderem auch für ein eigenes Polyadenylierungsenzym und für die Enzyme, die für die Bildung der Cap-Gruppe und ihre Assoziation an die 5′-Enden der mRNA-Moleküle benötigt werden. Wichtig ist auch eine Uracil-DNA-Glycosylase, die falsch eingebaute Uracilreste aus DNA-Strängen entfernt. Offensichtlich verfügen Pockenviren also über Mechanismen zur Überprüfung der Lesegenauigkeit ihrer DNA-Poly-

Tabelle 18.18: Wichtige Enzyme des Vacciniavirus

Enzym	Funktion	Molekulargewicht
DNA-abhängige RNA-Polymerase (Teil des Virions)	Transkription, Produktion viraler mRNA, Mn^{2+}-abhängig	500 kD Komplex aus acht Untereinheiten: 147 kD, 132 kD, 36 kD, 34 kD, 22 kD, 21 kD, 20 kD, 17 kD (alle viruscodiert)
Poly(A)-Polymerase (Teil des Virions)	polyadenyliert 3′-Enden von mRNA-Molekülen, spezifisch für ATP, primerabhängig	circa 80 kD, Komplex aus zwei Untereinheiten: 55 kD, 30 kD
Capping-Enzym-Komplex (Teil des Virions)	Bildung der Cap-Struktur am 5′-Ende der mRNA, RNA-Triphosphatase, RNA-Guanyltransferase, RNA-(Guanin-7-) Methyltransferase	127 kD Komplex aus zwei Untereinheiten: 97 kD (Protein-GMP-Bindung), 33 kD
	RNA-(Nucleosid-2′-) Methyltransferase	38 kD
Nucleosidtriphosphat-phosphohydrolase I (Teil des Virions)	$ATP \rightarrow ADP + P_i$ $dATP \rightarrow dADP + P_i$	72 kD
Nucleosidtriphosphat-phosphohydrolase II (Teil des Virions)	$rNTP \rightarrow rNDT + P_i$ $dNTP \rightarrow dNDP + P_i$	68 kD
nicking-joining-Enzym (Teil des Virions)	setzt Schnitte in dsDNA (Supercoil), Bildung der kovalent geschlossenen Haarnadelenden des Genoms	100 kD Komplex aus zwei identischen Untereinheiten à 50 kD
DNA-Polymerase	Replikation des dsDNA-Genoms, 3′-Exonuclease	110 kD
Thymidinkinase	Phosphorylierung von Thyminnucleosiden zu TMP	20 kD

Tabelle 18.18: (Fortsetzung)

Enzym	Funktion	Molekulargewicht
Ribonucleotidreduktase	Ribonucleotide → Desoxyribonucleotide	37 kD
DNA-Topoisomerase (Teil des Virions)	Topoisomerase Typ I, entspannt positive und negative Windungen in Supercoil-Struktur von dsDNA	37 kD
Uracil-DNA-Glycosylase	entfernt Uracilreste aus der DNA, Teil eines Reparatursystems	
Proteinkinase 1 (Teil des Virions)	Phosphorylierung von Serin- und Threoninresten in viralen Proteinen	62 kD
Proteinkinase 2 (Teil des Virions)	Phosphorylierung von Serinresten (und Threoninresten)	50 kD
Protease	trypsinähnliche Aktivität, Beteiligung am Prozeß des Uncoating	23 kD

merasen und über Reparatursysteme, die falsch eingebaute Nucleotide entfernen. Eine ähnliche Aktivität, die dUTPase, fand man bisher nur bei den Herpesviren (Abschnitt 18.4).

Akzessorische Proteine

Die große Codierungskapazität ermöglicht es den Pockenviren, ihre Virulenz zu modulieren und sich so optimal an Wirtszellen und -organismen anzupassen. Es ist im Rahmen dieses Buches nicht möglich, auf alle bekannten Mechanismen einzugehen. Interessierte finden entsprechende Beschreibungen in der Literatur, die in Abschnitt 18.5.6 angegeben ist.

Allerdings sollen kurz die Mechanismen erwähnt werden, die es den Pockenviren ermöglichen, der Immunantwort des Wirtes zu entgehen. Bei verschiedenen Pockenviren identifizierte man ein Protein mit einem Molekulargewicht von 38 kD, das als CrmA bezeichnet wird und im offenen Leserahmen B13R des Vacciniavirustammes WR codiert wird. Dieses Polypeptid ist ein Proteaseinhibitor und hemmt die Aktivität des Interleukin-1β-konvertierenden Enzyms (ICE = *interleukin converting enzyme*), einer zellulären Cysteinprotease, die für die proteolytische Aktivierung des Interleukin-1β, aber auch für die Induktion des programmierten Zelltodes (Apoptose) wichtig ist. Die Apoptose ist einer der Vorgänge, die virusinfizierte Zellen aus dem Organismus eliminieren. Sie wird unter anderem durch Tumornekrosefaktoren herbeigeführt, deren Bildung im Laufe der Immunantwort des Wirtes induziert wird. Diese binden sich an spezifische Rezeptoren und leiten durch Auslösen einer Signalkaskade den Tod der Zelle ein. Das ICE scheint eine der Komponenten zu sein, die für die Apoptose unerläßlich sind. Pockenviren zerstören seine Aktivität durch den Proteaseinhibitor CrmA und können so dem programmierten Zelltod entgehen.

Außerdem codieren Pockenviren für verschiedene Proteine, die homolog zu Cytokinen sind und von den infizierten Zellen sezerniert werden. Diese Proteine wirken als Antagonisten der Cytokine, die im Rahmen der Immunabwehr des Wirtes synthetisiert werden. Weiterhin fand man, daß die Cytokinfreisetzung bei infizierten Zellen ebenfalls von Virusprodukten gehemmt wird. Zusätzlich bilden die Viren sekretorische Proteine, die sich an Cytokine binden und deren Wirkungsweise blockieren. So synthetisieren die Myxomviren das MT7-Protein (37 kD), das ein Homologon des Rezeptors für Interferon-γ ist, in die Umgebung abgegeben wird und die Bindung dieses Cytokins an die Zelloberfläche verhindert. Bei Vaccinia- und Kuhpockenviren fand man ein 33-kD-Protein, das Ähnlichkeit mit dem Typ II des Interleukin-1-Rezeptors besitzt. Auch dieses Produkt wird von den infizierten Zellen sezerniert, komplexiert mit Interleukin-1β und verhindert dessen Wirkung. Auch sezernierte Homologa zu TNF-Rezeptoren hat man gefunden. Die Wirkung des Komplements können Pockenviren ebenfalls unterbinden. In den offenen Leserahmen C21L und B5R codieren die Vacciniaviren für Proteine, welche den Komplementrezeptoren ähneln. An sie binden sich die Komponenten C3b und C4b. Die Aktivierung der Komplementkaskade wird hierdurch unterbrochen (Kapitel 7). Des weiteren verfügen die Viren über EGF (*epithelial growth factor*) – ähnliche Proteine, die auf einem autokrinen Stimulationsweg die Proliferation der infizierten Zellen fördern.

18.5.4 Replikation der Pockenviren (Vacciniavirus)

Einige Pockenviren, so die Orthopoxviren und das Vacciniavirus, können viele verschiedene Zelltypen infizieren. Andere wie die Avi- und Leporipoxviren haben dagegen ein sehr enges Wirtsspektrum. Den Rezeptor für die Adsorption der Viruspartikel kennt man noch nicht. Auch ist nicht geklärt, welches der viralen Oberflächenproteine die Bindung des Virus an die Zellen vermittelt. Mindestens fünf virale Membranproteine induzieren die Bildung neutralisierender Antikörper und sind daher möglicherweise an der Adsorption beteiligt. Die Aufnahme der Viruspartikel erfolgt entweder durch die direkte Fusion der Virus- mit der Cytoplasmamembran oder über eine Endocytose der gebundenen Viren und die anschließende, pH-abhängige Fusion der Virus- mit der Endosomenmembran. Das Virus-Core wird in das Cytoplasma entlassen.

Noch im intakten Virus-Core beginnt die Transkription der frühen viralen Gene. Die daran beteiligten Enzyme (Tabelle 18.18) werden als Bestandteile des Viruspartikels und -capsids in die infizierte Zelle eingebracht, wo der Infektionszyklus im Cytoplasma in definierten, morphologisch abgrenzbaren Bereichen abläuft – sogenannten Virusfabriken. Sie bilden die cytoplasmatischen *Guarnierischen Einschlußköperchen*, die man schon früh in pockenvirusinfizierten Zellen nachweisen konnte. In dieser frühen Phase der Infektion wird ungefähr die Hälfte der viralen Gene transkribiert. Sie besitzen alle ähnliche Promotorsequenzen mit einer Länge von etwa 28 Nucleotiden und haben die konservierte Basenfolge: 5′-$(A)_6TG(A)_9TTTATA(T)_5(A)_5G$-3′. In den letzten sieben Nucleotiden am 3′-Ende dieser Sequenz befindet sich die eigentliche Initiationsstelle für die mRNA-Synthese. Für die Bindung des viralen RNA-Polymerase-Komplexes (Tabelle 18.18) an den Promotor und für den Transkriptionsstart ist ein weiteres Virusprotein nötig, das ebenfalls als Bestandteil des Partikels in das Cytoplasma der Zelle eingeschleust wird. Es handelt sich um einen frühen Transkriptionsfaktor (VETF = *vacciniavirus early transcription factor*), der als Heterodimer aus zwei viralen Proteinen (82 kD und 77 kD) gebildet wird. VETF scheint funktionell dem zellulären Transkriptionsfakor TFIID zu ähneln, der sich im Promotorbereich an die TATA-Box zellulärer Gene bindet. Der Endpunkt der Transkription der frühen mRNA-Spezies wird durch die Consensussequenz TTTTTNT festgelegt, die ungefähr fünfzig Nucleotide vor dem eigentlichen Terminationspunkt lokalisiert ist. So sind die 3′-Enden der frühen Transkriptionsprodukte – mit Ausnahme ihrer letzten 50 Nucleotide – relativ einheitlich. An der Beendigung der Transkription ist ein weiteres viruscodiertes Protein beteiligt, das mit dem viralen Capping-Enzym identisch ist. Die frühen mRNA-Spezies werden cotranskriptionell am 5′-Ende mit einer Cap-Gruppe modifiziert, die 3′-Enden werden im Anschluß daran polyadenyliert. Die Freisetzung des Virusgenoms in das Cytoplasma findet erst im Anschluß an die frühe Transkription statt. Möglicherweise durch die Wirkung einer partikelgebundenen Protease entstehen Löcher im Core, durch die das mit Proteinen komplexierte Genom in das Cytoplasma übertritt. An diesem Schritt scheint ein virales Protein mit trypsinähnlicher, proteolytischer Aktivität beteiligt zu sein.

Die DNA-, RNA- und Proteinsynthese der Zelle wird bereits in dieser frühen Phase des Replikationszyklus abgeschaltet. Das geschieht durch ein Virusstrukturprotein, das bei der Aufnahme der Partikel in das Cytoplasma gelangt und daher unabhängig von der Expression anderer Virusgene seine Aktivität entfalten kann. Der Mechanismus ist unbekannt. Unter den Proteinen, die bei der Translation der frühen mRNAs entstehen, sind zwei, die für die Induktion der Transkription der *intermediate-* oder *delayed early*-Gene notwendig sind. Bevor sie aktiv werden können, muß jedoch erst die Replikation der viralen DNA erfolgt sein. Diese Vorgänge deuten auf einen komplexen, *kaskadenartig regulierten Ablauf* der Virusvermehrung hin. Die *intermediate*-Gene codieren unter anderem für drei Regulatorproteine, welche die Transkription der späten Gene einleiten.

Die DNA-Replikation ist in mit Vacciniaviren infizierten Zellen circa sechs Stunden nach der Infektion abgeschlossen. In ihrem Verlauf werden pro Zelle bis zu 10 000 neue Genomkopien gebildet. Die molekularen Details sind auch hier nicht vollständig geklärt. Der Start der Replikation scheint jedoch an beiden Enden des Genoms erfolgen. Hier entstehen im DNA-Doppelstrang Einzelstrangbrüche (*nicks*). Vermutlich werden so 3′-OH- Enden gebildet, die als Primer für die Synthese des Neustranges dienen können; ein Replikationsursprung (*origin of replication)*, wie er bei anderen DNA-Viren bekannt ist, konnte bei den Pockenviren bisher nicht gefunden werden. Nach der Initiation der Replikation und der Polymerisation der ersten Basenfolgen kommt es zur Ausbildung von Haarnadelstrukturen an den Enden der neusynthetisierten DNA-Stränge und zur Verdrängung jeweils eines DNA-Stranges. An den neu gebildeten Genomenden – sie sind doppelsträngig und ähneln in ihrer Anordnung den Genomenden – kann die Replikation kontinuierlich neu initiiert werden, so daß es im weiteren Verlauf zur Ausbildung von konkatemeren, vielfach verzweigten DNA-Molekülen kommt, die man aus infizierten Zellen isolieren kann. Diese Art der DNA-Replikation ähnelt der der Parvoviren (Abschnitt 19.1).

Die Bildung neuer Virusgenome ist die Voraussetzung für die Synthese der *intermediate-* und der späten Transkriptionsprodukte. Manche der spät transkribierten Gene sind zwar über das gesamte Genom verstreut. Viele liegen jedoch nebeneinander in der zentralen Region des Genoms. Diese mRNA-Spezies besitzen heterogene 3′-Enden, die oft weit hinter den Enden der darin codierten Leserahmen liegen. Als Besonderheit weisen sie am 5′-Ende eine Poly(A)-Sequenzfolge auf. Beides unterscheidet sie von den frühen Transkripten. Das Terminationssignal der frühen Transkripte ist spät nicht mehr aktiv und wird überlesen. Spät im Replikationszyklus kann eine viruscodierte Endoribonuclease auftreten. Beim Vacciniavirus schneidet sie die späten mRNAs sequenzspezifisch an sogenannten AX-Elementen. AX steht für die Erkennungsstellen der Restriktionsenzyme *Ala*I/*Xba*I. Dadurch wird ein 3′-Ende hergestellt, das anschließend polyadenyliert wird. Die Pockenviren verwenden also für die Termination der frühen und späten RNA-Spezies unterschiedliche Mechanismen. Auch die Promotorsequenzen der späten Gene unterscheiden sich von denen der frühen: Hier ist die eigentliche Initiationstelle stark konserviert. Sie wird von der Nucleotidfolge TAAAT gebildet. Ihr ist ein A/T-reicher Bereich von circa 30 Basen vorgelagert. Die späten mRNA-Spezies codieren überwiegend für die viralen Strukturproteine, aber auch für einige Enzyme, die Bestandteile der infektiösen Viruspartikel sind. Hierzu gehören zwei verschiedene Proteinkinasen und die Protease, die bei der Freisetzung des DNA-Genoms benötigt wird (Tabelle 18.17).

Der Zusammenbau der verschiedenen viralen Strukturbestandteile zu infektiösen Viruspartikeln erfolgt im Cytoplasma der Zelle in definierten, abgegrenzten Bereichen, die im

Elektronenmikroskop granulär erscheinen. Als erste Strukturen lassen sich kuppelförmige, mit nadelartigen Fortsätzen bestückte Membranfragmente erkennen, in die der Nucleoproteinkomplex als elektronendichte Masse eingelagert wird, bevor sich die Doppelmembran zu einem sphärischen Vesikel schließt („Baby-Viren"). Neue Untersuchungen zeigen, daß zelluläre Membranen aus dem intermediären Kompartiment für den Aufbau der Lipidschicht verwendet werden. Die Membranbestandteile werden hierfür abgebaut und neu zusammengefügt. In elektronenmikroskopischen Bildern ähnelt dieser Vorgang einer *de novo*-Synthese der Membrankomponenten. Im Inneren des Vesikels wird in der Folge die bikonkave Core-Struktur mit den beiden Lateralkörpern sichtbar. Die viralen Proteine müssen aktiv zu den sich ausbildenden Komplexen transportiert werden, da man hier keine polyribosomalen Strukturen findet. Die Viruspartikel werden im weiteren Reifungsverlauf aus den Assembly-Regionen in die Peripherie der Zelle transportiert, wo sie mit einer weiteren Membranhülle umgeben werden, die durch Knospung der Partikel in die Golgi-Vesikel entsteht. Von dort werden die Pockenviren mit den Golgi-Vesikeln zur Zelloberfläche transportiert und in die Umgebung entlassen.

18.5.5 Die Variolaviren

Epidemiologie und Übertragung

Die durch das Variolavirus verursachte Pockenerkrankung (Variola vera) war ursprünglich in der östlichen Hemisphäre, dem indischen Subkontinent und in China verbreitet. Über die Seidenstraße und andere große Handelswege gelangte das Virus im Mittelalter in den vorderen Orient und von dort nach Afrika und Europa. Auswanderer brachten die Infektion nach Amerika. Die Erkrankung trat als Seuche epidemisch auf oder befiel die Bevölkerung in endemischer Form circa alle vier bis sieben Jahre. Die Übertragung erfolgte vor allem durch *Tröpfcheninfektion* von Pockenkranken in frühen Infektionsstadien, aber auch durch virushaltige Pockenpusteln, eingetrocknete Krusten und Textilien, die mit kontaminierten Hautstellen in Berührung gekommen waren. Zwischen zehn und 40 Prozent der infizierten Personen starben.

Neben der Variola vera kennt man eine weitere From der Menschenpockenerkrankung, die *Variola minor*, die in Südamerika unter der Bezeichnung Alastrim bekannt ist. Sie trat vor allem in Südamerika, Afrika und Australien epidemisch und endemisch auf und wurde durch eine weniger virulente Variante des Variolavirus (Alastrimvirus) ausgelöst. Die Sterblichkeit betrug nur etwa ein bis zwei Prozent. Das von der WHO initiierte weltweite Impfprogramm mit Vacciniaviren führte zur Ausrottung der Variola- und der Alastrimviren. Der letzte Fall einer Pockenerkrankung wurde 1977 in Somalia gemeldet.

Pockenviren existieren heute nur noch in Gefrierschränken

Nach der Ausrottung der Pocken forderte das internationale Komitee zur Untersuchung der Pockeninfektion, daß alle verbliebenen Laborstämme und Reserven zerstört und die Forschung mit Variolaviren eingestellt werden sollten. Diese Viren werden heute nur noch in zwei Hochsicherheitslaboratorien – an den Centers of Disease Control in Atlanta/USA und in Nowosibirsk/Rußland – gelagert. Außerdem liegt die Erbinformation des Virus in Fragmenten kloniert in bakteriellen Nichtexpressionsplasmiden vor.

Menschen können auch heute noch in seltenen Fällen an einer Pockenvirusinfektion erkranken, die sie durch den Kontakt mit Tieren erworben haben, die mit animalen Pockenviren infiziert sind. Von wildlebenden Affen wird sporadisch das sogenannte Affenpockenvirus (*monkey-pox-virus*) auf den Menschen übertragen. In Zaire wurden beispielsweise während der Jahre 1980 bis 1985 etwa 300 Personen mit diesem Virus infiziert. Das Krankheitsbild hat gewisse Ähnlichkeiten mit der Variola vera, und die Impfung mit dem Vacciniavirus schützt auch vor dieser Pockeninfektion. Das *monkey-pox-virus* scheint endemisch in Nagetieren in Afrika vorzukommen. Von diesem Reservoir kann es auf Affen oder Menschen – insbesondere auf Kinder, die infizierte Kleintiere fangen – übertragen werden.

Außer dieser From der Affenpocken ist eine weitere Zoonose (das sind von Tieren auf Menschen übertragbare Infektionen) bekannt, bei der *Tana-* oder *Yabapockenviren* von unterschiedlichen afrikanischen und asiatischen Affenarten (unter anderem Rhesusaffen, Makaken und Pavianen) bei engem Kontakt auf Menschen übertragen werden können. Das Yabapockenvirus verursacht bei Affen Tumorerkrankungen. Beim Menschen verlaufen die Infektionen überwiegend als harmlose, leicht fieberhafte Erkrankungen. Es entstehen Fibrome (gutartige Geschwülste aus faser- oder zellreichem Bindegewebe), die nach einiger Zeit wieder verschwinden.

Aufsehen haben in den letzten Jahren seltene Pockenerkrankungen beim Menschen hervorgerufen, die vor allem nach Biß- und Kratzverletzungen durch Katzen auftraten. Sie wurden durch ein Orthopoxvirus verursacht, das dem Kuhpockenvirus verwandt ist. Das Reservoir dieser Pockenviren sind wahrscheinlich aber Nagetiere, von denen der Erreger auf Katzen übertragen wird. Die Pockenviren können aber auch auf Rinder (Kuhpocken) und andere Tiere wie Kamele und Löwen übertragen werden.

Klinik

Die Inkubationszeit der klassischen, durch das Variola-vera-Virus verursachten Pockeninfektion betrug zehn bis vierzehn Tage. Der akute Ausbruch war durch Fieber, Kopf-, Glieder- und Hodenschmerzen, Blutungen der Binde- und Schleimhaut sowie Schluckbeschwerden durch den sich ausbildenden Schleimhautausschlag im Mund- und Rachenbereich gekennzeichnet. Ungefähr zwei Tage danach folgten typische Rückenschmerzen und Hautausschläge, die sich auf den ganzen Körper und die Schleimhautbereiche ausdehnen konnten. Die Pusteln trockneten und verkrusteten nach zwei bis drei Wochen, hinterließen jedoch häufig Narben. Bei einem Teil der Patienten beobachtete man Geschwüre im Nasen- und Rachenbereich und in den Bronchien. In einigen Fällen waren die Infektionen mit schweren, meist tödlichen Hämorrhagien verbunden („Schwarze Pocken“). Die Erkrankung nach einer Infektion mit dem Variola-minor-Virus verlief ähnlich, aber leichter.

Pathogenese

Nach der Übertragung auf die Schleimhautbereiche von Mund-, Nasen und Rachen replizierte sich das Variola-vera-Virus in den oberen Luftwegen und breitete sich von dort in den unteren Respirationstrakt und die Lungenalveolen aus. Von den Schleimhäuten aus gelangte es in Makrophagen und Lymphocyten, wurde von diesen in die lokalen Lymphknoten transportiert und vermehrte sich dort. Von den Lymphknoten ging eine erste, kleine *Virämie* aus, in deren Verlauf sich das Virus über das reticulohistiocytäre System ausbreitete. Hier vermehrte es sich erneut und besiedelte in einer zweiten, großen Virämie den gesamten Organismus. Das Virus war in vielen inneren Organen nachweisbar, die aber nur selten pathohistologische Veränderungen oder Läsionen zeigten. Zu diesem Zeitpunkt setzten auch die Symptome mit der Bildung des Ausschlags ein. Der Infizierte war ansteckend und konnte Viren übertragen. Auf der Haut, das heißt im Epithel, bildeten sich zuerst kleine Flekken, später Papeln aus, die sich schließlich zu Bläschen umformten und nach Verkrustung unter Narbenbildung abheilten. Letzteres ist ein Hinweis darauf, daß neben dem Hautepithel auch die Basalmembran von der Infektion betroffen war. In den infizierten Bereichen kam es zu lokalen Zellproliferationen, die durch einen viruscodierten *epithelzellspezifischen Wachstumsfaktor* ausgelöst wurden. Für das Ausmaß der bei der Infektion entstehenden Hautläsionen kann auch die Wirkung eines anderen viruscodierten Proteins ausschlagebend gewesen sein, das Homologie zum VEGF (*vascular endothelial growth factor*) besitzt. Dieses Protein entdeckte man bei Parapockenviren, die Schafe und gelegentlich auch Menschen infizieren und die eine ausgeprägte Proliferation des vasculären Endothels im Bereich der Pockenpusteln hervorrufen. Diese scheint direkt auf der Wirkung des mit VEGF homologen Virusprodukts zu beruhen. Wie es zu den schweren, oft tödlichen Erkrankungsverläufen kam, ist unklar. Sie können einerseits durch die Infektion der Pockenbläschen mit bakteriellen Eitererregern bedingt sein, die ein toxisches Schocksyndrom auslösen. Andererseits vermutet man, daß die Todesfälle durch die massive *Cytokinfreisetzung* (TNF-α, TGF-β und andere; Kapitel 8) verursacht sein könnten, welche die Herz- und Nierenfunktion beeinträchtigte. Die „Schwarzen Pocken“ entstanden durch massive Blutungen in Haut und Schleimhäute sowie in die inneren Organe.

Immunreaktion

Die *cytotoxischen T-Lymphocyten*, die infizierte Zellen nach der Erkennung des von Komplexen aus HLA-Klasse-I-Proteinen und Peptiden aus verschiedenen Virusproteinen eliminierten, waren schon früh während der Infektion aktiv. Sie sind für die Eliminierung des Virus aus dem Organismus verantwortlich und bleiben lange erhalten. Neutralisierende IgG-Antikörper entwickelten sich erst danach und waren gegen virale Oberflächenproteine gerichtet. Diese Kombination von zellulärer und humoraler Immunantwort schützte vor Reinfektionen, hielt aber nicht lebenslang an. Man beobachtete sowohl inapparente als auch leichte, als *Variolois* bekannte Verläufe. Daß bei der frühen Bewältigung der Infektion cytotoxische T-Zellen eine entscheidende Rolle spielen, zeigt sich auch daran, daß nur bei Patienten mit einer Störung der zellulären Immunantwort bei Impfungen Komplikationen in Form von nekrotisierenden Vacciniavirusinfektionen auftraten.

Therapie und Prophylaxe

Das Auftreten der Pocken ließ sich durch Impfungen mit dem *Vacciniavirus* im ersten und zwölften Lebensjahr verhindern. Die absolute Immunität blieb ein bis zwei Jahre bestehen. Deswegen wurde bei Reisen in Pockenendemie- oder -epidemiegebiete nachgeimpft. Vier bis fünf Tage nach der Impfung mit dem Vacciniavirus bildete sich an der Inokulationsstelle durch die in den Zellen stattfindende Virusreplikation eine Anschwellung, in die in den folgenden Tagen Monocyten, Makrophagen und T-Lymphocyten einwanderten. Die Pustel wuchs bis zum zehnten Tag nach der Inokulation an. In diesem Zeitraum zeigten sich auch eine Anschwellung der benachbarten Lymphknoten und leichtes Fieber. Drei Wochen nach der Impfung waren die Pusteln abgeheilt, hinterließen jedoch eine Narbe, die lebenslang eine erfolgreiche Impfung mit Vacciniaviren anzeigt. Schwere Impfkomplikationen waren relativ selten. Am häufigsten war ein generalisierter Hautausschlag, der bei etwa einer von 100 000 geimpften Personen auftrat und meist ohne Probleme abheilte. In immunsupprimierten Patienten beobachtete man in seltenen Fällen (1:1 000 000) eine progressive Vaccinia-

Der nachlassende Impfschutz bereitet gelegentlich Probleme

Heute gibt es in Deutschland keinen zugelassenen Vacciniavirusimpfstoff mehr. Das führt zu einigen Problemen. In den letzten Jahren werden nämlich rekombinante Vacciniaviren vermehrt zur gentechnischen Produktion von verschiedenen Proteinen in eukaryotischen Zellen eingesetzt. Da Vacciniaviren insbesondere bei Übertragung auf die Augenbindehaut bei nichtgeimpften, erwachsenen Personen zu symptomatischen Infektionsverläufen führen können, ist für Laborpersonal eine Wiederzulassung des Impfstoffes dringend zu fordern. Weiterhin vermittelt die Vacciniavirusimpfung aufgrund einer Kreuzimmunität auch Schutz vor den meisten tierischen Pockenviren. Da in der Bevölkerung der Schutz vor der Pockenerkrankung kontinuierlich abnimmt, besteht bei Personen, die häufig Umgang mit Klein- und Nagetieren haben (etwa bei Tierärzten) ein erhöhtes Infektionsrisiko.

virusinfektion. Als weitere Komplikation trat bei etwa einem Fall pro 50 000 Impfungen eine *postvaccinale Encephalitis* auf, die sich durch perivenöse Entzündungen und Demyelinisierungen äußerte.

Zur Behandlung der Pocken wurde in Feldversuchen mit Erfolg ein Semicarbazonderivat eingesetzt. Immunglobulinpräparate, die Antikörper gegen Vacciniaviren enthalten, werden grundsätzlich zur Behandlung von Pockenvirusinfektionen, sowohl bei natürlichen Infektionen mit Orthopoxviren als auch bei Laborkontaminationen, empfohlen. Sie sind über die Centers of Disease Control (CDC) in Atlanta/USA erhältlich und können – bei rechtzeitiger Anwendung – Pockenvirusinfektionen erfolgreich eindämmen.

18.5.6 Weiterführende Literatur

Alcami, A.; Smith, G. L. *Cytokine receptors encoded by poxviruses: a lession in cytokine biology*. In: *Immunology Today* 16 (1995) S. 474–478.

Antczak, J. B.; Patel, D. D.; Ray, C. A.; Ink, B. S.; Picup, D. J. *Site-specific cleavage generates the 3′end of a poxvirus late mRNA*. In: *Proc. Natl. Acad. Sci. USA* 89 (1992) S. 12033–12037.

Buller, R. M.; Palumbo, G. J. *Poxvirus pathogenesis*. In: *Microbiol. Rev.* 55 (1991) S. 80–122.

Czerny, C. P.; Eis-Hübinger, A. M.; Mayr, A.; Schneweis, K. E.; Pfeiff, B. *Animal poxvirus transmitted from cat to man: current event with lethal end*. In: *Zentralbl. Veterinar Med. B*. 38 (1991) S. 421–431.

Herrlich, A. *Die Pocken, Erreger, Epidemiologie und klinisches Bild*. Stuttgart (Thieme) 1967.

Johnson, G. P.; Goebel, S. J.; Paoletti, E. *An update on the vaccinia virus genome*. In: *Virol.* 196 (1993) S. 381–401.

Lin, S.; Broyles, S. S. *Vaccinia protein kinase 2: a second essential serin/threonin protein kinase encoded by vaccinia virus*. In: *Proc. Natl. Acad. Sci. USA* 91 (1994) S. 7653–7657.

Lyttle, D. J.; Fraser, K. M.; Fleming, S. B.; Mercer, A. A.; Robinson, A. J. *Homologs of vascular endothelial growth factor are encoded by the poxvirus orf virus*. In: *J. Virol.* 68 (1994) S. 84–92.

Mossmann, K.; Upton, C.; McFadden, G. *The myxoma virus-soluble interferon-γ receptor homolog, M-T7, inhibits interferon-γ in a spezies specific manner.* In: *J. Biol. Chem.* 270 (1995) S. 3031–3038.

Palumbo, G. J.; Buller, R. M.; Glasgow, W. C. *Multigenic evasion of inflammation by poxviruses.* In: *J. Virol.* 68 (1994) S. 1737–1749.

Pickup, D. J. *Poxviral modifiers of cytokine responses to infection.* In: *Infect. Agents Dis.* 3 (1994) S. 116–127.

Ray, C. A.; Black, R. A.; Kronheim, S. R.; Greenstreet, T. A.; Sleath, P. R.; Salvesen, G. S.; Pickup, D. J. *Viral inhibition of inflammation: cowpox virus encodes an inhibitor of the interleukin-1β converting enzyme.* In: *Cell* 69 (1992) S. 597–604.

Senkevich, T. G.; Koonin, E. V.; Buller, R. M. *A poxvirus protein with a RING zink finger motif is of crucial importance for virulence.* In: *Virol.* 198 (1994) S. 118–128.

Springgs, M. K.; Hruby, D. E.; Maliszewski, C. R.; Pickup, D. J.; Sims, J. E.; Buller, R. M.; VanSlyke, J. *Vaccinia and cow pox viruses encode a novel secreted interleukin-1-binding protein.* In: *Cell* 71 (1992) S. 145–152.

Tewari, M.; Dixit, V. M. *Fas- and tumor necrosis factor-induced apoptosis is inhibited by the poxvirus crmA gene product.* In: *J. Biol. Chem.* 270 (1995) S. 3255–3260.

Upton, C.; Mossmann, K.; McFadden, G. *Encoding a homolog of the IFNγ receptor by myxoma virus.* In: *Science* 258 (1992) S. 1369–1372.

19. Viren mit einzelsträngigem DNA-Genom

Bisher kennt man unter den humanpathogenen Viren nur eine Familie, deren Genom als lineare, einzelsträngige DNA vorliegt: die *Parvoviridae*. Daneben verfügen die *Geminiviridae* und die *Circoviridae* über eine zirkulär vorliegende Einzelstrang-DNA. Erstere infizieren ausschließlich Pflanzen, Circoviren hat man außer aus Pflanzen auch aus verschiedenen Tieren (Schweinen und Geflügel) isoliert. Über ihre Molekularbiologie weiß man nur sehr wenig.

19.1 Parvoviren

Parvoviren (*parvus* = klein) gehören zu den kleinsten bekannten Viren. Sie sind außerordentlich resistent gegen äußere Einflüsse und Detergentien. Entweder haben sie ein enges Wirtsspektrum und einen ausgeprägten Tropismus für die Infektion von sich teilenden Zellen eines bestimmten Differenzierungsstadiums, oder ihre Vermehrungsfähigkeit ist von der Anwesenheit von Helferviren abhängig.

19.1.1 Einteilung und charakteristische Vertreter

Die Familie der *Parvoviridae* umfaßt zwei Unterfamilien (Tabelle 19.1): die *Parvovirinae* und die *Densovirinae*. Zu ersterer gehören drei Genera. Die *Dependoviren* mit den adenoassoziierten Viren (AAV) infizieren auch den Menschen. Sie können sich nur dann replizieren und einen produktiven Infektionszyklus einleiten, wenn die Zellen zugleich mit einem Helfervirus (Adeno-,Vaccinia- oder Herpesvirus) infiziert sind. Ihre produktive Vermehrung

Tabelle 19.1: Charakteristische Vertreter der Parvoviren

Unterfamilie	Genus	Mensch	Tier
Parvovirinae	Parvovirus		felines Panleukopenievirus (Katzenseuche) *minute virus of mice* *aleutian mink disease virus* canines Parvovirus Schweineparvovirus
	Erythrovirus	Parvovirus B19	*parvovirus of cynomolgus monkey*
	Dependovirus	adenoassoziierte Viren (AAV-2,-3,-5)	bovines AAV AAV-1, AAV-4 (Affen)
Densovirinae	Densovirus		Densonucleosis-Virus
	Iteravirus		
	Contravirus		

ist also auf die Coinfektion mit diesen Viren angewiesen. Alternativ können die Dependoviren eine latente Form der Infektion etablieren, indem sie sich relativ ortsspezifisch in das Wirtszellgenom integrieren. Das Genus *Erythrovirus* umfaßt autonome Parvoviren, die kein Helfervirus benötigen und einen ausgeprägten Tropismus für Vorläuferzellen der roten Blutkörperchen besitzen. Zu diesem Genus gehört das einzige bisher bekannte humanpathogene Parvovirus, das *Parvovirus B19*, das die Ringelröteln verursacht. Eine Integration der viralen DNA in das Wirtszellgenom wurde bisher nicht beobachtet. Auch die Viren des dritten Genus, *Parvovirus,* haben diese Fähigkeit nicht. Sie sind ebenfalls unabhängig von der Anwesenheit von Helferviren. Zu ihnen zählen tierpathogene Erreger wie das Katzenparvovirus als Erreger der Katzenseuche. Im Gegensatz zu den Erythroviren verursachen sie vor allem Enteritiden und Myocarditiden. Die zweite Unterfamilie der Parvoviridae, die *Densovirinae*, gliedert sich in drei Genera und umfaßt die Parvoviren der Insekten.

19.1.2 Aufbau

Viruspartikel

Die Viruscapside haben einen *ikosaedrischen Aufbau* und einen Durchmesser von 18 bis 26 nm (Abbildung 19.1). Für einige Vertreter wurde ihre Struktur durch Röntgenstrukturana-

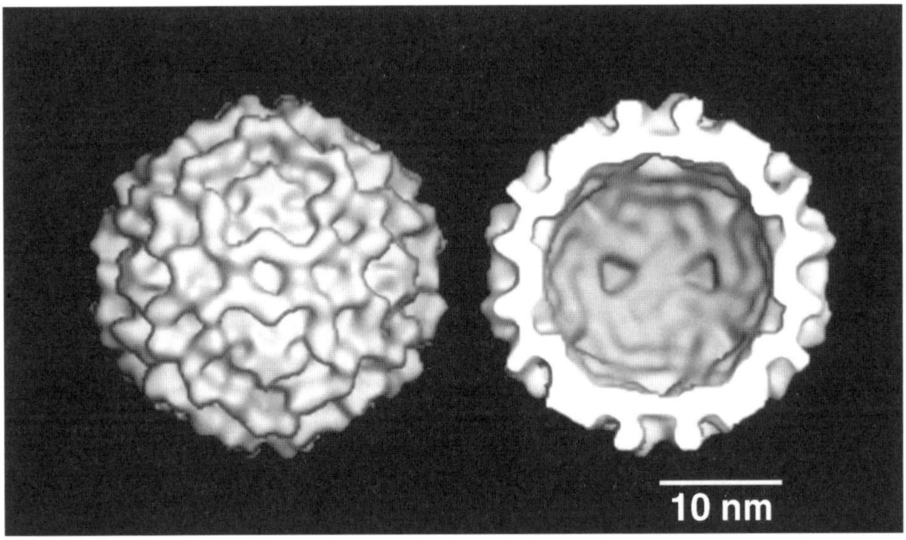

19.1 Aufbau eines Partikels von Parvovirus B19. Die Abbildung zeigt ein nach kryoelektronenmikroskopischen Aufnahmen erstelltes Modell eines Partikels aus VP2-Proteinen von Parvovirus B19. In der linken Seite ist ein Aufblick auf das Partikel und seine strukturierte Oberfläche gezeigt, rechts ein Durchschnitt durch das Partikel. An der Innenseite sind Ausbuchtungen erkennbar. An die hier vorhandenen Aminosäuren lagert sich das einzelsträngige DNA-Genom an, wodurch sich die sehr stabilen infektiösen Nucleocapsidpartikel ausbilden. Die VP2-Proteine enthalten alle Bereiche, die für die Bildung der Partikel notwendig sind. Die VP1-spezifischen Sequenzen sind nicht dargestellt. Sie befinden sich als zusätzliche Proteinregionen am aminoterminalen Ende der VP2-Proteine und bilden vermutlich oberflächenexponierte Domänen aus. (Die Abbildung wurde freundlicherweise von Dr. Mavis Agbandje, Purdue University, zur Verfügung gestellt; Chipman, P. R.; Agbandje, M.; Kajigaya, S.; Brown, K. E.; Young, N. S.; Baker, T. S.; Rossman, M.: Purdue University, Department of Biological Sciences, West Lafayette, Indiana, und National Heart, Lung and Blood Institute, NIH, Bethesda, Maryland, USA.)

lyse geklärt. Mit der Ausnahme des Parvovirus B19 haben sie an den Ecken etwa 7 nm lange Proteinvorsprünge. Die Partikel bestehen aus 60 Capsomeren, die beim Parvovirus B19 zu 95 Prozent aus VP2 und zu fünf Prozent aus VP1 bestehen. VP2 ist sequenzidentisch mit dem carboxyterminalen Bereich von VP1. Bei einigen Parvoviren findet man ein drittes Capsidprotein (VP3) in unterschiedlichen Mengen. Beim *minute virus of mice* wird es bei der Virusreifung durch eine proteolytische Spaltung von VP2 gebildet. Bei den adenoassoziierten Viren handelt es sich beim VP3 um eine aminoterminal verkürzte Variante des VP1, die durch die Verwendung des seltenen ACG-Codons als Translationsstartpunkt synthetisiert wird. Die Virionen sind nicht von einer Membran umhüllt. Im Inneren der Capside ist das virale Genom enthalten. Es ist über jeweils elf Basen mit den auf der Partikelinnenseiten exponierten Aminosäuren der VP2-Proteine komplexiert.

Genom und Genomaufbau

Parvoviren besitzen ein *einzelsträngiges, lineares DNA-Genom* mit einer Länge von 4 860 Basen beim adenoassoziierten Virus Typ 2 (AAV-2) und etwa 5 600 Basen beim Parvovirus B19. Während man in den Capsiden der Dependoviren und Erythroviren (Parvovirus B19) DNA-Stränge beider Polaritäten in etwa gleichem Verhältnis findet, werden beim Genus Parvovirus bevorzugt Genome verpackt, die komplementär zu der während der Infektion synthetisierten mRNA sind. An den 5'- und 3'-Enden der Genome befinden sich palindromische Sequenzabschnitte, die als ITR-Regionen (*inverted terminal repeats*) bezeichnet werden. Sie können sich zu einer T- oder Y-förmigen Struktur zurückfalten und die Ausbildung von *haarnadelartigen, doppelsträngigen Abschnitten* an den Genomenden ermöglichen (Abbil-

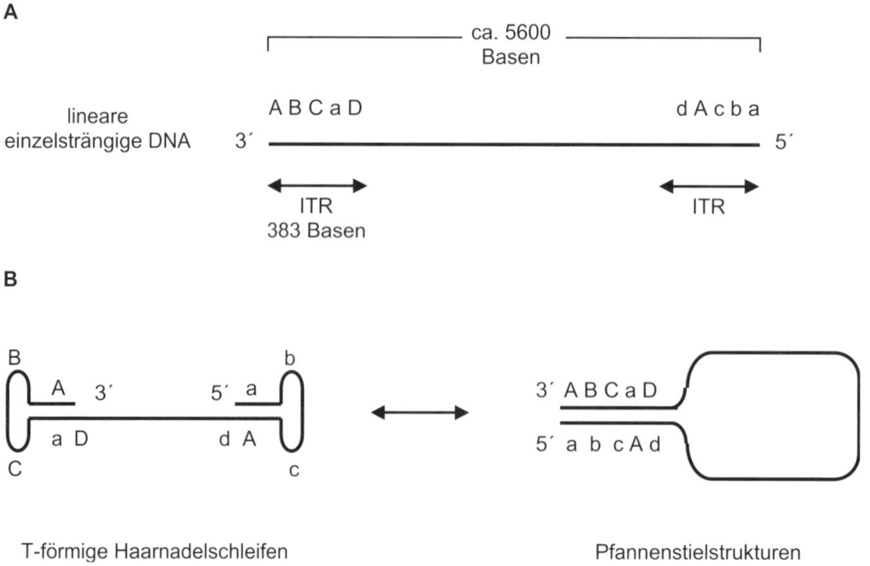

19.2 Genom des Parvovirus B19. A: Die einzelsträngigen, linearen DNA-Genome besitzen an ihren Enden komplementäre Wiederholungseinheiten (ITR = *inverted terminal repeat*) mit einer Länge von 383 Basen. Beim adenoassoziierten Virus Typ 2 sind sie 145 Nucleotide lang. Die Groß- und Kleinbuchstaben repräsentieren jeweils Bereiche, die zueinander komplementär sind. B: Da nicht nur die Sequenzen der 3'- und 5'-ITRs an den Genomenden zueinander komplementär sind, sondern auch kurze Bereiche innerhalb der Wiederholungseinheiten, können sich durch die Ausbildung von doppelsträngigen Bereichen T-förmige Haarnadelschleifen ausbilden. Alternativ hierzu können die Genome pfannenstielähnliche Strukturen bilden.

dung 19.2A). Beim Parvovirus B19 und bei den adenoassoziierten Viren sind die ITR-Sequenzen an den Enden komplementär zueinander und haben eine Länge von 383 Basen beim Parvovirus B19 beziehungsweise 145 beim AAV-2. Sie können miteinander hybridisieren und das Genom in einer quasizirkulären, pfannenstielähnlichen Form halten (Abbildung 19.2B). Die ITR-Regionen des Genus Parvovirus haben eine Länge von 115 bis 300 Basen, und ihre Sequenzen an den 3′- und 5′-Enden des Genoms sind unterschiedlich. So umfaßt beispielsweise beim *minute virus of mice* das 5′-ITR 207, das 3′-ITR dagegen 115 Nucleotide.

Die Basensequenz der Parvoviren ist im Vergleich zu anderen Viren weitgehend konstant. Sequenzunterschiede in verschiedenen Parvovirus-B19-Isolaten findet man gehäuft in den Bereichen, die für das carboxyterminale Ende des NS1-Proteins und für die aminoterminale Domäne von VP1 codieren. Die Anordnung der viralen Gene auf der einzelsträngigen DNA ist bei allen Parvoviren ähnlich (Abbildung 19.3A, B): Auf dem genomischen Strang der DNA, der komplementär zur gebildeten mRNA ist, befinden sich zwei große offene Leserahmen. Der in der 3′-Hälfte gelegene, auch mit *rep* bezeichnete Genort codiert für die Nichtstrukturproteine, die an der Replikation der viralen DNA und der Regulation der Genexpression beteiligt sind. Beim Parvovirus B19 handelt es sich um das Nichtstrukturprotein NS1, bei den tierpathogenen Parvoviren um zwei unterschiedlich große Formen NS1 und NS2 eines Nichtstrukturproteins und bei den adenoassoziierten Viren um eine Familie von insgesamt vier *Rep*-Proteinen. In der 5′-Hälfte der Virus-DNA findet man das Gen für die Synthese der *Capsidproteine*. Beim Parvovirus B19 gibt es einen weiteren kurzen, offenen Leserahmen im Bereich des 5′-Endes des Genoms, der für ein Nichtstrukturprotein NS2 unbekannter Funktion zu codieren scheint.

Die Promotoren, welche die Transkription der Gene kontrollieren, sind bei den verschiedenen Viren unterschiedlich angeordnet: Beim Parvovirus B19 werden alle RNA-Spezies von einem gemeinsamen Promotor im Bereich des 3′-Endes des Genoms an Position 6 initiiert. Die mRNA-Moleküle, von denen die verschiedenen Struktur- und Nichtstrukturproteine translatiert werden, entstehen durch alternatives Spleißen (Abbildung 19.3A). Im Genom dieses Virus findet man zwei Polyadenylierungsstellen, von denen eine am 5′-Ende und eine in der Mitte des Genoms gelegen ist. Im Gegensatz hierzu besitzen die autonomen Viren des Genus Parvovirus (*minute virus of mice*) zwei Promotoren: Einer befindet sich ebenfalls am 3′-Ende des Genoms und kontrolliert die Transkription des Nichtstrukturgens *rep*; der zweite, zentral gelegene Promotor (Genomposition 38) ist für die Transkription der Information für die Strukturproteine verantwortlich. Diese Viren haben nur eine Polyadenylierungsstelle am Genomende, die für die Termination aller Transkripte verwendet wird.

Auch die adenoassoziierten Viren verwenden für alle mRNA-Spezies eine gemeinsame Polyadenylierungsstelle am Ende des Genoms. Bei ihnen konnte man insgesamt drei Promotoren auf dem Genom identifizieren: Derjenige am 3′-Ende des Genoms (Position 5) kontrolliert die mRNA-Synthese für die Proteine Rep78 und Rep52. Letzteres wird von einer gespleißten mRNA-Form gebildet. Der Promotor an Position 19 reguliert die Transkription der für Rep68 und Rep40 codierenden Gene. Auch Rep40 wird von einer gespleißten RNA-Variante translatiert. In beiden Fällen, sowohl bei Rep52 als auch bei Rep 40 wird die gleiche Intronsequenz durch den Spleißvorgang herausgeschnitten. Die Synthese der mRNA-Spezies für die Capsidproteine erfolgt unter der Kontrolle des dritten Promotors an Genomposition 40 (Abbildung 19.3B). Die Genexpression bei den einzelnen Virustypen ist somit – trotz der bei allen Parvoviren ähnlichen Genanordnung auf der DNA – durch die unterschiedliche Lokalisation der Kontrollelemente für die Transkriptionsinitiation und -termination in Kombination mit alternativen Spleißsignalen unterschiedlich und spezifisch reguliert.

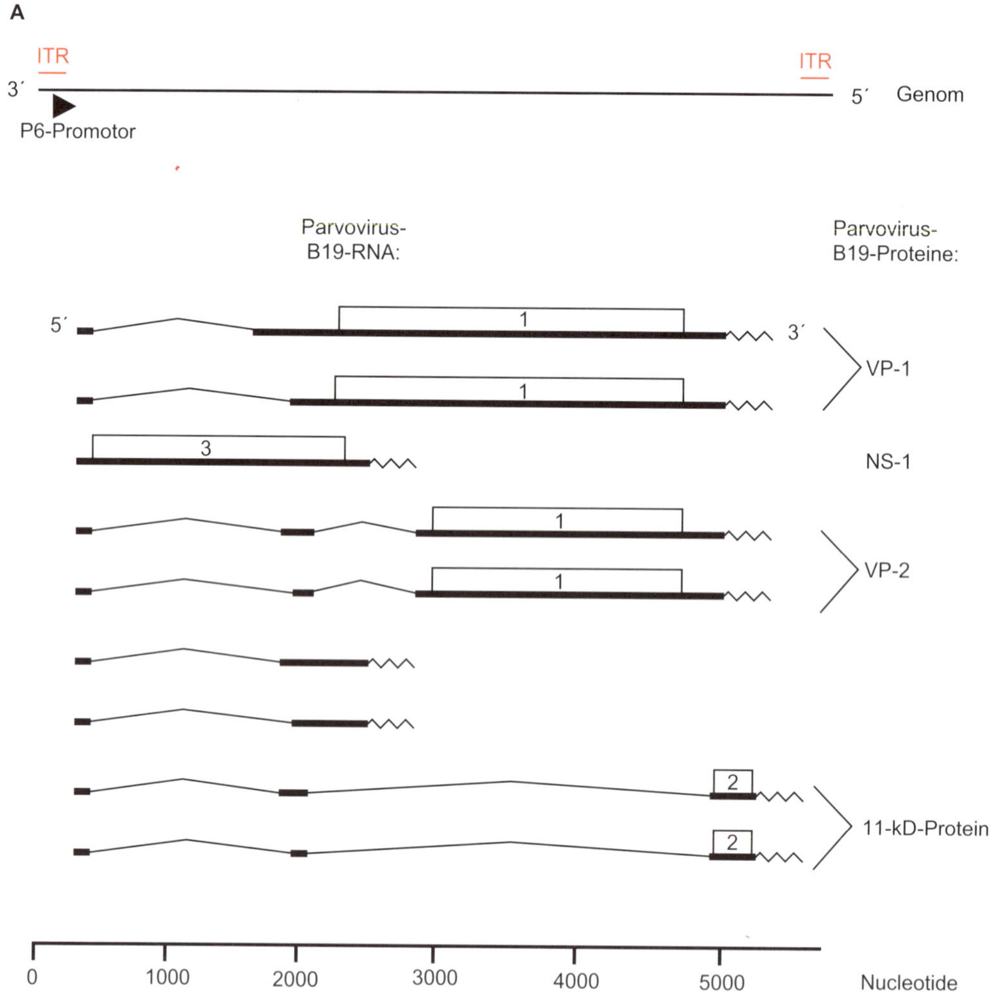

19.3 Genomorganisation, Transkription und Translation bei Parvoviren. A: Parvovirus B19. B: Adeno-assoziierte Viren (AAV-2). In beiden Teilabbildungen sind oben die Genome mit der Lage der ITR-Elemente und der Promotoren dargestellt, welche die Transkription regulieren. Darunter sind die verschiedenen Transkripte angegeben, von welchen die viralen Proteine translatiert werden. Die Exons sind mit dicken Strichen angedeutet, die herausgespleißten Introns durch dünne, die 3′-Poly(A)-Regionen durch die gezackten Linien. Die Bereiche der mRNAs, die für die Virusproteine codieren, sind als Balken dargestellt. Die hier angegebenen Zahlen beziehen sich auf die Leseraster, die bei der Translation verwendet werden. Das 11-kD-Protein von Parvovirus B19 konnte bisher nicht nachgewiesen werden.

19.1.3 Virusproteine

Strukturproteine

In den Capsiden findet man zwei Strukturproteine: *VP1* mit einem Molekulargewicht von 80 bis 86 kD und *VP2* (58 bis 62 kD). VP2 ist sequenzidentisch mit dem carboxyterminalen Bereich von VP1; beim Parvovirus B19 besitzt das VP1 227 zusätzliche Aminosäuren am

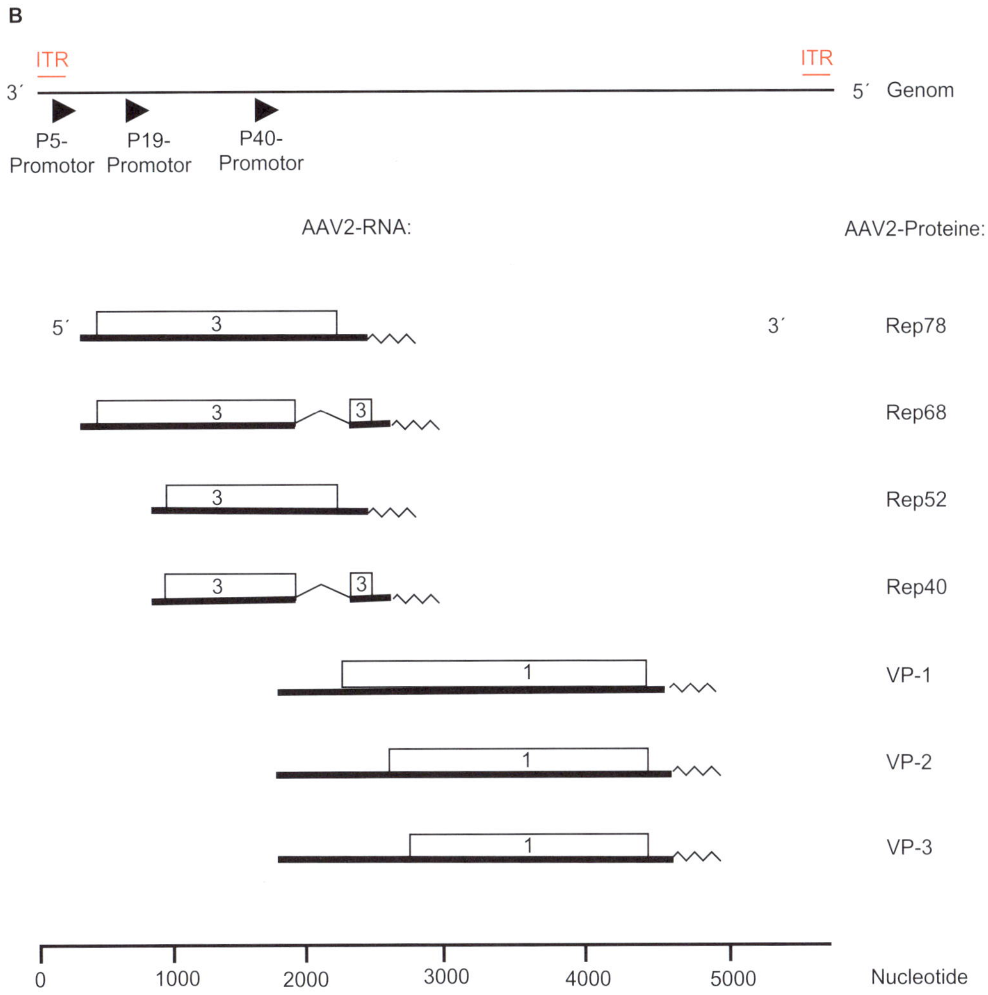

aminoterminalen Ende. Für die Synthese von VP2 wird die VP1-spezifische mRNA gespleißt. Mit dem mehrere hundert Basen langen Intron wird das Startcodon des Proteins VP1 entfernt. Die Synthese des VP2 beginnt somit an einem anderen AUG, jedoch im gleichen Leseraster (Abbildung 19.3A). Die für die Partikelbildung notwendigen Bereiche befinden sich im VP2-Protein beziehungsweise im VP2-spezifischen Anteil von VP1. Deswegen sind beide Proteine als Capsomere in den Virionen vertreten. Die aminoterminale Domäne des VP1 von Parvovirus B19 ist an der Oberfläche der Capside exponiert. Hier finden sich gehäuft Variationen der Aminosäuresequenz. In dieser Region, aber auch im VP2-Anteil, befinden sich Epitope, welche die Bildung neutralisierender Antikörper auslösen. Tabelle 19.2 faßt die veschiedenen Funktionen und Eigenschaften der Proteine der Parvoviren zusammen.

Das *VP3* des *minute virus of mice* ist ein durch proteolytische Spaltung entstandenes *Abbauprodukt* von VP2. Bei den adenoassoziierten Viren wird für die Bildung des VP3 (73 kD) ein seltenes, im gleichen Leseraster stromaufwärts gelegenes Startcodon der VP1-

Tabelle 19.2: Eigenschaften und Funktion der Parvovirusproteine

Protein	**Parvovirus B19** Molekulargewicht/ Modifikation	**adenoassoziierte Viren (AAV-2)** Molekulargewicht	Funktion
VP1	83 kD	87 kD	Capsidprotein
VP2	58 kD	62 kD	Capsidprotein, Hauptkomponente
VP3	–	73 kD	Capsidprotein,
NS1	71 kD phosphoryliert, NTP-Bindung	–	Helicase, ATPase, Endonuclease, Transaktivator
NS2	11 kD	–	?
Rep78	–	78 kD	Transaktivator, Helicase, Endonuclease, Tumorsuppressor, Genomintegration
Rep52	—	52 kD	?
Rep68	—	68 kD	Transktivator, Helicase, Endonuclease, Tumorsuppressor, Genomintegration
Rep40	–	40 kD	?

spezifischen mRNA verwendet. Sein aminoterminales Ende liegt daher zwischen denjenigen der VP1- und VP2-Proteine.

Nichtstrukturproteine

Die viralen Nichtstrukturproteine werden im *rep*-Genkomplex codiert. Bei den Viren des Genus Parvovirus (*minute virus of mice*) konnten zwei Proteine *NS1* und *NS2* identifiziert werden. Das NS2-Protein ist das Produkt einer gespleißten mRNA. Mit Ausnahme der hierdurch entstehenden Deletion sind beide Proteine identisch. Sie besitzen Kerntransportsignale, und das größere NS1-Protein ist phosphoryliert. Punktmutationen im Bereich der Nichtstrukturgene führen zu replikationsdefekten Viren. Beide Proteine haben also essentielle Funktionen bei der viralen DNA-Replikation. NS1 ist eine sequenzspezifische, bei der Genomvermehrung aktive Endonuclease. Sie schneidet im Bereich der ITR-Elemente und bleibt kovalent mit den 5′-Enden der während der Replikation gebildeten Genomzwischenprodukte verknüpft. Außerdem fungiert das NS1-Protein als Transaktivator für die Aktivierung der eigenen Promotoren, vor allem des zentralen Promotors, der die Expression der Capsidgene kontrolliert. Daneben beeinflußt das NS1-Protein auch zelluläre Promotoren. Man hat Hinweise darauf, daß es sich nicht selbst an die DNA der Kontrollelemente bindet, sondern diese in Wechselwirkung mit Zellfaktoren aktiviert oder reprimiert. Die Funktion des NS2-Proteins ist weniger gut untersucht: Es wirkt möglicherweise als Helicase und scheint an der Strangverdrängungsreaktion während der Genomreplikation beteiligt zu sein.

Parvovirus B19. Beim Parvovirus B19 wird nur ein Protein mit einem Molekulargewicht von etwa 71 kD gebildet, das alle Funktionen in sich vereinigt. Es wird von einer nicht gespleißten mRNA translatiert, die an dem zentralen Polyadenylierungssignal endet. Beim NS1-Protein handelt es sich um ein phosphoryliertes, multifunktionelles Protein, das seine Aktivitäten im Zellkern ausübt. Daher findet man in der Aminosäuresequenz ein *Kernlokalisationssignal*. Weitere Consensussequenzen deuten auf eine *Nucleotidbindungs*- und eine *ATPase*-Aktivität hin. Beim *minute virus of mice* konnte man *in vitro* eine ATP-abhängige Helicase-Aktivität zeigen im NS1-Protein zeigen. Vermutlich wird sie auch bei der DNA-Replikation des Parvovirus B19 benötigt. Daneben ist NS1 ein *transaktives Protein*, von dem man vermutet, daß es in Wechselwirkung mit bisher unbekannten Zellfaktoren den Parvovirus-B19-spezifischen Promotor induziert. Es gibt Hinweise, daß an diesem Prozeß auch der zelluläre Transaktivator YY1 beteiligt ist. Wahrscheinlich beeinflußt NS1 auch zelluläre und andere virale Promotoren – beispielsweise den LTR-Promotor des humanen Immundefizienzvirus Typ 1. Die verschiedenen Aktivitäten sind schlecht untersucht, da dieses Protein bei einer Expression in eukaryotischen Zellen toxisch ist und das Virus selbst bisher nicht in Zellkulturen gezüchtet werden kann. Die Funktion des am 5'-Ende des Genoms codierten NS2-Proteins (11 kD) des Parvovirus B19, das von einer zweifach gespleißten mRNA translatiert wird, kennt man bisher nicht. Auch ist unbekannt, ob dieses Produkt während der Infektion synthetisiert wird.

Adenoassoziierte Viren. Die adenoassoziierten Parvoviren (AAV) synthetisieren *vier verschiedene Nichtstrukturproteine*: *Rep78* und *Rep52* unterscheiden sich durch eine interne Deletion, die auf der Verwendung einer gespleißten mRNA für die Translation beruht. Ähnliches gilt für *Rep68* und *Rep40*: Sie werden von Transkripten translatiert, deren Synthese durch den Promotor an Genomposition 19 kontrolliert wird und sind aminoterminal verkürzte Proteinvarianten von Rep78 beziehungsweise Rep52. Daher stimmen bei allen Rep-Proteinen große Sequenzbereiche überein. Man vermutet, daß weitere Spleißvorgänge zur Bildung zusätzlicher Nichtstrukturproteinvarianten beitragen können.

Rep78 und Rep68 sind im Zellkern lokalisiert. Ihre Funktionen bei der Replikation entsprechen in vieler Hinsicht denjenigen der großen Formen der Nichtstrukturproteine, das heißt der NS1-Proteine, der tierischen Parvoviren: Sie transaktivieren die viralen Promotoren und wirken dabei vermutlich mit Faktoren der Helferviren zusammen, vor allem mit den von Herpes- oder Adenoviren codierten *immediate early*-Proteinen. Während der AAV-Latenz, das heißt während der nichtproduktiven Infektion in Abwesenheit von Helferviren, bei der das Virusgenom integriert in die chromosomale DNA der Zelle vorliegt, wird ihnen eine *transreprimierende Wirkung* vor allem auf den Promotor der capsidproteinspezifischen RNA zugeschrieben. Zelluläre und andere virale Promotoren werden durch Rep78 und Rep68 ebenfalls negativ beeinflußt: Die Aktivität des LTR-Promotors des humanen Immundefizienzvirus Typ 1 wird ebenso unterdrückt wie die des *c-H-ras*-Promotors. Weiterhin können sie die durch Herpes-simplex-Viren in den Zellen induzierte DNA-Amplifikation hemmen. Dafür ist die aminoterminale Domäne von Rep78 verantwortlich, die auch für die Replikation der adenoassoziierten Viren essentiell ist. Inwieweit diese Funktionen der großen Rep-Proteine mit der Eigenschaft der adenoassoziierten Viren in Verbindung stehen, unkontrollierte Zellproliferationen unterschiedlicher Genese zu unterdrücken und damit als *Tumorsuppressoren* zu wirken, ist noch nicht geklärt.

In vitro konnte man eine mit den großen Rep-Proteinen assoziierte ATP-abhängige Helicase-Aktivität nachweisen und zeigen, daß diese DNA/DNA-, aber auch DNA/RNA-Doppelstränge entwinden kann. Mit den Proteinen ist außerdem eine Endonucleaseaktivität verbunden, die das Genom innerhalb der ITR-Elemente an der Base 124 schneidet. Die Schnittstelle wird als *trs*-Stelle (*terminal resolution site*) bezeichnet. Im Unterschied zum NS1-Protein des *minute virus of mice* bleiben die Rep-Proteine der adenoassoziierten Viren jedoch nicht mit den entstehenden 5'-Enden assoziiert.

Bei Etablierung des latenten Zustands in Abwesenheit von Helferviren integriert sich das Genom der adenoassoziierten Viren *in vitro* spezifisch in den Lokus 19q13.3-qter auf dem menschlichen Chromosom 19. Man hat Hinweise darauf, daß die Proteine Rep78 und Rep68 an dieser *ortsspezifischen Integration* beteiligt sind. Sie interagieren mit den ITR-Elementen der Genomenden und gleichzeitig, über eine zweite Proteindomäne, mit den Regionen des Chromosoms 19 und bringen die beiden Moleküle, ähnlich wie ein Klebstoff, in räumliche Nähe.

Die beiden kleineren Rep-Proteine Rep52 und Rep40 findet man bevorzugt im Cytoplasma der Zelle. Über ihre Funktion weiß man wenig. Die Rep-Aktivitäten sind somit vielfältig. Da sie in Wechselwirkung mit zellulären und helfervirusspezifischen Proteinen ausgeübt werden, sind sie von der Art und dem Differenzierungszustand der infizierten Zelle und dem Vorliegen von bestimmten funktionellen Aktivitäten der Helferviren abhängig.

19.1.4 Replikation der Parvoviren

Parvovirus B19 und andere autonome Parvoviren

Parvoviren können sich nur in sich *teilenden Zellen* (in der S-Phase des Zellzyklus) vermehren. Im Unterschied zu Papillom-, Polyoma- oder Adenoviren (Abschnitte 18.2 und 18.3) können sie ruhende Zellen nicht zur Teilung anregen. Die Expression und die Replikation des Virusgenoms sind in hohem Maße von Faktoren der Wirtszelle abhängig. Dies erklärt den engen Zell- und Wirtstropismus dieser Viren. Parvovirus B19 infiziert die *erythroiden Vorläuferzellen im Knochenmark* und interagiert über die Oberflächenstrukturen der Capsidproteine spezifisch mit dem *Blutgruppenantigen P*, einem Glycosphingolipid, das auf der Zelloberfläche exponiert ist. Man weiß weder, wie das gebundene Partikel von der Zelle aufgenommen wird, noch, ob das Genom allein oder im Komplex mit Capsidproteinen in den Zellkern transportiert wird und in welchem Zellkompartiment der Replikationszyklus abläuft.

Im Kern wird das Genom von der zellulären RNA-Polymerase II transkribiert. Beim *minute virus of mice* fand man, daß der Promotor durch Bindung einer Virusstrukturkomponente unterstützt wird, welche die Expression der NS-Proteine fördert. Es wird postuliert, daß diese in ähnlicher Weise wie das Tegumentprotein α-TIF der Herpes-simplex-Viren in Kombination mit Zellfaktoren wirkt und so die Transkription der sehr frühen Gene ermöglicht (Abschnitt 18.4). Ob ein ähnlicher Mechanismus bei Parvovirus B19 vorliegt, ist unklar. Die gebildete mRNA wird gecappt, teilweise gespleißt und polyadenyliert. Die NS-Proteine werden, genau wie die Capsidproteine, nach der Translation mittels der in ihrer Aminosäuresequenz vorhandenen Transportsignale in den Kern gebracht. Dort werden die NS-Proteine für die DNA-Replikation und die Induktion der Transkription der Strukturproteingene benötigt. Sie sind also eine grundlegende Voraussetzung für den weiteren Replikationsablauf.

Im Gegensatz zur zellulären DNA-Synthese werden für die Replikation des Virusgenoms keine RNA-Primer benötigt. Diese Funktion übernimmt die 3'-OH-Gruppe der ITR-Region am 3'-Ende des einzelsträngigen DNA-Genoms. Eine Folgestrangsynthese findet nicht statt. Das hier beschriebene Modell wurde für die Genomreplikation des *minute virus of mice* entwickelt. Jedoch sind auch bei ihm noch viele Replikationsschritte unverstanden. Ob das Modell in allen Punkten auf Parvovirus B19 übertragbar ist, weiß man nicht. Dieses Virus kann bisher wegen seines extremen Tropismus für erythroide Vorläuferzellen nicht *in vitro* gezüchtet werden, weshalb sich die Mechanismen seiner Genomreplikation bisher nicht untersuchen ließen. Für die Initiation der DNA-Replikation sind die ITR-Sequenzen, die den Genomenden doppelsträngige Haarnadelstrukturen verleihen, essentiell (Abbildung 19.2). Virusvarianten, denen die ITR-Elemente fehlen, sind replikationsdefizient. Das 3'-

ITR bildet mit dem 3'-OH-Ende den *Primer* für die ersten Polymerisationsreaktionen, die vom Komplex der zellulären DNA-Polymerase α oder δ katalysiert werden. Als Zwischenprodukt entsteht ein doppelsträngiges, bis auf einzelne Nucleotide im Bereich der T-förmigen ITR-Strukturen vollständig in Basenpaarung vorliegendes, kovalent geschlossenes Molekül. In den nächsten Schritten schneidet die mit dem NS1-Protein assoziierte Endonuclease sequenzspezifisch an den *trs*-Stellen im Bereich des 5'-Palindroms. Beim *minute virus of mice* bleibt sie mit dem entstehenden 5'-Ende kovalent verbunden. An den 3'-OH-Enden werden unter Auflösung der Sekundärstrukturen an den Genomenden weitere Nucleotide anpolymerisiert, so daß bei gleichzeitiger *Verdrängung des ursprünglichen genomischen Stranges* durch die ATP-abhängige Helicase ein neuer Gegenstrang gebildet werden kann (Abbildung 19.4). Die Replikationsgabel bewegt sich immer weiter über das Molekül, so daß ein *Replikationsintermediat* entsteht, das *zwei Genome in Doppelstrangkonfiguration* umfaßt. Die NS1-Nuclease schneidet die dimeren Genomformen an den entsprechenden *trs*-Sequenzen, und die entstehenden 3'-OH-Enden werden für die Initiation einer neuerlichen Polymerisations- und Strangverdrängungsreaktion benutzt. Die verdrängten DNA-Stränge interagieren mit den Strukturproteinen und bilden Vorformen der Capside.

Auch die Stadien der Virusmorphogenese sind kaum untersucht. Man weiß nicht, ob die DNA in ein vorgeformtes Capsid eingeschleust wird oder ob sich die Strukturproteine an eine kondensierte From des Genoms anlagern. Die neu gebildeten Capside sind schon wenige Stunden nach der Infektion als Einschlußkörperchen im Zellkern nachweisbar. Später findet man sie auch im Cytoplasma und in Ausstülpungen der Zellmembran, über welche die Partikel zum Teil von der Zelle abgegeben werden. In diesen Vesikeln sind die Viren vor dem Angriff durch das Immunsystem geschützt und können sich leicht im Organismus ausbreiten. Der Großteil der Virionen wird aber durch Apoptose (programmierten Zelltod) der infizierten Zelle freigesetzt.

Adenoassoziierte Viren

Produktive Virusvermehrung. Die adenoassoziierten Viren infizieren beim Menschen verschiedene *Epithelzellen*. Welcher Rezeptor die Adsorption des Viruspartikels vermittelt, ist unbekannt. Der Ablauf der produktiven Replikation ist dem der autonomen Parvoviren sehr ähnlich. Auch hier dienen die *3'-OH* Enden der *ITR-Elemente* als *Primer*. Weitere Schritte sind die *DNA-Polymerisation*, die *Strangverdrängung* und die Bildung eines *dimeren Replikationsintermediats*.

Der größte Unterschied zur Replikation der autonomen Parvoviren liegt in der Tatsache, daß die Vermehrung der adenoassoziierten Viren auf die *gleichzeitige Infektion* der Zelle mit *Helferviren* (Adenoviren oder Herpesviren) angewiesen ist. Nur wenn bestimmte Proteine, die vor allem von den *immediate early*-Genprodukten dieser Viren geliefert werden, in der Zelle vorhanden sind, kann die Vermehrung der DNA und somit die Produktion von infektiösen Nachkommenviren erfolgreich ablaufen. Adenoviren tragen hierzu vor allem durch ihre *E1A-Proteine* bei, welche die Promotoren der adenoassoziierten Viren *transaktivieren* können. Möglicherweise ist auch das E4/35-kD-Proteins an diesem Prozeß beteiligt, das im Komplex mit den E1B-Proteinen den Export viraler mRNAs aus dem Zellkern in das Cytoplasma reguliert (Abschnitt 18.3). Diese Hilfeleistungen scheinen das Adenovirus selbst bei seiner eigenen Replikation zu stören. Auch die transformierenden Eigenschaften der E1A- und E1B-Proteine werden neutralisiert.

Latente Infektion. Fehlen die Helferviren, können adenoassoziierte Viren eine *latente Infektion* etablieren und verbleiben lebenslang im Organismus. *In vitro* fand man, daß das Virusgenom bei der Latenz bevorzugt über eine nichthomologe Rekombination in das Chro-

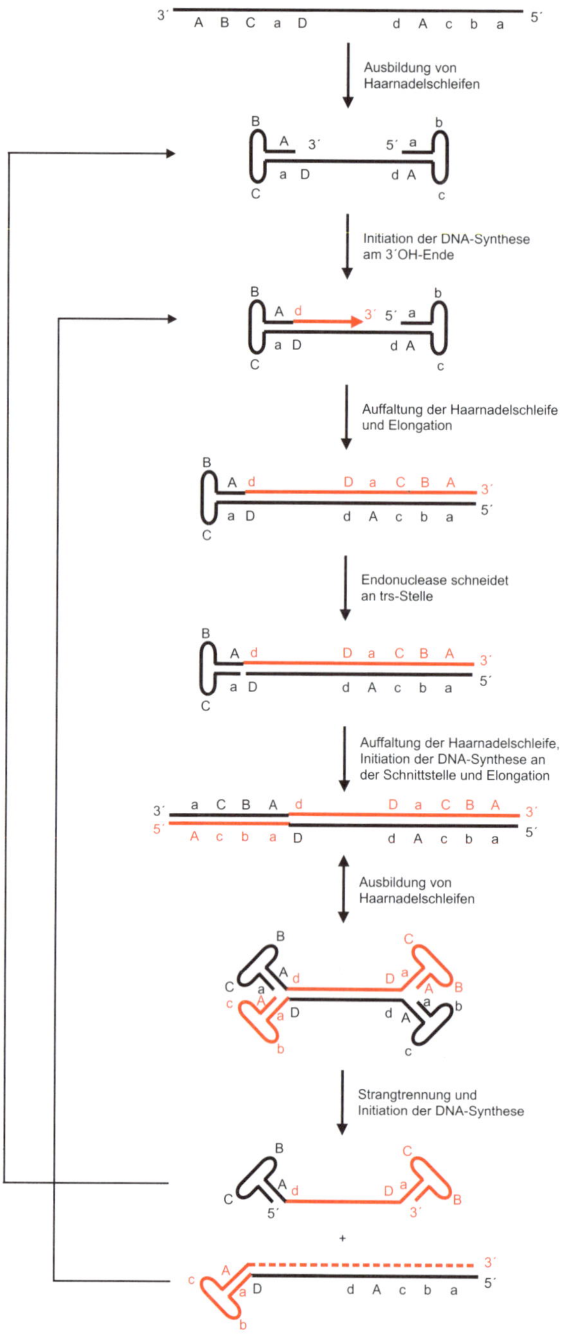

19.4 Modell zur Genomreplikation der Parvoviren. Die DNA-Synthese wird von zellulären Enzymen katalysiert und beginnt am 3′-OH-Ende des zu einer Haarnadelschleife gefalteten ITR-Elements. Bei fortschreitender Elongation wird die Sekundärstruktur des 5′-ITR aufgelöst und die DNA-Synthese bis zum Genomende fortgesetzt. Am Übergang des nun doppelsträngigen 3′-LTR zu den einheitlichen Genomsequenzen befindet sich die Erkennungsstelle für die Endonucleasefunktion des NS1-Proteins (trs = *terminal resolution site*), das den DNA-Einzelstrng hier schneidet. Dadurch entsteht ein 5′- und ein 3′-OH-Ende; an letzterem wird erneut die DNA-Synthese initiiert und bis zum Genomende fortgesetzt. Es liegt nun ein über alle Bereiche doppelsträngiges DNA-Genom vor. In der Folge falten sich die Genomenden erneut zu Haarnadelschleifen und bilden damit neue Initiationsstellen für die Polymerisation. In der Abbildung sind die neusynthetisierten Sequenzfolgen jeweils in rot angedeutet.

Gentherapeutische Vektoren sind vom Genom der adenoassoziierten Viren abgeleitet

Die Fähigkeit der adenoassoziierten Viren, sich *in vitro* relativ ortsspezifisch und stabil in das zelluläre Genom zu integrieren und die Tatsachen, daß die Infektion keine schwerwiegenden Erkrankungen hervorruft und daß die Reaktivierung aus der Latenz auf die Anwesenheit der Helferviren angewiesen ist, lassen diese Viren als geeignete Vektoren für *gentherapeutische Ansätze* erscheinen. In diesen Fällen werden die Gene für die Strukturproteine oder die ganze codierende Region durch das gewünschte, zu exprimierende Fremdgen ersetzt. Das chimäre Virusgenom wird in sogenannten Helferzellen, welche die deletierten Virusfunktionen konstitutiv synthetisieren und mit Helferviren infiziert sind, in Capside verpackt. Diese Partikel können sich an die Oberflächen von Zellen binden und das chimäre Genom in deren Inneres entlassen. Dieses kann sich mittels der ITR-Elemente stabil in das humane Genom integrieren. Da Virusgene fehlen, können jedoch keine Nachkommenviren entstehen. Unter geeigneten Bedingungen wird dann das gewünschte Produkt des eingebauten Gens gebildet.

mosom 19 des Menschen *integriert* wird. Zwei Genomeinheiten verbleiben dort und liegen tandemartig angeordnet vor. Für den Integrationsvorgang sind *intakte ITR-Elemente* und die großen Formen Rep78 und Rep68 der *Nichtstrukturproteine* nötig. Das integrierte Genom kann aus dieser Latenzphase durch Infektion der Zelle mit einem geeigneten Helfervirus reaktiviert werden. Es ist unbekannt, ob und wo *in vivo* eine ähnliche ortsspezifische Integration des Virusgenoms erfolgt.

19.1.5 Das Parvovirus B19

Epidemiologie und Übertragung

1975 entdeckten Cossart und Mitarbeiter in Blutproben das Parvovirus B19. Einige Jahre später fand die Arbeitsgruppe von Serjeant, daß das Parvovirus B19 der Erreger der *Ringelröteln* (*Erythema infectiosum*) ist. Die Durchseuchung der Bevölkerung mit dem Parvovirus B19 ist hoch. In den westlichen Ländern fand man bei 40 bis 70 Prozent der Untersuchten Antikörper gegen die Strukturproteine VP1 und VP2. In den Tagen vor dem Auftreten der Symptome sind große Mengen an Viruspartikeln im Blut der infizierten Personen (bis zu 10^{13} Partikel pro Milliliter) vorhanden. In dieser Phase wird das Virus über den Speichel ausgeschieden. Die Übertragung erfolgt durch Tröpfcheninfektion oder durch kontaminierte Blutkonserven und Blutprodukte. Wegen seiner hohen Stabilität ist das Virus schwer zu inaktivieren. Selbst in Faktor-VIII-Präparaten zur Blutgerinnung konnte man es als infektiöses Virus nachweisen. Infiziert das Parvovirus B19 schwangere Frauen, so kann es diaplazentar auf den Fetus übertragen werden und schwere Schäden verursachen.

Klinik

Die Inkubationszeit der Infektion mit dem Parvovirus B19 beträgt durchschnittlich ein bis zwei Wochen. In dieser Phase ist der Patient bereits virämisch und kann das Virus übertragen. In vielen Fällen verläuft die Infektion *asymptomatisch*. Das häufigste Erkrankungsbild ist das Erythema infectiosum, auch als Ringelröteln oder *fifth disease* bezeichnet. Es tritt vor allem im Kindesalter auf und ist durch grippeähnliche Symtome mit leichtem Fieber gekennzeichnet. Damit geht ein Exanthem einher, das meist nach der virämischen Phase zuerst auf den Wangen auftritt und sich im weiteren Verlauf an den inneren Seiten von Armen und Beinen ausbreitet und meist ein bis zwei Tage an dauert. Gelentlich tritt bei der akuten Parvovirus-B19-Infektion eine Hepatitis auf, in Einzelfällen wurde auch eine Encephalitis beschrieben. Werden Personen mit einer gestörten Bildung und Reifung der roten Blutkörperchen (zum Beispiel mit Sichelzellenanämie) infiziert, so kann es durch die virusbedingte Zerstörung der Erythrocytenvorläufer zu schweren, zum Teil *lebensbedrohenden, aplastischen Krisen* kommenen.

Häufig sind mit der akuten Infektion *schwere Entzündungen der Hand- und Armgelenke* verbunden. Diese findet man bei 80 Prozent der infizierten erwachsenen Frauen. Bei Kindern beobachtet man die Arthritiden nur in zehn Prozent der Fälle. Die Formen der akuten Arthritis dauern meist einige Wochen nach der Infektion an. Sie können jedoch auch über Jahre hinweg Beschwerden verursachen und ähneln dann oft einer *rheumatoiden Arthritis*. Bei diesen Fällen der lang anhaltenden parvovirusassoziierten Gelenkentzündung scheint es sich um eine persistierende Parvovirusinfektion zu handeln. *Persistierende Infektionen* treten auch in Verbindung mit anderen Symptomen auf, vor allem bei immunsupprimierten Patienten. Die virale DNA kann dabei über lange Zeiträume im Blut nachgewiesen werden. Hier findet man nicht nur eine Abnahme der Erythrocytenvorläufer, die Patienten weisen auch Thrombo- und Granulocytopenien auf.

Weitere Komplikationen entstehen durch Parvovirus-B19-Infektionen von schwangeren Frauen während des zweiten und dritten Trimesters. Das Virus wird in etwa zehn Prozent der Fälle diaplazentar auf den Embryo übertragen und infiziert dort vor allem die Leberzellen. Schwere Anämien, Durchblutungsstörungen und Hydrops fetalis (eine Ansammlung großer Flüssigkeitsmengen im Embryo, die mit Ödemen, Anämie, Hydrämie und Leberversagen verbunden ist) sind die Folge. Während bei den erstgenannten Symptomen bei rechtzeitiger Diagnose die Gabe von hochtitrigen Immunglobulinen einen Abort verhindern kann, kommt es beim Hydrops fetalis zum Abgang. Bisher gibt es keinen Hinweis, daß Parvovirusinfektionen Fehlbildungen des Embryo verursachen.

Pathogenese

Das Parvovirus B19 gelangt bei der Übertragung auf die Schleimhäute des Mund- und Rachenbereichs. Welche Zellen primär infiziert werden, ist unklar. Der zelluläre Rezeptor, das Blutgruppenantigen P, befindet sich auf vielen Zellen, darunter auch auf Endothelzellen und Megakaryocyten. In ihnen kann aber der produktive Infektionszyklus nicht ablaufen. Ebenso ist nicht bekannt, auf welchem Weg das Virus im Organismus zu seinen Zielzellen, den erythroiden Vorläuferzellen der Differenzierungsstadien BFC-E (*erythrocyte burst forming cell*), CFC-E (*erythrocyte colony forming cell*) und den Erythroblasten im Knochenmark, gelangt. Während der Frühphase der Infektion, in der sich das Virus in den *Vorläuferzellen der roten Blutkörperchen* vermehrt, liegt es in hohen Konzentrationen (10^{11} bis 10^{13} Partikel pro Milliliter) im peripheren Blut vor. Diese virämische Phase wird durch zwei Faktoren eingedämmt: erstens durch die Produktion von neutralisierenden Antikörpern, welche die weitere Virusausbreitung verhindern, und zweitens durch die virusbedingte Eliminierung der für die Infektion permissiven, erythroiden Vorläuferzellen. Die Patienten werden in dieser Phase kurzzeitig anämisch. Bei Personen mit genetischen Störungen der Bildung von roten Blutkörperchen kann die Schädigung dieser Zellpopulation zu schweren, aplastischen Anämien führen.

Das Exanthem entwickelt sich gleichzeitig mit den virusspezifischen Antikörpern. Man vermutet daher, daß Immunkomplexe an seiner Ausbildung beteiligt sind. Alternativ hierzu gibt es auch Hypothesen, die besagen, daß die Entstehung des Hautausschlags auf der Infektion von Endothelzellen beruht, in denen es sich das Parvovirus B19 jedoch nicht vermehren kann.

Wie das Parvovirus B19 die anderen Erkrankungsbilder auslöst, ist ungeklärt. Möglicherweise entstehen die lang anhaltenden Arthritiden durch *persistierende* Parvovirus-B19-Infektionen: Mit Hilfe der Polymerasekettenreaktion konnte man virale DNA in der Synovialflüssigkeit der entzündeten Gelenke und im Knochenmark nachweisen. Auch das Vorliegen von NS1-Protein-spezifischen Antikörpern weist auf eine chronisch-persistierende Infektion hin. Man vermutet, daß das Virus in diesen Fällen nichtpermissive Zellen befällt und in ihnen einen *abortiven Infektionsverlauf* induziert, der mit der Synthese von NS1-Proteinen endet. Diese Zellen bilden keine infektiösen Nachkommenviren. Die zelltoxische Wirkung des NS1-Proteins könnte sich hingegen manifestieren. Andererseits kommen auch *Autoimmunmechanismen* als Ursache insbesondere für die langandauernden Gelenkbeschwerden in Frage. Bei Erkrankten mit bestimmten HLA-Typen können nach der Infektion virusspezifische T-Zellen im peripheren Blut vorliegen, die gleichzeitig zelleigene Strukturen auf der Oberfläche der Gelenkzellen erkennen. Man hat auch vorgeschlagen, daß die in der Synovialflüssigkeit vorliegenden Immunkomplexe diese Symptomatik verursachen.

Schon wenige Unterschiede in der Aminosäuresequenz der tierischen Parvoviren verändern ihre Wirtsspezifität

Die Wirtsspezifität der tierischen autonomen Parvoviren ist extrem ausgeprägt. Die Parvoviren von Katze (*felines Panleukopenievirus*), Hund (*canines Parvovirus*), Nerz (*mink enteritis virus*) und Waschbär (*raccoon parvovirus*) unterscheiden sich in weniger als zwei Prozent ihrer DNA-Sequenz voneinander. Bei dem Hunde- und Katzenparvovirus sind sogar nur sechs Aminosäuren in den Capsidproteinen verschieden: Sie befinden sich an den Positionen 80, 93, 103, 323, 564 und 586 des VP2-Proteins. Die geringfügigen Abwandlungen verändern die Wirtsspezifität der beiden Virustypen entscheidend. Das Hundevirus ist für Katzen nicht pathogen und umgekehrt. Man vermutet, daß das canine Parvovirus durch Mutationen aus dem Panleukopenievirus der Katzen entstanden ist. Alle tierpathogenen Parvoviren infizieren teilungsfähige Zellen und verursachen bei den Tieren eine infektiöse Enteritis. Das Erkrankungsbild ist abhängig vom Alter der Tiere zum Zeitpunkt der Infektion und von den infizierbaren Zellen, die sich zu den unterschiedlichen Altersphasen in Teilung befinden. So verursacht das feline Panleukopenievirus bei Infektion von Katzen, die älter als fünf Wochen sind, eine Enteritis, und das Virus wird mit dem Stuhl ausgeschieden und übertragen. Ähnliche Verläufe findet man auch bei den anderen Viren, wenn sie ältere Tiere infizieren. Wird das Virus dagegen auf neugeborene Katzen oder diaplazentar auf die Feten übertragen, so infiziert es das Cerebellum und verursacht eine Hypoplasie dieses Organs. Die Tiere sterben meist nach einigen Tagen. Bei jungen Hunden induziert die Infektion mit dem caninen Parvovirus eine multifokale Nekrose des Myocards. Die unterschiedlichen Pathogenesemechanismen reflektieren sowohl die hohe Spezifität der Parvoviren als auch die Abhängigkeit ihrer Vermehrung von sich teilenden Zellen.

Immunreaktion und Diagnose

Die Diagnose der Infektion erfolgt durch den Nachweis von Antikörpern gegen die viralen Strukturproteine im ELISA-Test oder Western Blot (Abbildung 19.5). IgG weist auf eine abgelaufene Infektion hin. IgM ist gewöhnlich nur bei frischen B19-Virusinfektionen nachweisbar. Hierbei bilden bevorzugt partikuläre Formen der Strukturproteine das Antigen. Einen erneuten Anstieg der IgM-Werte findet man bei einer Reaktivierung des Virus bei persistierenden Infektionsverläufen. Bei frischen und persistierenden Infektionen kann man im Serum der Patienten mit Hilfe der Polymerasekettenreaktion virale DNA nachweisen. Antikörper gegen das NS1-Protein von Parvovirus B19 fand man bisher aussschließlich bei Patienten mit persistierenden Infektionsverläufen (Granulocytopenie, Thrombocytopenie) und bei Personen mit B19-assoziierter Arthritis.

Therapie und Prophylaxe

Einen Impfstoff gegen Parvoviren gibt es nicht. Als therapeutische Maßnahme steht die Behandlung mit hochtitrigen Immunglobulinpräparationen bei Parvovirus-B19-Infektionen während der Schwangerschaft zur Verfügung. So kann man die Entstehung des Hydrops fetalis im Embryo meist verhindern. Der Einsatz von Immunglobulinen hat auch bei der Behandlung von Patienten mit persistierender granulocytärer Aplasie Erfolge gezeigt.

19.1.6 Adenoassoziierte Viren

Epidemiologie und Übertragung

Die adenoassoziierten Viren der Typen 2, 3 und 5 können Menschen infizieren. Sie wurden mit der Ausnahme von AAV-5, das aus einem flachen Peniskondylom isoliert wurde, als Kontamination in Adenoviruspräparationen gefunden. Die Übertragung der adenoassoziierten Viren erfolgt vermutlich im Kindesalter zusammen mit Adenoviren durch Tröpfcheninfektion. Mehr als 90 Prozent der Erwachsenen sind mit diesen Viren infiziert, die nach der Primärinfektion im latenten Stadium vorliegen.

Klinik

Bisher konnte man trotz der hohen Durchseuchungsrate keine Erkrankungsbilder mit den Infektionen in Verbindung bringen.

Pathogenese

Es ist unbekannt, welche Zellen die adenoassoziierte Viren *in vivo* infizieren und in welchen Zellen sie latent ins Wirtszellgenom integriert vorliegen. *In vitro* können sie sich abhängig vom Helfervirus in verschiedenen Epithelzellen replizieren. In Biopsien der Uterusschleimhaut konnte mit Hilfe der Polymerasekettenreaktion die DNA des adenoassoziierten Virus Typ 2 nachweisen werden. Größere Virusmengen fanden sich in *spontanen Aborten* aus dem ersten Schwangerschaftstrimester. Solche aus dem zweiten und dritten Trimester waren negativ. *In situ*-Hybridisierungen und Immunfluoreszenztests zeigten, daß Virus-

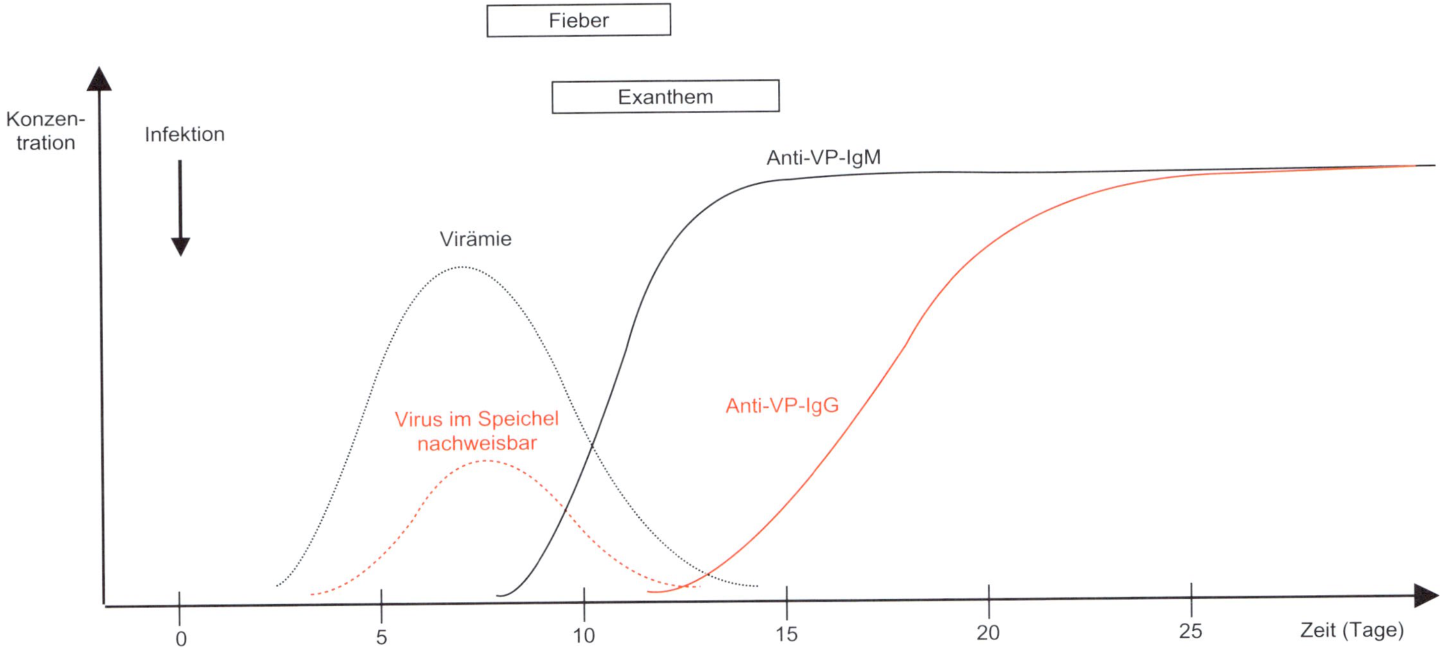

19.5 Die Phasen im Verlauf einer Ringelrötelerkrankung durch Parvovirus-B19-Infektion, zu denen Virusproteine, IgM- und IgG-Antikörper im Serum nachweisbar sind.

DNA und Rep-Proteine in der Trophoblastenschicht der Placenta vorhanden sind, der Embryo selbst jedoch davon frei war. Aus diesen Ergebnissen schloß man, daß das Virus wahrscheinlich in Zellen der Uterusschleimhaut persistiert und sich in Trophoblasten replizieren kann. Ob hierdurch die Placentaentwicklung gestört wird und die Virusaktivierung Spontanaborte während der Frühschwangerschaft verursacht, ist noch nicht geklärt.

Genauso ungeklärt ist, wie die adenoassoziierten Viren die *Tumorzellproliferation* hemmen. Diese Funktion steht in engem Zusammenhang mit der Aktivität der Proteine Rep78 und Rep68 und hängt vermutlich mit deren transreprimierender Wirkung auf zelluläre Promotoren zusammen. Man hat Hinweise, daß die adenoassoziierten Viren auch durch humane Papillomviren reaktiviert werden und daß beide Viren dieselben Zellen infizieren können. Ob die tumorsupprimierende Wirkung der adenoassoziierten Viren bei der Verhinderung von papillomvirusassoziierten Tumorerkrankungen eine Rolle spielt, ist ungeklärt. Bei einer Überexpression sind die Proteine zelltoxisch, und man kann nicht ausschließen, daß manche der beschriebenen onkolytischen Eigenschaften auf diesem Phänomen beruhen.

Immunreaktion und Diagnose

Bei infizierten Personen lassen sich durch ELISA-Tests IgG-Antikörper gegen die Strukturproteine nachweisen. IgM findet sich bei Virusreaktivierungen während der Schwangerschaft. Frische Infektionen werden selten diagnostiziert, da sie asymptomatisch verlaufen.

Prophylaxe und Therapie

Es gibt weder Impfstoffe noch antivirale Therapeutika. Sie erscheinen auch unnötig, da mit den Infektionen keine Erkrankungen verbunden sind.

19.1.7 Weiterführende Literatur

Anderson, L. J.; Hurwitz, E. S. *Human parvovirus B19 and pregnancy.* In: *Clin. Perinatology* 15 (1988) S. 273–286.

Batchu, R. B.; Kotin, R. M.; Hermonat, P. L. *The regulatory rep protein of adeno-associated virus binds to sequences within the c-H-ras promotor.* In: *Cancer Lett.* 86 (1994) S. 23–31.

Brown, K. E.; Jonathan, M. D.; Young, N. S. *Erythrocyte P-anigen: cellular receptor for parvovirus B19.* In: *Science* 262 (1993) S. 114–117.

Brown, K. E.; Young, N. S.; Liu, J. M. *Molecular, cellular and clinical aspects of parvoirus B19 infection.* In: *Crit. Rev. Oncol. Hematol.* 16 (1994) S. 1–31.

Chapman, M. S.; Rossman, M. G. *Structure, sequence and function correlations among parvoviruses.* In: *Virology* 194 (1993) S. 491–508.

Chiorini, J. A.; Weitzman, M. D.; Owens, R. A.; Urcelay, E.; Safer, B.; Kotin, R. M. *Biologically active rep proteins of adeno-associated virus type 2 produced as fusion proteins in Escherichia coli.* In: *J. Virol.* 68 (1994) S. 797–804.

Cossart, Y. E.; Cant, B.; Field, A. M.; Widdows, D. *Parvovirus-like particles in human serum.* In: *Lancet* (1975) S. 72–73.

Hemauer, A.; Poblotzki, v. A.; Gigler, A.; Cassinotti, P.; Siegl, G.; Wolf, H.; Modrow, S. *Sequence variability among different parvovirus B19 isolates.* In: *J. Gen. Virol.* 77 (1996) S. 1781–1785.

Kleinschmidt, J. A.; Mohler, M.; Weindler, F. W.; Heilbronn, R. *Sequence elements of the adeno-associated virus rep gene for suppression of herpes-simplex-virus DNA amplification*. In: *Virology* 206 (1995) S. 254–262.

Kotin, R. M.; Linden, R. M.; Berns, K. I. *Characterization of the preferred site on human chromosome 19q for integration of adeno-associated virus DNA by non-homologous recombination*. In: *EMBO-J.* 11 (1992) S. 5071–5078.

Momoeda, M.; Kawase, M.; Jane, S. M.; Miyamura, K.; Young, N. S.; Kajigaya, S. *The transcriptional regulator YY1 binds to the 5'-terminal region of B19 parvovirus and regulates P6 promotor activity*. In: *J. Virol.* 68 (1994) S. 7159–7168.

Morey, A.; Ferguson, D.; Fleming, K. A. *Ultrastructural features of fetal erythroid precursors infected with parvovirus B19 in vitro: Evidence of cell death by apoptosis*. In: *J. Pathology* 169 (1993) S. 213–220.

Naides, S. J.; Karetnyi, Y. V.; Cooling, L. L. W.; Mark, R. S.; Langnas, A. N. *Human parvovirus B19 infection and hepatitis*. In: *Lancet* 347 (1996) S. 1563–1564.

Ölze, I.; Rittner, K.; Sczakiel, G. *Adeno-associated virus type 2 rep gene-mediated inhibition of basal gene expression of human immunodeficiency virus type 1 involves ist negative regulatory functions*. In: *J. Virol.* 68 (1994) S. 1229–1233.

Poblotzki, v. A.; Gigler, A.; Lang, B.; Wolf, H.; Modrow, S. *Antibodies to parvovirus B19 NS1 protein in infected individuals*. In: *J. Gen Virol.* 76 (1995) S. 519–527.

Poblotzki, v. A.; Hemauer, A.; Gigler, A.; Puchhammer-Stöcke, E.; Heinz, F.-X.; Pont, J.; Laczika, K.; Wolf, H.; Modrow, S. *Antibodies to the nonstructural protein of parvovirus B19 in persistently infected patients: implications for pathogenesis*. In: *J. Inf. Diseases* 172 (1995) S. 1356–1359.

Schlehofer, J. R. *Tumorsuppressive properties of adeno-associated viruses*. In: *Mutat. Res.* 305 (1994) S. 303–313.

Tobiasch, E.; Rabreau, M.; Geletneky, K.; Larüe-Charlus, S.; Severin, F.; Becker, N.; Schlehofer, J. R. *Detection of adeno-associated virus DNA in human genital tissue and material from spontaneous abortion*. In. *J. Med. Virol.* 44 (1994) S. 215–222.

Truyen, U.; Everman, J. F.; Vieler, E.; Parrish, C. R. *Evolution of canine parvovirus involved loss and gain of feline host range*. In: *Virology* 215 (1996) S. 186–189.

Tsao, J.; Chapman, M. S.; Agbandja, M.; Keller, W.; Smith, K.; Wu, H.; Luo, M.; Smith, T. M.; Rossman, M.; Compans, R. W.; Parrish, C. R. *The threedimensional structure of canine parvovirus ans its functional implications*. In: *Science* 251 (1991) S. 1456–1464.

Walz, C.; Schlehofer, J. R. *Modification of some biological properties of HeLa-cells containing adeno-associated virus DNA intergrated into chromosome 17*. In: *J. Virol.* 66 (1992) S. 2990–3002.

Wonderling, R. S.; Kyostio, S. R.; Owens, R. A. *A maltose-binding protein/adeno-associated virus rep68fusion protein has DNA-RNA helicase and ATPase activity*. In: *J. Virol.* 69 (1995) S. 3542–3548.

Glossar

Antigen Substanz, die vom Immunsystem als körperfremd erkannt wird, beispielsweise ein Protein, eine Zuckerstruktur oder eine andere chemische Verbindung.

Antigenität Die Erkennbarkeit eines Proteins oder einer anderen Substanz durch das Immunsystem. Schon geringfügige Veränderungen und Variationen in der Aminosäurefolge eines Proteins können bewirken, daß sich die Antigenität und damit die serologische Erkennung durch Antikörper verändert.

apparent/inapparent (lateinisch *apparere* = sichtbar werden) Sichtbar beziehungsweise unsichtbar werdend. Die Bezeichnung wird häufig im Zusammenhang mit Infektionen verwendet, die mit beziehungsweise ohne Krankheitsanzeichen verlaufen.

Apoptose Programmierter Zelltod.

Arthralgie Gelenkschmerz.

Arthritis Akute oder chronische, spezifische oder unspezifische Gelenkentzündung.

Assembly (englisch *to assemble* = zusammensetzen, zusammenmontieren) Siehe Self-Assembly und Virus-Assembly.

attenuierte Viren Natürlich vorkommende oder durch kontinuierliche Züchtung in Zellkultur entstandene Varianten eines Virus, deren Virulenz abgeschwächt ist. Infektionen mit solchen Virustypen verlaufen meist ohne oder mit deutlich abgeschwächten Krankheitszeichen. Attenuierte Viren werden häufig als Impfvirusstämme verwendet.

autokrin Unmittelbare Wirkung einer von einer Zelle abgegebenen Substanz (Cytokin, Hormon, Wachstumsfaktor) auf dieselbe Zelle, zum Beispiel durch Bindung an Rezeptoren auf der Oberfläche.

Bronchiallavage Spülung des Bronchialbaumes mit isotonischer Lösung für therapeutische oder diagnostische Zwecke.

Bronchiolitis Entzündung der Bronchiolen, das heißt der knorpellosen Zweige der Segmentbronchien.

Bronchitis Akute oder chronische Entzündung der Schleimhaut im Bereich der großen und mittleren Bronchien, das heißt der Fortsetzungen der Luftröhre zur Atemluftleitung in der Lunge.

Bronchopneumonie Eine herdförmige, ohne Bezug zu anatomischen Lungengrenzen ablaufende Lungenentzündung. Gemeinsames Merkmal der Entzündungsherde, die verschiedene Größe und Entwicklungsstadien aufweisen können, sind die exsudatgefüllten Alveolen in den infiltrierten Lungenbezirken.

Budding (englisch *to bud* = knospen, sich entwickeln) Knospung, hier der entstehenden Viruspartikel aus zellulären Membrankompartimenten.

Cap-Gruppe (5′-Cap-Gruppe) Bei Eukaryoten nach der Transkription an die 5′-Enden der mRNA angefügte Modifikation aus einem 7-Methylguanosin, das über eine Triphosphatgruppe in 5′-5′-Bindung mit der 5′-OH-Gruppe des nächsten Nucleotids verbunden ist. Auch dieses und das sich daran anschließende Nucleotid sind modifiziert, und zwar jeweils durch eine Methylgruppe am 2′-OH der Ribose.

Capsid Aus Proteinen aufgebaute, ikosaedrische oder helikale Partikelstrukturen von Viren.

Capsomere Proteinkomponenten, welche die Capside aufbauen. Sie können von einem oder von mehreren Virusstrukturproteinen gebildet werden.

Chaperon (englisch *chaperon* = Anstandsdame) Katalysatoren der Proteinfaltung. Chaperone haben die Aufgabe, sich spezifisch an andere Proteine zu binden und dadurch Fehlfaltungen oder unspezifische Aggregationen zu verhindern.

Cholostase Gallestauung. Extrahepatische – Cholostase mit Gallerückstau in den großen extrahepatischen oder intrahepatischen Gallenwegen als Folge einer Abflußbehinderung – oder intrahepatisch mit Stauung in den Gallenkanälchen als Folge einer Stoffwechselstörung der Leberzellen mit Änderung ihrer gerichteten Permeabilität (zum Beispiel bei Virushepatitiden). Führt zum Anstieg der Gallensäuren und bestimmter, leberspezifischer Enzyme im Blut (zum Beispiel der γ-Glutamyltranspeptidase (GTP) oder der alkalischen Phosphatase).

Chorioretinitis Entzündung der Aderhaut (Chorioiditis) mit sekundärer Entzündung der Augennetzhaut (Retinitis).

Cytopenie (Granulo-, Leuko-, Erythro-, Lympho-, Mono-, Thrombocytopenie) Verminderung der Zahl der jeweiligen Zellen im peripheren Blut.

Effloreszenz Wahrnehmbare Veränderung der Haut als Folge einer Erkrankung („Hautblüte").

Embryopathie Die Schädigung des Embryos vor der Geburt, zum Beispiel durch Infektionserkrankungen der Mutter.

Encephalitis Akute oder chronische Entzündung von Gehirngewebe.

Enteritis Akute oder chronische Entzündung des Dünndarms.

Entzündung Unspezifische oder spezifische Abwehrreaktionen des Organismus auf verschiedenartige Noxen (Krankheitsauslöser). Entzündungen können durch chemische, mechanische, elektrische, Strahlen- oder biologische Einwirkungen ausgelöst werden. Zu letzteren zählen Infektionen mit Viren, Bakterien oder Parasiten und deren Produkte. Eine Entzündung ist durch einen in Phasen gegliederten Ablauf gekennzeichnet: vaskuläre Reaktion, gesteigerte Gefäßpermeabilität, Exsudation, leukocytäre Emigration (Chemotaxis oder Phagocytose), Bindegewebsproliferation. Klassische Entzündungszeichen sind Rötung, Überwärmung, Schwellung, Schmerz und eingeschränkte Funktion.

envelope Siehe Hülle.

Epitop Für das Immunsystem zugängliche Struktur (antigene Determinante). Von der variablen Domäne von Antikörpern (Immunglobulinen) erkannte Epitope befinden sich meist auf der Oberfläche von Partikeln und Makromolekülen wie Proteinen. Sie können zum Beispiel von vier bis sechs Aminosäuren langen Peptidabschnitten eines Proteins (sequentielle Epitope) oder von strukturellen, faltungsabhängigen Parametern (strukturellen oder diskontinuierliche Epitope) dargestellt werden. Auch Proteinmodifikationen (etwa Zuckermoleküle oder Phosphate) werden von Antikörpern als Epitope erkannt. Von T-Lymphocyten erkannte Epitope sind dagegen Peptidabschnitte von Proteinen, die mit MHC-Proteinen Komplexe bilden und auch von nicht an der Oberfläche exponierten Proteinstrukturen abgeleitet sind. Die Komplexe werden von den T-Zell-Rezeptoren erkannt.

Exanthem Hautausschlag.

Exsudation Abgabe bestimmter Anteile des Blutes durch die bei Entzündungsvorgängen veränderten Gefäßwände in Nachbargewebe oder auf eine innere oder die äußere Körperoberfläche.

fulminant (lateinisch *fulminans* = blitzartig, glänzend) Gebräuchlich in Zusammenhang mit Infektionen, die mit sehr schwerer Symptomatik einhergehen.

Ganglion (Ganglion nervosum) Von einer Kapsel umschlossene Nervenzellen und -fasern mit umgebenden gliösen Mantelzellen, die sich als Verdickungen im Verlauf der Hirnnerven, der Rückenmarksnerven (Spinalnerven) oder als cholinerge Schaltstellen im vegetativen Nervensystem befinden.

Gastroenteritis Akute oder chronische Entzündung des Dünndarmes.

Genus (lateinisch *genus* = Gattung, Klasse, Art) Hier verwendet als Bezeichnung für Virusgattungen.

hämatogen Ausbreitung von Infektionserregern in die verschiedenen Organe über den Blutweg.

Hepatitis Entzündung der Leber.

Herdimmunität Der in einer Bevölkerung vorhandene Schutz vor einer Infektionskrankheit.

Hexon Ein von sechs Nachbarproteinen umgebenes Protein in den Seitenflächen ikosaedrischer Viruspartikel.

Hülle (Virushülle) (englisch = *envelope*) Von zellulären Membranen (Cytoplasmamembran, Kernmembran, Membran des endoplasmatischen Reticulums oder des Golgi-Apparats) abgeleitete äußere Lipidschicht, in welche die viralen, teilweise glycosylierten Membran- oder Hüllproteine eingelagert sind. Die Virushülle umgibt als Membran das Capsid oder Nucleocapsid.

Hydrops Krankhafte Ansammlung von Flüssigkeit in Körperhöhlen oder im interstitiellen Raum.

Hyperämie Vermehrte Blutfülle in einem Kreislaufabschnitt oder im Organkreislauf; zum Beispiel die Mehrdurchblutung eines Organs.

Ikosaeder Regelmäßiger Körper (Partikel) mit 20 gleichseitigen Dreiecken als Flächen und zwölf Ecken.

Immunsuppression (lateinisch *supprimere* = unterdrücken, unterschlagen) Herabsetzung oder Unterdrückung der körpereigenen Abwehrmechanismen. Die Immunsuppression kann durch Virusinfektionen (zum Beispiel durch das humane Immundefizienzvirus) oder durch den Einsatz von Medikamenten (zum Beispiel durch die Gabe von Corticosteroiden, Cyclosporinen bei Organ- oder Knochenmarkstransplantationen sowie bei der Behandlung von Autoimmunerkrankungen) verursacht sein. Außerdem gibt es angeborene Immundefekte.

Infiltration Krankhaft vermehrtes, meist örtlich begrenztes Eindringen oder Einwandern von regulären, krankhaften oder fremdartigen Zellen in bestimmte Körperregionen und/oder Organe. Gebräuchlich in Zusammenhang mit immunologisch aktiven Zellen, die als Folge der Virusvermehrung in die infizierten Organe einwandern.

Inkubationsphase (-periode) Zeitspanne zwischen der Infektion (dem Kontakt) mit einem Erreger und dem Auftreten der ersten Krankheitsanzeichen.

Inokulation Einbringung oder Übertragung von Erreger- oder Zellmaterial (Inokulum) in einen Organismus oder in einen Nährboden.

Interstitium Zwischenraum zwischen Körperorganen oder -geweben. Meist ausgefüllt von (interstitiellem) Bindegewebe.

Inzidenz Die Anzahl neuer Erkrankungsfälle in einer Zeiteinheit.

Karzinom Bösartiges Neoplasma epithelialer Herkunft.

Keratitis Entzündung der Augenhornhaut.

Keratokonjunktivitis Entzündung der Horn- und der Bindehaut des Auges.

konfluieren Das Zusammenfließen oder Ineinanderübergehen von Hauteffloreszenzen bei Exanthemen (Hautausschlägen).

Konjunktivitis Entzündung der Augenbindehaut.

Konvulsionen (lateinisch *convolvere* = zusammenrollen, zusammenwinden) Ein sich in Serien wiederholendes Krampfgeschehen der Körpermuskulatur.

Läsion Störung des Gewebegefüges im lebenden Organismus.

Latenz, latente Infektion Infektionsform, bei der das Virus nach einer Primärinfektion im Organismus verbleibt, ohne dabei infektiöse Viren zu bilden oder Krankheitsanzeichen zu verursachen. Die Viren können durch bestimmte innere oder äußere Reize zur erneuten Replikation angeregt werden, was zu Rekurrenzen der Symptome der Primärinfektion führt. Latente Infektionen findet man vor allem bei Herpesviren.

Leader (englisch *to lead* = führen, leiten) Leitsequenz am Anfang von Proteinen (Leader-Peptid) oder Transkripten (Leader-RNA).

Leserahmen Der Bereich eines Gens, der in die Aminosäuren des Proteins übersetzt wird, für das es codiert. Als Start dient in fast allen Fällen das für Methionin codierende Codon ATG. Um einen offenen Leserahmen handelt es sich dann, wenn über eine längere Strecke nach dem Startcodon keine Stopcodons auf der mRNA vorhanden sind.

Leseraster Eine von drei Möglichkeiten, die Nucleinsäuresequenz eines Genes im Triplettraster (Codons) zu lesen und in die entsprechenden Aminosäuren eines Proteins zu übersetzen.

Letalität Zahl der Todesfälle im Verhältnis zur Zahl neuer Erkrankungsfälle bei einer bestimmten Erkrankung.

Limitierung (einer Infektion) Begrenzung der Infektion oder der Virusvermehrung auf die Eintrittsstelle des Erregers oder ein bestimmtes Organ, meist durch die Funktionen des Immunsystems.

lymphohämatogen Ausbreitung von Infektionserregern in die verschiedenen Organe über den Blutweg und/oder die Lymphflüssigkeit.

Meningitis Entzündung der Hirn- und/oder Rückenmarkshäute (Meningen).

Meningoencephalitis Entzündung der Hirn- und/oder Rückenmarkshäute (Meningen) zusammen mit einer Entzündung des angrenzenden Hirngewebes.

Metastase (Tumormetastase) Ein sekundärer Krankheitsherd (Sekundärtumor), der durch Verschleppung einzelner Zellen von einem primären, meist fortbestehenden Krankheitsherd oder Tumorzellverband in andere Körperregionen entstanden ist.

Morbidität Anzahl der Erkrankungen (etwa als Folge einer Infektionskrankheit), bezogen auf die Gesamtzahl der Bevölkerung in einem bestimmten Zeitraum.

Mortalität Anzahl der Todesfälle (etwa als Folge einer Infektionskrankheit), bezogen auf die Gesamtzahl der Bevölkerung in einem bestimmten Zeitraum.

Myokarditis Entzündung des Herzmuskels.

Nekrose Lokales Absterben von Zellen eines Gewebeverbands in einem lebenden Organismus.

Neoplasma, Neoplasie Neubildung von Körpergewebe durch unreguliertes, enthemmtes autonomes Überschußwachstum der Zellen.

nosokomial Mit Bezug zum Krankenhaus. Unter Nosokomialinfektionen versteht man solche, die man bei Aufenthalten in Kliniken, Krankenhäusern oder ähnlichen Einrichtungen erworben hat.

Nucleocapsid Komplex aus Capsidproteinen und dem Virusgenom (DNA oder RNA).

parakrin Unmittelbare Wirkung einer von Zellen abgegebenen Substanz (Cytokin, Hormon, Wachstumsfaktor) auf die Nachbarzellen, zum Beispiel durch Bindung an Rezeptoren auf deren Oberfläche.

Parotis Ohrspeicheldrüse.

Parotitis Entzündung der Ohrspeicheldrüse.

Pathogenität Die genetisch bedingte Fähigkeit von Viren (auch von Bakterien oder Parasiten), eine Krankheit bei Menschen oder Tieren auslösen zu können.

Penton Mit fünf Nachbarproteinen verbundenes Protein an den Ecken ikosaedrischer Partikel.

perinatal Die Zeit um die Geburt des Kindes betreffend.

Peritonitis Lokalisierte oder diffuse Entzündung des Bauchfells.

persistierend (lateinisch *persistere* = verharren, stehenbleiben) Gebräuchlich in Zusammenhang mit Infektionen, in deren Verlauf das Virus nicht durch das Immunsystem aus dem Organismus entfernt wird, sondern über lange Zeiträume dort verbleibt und sich kontinuierlich, wenn auch oft nur mit niedriger Rate, vermehrt.

Pharyngitis Entzündung der Rachenschleimhaut.

Pharynx Bezeichnet den „Rachen" oder „Schlund" als gemeinsamen Abschnitt der Luft- und Speiseröhre. Der Pharynx ist ein von der Schädelbasis ausgehender Muskel-Schleimhaut-Schlauch, der in die Speiseröhre übergeht. Er steht in offener Verbindung zu den Nasen- und Mundhöhlen und zum Kehlkopf und wird dementsprechend in den Nasopharynx, den Oropharynx und den Laryngopharynx unterteilt.

Pleuritis Rippenfellentzündung.

Pneumonie Diffuse oder herdförmige Entzündung der Lunge. Interstitielle Pneumonie: Form der Lungenentzündung, bei der das entzündliche Exsudat vor allem im Lungeninterstitium, das heißt den Bindegewebsbereichen in der Lunge, auftritt.

pränatal Vor der Geburt, auf das Kind bezogen.

Prävalenz Häufigkeit aller Fälle einer bestimmten Krankheit in einer Population zum Zeitpunkt der Untersuchung.

Rekurrenz (lateinisch *recurrere* = zurücklaufen, wiederkommen) Wiederkehrende Symptomatik einer Infektion. Bekannt vor allem bei Herpesvirusinfektionen, bei welchen die Erreger latent im Organismus bleiben. Durch innere oder äußere Einflsse können sie aus der Latenz zur erneuten Virusvermehrung angeregt werden, die mit ähnlichen Krankheitsanzeichen einhergeht wie die Erstinfektion.

Rezidiv Das Wiederauftreten einer Erkrankung nach ihrer vollständigen Abheilung. Rezidive von Infektionskrankheiten können durch eine erneute Infektion mit dem ursprünglichen Erreger verursacht werden (zum Beispiel durch die nach einer Erstinfektion latent im Organismus vorliegenden Herpesviren) oder durch Erreger aus einem erneut aktiven Krankheitsherd.

RNA-Editing Posttranskriptionelle Veränderung der mRNA-Sequenz durch gezieltes Einfügen oder Herausschneiden einzelner Nucleotide.

Self-Assembly Geordneter Zusammenbau verschiedener Komponenten (Proteine und Nucleinsäure) zu funktionell intakten Einheiten, ohne daß dabei zusätzliche enzymatische Aktivitäten benötigt werden (zum Beispiel bei der Bildung der Ribosomenuntereinheiten, aber auch infektiöser Viren; siehe auch Virus-Assembly).

Sarkom Bösartige, örtlich zerstörende, auf dem Blutweg metastatierende Geschwulst mit Ursprung in mesenchymalen Geweben (Weichteil-, Stütz- und neurogenes Gewebe sowie dem interstitiellen Bindegewebe einzelner Organe).

Serokonversion Das Auftreten von Antikörpern im Serum eines Patienten, das bisher frei von den entsprechenden Immunglobulinen war. Die Serokonversion tritt in Folge einer Infektionserkrankung oder einer Impfung auf.

Stroma Das interstitielle Bindegewebe eines Organs.

Subarachnoidalraum Der den Liquor cerebrospinalis enthaltende Raum zwischen der Arachnoidea (das heißt der gefäßarmen, bindegewebigen, beidseits mit Endothelzellen bedeckten Gehirn- und Rückenmarkshaut) und der Pia mater (der Bindegewebshülle, die den Gehirn- und Rückenmarksoberflächen direkt aufliegt und mit der darunter liegenden Membran fest verbunden ist).

Symptom Krankheitsanzeichen.

symptomatische Infektionen Mit Krankheitsanzeichen einhergehende Infektionen.

Synovia, Synovialflüssigkeit Die von der Synovialis (Gelenkinnenhaut) gebildete, klare, schleimhaltige, fadenziehende Gelenkflüssigkeit.

Tachypnoe Gesteigerte Atemfrequenz durch Stimulierung des Atemzentrums bei erhöhtem Sauerstoffbedarf, zum Beispiel bei körperlicher Belastung, Fieber oder erniedrigtem Sauerstoffangebot (Hypoxämie).

Tegument Proteinhaltige Schicht zwischen der Hüllmembran und dem Capsid bei Herpesviren.

Tonsillen (lateinisch *tonsilla* = Mandel) Mandelförmige Organe, die Teile des lymphoepithelialen Gewebes des lymphatischen Rachenringes sind. Man unterscheidet hier die Rachenmandeln (T. pharyngealis oder adenoidea), die Zungenmandeln (T. lingualis), die Gaumenmandeln (T. palatina) und die Tubenmandeln (T. tubaria).

Tracheitis Entzündung der Luftröhre.

Trailer (englisch *to trail* = nachschleppen, hinter sich herziehen) Nichtcodierende RNA-Sequenzfolge an den 5′-Enden der RNA-Genome von Viren mit einem Negativstrang-RNA-Genom.

Transaminasen (Aminotransferasen) Enzyme mit Pyridoxalphosphat als Coenzym, die α-Aminogruppen von einer Aminosäure unter Austausch des gegenseitigen Redoxzustands auf eine α-Ketogruppe, zum Beispiel von Pyruvat oder Oxalacetat, übertragen. Als Beispiele seien die Aspartataminotransferase (AST) oder die Alaninaminotransferase (ALT) genannt. Der Nachweis von erhöhter Enzymaktivität im Serum dient unter anderem als diagnostischer Hinweis auf eine Leberentzündung oder anderweitige Schädigungen dieses Organs.

Tumor (lateinisch *tumor* = Anschwellung, Geschwulst) Allgemeine Bezeichnung für jede umschriebene Schwellung von Körpergewebe.

Ulcus (lateinisch *ulcus* = Geschwür) Geschwür. Aus einer örtlichen Ursache oder aus einer Allgemeinerkrankung resultierender Substanzverlust der Haut oder Schleimhaut, der meist nach Abstoßung des bestehenden nekrotischen Gewebes narbig abheilt.

ultrafiltrierbar Bezeichnung für Substanzen oder Partikel, die durch für Bakterien dichte Filtersysteme nicht abgetrennt werden können.

Vakzine Impfstoff.

vaskulär Die Blutgefäße betreffend.

Virion Infektiöses Viruspartikel.

Virulenz Summe aller Eigenschaften eines Erregers (Virus), die zur Krankheitsentstehung in einem Menschen oder einem Tier beitragen. Die Virulenz wird quantifiziert als LD_{50}, das heißt als Zahl der Viren (oder anderer Erreger), die ausreicht, um 50 Prozent der Versuchstiere oder der Zellen in einer Kultur zu töten.

Virus-Assembly Geordneter Zusammenbau der Virusstrukturproteine und der Virusgenome zu infektiösen Viruspartikeln am Ende des Infektionszyklus.

Namensindex

Sachindex

B

D

F

J

K

O

S

T